책 구입 시 드리는 혜택

❶ 전 과목 핵심 이론 동영상 강의 평생 제공
❷ 우수회원 인증 후 2018년 ~ 2020년 3개년 추가 기출문제
　(해설 포함) 제공
❸ 최근 CBT 복원 기출문제 수록

2025 개정 15판

평생무료

평생 무료 동영상과 함께하는 Daum

토목기사 필기

손영선 저

평생무료

전 과목 핵심 이론 동영상 강의 평생 제공 / 전 과목 이론 상세 해설
최근 기출문제 수록 및 완벽 해설 / 빠른 합격을 위한 상세한 이론 구성
문제 해설을 이해하기 쉽도록 자세히 설명 / 저자 1대1 질의응답 카페 운영

무료 동영상 강의

Daum 손영선의 토목기사 https://cafe.daum.net/ecivil

SEJIN Books 세진북스
www.sejinbooks.kr

머리말

토목기사 및 토목산업기사는 도로, 철도, 교량, 터널, 공항, 항만, 댐, 하천, 해안, 플랜트 등의 구조물을 건설하거나 종합적인 국토개발과 국토건설사업의 조사, 계획, 설계 및 시공 등의 업무를 수행하는데 필요한 전문적인 지식과 기술을 겸비한 인력을 양성하기 위하여 제정한 자격제도로서 1차 필기시험과 2차 실기시험으로 나누어 출제됩니다.

1차 필기시험의 연간 응시인원을 100%로 볼 때 1차 필기시험의 합격생 비율은 토목기사의 경우 30%, 토목산업기사의 경우는 15% 정도이며, 2차 실기시험을 통과한 최종합격자도 필기시험 합격자와 동일한 비율을 보입니다. 즉, 자격증의 취득 여부는 2차 실기시험보다는 1차 필기시험에서 좌우된다고 할 수 있겠습니다.

1차 필기시험의 출제 과목은 응용역학, 측량학, 수리학 및 수문학, 철근콘크리트 및 강구조, 토질 및 기초, 상하수도공학 등 6과목으로 타 자격시험과 비교하여 볼 때 상대적으로 쉬운 과목이 하나도 없을 정도입니다.

하지만 수험생은 누구나 할 것 없이 빨리 합격하고 싶어 합니다. 그것도 **적게 공부하고, 적은 시간과 적은 돈을 들여 쉽게 빨리** 따고 싶어 합니다. 과연 가능할까요...?

결론은 **가능합니다**. 제가 감히 **방법을** 제시해 드리고자 합니다.

★ 빨리 합격하는 시스템 ★

1. 빨리 쉽게 합격하기 위해서는 **핵심을 중점으로 하는 적은 내용을 반복적으로 공부**하여야 합니다.
   ☞ 이에 본 교재와 함께 핵심이론 동영상강좌를 무료로 제공하여 핵심 내용이 무엇인지 쉽게 파악할 수 있도록 구성하였습니다. 아울러 핵심이론 강좌는 총 16시간 20분 40초로 구성되어 반복 청강하는데 큰 부담이 없으므로 동영상강좌를 최소 3회 정도 반복 청강하시길 권합니다.
   ※ 핵심이론 동영상은 http://www.edugongjja.co.kr에서 공짜로 청강

2. **적게 공부하고 꾸준히 공부**하여야 합니다.
   ☞ 휴일을 제외한 평일 하루 24시간 중 십분의 일인 2시간 24분은 반드시 공부하셔야 합니다.

3. 이론과 문제풀이 등 **동일패턴으로 자연스럽게 반복**되어지는 공부를 하여야 합니다.
   ☞ 교재의 이론과 문제풀이 및 동영상 강좌는 동일 패턴으로 구성되어 있어 자연스럽게 반복되어지도록 하여 학습 효율을 극대화 하였습니다.
   ※ 기출문제 풀이 동영상은 http://www.educivil.co.kr에서 청강(유료)

끝으로 이 책이 나오기까지 수고해주신 세진북스 관계자 여러분께 깊은 감사를 드리며, 본 교재는 수험생 여러분의 노력과 땀에 보답하고 여러분께 가장 사랑받는 교재가 되고자 저의 수십년간의 강의 경험을 정성껏 담았습니다. 계속해서 꾸준히 보완하고 다듬어서 대한민국의 NO.1 교재의 자리를 굳히기 위해 최선을 다하겠습니다.

저자 손영선

출제기준

1. 필기

| 직무분야 | 건설 | 중직무분야 | 토목 | 자격종목 | 토목기사 | 적용기간 | 2022. 1. 1. ~ 2025. 12. 31 |

• **직무내용**: 도로, 공항, 철도, 하천, 교량, 댐, 터널, 상하수도, 사면, 항만 및 해양시설물 등 다양한 건설사업을 계획, 설계, 시공, 관리 등을 수행하는 직무이다.

| 필기검정방법 | 객관식 | 문제수 | 120 | 시험시간 | 3시간 |

필기과목명	출제문제수	주요항목	세부항목	세세항목
응용역학	20	1. 역학적인 개념 및 건설 구조물의 해석	1. 힘과 모멘트	1. 힘 2. 모멘트
			2. 단면의 성질	1. 단면 1차 모멘트와 도심 2. 단면 2차 모멘트 3. 단면 상승 모멘트 4. 회전반경 5. 단면계수
			3. 재료의 역학적 성질	1. 응력과 변형률 2. 탄성계수
			4. 정정보	1. 보의 반력 2. 보의 전단력 3. 보의 휨모멘트 4. 보의 영향선 5. 정정보의 종류
			5. 보의 응력	1. 휨응력 2. 전단응력
			6. 보의 처짐	1. 보의 처짐 2. 보의 처짐각 3. 기타 처짐 해법
			7. 기둥	1. 단주 2. 장주
			8. 정정트러스, 라멘, 아치, 케이블	1. 트러스(Truss) 2. 라멘(Rahmen) 3. 아치(Arch) 4. 케이블(Cable)
			9. 구조물의 탄성변형	1. 탄성변형
			10. 부정정 구조물	1. 부정정구조물의 개요 2. 부정정구조물의 판별 3. 부정정구조물의 해법
측량학	20	1. 측량학일반	1. 측량기준 및 오차	1. 측지학개요 2. 좌표계와 측량원점 3. 측량의 오차와 정밀도
			2. 국가기준점	1. 국가기준점 개요 2. 국가기준점 현황
		2. 평면기준점측량	1. 위성측위시스템(GNSS)	1. 위성측위시스템(GNSS) 개요 2. 위성측위시스템(GNSS) 활용
			2. 삼각측량	1. 삼각측량의 개요 2. 삼각측량의 방법 3. 수평각 측정 및 조정 4. 변장계산 및 좌표계산 5. 삼각수준측량 6. 삼변측량
			3. 다각측량	1. 다각측량 개요 2. 다각측량 외업 3. 다각측량 내업 4. 측점전개 및 도면작성
		3. 수준점측량	1. 수준측량	1. 정의, 분류, 용어 2. 야장기입법 3. 종·횡단측량 4. 수준망 조정 5. 교호수준측량
		4. 응용측량	1. 지형측량	1. 지형도 표시법 2. 등고선의 일반개요 3. 등고선의 측정 및 작성 4. 공간정보의 활용
			2. 면적 및 체적 측량	1. 면적계산 2. 체적계산
			3. 노선측량	1. 중심선 및 종횡단 측량 2. 단곡선 설치와 계산 및 이용방법 3. 완화곡선의 종류별 설치와 계산 및 이용방법 4. 종곡선 설치와 계산 및 이용방법
			4. 하천측량	1. 하천측량의 개요 2. 하천의 종횡단측량

필기과목명	출제문제수	주요항목	세부항목	세세항목	
수리학 및 수문학	20	1. 수리학	1. 물의성질	1. 점성계수 3. 표면장력	2. 압축성 4. 증기압
			2. 정수역학	1. 압력의 정의 3. 정수력	2. 정수압 분포 4. 부력
			3. 동수역학	1. 오일러방정식과 베르누이식 2. 흐름의 구분 4. 운동량방정식	 3. 연속방정식 5. 에너지 방정식
			4. 관수로	1. 마찰손실 3. 관망 해석	2. 기타손실
			5. 개수로	1. 전수두 및 에너지 방정식 2. 효율적 흐름 단면 4. 도수 6. 오리피스	 3. 비에너지 5. 점변 부등류 7. 위어
			6. 지하수	1. Darcy의 법칙	2. 지하수 흐름 방정식
			7. 해안 수리	1. 파랑	2. 항만구조물
		2. 수문학	1. 수문학의 기초	1. 수문 순환 및 기상학 2. 유역 4. 증발산	 3. 강수 5. 침투
			2. 주요 이론	1. 지표수 및 지하수 유출 2. 단위 유량도 4. 수문통계 및 빈도	 3. 홍수추적 5. 도시 수문학
			3. 응용 및 설계	1. 수문모형	2. 수문조사 및 설계
철근콘크리트 및 강구조	20	1. 철근콘크리트 및 강구조	1. 철근콘크리트	1. 설계일반 3. 휨과 압축 5. 철근의 정착과 이음 6. 슬래브, 벽체, 기초, 옹벽, 라멘, 아치 등의 구조물 설계	2. 설계하중 및 하중조합 4. 전단과 비틀림
			2. 프리스트레스트 콘크리트	1. 기본개념 및 재료 3. 휨부재 설계 5. 슬래브 설계	2. 도입과 손실 4. 전단 설계
			3. 강구조	1. 기본개념 3. 휨부재	2. 인장 및 압축부재 4. 접합 및 연결
토질 및 기초	20	1. 토질역학	1. 흙의 물리적 성질과 분류	1. 흙의 기본성질 3. 흙의 입도분포 5. 흙의 분류	2. 흙의 구성 4. 흙의 소성특성
			2. 흙속에서의 물의 흐름	1. 투수계수 3. 침투와 파이핑	2. 물의 2차원 흐름
			3. 지반내의 응력분포	1. 지중응력 3. 모관현상 5. 흙의 동상 및 융해	2. 유효응력과 간극수압 4. 외력에 의한 지중응력
			4. 압밀	1. 압밀이론 3. 압밀도 5. 압밀침하량 산정	2. 압밀시험 4. 압밀시간
			5. 흙의 전단강도	1. 흙의 파괴이론과 전단강도 2. 흙의 전단특성 4. 간극수압계수	 3. 전단시험 5. 응력경로
			6. 토압	1. 토압의 종류 3. 구조물에 작용하는 토압 4. 옹벽 및 보강토옹벽의 안정	2. 토압 이론

출제기준

필기과목명	출제문제수	주요항목	세부항목	세세항목
			7. 흙의 다짐	1. 흙의 다짐특성　2. 흙의 다짐시험 3. 현장다짐 및 품질관리
			8. 사면의 안정	1. 사면의 파괴거동　2. 사면의 안정해석 3. 사면안정 대책공법
			9. 지반조사 및 시험	1. 시추 및 시료 채취 2. 원위치 시험 및 물리탐사 3. 토질시험
		2. 기초공학	1. 기초일반	1. 기초일반　2. 기초의 형식
			2. 얕은기초	1. 지지력　2. 침하
			3. 깊은기초	1. 말뚝기초 지지력　2. 말뚝기초 침하 3. 케이슨기초
			4. 연약지반개량	1. 사질토 지반개량공법 2. 점성토 지반개량공법 3. 기타 지반개량공법
상하수도 공학	20	1. 상수도계획	1. 상수도 시설 계획	1. 상수도의 구성 및 계통 2. 계획급수량의 산정 3. 수원 4. 수질기준
			2. 상수관로 시설	1. 도수, 송수계획　2. 배수, 급수계획 3. 펌프장 계획
			3. 정수장 시설	1. 정수방법　2. 정수시설 3. 배출수 처리시설
		2. 하수도계획	1. 하수도 시설계획	1. 하수도의 구성 및 계통 2. 하수의 배제방식　3. 계획하수량의 산정 4. 하수의 수질
			2. 하수관로 시설	1. 하수관로 계획　2. 펌프장 계획 3. 우수조정지 계획
			3. 하수처리장 시설	1. 하수처리 방법　2. 하수처리 시설 3. 오니(Sludge)처리 시설

2. 실기

직무분야	건설	중직무분야	토목	자격종목	토목기사	적용기간	2022. 1. 1. ~ 2025. 12. 31

- **직무내용**: 도로, 공항, 철도, 하천, 교량, 댐, 터널, 상하수도, 사면, 항만 및 해양시설물 등 다양한 건설사업을 계획, 설계, 시공, 관리 등을 수행하는 직무이다.
- **수행준거**: 1. 토목시설물에 대한 타당성 조사, 기본설계, 실시설계 등의 각 설계단계에 따른 설계를 할 수 있다.
  2. 설계도면 이해에 대한 지식을 가지고 시공 및 건설사업관리 직무를 수행할 수 있다.

실기검정방법	필답형	시험시간	3시간

실기과목명	주요항목	세부항목	세세항목
토목설계 및 시공실무	1. 토목설계 및 시공에 관한 사항	1. 토공 및 건설기계 이해하기	1. 토공계획에 대해 알고 있어야 한다. 2. 토공시공에 대해 알고 있어야 한다. 3. 건설기계 및 장비에 대해 알고 있어야 한다.
		2. 기초 및 연약지반 개량 이해하기	1. 지반조사 및 시험방법을 알고 있어야 한다. 2. 연약지반 개요에 대해 알고 있어야 한다. 3. 연약지반 개량공법에 대해 알고 있어야 한다. 4. 연약지반 측방유동에 대해 알고 있어야 한다.

실기과목명	주요항목	세부항목	세세항목
			5. 연약지반 계측에 대해 알고 있어야 한다. 6. 얕은기초에 대해 알고 있어야 한다. 7. 깊은기초에 대해 알고 있어야 한다.
		3. 콘크리트 이해하기	1. 특성에 대해 알고 있어야 한다. 2. 재료에 대해 알고 있어야 한다. 3. 배합 설계 및 시공에 대해 알고 있어야 한다. 4. 특수 콘크리트에 대해 알고 있어야 한다. 5. 콘크리트 구조물의 보수, 보강 공법에 대해 알고 있어야 한다.
		4. 교량 이해하기	1. 구성 및 분류를 알고 있어야 한다. 2. 가설공법에 대해 알고 있어야 한다. 3. 내하력 평가방법 및 보수, 보강 공법에 대해 알고 있어야 한다.
		5. 터널 이해하기	1. 조사 및 암반 분류에 대해 알고 있어야 한다. 2. 터널공법에 대해 알고 있어야 한다. 3. 발파개념에 대해 알고 있어야 한다. 4. 지보 및 보강 공법에 대해 알고 있어야 한다. 5. 콘크리트 라이닝 및 배수에 대해 알고 있어야 한다. 6. 터널계측 및 부대시설에 대해 알고 있어야 한다.
		6. 배수구조물 이해하기	1. 배수구조물의 종류 및 특성에 대해 알고 있어야 한다. 2. 시공방법에 대해 알고 있어야 한다.
		7. 도로 및 포장 이해하기	1. 도로의 계획 및 개념에 대해 알고 있어야 한다. 2. 포장의 종류 및 특성에 대해 알고 있어야 한다. 3. 아스팔트 포장에 대해 알고 있어야 한다. 4. 콘크리트 포장에 대해 알고 있어야 한다. 5. 포장 유지 보수에 대해 알고 있어야 한다.
		8. 옹벽, 사면, 흙막이 이해하기	1. 옹벽의 개념에 대해 알고 있어야 한다. 2. 옹벽설계 및 시공에 대해 알고 있어야 한다. 3. 보강토 옹벽에 대해 알고 있어야 한다. 4. 흙막이 공법의 종류 및 특성에 대해 알고 있어야 한다. 5. 흙막이 공법의 설계에 대해 알고 있어야 한다. 6. 사면 안정에 대해 알고 있어야 한다.
		9. 하천, 댐 및 항만 이해하기	1. 하천공사의 종류 및 특성에 대해 알고 있어야 한다. 2. 댐공사의 종류 및 특성에 대해 알고 있어야 한다. 3. 항만공사의 종류 및 특성에 대해 알고 있어야 한다. 4. 준설 및 매립에 대해 알고 있어야 한다.
	2. 토목시공에 따른 공사·공정 및 품질관리	1. 공사 및 공정관리하기	1. 공사 관리에 대해 알고 있어야 한다. 2. 공정관리 개요에 대해 알고 있어야 한다. 3. 공정계획을 할 수 있어야 한다. 4. 최적공기를 산출할 수 있어야 한다.
		2. 품질관리하기	1. 품질관리의 개념에 대해 알고 있어야 한다. 2. 품질관리 절차 및 방법에 대해 알고 있어야 한다.
	3. 도면 검토 및 물량산출	1. 도면기본 검토하기	1. 도면에서 지시하는 내용을 파악할 수 있다. 2. 도면에 오류, 누락 등을 확인할 수 있다.
		2. 옹벽, 슬래브, 암거, 기초, 교각, 교대 및 도로 부대시설물 물량산출 하기	1. 토공량을 산출할 수 있어야 한다. 2. 거푸집량을 산출할 수 있어야 한다. 3. 콘크리트량을 산출할 수 있어야 한다. 4. 철근량을 산출할 수 있어야 한다.

차례 Contents

핵심요점정리

제 1 장 응용역학 — 14

- 1-1 힘과 모멘트 — 14
- 1-2 단면의 성질 — 18
- 1-3 구조물의 개론 — 23
- 1-4 정정보의 정하중 — 25
- 1-5 정정보의 동하중 — 29
- 1-6 정정라멘과 정정아치 — 30
- 1-7 트 러 스 — 32
- 1-8 재료의 역학적 성질 — 36
- 1-9 보의 응력 — 41
- 1-10 기 둥 — 43
- 1-11 처짐 및 처짐각 — 46
- 1-12 부정정 구조해석 — 56

제 2 장 측량학 — 63

- 2-1 측량학 개론 — 63
- 2-2 수준측량 — 69
- 2-3 각측량(트랜싯측량) — 72
- 2-4 다각측량(트래버스측량) — 74
- 2-5 GPS 및 GIS — 79
- 2-6 삼각측량 — 84
- 2-7 지형측량 — 88
- 2-8 면적과 체적 산정 — 90
- 2-9 노선측량 — 95
- 2-10 하천측량 — 101

제 3 장 수 리 학 103

- 3-1 유체의 기본적 성질 ········· 103
- 3-2 정수역학 ········· 108
- 3-3 동수역학 ········· 115
- 3-4 오리피스와 위어 ········· 125
- 3-5 관 수 로 ········· 132
- 3-6 개 수 로 ········· 140
- 3-7 지하수와 수리학적 상사 ········· 148
- 3-8 수문학 일반 ········· 153
- 3-9 증발산과 침투 ········· 159

제 4 장 철근콘크리트 및 강구조 167

- 4-1 철근콘크리트 기본 개념 ········· 167
- 4-2 설계일반 ········· 178
- 4-3 강도설계법 ········· 182
- 4-4 전 단 ········· 192
- 4-5 철근 상세 ········· 202
- 4-6 철근의 정착과 이음 ········· 203
- 4-7 사용성 검토 ········· 210
- 4-8 기 둥 ········· 215
- 4-9 슬래브 ········· 222
- 4-10 옹 벽 ········· 227
- 4-11 확대기초 ········· 230
- 4-12 프리스트레스트 콘크리트 ········· 233
- 4-13 강 구 조 ········· 247
- 4-14 교 량 ········· 258

Contents

제 5 장　토질 및 기초　262

- 5-1　흙의 구조와 기본적 성질 ……………………………… 262
- 5-2　흙의 분류 ……………………………………………… 269
- 5-3　흙 속의 물의 흐름 …………………………………… 274
- 5-4　유효응력과 지중응력 ………………………………… 281
- 5-5　흙의 압밀 ……………………………………………… 286
- 5-6　흙의 전단강도 ………………………………………… 291
- 5-7　토　　압 ……………………………………………… 303
- 5-8　흙의 다짐 ……………………………………………… 309
- 5-9　사면의 안정 해석 ……………………………………… 315
- 5-10　지반조사 ……………………………………………… 321
- 5-11　얕은 기초 ……………………………………………… 323
- 5-12　깊은 기초 ……………………………………………… 331
- 5-13　연약지반 개량 공법 ………………………………… 341

제 6 장　상하수도공학　349

- 6-1　상수도 시설계획 ……………………………………… 349
- 6-2　수원과 취수 …………………………………………… 356
- 6-3　수질 관리 및 기준 …………………………………… 373
- 6-4　상수관로 시설 ………………………………………… 382
- 6-5　정수장 시설 …………………………………………… 397
- 6-6　하수도 시설계획 ……………………………………… 420
- 6-7　하수관로 시설 ………………………………………… 428
- 6-8　하수처리장 시설 ……………………………………… 447
- 6-9　펌프장 시설 …………………………………………… 474

과년도 출제문제

2021년도
- 2021년 3월 7일 시행 ✻ 484
- 2021년 5월 15일 시행 ✻ 532
- 2021년 8월 14일 시행 ✻ 580

2022년도
- 2022년 3월 5일 시행 ✻ 628
- 2022년 4월 24일 시행 ✻ 675
- 2022년 8월 CBT 시행 ✻ 723

2023년도
- 2023년 3월 CBT 시행 ✻ 772
- 2023년 5월 CBT 시행 ✻ 816
- 2023년 9월 CBT 시행 ✻ 861

2024년도
- 2024년 2월 CBT 시행 ✻ 906
- 2024년 5월 CBT 시행 ✻ 953
- 2024년 7월 CBT 시행 ✻ 1000

무료 동영상과 함께하는 **토목기사 필기**

핵심요점정리

Chapter 1   응용역학
Chapter 2   측 량 학
Chapter 3   수 리 학
Chapter 4   철근콘크리트 및 강구조
Chapter 5   토질 및 기초
Chapter 6   상하수도공학

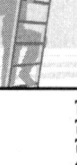

Chapter 1

응용역학

1-1 힘과 모멘트

1. 힘의 3요소

① 크기 : 길이로 표시
② 방향 : 각으로 표시(θ)
③ 작용점 : 좌표로 표시(x, y)

2. 힘의 분해

(1) 힘의 분력

① $F_x = F \cdot \cos\theta$
② $F_y = F \cdot \sin\theta$

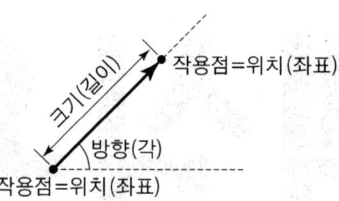

3. 힘의 합성

(1) 도해법

① 시력도 : 크기와 방향을 구함 – 시력도가 폐합되면 합력은 0이 된다.
② 연력도 : 작용점을 구함

(2) 계산식

① 일반식

  ㉠ 합력의 크기 : $R = \sqrt{\sum H^2 + \sum V^2}$

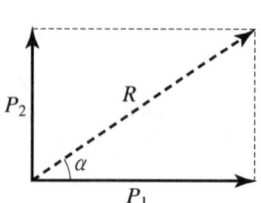

ⓒ 합력의 방향 : $\tan\alpha = \dfrac{\Sigma V}{\Sigma H}$ 에서

$$\therefore \alpha = \tan^{-1}\dfrac{\Sigma V}{\Sigma H}$$

② 각 α를 이루고 있는 두 힘의 합성

$$R = \sqrt{F_1^2 + F_2^2 + 2 \cdot F_1 \cdot F_2 \cdot \cos\alpha}$$

$$\alpha = \tan^{-1}\dfrac{F_2\sin\alpha}{F_1 + F_2\cos\alpha}$$

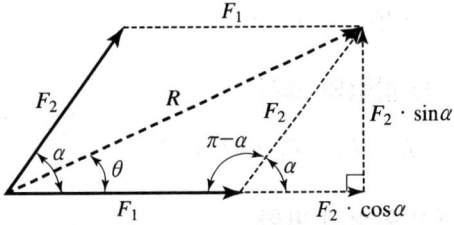

4. 힘모멘트

$M_o = P \cdot l$ (Moment = 가하는 힘 × 힘의 중심으로부터 힘의 작용점까지의 수직거리, 시계방향 : +   반시계방향 : −)

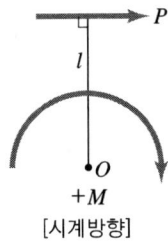 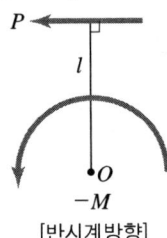

5. 자연계의 힘

자연계의 힘 : 하나의 힘('0'이 아닌 값) 또는 우력('0'인 값)으로 나타낸다.

6. 우력(짝힘)과 우력모멘트

 (1) 우력

① 크기가 같고 방향만이 반대인 2개의 나란한 1쌍의 힘
② 우력의 크기는 우력모멘트로 나타낸다.

 (2) 우력모멘트

모든 점에서 모멘트 값 일정

$M_A = Pl$

$M_B = Pl$

$M_O = P(l+x) - Px = Pl$

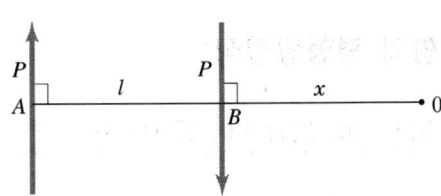

7. 바리논의 정리

여러 개의 평면력들의 1점에 대한 모멘트의 합은 이들 평면력의 합력이 그 점에 대한 모멘트와 같다.

(1) 합력의 크기

$$R = P_1 + P_2 + P_3 + P_4$$

(2) 합력의 방향

아래 방향

(3) 합력의 작용점

$$R \cdot x = P_1 \cdot x_1 + P_2 \cdot x_2 + P_3 \cdot x_3$$

$$x = \frac{P_1 \cdot x_1 + P_2 \cdot x_2 + P_3 \cdot x_3 + P_4 \cdot x_4}{R}$$

8. 힘의 이동

(1) 힘의 직선이동

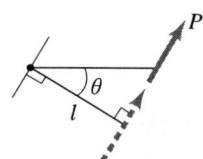

(2) 힘의 평행이동

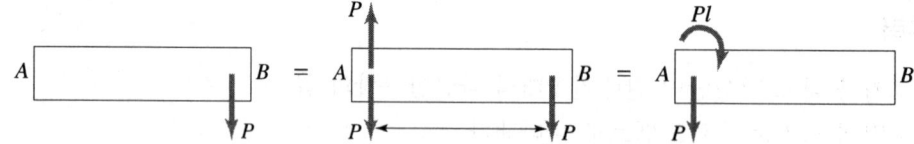

9. 힘의 평형방정식

$$\sum V = 0, \ \sum H = 0, \ \sum M = 0$$

10. 라미의 정리

① 한 점에 작용하는 3개의 힘이 평형을 이룰 때 각 힘은 힘들 간의 사이각을 이용한 sin법칙이 적용되어 힘을 해석하는 정리
② 시력도는 폐합된다.

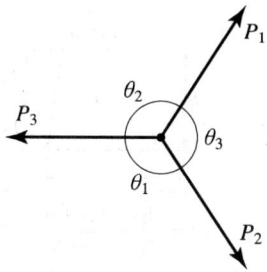 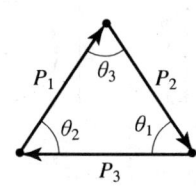

$$\frac{P_1}{\sin\theta_1} = \frac{P_2}{\sin\theta_2} = \frac{P_3}{\sin\theta_3}$$

11. 도르레

고정도르레는 힘과 무게의 크기가 같으므로 힘에 대한 이익은 없으나 힘의 방향을 변화시켜 쉽게 들어 올릴 수 있게 한다.

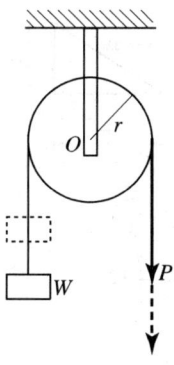

1-2 단면의 성질

1. 기본 도형의 도심 및 면적

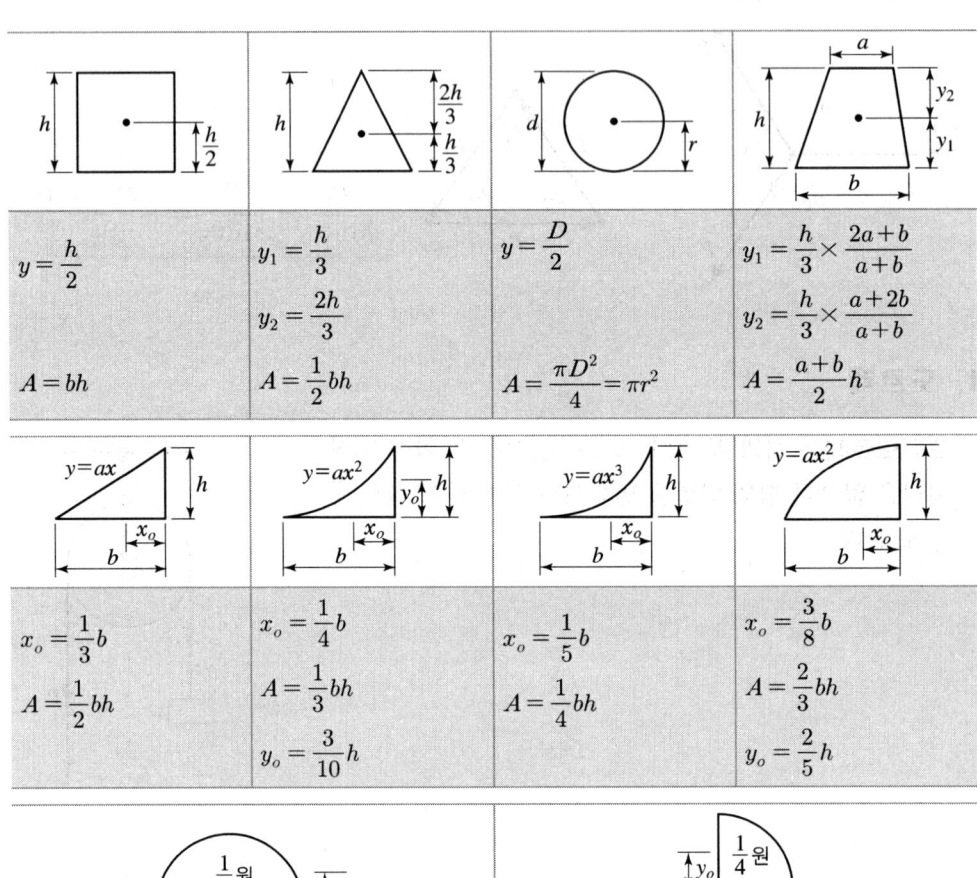

2. 단면모멘트

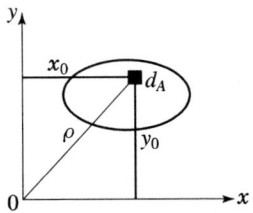

단면모멘트	기 본 식	평행축정리	공식포인트	부 호	단 위
단면 1차 모멘트	$G_x = \int_A ydA$ $G_y = \int_A xdA$	$G_x = G_X + Ay_0$ $G_y = G_Y + Ax_0$	$G_X = 0$ $G_Y = 0$	+−0	cm^3 m^3
단면 2차 모멘트	$I_X = \int_A y^2 dA$ $I_y = \int_A x^2 dA$	$I_x = I_X + Ay_0^2$ $I_y = I_Y + Ax_0^2$	I_X, I_Y =최소	+	cm^4 m^4
단면 상승 모멘트	$I_{xy} = \int_A xydA$	$I_{xy} = I_{XY} + x_0 y_0 A$	I_{XY}가 대칭축이면 '0'	+−0	cm^4 m^4
단면 2차 극모멘트	$I_P = \int_A \rho^2 dA$	$I_p = I_P + A\rho^2$ $= I_x + I_y$	축회전에 관계없이 I_p 값은 일정	+	cm^4 m^4

여기서, A : 단면적

    x_o, y_o : 도심으로부터 구하고자하는 축까지 수직거리

    G_x, G_y : 도심이 아닌축에 대한 단면 1차모멘트

    G_X, G_Y : 도심축에 대한 단면 1차모멘트

    I_x, I_y : 도심이 아닌 축에 대한 단면 2차 모멘트

    I_X, I_Y : 도심 축에 대한 단면 2차 모멘트

    I_{xy} : 도심이 아닌 축의 단면 상승 모멘트

    I_{XY} : 도심 축에 대한 단면 상승 모멘트

    I_p : 도심이 아닌 점에 대한 단면 2차 극 모멘트

    I_P : 도심에 대한 단면 2차 극 모멘트

(1) 단면1차모멘트

① 단면1차모멘트 일반

단면모멘트	기 본 식	평행축정리	공식포인트	부 호	단 위
단면 1차 모멘트	$G_x = \int_A ydA$ $G_y = \int_A xdA$	$G_x = G_X + Ay_0$ $G_y = G_Y + Ax_0$	$G_X = 0$ $G_Y = 0$	+−0	cm^3 m^3

여기서, A : 단면적

x_o, y_o : 도심으로부터 구하고자하는 축까지 수직거리

G_x, G_y : 도심이 아닌 축에 대한 단면 1차모멘트

G_X, G_Y : 도심축에 대한 단면 1차모멘트

② 단면1차모멘트 계산 : 바리논의 정리 응용

$$y = \frac{G_x}{A} \quad x = \frac{G_y}{A}$$

(2) 단면 2차 모멘트

① 단면2차모멘트 일반

단면모멘트	기 본 식	평행축정리	공식포인트	부 호	단 위
단면 2차 모멘트	$I_X = \int_A y^2 dA$ $I_Y = \int_A x^2 dA$	$I_x = I_X + A y_0^2$ $I_y = I_Y + A x_0^2$	I_X, I_X=최소	+	cm^4 m^4

여기서, A : 단면적

x_o, y_o : 도심으로부터 구하고자하는 축까지 수직거리

I_x, I_y : 도심이 아닌 축에 대한 단면 2차 모멘트

I_X, I_Y : 도심 축에 대한 단면 2차 모멘트

② 단면2차모멘트 계산

$$I_x = I_X + A y_0^2$$
$$I_y = I_Y + A x_0^2$$

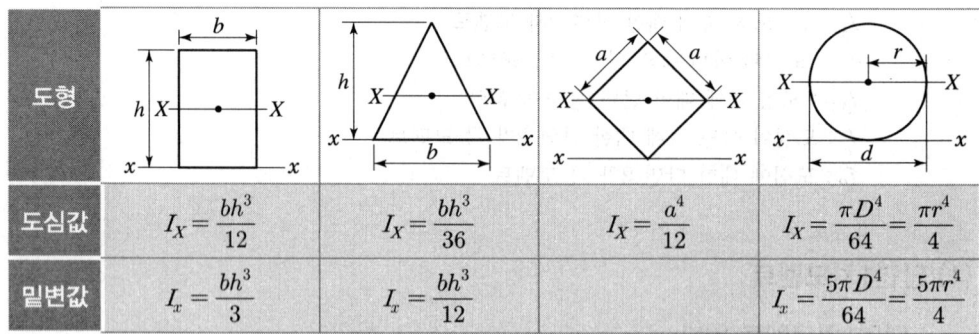

도형				
도심값	$I_X = \dfrac{bh^3}{12}$	$I_X = \dfrac{bh^3}{36}$	$I_X = \dfrac{a^4}{12}$	$I_X = \dfrac{\pi D^4}{64} = \dfrac{\pi r^4}{4}$
밑변값	$I_x = \dfrac{bh^3}{3}$	$I_x = \dfrac{bh^3}{12}$		$I_x = \dfrac{5\pi D^4}{64} = \dfrac{5\pi r^4}{4}$

※ 정다각형은 축회전에 관계없이 $I_{도심}$값은 일정하다.

(3) 단면 상승 모멘트

① 단면상승모멘트 일반

단면모멘트	기 본 식	평행축정리	공식포인트	부 호	단 위
단면 상승 모멘트	$I_{xy} = \int_A xy\,dA$	$I_{xy} = I_{XY} + x_0 y_0 A$	I_{XY}가 대칭축 이면 '0'	$+,-,0$	cm^4 m^4

여기서, A : 단면적
x_o, y_o : 도심으로부터 구하고자하는 축까지 수직거리
I_{xy} : 도심이 아닌 축의 단면 상승 모멘트
I_{XY} : 도심 축에 대한 단면 상승 모멘트

② 단면상승모멘트 계산

$$I_{xy} = x_0 y_0 A$$

(4) 단면 2차 극모멘트

$$I_p = I_x + I_y = I_{x1} + I_{y1} = I_{\min} + I_{\max}$$

여기서, $I_{\min}, I_{\max}$: 주단면 2차 모멘트

3. 주단면 2차 모멘트

(1) 주 축

주단면 2차 모멘트가 일어나는 축
① $I_{\max}$축   ② $I_{\min}$축   ③ 대칭축

(2) 주단면 2차 모멘트

$$I_{\min}^{\max} = \frac{I_x + I_y}{2} \pm \sqrt{\left(\frac{I_x - I_y}{2}\right)^2 + I_{xy}^2}$$

4. 단면 2차 반경(회전반경)

(1) 일반식

$$r = \sqrt{\frac{I}{A}}$$

(2) 기본 도형의 단면 2차 반경

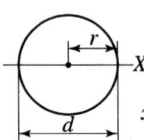

$$r_x = \sqrt{\frac{I_X}{A}} = \sqrt{\frac{\frac{bh^3}{12}}{bh}} = \frac{h}{\sqrt{12}}$$

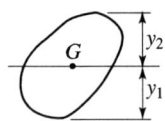

$$r_x = \sqrt{\frac{I_X}{A}} = \sqrt{\frac{\frac{bh^3}{36}}{\frac{bh}{2}}} = \frac{h}{\sqrt{18}}$$

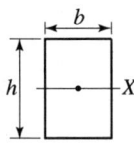

$$r_x = \sqrt{\frac{I_X}{A}} = \sqrt{\frac{\frac{\pi d^4}{64}}{\frac{\pi d^2}{4}}} = \frac{d}{4}$$

5. 단면 계수

(1) 일반식

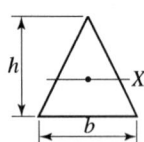

$$Z_1 = \frac{I_X}{y_1} \qquad Z_2 = \frac{I_X}{y_2}$$

(2) 기본 도형의 단면 계수

$$Z_x = \frac{I_X}{y} = \frac{\frac{bh^3}{12}}{\frac{h}{2}} = \frac{bh^2}{6}$$

$$Z_{x1} = \frac{I_X}{y_1} = \frac{\frac{bh^3}{36}}{\frac{2}{3}h} = \frac{bh^2}{24} \qquad Z_{x2} = \frac{I_X}{y_2} = \frac{\frac{bh^3}{36}}{\frac{1}{3}h} = \frac{bh^2}{12}$$

$$Z_x = \frac{I_X}{y} = \frac{\frac{\pi d^4}{64}}{\frac{d}{2}} = \frac{\pi d^3}{32}$$

1-3 구조물의 개론

1. 구조물 일반

(1) 작용상태에 따른 하중

① 집중 하중   ② 등분포 하중   ③ 등변분포 하중

 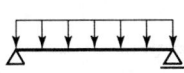  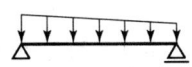

④ 모멘트 하중   ⑤ 간접 하중   ⑥ 이동 하중

⑦ 연행 하중

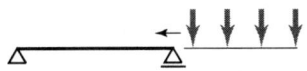

(2) 지점과 반력

① **이동지점**(roller support) : 수직반력만 발생
② **회전지점**(hinged support) : 수직반력과 수평반력 발생
③ **고정지점**(fixed support) : 수직반력과 수평반력 및 휨모멘트 반력 발생

종류	지점 구조 상태	기호	반력 수
이동지점 (roller support)			$R=1$ 수직반력 1개
회전지점 (hinged support)			$R=2$ 수직반력 1개 수평반력 1개
고정지점 (fixed support)			$R=3$ 수직반력 1개 수평반력 1개 모멘트 반력 1개

2. 구조물의 판별식

(1) 축력만을 받는 구조(트러스, 현수교, 사장교, 아치의 타이드)를 제외한 모든 구조물에 적용되는 판별식

① 총 부정정 차수(ΣN)	=	미 지 수	−	방 정 식 수
‖				‖
② 외적 부정정 차수(N외)	=	지 점 반 력	−	평형방정식수(항상 3)
+		+		+
③ 내적 부정정 차수(N내)	=	부재 절단력	−	내부 힌지 방정식수

- (+)값 : 부정정   • '0' : 정정   • (−)값 : 불안정

내부힌지방정식수

내부힌지방정식수 = 힌지에 달린 부재수 − 힌지수

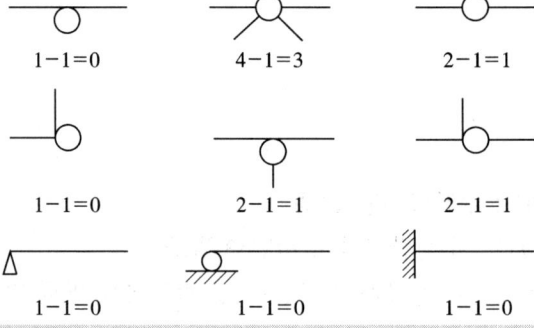

(2) 트러스의 판별식

① 총 부정정 차수 $= r + m - 2 \cdot P$
② 외적 부정정 차수 $= r - 3$(평형방정식수 3)
③ 내적 부정정 차수 $= 3 + m - 2 \cdot P$

- (+)값 : 부정정   • '0' : 정정   • (−)값 : 불안정

여기서, m : 트러스의 부재수
P : 절점수

1-4 정정보의 정하중

1. 반력

$$R_1' = \frac{P \cdot b}{l}$$
$$R_2' = \frac{P \cdot a}{l}$$
$$R_1'' = -\frac{M}{l} = -\frac{P \cdot e}{l}$$
$$R_2'' = \frac{M}{l} = \frac{P \cdot e}{l}$$

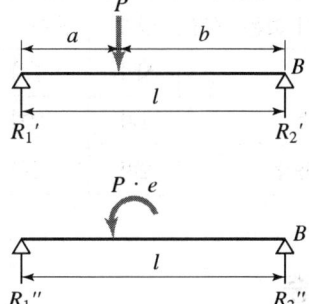

2. 단면력

(1) 단면력의 종류

① 전단력(S) : 보 축방향에 수직한 힘으로 보를 전단하려는 힘
② 휨모멘트(M) : 보에 작용하는 모멘트로 보를 굽히어 휠려고 하는 힘
③ 축방향력(축력, A) : 보 축방향에 수평한 힘으로 보를 압축하거나 인장하는 힘

(2) 자유물체도

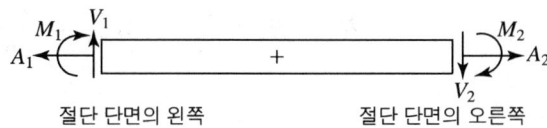

절단 단면의 왼쪽 　　　　절단 단면의 오른쪽

(3) 단면력계산

m점에서의 단면력

- $\sum M = 0 \Rightarrow m$점의 모멘트값 M_m을 구한다.
- $\sum V = 0 \Rightarrow m$점의 전단력값 S_m을 구한다.
- $\sum H = 0 \Rightarrow m$점의 축방향력(축력)값 A_m을 구한다.

3. 단면력도

(1) 단면력도 기준표

하중＼단면력	전단력	휨모멘트	축방향력
수직하중이 없는 구간	상수	상수, 1차	상수
집중하중	상수	1차	상수
등분포하중	1차	2차	
등변분포하중	2차	3차	

상수 : 평행직선
1차 : 경사직선
2차, 3차 : 곡선,
(곡선의 방향은 일반적으로 (+) 방향을 배부르게 한다.)

4. 대칭하중

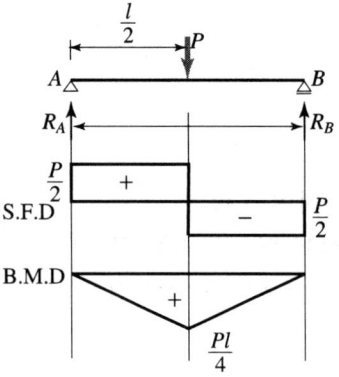

$$R_A = R_B = \frac{P}{2} \quad M_{\max} = \frac{Pl}{4}$$

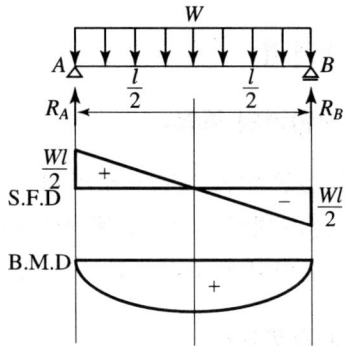

$$R_A = R_B = \frac{wl}{2} \quad M_{\max} = \frac{wl^2}{8}$$

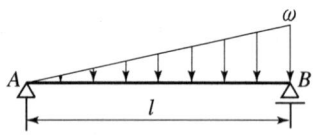

$$R_A = \frac{Wl}{6} \quad R_B = \frac{Wl}{3} \quad M_{\max} = \frac{Wl^2}{9\sqrt{3}}$$

$S=0$인 점은 A로부터 $\frac{l}{\sqrt{3}}$인 위치에 있다.

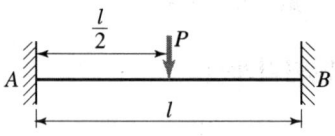

$$M_A = M_B = -\frac{Pl}{8}$$

$$M_{\max} = \frac{Pl}{8}$$

5. 겔버보

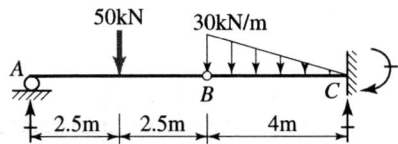

(1) 겔버보 푸는 순서

① 단순보 ⇒ 내민보 ⇒ 외팔보의 순으로 푼다.
  (힌지점에서 위쪽에 걸쳐지는 보(①)부터 해석)
② 위쪽에 걸쳐지는 보 부분의 활절지점의 반력을 구한 후 아래쪽보에 위쪽보의 반력과 크기는 같고 방향이 반대인 외력을 작용시켜 계산한다.

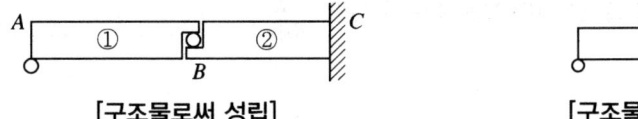

[구조물로써 성립]　　　　　　　　　　[구조물로써 성립 안함]

AB 단순보에서 B점은 지점과 같이 반력 R_B가 일어나고, BC 캔틸레버보에서는 R_B와 크기가 같고 방향이 반대인 하중이 B점에 작용하는 것 같이 느껴진다.

단순보에서
$\sum M_C = 0$
$(V_A)(5) - (50)(2.5) = 0$
$\therefore V_A = 25\text{kN}$

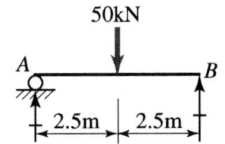

※ 대칭하중이므로 양지점에서 반력은 전하중의 절반씩 받는다. 고로
  $V_A = R_B = 25\text{kN}$

캔틸레버보에서
$\sum V = 0$
$-25 - \left(\dfrac{1}{2}\right)(30)(4) + V_C = 0$
$\therefore V_C = 85\text{kN}$

$\sum M_C = 0$
$-(25)(4) - \left(\dfrac{1}{2}\right)(30)(4)(4)\left(\dfrac{2}{3}\right) + M_C = 0$
$\therefore M_C = 260\text{kN}$

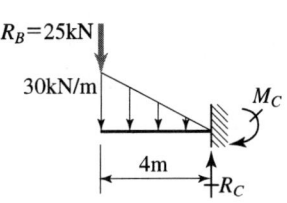

6. 간접보

(1) 간접보 해석

각 구간별 대칭하중이므로

$$P_1 = P_2 = P_3 = P_4 = \frac{\omega\lambda}{2}$$

$$P_1{}' = P_1 \qquad P_2{}' = 2P_2$$

$$P_3{}' = 2P_3 \qquad P_4{}' = P_4$$

위(직접보)의 구간별 하중을 아래의 간접보(단순보)에 작용시켜 위의 간접보를 아래의 직접보로 바꾸어 놓은 후 바꾸어 놓은 직접보만을 보고 지금까지 풀어왔던 보 해석방식으로 반력과 단면력 등을 계산하면 된다.

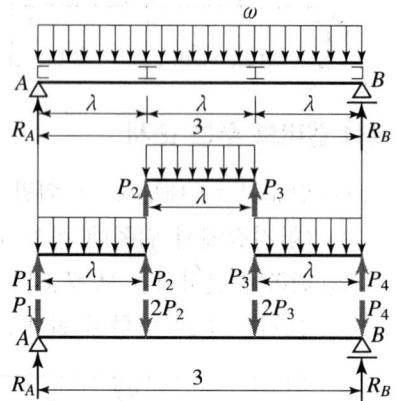

1-5 정정보의 동하중

1. 절대최대 휨모멘트

집중하중이 이동하는 단순보의 절대최대휨모멘트값 계산

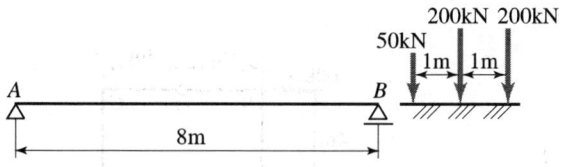

① 합력 $R = 50 + 200 + 200 = 450\,\text{kN}$

② 합력 작용 위치

$(450)(x) = (200)(1) + (200)(2)$

$x = \dfrac{200 + 400}{450} = 1.333\,\text{m}$

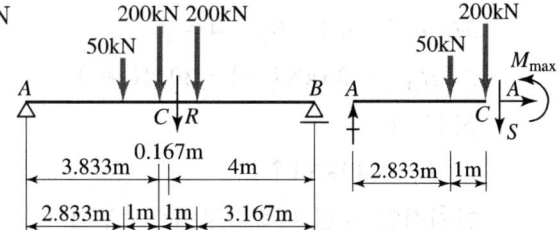

③ 선택하중

R과 가까운 하중

$P_2 = 200\,\text{kN}$을 선택

④ 이등분점

$d = 1.333 - 1 = 0.333\,\text{m}$

$\dfrac{d}{2} = \dfrac{0.333}{2} = 0.167\,\text{m}$

⑤ 이등분점 = 보의 중앙점

⑥ 절대 최대휨모멘트 생기는 위치 : 선택된 하중 $P_2 = 200\,\text{kN}$이 작용되고 있는 위치인 A점으로부터 $3.833\,\text{m}$ 떨어진 곳

⑦ 절대 최대 휨모멘트

㉠ 반력 : 전체구조물에서

$\sum M_B = 0$

$(R_A)(8) - (50)(5.167) - (200)(4.167) - (200)(3.167) = 0$

$\therefore R_A = 215.64\,\text{kN}(\uparrow)$

㉡ 절대최대휨모멘트

$\therefore M_{absmax} = (215.64)(3.833) - (50)(1) = 776.55\,\text{kN}\cdot\text{m}$

1-6 정정라멘과 정정아치

1. 3활절 라멘

3활절라멘의 수평반력 해석

[반력]

$\Sigma M_D = 0$

$V_A = -40\,\text{kN}(\uparrow) = 40\,\text{kN}(\downarrow)$

힌지점인 G점 좌측강구면으로부터

$M_G = V_A \times 3 - H_A \times 4 = 0$

$\therefore H_A = -30\,\text{kN}(\rightarrow) = 30\,\text{kN}(\leftarrow)$

$\Sigma V = 0$

$\therefore V_D = 40\,\text{kN}(\uparrow)$

힌지점인 G점 우측강구면으로부터

$\Sigma H = 0$

$\therefore H_D = 30\,\text{kN}(\leftarrow)$

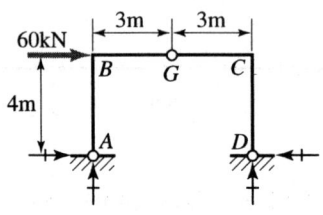

모멘트

$\therefore M_A = 0 \qquad \therefore M_D = 0 \qquad \therefore M_G = 0$

$\therefore M_B = -(H_A)(4) = -(-30)(4) = 120\,\text{kN}\cdot\text{m}$

$\therefore M_C = -(H_D)(4) = -(30)(4) = -120\,\text{kN}\cdot\text{m}$

2. 3활절 아치

(1) 3활절아치의 수평반력 해석

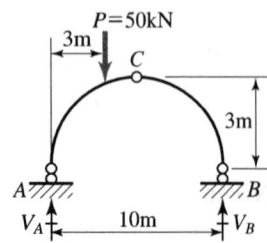

[반력]

$\sum M_D = 0$

$V_A \times 10 - 50 \times 7 = 0$

$\therefore V_A = 35\,\text{kN}(\uparrow)$

힌지점인 C점 좌측강구면으로부터

$M_C = V_A \times 5 - H_A \times 4 - 50 \times 2 = 0$

$\therefore H_A = (35 \times 5 - 50 \times 2)/4 = 18.75\,\text{kN}(\rightarrow)$

$\sum M_A = 0$

$-V_B \times 10 + 50 \times 3 = 0$

$\therefore V_B = 15\,\text{kN}(\uparrow)$

힌지점인 C점 우측강구면으로부터

$M_C = V_B \times 5 - H_B \times 4 = 0$

$\therefore H_A = 15 \times 5/4 = 18.75\,\text{kN}(\leftarrow)$

(2) 등분포 하중이 만재된 포물선 3활절 아치에 일어나는 단면력

전단력 = 0

휨모멘트 = 0

축방향력 = 압축력

1-7 트러스

1. 트러스와 다른 구조물의 인장과 압축 이해

(1) 트러스

(2) 트러스 외의 구조물

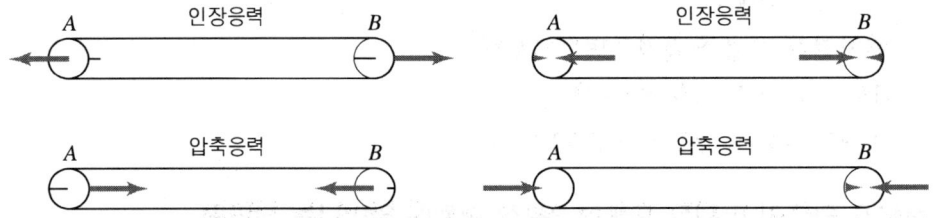

2. 트러스 부재력을 구하기 위한 가정

① 각 부재는 전혀 마찰력이 없는 pin 또는 hinge로 결합되어 자유로이 회전할 수 있다.
② 부재는 모두 직선이고, 부재의 축은 절점의 중심을 연결하는 직선과 일치하며 각 절점에서 한 점에 모인다.
③ 모든 외력은 트러스와 동일 평면 내에 있고 절점에만 작용한다. 즉, 부재에 어떤 하중이 작용하든 하중의 종류에 관계없이 양 절점으로 분산시켜 하중이 절점에만 작용하는 것으로 보고 트러스를 해석하게 된다.
④ 부재응력은 언제나 그 구조 재료의 탄성응력(탄성한도) 내에 있다.
⑤ 트러스 각 부재의 변형은 미소하여 무시할 수 있고 하중이 작용한 후에도 격점의 위치에는 변화가 생기지 않는다.
⑥ 트러스의 변형은 극히 미소하므로 힘의 균형은 트러스의 변형 전의 모양과 하중 위치에 관해서 생각하면 된다.
⑦ 트러스 각 부재의 변형은 미소하여 그로 인한 2차적 영향은 생각하지 않아도 된다.

3. 트러스 해법 종류

(1) 해석법

① 절점법(격점법)

② 단면법(절단법)
  ㉠ 쿨만법(Culmann method) : 전단력법이라고도 하며 $\sum V = 0$, $\sum H = 0$의 두 식을 이용
  ㉡ 리터법(Ritter method) : 모멘트법이라고도 하며 $\sum M = 0$의 식을 이용

(2) 도해법

(3) 영향선법

(4) 부재치환법

(5) 응력계수법

4. 절점법(격점법)

(1) 해석

① 사재 계산법(AC부재력)

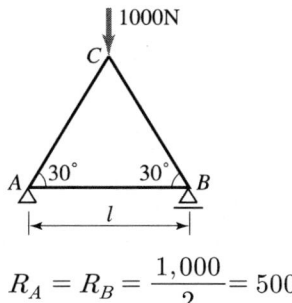

$$R_A = R_B = \frac{1,000}{2} = 500\,\text{N}$$

$$\frac{500}{1} = \frac{-AC}{2} \text{에서}$$

부재력 $A_C = -1,000\,\text{N}$

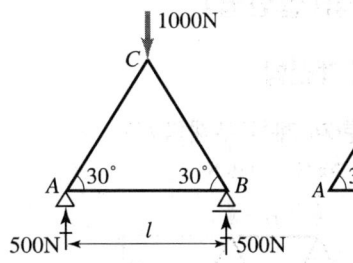

② 수직재 계산법(부재력 V)

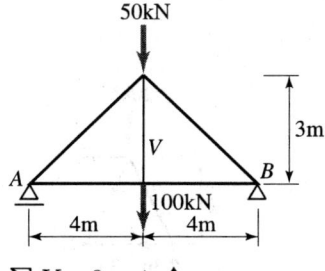

$\sum V = 0 \;\; +\uparrow$

$V - 100 = 0$

$\therefore V = 100\,\text{kN}$ (인장)

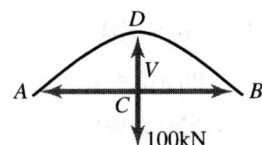

(2) 응력이 '0'인 부재

① 응력이 '0'인 부재 설치 이유
  ㉠ 실제 생기는 변형 방지
  ㉡ 처짐 방지
  ㉢ 구조적 안정 유지

② 응력이 '0'인 부재 찾기
  ㉠ 부재 2개의 절점인 경우

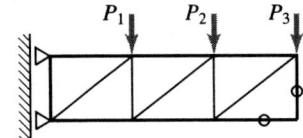 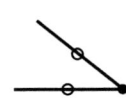

  ㉡ 하중이 일부재 방향으로 작용할 때

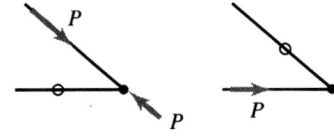

5. 단면법(절단법)

(1) 현재 계산법

① 상현재 계산(부재력 U)

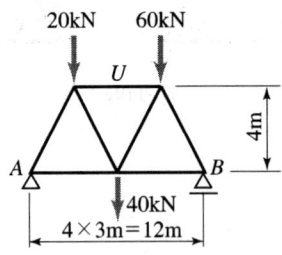

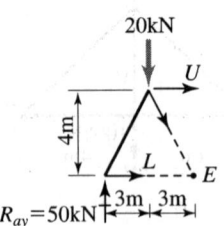

  ㉠ $\sum M_{\text{Ⓑ}} = 0(\curvearrowright \oplus)$
  $R_{ay} \cdot 12 - 20 \times 9 - 40 \times 6 - 60 \times 3 = 0$
  $R_{ay} = 50\text{kN}(\uparrow)$

  ㉡ $\sum M_{\text{Ⓔ}} = 0(\curvearrowright \oplus)$
  $50 \times 6 - 20 \times 3 + U \times 4 = 0$
  $U = -60\text{kN}(압축)$

② 하현재(부재력 S)

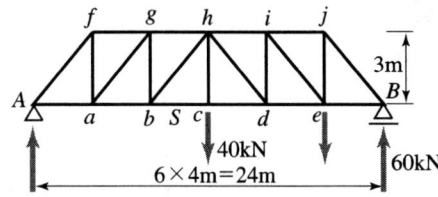

㉠ $\sum M_{\text{Ⓑ}} = 0 (\curvearrowright \oplus)$

$R_A \times 24 - 40 \times 12 - 60 \times 4 = 0$

$R_A = 30\text{kN}(\uparrow)$

㉡ $\sum M_{\text{ⓗ}} = 0 (\curvearrowright \oplus)$

$30 \times 12 - S \times 3 = 0$

$S = 120\text{kN}$ (인장)

③ 사재 계산법

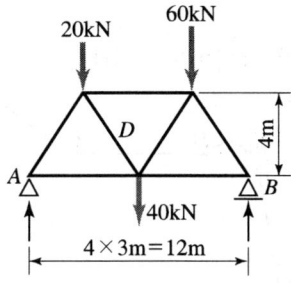

㉠ $R_A = \dfrac{20 \times 9 + 60 \times 3 + 40 \times 6}{12} = 50\text{kN}$

㉡ $\sum V = 0$ 에서

$50 - 20 - D\dfrac{4}{5} = 0$

$\therefore D = 30 \times \dfrac{5}{4} = 37.5\text{kN}$ (인장)

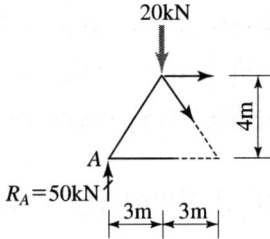

1-8 재료의 역학적 성질

1. 프와송비

프와송비 = $\dfrac{\text{하중에 직각방향인 변형률}}{\text{하중방향의 변형률}}$

= $\dfrac{\text{가로 변형률}}{\text{세로 변형률}}$

$$\nu = \dfrac{\beta}{\epsilon} = \dfrac{-\Delta d/d}{\Delta l/l} = -\dfrac{\Delta dl}{\Delta ld} = -\dfrac{1}{m}$$

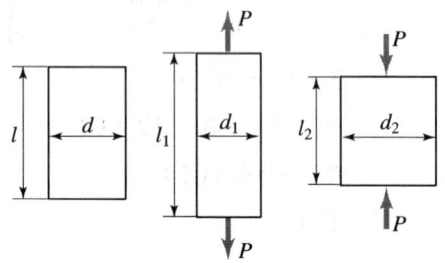

여기서, ν : 프와송비, m : 프와송수

2. 후크의 법칙

탄성한도 내에서 응력은 그 변형도에 비례하고 후크의 법칙이 성립한다.

① 비례한도(Proportional limit ; A점)
② 탄성한도(Elasticity limit ; B점)
③ 항복점(Yielding Point ; C점, D점)
　• 상항복점(Upper Yielding Point ; C점)
　• 하항복점(Lower Yielding Point ; D점)
④ 극한강도(Ultimate Strength ; E점)
⑤ 파괴강도(Breaking strength ; F점)

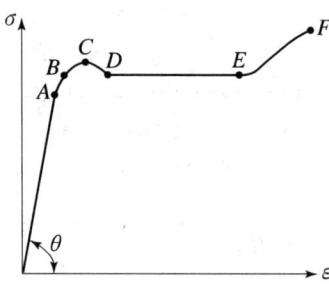

[구조용 강재의 인장시험 했을 때의 응력 변형률 선도]

※ $O-A$ 구간에서는 후크의 법칙이 성립하므로 응력(σ)과 변형률(ϵ)은 비례한다.

(1) 탄성계수(종탄성계수, 영계수) : kg/cm²

$$\tan\theta = E = \dfrac{\sigma}{\epsilon} = \dfrac{\dfrac{P}{A}}{\dfrac{\Delta l}{l}} = \dfrac{Pl}{A\,\Delta l}$$

여기서, σ : 응력(P/A), kg/cm², ϵ : 변형률($\Delta l/l$), E : 탄성계수(kg/cm²)

(2) 전단 탄성계수(횡탄성계수 ; G) : kg/cm^2

(3) 체적 탄성계수 : K

(4) 탄성계수들의 관계

① 탄성계수와 전단탄성계수의 관계

$$G = \frac{E}{2(1+\nu)} = \frac{E}{2\left(1+\dfrac{1}{m}\right)} = \frac{mE}{2(m+1)}$$

② 탄성계수와 체적탄성계수의 관계

$$K = \frac{E}{3(1-2\nu)} = \frac{E}{3\left(1-2\dfrac{1}{m}\right)} = \frac{mE}{3(m-2)}$$

3. 변형에너지

- 내부에너지로 저장되며 내부에너지는 외부의 일로 바꿀 수 있다.
- 변형에너지는 내력일이다.

$$\text{총변형에너지 } U = U_A + U_M + U_S + U_T$$

여기서, U_A : 축하중을 받는 보의 변형에너지 U_M : 휨 모멘트에 의한 변형에너지
U_S : 전단력에 의한 변형에너지 U_T : 비틀림 모멘트에 의한 변형에너지

(1) 축하중을 받는 보의 변형에너지 : U_A

$$U_A = \frac{1}{2}P\delta = \frac{1}{2}P\Delta l$$

여기서, δ : 처짐, P : 하중, Δl : 신장량

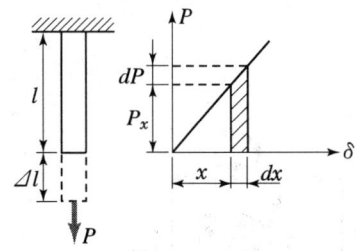

4. 변형에너지 밀도

단위체적당 변형에너지를 변형에너지 밀도라 한다.

(1) 레질리언스 계수(kg/cm^2)

부재가 비례한도 또는 탄성한도에 해당하는 응력을 받고 있을 때의 변형에너지 밀도를 레질리언스 계수라 한다.

5. 단축응력

(1) 일반응력

① 경사단면의 법선응력(수직응력) ; σ_θ

$$\sigma_\theta = \frac{N}{A'} = \frac{P\cos\theta}{\dfrac{A}{\cos\theta}} = \frac{P}{A}\cos^2\theta = \sigma_x \cos^2\theta$$

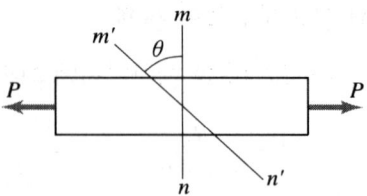

② 경사단면의 접선응력(전단응력) ; τ_θ

$$\tau_\theta = \frac{S}{A'} = \frac{P\sin\theta}{\dfrac{A}{\cos\theta}}$$

$$= \frac{P}{A}\sin\theta\cos\theta$$

$$= \frac{P}{A}\frac{1}{2}\sin 2\theta = \frac{\sigma_x}{2}\sin 2\theta$$

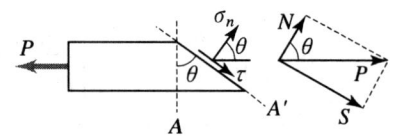

6. 주응력 및 주평면

(1) 최대 · 최소 주응력

$$\sigma_{\min}^{\max} = \frac{1}{2}(\sigma_x + \sigma_y) \pm \sqrt{\left(\frac{\sigma_x - \sigma_y}{2}\right)^2 + \tau_{xy}^2}$$

$$= \frac{1}{2}(\sigma_x + \sigma_y) \pm \frac{1}{2}\sqrt{(\sigma_x - \sigma_y)^2 + 4\tau_{xy}^2}$$

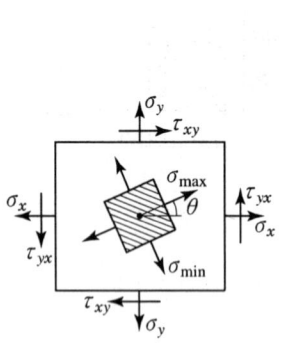 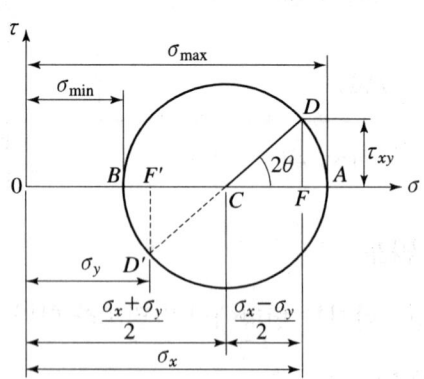

(2) 주응력 방향(θ)

$$\tan 2\theta = -\frac{2\tau_{xy}}{\sigma_x - \sigma_y}$$

(3) 최대 · 최소 전단응력

$$\tau_{\min}^{\max} = \pm \sqrt{\left(\frac{\sigma_x - \sigma_y}{2}\right)^2 + \tau_{xy}^2} = \pm \frac{1}{2}\sqrt{(\sigma_x - \sigma_y)^2 + 4\tau_{xy}^2}$$

(4) 모아원의 이해

① 1축 응력

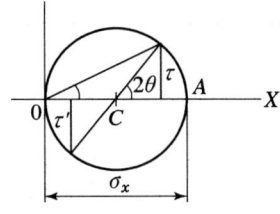

② 2축 응력

㉠ σ_x와 σ_y가 인장

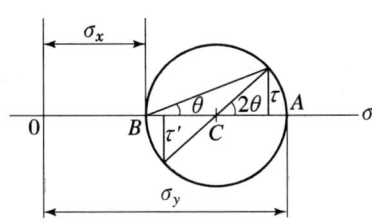

㉡ σ_x 인장, σ_y 압축

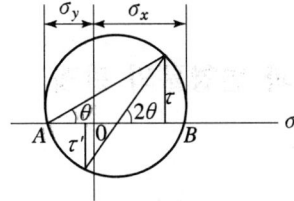

주 응력은 최대최소응력이므로 $\overline{OA}$와 $\overline{OB}$가 된다.

㉢ σ_x와 σ_y가 같을 때

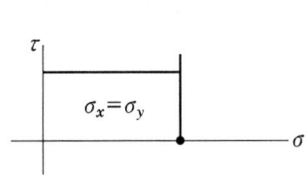

㉣ $|\sigma_x| = |\sigma_y|$

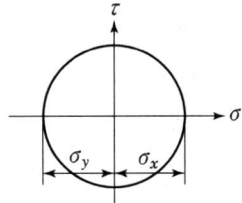

㉤ 중립축에서의 모아응력원($\sigma = 0$, $\tau \neq 0$)

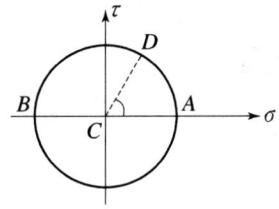

7. 최대 수직응력설과 최대 전단응력설

(1) 최대 수직응력설

$\sigma = \dfrac{P}{A} cos^2\theta$ 에서 $\theta = 0°$일 때 σ는 최대가 된다.

$$\sigma_{\max} = \dfrac{P}{A} = \sigma_x$$

(2) 최대 전단응력설

$\tau = \dfrac{P}{A} \dfrac{1}{2} \sin2\theta$ 에서 $\theta = 45°$일 때 τ는 최대가 된다.

$$\tau_{\max} = \dfrac{1}{2}\dfrac{P}{A} = \dfrac{\sigma_{\max}}{2} = \dfrac{\sigma_x}{2}$$

8. 3축응력과 변형률의 관계

(1) 선변형률

$$\epsilon_x = \dfrac{\sigma_x}{E} - \nu\dfrac{\sigma_y}{E} - \nu\dfrac{\sigma_z}{E}$$

$$\epsilon_y = \dfrac{\sigma_y}{E} - \nu\dfrac{\sigma_x}{E} - \nu\dfrac{\sigma_z}{E}$$

$$\epsilon_z = \dfrac{\sigma_z}{E} - \nu\dfrac{\sigma_x}{E} - \nu\dfrac{\sigma_y}{E}$$

(2) 체적변형률

$$\begin{aligned}\epsilon_v &= \dfrac{\Delta V}{V} = \epsilon_x + \epsilon_y + \epsilon_z \\ &= \dfrac{\sigma_x - \nu\sigma_y - \nu\sigma_z + \sigma_y - \nu\sigma_x - \nu\sigma_z + \sigma_z - \nu\sigma_x - \nu\sigma_y}{E} \\ &= \dfrac{(\sigma_x + \sigma_y + \sigma_z)(1 - 2\nu)}{E}\end{aligned}$$

1-9 보의 응력

1. 휨응력(Bending Stress)

(1) 휨응력 일반식

$$\sigma = \frac{M}{Z} = \frac{M}{I}y$$

여기서, M : 휨모멘트, Z : 단면계수, I : 단면2차모멘트, y : 도심축으로부터 연단까지의 거리

(2) 휨응력 분포도

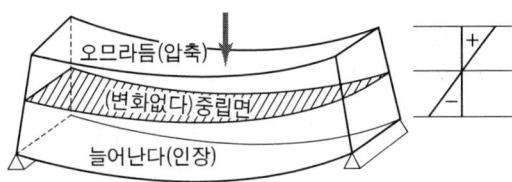

2. 전단응력

(1) 전단응력 일반식

$$\tau = \frac{S}{A} = \frac{S}{Ib}G_x$$

여기서, S : 전단력, I : 단면2차모멘트, b : 단면폭
G : 구하고자 하는 점의 위부분 또는 아래부분의 중립축에 대한 단면1차모멘트

(2) 전단응력 분포도

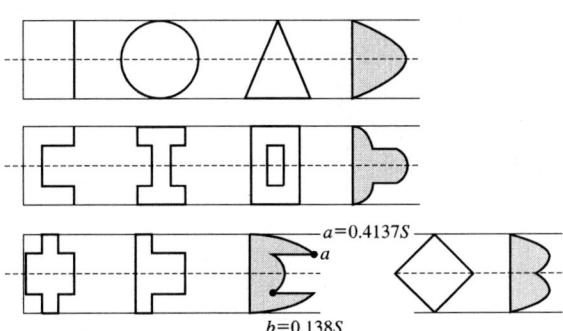

(3) 보의 전단응력(균일재보)

① 일반식

$$\tau = 전단계수 \times 평균전단응력 = \lambda \times \tau_{aver} = \lambda \times \frac{S}{A}$$

여기서, S : 전단력, A : 단면적

㉠ 구형단면 $\tau_{\max(중앙)} = \frac{3}{2}\frac{S}{A}$

㉡ 원형단면 $\tau_{\max(중앙)} = \frac{4}{3}\frac{S}{A}$

㉢ 삼각형단면 $\tau_{\max(중앙)} = \frac{3}{2}\frac{S}{A}$

                     $\tau_{도심} = \frac{4}{3}\frac{S}{A}$

㉣ I형단면 $\tau_{\max(중앙)} = S \cdot \frac{G}{I \cdot b_{\min}}$

㉤ 마름모꼴단면 $\tau_{\max} = \frac{9}{8}\frac{S}{A}$

마름모꼴 단면은 도심으로부터 상·하측으로 $\frac{a}{4 \cdot \sqrt{2}}$ 의 위치에서 전단응력이 최대이다.

1-10 기 둥

1. 단주와 장주의 구별

(1) 최대 세장비 ; λ

$$\lambda = \frac{l}{r_{\min}}$$

여기서, l : 부재길이

$r_{\min}$: 최소 회전반경 $= \sqrt{\dfrac{I_{\min}}{A}}$

A : 면적

$I_{\min}$: 최소 주단면 2차 모멘트

(구형일 경우 $\dfrac{bh^3}{12}$에서 h를 짧은변 쪽으로 잡아 I를 구한다.)

(2) 유효세장비

$$\lambda_k = \frac{kl}{r_{\min}}$$

여기서, kl : 기둥의 좌굴길이

2. 단 주

(1) 단주의 압축응력(단주상의 A, B, C, D, F 점의 응력)

	(중앙)	(x축)	(y축)
$\sigma_A =$	$-\sigma_{중앙}$	$-\sigma_x$	$-\sigma_y$
$\sigma_B =$	$-\sigma_{중앙}$	$-\sigma_x$	$+\sigma_y$
$\sigma_C =$	$-\sigma_{중앙}$	$+\sigma_x$	$+\sigma_y$
$\sigma_D =$	$-\sigma_{중앙}$	$+\sigma_x$	$-\sigma_y$
$\sigma_F =$	$-\sigma_{중앙}$	$-\sigma_x$	$+\sigma_y$

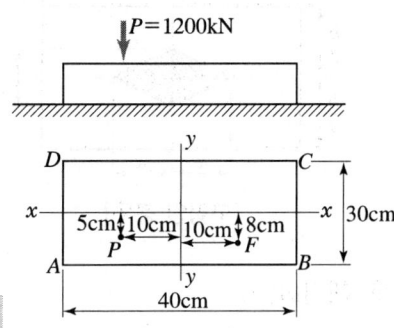

$$\sigma = \sigma' \pm \sigma''_x \pm \sigma''_y = -\frac{P}{A} \pm \frac{Pe_y}{I_x}y \pm \frac{Pe_x}{I_y}x$$

$$\sigma_A = -\overset{(중앙)}{\frac{1200000}{(400)(300)}} - \overset{(x축\ 휨응력)}{\frac{(1200000)(50)}{\frac{(400)(300)^3}{12}}(150)} - \overset{(y축\ 휨응력)}{\frac{(1200000)(100)}{\frac{(300)(400)^3}{12}}(200)}$$

$$= -10 - 10 - 15 = -35\,\mathrm{MPa}$$

$$\sigma_B = -\frac{1200000}{(400)(300)} - \frac{(1200000)(50)}{\frac{(400)(300)^3}{12}}(150) + \frac{(1200000)(100)}{\frac{(300)(400)^3}{12}}(200)$$

$$= -10 - 10 + 15 = -5\,\mathrm{MPa}$$

$$\sigma_C = -\frac{1200000}{(400)(300)} + \frac{(1200000)(50)}{\frac{(400)(300)^3}{12}}(150) + \frac{(1200000)(100)}{\frac{(300)(400)^3}{12}}(200)$$

$$= -10 + 10 + 15 = 15\,\mathrm{MPa}$$

$$\sigma_D = -\frac{1200000}{(400)(300)} + \frac{(1200000)(50)}{\frac{(400)(300)^3}{12}}(150) - \frac{(1200000)(100)}{\frac{(300)(400)^3}{12}}(200)$$

$$= -10 + 10 - 15 = -15\,\mathrm{MPa}$$

$$\sigma_F = -\frac{1200000}{(400)(300)} - \frac{(1200000)(50)}{\frac{(400)(300)^3}{12}}(80) + \frac{(1200000)(100)}{\frac{(300)(400)^3}{12}}(100)$$

$$= -10 - 5.33 + 7.5 = -7.83\,\mathrm{MPa}$$

(2) 단주의 핵

① 핵

인장응력이 생기지 않고 압축응력만 생기는 구간을 핵이라 한다.

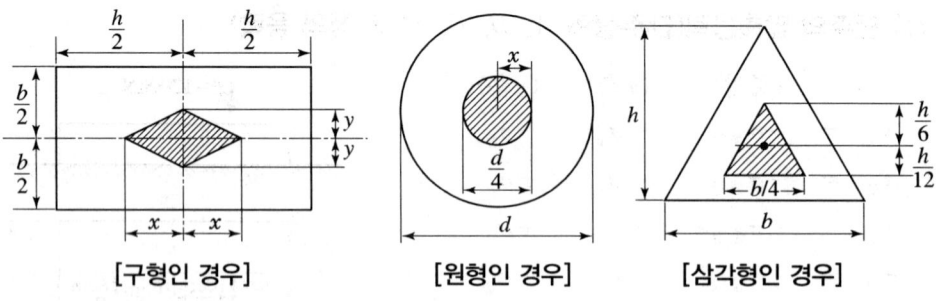

[구형인 경우]　　　　[원형인 경우]　　　　[삼각형인 경우]

② 핵거리(x)

㉠ 구형 : $\left(\dfrac{h}{6},\ \dfrac{b}{6}\right)$　　㉡ 원형 : $\dfrac{d}{8}$　　㉢ 삼각형 : $\left(\dfrac{b}{8},\ \dfrac{h}{6},\ \dfrac{h}{12}\right)$

3. 장 주

(1) 좌굴방향

① 최대주축방향(I_{max} 축 방향)
② 최소주축과 직각방향(I_{min} 축과 직각방향)
③ 단변방향
④ 장변방향과 직각방향

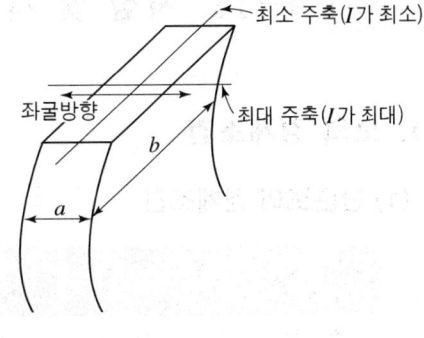

(2) 오일러 공식

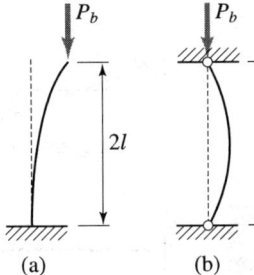

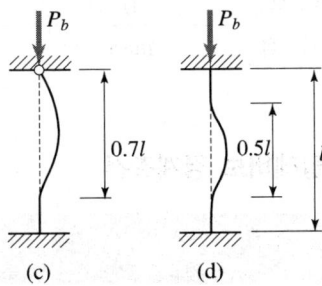

① 좌굴길이(kl) = $2l$ l $0.7l$ $0.5l$
② 강도(내력, n) = $1/4$ 1 2 4

$$n = \frac{l^2}{(kl)^2}$$

③ 좌굴하중(P_b)

$$P_b = \frac{\pi^2 EI}{l_k^2} = \frac{n\pi^2 EI}{l^2}$$

여기서, $l_k(kl)$: 좌굴길이
  n : 지지조건에 따른 강도(내력)
  단, $I = I_{min}$ (구형에서는 $\frac{bh^3}{12}$, h : 단변)
  h : 안전이 고려되는 방향의 변의 길이(단면이 약한쪽으로 좌굴되므로 일반적으로 단변)

④ 좌굴응력(σ_b)

$\sigma_b = \dfrac{P_b}{A} = \dfrac{\pi^2 EI}{l_k^2 A} = \dfrac{n\pi^2 EI}{l^2 A}$ 에서 $r = \sqrt{\dfrac{I}{A}}$ 이므로 $\dfrac{I}{A}$ 대신 r^2을 대입하면

$$\sigma_b = \frac{\pi^2 E}{l_k^2} r^2 = \frac{n\pi^2 E}{l^2} r^2 = \frac{\pi^2 E}{\left(\dfrac{l_k}{r}\right)^2} = \frac{n\pi^2 E}{\left(\dfrac{l}{r}\right)^2} = \frac{\pi^2 E}{\lambda_k^2} = \frac{n\pi^2 E}{\lambda^2}$$

1-11 처짐 및 처짐각

1. 보의 경계조건

(1) 단순보의 경계조건

위치 \ 종류	처짐각	처 짐
중앙부근	0	max
지 점	max	0

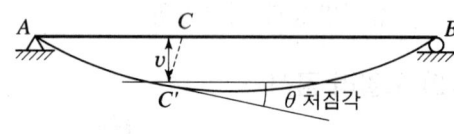

(2) 캔틸레버보 경계조건

위치 \ 종류	처짐각	처 짐
고정단	0	0
자유단	max	max

2. 곡률방정식

$$\frac{1}{R} = \frac{M}{EI}$$

여기서, R : 곡률반경, $\frac{1}{R}$: 곡률, EI : 휨강성(굴곡강성), M : 휨모멘트

 **EI (휨강성, 굴곡강성)**
단위곡률반경으로 변형되게 하기위하여 보에 작용시켜야 하는 휨모멘트
$\frac{1}{R} = \frac{M}{EI}$ 에서 $R = 1(\frac{1}{R} = 1)$ 이면 $EI = M$

3. 처짐 및 처짐각 해법 종류

① 미분방정식법(2중 적분법)
② 모멘트 면적법

③ 탄성하중법
④ Betti와 Maxwell의 정리(상반정리)
⑤ 공액보법
⑥ 가상일의 방법(단위 하중법)
⑦ 카스틸리아노의 제 2정리

4. 미분방정식법

(1) 탄성곡선식의 일반식

$$\frac{d^2y}{dx^2} = -\frac{M_x}{EI}$$

여기서, EI : 휨강성(굴곡강성), M : 휨모멘트

5. 공액보법

보(정정보 및 부정정보)에 적용

(1) 공액보법 푸는 방식(순서)

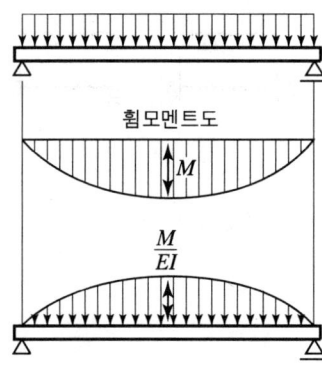

① 실제보의 BMD 작도
② 탄성하중 = $\dfrac{실제보 BMD}{EI}$
  • 하향하중 : (+) 값
  • 상향하중 : (−) 값
③ 실제보 ⇒ 공액보로 변환
④ 공액보에 탄성하중 작용시킴
⑤ 실제보의 처짐각 = 공액보의 전단력
  • 시계방향 : (+) 값
  • 반시계방향 : (−) 값
  실제보의 처짐 = 공액보의 휨모멘트
  • 하향처짐 : (+) 값
  • 상향처짐 : (−) 값

(2) 공액보 변환 - 단부조건(지점조건)

① 지점의 위치가 끝단인 경우

실제보의 단부조건	공액보의 단부조건	그림	
		실 제 보	공 액 보
회전단 또는 이동단인 경우 ⇒	회전단 또는 이동단		
고정단인 경우 ⇒	자유단		
자유단인 경우 ⇒	고정단		

② 지점의 위치가 내부인 경우

실제보의 단부조건	공액보의 단부조건	그림	
		실 제 보	공 액 보
회전단 또는 이동단 ⇒	핀(힌지)		
핀 (힌지) ⇒	이동단		

③ 실제보의 공액보 변환 예

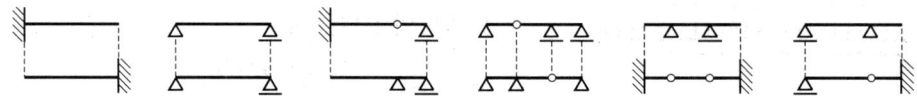

6. 탄성하중법

단순보에만 적용

(1) 탄성하중법 푸는 방식(순서)

① 실제보의 BMD 작도

② 탄성하중 $= \dfrac{\text{실제보} BMD}{EI}$

  • 하향하중 : (+) 값
  • 상향하중 : (−) 값

③ 실제보 ⇒ 가상보(실제보에서 하중을 제거)로 변환

④ 가상보에 탄성하중 작용시킴

⑤ 실제보의 처짐각=가상보의 전단력
- 시계방향 : (+) 값
- 반시계방향 : (−) 값
  실제보의 처짐=가상보의 휨모멘트
- 하향처짐 : (+) 값
- 상향처짐 : (−) 값

7. 모멘트 면적법

(1) 제1정리

임의의 두 점 사이의 기울기(처짐각)는 임의의 두 점의 접선이 이루는 각으로서 그 변화량 θ는 그 두 점 사이의 $\dfrac{M}{EI}$도의 면적과 같다.

$$\theta = \int \frac{M}{EI}dx = \frac{A}{EI}$$

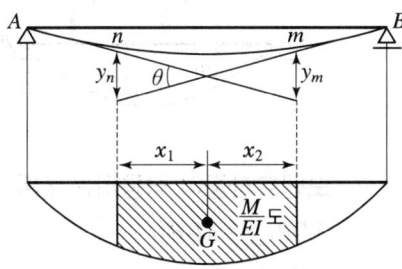

(2) 제2정리

임의의 점 B로부터, A점에서 그은 접선까지의 수직거리, y는 A점과 B점 사이의 $\dfrac{M}{EI}$도의 면적의 B점에 관한 1차 모멘트 값이다.

$$y = \int \frac{M}{EI} \cdot x \cdot dx = \frac{A}{EI} \cdot x$$

8. Betti와 Maxwell의 정리

(1) 상반정리(Betti의 정리)

외적가상일 = 내적가상일
외적가상일 = 가상계의 힘×이에 대응하는 실제계의 변위

① 집중하중이 작용하는 경우
 ㉠ P하중계를 가상계로보고 Q하중계를 실제계로 본 경우

$$P_1\delta_1 + P_2\delta_2 = \int \frac{M_U M_L}{EI} d_x$$

ⓒ Q하중계를 가상계로 보고 P하중계를 실제계로 본 경우

$$Q_1\delta_3 + Q_2\delta_4 = \int \frac{M_U M_L}{EI} d_x$$

내적가상일이 동일하므로 $P_1\delta_1 + P_2\delta_2 = Q_1\delta_3 + Q_2\delta_4$

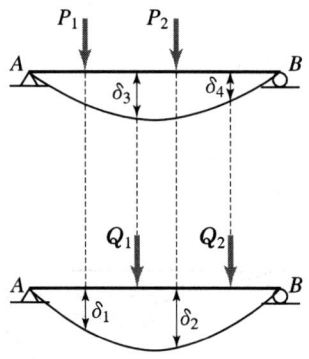

② 모멘트하중이 작용하는 경우

$M_1 \theta_{12} = M_2 \theta_{21}$

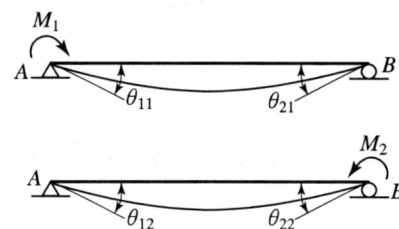

③ 집중하중과 모멘트하중이 동시에 작용하고 있는 경우

$$P_1\delta_1 + P_2\delta_2 + M_1\theta_{12} = Q_1\delta_3 + Q_2\delta_4 + M_2\theta_{21}$$

(2) 맥스웰(Maxwell)의 정리

Betti의 정리에서 $P_1 = P_2$, $M_1 = M_2$인 경우 $\delta_{21} = \delta_{12}$, $\theta_{21} = \theta_{12}$가 성립한다.

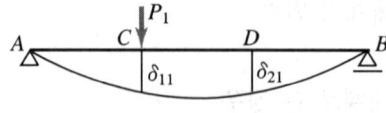

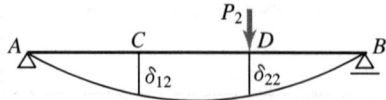

9. 여러 종류의 처짐각과 처짐값

	하중상태	처짐각	처짐
①	A, B 단순보, 중앙 P 집중하중 ($l/2$)	$\theta_A = -\theta_B = \dfrac{Pl^2}{16EI}$	$y_{\max} = \dfrac{Pl^3}{48EI}$
②	A, B 단순보, P 집중하중 (a, b)	$\theta_A = \dfrac{Pb}{6EIl}(l^2 - b^2)$ $\theta_B = -\dfrac{Pa}{6EIl}(l^2 - a^2)$	$y_c = \dfrac{Pa^2b^2}{3EIl}$
③	A, B 단순보, 등분포하중 ω	$\theta_A = -\theta_B = \dfrac{\omega l^3}{24EI}$	$y_{\max} = \dfrac{5\omega l^4}{384EI}$
④	A, B 단순보, 삼각형 분포하중 ω	$\theta_A = \dfrac{7\omega l^3}{360EI}$ $\theta_B = \dfrac{8\omega l^3}{360EI}$	$y_{\max} = 0.0062\dfrac{\omega l^4}{EI}$
⑤	A, B 단순보, 중앙 삼각형 분포하중 ω	$\theta_A = -\theta_B = \dfrac{5\omega l^4}{192EI}$	$y_{\max} = \dfrac{\omega l^4}{120EI}$
⑥	A, B 단순보, 양단 모멘트 M_A, M_B	$\theta_A = \dfrac{l}{6EI}(2M_A + M_B)$ $\theta_B = -\dfrac{l}{6EI}(M_A + 2M_B)$	$M_A = M_B = M$ $y_{\max} = \dfrac{Ml^2}{8EI}$
⑦	A, B 단순보, A단 모멘트 M_A	$\theta_A = \dfrac{M_A l}{3EI}$ $\theta_B = -\dfrac{M_A l}{6EI}$	
⑧	A, B 단순보, A단 모멘트 M_A (반대방향)	$\theta_A = -\dfrac{M_A l}{3EI}$ $\theta_B = \dfrac{M_A l}{6EI}$	
⑨	A 고정, B 자유단, B에 P 집중하중	$\theta_B = \dfrac{Pl^2}{2EI}$	$y_B = \dfrac{Pl^3}{3EI}$
⑩	A 고정, B 자유단, P 집중하중 (a, b)	$\theta_C = -\theta_B = \dfrac{Pa^2}{2EI}$	$y_B = \dfrac{Pa^2}{6EI}(3l - a)$

	하중상태	처짐각	처짐
⑪	A, C (P at l/2), B, cantilever length l	$\theta_C = -\theta_B = \dfrac{Pl^2}{8EI}$	$y_B = \dfrac{5Pl^3}{48EI}$
⑫	A—l/2—C—l/2—B with P down at B and P up at C	$\theta_B = \dfrac{3Pl^2}{8EI}$	$y_B = \dfrac{11Pl^3}{48EI}$
⑬	Cantilever with UDL ω over length l	$\theta_B = \dfrac{\omega l^3}{6EI}$	$y_B = \dfrac{\omega l^4}{8EI}$
⑭	Cantilever with UDL ω over left half (A to C)	$\theta_C = -\theta_B = \dfrac{\omega l^3}{48EI}$	$y_B = \dfrac{7\omega l^4}{384EI}$
⑮	Cantilever with UDL ω over right half (C to B)	$\theta_B = \dfrac{7\omega l^3}{48EI}$	$y_B = \dfrac{41\omega l^4}{384EI}$
⑯	Cantilever with triangular load (max at A)	$\theta_B = \dfrac{\omega l^3}{24EI}$	$y_B = \dfrac{wl^4}{30EI}$
⑰	Cantilever with moment M at free end B	$\theta_B = \dfrac{Ml}{EI}$	$y_B = \dfrac{Ml^2}{2EI}$
⑱	Cantilever with moment M at midpoint C	$\theta_B = \dfrac{Ml}{2EI}$	$y_B = \dfrac{3Ml^2}{8EI}$
⑲	Propped cantilever: A fixed, B roller, P at mid C	$\theta_B = -\dfrac{Pl^2}{32EI}$	$y_C = \dfrac{7Pl^3}{768EI}$
⑳	Propped cantilever with UDL ω	$\theta_B = -\dfrac{\omega l^3}{8EI}$	$y_{\max} = \dfrac{\omega l^4}{185EI}$
㉑	Fixed-fixed beam with P at midpoint		$y_{\max} = \dfrac{Pl^3}{192EI}$
㉒	Fixed-fixed beam with UDL ω		$y_{\max} = \dfrac{\omega l^4}{384EI}$

	하중상태	처짐각	처짐
㉓	$A \xleftarrow{\quad l \quad} B \curvearrowleft M$	$\theta_B = -\dfrac{Ml}{4EI}$	

10. 탄성에너지(일)

(1) 탄성변형일(elastic strain energy ; 내력일(internal work))

$$W_i = \text{축응력이 하는 일} + \text{휨응력이 하는 일} + \text{전단응력이 하는 일}$$
$$\quad + \text{비틀림응력이 하는 일}$$
$$= \int_0^l \frac{N^2}{2EA}dx + \int_0^l \frac{M^2}{2EI}dx + \int_0^l \frac{kS^2}{2GA}dx + \int_0^l \frac{T^2}{2GJ}dx$$

(2) 외력일(external work)

$$\frac{1}{2}(\Sigma P\delta + \Sigma M)$$

(3) 에너지 보존의 법칙

외력일 = 내력일
$$\frac{1}{2}(\Sigma P\delta + \Sigma M) = \int_0^l \frac{N^2}{2EA}dx + \int_0^l \frac{M^2}{2EI}dx + \int_0^l \frac{kS^2}{2GA}dx + \int_0^l \frac{T^2}{2GJ}dx$$

(4) 탄성에너지 계산법

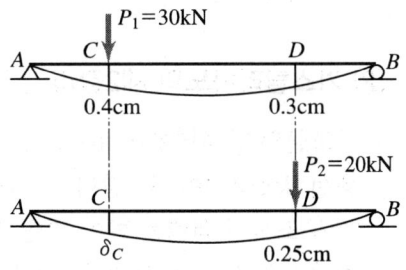

단순보의 C점에 P_1작용했을 때, C 및 D점의 처짐(수직변위)이 각각 0.4cm, 0.3cm이고, P_2가 단독으로 작용했을 때 D점의 수직변위는 0.25cm인 경우

① C점의 처짐
   베티의 상반정리로부터
   $(30)(\delta_C) = (20)(0.3)$
   $\therefore \delta_C = 0.2 \text{ cm}$

② P_1이 먼저 작용하고 P_2가 다음에 작용하는 경우의 P_1이 한 일

$$W_1 = \left(\frac{1}{2}\right)(30)(0.4) + (30)(0.2)$$
$$= 12\text{kN}\cdot\text{cm} = 0.12\text{kN}\cdot\text{m}$$

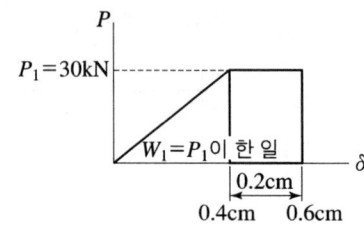

③ P_1이 먼저 작용하고 P_2가 다음에 작용하는 경우의 P_2가 한 일

$$W_2 = \left(\frac{1}{2}\right)(20)(0.25)$$
$$= 2.5\text{kN}\cdot\text{cm} = 0.025\text{kN}\cdot\text{m}$$

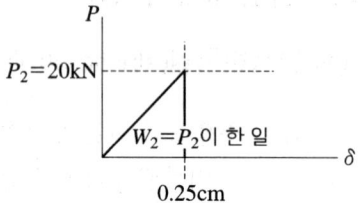

④ P_1 및 P_2가 한 일

$$W = W_1 + W_2 = 0.12 + 0.025 = 0.145\text{kN}\cdot\text{m}$$

11. 카스틸리아노(Castigliano)의 정리에 의한 방법

(1) 카스틸리아노의 제1정리

탄성체에 외력 또는 모멘트가 작용할 때 전체 변형에너지 Ui를 하중 작용점에서 힘의 방향의 처짐(처짐각)으로 1차 편미분한 것은 그 점의 힘(모멘트)과 같다.

$$P_i = \frac{\Delta U_i}{\Delta \delta_i} \qquad M_i = \frac{\Delta U_i}{\Delta \theta_i}$$

여기서, U_i : 전체 변형에너지, P_i, M_i, δ_i, θ_i : i점의 하중, 모멘트, 처짐, 처짐각

(2) 카스틸리아노의 제2정리

구조물의 탄성변형에너지를 임의의 외력으로 편미분한 값은 그 힘의 작용점의 힘의 작용선 방향의 변위와 같다.

한 구조물이 외력을 받아 변형을 일으켰을 때, 구조물 재료가 탄성적이고 온도 변화나 지점 침하가 없는 경우에 구조물은 변형에너지의 어느 특정한 힘(또는 우력) P_n에 관한 1차편도함수가 그 힘의 작용점에서 작용선 방향의 처짐 또는 처짐각과 같다.

$$\theta_n = \frac{\Delta W_i}{\Delta M_n} \qquad \delta n = \frac{\Delta W_i}{\Delta P_n}$$

여기서, θ_n : 처짐각, δ_n : 처짐, M : 휨모멘트, W_i : 변형에너지, P : 하중

(3) 최소일의 정리(theorem of least work)

구조물의 지지점의 반력 방향으로 변형 또는 회전하였을 때 내력이 한 일을 그 지점의 반력으로 1회 편미분한 것이 0이 되는 것이다.

$$\frac{\Delta W_i}{\Delta R_n} = 0$$

여기서, W_i : 탄성변형(내력일), R_n : 임의 지점의 반력

1-12 부정정 구조해석

1. 변위일치의 방법(변형일치법, 적합방정식, 처짐의 방법, 겹침방정식, 탄성방정식)

(1) 풀이법(B점 반력, A점 반력)

① 등분포 하중 작용시

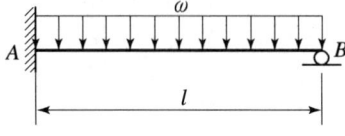

㉠ [R_B]

$$\delta_B = \delta_{B1} + \delta_{B2} - \frac{\omega l^4}{8EI} - \frac{R_B l^3}{3EI} = 0$$

$$\therefore R_B = \frac{3wl}{8} (\uparrow)$$

㉡ [R_A]

$$\sum V = 0 \uparrow +$$

$$R_A - \omega l + \frac{3\omega l}{8} = 0$$

$$\therefore R_A = \frac{5\omega l}{8} (\uparrow)$$

㉢ [M_A]

$$\sum M_A = 0 \curvearrowright +$$

$$M_A + w \left| \frac{l}{2} - \frac{3wl}{8} \right| = 0$$

$$\therefore M_A = -\frac{wl^2}{8} = \frac{wl^2}{8} (\curvearrowright)$$

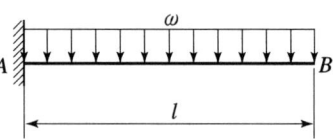

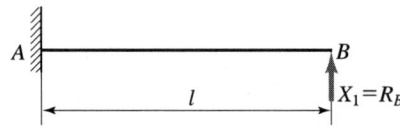

② 모멘트 하중 작용시

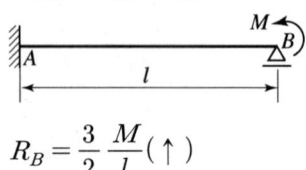

$$R_B = \frac{3}{2} \frac{M}{l} (\uparrow)$$

2. 처짐각법(요각법)

① 절점에 생기는 절점각과 부재각을 함수로 표시한 절점방정식과 층방정식에 의해 절점각과 부재각을 구하고 재단 모멘트를 구하는 방법이다.

② 정정구조물의 해석과 라멘의 해석에 편리하게 적용할 수 있다.

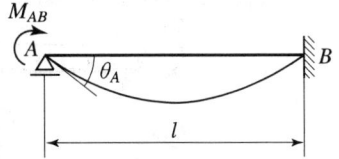

㉠ $M_{AB} = M_{(모멘트하중 발생점)} = \dfrac{4EI\theta}{l}$ ⇒ $\theta = \dfrac{Ml}{4EI}$

㉡ $M_{BA} = M_{(모멘트하중 발생 안한 점)} = \dfrac{2EI\theta}{l}$ ⇒ $\theta = \dfrac{Ml}{2EI}$

3. 모멘트 분배법

① 연립방정식을 풀지 않고 도상에서 기계적인 계산으로 미지량을 구하는 방법
② 부정정 구조물의 수계산 방법으로 가장 좋은 방법(가장 쉬운 방법)

(1) 모멘트 분배법의 해법 순서

① 강도(K ; 부재강도) 및 부재상대강도(k) 계산
② 고정단 모멘트(FEM) 세움
③ 분배율(DF)과 분배모멘트(DM) 계산
④ 전달률(COF)과 전달모멘트(CM) 계산
⑤ 최종 재단모멘트(FM) 계산

(2) 절대강도와 강비(부재상대강도)의 계산

① **기본 절대강도** : 양단 고정단인 경우 $K = \dfrac{4EI}{l}$

여기서, I : 부재의 단면 2차 모멘트, l : 부재의 길이

② **기본 강비**(부재상대강도) : 양단이 고정단인 경우 $k = \dfrac{I}{l}$

부재 및 지점 상태	강비(부재상대강도)	절대강도
양단고정	$k = \dfrac{I}{l}$	$K = \dfrac{4EI}{l}$
일단고정 타단활절	$\dfrac{3}{4}k = \dfrac{3}{4}\dfrac{I}{l}$ (75%)	$\dfrac{3}{4}K = \dfrac{3EI}{l}$ (75%)

(3) 고정단 모멘트(하중항)

양단 고정단인 경우	C_{AB}	C_{BA}
등분포하중 ω (전구간)	$\dfrac{\omega L^2}{12}$	$\dfrac{\omega L^2}{12}$
집중하중 P (a, b)	$\dfrac{Pab^2}{L^2}$	$\dfrac{Pa^2b}{L^2}$
집중하중 P (중앙)	$\dfrac{PL}{8}$	$\dfrac{PL}{8}$
삼각분포하중 ω	$\dfrac{\omega L^2}{30}$	$\dfrac{\omega L^2}{20}$
모멘트 하중 M (a, b)	$\dfrac{bM}{L}$	$\dfrac{aM}{L}$

B단이 끝단 회전단인 경우	$H_{AB} = C_{AB} + \dfrac{1}{2} C_{BA}$
등분포하중 ω	$\dfrac{\omega L^2}{8}$
집중하중 P (a, b)	$\dfrac{Pab^2}{L^2} + \dfrac{1}{2}\dfrac{Pa^2b}{L^2}$
집중하중 P (중앙)	$\dfrac{3PL}{16}$
삼각분포하중 ω	$\dfrac{\omega L^2}{30} + \dfrac{1}{2}\dfrac{\omega L^2}{20} = \dfrac{7\omega L^2}{120}$
모멘트 하중 M	$\dfrac{bM}{L} + \dfrac{1}{2}\dfrac{aM}{L} = \dfrac{2bM + aM}{2L}$

(4) 불균형 모멘트(U.B.M)

한 절점에서의 재단 모멘트 합

(5) 분배율과 분배모멘트

① 분배율(DF)

$$DF_{ij} = \frac{K_{ij}}{\sum K} \text{ 또는 } \frac{k_{ij}}{\sum k}$$

여기서, K_{ij} : 구하고자 하는 부재의 부재강도
k_{ij} : 구하고자 하는 부재의 상대강도
$\sum K$: 한 절점에서 만나는 부재들의 강도 합
$\sum k$: 한 절점에서 만나는 부재들의 상대강도 합

② 분배모멘트(M_{ij})

$$M_{ij} = 분배율 \times 불균형모멘트 = DF_{ij} \times M$$

(6) 전달률(COF)과 전달모멘트(CM)

① 전달률(COF) = $\dfrac{분배율}{2} = \dfrac{DF}{2}$

② 전달모멘트(CM) = 전달률 × 모멘트 = $\dfrac{분배율}{2}$ × 모멘트 = 분배모멘트 × $\dfrac{1}{2}$

㉠ 고정단은 분배모멘트를 전달만 받고 분배되지 않는다.
㉡ 힌지단은 분배모멘트를 전달받지 못하고 1회 분배된다.

(7) 최종 재단모멘트

① 최종 재단모멘트 = 고정단모멘트 + 총 분배모멘트 + 총 전달모멘트
② 최종 재단모멘트 = 구하는 점에 작용되고 있는 모멘트 + 구하는 점의 전달 모멘트

(8) 풀이 방법(A점 반력 모멘트 EI는 모두 일정)

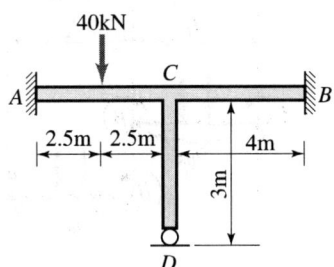

① 하중항

$$C_{AC} = C_{CA} = \frac{Pl}{8} = \frac{40 \times 5}{8} = 25 \text{kN} \cdot \text{m}$$

② 강비

$$k_{CA} : k_{CB} : k_{CD} = \frac{1}{5} : \frac{1}{4} : \frac{1}{3} \times \frac{3}{4} = 4 : 5 : 5$$

③ 분배율

$$DF_{CA} = \frac{4}{14}$$

④ 분배모멘트

$$M_{CA분배} = C_{CA} \times DF_{CA} = 25 \times \frac{4}{14} = \frac{100}{14} \; (\curvearrowleft)$$

⑤ 전달모멘트

$$M_{AC전달} = \frac{1}{2} M_{CA분배} = \frac{1}{2} \times \frac{100}{14} = 28.57 \text{kN} \cdot \text{m}(\curvearrowleft)$$

⑥ A점의 반력모멘트(최종재단모멘트)

$$M_{AC} = C_{AC} + \frac{1}{2} M_{CA} = 25 + \frac{1}{2} \times \frac{100}{14} = 28.57 \text{kN} \cdot \text{m}(\curvearrowleft)$$

4. 3연모멘트법

(1) 적용

① 연속보에 적용된다.
② 3지점(2경간)을 1조로 방정식을 하나씩 세운다.

(2) 기본식

$$M_A \cdot \frac{l_1}{I_1} + 2M_B \cdot \left(\frac{l_1}{I_1} + \frac{l_2}{I_2} \right) + M_C \cdot \frac{l_2}{I_2}$$
$$= 6E(\theta'_{BA} - \theta'_{BC}) + 6E(\beta_1 - \beta_2)$$

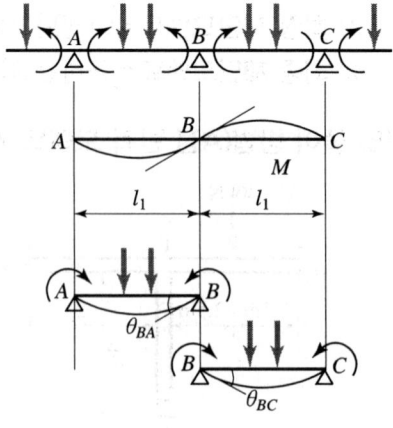

여기서, θ'_{BA} : BA 구간을 단순보로 생각 했을 때
하중에 의한 지점 B의 처짐각
θ'_{BC} : BC 구간을 단순보로 생각 했을 때
하중에 의한 지점 B의 처짐각
$\beta_1 : \dfrac{\delta_B - \delta_A}{l_1}$
$\beta_2 : \dfrac{\delta_C - \delta_B}{l_2}$
$\delta_A, \delta_B, \delta_C$: A, B, C 지점침하

(3) 구조에의 적용

① 고정단이 없는 경우

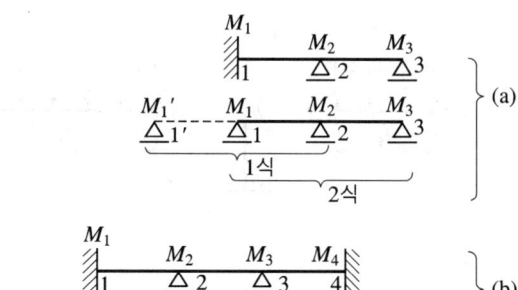

② 고정단을 갖는 경우

5. 매트릭스 방법(Matrix method)

구조 해석에 적용할 수 있도록 컴퓨터 사용에 필요한 수식을 매트릭스 기호로 표시하고, 이를 처리하기 위한 매트릭스 대수를 이용한 계산기법이다.

6. 기둥의 좌굴부 해석

(1) 해석1

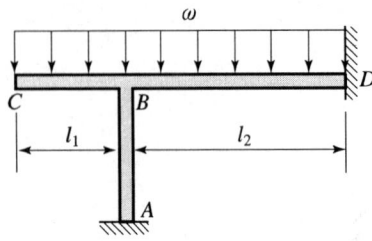

AB기둥에 모멘트가 생기지 않으려면
보의 B점에 대한 모멘트의 좌 · 우측값이 같아야 하므로

$M_{B\,바로\,좌측} = \omega \cdot l_1 \cdot \dfrac{l_1}{2} = \dfrac{\omega \cdot l_1^2}{2}$

$M_{B\,바로\,우측} = \dfrac{\omega \cdot l_2^2}{12}$

$\dfrac{\omega \cdot l_1^2}{2} = \dfrac{\omega \cdot l_2^2}{12}$

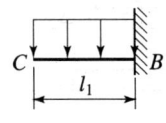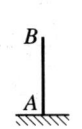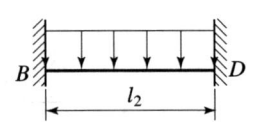

Chapter 2 측량학

 ## 2-1 측량학 개론

1. 측량의 정의

점의 위치를 구하는 것

2. 측량지역 면적에 따른 분류

(1) 소지측량(평면측량, 국지측량) : 지구 곡률을 고려하지 않는 측량

$$\text{정도(정밀도) } h = \frac{d-D}{D} = \frac{1}{m} = \frac{1}{10^6} = \frac{D^2}{12r^2}$$

여기서, r : 지구반경 = 6370km

① 평면으로 간주되는 거리 (정도 $\frac{1}{100만}$ 일 때)

$\frac{1}{10^6} = \frac{D^2}{12r^2}$ 에서

직경 $D = \sqrt{\frac{12r^2}{10^6}} = \sqrt{\frac{12 \times 6370^2}{10^6}} ≒ 22.1\text{km}$

반경 $r = 11\text{km}$

② 거리허용오차(정도 $\frac{1}{100만}$ 일 때)

$\frac{d-D}{D} = \frac{D^2}{12r^2}$ 에서 $d-D = \frac{D^3}{12r^2} = \frac{22.1^3}{12 \times 6370^2} = 0.000022\,\text{km} = 22\,\text{mm}$

③ 평면간주면적(정도 $\frac{1}{100만}$일 때)

$$A = \frac{\pi \times 22.1^2}{4} \fallingdotseq 400 \text{km}^2$$

(2) 대지측량(측지측량)

지구 곡률을 고려하는 측량

3. 구과량

$$\epsilon'' = \text{구면삼각형 내각} - 180°$$
$$= (A + B + C) - 180°$$
$$= \frac{F}{R^2}\rho''$$

여기서, ϵ'' : 구과량, F : 삼각형의 면적
R : 지구반경

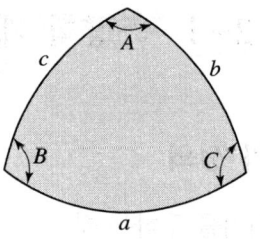

4. 측지학

(1) 기하학적 측지학

① 측지학적 3차원 위치결정
② 사진 측정
③ 길이 및 시의 결정
④ 수평 위치의 결정
⑤ 높이의 결정
⑥ 천문 측량
⑦ 위성 측지
⑧ 하해 측지
⑨ 면적 및 체적의 산정
⑩ 지도 제작

(2) 물리학적 측지학

① 지구의 형상 해석
② 지구 조석
③ 중력 측정
④ 지자기 측정
⑤ 탄성파 측정
⑥ 지구 극운동 및 자전운동
⑦ 지각 변동 및 균형
⑧ 지구의 열
⑨ 대륙의 부동
⑩ 해양의 조류

5. 지구의 물리측정

(1) 지자기 3요소

① 편각 : 자북선과 진북선이 이루는 각
② 복각 : 자북선과 수평분력이 이루는 각
③ 수평분력 : 전자장의 수평성분

여기서, F : 전자장
H : 수평분력(X : 진북방향성분, Y : 동서방향성분)
Z : 연직분력
D : 편각
I : 복각

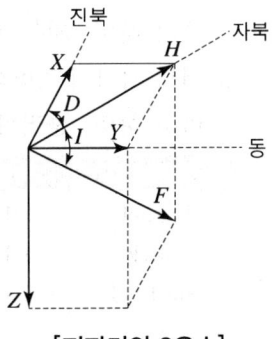

[지자기의 3요소]

6. 탄성파(지운파) 측정

① 굴절법 : 지표면에서 낮은 곳
② 반사법 : 지표면에서 깊은 곳

7. 지구 형상

지구의 형상은 물리적 표면, 타원체, 지오이드로 구분한다.

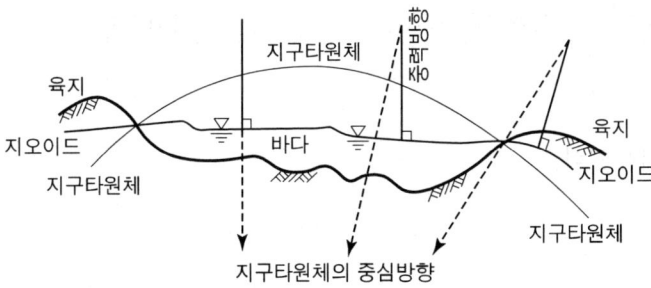

(1) 물리적 표면

(2) 타원체

(3) 지오이드

평균해수면을 육지 내부까지 연장했을 때의 가상적인 곡면
① 등포텐셜면(중력이 같은점 연결)이다.
② 육지에서는 타원체 위에 존재하고 바다에서는 아래에 존재한다.
③ 지하물질의 밀도에 따라 굴곡이 있다.(불규칙한 지형)
④ 위치에너지($E = mgh = 0$)가 '0'이다.

(4) 지구타원체

① 부피와 모양이 지구의 모양을 비교적 실제와 가깝게 나타낸 회전 타원체를 지구타원체라 하며, 지구타원체는 굴곡이 없이 매끈한 면이다.
② 어느 지역의 측량좌표계의 기준이 되는 지구타원체를 준거타원체(또는 기준타원체)라고 하며, 준거타원체는 지오이드와 거의 일치한다.

측정자	측정한 해	적도반지름 a(km)	극반지름 b(km)	편평률 P
Bessel	1841	6,377.397	6,356.7	1 : 299.2
Clark	1880	6,378.249	6,356.515	1 : 293.5
Hayford	1909	6,378.388	6,356.909	1 : 297.5

8. 우리나라 측량 원점

(1) 평면직각좌표 원점

일반측량에서 많이 쓰인다.

명 칭	경 도	위 도
동해원점	동경 131°00'00"	북위 38°
동부원점	동경 129°00'00"	북위 38°
중부원점	동경 127°00'00"	북위 38°
서부원점	동경 125°00'00"	북위 38°

(2) 경·위도 원점

수원 국립지리원내에 설치하였다.

(3) 수준 원점

① 인하공대 내에 위치
② 표고 : 26.6871m.

(4) 지적 원점

① 지적도상 좌표에 음(-)의 값이 생기지 않게 하기 위하여 종거(X축) 600,000m, 횡거(Y축) 200,000m를 더한다.

(5) U.T.M 좌표

① 지구를 회전타원체로 간주, Bessel값 사용.
② 경도의 원점은 중앙 자오선상에 있고 지구 전체를 경도 6°씩 60개의 구역으로 등분

③ 자오선의 축척계수는 0.9996m이다.
④ UTM좌표의 적용범위는 남·북위 각 80°까지 이며 그보다 큰 위도지역은 평사 투영법을 사용한다.

9. 오 차

(1) 오차 종류

① 정오차 : 누차, 정차, 자연적 오차, 상차
  ㉠ 일어나는 원인이 명확
  ㉡ 일정한 방향, 일정한 양의 오차 발생
  ㉢ 항상 같은 방향, 같은 크기로 발생
  ㉣ 간단히 조정 가능
  ㉤ 측정횟수(n)에 비례 : $E = e \cdot n$

② 부정오차 : 우연오차, 우차, 추차, 확률오차
  ㉠ 발생 원인이 분명하지 않음
  ㉡ 예측 불가능, 처리방법 불확실
  ㉢ 불규칙한 성질, 방향이 일정치 않음
  ㉣ 완전히 조정 불가능, 통계학 처리(최소자승법, 오차론)로 소거
  ㉤ 측정횟수(n)의 제곱근에 비례 : $E = e \cdot \sqrt{n}$

③ 착오 : 오차로 보지 않는다.

측량시 오차 조정(오차 전파의 법칙)
$$E = \sqrt{m_1^2 + m_2^2 + m_3^2 + \cdots} = \sqrt{(e_1 \cdot n)^2 + (e_2 \cdot \sqrt{n})^2}$$

(2) 오차의 3대 법칙

① 극히 큰 오차는 거의 생기지 않는다.
② 큰 오차는 작은 오차보다 발생할 확률이 낮다.
③ 양(+)오차와 음(-)오차가 발생할 확률은 같다.

(3) 중등오차(m_o ; 평균제곱오차)

① n회(전체) 관측지 $\qquad m_o = \pm \sqrt{\dfrac{V^2}{n(n-1)}}$

② 1회(개개) 관측지 $\quad m_o = \pm \sqrt{\dfrac{V^2}{n-1}}$

③ 경중률을 고려하는 경우 $\quad m_o = \pm \sqrt{\dfrac{[PVV]}{[P](n-1)}}$

(4) 확률오차(r_o) $\quad r_o = \pm 0.6745 m_o$

10. 경중률(P : 무게)

$$P \propto n(측정횟수) \propto \dfrac{1}{L(거리)} \{직접수준측량\} \propto \dfrac{1}{L^2} \{간접수준측량\} \propto \dfrac{1}{m(오차)^2} \propto h^2 \{정밀도\}$$

$$\boxed{최확값,\ 조정량 = \dfrac{P_1 E_1 + P_2 E_2 + P_3 E_3 + \cdots}{\sum P}}$$

11. 정도(정밀도) ; h

$$\boxed{h = \dfrac{1}{m} = \dfrac{E}{L} = \dfrac{m_o}{L_o} = \dfrac{r_o}{L_o} = \dfrac{\Delta l}{l} = \dfrac{\Delta \theta}{\rho} = \dfrac{E_1}{\sum l}}$$

여기서, m : 축척분모수, E : 참오차, L : 정확치, m_o : 중등오차, L_o : 최확치, r_o : 확률오차
Δl : 거리오차, l : 측정치, $\Delta \theta$: 각오차, ρ : 206265″, E_1 : 폐합오차

2-2 수준측량

1. 용 어

① **수평면** : 연직선에 직각되는 곡면
② **수평선** : 수평면에 평행한 곡선
③ **지평면** : 수평면의 한점에 접하는 평면
④ **지평선** : 지평면에 평행한 직선
⑤ **후시**(B.S) : 알고있는 점(기지점)에 세운 표척의 읽음 값
⑥ **전시**(F.S) : 구하고자 하는 점(미지점)에 세운 표척의 읽음 값
⑦ **기계고**(I.H) : 평균해수면에서 레벨 망원경 시준선까지의 높이
⑧ **지반고**(G.H) : 평균해수면으로 부터 표척을 세운점의 표고
⑨ **이기점**(T.P) : 전시 및 후시를 동시에 읽는 점(전시와 후시의 연결점)
⑩ **중간점**(I.P) : 전시만 취하는 점

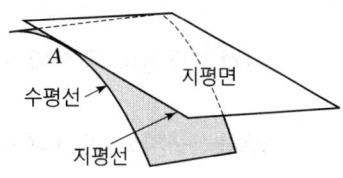

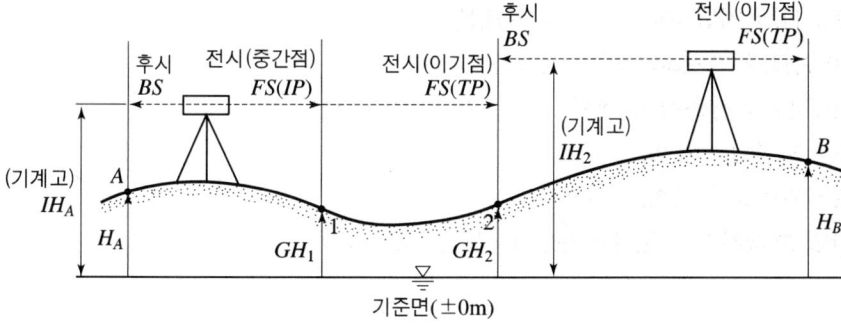

2. 레벨구조

(1) 기포관

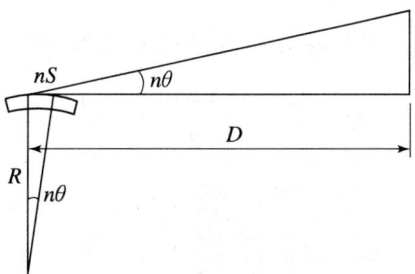

① **기포관 감도** : 기포 한 눈금(2mm)이 움직이는 중심각의 변화

$$R : n \cdot s = D : l = \rho'' : n \cdot \theta''$$

여기서, R : 기포관의 반경, n : 기포이동눈금수, s : 기포 1눈금 간격(2mm), D : 수평거리
l : 표척독치차($l_1 - l_2$), ρ'' : 206265″, θ'' : 기포관의 감도, $n \cdot s$: 기포이동량

3. 전시와 후시 거리를 같게 함으로써 제거되는 오차

(1) 시준축 오차 소거

기포관축≠시준선(레벨조정의 불안정으로 생기는 오차 소거)
전시와 후시거리를 같게 취하는 가장 중요한 이유이다.

(2) 자연적 오차 소거

① 구차 : 지구의 곡률에 의한 오차 $E_c = \dfrac{D^2}{2R}$

② 기차 : 광선의 굴절에 의한 오차 $E_r = -\dfrac{KD^2}{2R}$

③ 양차 : 구차와 기차의 합 $E = \dfrac{D^2}{2R}(1-K)$

(3) 조준나사 작동에 의한 오차 소거

4. 직접 수준측량

① 기계고(I.H) = 지반고(G.H) + 후시(B.S)
② 지반고(G.H) = 기계고(I.H) − 전시(F.S)
③ 계획고(F.H) = 첫측점의 계획고 ± (추가거리 × 구배)
④ 절토고 = 지반고 − 계획고 = ⊕
⑤ 성토고 = 지반고 − 계획고 = ⊖
⑥ 두점간의 고저차 $H = \Sigma$ 후시(B.S) $- \Sigma$ 전시(F.S)

5. 교호수준측량

전시와 후시의 거리를 같게 하는 것과 동일한 효과를 주기 위한 것이다.

$$H = \dfrac{(a_1 - b_1) + (a_2 - b_2)}{2}$$

표척의 읽음값	$a_1 > b_1,\ a_2 > b_2$	$a_1 < b_1,\ a_2 < b_2$
A점	지반이 낮다.	지반이 높다.
B점	지반이 높다.	지반이 낮다.
B점의 표고(H_B)	$H_B = H_A + h$	$H_B = H_A - h$

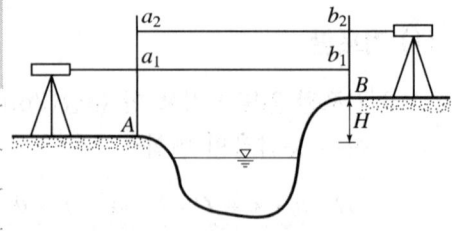

6. 오차(e)와 노선거리(L)와의 관계

(1) 직접수준측량 $e_1 : e_2 = \sqrt{L_1} : \sqrt{L_2}$

(2) 간접수준측량 $e_1 : e_2 = L_1 : L_2$

7. 야장 기입법

(1) 기고식

① 중간점이 많을 경우에 사용하는 방법
② 완전한 검산을 할 수 없는 단점이 있다.
③ 야장 정리 방법
  ㉠ 기계고=전 이기점의 지반고+전 이기점의 후시
  ㉡ 지반고=기계고-전시(FS ; 중간점 포함)
  [검산] ΣBS-ΣFS(TP)=지반고차

(2) 고차식

① 중간 측점의 지반고가 필요 없고
② 2점 간의 높이를 구하는 것이 목적일 때 사용하는 방법
③ 야장 정리 방법
  지반고=전 측점의 지반고+전 측점의 후시-전시
  [검산] ΣBS-ΣFS=지반고차

(3) 승강식

① 완전한 검산을 할 수 있다.
② 정밀한 측량에 적합하다.
③ 중간점이 많을 때에는 불편하다.
④ 야장 정리 방법
  ㉠ 승 : 이기점의 후시-전시(중간점 포함) = +
  ㉡ 강 : 이기점의 후시-전시(중간점 포함) = -
  ㉢ 지반고=전 이기점의 지반고+승(-강)
  [검산] • ΣBS-ΣFS=지반고차
         • Σ승(TP)-Σ강(TP)=지반고차

2-3 각측량(트랜싯측량)

1. 수평각 측정법

(1) 단측법

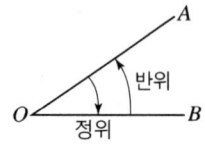

(2) 배각법

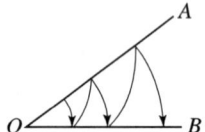

(3) 방향각법

① 한 점 주위의 각을 연속해서 많은 각을 관측할 때 사용
② 1방향에서 시계방향으로 각을 차례로 관측
③ 배각법에 비해 시간이 절약
④ 정밀도가 낮아 3등삼각측량에 이용

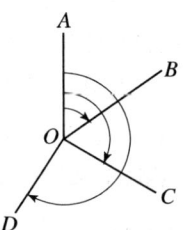

(4) 각관측법

1등 삼각망의 수평각 관측시 사용, 정밀도가 가장 높다.

$$\text{각관측횟수 } n = \frac{1}{2}s(s-1)$$

여기서, s : 측각 방향선 수

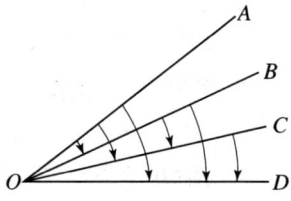

(5) 대회관측

대회관측이란 망원경 정위, 반위에서 각 각 1회씩 관측하는 것을 말한다.

n대회 관측시 초독의 위치 $= \dfrac{180°}{n}$

① 1대회 관측시 초독의 위치 : 0°
② 2대회 관측시 초독의 위치 : 0° 90°
③ 3대회 관측시 초독의 위치 : 0° 60° 120°
④ 4대회 관측시 초독의 위치 : 0° 45° 90° 135°

2. 각관측오차에 따른 거리의 정밀도

(1) 시준오차가 있는 경우

$$\frac{\Delta l}{l} = \frac{\Delta \theta}{\rho}$$

(2) 트랜싯의 구심오차가 있는 경우

$$\frac{\Delta l}{l} = \frac{\Delta \theta}{2\rho}$$

3. 관측회수가 같을 때의 조정

(1) 오차

$$e = x_3 - (x_1 + x_2) \text{ 또는 } e = (x_1 + x_2) - x_3$$

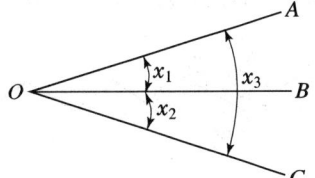

(2) 조정량

$$d = \frac{e}{n} = \frac{e}{3}$$

2-4 다각측량(트래버스측량)

1. 관측각 오차

(1) 폐합 트래버스

① 내각 관측시 오차 $E = [\alpha] - 180°(n-2)$
② 외각 관측시 오차 $E = [\alpha] - 180°(n+2)$
③ 편각 관측시 오차 $E = [\alpha] - 360°$
여기서, $[\alpha]$: 각 관측치의 합, n : 측각수

(2) 결합 트래버스

① $W_a > W_b$인 경우 : $E = W_a - W_b + [\alpha] - 180(n+1)$

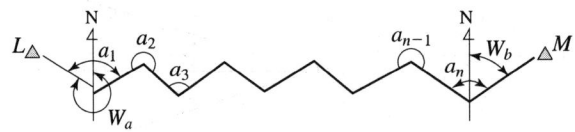

② $W_a ≒ W_b$인 경우 : $E = W_a - W_b + [\alpha] - 180(n-1)$

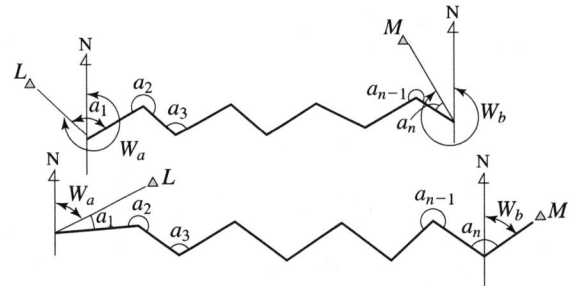

③ $W_a < W_b$인 경우 : $E = W_a - W_b + [\alpha] - 180(n-3)$

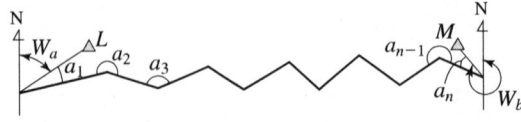

2. 측각오차의 허용범위

① 시가지 : $20''\sqrt{n} \sim 30''\sqrt{n} = 0.3'\sqrt{n} \sim 0.5'\sqrt{n}$
② 평탄지 : $30''\sqrt{n} \sim 60''\sqrt{n} = 0.5'\sqrt{n} \sim 1.0'\sqrt{n}$
③ 산림지 : $90''\sqrt{n} \qquad\quad = 1.5'\sqrt{n}$

3. 방위각 계산

(1) 방위각

진북을 기준으로 시계방향으로 그 측선에 이르는 각

(2) 교각법에 의한 방위각계산

전측선의 방위각 $\pm 180° \mp$ 그 측점의 교각
① 진행방향에서 좌측각을 측정할 경우 $\beta = \alpha + 180° + a_2$

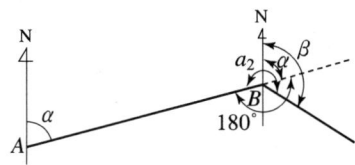

② 진행방향에서 우측각을 측정할 경우 $\beta = \alpha + 180° - a_2$

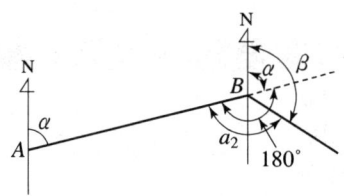

(3) 편각법에 의한 방위각계산

어떤 측선의 방위각 = (하나 앞 측선의 방위각) ± (편각)
여기서, 우편각은 (+), 좌편각은 (−)

(4) 방위각 계산 일반사항

① 방위각이 360°를 넘으면 360°를 감(−)한다.
② 방위각이 (−)값이 나오면 360°를 가(+)한다.

(5) 역방위각

역방위각 = 방위각 + 180°

4. 방위 계산

(1) 방 위

상 한	방위각(α)	방 위
제1상한	0° ~ 90°	$N\alpha_1 E$
제2상한	90° ~ 180°	$S(180-\alpha_2)E$
제3상한	180° ~ 270°	$S(\alpha_3-180°)W$
제4상한	270° ~ 360°	$N(360°-\alpha_4)W$

(2) 역방위

N → S
S → N
E → W
W → E

5. 위거 및 경거 계산

(1) 위거(Latitude)

측선이 NS선에 투영된 길이

$$L_{AB} = \overline{AB} \cdot \cos\theta$$

상한	위거	경거
제1상한	+	+
제2상한	−	+
제3상한	−	−
제4상한	+	−

(2) 경거(Departure)

측선이 EW선에 투영된 길이

$$D_{AB} = \overline{AB} \cdot \sin\theta$$

6. 위거와 경거를 이용한 거리 및 방위각 계산

(1) AB의 거리

$$AB = \sqrt{(X_B - X_A)^2 + (Y_B - Y_A)^2}$$

(2) AB의 방위각

$$\tan\theta = \frac{Y}{X} = \frac{Y_B - Y_A}{X_B - X_A}$$

X	Y	상한
+	+	1상한
−	+	2상한
−	−	3상한
+	−	4상한

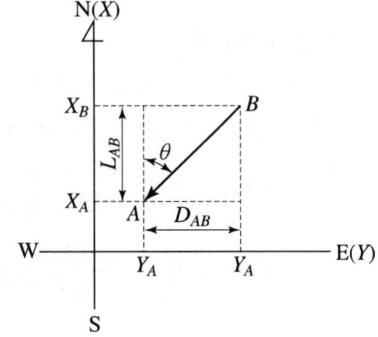

7. 합위거, 합경거 계산

(1) A점(X_A, Y_A)를 알고 B점(X_B, Y_B)를 구하는 방법

$\begin{cases} \overline{AB}\,위거 = \overline{AB} \times \cos\theta \\ \overline{AB}\,경거 = \overline{AB} \times \sin\theta \end{cases}$

$\begin{cases} X_B = X_A + AB\,측선위거 \\ Y_B = Y_A + AB\,측선경거 \end{cases}$

여기서, θ : AB측선의 방위각

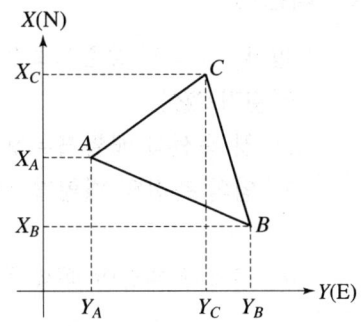

(2) B점(X_B, Y_B)를 알고 C점(X_C, Y_C)를 구하는 방법

$\begin{cases} \overline{BC}\,위거 = \overline{BC} \times \cos\theta \\ \overline{BC}\,경거 = \overline{BC} \times \sin\theta \end{cases}$ $\begin{cases} X_C = X_B + BC\,측선위거 \\ Y_C = Y_B + BC\,측선경거 \end{cases}$

여기서, θ : BC측선의 방위각

8. 트래버스의 조정

(1) 폐합오차의 조정

① 컴퍼스법칙

　㉠ 각관측과 거리관측의 정밀도가 비슷할 때 조정하는 방법
　㉡ 각측선길이에 비례하여 폐합오차를 배분

$$위거조정량 = \frac{\text{그 측선거리}}{\text{전 측선거리}} \times 위거오차 = \frac{L}{\Sigma L} \times E_L$$

$$경거조정량 = \frac{그 측선거리}{전 측선거리} \times 경거오차 = \frac{L}{\sum L} \times E_D$$

② 트랜싯법칙
　㉠ 각관측의 정밀도가 거리관측의 정밀도 보다 높을 때 조정하는 방법
　㉡ 위거, 경거의 크기에 비례하여 폐합오차를 배분

$$위거조정량 = \frac{그\ 측선의\ 위거}{|위거절대치의\ 합|} \times 위거오차 = \frac{L}{\sum |L|} \times E_L$$

$$경거조정량 = \frac{그\ 측선의\ 경거}{|경거절대치의\ 합|} \times 경거오차 = \frac{D}{\sum |D|} \times E_D$$

9. 면적 계산

(1) 배횡거

① 횡거 : 측선의 중점으로부터 자오선에 내린 수선의 길이
② 배횡거 계산
　㉠ 첫 측선의 배횡거 = 첫 측선의 경거
　㉡ 임의 측선의 배횡거 = 하나 앞 측선의 배횡거 + 하나 앞 측선의 경거
　　　　　　　　　　　　 + 그 측선의 경거
　㉢ 마지막 측선의 배횡거 = 하나 앞 측선의 배횡거 + 하나 앞 측선의 경거
　　　　　　　　　　　　　 + 그 측선의 경거
　　　　　　　　　　　　 = 마지막 측선의 경거와 같다.(부호만 반대)

(2) 면 적

① 배면적 = 배횡거 × 위거
② 면적 = $\dfrac{배면적}{2}$

2-5 GPS 및 GIS

1. 위성측위시스템(GPS)

(1) 인공위성에 의한 위치결정 시스템

① GNSS(Global Navigation Satellite System ; 위성을 이용한 전파항법 시스템)
  ㉠ 수십 개의 위성을 이용하여 전 세계의 모든 지역에서 언제든지 위치와 시각 서비스 제공이 가능할 뿐만 아니라 수신기가 저렴하고 오차가 적어 응용범위가 매우 다양하다.
  ㉡ GNSS는 군사 분야의 각종 항법시스템에 적용 할뿐만 아니라, 항공, 육상, 해양 등의 민간 분야와 국가 주요 인프라 기반 기술로 널리 쓰이고 있다.
  ㉢ 미국의 GPS, 러시아의 GLONASS가 전지구적으로 가동되고 있으며, 중국의 베이더(Compass), 진행 중인 EU의 Galileo프로젝트가 있으며, 인도나 일본의 경우 자국의 지역을 커버하는 지역위성항법시스템을 개발·구축하여 사용하고 있다.
  ㉣ 라이넥스(RINEX(Receiver Independent Exchange Format))는 GNSS 관측데이터의 저장과 교환에 사용되는 세계 표준의 GNSS 데이터 자료형식이다.
  ㉤ GNSS 관측자료의 계산을 위해서 모든 기지점에 대한 측지좌표성과(위도, 경도)와 보정타원체고를 사용해야 한다.
  ㉥ 보정타원체고는 기지점의 측지좌표성과(위도, 경도)를 이용하여 합성 지오이드 모델로부터 계산된 지오이드고와 기지점의 표고성과를 더하여 계산한다.
  ㉦ 기지점의 측지좌표성과가 없을 경우에는 기지점에서 관측한 GNSS 자료와 위성기준점 데이터를 이용하여 측지좌표성과를 산출하여 사용하며, 기지점의 측지좌표 계산은 공공삼각점측량 방법을 준용한다.

② NNSS(Navy Navigation Satellite System ; 미 해군 위성항법시스템)
  ㉠ 인공위성을 이용하는 측량 중 원래 항행용으로 개발되었으나 오늘날 극운동 또는 지구의 자전속도 변동조사 및 범세계적 측지학적 위치결정에 이용되고 있다.
  ㉡ 거리관측은 인공위성 전파의 도플러(Dopple) 효과를 이용한다.
  ㉢ 미국에서 1959년 시작하여 1964년 실용화되었다.
  ㉣ WGS-72좌표를 사용한다.
  ㉤ 정확도(이동체가 정지하고 있는 경우 ±수100m정도)가 좋지 않아 측량에 이용되기는 곤란하다.

③ VLBI(Very Long Baseline Interferometer ; 초장기선전파 간섭계)

④ SRL(Satellite LASER Ranging ; 인공위성 레이저측정기)
⑤ GPS(Global Positioning System ; 위성측위시스템)
  ㉠ GPS는 NNSS의 발전형으로 인공위성을 이용한 세계위치 결정체계로 정확한 위치를 알고 있는 위성에서 발사한 전파를 수신하여 관측점까지 소요시간을 관측함으로써 관측점의 위치를 구하는 체계이다.
  ㉡ 거리관측은 전파의 도달 소요시간을 이용한다.
  ㉢ 1970년대에 계획·개발에 착수하여 1992년 24기의 인공위성이 운용되므로 완전한 시스템이 구축되어 실용화가 시작되어 GPS 전파의 정확도 향상 및 위성궤도의 향상, 새로운 수신 기술 개발 등으로 여러 분야에서 급진적인 발전과 응용되고 있다.
  ㉣ WGS-84좌표를 사용한다.
  ㉤ 우천시에도 위치 결정이 가능하다.
  ㉥ 2점 이상의 관측시 관측점 간의 시통을 필요로 하지 않는다.
  ㉦ 수신점간의 높이를 결정하는데 이용되기도 한다.

(2) GPS 구성개요

우주부문 (Space Segment)	① 주임무 : 전파신호 발사 ② 27개 NAVSTAR GPS 위성으로 구성 ③ 위성의 궤도 : 고도 약 20,200km, ④ 주기 : 0.5 항성일(약 11시간 58분) ⑤ 위성의 배치 : 1궤도에 간격으로 4개(3개 + 예비 1개), 6개 궤도면(경도 매 60° 마다) 총 24개 배치 ⑥ 3차원 후방교회법에 의해 위치 결정
제어부문 (Control Segment)	① 주임무 • 궤도와 시각결정을 위한 위성의 추적 • 위성의 작동상태 감독 • 전리층 및 대류층의 주기적 모형화 • 위성시간의 동일화 및 위성으로의 자료전송 • SA(Selective Availability)의 ON/OFF 책임, ② 1개의 주제어국과 5개의 추적국, 3개의 지상관제소로 구성
사용자부문 (User Segment)	① 주임무 : 위성으로부터 전파를 수신받아 수신기의 위치, 속도, 시간, 거리 등을 계산 ② GPS수신기 및 안테나, 자료처리 소프트웨어 등으로 구성 ③ 수신기의 정확도와 용도에 따른 다양한 종류가 있음 ④ 군사용(Military User)과 민간용(Civilian User)이 있음

(3) 정밀도 저하율(DOP)

GPS도 후방교회법과 마찬가지로 기준점의 배치가 정확도에 영향을 주게 되므로 GPS의 측위 정확도의 영향을 표시하는 계수로 정밀도 저하율(DOP)이 사용된다.

[DOP의 종류]
① GDOP : 기하학적 정밀도 저하율
② PDOP : 3차원위치 정밀도 저하율, 3~5 정도 적당
③ HDOP : 수평위치 정밀도 저하율, 2.5 이하 적당
④ VDOP : 수직(높이) 정밀도 저하율
⑤ RDOP : 상대 정밀도 저하율
⑥ TDOP : 시간 정밀도 저하율

2. 지형공간정보체계 (GSIS ; Geo-Spatial Information System)

(1) 개 요

국토계획, 지역계획, 자원개발계획, 공사계획 등 각종 계획의 입안과 추진을 성공적으로 수행하기 위해 토지, 자원, 환경 또는 이와 관련된 사회, 경제적 현황에 대한 방대한 양의 정보를 수집하기 위하여 이와 관련된 각종 정보 등을 전산기(computer)에 의해 종합적, 연계적으로 처리하는 방식

(2) 분 류

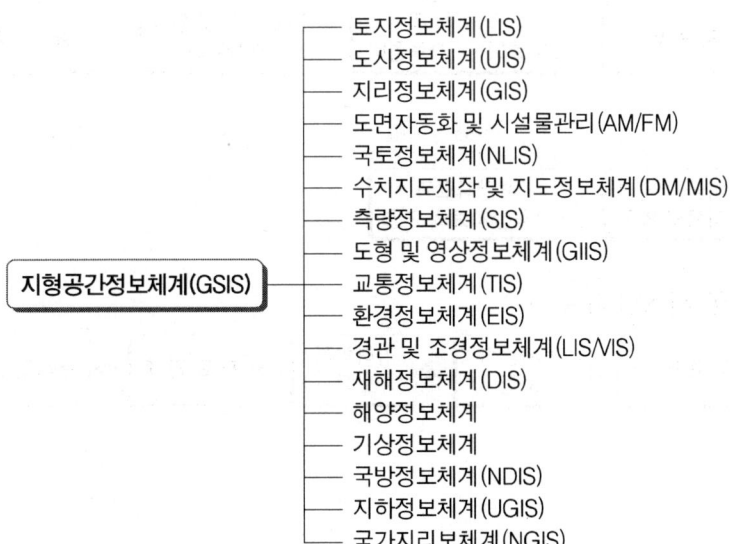

3. 지리정보시스템(GIS ; Geographic Information System)

(1) 정 의

① 인간의 의사결정 능력을 향상시켜 주고, 그에 따른 자료의 관찰과 수집에서부터 보존과 분석, 작성된 정보의 사용 및 조작 등의 정보시스템(information system)을 기초로 하여 지표의 공간 참조 데이터(geo-reference data) 및 지리적인 좌표값에 대한 자료를 취급하기 위해 설계된 시스템을 지리정보시스템(GIS)이라고 한다.

② 모든 형태의 지리정보를 효율적으로 수집, 저장, 갱신, 처리, 분석, 표현하기 위해 구축된 하드웨어와 소프트웨어 및 지리자료, 인적자원의 통합체를 지리정보시스템(GIS)이라고 한다.

③ GIS를 하나의 시스템으로 이해하고, 그 운영측면에서 보면 GIS는 특별한 목적을 위해 지표공간으로부터 공간정보를 수집, 저장, 변환, 표시하기 위해 사용되는 컴퓨터 관련 하드웨어와 소프트웨어의 집합체를 의미한다.

(2) GIS의 구성요소

① 컴퓨터 하드웨어　　② 컴퓨터 소프트웨어
③ 공간데이터 베이스　　④ 인적자원

(3) 자료처리체계

① 전반적 작업과정

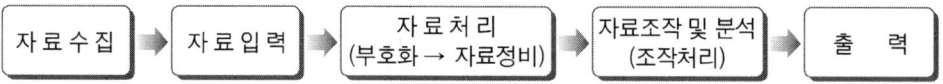

② 자료입력 과정

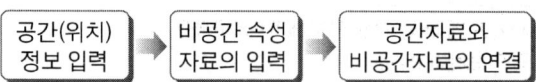

③ 원격측정자료변환 시스템 체계

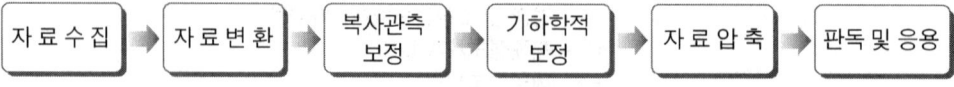

4. 원격탐사(RS ; Remote Sensing)

(1) 개 요

지상이나 항공기 및 인공위성 등의 탑재기(platform)에 설치된 탐측기(sensor)를 이용하여 지표, 지상, 지하, 대기권 및 우주 공간의 대상들에서 반사 혹은 방사되는 전자기파를 탐지하고 이들 자료로부터 토지, 환경, 도시 및 자원에 대한 필요한 정보를 얻어 이를 해석하는 기법으로 직접적인 접근 없이 관찰 대상에 대한 정보를 보다 신속하고 광역적으로 획득할 수 있다.

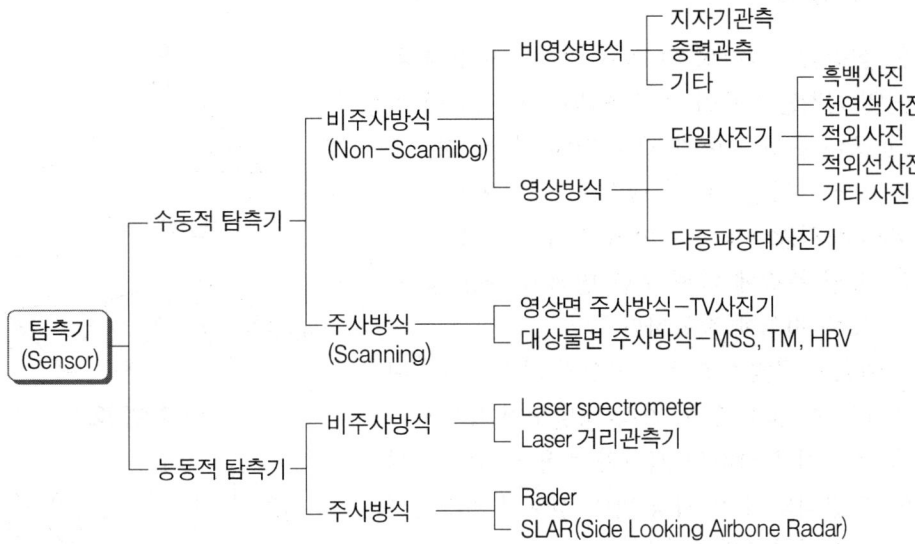

5. 위성영상

(1) 영상의 해상력 구분

① **공간해상력**(Spatial Resolution)
   공간해상력이란 개개의 pixel이 표현가능한 지상의 면적을 의미한다.
② **분광해상력**(Spectral Resolution)
   분광해상력이란 센서가 기록가능한 전자기 스펙트럼의 파장범위를 말한다.
③ **방사해상력**(Radiometric Resolution)
   방사해상력이란 전자기파 에너지의 크기를 구분하는 단계를 말한다.
④ **시간해상도**(Temporal Resolution, 주기해상도)
   시간해상도란 데이터를 취득하는 주기를 말한다.

2-6 삼각측량

1. 삼각측량 정의

기준점의 위치를 정밀하게 결정하는 측량법

2. 삼각망 종류

① 단 삼각망 : 삼각형 한 개로 이루어진 삼각망
② 단열 삼각망 : 폭이 좁고 거리가 먼 지역에 이용
   ㉠ 폭이 좁고 길이가 긴 지역에 적합하다.
   ㉡ 노선·하천·터널 측량 등에 이용한다.
③ 유심 삼각망 : 넓은 지역의 측량에 이용
   ㉠ 동일 측점에 비해 포함 면적이 가장 넓다.
   ㉡ 넓은 지역에 적합하다.
④ 사변형 삼각망 : 조건식의 수가 가장 많아, 시간과 비용이 많이 들며 가장 정밀도가 높다.
   ㉠ 조정이 복잡하고 시간과 비용이 많이 든다.
   ㉡ 조건식의 수가 가장 많아 정도가 가장 높다.
   ㉢ 기선삼각망에 이용된다.

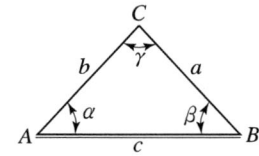

[단 삼각망]

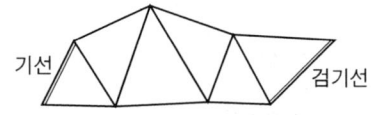

[단열 삼각망]

[유심 삼각망]   [사변형 삼각망]

3. 삼각측량 일반

종 류	삼각등급	표시	평균변장	협각	조정법	관측제한오차	폐합차
측지학적측량 (대지삼각측량)	1등삼각점 (대삼각본점)	◉	30km	약 60°	조건식조정	5″	2″ 이내
	2등삼각점 (대삼각보점)	◎	10km	30~120°	좌표조정	7″	5″ 이내
평면측량 (평면삼각측량)	3등삼각점 (소삼각1등점)	●	5km	25~130°	좌표조정	10″	
	4등삼각점 (소삼각2등점)	○	2.5km	15° 이상	간략조정	20″	

4. 기선 삼각망 선점

(1) 기선확대횟수(최종확대변)

① 1회 확대는 기선 길이의 3배 이내
② 2회 확대는 8배 이내
③ 3회 확대는 10배 이내
※ 10배 이상은 확대 못함

5. 조건식 계산

① 각조건식수 $= l - P + 1$
② 변조건식수 $= B + l - 2P + 2$
③ 점조건식수 $= w - l'' + 1$
④ 총조건식수 $=$ 각조건식수 $+$ 변조건식수 $+$ 점조건식수 $= B + a - 2P + 3$

여기서, l : 측정할 변수, P : 측점수, B : 기선수
 a : 측정할 각의 수, w : 한 측점에서 측정할 각수, l'' : 한 측점에서 측정할 변수

6. 삼각측량 오차

(1) 구 차

지구 곡률에 의한 오차

$$e_1 = + \frac{D^2}{2R}$$

여기서, D : 두점간의 구면(수평, 평면)거리, R : 지구곡률반지름(6,370km)

(2) 기 차

광선(빛)의 굴절에 따른 오차

$$e_2 = - \frac{KD^2}{2R}$$

여기서, K : 굴절계수

(3) 양차 : 구차 + 기차

$$e = e_1 + e_2 = \frac{D^2}{2R} - \frac{KD^2}{2R} = \frac{D^2}{2R}(1 - K)$$

7. 편심관측

$T + x_1 = t + x_2$

$T = t + x_2 - x_1$

여기서, x_1과 x_2는 sin법칙에 의해 구한다.

$\dfrac{e}{\sin x_1} = \dfrac{S_1'}{\sin(360° - \phi)}$

$x_1 = \sin^{-1} \dfrac{e}{S_1'} \sin(360° - \phi)$

$\dfrac{e}{\sin x_2} = \dfrac{S_2'}{\sin(360° - \phi + t)}$

$\therefore x_2 = \sin^{-1} \dfrac{e}{S_2'} \sin(360 - \phi + t)$

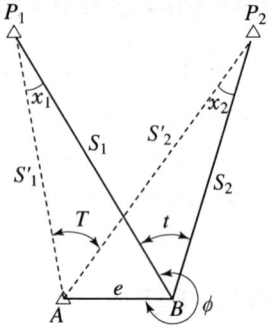

8. 삼각수준측량

레벨을 사용하지 않고 트랜싯이나 데오돌라이트를 이용하여 2점 간의 연직각과 거리를 관측하여 고저차를 구하는 측량으로 양차를 고려해 준다.

$H_P = H_A + I + h + 양차$
$\quad = H_A + I + D\tan\theta + 양차$
$\quad = H_A + I + D\tan\theta + \dfrac{D^2}{2R}(1-K)$

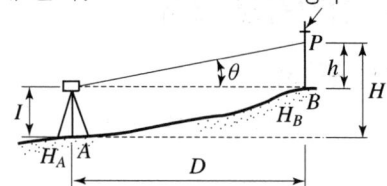

9. 삼각측량 성과표

삼각측량 성과표 기록 내용은 다음과 같다.
① 삼각점 등급 및 점의 종류, 부호 및 명칭
② 경도, 위도
③ **평면직각좌표**(원점4개에 기준한 좌표)
④ 삼각점의 표고
　㉠ 대부분 삼각 측량에 의하여 구한 값
　㉡ 정확하지 않음
⑤ 방향각
⑥ **진북 방향각** : 성과표에 있는 방향각을 방위각으로 환산하기 위해서는 방향각에서 진북방향각을 대수적으로 빼준다.

10. 삼변측량

(1) 정 의

기선과 수평각을 관측하는 삼각측량으로 삼각점의 위치를 결정하는 대신 전자파 거리 측정기를 이용하여 삼변을 정밀하게 측정해서 삼각점의 위치를 결정하는 측량

(2) 삼변측량의 특징

① 삼변을 측정해서 삼각점의 위치를 결정한다.
② 기선장을 실측하므로 기선의 확대가 불필요하다.
③ 조건식의 수가 적은 것이 단점이다.
④ 좌표 계산이 편리하다.
⑤ 조정 방법에는 조건방정식에 의한 조정과 관측방정식에 의한 조정이 있다.

(3) 수평각의 계산

① 코사인 제2법칙

$$\cos A = \frac{b^2 + c^2 - a^2}{2bc}$$

$$\cos B = \frac{c^2 + a^2 - b^2}{2ca}$$

$$\cos C = \frac{a^2 + b^2 - c^2}{2ab}$$

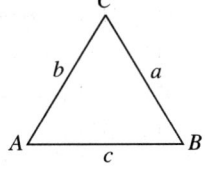

2-7 지형측량

1. 등고선

평균해수면으로부터의 높이가 같은 선

(1) 등고선 간격

① 등고선의 간격은 주곡선의 간격을 말한다.

② 주곡선의 간격은 축척분모수의 $\frac{1}{2,000}$ 로 한지만, $\frac{1}{25,000}$ 과 $\frac{1}{50,000}$ 지도축척은 예외이다.

(2) 등고선 종류

등고선 종류	기 호	$\frac{1}{10,000}$	$\frac{1}{25,000}$	$\frac{1}{50,000}$
계 곡 선	굵은 실선 (―――)	25m	50m	100m
주 곡 선	가는 실선 (―――)	5m	10m	20m
간 곡 선	가는 파선 (------)	2.5m	5m	10m
조 곡 선	가는 점선 (……………)	1.25m	2.5m	5m

(3) 등고선의 성질

① 같은 등고선 상에 있는 점들의 높이는 같다.
② 한 등고선은 도면 내·외에서 반드시 폐합하는 곡선이다.
③ 높이가 다른 등고선은 동굴이나 절벽을 제외하고는 교차하지 않는다.
④ 급경사지는 간격이 좁고 완경사지는 간격이 넓다.
⑤ 최대 경사 방향은(등고선 사이의 최단 거리 방향은) 등고선과 직각으로 교차한다.
⑥ 등고선이 계곡을 통과할 때는 계곡을 직각방향으로 횡단한다.
⑦ 등고선은 지물(건물, 도로 등)과 만나는 경우 끊겼다 이어진다.
⑧ 유역이나 집수면적은 능선을 따라 구분되어야 한다.

(4) 지성선

지도의 골격을 나타내는 선
① U선(계곡선, 합수선) : 지표면의 가장 낮은 곳을 연결한 선
② ㅗ선(능선, 분수선) : 지표면의 가장 높은 곳을 연결한 선

③ 경사 변환선 : 경사의 크기가 다른 두 면의 교선

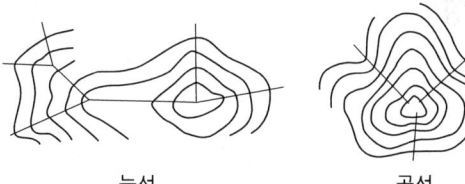

능선   곡선

④ 최대 경사선(유하선) : 경사가 최대로 되는 방향을 표시한 선으로 등고선에 직각이며, 등고선 간의 최단거리가 되고 물이 흐르는 유하선이 된다.

(5) 등고선 그리는 방법

① 목측으로 하는 방법 : 경험이 필요하다.
② 투사척을 사용하는 방법 : 투사지에 의한 방법
③ 계산으로 하는 방법

$D : H = x : h$ 에서

$$x = \frac{D}{H} h$$

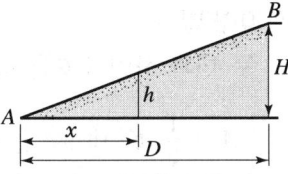

여기서, H : AB간 표고 h : 등고선 표고의 높이
       D : AB간 수평거리 x : 구하는 등고선까지 거리

2. 지형도 표시법

(1) 자연적 도법

① 우모법(게바법, 영선법)
  ㉠ 선의 굵기, 길이 및 방향 등으로 땅의 모양을 표시하는 방법
  ㉡ 경사가 급하면 선이 굵고 짧은 선, 완만하면 가늘고 긴 선으로 표시
  ㉢ 소의 털 모양으로 지형을 표시
② 음영법(명암법)

(2) 부호적 도법

① 점고법
  ㉠ 임의 점의 표고를 도상에 숫자로 표시
  ㉡ 하천, 항만, 해양 등의 심천을 나타내는 경우에 사용
② 등고선법
③ 채색법

2-8 면적과 체적 산정

1. 면적계산

(1) 경계선이 직선으로 된 경우 면적계산

① 삼사법

삼각형의 밑변과 높이를 측정했을 때

$$A = \frac{1}{2}ah$$

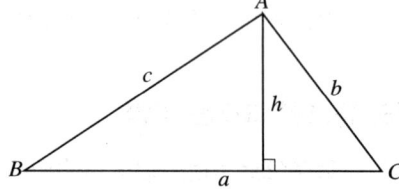

② 이변법

두 변과 사이각 θ을 측정했을 때

$$A = \frac{1}{2}ab\sin\gamma = \frac{1}{2}ac\sin\beta = \frac{1}{2}bc\sin\alpha$$

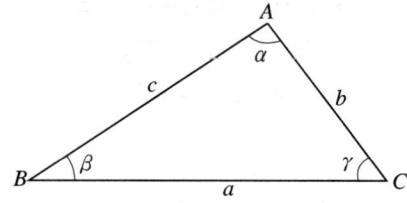

③ 삼변법(헤론의 공식)

$$A = \sqrt{S(S-a)(S-b)(S-c)}$$

여기서, $S = \frac{1}{2}(a+b+c)$

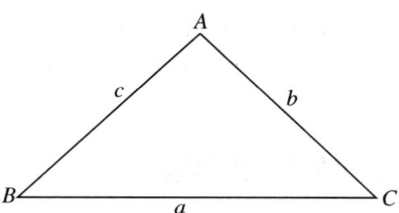

(2) 경계선이 곡선으로 된 경우 면적계산

① 사다리꼴공식
② 심프슨(Simpson)의 제1법칙

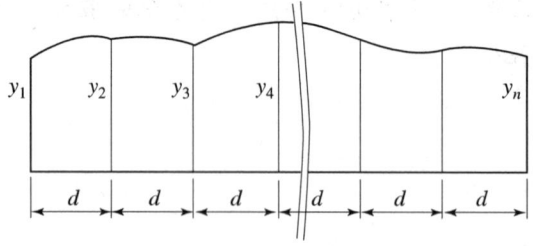

$$A = \frac{d}{3}\{y_1 + y_n + 4(y_2 + y_4 + \cdots + y_{n-1}) + 2(y_3 + y_5 \cdots + y_{n-2})\}$$

$$A = \frac{d}{3}(y_1 + y_n + 4\sum y_{짝수} + 2\sum y_{홀수})$$

③ 심프슨(Simpson)의 제2법칙

$$A = \frac{3d}{8}\{y_1 + y_n + 3(y_2 + y_3 + y_5 + y_6 + \cdots +) + 2(y_4 + y_7 + \cdots +)\}$$

(3) 좌표법

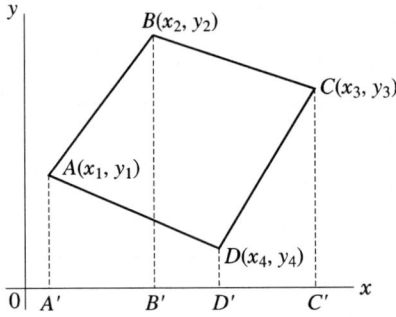

각 측점들의 좌표를 알고 있을 때

$$A = \frac{1}{2}\{y_1(x_n - x_2) + y_2(x_1 - x_3) + y_3(x_2 - x_4) + \cdots + y_n(x_{n-1} - x_1)\}$$

$$= \frac{1}{2}\{y_n(x_{n-1} - x_{n+1})\}$$

또는

$$A = \frac{1}{2}\{x_1(y_n - y_2) + x_2(y_1 - y_3) + x_3(y_2 - y_4) + \cdots + x_n(y_{n-1} - y_1)\}$$

$$= \frac{1}{2}\{x_n(y_{n-1} - y_{n+1})\}$$

(4) 구적기(플래니미터)법

① 극침을 도형 밖에 놓았을 때

㉠ 도면의 축척과 구적기의 축척이 같을 경우

$$A = C \cdot n$$

여기서, C : 플래니미터정수, $n : (n_2 - n_1)$

㉡ 도면의 축척과 구적기의 축척이 다를 경우

$$A = \left(\frac{S}{L}\right)^2 \cdot a \cdot n$$

여기서, S : 도형의 축척분모수, a : 단위면적, L : 구적기의 축척분모수

ⓒ 도면의 축척 종(세로), 횡(가로)이 다를 경우

$$A = \left(\frac{S}{L}\right)^2 \cdot C \cdot n = \left(\frac{S_1 \cdot S_2}{L^2}\right) \cdot C \cdot n$$

② 극침을 도형 안에 놓았을 때
  ㉠ 도면의 축척과 구적기의 축척이 같을 경우

$$A = C \cdot (n + n_o)$$

  ㉡ 도면의 축척과 구적기의 축척이 다를 경우

$$A = \left(\frac{S}{L}\right)^2 \cdot C \cdot (n + n_o)$$

③ 측간의 길이

$$a = \frac{m^2}{1,000} d\pi L \text{에서 } L = \frac{1,000 \cdot a}{m^2 \cdot d \cdot \pi}$$

여기서, d : 측륜의 직경, L : 측간의 길이, $\frac{d\pi}{1,000}$: 측륜 한 눈금의 크기

2. 면적 분할

(1) 삼각형의 분할

① 한 변에 평행한 직선에 의한 분할
  ㉠ 1변에 평행한 직선에 따른 분할

$$\frac{\triangle ADE}{\triangle ABC} = \frac{m}{m+n} = \left(\frac{DE}{BC}\right)^2 = \left(\frac{AD}{AB}\right)^2 = \left(\frac{AE}{AC}\right)^2$$

$$\therefore AD = AB\sqrt{\frac{m}{m+n}}$$

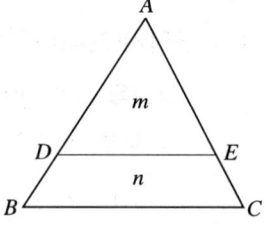

  ㉡ 1변의 임의의 정점을 통하는 분할

$$\frac{\triangle ADE}{\triangle ABC} = \frac{m}{m+n} = \left(\frac{AD \cdot AE}{AB \cdot AC}\right)$$

$$\therefore AD = \frac{AB \cdot AC}{AE} \cdot \frac{m}{m+n}$$

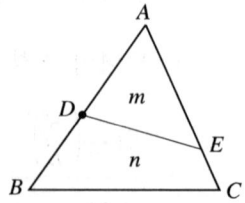

ⓒ 삼각형의 꼭지점(정점)을 통하는 분할 :

$$\frac{\triangle ABD}{\triangle ABC} = \frac{m}{m+n} = \frac{BD}{BC} \cdot \left(\frac{\triangle ABD}{\triangle ABC} = \frac{\frac{BD \times h}{2}}{\frac{BC \times h}{2}} \right)$$

$$\therefore \overline{BD} = \overline{BC} \cdot \frac{m}{m+n}$$

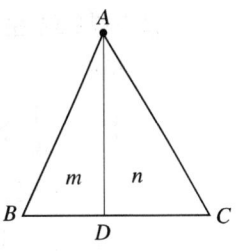

3. 체적측량

(1) 단면법

① 양단면평균법

$$V = \frac{1}{2}(A_1 + A_2) \cdot l$$

여기서, A_1, A_2 : 양끝단면적, A_m : 중앙단면적
l : A_1에서 A_2까지의 길이

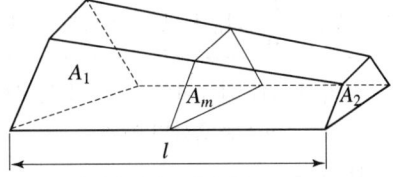

② 중앙단면법(Middle area formula)

$$V = A_m \cdot l$$

③ 각주공식(Prismoidal farmula)

$$V = \frac{l}{6}(A_1 + 4A_m + A_2)$$

④ 단면법의 체적산정 크기순
양단면평균법 > 각주공식 > 중앙단면법

(2) 점고법

① 직사각형으로 분할하는 경우
  ㉠ 토량
  $$V_o = \frac{A}{4}(\sum h_1 + 2\sum h_2 + 3\sum h_3 + 4\sum h_4)$$
  (단, $A = a \times b$)
  ㉡ 계획고
  $$h = \frac{V_o}{nA} \text{ (단, } n \text{ : 사각형의 분할개수)}$$

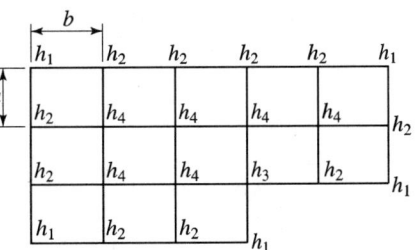

② 삼각형으로 분할하는 경우
　㉠ 토량
$$V_o = \frac{A}{3}(\sum h_1 + 2\sum h_2 + 3\sum h_3 + 4\sum h_4$$
$$+ 5\sum h_5 + 6\sum h_6 + 7\sum h_7 + 8\sum h_8)$$
　　(단, $A = \frac{1}{2}a \times b$)

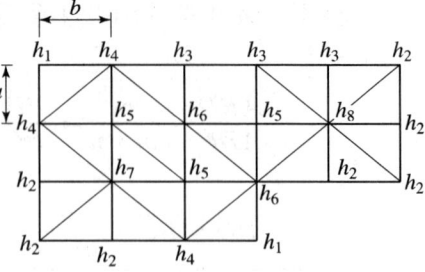

　㉡ 계획고　$h = \dfrac{V_o}{nA}$

(3) 등고선법

$$V_0 = \frac{h}{3}\{A_0 + A_n + 4(A_1 + A_3 + \cdots) + 2(A_2 + A_4 + \cdots)\}$$

여기서, $A_0, A_1, A_2 \cdots\cdots$: 각 등고선 높이에 따른 면적
　　　　n : 등고선의 간격

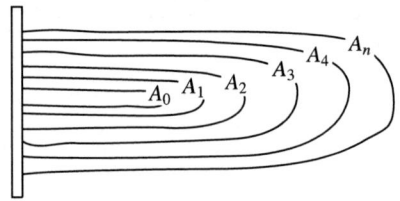

2-9 노선측량

1. 정 의

노선측량은 도로, 철도, 수로, 관로, 송전선로, 갱도와 같이 길이에 비하여 폭이 좁은 지역의 구조물 설계와 시공을 목적으로 시행하는 측량

2. 노선측량 순서

지형측량 → 중심선측량 → 종횡단측량 → 용지측량 → 시공측량

3. 노선 선정시 고려 사항

① 가능한 한 직선으로 할 것
② 가능한 한 경사가 완만할 것
③ 토공량이 적으며 절토량과 성토량이 같을 것
④ 절토의 운반거리가 짧을 것
⑤ 배수가 완전할 것

4. 곡선의 종류

(1) 수평 곡선

노선의 방향이 변화되는 위치에 설치
① 원곡선
  ㉠ 단곡선(simple curve)
  ㉡ 복심곡선(compound curve) : 반지름이 다른 2개의 원곡선이 1개의 공통접선을 갖고 접선의 같은 쪽에서 연결
  ㉢ 반향곡선(reverse curve) : 반지름이 다른 2개의 원곡선이 1개의 공통접선의 양쪽에서 서로 곡선 중심을 가지고 연결
  ㉣ 배향곡선(hairpin curve) : 반향곡선을 연속시킨 형태로 산지에서 기울기를 낮추기 위해 사용
② 완화곡선
  ㉠ 3차 포물선(cubic spiral) : 철도

ⓛ 클로소이드(clothoid) : 고속도로 IC

ⓒ 렘니스케이트(lemniscate) : 시가지 지하철

(2) 수직 곡선

① 원곡선(circular curve) : 철도

② 2차 포물선(pararabola) : 도로

5. 노선의 경사 표기

① 경사 $1 : m$

② 도로의 경사(백분율) $\dfrac{m}{100}$, m%

③ 철도의 경사(천분율) $\dfrac{m}{1,000}$, m‰

6. 단곡선

(1) 단곡선의 각부 명칭

① 교점($I.P$) : V

② 곡선시점($B.C$) : A

③ 곡선종점($E.C$) : B

④ 곡선중점($S.P$) : P

⑤ 교각($I.A$ 또는 I) : $\angle DVB$
가장 중요한 요소

⑥ 접선길이($T.L$) : $\overline{AV} = \overline{BV}$

⑦ 곡선반지름(R) : $\overline{OA} = \overline{OB}$
가장 먼저 결정해야할 요소

⑧ 곡선길이($C.L$) : $\overparen{AB}$

⑨ 중앙종거(M) : $\overline{PQ}$

⑩ 외할길이($S.L$) : $\overline{VP}$

⑪ 현길이(L) : $\overline{AB}$

⑫ 편각(δ) : $\angle VAG$

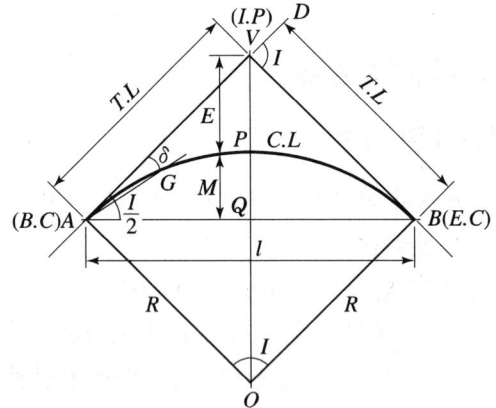

(2) 단곡선의 공식

① 접선길이

$$TL = R \cdot \tan \frac{I}{2}$$

② 곡선길이

$$CL = \frac{\pi}{180°} \cdot R \cdot I \quad (2\pi R : CL = 360 : I)$$

③ 외할($E = SL$)

$$E = l - R = R \cdot \sec \frac{I}{2} - R = R\left(\sec \frac{I}{2} - 1\right)$$

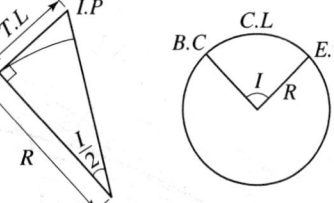

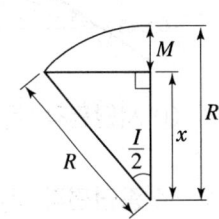

④ 중앙종거(M)

$$M = R - x = R - R \cdot \cos \frac{I}{2} = R\left(1 - \cos \frac{I}{2}\right)$$

※ 중앙종거와 곡률 반경의 관계 $R = \dfrac{C^2}{8M}$

⑤ 장현

$$C = 2R \cdot \sin \frac{I}{2} \quad (\sin \frac{I}{2} = \frac{C}{2R})$$

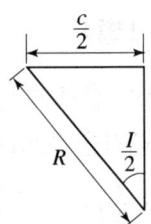

⑥ 편각(δ)

$$\delta = \frac{l}{2R} \times \frac{180°}{\pi} = \frac{l}{R} \times \frac{90°}{\pi} = 1718.87' \frac{l}{R}$$

⑦ 곡선시점($B.C$) = $I.P - T.L$

⑧ 곡선종점($E.C$) = $B.C + C.L$

⑨ 시단현(l_1) = BC점부터 BC 다음 말뚝까지의 거리

⑩ 종단현(l_2) = EC점부터 EC 바로 앞 말뚝까지의 거리

7. 편각설치법

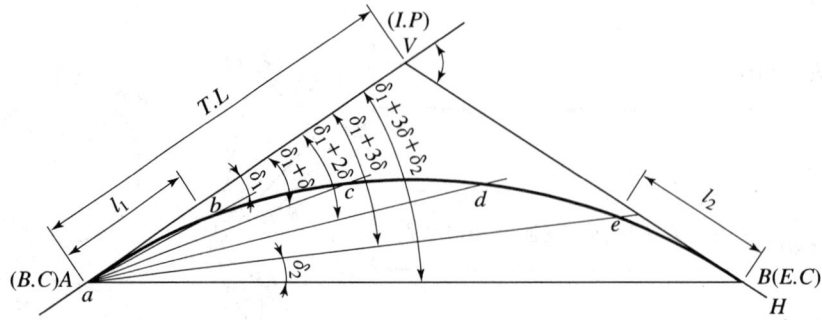

① 시단편각 $\delta_1 = \dfrac{l_1}{R} \times \dfrac{90°}{\pi}$

② 종단편각 $\delta_2 = \dfrac{l_2}{R} \times \dfrac{90°}{\pi}$

③ 20m 편각 $\delta = \dfrac{l}{R} \times \dfrac{90°}{\pi}$

8. 중앙종거법(1/4법)

① 기 설치된 곡선의 검사 또는 조정에 편리
② 말뚝이나 중심간격을 20m마다 설치할 수 없는 결점

$M_1 = R\left(1 - \cos\dfrac{I}{2}\right)$

$M_2 = R\left(1 - \cos\dfrac{I}{4}\right) = \dfrac{M_1}{4}$

$M_3 = R\left(1 - \cos\dfrac{I}{8}\right) = \dfrac{M_2}{4} = \dfrac{M_1}{16}$

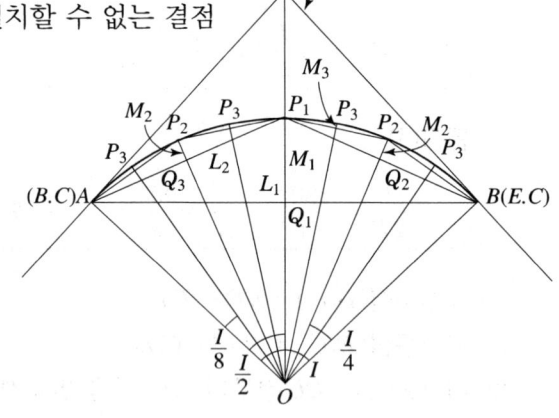

9. 완화곡선

(1) 완화곡선 종류

① 3차 포물선 : 철도에 많이 사용
② Lemniscate 곡선 : 지하철에 사용
③ Clothoid 곡선 : 고속도로 I.C에 주로 이용
※ 2차 포물선 : 도로에서 완화곡선을 넣을 경우 사용

(2) 완화곡선의 정의
① 차량을 안전하게 통과시키기 위하여 직선부와 원곡선 사이에 넣는 특수 곡선이다.
② 반지름이 무한대로부터 차차 작아져서 원곡선의 반지름이 R이 되는 곡선이다.
③ 캔트 및 슬랙이 0에서 차차 커져 원곡선에서 정해진 값이 된다.
④ 곡률이 곡선장에 비례하여 증대하는 곡선의 일종이다.

(3) 완화곡선의 성질
① 곡선반경은 완화곡선의 시점에서 무한대, 종점에서 원곡선 R로 된다.
② 완화곡선의 접선은 시점에서 직선에, 종점에서 원호에 접한다.
③ 완화곡선에 연한 곡선반경은 감소율은 캔트의 증가율과 같다.
④ 완화곡선의 종점에서의 캔트는 원곡선의 캔트와 같다.
⑤ 완화곡선의 곡률($1/R$)은 곡선길이에 비례한다.

(4) 용 어

종 류	원심력 고려	곡선부 탈선 방지
도 로	편물매(편구배)	확 폭
철 도	Cant	Slack

① 캔트

$$C = \frac{SV^2}{Rg}$$

여기서, C : 캔트, S : 궤간(레일간격), V : 차량속도, R : 곡선반경, g : 중력가속도

② 확도(확폭)

$$\epsilon = \frac{L^2}{2R}$$

여기서, ϵ : 확폭량, L : 곡선길이, R : 반경

③ 완화곡선의 길이

$$L = \frac{N}{1,000} \cdot C = \frac{N}{1,000} \cdot \frac{SV^2}{Rg}$$

여기서, C : Cant, N : 완화곡선 정수(300~800)

④ 이정

$$f = \frac{L^2}{24R}$$

여기서, f : 이정량, L : 완화곡선장, R : 곡선반경

(5) 클로소이드 곡선

① 곡률($1/R$)이 곡선장에 비례하는 곡선
② 클로소이드의 기본식에서 매개변수 A값을 A^2으로 쓰는 이유는 우측변의 차원(dimention)이 거리^{2}이므로 이와 단위를 일치시키기 위한 것이다. 즉, 양변의 차원을 일치시키기 위해서 A^2을 쓰는 것이다.

$$A^2 = RL$$

여기서, A : 매개변수(m), R : 곡선반경(m), L : 곡선장(m)

(6) 종단곡선

① 종곡선 길이 $l = \dfrac{R}{2}(m-n)$ 여기서, m, n : 구배(경사)

② 도로의 구배 $i = \dfrac{m-n}{100}$

③ 철도의 구배 $i = \dfrac{m-n}{1,000}$

④ 종거
       ㉠ 곡선반경이 주어지는 경우(철도) $y = \dfrac{x^2}{2R}$

       ㉡ 곡선반경이 주어지지 않는 경우 $y = \dfrac{1}{2R}(m-n)x^2$

2-10 하천측량

1. 하천 측량의 정의

하천의 개수공사나 하천 공작물의 계획, 설계, 시공에 필요한 자료를 얻기 위해서 실시하는 측량

2. 하천 측량의 종류

① **평면측량** : 골조측량과 세부측량
② **수준측량** : 종·횡단 수준측량을 실시
③ **유량측량** : 각 측점에서 수위관측, 유속관측, 심천측량을 통한 유량을 계산 후 유량곡선 작성

3. 평면 측량의 범위

① 유제부의 경우
  ㉠ 제외지 : 전 지역
  ㉡ 제내지 : 300m 내외
② 무제부의 경우 : 물이 흐르는 곳 전부와 홍수시 도달하는 물가선으로부터 100m 정도 넓게
③ 하천공사의 경우 : 하구에서 상류의 홍수 피해가 미치는 지점까지
④ 사방공사의 경우 : 수원지까지

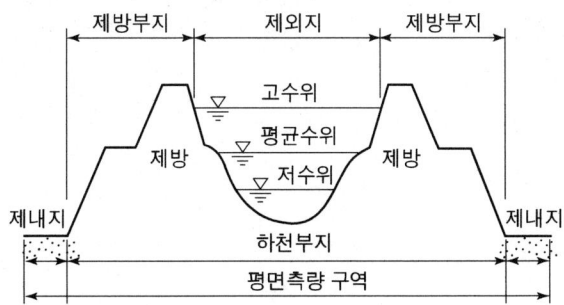

4. 하천 수위

① 평균 최저수위 : 항선, 수력발전, 관개 등의 이수(수리)목적에 이용
② 평균 최고수위 : 제방, 교량, 배수 등의 치수목적에 이용
③ 갈수위(량) : 355일 이상 이보다 적어지지 않는 수위(유량)
④ 저수위(량) : 275일 이상 이보다 적어지지 않는 수위(유량)
⑤ 평수위(량) : 185일 이상 이보다 적어지지 않는 수위(유량)
⑥ 홍수위(량) : 최대수위(유량)
⑦ 수애선(水涯線, Water Side Line) : 육지와 물과의 경계선(평수위에 의해 정해진다.)

5. 유속측정

(1) 부자에 의한 유속 측정법

(2) 평균유속계산 방법

① 1점법 : $V_m = V_{0.6}$

② 2점법 : $V = \dfrac{1}{2}(V_{0.2} + V_{0.8})$

③ 3점법 : $V_m = \dfrac{1}{4}(V_{0.2} + 2V_{0.6} + V_{0.8})$

여기서, V_m : 평균유속
$V_{0.2}$: 수심 $0.2H$ 되는 곳의 유속
$V_{0.6}$: 수심 $0.6H$ 되는 곳의 유속
$V_{0.8}$: 수심 $0.8H$ 되는 곳의 유속

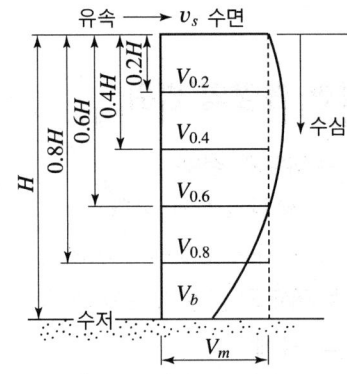

④ 4점법 : $V_m = \dfrac{1}{5}\left[(V_{0.2} + V_{0.4} + V_{0.6} + V_{0.8}) + \dfrac{1}{2}\left(V_{0.2} + \dfrac{V_{0.8}}{2}\right)\right]$

여기서, $V_{0.4}$: 수심 $0.4H$ 되는 곳의 유속

Chapter 3 수리학

 3-1 유체의 기본적 성질

1. 물리량

(1) 중량(g, kg, ton)

$$W = mg$$

여기서, m : 질량, g : 중력가속도(9.8m/sec², 980cm/sec²)

(2) 밀도(비질량 g/cm³, t/m³)

$$\rho = \frac{m}{V}$$

여기서, m : 질량, V : 체적

① 물의 밀도는 3.98℃(약 4℃)에서 최대이며 온도의 증감시 값이 작아진다.
② 물의 밀도는 $\rho = 1\text{g/cm}^3$(공학단위로 102kg · sec²/m⁴)이다.

(3) 단위중량(비중량 g/cm³, t/m³)

$$w = \frac{W}{V} = \frac{mg}{V} = \rho g$$

여기서, W : 중량, m : 질량, g : 중력가속도, ρ : 밀도

① 물의 단위중량은 3.98℃(약 4℃)에서 최대이며 온도의 증감시 값이 작아진다.
② 순수한 물인 경우 $w = 1\text{g/cm}^3 = 1\text{t/m}^3$이다.
③ 해수의 경우 $w' = 1.025\text{g/cm}^3 = 1.025\text{t/m}^3$이다.

(4) 비중(무차원)

$$비중 = \frac{물체의\ 단위중량}{물의\ 단위중량} = \frac{물체의\ 밀도}{물의\ 밀도}$$

(5) 비체적(cm^3/g, m^3/t, 단위중량의 역수)

$$V_s = \frac{V}{W}$$

(6) 점성(내부마찰)

형태가 변화할 때 나타나는 유체(流體 : 액체나 기체)의 저항으로 서로 붙어 있는 부분이 떨어지지 않으려는 성질이다.

(7) 전단응력(내부마찰력 ; 단위면적당 마찰력의 크기 g/cm^2, kg/cm^2)

$$\tau = \mu \frac{dv}{dy}$$

여기서, μ : 점성계수 $\quad\quad\quad\quad \frac{dv}{dy}$: 속도의 변화율(속도계수)

① 점성으로 인하여 유체 내부에는 전단응력이 발생한다.
② 유체 내부에 상대속도가 없으면 전단응력이 작용하지 않는다.
③ 마찰력의 원인은 점성이며, 점성은 액체 분자간의 응집력에 의한 것으로 온도가 상승하면 응집력이 약해지므로 점성이 작아진다.

(8) 점성계수(μ ; 1poise = 1g/cm · sec)

물체가 외력에 대해 계속해서 연속적으로 저항하는 성질로서 물체가 외력에 대해 계속해서 연속적으로 저항하는 성질로서 수온이 증가하면 감소하고 수온이 낮을수록 크다.

(9) 동점성계수(ν ; 1stokes = $1cm^2$/sec)

$$\nu = \frac{\mu}{\rho}$$

여기서, μ : 점성계수 $\quad\quad\quad\quad \rho$: 밀도

(10) 유동계수

$$\text{유동계수} = \frac{1}{\mu}$$

여기서, μ : 점성계수

2. 물리적 특성

(1) 압축률(C ; cm²/kg, cm²/g ; 압축계수)

$$C = \frac{\frac{\Delta V}{V}}{\Delta P} = \frac{1}{E}$$

여기서, ΔP : 압력의 변화량($P_2 - P_1$) ΔV : 체적의 변화량($V_2 - V_1$)

물은 10℃ 상태에서 1기압에 대해 약 $\frac{5}{100,000}$씩 압축된다.

(2) 체적탄성계수(E)

$$E = \frac{\Delta P}{\frac{\Delta V}{V}} = \frac{1}{C}$$

여기서, C : 압축률

(3) 물에 작용하는 힘

① 응집력 : 같은 액체 분자 사이의 인력
② 부착력 : 액체 분자와 고체 분자 사이의 인력
③ 표면장력 : 물과 공기가 맞닿는 면에서 생기는 힘

(4) 표면장력(T ; dyne/cm, g/cm)

① 물방울에 작용하는 표면장력

$$\Sigma F_y = 0$$
$$P \cdot \frac{\pi d^2}{4} = T \cdot \pi d$$
$$\therefore T = \frac{Pd}{4}$$

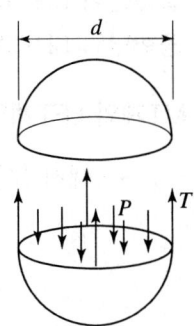

여기서, P : 물방울 내부의 압력 강도

② 비눗방울에 작용하는 표면장력

$T = \dfrac{Pd}{2}$ (바깥쪽과 안쪽 모두 공기에 접하고 있으므로 표면장력이 2개)

(5) 모세관현상

모세관 현상은 액체의 부착력(표면장력)과 응집력의 차이 때문에 발생하며, 모세관 현상에 의하여 상승한 액체기둥은 표면장력에 의한 상방향의 힘과 중력에 의한 하방향의 힘에 의해 평형을 이루어 정지상태를 유지하게 된다.

① 모세관을 연직으로 세운 경우

$$w \cdot h_c \cdot \dfrac{\pi d^2}{4} = T\cos\theta \cdot \pi d$$
$$h_c = \dfrac{4T\cos\theta}{wd}$$

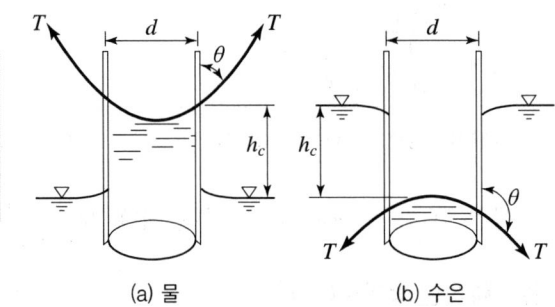

(a) 물 (b) 수은

② 2개의 연직평판을 세운 경우

$$w \cdot h_c \cdot db = T\cos\theta \cdot 2b$$
$$h_c = \dfrac{2T\cos\theta}{wd}$$

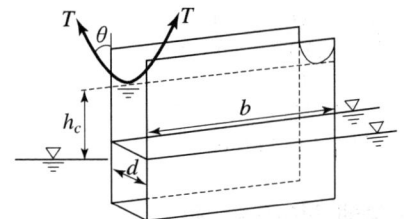

3. 차원과 단위

(1) 차 원

① 절대단위(LMT)계 : 길이 [L], 질량 [M], 시간 [T]로 표시
② 공학단위(LFT)계 : 길이 [L], 힘 [F], 시간 [T]로 표시

(2) LMT계와 LFT계의 상호변환

$F = m \cdot a$에서 $[F] = [M][LT^{-2}] = [MLT^{-2}]$

[수리학에서의 주요 차원]

물리량	공학단위	LMT계	LFT계
속도	m/sec	$[LT^{-1}]$	$[LT^{-1}]$
가속도	m/sec^2	$[LT^{-2}]$	$[LT^{-2}]$
단위 중량	t/m^3	$[ML^{-2}T^{-2}]$	$[FL^{-3}]$
점성 계수	g·sec/cm^2	$[ML^{-1}T^{-1}]$	$[FL^{-2}T]$
동점성 계수	cm^2/sec	$[L^{-2}T^{-1}]$	$[L^2T^{-1}]$
운동량	kg·sec	$[MLT^{-1}]$	$[FT]$
표면 장력	g/cm	$[MT^{-2}]$	$[FL^{-1}]$
에너지	kg·m	$[ML^2T^{-2}]$	$[FL]$
탄성 계수	kg/cm^2	$[ML^{-1}T^{-2}]$	$[FL^{-2}]$

4. 뉴턴 유체(Newtonian fluid)

전단응력과 속도구배와 정비례하는 관계를 갖는 유체

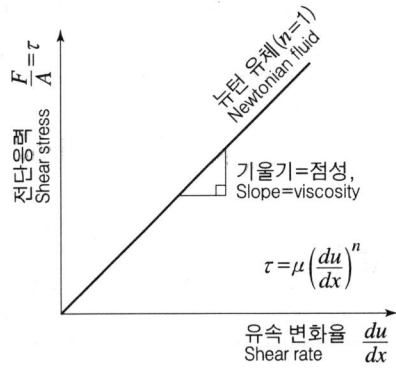

3-2 정수역학

1. 정 수 압

(1) 정수압의 성질

① 면의 양측에는 상대적인 운동이 없다.
② 점성력이 존재하지 않는다.
③ 수압은 항상 면에 직각으로 작용한다.
④ 수압은 수심에 비례한다.
⑤ 깊이가 같은 임의 점에 대한 수압은 항상 같다.(등압면)
⑥ 정수 중의 임의의 한 점에 작용하는 정수압강도는 모든 방향에 대하여 동일하다.

(2) 정수압강도

$$p = \frac{P}{A}$$

여기서, p : 정수압강도(kg/cm^2) P : 압력(kg)
　　　　A : 정수압이 작용하는 면적(cm^2)

① 수면에서 h 깊이의 정수압강도
　㉠ 계기압력 : 대기압을 기준($p_a = 0$)으로 한 압력

$$p = wh$$

　㉡ 절대압력

절대압력 = 계기압력 + 대기압력
$$p = p_a + wh$$

② 표준 대기압 : 공기층의 무게에 의하여 지구표면이 받는 압력
　㉠ 1기압은 0℃에서 $1cm^2$당 76cm의 수은기둥의 무게와 같다.
　㉡ 1기압(표준대기압) = $76cmHg$ = 13.5951×76 = $1033.23 g/cm^2$ = $10.33 t/m^2$
　　　　　　　　　　= $1.013 \times 10^5 N/m^2$ = $1.013 bar$ = $1,013 milibar$
　　　　　　　　　　= $1013.25 hPa$ = $1033 cmH_2O$

2. 수 압 기

(1) 파스칼의 정리

① 정수중의 한 점에 압력을 가하면 그 압력은 물속의 모든 곳에 같은 크기로 전달된다.
② 수압기 원리

$$\frac{P_A}{a_A} = \frac{P_B}{a_B} + wh$$

P_1과 P_2가 충분히 크면 wh는 미소하므로 생략하여

$$\frac{P_A}{a_A} = \frac{P_B}{a_B}$$

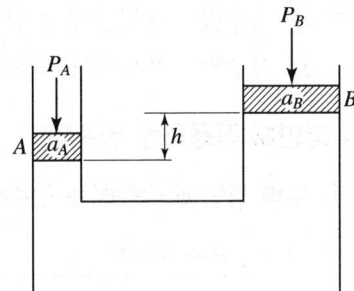

(2) 수압기 응용

① $lP_A = LP_0$에서 $P_A = \frac{L}{l}P_0$ 이므로

$$P_B = \frac{a_B}{a_A} \cdot \frac{L}{l} \cdot P_0$$

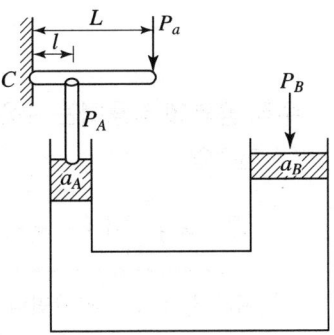

3. 액 주 계

(1) U자형 액주계

$$p_A + w_1 h_1 = w_2 h_2$$
$$p_A = w_2 h_2 - w_1 h_1$$

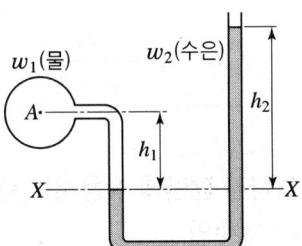

(2) 역U자형 액주계

$$p_A - w_1 h_1 - w_2 h_2 = p_B - w_1 h_3$$
$$p_A - p_B = w_1(h_1 - h_3) + w_2 h_2$$

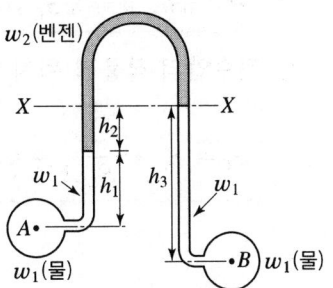

4. 전 수 압

(1) 일반 사항

① 수압
  ㉠ 정수압 : 단위면적당 힘(kg/m^2, kN/m^2)
  ㉡ 전수압 : 전체 작용하는 힘의 크기(kg, kN)

(2) 평면에 작용하는 전수압

① 수평 평면에 작용하는 전수압

$$P = pA = whA$$

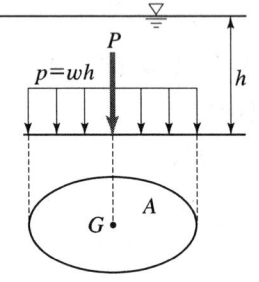

② 수직 평면에 작용하는 수압
  ㉠ 전수압

$$P = w\int_A hdA = wh_G A$$

여기서, I_G : 물체 단면의 중립축에 대한 단면2차 모멘트

  ㉡ 수면으로부터 전수압 작용위치까지의 깊이(h_C)

$$h_C = h_G + \frac{I_X}{h_G A}$$

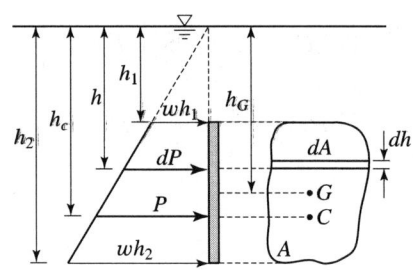

③ 경사진 평면에 작용하는 수압
  ㉠ 전수압

$$P = wh_G A = wS_G \sin\theta A$$

  ㉡ 전수압의 작용점 위치까지의 깊이(h_C)

$$S_C = S_G + \frac{I_Y}{S_G A} = h_G + \frac{I_Y \sin^2\theta}{h_G A}$$

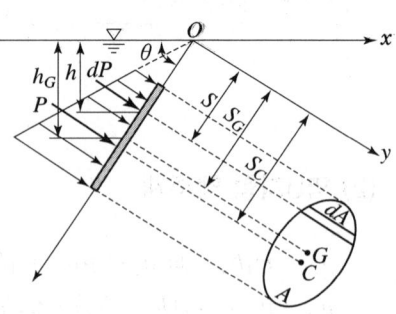

④ 곡면에 작용하는 전수압

$$P = \sqrt{P_H^2 + P_V^2}$$

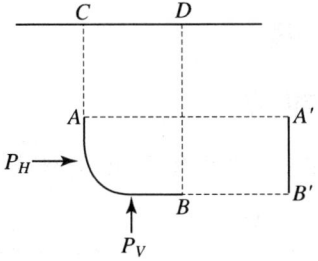

㉠ 수평분력 ; P_H

$$P_H = w h_G A$$

여기서, A : 연직투영면적($A'B' \times b$)
　　　　h_G : 연직투영면적의 도심까지 거리

㉡ 수직방향분력 ; P_V

$$P_V = wV$$

여기서, V : 물기둥 $CABD$의 체적($CABD$의 면적 $\times b$)

⑤ 중복곡면이 있는 경우
㉠ 수평방향 중복

$$P_H = P_{HBC} - P_{HAB} = P_L - P_R$$

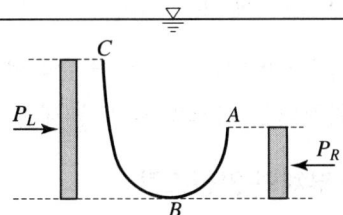

㉡ 수직방향 중복

$$P_V = P_{VECBH} - P_{VFABH}$$

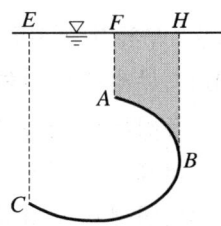

(3) 수압에 의한 원관의 두께(t)

$$t = \frac{pD}{2\sigma_{ta}}$$

여기서, T : 관 단면의 인장력
　　　　P : 수압이 관의 반단면에 미치는 힘
　　　　p : 관 속의 수압강도
　　　　l : 관의 길이
　　　　σ : 관의 인장응력
　　　　t : 관의 두께

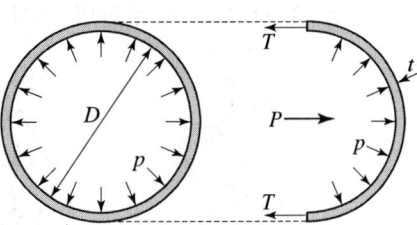

5. 부 체

(1) 부력(B)

물체가 수중에 있을 때 물체가 받는 연직상향 분력의 힘

$$B = w'V'$$

여기서, B : 부력, w' : 물의 단위중량, V' : 수중부분의 체적

① 물체가 떠있을 때

$$W = B$$

② 물체가 물속에 잠겨 있을 때

$$W' = W - B$$

여기서, W : 물체 무게, B : 부력, W' : 물 속 물체의 무게

(2) 아르키메데스 원리

아르키메데스의 원리란 물속에서 물체는 자신이 밀어올린 부피의 물의 무게만큼 가벼워진다는 것으로 물이 물체를 밀어 올리는 힘인 부력 때문이다.

(3) 부체의 안정조건

① 용어 설명
  ㉠ 부심(C) : 부체가 배제한 물의 무게 중심(배수용적의 중심)
  ㉡ 경심(M) : 부체의 중심선과 부력의 작용선과의 교점
  ㉢ 경심고 : 중심에서 경심까지의 거리($\overline{MG}$)
  ㉣ 부양면 : 부체가 수면에 의해 절단되는 가상면
  ㉤ 흘수 : 부양면에서 물체의 최하단까지의 깊이

② 부체의 안정조건
  ㉠ M이 G보다 위에 있으면 부체는 안정하다.[그림 (a)]
  ㉡ M이 G보다 아래에 있으면 부체는 불안정하다.[그림 (b)]
  ㉢ M과 G가 일치하면 부체는 중립상태이다.[그림 (c)]

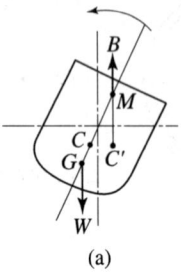
(a)

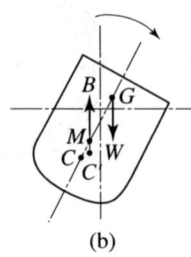
(b)

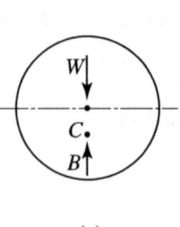
(c)

③ 부체의 안정조건식

$$\overline{MG}(h) = \frac{I_X}{V} - \overline{GC}$$

㉠ 안 정 : $\overline{MG}(h) > 0$, $\frac{I_X}{V} > \overline{GC}$

㉡ 불안정 : $\overline{MG}(h) < 0$, $\frac{I_X}{V} < \overline{GC}$

㉢ 중 립 : $\overline{MG}(h) = 0$, $\frac{I_X}{V} = \overline{GC}$

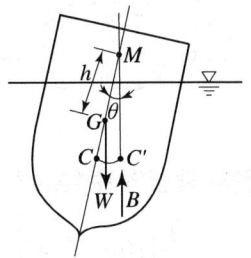

여기서, V : 부체의 수중부분의 체적
I_X : 최소 단면 2차 모멘트
$\overline{MG}$: 경심고
$\overline{GC}$: 중심과 부심 사이의 거리

6. 상대정지

(1) 수평 가속도를 받는 액체

$$\tan\theta = \frac{H-h}{\frac{l}{2}} = \frac{\alpha}{g}$$

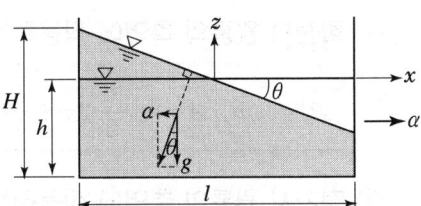

(2) 연직 가속도를 받는 액체

① 연직 상향의 가속도를 받는 수압

$$p = wh\left(1 + \frac{\alpha}{g}\right)$$

② 연직 하향의 가속도를 받는 수압

$$p = wh\left(1 - \frac{\alpha}{g}\right)$$

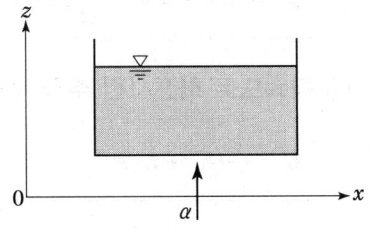

(3) 회전 등가속도를 받는 액체

물이 들어 있는 원통을 일정한 각속도 ω로 회전시키면 물의 점성 때문에 물 전체가 같은 각속도 ω로 회전한다.

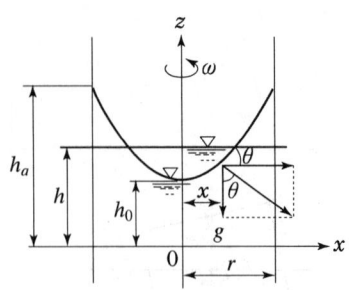 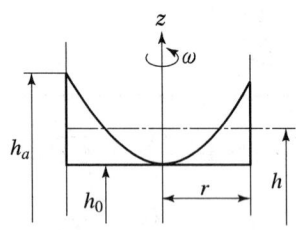

① 회전시 중심의 수심(h_0), 회전시 외주의 수심(h_a)

㉠ $h_0 = \dfrac{1}{2}\left(2h - \dfrac{\omega^2}{2g}r^2\right)$

㉡ $h_a = \dfrac{1}{2}\left(2h + \dfrac{\omega^2}{2g}r^2\right)$

② 회전시 원통의 밑면에 작용하는 전수압

$$P_z = whA = wh\pi r^2$$

③ 회전시 원통의 측면에 작용하는 전측면수압

$$P_x = wh_G A = w\dfrac{h_a}{2}2\pi r h_a = \pi r w h_a^2$$

④ 정지시 원통의 측면에 작용하는 전측면수압

$$P_x' = wh_G A = w\dfrac{h}{2}2\pi r h = \pi r w h^2$$

⑤ 각속도로 회전시킨 추의 수면식

$$h = \dfrac{1}{2}(h_a + h_o)$$

3-3 동수역학

1. 흐름의 종류와 특징

(1) 흐름의 특성

① 유선(stream line)
  어느 순간에 있어서 각 입자의 속도 벡터가 접선이 되는 가상의 곡선을 말한다.
  ㉠ 하나의 유선은 다른 유선과 교차하지 않는다.
  ㉡ 정류시 유선과 유적선은 일치한다.

② 유관(stream tube)
  유체 내부에 한 개의 폐곡선을 생각하여 그 곡선상의 각 점에서 유선을 그리면 유선은 일종의 경계면을 형성하여 하나의 관 모양이 되며 이러한 가상적인 관을 말한다.

③ 유적(流積)
  수로를 흐름 방향에 대해 직각으로 절단한 수로 단면 중 유체가 점하고 있는 부분을 말한다.

④ 유적선(stream path line)
  유체 입자의 운동 경로를 말한다.
  ㉠ 실제 배 등이 흘러간 방향(거리)을 말하며 자취가 남는다.
  ㉡ 흐름의 특성이 시간에 따라 변하지 않을 때는 유선과 일치한다.

 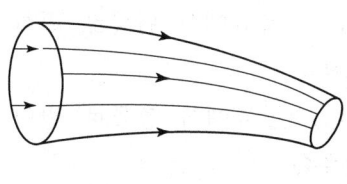

(a) 유선　　　　　　　　　(b) 유관

(2) 흐름의 종류

① 시간에 따른 분류
  ㉠ 정류(정상류) : 시간에 따라 유동특성(유량, 속도, 압력, 밀도, 유적 등)이 변하지 않는 흐름
  $$\frac{\partial Q}{\partial t} = 0, \ \frac{\partial V}{\partial t} = 0, \ \frac{\partial \rho}{\partial t} = 0$$

ⓛ 부정류 : 시간에 따라 유동특성(유량, 속도, 압력, 밀도, 유적 등)이 변하는 흐름

$$\frac{\partial Q}{\partial t} \neq 0, \quad \frac{\partial V}{\partial t} \neq 0, \quad \frac{\partial \rho}{\partial t} \neq 0$$

② 공간에 따른 분류

㉠ 등류(등속정류) : 정류 중에서 어느 단면에서나 유속과 수심이 변하지 않는 흐름

$$\frac{\partial v}{\partial t} = 0, \quad \frac{\partial v}{\partial l} = 0$$

ⓛ 부등류 : 정류 중에서 수류의 단면에 따라 유속과 수심이 변하는 흐름

$$\frac{\partial v}{\partial t} = 0, \quad \frac{\partial v}{\partial l} \neq 0$$

③ 층류와 난류

㉠ 층류 : 유체입자가 흐름방향에 수직한 속도성분을 갖지 않고 서로 층을 이루면서 흐르는 흐름

ⓛ 난류 : 유체입자가 상하좌우로 불규칙하게 뒤섞여 흐트러지면서 흐르는 흐름

ⓒ 손실수두에 의한 층류와 난류의 판정

$$h_L = k V^n$$

여기서, k, n : 관의 지름, 내부의 상태에 따라 정해지는 상수
실험결과에 의하면 층류일 때 $n = 1$이고, 난류일 때 $n = 1.8 \sim 2.0$이다.

㉢ 한계유속

- 상한계유속(V_a) : 층류에서 난류로 변화할 때의 한계유속
- 하한계유속(V_c) : 난류에서 층류로 변화할 때의 한계유속

㉣ Reynold수에 의한 층류와 난류의 판정

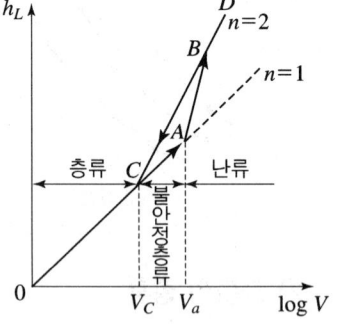

$$\text{Reynold수} : R_e = \frac{VD}{\nu}$$

여기서, V : 유속, D : 관경, ν : 동점성계수

- $R_e < 2,000$: 층류($R_{ec} = 2,000$)
- $2,000 < R_e < 4,000$: 천이영역, 불안정층류(층류와 난류가 공존한다.)
- $R_e > 4,000$: 난류

④ 상류와 사류
　㉠ 상류
　　• 하류부의 교란이 상류쪽으로 전달되는 흐름
　　• 물의 유속 흐름이 장파전달 속도보다 작은 흐름
　㉡ 사류
　　• 하류부의 교란이 상류흐름에 영향을 주지 않는 흐름
　　• 물의 유속 흐름이 장파전달 속도보다 큰 흐름
　㉢ 푸르너 수에 의한 상류와 사류의 판정

$$\text{푸르너 수} : F_r = \frac{V}{\sqrt{gh}}$$

여기서, V : 물의 유속, $\sqrt{gh}$: 장파의 전달 속도

　　• $F_r < 1$: 상류
　　• $F_r = 1$: 한계류(한계수심, 한계유속)
　　• $F_r > 1$: 사류

(3) 경계층

① 개념

흐르고 있는 유체는 어떤 물체의 표면에 가까이 접근할수록 유속이 느려지는 것과 같이 물이나 공기와 같은 점도가 낮은 유체가 물체의 주위를 흐를 때 Reynolds 수가 비교적 높은 경우 평판 위의 흐름과 같이 흐름이 두 층으로 구분된다.

　㉠ 첫째 층 : 물체 표면에 극히 가까운 얇은 층으로 점성의 영향이 크게 나타나는 층이다.
　　• 유체의 속도 u에 대한 속도기울기 $\frac{du}{dy}$는 유체가 물체 표면에서 멀어질수록 매우 크다.
　　• 유체의 점성의 크기가 작아도 전단응력 τ의 값은 커지게 된다.
　㉡ 둘째 층 : 얇은 층의 바깥 전체의 영역으로 점성에 의한 영향은 거의 받지 않는다.
　　• 법선 방향의 속도기울기가 작다.
　　• 물체 표면에 따라 흐르는 얇은 첫째 층을 경계층(boundary layer)이라 한다.
　　• 층류경계층(laminar boundary) : 경계층 내의 흐름이 층류인 경우
　　• 난류경계층(turbulent boundary) : 경계층 내의 흐름이 난류인 경우
　　• 천이영역(transition region) : 층류 경계층에서 난류 경계층으로 바꾸어지는 사이의 경계층

- 층류저층(laminar sub-layer) : 난류 경계층에서 경계층 내의 고체면에 가까운 저항으로 존재하는 또 다른 유동층

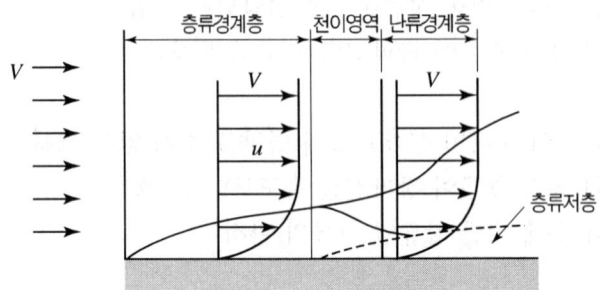

② 경계층의 두께
  ㉠ 경계층의 두께 결정
     유체가 흐르는 물체의 표면에 x, y축을 세우고 경계층의 외부의 속도를 자유흐름속도(free stream velocity) V라고 하면, 물체 표면에서 속도 u가 $0.99V$에 해당하는 점까지의 y좌표를 경계층의 두께 δ라 한다.

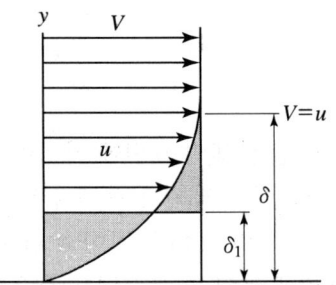

  ㉡ 경계층의 배제두께
     경계층의 형성으로 인해 관성력이 큰 이상유체의 영역 내에서 유선이 점성력이 큰 점성유체에 의해 바깥쪽으로 밀려나는 평균적 거리를 말한다.

$$\delta_1 = \int_0^\delta \left(1 - \frac{u}{V}\right) dy$$

  여기서, δ_1 : 경계층의 배제두께(displacement thickness)

③ 박리현상(Flow Separation)
  ㉠ 유체가 벽면을 따라 흐를 때 하류 방향으로 압력의 증가가 일어나면, 벽에서 멀리 떨어진 부분의 유체는 유속이 빠르고 관성력이 크기 때문에 높은 압력에 견디면서 하류까지 진행할 수 있으나, 벽면에 가까운 유속이 느린 유체는 점성 때문에 관성력이 작아 압력을 견디면서 하류까지 흘러가기 어렵게 되어 흐름이 어느 한

점에서 벽면으로부터 분리되어 그 뒤에 소용돌이가 생기게 되어 마치 공기의 흐름이 표면에서 떨어져 나가는 것처럼 되는 현상을 경계층의 박리(separation)라고 한다.

ⓒ 물체의 뒤쪽 부분의 압력이 물체의 앞쪽 부분의 압력보다 낮음으로 인해, 뒤쪽의 흐름이 앞으로 흐르려고 하는 역흐름 현상(Reserve Flow)을 동반하게 되고 이로 인해 심한 소용돌이가 발생하게 된다.

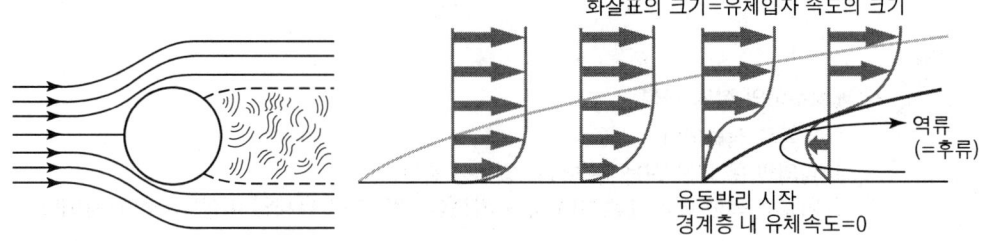

ⓒ 박리현상은 항력을 증가시킬뿐만 아니라 양력을 상당 부분 감소시켜 심할 경우 비행사고 등으로 이어지기도 한다. 따라서 박리현상을 늦추거나 예방하는 방법을 잘 강구하여야 한다.

2. 연속방정식

(1) 연속방정식(1차원 흐름)

① 비압축성 유체일 때

$$Q = A_1 V_1 = A_2 V_2$$

여기서, Q : 체적유량(volume flow rate)
  단위 : m^3/sec

3. 베르누이 정리

(1) 베르누이의 정리(Bernoulli's theorem)

① 베르누이 정리는 유체역학의 기본법칙 중 하나로 1738년 D.베르누이가 발표하였으며, 점성과 압축성이 없는 이상적인 유체가 규칙적으로 흐르는 경우에 대해 속도와 압력, 높이의 관계를 수량적으로 나타낸 법칙이다.
② 베르누이 정리는 유체의 위치에너지와 운동에너지의 합이 일정하다는 법칙에서 유도한다.

③ 베르누이 정리는 점성을 무시할 수 있는 완전유체가 규칙적으로 흐르는 경우에만 적용할 수 있고, 실제 유체에 대해서는 적당히 변형된다.

$$H_t = \frac{V^2}{2g} + \frac{P}{w} + Z = \text{const}$$

여기서, $\frac{V^2}{2g}$: 유속수두 $\frac{P}{w}$: 압력수두
Z : 위치수두 H_t : 총수두

베르누이의 정리 가정
① 흐름은 정류이다.
② 임의의 두 점은 같은 유선상에 있어야 한다.
③ 마찰에 의한 에너지 손실이 없는 비점성, 비압축성 유체인 이상유체의 흐름이다.

정체압(총압력, stagnation pressure)
① 베르누이 방정식에 의해서 정체압은 대기압+유체 압력으로 계산이 된다. 즉, 정수압을 빼고 정압과 동압을 합쳐서 정체압이라고 한다.
총압력=정압력+동압력
② 손실을 고려하지 않을 경우
에너지 수두공식 $\frac{V^2}{2g} + \frac{p}{w} + Z$ 에서 에너지 공식으로 바꾸기 위해 $w = \rho g$를 곱하면 $\frac{\rho V^2}{2} + P + Zw$에서 정체압 P_t 는 $P_t = \frac{\rho V^2}{2} + P$이다.

(2) 손실을 고려한 베르누이의 정리

$$H_t = \frac{V_1^2}{2g} + \frac{P_1}{w} + Z_1$$
$$= \frac{V_2^2}{2g} + \frac{P_2}{w} + Z_2 + h_L$$

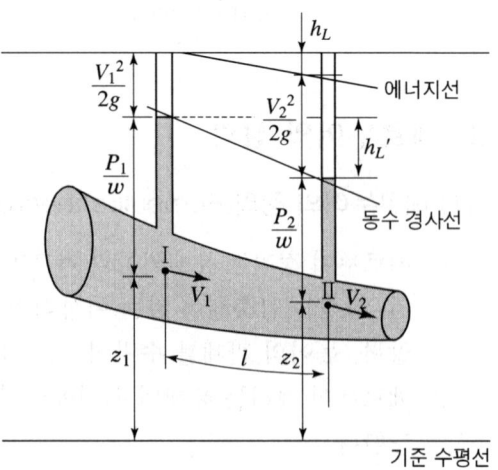

① 에너지선
  ㉠ 기준수평면에서 $\left(Z + \frac{P}{w} + \frac{V^2}{2g}\right)$ 의 점들을 연결한 선이다.
  ㉡ 에너지경사 : $I = \frac{h_L}{l}$

② 동수경사선(수두경사선)

㉠ 기준수평면에서 $\left(Z+\dfrac{P}{w}\right)$의 점들을 연결한 선이다.

㉡ 동수경사 : $I=\dfrac{h'_L}{l}$

4. 베르누이 방정식 응용

(1) 토리첼리의 정리

$$\dfrac{V_1^2}{2g}+\dfrac{P_1}{w}+Z_1=\dfrac{V_2^2}{2g}+\dfrac{P_2}{w}+Z_2$$

$$0+0+h=\dfrac{V_2^2}{2g}+0+0$$

$$V_2=\sqrt{2gh}$$

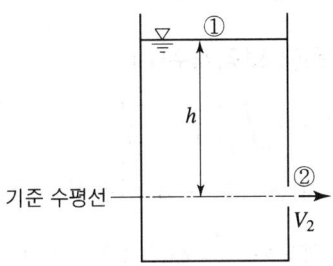

(2) 피토관

$$\dfrac{V_1^2}{2g}+\dfrac{P_1}{w}+Z_1=\dfrac{V_2^2}{2g}+\dfrac{P_2}{w}+Z_2$$

$$\dfrac{V_1^2}{2g}+h_1+0=0+(h_1+h)+0$$

$$V_1=\sqrt{2gh}$$

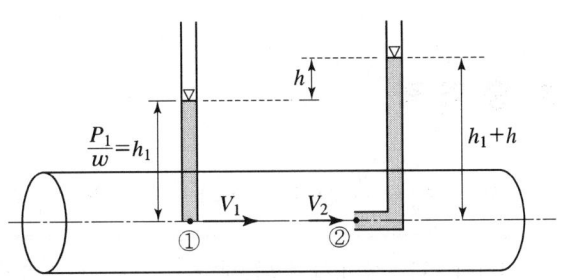

(3) 벤투리미터

① 피조미터 사용시의 유량

$$Q=C\dfrac{A_1A_2}{\sqrt{A_1^2-A_2^2}}\sqrt{2gH}$$

여기서, C : 0.96~0.99

② U자형 액주계 사용시의 유량

$$Q=\dfrac{A_1A_2}{\sqrt{A_1^2-A_2^2}}\sqrt{2gh\left(\dfrac{w'-w}{w}\right)}$$

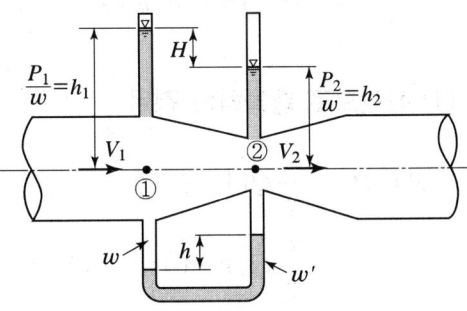

(4) 보정계수

① 에너지 보정계수(α)

㉠ $\alpha = \int_A \left(\dfrac{v}{V}\right)^3 \dfrac{dA}{A}$

㉡ 평균속도 V를 사용한 베르누이의 정리

$$\alpha_1 \dfrac{V_1^2}{2g} + \dfrac{P_1}{w} + Z_1 = \alpha_2 \dfrac{V_2^2}{2g} + \dfrac{P_2}{w} + Z_2$$

㉢ 원관 속의 층류 : $\alpha = 2.0$

② 운동량 보정계수(η)

㉠ $\eta = \int_A \left(\dfrac{v}{V}\right)^2 \dfrac{dA}{A}$

㉡ 평균속도 V를 사용한 운동량 방정식

$$\sum F = \dfrac{w}{g} Q [(\eta V)_2 - (\eta V)_1]$$

5. 충 격 력

$$P_x = P_y = \dfrac{w}{g} Q(V_2 - V_1) \qquad P = \sqrt{P_x^2 + P_y^2}$$

여기서, V_1 : 물이 들어오는 속도 V_2 : 물이 나가는 속도

① 벽이 물에 가한 힘 : $P = \dfrac{w}{g} Q(V_2 - V_1)$

② 물이 벽에 가한 힘 : $P = \dfrac{w}{g} Q(V_1 - V_2)$

(1) 직각으로 충돌하는 경우

$$P = P_x = \dfrac{w}{g} Q(V_1 - V_2)$$
$$= \dfrac{w}{g} Q(V - 0) = \dfrac{w}{g} QV = \dfrac{w}{g} A V^2$$
$$P_y = 0$$

여기서, A : 수맥의 단면적

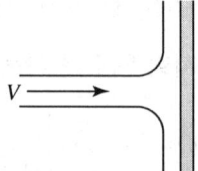

(2) 경사지게 충돌한 경우

$$P = P_x = \frac{w}{g}Q(V_1 - V_2) = \frac{w}{g}Q(V\sin\theta - 0)$$

$$= \frac{w}{g}QV\sin\theta = \frac{w}{g}AV^2\sin\theta$$

$$P_y = 0$$

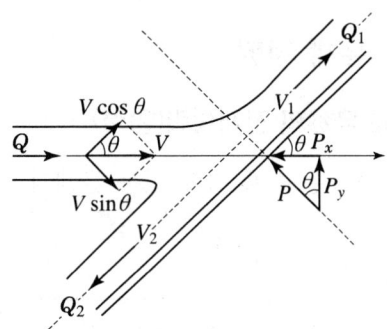

(3) 정지한 곡면에 충돌하는 경우

$$P_x = \frac{w}{g}Q(V_1 - V_2) = \frac{w}{g}Q(V - V\cos\theta)$$

$$= \frac{w}{g}AV^2(1 - \cos\theta)$$

$$P_y = \frac{w}{g}Q(V_1 - V_2) = \frac{w}{g}Q(0 - V\sin\theta)$$

$$= -\frac{w}{g}AV^2\sin\theta$$

$$P = \sqrt{P_x^2 + P_y^2}$$

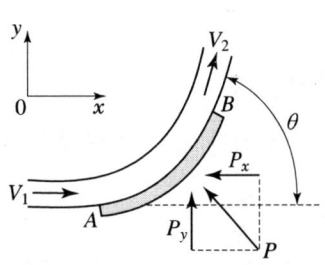

(4) 흐름의 방향이 180° 바뀌는 경우

$$P_x = \frac{w}{g}Q(V_1 - V_2) = \frac{w}{g}Q\{V - (-V)\}$$

$$= \frac{2w}{g}QV = \frac{2w}{g}AV^2$$

$$P_y = 0$$

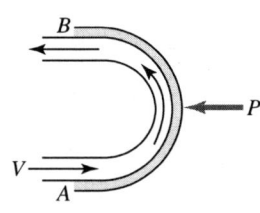

(5) 움직이는 판에 작용하는 충격력

① 판이 수맥과 같은 방향으로 u속도로 움직이는 경우
  ㉠ 평판

$$P_x = \frac{w}{g}Q(V_1 - V_2) = \frac{w}{g}Q((V-u) - 0)$$

$$= \frac{w}{g}Q(V-u) = \frac{w}{g}A(V-u)^2$$

$$P_y = 0$$

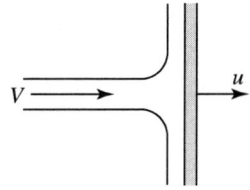

6. 유체 저항

(1) 유체의 전저항력(항력)

흐르는 유체 속에 있는 물체가 유체로부터 받는 힘

$$D = C_D A \frac{\rho V^2}{2}$$

여기서, D : 유체의 전저항력, C_D : 저항계수(항력계수), A : 흐름방향의 물체 투영면적

$\frac{\rho V^2}{2}$: 동압력

(2) 항력계수

구의 형체인 경우 항력계수(저항계수)

$$C_D = \frac{24}{R_e}$$

3-4 오리피스와 위어

1. 오리피스

물통의 측벽 또는 바닥에 구멍을 뚫어서 물을 유출시킬 때의 작은 구멍을 오리피스라 한다.

(1) 오리피스의 구분

① 큰 오리피스 : $H < 5d$
② 작은 오리피스 : $H > 5d$

여기서, H : 수면에서 오리피스까지의 수심
        d : 오리피스의 직경(사각형의 경우는 수심)

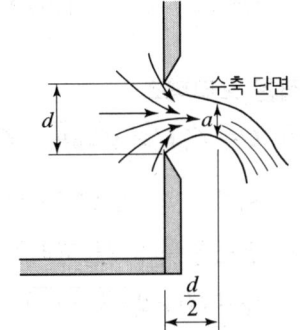

(2) 수축계수(C_a)

$$C_a = \frac{a}{A}$$

여기서, A : orifice의 단면적, a : 수축단면의 단면적

(3) 오리피스 유속

① 이론유속(이상적 유속)

$$V_r = \sqrt{2gh}$$

여기서, h : 압력수두($h = \frac{P}{w} + Z$)

② 실제유속

$$V = C_v \sqrt{2gh}$$

여기서, C_v : 유속계수, 0.95~0.99 $C_v = \dfrac{\text{실제유속}}{\text{이론유속}}$

(4) 오리피스 유량

① 유량계수(C) $C = C_a \cdot C_v$

② 실제유량 $Q = CAV_r = C_aC_vA\sqrt{2gh} = CA\sqrt{2gh}$

        여기서, A : 오리피스 단면적

③ 이론유량 $Q = A \cdot V_r = A\sqrt{2gh}$

(5) 오리피스의 유량 계산

① 큰 오리피스(직사각형 단면)

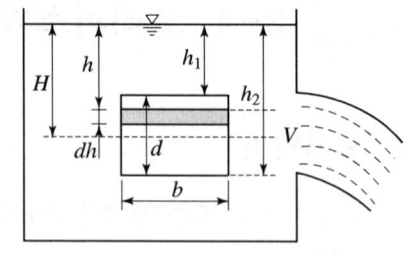

㉠ $Q = \dfrac{2}{3} Cb \sqrt{2g} \left(h_2^{\frac{3}{2}} - h_1^{\frac{3}{2}} \right)$

㉡ 접근유속 V_a를 고려할 때의 유량

$Q = \dfrac{2}{3} Cb \sqrt{2g} \left[(h_2 + h_a)^{\frac{3}{2}} - (h_1 + h_a)^{\frac{3}{2}} \right]$

② 작은 오리피스

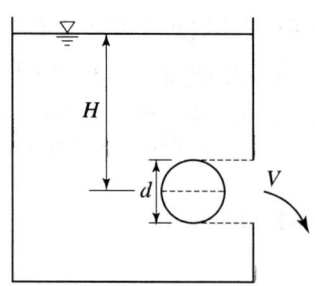

㉠ $Q = C_a C_v A \sqrt{2gh} = CA \sqrt{2gh}$

여기서, h : 압력수두 ($h = \dfrac{P}{w} + Z$)

㉡ 접근유속 V_a를 고려할 때의 유량

$Q = Ca \sqrt{2g(h + h_a)}$

여기서, h_a : 접근유속수두 $\left(h_a = \alpha \dfrac{V_a^2}{2g} \right)$

③ 수중 오리피스

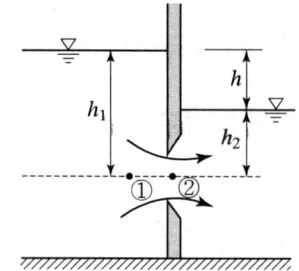

㉠ 완전 수중 오리피스
유출수가 모두 수중으로 유출된다.
$Q = Ca \sqrt{2gh}$

㉡ 불완전 수중 오리피스
유출수의 일부가 수중으로 유출된다.
$Q = Q_1 + Q_2 =$ 큰 오리피스 + 수중 오리피스

$Q = \dfrac{2}{3} C_1 b \sqrt{2g} (h^{\frac{3}{2}} - h_1^{\frac{3}{2}}) + C_2 b (h_2 - h) \sqrt{2gh}$

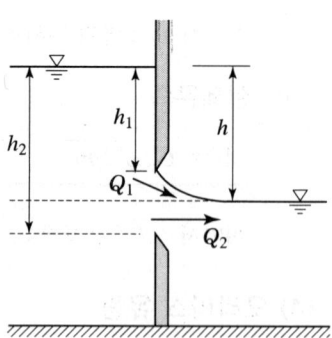

(6) 배수시간

① 보통 오리피스의 배수시간

$$T = \frac{2A}{Ca\sqrt{2g}}\left(h_1^{\frac{1}{2}} - h_2^{\frac{1}{2}}\right)$$

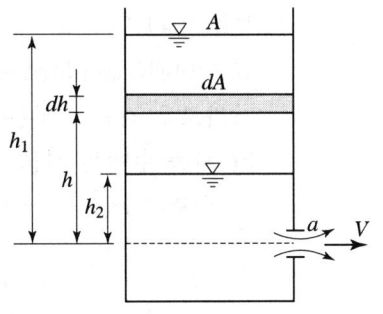

② 수중의 오리피스의 배수시간

$$T = \frac{2A_1 A_2}{Ca\sqrt{2g}(A_1 + A_2)}\left(h_1^{\frac{1}{2}} - h_2^{\frac{1}{2}}\right)$$

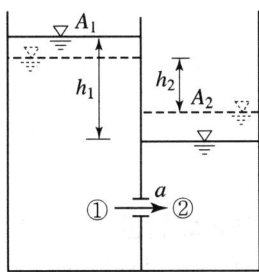

여기서, A_1, A_2 : 탱크수면의 면적
       a : 오리피스 단면적
       h_1 : 탱크수면의 최초 수위차
           (초기의 ①번 수중과 ②번 수중의 높이차)
       h_2 : 탱크수면의 나중 수위차
           (T시간 후 ①번 수중과 ②번 수중의 높이차)

(7) 수 문

① 수문을 통해 물이 얼마나 유출 되는지 해석
② 큰 (사각형)오리피스 해석과 동일하다.

(8) 노 즐

노즐로부터 사출되는 jet의 경로

① 연직높이 $y = \dfrac{V^2}{2g}\sin^2\theta$

② 수평거리 $x = \dfrac{V^2}{g}\sin 2\theta$

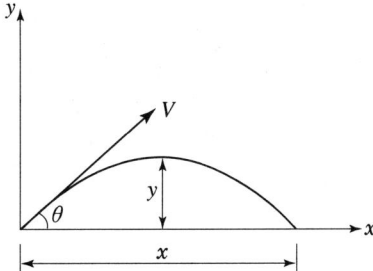

여기서, V : jet의 유속
       θ : 수평면과의 경사각

(9) 단관(mouth piece)

① 표준 단관

표준 단관(standard short tube)이란 단관의 길이가 직경의 2~3배이고 유입단이 날카로운 각을 이루는 단관을 말한다.

㉠ 사출 수맥은 처음 수축했다가 다시 확대되어 관을 채우는 형태를 한다.

㉡ 수축계수는 $C_a = 1$로 보며, 유량계수는 $C = 0.78 \sim 0.83$(보통 $C + 0.82$)이다.

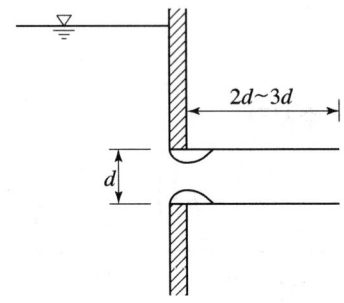

② Borda 단관

Borda 단관(Borda's mouth piece)이란 짧은 원통형 관이 수조 내로 돌입한 것을 말한다.

㉠ 관의 유입단이 날카로워 완전수축이 일어나며, 관의 길이는 $\dfrac{d}{2}$ 정도로 분류가 관에 접하지 않는다.

㉡ 수축계수는 보통 $C_a = 0.52$로 보며, 유속계수는 $C_v = 0.98$, 유량계수는 $C = 0.51$이이며, 유량은 $Q = C_a\sqrt{2gh}$ 이다.

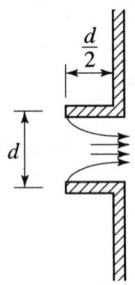

2. 위 어

(1) 수맥의 수축

① **면수축** : 위어의 상류 약 $2h$ 되는 곳에서부터 위어까지 계속적으로 수면강하가 일어나 축소되는 것

② **정수축**(마루부 수축) : 위어 마루부의 날카로움 때문에 일어나는 수축

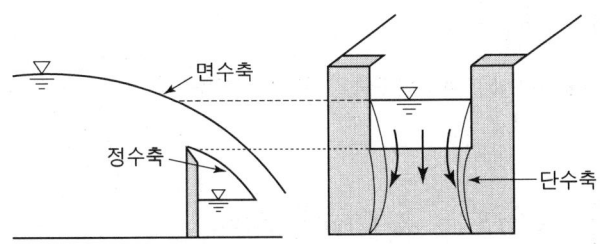

③ **단수축** : 위어의 측면의 날카로움 때문에 월류폭이 수축하는 것
  ㉠ 일단수축 : 단수축이 한쪽 측면에서만 일어난다.
  ㉡ 양단수축 : 단수축이 양쪽 측면에서 일어난다.

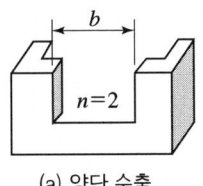 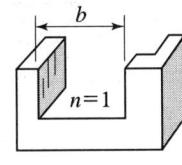 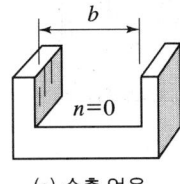

(a) 양단 수축   (b) 일단 수축   (c) 수축 없음

④ **연직수축** = 정수축 + 면수축
⑤ **완전수축** = 정수축 + 단수축

(2) 위어 유량

① 예연 위어
  ㉠ 구형 위어

$$Q = \frac{2}{3} C b \sqrt{2g} \, h^{\frac{3}{2}}$$

접근유속을 고려하면

$$Q = \frac{2}{3} C b \sqrt{2g} \left[(h + h_a)^{\frac{3}{2}} - h_a^{\frac{3}{2}} \right]$$

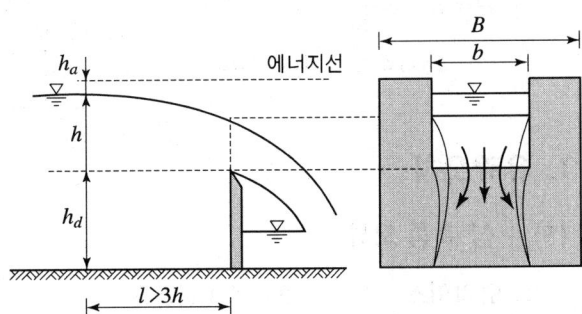

ⓒ Francis 공식(미국, 1883년)

$C = 0.623$으로 불변하다고 가정

$$\frac{2}{3}C\sqrt{2g} = \frac{2}{3} \times 0.623 \times \sqrt{2 \times 9.8} ≒ 1.84$$

$$Q = 1.84 b_o h^{\frac{3}{2}}$$

접근유속 V_a를 고려하면

$$Q = 1.84 b_o \left[(h+h_a)^{\frac{3}{2}} - h_a^{\frac{3}{2}} \right]$$

여기서, b_o : 유효폭($b_o = b - 0.1nh$), n : 단수축의 수, h : 월류수심

ⓒ 삼각위어

$$Q = \frac{4}{15}C \cdot 2h\tan\frac{\theta}{2} \cdot \sqrt{2g}\, h^{\frac{3}{2}} = \frac{8}{15}C\tan\frac{\theta}{2}\sqrt{2g}\, h^{\frac{5}{2}}$$

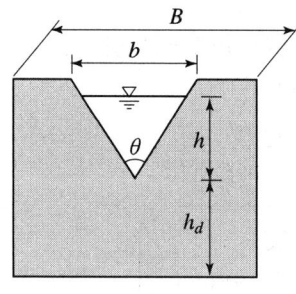
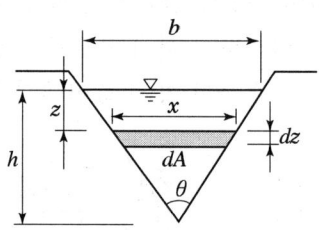

② 광정위어

월류수심 h에 비해 위어 정부의 폭 l이 대단히 넓은 위어

$$Q = 1.7 CbH^{\frac{3}{2}}$$

$$H = h + \alpha \frac{v^2}{2g}$$

$\quad$ = 위치수두 + 속도수두

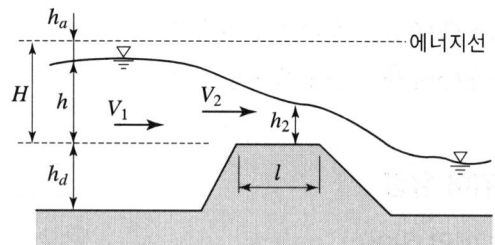

3. 유량오차

(1) 수심 측정 오류

① 오리피스 $\quad Q = CA\sqrt{2gh}$

$$\frac{dQ}{Q} = \frac{1}{2}\frac{dh}{h}$$

② 사각형 위어 $Q = \dfrac{2}{3} C b \sqrt{2g}\, h^{\frac{3}{2}}$

$\dfrac{dQ}{Q} = \dfrac{3}{2} \dfrac{dh}{h}$

③ 삼각형 위어 $Q = \dfrac{8}{15} C \tan\dfrac{\theta}{2} \sqrt{2g}\, h^{\frac{5}{2}}$

$\dfrac{dQ}{Q} = \dfrac{5}{2} \dfrac{dh}{h}$

④ 프란시스 공식 사용시(Francis 공식)(미국, 1883년)

$Q = 1.84 b_o h^{\frac{3}{2}}$

$\dfrac{dQ}{Q} = \dfrac{3}{2} \dfrac{dh}{h}$

(2) 폭 측청 오류

$\dfrac{dQ}{Q} = \dfrac{db}{b}$

3-5 관수로

1. 관수로 일반

① 압력(흐름 발생 원인)과 점성력(흐름에 저항)에 지배 받는 흐름
② 자유수면(공기와 물이 접하는 면)을 갖지 않는다.

(1) 용어정리

① 윤변(P) : 물과 관벽이 닿는 면
② 경심(동수반경, 수리반경 ; R)

$$R = \frac{A}{P} \qquad \text{※ 원형 단면 수로의 경심 } R = \frac{D}{4}$$

여기서, A : 유수 단면적(통수 단면적, 관에 물이 흐르는 면적), D : 지름

2. 층류의 유량, 유속분포, 마찰력 분포

(1) 유량(Hazen-Poiseuille식)

$$Q = \frac{\pi \Delta p}{8 \mu l} r^4 = \frac{\pi w h_L}{8 \mu l} r^4$$

(2) 유속분포

① 평균유속

$$V_m = \frac{Q}{A} = \frac{Q}{\pi r^2} = \frac{w h_L}{8 \mu l} r^2$$

② 최대유속

$$V_{\max} = 2 V_m$$

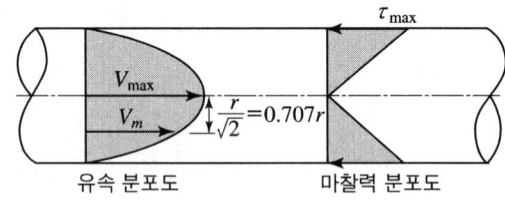

유속 분포도   마찰력 분포도

㉠ V는 r의 2승에 비례하므로 중심축에서는 $V_{\max}$이다.
㉡ 관벽에서는 $V = 0$인 포물선이다.

(3) 마찰력분포

① 마찰력

$$\tau = \mu \cdot \frac{dV}{dr} = \mu \cdot \frac{wh_L}{4\mu l} \cdot 2r = \frac{wh_L}{2l} \cdot r$$
$$\tau = w \cdot R \cdot I$$

② 마찰력분포
  ㉠ τ는 r에 비례하므로 중심축에서는 $\tau = 0$이다.
  ㉡ 관벽에서는 $\tau_{\max}$인 직선이다.

③ 마찰속도(전단속도)

$$U_* = \sqrt{\frac{\tau}{\rho}} = V\sqrt{\frac{f}{8}} = \sqrt{gRI}$$

3. 마찰 손실

(1) 마찰손실수두(Darcy-weisbach 공식) : 관수로의 최대손실

$$h_L = f \frac{l}{D} \frac{V^2}{2g}$$

여기서, f : 마찰손실계수, V : 평균유속

(2) 마찰손실계수(f)

① 층류(관수로의 경우 $R_e \leq 2000$)

$$f = \frac{64}{R_e}$$

② 난류

$$f = \phi'\left(\frac{1}{R_e}, \frac{e}{D}\right)$$

여기서, $\frac{e}{D}$: 상대조도(relative roughness ; 관직경과 관벽 요철과의 상대적 크기)
  D : 관의 지름
  e : 조도(관벽의 요철의 높이차를 말한다.)

 **조도계수(coefficient of roughness, rou-ghness coefficient, 粗度係數)**
조도계수란 유수에 접하는 수로의 벽면의 거친 정도를 표시하는 계수로 단위는 $m^{-1/3}sec$이다.

③ Chézy 식

$$f = \frac{8g}{C^2}$$

④ Manning 식

$$f = 124.5n^2 D^{-\frac{1}{3}}$$

(3) 미소손실수두

미소손실수두 = 미소손실계수 × 속도수두
- 미소손실은 관로가 긴 경우에는 거의 무시할 수 있다.
- 관의 길이가 짧은 경우에는 마찰손실 못지 않게 총 손실의 중요한 부분을 차지하므로 미소손실수두를 고려한다.

$$h_f = \Sigma f_f \frac{V^2}{2g}$$

여기서, h_f : 미소순실수두, Σf_f : 미소소실계수 합

① 유입손실수두 : 관로의 유입에 의한 손실수두
  f_e : 유입손실계수(유입구의 형상에 따라 현저한 차이가 있으나, 일반적으로 0.5이다.)

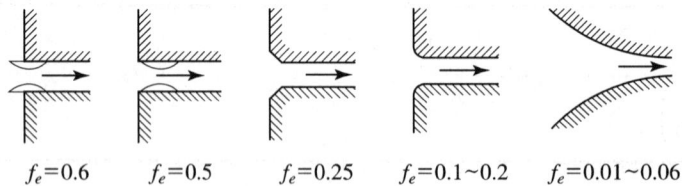

$f_e = 0.6$ $f_e = 0.5$ $f_e = 0.25$ $f_e = 0.1 \sim 0.2$ $f_e = 0.01 \sim 0.06$

② 단면 급확대 손실수두   ③ 단면 급축소 손실수두
④ 점확 손실수두   ⑤ 점축 손실수두
⑥ 굴절 손실수두   ⑦ 만곡 손실수두

⑧ 밸브 손실수두
⑨ 유출 손실수두 : 관로의 출구점에서의 손실수두
  f_o : 유출손실계수(일반적으로 1.0이다.)

(4) 병렬 관수로의 손실수두

① 병렬 관수로의 손실수두는 각 관로마다 손실의 크기가 동일하다.
② 124 손실수두와 134손실수두는 동일하다.

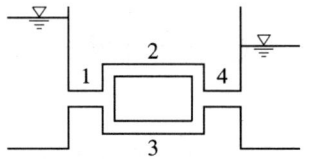

4. 관로의 평균 유속공식

(1) Chézy의 평균유속공식

$$V = C\sqrt{RI} \text{ (m/sec)}$$

① Chézy의 평균유속계수 $C = \sqrt{\dfrac{8g}{f}}$ 혹은 $f = \dfrac{8g}{C^2}$

② 경심(동수반경 ; R) $R = \dfrac{A}{P}$

여기서, A : 통수단면적
    P : 윤변(물이 접촉하는 관의 주변길이)

(2) Manning의 평균유속공식

$$V = \dfrac{1}{n} R^{\frac{2}{3}} I^{\frac{1}{2}} \text{ (m/sec)}$$

① C와 n과의 관계 $C = \dfrac{1}{n} R^{\frac{1}{6}}$

② f와 n과의 관계 $f = 124.5 n^2 D^{-\frac{1}{3}}$

(3) Hazen-williams의 평균유속공식

$$V = 0.849 C R^{0.63} I^{0.54} \text{ (m/sec)}$$

5. 관로시스템

(1) 단일 관수로 내의 흐름해석

① 두 수조를 연결하는 등단면관수로

㉠ 관 속의 평균유속
$$V = \sqrt{\frac{2gH}{f_e + f\frac{l}{D} + f_0}}$$

㉡ 관 속을 흐르는 유량
$$Q = AV = \frac{\pi D^2}{4}\sqrt{\frac{2gH}{f_e + f\frac{l}{D} + f_o}}$$

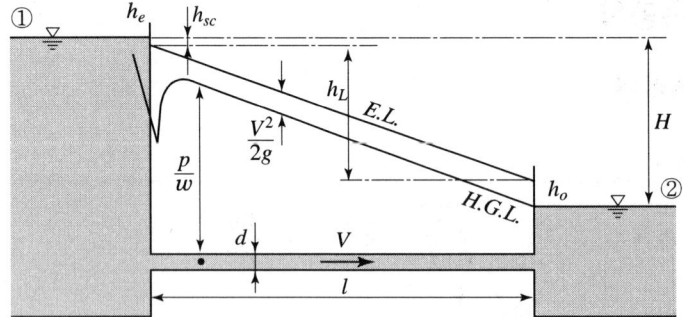

(2) 병렬관수로

① 연속방정식

$$Q_1 = Q_2 + Q_3 = Q_4$$

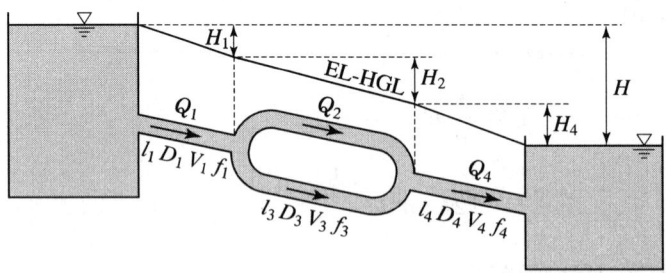

② 베르누이방정식

$$H_1 = f_1 \frac{l_1}{D_1}\frac{V_1^2}{2g} \qquad H_2 = f_2\frac{l_2}{D_2}\frac{V_2^2}{2g} = H_3 \qquad H_4 = f_4\frac{l_4}{D_4}\frac{V_4^2}{2g}$$
$$\therefore H = H_1 + H_2 + H_4 = H_1 + H_3 + H_4 \; (\because H_2 = H_3)$$

③ 병렬관수로 : 손실수두는 서로 같고($H_2 = H_3$), 총유량은 합한 것($Q_2 + Q_3$)과 같다.
④ 직렬관수로 : 손실수두는 합한 것과 같고 유량은 서로 같다.

(3) 사이펀 : 실제 가능 높이 약 8m

높은 수조에서 낮은 수조로 관수로를 통해 송수할 때 관의 일부가 동수경사선보다 높은 경우의 관수로

① 양쪽이 수로로 연결된 경우

$$V = \sqrt{\frac{2gH}{f_e + f\frac{l}{D} + f_0}}$$

② 한 쪽만 수로인 경우

$$V = \sqrt{\frac{2gH}{1 + f\frac{l}{D} + \sum f_f}}$$

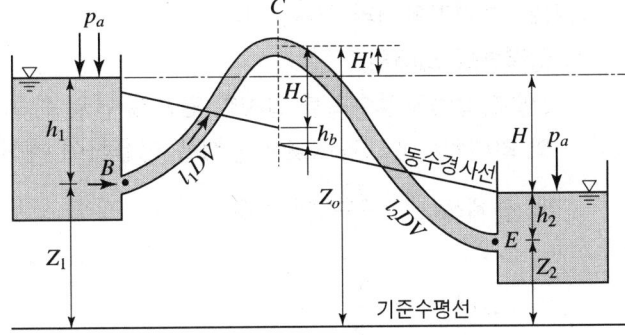

6. 유수에 의한 동력

(1) 수차(발전기)의 동력

물의 위치에너지를 전기에너지로 바꾸어 주는 장치

$$E = wQH_e (\text{kg} \cdot \text{m/sec}) = wQ(H - \sum h_L)$$

여기서, H_e : 유효낙차, H : 수차의 자연낙차

$$E = 9.8Q(H - \sum h_L)\eta (\text{kW}) = \frac{1,000}{75} Q(H - \sum h_L)\eta (\text{HP})$$

(2) 펌프의 동력

$$E = 9.8 \frac{Q(H + \sum h_L)}{\eta} (\text{kW}) = \frac{1,000}{75} \frac{Q(H + \sum h_L)}{\eta} (\text{HP})$$

여기서, Q : 양수량(m^3/sec)
H_p : 펌프의 전양정($H + \sum h_L$, m)
η : 펌프의 효율(%)

7. 관로를 통한 송수시 문제 사항

(1) 수격작용(water hammer)

관수로에 물이 흐르고 있을 때 밸브를 급히 잠그면 유속이 0이 되면서 수압이 현저히 상승하게 되고 물이 역류하면서 관벽에 충격을 주는 압력을 수격압이라 하며 이러한 작용을 수격작용이라 한다.

① 압력변화 최대치

1방향 압력조정수조를 설치한 펌프계 단일 관로에서 수격작용으로 인한 압력 변화의 최대치는 Joukowsky 공식을 이용하여 계산할 수 있다.

㉠ 급폐쇄($T < \frac{2L}{a}$)의 경우

$$\Delta H_{\max} = \frac{av_o}{g}$$

㉡ 완폐쇄($T > \frac{2L}{a}$)의 경우

$$\Delta H_{\max} = H_o \left[1 + \frac{1}{2}N\left(N \pm \sqrt{N^2 + 4}\right) \right]$$ (단, +는 밸브의 폐쇄 시, −는 개방 시)

$$N = \frac{2v_o}{gTH_o}$$

여기서, T : 밸브의 개폐시간(sec), L : 관의 길이(m), a : 압력파의 전파속도(m/sec)
$\Delta H_{\max}$: 최대상승압력수두(m), v_o : 밸브의 폐쇄 전의 관내 평균유속(m/sec)
H_o : 관로의 수두 차(m)

$$a = -\frac{1420}{\sqrt{1 + \frac{k}{E}\frac{D}{t}}}$$

여기서, D : 관경(mm), k : 물의 체적탄성률, t : 관의 두께(mm), E : 관의 탄성계수
k/E값 : 강관 0.01, 주철관 0.02, 흄관 0.1

(2) 서징(surging)

수격작용에 의한 수격파가 서지탱크 내로 유입하여 물이 진동하며 수면이 상승하게 되는 진동현상

(3) 공동현상(cavitation phenomenon)

유수 중에 국부적인 부압(−)이 생겨 증기압 이하로 되면 물속에 용해되어 있던 공기가 분리되어 물속에 공기덩어리를 조성하게 되는 현상

(4) 피팅(pitting)

발생한 공동은 흐름방향으로 유하되고 압력이 큰 곳으로 이동하면서 순간적으로 압궤하면서 고체면에 강한 충격을 주는 작용

3-6 개수로

1. 정 의

① 유수 표면이 대기와 접하는 자유수면을 가지는 흐름
(관수로와 같이 폐합단면에서도 흐름이 자유수면을 가질 경우 개수로로 취급한다.)
② 중력에 의해 흐름이 발생하며 압력의 영향을 받지 않는다.

2. 용 어

① 윤변(P) : 물과 관벽이 닿는 면으로 마찰이 작용하는 주변길이
② 경심(동수반경, 수리반경 ; R)

$$R = \frac{A}{P}$$

여기서, A : 통수단면적, P : 윤변(마찰이 작용하는 주변길이)

③ 수리수심(D)

$$D = \frac{A}{B}$$

여기서, B : 수로의 폭

④ 단면계수
  ㉠ 한계류 계산을 위한 단면계수

$$Z = A\sqrt{D} = A\sqrt{\frac{A}{B}}$$

  ㉡ 등류 계산을 위한 단면계수

$$Z = AR^m$$

⑤ 마찰력

$$\tau_0 = w\frac{A}{P}\sin\theta = wRI$$

3. 개수로 흐름의 분류

(1) 유속계에 의한 평균유속 측정

① 부등류와 등류

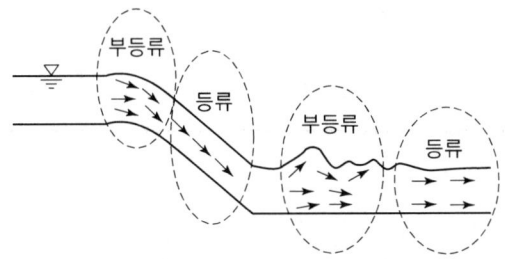

② 급변류와 점변류

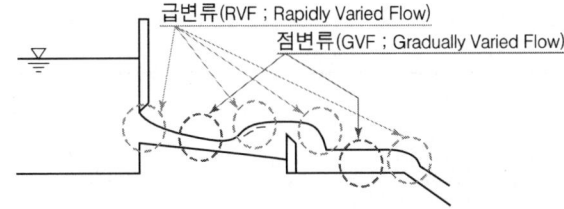

3. 평균유속

(1) 유속계에 의한 평균유속 측정

① 표면법

$$V_m = 0.85\,V_s$$

여기서, V_s : 표면유속

② 1점법

$$V_m = V_{0.6}$$

③ 2점법

$$V_m = \frac{V_{0.2} + V_{0.8}}{2}$$

④ 3점법

$$V_m = \frac{V_{0.2} + 2\,V_{0.6} + V_{0.8}}{4}$$

여기서, $V_{0.2}$, $V_{0.6}$, $V_{0.8}$: 표면에서 수심의 20%, 60%, 80%의 유속

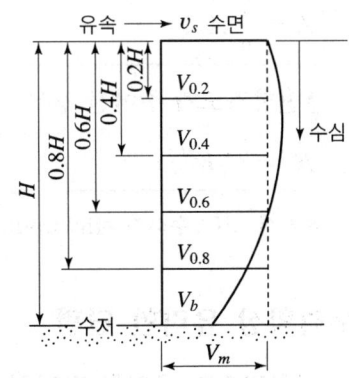

(2) 평균유속공식

① Chézy 공식

$$V = C\sqrt{RI} \text{ (m/sec)}$$

② Manning 공식

$$V = \frac{1}{n} R^{\frac{2}{3}} I^{\frac{1}{2}} \text{ (m/sec)}$$

5. 등류 계산을 위한 수리지수

(1) 유량

$$Q = AV = ACR^m I^n = KI^n$$

(2) 통수능

$$K = ACR^m$$

여기서, K : 통수능(Conveyance)

① Manning공식 사용

$$K = \frac{1}{n} A R^{\frac{2}{3}}$$

② 단면형조도가 주어진 경우

$$K^2 = C_1 h^M$$

여기서, M : 수리지수(hydraulic exponent)

6. 수리학상 유리한 단면

(1) 수리학적으로 유리한 단면의 특성

① 일정한 단면적에 대하여 최대유량이 흐르는 수로의 단면을 수리상 유리한 단면이라 한다.
② 반원에 외접하는 단면(반원에 내접하는 단면)이 수리상 가장 유리한 단면이다.
③ 최대유량이 흐르는 조건
④ 경심(동수반경)이 최대이거나, 윤변이 최소일 때 성립한다.

(2) 직사각형 단면수로

$$h = \frac{B}{2}, \quad R_{\max} = \frac{h}{2}$$

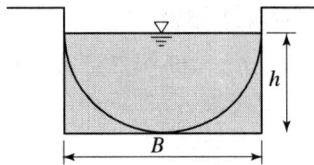

(3) 사다리꼴 단면수로

가장 경제적인 제형 단면은 $\theta = 60°$로 정육각형의 절반일 때이다.

$$l = \frac{B}{2}, \quad R_{\max} = \frac{h}{2}$$

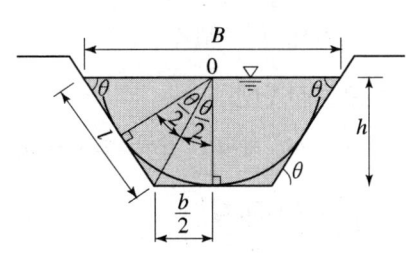

(4) 원형 단면수로

$Q_{\max}$ 일 때 수심은 $h = 0.94D$

여기서, D : 관로 지름

7. 흐름 판별

(1) 비에너지(H_e)

수로바닥을 기준으로 한 단위무게의 물이 가지는 흐름의 에너지

$$H_e = h + \alpha \frac{V^2}{2g}$$

여기서, α : 에너지 보정계수

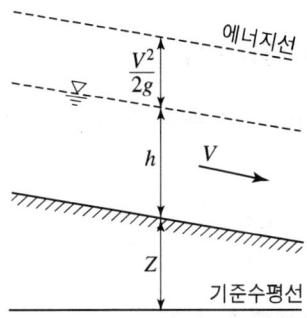

(2) 한계수심

- 비에너지가 최소되는 수심을 한계수심이라 한다.
- 유량(Q)이 최대가 되는 수심을 한계수심이라 한다.
- 한계수심 $h_c = \frac{2}{3} H_e$
- 일반식 $\quad h_c = \left(\dfrac{n\alpha Q^2}{ga^2}\right)^{\frac{1}{2n+1}} \quad A = ah^n$

여기서, a : 어떤 면적을 산정하는데 필요한 계수

- 대응수심

여기서, h_1 : 초기수심, h_2 : 공액수심

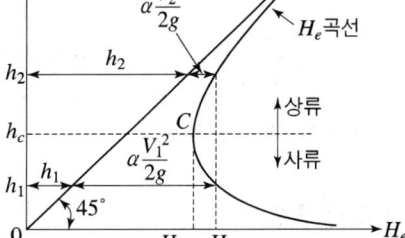

① 직사각형 단면

$A = ah^n = bh$ 이므로 $a = b$, $n = 1$이다.

$$h_c = \left(\frac{\alpha Q^2}{gb^2}\right)^{\frac{1}{3}}$$

여기서, b : 수면폭

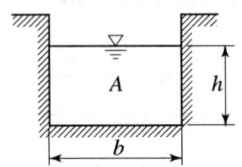

② 포물선 단면

$A = ah^n = ah^{1.5}$ 이므로 $a = a$, $n = 1.5$이다.

$$h_c = \left(\frac{1.5\alpha Q^2}{ga^2}\right)^{\frac{1}{4}}$$

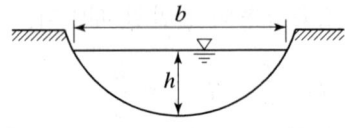

③ 삼각형 단면

$A = ah^n = mh^2$ 이므로 $a = m$, $n = 2$이다.

$$h_c = \left(\frac{2\alpha Q^2}{gm^2}\right)^{\frac{1}{5}}$$

여기서, m : 측벽의 경사값

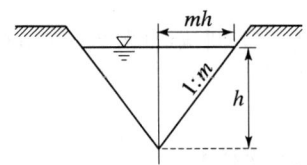

(3) 한계경사(I_c)

한계수심일 때의 수로경사로서 지배단면(상류에서 사류로 변하는 단면)에서의 경사

$$I_c = \frac{g}{\alpha C^2}$$

(4) 한계유속(V_c)

한계수심으로 흐를 때의 유속

$$V_c = \sqrt{\frac{gh_c}{\alpha}} \qquad 한계류일 때 \ V_c = \sqrt{gh_c}$$

여기서, V_c : 한계유속

(5) 프루드수

$$F_r = \frac{\alpha V}{\sqrt{gh}}$$

상류	한계류	사류
$F_r < 1$	$F_r = 1$	$F_r > 1$
$h > h_c$	$h = h_c$	$h < h_c$
$V < V_c$	$V = V_c$	$V > V_c$
$I < I_c$	$I = I_c$	$I > I_c$

(6) Reynolds수

레이놀즈수는 흐르는 유체입자의 점성을 나타내는 것으로 점성력에 대한 관성력의 비로 나타낸다.

$$R_e = \frac{관성력}{점성력} \quad (여기서, R_e : 레이놀즈 수)$$

$$R_e = \frac{VR}{\nu} \left(R_{ec} ≒ \frac{2000}{4} = 500 \right)$$

여기서, 층류 : $R_e < 500$, 난류 : $R_e > 500$

(7) 한계류

① 유량이 일정할 때 비에너지(specific energy)가 최소이다.
② 비에너지가 일정할 때 유량이 최대이다.
③ 프루드(Froude)수가 1이다.

8. 한계류 계산을 위한 단면계수와 수리지수

(1) 단면계수

$$Z_c = \frac{Q}{\sqrt{g}}$$

(2) 수리지수

$$Z_c^{\,2} = C_2 h^M$$

여기서, Z_c : 단면계수, h : 수심, M : 수리지수

9. 비력(충력치)

(1) 충력치(비력)

$$M = \eta \frac{Q}{g} V + h_G A = \text{const}(일정)$$

여기서, M : 충력치

(2) 도 수

도수란 사류에서 상류로 변할 때 불연속적으로 수면이 뛰는 현상으로 도수 후에는 유속은 느려지고 물의 깊이가 갑자기 증가하며 에너지의 급격한 손실이 있다.

① 도수 후의 상류의 수심(도수고)

㉠ $\dfrac{h_2}{h_1} = \dfrac{1}{2}(-1+\sqrt{1+8F_{r1}^2}\,)$

㉡ $F_{r1} = \dfrac{V_1}{\sqrt{gh_1}}$

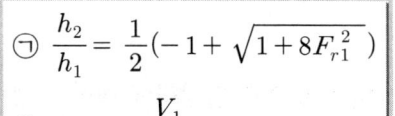

여기서, h_1 : 도수 전의 사류의 수심
h_2 : 도수 후의 상류의 수심
V_1, V_2 : 도수 전후의 평균유속
F_{r1} : 도수전 후루두수

② 도수에 의한 에너지 손실

$$\Delta H_e = \dfrac{(h_2-h_1)^3}{4h_1h_2}$$

③ 완전도수와 파상도수

㉠ 완전도수 : $\dfrac{h_2}{h_1}$가 클 때 수면은 급사면을 이루고 상승하며 급사면에 큰 맴돌이가 발생

$F_{r1} \geq \sqrt{3}$ 일 때 발생

- 약도수 : $\sqrt{3} \leq F_{r1} < 2.5$
- 동요도수(진동도수) : $2.5 \leq F_{r1} < 4.5$
- 정상도수 : $4.5 \leq 4.5 \leq F_{r1} < 9.0$
- 강도수 : $9.0 \leq F_{r1}$

㉡ 파상도수(불완전도수) : $\dfrac{h_2}{h_1}$가 크지 않을 때 도수부분은 파상을 이루고 맴돌이도 크지 않다.
$1 < F_r < \sqrt{3}$ 일 때 발생

㉢ 무도수 : $F_r = 1$이면 한계류이므로 도수는 일어나지 않는다.

④ 도수의 길이 : 도수 표면소용돌이의 길이

⑤ 도수의 길이 산정 공식
- ⊙ Safranez 공식 : $l = 4.5h_2$
- ⓒ Smetana 공식 : $l = 6(h_2 - h_1)$
- ⓒ Woycicki 공식 : $l = \left(8 - 0.05\dfrac{h_2}{h_1}\right)(h_2 - h_1)$
- ⓔ Ludin 공식 : $l = h_2\left(4.5 - \dfrac{V_1}{V_c}\right)$

  여기서, V_c : 한계유속(critical velocity)

- ⓜ Bakhmeteff-Matzke 공식
- ⓗ 미국 개척국 : $l = 6.1h_2$

3-7 지하수와 수리학적 상사

1. 지하수의 유속

(1) Darcy의 법칙

지하수의 유속(V)은 동수경사($i = \dfrac{\Delta h}{\Delta l}$)에 비례한다는 법칙으로 지하수에 적용시킬 때는 유속과 손실수두가 비례하는 층류 흐름에서 가장 잘 일치한다.

① 평균유속

$$V = K\dfrac{\Delta h}{\Delta l} = Ki$$

여기서, K : 투수계수(물의 흐름에 대한 흙의 저항정도이며 속도의 차원을 갖는다.)
1 Darcy = $0.987 \times 10^{-8} cm^2$

② 투수계수(투수전도계수) 인자
  ㉠ 흙입자의 모양 및 크기
  ㉡ 공극비
  ㉢ 포화도
  ㉣ 흙입자의 구조 및 구성
  ㉤ 유체의 점성
  ㉥ 유체의 단위 중량, 밀도

③ Darcy법칙 가정
  ㉠ 지하수의 흐름은 층류이다.
  ㉡ 지하수의 흐름은 정상류이다.
  ㉢ 다공층 물질은 균일하고 동질이다.
  ㉣ 대수층 내에 모관수대가 존재하지 않는다.

④ Darcy법칙의 적용범위
  실험에 의하면 대략 $R_e < 4$ ($1 < R_e < 10$)

⑤ 실제 침투유속

$$V_s = \dfrac{V}{n} = \dfrac{Ki}{n}$$

⑥ 유량

$$Q = AV = AKi$$

2. 우 물

(1) 굴착정

피압대수층의 지하수를 양수하는 우물

$$Q = \frac{2\pi ck(H-h_o)}{2.3 \log \frac{R}{r_o}} = \frac{2\pi ck(H-h_o)}{\ln \frac{R}{r_o}}$$

여기서, c : 투수층의 두께, R : 영향원의 반지름, r_o : 우물의 반지름

(2) 깊은 우물(심정)

집수정 바닥이 불투수층까지 도달한 우물

$$Q = \frac{\pi k(H^2 - h_o^2)}{2.3 \log \frac{R}{r_o}}$$

(3) 얕은 우물(천정)

집수정 바닥이 불투수층까지 도달하지 않은 우물

$$Q = 4kr_o(H-h_o)$$

(4) 집수암거

암거나 구멍뚫린 관을 매설하여 하천에서 침투한 침출수를 취수하는 것

① 불투수층에 달하는 집수암거

㉠ 암거 전체에 대한 유량

$$Q = \frac{kl}{R}(H^2 - h_o^2)$$

여기서, l : 암거의 길이

㉡ 암거의 측벽에서만 유입할 때의 유량

$$Q = \frac{kl}{2R}(H^2 - h_o^2)$$

3. Dupuit 침윤선 이론(제방을 통한 누수량)

$$Q = AV = AKi$$
$$q = \frac{k}{2l}(h_1^2 - h_2^2)$$

여기서, l : 제방의 두께

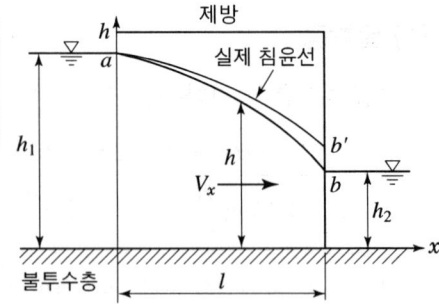

4. 소류력

(1) 소류력

유수가 수로의 윤변에 작용하는 마찰력

$$\tau_o = wRI$$

> **참고** 수심에 비해 폭이 넓은 단면
> $\tau_o = wRI = whI$
> 여기서, w : 물의 단위중량, I : 수로경사, R : 경심, h : 수심
> $$R = \frac{b \times h}{b + 2h} \fallingdotseq h$$

(2) 한계소류력

하상토사가 움직이기 시작할 때의 소류력

① 정수중의 침전시 침강속도

$$V_s = \frac{(\gamma_s - \gamma_w)d^2}{18\mu}$$

② 항력계수

$$C_D = \frac{24}{R_e}$$

5. 수리학적 상사

(1) 개 론
수리 모형 실험의 결과를 실제 원형에 적용하려면 원형과 모형 사이에는 수리학적 상사가 성립되어야 한다.

(2) 상사 법칙
① 수리학적 상사(hydraulic similarity)
  ㉠ 기하학적 상사 : 원형과 모형의 길이의 비가 일정할 때 성립
  ㉡ 운동학적 상사 : 속도비가 일정하고 같은 방향으로 이동할 때 성립
  ㉢ 동역학적 상사 : 대응점에 작용하는 힘의 비가 일정하고 작용 방향이 같으면 성립

② 길이의 비로 표시한 물리량의 비
  X_p : 실제 원형값, X_m : 모형값

  ㉠ 길이비 : $L_r = \dfrac{l_m}{l_p}$ ㉡ 면적비 : $A_r = \dfrac{A_m}{A_p} = \dfrac{L_m^2}{L_p^2} = L_r^2$

  ㉢ 속도비 : $V_r = \dfrac{V_m}{V_p} = \dfrac{\frac{L_m}{T_m}}{\frac{L_p}{T_p}} = \dfrac{L_r}{T_r}$ ㉣ 유량비 : $Q_r = \dfrac{Q_m}{Q_p} = \dfrac{\frac{L_m^3}{T_m}}{\frac{L_p^3}{T_p}} = \dfrac{L_r^3}{T_r}$

  여기서, L_r : 모형의 축척, T_r : 시간비 $\left(T_r = \dfrac{T_m}{T_p} = \sqrt{\dfrac{L_r}{g_r}}\right)$

(3) 여러 상사 법칙
① Reynolds의 상사 법칙
  원형 수로의 레이놀즈수 = 모형 수로의 레이놀즈수
  ㉠ 점성력이 흐름을 주로 지배하는 상사 법칙
  ㉡ 적용 가능
    • 다른 힘들은 영향이 작아서 생략할 수 있는 경우
    • 관수로의 흐름

② Froude의 상사 법칙
  원형 수로의 프루드수 = 모형 수로의 프루드수
  ㉠ 중력이 흐름을 주로 지배하는 경우의 상사 법칙
  ㉡ 다른 힘들은 영향이 작아서 생략할 수 있는 경우의 상사 법칙

ⓒ 적용 가능
- 수심이 비교적 큰 자유표면을 가진 개수로 내 흐름
- 댐의 여수토의 흐름
- 파동
- 수공 구조물의 설계

③ Weber의 상사 법칙
㉠ 표면장력이 주로 흐름을 지배하는 경우의 상사 법칙
㉡ 적용 가능
- 위어의 월류수심이 극히 작을 때
- 파고가 극히 작은 파동

④ Cauchy의 상사 법칙
㉠ 탄성력이 흐름을 지배하는 경우의 상사 법칙
㉡ 적용 가능
- 압축성 유체에 적용 가능
- 수격작용 등이 해당되나 수리 모형 실험에서 많이 접하게 되는 것은 아니다.

3-8 수문학 일반 ★ 토목산업기사에는 출제되지 않는 단원

1. 수 문 학

(1) 물의 순환

① 증발 → 강수 → 차단 → 증산 → 침투 → 침루 → 유출
　　　　　　　　　　　　　　저류

② 강수량(P) ⇌ 유출량(R) + 증발산량(E) + 침투량(C) + 저유량(S)

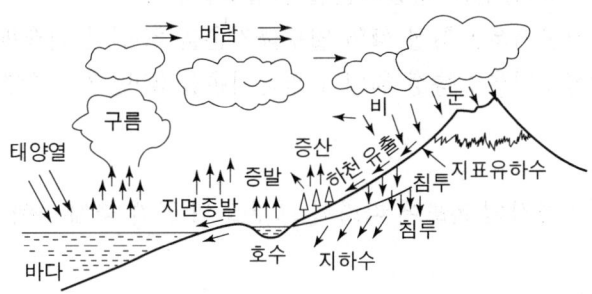

　㉠ 물은 한곳에 정체되지 않고 형태가 변하면서 지구 표면 내 외부를 끊임 없이 이동한다.
　㉡ 물은 증발작용과 식물의 증산작용을 통하여 수직과 수평방향으로 이동되고, 강수를 통해 지상으로 다시 되돌아오며, 이처럼 해수와 대기 사이에서 증발과 강수가 되풀이하며 순환하는 것을 물의 순환(Water cycle)이라 한다.
　㉢ 물은 순환 과정에서 기체, 액체, 고체 형태로 항상 변하지만 지구상의 물의 양은 동일하다.
　㉣ 물의 순환은 태양의 에너지를 받아 바닷물이 증발하여 이뤄지는 현상이다.

2. 수문기상학

(1) 기 온

① 평균기온
　㉠ 일 평균기온(daily mean temperature)
　　• 하루(00~24시) 중 3시간별로 관측한 8회 관측값(03, 06, 09, 12, 15, 18, 21, 24시)을 평균한 기온을 말한다. 우리나라에서는 1997년부터 1일 8회의 평균값을 표준으로 하고 있으며, 그 이전에는 1일 4회(03, 09, 15, 21시)의

평균값을 사용하였고, 1950년까지는 1일 3회(06, 14, 22시)의 평균값을 일 평균기온으로 사용하였었다.
- 위탁관측소에서는 일 최고 기온과 일 최저 기온의 평균값을 일 평균 기온으로 대용하는 방법을 많이 사용하고 있다.
- 월별·연별로 통계 관리한다.

ⓒ 월(月) 평균기온 : 한 달간의 일평균기온을 평균한 값
ⓒ 연평균기온 : 일년간의 월평균기온을 평균한 값

② 정상기온
30년간의 자료를 일별, 순별, 월별, 년별로 평균한 자료를 말하며, 특정 일, 월, 년에 대한 최근 30년간의 평균기온을 산술평균한다.
ⓒ 정상 일평균기온 : 특정 월의 일평균기온을 30년간 산술평균한 값
ⓒ 정상 월평균기온 : 특정 월의 월평균기온을 30년간 산술평균한 값

(2) 습 도

① **포화증기압** : 각각의 온도에 따라서 그 온도의 공기 중에 녹아 있을 수 있는 수증기의 양

② **실제 증기압**

$$e = e_w - r(t - t_w)$$

여기서, e : $t℃$에서의 실제 증기압
  t_w : 습구온도계의 온도($℃$)
  e_w : t_w에서의 포화증기압
  r : 습도계의 상수로서 e를 milibar로 표시했을 때 0.66이고, mmHg로 표시했을 때 0.485이다.

③ **상대습도**(relative humidity)

$$h = \frac{e}{e_s} \times 100(\%)$$

여기서, e : 실제증기압 e_s : 포화증기압

④ **이슬점** : 기체가 액체 상태로 변하는 때의 온도

⑤ **잠재 증기화열**(latent heat of vaporization) : 온도의 변화 없이 액체 상태에서 기체 상태로 변환하는 데 필요한 단위질량당의 열량

$$H_v = 597.3 - 0.564t$$

여기서, H_v : 잠재증기화열(cal/g) t : 대기의 온도($℃$)

3. 강 수

(1) 강수량 측정

① 일우량이 0.1mm 이하일 때는 무강우로 취급한다.
② 강수량은 일정한 면적 위에 내린 총우량을 면적으로 나눈 깊이(mm)로써 표시한다.

(2) 강우 자료의 보완과 신뢰성 검증

① 강수기록의 추정
  ㉠ 산술평균법 : 인근 관측점과 결측점의 정상 연평균강수량의 차이가 10% 이내일 때 사용

$$P_x = \frac{1}{3}(P_A + P_B + P_C)$$

  여기서, P_x : 결측점의 강수량
  P_A, P_B, P_C : 관측점 A, B, C의 강우량

  ㉡ 정상 연강수량 비율법 : 3개의 관측점 중 1개라도 결측점의 정상 연평균강수량과의 차이가 10% 이상일 때 사용

$$P_x = \frac{N_x}{3}\left(\frac{P_A}{N_A} + \frac{P_B}{N_B} + \frac{P_C}{N_C}\right)$$

  여기서, N_x : 결측점의 정상 연평균 강수량
  N_A, N_B, N_C : 관측점 A, B, C의 정상 연평균강수량

  ㉢ 단순비례법 : 결측치를 가진 관측점 부근에 1개의 다른 관측점만이 존재하는 경우에 사용

$$P_x = \frac{P_A}{N_A} \cdot N_x$$

② 이중 누가우량 분석 : 장기간 동안의 강수 자료를 일관성(consistency)에 대한 검증을 하기 위한 방법
③ 가능 최대 강우량(PMP) : 어떤 지역에서 생성될 수 있는 최악의 기상조건하에서 발생가능한 호우
  ㉠ 이보다 더 큰 강우는 발생하지 않을 것이라는 가정하의 강우량이다.
  ㉡ PMP로서 수공구조물의 크기(치수)를 결정한다.
  ㉢ 대규모 수공구조물을 설계할 때 기준으로 삼는 우량이다.

(3) 강수량 자료의 해석에 사용되는 용어

① 강우강도 : 단위시간 동안에 내리는 강우량(mm/h)
② 지속기간 : 강우가 계속되는 시간(min)
③ 재현기간(생기빈도)
　㉠ 임의 기간 동안 어떤 크기의 호우가 발생할 횟수를 의미
　㉡ 강우량이 1회 이상 같거나 초과하는 데 소요되는 년수

$$생기빈도(F) = \frac{1}{재현기간} = \frac{1}{T}$$

(4) 강우강도와 지속기간 관계

① 경험식
　㉠ Talbot형 : 광주지역에 적합

$$I = \frac{a}{t+b}$$

　　여기서, t : 지속기간(min)
　　　　　 a, b : 지역에 따라 다른 값을 가지는 상수

　㉡ Sherman형 : 서울, 목포, 부산지역에 적합

$$I = \frac{c}{t^n}$$

　　여기서, t : 지속기간(min)
　　　　　 c, n : 지역에 따라 다른 값을 가지는 상수

　㉢ Japanese형 : 대구, 인천, 여수, 강릉지역에 적합

$$I = \frac{d}{\sqrt{t}+e}$$

　　여기서, I : 강우강도(mm/h)
　　　　　 t : 지속기간(min)
　　　　　 d, e : 지역에 따라 다른 값을 가지는 상수

② Mononobe(물부)식

$$I = \frac{R_{24}}{24}\left(\frac{24}{t}\right)^{2/3}$$

　여기서, R_{24} : 24시간 동안의 강우량(일우량)
　　　　　t : 지속기간(hr)

(5) 강우강도-지속기간-생기빈도 관계

$$I = \frac{kT^x}{t^n}$$

여기서, I : 강우강도(mm/h)
t : 지속기간(min)
T : 강우의 생기빈도를 나타내는 연수(재현기간)
k, x, n : 지역에 따라 결정되는 상수

4. 평균강우량

(1) 평균우량 산정법

① 산술평균법
  ㉠ 비교적 평야지역에서 강우분포가 비교적 균일하거나 우량계가 비교적 등분포되어 있고 유역면적이 500km² 미만인 지역에 적용 가능
  ㉡ $P_m = \dfrac{P_1 + P_2 + P_3 + \cdots\cdots + P_N}{N}$

  여기서, P_m : 평균강우량(mm)
  $P_1, P_2, \cdots, P_N$: 유역 내 각 관측점에서의 강우량(mm)
  N : 관측점의 수

② Thiessen 가중법(티센 다각형법)
  ㉠ 산악의 영향이 비교적 작고, 우량계가 유역 내에 불균등하게 분포되어 있고 유역면적이 500~5,000km²인 곳에 적용 가능
  ㉡ Thiessen법은 산술평균법보다 정확하여 실제로 가장 많이 사용된다.
  ㉢ $P_m = \dfrac{A_1P_1 + A_2P_2 + \cdots\cdots + A_NP_N}{A}$

  여기서, $A_1, A_2, \cdots, A_N$: 각 관측점의 지배면적(km²)
  $A = A_1 + A_2 + \cdots\cdots + A_N$

③ 등우선법
  ㉠ 등우선을 그려 강우에 대한 산악의 영향이 고려하였고, 유역면적이 5,000km² 이상일 때 적용 가능
  ㉡ $P_m = \dfrac{A_1P_{1m} + A_2P_{2m} + \cdots\cdots + A_NP_{Nm}}{A}$

  여기서, $P_{1m}, P_{2m}, \cdots, P_{Nm}$: 두 인접 등우선 간의 평균강우량(mm)

④ 삼각형법

㉠ 유역 내와 유역 주변의 관측소 간을 3각형이 되도록 직선으로 연결하여 구한다.

㉡ $P_m = \dfrac{A_1\left(\dfrac{P_1+P_2+P_3}{3}\right) + A_2\left(\dfrac{P_2+P_3+P_4}{3}\right) + \cdots + A_6\left(\dfrac{P_5+P_6+P_7}{3}\right)}{A}$

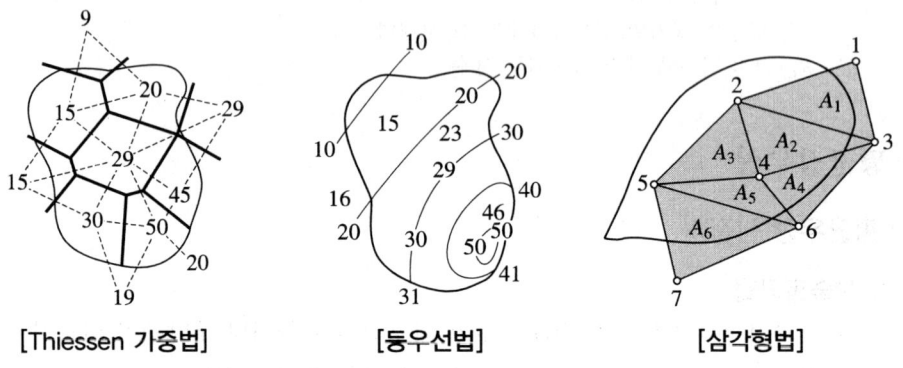

[Thiessen 가중법]　　　　[등우선법]　　　　[삼각형법]

(2) DAD(평균우량깊이-유역면적-강우지속기간) 해석

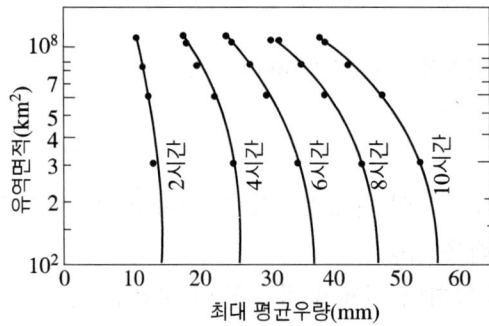

3-9 증발산과 침투 ★ 토목산업기사에는 출제되지 않는 단원

1. 증발과 증산

(1) 용어
① **증발** : 땅이나 수면의 물이 태양열에너지에 의해 수증기로 변하는 현상
② **증산** : 식물의 엽면을 통해 지중의 물이 수증기의 형태로 대기 중에 방출되는 현상
③ **증발산** : 증발과 증산에 의한 물의 수증기화를 총칭하는 것이다.

(2) 증발량 산정법
① 경험공식
  ㉠ Penman의 이론
  ㉡ Thornthwaite-Holzman 공식
② 물수지 방법
  ㉠ 이론적으로는 가장 간단한 방법
  ㉡ 정확한 증발량을 산정하기 어렵다.
  ㉢ 일정 기간 동안 저수지로의 유입량과 유출량을 고려하여 물수지를 따져 일정 기간 동안의 증발량을 산정하는 방법이다.

$$E = P + I \pm U - O \pm S$$

  여기서, E : 증발산량, P : 총강수량, I : 지표유입량, U : 지하 유·출입량
  O : 지표유출량, S : 지표 및 지하 저유량의 변화량

③ 증발접시 측정에 의한 방법
  증발접시를 설치하여 측정한 증발량을 저수지 증발량으로 환산하는 방법

$$증발접시계수 = \frac{저수지의\ 증발량}{접시의\ 증발량} \ (0.7 \sim 0.8)$$

④ 에너지 수지 방법(energy budget method)
  ㉠ 에너지 총량은 항상 일정하다는 에너지 보존의 법칙 이용
  ㉡ 저수지로의 에너지 유입과 유출을 고려하여 증발에 사용된 에너지를 계산하여 증발량을 환산하는 방법
⑤ 공기동역학적 방법(Dalton 방법)
  ㉠ 자유수면으로부터 이탈한 물 분자의 이동은 증기압의 경사에 비례한다는 Dalton의 법칙에 의한다.

ⓒ Dalton형의 공식

$$E = 0.122(e_o - e_2)W_2$$

여기서, E : 저수지 증발량(mm/day)
e_o : 수표면 온도에서의 포화증기압(mb)
e_2 : 수면에서 2m 높이에서의 실제 증기압(mb)
W_2 : 수면에서 2m 높이에서의 풍속(m/sec)

⑥ 증발산계에 의한 방법
⑦ 기상자료에 의한 방법

2. 침투와 침루

(1) 용 어

① 침투 : 물이 흙표면을 통해 흙 속으로 스며드는 현상
② 침루 : 침투한 물이 중력때문에 계속 지하로 이동하여 지하수면까지 도달하는 현상
③ 침투능 : 토양면을 통해 물이 침투할 수 있는 최대율로서 mm/h의 단위로 표시한다.

(2) 침투지수법에 의한 유역의 평균침투능 측정

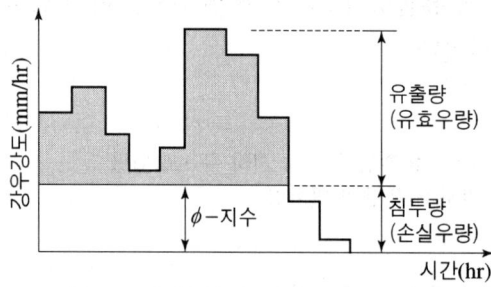

① ϕ-index법
우량주상도에서 유효우량과 손실우량을 구분하는 수평선에 대응하는 강우강도가 ϕ-지표이며 이것이 평균침투능이다.
② W-index법
ϕ-index법이 과다 침투능이 산정되는 단점을 보완하고자 조금 개선한 방법으로 저류량, 증발량 등을 빼고 계산하는 방법
③ 침투지수
총강수량에서 초과강우량을 빼서 총침투량을 구한 후 이것을 강우지속시간으로 나누면 평균침투능이 되며 이것을 침투지수라 한다.

3. 유 출

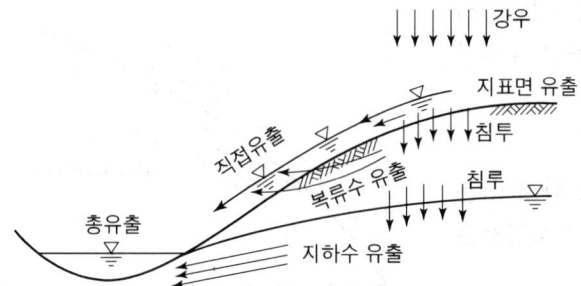

(1) 생기원천에 따른 유출의 분류

① **지표면 유출** : 지표면 및 지상의 각종 수로를 통해 흐르는 유출
② **지표하 유출**(중간유출) : 침투 후 지표면 가까운 상부토층을 통해 하천을 향해 횡적으로 흐르는 유출로서 지하수위보다 높다.
③ **지하수 유출** : 침루에 의한 지하수위 상승으로 인한 유출

(2) 수문순환과정의 우량성분

① **직접유출** : 강수 후 비교적 단시간 내에 하천으로 흘러 들어가는 유출
  [직접유출의 구성]
  • 지표면 유출
  • 조기 지표하 유출
  • 침투된 물이 지표면으로 나와 지표면유출과 합하게 되는 복류수
  • 하천, 호수 등의 수면에 직접 떨어지는 수로상 강수
② **기저유출** : 비가 오기 전의 건조시 유출
  [기저유출의 구성]
  • 지하수 유출수
  • 지표하 유출수 중에서 시간적으로 지연되어 하천으로 유출되는 지연 지표하 유출
③ **손실수량**
  • 지표면 저류수(저류)
  • 차단
  • 침투
  • 침루

(3) 수위-유량 곡선(Rating Curve)

수위관측단면에서 하천수위와 유량을 동시에 측정하여 수위와 유량간의 관계를 표시한 곡선

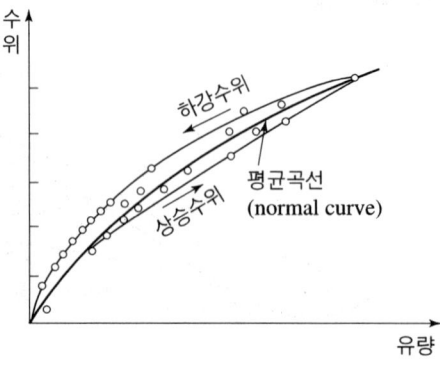

① 유량 추정

실측 홍수위의 유량으로 측정 하지 않은 고수위의 유량을 수위-유량 관계곡선을 연장하여 추정한다.
- 전대수지법
- Stevens법 : Chezy의 평균유속공식을 이용하는 방법이다.
- Manning공식에 의한 방법

(4) 하천유량

① 하천수위의 종류
   ㉠ 갈수위 : 1년 중 355일 이상 이보다 적어지지 않는 수위
   ㉡ 저수위 : 1년 중 275일 이상 이보다 적어지지 않는 수위
   ㉢ 평수위 : 1년 중 185일 이상 이보다 적어지지 않는 수위
   ㉣ 고수위 : 1년 중 2~3회 이상 이보다 적어지지 않는 수위

② 합리식에 의한 첨두 홍수량

$$Q = 0.2778\,CIA = \frac{1}{3.6}CIA$$

여기서, Q : 첨두유량(m³/sec) C : 유출계수
I : 강우강도(mm/hr) A : 유역면적(km²)

※ $A = ha$인 경우 $Q = \dfrac{1}{360}CIA$

※ 평형유출량의 경우 $C = 1$로 계산한다.

하상계수(coefficient of river regime, 河狀係數)

① 하상계수란 하천의 최소 유수량에 대한 최대 유수량의 비율을 말하며 하황계수(河況係數)라고도 한다.
② 하상계수는 치수(治水)나 이수(利水) 활용에 중요한 지표로써 수치가 1에 가까우면 하황이 양호한 것이고 수치가 크면 클수록 하천의 유량 변화가 큰 것이다.
③ 하상계수가 큰 경우는 하천의 유량 변화가 크므로 댐을 축조하여 홍수 시 물을 일시 저장, 하류의 수해를 방지하기도 하고 갈수기에는 댐의 저수를 방류하여 이수가 될 수 있게 한다.

4. 수문곡선

하천의 어떤 단면에서의 수위 혹은 유량의 시간에 따른 변화를 표시하는 곡선

(1) 수문곡선의 구성

① **기저유량** : 강수로 인해 유출이 시작되기 전의 유량
② **지체시간** : 유효우량주상도의 질량중심으로부터 첨두유량이 발생하는 시각까지의 시간차를 말한다.
③ **기저시간** : 수문곡선의 상승기점부터 직접 유출이 끝나는 지점까지의 시간
④ **유효우량** : 우량주상도에서 손실우량을 뺀 부분으로서 직접유출의 근원이 되는 우량
⑤ **직접유출량** : 유효우량으로 인해 하천으로 유출되는 유출량
⑥ **손실곡선** : 강우의 차단, 침투 등 손실에 의한 곡선
⑦ **지하수 감수곡선** : 강우가 끝나면 하천의 유량은 지하수 유량의 하천유출로 인해 점점 감소한다.

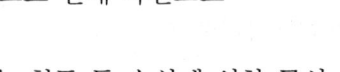

(2) 기저유출과 직접유출의 분리

수문곡선을 통해 호우로 인한 유출해석을 위함
① **수평직선 분리법** : A점에서 수평선을 그어 감수곡선과의 교점 B_2를 결정한 후, 직선 AB_2에 의해 분리하는 방법
② **N-day법** : 첨두유량이 발생하는 시간에서부터 N일 후의 유량을 표시하는 B_3를 결정한 후, AB_3를 직선으로 연결시켜 분리하는 방법

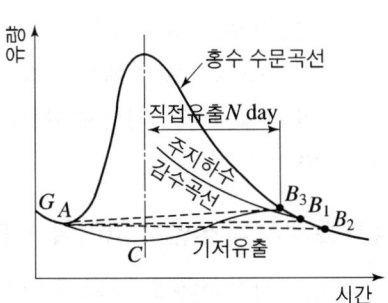

$$N = A_1^{0.2} = 0.827 A_2^{0.2}$$

여기서, N : 일(day), A_1 : 유역면적(mile^2), A_2 : 유역면적(km^2)

③ **수정 N-day법** : 감수곡선 GA를 첨두유량 발생시간 C점까지 연장한 후, 직선 CB_3를 그어 분리하는 방법
④ **지하수 감수곡선법** : 수문곡선의 상승부 기점 A와 지하수 감수곡선과 수문곡선의

교점 B_1을 결정한 후, AB_1을 직선으로 연결시켜 직접유출과 기저유출을 분리하는 방법
⑤ 경사 급변점법

5. 단위도(단위유량도)

(1) 용 어

① 하천의 어떤 단면에서의 수위 혹은 유량의 시간에 따른 변화를 표시하는 곡선
② 단위유효우량이란 유효강우 1cm(1in)로 인한 우량을 말한다.

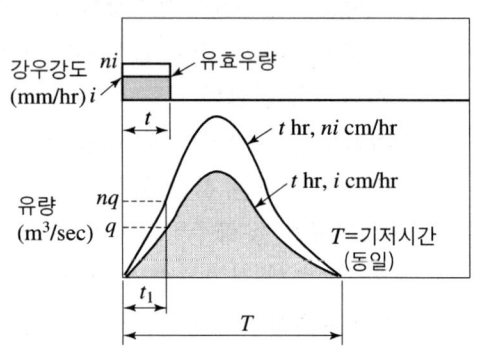

(2) 단위도의 가정

① 일정 기저시간가정 : 동일한 유역에 균일한 강도로 비가 내릴 때 각종 강우로 인한 유출량은 그 크기가 다를지라도 기저시간(T)은 동일하다.
② 비례가정 : 동일한 유역에 균일한 강도로 비가 내릴 때 직접유출수문곡선의 종거는 강우강도 크기에 비례하여 유역이 선형 특징을 갖는다.
③ 중첩가정 : 일정기간 동안 균일한 강도의 유효강우량에 의한 총유출은 각 기간의 유효우량에 의한 총유출량의 합과 같다.

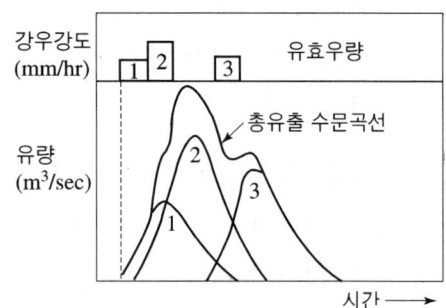

(3) 호우사상 선별시 고려할 사항

단위유량도 이론의 기본가정에 충실한 호우사상을 선별하여 분석하기 위해 선별시 다음사항을 고려하여야 한다.
① 가급적 단순호우사상을 택한다.
② 강우지속기간 동안 강우강도가 일정한 분포를 택한다.
③ 유역 전반에 걸쳐 강우의 공간적 분포가 가급적 균일한 것을 택한다.
④ 강우의 지속기간이 비교적 짧은 호우사상을 구한다.

(4) 합성단위유량도(synthetic unit hydrograph)

어느 관측점에서 단위도 유도에 필요한 강우량 및 유량의 자료가 없을 때, 미 계측지역에 대한 근사치로 사용하고자 다른 유역에서 얻은 과거의 경험을 토대로 하여 단위도를 합성하여 만든 단위도를 말하며, 합성 방법에는 Snyder 방법과 SCS방법, Nakayasu 방법(中安방법), Clark 방법 등이 있다.

① Snyder방법
  ㉠ 가장 널리 알려져 있는 방법 중 하나로 Snyder가 미국 Appalachian Highland 지역의 연구결과 발표한 방법이다.
  ㉡ 단위유량도의 지체시간(Lag Time, t_p), 첨두유량(Peak Flow, Q_p) 및 기저시간(Base Time, T) 등을 유역의 지형인자와 상관시켜 단위도를 정의하는 방법이다.
  ㉢ 단위도의 모양은 유역의 크기라든가 형상(shape), 지형, 하로경사, 하천밀도 및 하도저류량(channel storage)등의 유역특성에 의해 많은 영향을 받지만, 이들 각 특성들을 단위도의 작성에 일일이 고려하기란 힘들기 때문에 본류의 길이를 측정함으로써 유역의 크기와 형상만을 고려하고 나머지 특성들은 통틀어 C_t라는 계수를 사용하여 그 영향을 포함시킨다.
  ㉣ 지체시간 : 지속기간 t_r인 유효우량주상도의 중심과 첨두유량의 발생시간의 차

$$t_p = C_t(L_{ca}L)^{0.3}$$

  여기서, t_p : 지체시간(hr)
  L_{ca} : AB의 거리로서 측수점에서부터 본류를 따라 유역의 중심에 가장 가까운 본류 상의 점까지의 거리(mile)
  L : ABC의 거리로서 측수점에서부터 본류를 따라 유역경계선까지의 거리(mile)
  C_t : 사용되는 단위와 유역특성에 관계되는 계수

② SCS 방법(SCS의 무차원 단위유량도 이용법)
  ㉠ 유출량 자료가 없는 경우에 유역의 토양 특성과 식생피복 등에 대한 자료만을 가지고도 총우량으로부터 유효우량을 산정할 수 있는 방법이다.
  ㉡ 미국 토양 보존국(Soil consevation Service, SCS)이 제안한 방법으로 미국 내 여러 지방의 유역에서 유도한 실측 단위도를 사용하여 결정한 무차원 단위도의 이용에 근거를 두고 있다.
  ㉢ SCS방법에서는 유효우량에 주요 영향을 미치는 인자들로 유역을 구성하고 있는 토양의 종류, 토지 이용현황, 식생피복 처리상태 및 토양의 수문학적 조건 등을 고려하여 토양인자들로 하여금 총 유량에 어떠한 영향을 미쳐 유효우량이 되는지를 양적으로 표현한 것이며, 강우가 내리기 전의 선행토양함수조건도 고려한다.

③ Nakayasu 방법(일본의 中安방법)
  ㉠ 일본 내 여러 유역에서 유도되니 단위도의 특성변수와 유역의 지형학적 특성변수간의 관계를 조사하여 무차원 수문곡선을 작성하며, 이를 이용하여 특정 지속시간의 단위유량도를 합성할 수 있다.
  ㉡ 단위도의 합성방법은 단위도의 상승부와 하강부로 나누어서 작도되며, 지속시간 t_r(hr)에 있어 유효우량 R_o(mm)로 인한 단위도를 작도한다.
  ㉢ 우리나라의 유역 특성의 유사성으로 인해 수문 실무에 많이 사용되어왔지만, 적용 가능한지에 대한 심도잇는 검토는 되지 않았다.

④ Clark 방법
  ㉠ Clark 방법은 단위유량도를 순간단위유량도로부터 유역추적의 개념을 이용하여 한 유역에 대하여 단 하나의 단위도를 유도한다.
  ㉡ 유역을 대표하는 시간-면적 주상도의 추적에 의해 지속기간이 '0'인 단위유효강우량을 유출수문곡선으로 변화시킨 것이다.
  ㉢ 유역을 통하는 강우는 유역출구에 있는 하나의 가상 저수지를 통한 추적을 실시하였으며, 이 가상의 저수지는 유역 출구에 하나만 존재한다고 가정한다.

(5) 누가 우량 곡선

시간에 따른 우량의 누가치를 나타내는 곡선으로 자기우량기록지가 그 한 예이다.
① 누가우량곡선은 보통 우량계의 오차를 보완하여 자기우량계에 의해 작성하는 것이 더 정확하다.
② 누가우량곡선의 경사는 지역에 따라 다르며, 경사가 급할수록 강우강도가 크다.
③ 누가우량곡선으로부터 일정 기간 내의 강우량을 산출할 수 있다.

6. 강우와 토양에서의 유출 판단

(1) 유출 판단

① $I < f_i$, $F_i < M_d$: 유출이 발생하지 않는다.
② $I < f_i$, $F_i > M_d$: 중간 유출과 지하수 유출이 발생한다.
③ $I > f_i$, $F_i < M_d$: 지표면 유출만 발생한다.
④ $I > f_i$, $F_i > M_d$: 모든 유출이 발생한다.

여기서, I : 강우강도 f_i : 침투율
    F_i : 총침투량 M_d : 토양 수분 미흡량

Chapter 4
철근콘크리트 및 강구조

 **4-1 철근콘크리트 기본 개념**

1. 콘크리트 강도

(1) 배합강도(f_{cr})

콘크리트의 배합을 정할 때 목표로 하는 압축강도

① 압축강도의 표준편차 s를 이용하는 경우

㉠ 배합강도(f_{cr})는 다음 식과 같이 구조계산에서 정해진 설계기준압축강도(f_{ck})와 내구성 기준 압축강도(f_{cd})중에서 큰 값으로 결정된 품질기준강도(f_{cq})보다 크게 정한다.

$$f_{cq} = \max(f_{ck}, f_{cd})(\mathrm{MPa})$$

㉡ 레디믹스트 콘크리트의 경우에는 현장 콘크리트의 품질변동을 고려하여 배합강도(f_{cr})를 호칭강도(f_{cn})보다 크게 정한다.

㉢ 레디믹스트 콘크리트 사용자는 다음 식에 따라 기온보정강도(T_n)를 더하여 생산자에게 호칭강도(f_{cn})로 주문하여야 한다.

$$f_{cn} = f_{cq} + T_n(\mathrm{MPa})$$

여기서, T_n : 기온보정강도(MPa)

[콘크리트 강도의 기온에 따른 보정값(T_n)]

결합재 종류	재령(일)	콘크리트 타설일로부터 재령까지의 예상평균기온의 범위(°C)		
보통포틀랜드 시멘트 플라이애시 시멘트 1종 고로슬래그 시멘트 1종	28	18 이상	8 이상~18 미만	4 이상~8 미만
	42	12 이상	4 이상~12 미만	–
	56	7 이상	4 이상~7 미만	–
	91	–	–	–
플라이애시 시멘트 2종	28	18 이상	10 이상~18 미만	4 이상~10 미만
	42	13 이상	5 이상~13 미만	4 이상~5 미만
	56	8 이상	4 이상~8 미만	–
	91	–	–	–
고로슬래그 시멘트 2종	28	18 이상	13 이상~18 미만	4 이상~13 미만
	42	14 이상	10 이상~14 미만	4 이상~10 미만
	56	10 이상	5 이상~10 미만	4 이상~5 미만
	91	–	–	–
콘크리트 강도의 기온에 따른 보정값 T_n (MPa)		0	3	6

㉣ 배합강도(f_{cr})는 호칭강도(f_{cn}) 범위를 35 MPa 기준으로 분류한 아래의 계산식 중 각 두 식에 의한 값 중 큰 값으로 정하여야 한다. 단, 현장 배치플랜트인 경우는 아래 식에서 호칭강도(f_{cn}) 대신에 기온보정강도(T_n)가 고려된 품질기준강도(f_{cq})를 사용한다.

ⓐ $f_{cn} \leq 35\text{MPa}$인 경우

$f_{cr} = f_{cn} + 1.34s$

$f_{cr} = (f_{cn} - 3.5) + 2.33s$

평균 소요배합강도는 위의 식에 의해 계산된 두 값 중에서 큰 값보다 커야 한다.

ⓑ $f_{cn} > 35\text{MPa}$인 경우

$f_{cr} = f_{cn} + 1.34s$

$f_{cr} = 0.9f_{cn} + 2.33s$

평균 소요배합강도는 위의 식에 의해 계산된 두 값 중에서 큰 값보다 커야 한다.

호칭강도를 고려하지 않는 경우의 배합강도(콘크리트구조설계기준)

압축강도 표준편차를 이용하는 경우
① $f_{ck} \leq 35\text{MPa}$인 경우
   $f_{cr} = f_{ck} + 1.34s\,[\text{MPa}]$
   $f_{cr} = (f_{ck} - 3.5) + 2.33s\,[\text{MPa}]$ 이 두 식에 의한 값 중 큰 값으로 정한다.
② $f_{ck} > 35\text{MPa}$인 경우
   $f_{cr} = f_{ck} + 1.34s\,[\text{MPa}]$
   $f_{cr} = 0.9f_{ck} + 2.33s\,[\text{MPa}]$ 이 두 식에 의한 값 중 큰 값으로 정한다.
여기서, f_{cr} : 배합강도, f_{ck} : 설계기준강도, s : 압축강도의 표준편차[MPa]

ⓒ 콘크리트 압축강도의 표준편차는 실제 사용한 콘크리트를 30회 이상 시험한 실적으로부터 결정한다.
ⓓ 압축강도의 시험횟수가 29회 이하이고 15회 이상인 경우는 시험에서 구한 표준편차에 보정계수를 곱한 값을 표준편차로 하고, 명시되지 않은 경우에는 보간법으로 보정계수를 구한다.

[시험 횟수가 29회 이하일 때 표준편차의 보정계수]

시험 횟수	표준편차의 보정계수
15	1.16
20	1.08
25	1.03
30 이상	1.00

② 시험횟수 14회 이하인 경우 또는 기록이 없는 경우
   콘크리트 압축강도의 표준편차를 알지 못할 때, 또는 압축강도의 시험횟수가 14회 이하인 경우 콘크리트의 배합강도는 다음과 같이 정할 수 있다.

호칭강도 $f_{cn}(\text{MPa})$	배합강도 $f_{cr}(\text{MPa})$
21MPa 미만	$f_{cr} = f_{cn} + 7$
21MPa 이상 35Pa 이하	$f_{cr} = f_{cn} + 8.5$
35MPa 초과	$f_{cr} = 1.1f_{cn} + 10$

(2) 설계기준강도(f_{ck})

설계기준강도란 콘크리트 부재를 설계할 때 기준으로 한 압축강도

(3) 휨인장강도(할렬인장강도=파괴계수 ; f_{ru})

콘크리트가 균열이 시작될 때의 콘크리트 인장응력

$$f_{ru} = 0.63\lambda\sqrt{f_{ck}}$$

여기서, λ : 경량콘크리트계수
(보통중량콘크리트 1.0, 모래경량콘크리트 0.85, 전경량콘크리트 0.75)

(4) 콘크리트 인장강도(휨부재 설계시 무시)

콘크리트의 인장강도는 콘크리트 압축강도의 약 10%, 즉 $f_t = \left(\dfrac{1}{9} \sim \dfrac{1}{13}\right)f_{ck}$ 이다.

(5) 콘크리트 부재의 전단강도

전단강도(V_c)는 콘크리트 인장강도보다 20~30% 크게 고려하며, 압축강도의 약 12% 이다.

(6) 콘크리트 강도 크기순

압축강도 > 휨강도 > 전단강도 > 인장강도

(7) 경량콘크리트 계수 사용

경량콘크리트의 경우 각종 공식 및 규정에서 $\sqrt{f_{ck}}$ 앞에 경량콘크리트계수 λ를 곱한다.

(8) 호칭강도

호칭강도(nominal strength)는 레디믹스트 콘크리트 주문시 KS F 4009의 규정에 따라 사용되는 콘크리트 강도로서, 구조물 설계에서 사용되는 설계기준압축강도나 배합설계 시 사용되는 배합강도와는 구분되며, 기온, 습도, 양생 등 시공적인 영향에 따른 보정값을 고려하여 주문한 강도를 말한다.

① 레디믹스트 콘크리트의 경우에는 배합강도(f_{cr})를 호칭강도(f_{cn})보다 크게 정한다.
② 레디믹스트 콘크리트 사용자는 다음 식에 따라 기온보정강도(T_n)를 더하여 생산자에게 호칭강도(f_{cn})로 주문하여야 한다.

$$f_{cn} = f_{cq} + T_n(\text{MPa})$$

여기서, T_n : 기온보정강도(MPa)

2. 철근 콘크리트가 일체식 구조체로 성립하는 이유

① 콘크리트와 철근의 부착강도가 크다.(부착력이 크다.)

② 콘크리트 속에 묻힌 철근은 부식하지 않는다.(방청효과)
③ 콘크리트와 철근(강재)은 열에 대한 팽창계수가 거의 같다.

3. 응력-변형률 곡선과 탄성계수

(1) 콘크리트의 응력-변형률 곡선

① 최대압축응력에 대응하는 변형률 : 대략 0.002
② 변형률 연화역
③ 파괴시 극한 변형률 : 0.003

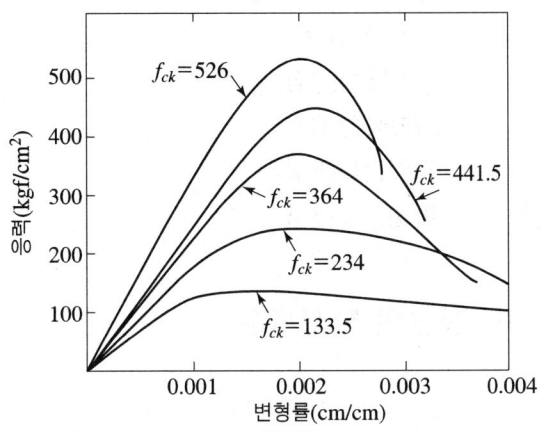

(2) 콘크리트의 탄성계수 ; E_c

① 초기 접선탄성계수 : 응력-변형률 곡선에서 초기 선형상태의 기울기
② 할선 계수(시컨트계수) : 콘크리트의 압축강도의 $0.5f_{ck}$에 해당하는 압축응력점과 원점을 연결한 직선의 기울기. 일반적으로 말하는 콘크리트의 탄성계수
③ 접선계수 : $0.5f_{ck}$에 해당하는 압축응력점의 접선 기울기

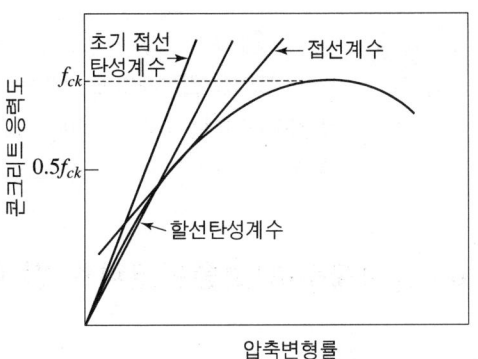

(3) 콘크리트구조설계기준에 따른 콘크리트 탄성계수

구분 조건	일 반 식	$m_c = 2,300 kg/m^3$일 경우
($m_c = 1.45 \sim 2.5 t/m^3$)	$E_c = 0.077\, m_c^{1.5} \sqrt[3]{f_{cu}}$ (MPa)	$E_c = 8,500 \sqrt[3]{f_{cu}}$ (MPa)
$E_c = 0.85 E_{ci}$	$E_{ci} = 1.18 E_c$	

여기서, $f_{cu} = f_{ck} + \Delta f$ (MPa)
  m_c : 콘크리트의 단위중량
  E_c : 콘크리트의 할선탄성계수(MPa)
  E_{ci} : 콘크리트의 초기접선탄성계수(MPa)-초기접선탄성계수는 크리프 계산에 사용된다.
  Δf : f_{ck}가 40MP 이하이면 4MPa, 60MPa 이상이면 6MPa 그 사이는 직선보간으로 구한다.

4. 철근의 응력-변형률 곡선

① 비례한도(A점)
② 탄성한도(B점) : 0.02%의 영구변형이 생기는 응력
③ 항복점(C점, D점) : 이후로는 하중을 제거해도 변형이 커진다.
　상항복점(C점)
　하항복점(D점)
④ 극한강도(E점)
⑤ 파괴강도(F점)

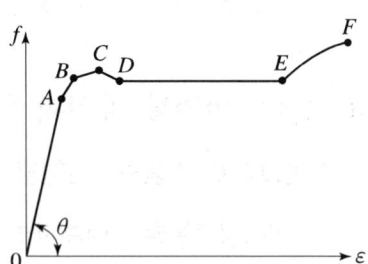

5. 철근의 탄성계수

$$E_s = 2.0 \times 10^5 \text{MPa}$$

 프리스트레싱 긴장재의 탄성계수 : $E_{ps} = 2.0 \times 10^5 \text{MPa}$
형강의 탄성계수 : $E_{ss} = 2.05 \times 10^5 \text{MPa}$

6. 탄성계수비(보통콘크리트 일 때)

$$n = \frac{E_s}{E_c} = \frac{2 \times 10^5}{8,500 \sqrt[3]{f_{cu}}} \geq 6$$
$$f_{cu} = f_{ck} + \Delta f \text{(MPa)}$$

여기서, Δf : f_{ck}가 40MP 이하이면 4MPa, 60MPa 이상이면 6MPa 그 사이는 직선보간으로 구한다.

7. 콘크리트의 크리프와 건조수축

(1) 콘크리트의 크리프(Creep)

시간의 증가에 따라 일정하중하(지속하중)에서 서서히 발생되는 소성변형
① 크리프의 일반적 성질
　㉠ 하중 재하 후 28일 동안 총 크리프 변형률의 50%가 진행되고, 4개월 이내에 전체

크리프 양의 80%, 2년 이내에 90%가 생기며, 4~5년 후면 크리프의 발생이 거의 완료(최종변형률)된다.
ⓛ 콘크리트의 압축응력이 설계기준강도의 50%(f_{ck}의 1/2 이하) 이내인 경우 크리프는 응력에 비례한다. $\epsilon \propto f$

② 크리프 변형률

크리프 변형률은 탄성변형률의(크리프처짐은 탄성처짐의) 1.5~3배 정도에 달한다.

$$\epsilon_c = \frac{f_c}{E_c}\phi = \epsilon_e\phi = \frac{\Delta \iota}{\iota}$$

여기서, ϵ_c : 크리프 변형률
f_c : 콘크리트에 작용하는 응력
E_c : 콘크리트의 탄성계수
ϵ_e : 탄성 변형률

조 건	크리프 계수(ϕ)
보통 콘크리트	1.5~3.0
수중 콘크리트	1.0
옥외 구조물	2.0
옥내 구조물	3.0

(2) 콘크리트의 건조수축(자연수축)

습윤상태에 있는 콘크리트가 건조하여 수축하는 체적변형 현상

① 건조수축에 의한 응력
  ㉠ 부재의 변형이 구속되어 있지 않은 경우
    • 콘크리트는 철근의 저항에 의해 인장변형률(ϵ_{ct})이 발생한다.
    • 철근에는 압축변형률(ϵ_{sc})이 발생한다.

② 부재의 변형이 구속되어 있는 경우
  ㉠ 콘크리트는 철근의 저항에 의해 인장변형률(ϵ_{ct})이 발생한다.
  ㉡ 철근의 압축변형률(ϵ_{sc})은 0이다.

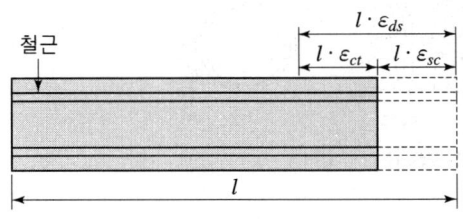

[건조수축에 의한 응력]

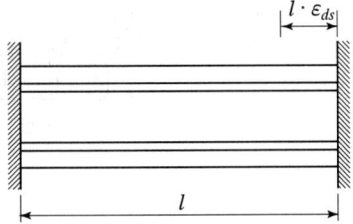

[부재의 변형이 구속되어 있는 경우]

크리프	건조수축
① 하중이 처음 재하되는 시기의 콘크리트 재령이 클수록 크리프는 적다. ② 물-시멘트비가 적으면 크리프는 적다. ③ 단위시멘트량이 적으면 크리프는 적다. ④ 상대습도가 크면 클수록 크리프는 적게 생긴다. ⑤ 많은 철근량이 효과적으로 배근되면 크리프는 감소된다. ⑥ 입도가 좋은 골재를 사용하면 크리프는 감소된다. ⑦ 고온증기양생을 한 콘크리트는 크리프가 적다. ⑧ 콘크리트에 작용하는 응력이 적을수록 크리프는 감소된다.	① 단위수량이 적으면 건조수축은 적다. ② 물-시멘트비가 적으면 건조수축은 적다. ③ 단위시멘트량이 적으면 건조수축은 적다. ④ 상대습도가 증가하면 건조수축은 줄어든다. ⑤ 철근이 많을수록 건조수축은 적다. ⑥ 골재가 연질일수록 건조수축이 크다. 흡수율이 큰 골재를 사용하면 건조수축이 커진다. ⑦ 고온에서는 물의 증발이 빨라지므로 건조수축이 증가된다. ⑧ 습윤양생하면 건조수축은 적다. ⑨ 잘 다지면 공극수가 방출되므로 건조수축이 적다. ⑩ 시멘트 종류와 품질에 따라 달라지는데 분말도가 큰 시멘트는 수축률이 크므로 건조수축이 많이 생긴다.

8. 철 근

(1) 철근의 종류

① 원형철근(Round Bar ; SR)
② 이형철근(Deformed Bar ; SD)

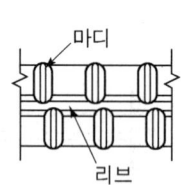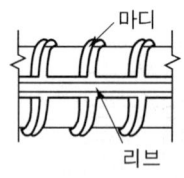

[이형철근의 형태]

(2) 철근의 표기

① SR300 : 항복강도 $30kg/mm^2$ 또는 300MPa   재질의 원형철근
② SD400 : 항복강도 $40kg/mm^2$ 또는 400MPa   재질의 이형철근

(3) 철근의 설계강도

① 철근의 설계기준항복강도 f_y는 600MPa를 초과하지 않아야 한다.
② 전단철근의 설계기준항복강도 f_y는 500MPa를 초과하지 않아야 한다. 다만, 용접이형철망을 사용할 경우 전단철근의 설계기준항복강도 f_y는 600MPa를 초과하여 취할 수 없다.
③ 프리스트레싱 긴장재와는 달리 철근의 항복강도에 대한 상한값을 600MPa로 규정하고 있는데 이는 철근의 설계기준항복강도가 400MPa 이상의 항복강도를 가지고 뚜렷한 항복점과 항복마루가 나타나지 않는 철근, 철선 및 용접처망의 f_y값은 변형률 0.0035에 상응하는 응력의 값으로 사용하여야 하기 때문이다.

(4) 이형철근을 주로 사용하는 이유

① 부착강도가 좋다.(부착응력이 크다.)
② 이형철근 사용의 주목적은 부착효과 증대에 있다.

(5) 용도에 따른 철근의 종류

① **주철근** : 설계하중에 의해 그 단면적이 정해지는 철근
  ㉠ 휨철근 : 정철근, 부철근
  ㉡ 전단철근 : 절곡철근, 스터럽(직각 스터럽, 경사스터럽)
    • 전단보강철근이라고도 한다.
    • 전단응력에 의한 균열(사인장 응력에 의한 균열)을 제어할 목적으로 배근
  ㉢ 축방향철근 : 종방향 철근, 옵셋 굽힘 철근
② **부철근**
  ㉠ 배력철근
    • 집중 하중을 분포시킴
    • 균열을 제어할 목적으로 배근
    • 주철근과 직각에 가까운 방향으로 배근
    • 건조수축과 온도변화에 따른 콘크리트의 균열을 방지하기 위해 배근
  ㉡ 수축·온도철근 : 건조수축 또는 온도 변화에 의하여 콘크리트에 발생하는 균열을 방지하기 위한 목적으로 배근되는 철근으로서 배력철근의 일종

9. 철근 간격

(1) 보의 주철근

① 수평순간격
  ㉠ 25mm 이상
  ㉡ 굵은골재최대치수의 4/3배 이상
  ㉢ 철근 공칭지름 이상
② 연직순간격
  ㉠ 25mm 이상
  ㉡ 상하 철근 동일 연직면 내에 위치

(2) 기둥(나선철근, 띠철근)

① 순간격
  ㉠ 40mm 이상
  ㉡ 굵은골재최대치수의 4/3배 이상
  ㉢ 철근지름의 1.5배 이상
② 나선철근의 최소순간격은 25mm 이상, 75mm 이하로 한다.

(3) 슬래브

① 주철근
  ㉠ 최대 휨모멘트 발생 단면 : 슬래브 두께의 2배 이하, 300mm 이하
  ㉡ 기타 단면 : 슬래브 두께의 3배 이하, 450mm 이하
② 수축 및 온도철근(배력 철근) : 슬래브 두께의 5배 이하, 450mm 이하

(4) 다발철근

① 보에서 D35를 초과하는 철근은 다발로 사용치 않는다.
② 철근 다발의 지름은 등가단면적으로 환산되는 한 개의 지름으로 보아야 한다.
③ 여러개의 철근다발은 이형철근으로 4개 이하, 스터럽이나 띠철근으로 둘러싸야 한다.
④ 철근다발의 철근단은 모두 지점에서 끝나게 하지 않는다면 철근지름의 40배 이상 서로 엇갈리게 끝내야 한다.

10. 철근의 최소 피복두께(덮개)

콘크리트 표면과 그에 가장 가까이 배근된 철근 표면 사이의 콘크리트 두께를 말한다.

(1) 덮개를 두는 이유

① 철근의 부식 및 산화 방지
② 부착강도 확보
③ 내화성 확보

(2) 철근다발의 덮개

① 일반적인 경우에는 50mm를 초과하지 않아도 된다.
② 영구적으로 흙에 접하는 경우에는 80mm 이상으로 한다.
③ 수중에서 타설하는 콘크리트의 경우에는 100mm 이상으로 한다.

4-2 설계일반

1. 허용응력 설계법

사용하중을 사용하여 사용성이 중요시 되는 탄성개념의 설계법

(1) 설계 가정

① 보축에 직각인 단면은 휨을 받아 변형된 후에도 평면을 유지한다.(베르누이의 가정)
② 응력과 변형도는 정비례한다 (Hooke's Law)
③ 단면내의 철근과 콘크리트의 응력은 중립축으로부터 거리에 비례한다
④ 콘크리트의 인장응력은 무시한다
⑤ 철근과 콘크리트의 탄성계수비는 정수이다
⑥ 변형은 중립축으로 부터의 거리에 비례한다.

(2) 설계 개념

$$f_{ca} \geq f_c \qquad f_{sa} \geq f_s$$

여기서, f_{ca}, f_{sa} : 콘크리트 및 철근의 허용응력
f_c, f_s : 사용하중에 의한 콘크리트 및 철근의 응력

(3) 허용응력

① 콘크리트의 허용응력

$$f_{ca} = \frac{f_{ck}}{2.5} = 0.4 f_{ck}$$

② 철근의 허용응력

$$f_{sa} = \frac{f_y}{2.0} = 0.5 f_y$$

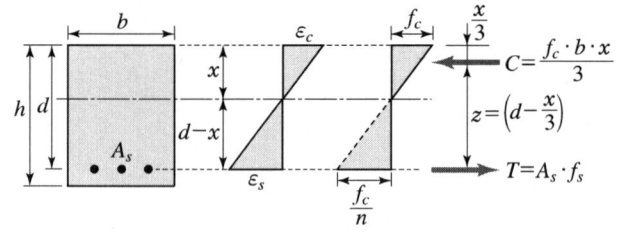

[단철근 직사각형 보]

(4) 안전율

① 콘크리트의 안전율 : 2.5
② 철근의 안전율 : 2.0

2. 강도 설계법

안전성이 중요시 되는 소성개념의 설계법

(1) 설계가정

① 변형률은 중립축으로부터의 거리에 비례한다. 깊은보 설계시 비선형 변형률 분포를 고려하여야 하며, 이때 대신 스트럿-타이 모델을 적용할 수도 있다.

② 휨모멘트 또는 휨모멘트와 축력을 동시에 받는 부재의 콘크리트 압축연단의 극한변형률은 콘크리트의 설계기준압축강도가 40MPa 이하인 경우에는 0.0033으로 가정하며, 40MPa을 초과할 경우에는 매 10MPa의 강도 증가에 대하여 0.0001씩 감소시킨다. 콘크리트의 설계기준압축강도가 90MPa을 초과하는 경우에는 성능실험을 통한 조사연구에 의하여 콘크리트 압축연단의 극한변형률을 선정하고 근거를 명시하여야 한다.

③ 콘크리트의 인장강도는 철근콘크리트 부재 단면의 축강도와 휨강도 계산에서 무시할 수 있다.

④ $f_s \leq f_y$ 일 때 $f_s = \epsilon_s E_s$ $f_s > f_y$ 일 때 $f_s = f_y$

⑤ 콘크리트의 압축응력 분포와 콘크리트의 변형률 사이의 관계는 직사각형, 사다리꼴, 포물선형 또는 강도의 예측에서 광범위한 실험의 결과와 실질적으로 일치하는 어떤 형상으로도 가정할 수 있다.

⑥ 포물선-직선 형상의 응력-변형률 관계에 의하여 콘크리트에 작용하는 압축응력의 평균값은 $\alpha(0.85f_{ck})$로, 압축연단으로부터 합력의 작용위치는 중립축 깊이 c에 대한 β의 비율로 나타내며, 응력분포의 각 변수 및 계수는 다음 표 값을 적용한다.

f_{ck}(MPa)	≤40	50	60	70	80	90
n	2.0	1.92	1.50	1.29	1.22	1.20
ϵ_{co}	0.002	0.0021	0.0022	0.0023	0.0024	0.0025
ϵ_{cu}	0.0033	0.0032	0.0031	0.003	0.0029	0.0028
α	0.80	0.78	0.72	0.67	0.63	0.59
β	0.40	0.40	0.38	0.37	0.36	0.35

(2) 설계개념

$$S_d = \phi S_n \geq S_u = r S_i$$

여기서, S_d : 설계 강도
S_n : 공칭 강도
S_u : 계수하중(소요하중=극한하중)
S_i : 사용하중
ϕ : 강도감소계수
r : 하중증가계수

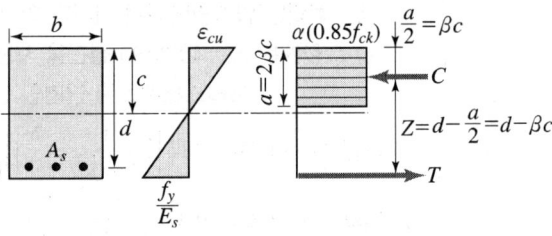

[강도설계법에 의한 보의 변형률과 응력]

① 강도감소계수(ϕ)

부재 또는 하중의 종류		ϕ
① 인장지배단면		0.85
② 전단력과 비틀림모멘트		0.75
③ 압축지배단면	나선철근으로 보강된 철근콘크리트 부재	0.70
	그 외의 철근콘크리트 부재	0.65
④ 콘크리트의 지압력(포스트텐션 정착부나 스트럿-타이 모델은 제외)		0.65
⑤ 포스트텐션 정착구역		0.85
⑥ 스트럿-타이 모델과 그 모델에서	스트럿, 절점부 및 지압부	0.75
	타이	0.85
⑦ 긴장재 묻힘길이가 정착 길이보다 작은 프리텐션 부재의 휨 단면	부재의 단부부터 전달길이 단부까지	0.75
⑧ 무근 콘크리트의 휨모멘트, 압축력, 전단력, 지압력		0.55

- 인장지배단면 : $\epsilon_t \geq 0.005$인 경우. 단, $f_y > 400\text{MPa}$일 때는 $\epsilon_t \geq 2.5 f_y$인 경우.
- 압축지배단면 : $\epsilon_t \leq \epsilon_y$인 경우.
- 위 ③항은 공칭강도에서 최외단 인장 철근의 순인장 변형률 ϵ_t가 압축지배와 인장지배단면 사이일 경우에는, ϵ_t가 압축지배 변형률 한계에서 0.005로 증가함에 따라 ϕ값을 압축지배 단면에 대한 값에서 0.85까지 증가시킨다.
- 위 ⑦항은 전달길이 단부에서 정착길이 단부사이의 ϕ값은 0.75에서 0.85까지 선형적으로 증가시킨다. 다만, 긴장재가 부재 단부까지 부착되지 않은 경우에는, 부착력 저하 길이의 끝 에서부터 긴장재가 매입된다고 가정하여야 한다.
  ϵ_t : 공칭축강도에서 최외단 인장철근의 순인장변형률 : 유효 프리스트레스 힘, 크리프, 건 조수축 및 온도에 의한 변형률은 제외함
  ϵ_y : 철근의 설계기준 항복변형률

ρ/ρ_b로 나타내는 인장지배단면에 대한 순인장변형률 한계

$f_y = 400\text{MPa}$ 철근을 사용한 직사각형 단면에 대하여 순인장변형률 0.005는 ρ/ρ_b 비율로 0.625에 해당한다.

$f_y = 400\text{MPa}$인 철근 및 긴장재에 대한 c/d_t에 따른 ϕ값의 변화

(단, c : 공칭강도에서 중립축의 깊이
  d_t : 최외단 압축연단에서 최외단 인장철근까지 거리
  c/d_t 한계는 $f_y = 400\text{MPa}$ 철근을 사용한 경우와
      프리스트레스된 단면인 경우 압축지배단면 0.6, 인장지배단면 0.375)

① 나선 : $\phi = 0.70 + 0.15\left[\left(\dfrac{1}{(c/d_t)} - \dfrac{5}{3}\right)\right]$

② 기타 : $\phi = 0.65 + 0.2\left[\left(\dfrac{1}{(c/d_t)} - \dfrac{5}{3}\right)\right]$

② 하중증가계수(r)

하중 조합 형태	계수 하중
D와 L이 작용하는 경우	$U = 1.2D + 1.6L$ $U = 1.4D$ 둘 중 큰 값

여기서, D : 사하중(고정하중), L : 활하중(이동하중)

(3) 안전율

강도감소계수와 하중증가계수를 사용하여 안전을 확보한다.

① 강도감소계수를 사용하는 이유
    ㉠ 재료 품질의 변동
    ㉡ 구조 및 부재의 중요도
    ㉢ 설계 계산의 불확실량
    ㉣ 시공상 단면 치수 오차(시공 기술 등에 관련된 다소 불리한 오차)
    ㉤ 시험 오차에서 오는 재료차

② 하중증가계수를 사용하는 이유
    ㉠ 사용 중에 추가되는 초과 사하중
    ㉡ 예기치 못한 초과 활하중
    ㉢ 차량의 대형화·중량화에 따른 활하중의 증가 등의 영향을 반영한 계수
    ㉣ 예상을 초과한 하중 및 구조해석의 단순화로 인하여 발생되는 초과요인에 대비하기 위한 계수이다.

3. 한계상태 설계법

구조물의 파괴 확률 또는 신뢰성 이론에 근거하여 안전성과 사용성을 하나의 설계체제 안에서 합리적으로 다루려는 설계법이다.

4-3 강도설계법

1. 단철근직사각형보

(1) 설계 기본식

$$M_d = \phi M_n \geq M_u = r M_i$$

콘크리트 파괴시 압축응력분포형은 포물선이다.

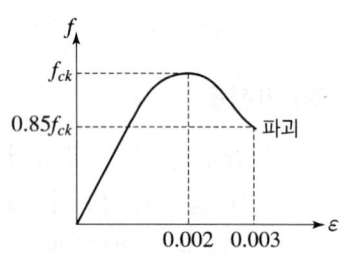

(2) 설계 공식

일반적인($f_{ck} \leq 40\text{MPa}$)인 경우에는 $\eta = 1$이므로 기존과 동일하게 응력 값으로 $0.85f_{ck}$를 사용하며, f_{ck}가 40MPa를 초과하는 경우에는 모든 공식에 있어 $0.85f_{ck}$에 η를 곱하여 사용한다. ($0.85f_{ck} \rightarrow \eta 0.85f_{ck}$)

[등가직사각형 응력분포 변수 값]

f_{ck}(MPa)	≤40	50	60	70	80	90
ε_{cu}	0.0033	0.0032	0.0031	0.003	0.0029	0.0028
η	1.00	0.97	0.95	0.91	0.87	0.84
β_1	0.80	0.80	0.76	0.74	0.72	0.70

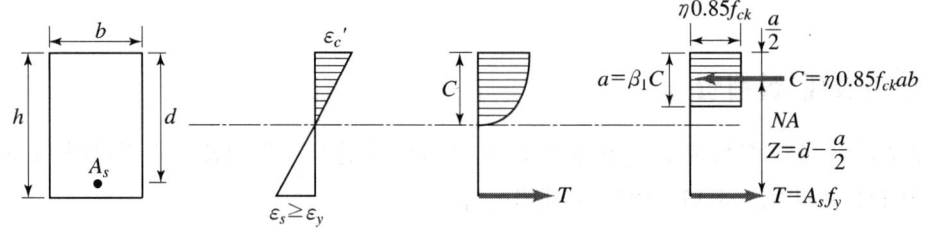

(a) 단철근 직사각형 보 (b) 변형률 (c) 실제 응력분포 (d) 등가 응력분포

① 등가직사각형 응력분포의 깊이 ; a

㉠ $C = T$ (여기서, C와 T는 우력)

$$\eta 0.85 f_{ck} ab = A_s f_y \qquad \therefore a = \frac{A_s f_y}{\eta 0.85 f_{ck} b}$$

여기서, a : 등가직사각형 깊이 b : 폭
  c : 중립축 깊이 d : 유효깊이

㉡ $a = \beta_1 c$

② 단면의 공칭 휨강도(단면저항 모멘트 : 주어진 단면에서 저항할 수 있는 모멘트)
[우력 모멘트]
$$M_n = M_{rc} = M_{rs} = T \cdot z = C \cdot z$$
$$= A_s f_y \left(d - \frac{a}{2}\right) = \eta 0.85 f_{ck} ab \left(d - \frac{a}{2}\right)$$

$a = \dfrac{A_s f_y}{\eta 0.85 f_{ck} b}$ 이므로 $q = \rho \dfrac{f_y}{\eta f_{ck}}$ 라 놓으면

$$M_n = f_y \rho b d^2 (1 - 0.59q) = \eta f_{ck} q b d^2 (1 - 0.59q)$$

③ 설계 휨강도
$$M_d = \phi M_n = \phi M_{rc} = \phi M_{rs} = \phi T \cdot z = \phi C \cdot z$$
$$= \phi A_s f_y \left(d - \frac{a}{2}\right) = \phi \eta 0.85 f_{ck} ab \left(d - \frac{a}{2}\right)$$
$$M_d = \phi M_n = \phi f_y \rho b d^2 (1 - 0.59q) = \phi f_{ck} q b d^2 (1 - 0.59q)$$

(3) 균형보 개념

압축측 연단 콘크리트의 최대 변형이 ϵ_{cu}에 도달할 때 인장철근의 최대 변형이 항복점 변형($\epsilon_s = \epsilon_y = f_y/E_s$)에 동시 도달하는 보

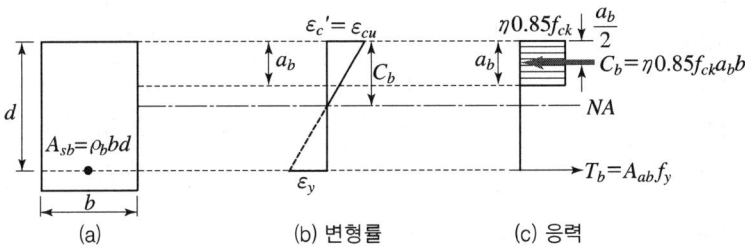

(a) (b) 변형률 (c) 응력

① 균형단면이 되기 위한 중립축 위치(c)

$\epsilon_c : \epsilon_c + \epsilon_s = c : d$

$$c = \frac{\epsilon_c}{\epsilon_c + \epsilon_s} d = \frac{\epsilon_{cu}}{\epsilon_{cu} + \dfrac{f_y}{E_s}} d = \frac{\epsilon_{cu}}{\epsilon_{cu} + \dfrac{f_y}{200,000}} d = \frac{a}{\beta_1}$$

② 단철근 직사각형보의 균형철근비(ρ_b)

$$\rho_b = \eta 0.85 \frac{f_{ck}}{f_y} \beta_1 \frac{c}{d} = \eta 0.85 \frac{f_{ck}}{f_y} \beta_1 \frac{\epsilon_{cu}}{\epsilon_{cu} + \dfrac{f_y}{200,000}}$$

③ 균형 철근량 : $A_{sb} = \rho_b \cdot b \cdot d$

(4) 단철근 직사각형보의 휨철근량 제한

① 철근비

$$\rho = \frac{A_s}{bd}$$

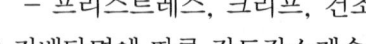

② 최외단 인장철근

최 외단 인장철근의 순인장변형률 ϵ_t는

ϵ_t = 공칭강도에서 최외단 인장철근의 인장변형률
   - 프리스트레스, 크리프, 건조수축, 온도변화에 의한 변형률

㉠ 지배단면에 따른 강도감소계수

구 분	순인장변형률 조건	강도감소계수
압축지배 단면	ϵ_y 이하	0.65
변화구간 단면	$\epsilon_y \sim 0.005$ (또는 $2.5\epsilon_y$)	0.65~0.85
인장지배 단면	0.005 이상($f_y > 400$MPa인 경우 $2.5\epsilon_y$ 이상)	0.85

㉡ 지배단면 변형률 한계 및 해당 철근비

철근의 설계기준 항복강도	압축지배 변형률 한계 ϵ_y	인장지배 변형률 한계
300MPa	0.0015	0.005
350MPa	0.00175	0.005
400MPa	0.002	0.005
500MPa	0.0025	$0.00625(2.5\epsilon_y)$
600MPa	0.003	$0.0075(2.5\epsilon_y)$

㉢ 최소허용변형률

철근의 설계기준 항복강도	휨부재 허용값	
	최소 허용변형률($\epsilon_{a,\min}$)	해당 철근비($\rho_{\max}$)
300MPa	0.004	$0.658\rho_b$
350MPa	0.004	$0.692\rho_b$
400MPa	0.004	$0.726\rho_b$
500MPa	$0.005(2\epsilon_y)$	$0.699\rho_b$
600MPa	$0.006(2\epsilon_y)$	$0.677\rho_b$

③ 최소허용변형률

순인장변형률(ϵ_t)은 휨부재의 최소 허용변형률 이상이어야 한다.

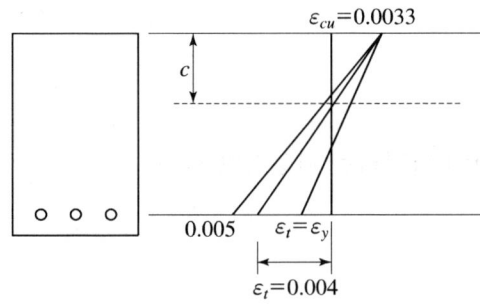

④ 최대 철근

㉠ 최대철근비

$$\rho_{\max} = \eta 0.85 \frac{f_{ck}}{f_y} \beta_1 \frac{\epsilon_{cu}}{\epsilon_{cu} + \epsilon_{a,\min}} = \frac{\epsilon_{cu} + \epsilon_y}{\epsilon_{cu} + \epsilon_{a,\min}} \rho_b$$

- $f_y = 300\mathrm{MPa}$인 경우 $\rho_{\max} = 0.658\rho_b$
- $f_y = 350\mathrm{MPa}$인 경우 $\rho_{\max} = 0.692\rho_b$
- $f_y = 400\mathrm{MPa}$인 경우 $\rho_{\max} = 0.726\rho_b$
- $f_y = 500\mathrm{MPa}$인 경우 $\rho_{\max} = 0.699\rho_b$
- $f_y = 600\mathrm{MPa}$인 경우 $\rho_{\max} = 0.677\rho_b$

㉡ 최대철근량

$A_{s\max} = \rho_{\max} b d$

⑤ 최소철근

㉠ 해석에 의하여 인장철근 보강이 요구되는 휨부재의 모든 단면에 대하여 설계휨강도가 다음 조건을 만족하도록 인장철근을 배치하여야 한다.

$\phi M_n \geq 1.2 M_{cr}$

여기서, M_{cr} : 휨부재의 균열휨모멘트

㉡ 부재의 모든 단면에서 해석에 의해 필요한 철근량보다 1/3 이상 인장철근이 더 배치되어 다음 식의 조건을 만족하는 경우는 상기 ㉠의 규정을 적용하지 않을 수 있다.

$\phi M_n \geq \dfrac{4}{3} M_u$

(5) 보의 파괴 형태

① 균형파괴(평형파괴)
  ㉠ 균형철근보
  ㉡ 이상적인 파괴형태
  ㉢ 설계의 기준을 제시
  ㉣ $\rho = \rho_b$: 콘크리트와 철근이 동시에 파괴되는 이상적인 파괴

② 연성파괴(인장파괴)
  ㉠ 저보강보
  ㉡ 과소철근보
  ㉢ 인장지배단면
  ㉣ 인장측 철근이 먼저 파괴되는 가장 바람직한 파괴 형태
  ㉤ 사전 붕괴 징후를 보이며 점진적으로 콘크리트가 파괴되는 형태

③ 취성파괴(압축파괴)
  ㉠ 과보강보
  ㉡ 과다철근보
  ㉢ 압축지배단면
  ㉣ $\rho > \rho_{\max}$: 압축측 콘크리트의 취성파괴가 일어난다.
  ㉤ $\rho < \rho_{\min}$: 인장측 콘크리트의 취성파괴가 일어난다.
  ㉥ 콘크리트가 먼저 갑작스럽게 파괴되는 형태
  ㉦ 사전 징후 없이 갑자기 파괴되는 형태

2. 복철근 직사각형보

(1) 복철근보를 사용하는 이유

① 단면의 치수(특히 유효높이)가 제한되어 설계모멘트가 외력에 의한 작용모멘트를 견딜 수 없는 경우 ($M_d < M_u$)

② 정(+)·부(-)의 휨모멘트를 교대로 받는 경우

복철근보를 사용하는 이유

① 단면의 치수(특히 유효높이)가 제한되어 설계모멘트가 외력에 의한 작용모멘트를 견딜 수 없는 경우($M_d < M_u$)
  ㉠ 복철근보로 함으로써 저항모멘트의 증가로 보강성을 증대
  ㉡ 취성을 줄인다.
  ㉢ 연성을 키워준다.

② 정(+)·부(−)의 휨모멘트를 교대로 받는 경우
 ㉠ 정모멘트는 단철근보로도 충분하나
 ㉡ 부의 휨모멘트 작용시 복철근보로 하여 부의 휨모멘트 작용시 압축철근이 인장철근의 역할을 하도록 하여야 한다.
③ 보의 강성을 증대시키기 위해
④ 연성을 키우기 위해
⑤ 처짐을 작게 해야 하는 경우
⑥ 건조수축과 크리프의 영향을 감소시키기 위해
⑦ 비틀림모멘트를 받을 때

압축철근 사용 효과
① 지속하중에 의한 장기처짐(총처짐)을 감소시킨다.
② 연성을 증가시켜 모멘트 재분배가 가능하게 한다.
③ 철근의 조립을 쉽게 할 수 있다.

(2) 압축철근이 항복할 경우의 복철근 직사각형보의 설계휨강도 ($f_s' = f_y$인 경우)

일반적인($f_{ck} \leq 40\text{MPa}$)인 경우에는 $\eta = 1$이므로 기존과 동일하게 응력 값으로 $0.85f_{ck}$를 사용하며, f_{ck}가 40MPa를 초과하는 경우에는 모든 공식에 있어 $0.85f_{ck}$에 η를 곱하여 사용한다. ($0.85f_{ck} \rightarrow \eta 0.85f_{ck}$)

① 등가직사각형 응력분포의 깊이 ; a
$C_1 = T_1$ (여기서, C_1와 T_1는 우력)
$\eta 0.85 f_{ck} ab = (A_s - A_s')f_y$
$\therefore a = \dfrac{(A_s - A_s')f_y}{\eta 0.85 f_{ck} b} = \dfrac{(\rho - \rho')df_y}{\eta 0.85 f_{ck}}$
$A_s = \rho bd \qquad A_s' = \rho' bd$

② 단면의 공칭 휨강도 ; M_n

[우력 모멘트]

$$M_n = M_{n1} + M_{n2} = C_1 \cdot z_1 + C_2 \cdot z_2 = T_1 \cdot z_1 + T_2 \cdot z_2$$
$$= (A_s - A_s')f_y\left(d - \frac{a}{2}\right) + A_s' f_y(d - d')$$

③ 설계 휨강도 ; M_d

$$M_d = M_{d1} + M_{d2} = \phi(A_s - A_s')f_y\left(d - \frac{a}{2}\right) + \phi A_s' f_y(d - d')$$
$$= \phi\left\{(A_s - A_s')f_y\left(d - \frac{a}{2}\right) + A_s'f_y(d - d')\right\}$$

(3) 균형보 개념

인장철근의 최대 변형이 항복점 변형($\epsilon_s = \epsilon_y = f_y/E_s$)에 도달할 때 압축철근의 변형도 항복점 변형에 도달하고 콘크리트 변형률이 ϵ_{cu}에 도달하는 보

① 균형단면이 되기 위한 압축철근의 변형률(ϵ_s')

$$\epsilon_c : \epsilon_s' = c : c - d'$$
$$\epsilon_{cu} : \epsilon_s' = c : c - d'$$
$$\epsilon_s' = \epsilon_{cu}\frac{c - d'}{c} = \epsilon_{cu} - \epsilon_{cu}\frac{d'}{c}$$

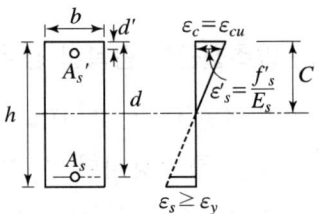

② 균형단면이 되기 위한 중립축 위치(c)

$$\epsilon_{cu}\frac{c - d'}{c} \geq \frac{f_y}{E_s} \text{에서}$$

$$\therefore c = \frac{\epsilon_{cu}}{\epsilon_{cu} - \frac{f_y}{E_s}}d' = \frac{\epsilon_{cu}}{\epsilon_{cu} - \frac{f_y}{200,000}}d' = \frac{\epsilon_{cu}E_s}{\epsilon_{cu}E_s - f_y}d'$$

③ 복철근 직사각형보의 균형철근비(ρ_b')

$$\rho_b' = \rho_b + \rho' = \eta 0.85\frac{f_{ck}}{f_y}\beta_1\frac{c}{d} + \rho' = \eta 0.85\frac{f_{ck}}{f_y}\beta_1\frac{\epsilon_{cu}}{\epsilon_{cu} + \frac{f_y}{200,000}} + \rho'$$

(4) 복철근 직사각형보의 휨철근량 제한

① 철근비

㉠ 인장철근비 $\rho = \dfrac{A_s}{bd}$

㉡ 압축철근비 $\rho' = \dfrac{A_s'}{bd}$

② 최대 인장철근
　㉠ 최대 인장철근비(ρ'_{max})
$$\rho'_{max} = \eta 0.85 \frac{f_{ck}}{f_y} \beta_1 \frac{\epsilon_{cu}}{\epsilon_{cu}+\epsilon_{a,\min}} + \rho' \frac{f_s'}{f_y} = \frac{\epsilon_{cu}+\epsilon_y}{\epsilon_{cu}+\epsilon_{a,\min}} \rho_b + \rho' \frac{f_s'}{f_y}$$
　　압축철근이 항복하는 경우 $f_s' = f_y$를 대입하여 구할 수 있다.
　㉡ 최대 인장철근량($A'_{s\,\max}$)
$$A'_{s\,\max} = \rho'_{\max} bd$$

3. 단철근 T형보

직사각형보에서 중립축 하단의 인장부 콘크리트를 인장 철근의 배치에 필요한 넓이의 콘크리트만을 남겨두고 나머지는 도려내어 자중을 줄이고 재료를 절약하여 경제적인 단면을 만들기 위한 보

(1) T형보의 명칭

T형보는 플랜지와 복부로 구성된다.
① 플랜지 : 휨에 저항
② 복부(웨브) : 전단에 저항

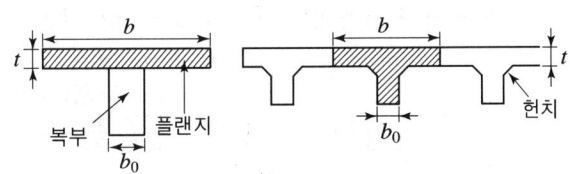
[T형보의 단면]

(2) T형보의 유효폭

① 대칭 T형보
　㉠ $8t_1 + 8t_2 + b_w$
　㉡ 보경간의 1/4
　㉢ 양슬래브 중심간 거리
　셋 중 가장 작은 값을 유효폭으로 결정한다.

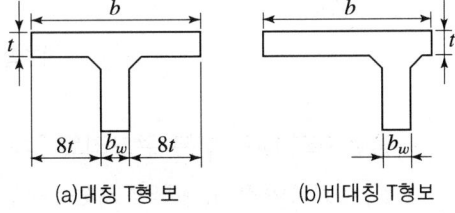
(a)대칭 T형 보　　(b)비대칭 T형보
[플랜지의 유효폭]

② 비대칭 T형 단면
　㉠ $6t + b_w$
　㉡ 보경간의 $\frac{1}{12} + b_w$
　㉢ 인접보와의 내측거리(l_o)의 $\frac{1}{2} + b_w$
　셋 중 가장 작은 값을 유효폭으로 결정한다.

(3) T형보의 판별

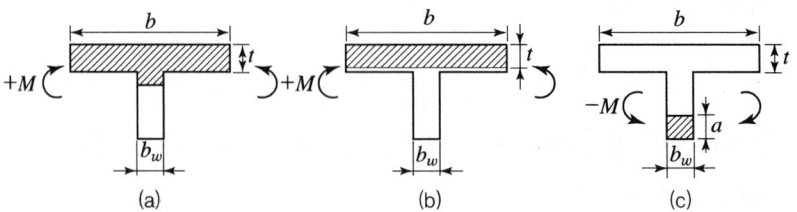

(a) : 정의 모멘트를 받고 있는 경우, T형보로 설계
(b) : 정의 모멘트를 받고 있는 경우, 폭을 b로 하는 직사각형보로 설계
(c) : 부의 모멘트를 받고 있는 경우, 폭을 b_w로 하는 직사각형보로 설계

[T형 단면의 판정]

(4) 단철근 T형보의 설계휨강도

일반적인($f_{ck} \leq 40\text{MPa}$)인 경우에는 $\eta - 1$이므로 기존과 동일하게 응력 값으로 $0.85f_{ck}$를 사용하며, f_{ck}가 40MPa를 초과하는 경우에는 모든 공식에 있어 $0.85f_{ck}$에 η를 곱하여 사용한다. ($0.85f_{ck} \rightarrow \eta 0.85f_{ck}$)

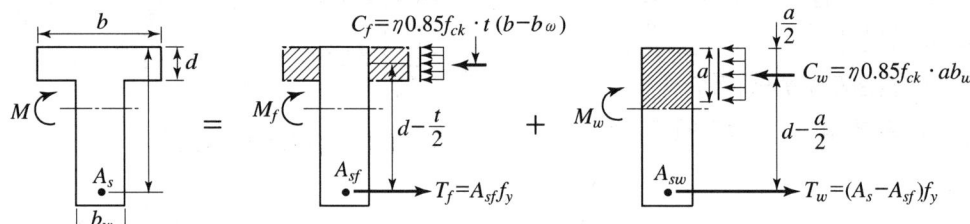

[T형 단면 보의 해석]

① 플랜지의 내민 부분 콘크리트 압축력(C_f)과 비기는 철근 단면적 ; A_{sf}
  $C_f = T_f$ (여기서, C_f와 T_f는 우력)

  $$\eta 0.85 f_{ck} t(b-b_w) = A_{sf} f_y \qquad \therefore A_{sf} = \frac{\eta 0.85 f_{ck} t(b-b_w)}{f_y}$$

② 복부 콘크리트 압축력(C_w)과 비길 수 있는 철근과 비교한 등가직사각형 응력깊이 ; a
  $C_w = T_w$ (여기서, C_w와 T_w는 우력)

  $$\eta 0.85 f_{ck} ab_w = (A_s - A_{sf})f_y \qquad \therefore a = \frac{(A_s - A_{sf})f_y}{\eta 0.85 f_{ck} b_w}$$

③ 단면의 공칭 휨강도 ; M_n(단면저항 모멘트 : 주어진 단면에서 저항할 수 있는 모멘트)

[우력 모멘트]

$$M_n = M_{nf} + M_{nw} = T_f \cdot z_f + T_w \cdot z_w = A_{sf}f_y\left(d - \frac{t}{2}\right) + (A_s - A_{sf})f_y\left(d - \frac{a}{2}\right)$$

여기서, M_{nf} : 내민 플랜지 콘크리트의 설계 휨강도
M_{nw} : T단면에서 내민플랜지 콘크리트부분을 뺀 복부만의 콘크리트의 설계휨강도

④ 설계모멘트

$$M_d = \phi M_{nf} + \phi M_{nw} = \phi T_f \cdot z_w + \phi T_w \cdot z_w$$
$$= \phi A_{sf}f_y\left(d - \frac{t}{2}\right) + \phi (A_s - A_{sf})f_y\left(d - \frac{a}{2}\right)$$
$$= \phi \left\{ A_{sf}f_y\left(d - \frac{t}{2}\right) + (A_s - A_{sf})f_y\left(d - \frac{a}{2}\right) \right\}$$

(5) 균형보 개념

단철근 T보의 균형철근비($\overline{\rho_b}$) $\qquad \overline{\rho_b} = (\rho_b + \rho_g)\dfrac{b_w}{b}$

(6) 단철근 T형보의 휨철근량 제한

① 인장철근비 $\qquad \overline{\rho} = \dfrac{A_s}{b_w d}$

② 내민 플랜지와 비기는 철근비 $\qquad \rho_f = \dfrac{A_{sf}}{b_w d}$

③ 최대 철근비

$\Sigma H = 0$이라는 힘의 평형조건식을 적용하여 최소 허용변형률에 해당하는 철근비가 최대철근비라는 조건을 적용하여 구할 수 있다.

㉠ 최대 철근비($\overline{\rho}_{\max}$)

$$\overline{\rho}_{\max} = \eta 0.85 \frac{f_{ck}}{f_y}\beta_1 \frac{\epsilon_{cu}}{\epsilon_{cu} + \epsilon_{a,\min}} + \rho_f = \frac{\epsilon_{cu} + \epsilon_y}{\epsilon_{cu} + \epsilon_{a,\min}}\rho_b + \rho_f$$

여기서, $\rho_f = \dfrac{A_{sf}}{b_w d}$

㉡ 최대 철근량($\overline{A_{s\,\max}}$)

$$\overline{A_{s\,\max}} = \overline{\rho}_{\max} b_w d$$

4-4 전 단

1. 최대 설계강도(설계항복강도)

① 전단철근 : $f_y \leq f_{max} = 500\,\text{MPa}$

② 휨철근 : $f_y \leq f_{max} = 600\,\text{MPa}$

2. 전단에 대한 위험단면

① 1방향 개념 : d만큼 떨어진 곳

② 2방향 개념 : $d/2$만큼 떨어진 곳

3. 전단철근

(1) 전단철근의 종류

① 스터럽
  ㉠ 수직스터럽 : 주철근에 직각 방향으로 배치한 스터럽
  ㉡ 경사스터럽 : 주철근에 45° 이상의 경사로 배치한 스터럽

② 굽힘철근(절곡철근) : 주철근을 30° 이상의 경사로 구부린 철근

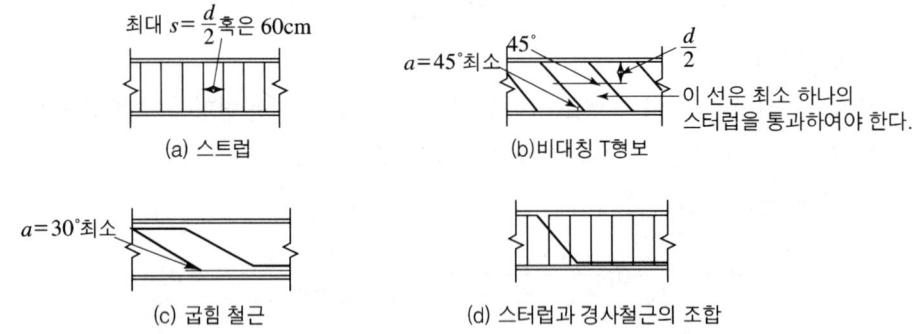

③ 전단철근의 병용 : 전단응력이 크게 작용되는 지점 부근에서 사용된다.
  ㉠ 수직스터럽과 굽힘철근의 병용
  ㉡ 경사스터럽과 굽힘철근의 병용
  ㉢ 수직스터럽과 경사스터럽을 굽힘철근과 병용

④ 용접철망 : 부재의 축에 직각으로 배치

⑤ 나선철근

⑥ 원형 띠철근
⑦ 후프철근

(2) 전단철근 일반

① 전단철근의 배근 방법
  ㉠ 지점 부근 : 전단철근의 병용 배근
  ㉡ 지점에서 약간 중심부 : 스터럽만 배근
  ㉢ 중앙 부근 : 전단철근 배근하지 않는다.
② 종방향 철근을 구부려 전단철근으로 사용 할 때는 그 경사길이의 중앙 3/4만이 굽힘 철근으로서 유효하다.

4. 전단보강된 단면의 전단

(1) 수직 스터럽이 배치된 단면

사인장 균열단면의 공칭전단력 ; V_n

$$V_n = V_c + V_d + V_{iy} + V_s$$

여기서, V_c : 콘크리트가 부담하는 전단력(균열이 발생되지 않을 때 까지만 저항)
V_d : 인장철근의 수평연결작용(도웰작용 ; dowel action)
V_{iy} : 거치른 균열면의 맞물림력(interlocking force)에 의한 수직 내력
V_s : 전단철근이 부담하는 전단력

V_d와 V_{iy}는 그 값이 0에 가까워 일반적으로 무시한다.

$$V_n = V_c + V_s$$

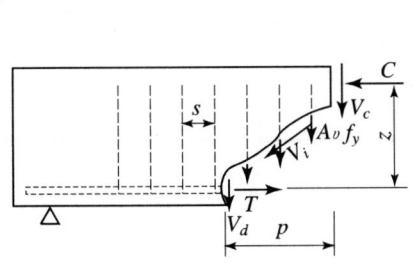
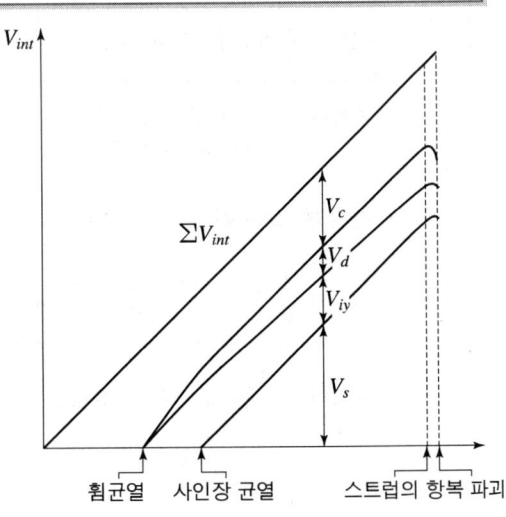

(2) 스터럽의 단면적

① 수직스터럽의 단면적

$$V_s = nA_v f_y = \frac{d}{s} A_v f_y \text{에서 } A_v = \frac{V_s s}{f_y d}$$

② 경사 스터럽 또는 1개의 굽힘철근의 단면적

$$A_v = \frac{V_s}{f_y \sin\alpha}$$

③ 여러개의 경사 스터럽 또는 여러 곳에서 구부린 굽힘철근의 단면적

$$A_v = \frac{V_s s}{f_y (\sin\alpha + \cos\alpha)d}$$

5. 전단설계

(1) 설계원칙

$$V_d = \phi V_n \geqq V_u$$

여기서, V_d : 설계 전단강도 V_n : 공칭 전단강도 V_u : 계수 전단력 ϕ : 강도감소계수

(2) 설계규정

① 콘크리트가 부담하는 전단강도 ; V_c

㉠ 약산식
- 전단력과 휨모멘트만을 받는 부재

$$V_c = \frac{1}{6} \lambda \sqrt{f_{ck}} b_w d (\text{N})$$

여기서, λ : 경량콘크리트계수
(보통중량콘크리트 1.0 모래경량콘크리트 0.85 전경량콘크리트 0.75)

- 축방향 압축력을 받는 부재

$$V_c = \frac{1}{6}\left(1 + \frac{N_u}{14A_g}\right)\lambda \sqrt{f_{ck}} b_w d (\text{N})$$

여기서, $\frac{N_u}{14A_g}$ 의 단위는 N/mm^2

ⓒ 정밀식

$$V_c = \left(0.16\lambda\sqrt{f_{ck}} + 17.6\frac{\rho_w V_u d}{M_u}\right)b_w d \leq 0.29\lambda\sqrt{f_{ck}}\,b_w d\,(\text{N})$$

여기서, $\rho_w = \dfrac{A_s}{b_w d}$

M_u는 전단을 검토하는 단면에서 V_u와 동시에 발생하는 계수 휨모멘트로서 $\dfrac{V_u d}{M_u} \leq 1.0$으로 취하여야 한다.

설계기준강도(f_{ck})의 제한
① 전단과 정착 및 이음에서는 고강도 콘크리트의 사용으로 콘크리트의 강도가 과대평가되는 것을 방지하기 위하여 설계기준강도(f_{ck})를 제한한다.
② $f_{ck} \leq$ 70MPa(700kgf/cm²), $\sqrt{f_{ck}} \leq$ 8.4MPa(26.5kgf/cm²)

② 전단철근이 부담하는 전단강도 ; V_s
  ㉠ 수직 스터럽을 배치한 경우

$$V_s = nA_v f_y = \frac{d}{s}A_v f_y$$

여기서, n : 균열선과 교차하는 수직 스터럽의 수 $n = \dfrac{d}{s}$
     d : 보의 유효깊이 $\geq 0.8h$
     s : 전단철근의 간격
     A_v : 스터럽의 단면적
     f_y : 스터럽의 항복응력

  ㉡ 원형 띠철근, 후프철근 또는 나선철근을 배치한 경우

$$V_s = nA_v f_{yt} = \frac{d}{s}A_v f_{yt}$$

여기서, n : 균열선과 교차하는 수직 스터럽의 수 $n = \dfrac{d}{s}$
     d : 보의 유효깊이 $= 0.8 \times D$(부재 단면 지름)
     s : 전단철근의 간격
     A_v : 종방향 철근과 평행하게 잰 간격 s내에 배치된 나선철근, 후프철근 또는 원형 띠철근의 두가닥 면적
     f_{yt} : 전단철근의 항복응력

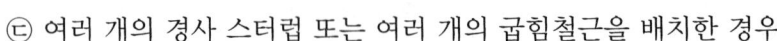

ⓒ 여러 개의 경사 스터럽 또는 여러 개의 굽힘철근을 배치한 경우

$$V_s = \frac{d(\sin\alpha + \cos\alpha)}{s} A_v f_y$$

여기서, α : 경사 스터럽과 부재축의 사이각
s : 종방향 철근과 평행한 방향의 철근 간격

ⓓ 한 개의 경사 스터럽 또는 한 개의 굽힘철근을 배치한 경우

$$V_s = A_v f_y \sin\alpha \leq 0.25\sqrt{f_{ck}}\, b_w d \,(\text{N})$$

(3) 전단철근의 최대 전단강도

$$V_s \leq 0.2\left(1 - \frac{f_{ck}}{250}\right) f_{ck} b_w d$$

(4) 공칭 전단강도 ; V_n

$$V_n = V_c + V_s$$

(5) 설계 전단강도 ; V_d

$$V_d = \phi V_n = \phi(V_c + V_s)$$

6. 전단철근의 설계

(1) 이론상 전단철근이 필요없는 경우

$V_u \leq \phi V_c = \phi \frac{1}{6}\lambda \sqrt{f_{ck}}\, b_w d \,(\text{N})$ 인 경우

① 이론상 전단철근이 필요없다.
② 그러나 이러한 경우에도 V_u가 ϕV_c의 1/2보다 작지 않으면 최소량의 전단철근을 배치해야 한다.

(2) 최소 전단철근

① 일반

$\frac{1}{2}\phi V_c < V_u \leq \phi V_c$ 인 경우 전단철근의 최소단면적은

$$A_{v\min} = 0.0625\sqrt{f_{ck}}\,\frac{b_w s}{f_{yt}} \geq 0.35\frac{b_w s}{f_{yt}}$$

여기서, $A_{v\min}$: 최소 전단철근 단면적, 단위 mm^2
　　　　b_w : 폭, 단위 mm
　　　　s : 전단철근 간격, 단위 mm

② 최소전단철근을 적용하지 않아도 되는 예외규정
　㉠ 보의 총높이가 250mm 이하 일 때
　㉡ I형보, T형보에 있어서 플랜지 두께의 2.5배 또는 복부폭의 1/2중 큰값보다 높이가 작은 보
　㉢ 슬래브
　㉣ 확대기초 : 기초판, 바닥판이라고도 하며 폭이 넓고 깊이가 얕은 구조
　㉤ 장선구조
　㉥ 교대 벽체 및 날개벽, 옹벽의 벽체, 암거 등과 같이 휨이 주거동인 판부재
　㉦ 순 단면의 깊이가 35mm를 초과하지 않는 속 빈 부재에 작용하는 계수전단력이 $0.5\phi V_{cw}$를 초과하지 않은 경우
　㉧ 보의 깊이가 600mm를 초과하지 않고 설계기준압축강도가 40MPa을 초과하지 않는 강섬유콘크리트 보에 작용하는 계수전단력이 $\phi(\sqrt{f_{ck}/6})b_w d$를 초과하지 않는 경우
　㉨ 전단철근이 없이 계수 휨모멘트와 전단력에 저항할 수 있음을 실험에 의해 확인할 수 있는 경우

7. 전단철근의 최대간격

(1) 수직 스터럽의 최대간격 ; s

① $V_s \leq \frac{1}{3}\lambda\sqrt{f_{ck}}\,b_w d(N)$인 경우
　㉠ 철근 콘크리트 : 수직스터럽의 간격은 $0.5d$ 이하, 600mm 이하
　　 ($s \leq \frac{d}{2},\ s \leq 600mm$)
　㉡ 프리스트레스트 부재 : 수직스터럽의 간격은 $0.75h$ 이하, 600mm 이하
　　 ($s \leq \frac{3h}{4},\ s \leq 600mm$)

② $0.2\left(1-\dfrac{f_{ck}}{250}\right)f_{ck}b_w d(N) \geq V_s > \dfrac{1}{3}\lambda\sqrt{f_{ck}}b_w d(N)$ 인 경우

$V_s \leq \dfrac{1}{3}\lambda\sqrt{f_{ck}}b_w d(N)$ 인 경우의 규정된 최대 간격을 $\dfrac{1}{2}$로 감소시켜야 한다.

(2) 경사 스터럽과 굽힘 철근의 최대간격 ; s

① $V_s \leq \dfrac{1}{3}\lambda\sqrt{f_{ck}}b_w d(N)$ 인 경우

부재의 중간높이 $0.5d$에서 반력점 방향으로 주인장철근까지 연장된 45° 선과 한 번 이상 교차되도록 배치해야 한다. 따라서, 간격은 $0.75d$ 이하라야 한다.

② $\dfrac{2}{3}\sqrt{f_{ck}}b_w d(N) \geq V_s > \dfrac{1}{3}\lambda\sqrt{f_{ck}}b_w d(N)$ 인 경우

부재의 중간높이 $0.5d$에서 반력점 방향으로 주인장철근까지 연장된 45° 선과 두 번 이상 교차되도록 배치해야 한다. 따라서, 간격은 $0.375d$ 이하라야 한다.

(3) 어떠한 경우라도 $V_s \leq \dfrac{2}{3}\sqrt{f_{ck}}b_w d(N)$ 이어야 한다.

① $V_s > \dfrac{2}{3}\sqrt{f_{ck}}b_w d(N)$ 인 경우

㉠ 사인장응력(연성파괴)과 사압축응력(취성파괴)이 동시에 커지게 된다.

㉡ 결국 취성파괴를 피하고 연성파괴로 유도하기 위해 $V_s \leq \dfrac{2}{3}\sqrt{f_{ck}}b_w d(N)$의 규정을 둔 것이다.

㉢ 대책 : 단면치수(b와 d)를 크게 만들어 $V_s \leq \dfrac{2}{3}\sqrt{f_{ck}}b_w d(N)$가 되도록 만들어야 한다.

8. 전단마찰 발생 단면

① 서로 다른 시기에 친 두 콘크리트 사이의 접합면
② 서로 다른 재료 사이의 접합면
③ 균열이 발생하거나 발생할 가능성이 있는 단면
④ 프리캐스트보와 슬래브 사이의 접합면
⑤ 콘크리트와 강재 사이의 접합면
⑥ 기둥과 브래킷(bracket) 또는 내민받침(corbel) 사이의 접합면
⑦ 프리캐스트구조에서 부재요소의 접합면

9. 깊은 보

(1) 깊은 보(deep beam)의 개념

깊은 보는 한쪽 면이 하중을 받고 반대쪽 면이 지지되어 하중과 받침부 사이에 압축대가 형성되는 구조요소로서 다음 중 하나에 해당하는 부재를 말한다.
① 순경간 l_n이 부재 깊이의 4배 이하인 부재
② 받침부 내면에서(받침부로부터) 부재 깊이의 2배 이하인 위치에 집중하중이 작용하는 경우는 집중하중과 받침부 사이의 구간

(2) 깊은 보의 설계 일반

① 깊은 보는 비선형 변형률 분포를 고려하여 설계하거나
② 스트럿-타이 모델에 따라 설계하여야 한다.
③ 횡좌굴을 고려하여야 한다.
④ 깊은 보의 V_n은 $\frac{5}{6}\sqrt{f_{ck}}\,b_w d$ 이하라야 한다.
⑤ 깊은 보의 강도는 전단에 의해 지배된다.

10. 비틀림 설계

(1) 개념

비틀림에 대한 설계는 박벽관(Thin-Walled Tube)과 입체트러스 해석법에 근거를 두고 있다.

(2) 비틀림 설계 원칙

① 일반사항
  ㉠ 콘크리트에 의한 비틀림강도(T_c)는 설계식의 단순화를 위해 무시되었다. 따라서 콘크리트의 전단강도 V_c는 비틀림과 상관없이 일정하다.
  ㉡ 비틀림 설계시 보의 가운데 부분은 무시되며, 이는 안전측의 결과를 가져다준다.
  ㉢ 보는 관으로 생각할 수 있다. 비틀림은 관의 중심선을 따라서 일주하는 일정한 전단흐름을 통해서 저항된다.

② 비틀림이 고려되지 않아도 되는 경우
  ㉠ 철근콘크리트 부재

  $$T_u < \phi(\lambda\sqrt{f_{ck}}/12)\frac{A_{cp}^2}{p_{cp}}$$

  여기서, p_{cp} : 단면의 외부둘레길이
       A_{cp} : 콘크리트 단면의 바깥둘레로 둘
              러싸인 단면적으로서, 뚫린 단면
              의 경우 뚫린 면적을 포함한다.

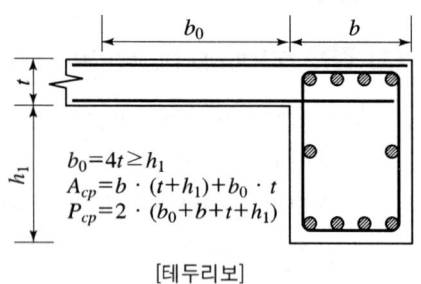

[테두리보]

  ㉡ 프리스트레스트 콘크리트 부재

  $$T_u < \phi(\lambda\sqrt{f_{ck}}/12)\frac{A_{cp}^2}{p_{cp}}\sqrt{1+\frac{f_{pc}}{(\lambda\sqrt{f_{ck}}/3)}}$$

  ㉢ $T_u < \dfrac{T_{cr}}{4}$ 인 경우 비틀림은 무시할 수 있다.

  이 경우의 균열 비틀림 모멘트(T_{cr})는 철근콘크리트 부재의 경우

  $$T_{cr} = \frac{1}{3}\lambda\sqrt{f_{ck}}\frac{A_{cp}^2}{p_{cp}}$$

  여기서, T_u : 계수 비틀림 모멘트, T_{cr} : 균열 비틀림 모멘트

(3) 비틀림 철근의 상세

① 비틀림 철근
  ㉠ 부재축에 수직인 폐쇄스터럽 또는 폐쇄띠철근
  ㉡ 부재축에 수직인 횡방향 강선으로 구성된 폐쇄용접철망
  ㉢ 철근콘크리트보에서 나선철근
② 횡방향 비틀림 철근
  횡방향 비틀림 철근은 다음 중에서 하나의 방법에 의해 정착되어야 한다.
  ㉠ 종방향 철근 주위로 135° 표준 갈고리에 의해 정착
  ㉡ 정착부를 둘러싸는 콘크리트가 플랜지나 슬래브 또는 기타 유사한 부재에 의해
     박리가 일어나지 않도록 된 영역에서는 다음 규정에 따라 정착하여야 한다.
  ㉢ 종방향 비틀림 철근은 양단에 정착되어야 한다.
  ㉣ 비틀림 모멘트를 받는 속빈 단면에서는 횡방향 비틀림철근의 중심선에서 단면
     내벽까지의 거리가 $0.5\,A_{oh}/p_h$ 이상이 되어야 한다.
  ㉤ 횡방향 비틀림철근의 간격은 $p_h/8$보다 작아야 하고, 또한 300mm보다 작아야
     한다.

ⓑ 비틀림에 요구되는 종방향 철근은 폐쇄스터럽의 둘레를 따라 300mm 이하의 간격으로 분포시켜야 한다. 종방향 철근이나 긴장재는 스터럽의 내부에 배치 되어야 하며, 스트럽의 각 모서리에 최소한 하나의 종방향 철근이나 긴장재가 있어야 한다. 종방향 철근의 직경은 스터럽 간격의 1/24 이상이 되어야 하며, $D10$ 이상의 철근이어야 한다.

ⓢ 비틀림철근은 계산상으로 필요한 위치에서 $(b_t + d)$ 이상의 거리까지 연장시켜 배치되어야 한다.

(4) 비틀림 단면

비틀림에 저항하는 유효단면의 보가 슬래브와 일체로 되거나 완전한 합성구조로 되어 있는 경우의 비틀림 단면은 슬래브의 위 또는 아래로 내민 깊이 중 큰 깊이만큼을 보의 양측으로 연장한 슬래브 부분을 포함한 단면으로서, 보의 한 측으로 연장되는 거리를 슬래브 두께의 4배 이하로 한 단면을 말한다.

4-5 철근 상세

1. 철근가공

(1) 주철근의 표준갈고리

① 180° 표준 갈고리
② 90° 표준 갈고리

(2) 스터럽과 띠철근의 표준갈고리

① 90° 표준갈고리
② 135° 표준갈고리

여기서, d_b : 갈고리 공칭지름, mm

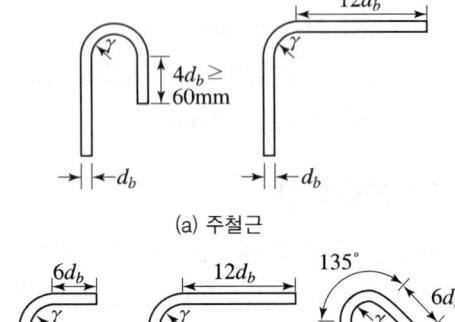

(a) 주철근

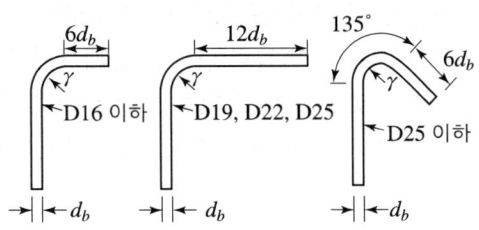

(b) 스터럽 또는 띠철근

2. 최소 구부림의 내면반지름

(1) 주철근의 180° 표준갈고리와 90° 표준갈고리의 구부리는 내면 반지름

철근 크기	최소 내면 반지름
D10~D25	$3d_b$
D29~D35	$4d_b$
D38 이상	$5d_b$

(2) 스터럽과 띠철근용 표준갈고리의 내면 반지름

철근 크기	최소 내면 반지름
~D16	$2d_b$
D19~D25	$3d_b$
D29~D35	$4d_b$
D38 이상	$5d_b$

(3) 굽힘 철근

구부리는 내면반지름은 $5d_b$ 이상이라야 한다.

(4) 라멘구조

모서리 부분의 외측 철근의 구부리는 내면 반지름은 $10d_b$ 이상이라야 한다.

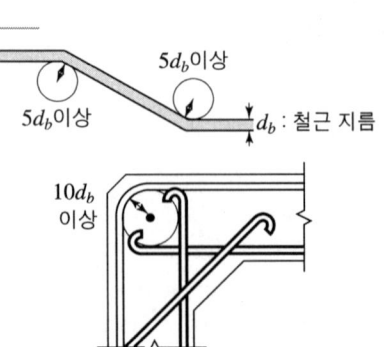

4-6 철근의 정착과 이음

1. 부착과 정착

① 부착(bond) : 철근과 콘크리트와의 경계면에서 활동(미끄러짐)에 대한 저항성
② 정착(anchorage) : 철근의 끝부분이 콘크리트 속에서 빠져 나오지 않도록 고정하는 것

2. 철근의 부착

(1) 부착효과를 일으키는 작용

작 용	설 명
① 교착작용	시멘트풀과 철근 표면의 교착작용
② 마찰작용	철근표면과 콘크리트의 마찰작용
③ 역학작용	이형철근 표면의 굴곡에 의한 기계적 작용

(2) 부착에 영향을 미치는 요인

① 철근의 표면상태 : 원형철근보다 이형철근이 부착강도가 좋다.
② 콘크리트의 강도 : 콘크리트의 압축강도와 인장강도가 클수록 부착강도가 크다.
③ 철근의 지름 : 동일한 단면적에 대해 굵은 철근 보다는 가는 철근을 여러개 사용하는 것이 부착에 좋다.
④ 철근이 묻힌 위치 및 방향
 ㉠ 수평철근의 부착강도는 연직철근 부착강도의 1/2~1/4 정도로 작다.
 ㉡ 수평철근의 경우 상부철근의 부착강도는 하부철근의 부착강도보다 작다.

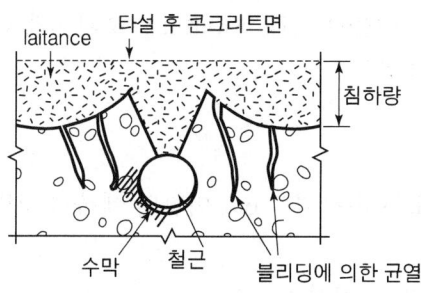
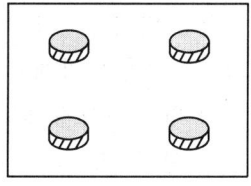

⑤ 덮개(피복두께) : 충분한 두께의 콘크리트가 필요하다.
⑥ 다지기 : 적절한 다짐은 부착강도를 증가시킨다.

3. 철근의 정착

(1) 정착방법

① 묻힘길이(매입길이)에 의한 방법
② 표준 갈고리에 의한 방법 : 압축철근의 정착에는 유효하지 않다.
③ 확대머리 이형철근 및 기계적 인장 정착
④ 이들을 조합하는 방법

4. 묻힘(매입)길이에 의한 방법

(1) 인장 이형철근 및 이형철선의 정착

① 인장 이형철근 및 이형철선의 기본정착길이 ; l_{db}

$$l_{db} = \frac{0.6\ d_b f_y}{\lambda \sqrt{f_{ck}}}$$

② 인장 이형철근 및 이형철선의 정착길이 ; l_d

$$l_d = l_{db} \times 보정계수 = \frac{0.6\, d_b f_y}{\lambda \sqrt{f_{ck}}} \times 보정계수 \geq 300\text{mm}$$

㉠ 고려해야 하는 보정계수가 여러개일 경우 모두 곱한다.

㉡ 배근된 철근량이 소요철근량을 초과하는 경우 : $\left(\dfrac{\text{소요}\ A_s}{\text{배근}\ A_s} \right)$

다만, f_y를 발휘하도록 정착을 특별히 요구하는 경우는 적용되지 않는다.

㉢ 보정계수

ⓐ α = 철근배근 위치계수
- 상부철근(정착길이 또는 이음부 아래 300mm를 초과되게 굳지 않은 콘크리트를 친 수평철근) : 1.3
- 기타 철근 : 1.0

ⓑ β = 철근 도막계수
- 피복 두께가 $3d_b$ 미만 또는 순간격이 $6d_b$ 미만인 에폭시 도막철근 또는 철선 : 1.5
- 기타 에폭시 도막철근 또는 철선 : 1.2
- 아연도금 철근 : 1.0
- 도막되지 않은 철근 : 1.0

ⓒ λ = 경량콘크리트계수
- f_{sp}값이 규정되어 있지 않은 경량콘크리트
  λ = 0.75, 전경량콘크리트
  λ = 0.85, 모래경량콘크리트
- f_{sp}가 규정되어진 경량콘크리트 : $\dfrac{\sqrt{f_{sp}}}{0.56 f_{ck}} \leq 1.0$
- 일반콘크리트 : 1.0
  여기서, f_{sp} : 경량콘크리트의 평균 쪼갬 인장강도(MPa)

ⓓ 에폭시 도막철근이 상부철근인 경우에 상부철근의 보정계수 α와 에폭시 도막 계수 β의 곱 αβ가 1.7보다 클 필요는 없다.

(2) 압축 이형철근의 정착

① 압축 이형철근의 기본정착길이 ; l_{db}

$$l_{db} = \frac{0.25\, d_b f_y}{\lambda \sqrt{f_{ck}}} \geq 0.043\, d_b f_y$$

② 압축 이형철근의 정착길이 ; l_d

$$l_d = l_{db} \times 보정계수 = \frac{0.25\, d_b f_y}{\lambda \sqrt{f_{ck}}} \times 보정계수 \geq 200\text{mm}$$

(3) 보정계수 종류

① 철근 배치 위치 계수
② 철근 도막 계수
③ 경량골재 콘크리트 계수

5. 다발철근의 정착

(1) 인장 또는 압축을 받는 하나의 다발철근 내에 있는 개개 철근의 정착길이

① 3개의 철근으로 구성된 다발철근에 대해서 다발 철근이 아닌 경우
  각 철근의 정착길이에 20%를 증가시킨다.
② 4개의 철근으로 구성된 다발철근에 대해서 다발 철근이 아닌 경우
  각 철근의 정착길이에 33%를 증가시킨다.

(2) 다발철근의 정착길이 계산시 순간격, 피복 두께 및 도막계수, 그리고 구속효과 관련 항을 계산할 경우에는 다발철근 전체와 동등한 단면적과 도심을 가지는 하나의 철근으로 취급한다.

6. 표준갈고리를 갖는 인장 이형철근의 정착

(1) 표준 갈고리의 기본정착길이 ; l_{hb}

$$l_{hb} = \frac{0.24\beta d_b f_y}{\lambda \sqrt{f_{ck}}}$$

여기서, β : 철근도막계수, λ : 경량콘크리트계수

(2) 단부에 표준갈고리가 있는 인장 이형철근의 정착길이 ; l_{dh}

$$l_{dh} = l_{hb} \times 보정계수 = \frac{0.24\beta d_b f_y}{\lambda \sqrt{f_{ck}}} \times 보정계수 \geq 8d_b \text{ 또한 } 150\text{mm}$$

7. 확대머리 이형철근 및 기계적 인장 정착

(1) 확대머리 이형철근의 인장에 대한 정착길이

$$l_{dt} = 0.19 \frac{\beta d_b f_y}{\sqrt{f_{ck}}} \geq 8d_b \text{ 또한 } 150\text{mm}$$

여기서, β : 철근도막계수(에폭시 도막철근 1.2, 기타 1.0)

(2) 위 식을 적용하기 위한 만족 조건(7가지)

① 철근의 설계기준항복강도는 400MPa 이하이어야 한다.
② 콘크리트의 설계기준압축강도는 40MPa 이하이어야 한다.
③ 철근의 지름은 35mm 이하이어야 한다.
④ 보통중량콘크리트를 사용한다. 경량콘크리트에 적용 불가하며,
⑤ 확대머리의 순지압면적(A_{brg})은 $4A_b$ 이상이어야 한다.

여기서, A_{brg} : 확대머리 이형철근의 순지압면적으로 확대머리 전체 면적에서 철근 단면적을 제외한 면적(mm^2)
A_b : 철근 1개의 단면적(mm^2)

⑥ 순피복두께는 $2d_b$ 이상이어야 한다.
⑦ 철근 순간격은 $4d_b$ 이상이어야 한다. 다만, 상하 기둥이 있는 보-기둥 접합부의 보 주철근으로 사용되는 경우, 접합부의 횡보강철근이 0.3% 이상이고 확대머리의 뒷면이 횡보강철근 바깥 면부터 50mm 이내에 위치하면 철근 순간격은 $2.5d_b$ 이상으로 할 수 있다.

8. 휨철근 정착

(1) 정착에 대한 위험 단면(휨철근)

① 지간내의 최대 응력점
② 지간내에서의 인장 철근이 절단되는 점
③ 지지점
④ 지간내에서의 인장 철근이 끝나는 점
⑤ 모멘트 부호가 바뀌는 반곡점
⑥ 지간내에서의 인장 철근이 절곡되는 점

(2) 휨철근 정착 일반

휨철근은 다음 조건 중 하나를 만족하지 않는 한 인장구역에서 절단할 수 없으며, 원칙적으로 전체 철근량의 50%를 초과하여 한 단면에서 절단하지 않아야 한다.

① 절단점에서 V_u가 $\frac{2}{3}\phi V_n$을 초과하지 않는 경우

② 절단점에서 $\frac{3}{4}d$ 이상의 구간까지 절단된 철근 또는 철선을 따라 전단과 비틀림에 대해 필요한 양을 초과하는 스터럽이 배치되어 있는 경우, 이때 초과되는 스터럽의 단면적 A_v와 간격 s는 다음과 같아야 한다.

$$A_v \geq \frac{0.42 b_w s}{f_y} \qquad s \leq \frac{d}{8\beta_b}$$

여기서, β_b는 그 단면에서 전체 인장철근량에 대한 절단철근량의 비

③ D35 이하의 철근에서 연속철근이 절단점에서 휨에 필요한 철근량의 2배 이상 배치되어 있고 V_u가 $\frac{3}{4}\phi V_n$을 초과하지 않는 경우

9. 철근 이음 방법

① 겹침이음 : D35 이하의 철근에서 사용, 보편적으로 가장 많이 사용한다.
② 맞댐이음(용접이음) : D35 이상의 철근에서 사용한다.
③ 기계적 이음
④ 가스압접이음

10. 이음 일반

(1) 겹침이음

① D35를 초과하는 철근은 겹침이음을 하지 않아야 하며, 겹침이음을 허용하는 경우는 다음과 같다.
  ㉠ D35 이하의 철근
  ㉡ 서로 다른 크기의 철근을 압축부에서 겹침이음하는 경우 D35 이하의 철근과 D35를 초과하는 철근
② 다발철근의 겹침이음

다발철근 개수	이음길이 증가량
3개	20%
4개	33%

(2) 용접이음과 기계적 이음

구 분	이음 성능의 확보
용접이음	용접용 철근을 사용해야 하며, 철근의 설계기준항복강도 f_y의 125% 이상을 발휘할 수 있는 완전 용접이어야 한다.
기계적 이음	철근의 설계기준항복강도 f_y의 125% 이상을 발휘할 수 있는 완전 기계적 연결이어야 한다.

11. 인장 이형철근 및 이형철선의 이음

(1) 인장 겹침이음에 대한 요구조건

$\dfrac{배근 A_s}{소요 A_s}$	소요겹침이음 길이 내의 이음된 철근 A_s의 최대(%)	
	50 이하	50 초과
2 이상	A급	B급
2 미만	B급	B급

(2) 이음 규정

구 분	이음길이	비 고
A급 이음	$1.0\,l_d$	① 300mm 이상이어야 한다. ② l_d는 인장 이형철근의 정착길이이다. $l_d = l_{db} \times 보정계수 = \dfrac{0.6\,d_b f_y}{\sqrt{f_{ck}}} \times 보정계수$ • l_b는 300mm 최소값은 적용하지 않는다. • 초과철근량에 대한 보정계수 $\left(\dfrac{소요 A_s}{배근 A_s}\right)$는 적용하지 않아야 한다.
B급 이음	$1.3\,l_d$	• 상부철근, 경량 콘크리트, 에폭시 도막철근에 대한 기준의 보정계수는 적용하여야 한다. • 순간격, 피복두께 및 횡철근의 효과를 고려하는 보정계수도 적용하여야 한다.

(3) 서로 다른 크기의 철근을 인장겹침이음하는 경우, 이음길이는 크기가 큰 철근의 정착길이와 크기가 작은 철근의 겹침이음길이 중 큰 값 이상이어야 한다.

12. 압축 이형철근의 이음

(1) 압축철근의 겹침이음길이 : l_s

$$l_s = \left(\dfrac{1.4 f_y}{\lambda \sqrt{f_{ck}}} - 52\right) d_b$$

구 분	이음 길이	비 고
$f_y \leq 400\text{MPa}$	$0.072 f_y d_b$ 보다 길 필요 없다.	어느 경우에나 300mm 이상이어야 한다. 이 때 콘크리트의 설계기준강도가 21MPa 미만인 경우는 겹침이음길이를 1/3 증가시켜야 한다. 압축철근의 겹침이음길이는 인장철근의 겹침이음길이 보다 길 필요는 없다
$f_y > 400\text{MPa}$	$(0.13 f_y - 24) d_b$ 보다 길 필요 없다.	

13. 단부 지압이음

(1) 단부 지압이음을 사용할 수 있는 경우

단부 지압이음에서 최소 전단저항을 확보하기 위해서 단부 지압이음의 사용을 제한한다.
① 폐쇄띠철근을 배치한 압축부재
② 폐쇄스터럽을 배치한 압축부재
③ 나선철근을 배치한 압축부재

4-7 사용성 검토

1. 균 열

콘크리트에 발생하는 균열은 구조물의 사용성, 내구성 및 미관 등 사용목적에 손상을 주지 않도록 제한하여야 한다. 또한, 콘크리트 구조설계기준의 모든 규정을 만족하는 경우 균열에 대한 검토가 이루어진 것으로 간주할 수 있다.

(1) 인장철근의 간격 제한 규정

콘크리트 구조기준의 모든 규정을 만족하는 경우 균열에 대한 검토가 이루어진 것으로 간주할 수 있으며, 이 경우 예상되는 최대 균열폭은 0.3mm 이하이다.

① 콘크리트 인장연단에 가장 가까이에 배치되는 철근의 중심간격 ; s

$$s = 375\left(\frac{K_{cr}}{f_s}\right) - 2.5\,C_c \qquad s = 300\left(\frac{K_{cr}}{f_s}\right)$$

두 식에 의해 계산된 값 중에서 작은 값 이하로 철근의 중심간격 s를 정하며 이 값은 균열폭 0.3~0.4mm를 기본으로 한 철근의 간격이다.

여기서, f_s : 사용하중 상태에서 인장연단에서 가장 가까이에 위치한 철근의 응력, MPa
(f_s는 간단한 방법으로 균열을 검증하고자 할 때는 근사값으로 f_y의 2/3를 사용할 수 있다.)
C_c : 인장철근이나 긴장재의 표면과 콘크리트 표면 사이의 최소 두께, mm
f_y : 철근의 설계기준항복강도, MPa
K_{cr} : 철근 간격을 통한 균열 검증에서 철근의 노출 조건을 고려한 계수
(K_{cr} : 건조한 경우 280, 그 외의 경우 210)

(2) 깊은 휨부재의 복부균열 제어

상대적으로 깊은 휨부재에서 복부의 균열을 제어하기 위하여 인장영역의 수직 표면 가까이에 철근(표피 철근)을 배치해야 한다.

① 표피철근의 간격 ; s

$$s = 375\left(\frac{K_{cr}}{f_s}\right) - 2.5\,C_c \qquad s = 300\left(\frac{K_{cr}}{f_s}\right)$$

두 식에 의해 계산된 값 중에서 작은 값 이하로 철근의 중심간격 s를 정하며 이 값은 균열폭 0.3~0.4mm를 기본으로 한 철근의 간격이다.

여기서, f_s : 사용하중 상태에서 인장연단에서 가장 가까이에 위치한 철근의 응력, MPa
(f_s는 간단한 방법으로 균열을 검증하고자 할 때는 근사값으로 f_y의 2/3를 사용할

수 있다.)
C_c : 인장철근이나 긴장재의 표면과 콘크리트 표면 사이의 최소 두께, mm
f_y : 철근의 설계기준항복강도, MPa
K_{cr} : 철근 간격을 통한 균열 검증에서 철근의 노출 조건을 고려한 계수. 건조환경에 노출되는 경우에는 280이고, 그 외의 환경에 노출되는 경우에는 210이다.

㉠ 보나 장선의 깊이 h가 900mm를 초과하면, 종방향 표피철근을 인장연단으로부터 $\frac{h}{2}$ 지점까지 부재 양쪽 측면을 따라 균일하게 배치하여야 한다.
㉡ 개개의 철근이나 철망의 응력을 결정하기 위하여 변형률 적합조건에 따라 해석을 하는 경우, 이러한 철근은 강도계산에 포함될 수 있다.

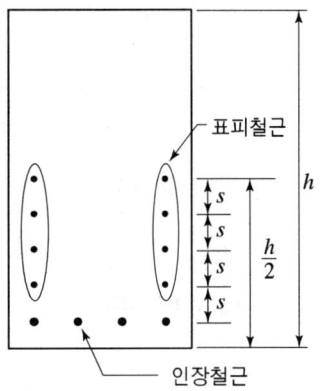

[보 또는 장선의 표피철근]

(3) 균열의 검증

철근콘크리트 구조물의 내구성, 사용성 및 미관 등에 대한 균열폭 검증이 필요한 경우로서 다음과 같은 경우에 적용한다.
① 수조와 같이 특히 수밀성이 요구되는 구조물로서 수밀성을 갖기 위해서 0.3mm 보다 작은 허용균열폭을 설정하여 균열폭을 제어할 필요가 있을 때
② 미관이 중요한 구조물로서 허용 균열폭을 0.3mm 보다 작게 설정하여 균열폭을 제어할 필요가 있을 때 적용하며, 미관이 중요한 구조물은 발주자 또는 건축주의 특별한 요구가 없는 경우 내구성에 대한 허용 균열폭으로 검토할 수 있다.

(4) 허용 균열폭

$$w_d \leq w_a$$

여기서, w_d : 지속하중이 작용할 때 계산된 균열폭(설계 균열폭)
w_a : 내구성, 사용성(누수) 및 미관에 관련하여 허용되는 균열폭

[철근콘크리트 구조물의 내구성 확보를 위하여 허용되는 균열폭 w_a(mm)]

강재의 종류	강재의 부식에 대한 환경조건			
	건조 환경	습윤 환경	부식성 환경	고부식성 환경
철근	0.4mm와 0.006c_c 중 큰 값	0.3mm와 0.005c_c 중 큰 값	0.3mm와 0.004c_c 중 큰 값	0.3mm와 0.0035c_c 중 큰 값
긴장재	0.2mm와 0.005c_c 중 큰 값	0.2mm와 0.004c_c 중 큰 값	—	—

[수처리 구조물의 허용균열폭 w_a(mm)]

	휨인장 균열	전 단면인장 균열
오염되지 않은 물 : 음용수(상수도) 시설물	0.25	0.20
오염된 액체 : 오염이 매우 심한 경우 발주자와 협의하여 결정	0.20	0.15

(5) 균열폭의 계산

① 설계 균열폭 ; w_d

$$w_d = K_{st}w + m = K_{st}l_s(\epsilon_{sm} - \epsilon_{cm})$$

여기서, K_{st} : 균열폭 평가계수(평균 균열폭 계산할 때 : 1.0, 최대 균열폭 계산할 때 : 1.7)
l_s : 평균 균열 간격, w_m : 평균 균열폭, $\epsilon_{sm} - \epsilon_{cm}$: 평균 변형률
ϵ_{sm} : 균열 간격 내의 평균 철근 변형률
ϵ_{cm} : 수축에 의한 콘크리트의 변형률

② 최대 균열폭

$$w_{\max} = 1.7w_m = 1.7l_s(\epsilon_{sm} - \epsilon_{cm})$$

③ 평균 변형률

$$w_{\max} = 1.0w_m = 1.0l_s(\epsilon_{sm} - \epsilon_{cm})$$

(6) 균열폭의 영향 요인

① 균열폭에 영향을 미치는 요인
  ㉠ 균열의 폭은 철근의 응력에 비례한다.
  ㉡ 균열의 폭은 철근의 지름에 비례한다.
  ㉢ 균열의 폭은 철근비에 반비례한다.

② 균열 제어 방법(균열폭을 작게 할 수 있는 방법)
  ㉠ 원형철근보다 이형철근을 사용한다.
  ㉡ 저강도의 철근을 사용한다.
  ㉢ 인장측에 철근을 잘 분포 시킨다.
  ㉣ 피복두께를 작게 한다.
  ㉤ 적은 수의 굵은 철근보다 많은 수의 가는 철근을 사용한다.

2. 처 짐

(1) 처짐의 종류

철근콘크리트부재의 처짐은 즉시처짐과 장기처짐으로 구분한다.
① 즉시 처짐(탄성 처짐, 순간 처짐) : 응용역학 시간에 배우는 처짐값
② 장기 처짐 : 주로 콘크리트의 크리프와 건조수축으로 인하여 시간이 경과됨에 따라 진행 되는 처짐

㉠ 장기 처짐의 계산

| 장기 처짐 = 즉시 처짐 × λ_Δ |

여기서, λ_Δ : 실험에 근거된 계수, 장기 처짐 계수 $\lambda_\Delta = \dfrac{\xi}{1+50\rho'}$

ξ : 지속 하중 재하 기간에 따른 계수

구 분	3개월	6개월	12개월	5년 이상
ξ	1.0	1.2	1.4	2.0

ρ' : 압축 철근비(단순보와 연속보는 중앙부, 캔틸레버보는 받침부의 압축 철근비를 사용) $\rho' = \dfrac{A_s'}{b_w d}$

③ 총 처짐(최종 처짐) : 총 처짐 = 즉시 처짐 + 장기 처짐

(2) 처짐을 계산하지 않는 경우의 보 또는 1방향 슬래브의 최소두께

부 재	최소 두께, h			
	단순 지지	1단 연속	양단 연속	캔틸레버
	큰 처짐에 의해 손상되기 쉬운 칸막이벽이나 기타 구조물을 지지 또는 부착하지 않은 부재			
• 1방향 슬래브	$l/20$	$l/24$	$l/28$	$l/10$
• 보 • 리브가 있는 1방향 슬래브	$l/16$	$l/18.5$	$l/21$	$l/8$

이 표의 값은 보통콘크리트($w_c = 2,300 \text{kg/m3}$)와 설계기준항복강도 400MPa 철근을 사용한 부재에 대한 값이며 다른 조건에 대해서는 그 값을 다음과 같이 수정하여야 한다.

① $1,500 \sim 2,000 \text{kg/m}^3$ 범위의 단위질량을 갖는 구조용 경량콘크리트에 대해서는 계산된 h값에 $(1.65 - 0.00031 w_c)$를 곱해야 하나, 1.09보다 작지 않아야 한다.

② f_y가 400MPa 이외인 경우는 계산된 h값에 $(0.43 + f_y/700)$를 곱하여야 한다.

3. 피 로

(1) 구조세목

① 1 보 및 슬래브의 피로는 휨 및 전단에 대하여 검토하여야 한다.
② 기둥의 피로는 검토하지 않아도 좋다.
③ 피로에 대한 안전성을 검토하지 않아도 되는 철근의 응력 범위(철근의 응력 범위 = 최대응력 $f_{s\max}$ - 최소응력 $f_{s\min}$)는 130~150MPa이다.

(2) 피로를 고려하지 않아도 되는 철근과 프리스트레싱 긴장재의 응력 범위(MPa)

강재의 종류와 위치		철근의 인장 및 압축응력 범위 또는 프리스트레싱 긴장재의 인장응력 변동 범위
이형철근	300MPa	130
	350MPa	140
	400MPa 이상	150
프리스트레싱 긴장재	연결부 또는 정착부	140
	기타 부위	160

4-8 기 둥

1. 기둥 정의

① 압축력을 받는 연직 또는 연직에 가까운 부재
② 그 높이가 단면 최소 치수의 3배 이상의 것을 말한다.
③ 그 높이가 단면 최소 치수의 3배 미만의 것은 받침대(Pedestal)라고 한다.
④ 기둥은 길이의 영향을 반드시 고려 할 것
⑤ 기둥의 길이란 같은 단면 또는 균등 변화 단면이 계속되는 부분의 길이이다.

2. 단주와 장주의 구별

(1) 유효 세장비

$$\text{유효 세장비} = \frac{kl_u}{r}$$

여기서, k : 압축부재에서 유효좌굴길이 계수 l_u : 압축부재의 비지지 길이
r : 압축부재의 단면 회전반경 kl_u : 기둥의 유효 길이-변곡점 사이의 길이

$$r = \sqrt{\frac{I}{A}}$$

직사각형 압축부재 : $r = 0.3t$, 원형 압축부재 : $r = 0.25t$
I : 부재 단면의 단면 2차 모멘트 A : 단면적
t : 직사각형 압축부재의 경우 t는 단면의 짧은 변의 길이
t : 원형 압축부재의 경우 t는 단면의 지름

(2) 횡방향 상대 변위가 방지된(구속된) 경우 : 횡구속 골조의 압축부재

$$\frac{kl_u}{r} \leq 34 - 12\left(\frac{M_1}{M_2}\right) : \text{단주로 간주할 수 있는 조건(장주효과 무시)}$$

여기서, M_1 : 재래적인 라멘해석에 의해 구한 압축 부재의 계수 단모멘트 중 작은값
[단일 곡률이면 양(+), 이중 곡률이면 음(-)]
M_2 : 재래적인 라멘해석에 의해 구한 압축 부재의 계수 단모멘트 중 큰 값
[항상 양(+)]

$$34 - 12\left(\frac{M_1}{M_2}\right) \leq 40$$

횡변위에 저항하는 구조요소 중 기둥을 제외한 구조요소의 전체 총 강성이 해당 층에 있는 기둥 전체 강성의 12배 보다 큰 골조는 횡구속 골조로 간주할 수 있다.

(3) 횡방향 상대 변위가 방지되지 않은 경우 : 비횡구속 골조의 압축부재

$$\frac{kl_u}{r} \leq 22 : 단주로 간주할 수 있는 조건(장주효과 무시)$$

3. 구조세목

(1) 압축부재의 설계단면(삭제되었으나 중요한 내용으로 남겨둔다.)

구 분	띠철근 압축부재	나선철근 압축부재
단면치수	단면의 최소 치수는 200mm 이상	단면의 심부 지름은 200mm 이상
단면적	60,000mm² 이상	-
콘크리트 설계기준강도	-	21MPa 이상

심부 지름 : 나선 철근의 중심선이 그리는 원의 지름

(2) 등가 원형 단면

정사각형, 8각형 또는 다른 형상의 단면을 가진 압축부재 설계에서 전체 단면적을 사용하는 대신에 실제 형상의 최소 치수에 해당하는 지름을 가진 원형단면을 사용할 수 있다.

(3) 철 근

① 압축부재의 철근량 제한

구 분	띠철근 기둥	나선철근 기둥
축방향 철근비 ρ_g	1~8% (0.01~0.08)	
축방향철근의 최소 개수	직사각형 단면 : 4개 원형 단면 : 4개 삼각형 단면 : 3개	6개 (원형)
축방향 철근 지름	16mm 이상	

② 축방향 철근비 ; ρ_g

$$축방향 철근비\ \rho_g = \frac{축방향\ 철근\ 단면적\ (A_{st})}{기둥\ 총\ 단면적\ (A_g)} = 0.01 \sim 0.08$$

③ 축방향 철근의 순간격
   ㉠ 40mm 이상
   ㉡ 축방향철근 지름의 1.5배 이상
   ㉢ 굵은 골재 최대 치수의 4/3배 이상

(4) 띠철근 및 나선철근

① 띠철근

축방향 철근의 직경	띠 철근의 직경
D32 이하	D10 이상
D35 이상	D13 이상

② 띠철근의 수직 간격
   ㉠ 단면 최소 치수 이하
   ㉡ 축방향 철근 지름의 16배 이하
   ㉢ 띠철근 지름의 48배 이하

③ 나선 철근
   ㉠ 나선 철근의 지름 : 현장치기 콘크리트인 경우, 나선 철근의 지름은 10mm 이상
   ㉡ 나선 철근의 수직 순간격 : 25mm 이상, 75mm 이하
   ㉢ 나선 철근의 항복 강도 f_y는 700MPa 이하로 하여야 하며, 400MPa을 초과하는 경우에는 겹침이음을 할 수 없다.
   ㉣ 나선 철근은 정착을 위해서 나선 철근 끝에서 추가로 1.5회전 만큼 더 확보하여야 한다.
   ㉤ 나선 철근의 겹침이음시 겹침이음길이
      ⓐ 이형 철근 또는 철선인 경우 : 지름의 48배 이상, 300mm 이상
      ⓑ 원형 철근 또는 철선인 경우 : 지름의 72배 이상, 300mm 이상
   ㉥ 나선철근비 ; ρ_s

$$\frac{\text{나선 철근의 전체적}}{\text{심부 체적}} = \frac{\left(\frac{\pi d_b^2}{4}\right) \cdot (\pi D_s)}{\left(\frac{\pi D_s^2}{4}\right) \cdot s} = \frac{\pi d_b^2}{D_s \cdot s}$$

$$\rho_s \geq 0.45 \left(\frac{A_g}{A_c} - 1\right) \frac{f_{ck}}{f_y}$$

여기서, D_s : 심부 지름 (200mm 이상) s : 나선 철근의 간격 (25~75mm)
       d_b : 나선 철근의 지름 (10mm 이상) A_c : 심부 단면적
       A_g : 총 단면적 f_{ck} : 콘크리트의 설계 기준 강도
       f_y : 나선 철근의 항복 강도 (700MPa 이하)

4. 단주의 설계

(1) P-M 상관도(축하중-모멘트 상관도)

① A점 : P_o, $M = 0$
② B점 : 최소편심거리($e_{\min}$)
- 최대 허용 축하중($P_{n\max}$) 발생
- 축방향 압축력만 작용
  - 나선 철근 기둥 : $e_{\min} = 0.05t$
  - 띠 철근 기둥 : $e_{\min} = 0.10t$

여기서, t : 부재 전체의 두께

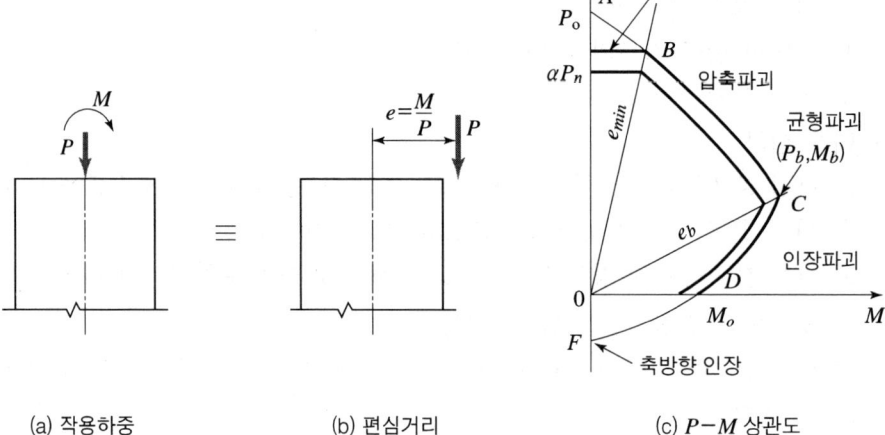

(a) 작용하중　　(b) 편심거리　　(c) $P-M$ 상관도

시공오차 및 예상치 않은 편심하중에 대비하여 수정계수 α를 곱하여 구한다.
$$P_{n\max} = \alpha P_n = \alpha P_o$$
여기서, α : 나선 철근 기둥 0.85, 띠 철근 기둥 0.80

(2) 기둥의 파괴상태

구 간	파괴상태	편심거리	축하중	내 용
AC 구간	압축파괴	$e < e_b$	$P > P_b$	축하중의 영향 많음
C점	균형파괴	$e = e_b$	$P = P_b$	
CD 구간	인장파괴	$e > e_b$	$P < P_b$	휨모멘트 영향 많음

(3) 단주의 설계(강도 설계법)

① 합성 부재(철근 콘크리트)

$$P_u \leqq P_{d\max} = \alpha P_d = \alpha \phi P_n = \phi P_{n\max}$$

여기서, P_u : 계수 축강도 $P_{d\max}$: 최대 설계 축강도
        P_d : 설계 축강도
        α : 수정 계수(시공상의 오차, 예상치 못한 편심하중 등을 고려)
           나선 철근 : $\alpha = 0.85$, 띠 철근 : $\alpha = 0.80$
        ϕ : 강도감소계수
           나선 철근 : $\phi = 0.70$, 띠 철근 : $\phi = 0.65$
        P_n : 공칭 축강도 $P_{n\max}$: 최대 축강도

② 중심 축하중을 받는 경우

$$P_u \leqq P_{d\max} = \phi P_{n\max} = \alpha \phi [0.85 f_{ck}(A_g - A_{st}) + f_y A_{st}]$$
$$= \alpha \phi [0.85 f_{ck} A_c + f_y A_{st}]$$

 같은 양의 축방향 철근배근시 나선철근 기둥이 띠철근 기둥보다 14.4%정도 더 강하다.
$0.85 \times 0.70 \times P_n / 0.80 \times 0.65 \times P_n = 1.144$

③ 편심 축하중을 받는 경우

$$P_n = C_c + C_s - T_s$$
$$P_u \leqq P_d = \phi P_n = \phi(C_c + C_s - T_s)$$

㉠ 인장 철근이 항복하는 경우
$$P_u \leqq P_d = \phi P_n = \phi(C_c + C_s - T_s)$$
$$= \phi [0.85 f_{ck} ab + f_y A_s' - f_y A_s]$$

㉡ 인장 철근이 항복하지 않는 경우
$$P_u \leqq P_d = \phi P_n = \phi(C_c + C_s - T_s)$$
$$= \phi [0.85 f_{ck} ab + f_y A_s' - f_s A_s]$$

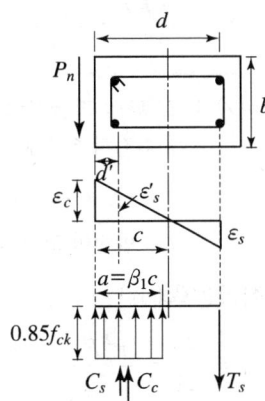

5. 장주의 설계

(1) 좌굴방향

① 최대주축방향($I_{\max}$ 축 방향)
② 최소주축과 직각방향($I_{\min}$ 축과 직각방향)
③ 단변방향
④ 장변방향과 직각방향

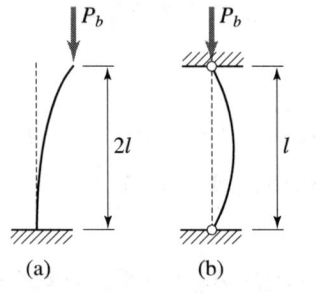

(2) 오일러 공식

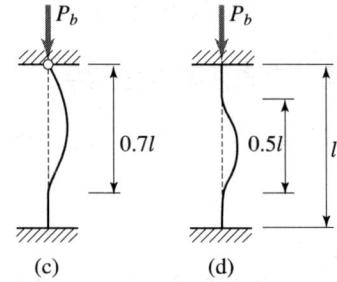

① 좌굴길이(kl) = $2l$ l $0.7l$ $0.5l$
② 강도(내력, n) = $1/4$ 1 2 4

$$n = \frac{l^2}{(kl)^2}$$

③ 좌굴하중(P_b)

$$P_b = \frac{\pi^2 EI}{l_k^2} = \frac{n\pi^2 EI}{l^2}$$

여기서, $l_k(kl)$: 좌굴길이
n : 지지조건에 따른 강도(내력)
단, $I = I_{\min}$ (구형에서는 $\frac{bh^3}{12}$, h : 단변)
h : 안전이 고려되는 방향의 변의 길이(단면이 약한쪽으로 좌굴되므로 일반적으로 단변)

④ 좌굴응력(σ_b)

$\sigma_b = \dfrac{P_b}{A} = \dfrac{\pi^2 EI}{l_k^2 A} = \dfrac{n\pi^2 EI}{l^2 A}$ 에서 $r = \sqrt{\dfrac{I}{A}}$ 이므로 $\dfrac{I}{A}$ 대신 r^2을 대입하면

$$\sigma_b = \frac{\pi^2 E}{l_k^2} r^2 = \frac{n\pi^2 E}{l^2} r^2 = \frac{\pi^2 E}{\left(\dfrac{l_k}{r}\right)^2} = \frac{n\pi^2 E}{\left(\dfrac{l}{r}\right)^2} = \frac{\pi^2 E}{\lambda_k^2} = \frac{n\pi^2 E}{\lambda^2}$$

6. 확대 계수 휨모멘트 ; M_c

$$M_c = \delta_{ns} M_2$$

(1) 횡구속골조에 대한 휨모멘트 확대계수

압축부재 양단 사이의 부재 곡률의 영향을 반영하기 위한 계수

$$\delta_{ns} = \frac{C_m}{1 - \dfrac{P_u}{0.75 P_c}} \geq 1.0$$

$$C_m = 0.6 + 0.4 \frac{M_1}{M_2}$$

7. 벽체

벽체는 계수연직축력이 $A_g f_{ck}$ 이하이어야 하며, 공칭강도에 도달할 때 인장철근의 변형률이 0.004 이상이어야 한다.

(1) 벽체의 수직 및 수평 최소 철근비

다음의 규정을 따라야 한다. 다만, 요구되는 전단보강 철근의 소요량이 더 많을 경우에는 그 소요량을 적용하여야 한다.(수직철근비＜수평철근비)
① 벽체의 전체 단면적에 대한 최소 수직철근비
  • 설계기준항복강도 400MPa 이상으로서 D16 이하의 이형철근 ‥ 0.0012
  • 기타 이형철근 ··· 0.0015
  • 지름 16mm 이하의 용접철망 ·· 0.0012
② 벽체의 전체 단면적에 대한 최소 수평철근비
  • 설계기준항복강도 400MPa 이상으로서 D16 이하의 이형철근 ‥ 0.0020
  • 기타 이형철근 ··· 0.0025
  • 지름 16mm 이하의 용접철망 ·· 0.0020

4-9 슬래브

1. 하중 경로에 따른 슬래브의 분류

$$변장비(\lambda) = \frac{장변\ 경간\ 길이(L)}{단변\ 경간\ 길이(B)}$$

(1) 1방향 슬래브(One-way Slab)

$$\lambda = \frac{장변\ 경간\ 길이(L)}{단변\ 경간\ 길이(B)} > 2$$

① 슬래브 하중의 90% 정도가 단변 방향으로 전달되는 구조로 하중이 단변방향으로만 전단되는 것으로 보고 설계한다.
② 주철근을 단변에 평행하게 배근하고 장변방향으로는 온도조절 철근을 배근한다.

(a) 1방향 슬래브   (b) 2방향 슬래브

(2) 2방향 슬래브(Two-way Slab)

$$\lambda = \frac{장변\ 경간\ 길이(L)}{단변\ 경간\ 길이(B)} \leq 2$$

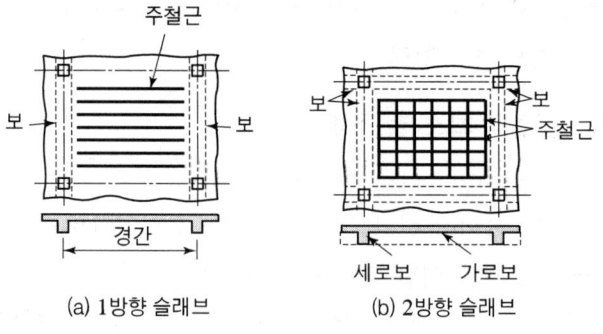

① 슬래브 하중이 단변과 장변 2방향으로 전달된다.
② 슬래브 평면이 정방형인 경우는 주철근을 2방향으로 일정하게 직교 배치한다.
③ 슬래브 평면이 직사각형인 경우 장변 방향보다 단변 방향에 더 많은 주철근을 배근한다.
④ 2방향 슬래브에서 단변의 하중 분담률이 장변에 비해 크므로 단변 방향의 철근을 슬래브 표면 가까이에 배치한다.

2. 1방향 슬래브의 설계

$$\frac{L}{B} > 2, \quad \frac{B}{L} \leq 0.5$$

여기서, L : 장변 경간 길이 $\quad\quad B$: 단변 경간 길이

(1) 설계 방법

단변을 경간으로 하는 단위 폭(b=1m)의 직사각형보로 보고 설계 한다.
① 설계 방법의 종류 : ㉠ 정밀해석 ㉡ 근사해법
② 정밀해석 : 구조물의 설계는 최대 응력이 발생하도록 하중을 실어서 판이론의 정밀해석을 하는 것이 원칙이다.
③ 근사해법 : 연속보 또는 1방향 슬래브가 다음 조건을 모두 만족하는 경우에 근사해법을 적용 휨모멘트 계수를 사용하여 모멘트를 구할 수 있다.

$$M = (휨모멘트\ 계수) \times w_n l_n^2$$

여기서, w_n : 계수 고정하중과 계수 활하중의 합
$\quad\quad\quad l_n$: 부재 양쪽 받침면 사이의 순경간

[근사해법 적용 조건]
㉠ 2경간 이상인 경우
㉡ 인접 2경간의 차이가 짧은 경간의 20% 이상 차이가 나지 않는 경우
㉢ 등분포 하중이 작용하는 경우
㉣ 활하중이 고정하중의 3배를 초과하지 않는 경우
㉤ 부재 단면 크기가 일정한 경우

(2) 연속 휨부재 부모멘트 재분배

① 근사해법에 의해 휨모멘트를 계산한 경우를 제외하고, 어떠한 가정의 하중을 적용하여 탄성이론에 의하여 산정한 연속 휨부재 받침부의 부모멘트는 20% 이내에서 $1,000\epsilon_t\%$ 만큼 증가 또는 감소시킬 수 있다.
② 경간 내의 단면에 대한 휨모멘트의 계산은 수정된 부모멘트를 사용하여야 한다.
③ 부모멘트의 재분배는 휨모멘트를 감소시킬 단면에서 최외단 인장철근의 순인장변형률 ϵ_t가 0.0075 이상인 경우에만 가능하다.

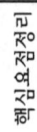

3. 2방향 슬래브의 설계

$$1 \leq \frac{L}{B} \leq 2 \qquad 0.5 < \frac{B}{L} \leq 1$$

여기서, L : 장변 경간 길이 B : 단변 경간 길이

(1) 설계 방법

① 설계 방법의 종류 : ㉠ 직접설계법
　　　　　　　　　　㉡ 등가 골조법(등가 뼈대법)

(2) 직접설계법 : 근사적인 설계방법

① 직접설계법 적용 조건
　㉠ 각 방향으로 3경간 이상이 연속되어야 한다.
　㉡ 슬래브판들은 단변 경간에 대한 장변 경간의 비가 2 이하인 직사각형이어야 한다.
　㉢ 각 방향으로 연속한 받침부 중심 간 경간 길이의 차이는 긴 경간의 1/3 이하이어야 한다.
　㉣ 연속한 기둥 중심선으로부터 기둥의 어긋남은 그 방향 경간의 최대 10% 이하이어야 한다.
　㉤ 모든 하중은 슬래브판 전체에 등분포 된 연직하중이어야 하며, 활하중은 고정하중의 2배 이하이어야 한다.
　㉥ 모든 변에서 보가 슬래브판을 지지할 경우, 직교하는 두 방향에서 다음 식에 해당하는 보의 상대강성은 다음 식을 만족하여야 한다.

$$0.2 \leq \frac{\alpha_1 l_2^{\,2}}{\alpha_2 l_1^{\,2}} \leq 5.0$$

여기서, l_1 : 휨 모멘트 계산방향의 경간
　　　　l_2 : 휨 모멘트 계산방향에 수직한 방향의 경간
　　　　α_1, α_2 : 각각 l_1, l_2 방향으로의 α
　　　　α : 보의 양측 또는 한 측에 인접하여 있는 슬래브판의 중심선에 의해 구획된 폭으로 이루어진 슬래브의 휨강성에 대한 보의 휨강성의 비

　㉦ 직접설계법으로 설계된 슬래브 시스템은 연속 휨부재의 부휨모멘트 재분배 규정에서 허용된 모멘트 재분배를 적용할 수 없다. 휨모멘트 재분배는 고려하는 방향에서 슬래브판에 대한 전체 정적 계수휨모멘트가 $\dfrac{w_u\, l_2\, l_n^2}{8}$ 식에 의해 요구된 휨모

멘트보다 작지 않은 범위 내에서 정 및 부계수휨모멘트는 10 %까지 수정할 수 있다.
ⓞ 2방향 슬래브의 여러 역학적 해석조건을 만족시키는 것을 입증한다면 위 ㉠에서부터 ㉂까지의 제한 규정을 다소 벗어나도 직접설계법을 적용할 수 있다.

② 설계 모멘트
㉠ 전체 정적 계수모멘트 : M_o
㉡ 정(+) 및 부(−) 계수 휨모멘트
[내부 경간에서의 분배율] ⓐ 부 계수 휨 모멘트 : $0.65M_o$
ⓑ 정 계수 휨 모멘트 : $0.35M_o$

③ 2방향 슬래브의 전단
㉠ 전단에 대한 위험 단면
ⓐ 보 또는 벽체에 지지되는 경우 : 전단 응력이 작아서 보의 경우에 준하며, 전단보강이 거의 필요 없다.
ⓑ 4변이 지지된 슬래브 : 전단 보강이 거의 필요하지 않다.
ⓒ 전단에 대한 위험 단면 : 지지면 둘레에서 d(유효 깊이)/2만큼 떨어진 주변 단면

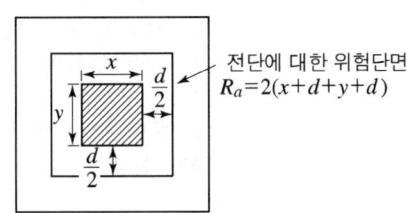

[2방향 슬래브의 위험단면]

4. 2방향 슬래브의 설계

$$1 \leq \frac{L}{B} \leq 2 \qquad 0.5 < \frac{B}{L} \leq 1$$

여기서, L : 장변 경간 길이
B : 단변 경간 길이

(1) 2방향 슬래브의 하중 분담

2방향 슬래브의 중앙에서의 처짐 값은 단변과 장변이 모두 동일하다는 것을 이용하여 하중을 분배한다.

$$\delta_s = \delta_L$$

여기서, δ_s : 단변의 중앙 처짐
δ_L : 장변의 중앙 처짐

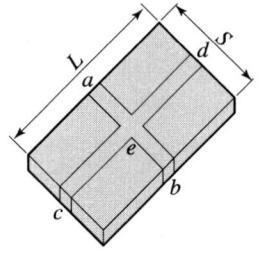

[2방향 슬래브]

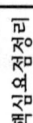

① 등분포하중이 작용하는 경우
　㉠ 장변 방향이 부담하는 하중 : L 방향 부담 하중, cd 방향 부담 하중

$$w_L = \frac{S^4}{L^4 + S^4} w$$

　㉡ 단변 방향이 부담하는 하중 : cd 방향 부담 하중, ab 방향 부담 하중

$$w_s = \frac{L^4}{L^4 + S^4} w$$

　여기서, w : 작용 등분포하중
　　　　　w_s : 단변 방향이 부담하는 등분포하중
　　　　　w_L : 장변 방향이 부담하는 등분포하중
　　　　　S : 단변 방향의 경간
　　　　　L : 장변 방향의 경간
　　　　　E : 탄성계수
　　　　　I : 단면 2차 모멘트
　　　　　EI : 휨강성

② 집중하중이 작용하는 경우
　㉠ 장변 방향이 부담하는 하중 - ab 방향 부담 하중, cd 방향 부담 하중

$$P_L = \frac{S^3}{L^3 + S^3} P$$

　㉡ 단변 방향이 부담하는 하중 - cd 방향 부담 하중, ab 방향 부담 하중

$$P_s = \frac{L^3}{L^3 + S^3} P$$

　여기서, P : 작용 집중하중　　P_s : 단변 방향이 부담하는 집중하중
　　　　　P_L : 장변 방향이 부담하는 집중하중

4-10 옹 벽

1. 옹벽의 설계

(1) 옹벽의 구조해석

① 캔틸레버식 옹벽(역T형 옹벽)
  ㉠ 저판 : 전면벽과의 접합부를 고정단으로 간주한 캔틸레버로 가정하여 단면을 설계
  ㉡ 전면벽(추가철근) : 저판에 의해 지지된 캔틸레버로 설계

② 부벽식 옹벽
  ㉠ 앞부벽 : 직사각형보로 설계
  ㉡ 뒷부벽 : T형보의 복부로 설계
  ㉢ 앞부벽식옹벽과 뒷부벽식 옹벽의 전면벽과 저판
    • 전면벽(추가철근) : 3변 지지된 2방향 슬래브로 설계할 수 있다.
    • 저판 : 정확한 방법이 사용되지 않는 한 뒷부벽 또는 앞부벽 간의 거리를 경간으로 가정하여 고정보 또는 연속보로 설계할 수 있다.

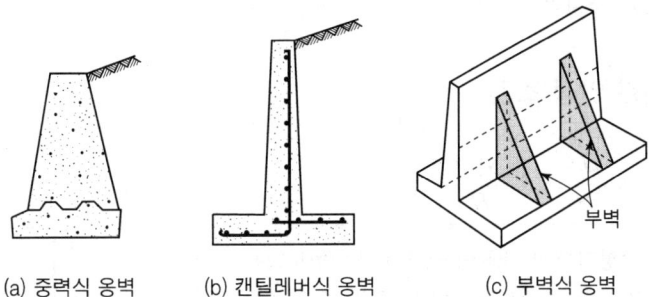

(a) 중력식 옹벽   (b) 캔틸레버식 옹벽   (c) 부벽식 옹벽

(2) 설계 검토시 공통사항

① 뒷굽판 : 활동에 대해 안정하도록 길이를 정하여야 한다.
② 벽체 : 토압에 안정하도록 정하여야 한다.
③ 앞굽판 : 지반반력에 안정하도록 정하여야 한다.

(3) 역T형 옹벽의 인장철근 배근 위치

① 벽체의 후면
② 앞굽판의 하면
③ 뒷굽판의 상면

 **옹벽설계 일반사항**
① 옹벽은 상재하중, 뒤채움 흙의 중량, 옹벽의 자중 및 옹벽에 작용되는 토압, 필요에 따라서는 수압에 견디도록 설계하여야 한다.
② 무근콘크리트 옹벽은 자중에 의하여 저항력을 발휘하는 중력식 형태로 설계하여야 한다.
③ 토압의 계산은 토질역학의 원리에 의거하여 필요한 지반특성계수를 측정하여 정하여야 한다.

2. 옹벽의 안정조건

(1) 전도에 대한 안정 조건

① 반드시 옹벽에 작용하는 모든 외력의 합력이 저판의 중앙 1/3안에 들어와야 한다.
② 합력이 중앙 1/3 이내에 들어오지 않을 경우 전도에 대해 불안정하게 된다.

$$\text{안전율 } F_S = \frac{M_r}{M_o} = \frac{\sum Wx}{Hy} \geq 2.0$$

여기서, $\sum W$: 수직력의 총화(옹벽의 자중+저판상부 흙 무게)
   H : 수평력

(2) 활동에 대한 안정 조건

$$\text{안전율 } F_S = \frac{H_r}{H} = \frac{f(\sum W)}{H} \geq 1.5$$

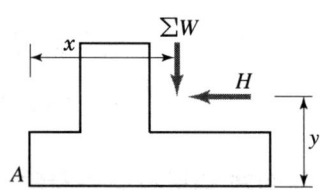

여기서, H_r : 수평저항력(마찰력+점착력+수동토압)
   마찰력=마찰계수×수직력의 총화(옹벽 자중+
     뒷굽판위의 흙무게)
   점착력=점착계수×저판폭
   수동토압=수동토압계수×수직토압의 총화
  H : 수평력(주동토압)
  f : 콘크리트 저판과 기초지반과의 마찰계수
  $\sum W$: 수직력의 총화

(3) 지반 지지력(침하)에 대한 안정 조건

① 지지 지반에 작용하는 최대 압력이 지반의 허용지지력을 초과하지 않아야 한다.

$$F_S = \frac{q_a}{q_{max}} \geq 1.0 \qquad q_a = \frac{q_u}{3}$$

여기서, q_a : 지반의 허용지지력
q_{max} : 최대 지지반력
q_u : 지반의 극한지지력

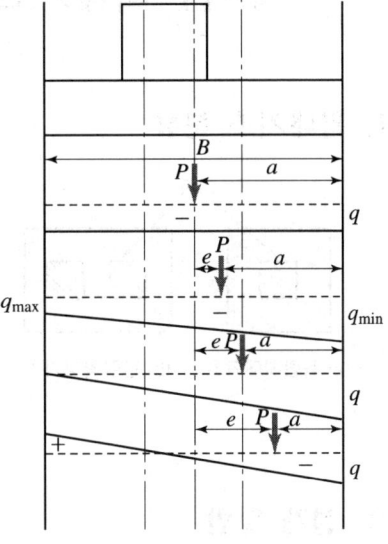

$e = 0,\ q = \dfrac{P}{A} = \dfrac{P}{B}$

$e < \dfrac{B}{6}$(핵안), $q_{max} = \dfrac{P}{B}\left(1 + \dfrac{6e}{B}\right)$

$q_{min} = \dfrac{P}{B}\left(1 - \dfrac{6e}{B}\right)$

$e = \dfrac{B}{6}$(중앙 $\dfrac{1}{3}$ 핵점), $q = \dfrac{2P}{A} = \dfrac{2P}{B}$

$e > \dfrac{B}{6}$(핵밖), $q = \dfrac{2P}{3a}$

※ 하중과 먼 곳이 하중 분포의 꼭짓점 또는 적은 쪽이 된다.

4-11 확대기초

1. 확대기초 분류

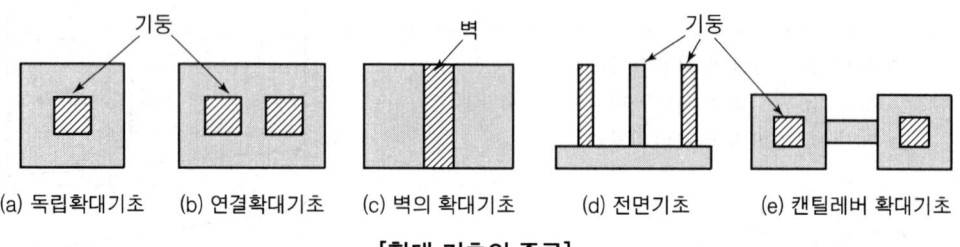

[확대 기초의 종류]

2. 설계 일반

① 2개 이상의 기둥, 주각, 벽체를 지지하는 기초판은 계수하중과 반력에 견디도록 설계하여야 한다.
② 기초판의 밑면적, 말뚝의 개수와 배열은 하중계수를 곱하지 않은 사용하중을 적용하여야 한다.
③ 기초판이 원형 또는 정다각형인 콘크리트 기둥은 같은 면적의 정사각형 부재로 취급할 수 있다.
④ 기초판 윗면부터 하단 철근까지의 깊이는 직접 기초의 경우는 150 mm 이상, 말뚝기초의 경우는 300 mm 이상으로 하여야 한다.
⑤ 확대기초 저면과 지반사이에는 인장응력이 생기지 않고 압축응력만 발생한다고 본다.

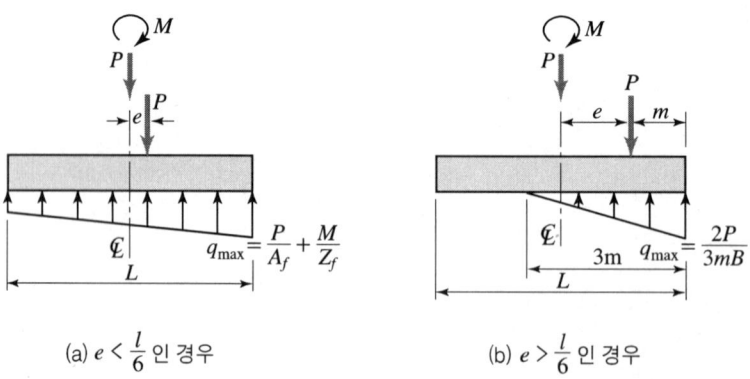

(a) $e < \dfrac{l}{6}$ 인 경우   (b) $e > \dfrac{l}{6}$ 인 경우

3. 확대 기초 저면적 계산

(1) 중심 하중을 받는 기초

① 기초저면 지반반력 총 수직하중

$$q_{\max} = \frac{P}{A} \leqq q_a$$
$$P = q_a A = (사하중 + 활하중 + 단위중량 \times A \times 두께)$$

여기서, P : 총 수직하중(확대기초에 작용하는 하중)
q_a : 지반의 허용 지지력
A : 기초판 설계면적(최소면적) $A = l \times b$

② 확대기초 저면적

$$A = \frac{P}{q_{\max}} = \frac{P}{q_a}$$

4. 확대기초 설계

(1) 휨모멘트에 의한 설계

① 휨모멘트에 대한 위험단면(콘크리트 기둥, 받침대 또는 벽체를 지지하는 기초판)
  ㉠ 둥 및 받침대 또는 벽체의 외면(전면)을 위험단면으로 본다.
  ㉡ 기둥의 단면이 원형 또는 정다각형일 때는 같은 단면적의 정사각형으로 고쳐서 그 단면의 앞면(전면)을 위험단면으로 본다.

② 콘크리트 기둥의 휨모멘트 계산
  ㉠ $a-a$ 단면의 휨모멘트 ; M_{a-a}

  $$M_{a-a} = q_u \left[\frac{L-t}{2} \times S \right] \frac{L-t}{4} = q_u S \frac{(L-t)^2}{8}$$

  ㉡ 휨응력

  $$q_u = \frac{P}{A} = \frac{P}{B \times L}$$

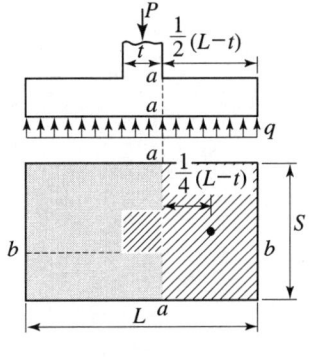

[휨모멘트 계산]

(2) 전단에 대한 설계

① 전단력에 대한 위험단면
  ㉠ 1방향 개념 : 기둥 또는 벽면에서 d만큼 떨어진 곳을 위험단면으로 본다.
  ㉡ 2방향 개념 : $\frac{d}{2}$만큼 떨어진 곳을 위험단면으로 보며, 펀칭전단의 우려가 있다.

② 전단력 계산

　㉠ 1방향 개념의 경우 : $V_u = q_u \left[\dfrac{L-t}{2} - d \right] S$

　㉡ 2방향 개념의 경우

　　ⓐ 4주변장의 합 ; $b' = 4B = 4(t+d)$

　　ⓑ 전단력 ; $V = q_u [S \times L - (t+d)^2]$

$$q_u = \dfrac{P}{A} = \dfrac{P}{S \times L}$$

　　ⓒ 전단응력 ; $v = \dfrac{V}{b'd}$

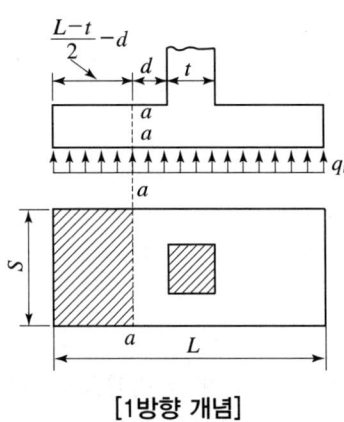

[1방향 개념]

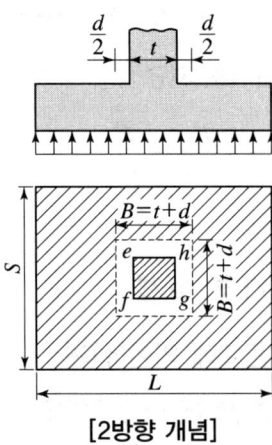

[2방향 개념]

4-12 프리스트레스트 콘크리트

1. PSC의 장단점
(1) 장 점
① PSC는 설계하중하에서는 균열이 발생되지 않아 강재부식의 위험이 없어 내구성과 수밀성이 양호하다.
② 초과 하중에 의해 균열이 발생해도 초과 하중이 제거되면 균열은 복원된다.
③ PS강재를 절곡 또는 곡선배치할 경우 긴장력의 수직분력만큼의 전단력이 작아져 복부 단면을 얇게 할 수 있어 부재 자중이 경감된다.
④ 전단면의 콘크리트가 유효하게 이용된다.
⑤ 전단면의 콘크리트가 유효하고 부재의 자중이 경감되므로 경량구조와 장대구조에 적합하고 외관이 양호하다.
⑥ PSC는 PS강재를 긴장시킬 때 최대응력을 받은 상태이므로 이 때 안전이 확보되었다면 그 이후 하중들에 대해서도 안전하게 되어 구조물의 안전성이 높게 된다.
⑦ 자중이 경감과 프리스트레스력으로 인해 처짐이 작다.
⑧ 포스트텐션 프리캐스트(Post-tensioned Precast) 부재의 연결시공이 가능하고 분할시공, 현장치기시공이 가능하며, 이 때 거푸집 및 동바리공 등이 불필요하다.

(2) 단 점
① PSC는 RC에 비해 강성이 작으므로 진동하기 쉽고 변형되기 쉽다.
② PS강재는 고강도 강재로서 고온하에서 강도가 급격히 감소한다.(내화성이 적다.)
③ PSC는 하중 크기나 방향에 민감하여 설계, 제조, 운반 및 가설시 세심한 주의가 요구된다.
④ PSC는 RC에 비해 고강도 콘크리트와 고강도 강재 등 재료의 단가가 비싸고 정착장치, 시스, 기타 부수장치와 그라우팅 비용이 추가된다.

2. 프리스트레싱 방법
① **기계적 방법** : 잭(jack)을 이용하여 PS강재를 긴장하여 정착하는 방법으로 가장 많이 사용된다.
② **화학적 방법** : 팽창시멘트를 사용하여 PS강재를 긴장시키는 방법이다.
③ **전기적 방법** : PS강재를 직류 전기로 가열시켜 전기 저항에 의해 늘어난 PS강재를 콘크리트에 정착시키는 방법이다.

3. PSC의 분류

(1) 프리스트레싱 도입 시기에 따른 분류

① 프리텐셔닝(pre-tensioning) : 콘크리트 치기 전에 미리 PS 강재를 긴장시킨다.
② 포스트텐셔닝(post-tensioning) : 콘크리트 경화 후에 PS 강재를 긴장시킨다.

(2) 프리스트레싱 정도에 따른 분류

① 완전 프리스트레싱(full prestressting) : 설계하중하에서 부재 단면에 인장응력이 발생하지 않도록 설계하는 방법이다.
② 부분 프리스트레싱(partial prestressting) : 설계하중하에서 부재 단면에 약간의 인장응력이 발생하도록 설계하는 방법이다.

4. 프리텐션 방식과 포스트텐션 방식

(1) PS강재 긴장 시기

프리텐션(Pre-tension) 방식	포스트텐션(Post-tension)방식
콘크리트 경화 이전에 PS강재를 긴장시킨다.	콘크리트 경화 이후에 PS강재를 긴장시킨다.

(2) 작업 순서

프리텐션(Pre-tension) 방식	포스트텐션(Post-tension)방식
① 지주와 인장대 설치 ② 거푸집 조립 ③ PS강재 긴장 ④ 콘크리트 타설(양생 → 응결 → 경화) ⑤ PS강재의 긴장력 이완	① 거푸집 조립 및 시스 배치 ② 콘크리트 타설(양생 → 응결 → 경화) ③ 시스 속에 PS강재 삽입 ④ PS강재 긴장 후 정착 ⑤ 그라우팅

(3) 프리스트레스 도입 방식

프리텐션(Pre-tension) 방식	포스트텐션(Post-tension)방식
PS강재와 콘크리트의 부착력에 의해 프리스트레스가 도입된다.	부재단의 정착장치에 의해 프리스트레스가 도입된다.

[프리텐션 방식]   [포스트텐션 방식]

(4) 공 법

프리텐션(Pre-tension) 방식	포스트텐션(Post-tension)방식
공장 생산에 사용한다. ① 연속식(Long-Line Method) 　• 여러 개의 거푸집을 인장대에 일렬로 배치하고 1회의 긴장으로 한번에 다수의 부재를 제작하는 방식이다. 　• 넓은 부지와 공장 설비가 필요하다. 　• 대량생산이 가능하다. ② 단독식(Individual Mold Method) 　• 거푸집 자체를 인장대로 하여 1회 긴장에 1개의 부재를 제작하는 방식이다. 　• 거푸집 비용이 많이 들지만 거푸집 회전율이 높다. 　• 제조 공장을 분산시킬 수 있고, 그에 따른 운반비용 절감이 가능하다.	현장 생산에 사용한다. **정착방법에 따른 구분** ① **쐐기식**(마찰저항을 이용한 정착방법) 　• Freyssinet 공법 　• Grum & Bilfinger 공법 　• Magnel 공법 　• Held & Franke AG 공법 　• VSL 공법 　• CCL공법 ② **지압식**(너트와 지압판에 의한 정착방법) 　• BBRV 공법　　• Dywidag 공법 　• Lee-Macall 공법　• Prescon 공법 　• Texas P.I 공법 ③ **루프식** 　• Leoba 공법　　• Baur-Leonhardt 공법

(5) 장 점

프리텐션(Pre-tension) 방식	포스트텐션(Post-tension)방식
① 공장제품으로 품질 우수 ② 대량생산이 가능 ③ 시스 등 정착장치 불필요	① 긴장재의 곡선 배치 가능 ② 대형부재의 제작 가능 ③ 콘크리트 경화 후에 긴장하므로 부재 자체를 지지대로 이용하므로 별도의 지지대가 불필요하므로 프리스트레스 도입이 용이하다. ④ 프리캐스트 PSC 부재의 결합·조립이 용이 ⑤ 비부착식은 재긴장 가능

(6) 단 점

프리텐션(Pre-tension) 방식	포스트텐션(Post-tension)방식
① PS강재의 곡선 배치가 곤란 ② 대형부재 제작에 부적합 ③ 부재의 정착단에는 소정의 긴장력이 도입되지 않으므로 설계에 주의한다.	① 비부착식은 부착식에 비해 파괴강도가 낮고 균열폭이 증가한다. ② 제품의 품질 신뢰도 확보가 어렵다.

(7) 포스트 텐션 방식에서의 부착식과 미부착식

부착식(Bonded Method)	미부착식(Unbonded Method)
시스 속을 그라우팅한 경우 : 강재가 부식되지 않는다.	시스 속을 그라우팅하지 않은 경우 : 강재 부식 우려

5. 콘크리트 강도

도 입 방 식	설계기준강도	프리스트레스 도입시 콘크리트 압축강도	
프리텐션 방식	35MPa	30MPa	
포스트텐션 방식	30MPa	다발강연선	28MPa
		단일강연선, 강봉	17MPa

6. PS강재 품질 요구 조건

① 고인장강도를 가져야 한다.
② 항복비가 커야 한다.

$$항복비 = \frac{항복응력}{인장강도} \times 100(\%) \geq 80\%$$

③ 릴랙세이션(Relaxation)이 작아야 한다.
④ 직선성(신직성)이 좋아야 한다.
⑤ 높은 연성과 인성이 있어야 한다.
⑥ 피로강도가 커야 한다.
⑦ 콘크리트와의 부착강도가 커야 한다.
⑧ 응력부식에 대한 저항성이 커야 한다.

7. PS강재의 탄성계수 ; E_{ps}

$$E_{ps} = 2.0 \times 10^5 \, \text{MPa}$$

8. PS강재의 종류

① PS강선(Wire)
② PS강연선(Strand)
③ PS강봉(Bar)
④ PS강재의 인장강도 크기순 : PS강연선 > PS강선 > PS강봉

9. PS강재의 릴랙세이션(응력이완)

PS강재를 긴장한 후 일정한 변위하에서 시간의 경과에 따라 응력이 감소되는 현상

PS강재의 종류	겉보기 릴랙세이션 값, r
PS강선 및 PS강연선	5 %
PS강봉	3 %
저릴랙세이션 PS강재	1.5 % 또는 실험값

10. PSC의 기본개념

해석 방법	기본 개념
정밀 해석	균등질보 개념(응력법, 기본개념법)
	강도법(내력모멘트법, C-선법)
근사 해석	하중평형법(등가하중법)

(1) 균등질보개념(응력개념법, 기본개념법)

콘크리트에 프리스트레스를 도입하면 콘크리트가 탄성 재료로 전환된다고 생각으로 전단면 유효 응력으로 설계하는 개념이다.

① 긴장재를 직선으로 도심축과 일치시킨 경우

$$f_c = \frac{P}{A} \pm \frac{M}{I}y$$

② 강재를 직선으로 편심배치시킨 경우

$$f_{\substack{\text{상연응력(압축측)} \\ \text{하연응력(인장측)}}} = \frac{P}{A} \mp \frac{Pe}{I}y \pm \frac{M}{I}y$$

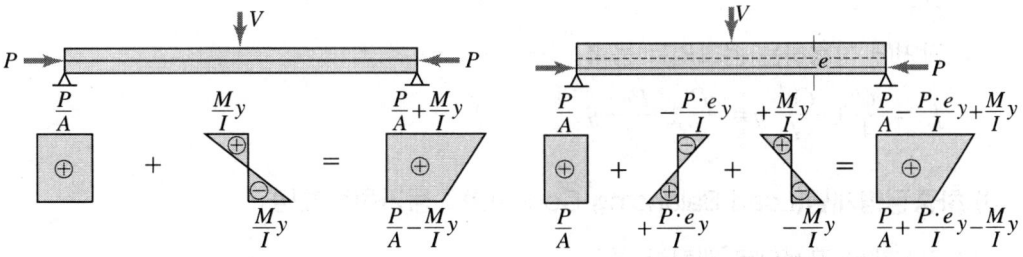

[직선으로 도심에 배치]　　　　　　　[직선으로 편심에 배치]

③ 긴장재를 절곡 또는 곡선 배치한 경우

$$f_{\substack{\text{상연응력(압축측)} \\ \text{하연응력(인장측)}}} = \frac{P\cos\theta}{A} \mp \frac{P\cos\theta\, e}{I}y \pm \frac{M}{I}y$$

θ 가 미소하여 $\cos\theta \fallingdotseq 1$ 이므로

$$f\begin{smallmatrix}상연응력(압축측)\\하연응력(인장측)\end{smallmatrix} = \frac{P}{A} \mp \frac{Pe}{I}y \pm \frac{M}{I}y$$

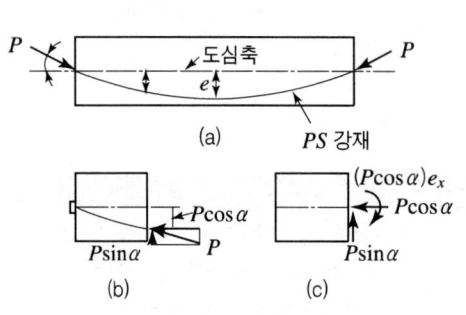
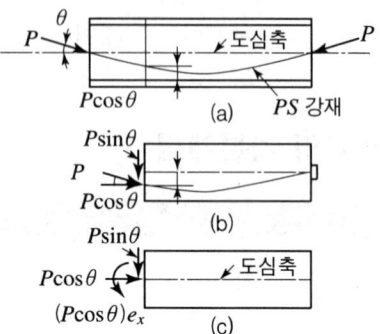

(2) 강도개념(내력모멘트개념, C-선 개념)

PSC보를 RC보처럼 생각하여 콘크리트는 압축력을 받고 긴장재는 인장력을 받게 하여 두 힘의 우력모멘트로 외력에 의한 휨모멘트에 저항시킨다는 개념이다.

① 평형방정식 적용

$\sum H = 0$에서 $C = T = P$

② 단면 모멘트

$M = T \cdot z = C \cdot z = P \cdot z$

$z = \dfrac{M}{P}$

③ C가 작용하는 편심거리

$e' = z - e$

④ 단면에 작용하는 콘크리트 응력

$f_c = \dfrac{C}{A} \pm \dfrac{Ce'}{I}y = \dfrac{P}{A} \pm \dfrac{Pe'}{I}y$

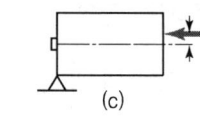
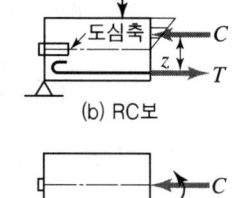

(3) 하중평형개념(Load Balancing Concept) : 등가하중개념

① 긴장재를 곡선으로 배치한 경우

㉠ 상향력

$$\frac{ul^2}{8} = P \cdot s \qquad \therefore u = \frac{8Ps}{l^2}$$

여기서, P : 프리스트레스 크기
s : 포물선의 sag
u : 프리스트레스에 의한 등분포 상향력

ⓛ 순하향 하중

$$\boxed{\text{순하향 하중} = w - u}$$

여기서, w : 설계하중(등분포하중)

- $w = u$ 이면 단순보에서는
  $$f = \frac{P}{A}$$
- $w \neq u$ 이면
  $$M = \frac{(w-u)l^2}{8}$$
  $$f_c = \frac{P}{A} \pm \frac{M}{I} y$$

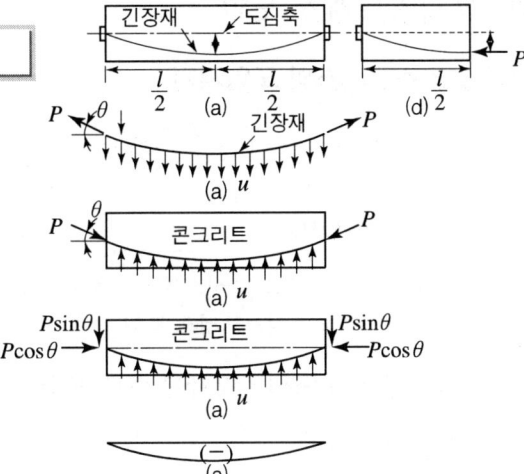

② 긴장재를 직선 절곡하여 배치한 단순보의 경우

㉠ 상향력

$$\boxed{\frac{Ul}{4} = P \cdot s \qquad \therefore U = \frac{4Ps}{l}}$$

여기서, P : 프리스트레스 크기
 s : 직선의 sag
 u : 프리스트레스에 의한 집중 상향력

- $\sum V = 0 \quad \therefore U = 2P\sin\theta$

ⓛ 순하향 하중

$$\boxed{\text{순하향 하중} = V - U}$$

여기서, V : 설계하중(집중하중)

- $V = U$ 이면 단순보에서는 $f = \dfrac{P}{A}$
- $V \neq U$ 이면 $M = \dfrac{(V-U)l}{4}$
  $$f_c = \frac{P}{A} \pm \frac{M}{I} y$$

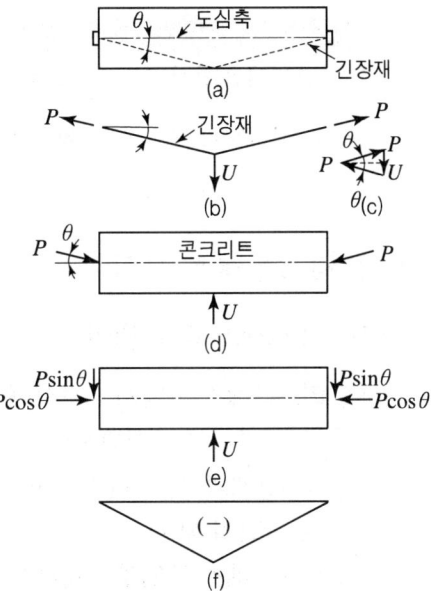

11. 프리스트레스 도입

(1) 프리스트레스의 도입시기

① 프리텐션 방식 : 부착에 의해 도입

$$f_{ci} \geqq 1.7 f_{ci}'$$
$$\phantom{f_{ci}} \geqq 30\,\mathrm{MPa}$$

여기서, f_{ci} : 프리스트레스를 도입하고자 할 때 부재의 콘크리트 압축강도
f_{ci}' : 프리스트레스 도입 직후 콘크리트에 생기는 최대 압축 응력

② 포스트텐션 방식 : 정착에 의해 도입

$$f_{ci} \geqq 1.7 f_{ci}'$$
$$\phantom{f_{ci}} \geqq 28\,\mathrm{MPa}(\text{다발강연선}),\ 17\,\mathrm{MPa}(\text{단일강연선, 강봉})$$

다만, 시험 등을 통해 입증된 경우에는 책임기술자의 승인을 얻은 후에 인장측에 두어야 한다.

도 입 방 식	설계기준강도	프리스트레스 도입시 콘크리트 압축강도	
프리텐션 방식	35MPa	30MPa	
포스트텐션 방식	30MPa	다발강연선	28MPa
		단일강연선, 강봉	17MPa

12. 프리스트레스 손실

(1) 프리스트레스 손실 원인

① 프리스트레스 도입시 : 즉시 손실
  ㉠ 콘크리트의 탄성변형(수축)
  ㉡ PS강재와 시스 사이의 마찰(포스트텐션 방식에만 해당)
  ㉢ 정착단의 활동
② 프리스트레스 도입후 : 시간적 손실
  ㉠ 콘크리트의 건조수축
  ㉡ 콘크리트의 크리프
  ㉢ PS강재의 리랙세이션(Relaxation)

13. 프리스트레스 즉시 손실(탄성 손실, 순간 손실)

(1) 콘크리트의 탄성변형에 의한 손실

① 탄성 변형률

$$\epsilon_e = \frac{f_c}{E_c}$$

여기서, ϵ_e : 탄성 변형률 f_c : 콘크리트에 작용하는 응력
E_c : 콘크리트의 탄성계수

② 프리스트레스 손실량

㉠ 프리텐션 부재의 손실량

$$\Delta f_{Pe} = \epsilon_{ps} \cdot E_{Ps} = \epsilon_c \cdot E_{Ps} = \frac{f_c}{E_c} \cdot E_{Ps} = n \cdot f_c$$

여기서, Δf_{Pe} : 콘크리트 탄성변형에 의한 프리스트레스 손실량
ϵ_{ps} : PS강재의 변형률
f_c : 프리스트레스 도입 직후 콘크리트의 압축응력
ϵ_c : 콘크리트의 변형률
E_c : 프리스트레스를 도입할 때 콘크리트의 탄성계수
E_{Ps} : PS강재의 탄성계수
n : 탄성계수비

㉡ 포스트텐션 부재의 손실량
 ⓐ 여러 개의 긴장재를 동시에 긴장할 경우 : 콘크리트 탄성변형으로 인한 응력 손실량 없음
  $\Delta f_{Pe} = 0$
 ⓑ 여러 개의 긴장재를 순차적으로 긴장할 경우 : 콘크리트의 탄성변형도 순차적으로 발생
  • 평균 감소량
  $$\Delta f_{Peever} = \frac{1}{2} \times \text{최초 긴장재의 응력 감소량} = \frac{1}{2} n \cdot f_c$$
  • 응력 감소량
  $$\Delta f_{Pe} = \frac{1}{2} n \cdot f_c \frac{N-1}{N}$$
  여기서, N : 긴장재의 긴장 횟수(긴장재의 수)

(2) 정착장치의 활동에 의한 손실

$$\Delta f_{Pe} = \epsilon \cdot E_P$$

여기서, E_P : PS강재의 탄성계수 Δl : 정착단의 변형량
       ϵ : 정착단의 변형률 l : PS강재의 길이

① 일단 정착의 경우 $\epsilon = \dfrac{\Delta l}{l}$

② 양단 정착의 경우 $\epsilon = 2\dfrac{\Delta l}{l}$

(3) PS강재와 시스 사이의 마찰에 의한 손실

① l_x만큼 떨어진 점에서의 PS강재의 인장력 ; P_x

$$P_x = P_s e^{-(kl_x + \mu\alpha)}$$

여기서, k : 긴장재의 길이 1 m에 대한 파상 마찰
          계수(/m)
      l_x : 인장단으로부터 생각하는 단면까지의 긴장재의 길이(m)
      μ : 각변화 1 radian에 대한 곡률 마찰계수(/rad)
      α : l_x구간에서 각 변화의 합계(rad)

② 근사식

$(kl_x + \mu\alpha) \leq 0.3$인 경우 다음의 근사식을 사용할 수 있다.

$$P_x = P_o/(1 + kl_x + \mu\alpha)$$

여기서, 감소율 $= kl_x + \mu\alpha$

14. 프리스트레스 시간적 손실(장기 손실)

(1) 콘크리트의 시간적 손실

① 콘크리트의 크리프 손실

$$\epsilon_c = \dfrac{f_c}{E_c}\phi = \epsilon_e \cdot \phi$$

여기서, ϵ_c : 크리프 변형률 ϕ : 크리프 계수
                                 • 보통 콘크리트 : $\phi = 1.6 \sim 3.2$
                                 • 프리텐션 : $\phi = 2.0$
                                 • 포스트 텐션 : $\phi = 1.6$
                                 • 특별한 자료가 없는 경우 2.35로 사용해도 좋다.

㉠ 프리스트레스 손실량

$$\Delta f_P = \epsilon_s \cdot E_{Ps} = \epsilon_c \cdot E_{Ps} = \phi \cdot \frac{f_c}{E_c} \cdot E_{Ps} = \phi \cdot n \cdot f_c$$

㉡ 인장력 손실량

$$\Delta P = A_P \cdot \Delta f_P$$

② 콘크리트 건조수축에 의한 손실

$$\Delta f_P = \epsilon_{cs} \cdot E_P$$

여기서, ϵ_{cs} : 콘크리트의 건조수축 변형률
E_P : PS강재의 탄성계수

③ PS강재의 릴랙세이션에 의한 손실

$$\Delta f_P = r \cdot f_{pi}$$

여기서, r : 겉보기 릴랙세이션

PS강재의 종류	겉보기 릴랙세이션 값, r
PS강선 및 PS강연선	5 %
PS강봉	3 %
저릴랙세이션 PS강재	1.5 % 또는 실험값

15. 휨강도(Flexyral Strength)

휨파괴에 대한 저항력을 휨강도라 하며, 부착되지 않은 보의 파괴하중은 부착된 보의 파괴하중의 75~80% 정도이다.

(1) PSC 보의 파괴형태

① **균형파괴** : 돌발적 파괴
균열발생과 동시에 PS강재도 파산되는 형태
② **연성파괴** : 저보강 PSC보
PS강재응력이 f_{py} 이후에 콘크리트 압축파괴 형태로서 강재지수(Reinforcement Index) 및 강재량으로 제한 할 수 있다.

파괴에 대한 안전율 $= \dfrac{M_d}{M_{cr}} = \dfrac{\phi M_n}{M_{cr}} \geq 1.2$

③ **취성파괴** : 과보강 PSC보
PS강재응력이 f_{py} 이전에 콘크리트 압축파괴 형태

(2) 휨강도 해석을 위한 가정

① 변형 전·후의 단면은 일정하다.
② 콘크리트의 인장응력은 무시한다.
③ 콘크리트의 극한압축변형률은 0.003으로 본다.

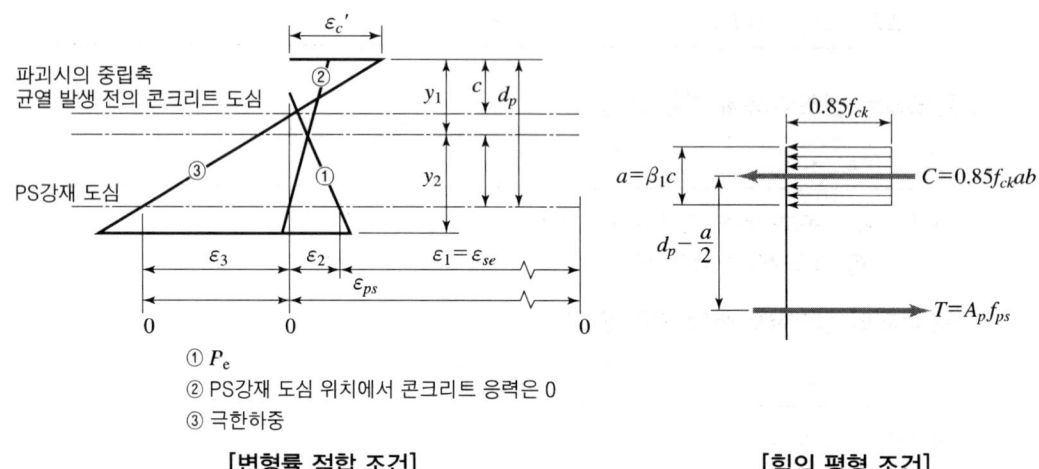

① P_e
② PS강재 도심 위치에서 콘크리트 응력은 0
③ 극한하중

[변형률 적합 조건]　　　　　　　　[힘의 평형 조건]

(3) 휨강도 계산

휨부재의 설계휨강도 계산은 강도설계법에 따라야 하며, 이 때 프리스트레싱 긴장재의 응력은 f_{py} 대신 f_{ps}를 사용하여야 한다.

f_{py} : 프리스트레싱 긴장재의 설계기준항복강도, MPa

f_{ps} : 공칭강도 발휘시 프리스트레스트 보강재의 인장응력, MPa

① 정밀해석

　공칭강도 발휘시 프리스트레스트 보강재의 인장응력 f_{ps}는 변형률 적합조건을 기초로 하여 계산하여야 한다.

② 근사해석

　보다 정확하게 f_{ps}를 계산하지 않는 경우에 f_{pe}의 값이 $0.5 f_{pu}$ 이상이면 근사식으로 f_{ps}를 구할 수 있다.

③ 프리스트레싱 긴장재와 함께 사용되는 철근도 휨강도 계산시 인장력을 발휘하는 것으로 볼 수 있다. 이때 인장력은 변형률 적합조건을 적용한 해석에 의해 구한 철근의 응력에 근거하여야 한다.

(4) 휨강도의 근사식

① 프리스트레싱 긴장재가 부착되는 부재

$$f_{ps} = f_{pu}\left[1 - \frac{\gamma_p}{\beta_1}\left\{\rho_p\frac{f_{pu}}{f_{ck}} + \frac{d}{d_p}(\omega - \omega')\right\}\right]$$

여기서, f_{ps} : 계산시 압축철근을 고려할 경우에는 $\left[\rho_p\dfrac{f_{pu}}{f_{ck}} + \dfrac{d}{d_p}(\omega - \omega')\right]$의 값이 0.17 이상으로

하여야 하고, d'는 $0.15d_p$ 이하로 하여야 한다.

f_{pu} : 프리스트레싱 긴장재의 설계기준인장강도(MPa)

γ_p : 프리스트레싱 긴장재의 종류에 따른 계수

$\gamma_p = 0.55\left(\dfrac{f_{py}}{f_{pu}} \geq 0.80\right)$에 대해서

β_1 : 중립축 거리에 대한 등가 직사각응력분포의 깊이의 비($a = \beta_1 c$)

β_1은 ① f_{ck}가 28MPa까지의 콘크리트에서는 0.85이고
② f_{ck}값이 1MPa씩 증가하는데 따라 0.85의 값에서 0.007씩 감소시킨다.
③ 그러나 0.65보다 작아서는 안된다.
$\beta_1 = 0.85 - (f_{ck} - 28)0.007 \geq 0.65$

여기서, ρ_p : 프리스트레스트 보강재비 $= \dfrac{A_{ps}}{bd_p}$

f_{ck} : 콘크리트의 설계기준강도(MPa)
d : 부재의 유효깊이(mm)
d_p : 압축연단에서 프리스트레스트 보강재 도심까지의 거리(mm)
ω : 프리스트레스되지 않은 인장철근의 강재지수 $= \rho\dfrac{f_y}{f_{ck}}$

ω' : 압축철근의 강재지수 $= \rho'\dfrac{f_y}{f_{ck}}$

② 프리스트레싱 긴장재가 부착되지 않은 부재
  ㉠ 높이에 대한 경간의 비가 35이하인 경우

$$f_{ps} = f_{se} + 70 + \frac{f_{ck}}{100\rho_p}$$

여기서, f_{ps}(긴장재의 인장응력)은 f_{py}, 또한 $(f_{se} + 400)$MPa 이하로 하여야 한다.
f_{se} : 프리스트레스트 보강재의 유효응력(MPa)
ρ_p : 긴장재의 비

ⓛ 높이에 대한 경간의 비가 35보다 큰 경우

$$f_{ps} = f_{se} + 70 + \frac{f_{ck}}{300\rho_p}$$

여기서, f_{ps}(긴장재의 인장응력)는 f_{py}, 또한 $(f_{se}+210)$MPa 이하로 하여야 한다.

4-13 강구조

1. 강재 연결방법의 병용

접합의 병용	응력 부담
리벳 + 볼트	리벳이 응력 부담한다.
리벳 + 고장력 볼트	각각 허용 응력 부담한다.
리벳 + 용접	용접이 응력 부담한다.
용접 + 고장력 볼트	용접이 응력 부담 (단, 고장력 볼트를 먼저 체결한 후 용접할시는 각각 허용 응력을 부담한다.)

2. 리벳이음 접합보의 파괴 형태

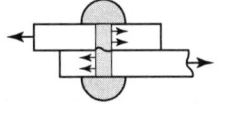
(a) 리벳의 전단 파괴

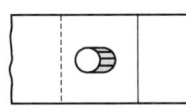
(b) 지압 파괴(압괴)

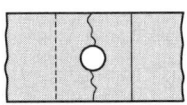
(c) 모재의 인장 파괴

[접합부의 파괴 형태]

3. 리벳의 응력 검토

(1) 허용전단강도(P_s)

① 단 전단(1면 전단)

$$P_s = v_{sz} \times A = v_{sa} \times \frac{\pi d^2}{4}$$

여기서, v_{sa} : 허용전단응력
  A : 리벳단면적
  d : 리벳직경

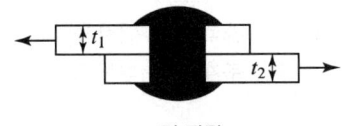

1면 전단

[전단 파괴]

② 복 전단(2면 전단)

$$P_s = v_{sa} \times 2A = v_{sa} \times 2\frac{\pi d^2}{4}$$

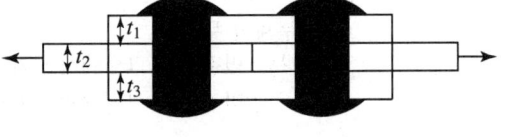

2면 전단

[지압 파괴]

(2) 허용지압강도(P_b)

$$P_b = f_{ba} \times A_b = f_b \times dt$$

여기서, f_{ba} : 허용지압응력
A_b : 지압을 받는 면적
d : 리벳직경
t : 판두께
　　t는 1면전단의 그림에서는 t_1과 t_2 중 작은 값
　　　2면전단의 그림에서는 t_2와 t_1+t_3값 중 작은 값을 사용

(3) 리벳 값(리벳강도 ; P_n) 결정

허용전단강도(P_s)와 허용지압강도(P_b) 중 작은 값이 리벳 값(리벳강도 ; P_n)이 된다.

(4) 소요리벳 개수

$$n = \frac{P}{P_n}$$

여기서, n : 소요 리벳의 개수　　P : 작용외력　　P_n : 리벳 값(리벳강도)

4. 판의 강도

(1) 판의 인장강도(P_{si})

$$P_{si} = f_{si} \times A_n$$

여기서, f_{si} : 판의 허용 인장응력
A_n : 부재의 순 단면적

① 부재의 순단면적(A_n)

$$A_n = b_n \times t$$

여기서, b_n : 부재의 순폭
t : 부재의 두께
　　t는 1면전단의 그림에서는 t_1과 t_2 중 작은 값
　　　2면전단의 그림에서는 t_2와 t_1+t_3값 중 작은 값을 사용한다.

② 순폭(b_n)

  ㉠ 리벳이 일직선상으로 배치된 경우

$$b_n = b_g - nd'$$

여기서, b_g : 총폭
  n : 리벳 구멍 개수
  d' : 리벳구멍 지름
  d : 리벳 지름

  ㉡ 리벳이 지그재그로 배치된 경우
  - $ABCD$ 단면 : $b_n = b_g - d' - d'$
  - $ABECD$ 단면 : $b_n = b_g - d' - 2w$
  - $ABEF$ 단면 : $b_n = b_g - d' - w$
  - $ABEGH$ 단면 : $b_n = b_g - d' - 2w$

$$w = d' - \frac{p^2}{4g}$$

여기서, p : 리벳의 응력방향의 간격(pitch)
  g : 리벳의 응력에 직각방향의 간격(gauge)

  ㉢ L형강의 경우
  - $d' \leq \dfrac{p^2}{4g}$ 인 경우 : $b_n = b_g - d'$
  - $d' > \dfrac{p^2}{4g}$ 인 경우 :
    $b_n = b_g - d' - w$ $b_g = b_1 + b_2 - t$
    $g = g' - t$ $w = d' - \dfrac{p^2}{4g}$

리벳 구멍 지름(강구조 연결 설계기준 허용응력설계법)
① 리벳 지름 $d < 20\text{mm}$ 인 경우, 리벳 구멍 지름 $d' = d + 1\text{mm}$
② 리벳 지름 $d \geq 20\text{mm}$ 인 경우, 리벳 구멍 지름 $d' = d + 1.5\text{mm}$

(2) 판의 압축강도(P_{ti})

$$P_{ti} = f_{ti} \times A_g$$

여기서, f_{ti} : 판의 허용 압축응력 A_g : 부재의 총 단면적

① 부재의 총 단면적(A_g)

$$A_g = b_g \times t$$

여기서, b_g : 부재의 총 폭
   t : 부재의 두께
    t는 1면전단의 그림에서는 t_1과 t_2 중 작은 값
    2면전단의 그림에서는 t_2와 t_1+t_3값 중 작은 값을 사용

5. 용접이음의 응력 검토

(1) 용접부 강도

용접부 강도 = 용접면적 × 허용응력

(2) 용접 면적

용접면적 = 목두께 × 유효길이

(3) 용접부의 목두께(유효두께)

① 전단면 용입홈용접의 목두께 : 모재면의 90° 방향으로 측정, 두께가 다를 경우 얇은 부재의 두께로 한다.

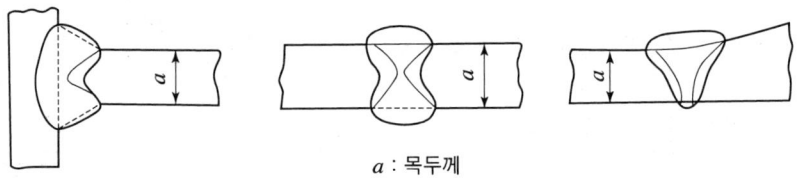

a : 목두께

[전단면 용입홈용접의 목두께]

② 부분 용입홈용접의 목두께 : 모재면에서 최단거리를 잰다.

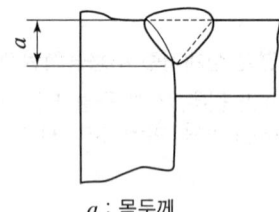

a : 목두께

(4) 필렛용접의 목두께

모재면의 45° 방향으로 측정

$$\text{목두께} : a = \frac{S}{\sqrt{2}} = 0.707\,S$$

여기서, a : 목두께

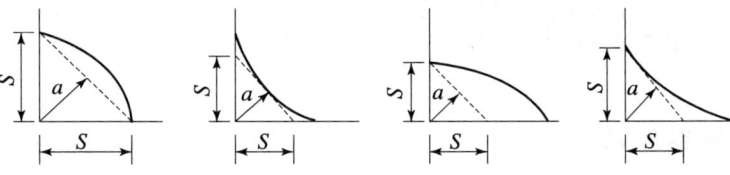

[필렛용접의 목두께]

(5) 용접부 유효길이

① 홈용접

홈용접의 유효길이는 투영시킨 길이로 한다.

㉠ 용접선이 응력방향에 직각인 경우

$$\text{유효길이 } l = l$$

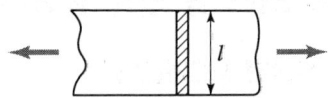

㉡ 용접선이 응력방향에 직각이 아닌 경우

$$\text{유효길이 } l = l_1 \sin\alpha$$

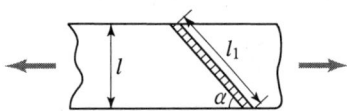

② 필렛용접

필렛용접의 유효길이는 용접부 길이의 합으로 나타낸다.

㉠ 전면 및 측면 필렛용접

$$\text{유효길이 } l = (l_1 - 2s) + 2(l_2 - 2s)$$

여기서, s : 필렛용접치수

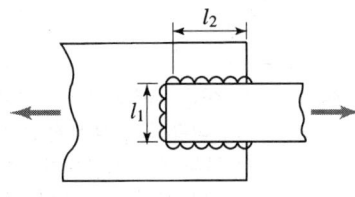

㉡ 측면 필렛 용접

$$\text{유효길이 } l = (l_1 - 2s) + (l_2 - 2s)$$

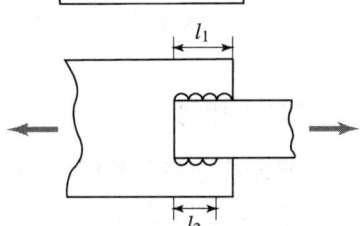

6. 축방향력 또는 전단력을 받는 용접이음의 응력

(1) 축방향력(인장, 압축)을 받는 경우

$$f = \frac{P}{\sum al}$$

여기서, f : 용접부에 생기는 수직응력, MPa P : 용접부에 작용하는 외력, N
  a : 용접의 목두께(유효두께), mm l : 용접의 유효길이, mm

(2) 전단력을 받는 경우

$$v = \frac{P}{\sum al}$$

여기서, v : 용접부에 생기는 전단응력, MPa P : 용접부에 작용하는 외력, N
  a : 용접의 목두께(유효두께), mm l : 용접의 유효길이, mm

7. 휨모멘트를 받는 용접이음부의 응력

(1) 전단면 용입홈용접

휨모멘트를 받는 경우에는 전단면 용입홈용접이 원칙이다.

$$f = \frac{M}{I} y$$

(2) 필렛용접

$$f = \frac{M}{I} y$$

여기서, f : 이음부에 생기는 수직응력, MPa
  M : 이음부의 설계에 쓰이는 휨모멘트, MPa
  I : 목두께를 이음면에 전개한 단면의 중립축 둘레의 단면2차 모멘트, mm^4
  y : 목두께를 이음면에 전개한 단면의 중립축에서 응력을 계산하는 점까지의 거리, mm

(3) 용접부 변형

① 용접부 변형의 원인

용접부 변형은 용접과정에서 발생하는 용융금속의 수축에 의한 인장응력에 기인하며, 이 인장응력은 용착량, 용접 방법, 용접 속도, 모재의 형상, 용접 형상 등의 영향을 받는다.
　㉠ 모재의 영향 : 모재의 열팽창계수가 크고, 열 전달이 잘 되는 재료일수록 용접부 변형이 발생하기 쉽다.
　㉡ 용접 형상의 영향
　　• V형 이음부에서는 각 변화가 한 방향에서만 일어나지만 X형 이음부에서는 뒷면 용접시 발생하는 각 변화가 반대 방향이므로 앞면 용접의 각 변화와 상쇄되어 전체적인 각 변형이 작게 된다.
　　• V형 이음의 경우에는 대구경의 용접봉을 쓰는 것이 각 변형을 줄이는데 좋다.
　　• X형 이음의 경우에는 양면의 대칭도(상하 개선 비율)를 적절하게 조절하면 각 변형을 거의 없다시피 줄일 수 있으며, 일반적인 대칭 비율은 6:4 또는 7:3 정도이다.
　㉢ 용접 속도의 영향
　　• 용접 Arc가 이음선을 따라 진행하면 그 용접 지점으로부터 열이 사방으로 확산하게 되고 선행 용접 지점에서 발생되는 열은 아직 용접하지 않은 부분에 변형을 초래하게 된다.
　　• 용접 속도를 빠르게 하는 것이 각 변형 방지에 유효하다. 이는 선행 용접 지점에서 전파되는 용접열이 용접 속도가 느릴수록 많아지고 용접 속도가 빠를수록 적어지기 때문이다.
　㉣ 용접 방법의 영향
　　고 능률의 대 입열 용접일수록 많은 용융금속이 발생하게 되면서 응고 수축에 의한 응력이 크게 작용하므로, 용접부 변형을 최소화하기 위해서는 가능한 저 입열 용접 방법을 적용하는 것이 좋다.
② **용접 변형의 종류**
　㉠ 면내변형 : 횡수축, 길이방향 수축, 회전변형
　㉡ 면외변형 : 각 변형(횡 굴곡), 각 변형(종 굴곡), 좌굴변형, 비틀림 변형
③ **용접 변형의 특징**
　㉠ 횡수축
　　용접 각장이 두께의 3/4를 초과하지 않은 필릿 용접부 한 필릿 당 0.8mm 정도 수축하며, 60°V 그루브 맞대기 용접부는 한 비드 당 1.5~3mm 정도 수축한다.
　㉡ 길이 방향 수축
　　필릿 용접부에서는 용접 길이 3m 당 0.8mm 정도 수축하며, 맞대기 용접부에서는 용접 길이 3m 당 3mm 정도 수축한다.
　㉢ 회전 변형
　　용접의 스타트에서 회전 변형이 일어나기 쉽고 일반적으로 일렉트로 슬래그 용

접의 경우는 좁아지고 서브머지드 용접의 경우는 벌어진다.
ⓔ 각 변형(종 굴곡)
용접길이가 길고 부재의 중립축과 용접 열원의 위치가 일치하지 않은 경우에 용접 굽힘 모멘트에 의해 발생하며, Built-up계 용접 시 주로 발생된다.
ⓜ 좌굴변형
용접 입열량과 부재의 폭/두께의 비에 의해 영향을 받으며 주로 박판 용접 시 발생하는 데, 용접 중의 과도 변형과 용접에 의한 수축에 의해 발생한다.

④ **용접 변형의 방지**(대책)
용접부 변형을 방지하기 위해서는 먼저 변형의 원인을 정확하게 파악하여야 하고 그에 따라 적합한 대안을 마련하여야 한다.
㉠ 가능한 한 이음의 모양은 용접부 단면이 대칭이 되도록 하는 것이 좋으며 이를 위해서는 V 보다는 X 그루브(Groove)를 사용하는 것이 용접 변형 방지에 유리하다.
㉡ 용융금속이 많으면 그만큼 응고 응력이 많이 발생한다는 것을 의미하므로, 이음의 크기가 요구되는 강도 이상이 되지 않도록 하여 용착량이 과다하지 않도록 설계한다.
㉢ 가능한 용접 패스(Pass)수를 적게 하는 것이 좋으나 이는 ②항과 상반되는 개념이다. 즉, Multil layer 일수록 용접부 변형이 심해진다.
㉣ 용접 속도를 빠르게 하는 것이 좋다. 용접속도가 느리면 그만큼 용융금속의 응고가 늦어지기 때문에 많은 용융 금속이 발생한다.
㉤ 예열과 함께 용접을 실시하는 것도 변형 방지에 좋다.
㉥ 용접 이음부에 예상 변형의 반대로 변형각을 사전에 주어 용접부에 예상되는 용접 변형을 상쇄시킨다.

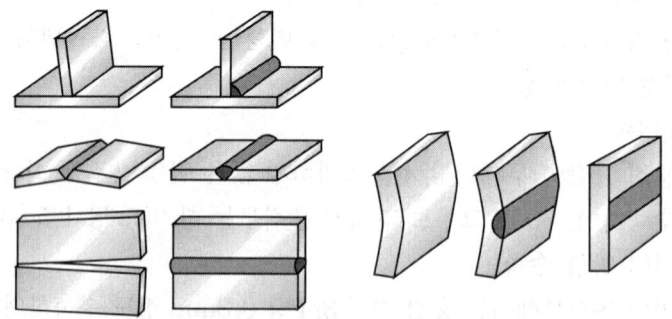

[미리 각 변형을 준 용접 Joint의 형상]

㉦ 예상되는 변형의 반대 방향으로 사전에 튼튼한 JIG를 설치하여 견고하게 고정

함으로써 변형을 억제한다. 그러나 이는 변형 방지에는 효과가 있지만 용접부 잔류 응력 측면에서는 매우 불리한 방법이다.

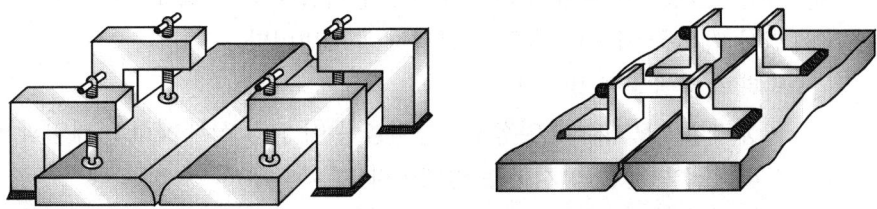

[변형 방지 JIG를 사용한 용접부의 강제 구속]

- ⊙ 용접 길이를 가능하면 적게 실시하고, 용접변형이 작게 되는 이음을 선택한다.
- ㉢ 용접선을 따라 용접부 이면에 물로써 강제 냉각시켜 변형을 최소화 하는 Water / Copper Cooling 방법을 도입한다.(Cu-Cooling방법과 유사한 방법)
- ㉣ 피닝(Peening)을 실시한다. Peening은 햄머(Hammer) 등으로 용접 부위를 타격하는 방법으로 일종의 소성 변형(Plastic Deformation)을 부여함으로서 잔류 응력을 완화하는 방법이다.
  - 용접 금속은 응고하면서 내부적으로 수축에 따른 Tensile Strength가 걸리며, 이를 외부에서 인위적인 Compressive Deformation으로 상쇄해 주면 그만큼 잔류 응력(변형)은 감소하게 되는 원리이다.
  - 그러나 초층 및 최종층의 Bead는 가공 경화를 받아 균열의 위험성이 있으므로 피하여야 하며, 슬래그(Slag) 제거를 위한 치핑(Chipping)은 피닝(Peening)으로 간주하지 않는다.
- ㉠ 열 분포를 고르게 하기 위해 용접 순서를 조절(후퇴법, 대칭법 등)한다.
  - 용접 과정에서 발생하는 열로 인한 용접부 변형의 최소화를 위해 용접을 일률적으로 한 방향에서 실시하지 않고 부분적으로 실시하여 용접열이 고르게 분포되도록 용접 순서를 조절한다.
  - 그러나 이는 용접 변형 방지 측면에서는 좋지만, 용접부의 품질면에서는 불리하다.

⑤ **용접 변형의 교정**

용접 변형은 발생하지 않도록 방지하는 것이 원칙이며, 여러 가지 방지 대책을 수립하였음에도 불구하고 용접 변형이 허용범위를 넘는 경우에는 변형교정을 실시하여야 한다.

- ㉠ 냉간가압법 : 실온에서 기계적인 힘을 가하여 변형을 교정하는 방법으로 타격법과 롤러법, 피닝법이 있다.
- ㉡ 국부가열냉각법 : 변형이 생긴 용접구조 부재를 국부적으로 가열한 후 즉시 냉각

시킴으로써 발생하는 수축을 이용하여 인장응력을 발생시켜 굽힘 변형을 교정하는 방법이다.
ⓒ 가열가압법 : 변형이 생긴 부분을 열간가공 온도(연강 : 500~600℃)로 가열하면서 압력을 가하여 변형을 교정하는 방법이다.
ⓓ 박판의 좌굴변형 방지법
- 응력법 : 모재판에 인장구속응력을 주어 인장 상태에서 프레임과 용접함으로써 용접변형을 방지하는 방법이다.
- 가열법 : 모재판을 가열하여 열팽창을 일으킨 상태에서 프레임과 용접함으로써 용접변형을 방지하는 방법이다.

(4) 용접 이음의 장·단점

① 일반적인 장점
ⓐ 재료가 절약된다.   ⓑ 공정수가 감소한다.
ⓒ 제품 성능과 수명이 향상된다.   ⓓ 이음 효율이 높다.

② 용접의 단점
ⓐ 용접 부 재질 변화 우려가 있다.   ⓑ 수축변형 및 잔류응력 발생한다.
ⓒ 재질에 따라 용접산화가 일어난다.   ⓓ 응력 집중이 일어나기 쉽다.
ⓔ 품질검사가 곤란하다.   ⓕ 균열이 발생하기 쉽다.

리벳이음에 비해 용접 이음의 장점
① 구조가 간단하다.   ② 재료가 절약된다.
③ 공수를 절감할 수 있다.   ④ 경비가 절감된다.
⑤ 기밀,수밀 유지가 쉽다.   ⑥ 자동화가 가능하다.
⑦ 이음 효율이 높다.

8. 고장력 볼트의 강도와 개수

(1) 1마찰면당 고장력 볼트 1개의 허용강도 : P_{nb}

$$P_{nb} = v_{sa} \times A = v_{sa} \times \frac{\pi D^2}{4}$$

여기서, v_{sa} : 허용전단응력, A : 볼트 단면적, d : 볼트 직경

(2) 소요 고장력 볼트 개수

① 1면 마찰

$$n = \frac{P}{P_{nb}}$$

여기서, n : 소요 고장력 볼트의 개수
P : 작용력
P_{nb} : 고장력 볼트의 허용강도

② 2면 마찰

$$n = \frac{1}{2}\frac{P}{P_{nb}}$$

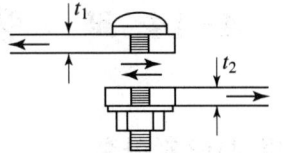

(a) 1면 전단(t_1, t_2 중 작은 쪽을 t로 한다.)

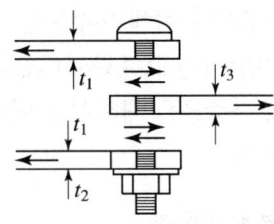

(b) 2면 전단((t_1+t_2)와 t_3 중 작은 쪽을 t로 한다.)

4-14 교 량

1. 설계 차량활하중

① 교량이나 이에 부수되는 일반구조물의 노면에 작용하는 차량활하중('KL-510'으로 명명함)은 표준트럭하중과 표준차로하중으로 이루어져 있다.
② 이 하중들은 재하차로 내에서 횡 방향으로 3,000mm의 폭을 점유하는 것으로 가정한다.

(1) 표준트럭하중

표준트럭의 중량과 축간거리는 그림과 같으며, 충격하중은 규정된 대로 적용되어야 한다.

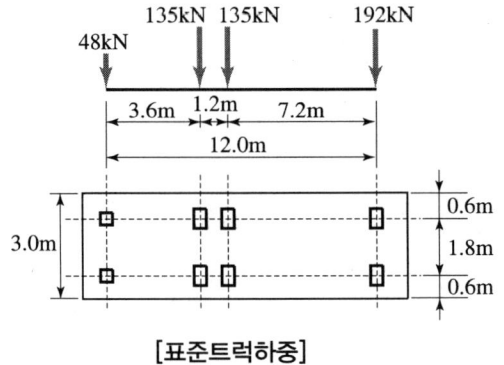

[표준트럭하중]

(2) 표준차로하중

① 표준차로하중은 종방향으로 균등하게 분포된 하중으로 아래 표의 값을 적용한다.
② 횡방향으로는 3,000mm의 폭으로 균등하게 분포되어있다.
③ 표준차로하중의 영향에는 충격하중을 적용하지 않는다.

[표준차로하중]

재하차로의 수	다차로재하계수, m
$L \leq 60\text{m}$	$w = 12.7 \, [\text{kN/m}]$
$L > 60\text{m}$	$w = 12.7 \times \left(\dfrac{60}{L}\right)^{0.10} [\text{kN/m}]$

여기서, L : 표준차로하중이 재하되는 부분의 지간

2. 충격하중

(1) 일반사항

① 허용된 경우를 제외하고 원심력과 제동력 이외의 표준트럭하중에 의한 정적효과는 규정된 충격하중의 비율에 따라 증가시켜야한다.

㉠ 정적 하중에 적용시켜야 할 충격하중계수 = 1+IM/100

[충격하중계수, IM]

성 분		IM
바닥판 신축이음장치를 제외한 모든 다른 부재	피로한계상태를 제외한 모든 한계상태	25%
	피로한계상태	15%

㉡ 충격하중은 보도하중이나 표준차로하중에는 적용되지 않는다.

② 충격하중을 적용할 필요가 없는 경우
  ㉠ 상부구조물로부터 수직반력을 받지 않는 옹벽
  ㉡ 전체가 지표면 이하인 기초부재

③ 충격하중은 충분한 증거에 의해 검증될 수 있다면 연결부를 제외한 다른 부재에 대하여 감소시킬 수 있다.

(2) 매설된 부재

암거나 매설된 구조물에 대한 충격하중(백분율)

$$IM = 40(1.0 - 4.1 \times 10^{-4} D_E) \geq 0\%$$

여기서, D_E : 구조물을 덮고 있는 최소깊이(mm)

(3) 판형교 주형의 높이

목교나 교량의 목재부재에 대해서는 규정된 충격하중을 제시된 값의 50%로 줄일 수 있다.

3. 복부판의 전단 좌굴 방지

① 복부판의 전단 좌굴을 방지하기 위하여 소정의 간격으로 수직보강재를 설치한다.
② 강판형 복부 두께를 제한한다.

4. 전단연결재

강합성 교량에서 콘크리트 슬래브와 강주형 상부 플랜지를 구조적으로 일체가 되도록 결합시키는 역할을 한다.

5. 판형교(Plate Girder Bridge)

교량의 경간이 길거나 매우 큰 하중이 작용하는 경우에 강판을 용접 이음하여 대형의 I형 부재를 주형으로 사용한 교량을 판형교라 한다.

(1) 판형의 응력 계산

① 판형의 휨응력 : f

$$f = \frac{M}{I}y$$

② 복부판의 전단응력 : v_b

$$v_b = \frac{V}{A_w}$$

여기서, v_b : 휨모멘트에 따르는 전단응력(MPa, kgf/cm^2)
V : 휨모멘트에 따르는 전단력(kN, N, kgf)
A_w : 복부판의 총단면(mm^2, cm^2)

(2) 판형교의 설계

① 설계 일반
  ㉠ 플랜지 : 휨에 저항하는 구조이다.
  ㉡ 복부판 : 약간의 휨에도 저항하나 주로 전단에 저항하며, 복부판의 두께는 좌굴 방지를 위해 제한한다.
  ㉢ 필렛 용접된 용접부는 전단에 저항하게 된다.

② 주형의 높이
판형의 높이는 상하 플랜지의 순간격으로서 일반적으로 복부판의 높이와 같고 경간 전체에 걸쳐 일정하다.
  ㉠ 도로교의 경우

  $$\frac{h}{l} = \frac{1}{15} \sim \frac{1}{17} \text{정도이다.}$$

  여기서, h : 판형의 높이, l : 지간

  ㉡ 경제적인 주형의 높이 : h

  $$h = 1.1\sqrt{\frac{M}{f \cdot t}}$$

  여기서, M : 휨모멘트, f : 허용 휨응력, t : 복부판의 두께

다만, 복부판의 두께가 형고의 1/150일 때는 다음 식으로 계산한다.

$$h = 3\sqrt{\dfrac{480M}{f_{ta}+f_{ca}}}$$

여기서, f_{ta} : 플랜지의 허용 휨 인장 응력
f_{ca} : 플랜지의 허용 휨 압축 응력

③ 플랜지의 폭
  ㉠ 플랜지의 폭이 지나치게 크면 응력 분포가 균일하지 못하므로 복부 높이의 $\dfrac{1}{3} \sim \dfrac{1}{5}$ 정도로 한다.
  ㉡ 플랜지의 자유 돌출 폭은 플랜지 두께의 16배 이하로 한다.

(3) 보강재(Stiffner)

① 복부판의 전단 좌굴을 방지하기 위하여 소정의 간격으로 수직보강재를 설치한다.
② 지점부의 수직보강재와 플랜지는 용접한다.
③ 수직보강재는 복부판의 같은 쪽에 붙일 필요는 없지만 같은 쪽에 붙일 경우에는 수평보강재는 수직보강재 사이에서 되도록 폭넓게 붙이는 것이 좋다.

(4) 브레이싱(Bracing)

① 중간 수직 브레이싱(Sway Bracing) 설치 이유
  ㉠ I형 단면의 판형에서 과대하중의 집중 완화
  ㉡ 주형간의 상대적 처짐 억제
② 수평 브레이싱(Lateral Bracing) 설치 이유
  ㉠ I형 단면의 판형에서 횡하중에 저항하기 위하여
  ㉡ 구조물의 강성을 확보하기 위하여
  ㉢ 비틀림에 저항하기 위하여

Chapter 5

토질 및 기초

5-1 흙의 구조와 기본적 성질

1. 흙의 구조

(1) 비점성토의 구조 및 특징

① 단립구조

㉠ 자갈, 모래, 실트 등의 비점성토에서 볼 수 있는 대표적인 구조
㉡ 가장 단순한 흙 입자의 배열
㉢ 입자가 크고 모가 날수록 강도가 크다.
㉣ 입자 사이에 점착력이 없어 마찰력에 의해 맞물려 있어 상당히 안전하다.

단립구조

② 봉소구조

㉠ 아주 가는 모래나 실트가 물속에 침강될 때 발생하는 구조
㉡ 흙 입자가 서로 접촉 위치를 지미려는 힘에 의해 아치(arch)를 형성하는 구조
㉢ 단립구조보다 간극비가 크다.
㉣ 충격과 진동에 약하다.

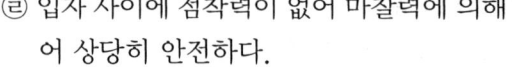

봉소구조

(2) 점성토의 구조 및 특징

① 면모구조

㉠ 두 입자 사이에 인력이 반발력보다 우세하여 서로를 향하여 접근하려는 현상으로 인해 생긴 구조이다.

ⓛ 면과 단의 연결구조이다.
ⓒ 해수 또는 담수에서 점토 입자가 퇴적되면 그 퇴적층은 면모구조를 갖게 된다.
ⓔ 분산 구조보다 투수성과 강도가 크다.
ⓜ 간극비, 압축성 등이 커서 기초지반으로 부적당하다.

② 분산구조(이산구조)
ⓛ 인력보다 반발력이 우세하여 입자들이 서로 떨어지려 하는 구조이다.
ⓒ 면과 면의 연결구조이다.
ⓔ 면모구조보다 투수성과 강도가 작다.

분산구조 면모구조

(3) 입자 모형이 판상인 점토광물의 종류와 특징

① 카올리나이트(kaolimite)
ⓛ 공학적으로 가장 안전된 구조를 이룬다.
ⓒ 결합력이 커서 활성이 작고, 크기가 가장 크다.
ⓔ 물에 포화되더라도 팽창성이 작다.

② 일라이트(illite)
ⓛ 두 개의 규소판 사이에 한 개의 알루미늄판이 결합된 3층 구조가 무수히 많이 연결되어 형성된 점토광물이다.
ⓒ 각 3층 구조 사이에는 칼륨이온(K^+)으로 결합되어 있다.
ⓔ 중간 정도의 결합력을 가진다.

③ 몬모릴로나이트(montmorillonite)
ⓛ 공학적으로 가장 불안전하다. ⓒ 결합력이 매우 작아 활성도 크다.
ⓔ 점토함유율 높다. ⓜ 소성지수가 크다.
ⓝ 수축, 팽창이 크다.

2. 흙의 주상도와 상태 정수

① 공극비(e)　　$e = \dfrac{V_v}{V_s} = \dfrac{n}{100-n}$

$e = \dfrac{G_s \cdot \gamma_w}{\gamma_d} - 1$

② 공극률(n)　　$n = \dfrac{V_v}{V} \times 100 = \dfrac{e}{1+e} \times 100$

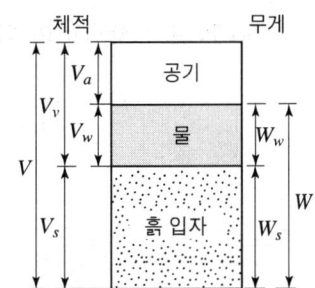

③ 함수비(w)　　$w = \dfrac{W_w}{W_s} \times 100$

④ 함수율(w')　　$w' = \dfrac{W_w}{W} \times 100$

⑤ 포화도(S) : 공극 속에 물이 차 있는 정도

$$S = \dfrac{V_w}{V_v} \times 100$$

⑥ 체적과 중량의 상관관계　　$S \cdot e = w \cdot G_s$

⑦ 습윤중량과 건조중량의 관계　　$W_s = \dfrac{W}{1 + \dfrac{w}{100}}$

⑧ 비중(G_s)　　$G_s = \dfrac{\gamma_s}{\gamma_w} = \dfrac{W_s}{V_s} \cdot \dfrac{1}{\gamma_w}$

3. 단위중량

① 습윤단위중량　　$\gamma_t = \dfrac{W}{V} = \dfrac{G_s \cdot (1 + \dfrac{w}{100})}{1+e} \cdot \gamma_w = \dfrac{G_s + \dfrac{S \cdot e}{100}}{1+e} \cdot \gamma_w$

② 건조단위중량　　$\gamma_d = \dfrac{W_s}{V} = \dfrac{G_s}{1+e} \cdot \gamma_w$

③ 포화단위중량　　$\gamma_{sat} = \dfrac{G_s + e}{1+e} \cdot \gamma_w$

④ 수중단위중량　　$\gamma_{sub} = \gamma_{sat} - \gamma_w = \dfrac{G_s - 1}{1+e} \cdot \gamma_w$

⑤ 습윤단위무게와 건조단위무게의 관계　　$r_d = \dfrac{r_t}{1 + \dfrac{w}{100}}$

⑥ 간극비　　$e = \dfrac{G_s \cdot r_w}{r_d} - 1$

⑦ 상대밀도 : 사질토의 다짐 정도를 표시

$$D_r = \dfrac{e_{\max} - e}{e_{\max} - e_{\min}} \times 100 = \dfrac{\gamma_{d\max}}{\gamma_d} \cdot \dfrac{\gamma_d - \gamma_{d\min}}{\gamma_{d\max} - \gamma_{d\min}} \times 100$$

4. 흙의 연경도

함수량이 감소함에 따라 액성, 소성, 반고체, 고체 상태로 변하는 성질

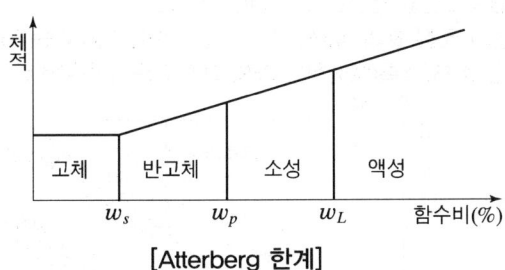

[Atterberg 한계]

(1) 액성한계(w_L)

① 액성상태에서 소성상태로 변하는 경계 함수비
② 소성을 나타내는 최대함수비
③ 점성 유체가 되는 최소함수비
④ 점토분이 많을수록 액성한계가와 소성지수가 크며, 함수비 변화에 대한 수축, 팽창이 크다.
⑤ 자연함수비가 액성한계보다 크거나 같아지면 그 지반은 대단히 연약한 상태

(2) 소성한계(w_p)

① 반고체에서 소성상태로 변하는 경계 함수비
② 소성을 나타내는 최소함수비
③ 반고체 영역의 최대함수비

(3) 수축한계(w_s)

① 고체에서 반고체상태로 변하는 경계 함수비
② 고체 영역의 최대함수비
③ 반고체 상태를 유지할 수 있는 최소함수비
④ 함수량을 감소해도 체적이 감소하지 않고 함수비가 증가하면 체적이 증대

(1) 소성도표를 이용한 수축한계의 결정방법

① 제안자 : Casagrande
② 순서
   ㉠ A선과 U선을 연장한 교점 B를 결정한다.
   ㉡ B점과 특정 흙의 액성한계와 소성지수를 나타내는 A점을 연결한다.
   ㉢ 직선 AB와 X축(액성한계)과의 교점 C를 수축한계로 결정한다.

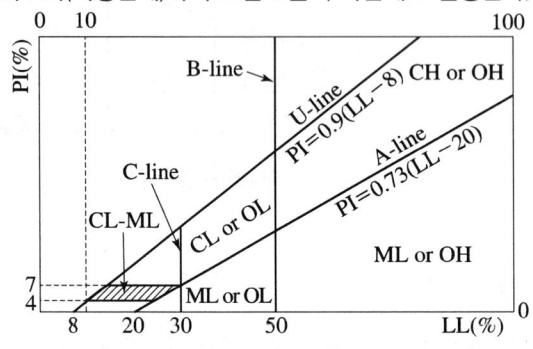

[소성도표를 이용한 수축한계의 결정]

(2) 수축한계(w_s)

$$w_s = w - \Delta w = w - \left[\frac{(V-V_0)}{W_s} \cdot \gamma_w \times 100\right]$$

$$w_s = \left(\frac{1}{R} - \frac{1}{G_s}\right) \times 100(\%)$$

여기서, w : 습윤토의 함수비(%) W_s : 노건조 시료의 중량(g)
V : 습윤시료의 체적(cm³) V_0 : 노건조 시료의 체적(cm³)
G_s : 흙의 비중

(3) 수축비(Shrinkage ratio, R)

① 개요 : 수축한계 이상의 부분에 있어서의 체적변화와 이에 대응하는 함수비의 변화와의 비를 말한다.
② 공식 : $R = \dfrac{W_s}{V_0} \cdot \dfrac{1}{\gamma_w}$
③ 단위 : 무차원

(4) 소성지수 : 흙이 소성상태로 존재할 수 있는 함수비의 범위

$$PI = w_L - w_p$$

① 점토의 함유율이 클수록 소성지수는 증가한다.
② 소성지수가 클수록 연약지반이다.

(5) 수축지수 : 흙이 반고체 상태로 존재할 수 있는 함수비의 범위

$$SI = w_p - w_s$$

(6) 액성지수 : 흙이 자연상태에서 함유하고 있는 함수비의 정도로서 흙의 안정성 파악에 사용된다.

$$LI = \frac{w_n - w_p}{I_P} = \frac{w_n - w_p}{w_L - w_p}$$

① 액성지수 $LI < 0$: 전단시 흙이 잘게 쪼개진다.
② 액성지수 $0 \leq LI \leq 1$: 일반적인 보통의 흙 상태(소성 상태)
③ 액성지수 $LI \geqq 1$: 아주 예민한 구조인 액성상태

(7) 연경지수 : 액성한계와 자연함수비의 차를 소성지수로 나눈 값

$$CI = \frac{w_L - w_n}{I_P} = \frac{w_L - w_n}{w_L - w_p}$$

① $CI = 1$: 비예민성 흙
② $CI = 0$: 불안정한 액성상태

(8) 유동지수 : 유동곡선의 기울기

$$FI = \frac{w_1 - w_2}{\log N_2 - \log N_1} = \frac{w_1 - w_2}{\log \frac{N_2}{N_1}}$$

(9) 터프니스지수 : 유동지수에 대한 소성지수의 비

$$TI = \frac{PI}{FI} = \frac{소성지수}{유동지수}$$

① TI 가 클수록 Colloid가 많은 흙이다.
② TI 가 클수록 활성도가 크다.

(10) 컨시스턴시(consistency)

N	상대밀도(%)	흙의 상태
0~4	0~15	대단히 느슨
4~10	15~50	느슨
10~30	50~70	중간
30~50	70~85	조밀
50 이상	8~100	대단히 조밀

5. 활 성 도

활성도(A) : 점토 함유율에 대한 소성지수로 활성도가 클수록 불안정해지며 소성지수가 커진다.

$$A = \frac{소성지수(I_p)}{2\mu 인\ 점토의\ 중량백분율(\%)}$$

① 카올리나이트(kaolimite) : $A \leq 0.75$
② 일라이트(illite) : $0.75 < A < 1.25$
③ 몬모릴로나이트(montmorillonite) : $A \geq 1.25$

5-2 흙의 분류

1. 입도분포곡선(입경가적곡선)

(1) 유효입경(D_{10})

통과중량 백분율 10%에 해당되는 입자의 지름

(2) 균등계수(C_u)

입도분포가 좋고 나쁜 정도를 나타내는 계수

$$C_u = \frac{D_{60}}{D_{10}}$$

여기서, D_{60} : 통과중량 백분율 60%에 해당되는 입자의 지름

① 균등계수(C_u)가 크면 : 입경가적곡선 기울기 완만, 입도분포 양호(골고루 잘 섞임)
② 균등계수(C_u)가 작으면 : 입경가적곡선의 기울기가 급, 입도분포 불량

(3) 곡률계수(C_g)

$$C_g = \frac{D_{30}^2}{D_{10} \cdot D_{60}}$$

여기서, D_{30} : 통과중량 백분율 30%에 해당되는 입자의 지름

(4) 양입도인 경우

① 흙일 때 : $C_u > 10$, 그리고 $C_g = 1 \sim 3$
② 모래일 때 : $C_u > 6$, 그리고 $C_g = 1 \sim 3$
③ 자갈일 때 : $C_u > 4$, 그리고 $C_g = 1 \sim 3$

(5) 빈입도인 경우

균등계수(C_u)와 곡률계수(C_g) 둘 중 어느 하나라도 만족하지 못하면 입도분포가 나쁘다.

(6) 입도분포의 형태

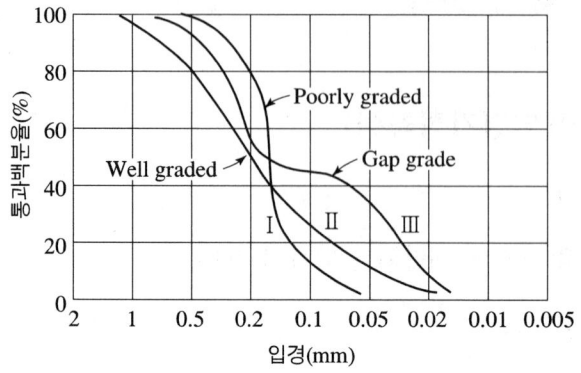

① 곡선 Ⅰ : 대부분의 입자가 거의 균등하여 입도분포가 불량하다.(빈입도, Poorly graded)
② 곡선 Ⅱ : 흙 입자가 크고 작은 것이 고루 섞여 있어 입도분포가 양호하다.(양입도, Well graded)
③ 곡선 Ⅲ : 2종류 이상의 흙들이 섞여 있어 균등계수는 크지만 곡률계수가 만족되지 않아 빈입도이다.(Gap graded)

곡선 종류 항 목	곡선 Ⅰ	곡선 Ⅱ
입도분포	빈입도	양입도
균등계수	작다	크다
입자분포	입자 균등	입자 고루 분포
간 극 비	크다	작다
투수계수	크다	작다
다짐효과	적다	크다
공학적 성질	불량	양호
곡선의 경사	급	완만

2. 흙 분류

(1) 흙 분류에 필요한 요소

통일분류법(USCS)	AASHTO분류법
① No.200체 통과율 ② No.4체 통과율 ③ 액성한계 ④ 소성한계 ⑤ 소성지수	① 군지수(GI) ② No.200체 통과율 ③ 액성한계 ④ 소성지수

(2) 에터버그(Atterberg) 한계를 이용한 흙의 분류

Atterberg 한계, 특히 액성한계, 소성한계, 소성지수를 써서 흙의 물리적 성질을 지수적으로 구분하는 방법이다.

① 소성 도표(plasticity chart)
　세립토를 분류하는데 이용하는 방법이다.
　㉠ 제1문자 결정
　　ⓐ 아터버그한계 시험을 실시하여 A선을 기준으로 점토와 실트를 구분한다.
　　　• A선 위 : 점토
　　　• A선 아래 : 실트 또는 유기질토
　　ⓑ 노건조 상태의 액성한계와 자연 상태의 액성한계의 비가 0.75 미만이면 유기질토로 분류한다.
　㉡ 제2문자 결정
　　ⓐ 액성한계가 50% 이상 : 고압축성(H)
　　ⓑ 액성한계가 50% 이하 : 저압축성(L)

② 컨시스턴시 지수와 액성지수
　흙의 컨시스턴시 지수는 생각하는 흙의 함수비가 소성 영역의 어느 부분에 해당하는 가를 보여주는 하나의 지수이다.

3. 통일분류법

(1) 분류방법

① 조립토와 세립토
　㉠ No.200체(0.075mm) 통과율 50% 미만 : 조립토
　㉡ No.200체(0.075mm) 통과율 50% 이상 : 세립토

② 조립토의 분류방법
　㉠ 제1문자 결정(흙의 종류)
　　ⓐ No.4체(4.75mm) 통과율 50% 미만 : 자갈(G)
　　ⓑ No.4체(4.75mm) 통과율 50% 이상 : 모래(S)
　㉡ 제2문자 결정(흙의 속성 : 입도, 소성, 압축성)
　　ⓐ No.200체 통과율 5% 미만
　　　균등계수와 곡률계수에 의해
　　　• 양입도(균등계수 $C_u > 4$, 곡률계수 $1 \leq C_g \leq 3$) : W
　　　• 빈입도 : P

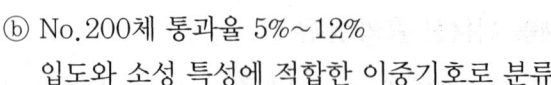

   ⓑ No.200체 통과율 5%~12%
    입도와 소성 특성에 적합한 이중기호로 분류
   ⓒ No.200체 통과율 12% 이상
    • No.40체 통과량에 대한 아터버그한계 시험 실시
    • 소성도표를 사용하여 A선 아래에 위치하면 실트(M)로 분류
    • 소성도표를 사용하여 A선 위에 위치하면 점토(C)로 분류
   ※ A선 방정식 : $I_p = 0.73(w_L - 20)$

 ③ 세립토의 분류방법
  ㉠ 제1문자 결정
   ⓐ 아터버그한계 시험을 실시하여 A선을 기준으로 A선 위는 점토, A선 아래는 실트 또는 유기질토로 구분한다.
   ⓑ 노건조 상태의 액성한계와 자연 상태의 액성한계의 비가 0.75 미만이면 유기질토로 분류한다.
  ㉡ 제2문자 결정
   ⓐ 액성한계가 50% 이상 : 고압축성(H)
   ⓑ 액성한계가 50% 이하 : 저압축성(L)

(2) 통일분류법에 사용되는 기호

흙의 종류		제1문자	흙의 특성	제2문자	
조립토	자갈	G	입도분포 양호, 세립분 5% 이하	W	
	모래	S	입도분포 불량, 세립분 5% 이하	P	
세립토	실트	M	세립분 12% 이상, A선 아래에 위치, 소성지수 4이하	M	조립토
	점토	C	세립분 12% 이상, A선 위에 위치, 소성지수 7이상	C	
	유기질의 실트 및 점토	O	압축성 낮음, $w_L \leq 50$	L	세립토
유기질토	이탄	Pt	압축성 높음, $w_L \geq 50$	H	

4. AASHTO 분류법

(1) AASHTO 분류

 ① 흙의 입도, 액성한계, 소성지수, 군지수 등을 사용한다.
 ② A-1에서 A-7까지 7개의 군으로 분류하고 각각을 세분하여 총 12개의 군으로 분류한다.

③ 조립토와 세립토의 분류
　㉠ 조립토의 분류 : No.200 체 통과량 35% 이하(G, S)
　㉡ 세립토의 분류 : No.200 체 통과량 35% 이상(M, C, O)

(2) 군지수(GI ; group index)

$$GI = 0.2a + 0.005ac + 0.01bd$$

여기서, a : #200체 통과중량 백분율 − 35, 0~40의 정수
　　　　b : #200체 통과중량 백분율 − 15, 0~40의 정수
　　　　c : $w_L - 40$, 0~20의 정수
　　　　d : $I_p - 10$, 0~20의 정수

① GI값이 음(−)의 값을 가지면 0으로 한다.
② GI값은 가장 가까운 정수로 반올림한다.
③ 군지수의 상한선은 없다. 그러나 a, b, c, d의 상한값을 사용하면 20이 되므로 0~20까지의 정수를 가진다.
④ 군지수가 클수록 공학적 성질이 불량하며, 도로 노반재료로 부적당하다.

5. 통일분류법과 AASHTO 분류법의 차이점

① **조립토와 세립토의 분류**
　통일분류법에서는 No.200체 통과량 50%를 기준으로 하지만 AASHTO 분류법에서는 35%를 기준으로 한다.
② **모래와 자갈의 분류**
　통일분류법에서는 No.4체를 기준으로 하지만 AASHTO 분류법에서는 No.10체를 기준으로 한다.
③ 통일분류법에서는 자갈질 흙과 모래질 흙의 구분이 명확하나 AASHTO 분류법에서는 명확하지 않다.
④ 유기질 흙은 통일분류법에는 있으나 AASHTO 분류법에는 없다.

5-3 흙 속의 물의 흐름

1. 흙의 모관현상

(1) 모관상승고(h_c)

$$h_c = \frac{4 \cdot T \cdot \cos\alpha}{\gamma_w \cdot D}$$

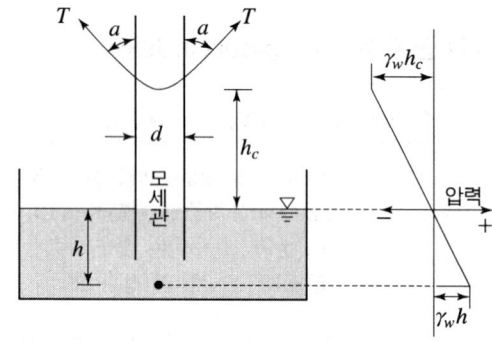

(2) 표준온도(15℃)에서의 모관상승고

표준온도(15℃)에서는 표면장력 $T = 0.075\text{g/cm}$ 이고, 접촉각 $\alpha = 0°$이면 $\cos 0° = 1$ 이므로

$$h_c = \frac{4 \cdot T \cdot \cos\alpha}{\gamma_w \cdot D} = \frac{4 \times 0.075 \times \cos 0°}{1 \times D} = \frac{0.3}{D}$$

(3) Hazen 공식

$$h_c = \frac{c}{e \cdot D_{10}}$$

여기서, c : 입자의 모양, 상태에 의한 상수($0.1 \sim 0.5 \text{cm}^2$)
e : 공극비
D_{10} : 유효입경(cm)

2. Darcy의 법칙

(1) 전수두(h_t)

$$h_t = \frac{u}{\gamma_w} + z$$

여기서, 속도수두는 무시한다.

(2) 동수경사(i)

$$i = \frac{\text{수두차}}{\text{이동거리}} = \frac{\Delta h}{L}$$

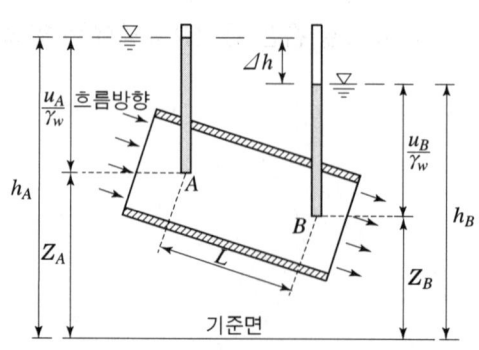

(3) **Darcy의 법칙** : 층류에서 성립

$$v = K \cdot i = K \cdot \frac{h}{L}$$

(4) **전투수량(Q)**

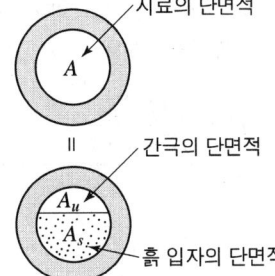
시료의 단면적
= 간극의 단면적
흙 입자의 단면적

$$Q = q \cdot t = A \cdot v \cdot t = A \cdot K \cdot i \cdot t$$

여기서, q : 단위시간당 유량
A : 시료의 전단면적

(5) **실제 침투속도(v_s)**

실제 침투속도(v_s)는 평균유속(v)보다 크다.

$$v_s = \frac{v}{\frac{n}{100}}$$

3. 투수계수

(1) **투수계수** : 유속과 같은 차원을 갖는다.

$$K = D_s^2 \cdot \frac{\gamma_w}{\eta} \cdot \frac{e^3}{1+e} \cdot C$$

여기서, D_s : 흙입자의 입경(보통 D_{10}) γ_w : 물의 단위중량 (g/cm³)
η : 물의 점성계수(g/cm · sec) e : 공극비
C : 합성형상계수(composite shape factor)
K : 투수계수(cm/sec)

(2) **투수계수에 영향을 미치는 요소**

요소	상관관계
간극비	$K_1 : K_2 = \dfrac{e_1^3}{1+e_1} : \dfrac{e_2^3}{1+e_2}$ (조립토에서 $K_1 : K_2 ≒ e_1^2 : e_2^2$)
점성계수	$K_1 : K_2 = \dfrac{1}{\eta_1} : \dfrac{1}{\eta_2}$

(3) 투수계수의 결정

① 정수위투수 시험

$K = 10^{-2} \sim 10^{-3}$cm/sec의 투수계수가 큰 모래지반 적용

$$K = \frac{Q \cdot L}{A \cdot h \cdot t}$$

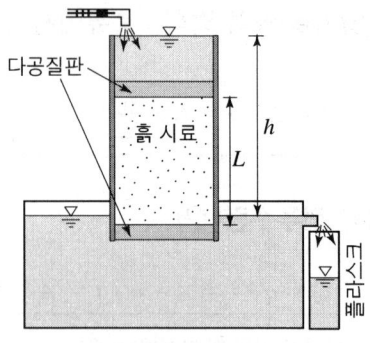

[정수위 투수시험]

② 변수위투수 시험

$K = 10^{-3} \sim 10^{-6}$cm/sec의 투수성이 작은 흙(실트, 점토) 적용

$$K = \frac{2.3 \cdot a \cdot L}{A \cdot T} \log \frac{h_1}{h_2}$$

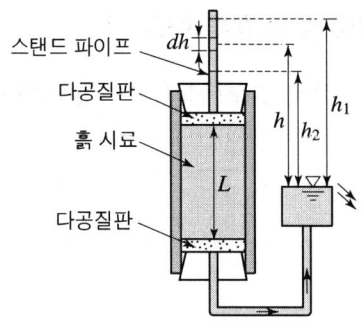

[변수위 투수시험]

③ 압밀 시험 : $K = 10^{-7}$cm/sec 이하의 불투수성 흙(점토)

$$K = C_v \cdot m_v \cdot \gamma_w = C_v \cdot \frac{a_v}{1+e_1} \cdot \gamma_w$$

여기서, C_v : 압밀계수(cm^2/sec)

m_v : 체적변화계수(cm^2/kg) $m_v = \dfrac{a_v}{1+e_1}$

(4) Hazen 공식

$$K = C \cdot D_{10}^2 \text{ (cm/sec)}$$

여기서, C : 100~150/cm · sec
D_{10} : 유효입경(cm)

4. 비균질 흙의 평균투수계수

(1) 수평방향 평균투수계수(K_h)

$$K_h = \frac{1}{H}(K_1 \cdot H_1 + K_2 \cdot H_2 + K_3 \cdot H_3)$$

여기서, $H = H_1 + H_2 + H_3$

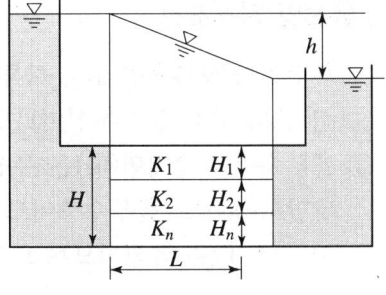

[수평방향 평균투수계수]

(2) 수직방향 평균투수계수(K_z)

$$K_z = \frac{H}{\dfrac{H_1}{K_1} + \dfrac{H_2}{K_2} + \dfrac{H_3}{K_3}}$$

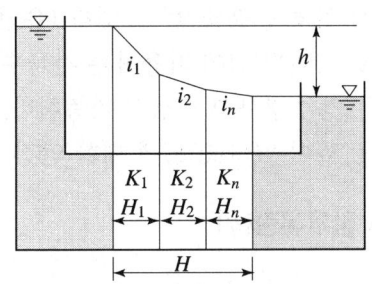

[수직방향 평균투수계수]

(3) 등가등방성 투수계수(K')

$$K' = \sqrt{K_h \cdot K_z}$$

(4) 투수계수 크기 비교

① 수평방향 투수계수 > 수직방향의 투수계수
② 수평방향의 투수계수 > 등가등방성 투수계수

5. 유 선 망

(1) 유선망 특성

① 각 유로의 침투유량은 같다.
② 각 등수두면 간의 손실수두는 같다.
③ 유선과 등수두선은 서로 직교한다.
④ 유선망으로 되는 사각형은 이론상 정사각형이므로 유선망의 폭과 길이는 같다.
⑤ 침투속도 및 동수구배는 유선망 폭에 반비례한다.
⑥ 유선은 다른 유선과 교차하지 않는다.
⑦ 유선망은 경계조건을 만족하여야 한다.

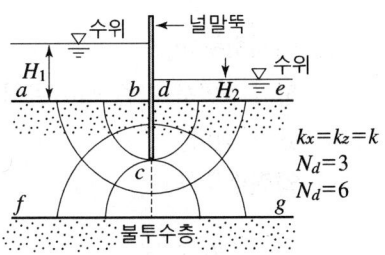

[유선망]

(2) 유선망 경계조건

① 투수층의 상류표면(ab), 하류표면(de)은 등수두선이다.
② 선 ab와 de는 등수두선이므로 모든 유선은 이 선에 직교한다.
③ 불투수층의 경계면(fg)은 유선이다.
④ 널말뚝(acd)도 불투수층이므로 유선이다.
⑤ 선 bcd, fg는 유선이므로 모든 등수두선은 이 선에 직교한다.

(3) 유선망 작도 목적

① 침투 수량을 알 수 있다.(유선망 작도의 주된 목적)
② 임의의 점에 작용하는 간극수압을 알 수 있다.
③ 동수경사의 결정이 가능하다.
④ 파이핑(piping)에 대한 안전 검토를 할 수 있다.

(4) 침투유량(q)

$$q = K \cdot H \cdot \frac{N_f}{N_d}$$

여기서, q : 침투유량 H : 전수두차 N_f : 유로수 N_d : 등수두면의 수

(5) 간극수압

① 임의의 점에서의 전수두(h_t)

$$h_t = \frac{n_d}{N_d} \cdot H$$

여기서, n_d : 하류에서부터 구하는 점까지의 등수두면 수

② 위치수두(h_e)
하류수면을 기준으로 위에 있는 경우 (+)값을 기준선 아래에 위치하는 경우 (−)값을 가진다.

③ 압력수두(h_p)

$$h_p = h_t - h_e$$

④ 간극수압(u_p)

$$u_p = \gamma_w \cdot h_p$$

6. 침윤선(seepage line)

(1) 정 의

흙댐의 제체 통해 물이 통과할 때의 최상부 자유수면

(2) 침윤선의 성질

① 제체 내의 흐름의 최외측에 해당한다.
② 유선의 일종이다.
③ 형상은 포물선으로 가정한다.
④ 자유수면이므로 압력수두는 0이고 위치수두만 존재한다.

(3) 경계조건

① 상류측 경사 AE는 전수두가 동일하므로 등수두선에 해당한다.
② 불투수층과의 경계면 AD는 최하부 유선에 해당한다.
③ 하류측 경사 CD는 등수두선도, 유선도 아니다.
④ ED는 최상단의 유선으로 침윤선에 해당한다.
⑤ 필터가 있을 경우에는 필터층은 전수두가 0인 등수두선이다.

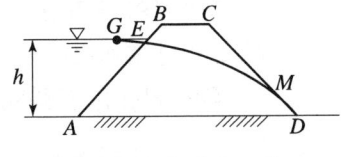

[침윤선의 경계조건]

7. 불포화토

(1) 개 념

자연지반은 지하수위로 인해 포화토와 불포화토로 나뉘어진다. 지반의 공극이 물로 가득 채워져 있는 경우를 포화토, 일부만 물이 채워져 있는 경우를 불포화토(부분포화토)라고 한다.

(2) 불포화토의 특징

① 불포화토는 포화토보다 투수계수가 낮게 측정된다.
  ㉠ 공극에서 발생하는 표면장력(물과 공기의 압력차에 의함)과 표면력(물분자를 결합하는 힘)이 발생하게 되고 이는 각각 모세관 현상과 흡착 현상의 원인이 되며,
  ㉡ 이 현상으로 인해 불포화영역에서 부의 간극수압이 발생하게 되어 유효응력과 물의 흐름을 변화시키게 되기 때문이다.
  ㉢ 모관력은 간극의 크기에 영향을 받고 표면력은 흙입자 표면의 성질이나 양에 영

향을 받는다.
ⓔ 모관력을 모관흡수력(matric suction)이라고도 하며, 모관흡수력은 간극 공기압과 간극 수압의 차로 표현되며 간극공기압이 대기압과 같다면 이것은 부 간극 수압이 된다. 모관흡수력은 전흡수력의 주요 성분을 이루고 표면장력을 일으켜 모관현상을 발생시킨다.

② 국내건설공사에서 성토재료로 활용하는 경우가 많은 화강풍화토는 대부분 불포화토에 해당한다.

③ 불포화토는 부의 간극수압의 영향으로 겉보기 점착력을 보임과 동시에 마찰각도 커지며, 간극 속에 공기의 함입으로 투수성이 저하하는 등 완전포화토와는 다른 흐름의 거동특성을 나타낸다.

④ 불포화상태에서는 축응력의 증가로 체적변화가 발생하므로 유효응력이 증가한다.
　㉠ 불포화상태에서는 축응력의 증가로 체적변화가 발생하며 공극이 감소하면서 유효응력이 증가한다.
　㉡ 그러나 계속적인 공극의 감소는 결국에는 포화상태에 도달하게 되며, 포화 된 이후의 거동은 포화토와 같게 됨에 따라 다음과 같은 그래프가 그려진다.

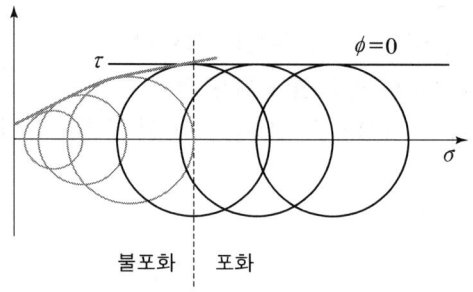

5-4 유효응력과 지중응력

1. 유효응력과 간극수압의 관계

(1) 전응력(σ)

$$\sigma = \gamma_{sat} \cdot h$$

(2) 간극수압(중립응력 ; u)

$$u = \gamma_w \cdot h_w + \gamma_w \cdot h = \gamma_w \cdot (h_w + h)$$

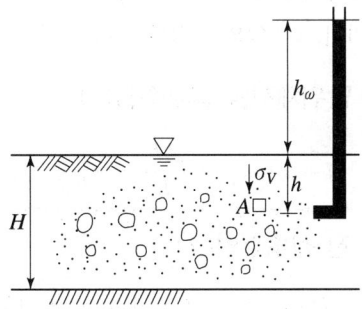

(3) 유효응력(σ') : 지반 내에서 흙의 파괴 및 강도를 지배한다.

$$\sigma' = \sigma - u = +\gamma_{sat} \cdot h - \gamma_w \cdot h_w - \gamma_w \cdot h$$

2. 유효 응력과 모관압력의 관계

(1) 모관포텐셜

① 완전히 포화된 흙의 모관포텐셜

$$u = -\gamma_w \cdot h$$

여기서, h : 지하수면으로부터 구하고자 하는 임의지점까지 측정한 높이

② 부분적으로 포화된 흙의 모관포텐셜

$$u = -\frac{S}{100} \cdot \gamma_w \cdot h$$

(2) 해석방법

모관상승 현상이 있는 부분은 ($-$)공극수압이 생겨 유효응력이 증가하게 된다.

$$\sigma' = \sigma - u = \sigma - (-\gamma_w \cdot h) = \sigma + \gamma_w \cdot h$$

3. 침투수가 있는 경우의 토층 내부 응력

(1) 단위면적당 침투수압(F)

$$F = i \cdot \gamma_w \cdot z$$

여기서, z : 임의의 점의 깊이

① 단위체적당 침투수압(j)

$$j = i \cdot \gamma_w = \frac{\Delta h}{L} \cdot \gamma_w$$

② 전 침투수압(J)

$$J = i \cdot \gamma_w \cdot L \cdot A = \gamma_w \cdot \Delta h \cdot A$$

(2) 상향 침투

상향침투시 유효응력은 침투수압만큼 감소하고 간극수압은 침투수압만큼 증가한다.

(3) 하향 침투

하향침투시 유효응력은 침투수압만큼 증가하고 간극수압은 침투수압만큼 감소한다.

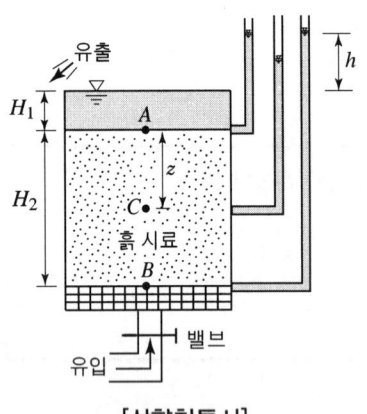

[상향침투시]

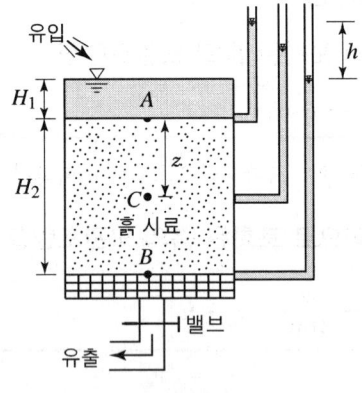

[하향침투시]

지점	정수압상태의 유효응력	침투수압	상향침투시 유효응력	하향침투시 유효응력
A지점	$\sigma_A' = 0$	$F = 0$	$\sigma_A' = 0$	$\sigma_A' = 0$
C지점	$\sigma_C' = \gamma_{sub} \cdot z$	$F = i \cdot \gamma_w \cdot z$	$\sigma_C' = \gamma_{sub} \cdot z - i \cdot \gamma_w \cdot z$	$\sigma_C' = \gamma_{sub} \cdot z + i \cdot \gamma_w \cdot z$
B지점	$\sigma_B' = \gamma_{sub} \cdot H_2$	$F = i \cdot \gamma_w \cdot H_2$	$\sigma_B' = \gamma_{sub} \cdot H_2 - i \cdot \gamma_w \cdot H_2$	$\sigma_B' = \gamma_{sub} \cdot H_2 + i \cdot \gamma_w \cdot H_2$

지점	정수압상태의 간극수압	침투수압	상향침투시 간극수압	하향침투시 간극수압
A지점	$u_A = \gamma_w \cdot H_1$	$F = 0$	$u_A = \gamma_w \cdot H_1$	$u_A = \gamma_w \cdot H_1$
C지점	$u_C = \gamma_w \cdot (H_1 + z)$	$F = i \cdot \gamma_w \cdot z$	$\sigma_C' = \gamma_w \cdot (H_1 + z) + i \cdot \gamma_w \cdot z$	$\sigma_C' = \gamma_w \cdot (H_1 + z) - i \cdot \gamma_w \cdot z$
B지점	$u_B = \gamma_w \cdot (H_1 + H_2)$	$F = i \cdot \gamma_w \cdot H_2$	$u_B = \gamma_w \cdot (H_1 + H_2) + i \cdot \gamma_w \cdot H_2$	$u_B = \gamma_w \cdot (H_1 + H_2) - i \cdot \gamma_w \cdot H_2$

4. 분사현상(Quick sand)

(1) 한계동수경사(i_c)

$$i_c = \frac{\gamma_{sub}}{\gamma_w} = \frac{G_s - 1}{1 + e}$$

(2) 분사현상(Quick sand)

모래 지반에서 유효응력이 0(zero)이 되는 곳이 분사현상이 일어나는 한계점이 된다.

① 분사현상이 일어나지 않을 조건

㉠ $i < i_c = \dfrac{\gamma_{sub}}{\gamma_w} = \dfrac{G_s - 1}{1 + e}$ (안전율을 1로 보는 경우)

㉡ $F_s = \dfrac{i_c}{i} = \dfrac{\dfrac{G_s - 1}{1 + e}}{\dfrac{h}{L}} >$ 고려 안전율

② 분사현상이 일어날 조건

㉠ $i \geq i_c = \dfrac{\gamma_{sub}}{\gamma_w} = \dfrac{G_s - 1}{1 + e}$ (안전율을 1로 보는 경우)

㉡ $F_s = \dfrac{i_c}{i} = \dfrac{\dfrac{G_s - 1}{1 + e}}{\dfrac{h}{L}} \leq$ 고려 안전율

(3) 안전율

$$F_s = \frac{i_c}{i} = \frac{\dfrac{G_s - 1}{1 + e}}{\dfrac{h}{L}}$$

여기서, L : 널말뚝의 관입깊이

5. 히빙(heaving)현상

(1) 개 념

① 널말뚝(sheet pile) 주변 등에서 토괴중량의 불균형으로 인하여 굴착저면이 부풀어 오르는 현상이다.
② 주로 점토지반에서 발생한다.

(2) 히빙의 안정점토(Terzaghi식)

$$F_s = \frac{5.7\,C}{\gamma_t H - \dfrac{CH}{0.7B}} > 1.5$$

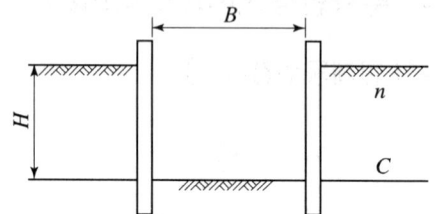

(3) 히빙 방지대책

① 흙막이의 근입깊이를 깊게 한다.
② 표토를 제거하여 하중을 적게 한다.
③ 굴착저면에 하중을 가한다.
④ 지반 개량을 한다.

6. 지중응력

(1) 집중하중에 의한 응력증가

① 연직응력 증가량($\Delta\sigma_z$)

$$\Delta\sigma_z = \frac{3 \cdot Q \cdot Z^3}{2 \cdot \pi \cdot R^5} = \frac{Q}{z^2} \cdot I$$

여기서, $R = \sqrt{r^2 + z^2}$

② 영향계수(I, 영향값, 부시네스크지수)

$$I = \frac{3 \cdot z^5}{2 \cdot \pi \cdot R^5} = \frac{3}{2 \cdot \pi}\frac{1}{(1 + r^2/z^2)^{5/2}}$$

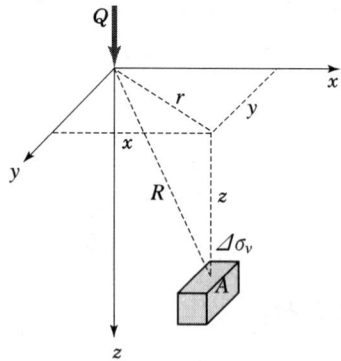

 선하중 작용시 편심거리 x만큼 떨어진 곳에서의 연직응력 증가량($\Delta\sigma_z$)

$$\Delta\sigma_z = \frac{2 \cdot Q \cdot Z^3}{\pi \cdot (x^2 + z^2)^2}$$

(2) 사각형 등분포하중에 의한 응력증가

① 연직응력 증가량($\Delta\sigma_z$)

사각형 등분포하중 모서리 직하의 깊이 z 점

$$\Delta\sigma_z = q_s \cdot I$$

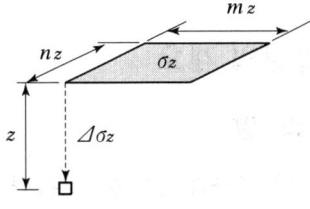

② 영향계수

$$I = f(m, n)$$

여기서, $m = \dfrac{B}{z}$, $n = \dfrac{L}{z}$ 이다.

③ 직사각형 단면 내부의 A점 아래의 지중응력

$$\Delta\sigma_z = \sigma_z \cdot I(Ahae) + \sigma_z \cdot I(Aebf) \\ + \sigma_z \cdot I(Afcg) + \sigma_z \cdot I(Agdh)$$

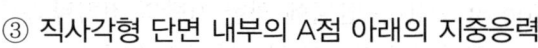

④ 직사각형 단면 외부의 G점 아래의 지중응력

$$\Delta\sigma_z = \sigma_z \cdot I(GEBI) - \sigma_z \cdot I(GEAH) \\ - \sigma_z \cdot I(GFCI) + \sigma_z \cdot I(GFDH)$$

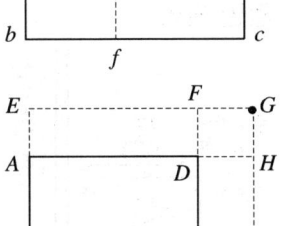

(3) 2 : 1분포법(약산법)

$$\Delta\sigma_z = \dfrac{Q}{(B+z)\cdot(L+z)} = \dfrac{q_s \cdot B \cdot L}{(B+z)\cdot(L+z)}$$

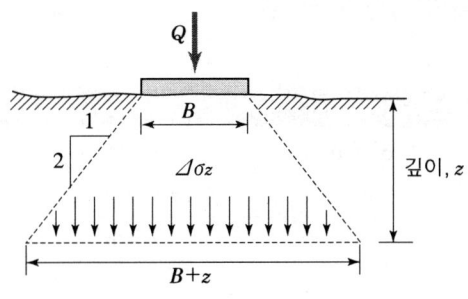
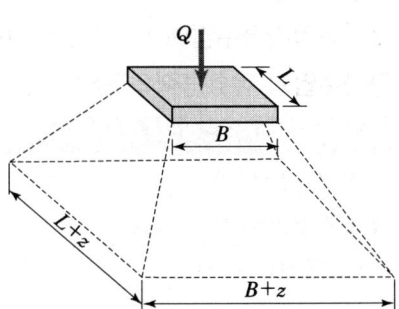

5-5 흙의 압밀

1. 압밀의 개요

(1) 압 밀

흙의 간극속에서 물이 흘러나감으로써 오랜 시간에 걸쳐 흙이 압축되는 현상

(2) Terzaghi의 압밀 시험

압밀시험(Testing for Consolidation of Soil)은 압밀에 의한 지반의 침하량과 침하속도를 구하기 위한 시험으로 지반을 시험하여야 하므로 불교란시료를 사용하는 시험이라 할 수 있다.

① 압밀 원리

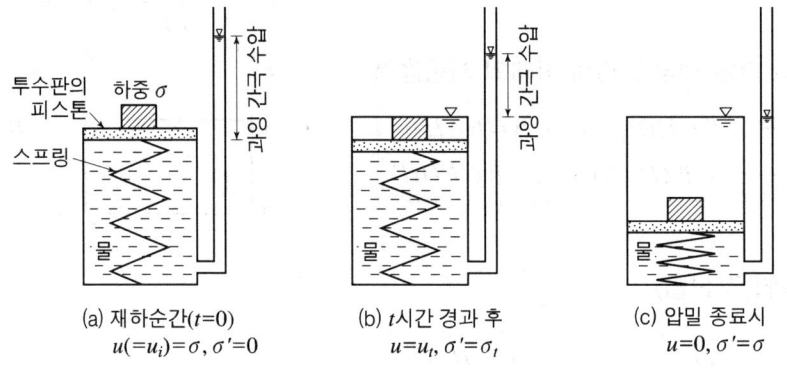

(a) 재하순간($t=0$)
$u(=u_i)=\sigma,\ \sigma'=0$

(b) t시간 경과 후
$u=u_t,\ \sigma'=\sigma_t$

(c) 압밀 종료시
$u=0,\ \sigma'=\sigma$

② 과잉간극수압(u_e) : 외부하중으로 인하여 간극수에 작용하는 간극수압
③ 초기과잉간극수압(u_i) : 시간 $t=0$일 때의 과잉간극수압
④ 간극수압과 유효응력의 관계

경과 시간(t)	과잉간극수압(u_e)	유효응력(σ')	피스톤에 가해진 힘(σ)
압밀순간($t=0$)	$u_e=u_i$	$\sigma'=0$	$\sigma=u_i$
압밀진행($0<t<\infty$)	u_e	σ'	$\sigma=\sigma'+u_e$
압밀종료($t=\infty$)	$u_e=0$	σ'	$\sigma=\sigma'$

(3) Terzaghi의 1차원 압밀 가정

① 흙은 균질하다.
② 흙은 완전히 포화되어 있다.

③ 흙 입자와 물은 비압축성이다.
④ 투수와 압축은 1차원이다. 즉, 연직으로만 발생한다.
⑤ 물의 흐름은 Darcy의 법칙에 따른다.
⑥ 흙의 성질은 압력의 크기에 관계없이 일정하다.

(4) 침하의 종류

① 즉시침하(탄성침하, immediate settlement) : 함수비의 변화없이 탄성변형에 의해 일어나는 침하
② 1차 압밀침하 : 과잉공극수압이 소산되면서 빠져나간 물만큼 흙이 압축되어 발생하는 침하
③ 2차 압밀침하
　㉠ 과잉공극수압이 완전히 소산된 후에 발생하는 침하
　㉡ 흙 구조의 소성적 재조정 때문에 발생하는 압축변형
　㉢ 원인 : 하중의 지속적인 재하로 인한 creep 변형
　㉣ 점토층의 두께가 클수록, 소성이 클수록, 유기질이 많이 함유된 흙일수록 2차 압밀침하량이 크다.

2. 압밀관련 지수

(1) 압밀도(U) : 압밀의 진행정도

① 압밀량

$$U = \frac{\text{현재의 압밀량}}{\text{최종 압밀량}} \times 100 = \frac{\Delta H_t}{H} \times 100(\%)$$

여기서, ΔH_t : 임의 시간 t에서의 침하량　　H : 어느 하중에 의한 최종압밀침하량

② 과잉간극수압의 소산정도

$$U = \frac{\text{소산된 과잉간극수압}}{\text{초기과잉간극수압}} \times 100 = \frac{u_i - u_e}{u_i} \times 100 = \left(1 - \frac{u_e}{u_i}\right) \times 100(\%)$$

③ 시간계수 : 압밀도는 시간계수의 함수가 된다.

$$U = f(T_v) \propto \frac{C_v \cdot t}{d^2}$$

㉠ 압밀도 $\propto$ 압밀계수(C_v)

  ⓒ 압밀도 ∝ 압밀시간(t)
  ⓒ 압밀도는 배수거리(d)의 제곱에 반비례한다.

④ **압밀계수(C_v)**

압밀계수(Coefficient of Consolidation) 값은 시료의 시간-침하량 곡선으로부터 구해지며, Taylor(1942)가 제안한 방법과 Casagra nde와 Fadum(1940)이 제안한 방법의 두가지가 있으며, 압밀계수는 지반의 압밀침하에 소요되는 시간을 추정하는데 사용된다.

 ㉠ $\sqrt{t}$ 법

  U-$\sqrt{t}$ 의 이론곡선에서 U ~ 60% 까지는 거의 지거선이고 이 직선의 기울기의 1 / 1.15 배 되는 기울기로 그은 직선과 이론곡선이 만나는 점의 압밀도가 90%이다.

$$C_v = \frac{T_{90} \cdot d^2}{t_{90}} = \frac{0.848 d^2}{t_{90}}$$

  여기서, T_{90} : 압밀도 90%에 해당되는 시간계수($T_{90} = 0.848$)
     t_{90} : 압밀도 90%에 소요되는 압밀시간

 ㉡ $\log t$ 법

$$C_v = \frac{T_{50} \cdot d^2}{t_{50}} = \frac{0.197 d^2}{t_{50}}$$

  여기서, T_{50} : 압밀도 50%에 해당되는 시간계수($T_{50} = 0.197$)
     t_{50} : 압밀도 50%에 소요되는 압밀시간

⑤ **압축계수(a_v)**

$$a_v = \frac{e_1 - e_2}{P_2 - P_1}$$

⑥ **압축 지수(C_c)**

$$C_c = \frac{e_1 - e_2}{\log P_2 - \log P_1}$$

 ㉠ C_c값의 추정(Terzaghi와 Peck의 제안식, 1967)
  ⓐ 교란된 시료 $C_c = 0.007(W_L - 10)$
  ⓑ 불교란 시료 $C_c = 0.009(W_L - 10)$

점성토의 교란
포화된 점성토 지반에 모래말뚝 등을 지중에 설치하면 주변 지반을 밀게되어 교란이 일어나게 되고 교란 전보다 조밀하게 되어 투수성이 저하되어 수평방향의 압밀계수가 감소하게 된다.
① 교란 전 : 수평방향 압밀계수 > 연직방향 압밀계수
② 교란 후 : 수평방향 압밀계수 ≒ 연직방향 압밀계수

⑦ 팽창지수(C_s)

$$C_s = \left(\frac{1}{5} \sim \frac{1}{10}\right)C_c$$

⑧ 압밀시간(t)

$$t = \frac{T \cdot d^2}{C_v}$$

여기서, d : 배수거리
T : 시간계수
C_v : 압밀계수

⑨ 압밀침하량($S_c = \Delta H$)
㉠ 정규압밀점토 : $P_o > P_c$인 경우
$$S_c = \Delta H = m_v \cdot \Delta \sigma \cdot H = \frac{C_c}{1+e_o} \cdot \log\left(\frac{P_o + \Delta P}{P_o}\right) \cdot H$$

㉡ 과압밀점토
ⓐ $P_o < P_c < (P_o + \Delta P)$인 경우
$$S_c = \frac{C_s}{1+e_o} \cdot \log\left(\frac{P_c}{P_o}\right) \cdot H + \frac{C_c}{1+e_o} \cdot \log\left(\frac{P_o + \Delta P}{P_c}\right) \cdot H$$

ⓑ $P_o < (P_o + \Delta P) < P_c$인 경우
$$S_c = \frac{C_s}{1+e_o} \cdot \log\left(\frac{P_o + \Delta P}{P_o}\right) \cdot H$$

⑩ 과압밀비(OCR)

$$\mathrm{OCR} = \frac{P_c}{P_o}$$

여기서, P_c : 선행압밀하중
P_o : 유효상재하중(유효연직응력)
㉠ OCR < 1 : 압밀이 진행중인 점토
㉡ OCR = 1 : 정규압밀점토
㉢ OCR > 1 : 과압밀점토

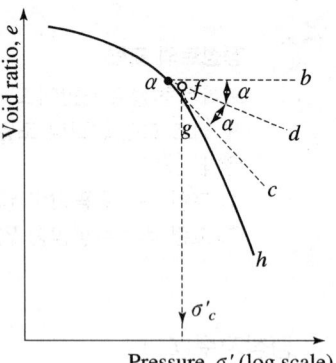

⑪ 압밀시험 성과

하중단계	그래프	구할 수 있는 계수
전하중 단계	$e - \log P$	선행압밀하중(P_c) 압축지수(C_c) 팽창지수(C_s)
각하중 단계	$\sqrt{t} - d$ $\log t - d$	압밀계수(C_v) 체적변화계수(m_v) 압축계수(a_v) 투수계수(K)

⑫ 압밀곡선으로부터 구할 수 있는 요소

구분 \ 곡선	시간-침하량 곡선	하중-간극비 곡선
공통	① 압축계수 ② 체적변화계수	① 압축계수 ② 체적변화계수
차이점	① 압밀계수 ② 투수계수 ③ 1차 압밀비 ④ 압밀시간 산정 ⑤ 각 하중 단계마다 작성	① 압축지수 ② 선행압밀하중 ③ 압밀 침하량 산정 ④ 전 하중 단계에서 작성

5-6 흙의 전단강도

1. 전단강도

전단저항의 최대치로서 활동면에서 전단에 의해 발생하는 최대저항력

(1) Mohr-Coulomb의 파괴규준

$$\tau_f = c + \sigma' \tan\phi$$

여기서, τ_f : 전단강도 c : 흙의 점착력(cohesion of soil)
σ' : 유효수직응력 ϕ : 흙의 내부마찰각(angle of internal friction)

(2) Mohr-Coulomb의 파괴포락선

① 일반흙(Ⓐ)
  $c \neq 0$, $\phi \neq 0$이므로 $\tau = c + \sigma' \tan\phi$
② 모래(Ⓑ)
  $c = 0$, $\phi \neq 0$이므로 $\tau = \sigma' \tan\phi$
③ 점토(Ⓒ)
  $c \neq 0$, $\phi = 0$이므로 $\tau = c$

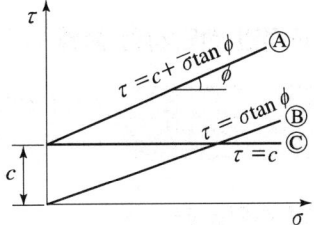

2. Mohr 응력원

(1) 수직응력

$$\sigma_f = \frac{\sigma_1 + \sigma_3}{2} + \frac{\sigma_1 - \sigma_3}{2} \cos 2\theta$$

(2) 전단응력

$$\tau_f = \frac{\sigma_1 - \sigma_3}{2} \sin 2\theta$$

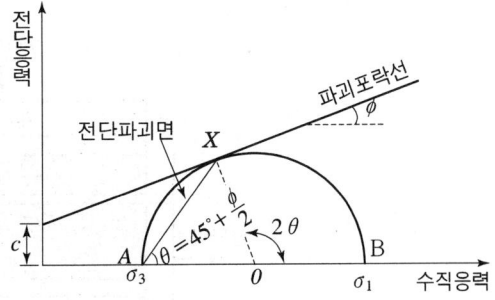

(3) 내부마찰각

$$\sin\phi = \frac{\dfrac{\sigma_1 - \sigma_3}{2}}{\dfrac{\sigma_1 + \sigma_3}{2}} = \frac{\sigma_1 - \sigma_3}{\sigma_1 + \sigma_3} \text{에서}$$

$$\phi = \sin^{-1}\frac{\sigma_1 - \sigma_3}{\sigma_1 + \sigma_3}$$

(4) 파괴면과 최대주응력면이 이루는 각은 θ이다.

$$\theta = 45° + \frac{\phi}{2}$$

3. 전단강도 정수를 결정하기 위한 시험

(1) 대표적인 전단시험 종류

실내시험	• 직접전단시험	• 일축압축시험	• 삼축압축시험
현장시험	• 베인전단시험	• 원추관입시험	• 표준관입시험

(2) 직접 전단시험

직접전단 시험은 상하로 분리된 전단상자 속에 시료를 넣고 수직하중을 가한 상태로 수평력을 가하여 전단상자 상하단부의 분리면을 따라 강제로 파괴를 일으켜서 간편하게 지반의 강도정수를 결정할 수 있는 시험이다.

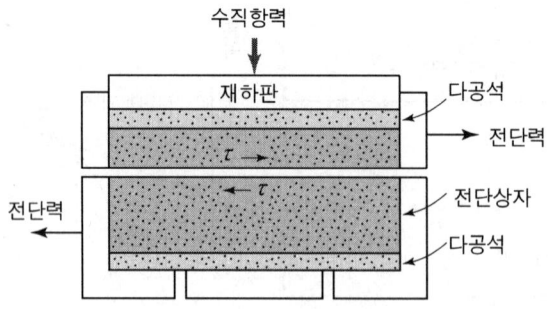

① 일반사항
  ㉠ 직접전단시험에서는 수직응력이 전체 전단면에서 등분포 된다고 가정한다. 공

시체가 너무 두꺼우면 수직응력의 분포가 부등할 수 있으며 전단 중에 시료가 휘어지기 때문에 전단 상자 벽과 공시체가 밀착하지 않을 수 있다. 따라서 큰 단면의 특수 전단시험에서도 공시체의 두께는 수 cm 정도가 되어야 한다.
ⓛ 공시체의 단면은 원형 또는 정사각형이며 대개 원형단면을 많이 사용한다.
ⓒ 수직응력 σ은 수직하중 P를 시료의 단면적으로 나누어 구하고 전단응력 τ는 수평력 S를 시료의 단면적 A로 나누어 계산한다.

$$\sigma = \frac{P}{A} \qquad \tau = \frac{S}{A}$$

ⓔ 이렇게 하여 수직하중을 3, 4회 다른 크기로 시험하여 각 수직응력에 대한 최대 전단응력의 값을 구하면 Coulomb의 파괴식으로부터 점착력 c와 전단저항각 ϕ를 결정할 수 있다.

$$\tau = c + \sigma \tan\phi$$

② **직접전단 시험의 분류**
직접전단 시험은 배수조건에 따라 다음과 같이 분류한다.
 ㉠ 급속시험(Quick Test, Q시험) : 수직하중을 가하고 압밀이 되기 전에 전단시킨다. 만약에 시료가 점착력이 있고 포화상태이면 과잉 간극수압이 발생한다. 이 시험은 삼축시험의 UU(비압밀 비배수)시험과 유사하나, 전단시 배수되는 점이 다르다.
 ㉡ 압밀급속시험(Consolidated Quick Test, Qc시험) : 수직하중을 가하고 수직 변위가 정지할 때까지 관찰한 다음에 전단력을 가하여 급속히 전단시킨다. 이 시험은 삼축 시험의 CU(압밀 배수)시험과 CD(압밀 비배수)시험의 중간이라고 볼 수 있다. 전단 중에 어느 정도의 과잉간극수압이 발생된다.

③ **시험개요**
 ㉠ 급속시험(Quick Test, Q시험)
 ㉡ 압밀급속시험(Consolidated Quick Test, Qc시험)
 ㉢ 압밀 완속시험(Consolidated Slow Test, S시험)

④ **시험장비**

⑤ **시험방법**
 ㉠ 사질토
 ㉡ 점성토

⑥ **계산방법**
 ㉠ 1면 전단 : $\tau = \dfrac{S}{A}$

　　　　ⓒ 2면 전단 : $\tau = \dfrac{S}{2A}$

　⑦ 결과의 정리

　　　㉠ 데이터 쉬트를 정리한다.

　　　㉡ 데이터에는 다음의 값을 기록해야 한다.

　　　㉢ 초기조건 및 압밀과정 정리

　　　㉣ 전단과정정리

　　　㉤ 강도정수(c, ø)의 결정

　⑧ 결과이용

　⑨ 직접 전단시험 특징

　　　㉠ 배수 조절이 어렵고 공극수압 측정을 못한다.

　　　㉡ 시료의 경계에 응력이 집중된다.

　　　㉢ 전단면이 미리 정해진다.

　　　㉣ 시험이 간단하고 결과분석이 빠르다.

(3) 일축압축시험

　① 특징

　　　㉠ $\sigma_3 = 0$인 상태의 삼축압축시험이다.

　　　㉡ ϕ가 작은 점성토에서만 시험이 가능하다.

　　　㉢ UU-test(비압밀비배수시험)

　　　㉣ Mohr원이 하나밖에 그려지지 않는다.

　② 일축압축 시험시의 압축응력

$$\sigma = \dfrac{P}{A_0} = \dfrac{P}{\dfrac{A}{1-\epsilon}} = \dfrac{P(1-\epsilon)}{A}$$

　③ 일축압축강도

$$q_u = 2c\tan\left(45° + \dfrac{\phi}{2}\right)$$

　　　$\phi = 0$인 점토의 일축압축강도는

　　　$q_u = 2c$

(4) 표준관입시험(SPT)

　① N 치

　　　지름 5.1cm, 길이 81cm의 중공식 샘플러를 드릴로드(drill rod)에 연결시켜 시추공 속에 넣고 처음 15cm는 교란되지 않은 원지반에 도달하도록 관입시킨 후 63.5kg의 해머를 76cm의 높이에서 자유낙하시켜 지반에 sampler를 30cm 관입시키는데 필요한 타격횟수 N치를 구한다.

② N치의 수정
  ㉠ Rod 길이에 대한 수정 : Rod 길이가 길수록 N치가 크게 나오므로 이를 수정

  $$N_1 = N'\left(1 - \frac{x}{200}\right)$$

  여기서, N' : 실측 N값 x : Rod 길이(m)

  ㉡ 토질에 의한 수정 : $N_1 > 15$일 때 수정

  $$N_2 = 15 + \frac{1}{2}(N_1 - 15)$$

  ㉢ 상재압에 의한 수정

  $$N = N'\left(\frac{5}{1.4P+1}\right)(\text{kg/cm}^2)$$

  여기서, P : 유효상재하중$(\text{kg/cm}^2) \leq 2.8\text{kg/cm}^2$

③ N, ϕ의 관계(Dunham 공식)
  ㉠ 토립자가 모나고 입도가 양호 : $\phi = \sqrt{12N} + 25$
  ㉡ 토립자가 모나고 입도가 불량 : $\phi = \sqrt{12N} + 20$
     토립자가 둥글고 입도가 양호 : $\phi = \sqrt{12N} + 20$
  ㉢ 토립자가 둥글고 입도가 불량 : $\phi = \sqrt{12N} + 15$

④ N, q_u의 관계

  $$q_u = \frac{N}{8} \ (\text{kg/cm}^2)$$

  $\phi = 0$이면 $c = \frac{N}{16}$ ($\because q_u = 2c$)

⑤ N값과 모래의 상대밀도 관계

N값	상대밀도
2~4	아주 느슨
4~10	느슨
10~30	보통
30~50	조밀
50 이상	아주 조밀

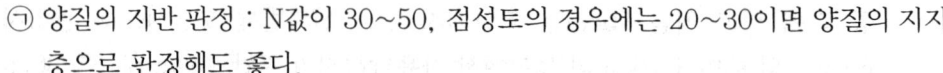

㉠ 양질의 지반 판정 : N값이 30~50, 점성토의 경우에는 20~30이면 양질의 지지층으로 판정해도 좋다.
㉡ 견고한 지반 판정 : N값이 50이상, 점성토의 경우에는 30이상이면 견고한 지층으로 판단이 가능하다.

⑥ N값과 점토의 컨시스턴시 관계

N값	컨시스턴시	일축압축강도(kg/cm²)
2 미만	대단히 연약	0.25 미만
2~4	연약	0.25~0.5
4~08	중간	0.5~1.0
8~15	견고	1.0~2.0
15~30	대단히 견고	2.0~4.0
30 이상	고결	4.0 이상

⑦ 표준관입시험 특성
㉠ 표준관입시험의 N값으로 모래지반의 상대밀도를 추정할 수 있다.
㉡ N값으로 점토지반의 연경도에 관한 추정이 가능하다.
㉢ 지층의 변화를 판단할 수 있는 시료를 얻을 수 있다.
㉣ 표준관입시험에서의 시료는 교란시료가 채취된다.

N값의 이용

[개요] ① 실험의 간편성 및 결과와 여러 지반 특성과의 상관관계에 대한 관계식이 점성토 및 사질토에 대해 제안되어 있어 개략적인 지반의 특성 파악에 많이 이용된다.
② 원지반 시료 채취가 불가능한 사질토 지반에 대해 많이 이용된다.
③ 점성토 지반에 대해서는 그 신뢰성이 다소 결여된다고 알려져 있다.

모래 지반	점토 지반
① 상대밀도 ② 내부마찰각 ③ 침하에 대한 허용지지력 ④ 지지력계수 ⑤ 탄성계수	① 연경도(컨시스턴시) ② 일축압축강도 ③ 점착력 ④ 파괴에 대한 극한지지력 ⑤ 파괴에 대한 허용지지력

⑧ 예민비
예민비가 클수록 흙을 다시 이겼을 때 강도 변화가 큰 점토이다.

$$S_t = \frac{q_u}{q_{ur}}$$

여기서, q_u : 자연상태의 일축압축강도
q_{ur} : 흐트러진 상태의 일축압축강도

(5) 베인시험

극히 연약한 점토층에서 시료를 채취하지 않고 원위치에서 전단강도(점착력)를 측정

전단강도

$$C_u = \frac{M_{\max}}{\pi D^2 \left(\dfrac{H}{2} + \dfrac{D}{6}\right)}$$

여기서, C_u : 점토의 점착력(kg/cm²)
$M_{\max}$: 최대 회전 모멘트(kg cdot cm)
H : 베인의 높이(cm)
D : 베인의 폭(cm)

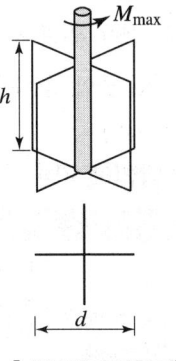

[베인전단시험기]

(6) 배수방법에 따른 분류

① 비압밀 비배수 전단시험
(Unconsolidated Undrain test, UU-test, Q-test)
㉠ 시료 내에 간극수의 배출을 허용하지 않은 상태에서 구속압력(σ_3)을 가하고 비배수 상태에서 축차응력($\sigma_1 - \sigma_3$)을 가하여 전단시키는 시험
㉡ 즉각적인 함수비의 변화나 체적의 변화가 없다.
㉢ 전단 중에 공극수압을 측정하지 않는 전응력 시험이다.
($\phi = 0$, $c \neq 0$, $\tau_f = c$)

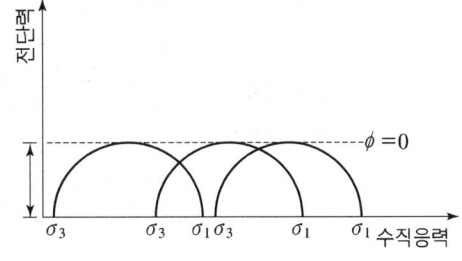

[포화점토의 Mohr 원]

② 압밀 비배수 전단시험(Consolidated Undrain test, CU-test 또는 $\overline{CU}$-test)
㉠ 시료에 구속압력(σ_3)을 가하고 간극수압이 0이 될 때까지 압밀시킨 후 비배수 상태에서 축차응력($\sigma_1 - \sigma_3$)을 가하여 전단시키는 시험
㉡ 간극수압계를 이용하여 공극수압을 측정하고 이를 통해 유효응력으로 전단강도 정수를 결정한다.
㉢ 삼축압축시험의 가장 일반적인 시험방법
㉣ 압밀 배수 전단시험에서 구한 전단강도정수와 거의 동일하므로 $\overline{CU}-test$로 대체가능하다.

③ 압밀 배수 전단시험(Consolidated Drain test, CD-test)
  ㉠ 시료에 구속압력(σ_3)을 가하여 압밀한 후, 시료 중의 공극수의 배수가 허용되도록 축차응력($\sigma_1 - \sigma_3$)을 가하는 시험
  ㉡ 시험 중에 공극수압이 발생하지 않도록 하므로 몇 일 또는 몇 주일이 걸려 비경제적이다.
④ 배수방법에 따른 적용의 예

배수방법	적 용
비압밀 비배수 (UU-test)	① 점토지반이 시공 중 또는 성토한 후 급속한 파괴가 예상되는 경우 ② 압밀이나 함수비의 변화가 없이 급속한 파괴가 예상되는 경우 ③ 재하속도가 과잉공극수압의 소산속도보다 빠른 경우 ④ 즉각적인 함수비의 변화, 체적의 변화가 없는 경우 ⑤ 점토지반의 단기적 안정해석하는 경우
압밀 비배수 (CU-test)	① 성토 하중으로 어느 정도 압밀된 후 급속한 파괴가 예상되는 경우 ② 기존의 제방, 흙 댐에서 수위가 급강하할 때의 안정해석하는 경우 ③ 사전압밀(Pre-loading) 후 급격한 재하시의 안정해석하는 경우
압밀 배수 (CD-test)	① 성토 하중에 의하여 압밀이 서서히 진행되고 파괴도 극히 완만하게 진행될 때 ② 공극수압의 측정이 곤란한 경우 ③ 점토지반의 장기적 안정해석하는 경우 ④ 흙 댐의 정상류에 의한 장기적인 공극수압을 산정하는 경우 ⑤ 과압밀점토의 굴착이나 자연사면의 장기적 안정해석하는 경우 ⑥ 투수계수가 큰 모래지반의 사면 안정해석하는 경우

4. 점성토의 전단 특성

(1) 예민비(Sensitivity)

① 개요
  교란된 흙의 일축압축강도에 대한 교란되지 않은 흙의 일축압축강도의 비

② 예민비(S_t)

$$S_t = \frac{q_u}{q_{ur}}$$

여기서, q_u : 자연 상태의 일축압축강도
       q_{ur} : 재성형한 시료의 일축압축강도

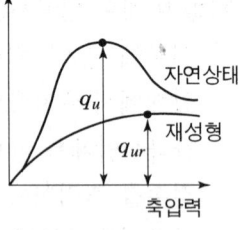

[일축압축시험 결과]

③ 예민비에 따른 점토의 분류

예민비(S_t)	분 류	공학적 성질
약 1	비예민성 점토	예민비가 커질수록
1~8	예민성 점토	- 강도의 변화가 크다
8~64	quick clay	- 공학적 성질이 나쁘다
64 초과	axtra quick clay	- 설계시 안전율을 크게 잡아야 한다.

(2) 딕소트로피(Thixotrophy)

재성형(Remolding)한 시료를 함수비의 변화없이 그대로 방치하여 두면 시간이 경과되면서 강도가 회복되는 현상

(3) 리칭(Leaching) 현상

해수에 퇴적된 점토가 담수에 의해 오랜 시간에 걸쳐 염분이 빠져 나가 강도가 저하되는 현상

(4) 실내시험에 의한 점토의 강도 증가율(C_u/P) 산정 방법

① 소성지수(I_P)에 의한 방법
  ㉠ $I_P > 0.5$인 경우 : $C_u/P = 0.45(I_P)^{1/2}$
  ㉡ $C_u/P = 0.11 + 0.0037 I_P$
② 비배수 전단강도에 의한 방법
③ 압밀비배수 삼축압축시험에 의한 방법
④ 액성지수에 의한 방법 : $I_P > 0.5$인 경우 $C_u/P = 0.18(I_L)^{1/2}$
⑤ 액성한계에 의한 방법 : $w_L > 0.2$인 경우 $C_u/P = 0.5 w_L$

5. 사질토의 전단 특성

(1) Dilatancy 현상

전단상자 속의 시료가 조밀한 경우에는 체적이 증가하나 느슨한 경우에는 체적이 감소한다. 이와 같은 전단변형에 따른 용적변화를 Dilatancy라 한다.

흙 종류	체적변화	다일러턴시	간극수압
촘촘한 모래 (과압밀 점토)	팽창	(+) 다일러턴시	감소(-)
느슨한 모래 (정규 압밀 점토)	수축	(-) 다일러턴시	증가(+)

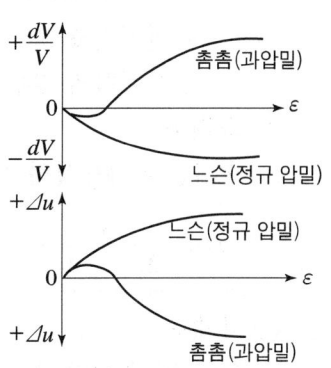

[체적 변화 및 간극수압의 변화]

(2) 액화(액상화) 현상 (liquifaction)

① 정의 : 느슨하고 포화된 모래지반에 지진, 발파 등의 충격하중이 작용하면 체적이 수축함에 따라 공극수압이 증가하여 유효응력이 감소되기 때문에 전단강도가 작아져 현탁액과 같은 상태로 되는 현상

② 방지 대책
  ㉠ 자연간극비를 한계간극비 이하로 한다.
  ㉡ 간극수압제거 : vertical drain 공법, gravel drain 공법
  ㉢ 지하수위 제거 : well point 공법, deep well 공법
  ㉣ 밀도증가 : vibro flotation 공법, sand compaction pile 공법

6. 간극수압계수

(1) 정 의

점토에 압력이 가해지면 과잉간극수압이 발생하는 데, 이 때 전응력의 증가량에 대한 간극수압의 변화량의 비를 간극수압계수라 한다.

$$간극수압계수 = \frac{\Delta u}{\Delta \sigma}$$

(2) 간극수압계수

① B 계수
  ㉠ 등방압축시의 간극수압계수 : $B = \dfrac{\Delta u}{\Delta \sigma_3}$
  ㉡ B 계수 특징
    ⓐ 완전포화($S = 100\%$)이면 $B = 1$ 이다.
    ⓑ 완전건조($S = 0$)이면 $B = 0$ 이다.
    ⓒ 불포화의 경우 B 계수 값은 0과 1사이의 값을 갖는다.

② D 계수
축차응력 작용시의 간극수압계수

$$D = \frac{\Delta u}{\Delta \sigma_1 - \Delta \sigma_3}$$

③ A 계수
  ㉠ 3축압축시의 간극수압은 등방압축시의 간극수압과 축차응력 작용시의 간극수압이 동시에 작용하여 발생한다.

ⓛ 등방압축시의 간극수압과 축차응력 작용시의 간극수압의 합

$$\Delta u = B \cdot \Delta\sigma_3 + D \cdot (\Delta\sigma_1 - \Delta\sigma_3) = B \cdot [\Delta\sigma_3 + A \cdot (\Delta\sigma_1 - \Delta\sigma_3)]$$

여기서, $A = \dfrac{D}{B}$

ⓒ 완전 포화된 흙의 경우는 $B = 1$이므로

$$A = \dfrac{\Delta u - \Delta\sigma_3}{\Delta\sigma_1 - \Delta\sigma_3}$$

ⓔ 압밀비배수시험의 경우
  ⓐ 구속압을 일정($\Delta\sigma_3 = 0$)하게 유지하고 전단

$$A = \dfrac{\Delta u}{\Delta\sigma_1}$$

  ⓑ A계수를 이용하여 흙의 종류를 개략적으로 파악할 수 있다.
    • A계수 값 0.5~1 : 정규압밀 점토
    • A계수 값 -0.5~0 : 과압밀 점토

7. 응력경로

① 응력경로란 지반내의 임의의 한 점에 작용해온 하중의 변화과정을 응력평면 위에 나타낸 것
② 응력경로는 응력이 변화하는 동안 각 응력상태에 대한 Mohr원의 (p, q)점들을 연결하는 선으로 전응력경로(Total stress path, TSP)와 유효응력경로(Effective stress path, ESP) 등이 있다.

(1) K_f선(수정 파괴포락선)과 ϕ선(파괴포락선)과의 관계
① $\tan\alpha = \sin\phi$
② $a = c\cos\phi$

(2) 응력비

$$K_f = \dfrac{\sigma_{hf}'}{\sigma_{vf}'}$$

여기서, σ_{hf}' : 파괴상태에서의 수평 방향 유효응력
σ_{vf}' : 파괴상태에서의 수직 방향 유효응력

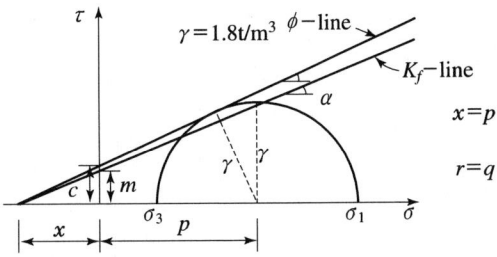

① 응력비가 일정하면 응력경로가 직선이다.

② $\dfrac{q}{p} = \tan\alpha = \dfrac{1-K}{1+K}$

$K = \dfrac{1-\tan\alpha}{1+\tan\alpha}$

(3) $p-q$ diagram(다이아그램)

① 흙의 강도정수

　㉠ 내부마찰각　$\phi = \sin^{-1}\tan\alpha$

　㉡ 점착력　　　$c = \dfrac{\alpha}{\cos\phi}$

② 응력비

$$K = \dfrac{\sigma_h}{\sigma_v} = \dfrac{1-\tan\beta}{1+\tan\beta}$$

여기서, β : 응력경로의 기울기

> **참고** $p-q$ diagram(다이아그램)에서 K_f선이 파괴선을 나타내는 경우 흙의 강도정수와 응력비 계산
>
>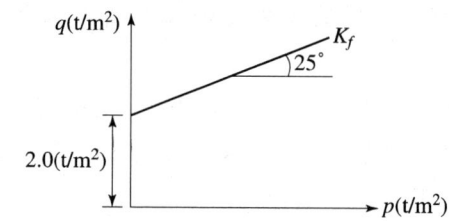
>
> ① 내부마찰각　$\phi = \sin^{-1}\tan\alpha = \sin^{-1}\tan 25° = 27°47'41.58''$
>
> ② 점착력　　$c = \dfrac{\alpha}{\cos\phi} = \dfrac{2}{\cos 27°47'41.58''} = 2.26\text{t/m}^2 \times 9.8\text{kN/t} = 22.148\text{kN/m}^2$
>
> ③ 응력비　　$K = \dfrac{\sigma_h}{\sigma_v} = \dfrac{1-\tan\beta}{1+\tan\beta} = \dfrac{1-\tan 25°}{1+\tan 25°} = 0.36$

5-7 토 압

1. 토압의 종류

① **정지토압**(P_o) : 수평(횡)방향으로 변위가 없을 때의 토압
② **주동토압**(P_a) : 벽체가 뒤채움 흙의 압력에 의해 배면 흙으로부터 떨어지도록 작용하는 토압
② **수동토압**(P_p) : 주동토압이 발생할 때 뒤채움 흙 쪽으로 압축하는 수평(횡)방향의 토압

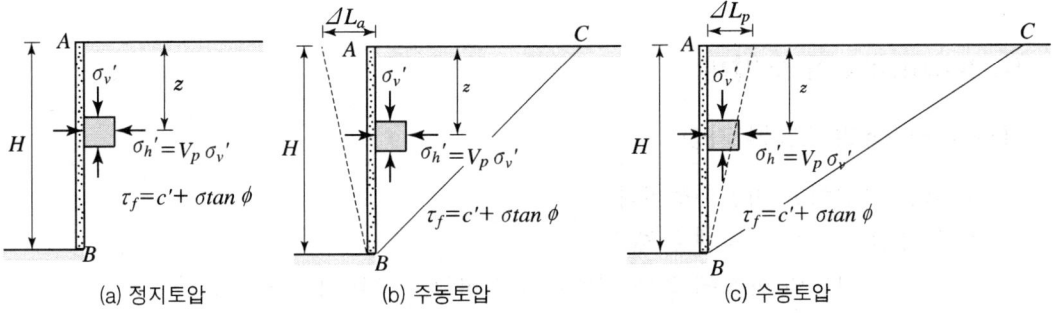

(a) 정지토압   (b) 주동토압   (c) 수동토압

2. 정지토압계수(K_o)

① 일반식

$$K_0 = \frac{\sigma_h}{\sigma_v}$$

② 경험식 - 사질토인 경우(Jaky, 1944)

$$K_0 = 1 - \sin\overline{\phi}$$

여기서, $\overline{\phi}$: 유효응력으로 구한 전단저항각

③ 정지토압계수 추정식

$$K_0 = 0.19 + 0.233\log(PI)$$

3. Rankine의 토압계수

① 주동토압계수 $K_a = \dfrac{1-\sin\phi}{1+\sin\phi} = \tan^2\left(45° - \dfrac{\phi}{2}\right) = \dfrac{1}{K_p}$

② 수동토압계수 $K_p = \dfrac{1+\sin\phi}{1-\sin\phi} = \tan^2\left(45° + \dfrac{\phi}{2}\right) = \dfrac{1}{K_a}$

4. 토압크기 순서

$P_p > P_o > P_A \qquad K_p > K_o > K_A$

5. Rankine의 토압론

(1) Rankine의 토압론 가정

① 흙은 균질이고 비압축성이다.
② 지표면은 무한히 넓게 존재한다.
③ 흙은 입자간의 마찰에 의해 평형을 유지하므로 벽마찰은 무시한다.
④ 토압은 지표면에 평행하게 작용한다.
⑤ 중력만 작용하고 지반은 소성평형상태에 있다.

(2) 지표면이 수평인 경우 연직벽에 작용하는 토압

① 주동토압 $P_a = \dfrac{1}{2}\gamma H^2 K_a$

② 수동토압 $P_P = \dfrac{1}{2}\gamma H^2 K_P$

(3) 점착고

인장균열 깊이 $Z_c = \dfrac{2c}{\gamma}\dfrac{1}{\tan\left(45° - \dfrac{\phi}{2}\right)} = \dfrac{2c}{\gamma}\tan\left(45° + \dfrac{\phi}{2}\right)$

(4) 한계고

$$H_c = 2Z_c = \frac{4c}{\gamma}\tan\left(45°+\frac{\phi}{2}\right)$$

① 구조물의 설치없이 사면이 유지되는 높이
② 토압의 합력이 0이 되는 깊이

(5) 등분포 재하시의 토압 ($c=0$, $i=0$)

① 주동 및 수동토압

$$P_a = \frac{1}{2}\gamma H^2 K_a + q_s K_a H$$

$$P_P = \frac{1}{2}\gamma H^2 K_P + q_s K_P H$$

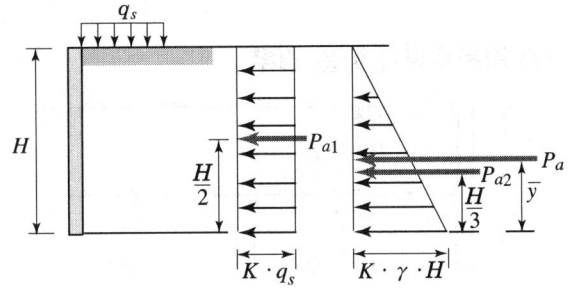

② 주동토압이 작용하는 작용점 위치(y)

$$P_{a1}\cdot\frac{H}{2}+P_{a2}\cdot\frac{H}{3}=P_a\cdot y \text{에서}\quad y=\frac{P_{a1}\cdot\dfrac{H}{2}+P_{a2}\cdot\dfrac{H}{3}}{P_a}$$

여기서, $P_a = P_{a1}+P_{a2}$

(6) 뒤채움 흙이 이질층인 경우 ($c=0$, $i=0$)

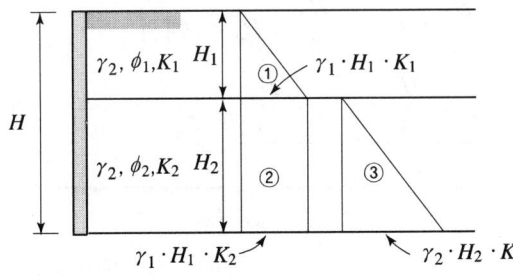

① 주동 및 수동토압

$$P_a = \frac{1}{2}\gamma_1 H_1^2 K_{a1} + \gamma_1 H_1 H_2 K_{a2} + \frac{1}{2}\gamma_2 H_2^2 K_{a2}$$

$$P_P = \frac{1}{2}\gamma_1 H_1^2 K_{P1} + \gamma_1 H_1 H_2 K_{P2} + \frac{1}{2}\gamma_2 H_2^2 K_{P2}$$

② 주동토압이 작용하는 작용점 위치(y)

$$P_{a1}\left(\frac{H_1}{3}+H_2\right)+P_{a2}\cdot\frac{H_2}{2}+P_{a3}\cdot\frac{H_2}{3}=P_a\cdot y \text{에서}$$

$$y=\frac{P_{a1}\left(\frac{H_1}{3}+H_2\right)+P_{a2}\cdot\frac{H_2}{2}+P_{a3}\cdot\frac{H_2}{3}}{P_a}$$

여기서, $P_a = P_{a1} + P_{a2} + P_{a3}$

(7) 지하수위가 있는 경우

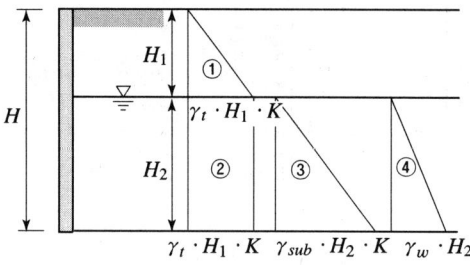

① 주동 및 수동토압

$$P_a = \frac{1}{2}\gamma H_1^2 K_a + \gamma H_1 H_2 K_a + \frac{1}{2}\gamma_{sub}H_2^2 K_a + \frac{1}{2}\gamma_w H_2^2$$

$$P_P = \frac{1}{2}\gamma H_1^2 K_P + \gamma H_1 H_2 K_P + \frac{1}{2}\gamma_{sub}H_2^2 K_P + \frac{1}{2}\gamma_w H_2^2$$

② 주동토압이 작용하는 작용점 위치(y)

$$P_{a1}\left(\frac{H_1}{3}+H_2\right)+P_{a2}\cdot\frac{H_2}{2}+P_{a3}\cdot\frac{H_2}{3}+P_{a4}\cdot\frac{H_2}{3}=P_a\cdot y \text{에서}$$

$$y=\frac{P_{a1}\left(\frac{H_1}{3}+H_2\right)+P_{a2}\cdot\frac{H_2}{2}+P_{a3}\cdot\frac{H_2}{3}+P_{a4}\cdot\frac{H_2}{3}}{P_a}$$

 연직옹벽에서 지표면의 경사각과 옹벽배면과 흙과의 마찰각이 같은 경우는 Coulomb의 토압과 Rankine의 토압은 같다.

6. 옹벽의 안정조건

(1) 전도에 대한 안정 조건

① 반드시 옹벽에 작용하는 모든 외력의 합력이 저판의 중앙 1/3안에 들어와야 한다.
② 합력이 중앙 1/3 이내에 들어오지 않을 경우 전도에 대해 불안정하게 된다.

$$\text{안전율 } F_S = \frac{M_r}{M_o} = \frac{\sum Wx}{Hy} \geq 2.0$$

여기서, M_r : 저항모멘트의 합
　　　　M_o : 전도모멘트의 합
　　　　$\sum W$: 수직력의 총화(옹벽의 자중+저판상부 흙 무게)
　　　　H : 수평력

(2) 활동에 대한 안정 조건

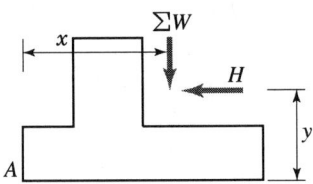

$$\text{안전율 } F_S = \frac{H_r}{H} = \frac{f(\sum W)}{H} \geq 1.5$$

여기서, H_r : 수평저항력(마찰력+점착력+수동토압)
　　　　마찰력=마찰계수×수직력의 총화(옹벽 자중+뒷굽판위의 흙무게)
　　　　점착력=점착계수×저판폭
　　　　수동토압=수동토압계수×수직토압의 총화
　　　H : 수평력(주동토압)
　　　f : 콘크리트 저판과 기초지반과의 마찰계수
　　　$\sum W$: 수직력의 총화

(3) 지반 지지력(침하)에 대한 안정 조건

① 지지 지반에 작용하는 최대 압력이 지반의 허용지지력을 초과하지 않아야 한다.

$$F_S = \frac{q_a}{q_{\max}} \geq 1.0 \qquad q_a = \frac{q_u}{3}$$

여기서, q_a : 지반의 허용지지력　　$q_{\max}$: 최대 지지반력　　q_u : 지반의 극한지지력

$e = 0$, $q = \dfrac{P}{A} = \dfrac{P}{B}$

$e < \dfrac{B}{6}$(핵안), $q_{\max} = \dfrac{P}{B}\left(1 + \dfrac{6e}{B}\right)$

$\qquad\qquad\qquad q_{\min} = \dfrac{P}{B}\left(1 - \dfrac{6e}{B}\right)$

$e = \dfrac{B}{6}$(중앙 $\dfrac{1}{3}$ 핵점), $q = \dfrac{2P}{A} = \dfrac{2P}{B}$

$e > \dfrac{B}{6}$(핵밖), $q = \dfrac{2P}{3a}$

※ 하중과 먼 곳이 하중 분포의 꼭지점 또는 적은 쪽이 된다.

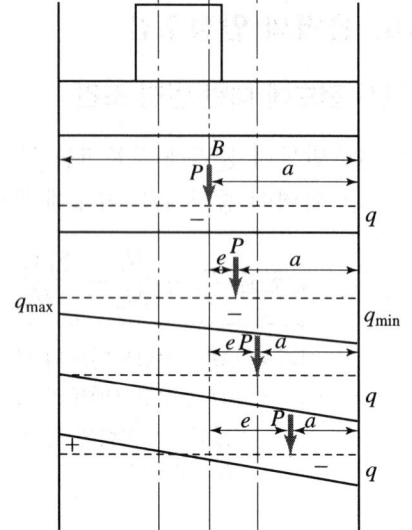

5-8 흙의 다짐

1. 다짐(Compaction)

(1) 정 의

다짐이란 흙에 타격, 진동, 누름 등의 인위적 힘(에너지)을 가하여 간극 내의 공기를 배출시킴으로써 입자를 치밀하게 하여 흙의 단위중량을 증대시키는 것을 말한다.

(2) 다짐 효과

① 흙의 전단강도를 증가시켜 사면 안정성을 개선한다.
② 부착력이 증대하고 투수성이 감소한다.
③ 압축성이 감소되므로 지반의 침하가 감소한다.
④ 지반의 흡수성이 감소한다.
⑤ 상대밀도가 증가하므로 단위중량이 증대된다.
⑥ 동상, 팽창, 수축 등을 감소시킨다.

2. 다짐이론

(1) 다짐곡선

함수비와 다져진 흙의 건조단위중량과의 관계곡선
① 최적함수비(OMC)
  흙이 가장 잘 다져지는 함수비
② 최대 건조단위중량 : OMC에서 얻어진다.

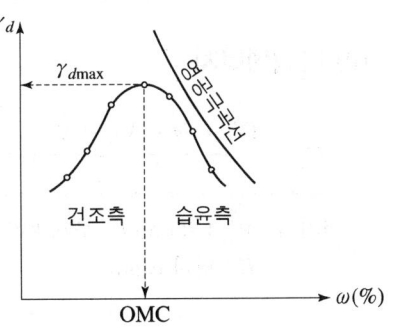

(2) 함수비 변화에 따른 흙 상태의 변화

① 제 1 단계 : 수화단계(반고체 영역)
  ㉠ 반고체상으로 수분이 절대적으로 부족하여 흙입자간의 접착이 없다.
  ㉡ 큰 공극이 존재하여 단위중량이 작다.
  ㉢ 충격력이 가해지면 개개의 입자가 이동하게 되어 다짐효과가 적다.

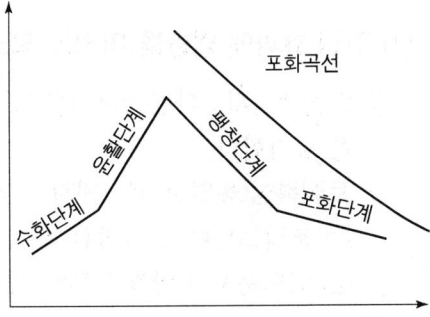

② 제 2 단계 : 윤활단계(탄성 영역)
　㉠ 물의 일부분이 자유수로서 흙입자 사이에 윤활역할을 하게 된다.
　㉡ 다짐시 입자간의 접착이 이루어져 공극비가 줄고 안정된 상태가 된다.
　㉢ 흙은 조밀하게 되어 함수비가 증가함에 따라 건조단위중량이 증가한다.
　㉣ 최대함수비 부근에서 최적함수비(OMC)가 나타난다.
③ 제 3 단계 : 팽창단계(소성 영역)
　㉠ 최적함수비를 넘으면 증가분의 물이 윤활역할 뿐만 아니라 다져진 순간에 잔류 공기를 압축시킨다.
　㉡ 다짐 충격에 의해 흙이 압축되었다가 충격 제거시 다시 팽창한다.
④ 제 4 단계 : 포화단계(반점성 영역)
　㉠ 함수비가 더욱 증가하면 증가된 수분은 흙입자와 치환되며, 모든 공기를 배제하며 포화시킨다.
　㉡ 흙입자가 수분에 의하여 치환된 만큼 건조단위중량이 감소한다.

(3) 다짐도(C_d)

다짐의 정도를 말하며, 보통 90~95%의 다짐도가 요구된다.

$$C_d = \frac{\text{현장의 } \gamma_d}{\text{실내 다짐시험에 의한 } \gamma_{d\max}} \times 100(\%)$$

(4) 다짐에너지

$$E_c = \frac{W_R \cdot H \cdot N_B \cdot N_L}{V} (\text{kg} \cdot \text{cm}/\text{cm}^3)$$

여기서, W_R : Rammer 무게(kg)　　N_B : 다짐횟수　　N_L : 다짐층수
　　　　H : 낙하고(cm)　　　　　V : Mold의 체적(cm^3)

3. 다짐한 흙의 특성

(1) 다짐 효과에 영향을 미치는 요소(다짐곡선의 특성)

① 다짐에너지 : 다짐에너지를 크게할수록 최적함수비는 감소하고 최대 건조단위중량은 증가한다.
② 토질특성(동일한 에너지로 다지는 경우)
　㉠ 조립토일수록 최적함수비는 작고 최대 건조단위중량은 크다.
　㉡ 입도분포가 양호할수록 최적함수비는 작고 최대 건조단위중량은 크다.

ⓒ 점성토에서 소성이 증가할수록 최적함수비는 크고 최대건조단위중량은 작다.
ⓓ 점성토일수록 다짐곡선이 평탄하고 최적함수비가 높아서 함수비의 변화에 따른 다짐효과가 작다.

(2) 흙의 종류에 따른 다짐곡선의 성질

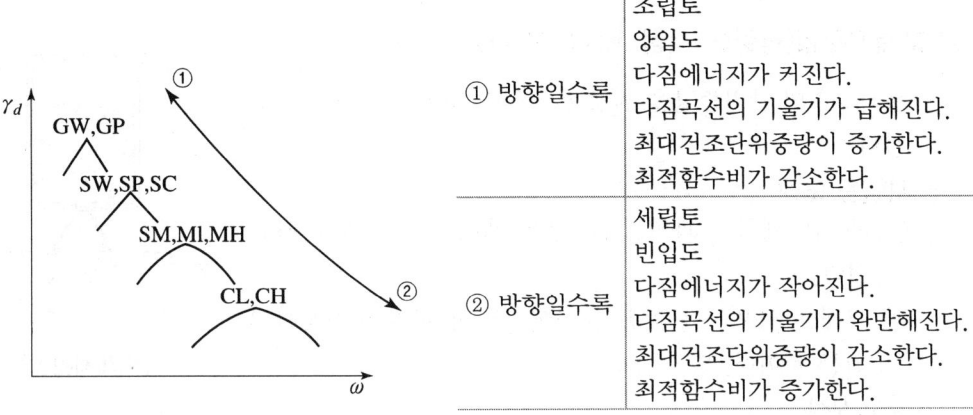

① 방향일수록	조립토 양입도 다짐에너지가 커진다. 다짐곡선의 기울기가 급해진다. 최대건조단위중량이 증가한다. 최적함수비가 감소한다.
② 방향일수록	세립토 빈입도 다짐에너지가 작아진다. 다짐곡선의 기울기가 완만해진다. 최대건조단위중량이 감소한다. 최적함수비가 증가한다.

(3) 다짐한 점성토의 공학적 특성

① **흙의 구조** : 건조측에서 다지면 면모구조가 되고 습윤측에서 다지면 이산구조가 된다.
② **투수계수** : 최적함수비보다 약간 습윤측에서 투수계수가 최소가 된다.
③ **전단강도**
  ㉠ 건조측에서는 다짐에너지가 증가할수록 강도가 증가하나 습윤측에서는 다짐에너지의 크기에 따른 강도의 증감을 거의 무시할 수 있다.
  ㉡ 동일한 다짐에너지에서는 건조측이 습윤측보다 전단강도가 훨씬 크다.
④ **팽창성** : 건조측에서 다지면 팽창성이 크고 최적함수비에서 다지면 팽창성이 최소이다.
⑤ **압축성** : 낮은 압력에서는 건조측에서 다진 흙이 압축성이 작고 높은 압력에서는 입자가 재배열되므로 오히려 건조측에서 다진 흙이 압축성이 커진다.

 몰드 속에 있는 흙의 함수비는 다짐에너지에 거의 영향을 받지 않는다.

4. 현장 단위중량 측정 방법

(1) 현장단위중량 결정 방법

① 고무막법 ② 모래치환법
③ 절삭법 ④ 방사선 밀도 측정기에 의한 방법

(2) 모래치환법(들밀도 시험, KS F 2311)

① 목적 : 흙의 단위중량을 현장에서 직접 구할 목적으로 시험한다.

② 시험용 모래
  ㉠ No.10 체를 통과하고 No.200 체에 남는 모래를 사용한다.
  ㉡ 모래를 사용하는 이유는 시험구멍의 체적을 측정하기 위한 것이다.

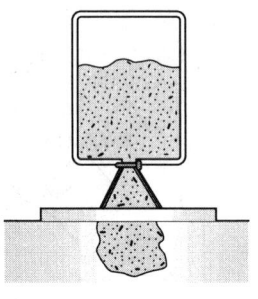

[모래치환법]

③ 결과계산
  ㉠ 습윤단위중량
  $$\gamma_t = \frac{W}{V} = \frac{G_s + \frac{S \cdot e}{100}}{1+e} \cdot \gamma_w$$

  ㉡ 건조단위중량
  $$\gamma_d = \frac{W_s}{V} = \frac{G_s}{1+e} \cdot \gamma_w$$

  ㉢ 습윤단위무게와 건조단위무게의 관계
  $$r_d = \frac{r_t}{1+\frac{w}{100}}$$

  ㉣ 상대 다짐도
  $$U = \frac{\gamma_d}{\gamma_{dmax}} \times 100(\%)$$

5. 포장설계에 적용되는 토질시험

(1) 평판재하시험(PBT) KS F 2310

① 정의 : 지반의 지내력 및 노상, 노반의 지반반력계수, 콘크리트 포장과 같은 강성포장의 두께를 결정하기 위함

② 평판재하시험 종료 조건
  ㉠ 침하량이 15mm에 달한 경우
  ㉡ 하중강도가 그 지반의 항복점을 넘는 경우
  ㉢ 하중강도가 현장에서 예상되는 최대접지 압력을 초과하는 경우

(2) 지반반력계수

$$K = \frac{q}{y}$$

여기서, K : 지지력 계수(kg/cm^3)
  q : 침하량 y(cm)일 때의 하중강도(kg/cm^2)
  y : 침하량(콘크리트 포장인 경우 0.125cm가 표준)

(3) 재하판의 크기에 따른 지지력 계수

재하판의 두께는 2.2cm 이상이고 지름이 30cm, 40cm, 75cm의 원형 또는 정방형의 강판을 사용

$$K_{30} = 2.2 K_{75} \qquad K_{40} = 1.5 K_{75}$$

여기서, K_{30}, K_{40}, K_{75} : 지름이 각각 30cm, 40cm, 75cm의 재하판을 사용하여 구해진 지지력 계수 (kg/cm^3)

(4) 재하판 크기에 대한 보정

① 지지력
  ㉠ 점토지반일 때 재하판 폭에 무관하다.

$$q_{u\,(기초)} = q_{u\,(재하판)}$$

  ㉡ 모래지반일 때 재하판 폭에 비례한다.

$$q_{u\,(기초)} = q_{u\,(재하판)} \cdot \frac{B_{(기초)}}{B_{(재하판)}}$$

② 침하량
　㉠ 점토지반일 때 재하판 폭에 비례한다.

$$S_{(기초)} = S_{(재하판)} \cdot \frac{B_{(기초)}}{B_{(재하판)}}$$

　㉡ 모래지반일 때 침하량은 재하판의 크기가 커지면 약간 커지긴 하지만 폭 B에 비례하는 정도는 못된다.

$$S_{(기초)} = S_{(재하판)} \left[\frac{2B_{(기초)}}{B_{(기초)} + B_{(재하판)}} \right]^2$$

(5) 노상토 지지력비 시험(CBR) KS F 2320

아스팔트 포장과 같은 가요성 포장의 두께를 산정하기 위함

① $\mathrm{CBR} = \dfrac{실험단위하중}{표준단위하중} \times 100(\%) = \dfrac{실험하중}{표준하중} \times 100(\%)$

② $\begin{cases} \mathrm{CBR}_{2.5} > \mathrm{CBR}_{5.0} \cdots\cdots\cdots \mathrm{CBR}_{2.5} \\ \mathrm{CBR}_{2.5} < \mathrm{CBR}_{5.0} \text{이면 재실험하고 재시험 후} \end{cases}$

$\begin{cases} \mathrm{CBR}_{2.5} > \mathrm{CBR}_{5.0} \cdots\cdots\cdots \mathrm{CBR}_{2.5} \\ \mathrm{CBR}_{2.5} < \mathrm{CBR}_{5.0} \cdots\cdots\cdots \mathrm{CBR}_{5.0} \end{cases}$

③ 팽창비 $= \dfrac{\text{다이얼게이지 최종 읽음} - \text{다이얼게이지 최초 읽음}}{\text{공시체의 최초 높이}} \times 100(\%)$

5-9 사면의 안정 해석

1. 사면의 파괴 형태

(1) 단순사면

파괴형상은 원호에 가까운 곡면을 이룬다.
① 사면 내 파괴 : 견고한 지층이 얕은 곳에 있는 경우
② 사면 선단파괴 : 사면의 경사가 급하고 비점착성의 토질
③ 저부파괴 : 사면의 경사가 완만하고 점착성의 토질

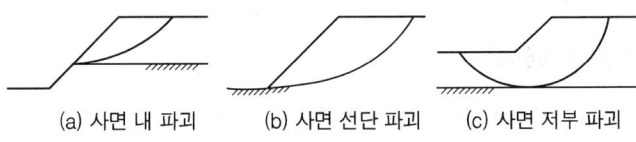

(a) 사면 내 파괴　　(b) 사면 선단 파괴　　(c) 사면 저부 파괴

[단순사면의 파괴 형상]

2. 사면활동의 원인

(1) 사면활동의 원인

전단응력의 증대나 전단강도의 감소로 사면 내에 발생된 전단응력이 사면의 전단강도보다 커지면 사면활동이 일어난다.

전단응력 증대 원인	전단강도 감소 원인
① 외력 작용	① 흡수에 의한 점토지반 팽창
② 함수비 증가로 흙의 단위중량 증가	② 간극수압 증가
③ 굴착으로 인한 균열 발생	③ 흙 다짐 불충분
④ 인장응력에 의한 인장균열 발생	④ 수축, 팽창, 인장으로 인한 미세 균열
⑤ 지진, 폭파 등으로 인한 진동	⑤ 불안정한 흙 속에 발생하는 변형
⑥ 자연 또는 인공에 의해 지하공동 형성	⑥ 동결된 흙이나 아이스렌즈의 융해
⑦ 균열 내의 물 유입으로 수압 증가	⑦ 느슨한 사질토의 진동

3. 사면 안전율

(1) 원형 활동면에 대해

$$F_s = \frac{\text{활동에 저항하는 힘의 모멘트}}{\text{활동을 일으키는 힘의 모멘트}} = \frac{M_r}{M_d}$$

(2) 평면 활동면에 대해

$$F_s = \frac{\text{활동면상의 전단강도의 합}}{\text{활동면상의 실제 전단응력의 합}} = \frac{\tau_f}{\tau_d} = \frac{c + \overline{\sigma} \tan \phi}{c_d + \overline{\sigma} \tan \phi_d}$$

(3) 복합 활동면의 경우

$$F_s = \frac{\text{운동에 저항하려는 힘}}{\text{운동을 일으키려는 힘}}$$

4. 유한 사면의 안정

(1) 단순사면의 안정 해석

① 평면 파괴면을 갖는 사면의 안정 해석
   (Culmann의 도해법)

   ㉠ 한계고 $\quad H_c = \dfrac{4c}{r_t} \cdot \dfrac{\sin\beta \cdot \cos\phi}{1 - \cos(\beta - \phi)}$

   ㉡ 안전율 $\quad F_s = \dfrac{H_c}{H}$

   여기서, H : 사면의 높이

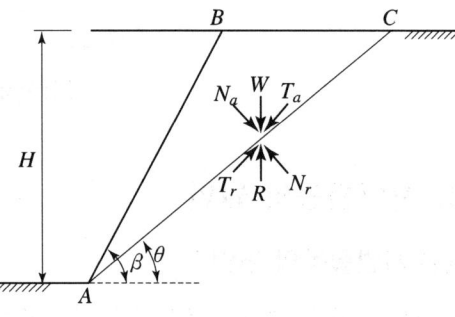

[Culmannm의 도해법]

② 직립사면의 안정해석

   ㉠ 직립사면의 한계고

   $$H_c = 2Z_c = \frac{4c}{r_t} \tan\left(45° + \frac{\Phi}{2}\right) = \frac{2q_u}{r_t}$$

   여기서, Z_c : 인장균열깊이 $Z_c = \dfrac{2c}{r_t} \tan\left(45° + \dfrac{\Phi}{2}\right) = \dfrac{q_u}{r_t}$

   q_u : 일축압축강도

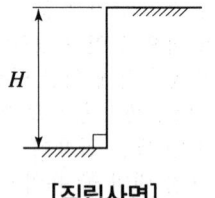

[직립사면]

   ㉡ 안전율 $\quad F_s = \dfrac{H_c}{H}$

③ 안정수를 이용한 단순사면의 안정 해석

㉠ 한계고 $H_c = \dfrac{N_s \cdot c}{r_t}$

여기서, N_s : 안정계수 $N_s = \dfrac{1}{안정수}$

㉡ 안전율 $F_s = \dfrac{H_c}{H}$

㉢ 심도계수 $N_d = \dfrac{H'}{H}$

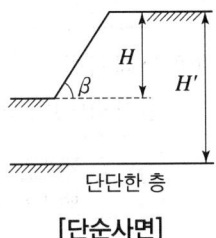

[단순사면]

여기서, H' : 사면 상부로부터 단단한 층(견고한 지반)까지의 깊이

(2) 단순사면의 파괴 형태

① 사면경사각 $\beta \geq 53°$: 심도계수(N_d)와 관계없이 항상 사면 선단파괴 발생
② 사면경사각 $\beta < 53°$: 심도계수(N_d)에 따라 파괴형태 달라짐
③ $N_d \geq 4$: β 에 관계없이 항상 사면 저부 파괴 발생
④ $N_d < 1$: 지반이 얕은 경우로 사면 내 파괴 발생

5. 무한 사면의 안정

(1) 지하수위가 파괴면 아래에 있는 경우(침투가 없는 경우)

① 수직응력

$$\sigma = r \cdot H \cdot \cos^2 \beta$$

② 전단응력

$$\tau = r \cdot H \cdot \cos\beta \cdot \sin\beta$$

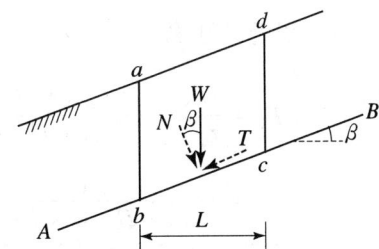

③ 안전율

㉠ 기본식

$$F_s = \dfrac{\tau_f}{\tau_d} = \dfrac{c' + (\sigma - u) \cdot \tan\phi'}{\tau_d}$$

ⓒ 일반적인 흙

$$F_s = \frac{\tau_f}{\tau_d} = \frac{c' + \gamma_t \cdot H \cdot \cos^2\beta \cdot \tan\phi'}{\gamma_t \cdot H \cdot \cos\beta \cdot \sin\beta} = \frac{c'}{\gamma_t \cdot H \cdot \cos\beta \cdot \sin\beta} + \frac{\tan\phi'}{\tan\beta}$$

ⓓ 모래지반

점착력(c)이 0(zero)이므로

$$F_s = \frac{\tan\phi}{\tan\beta}$$

(2) 지하수위가 지표면과 일치하는 경우

① 수직응력

$$\sigma = r_{sat} \cdot H \cdot \cos^2\beta$$

② 간극수압

$$u = r_w \cdot H \cdot \cos^2\beta$$

③ 전단응력

$$\tau = r_{sat} \cdot H \cdot \cos\beta \cdot \sin\beta$$

④ 안전율

ⓐ 기본식

$$F_s = \frac{\tau_f}{\tau_d} = \frac{c' + (\sigma - u) \cdot \tan\phi'}{\tau_d} = \frac{c' + \sigma' \cdot \tan\phi'}{\tau_d}$$

ⓑ 일반적인 흙

$$F_s = \frac{\tau_f}{\tau_d} = \frac{c' + \gamma_{sub} \cdot H \cdot \cos^2\beta \cdot \tan\phi'}{\gamma_{sat} \cdot H \cdot \cos\beta \cdot \sin\beta}$$
$$= \frac{c'}{\gamma_{sat} \cdot H \cdot \cos\beta \cdot \sin\beta} + \frac{\gamma_{sub}}{\gamma_{sat}} \cdot \frac{\tan\phi'}{\tan\beta}$$

ⓒ 모래지반

점착력(c)이 0(zero)이므로

$$F_s = \frac{\gamma_{sub}}{\gamma_{sat}} \cdot \frac{\tan\phi}{\tan\beta}$$

여기서, $\frac{\gamma_{sub}}{\gamma_{sat}} \fallingdotseq \frac{1}{2}$ 이므로 지하수위가 파괴면 아래에 있는 경우에 비하여 안전율이 반감한다.

(3) 수중인 경우

① 일반 흙의 안전율

$$F_s = \frac{\tau_f}{\tau_d} = \frac{c' + \gamma_{sub} \cdot H \cdot \cos^2\beta \cdot \tan\phi}{\gamma_{sub} \cdot H \cdot \cos\beta \cdot \sin\beta} = \frac{c'}{\gamma_{sub} \cdot H \cdot \cos\beta \cdot \sin\beta} + \frac{\tan\phi}{\tan\beta}$$

② 모래지반($c = 0$)의 안전율

점착력(c)이 0(zero)이므로

$$F_s = \frac{\tan\phi}{\tan\beta}$$

6. 사면의 안정 해석 방법

(1) 질량법(Mass procedure)

활동을 일으키는 파괴면 위의 흙을 하나로 취급하는 방법으로 흙이 균질한 경우에 적용 가능한 방법으로 자연사면의 경우 거의 적용할 수 없다.

① $\phi_u = 0$ 해석법

$$F_s = \frac{M_r}{M_d} = \frac{c_u \cdot L_a \cdot r}{W \cdot d}$$

여기서, c_u : 파괴면에 작용하는 비배수점착력
L_a : 파괴면의 길이(호 길이)
r : 임계원의 반지름
W : 토체 중량
d : 임계원 중심에서 토체 중심까지의 거리

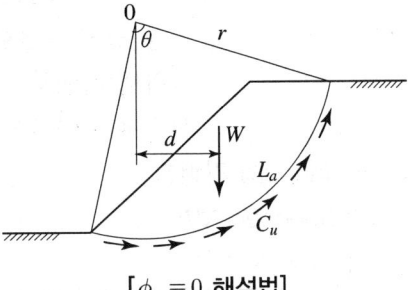

[$\phi_u = 0$ 해석법]

② 마찰원법

(2) 절편법(Slice method, 분할법)

먼저 임의의 활동면을 가정하여, 활동면의 흙을 여러 개의 절편으로 나누어 각 절편에 작용하는 힘을 구하여 절편에 대한 안전율을 결정하는 방법으로, 이질토층과 지하수위가 있는 경우에 적용할 수 있다.

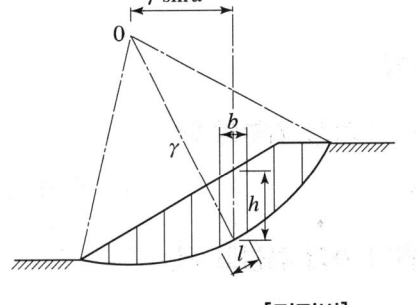

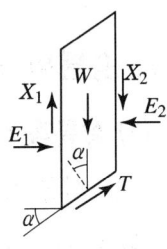

[절편법]

① Fellenius의 간편법
  ㉠ 가정 ⓐ 절편에 작용하는 외력들의 합은 0이다.
           ⓑ $X_1 - X_2 = 0$
           ⓒ $E_1 - E_2 = 0$ 여기서, X_1, X_2 : 절편 양측면에 작용하는 전단력
                                      E_1, E_2 : 절편 양측면에 작용하는 수직력
  ㉡ 특징 ⓐ 사면의 단기 안정해석에 유효하다.
           ⓑ $\phi = 0$ 해석법이다.
           ⓒ 전응력 해석법이다.
           ⓓ 정밀도가 낮고 안전율이 과소평가되지만, 계산이 매우 간편하다는 이점이 있다.

② Bishop의 간편법
  ㉠ 가정 ⓐ 절편의 양 연직면에 작용하는 연직방향의 합력은 0이다.
           ⓑ $X_1 - X_2 = 0$
  ㉡ 특징 ⓐ 사면의 장기안정해석에 유효하다.
           ⓑ 간극수압을 고려할 수 있다.
           ⓒ 전응력 및 유효응력 해석이 가능하다.
           ⓓ 가장 널리 사용한다.
           ⓔ 시산법(시행착오법)으로 안전율을 계산하므로 Fellenius법 보다 훨씬 복잡하나 안전율은 거의 실제와 같다.

③ Janbu의 간편법
④ Spencer 방법

절편법(분할법) 사면안정 해석 순서
① 반지름이 r인 가상활동원을 그린다.
② 가상활동원의 흙을 너비가 일정하게 몇 개의 수직절편(slice)으로 나눈다.
③ 안정검토를 수행한다.

7. 흙댐의 안정

(1) 상류측 사면이 가장 위험할 때
  ① 시공 직후   ② 수위 급강하시

(2) 하류측 사면이 가장 위험할 때
  ① 시공 직후   ② 정상 침투시

5-10 지반조사

1. 개 요
지반조사란 지반의 토층 구성, 두께, 상태 및 토질 특성을 알기 위한 조사로 기초의 설계, 시공에 필요한 자료를 얻기 위해 실시하는 조사이다.

2. 지반조사 방법

(1) 보링(Boring)

지반에 구멍을 뚫어 심층지반을 조사하는 방법

① 보링 목적
- ㉠ 흐트러진(교란) 시료 및 흐트러지지 않은(불교란) 시료의 채취
- ㉡ 지반의 토질 구성 확인
- ㉢ 지층 변화 관측
- ㉣ 지하수위 관측
- ㉤ 시추공에서 원위치시험 실시
- ㉥ 현장투수시험 실시

② 보링 종류
- ㉠ 오거 보링(auger boring) : 흐트러진 시료 채취
- ㉡ 충격식 보링(percyssion boring) : 코아 채취 불가능
- ㉢ 회전식 보링(rotary boring) : 코아 채취 가능

오거 보링(auger boring)
나선형으로 된 송곳을 인력으로 지중에 틀어박는 방법으로 가장 간단하며, 깊이 10m 이내의 점토층에 사용된다.
① 수세식 보링 : 비교적 연약한 토사에 수압을 이용하여 탐사하는 방식으로 선단에 충격을 주어 이중관을 박고 물을 뿜어내어 파진 토사와 물을 같이 배출한다. (깊이 30m 정도의 연결층에 상용)
② 충격식 보링 : 경질층을 깊이 파는 데 이용되는 방식으로 와이어 로프 끝에 있는 충격날의 상하 작동에 의한 충격으로 토사 암석을 파쇄 · 천공하고 파쇄된 토사는 배출한다. 굴진속도가 빠르고 비용도 싸지만 분말상의 교란된 시료만 얻어진다.
③ 회전식 보링 : 지층의 변화를 연속적으로 비교적 정확히 알고자 할 때 이용하는 방식으로 불교란 시료의 채취가 가능하며, Rod의 선단에 첨부하는 Bit를 회전시켜 천공하는 방법이다.

③ 시료의 교란 판정

㉠ 면적비 : 면적비가 10% 이하 이면 불교란 시료로 본다.

$$A_r = \frac{D_0^2 - D_e^2}{D_e^2} \times 100$$

여기서, D_0 : 샘플러의 외경, D_e : 샘플러의 내경

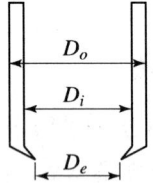

[샘플러의 규격]

④ 암석의 시료 채취

㉠ 회수율(TCR) : 코어채취율

$$TCR = \frac{\text{회수된 암석조각들의 길이 합}}{\text{코어의 이론상 길이}} \times 100(\%)$$

㉡ 암질지수(RQD)

$$RQD = \frac{\text{10cm 이상으로 회수된 암석조각들의 길이 합}}{\text{코어의 이론상 길이}} \times 100(\%)$$

암질지수(RQD, %)	암 질
0~25	매우 불량
25~50	불 량
50~75	보 통
75~90	양 호
90~100	매우 양호

(2) 사운딩(Sounding)

① 정의 : Rod 선단에 설치한 저항체를 지중에 넣어 관입, 인발 및 회전 등에 대한 저항치로부터 지반의 특성을 파악하는 지반조사 방법으로 지반의 형상을 알기 위한 보조수단이므로 예비조사에 사용하는 경우가 많다.

② 종류

㉠ 정적 사운딩 : 일반적으로 점성토에 유효하다.
  ⓐ 휴대용 원추관입시험
  ⓑ 화란식 원추관입시험
  ⓒ 스웨덴식 관입시험
  ⓓ 이스키미터 시험
  ⓔ 베인전단시험 : 회전에 의해서만 지반의 강도를 측정한다.

㉡ 동적 사운딩 : 일반적으로 조립토에 유효하다.
  ⓐ 동적 원추관입시험
  ⓑ 표준관입시험(SPT) : 사질토에 가장 적합하나 점성토에서도 쓰인다.

5-11 얕은 기초

1. 기 초

구조물의 하중을 기초가 놓이는 지반 상에 전달하는 것이다.

(1) 기초의 필요조건

① 최소한의 근입깊이(D_f)를 확보하여 동해에 안정하도록 하여야한다.
② 침하량이 허용치 이내에 들어야 한다.
③ 지지력에 대해 안정해야 한다.
④ 경제적, 기술적으로 시공이 가능하여야 한다.

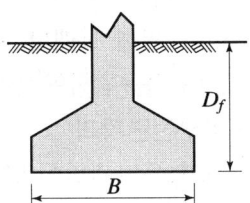

2. 얕은 기초(직접 기초)의 종류

(1) 얕은 기초(직접 기초) 정의

얕은 기초(직접 기초)란 $\dfrac{D_f}{B} \leq 1$ 인 기초를 말하며, 독립 푸팅, 복합 푸팅, 켄틸레버 푸팅, 연속 푸팅, 전면 기초(Mat 기초) 등이 있다.

(2) 얕은 기초의 종류

① 독립 푸팅 기초
② 복합 푸팅 기초
③ 캔틸레버 푸팅 기초
④ 연속 푸팅 기초
⑤ 전면 기초 : 전면기초(mat foundation)는 모든 기둥이나 받침을 하나의 연속된 확대기초로 지지하도록 만든 기초로 기초 지반이 연약한 경우와 전체기초내의 부등침하를 줄여야 할 때 많이 설계된다.

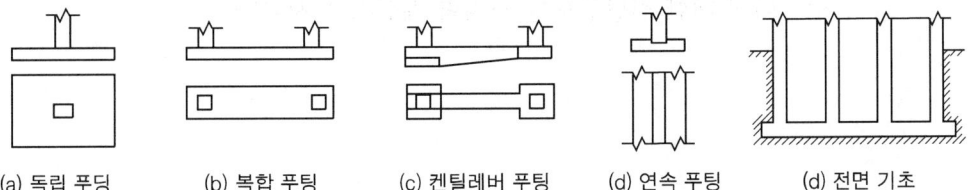

(a) 독립 푸딩　　(b) 복합 푸팅　　(c) 켄틸레버 푸팅　　(d) 연속 푸팅　　(d) 전면 기초

3. 얕은 기초의 극한지지력

(1) 지반의 파괴 형태

① 전반전단파괴
- ㉠ q_u보다 큰 하중이 가해지면 침하가 급격히 일어나고 주위 지반이 융기하며 지표면에 균열이 생긴다.
- ㉡ 지반 내의 파괴면이 지표면까지 확장된다.
- ㉢ 조밀한 모래나 굳은 점토지반에서 일어난다.
- ㉣ 하중-침하곡선에서 피크(peak)점이 뚜렷하다.

② 국부전단파괴
- ㉠ 활동파괴면이 명확하지 않으며, 파괴의 발달이 지표면까지 도달하지 않고 지반 내에서만 발생한다.
- ㉡ 약간의 융기와 흙 속에서의 국부적 파괴가 일어난다.
- ㉢ 느슨한 모래나 연약한 점토지반에서 일어난다.
- ㉣ 하중-침하곡선에서 피크(peak)점이 뚜렷하지 않으며, 경사가 더욱 급해져서 직선으로 변하는 하중 q_u가 극한지지력이다.

③ 관입전단파괴
- ㉠ 기초 지반 관입시 주위 지반이 융기하지 않고 오히려 기초를 따라 침하를 일으키며 파괴가 진행된다.
- ㉡ 기초 침하시 아래 지반이 기초의 하중으로 다져지므로 기초가 침하할 수록 하중은 증가한다.
- ㉢ 아주 느슨한 모래나 아주 연약한 점토지반에서 일어난다.
- ㉣ 하중-침하곡선의 경사가 급해져 곡률이 최대가 되는 직선에 가깝게 변하는 하중 q_u가 극한지지력이다.

(2) Terzaghi의 가정

① 연속기초에 적용되는 지지력 공식이다.
② 기초 저부는 거칠다.
③ 근입깊이까지의 흙 중량은 상재하중으로 가정한다.
④ 근입깊이에 대한 전단강도는 지지력 계산시 무시한다.

(3) Terzaghi의 기초 파괴 형상(전반전단파괴)

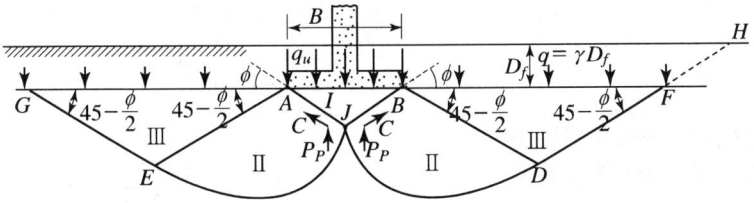

[Terzaghi의 기초 파괴 형상]

① 영역 I
  ㉠ 기초 바로 밑 삼각형 영역 ABJ
  ㉡ 탄성영역(흙쐐기 이론)
  ㉢ 직선 AJ, BJ는 수평선과 ϕ의 각도를 이룬다.

② 영역 II
  ㉠ 원호 JE, JD는 대수나선 원호이다.
  ㉡ 과도영역 또는 방사전단영역

③ 영역 III
  ㉠ Rankine의 수동 영역
  ㉡ 흙의 선형 전단파괴 영역
  ㉢ EG, DF는 직선이다.

④ 파괴 순서
  I → II → III

⑤ 영역 III에서의 수평선과의 각은 $45° - \dfrac{\phi}{2}$ 이다.

⑥ FH선상의 전단강도는 무시한다.

(4) Terzaghi의 수정지지력 공식

$$q_{ult} = \alpha c N_c + \beta \gamma_1 B N_\gamma + \gamma_2 D_f N_q$$

여기서, N_c, N_γ, N_q : 지지력 계수로서 ϕ의 함수이다.
  c : 기초 저면 흙의 점착력(t/m^2)
  B : 기초의 최소폭(m)
  γ_1 : 기초 저면보다 하부에 있는 흙의 단위중량(t/m^3)
  γ_2 : 기초 저면보다 상부에 있는 흙의 단위중량(t/m^3)
    단, γ_1, γ_2는 지하수위 아래에서는 수중단위중량(γ_{sub})을 사용한다.
  D_f : 근입깊이(m)
  α, β : 기초 모양에 따른 형상계수(shape factor)

구분	연속	정사각형	직사각형	원형
α	1.0	1.3	$1+0.3\dfrac{B}{L}$	1.3
β	0.5	0.4	$0.5-0.1\dfrac{B}{L}$	0.3

여기서, B : 구형의 단변길이
L : 구형의 장변길이

① 지하수위의 영향

㉠ 기초하중면 아래쪽의 경우 기초폭보다 깊으면 지지력에 영향이 없다.

㉡ 기초하중면 위에 있는 경우 지하수위 아래쪽 흙의 밀도를 고려하여 평균밀도를 사용한다.

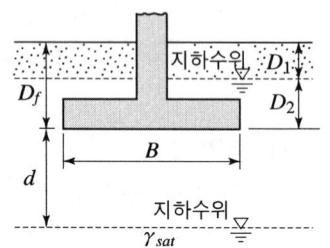

$D_1=0$인 경우(지표면)	$r_1{'}=r_{sub}$	$q=r_{sub}D_f$
$0 \leq D_1 \leq D_f$인 경우(기초저면상단)	$r_1{'}=r_{sub}$	$q=r_2D_1+r_{sub}D_2$
$D_1=D_f$인 경우(기초저면)	$r_1{'}=r_{sub}$	$q=r_2D_f$
$0 \leq d \leq B$인 경우(기초저면하단)	$r_1{'}=r_{sub}+\dfrac{d}{B}(r_1-r_{sub})$	$q=r_2D_f$
$B<d$(지하수영향 안 받는다.)	$r_1{'}=r_1$	$q=r_2D_f$

② 국부전단파괴의 극한지지력

국부전단파괴의 극한지지력은 전반전단파괴의 극한지지력보다 작다.

$$c_l=\frac{2}{3}c \qquad \phi_l=\tan^{-1}\left(\frac{2}{3}\tan\phi\right)$$

③ 점토($\phi=0°$) 지반에 설치한 연속기초의 극한지지력

㉠ 내부마찰각이 $\phi=0°$이므로, $N_c=5.7$, $N_r=0$, $N_q=1$이다.

㉡ 점토 지반에 설치한 기초의 극한지지력은 기초의 폭과는 관계가 없다.

$$q_{ult}=\alpha\cdot c\cdot N_c+\beta\cdot\gamma_1\cdot B\cdot N_r+\gamma_2\cdot D_f\cdot N_q=5.7c+\gamma\cdot D_f$$

④ 점토($\phi=0°$) 지반의 지표면에 설치($D_f=0$)하는

㉠ 연속기초의 극한지지력

- 내부마찰각이 $\phi=0°$이므로, $N_c=5.7$, $N_r=0$, $N_q=1$이다.
- $q_{ult}=5.7c$

㉡ 매끄러운 연속기초의 극한지지력

극한지지력 $q_{ult}=5.7c$의 10%정도 감소하여 $q_{ult}=5.14c$

⑤ 모래 지반에서 연속기초의 극한지지력

모래 지반에서는 점착력이 $c = 0(\text{zero})$이므로

$$q_u = \alpha \cdot c \cdot N_c + \beta \cdot \gamma_1 \cdot B \cdot N_r + \gamma_2 \cdot D_f \cdot N_q$$
$$= 0 + \beta \cdot \gamma_1 \cdot B \cdot N_r + \gamma_2 \cdot D_f \cdot N_q$$

4. Skempton 공식

비배수 상태($\phi_u = 0$)인 포화점토 적용

$$q_u = cN_c + \gamma D_f$$

여기서, N_c : Skempton의 지지력계수($\dfrac{D_f}{B}$에 의해 결정된다.)

γ : 전응력 해석이므로 γ_{sat}을 사용한다.

5. Meyerhof 공식

메이어호프는 지지층의 모래와 자갈지반의 ϕ가 현실적으로 결정되지 않기 때문에 말뚝 선단지반의 콘지지력 q_c를 측정함으로써 실용적으로 식을 제안한다.

(1) 근입의 깊은 말뚝에 대한 지지력공식

$$q_{ult} = c\overline{N_c} + \sigma_o \overline{N_\sigma} + \gamma B \overline{N_r}$$

여기서, $\overline{N_c}, \overline{N_\sigma}, \overline{N_r}$: 지지력 계수(전단저항각 ϕ의 함수)

  c : 점착력(kN/m^2)
  B : 말뚝 지름(m)
  γ : 단위체적중량(kN/m^3)
  σ_o : 기초 측면에 작용하는 측압(kN/m^2)

(2) 기타 지지력공식

$$q_u = 3NB\left(1 + \frac{D_f}{B}\right) \qquad q_u = \frac{3}{40} q_c B \left(1 + \frac{D_f}{B}\right)$$

여기서, q_u : 극한지지력(t/m^2)

  N : 표준관입시험의 N치
  q_c : cone의 관입저항(t/m^2)

6. 허용지지력

$$q_a = \frac{q_u}{F_s}$$

여기서, $F_s = 3$이다.

7. 얕은 기초의 침하

(1) 점토층의 침하

$$S = S_i + S_c + S_s$$

여기서, S : 총침하량 S_i : 즉시침하량 S_c : 압밀침하량 S_s : 2차 압밀침하량

① 즉시침하(탄성침하 ; S_i)

$$S_i = qB \frac{1-\mu^2}{E} I_w$$

여기서, q : 기초의 하중강도(t/m^2) B : 기초의 폭(m) μ : 지반의 푸아송(poisson)비
E : 흙의 탄성계수(흙일 때는 변형계수라 한다.) I_w : 침하에 의한 영향값

② 압밀침하(S_c)
  ㉠ 일반적으로 1차 압밀침하를 말하며, 간극의 물이 빠져나가면서 지반의 체적이 감소되어 일어난다.
  ㉡ 과잉간극수압이 0~100%일 때 발생되는 침하를 말한다.

③ 2차 압밀침하
  ㉠ 과잉간극수압이 완전 소멸 후 구조의 재조정에 의해 발생되는 침하를 말한다.
  ㉡ 과잉간극수압이 0이 된 후에도 계속되는 침하를 말한다.

8. 재하 시험에 의한 지지력 결정

(1) 장기 허용지지력

$$q_a = q_t + \frac{1}{3} \cdot \gamma \cdot D_f \cdot N_q$$

여기서, q_t : 재하 시험에 의한 항복강도의 $\frac{1}{2}$ 또는 극한강도의 $\frac{1}{3}$ 중 작은 값(t/m^2)
      D_f : 기초에 근접된 최저 지반면에서 기초 하중면까지의 깊이(m)
      N_q : 지지력계수

(2) 단기 허용지지력

$$q_a = 2\left[q_t + \frac{1}{3} \cdot \gamma \cdot D_f \cdot N_q\right]$$

9. 접지압과 침하량 분포

(1) 점토지반

① 연성기초
  ㉠ 접지압 : 일정
  ㉡ 침하량 : 기초 중앙부에서 최대
② 강성기초
  ㉠ 접지압 : 양단부에서 최대
  ㉡ 침하량 : 일정

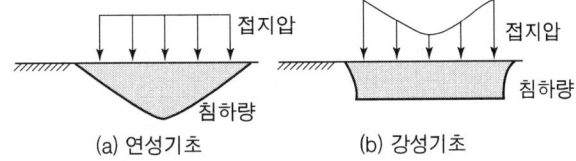

[점토지반의 접지압과 침하량 분포]

(2) 모래지반

① 연성기초
  ㉠ 접지압 : 일정
  ㉡ 침하량 : 기초 양단부에서 최대
② 강성기초
  ㉠ 접지압 : 중앙부에서 최대
  ㉡ 침하량 : 일정

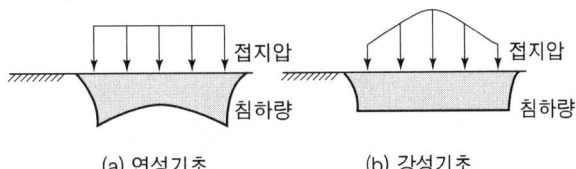

[모래지반의 접지압과 침하량 분포]

10. 보상기초

(1) 순압력

기초의 근입깊이 만큼의 해당 흙에 의한 압력을 제외한 기초의 단위면적당 하중

$$q_{net} = \frac{Q}{A} - r \cdot D_f$$

여기서, D_f : 기초의 근입깊이

(2) 완전보상기초

① 정의

기초에 있어서 근입깊이가 증가함에 따라 기초에 작용하는 순압력이 0이 되는 기초

② 완전보상기초의 깊이

$$q_{net} = \frac{Q}{A} - r \cdot D_f \text{에서 } D_f = \frac{Q}{A \cdot r}$$

여기서, D_f : 완전보상기초의 근입깊이

5-12 깊은 기초

1. 깊은 기초 개요

깊은 기초란 $\dfrac{D_f}{B} > 1$ 인 기초를 말한다.

(1) 깊은 기초의 종류

① 말뚝 기초
② 피어 기초
③ 케이슨 기초

(2) 지지방법에 의한 분류
  (지지력 전달상태에 따른 분류)

① 선단지지 말뚝
② 마찰말뚝
③ 하부지반지지 말뚝

[지지방법에 따른 말뚝의 분류]

(3) 기능에 따른 분류(사용목적에 따른 분류)

① 다짐 말뚝
② 인장 말뚝
③ 활동방지 말뚝
④ 횡력 저항 말뚝

(4) 사용재료에 따른 분류

① 나무 말뚝(Wooden pile)
② 원심력 철근 콘크리트 말뚝(RC-Pile)
③ 프리스트레스트 콘크리트 말뚝
④ 강말뚝
⑤ 말뚝 재료의 조합에 의한 분류
  ㉠ 이음 말뚝(Connected Pile) : 같은 재료로 된 말뚝을 2개이상 이은 말뚝
  ㉡ 합성 말뚝(Composite Pile) : 다른 재료로 된 말뚝을 이은 말뚝

(5) 현장콘크리트 말뚝(Cast-in-place concrete pile)

① Franky 말뚝 : 콘크리트를 외관 속에 채워서 Drop hammer로 콘크리트를 타격하여 소정의 깊이까지 관입한 후 구근을 형성한 후 외관을 잡아 빼면서 콘크리트를 다져 만든 말뚝
  ㉠ 무각
  ㉡ 해머가 콘크리트를 타격
  ㉢ 소음 진동이 작아 시가지 공사에 적당

② Pedestal 말뚝 : 케이싱을 직접 타격하여 내관과 외관을 지반에 관입한 후 선단부에 구근을 만들고 콘크리트를 투입 케이싱을 인발하면서 다짐을 되풀이하여 만든 말뚝
  ㉠ 무각
  ㉡ 해머가 직접 케이싱을 타격
  ㉢ 소음과 진동이 크다.

③ Raymond 말뚝 : 내, 외관을 동시에 시중에 관입한 후 내관을 빼내고, 외관 속에 콘크리트를 쳐서 만든 말뚝
  ㉠ 유각

(6) 말뚝의 타입 방법

① 타입식
② 진동식 : 바이블로 해머(Vibro-hammer)가 말뚝에 종방향의 진동을 주어 항타하는 방법
③ 압입식
④ 사수식(Water jet) : 기성 말뚝의 내부 또는 외측에 파이프를 설치하여 압력수를 말뚝 선단부에서 분출시켜 말뚝을 관입하는 공법이다.

(7) 말뚝의 타입순서

① 중앙부로부터 외측으로 향해 말뚝을 타입한다.
② 육지로부터 바닷가 쪽으로 타입한다.
③ 기존 구조물 부근일 경우 인접 구조물이 있는 곳으로부터 바깥쪽으로 타입한다.

(8) 말뚝기초의 지반거동

① 주동말뚝은 말뚝이 지표면에서 수평력을 받는 경우 말뚝이 변형함에 따라 지반이 저항하게 된다.
② 수동말뚝은 어떤 원인에 의해 지반이 먼저 변형하고 그 결과 말뚝에 측방토압이 작용하게 된다.

③ 말뚝에 작용한 하중은 말뚝 주변의 마찰력과 말뚝선단의 지지력에 의하여 주변 지반에 전달된다.
④ 기성말뚝을 타입하면 전단파괴를 일으키며 말뚝 주위의 지반은 교란된다.
⑤ 말뚝타입 후 지지력의 증가 또는 감소현상을 시간효과(time effect)라 한다.

2. 말뚝기초의 지지력

(1) 정역학적 지지력 공식

① Terzaghi의 공식

㉠ 극한지지력

$$R_u = R_p + R_f = q_p A_p + f_s A_s$$

여기서, R_u : 말뚝의 극한지지력(t)
R_p : 말뚝의 선단지지력(t)
R_f : 말뚝의 주면마찰력(t)
q_p : 단위 선단지지력(t/m^2)
f_s : 단위 마찰저항력(t/m^2)
A_p : 말뚝의 선단지 지면적(m^2)
A_s : 말뚝의 주면적(m^2)

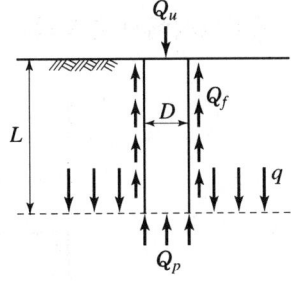

㉡ 허용지지력

$$R_a = \frac{R_u}{F_s} \ (F_s = 3)$$

② Meyerhof의 공식

㉠ 극한지지력

$$R_u = R_p + R_f = 40 N A_p + \frac{1}{5}\overline{N_s} A_s + \frac{1}{2} \cdot \overline{N_c} \cdot A_c$$

여기서, A_p : 말뚝의 선단단면적(m^2)
N : 말뚝 선단 부위의 N치
$\overline{N_s}$: 말뚝둘레의 모래층의 N치의 평균치
$\overline{N_c}$: 말뚝 둘레의 점토층의 평균 N치
A_s : 모래층의 말뚝의 주면적(m^2)($A_s = U \cdot l_s$)
U : 말뚝의 주변 길이(m)
l_c : 점토층 내의 말뚝 길이(m)

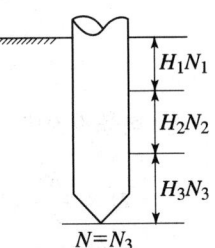

ⓒ 말뚝 둘레의 모래층의 평균 N치($\overline{N_s}$)

$$\overline{N_s} = \frac{N_1 \cdot H_1 + N_2 \cdot H_2 + N_3 \cdot H_3}{H_1 + H_2 + H_3}$$

ⓒ 허용지지력

$$R_a = \frac{R_u}{F_s}(F_s = 3)$$

③ Dörr의 공식
④ Dunham 공식

(2) 동역학적 지지력 공식

① Hiley 공식

말뚝머리에서 측정되는 리바운드량을 이용하여 극한지지력을 구하는 공식이다.

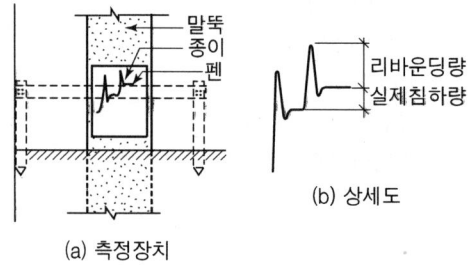

(a) 측정장치   (b) 상세도

ⓐ 극한지지력

$$R_u = \frac{W_h \cdot h \cdot e}{S + \frac{1}{2}(C_1 + C_2 + C_3)} \left(\frac{W_h + n^2 W_p}{W_h + W_p} \right)$$

여기서, W_h : 해머의 무게(t) h : 낙하고(cm)
       S : 말뚝의 최종 관입량(cm) n : 반발계수
       W_p : 말뚝의 무게(t) e : hammer 효율
       C_1, C_2, C_3 : 말뚝, 지반, cap cushion의 탄성변형량(cm)

ⓒ 허용지지력

$$R_a = \frac{R_u}{F_s}(F_s = 3)$$

② Engineering News 공식
   ㉠ 극한지지력

   - Drop hammer $\quad R_u = \dfrac{W_r h}{S + 2.54}$
   - 단동식 steam hammer $\quad R_u = \dfrac{W_r h}{S + 0.254}$
   - 복동식 steam hammer $\quad R_u = \dfrac{(W_r + A_p P)h}{S + 0.254}$

   여기서, A_p : 피스톤의 면적(cm^2) P : hammer에 작용하는 증기압(t/cm^2)
   　　　S : 타격당 말뚝의 평균관입량(cm) H : 낙하고(cm)

   ㉡ 허용지지력

   $$R_a = \dfrac{R_u}{F_s} \ (F_s = 6)$$

③ Sander 공식
   ㉠ 극한지지력

   $$R_u = \dfrac{W_h h}{S}$$

   ㉡ 허용지지력

   $$R_a = \dfrac{R_u}{F_s} \ (F_s = 8) = \dfrac{W_h h}{8S}$$

④ Weisbach 공식
   ㉠ 극한지지력

   $$Q_u = \dfrac{A \cdot E}{L} \cdot \left(-S + \sqrt{S^2 + W_h \cdot H \cdot \dfrac{2L}{A \cdot E}} \right)$$

   여기서, A : 말뚝의 단면적(m^2) E : 말뚝의 탄성계수(t/m^2)
   　　　L : 말뚝의 길이(m) S : 말뚝의 최종관입량(m)

   ㉡ 허용지지력

   $$Q_a = 0.15 Q_u$$

3. 주면마찰력과 부마찰력

(1) 주면마찰력

말뚝주위 표면과 흙 사이의 마찰력을 말한다.

① 모래의 마찰저항력

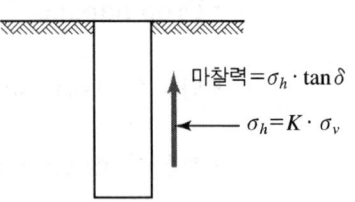

$$f_s = K \cdot \sigma_v' \cdot \tan\delta$$

여기서, K : 토압계수
δ : 흙과 말뚝의 마찰각
σ_v' : 유효연직응력

유효연직응력은 말뚝의 깊이가 깊을수록 증가하지만 한계깊이 이상에서는 일정하며, 한계깊이는 말뚝지름의 15~20배이다.

② 점토의 마찰저항력

㉠ α 방법 : 전응력으로 마찰저항력을 구하는 방법

$$f_s = \alpha \cdot c_u$$

여기서, α : 부착계수

㉡ β 방법 : 유효응력으로 얻은 강도정수로 구하는 방법

$$f_s = \beta \cdot \sigma_v'$$

여기서, β : $K \cdot \tan\phi$ σ_v' : 유효연직응력
ϕ : 교란된 점토의 내부마찰각 K : 정지토압계수

㉢ λ 방법 : 전응력과 유효응력을 조합하여 평균마찰저항력을 구하는 방법

$$f_{av} = \lambda \cdot (\sigma_v' + 2 \cdot c_u)$$

여기서, σ_v' : 전체 근입깊이에 대한 평균 유효연직응력
c_u : 평균 비배수 전단강도

(2) 부마찰력

주면마찰력은 보통 상향으로 작용하여 지지력에 가산되었으나 말뚝 주위의 지반이 말뚝보다 더 많이 침하하게 되면 주면마찰력이 하향으로 발생하여 하중역할을 하게 되는 주면마찰력을 부마찰력이라 한다.

$$R_{nf} = f_n A_s$$

여기서, f_n : 단위면적당 부마찰력(연약점토시 $f_n = \frac{1}{2} q_u$)
A_s : 부마찰력이 작용하는 부분의 말뚝 주면적

① 발생원인
  ㉠ 지반 중에 연약 점토층의 압밀침하 진행
  ㉡ 연약한 점토층 위의 성토(사질토) 하중에 의한 침하
     (상대변위의 속도가 클수록 부마찰력은 크다.)
  ㉢ 지하수위 저하
  ㉣ 진동으로 인한 압밀침하 발생
  ㉤ 지표면에 과적재물을 장기적으로 적재한 경우
  ㉥ pile 간격을 조밀하게 시공했을 때
  ㉦ 매립된 생활쓰레기 중에 시공된 관측정
  ㉧ 붕적토에 시공된 말뚝 기초

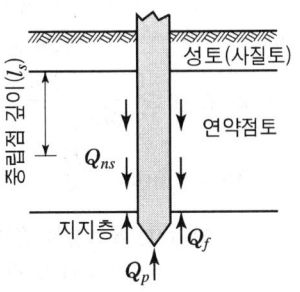

② 부마찰력을 줄이는 방법
  ㉠ 항타 이전에 연약지반을 개량하여 지지력을 확보한다.
  ㉡ 말뚝지름보다 크게 Pre-boring한다.
  ㉢ 지하수위를 미리 저하시킨다.
  ㉣ 표면적이 작은 말뚝(H-형강말뚝)을 사용한다.
  ㉤ 말뚝지름보다 약간 큰 케이싱(Casing)을 박는다.
  ㉥ 말뚝 표면에 역청재를 칠한다.
  ㉦ 이중관을 사용한다.
  ㉧ 말뚝에 진동을 주지 않는다.
  ㉨ 천공하여 벤토나이트 안정액을 넣고 말뚝을 박는다.

4. 군항(무리말뚝)

(1) 판정기준

2개 이상의 말뚝에서 지중응력의 중복여부로 판정

$$D = 1.5\sqrt{\gamma L}$$

여기서, D : 말뚝에 의한 지중응력이 중복되지 않기 위한 말뚝 간격
  γ : 말뚝 반지름
  L : 말뚝 길이

① $D > d$: 군항(group pile)
② $D < d$: 단항(single pile)
  여기서, d : 말뚝의 중심간격

(2) 군항의 허용지지력

① $R_{ag} = ENR_a$

여기서, E : 군항의 효율
N : 말뚝개수
R_a : 말뚝 1개의 허용지지력

② $E = 1 - \dfrac{\phi}{90}\left[\dfrac{(m-1)n + m(n-1)}{mn}\right]$

③ $\phi = \tan^{-1}\dfrac{D}{S}$

여기서, S : 말뚝 간격(m) D : 말뚝 직경(m)
m : 각 열의 말뚝 수 n : 말뚝 열의 수

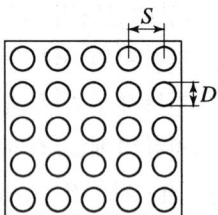

5. 피어기초

(1) 현장타설 콘크리트말뚝 공법의 분류

① 인력굴착 공법(심초공법)
  ㉠ Chicago 공법
  ㉡ Gow 공법

② 기계굴착 공법
  ㉠ Benoto 공법(All casing 공법)
   케이싱 튜브(Cassing tube)를 땅 속에 압입하면서 해머 그래브(Hammer grab)로 굴착하여 케이싱 내부에 콘크리트를 타설한 후 케이싱 튜브를 끌어올려 현장 타설 콘크리트 말뚝을 만드는 all cassing 공법이다.
  ㉡ Earth drill 공법(Calwelde 공법)
   회전식 Bucket이 켈리바(Kelly-Bar)라고 불리는 회전축에 부착되어 있는 회전 굴착 방식으로 버킷에 흙이 채워지면 지상으로 끌어 올려 굴착한 후 철근망을 넣어 콘크리트를 타설하여 현장 타설 콘크리트 말뚝을 만드는 공법이다.
  ㉢ RCD 공법(Reverse Circulation Drill 공법, 역순환 공법)
   어느 정도 굴착한 후 구멍 속의 물의 정수압($0.2kg/cm^2$)에 의해 공벽을 유지하면서 물의 순환을 이용하여 Drill bit로 굴착한 후 드릴 파이프(Drill pipe)로 흙을 배출하고 콘크리트를 타설하여 현장 타설 콘크리트 말뚝을 만드는 공법이다.

③ 관입공법
  ㉠ Franky 말뚝
   구근이 될 콘크리트를 굳게 반죽하여 외관에 채우고 그 위를 드롭해머로 타격하여 외관을 지지층까지 도달시킨다. 그후 외관 내의 콘크리트에 타격을 가해 구근

을 만들고 이런 일을 반복하여 만든 혹 같은 돌기를 많이 가지는 무각 말뚝이다.
ⓒ Pedestal 말뚝
내·외관을 지중에 타입한 후 선단부에 구근을 만들고 콘크리트를 투입, 케이싱을 인상, 다짐을 되풀이하여 만든 무각 말뚝이다.
ⓒ Raymond 말뚝
내·외관을 동시에 지중에 타입한 후 내관을 빼내고 외관 속에 콘크리트를 쳐서 만든 유각 말뚝이다.

6. 케이슨기초

(1) Open caisson 기초(정통 기초)

우물통과 같이 뚜껑이 없는 케이슨을 소정의 위치에 설치한 후 우물통 내의 흙을 굴착하여 소정의 깊이까지 도달시킨 다음 이 속에 콘크리트나 자갈, 모래 등을 채우는 공법

① 특징

장 점	단 점
㉮ 침하깊이에 제한을 받지 않는다.	㉮ 기초지반의 토질상태를 파악하기 어렵다.
㉯ 기계설비가 간단하다.	㉯ 기초지반의 지지력 측정이 어렵다.
㉰ 공사비가 싸다.	㉰ 경사 수정이 어렵다.
㉱ 소음이 작아 시가지 공사에 적합하다.	㉱ 굴착시 Boiling, Heaving이 우려된다.
	㉲ 수중 콘크리트 타설시 품질관리에 유의해야 한다.
	㉳ 굴착 중 장애물이 있거나 수중굴착일 경우 공기가 길어진다.

② 오픈 케이슨의 침하 조건

$$W > F + P + B$$

여기서, W : 케이슨의 수직하중(케이슨의 자중 + 재하하중)
F : 케이슨의 총주면마찰력
P : 케이슨의 선단지지력
B : 부력

③ **침하 공법** : 재하중에 의한 방법, 분사식 침하공법, 물하중식 침하공법, 발파에 의한 침하공법, 케이슨 내부의 수위저하 공법 등이 있다.

(2) 공기케이슨 기초(pneumatic caisson 기초)

케이슨 저부에 작업실을 만들고 압축공기를 불어 넣어 지하수의 유입을 막으면서 케이슨을 인력굴착으로 침하시키는 공법

① 특징

장 점	단 점
㉮ 건조 상태에서 굴착작업을 하므로 장애물 제거가 쉽고 침하공정이 빠르다. ㉯ 토층의 확인 및 지지력 시험이 가능하다. ㉰ 이동경사가 작고, 경사수정이 용이하다. ㉱ Boiling, Heaving을 방지할 수 있다. ㉲ 수중 작업이 아니므로 콘크리트 작업의 신뢰도가 높다.	㉮ 소음, 진동이 커서 시가지 공사에는 부적합하다. ㉯ 케이슨병이 발생한다. ㉰ 굴착 깊이에 제한이 있다. ㉱ 노무 관리비가 많이 든다. ㉲ 압축공기를 이용하여 시공하므로 기계설비가 비싸다. ㉳ 소규모 공사에서는 비경제적이다.

② 적용심도

최대 심도는 수면하 35m(공기압 3.5kg/cm^2 정도)까지 가능하다.

③ 공기 케이슨의 침하 조건

$$W > U + F + P + B$$

여기서, W : 케이슨의 수직하중(케이슨의 자중 + 재하하중)
  U : 작업공기에 의한 양압력
  F : 케이슨의 총주면마찰력
  P : 케이슨의 선단지지력
  B : 부력

(3) Box caisson 기초

밑이 막힌 박스형으로 육상에서 제작한 후 해상에 진수시켜 정위치에 온 다음 내부에 모래, 자갈, 콘크리트 또는 물을 채워 소정의 위치에 침하시키는 공법

① 특징

장 점	단 점
㉠ 공사비가 싸다. ㉡ 일반적인 케이슨 설치가 부적당한 경우 사용된다.	㉠ 지반의 수평을 유지해야 한다. ㉡ 바닥의 세굴이 생기지 않아야 한다.

5-13 연약지반 개량 공법

1. 연약지반 개량공법

(1) 점성토 지반 개량공법 : 치환, 압밀, 탈수에 의한다.

① 치환공법
  ㉠ 기계적 굴착치환
  ㉡ 폭파치환
  ㉢ 강제치환
  ㉣ 동치환 공법
② 강제 압밀공법
  ㉠ Prelooding 공법(여성토 공법)
  ㉡ 압성토 공법
③ 탈수공법
  ㉠ Sand Drain Method
  ㉡ Paper Drain Method
④ 배수공법
  ㉠ Well Point Method
  ㉡ Deep Well Method
⑤ 고결공법
  ㉠ 생석회말뚝공법
  ㉡ 소결공법
  ㉢ 전기침투압(강제배수공법의 일종)
  ㉣ 전기화학·용융공법
⑥ JSP(Jumbo Special Pile)
  연약지반 개량공법으로 초고압의 제트를 이용하여 연약지반의 내력을 증가시키는 지반고결제의 주입공법이며, Double Rod선단에 Jetting Nozzle을 장착하여 시멘트주입재를 분사하면서 회전하게하여 지반을 강화시키는 공법이다.
  ㉠ 특징
    ⓐ 시공의 확실성이 있다.
    ⓑ 초고압분류수로 지반을 파쇄하여 파쇄부분만 시공하므로 손실이 적다.
    ⓒ 소형으로 경제성이 우수하다.

ⓒ 시공순서
    ⓐ 지반조건에 따라 Rod의 회전속도를 조절하여 계획심도까지 굴착한다.
    ⓑ 초고압 Air Jet를 이용하여 시멘트주입재를 분사한다.
ⓒ 적용범위
    ⓐ 단일원추, 연속벽체 등의 형식으로 기초지반의 지지력 증대에 사용한다.
    ⓑ 지중의 누수방지 차수공법으로 사용한다.
    ⓒ 토압경감 토류벽용으로 사용한다.

(2) 사질토 지반 개량공법 : 진동, 충격에 의한다.

① **진동다짐공법(바이브로 플로테이션(Vibroflotation) 공법)**
② **다짐말뚝공법**
③ **폭파다짐공법**
④ **전기충격공법**
⑤ **약액주입**
⑥ **동압밀공법(동다짐공법)**
⑦ **다짐 모래 말뚝 공법(Compozer 공법)**

2. 점토지반 개량공법

(1) 종 류

① 치환공법
② pre-loading 공법(사전압밀공법)

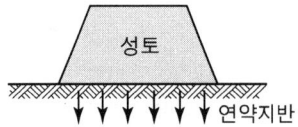

③ Sand drain 공법

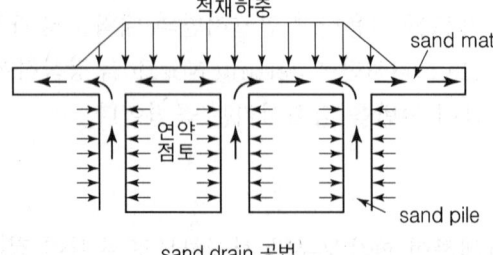

sand drain 공법

㉠ Sand drain의 배열

ⓐ 정삼각형 배열 : $d_e = 1.05d$

ⓑ 정사각형 배열 : $d_e = 1.13d$

여기서, d_e : drain의 영향원 지름
d : drain의 간격

㉡ 수평, 연직방향 투수를 고려한 전체적인 평균압밀도

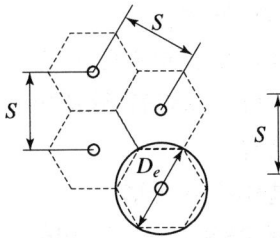
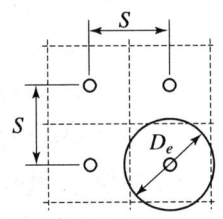

삼각형 배치($D_e=1.05S$) 사각형 배치($D_e=1.13S$)

$$U = 1 - (1 - U_h) \cdot (1 - U_v)$$

여기서, U_h : 수평방향의 평균압밀도 U_v : 연직방향의 평균압밀도

㉢ Sand drain의 간격이 길이의 1/2 이하인 경우에 연직방향 투수는 무시한다.

④ **Paper Drain 공법**(card board wicks method)

㉠ 정의 : 모래말뚝 대신에 합성수지로 된 card board를 땅 속에 박아 압밀을 촉진시키는 공법

㉡ 등치환산원 : Paper Drain의 설계시 Sand drain의 직경으로 환산한 효과를 기준으로 설계하는데 사용한다.

$$D = \alpha \frac{2A + 2B}{\pi}$$

여기서, D : drain paper의 등치환산원의 지름 α : 형상계수(0.75)
A, B : drain 폭과 두께(cm)

⑤ **Sand Drain 공법에 비해 Paper Drain 공법의 장단점**

㉠ 장점

ⓐ 비교적 시공속도가 빠르다.(초기 배수효과가 빠르다)
ⓑ 얕은 심도에서 공사비가 저렴하다.
ⓒ Drain 단면이 깊이, 방향에 대해서 일정하다.
ⓓ Drain Board의 중량이 가벼워서 운반, 취급이 용이하다.
ⓔ 타설에 의해 지반을 교란시키지 않는다.

㉡ 단점

ⓐ 장기간 사용시 열화현상이 생겨 배수효과가 감소한다.

샌드 매트(Sand mat)의 역할
① 상부의 배수층 역할
② 성토 내의 지하 배수층 형성
③ 시공기계의 주행성(trafficability) 확보

⑥ Pack Drain Method

Sand Drain의 결점인 절단, 잘록함 등을 보완하기 위해 개발한 공법으로 합성 섬유로 된 포대에 모래를 채워 만든 포대형 Sand Drain 공법이다.

⑦ 전기침투공법
⑧ 침투압공법(MAIS 공법)
⑨ 생석회말뚝공법(chemico pile)

3. 사질토지반 개량공법

(1) 종 류

① 바이브로플로테이션(Vibroflotation) 공법
② 다짐말뚝공법
③ 폭파다짐공법
④ 전기충격공법
⑤ 약액주입공법
⑥ 동압밀공법(동 다짐 공법)
⑦ 다짐모래 말뚝공법(sand compaction pile 공법=compozer 공법)

(2) 약액주입공법

① 일반사항
  ㉠ 약액주입공법은 주입율, 충전율 및 배합비가 중요하며 반드시 시험 그라우팅을 실시하여 토질에 적합한 주입량을 정하여야 한다.
  ㉡ 겔 타임(gel-time)은 그라우트를 혼합한 후 서서히 점성이 증가하면서 마침내 유동성을 상실하고 고화(겔화)할 때까지의 소요시간을 말하며 약액주입공법에서 주요 고려해야할 사항이다.

② 주입량 산정기준

$$Q = V\lambda \,[\mathrm{m}^3]$$

여기서, Q : 주입량(m^3)
  V : 대상토량(m^3)
  λ : 주입률 $\lambda = n\alpha(1+b)$
    여기서, n : 간극률, α : 충전율, b : 손실률(10%)

4. 일시적 지반 개량공법

(1) 웰포인트(Well point) 공법

Well point라는 흡수관을 지중에 여러 개 관입하여 지하수위를 저하시켜 dry work를 하기 위한 강제배수공법이다.

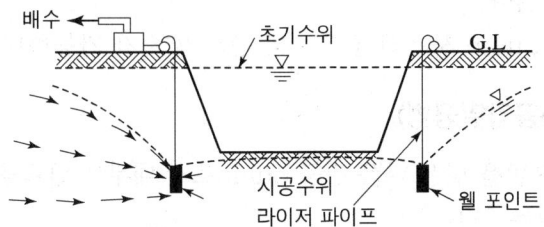

[웰포인트(Well point) 공법]

① 실트질 모래지반에 효과적이다.(점토지반에는 곤란하다.)
② 사질토 : 굴착시엔 boiling 방지
   점성토 : 압밀촉진에 이용
③ Well point 간격은 2m 내, 배수가능 심도는 6m이다.

(2) deep well 공법(깊은우물 공법)

$\phi 0.3 \sim 1.5m$ 정도의 깊은 우물을 판 후 strainer를 부착한 casing(우물관)을 삽입하여 지하수를 펌프로 양수함으로써 지하수위를 저하시키는 중력식 배수공법이다.

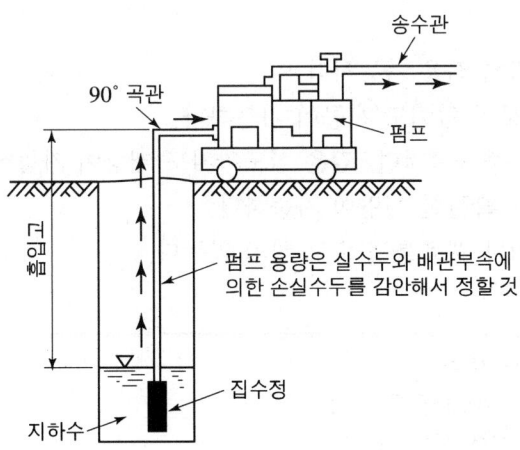

[deep well 공법(깊은우물 공법)]

① 적용
　㉠ 용수량이 매우 많아 well point의 적용이 곤란한 경우
　㉡ 투수계수가 큰 사질토층의 지하수위 저하시
　㉢ heaving이나 boiling 현상이 발생할 우려가 있는 경우
② 특징
　㉠ 양수량이 많다.
　㉡ 고양정의 pump 사용시 깊은 대수층의 양수가 가능하다.

(3) 대기압공법(진공압밀공법)

비닐 등으로 지표면을 덮은 다음 진공 pump로서 내부의 압력을 내려 대기압하중으로 압밀을 촉진시키는 공법

(4) 동결공법

동결관(1.5~3인치)을 땅 속에 박고 액체질소 같은 냉각제를 흐르게 하여 주위의 흙을 동결시키는 공법

5. 기타 개량공법

(1) 동다짐 공법(동압밀 공법, Dynamic Consolidation Method)

지반 개량을 위해 지반에 중량 10~200ton인 큰 중추를 높이 10~40m에서 자유낙하시켜 충격 및 진동 에너지로 지반을 다지는 공법으로, 해안 매립지, 쓰레기 매립지 등에 사용된다.
① 광범위한 토질에 적용 가능하다.
② 지반 내 장애물이 있어도 시공이 가능하다.
③ 타격에너지를 증가시켜면, 깊은 심도까지도 개량이 가능하다.
④ 전면적에 걸쳐 확실한 개량이 가능하다.
⑤ 특별한 약품이나 재료를 필요로 하지 않는다.

$$D = a\sqrt{W \cdot H}$$

여기서, D : 개량대상심도(m)
　　　　a : 보정계수 (0.3~0.7)
　　　　W : 추의 무게(ton)
　　　　H : 낙하고(m)

(2) 동치환 공법(Dynamic replacement method)

중량 10~200ton인 큰 중추를 높이 10~40m에서 자유낙하시켜 큰 타격에너지를 이용하여 연약지반 상에 미리 포설하여 놓은 쇄석 또는 모래, 자갈 등의 재료를 타격하여 지반으로 관입시켜 연약지반을 개량하는 공법

(3) Under pinning 공법

인접된 기존구조물에 대하여 기초 부분을 신설, 개축 또는 보강하는 공법을 총칭한다.
① 기존 기초의 지지력을 보강하는 경우
② 인접한 건물의 기초에 접하여 굴착하는 경우
③ 기초구조물 아래에 다른 구조물을 신설할 경우
④ 구조물을 이동하는 경우

(4) 토목섬유(Geosynthetics)

① 토목섬유의 기능
  ㉠ 배수 기능   ㉡ 여과 기능
  ㉢ 분리 기능   ㉣ 보강 기능
  ㉤ 방수 및 차단 기능

② 토목섬유의 종류
  ㉠ Geotextile   ㉡ Geomembrane
  ㉢ Geogrid   ㉣ Geocomposite

6. 동 상

(1) 동상을 일으키기 위한 조건

① 물의 공급이 충분해야 한다.(모관상승고가 커야한다.)
② 0℃ 이하의 온도가 오래 지속되어야 한다.
③ 동상을 받기 쉬운 흙(실트)이 존재해야 한다.(투수계수가 적어야 한다.)

(2) 동상량의 지배 인자

① 모관 상승고의 크기
② 흙의 투수성
③ 동결온도의 지속시간
④ 동결심도

(3) 동결심도(frost depth)

데라다(寺田) 공식

$$Z = C\sqrt{F} = C\sqrt{\theta \cdot t}$$

여기서, Z : 동결심도(cm)
F : 동결지수(℃ · day)
   F(℃ · day) = 기온 × 일수 = 0℃ 이하의 기온 × 지속시간(지속일수)
θ : 0℃ 이하의 온도
t : 지속시간(day)
C : 지역에 따른 상수(3~5, 우리나라에서는 일반적으로 4를 쓴다.)

(4) 동상의 방지대책

① 배수구를 설치하여 지하수위 등의 주변 지반으로부터의 물의 유입을 막는다.
② 지하수위 위에 배수층(조립의 차단층)을 설치하여 모관수의 상승 및 지하수의 상승을 방지한다.
③ 동상 예상 지반은 동결깊이 내에 있는 흙을 동결하기 어려운 재료(자갈, 쇄석, 석탄재 등)로 치환한다.
④ 지표면 근처에 단열재(석탄재, 코크스) 및 열선 등을 넣어 지반을 보온한다.
⑤ 지표의 흙을 화학약품 처리($CaCl_2$, $NaCl$, $MgCl_2$)하여 동결온도를 낮춘다.
⑥ 구조물의 기초를 동결심도 이하로 굴착하여 설치한다.

(5) 흙의 동상과 연화

① 흙의 동상현상은 대기의 온도가 0℃ 이하로 내려가면 지표면의 물이 얼기 시작하여 추위가 계속되면 땅 속의 물도 얼기 시작하면서 땅이 얼어 지표면이 부풀어 오르는 현상을 말한다.
② 흙의 연화현상은 동결된 지반이 기온이 상승하면 아이스 렌즈(Ice Lense)가 녹기 시작하며, 녹은 물이 적절하게 배수되지 않으면 녹은 흙의 함수비는 얼기 전보다 훨씬 증가하여 지반이 연약해지고 강도가 떨어지는 현상을 말한다.

상하수도공학

 **6-1 상수도 시설계획**

1. 상수도 구성 요소

(1) 상수도 구성 3요소

① 충분한 수량 : 적정량
② 양호한 수질 : 유지
③ 적절한 수압 : 원활한 공급과 관련

(2) 상수도의 분류

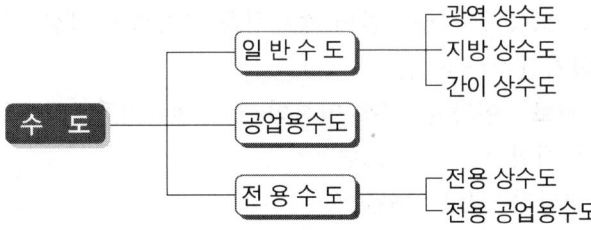

① 일반수도
  ㉠ 광역상수도 : 2 이상의 지방자치단체에 원수 또는 정수를 공급하는 수도
  ㉡ 지방상수도 : 지방자치단체가 관할지역 주민, 인근 지방자치단체에게 원수 또는 정수를 공급하는 수도
  ㉢ 간이상수도 : 지방자치단체가 급수인구 100인 이상 2,500인 이내에게 정수를 공급하는 일반수도(1일 공급량이 20~500m³)

2. 상수도 시설의 구성

상수도 시설 계통 : 수원(집수) → 취수 → 도수 → 정수 → 송수 → 배수 → 급수

① **수원(집수)** : 원수의 공급원(천수, 지표수, 지하수 등)
② **취수** : 수원에서 필요한 수량을 취입하는 과정
③ **도수** : 수원에서 취수한 원수를 정수하기 위해 정수장의 착수정 전까지 운반하는 시설
④ **정수** : 원수의 수질을 사용목적에 적합하게 개선하는 과정(가장 핵심 공정)

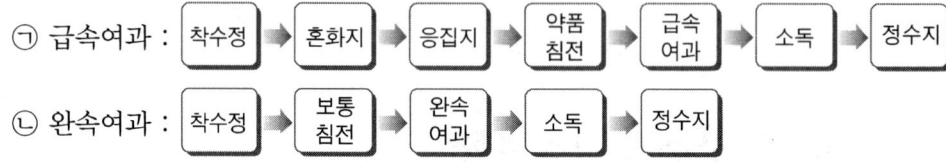

⑤ **송수** : 정수된 물을 배수지까지 수송하는 과정
⑥ **배수** : 배수지로 송수된 물을 배수관을 통해 급수지역으로 보내는 과정
⑦ **급수** : 사용자 또는 소비지에 급수관을 통해 공급하는 과정

3. 상수도 시설 결정

① 계획년수 → ② 인구추정 → ③ 상수도보급율

4. 상수도 시설의 계획년차

① 상수도시설의 신설 및 확장은 보통 5~15년 간의 경제성을 고려하여 결정
　㉠ 큰 댐, 대구경 관로 : 계획기간 25~50년
　㉡ 여과지, 정호(井戸), 배수관로 : 이자율이 3% 이하인 경우 계획기간 20~25년, 이자율이 3% 이상인 경우 계획기간 10~15년
　㉢ 관경 30cm 이상인 관 : 계획기간 20~25년
　㉣ 관경 30cm 이하인 관 : 수요에 따라 결정
② 도시계획상 장래 발전가능성을 고려하여 결정
　㉠ 계획년도를 너무 길게 하면 공사비가 과대해지며
　㉡ 계획년차가 너무 짧으면 자주 확장 공사를 해야 하므로 신중하게 고려

5. 계획급수구역 및 인구

(1) 계획급수구역 : 계획년도에 급수가 되는 지역으로 결정

(2) 계획급수인구

① 급수인구는 급수구역 내의 상주인구만을 고려
② 계획급수인구 : 상수도의 물을 공급 받는 인구＝급수구역 내 총 인구×상수도보급률(%)
③ 계획급수인구의 계획년한 : 보통 15～20년을 표준

> $l$pcd＝liter per capita day [l/인·일]
> 1ton＝1m³＝1,000l

(3) 급수보급률

① 급수보급률(%)＝ $\dfrac{\text{급수인구}}{\text{급수구역내총인구}} \times 100$

② Goodrich공식(급수율 공식)

$$P = 180\,t^{-0.10}$$

여기서, P : 연평균 소비율에 대한 비율(급수보급률, %)
　　　　t : 시간[day]

③ 대도시의 보급률이 소도시보다 높다.
④ 항만 및 공업도시의 보급률이 일반도시보다 높다.

6. 계획급수인구의 추정

과거 약 20년간의 인구증감 자료와 도시의 특수성과 발전 가능성 등을 고려하여 추정방법을 결정한다.

(1) 등차급수법

① 매년 인구증가가 일정하다고 보고 계산
② 연평균 인구증가수에 의한 방법
③ 발전이 느린 도시
④ 추정인구가 과소 평가될 우려가 있다.

$$P_n = P_0 + na \qquad a = \frac{P_0 - P_t}{t}$$

여기서, P_n : 현재로부터 n년 후의 추정인구
　　　　P_0 : 현재인구
　　　　n : 계획년수[년]
　　　　a : 연평균 인구증가수
　　　　P_t : 현재로부터 t년 전의 인구

(2) 등비급수법

① 연평균 인구증가율에 의한 방법
② 크게 발전할 가망성이 있는 도시
③ 발전중인 도시(인구가 활발히 증가되는 도시)
④ 인구 추정이 과대 평가될 우려가 있다.

$$P_n = P_0(1+r)^n \qquad r = \left(\frac{P_0}{P_t}\right)^{\frac{1}{t}} - 1$$

여기서, r : 연평균 인구증가율

(3) 최소자승법 : 통계학적 방법

① 과거의 인구통계 자료를 이용 미래 인구를 분석하고 예측
② 과거자료 많을수록 정확성 및 신뢰성 증가

$$y = ax + b \qquad a = \frac{n\sum xy - \sum x \sum y}{n\sum x^2 - \sum x \cdot \sum x}, \qquad b = \frac{\sum x^2 \sum y - \sum x \sum xy}{n\sum x^2 - \sum x \cdot \sum x}$$

여기서, n : 통계년수
　　　　x : 기준년으로부터의 경과년수
　　　　y : 추정인구

(4) 지수함수법(지수곡선법)

$$P_n = P_0 + A \cdot n^a$$

여기서, n : 통계년수
　　　　P_n : 계획연도에서의 인구의 지수
　　　　P_0 : 현재인구를 100으로 했을 때 실적 초과 연도의 인구지수
　　　　A, a : 상수(정수)
　　　　n : 기준년으로부터 계획연도까지의 경과 연수

(5) 로지스틱 곡선법(logistic curve method)

① "인구의 증가에 대한 저항은 인구의 증가속도에 비례한다"고 한 통계학자 Gedol의 이론
② S 곡선법이라고도 하며 포화인구추정법
③ 포화인구를 추정하는 것이 어렵다.
④ 가장 정확한 방법이다.

$$P = \frac{K}{1+e^{(a-bx)}} = \frac{K}{1+me^{(-ax)}}$$

여기서, P : 기준년으로부터 x년 후의 인구
K : 포화인구
x : 기준년부터의 경과년수
e : 자연대수의 밑
m, a, b : 상수(최소자승법으로 구한다.)

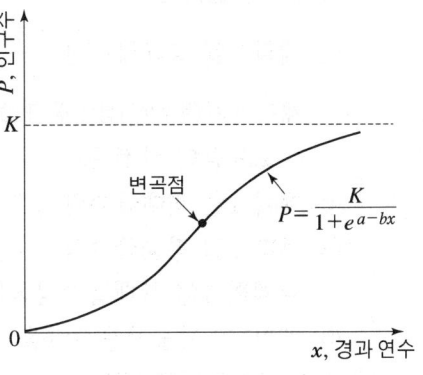

(6) 감소 증가율법

① 인구가 매년 감소하는 비율로 증가한다는 가정에 기초한 방법
② 포화인구를 먼저 추정하여 장래인구를 예측하는 방법
③ 포화인구를 추정하는 것이 어렵다.

$$P_n = P_o + (K - P_o)(1 - e^{-bn})$$

여기서, K : 포화인구 b : 감소증가율 상수 e : 자연대수의 밑

(7) 비상관법(Ratio and Correlation method)

어떤 도시의 인구증가율이 다른 대 도시의 인구증가율과 관계있다는 가정 하에 장래인구를 추정하는 방법

$$\frac{P_1}{P_1R} = \frac{P_2}{P_2R} = K_R$$

여기서, P_1 : 현재인구 P_2 : 추정인구
P_1R : 다른 지역의 현재인구 P_2R : 다른 지역의 추정인구 K_R : 비례(비율)상수

(8) 타 도시 비교법

① 인구증가상황이 유사한 타도시와 인구-시간(년도) 곡선을 비교하는 방법
② 실적을 비교 연장하는 방법
③ 도표 상에서 개략적으로 인구를 추정하는 방법

(9) 생잔 모형에 의한 조성법(Cohort method)

7. 계획급수량

(1) 계획급수량의 산정

① 계획 1일 평균급수량

  ㉠ 계획 1일 평균급수량 = $\dfrac{1년간 총급수량}{365}$

  ㉡ 재정계획(財政計劃)에 필요한 수량 : 약품, 전력사용량의 산정, 유지관리비, 상수도요금의 산정 등

  ㉢ 계획 1일 최대급수량의 70~85%를 표준

  ㉣ 계획 1일 평균급수량
    = 계획 1일 최대급수량 × [0.7(중소도시), 0.8(대도시, 공업도시)]

  ㉤ 계획1일 평균사용수량을 기반으로 산출된다.

② 계획 1일 최대급수량

  ㉠ 1년 365일 중 가장 많이 쓰는 날의 급수량

  ㉡ 상수도시설 규모 결정의 기준가 되는 수량

  ㉢ 계획 1일 최대급수량
    = 계획 1인 1일 최대급수량 × 계획 급수인구
    = 계획 1일 평균급수량 × [1.3(대도시, 공업도시), 1.5(중소도시)]

③ 계획시간 최대급수량

  ㉠ 1일 중에 사용수량이 최대가 될 때의 1시간당의 급수량

  ㉡ 아침과 저녁시간이 최대이고, 활동이 없는 오전(1시에서 4시)에 최소

  ㉢ 계획시간 최대급수량

    $= \dfrac{계획1일 최대급수량}{24} \times \begin{matrix} 1.3(대도시, 공업도시) \\ 1.5(중소도시) \\ 2.0(농촌, 주택단지) \end{matrix}$

계획급수량 종류	연평균 1일 사용 수량에 대한 비율(%)	수도구조물의 명칭
1일 평균급수량	100	수원지, 저수지, 유역면적의 결정
1일 최대급수량	150	취수, 도·송수, 정수(여과지 면적), 배수시설 중 송수관구경이나 배수지의 결정
시간 최대급수량	225	배수본관의 구경결정(배수시설의 기준), 배수펌프의 용량 결정

① 급수량(상수 소비량, 상수 요구량) 단위 : lpcd(liter per capita day)
② 불명수량 : 누수 등으로 인한 수량. 누수는 배수관 및 급수관의 접합부분, 소화전과 공공시설, 시공불량 등으로 발생한다.

8. 기본사항의 결정

기본계획이 수립될 때에는 다음 각 항에 의한 기본사항이 정리되어야 한다.

① **계획(목표)년도** : 기본계획에서 대상이 되는 기간으로 계획수립시부터 15~20년간을 표준으로 한다.
② **계획급수구역** : 계획년도까지 배수관이 부설되어 급수되는 구역은 여러 가지 상황들이 종합적으로 고려되어 결정되어야 한다.
③ **계획급수인구** : 계획급수인구는 계획급수구역 내의 인구에 계획급수보급률을 곱하여 결정된다. 계획급수보급률은 과거의 실적이나 장래의 수도시설계획 등이 종합적으로 검토되어 결정된다.
④ **계획급수량** : 계획급수량은 원칙적으로 용도별 사용수량을 기초로 하여 결정된다.

6-2 수원과 취수

1. 수 원

(1) 수원의 종류

① **천수**(우수, 눈, 우박) : 최근 대기오염으로 수질 악화, 도서지방 등 특수지역에서 사용
② **지표수**(하천수, 호소수, 저수지수 등) : 수원으로 가장 널리 사용
③ **지하수**(천층수, 심층수, 용천수, 복류수 등) : CO_2가 많이 함유되어 있어 경도가 높은 단점이 있으나 수질이 깨끗하다.
④ **해수** : 해수는 해역에 존재하는 해수와 해수가 침투하여 지하에 존재하는 물을 말하며, 도서(島嶼) 지역에서는 해수를 담수화하여 상수원으로 사용하고 있다.

(2) 수원의 취수지점 선정 시 비교 조사 항목

① 수원으로서의 구비요건을 갖추어야 한다.
② 수리권 확보가 가능한 곳이어야 한다.
③ 상수도시설의 건설 및 유지관리가 용이하며 안전하고 확실해야 한다.
④ 상수도시설의 건설비 및 유지관리비가 가능한 저렴해야 한다.
⑤ 장래의 확장을 고려할 때 유리한 곳이어야 한다.
⑥ 상수원보호구역의 지정, 수질의 오염방지 및 관리에 무리가 없는 지점이어야 한다.

(3) 수원의 구비요건

① 수량이 풍부해야 한다.(최대갈수시에도 계획취수량의 확보가 가능해야 한다.)
② 수질이 좋아야 한다. 이는 정수처리비용 절감과 급수시설의 유지관리 용이 및 수돗물이 인체에 미치는 해를 최소화 할 수 있다.
③ 가능한 한 높은 곳에 위치함으로써 도수, 송수 및 배수가 자연유하식으로 되는 것이 바람직하다. 그렇지 못한 경우에는 펌프를 사용하는 가압식으로 되어야 하므로 펌프시설을 설치하기 위한 건설비와 운영비가 요구된다.
④ 수돗물 소비지에서 가까운 곳에 위치해야 한다. 이는 건설비와 운영비면에서 경제적이다.
⑤ 연간 수량 변동이 적은 곳이어야 한다.(계절적 수량·수질의 변동이 적은 곳)
⑥ 가능하면 주위에 오염원이 없어야 한다.
⑦ 장래 수도시설의 확장이 용이한 곳이어야 한다.
⑧ 취수 및 관리가 용이해야 한다.

2. 지하수

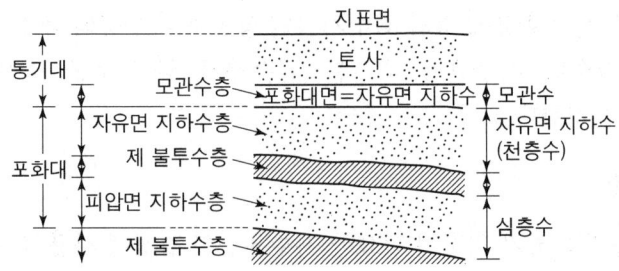

(1) 천층수

제1불투수층 위에 고인 물로 자유면 지하수

(2) 심층수

제1불투수층과 제2불투수층 사이의 피압면 지하수
① 무균 또는 이에 가까운 상태의 물
② 수온 대체로 일정
③ 일반적으로 지하수 중 가장 깨끗한 물

(3) 복류수

① 하천이나 호소의 바닥 또는 변두리의 자갈, 모래층에 함유되어 있는 물
② 광물질(Fe, Mn) 함유량이 적고 부유물질 함량이 적다.
③ 수질이 양호하여 침전과정을 생략할 수 있다.

(4) 용천수

피압지하수면이 지표면 상부에 있을 경우 지표로 용출하는 지하수
① 용천수는 지하수가 종종 자연적으로 지표로 분출되는 것으로 그 성질도 지하수와 비슷하다.
② 그러나 용천수는 얕은 층의 물이 솟아 나오는 경우가 많으므로 수질이 불량한 경우도 있다.
③ 바위틈이나 석회암층으로 흘러나오는 물은 토양의 정화작용 없이 그대로 흘러나올 가능성이 있으므로 주의할 필요가 있다.
④ 용천수의 수원이 깊은지 얕은지의 판단은 수온을 조사하는 것이 가장 간단하며 기온 변화에 따라 수온이 변화하는 것은 얕은 수원으로 보는 것이 좋다.

3. 취 수

취수시설은 수원의 종류에 따라 취수지점의 상황과 취수량의 대소 등을 고려하여 취수보, 취수탑, 취수문, 취수관거, 취수틀, 집수매거, 얕은 우물, 깊은 우물 중에서 가장 적절한 것을 선정한다.

(1) 계획 취수량

계획취수량을 확보하기 위하여 필요한 저수용량의 결정에 사용하는 계획 기준 년은 원칙적으로 10개년에 제1위 정도의 갈수(30~40년 기록 중에서 3번재 정도의 갈수)를 표준으로 한다.
① 계획 1일 최대급수량을 기준으로 하며 기타 필요한 작업용수를 포함한 손실수량 등을 고려한다.
② 지하수의 침투나 누수 등을 고려하여 계획 1일 최대급수량의 10%정도 증가된 수량으로 결정한다.

(2) 지표수의 취수

① 취수지점의 선정시 고려 사항
  ㉠ 계획취수량을 안정적으로 취수할 수 있어야 한다.
    • 하천수를 취수하는 경우 장래에도 유로의 변화, 하상의 상승 또는 저하의 우려가 적고 유속이 완만한 지점이 바람직하다.
    • 호소수를 취수하는 경우 취수지점은 연간을 통하여 수위가 안정되어 있어서 갈수가 되더라도 계획취수량을 확실하게 취수할 수 있고 또 유입하천에서 유입되는 토사 등에 의하여 취수에 영향이 생기지 않을 지점을 선정해야 한다.
  ㉡ 장래에도 양호한 수질을 확보할 수 있어야 한다.
    • 하천수를 취수하는 경우 하수가 유입되는 지점을 피해야 하며, 부득이한 경우에는 상류오염원의 하수를 차집하여 취수지점의 하류로 유도 방류하는 시설을 설치하는 것이 바람직하다. 하구 가까이에 선정하는 경우에는 해수의 영향이 없는 지점을 선정해야 한다. (하수 및 폐수의 유입이 없어야 하고, 바닷물의 역류에 의한 영향이 없는 곳)
    • 호소수를 취수하는 경우 태풍이나 계절풍 등에 의하여 호소바닥의 침전물질이 교란되어 수질이 극심하게 오염되는 지점, 강풍일 때의 파랑에 의하여 호안의 침식이 우려되는 지점, 호안의 사태 및 절벽붕괴 등으로 탁도에 영향을 미치는 지점, 또한 부유물이 집합되는 지점은 피해야 한다.
  ㉢ 구조상의 안정을 확보할 수 있어야 한다. 가능한 한 양호한 지반에 축조하는 것이

바람직하지만, 부득이하게 연약지반상에 축조해야 할 때에는 충분한 기초공사를 해야 한다.

ⓔ 하천관리시설 또는 다른 공작물에 근접하지 않아야 한다. 취수시설의 설치에 의한 하상의 변화로 부근 시설에 영향을 미치지 않도록 다른 시설에서 멀리 이격하여 설치한다. 선박의 운항이 있는 곳에서는 기름오염, 시설의 손상 등을 피하기 위하여 항로에서 가능한 한 멀리 떨어진 지점으로 한다.

ⓜ 하천개수계획을 실시함에 따라 취수에 지장이 생기지 않아야 한다. 하천의 개수로 인하여 제방의 위치나 유로 등이 변경되는 경우가 많으므로 하천기본계획 등에 의한 하천공사계획을 조사하여 하천관리자와 협의한 다음에 취수지점을 선정해야 한다.

② 수원의 종류에 따른 취수지점을 선정하기 위해서는 다음에 열거된 각 항목을 비교 조사한다.

㉠ 수원으로서의 구비요건을 갖추어야 한다.
㉡ 수리권 확보가 가능한 곳이어야 한다.
㉢ 상수도시설의 건설 및 유지관리가 용이하며 안전하고 확실해야 한다.
㉣ 상수도시설의 건설비 및 유지관리비가 가능한 저렴해야 한다.
㉤ 장래의 확장을 고려할 때 유리한 곳이어야 한다.
㉥ 상수원보호구역의 지정, 수질의 오염방지 및 관리에 무리가 없는 지점이어야 한다.

(3) 취수문

취수문은 하안에 직접 취수구를 설치하는 방식으로 취수구 시설에서 스크린, 수문 또는 수위조절판을 설치하여 일체가 되어 작동하게 되는 취수시설이다.

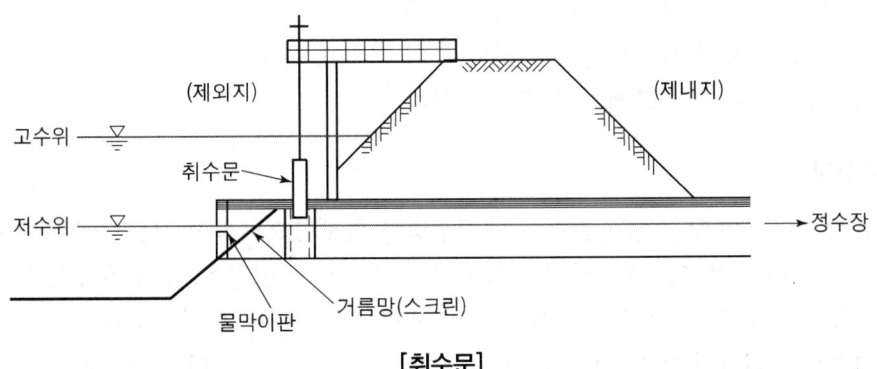

[취수문]

① 취수문의 위치와 구조
  ㉠ 양질이고 견고한 지반에 설치한다. 부득이한 사유로 사력층과 같은 지반에 축조되어야 하는 경우에는 기초공사를 충분히 하여 견고한 구조로 해야 한다.
  ㉡ 수문의 크기를 결정할 때에는 모래나 자갈의 유입을 가능한 한 적게 하기 위하여 유입속도는 1m/s 이하를 표준으로 한다.
  ㉢ 문설주(gate post)에는 수문 또는 수위조절판을 설치하여 취수량을 조절하고, 문설주의 구조는 일반적으로 철근콘크리트로 축조한다.
  ㉣ 한랭지에서는 동절기간의 적설이나 결빙 등으로 수문의 개폐에 지장이 일어나지 않도록 빙설을 용이하게 제거할 수 있도록 고려한다.(원적외선히터에 의한 동결방지나 눈녹임, 제설이나 제빙 등이 용이하게 하는 비점착성 에폭시로 도장하기도 하며, 기름의 오염과 쓰레기 대책으로 그물망이나 오일펜스 등을 설치하는 경우도 있다.)
  ㉤ 수문의 전면에는 스크린을 설치한다.

② 유사시설
  하천에 설치되는 취수문은 홍수시에 자갈이나 모래가 유입·침전되어 취수를 어렵게 하는 경우가 많아 취수문 부근에 침사지를 설치하는 것이 바람직하다. 그러나 침사지 설치하기 곤란한 경우에 설치하는 소규모의 제사설비를 유사시설이라 한다.

③ 취수문의 크기와 유입속도
  취수문을 통한 유입속도가 0.8m/s 이하가 되도록 취수문의 크기를 정한다.

④ 취수문 일반사항
  ㉠ 상류에 건설시 유리하다.
  ㉡ 대부분 자연유하식이다.
  ㉢ 직접 하안(河岸)에 설치되므로 토사의 유입이 우려되어 지반이 견고하고 토사의 유입이 적은 지점에 설치하여야 한다.
  ㉣ 농업용수 및 하천유량이 안정된 곳의 취수에 사용
  ㉤ 겨울철에 결빙 문제가 발생하기 쉽다.

(4) 취수보

취수보는 하천에 보를 쌓아올려서 계획수위를 확보함으로써 안정된 취수를 가능하도록 하기 위하여 하천을 횡단하여 만들어지는 시설이고, 인양식(lifting) 수문 또는 기복식(shutter) 수문 등으로 이루어진 보의 본체와 취수구로 이루어진다.

• 취수보는 비교적 대량으로 취수하는 경우, 농업용수 등의 다른 이수와 합동으로 취수하는 경우, 하천의 유황이 불안정한 경우, 개발이 진행되고 있는 하천 등으로 정확한 취수조정을 필요로 하는 경우 등에 적합하다.

- 보는 통상 하천수위를 조정하는 것이며 유수를 저류함으로써 유량을 조절하는 경우는 적다.

① **취수보의 위치와 구조**
   ㉠ 유심이 취수구에 가까우며 안정되고 홍수에 의한 하상변화가 적은 지점으로 한다.
   ㉡ 원칙적으로 홍수의 유심방향과 직각의 직선형으로 가능한 한 하천의 직선부에 설치한다.
   ㉢ 침수 및 홍수시의 수면상승으로 인하여 상류에 위치한 하천공작물 등에 미치는 영향이 적은 지점에 설치한다.
   ㉣ 고정보의 상단 또는 가동보의 상단 높이는 계획하상높이, 현재의 하상높이 및 장래의 하상변동 등을 고려하여 유수소통에 지장이 없는 높이로 한다.
   ㉤ 원칙적으로 철근콘크리트구조로 한다.

② **가동보**
   ㉠ 계획취수위의 확보, 유심의 유지, 토사의 배제, 홍수의 소통 등의 기능을 충분히 할 수 있어야 한다.
   ㉡ 유심을 유지하고 원활한 취수를 가능하게 하기 위하여 배사문(排砂門)을 설치한다.
   ㉢ 홍수의 유하에 대비하여 홍수배출구(spillway)를 설치한다.
   ㉣ 수문은 원칙적으로 강구조로 한다.
   ㉤ 가동보의 수문에는 인양식 수문 및 기복식(shutter) 수문의 2종류가 있다.

③ **취수보의 높이**
   ㉠ 취수보의 높이는 계획취수량을 확실하게 취수할 수 있도록 정하되, 일반적으로 계획취수위에 필요한 여유고를 더한 높이로 한다. 여유고는 파랑 등에 대한 것으로 보통 10~15cm로 한다.
   ㉡ 보의 계획담수위(湛水位 : design filling level)는 원칙적으로 고수위의 높이보다 50cm 낮은 높이로 하고 제내지반고보다 높지 않은 것으로 하지만, 지형의 상황 등에 따라 부득이한 경우에는 성토 등에 의하여 제내지반 또는 고수위부에 특별한 조치가 필요하다.
   ㉢ 기복보(shutter weir)의 높이는 계획수심(계획고수위와 계획하상고의 차)의 1/2 이하 및 직고(直高)를 3m 이하로 한다.

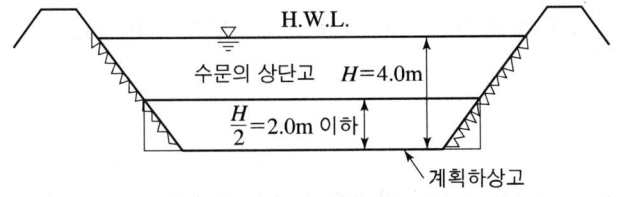

[기복식 수문의 상단고]

④ 물받이(apron)
  ㉠ 월류수 또는 수문의 일부 개방에 의한 강한 수류에 의하여 보의 하류가 세굴되는 것을 방지하기 위하여 물받이를 설치하며, 물받이는 철근콘크리트구조를 원칙으로 한다.
  ㉡ 하류면의 물받이는 양압력에 견딜 수 있는 구조로 한다. 물받이의 두께는 보의 상하류 수위차에 의하여 생기는 양압력, 물의 무게, 시공시의 상재하중 등을 고려하여 정하되, 일반적으로 50cm 이상 1m 정도의 두께로 한다. 또 상류측 물받이의 두께는 하류측의 1/2~2/3 정도로 한다.

⑤ 취수구의 구조
  ㉠ 계획취수량을 언제든지 취수할 수 있고 취수구에 토사가 퇴적되거나 유입되지 않도록 스크린, 제수문, 배사문(sand flash port) 및 여수로(spillway) 등을 설치해야 하며 또한 유지관리가 용이해야 한다.
  ㉡ 높이는 배사문(排砂門)의 바닥높이보다 0.5~1.0m 이상 높게 한다.
  ㉢ 유입속도는 0.4~0.8m/s를 표준으로 한다.
  ㉣ 취수구의 폭은 계획취수량을 유입할 수 있도록 바닥높이와 유입속도를 표준치의 범위로 유지하도록 결정한다. 폭의 표준은 인력권양인 경우에는 1~2m, 기계인 상식에서는 3~6m이다.
  ㉤ 제수문의 전면에는 스크린을 설치한다.
  ㉥ 지형이 허용하는 한 취수구로부터 유입되는 수류가 원활하게(정류하여) 도수로로 유입되도록 점차 감축시키는 접속부인 취수유도수로(driving channel access)를 설치한다.
  ㉦ 계획취수위는 계획취수량을 확실히 취수하여 도수로에 도수하기 위하여 취수구로부터 도수로기점까지의 각종 손실수두를 계산하여 필요수두를 결정한다.

⑥ 부대설비
  취수보에는 필요에 따라 관리교, 어도, 배의 통항, 유목로, 갑문, 경보설비 등을 설치한다.

⑦ 방조제
  ㉠ 해수가 역류할 가능성이 있는 곳에는 방조제를 설치한다.
  ㉡ 방조제의 높이는 현지의 최고조수위 이상으로 하되, 폭풍시의 파랑에 의한 역월류를 고려하여 방조제의 높이를 최고조수위보다 50 cm 이상 높게 하는 것이 안전하다.

(5) 취수언

취수언은 하천의 흐름방향과 직각 방향으로 댐을 축조하여 물을 저장 취수하는 시설이다.

(6) 취수탑

취수탑은 하천, 호소, 댐의 내에 설치된 탑모양의 구조물로 측벽에 만들어진 취수구에서 직접 탑내로 취수하는 시설이다.

① **취수탑의 위치 및 구조**
   ㉠ 연간을 통하여 최소수심이 2m 이상으로 하천에 설치하는 경우에는 유심이 제방에 되도록 근접한 지점으로 한다. (취수탑은 탑의 설치 위치에서 갈수수심이 최소 2m 이상이 아니면, 계획취수량의 취수에 필요한 취수구의 설치가 곤란하다.)
   ㉡ 우물통침하(井筒沈下)공법으로 설치하는 취수탑은 그 하단에 강판제의 커브슈(curb-shoe)를 부착하고 철근콘크리트의 벽을 두껍게 하고 배력철근을 충분히 배치한다.
   ㉢ 세굴이 우려되는 경우에는 돌이나 또는 콘크리트공 등으로 탑주위의 하상을 보강(床止 : for stabilizing)한다.
   ㉣ 수면이 결빙되는 경우에는 취수에 지장을 미치지 않는 위치에 설치한다.(한랭지에서 수면이 결빙되는 경우에 결빙되지 않는 깊이에 취수구를 설치해야 한다. 제방에 근접하여 설치하는 경우에는 결빙이 발달되기 쉬우므로 특히 주의해야 한다.)

② **취수탑의 형상 및 높이**
   ㉠ 취수탑의 횡단면은 환상으로서 원형 또는 타원형으로 한다. 하천에 설치하는 경우에는 원칙적으로 타원형으로 하며 장축방향을 흐름방향과 일치하도록 설치한다.
   ㉡ 취수탑의 내경은 필요한 수의 취수구를 적절히 배치할 수 있는 크기로 한다.
   ㉢ 취수탑의 상단 및 관리교의 하단은 하천, 호소 및 댐의 계획최고수위보다 높게 한다.(하천에 설치하는 경우, 탑의 상단 및 관리교의 하단은 계획고수 유량에 따라 계획고수위보다 0.6~2m 정도 높게 한다)

③ **취수탑의 취수구**
   ㉠ 최하단에 설치하는 취수구는 계획최저수위를 기준으로 하고 갈수시에도 계획취수량을 확실히 취수할 수 있는 설치위치로 한다.
   ㉡ 취수구의 형상은 슬루스게이트(제수문) 또는 제수밸브 등의 모양과 관계가 있으므로 단면형상은 장방형 또는 원형 등으로 하는 것이 좋다.
   ㉢ 전면에는 협잡물을 제거하기 위한 스크린을 설치해야 하며, 일반적으로 스크린에는 3~5cm 간격으로 철제격자를 취수구의 전면에 설치한다.
   ㉣ 취수탑의 내측이나 외측에 슬루스게이트(제수문), 버터플라이밸브 또는 제수밸브 등을 설치한다.

㉤ 수면이 결빙되는 경우에도 취수에 지장을 주지 않도록 유의하되, 결빙대책이 필요한 경우 송풍기로 수면을 동요시키는 등의 방법이 있다.

④ 취수탑 부대설비

취수탑에는 관리교, 조명설비, 유목제거기, 협잡물제거설비 및 피뢰침을 설치한다.

⑤ 취수탑 일반사항

㉠ 연간의 수위 변화가 크거나 또는 적당한 깊이에서의 취수가 요구될 때 사용
㉡ 여러개의 취수구를 설치하여 수위의 변화에 대응
㉢ 여러 수위에서 취수가 가능
㉣ 취수탑은 수심이 적어도 2m 정도가 되지 않으면 설치하기가 어렵다.
㉤ 건설비가 많이 소요되는 단점이 있다.

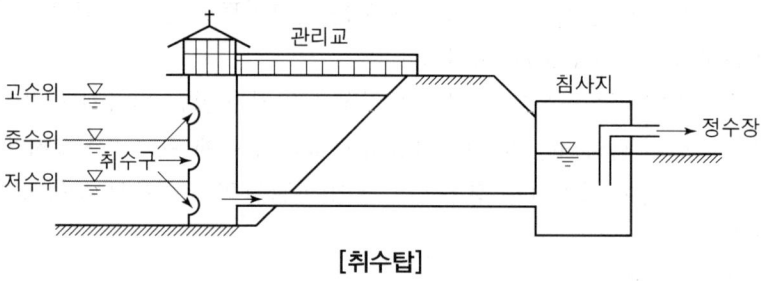

[취수탑]

(7) 취수관거

취수관거는 그 취수구를 제방법선에 직각으로 설치하고 직접 관거 내로 표류수를 취수하여 자연유하로 제내지에 도수하는 시설이다. 유황이 안정되고 유량변화가 적은 하천에서의 취수에 알맞으며, 유지관리가 비교적 용이하다.

① 취수구 일반사항

㉠ 철근콘크리트구조로 한다.
㉡ 설치높이는 장래의 하상변동을 고려하여 결정한다.
㉢ 전면에 수위조절판이나 스크린을 설치한다.
  • 수위조절판은 하상의 변화에 따라 하상과 취수구의 설치고와의 높이를 조절하는 외에 토사의 유입방지 및 지수를 겸하여 설치한다.
  • 관거 내의 평균유속은 자연유하로 0.6~1m/s이다.
㉣ 원칙적으로 관거의 상류부에 제수문 또는 제수밸브를 설치한다.
㉤ 관거의 연장이 커지는 경우에는 모래 등을 관거 내로 유입시키지 않기 위하여 유사시설(sand pit)을 설치하는 경우가 있다.
  • 유사시설의 깊이는 30~50cm, 길이는 3m 정도를 표준으로 하며 배사작업 등을 위하여 맨홀을 설치한다.

- 고수위부에 설치할 때에는 유사시설의 상단 끝은 고수위부와 같은 높이로 하고 맨홀을 구비한 상판구조로 한다.

② 관거의 구조
  ㉠ 관거에 작용하는 내압 및 외압에 견딜 수 있는 구조로 한다.
  ㉡ 관거를 제외지에 부설하는 경우에 원칙적으로 계획고수부지고에서 2m 이상 깊게 매설한다.
  ㉢ 관거가 제방을 횡단하는 경우에는 원칙적으로 유연(柔軟)한 구조로 한다. 또 비상시에 지수가 확실하고 용이하게 이루어지도록 원칙적으로 제수밸브 등을 설치한다.
  ㉣ 시공한 다음 제방에 영향을 주지 않도록 제방법면의 보호공을 설치한다.
  ㉤ 사고 등에 대비하기 위하여 가능한 한 2열 이상으로 부설한다.

(8) 취수틀

취수틀은 하천이나 호소의 하부 수중에 매몰시켜 만드는 상자형 또는 원통형의 취수시설이다. 측벽에 만드는 다수의 개구에 의하여 취수하는 것으로 중소량의 취수용이다.

① **취수틀의 위치 및 구조**
  ㉠ 하천이나 호소의 바닥이 안정되어 있는 곳에 설치한다.
  ㉡ 선박의 항로에서 벗어나 있어야 한다. 부득이 항로에 근접되는 지점에는 충분한 수심을 확보한다.(선박의 항행에 장애를 받지 않도록 최소수심이 3 m 이상인 곳에 설치하는 것이 바람직하다.)
  ㉢ 철근콘크리트 틀의 본체를 하천이나 호소의 바닥에 견고하게 고정시킨다.
    - 개구가 손상되지 않도록 또한 토사 등으로 쉽게 폐색되지 않도록 개구의 주위는 견고한 나무틀, 콘크리트틀 등으로 방호하고, 더욱 틀의 내외에 사석, 콘크리트치기를 한다.
    - 취수틀 내의 유입속도는 0.5~1m/s를 표준으로 한다.

(9) 침사지

침사지는 원수와 동시에 유입된 모래를 침강, 제거하기 위한 시설이다.

① **침사지의 위치 및 형상**
  ㉠ 침사지는 유입되는 모래를 신속하게 침전, 제거하기 위하여 가능한 한 취수구에 근접하여 제내지에 설치한다.
  ㉡ 지의 형상은 장방형으로 하고 유입부 및 유출부를 각각 점차 확대·축소시킨 형태로 한다.
  ㉢ 청소, 점검, 수리 등을 고려하여 지수는 2지 이상으로 한다.

② 침사지의 구조
　㉠ 원칙적으로 철근콘크리트구조로 하며 부력에 대해서도 안전한 구조로 한다.
　㉡ 표면부하율은 200~500mm/min을 표준으로 하며, 체류시간은 계획취수량의 10~20분을 표준으로 한다.
　㉢ 침강된 모래가 재부상되어 움직이지 않도록 지내평균유속은 2~7cm/s를 표준으로 한다.
　㉣ 지의 길이는 폭의 3~8배를 표준으로 한다.
　㉤ 지의 고수위는 계획취수량이 유입될 수 있도록 취수구의 계획최저수위 이하로 정한다.
　㉥ 지의 상단높이는 고수위보다 0.6~1m의 여유고를 둔다.
　㉦ 지의 유효수심은 3~4m를 표준으로 하고, 퇴사심도를 0.5~1m로 한다.
　㉧ 바닥은 모래배출을 위하여 중앙에 배수로(pitt)를 설치하고, 길이방향에는 배수구로 향하여 1/100, 가로방향은 중앙배수로를 향하여 1/50 정도의 경사를 둔다.
　㉨ 한랭지에서 저온으로 지의 수면이 결빙되거나 강설로 수중에 눈얼음 등이 보이는 곳에서는 기능장애를 방지하기 위하여 지붕을 설치한다.

③ 침사지의 부대설비
　㉠ 유입구와 유출구에는 제수밸브 또는 슬루스게이트 등을 설치한다.
　㉡ 지하수위가 높은 지점에 설치하는 경우에는 안전을 위하여 부상방지설비를 설치한다.
　㉢ 필요에 따라 제진설비로서 스크린 및 제거기를 설치한다.
　㉣ 필요에 따라 침사탈수설비를 설치한다.

(10) 지하수 취수

지하수는 지층수(formation water)와 암장수(fissure water)의 두 가지 형태로 존재하며, 지하수의 취수 시에는 원칙적으로 예비조사와 수문지질조사(지표지질조사, 전기탐사, 탄성파탐사, 시추조사, 전기검층 등)를 한다.

- 지층수(formation water or pore water) : 물이 포화되어 있는 틈이 흙 입자의 틈인 경우를 말하며, 지층수는 자유지하수(free groundwater)와 피압지하수(confined groundwater)로 구분된다.
- 암장수(fissure water) : 물이 포화되어 있는 틈이 암석의 균열(cracks), 공극(fissure) 및 틈새(gaps) 등인 경우

① 천층수와 심층수 취수 : 천층수는 제1불투수층 위에 고인물로 자유면 지하수이며, 심층수는 제1불투수층과 제2불투수층 사이의 피압면 지하수이다.

㉠ 불투수층 통과 여부에 따른 우물 구분
- 천정호 : 불투수성 지층을 통과하지 않은 지하수(천층수)의 취수에 사용한다.
- 심정호 : 불투수성 지층을 통과하는 지하수(심층수)의 취수에 사용한다.

㉡ 구조에 의한 우물 구분
- 굴정호 : 우물 내경 1~5m 정도, 깊이 8~30m 범위로 천정호의 수리를 적용할 수 있는 우물이다.
- 관정호 : 강관을 특수한 방법으로 지하 심수층까지 박아 펌프로 양수하는 방법이다.

② **용천수의 취수** : 용천수는 원수로 그대로 사용할 수 있으므로, 수량이 풍부할 경우에는 이를 취수함에 있어 자연상태에서 용출하는 그대로의 수질을 오염시키지 않아야 하므로 용천수가 지상으로 용출하기 전에 취수하는 방법을 강구해야 한다.

㉠ 집수정
- 용천수가 한 지점에서 집중적으로 용출하는 경우
- 용출지점을 적당히 파고 용출부에다 집수정을 축조한 다음, 이를 저수조로 겸용할 수 있도록 하며 도수관을 집수정 내에 설치하여 취수한다.

㉡ 집수매거 : 용천수가 산복(山腹), 산록(山麓) 등에서 등고선을 따라 연속적으로 용출하는 경우

③ **복류수의 취수** : 하상(하천바닥)에 집수매거를 매설하여(부설깊이 지하 3~5m 정도) 취수

④ **취수지점의 선정**

㉠ 기존 우물 또는 집수매거의 취수에 영향을 주지 않아야 한다.(영향권 내의 기존 우물의 수위 강하량을 10~20cm 이하로 되는 지점을 선정)

㉡ 연해부의 경우에는 해수의 영향을 받지 않아야 한다.

㉢ 얕은 우물이나 복류수인 경우에는 오염원으로부터 15m 이상 떨어져서 장래에도 오염의 영향을 받지 않는 지점이어야 한다.

㉣ 복류수인 경우에 장래 일어날 수 있는 유로변화 또는 하상저하 등을 고려하고 하천개수계획에 지장이 없는 지점을 선정한다. 그리고 하상 원래의 지질이 이토질(泥土質)인 지점은 피한다.

⑤ **채수층의 결정**

채수층은 굴착 중에 얻은 다음 자료를 참고로 선정한다.

㉠ 지층이 변할 때마다 채취한 지질시료

㉡ 굴착 중인 점토수(泥水 : drilling mud)의 양적인 변화와 질적인 변화, 용천수 또는 일수(逸水 : spill water) 등의 유무

㉢ 전기저항탐사의 결과

ⓔ CCTV 수중카메라 촬영
ⓜ 대수성시험팩커 설치 및 양수시험
⑥ 양수량의 결정
㉠ 한 개의 우물에서 계획취수량을 얻는 경우의 적정 양수량은 양수시험에 의해 판단한다.
㉡ 여러 개의 우물(기존 우물 포함)에서 계획취수량을 얻는 경우에는 우물 상호간의 영향권을 고려하여 개수를 결정하고, 양수량은 양수시험과 부근 우물의 수위관측으로 수위가 계속하여 강하하지 않는 안전 양수량으로 한다.

(11) 집수매거(infiltration galleries)

집수매거는 하천부지의 하상 밑이나 구하천 부지 등의 땅속에 매설하여 집수기능을 갖는 관거이며 복류수나 자유수면을 갖는 지하수(자유지하수)를 취수하는 시설이다.

① 집수매거의 위치 및 구조
㉠ 집수매거의 부설 방향은 복류수의 상황을 정확하게 파악하여 효율적으로 취수할 수 있도록 한다.
- 집수매거는 복류수의 흐름방향에 대하여 지형이나 용지 등을 고려하여 가능한 한 직각으로 설치하는 것이 효율적이다.
- 복류수가 풍부한 곳에서는 흐름방향에 평행하게 또는 평행에 가깝게 매설하는 경우도 있다.
- 취수량을 많게 하기 위하여 집수매거의 본관에서 지관을 1개 내지 몇 개를 분기하는 경우도 있다
㉡ 집수매거는 노출되거나 유실될 우려가 없도록 충분한 깊이로 매설한다.
- 집수매거는 가능한 한 직접 지표수의 영향을 받지 않도록 하기 위하여 매설깊이는 5 m 이상으로 하는 것이 바람직하지만, 대수층의 상황, 불투수층의 깊이 및 수질 등을 고려하여 결정한다.
- 제외지에 있어서는 저수로의 하상에서 2m 이상으로 한다.
㉢ 집수매거의 길이는 시험우물 등에 의한 양수시험 결과에 따라 정한다. 이때에 집수개구부지점에서의 유입속도는 모래의 소류한계속도 이하를 표준으로 한다.
- 시험정 등에 의하여 양수량의 결정에서 설명된 양수시험을 참고로 하여 집수매거의 조건에 적합한 수리공식을 사용하여 길이를 결정한다.
- 또한 길이를 결정할 때에는 모래 등에 의하여 집수공을 폐색시키지 않도록 유입속도는 모래의 소류한계유속 이하로 한다.
㉣ 철근콘크리트조의 유공관 또는 권선형 스크린관을 표준으로 한다.
- 철근콘크리트유공관 및 권선형 스크린관(3.10.3 집수개구부(공) 참조)은 어

느 것이나 녹슬지 않고 강도 및 내구성이 있는 재질로 한다.
- 관거의 형상은 원형을 표준으로 한다.
- 내경은 부설한 다음의 점검, 수리 등 유지관리에 편리하도록 900mm 이상으로 하는 것이 바람직하다.

　⑩ 세굴의 우려가 있는 제외지에 설치할 경우에는 철근콘크리트틀 등으로 방호한다.
- 제외지에서 세굴될 우려가 있는 경우에는 관거가 이동되거나 유실되는 것을 방지하기 위하여 철근콘크리트로 된 보호틀 등으로 방호해야 하며
- 하상보강공(reinformed concrete frame) 등을 하고 또 기초지반이 불량한 장소에는 관거의 부등침하를 방지하기 위하여 말뚝치기, 통나무(wooden bases) 등을 사용한다.

② 집수개구부(공)

집수개구부의 공경은 효율적으로 취수할 수 있고 막힐 우려가 적은 크기로 한다.

③ 집수매거의 경사 및 거내유속

　㉠ 집수매거는 수평 또는 흐름방향으로 향하여 완경사로 하고 집수매거의 유출단에서 매거내의 평균유속은 1m/s 이하로 한다.
　㉡ 전체적으로 균형있게 취수하기 위하여 집수매거의 경사는 될 수 있으면 수평 또는 1/500 이하의 완경사로 하는 것이 좋다.
　㉢ 또한 집수매거내의 유속은 집수매거의 크기와 집수개구부에서의 유입속도 등과의 관계로부터 집수매거의 유출단에서 평균유속은 1m/s 이하로 한다.

④ 집수매거의 접합정

　㉠ 집수매거에는 종단, 분기점, 기타 필요한 곳에 접합정을 설치한다.
　㉡ 점검이나 그 밖의 작업이 크기를 용이하도록 정하고 철근콘크리트의 수밀구조로 한다.

⑤ 집수매거의 조인트 및 되메우기

　㉠ 조인트는 관종에 따라 슬립식 공조인트로, 소켓삽입조인트, 플랜지조인트 및 새들조인트로 한다.
　㉡ 집수매거의 주위에는 안쪽에서 바깥쪽으로 굵은 자갈, 중자갈, 잔자갈의 순서로 각각 그 두께를 50 cm 이상 충전하여 필터층을 설치하고 그 위에 토사로 되메운다.

4. 저수지의 용량 결정

저수지의 용량결정 방법에는 가정법, 유량누가곡선법, 강우자료 이용법, 물수지계산법, 유량 도표법 등이 있다.

(1) 저수지 용량

- 댐 축조 지점에 있어서 10년에 1회 발생할 정도의 갈수년을 기준
- 강우가 많은 지방에서는 급수량의 120일분을 기준으로 저수지 용량을 결정
- 강우가 적은 지방은 200일분을 기준으로 저수지 용량을 결정

① 가정법 : 대략의 용량을 결정

$$C = \frac{5,000}{\sqrt{0.8R}}$$

여기서, C : 용량(1일 계획급수량의 배수)
R : 연평균강우량[mm]

(2) 유출량 누가곡선법(Ripple's Method)

저수지의 유효 용량을 유량 누가 곡선 도표를 이용하여 도식적으로 구하는 방법

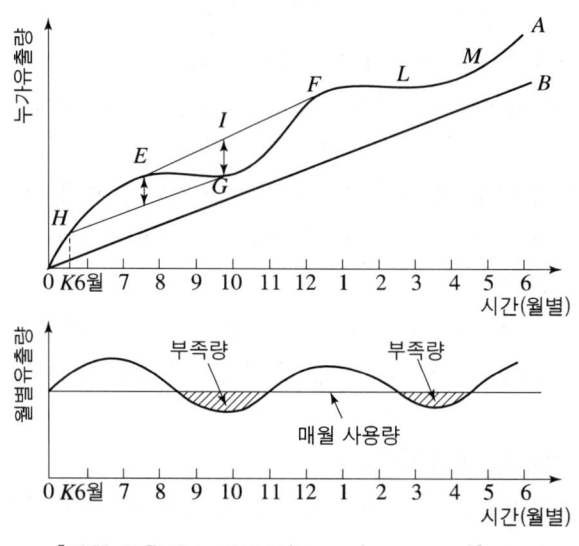

[하천 유출량 누가곡선(Ripple's method)]

[그래프 작성법]

① OA 곡선 : 과거 수년간에 걸친 매월 우량을 조사한 후 매월의 증발 등에 의한 손실수량을 조사해 매월의 유출량을 계산하여 누가곡선 OA를 그린다.
② OB 직선 : 매월의 소요수량인 누가곡선 OB를 그린다.(변화가 극히 적어 직선으로 간주)
③ EG와 LM구간 : OA곡선과 OB직선이 서로 접근하려는 구간으로 유출량이 소요량보다 적은 시기(저수지 수위가 낮아짐)를 나타내며, G나 M에 다다르면 저수지가 바

닥을 드러내게 된다.)
④ EG에 있어서의 부족 수량 : 가뭄 기간으로 E점에서 OB직선에 평행하게 EF직선을 긋고 여기서 최대 세로길이 IG를 구할 수 있다. 이 IG가 구하는 부족수량이다.
⑤ LM구간에서의 부족수량도 같은 방법으로 구할 수 있으며, 이러한 여러 개의 구간 최대 세로길이 중에서 가장 큰 것을 택하면 이것이 바로 이상적인 소요 저수지 용량이다.
⑥ 저수를 시작하는 날 : G에서 OB에 평행하게 그어 OA곡선과 만나는 점 H에 해당하는 날인 K로 부터 저수하기 시작한다.
⑦ E, F : 만수위
⑧ GF구간 : G에서 저수위가 다시 상승하기 시작하여 F에서 만수위가 된다.

(3) 물수지 계산법

저수시설의 유효저수량은 다음 각 항에 기초를 두고 결정한다.
① 유효저수량은 계획기준년에 있어서 물수지(저수시설 지점의 하천유량과 계획취수량과의 차)를 계산하여 결정한다.
② 물수지 계산에서는 계획취수량을 확실하게 취수할 수 있어야 하며 또한 하천유수의 정상적인 기능유지에 지장을 주지 않아야 한다.
③ 추운 지방에서는 취수지점 결빙으로 인한 영향을 고려한다.

(4) 유량도표에 의한 방법

매월 또는 매분기마다 하천유량의 변화를 그려 넣고 이것에 매월 또는 매분기마다의 계획 취수량을 기입하여 이들에 둘러싸인 면적 중 최대(그 기간에 있어서의 총공급량, 즉 필요저수용량)를 구하는 방법이다.

5. 해수 담수화

지표수만으로 충분한 상수원 개발이 곤란한 일부 해안지역과 도서지역에서 계절에 관계없는 안정된 수자원으로 해수를 이용하는 해수담수화시설을 도입함으로써 갈수기에 대비하고 장래 상수의 안정공급에 이바지할 수 있다.

(1) 해수담수화시설의 특징

① 계절에 영향을 받지 않고, 안정된 수량을 확보할 수 있다.
② 건설에 장기간이 소요되는 댐의 개발에 비하여 상대적으로 단기간에 건설할 수 있다.
③ 지표수의 취수에 따른 관련 기관과의 복잡한 문제발생이 적고, 수도사업자가 독자적으로 도입할 수 있다.

(2) 해수담수화시설의 유의할 사항

① 하천수를 이용하여 상수를 생산하는 방법에 비하여, 전기요금, 막 교체비 등의 운영비가 상대적으로 많이 소요된다.
② 에너지의 절약대책이나 농축해수의 방류로 인한 생태계에의 영향에 관한 대책 등 환경적 측면에서의 문제점을 고려해야 한다.

(3) 해수담수화 방식의 분류

① 상변화(相變化) 방식
　㉠ 증발법 : 다단플래쉬법, 다중효용법, 증기압축법, 투과기화법
　㉡ 결정법 : 냉동법, 가스수화물법
② 상불변(相不變)방식
　㉠ 막법 : 역삼투법, 전기투석법
　㉡ 용매추출법

(4) 해수담수화를 위한 일반적인 방법

일반적으로 증발법, 전기투석법, 역삼투법의 3가지 방식을 이용한다. 기술적으로는 증발법이 가장 빨리 상용화되었고 다음으로 전기투석법이 개발되었다. 최근에는 에너지 소비량이 적고 운전 및 유지관리가 용이한 역삼투법의 비중이 점차 커지고 있다.

① 증발법

증발법은 해수를 가열하여 증기를 발생시켜서 그 증기를 응축하여 담수를 얻는 방법이다. 현재 실용화되어 있는 증발법은 다단플래쉬법, 다중효용법, 증기압축법의 3가지 방식이 있다.

② 전기투석법

전기투석법은 이온에 대하여 선택투과성을 갖는 양이온교환막과 음이온교환막을 교대로 다수 배열하고 전류를 통과시킴으로써 농축수와 희석수를 교대로 분리시키는 방법이다.

③ 역삼투법

역삼투법은 물은 통과시키지만 염분은 통과시키기 어려운 성질을 갖는 반투막을 사용하여 담수를 얻는 방법이다.
　㉠ 해수의 삼투압은 일반 해수에서는 약 2.4MPa(약 24.5kgf/cm^2)이다.
　㉡ 이 삼투압 이상의 압력을 해수에 가하면, 해수 중의 물이 반투막을 통하여 삼투압과 반대로 순수 쪽으로 밀려오는 원리를 이용하여 해수로부터 담수를 얻는다.

6-3 수질 관리 및 기준

1. 수질관리 용어

(1) 미량 농도의 단위

① ppm(part per million)
   = 100만분율($1/10^6$) = mg/kg(mg/l) = g/ton(g/m^3) = 10^{-3}kg/m^3

② ppb(part per billion)
   = 10억분율($1/10^9$) = mg/ton(g/m^3) = g/kg

(2) pH(수소이온농도)

① pH < 7이면 산성, pH = 7이면 중성, pH > 7이면 알칼리성
② pH + pOH = 14
③ 산성은 [H$^+$]가 [OH$^-$]에 비하여 크고, 알칼리성은 [OH$^-$]가 과잉이라는 것을 의미

$$pH = -\log[H^+] = \log\frac{1}{[H^+]}$$

$$pOH = -\log[OH^-] = \log\frac{1}{[OH^-]}$$

(3) 용존산소(DO) : 수중에 용해되어 있는 산소

① 용존산소(DO)는 수중에 용해되어 있는 산소
② 오염된 물은 용존산소량이 낮다.
③ BOD가 큰 물은 용존산소량이 낮다.
④ 수중의 염류 농도가 증가할수록 용존산소의 농도는 감소한다.
⑤ 수중의 온도가 높을수록 용존산소 농도는 감소한다.
⑥ 수면의 교란 상태가 클수록, 수압이 낮을수록 용존산소량은 증가한다.
⑦ 용존산소량이 적은 물은 혐기성 분해가 일어나기 쉽다.
⑧ 수중 어패류에 대한 용존산소의 최소 생존농도는 5ppm 이상이다.
⑨ 용존산소의 농도가 2ppm 이하로 되면 악취가 발생하기 시작한다.
⑩ 호기성 세균 : 용존산소를 소비하면서 유기물을 분해
⑪ 혐기성 세균 : 산소 없는 상태에서 유기물 분해

(4) 생물화학적 산소요구량(BOD)

수중의 미생물이 호기성상태에서 유기물을 분해하여 안정화시키는데 요구되는 산소량

① 수중의 미생물이 호기성 상태에서 유기물을 분해하여 안정화시키는 데 요구되는 산소량
② 수중의 유기물의 함량을 간접적으로 나타내는 방법
③ BOD의 측정은 시료수를 20℃의 암실에서 5일간 배양했을 때 소비된 용존산소(DO)량으로 표시(BOD_5)
④ 물의 유기물의 오염 정도를 표시하기 위하여 가장 많이 사용되는 지표
⑤ 가정하수, 하천수는 BOD로 측정하고 공장폐수는 COD로 측정하는 경우가 많다.

2. BOD 측정

(1) 계산식

① BOD 감소반응식(E. B. Phelps의 1차 반응식)

$$L_t = L_a \cdot 10^{-K_1 \cdot t} = L_a \cdot e^{-K_1 \cdot t}$$

여기서, L_t : t일 후의 잔존BOD[mg/l]
K_1 : 탈산소계수[day-1], K_1은 20℃에서 0.1이다.
수온이 다를 경우의 보정치 $K_1(t℃) = K_1(20℃) \times 1.047^{t-20}$ [day^{-1}]
t : 경과일수[day]
L_a : 최초BOD 또는 최종BOD(BOD_u)[mg/l]

② BOD 소모량 공식

$$Y = L_a - L_t = L_a(1 - 10^{-K_1 t}) = L_a(1 - e^{-K_1 t})$$

여기서, Y : t일 동안에 소비된(분해된) BOD(t일 간의 BOD)

③ BOD 부하량 계산

$$BOD\ 총량 = BOD\ 농도 \times 유량$$

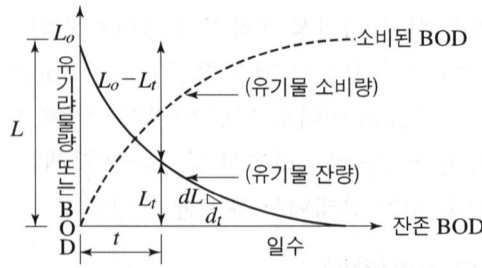

[소비 BOD와 잔존 BOD의 관계]

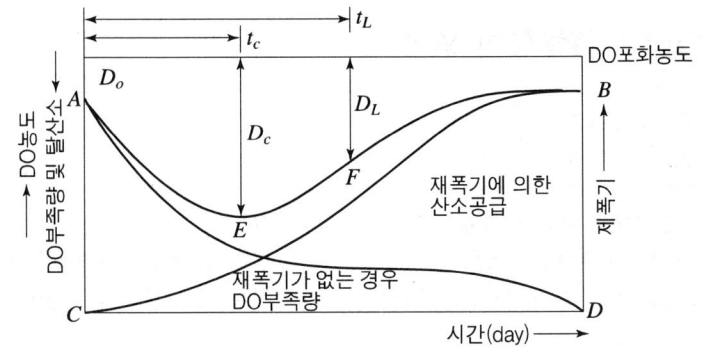

E : 임계점 F : 변곡점 D_o : 초기($t=0$) DO부족량 D_c : 임계부족량
D_L : 변곡점에서의 DO부족량 t_c : 임계시간 t_L : 변곡점까지의 시간
AD : 탈산소곡선 CB : 재폭기 곡선

[용존산소부족곡선(DO sag curve)]

3. 화학적 산소요구량(COD)

① BOD와 더불어 주로 유기물질을 간접적으로 나타내는 지표
② 산화제로 산화시킬 때 소요되는 산화제의 양을 산소량으로 환산한 값
③ 공장폐수는 유해물질을 함유하고 있어 BOD측정이 불가능하므로 COD로 측정
④ COD는 단시간(1~3시간)에 측정이 가능하다는 장점이 있다.

4. 대장균군(coliform group, E-Coil)

① 인체의 대장에 기생하는 균
② 음료수의 오염 지표로 많이 사용
③ 대장균군의 검출 의의
    ㉠ 대장균은 인체에 해로운 균은 아니지만 소화기 계통의 전염병균이 대장균군과 같이 존재하기 때문에 대장균의 유무로써 다른 세균의 유무를 추정할 수 있고, 수인성 전염균 등의 병원균을 추정하는 간접 지표가 된다.
    ㉡ 대장균보다 검출이 용이하고 검출속도가 빠르다.
    ㉢ 시험이 간편하며, 정확성이 보장된다.
    ㉣ 음용수 수질기준은 검수 50ml에 대하여 검출되지 않아야 한다.
④ 최확수(MPN ; Most Probable Number)
    ㉠ 일정량의 시료 내에 존재하는 대장균의 수
    ㉡ 분석 결과를 통계적으로 계산한 값으로 최확수 또는 최적수라고 한다.
    ㉢ 통상 100ml의 시료 내에 존재하는 수

5. 확산에 의한 오염물질의 희석

$$C_m = \frac{C_1 Q_1 + C_2 Q_2}{Q_1 + Q_2}$$

여기서, C_m : 완전혼합 후의 혼합유량의 평균농도[mg/l]
C_1 : 합류 전 오수의 농도[mg/l] C_2 : 합류 전 하천수의 농도[mg/l]
Q_1 : 합류 전 오수의 유량[m³/day] Q_2 : 합류 전 하천수의 유량[m³/day]

6. 자정작용

- 생활하수나 공장폐수로 인해 수질이 악화된 하천이나 호소가 상당 기간이 지남에 따라 수질이 서서히 양호해져서 원래의 상태로 회복되는 현상
- 하천 등의 자정작용은 미생물 등에 의한 생물학적 자정작용이 주역할을 한다.

(1) 자정계수를 크게 해주는 인자(용존산소 DO가 증가하는 상황)

① 수온이 낮을 것
② 하천의 유속이 급류일 것
③ 하천의 수심은 얕을 것
④ 하상이 자갈, 모래 등으로 바닥구배가 클 것

$$f = \frac{K_2}{K_1}$$

여기서, f : 자정계수 K_1 : 탈산소계수[1/day]
K_2 : 재폭기계수[1/day]
- 재폭기 > 탈산소 : 자정작용이 유지된다.
- 재폭기 < 탈산소 : 자정작용이 파괴되어 물이 오염되기 시작

7. 하천의 자정단계(Whipple의 4단계)

(1) 자정단계

분해지대 → 활발한 분해지대 → 회복지대 → 정수지대
① 분해지대 : 물이 오염되면서 분해가 시작되는 단계
② 활발한 분해지대 : 호기성미생물의 활발에 의해 용존산소가 없게 되어 부패상태에 도달하게 된다.
③ 회복지대 : 물리적으로 물이 깨끗해져 분해물이 없어지고 용존산소가 증가
④ 정수지대 : 마치 오염되지 않은 자연수처럼 보이며, 용존산소가 풍부하다.

(2) 정화현상의 조건

① 재폭기 활발   ② 낮은 수온 유지
③ 급류 유속   ④ 낮은 수심
⑤ 하천 유량의 증가   ⑥ 오염원 감소

8. 성층현상

(1) 계절에 따른 성층현상

성층현상은 수온 변화가 가장 큰 원인인데, 이는 수온의 변화에 따른 물의 밀도 변화가 근본원인 때문이다.

① 겨울 : 물은 비교적 양호한 상태(겨울의 정체현상)
② 봄 : 조금만 바람 불어도 뒤섞임(전도현상), 수질 악화
③ 여름 : 온도차가 커져서 순환현상(수직운동)은 상층에 국한(성층현상 가장 두드러짐)
④ 가을 : 정체현상은 파괴되고 다시 전도현상, 수질 악화

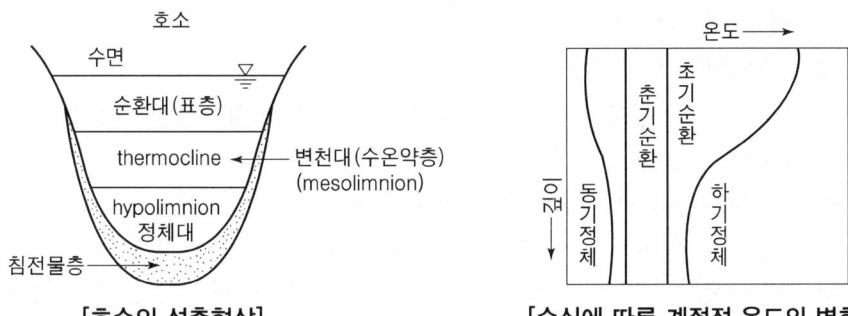

[호수의 성층현상]   [수심에 따른 계절적 온도의 변화]

(2) 성층현상 일반

① 호소수 또는 댐 물을 직접 취수하는 경우에는 성층현상에 의해 수심에 따라 계절적으로 수질이 변동한다. 또한 표층부근에 각종 미생물이나 조류가 발생하거나 홍수 시에 탁도가 증가하며 수심에 따라 수온이 현저하게 다른 경우가 있으므로 양질의 물을 선택하여 취수할 수 있도록 깊이에 따른 취수구를 배치하는 것이 필요하다.
② 깊은 호소나 댐에서는 계절적인 온도성층현상이 생기며 깊이에 따라 수질이 현저히 변화하는 경우도 있다. 따라서 계절에 의한 미생물의 종류, 양, 수온, 영양염류, pH, DO, COD 및 탁도에 대하여 계절별, 깊이별로 이들 분포를 조사해야 한다.

9. 부영양화 현상

(1) 특 징

① 영양염류인 질소(N)와 인(P)이 물속에 많이 잔류하게 되면 조류나 플랭크톤이 과다 번식
② 과다 번식한 조류나 플랭크톤은 서로 생존경쟁을 하며 이 과정에서 일부는 바닥으로 침전 깊은 곳에서 혐기성 분해를 일으킴
③ 혐기성 분해로 인해 황산가스(H_2S), 암모니아(NH_3), 메탄가스(CH_4) 등을 생성시켜 악취를 풍기고 수질 저하로 이어지고 다시 유기물로 인해 물속에 분해됨
④ 유기물로 인해 분해되면서 영양염류인 질소(N)와 인(P)이 다시 생김
⑤ 다시 발생된 영양염류인 질소(N)와 인(P)을 소비하면서 상기 과정을 반복
⑥ 조류의 영향으로 물에 맛과 냄새가 발생되어 정수에 어려움을 유발시킨다.
⑦ 부영양화는 수심이 낮은 호소에서도 잘 발생된다.

(2) 부영양화 방지 대책

① 영양물질(질소(N)와 인(P)) 유입의 억제
② 호소 내에서의 처리 방안
　㉠ 호소 내 또는 유입지천에 철 또는 알루미늄염을 첨가하여 영양염류의 불활성화
　㉡ 외부의 수류를 끌어 들여 수 교환율을 높임
　㉢ 성층파괴를 위한 심층폭기나 강제 순환
　㉣ 수심이 깊은 호소에서 영양염류농도가 높은 심층수의 방류
　㉤ 저질토를 합성수지 등으로 도포하여 저질토에서 나오는 물질을 차단
　㉥ 영양염류가 농축되어 있는 저질토의 준설
　㉦ 차광막을 설치하여 조류증식에 필요한 광을 차단함
　㉧ 수체로부터의 수초 및 부착조류의 제거
　㉨ 생물학적 제어
　㉩ 화학적 처리 → 황산동($CuSO_4$) 살포하여 조류를 제거

10. 저수지 수질보전 대책

① 바닥 퇴적물의 준설
② 상류유역의 오염원 관리
③ 약제 살포
④ 저수 유동의 최대화

11. 음용수(먹는 물)의 수질기준 : 먹는 물 관리법 및 규칙(2015.12.2. 개정)에 따름

구분	항목	기준
미생물	① 일반세균 ② 대장균군	1mL 중 100CFU 이하 100mL 중 불검출
건강상 유해 영향 무기물질	① 납(Pb) ② 불소(F) ③ 비소(As) ④ 셀레늄(Se) ⑤ 수은(Hg) ⑥ 시안(CN) ⑦ 6가 크롬(Cr^{+6}) ⑧ **암모니아성 질소(NH_3-N)** ⑨ **질산성 질소(NO_3-N)** ⑩ 카드뮴(Cd) ⑪ 보론(붕소 ; B)	0.01mg/L 이하 1.5mg/L 이하 0.01mg/L 이하 0.01mg/L 이하 0.001mg/L 이하 0.01mg/L 이하 0.05mg/L 이하 **0.5mg/L 이하** **10mg/L 이하** 0.005mg/L 이하 1.0mg/L 이하
건강상 유해영향 유기물질 — 휘발성 유기물질	① **페놀** ② 트리클로로 에탄 ③ 테트라클로로 에틸렌 ④ 트리클로로 에틸렌 ⑤ 디클로로 메탄 ⑥ 벤젠 ⑦ 톨루엔 ⑧ 에틸 벤젠 ⑨ 크실렌 ⑩ 디클로로 에틸렌 ⑪ 사염화 탄서	**0.005mg/L 이하** 0.1mg/L 이하 0.01mg/L 이하 0.03mg/L 이하 0.02mg/L 이하 0.01mg/L 이하 0.7mg/L 이하 0.3mg/L 이하 0.5mg/L 이하 0.03mg/L 이하 0.002mg/L 이하
건강상 유해영향 유기물질 — 농약	① 다이아지논 ② 파라티온 ③ 페니트로티온 ④ 카바릴 ⑤ 디브로모-3-클로로프로판 ⑥ 다이옥산	0.02mg/L 이하 0.06mg/L 이하 0.04mg/L 이하 0.07mg/L 이하 0.003mg/L 이하 0.05mg/L 이하
소독제 및 소독부산물질에 관한 기준	① 유리잔류염소 ② **총트리할로메탄**(THMs) ③ 클로로포름 ④ 클로랄 하이드레이트 ⑤ 디브로모 아세토니트릴 ⑥ 디클로로 아세토니트릴 ⑦ 트리클로로 아세노티트릴 ⑧ 할로아세틱 에시드(HAA) ⑨ 브로모 디클로로메탄 ⑩ 디브로모 클로로메탄 ⑪ 포름알데히드	4.0mg/L 이하 **0.1mg/L 이하** 0.08mg/L 이하 0.03mg/L 이하 0.1mg/L 이하 0.09mg/L 이하 0.004mg/L 이하 0.1mg/L 이하 0.03mg/L 이하 0.1mg/L 이하 0.5mg/L 이하

구분	항목	기준
심미적 영향물질	① 경도	300mg/L 이하
	② 과망간산칼륨 소비량	100mg/L 이하
	③ 냄새	무냄새
	④ 맛	무미
	⑤ 동	1mg/L 이하
	⑥ 색도	5도 이하
	⑦ 세제(음이온 계면활성제 ; ABS)	0.5mg/L 이하
	⑧ 수소이온농도(pH)	5.8~8.5
	⑨ 아연(Zn)	3mg/L 이하
	⑩ 염소이온(Cl^-)	250mg/L 이하
	⑪ 증발 잔류물(TS)	500mg/L 이하
	⑫ 철(Fe)	0.3mg/L 이하
	⑬ 망간(Mn)	0.3mg/L 이하 (수돗물 : 0.05mg/L 이하)
	⑭ 탁도	1NTU 이하 (수돗물 : 0.5NTU 이하)
	⑮ 황산이온(SO_4^{-2})	200mg/L 이하
	⑯ 알루미늄(Al)	0.2mg/L 이하

12. 수도전에서 먹는 물의 잔류염소

구 분	유리잔류염소	결합잔류염소
평상시	항상 0.2mg/L 이상 유지	1.5mg/L 이상 유지
비상시 (수인성 전염병 유행 등)	0.4mg/L 이상 유지	1.8mg/L 이상 유지

13. 상수원수(하천) 수질기준

상수 원수	1급	2급	3급
pH	6.5~8.5	6.5~8.5	6.5~8.5
BOD	1mg/L 이하	3mg/L 이하	5mg/L 이하
SS	25mg/L 이하	25mg/L 이하	25mg/L 이하
DO	7.5mg/L 이상	5mg/L 이상	5mg/L 이상
대장균 군수 (MPN/100mL)	50 이하	1,000 이하	5,000 이하

14. 경 도

경도에는 일시 경도(temporary hardness)와 영구 경도(permanent hardness)로 구별되고 양자를 합한 것을 총경도(Total hardness)라 한다.

(1) 일시 경도(temporary hardness)

만약 칼슘(Ca_2^+)과 마그네슘(Mg_2^+) 등이 알칼리도를 이루는 탄산염(CO_3^{2-}), 중탄산염(HCO_3^-) 등과 결합한 존재로 있을 때는 이를 탄산 경도(carbonate hardness)라 하며, 끓임에 의해서 침전이 형성되어 연수화(softening)되므로 일시 경도라고도 한다.

(2) 영구 경도(permanent hardness)

반면 칼슘(Ca_2^+)과 마그네슘(Mg_2^+) 등이 산 이온인 SO_4^{2-}, Cl^-, NO_3^-, SiO_3^-와 화합물을 이루고 있을 때 나타나는 경도를 비탄산 경도(non-carbonate hardness)라고 하며, 이들은 끓임에 의해서 제거되지 않으므로 영구 경도라고도 한다.

6-4 상수관로 시설

1. 계획 도·송수량

도수시설(송수시설)은 노후관 개량, 누수사고, 청소 등에도 중단 없이 계획 도수량(계획 송수량)을 안정적으로 공급할 수 있도록 도수관로(송수관로)의 복선화 또는 네트워크화를 구축한다
① **계획도수량** : 계획취수량을 기준으로 한다.(계획취수량은 계획1일 최대급수량을 기준)
② **계획송수량** : 계획 1일 최대급수량을 기준으로 한다. 또한 누수 등의 손실량을 고려하여 10% 여유수량으로 증가시킨다.

2. 도수 및 송수방식과 노선의 선정

도수방식의 선정에는 취수원에서 정수장까지의 고저 관계, 계획도수량, 노선의 입지조건, 건설비, 유지관리비 등을 종합적으로 비교·검토하여 결정하고, 송수방식은 정수장과 배수지와의 표고차, 계획송수량의 다소 및 노선의 입지조건을 비교 검토하여 가장 바람직한 방식을 결정한다.
송수는 관수로로 하는 것을 원칙으로 하되 저수로로 할 경우에는 터널 또는 수밀성의 암거로 한다.

(1) 자연유하식

① 도수, 송수가 안전하고 확실하다.(신뢰성이 높다)
② 유지관리가 용이하여 관리비가 적게 소요되므로 경제적이다.
③ 수로(水路)가 길어지면 건설비가 많이 든다.
④ 수원의 위치가 높고 도수로가 길 때 적당하다.
⑤ 양수장치에 따른 동력비가 없다.
⑥ 정전시 단수의 염려가 없다.
⑦ 운전요원의 인건비가 감소된다.
⑧ 수압과 수량의 조절이 어렵다.

(2) 펌프 압송식

① 수원이 급수지역과 가까운 곳에 있을 경우에 적당하다.
② 자연유하식에 비해 전력비 등 유지관리비가 많이 든다.

③ 정전, 펌프 고장 등으로 도수 및 송수의 안정성과 확실성이 부족하다.
④ 관수로에만 이용할 수 있고, 수압으로 인한 누수의 위험이 존재한다.
⑤ 지하수가 수원일 경우 적당하다.

도수 및 송수 방식 적용
① 자연유하식 : 높은 곳에서 낮은 곳으로
② 펌프압송식 : 낮은 곳에서 높은 곳으로

(3) 도수 및 송수관로의 노선 선정시 유의사항
① 물이 최소저항으로 수송되도록 한다.
② 가급적 단거리가 되어야 한다.
③ 이상 수압을 받지 않아야 한다.
④ 수평·수직이 급격한 굴곡을 피하고, 어떤 경우라도 최소동수경사선 이하가 되도록 노선을 선정한다.
⑤ 가능한 공사비를 절약할 수 있는 위치이어야 한다.
⑥ 관로 도중에 감압을 위한 접합정(junction well)을 설치해야 한다.
⑦ 관내의 마찰손실수두가 최소가 되도록 한다.
⑧ 개수로의 노선 선정은 관수로에 비해 난점이 많다.
⑨ 개수로는 노선 중 역사이펀, 교량, 터널이 필요할 때가 많아 관수로를 일부 혼용한다.
⑩ 양수 연장이 길 경우 관로에 안전밸브, 조압수조, 역지밸브를 설치하여 수격작용에 대비하여야 한다.
⑪ 원칙적으로 공공도로 또는 수도용지로 한다.

3. 관로의 종류

(1) 개수로
① 수면이 대기(大氣)와 접하고 경사로 인한 중력작용으로 유하하며 자유수면을 가진다.
② 개수로 내의 흐름을 지배하는 힘과 흐름을 지속시키는 요소는 중력(重力)과 관성력(慣性力)이다.

(2) 관수로
① 관이 항상 만수(滿水)로 되어 압력에 의해 흐르는 수로를 말하며 자유수면이 없다.
② 관수로 내의 흐름을 지배하는 힘과 흐름을 지속시키는 요소는 점성력과 두 단면의 압력차이다.

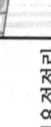

③ 관의 평균유속
  ㉠ 도수관의 평균유속의 최대 및 최소 한도 : 자연유하식인 경우에는 허용 최대한도를 3.0m/s로 하고, 도수관의 평균 유속 최소 한도는 원수를 수송하므로 모래입자 등의 침전을 방지하기 위하여 0.3m/sec 이상으로 한다.
  ㉡ 펌프가압식인 경우에는 경제적인 관경에 대한 유속으로 한다.
  ㉢ 송수관의 유속은 도수관의 유속에 준한다.

4. 수로와 수리

(1) 개수로

① Manning공식

$$V = \frac{1}{n} R^{2/3} I^{1/2}$$

② Ganguillet-Kutter공식

$$V = \frac{23 + \dfrac{1}{n} + \dfrac{0.00155}{I}}{1 + \left(23 + \dfrac{0.00155}{I}\right)\dfrac{n}{\sqrt{R}}} \sqrt{RI}$$

여기서, V : 평균유속[m/sec] R : 경심[m](R=단면적/윤변)
        I : 수면구배(동수구배)($I = h_L/L$) n : 조도계수

(2) 관수로

① 평균유속

Hazen-Willams유속공식 : 관수로에서 Hazen-Williams공식이 많이 사용된다.

$$V = 0.35464\,CD^{0.63} I^{0.54} = 0.84935\,CR^{0.63} I^{0.54}$$

여기서, V : 평균유속[m/sec] C : 유속계수 D : 관의 내경[m]
        I : 수면구배(동수구배)($I = h_L/L$) R : 경심[m]($R = D/4$)

② 관수로 내의 수두손실

Darcy-Weisbach의 마찰손실수두 공식

$$h_L = f \frac{L}{D} \frac{V^2}{2g}$$

여기서, h_L : 수두손실[m] f : 마찰계수[-] L : 관의 길이[m]
        D : 관의 직경[m] V : 유속[m/sec] g : 중력가속도[9.8m/sec^2]

(3) 손실수두

① 입구손실수두 $h_e = f_e \dfrac{V^2}{2g}$

② 출구손실수두 $h_o = f_o \dfrac{V^2}{2g}$

③ 관마찰손실수두 $h_f = f \dfrac{L}{D} \cdot \dfrac{V^2}{2g}$ (Darcy-Weisbach공식)

(4) 손실계수

① 유입손실계수 $f_e \fallingdotseq 0.5$

② 유출손실계수 $f_o \fallingdotseq 1.0$

③ 관마찰손실계수 f

   ㉠ 관이 신주철관일 때 $f = 0.02$

   ㉡ 관이 구주철관일 때 $f = 0.04$

   ㉢ 흐름이 층류일 때 $f = \dfrac{64}{R_e}$

   ㉣ 흐름이 난류일 때 $f = 0.3164 R_e^{-1/4}$

   ㉤ Manning의 n을 알 때 $f = \dfrac{124.5 n^2}{D^{1/3}}$

   ㉥ Chezy의 C를 알 때 $f = \dfrac{8g}{C^2}$

④ L/D가 3000보다 크면 장관이므로 관마찰 손실수두만 고려한다.

(5) 유속공식

① Manning 공식 $V = \dfrac{1}{n} R^{2/3} I^{1/2}$

② Chezy 공식 $V = C\sqrt{RI}$

③ Ganguillet-Kutter $V = \left(\dfrac{23 + 1/n + 0.00155/I}{1 + (23 + 0.00155/I)n/\sqrt{R}} \right)\sqrt{RI}$

④ Forchheimer $V = \dfrac{1}{n_f} R^{0.7} I^{0.5}$

⑤ Hazen-Williams $V = 0.35464\, CD^{0.63} I^{0.54}$

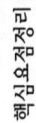

(6) 이형관 보호

수압에 의해 곡선부에 작용하는 외항력의 크기(P)

$$P = 2pA \sin \frac{\alpha}{2}$$

여기서, p : 관내의 수압(kg/cm^2, MPa)　　A : 관 단면적(cm^2, mm^2)　　α : 곡선 각도

(7) 관의 두께 결정

$$t = \frac{pD}{2\sigma_{ta}}$$

여기서, t : 관의 두께(cm, mm)　　　　p : 관내 수압(kg/cm^2, MPa)
　　　　D : 관의 내경(cm, mm)　　　σ_{ta} : 관의 허용인장응력(kg/cm^2, MPa)

(8) 수압시험에 의한 누수량 산정(미국수도협회)

$$L = \frac{ND\sqrt{p}}{3290}$$

여기서, L : 허용 누수량(L/hr)　　　　N : 관의 이음수
　　　　D : 관의 내경(mm)　　　　　p : 시험 수압강도(kg/cm^2)

5. 부속설비

(1) 관수로의 부속설비

① 제수 밸브(gate valve)

격자점에 설치하여 단수량 또는 통수량을 조절하는 장치

㉠ 도·송·배수관의 시점, 종점, 분기장소, 연결관, 주요한 배수설비(이토관), 중요한 역사이편부, 교량, 철도횡단 등에는 원칙적으로 제수밸브를 설치한다.

㉡ 제수밸브실은 도로의 종류별, 배관의 구경별 및 현장의 설치조건에 따라 소형, 중형, 대형으로 구분하며 밸브실 전후 관로의 안정성을 확보한다.

㉢ 제수밸브실은 설치 및 유지관리가 용이하도록 충분한 공간을 확보하며 이상수압이 발생하였을 때 즉시 감지하기 위한 수압계의 설치와 배수 및 점검을 위한 설비를 갖추어야 한다.

㉣ 밸브는 수질에 영향을 주지 않아야 한다.

② 공기 밸브(air valve)

관 내 공기를 자동적으로 배제 또는 흡입하는 시설로 배수본관의 돌출부(凸部, 철

부)에 설치
  ㉠ 관로의 종단도상에서 상향 돌출부의 상단에 설치해야 하지만 제수밸브의 중간에 상향 돌출부가 없는 경우에는 높은 쪽의 제수밸브 바로 앞에 설치한다.
  ㉡ 관경 400mm 이상의 관에는 반드시 급속공기밸브 또는 쌍구공기밸브를 설치하고, 관경 350mm 이하의 관에 대해서는 급속공기밸브 또는 단구공기밸브를 설치한다.
  ㉢ 공기밸브에는 보수용의 제수밸브를 설치한다.
  ㉣ 매설관에 설치하는 공기밸브에는 밸브실을 설치하며, 밸브실의 구조는 견고하고 밸브를 관리하기 용이한 구조로 한다.
  ㉤ 한랭지에서는 적절한 동결방지대책을 강구한다.

③ **역지 밸브**(check valve)
  펌프 압송중에 정전이 되어 물이 역류하면 펌프를 손상시킬 수 있어 물의 역류를 방지하는 장치

④ **안전 밸브**(safety valve)
  관수로 내에 이상수압이 발생하였을 때 관의 파열을 막기 위하여 자동적으로 물을 배출하여 관로의 안전을 도모하기 위한 밸브

⑤ **배 슬러지 밸브**(이토 밸브, drain valve)
  관로 내에 퇴적하는 찌꺼기를 배출하고 유지관리를 위해 관 내를 청소하거나 정체수를 배출하기 위해 관로의 오목부(凹部, 요부)에 설치한다.

⑥ **접합정**
  물의 흐름을 원활히 하기 위하여 수로의 분기, 합류 및 관수로로 변하는 곳, 관로의 분기점, 정수압의 조정이 필요한 곳, 동수경사의 조정이 필요한 곳에 설치한다.
  ㉠ 원형 또는 각형의 콘크리트 혹은 철근콘크리트로 축조한다. 아울러 구조상 안전한 것으로 충분한 수밀성과 내구성을 지니며 용량은 계획도수량의 1.5분 이상으로 한다.
  ㉡ 유입속도가 큰 경우에는 접합정 내에 월류벽 등을 설치하여 유속을 감쇄시킨 다음 유출관으로 유출되는 구조로 한다. 또 수압이 높은 경우에는 필요에 따라 수압 제어용 밸브를 설치한다.
  ㉢ 유출관의 유출구의 중심 높이는 저수위에서 관경의 2배 이상 낮게 하는 것을 원칙으로 한다.
  ㉣ 필요에 따라 양수장치, 배수설비(이토관), 월류장치를 설치하고 유출구와 배수설비(이토관)에는 제수밸브 또는 제수문을 설치한다.
  ㉤ 점검이나 그 밖의 작업이 크기를 용이하도록 정하되 접합정의 내경은 집수매거 내의 점검이나 모래의 반출을 용이하게 할 수 있도록 1m 이상으로 한다. 지표수

나 오수가 침입하지 않도록 철근콘크리트의 수밀구조로 하고 맨홀을 설치하는 것이 일반적이다.

⑦ 맨홀 : 암거의 경우 내부의 점검, 보수, 청소를 위해 100~500m 간격으로 설치한다.

> **신축이음관**
> ① 신축자재가 아닌 노출되는 관로 등에는 20~30m 마다 신축이음관을 설치하고, 연약지반이나 구조물과의 접합부(tie-in point) 등 부등침하의 우려가 있는 장소에는 휨성이 큰 신축이음관을 설치한다.
> ② 매설되는 수도용 강관의 관로부에는 별도의 신축이음관이 필요하지 않으나 제수밸브, 펌프 등 관로의 중간에 자유단이 발생하는 경우에는 밸브실 내에 신축이음관을 설치하고 밸브실 통과부에는 관이 축방향으로 변위될 수 있게 하되 외부지하수 등이 침입할 수 없는 구조로 한다.

6. 상수도관의 접합

① 소켓 접합(socket joint)
② 칼라 접합(collar joint)
③ 메커니컬 접합(mechanical joint)
④ 플랜지 접합(flange joint)
⑤ 타이튼 접합(tyton joint)
⑥ 내면접합

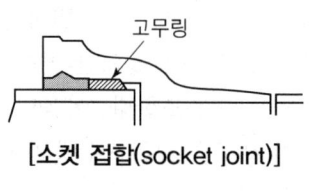

[소켓 접합(socket joint)]

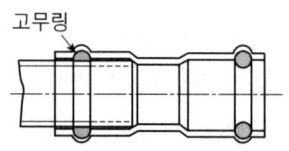

[칼라 접합(collar joint)]

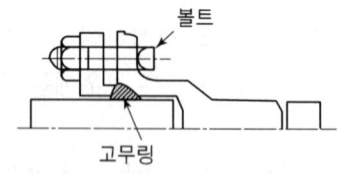

[메커니컬 접합(mechanical joint)]

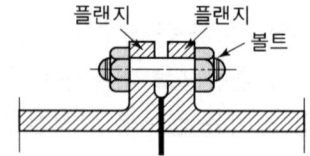

[플랜지 접합(flange joint)]

7. 관로의 매설위치 및 깊이

① 공공도로에 관을 매설할 경우에는 「도로법」및 관계법령에 따라야 하며 도로관리기관과 협의하여야 한다.

② 관로의 매설깊이는 관종 등에 따라 다르지만 일반적으로 관경 900mm 이하는 120cm 이상, 관경 1,000mm 이상은 150cm 이상으로 하고, 도로하중을 고려할 필요가 없을 경우에는 그렇게 하지 않아도 된다. 도로하중을 고려해야 할 위치에 대구경의 관을 부설할 경우에는 매설깊이를 관경보다 크게 해야 한다.
③ 도로하중을 고려할 필요가 있으나 지반이 암반인 경우 등으로 부득이하게 매우 얕게 매설해야 할 경우에는 별도로 관을 보호하는 조치를 강구한다.
④ 한랭지에서 관의 매설깊이는 동결심도보다 깊게 한다.
⑤ 매설위치는 태풍이나 지진, 홍수 등 비상시에도 관로의 구조에 영향이 최소화될 수 있는 곳으로 한다.

8. 배수계획

(1) 계획배수량

계획배수량은 원칙적으로 해당 배수구역의 계획시간최대배수량으로 한다.

① **평상시** : 해당 배수구역의 계획 시간 최대배수량을 기준

$$q = K \times \frac{Q}{24}$$

여기서, q : 계획시간최대배수량(m^3/h)
Q : 계획1일최대급수량(m^3/d)
$\frac{Q}{24}$: 시간평균배수량(m^3/h)
K : 시간계수(계획시간최대배수량의 시간평균배수량에 대한 비율)

② **화재시** : 계획 1일 최대급수량의 1시간당 수량+소화용수량 기준

(2) 배수지

정수를 저장하였다가 배수량의 시간적 변화를 조절하는 곳

① 배수지의 위치
  ㉠ 배수지는 가능한 한 급수지역의 중앙 가까이 설치한다.
  ㉡ 배수지는 붕괴의 우려가 있는 비탈의 상부나 하부 가까이는 피해야 한다.

② 배수지의 높이
  ㉠ 자연유하식 배수지의 표고는 최소동수압(1.5kgf/cm^2, 수두 15m)이 확보되는 높이여야 한다.
  ㉡ 급수블록 내의 압력은 동일한 것이 이상적이지만, 급수구역 내에서 지반의 고저차가 심할 경우(표고차가 30m 이상)에는 고지구, 저지구 또는 고지구, 중지구,

저지구의 2~3개의 급수지역으로 분할하는 것이 바람직하다.

고저차가 심하더라도 그 지역이 비교적 작은 범위일 경우에는 별도의 배수지를 만들지 않고 저지구에는 감압밸브를 설치하여 일정수압 이하로 압력을 낮추고, 고지구에는 가압펌프를 설치하여 일정수압 이상으로 수압을 상승시키는 편이 경제적일 수도 있다.

(3) 배수지의 구조와 용량

① **배수지의 구조**
  ㉠ 구조적으로나 위생적으로 안전하고 충분한 내구성과 내진성 및 수밀성을 가져야 한다.
  ㉡ 한랭지나 혹서시 수온 유지가 필요할 때에는 적당한 보온대책을 강구해야 한다.
  ㉢ 지하수위가 높은 장소에 축조할 경우 부력에 의한 부상방지 대책을 강구해야 한다.
  ㉣ 검사, 청소 및 수선 등으로 비울 때가 있으므로 유지관리상 지수는 2지 이상으로 하는 것을 원칙적으로 한다.

② **배수지의 유효용량** : 시간변동조정용량과 비상대처용량을 합하여 급수구역의 계획 1일최대급수량의 12시간분 이상을 표준으로 하여야 하며 지역특성과 상수도시설의 안정성 등을 고려하여 결정한다.

③ **배수지의 수위**
  ㉠ 배수지의 유효수심은 고수위와 저수위의 수위차를 의미하며, 3~6m를 표준으로 한다.
  ㉡ 최고수위는 시설 전체에 대한 수리적인 조건에 의해 결정해야 한다.
  ㉢ 정수지의 저수위 이하의 물은 유출되지 않도록 유출관을 설치하고 저수위 이하의 물과 바닥의 침전물을 배출할 수 있는 배출관을 설치해야 한다.

④ **배수지의 여유고와 바닥경사**
  ㉠ 배수지의 여유고는 고수위로부터 슬래브까지는 30cm 이상의 여유고를 가진다.
  ㉡ 바닥은 저수위보다 15 cm이상 낮게 해야 한다.
  ㉢ 바닥에는 필요에 따라 청소 등의 배출을 위해 적당한 경사를 두어야 한다.

9. 배수탑과 고가탱크

배수탑과 고가탱크는 배수구역내에 배수지를 설치할 적당한 높은 장소를 구할 수 없는 경우에 배수량의 조절이나 펌프가압구역의 수압조절 등을 목적으로 지표면 상부에 설치하는 정수저류지이다. 배수탑은 탑의 내부도 충수되지만, 고가탱크는 저수조(tank)를 고가지지물로 지지한 것이다.

(1) 배수탑과 고가탱크의 구조

① 구조적으로나 위생적으로 안전하고 충분한 내구성과 수밀성을 가져야 한다.
② 탱크가 비었을 때의 풍압 및 만수시의 진동이나 지진력에 대하여 안전한 구조로 한다.
③ 한랭지에서 시설을 보호할 필요가 있는 경우에는 적당한 보온단열장치를 설치한다.
④ 여유고는 수리계산에 의거하여 정한다.

(2) 배수탑과 고가탱크의 위치와 높이

배수지의 위치와 높이에 준한다.

(3) 배수탑과 고가탱크의 용량

배수지 용량에 준한다.

10. 배수관

배수관에는 덕타일주철관, 도복장강관, 스테인리스강관, 경질폴리염화비닐관 및 수도용 폴리에틸렌관 등을 사용하는데 이들을 선정할 때에는 수압과 외압에 대한 안전성, 환경조건, 시공조건을 고려하여 최적인 것을 선정한다.

(1) 배수관의 수압

① 급수관을 분기하는 지점에서 배수관내의 최소동수압은 150kPa(약 $1.53 kgf/cm^2$) 이상을 확보한다.
  ㉠ 2층 건물에의 직결급수를 가능하게 하기 위해서는 배수관의 최소동수압은 150~200kPa(약 $1.53~2.04 kgf/cm^2$)를 표준으로 한다.
  ㉡ 3층, 4층 및 5층에 대한 표준최소동수압은 각각 200~250, 250~300 및 300~350kPa이다.
② 급수관을 분기하는 지점에서 배수관내의 최대정수압은 700kPa(약 $7.1 kgf/cm^2$)를 초과하지 않아야 한다.

(2) 배수관의 관경

① 관로의 동수압은 평상시에는 그 구역에 필요한 최소동수압 이상으로 유지되도록 하며, 또한 수압필요를 가능한 한 균등하게 되도록 결정한다.
② 관경을 결정함에 있어 배수지, 배수탑 및 고가탱크의 수위는 항상 저수위를 기준으로 한다.
③ 단구소화전을 설치한 배수관의 최소관경은 도시 주거지역에는 150 mm 이상, 업무지구에는 200mm 이상을 원칙으로 한다. 다만, 소화전을 설치하지 않는 경우나 산재된 주거지역에는 80mm를 최소관경으로 할 수 있다.

(3) 배수관의 매설 위치와 깊이

① 공공도로에 관을 부설하는 경우에는 「도로법」및 관계법령에 따라야 하며 도로관리자의 허가조건 또는 협약에 따른다. 그리고 배수본관은 도로의 중앙쪽으로 배수지관은 보도 또는 차도의 편도 측에 부설한다.
② 배수관을 다른 지하매설물과 교차 또는 인접하여 부설할 때에는 사고발생을 방지하기 위하여 적어도 30cm 이상의 간격을 두어야 한다.
③ 한랭지에서 관의 매설깊이는 동결심도보다도 깊게 한다. 한랭지에서 토지의 동결심도가 표준매설깊이 보다 깊을 때에는 동결심도 이하에 매설하지만, 어쩔 수 없이 매설심도를 확보할 수 없는 경우에는 단열매트 등 적당한 조치를 강구한다.

(4) 위험한 접속(dangerous connection)

배수관은 수도사업자가 경영하는 상수도와 전용수도 이외의 관로 또는 시설과 직접 연결해서는 안 된다.

① 수도사업자가 경영하는 상수도와 위생관리가 잘 된 전용상수도와는 상호 배수관으로 연결하여 물을 융통하거나 비상시 등에 대비하여 연결관을 배치하는 것은 지장이 없다.
② 그러나 공업용수도 등과 배수관을 서로 연결하는 것은 절대로 피해야 한다. 또한 오염의 원인이 되기 쉬운 우물물의 급수관 등과 연결해서도 안 된다. 이들 연결관에 제수밸브나 체크밸브 등을 설치하였더라도 밸브가 고장이 났을 경우나 제수밸브의 조작착오 등으로 오염된 물이 혼입될 위험이 있기 때문이다.

(5) 배수관 배치

① 격자식(망목식) : 관을 그물모양으로 서로 연결하는 것
② 수지상식 : 간선은 주도로를 따라 매설하며 지선은 수지상으로 나누어져 말단으로 갈수록 가늘어진다.

	격자식(망목식)	수지상식
장점	• 물이 정체하지 않는다. • 수압을 유지하기 쉽다. • 단수시 그 대상지역이 좁아진다. • 화재시 등 사용량의 변화에 대처하기가 쉽다.	• 관망의 수리계산이 간단하다. • 제수 밸브가 적게 설치된다. • 시공이 쉽다.
단점	• 관망의 수리계산이 복잡하다. • 관거의 포설시 건설비가 많이 소요된다.	• 수량을 서로 보충할 수 없다. • 관의 말단에 물이 정체하여 수질을 악화시킨다. • 관경이 커야 하므로 비경제적이다.

(6) 배수관망의 해석

① 등치관법
  ㉠ 수지상식 계산시 좋다.
  ㉡ 격자식의 예비 계산시 좋다.

$$L_2 = L_1 \left(\frac{D_2}{D_1}\right)^{4.87} \qquad Q_2 = Q_1 \left(\frac{L_1}{L_2}\right)^{0.54}$$

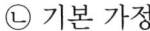

② Hardy-Cross법(반복근사해법, 시산법(Try and error method))
  ㉠ 격자식 같은 관망이 복잡한 경우에 사용
  ㉡ 기본 가정
    ⓐ 각 분기점 또는 합류점에 유입하는 수량은 그 점에서 정지하지 않고 전부 유출한다.
    ⓑ 각 폐합관에 있어서 시계방향 또는 반시계방향으로 흐르는 관로의 손실수두의 합은 0이다.
    ⓒ 마찰 이외의 손실은 무시한다.

11. 급수설비

(1) 급수설비 개념

급수설비라 함은 수도사업자가 일반 수요자에게 원수나 정수를 공급하기 위하여 설치한 배수관으로부터 분기하여 설치된 급수관(옥내급수관을 포함한다)·계량기·저수조·수도꼭지, 그 밖에 급수를 위하여 필요한 기구를 말한다

(2) 급수방식

급수방식에는 직결식, 저수조식 및 직결·저수조 병용식이 있으며, 급수방식은 급수전의 높이, 수요자가 필요로 하는 수량, 수돗물의 사용용도, 수요자의 요망사항 등을 고려하여 결정한다.

① 직결식 급수방식
  ㉠ 직결식(직결 직압식) : 배수관의 압력으로 직접 급수
  ㉡ 가압식(직결 가압식) : 급수관의 도중에 직결급수용 가압펌프설비(가압급수설비)를 설치하여 급수
  ㉢ 배수관의 최소동수압 : 직결급수를 위해서는 3층건물은 200kPa(약 $2kgf/cm^2$), 4층건물은 250kPa(약 $2.5kgf/cm^2$), 5층건물은 300kPa(약 $3kgf/cm^2$)이 필요하다.

② **저수조식 급수방식** : 급수관으로부터 수돗물을 일단 저수조에 받아서 급수
  ㉠ 배수관의 수압이 낮아 직접 급수가 불가능할 경우
  ㉡ 일시에 많은 수량 또는 항상 일정한 수량을 필요로 하는 경우
  ㉢ 급수관의 고장에 따른 단수나 감수시에도 어느 정도의 급수를 지속시킬 필요가 있을 경우
  ㉣ 배수관 수압이 과대하여 급수장치에 고장을 일으킬 염려가 있을 경우
  ㉤ 약품을 사용하는 공장 등으로부터 역류에 의하여 배수관의 수질을 오염시킬 우려가 있는 경우
③ **직결·저수조 병용식** : 하나의 건물에 직결식과 저수조식의 양쪽 급수방식을 병용

(3) 급수시설

① 급수관

급수설비에서 주요 부분은 급수관이다. 급수관은 충분한 강도를 가지며 내식성이 크고 수질에 나쁜 영향을 주지 않는 재질의 것이라야 한다.

㉠ 급수관의 관경은 배수관의 계획최소동수압에서도 그 계획사용수량을 충분히 공급할 수 있는 크기로 하며, 또한 경제성도 고려하여 합리적인 크기로 한다.

㉡ 급수관은 시멘트라이닝 덕타일주철관, 경질 폴리염화비닐관, 폴리에틸렌관 등이며 이외에도 스테인리스강관과 동관 등이 있다. 급수관은 내구성과 강도가 우수하고 또한 수질에 나쁜 영향을 미치지 않는 것을 사용한다. 특히 급수관의 접합부는 취약하므로 접합부는 간단하고 확실한 구조와 기능을 갖는 것이어야 한다.

㉢ 급수관의 분기는 다음과 같이 한다.

　ⓐ 배수관에서 급수관을 분기하기 위하여 천공하는 경우에는 배수관의 강도, 내면 도포막 등에 나쁜 영향을 주지 않도록 한다.

　ⓑ 배수관에서 급수관을 분기하는 경우 관경이 50mm 이하인 경우에는 천공기를 사용하여 새들붙이분수전전으로 분기하고, 급수관의 관경이 80mm 이상일 경우에는 배수관을 절관하여 T자형관으로 연결하거나 또는 부단수철관천공기(不斷水鐵管穿孔機)를 사용하여 할정자관으로 분기한다. 그러나 이형관에서는 새들붙이분수전 등을 설치해서는 안 된다. 또한 접합부 부근에 분수전을 설치하는 경우에는 유지관리를 고려하여 접합부로부터 30cm 이상 이격시켜야 한다.

　ⓒ 급수관을 새들붙이분수전 등으로 분기할 경우에는 배수관의 천공에 의한 내력 감소를 방지하고 급수설비 상호간의 유량에 미치는 나쁜 영향을 방지하며 시공에 대한 작업여건을 고려하여 그 간격을 30cm 이상으로 한다.

ⓓ 급수관을 T자형관 또는 할정자관으로 분기하는 경우에는 급수관의 관경은 배수관의 관경보다 작은 것으로 한다. 이는 급수관은 일반적으로 그 관경이 크고 사용수량도 많아 급수로 인한 인근 수요가에게 미치는 영향이 크기 때문이다.

ⓔ 급수관의 매설심도는 일반적으로 60cm 이상으로 하는 것이 바람직하나 매설장소의 여건을 고려하여 그 지방의 동결심도 이하로 매설한다.

② 급수관의 마찰손실수두
㉠ 직경 50mm 이하의 급수관 : 마찰손실수두를 Weston식으로 구한다.
㉡ 직경 80mm 이상의 급수관 : 송 · 배수관의 경우에 준한다.
(마찰손실수두 Darcy-Weisbach공식)

ⓐ Weston공식에 의한 관마찰손실수두

$$h_f = \left(0.0126 + \frac{0.1739 - 0.1087D}{\sqrt{v}}\right) \cdot \frac{L}{D} \cdot \frac{v^2}{2g}$$

ⓑ Darcy-Weisbach공식에 의한 관마찰손실수두

$$h_f = f \frac{L}{D} \cdot \frac{v^2}{2g}$$

12. 교차연결

(1) 정의 : 연결관에 수압차를 두는 것은 교차연결의 발생원이 된다.
① 음용수를 공급하는 수도에 공업용 수도 등의 배수관을 서로 연결한 것을 말한다.
② 압력저하 또는 진공발생으로 연결된 관으로부터 수질이 불명확한 물의 유입이 가능하게 되는 현상

(2) 교차연결의 방지대책
① 수도관과 하수관을 같은 위치에 매설하지 않는다.
② 수도관의 진공발생을 방지하기 위한 공기 밸브를 부착한다.
③ 연결관에 제수 밸브, 역지 밸브 등을 설치한다.
④ 오염된 물의 유출구를 상수관보다 낮게 설치한다.
⑤ 급수시 물의 역류를 방지하기 위해 저수탱크를 설치한다.

13. 급수기구

급수기구란 급수관에 직결되는 급수설비의 구성으로 급수관과 연결하여 사용되는 분수전, 지수전, 급수전, 역류방지기구, 안전기구 및 각종 물 사용 특수기구 등을 말하며

구조와 재질은 다음 각 항에 적합해야 한다.
① 사용목적의 용도에 구조와 성능이 적합할 것
② 위생상 무해한 재료로 구성할 것
③ 부식 및 누수가 없고 유지관리가 용이할 것
④ 한랭지용은 정체수를 용이하게 배출시킬 수 있는 구조일 것
⑤ 기타 급수기구별(내압성능기준, 수충격 한계 성능기준, 역류방지 성능기준, 내한성능기준, 내구성능기준)로 필요한 성능을 갖출 것

14. 관 갱생공법

관의 갱생은 배수관 정비계획의 일환으로 관망기술진단의 결과를 이용하여 배수관망 전체를 계획적으로 시행한다.

① 관내의 크리닝은 관경과 시공연장 등의 조건에 따라 적절한 방법을 채택한다. 기존 관 내의 세척(cleaning)에 일반적으로 사용되는 공법은 다음과 같다.
  ㉠ 스크레이퍼(scraper)공법 : 유연한 축의 주위에 탄력성이 큰 스크레이퍼를 방사상으로 여러 단을 설치한 구조의 기구를 사용하는 방식이고 수압을 이용하여 추진하는 수압식과 피아노선 등에 의한 견인식이 있다.
  ㉡ 로터리(rotary)공법
  ㉢ 제트(jet)공법 : 특수고압펌프로 물을 10~15MPa(102~153kgf/cm^2)로 가압하여 특수노즐(nozzle)을 통하여 관내면에서 후방의 경사방향으로 분사되는 제트류의 반동을 이용하여 전진시키면서 관석을 제거하는 공법으로 주로 관경 400mm까지의 에폭시수지도료의 라이닝공법에 사용된다.
  ㉣ 폴리픽(polly pig)공법 : 특수우레탄제의 포탄형 물체를 관로세척용 장치구 또는 맨홀을 통하여 관내에 장치하고 압력이 있는 압력수를 가하여 돌출부에 제트류를 일으킴으로써 관벽의 손상없이 관내에 부착된 스케일 및 이물질을 압류시키는 방법으로 기존관 및 신설관 세척에도 사용된다.
  ㉤ 에어샌드(air sand)공법 : 폴리픽공법의 원리와 비슷하나 규사를 이용하여 관내의 스케일을 세척하는 공법이다.
② 관내의 라이닝(lining)은 수질에 나쁜 영향을 주지 않고 접착성과 수밀성 및 내구성을 가진 것이라야 한다.

 6-5 정수장 시설

1. 정수장 계획

(1) 정수시설의 계획정수량과 시설능력

① 계획정수량은 계획1일최대급수량을 기준으로 하고, 여기에 작업용수와 기타용수를 고려하여 결정한다.
② 소비자에게 고품질의 수도 서비스를 중단없이 제공하기 위하여 정수시설은 유지보수, 사고대비, 시설 개량 및 확장 등에 대비하여 적절한 예비용량을 갖춤으로서 수도시스템으로서의 안정성을 높여야 한다. 이를 위하여 예비용량을 감안한 정수시설의 가동율은 75% 내외가 적정하다.

(2) 정수방법의 선정조건

정수방법을 선정할 때에는 원수수질 상황과 정수수질의 관리목표를 중심으로 다음 사항을 종합적으로 검토해야 한다.
① 원수수질
② 정수수질의 관리목표
③ 정수시설의 규모
④ 정수시설의 운전제어와 유지관리기술의 수준

(3) 정수처리공정의 선정

일반적으로 제거대상은 불용해성 성분과 용해성 성분으로 나누어 진다.
① **불용해성 성분** : 불용해성 성분으로는 탁질, 조류 및 일반세균이나 대장균군이 있다.
② **용해성 성분** : 용해성 성분으로는 농약이나 기타 일반유기화학물질, 소독부산물 및 그 전구물질, 그 이외에 철, 망간, 경도, 불소, 암모니아성질소, 질산성질소, 침식성 유리탄산 등의 무기물이 있다.

(4) 정수처리공정 선정 일반사항

① 정수처리공정을 선정할 때에는 우선 불용해성 성분에 관하여 적절한 처리방식을 선택하며 그 다음 필요에 따라 용해성 성분을 처리하기 위한 처리방식을 조합시키는 것이 일반적이다. 다만, 수질이 양호한 지하수를 수원으로 하는 경우에는 소독만으로 수질기준을 만족하는 경우도 많다.
② 불용해성 성분을 제거하는 유효하고 대표적인 처리방식으로 완속여과방식, 급속여

과방식 및 막여과방식이 있다.
③ 불용해성 성분 처리방식으로는 용해성 성분을 충분히 제거할 수 없기 때문에 필요에 따라 고도정수처리 등의 특수처리방식을 추가하는 것을 고려해야 한다.

질산화과정
① 단백질이 분해되어 암모니아를 만들고 니트로소모나스 세균에 의해 아질산성 질소, 니트로박터 세균에 의해 질산성 질소가 만들어지는데 이 질소화합물들이 2, 3차 독성이 있어 인간에게 해는 없지만, 하천의 자정정화 정도를 가늠할 수 있는 중요한 요소이다.
② 암모니아, 아질산성질소, 질산성질소 중 암모니아가 많으면 가까운 시일에 오염이 되었다는 뜻이고, 질산성 질소가 높을수록 오염된지 오랜시간이 경과되었다는 것을 의미한다.

(5) 고도정수처리 등

① 일반정수 처리방식으로는 용해성 성분을 충분히 제거할 수 없기 때문에 제거대상으로 되는 용해성 물질의 종류와 농도에 따라 고도정수처리 등의 처리방법을 단독 또는 조합하여 사용할 필요가 있다.
② 고도정수처리란 일반적인 정수처리방식으로 제거하기 어려운 원수의 냄새물질(2-MIB, geosmin 등의 곰팡이 냄새), 색도, 미량유기물질, 소독부산물 전구물질, 암모니아성질소, 음이온계면활성제, 휘발성 유기물질, 등을 제거하는 방식이다. 따라서 제거하려는 대상물질에 따라 고도정수시설인 활성탄처리시설, 오존처리시설 등을 단독 또는 조합하여 도입할 필요가 있다.
③ 또 철, 망간, 침식성유리탄산, 불소, 암모니아성질소, 질산성질소, 경도 등을 처리할 목적으로 전염소처리, 폭기처리(aeration), 알칼리제처리 등 각각의 물질제거에 알맞은 처리방법을 도입할 필요도 있다.

2. 정수처리 계통도

(1) 완속여과일 경우

(2) 급속여과일 경우(일반적으로 많이 이용)

(3) 고도정수처리의 경우

3. 착수정

착수정은 도수시설에서 도수되는 원수의 수위동요를 안정시키고 원수량을 조절하여 다음에 연결되는 약품주입, 침전, 여과 등 일련의 정수작업이 정확하고 용이하게 처리될 수 있도록 하기 위하여 설치되는 시설이다.

(1) 착수정의 구조와 형상

① 착수정은 2지 이상으로 분할하는 것이 원칙이나 분할하지 않는 경우에는 반드시 우회관을 설치하며 배수설비를 설치한다.
② 형상은 일반적으로 직사각형 또는 원형으로 하고 유입구에는 제수밸브 등을 설치한다.
③ 수위가 고수위 이상으로 올라가지 않도록 월류관이나 월류위어를 설치한다.
④ 착수정의 고수위와 주변벽체의 상단 간에는 60cm 이상의 여유를 두어야 한다.
⑤ 부유물이나 조류 등을 제거할 필요가 있는 장소에는 스크린을 설치한다.

(2) 착수정의 용량과 설비

① 착수정의 용량은 체류시간을 1.5분 이상으로 하고 수심은 3~5m 정도로 한다. 그러나 소규모 정수장에서 체류시간을 1.5분 정도로 하면 표면적이 너무 작아지거나 또는 수심이 깊게 되어 유지관리가 곤란하게 되므로 표면적이 $10m^2$ 이상 되도록 체류시간을 연장하는 것이 바람직하다.
② 원수수량을 정확하게 측정하기 위하여 유량측정장치를 설치한다. 유량측정장치는 위어나 유량계로 하고 유량계를 설치할 경우에는 유량계실을 설치한다.
③ 필요에 따라 분말활성탄을 주입할 수 있는 장치를 설치하는 것이 바람직하다.
④ 착수정에는 원수수질을 파악할 수 있도록 채수설비와 수질측정장치를 설치하는 것이 바람직하다.

4. 침 전

침전공정 방식에는 독립된 입자로 침전시키는 보통침전과 응집제를 사용하여 입자가 플록을 형성하여 침전시키는 약품침전으로 나누어진다.

(1) 침전형태

① Ⅰ형 침전 : 독립입자의 침전(자유침전)
  입자 상호간에 아무런 간섭 없이 침전하는 형태
② Ⅱ형 침전 : 응결입자의 침전
  응집성 입자들이 침전하면서 입자들과 충돌 엉겨서 큰 입자로 침전하는 형태
③ Ⅲ형 침전 : 지역침전 또는 방해침전
  부유물의 농도가 큰 경우 입자간에 간섭(방해)을 일으켜 침전속도가 점차 감소되며, 부유물들간에 뚜렷한 경계면이 형성하는 침전형태
④ Ⅳ형 침전 : 압축침전
  침전된 입자들이 그 자체의 무게로 계속 압축을 가하여 입자들이 서로 접촉한 사이로 물이 빠져나가며 계속 농축되는 현상

(2) Stokes의 법칙

$Re < 0.5$ 이하인 작은 구형 독립입자의 경우에 사용

$$V_s = \left(\frac{\rho_s - \rho}{18\mu}\right) g d^2$$

여기서, V_s : 입자의 침강속도[cm/sec] ρ_s : 입자의 밀도[g/cm³]
    ρ : 물의 밀도[g/cm³] μ : 액체의 점성계수[g/cm·sec]
    g : 중력가속도[cm/sec²] d : 입자의 지름[cm]

(3) 침전지 관계식

① 침전지에서 침강입자가 완전히 제거될 수 있는 조건

$$V_s \geq \frac{Q}{A}$$

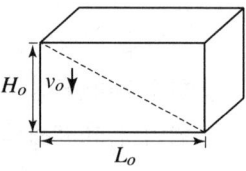

여기서, V_s : 입자의 침강속도[m/day]
    Q/A : 침전지 내에서의 표면적 부하[m³/m²·day]

 표면적 부하(surface loading rate) = 수면적 부하 = 표면침전율

$$L_s = \frac{유입수량(\text{m}^3/\text{day})}{표면적(\text{m}^2)} = \frac{Q}{A} = \frac{H}{t}$$

② 침전지에서 100% 제거될 수 있는 입자의 침강속도

$$V_0 = \frac{H_o}{t} = \frac{Q}{A}$$

여기서, V_0 : 완전제거가 가능한 입자 중 최소 입자지름의 침강속도[m/day]

③ 침강속도가 V_0 보다 작은 입자의 침전제거효율

$$E = \frac{h}{h_0} = \frac{V_s \times t}{V_0 \times t} = \frac{V_s}{V_0} = \frac{V_s}{\frac{Q}{A}} = \frac{V_s A}{Q}$$

④ 체류시간

$$t = \frac{V}{Q}$$

여기서, t : 체류시간[day]　　V : 침전지 용적[m³]　　Q : 유입수량[m³/day]

⑤ 월류부하

$$\text{월류부하[m}^3\text{/m/day]} = \frac{Q}{L}$$

여기서, Q : 유입수량[m³/day]　　L : 월류 위어의 길이[m]

⑥ 침전효율에 영향을 주는 인자
　㉠ 침전지의 수표면적 : 클수록 효율은 양호해 진다.
　㉡ 유체의 흐름 : 등류로서 층류이어야 한다.
　㉢ 수온 : 높을수록 좋다.
　㉣ 체류시간 : 길수록 좋다.
　㉤ 입자의 직경 및 응결성 : 클수록 좋다.
　㉥ 플록의 침강속도 V_s를 크게 하면 좋다
　㉦ 유량 Q를 적게하면 좋다.

5. 보통침전

보통침전이란 원수를 자연상태 그대로 중력만에 의하여 부유물질을 가라앉히는 침전방법

[일반사항] ① 체류시간은 약 8시간 정도이다.
　　　　　② 침전지 내의 평균유속은 30cm/min 이하로 한다.
　　　　　③ 표면부하율은 5~10mm/min을 표준으로 한다.
　　　　　④ 오수위와 침전지 벽체 상단까지의 여유고는 30cm 이상으로 한다.

6. 약품침전

탁질(濁質)에 대해서는 약품을 첨가함으로써 개개의 입자를 응집시켜 대형화되고 침전을 촉진시키는 침전

(1) 일반사항

① 응집제 주입량은 실험실에서 원수에 대한 자 테스트(jar test) 실험을 통하여 적정 주입량을 결정한다.

② 응집제 : 황산반토(황산알루미늄), 고분자 응집제(PAC), 명반, 황산제일철, 황산제이철 등

③ 교반조건 : 입자농도가 높고, 불균일할수록 응집 좋음

$$G = \sqrt{\frac{P}{\mu V}} = \sqrt{\frac{W}{\mu}}$$

여기서, G : 속도경사[sec^{-1}]　　P : 동력[watt]　　μ : 점성계수[kg/m · sec]
　　　　V : 응집지 부피[m]　　W : 단위용적당 동력[watt/m]

④ 유출부에서 월류부하(유출수량/위어전장)는 500m^3/m · day 이하가 바람직하나 350~400m^3/m · day 정도가 한계이다.

⑤ 침전지 용량은 계획정수량의 3~5시간분, 평균유속은 0.4m/min 이하를 표준으로 한다.

(2) 응집제

응집제의 종류는 원수의 수량, 탁도(최고치와 시간적 변화) 등의 수질, 여과방식 및 배출수처리방식 등에 관하여 적절해야 하고 위생적으로 지장이 없어야 한다.

① 황산알루미늄(황산반토 : $Al_2(SO_4)_3 \cdot 18H_2O$) : 저렴, 무독성 때문에 대량 첨가가 가능하고 거의 모든 수질에 적합하다.

② 폴리염화알루미늄(PACl : Poly Aluminum Chloride)

③ 알루민산나트륨(sodium aluminate : $NaAlO_2$)

④ 철염계 응집제
　㉠ 황산제일철(ferrous sulfate : $FeSO_4$)
　㉡ 황산제이철(ferric sulfate : $Fe_2(SO_4)_3$)
　㉢ 염화제이철($FeCl_3$)

(3) 응집 보조제

보다 무겁고 신속히 침강하는 플록 만드는 목적으로 사용되어 응집을 촉진시키고 응집제의 사용량을 절감할 수 있다.

(4) 응집 교반 시험(jar test)

응집제와 응집 보조제를 선택한 후 적정 pH를 찾고 그 pH치에서 최적 주입량을 결정하는 시험이다. 응집제 주입 후 급속 교반 후 완속 교반을 하는데 그 이유는 플록을 깨뜨리지 않기 위함이다.

(5) 알칼리제

① 알칼리제 사용목적 : 응집제 사용시 소모되는 알칼리도를 보충하기 위한 것이다.
② 알칼리제 종류
    ㉠ 소석회 : $Ca(OH)_2$, 물의 경도를 증가시키며 용해도가 작다.
    ㉡ 생석회 : CaO
    ㉢ 소다회 : Na_2CO_3, 고가이나 경도의 증가가 없고 용해도가 크다.
    ㉣ 가성소다
        • NaOH, 용액으로 취급이 편리하고 자동 주입으로 용이하다.
        • 최근 큰 정수장에서 널리 이용하고 있으며, 동결점이 높은 것이 결점이다.
        • 한냉시 희석저장 · 보온이 필요하며, 응집보조제를 사용하는 것이 좋다.
        • 강우에 의해 원수 탁도가 높은 경우 동절기 수온이 낮은 시기에 이용할 수 있다.

7. 침전지

침전지는 현탁물질이나 플록의 대부분을 중력침강작용으로 제거함으로써 후속되는 여과지의 부담을 경감시키기 위하여 설치한다.

(1) 횡류식 침전지의 구성과 구조

보통침전지와 약품침전지의 구성과 구조는 아래 규정에 따른다.
① 침전지의 수는 청소, 검사 및 수리 등을 고려하여 원칙적으로 2지 이상으로 한다.
② 배치는 각 침전지에 균등하게 유출입될 수 있도록 수리적으로 고려하여 결정한다.
③ 각 지마다 독립하여 사용가능한 구조로 한다.
④ 침전지의 형상은 직사각형으로 하고 길이는 폭의 3~8배 이상으로 한다.
⑤ 유효수심은 3~5.5m로 하고 슬러지 퇴적심도로서 30cm 이상을 고려하되 슬러지 제거설비와 침전지의 구조상 필요한 경우에는 합리적으로 조정할 수 있다.
⑥ 고수위에서 침전지 벽체 상단까지의 여유고는 30cm 이상으로 한다.
⑦ 침전지 바닥에는 슬러지 배제에 편리하도록 배수구(排水溝)를 향하여 경사지게 한다. 침전지 바닥의 중앙에 배수구(排水溝)를 설치하여 양측에서 배수구를 향하여 1/200~1/300의 경사로 하고 또 이 배수구 바닥도 배수구(排水口)로 향하도록 경

사지면 배출작업이 용이하다.
⑧ 필요에 따라 복개 등을 한다.
   ㉠ 동절기에 결빙될 우려가 있는 경우에는 복개하여 보온하는 등의 조치가 바람직하다.
   ㉡ 복개는 햇빛에 의한 밀도류의 발생방지, 부유 및 부착조류의 성장억제, 조류에 의한 스컴 발생방지, 염소소비량의 저감, 경사판 등 침강장치의 열화방지, 바람의 영향방지, 쓰레기나 낙엽의 유입방지 대책으로서도 유효하다.

(2) 횡류식 침전지의 용량과 평균유속

① 보통침전지(응집처리를 하지 않은 것)
   ㉠ 표면부하율은 5~10mm/min를 표준으로 한다. 표면부하율을 5~10mm/min로 하고 깊이를 횡류식 침전지의 구성과 구조로 정하면, 체류시간은 약 8시간 정도로 되는데 이는 고탁도시에 응집처리하는 경우의 실례로 보아도 이 값이면 충분하다.
   ㉡ 유속이 너무 크면 침전을 저해하거나 침전된 슬러지를 부상시킬 우려가 있기 때문에 경험상으로 침전지 내의 평균유속은 0.3m/min 이하를 표준으로 한다.
② 약품침전지(응집처리를 수반하는 단층침전지)
   ㉠ 단층침전지에 대한 기준으로 실제 침전지에서의 침전효율이 감소되거나 수질변동으로 인한 침전능력에 여유를 보아서 표면부하율은 15~30mm/min으로 한다.
   ㉡ 침전지 내의 평균유속은 0.4m/min 이하를 표준으로 한다.

(3) 고속응집침전지

① 고속응집침전지를 선택 시 고려해야할 조건
   ㉠ 원수 탁도는 10NTU 이상이어야 한다.
   ㉡ 최고 탁도는 1,000NTU 이하인 것이 바람직하다.
   ㉢ 탁도와 수온의 변동이 적어야 한다.
   ㉣ 처리수량의 변동이 적어야 한다.
② 고속응집침전지의 지수와 구조
   ㉠ 표면부하율은 40~60mm/min을 표준으로 한다.
   ㉡ 용량은 계획정수량의 1.5~2.0시간분으로 한다.
   ㉢ 경사판 등의 침강장치를 설치하는 경우에는 슬러지 계면의 상부에 설치한다.
   ㉣ 슬러지 배출설비는 지내의 잉여슬러지를 수시로 또는 상시 연속으로 충분하게 배출할 수 있는 구조로 한다.
   ㉤ 침전지를 청소하거나 고장인 경우에도 정수처리에 지장이 없는 침전지의 지수로 한다.

8. 여과

(1) 총 여과면적

$$A = \frac{Q}{V}$$

여기서, Q : 계획정수량[m³/day] V : 여과속도[m/day] A : 총여과면적[m²]

(2) 1개(지)의 여과지 면적[m²]

$$a = \frac{A}{N}$$

여기서, A : 총여과지 면적[m²] a : 1지 여과지 면적[m²]
       N : 여과지 개수(지수)(단, 예비지 불포함)

직접여과(direct filtration)와 내부여과(in-line filtration)
1. 직접여과를 채택할 때에는 다음 각 항을 따른다.
   ① 원수수질이 양호하고 장기적으로 안정되어 있어야 한다.
   ② 응집과 여과의 관리가 적절하고 충분한 수질검사가 이루어져야 한다.
   ③ 일반적인 정수처리공정과 비교할 때 침전공정이 생략된 방식으로 통상적으로 수질변화가 적고 비교적 양호한 수질에서는 일반정수처리공정에 비해 설치비 및 운영비가 적게 소요되며, 원수수질이 악화되는 경우에는 일반적인 응집·침전과 급속여과방식으로 대처할 수 있는 설비를 갖춘다.
2. 내부여과를 채택할 때에는 다음 항을 따른다.
   ① 응집제를 여과지에 유입되는 관로에 주입하는 방식으로 일반 정수처리공정과 비교하여 응집공정 및 침전공정이 생략된 상태이다.
   ② 이러한 방식은 원수의 수질변화가 큰 원수나 최적응집제주입량이 과다한 원수에서는 사용이 어렵다.

(3) 완속여과

모래층과 모래층 표면에 증식한 미생물군(생물막)에 의하여 수중의 불순물을 포착(捕捉)하여 산화분해하는 정수방법이다.

① 완속여과지의 구조와 형상
   ㉠ 여과지 깊이는 하부집수장치의 높이에 자갈층과 모래층 두께, 모래면 위의 수심과 여유고를 더하여 2.5~3.5m를 표준으로 한다.
   ㉡ 여과지의 형상은 직사각형을 표준으로 한다.
   ㉢ 배치는 몇 개 여과지를 접속시켜 1열이나 2열로 하고, 그 주위는 유지관리상 필

요한 공간을 둔다.

ⓔ 주위벽 상단은 지반보다 15cm 이상 높여 여과지 내로 오염수나 토사 등의 유입을 방지해야 한다.

ⓜ 한랭지에서는 여과지의 물이 동결될 우려가 있는 경우나 또한 공중에서 날아드는 오염물질로 물이 오염될 우려가 있는 경우에는 여과지를 복개한다.

② **여과속도**

완속여과지의 여과속도는 4~5m/d를 표준으로 한다. 다만, 원수수질이 양호하고 특별한 지장이 없을 경우에는 그 보다 빠르게 할 수 있다. 그러나 여과속도를 너무 빠르게 하면 여과지속일수가 단축되고 유지관리상 장애가 있으므로 8m/d까지를 한계로 한다

③ **여과면적과 여과지수**

㉠ 여과면적은 계획정수량을 여과속도로 나누어 구한다.

㉡ 여과지의 수는 예비지를 포함하여 2지 이상으로 하고 10지마다 1지 비율로 예비지를 둔다.

④ **여과모래와 모래층 두께**

㉠ 여과모래의 품질은 입도분포가 적절하고 협잡물이 적으며 마모되기 어렵고 위생상 지장이 없는 것으로 안정적이고 효율적으로 여과할 수 있어야 한다. 선정표준의 각 항목은 다음과 같다.

ⓐ 외관은 먼지나 점토질 등의 불순물이 적으며 편평하거나 취약한 모래를 많이 포함하지 않아야 하고 석영질이 많고 단단하며 균질의 모래이어야 한다.

ⓑ 유효경은 0.3~0.45mm이어야 한다. 고운 모래일수록 여과층에서 세균과 미립자를 제거하는 효과는 크지만, 반면 고운 모래는 폐색되기 쉽고 삭취회수가 많아져서 비경제적이므로 작업상 및 경제적인 관점에서 완속여과지용 모래의 유효경은 0.3~0.45mm가 바람직하다.

ⓒ 균등계수는 2.0 이하이어야 한다. 완속여과는 표면여과이므로 급속여과와 같이 세척에 따라 굵은 입자(粗粒子)와 고운 입자(細粒子)가 상하로 분리되지 않으므로 균등계수의 상한은 그렇게 중요한 의미를 갖지 않는다. 그러나 균등계수가 너무 크면 세립자와 조립자의 여재가 치밀한 여과층을 구성함으로써 높은 저지율(阻止率)을 나타내는 반면 손실수두가 너무 커진다. 또 오사세척으로 장시간 작은 입자들이 유출되어 전체 입경분포가 변하며 유효경을 증대시키게 된다.

ⓓ 최대경은 2mm이내로 또 최소경은 0.18mm으로 하며 부득이할 경우에도 그 입경을 초과하는 것이 1% 이하라야 한다.

ⓔ 그 외에 세척탁도, 강열감량, 비중, 마멸률, 염산가용률 등은 여과층의 두께

와 여재를 참조한다.
   ㄴ 모래층의 두께는 70~90cm를 표준으로 한다.
⑤ 자갈층의 두께와 여과자갈
   ㄱ 여과자갈의 품질은 자갈의 형상이나 입경 등이 적절하고 협잡물이 적고 위생상 지장이 없는 것으로 모래층을 충분하게 지지할 수 있어야 한다.
   ㄴ 여과자갈의 입경과 자갈층의 두께는 하부집수장치에 맞춰 적절하게 정하고 또한 조립자를 아래층에, 세입자를 위층에 순서대로 깔아야 한다.
⑥ 하부집수장치
   ㄱ 하부집수장치는 여과지의 모든 부분에서 균등하게 여과할 수 있는 구조로 배치한다.
   ㄴ 하부집수장치와 바닥에는 배수(drain)를 고려하여 필요한 경사(주거에는 1/200, 지거에는 1/150 정도)를 둔다.

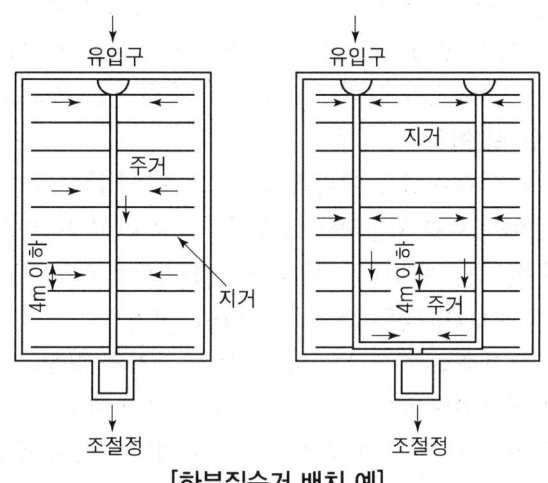

[하부집수거 배치 예]

⑦ 수심과 여유고
   ㄱ 여과지의 모래면 위의 수심은 90~120cm를 표준으로 한다.
   ㄴ 고수위에서 여과지 상단까지의 여유고는 30cm 정도로 한다.

(4) 급속여과(rapid sand filtration)
원수 중의 현탁물질을 약품침전한 후에 분리하는 방법
① 급속여과지의 구조와 방식
   ㄱ 여과 및 여과층의 세척이 충분하게 이루어질 수 있어야 한다. 여과기능은 합리성, 효율성 및 경제성 등을 추구하며 여과지의 규모와 용도에 따라 많은 형식이 개발되고 있다. 이들은 다음과 같이 분류된다.

　　ⓐ 여과층의 구성에 따라 단층과 다층
　　ⓑ 물 흐름 방향에 따라 하향류와 상향류
　　ⓒ 여재로는 모래와 안트라사이트(각각 단층인 경우와 다층인 경우)
　　ⓓ 여과속도에 따라 단층은 120~150m/d, 다층인 경우 120~240m/d를 표준으로 한다.
　　ⓔ 수리적으로 중력식과 압력식
　　ⓕ 여과수량의 시간변화에 따라 정속여과와 감쇠여과
　　ⓖ 여과수량의 조절방식에 따라 유량제어형, 수위제어형, 자연평형형376 상수도시설기준
　　ⓗ 세척수의 공급방식으로부터는 고가형 세척탱크 또는 세척펌프에 의해 공급하는 형식과 여과지 정수거의 물 또는 다른 여과지에서 여과수를 공급하는 형식
　　ⓘ 처리하는 미여과수의 종류로부터는 응집·침전처리한 물을 여과하는 일반적인 여과방식과 응집만을 한 물을 처리하는 직접여과방식
　ⓒ 급속여과지는 중력식과 압력식이 있으며 중력식을 표준으로 한다.
② **여과면적과 지수 및 형상**
　㉠ 여과면적은 계획정수량을 여과속도로 나누어 계산한다.
　㉡ 여과지 수는 예비지를 포함하여 2지 이상으로 하고 10지를 넘을 경우에는 여과지수의 1할 정도를 예비지로 설치하는 것이 바람직하다.
　㉢ 여과지 1지의 여과면적은 $150m^2$ 이하로 한다.
　㉣ 형상은 직사각형을 표준으로 한다. 이는 여과지의 형상은 직사각형이 원형이나 부채꼴보다 건설측면에서 유리하고 유지관리 면에서도 문제가 적기 때문이다. 길이와 폭의 비가 너무 크게 되면 지내로 유입되는 수류의 균일성이 확보되기 어려워지므로 대개 5 : 1 이하를 목표로 한다.
③ **여과유량조절**
　급속여과지에는 여과유량을 조절하는 기구를 구비한다
④ **여과속도**
　여과속도는 120~150m/d를 표준으로 한다.
⑤ **여과층 두께와 여과모래**
　㉠ 여과모래는 입도분포가 적절하고 협잡물이 적으며 마모되지 않고 위생상 지장이 없는 것으로 안정적이고 효율적으로 여과하고 세척할 수 있는 것이어야 한다.
　㉡ 모래층의 두께는 여과모래의 유효경이 0.45~0.7mm의 범위인 경우에는 60~70cm를 표준으로 한다. 다만, 유효경이 그 이상으로 크게 되는 경우에는 실험 등에 의하여 합리적으로 여과층의 두께를 증가시킬 수 있다.

⑥ 자갈층 두께와 여과자갈
　㉠ 여과자갈의 입경과 자갈층의 두께는 하부집수장치에 적합하도록 결정한다.
　㉡ 여과자갈은 그 형상이 구형(球形)에 가깝고 경질이며 청정하고 균질인 것이 좋으며 먼지나 점토질 등 불순물을 포함하지 않아야 하고 모래층을 충분히 지지할 수 있어서 안정적이고 효율적으로 세척할 수 있어야 한다.
　㉢ 조립여과자갈을 하층에, 세립여과자갈을 상층에 배치하는 것을 표준으로 하며 입도의 순서대로 깔아야 한다.

⑦ 하부집수장치
　하부집수장치는 균등하고 유효하게 여과되고 세척될 수 있는 구조로 한다

⑧ 수심과 여유고
　㉠ 여과지 여재표면상의 수심은 여과 중에 부압을 발생시키지 않는 수심으로 한다.
　㉡ 고수위로부터 여과지 상단까지의 여유고는 30cm 정도로 한다.

[완속여과와 급속여과의 비교]

구분	완속여과	급속여과
여과속도	4~5m/day	120~150m/day
모래층 두께	70~90cm	60~120cm
세균 제거율	98~99.5%	95~98%
모래 유효경	0.3~0.45mm	0.45~1.0mm
균등계수	2.0 이하	1.7 이하
여과작용	여과, 흡착, 생물학적 응결작용	여과, 응결, 침전

※ 급속여과에서 여과모래 유효경이 0.4~0.7mm의 범위인 경우에는 모래층 두께 60~70cm 표준
※ 급속여과 유효경에 따른 모래층 두께
　• 여과모래 유효경 0.4~0.7mm의 범위인 경우 : 모래층 두께 60~70cm 표준
　• 여과모래 유효경 0.4~1.0mm의 범위인 경우 : 모래층 두께 60~120cm 표준

⑨ 세척방식
여과층의 세척은 역세척과 표면세척을 조합한 방식을 표준으로 하고 여과층이 유효하게 세척되어야 하며 필요에 따라 공기세척을 조합할 수 있다.
　㉠ 세척방식 일반
　　ⓐ 표준방식 : 표준방식은 표면세척과 역세척을 조합한 것으로 여과층표면의 탁질을 물 흐름에 의한 전단력으로 파괴하고 이어서 여과층이 유동화 상태로 될 때까지 역세척 유속을 높여서 여재 상호간의 충돌·마찰이나 물 흐름에 의한 전단력으로 부착탁질을 벗겨서 여과층으로부터 배출시킨다.
　　ⓑ 공기세척과 역세척을 조합한 방식 : 상승기포의 미진동으로 부착탁질을 벗긴 다음 역세척으로 여과층으로부터 배출시키는 방법으로 air scouring과

　　　subfluidization으로 collapsepulsing 현상을 일으켜 역세척 효율이 향상되는 것으로 개발되었는데, 탁질을 여과층 내부까지 침입시키는 여과지, 여과층이 깊은 여과지 또는 여과재의 입경이 큰 여과지에서는 내부에 억류된 탁질을 효율적으로 제거시키는 방법으로 공기세척이 유효하다.

　ⓒ 표면세척 : 표면세척은 여과층의 표층부에 압력수를 고속으로 분사시키고 강력한 수류에 의한 전단에너지로 진흙상태인 표층부를 파쇄하여 세척효과를 높이고자 하는 것이다.

　ⓒ 역세척 : 역세척은 2단계로 되어 있으며 1단계는 역세척수로 여과층을 유동화상태로 만들고, 국소적인 단락류나 작은 소용돌이에 의한 여재 상호간의 충돌과 마찰이나 물 흐름에 의한 전단력으로 부착탁질을 박리하여 분리하는 단계이다.

　ⓔ 공기세척 : 공기세척방식은 여과층의 하부에서 공기를 불어넣어 여재에 부착된 탁질을 박리시키는 방법으로 역세척과 병용하며 또한 이 경우에는 표면세척은 하지 않는 것이 보통이다.

　ⓜ 역세척 수량
　　ⓐ 역세척에는 염소가 잔류하고 있는 정수를 사용한다.
　　ⓑ 역세척에 필요한 수량과 수압 및 시간은 충분한 역세척 효과를 얻을 수 있도록 한다.
　　　• 유효경 0.6mm, 균등계수 1.3인 모래층에서는 수온 20℃인 경우에 약 0.3m/분의 역세척속도이면 유동되고 팽창되기 시작하지만, 탁질성분을 여재로부터 떨어뜨리고 충분히 배출하기에는 부족하다.
　　　• 역세척속도를 0.6m/분으로 하면 팽창률은 약 20%가 되어서 모래층은 적당한 유동상태로 되며 모래입자의 상호 충돌과 마찰이나 수류에 의한 전단력으로 부착 탁질이 떨어져서 모래층으로부터 원활하게 배출된다.
　　　• 역세척효과를 높이기 위해서는 여과층을 이와 같은 유동상태로 하는 것이 중요하다. 그러므로 여과층을 20~30% 팽창시켜서 유동상태를 유지할 수 있고 여과층으로 부터 배출된 탁질이 빨리 배출될 수 있는 역세척속도를 설정한다.
　　　• 역세척속도를 0.9m/분 이상으로 하면, 여재가 트로프로 배출될 우려가 있으므로 피하는 것이 좋다.

9. 소 독

수중의 세균, 바이러스 등의 미생물을 죽여 무해화 하는 것을 말한다.

(1) 염소처리

염소는 통상 소독목적으로 여과 후에 주입하지만, 소독이나 살조(殺藻)작용과 함께 강력한 산화력을 가지고 있기 때문에 오염된 원수에 대한 정수처리대책의 일환으로 응집·침전 이전의 처리과정에서 주입하는 전염소처리와, 침전지와 여과지의 사이에서 주입하는 중간염소처리가 있다.

- 세균제거 : 원수 중의 일반세균이 1mL 중 5,000CFU 이상 혹은 대장균군(MPN)이 100mL 중 2,500 이상 존재하는 경우에 여과 전에 세균을 감소시켜 안전성을 높여야 하고 또 침전지나 여과지의 내부를 위생적으로 유지해야 한다.
- 생물처리 : 조류, 소형동물, 철박테리아 등이 다수 생식하고 있는 경우에는 이들을 사멸시키고 또한 정수시설 내에서 번식하는 것을 방지한다.
- 철과 망간의 제거 : 원수 중에 철과 망간이 용존하여 후염소처리시 탁도나 색도를 증가시키는 경우에는 미리 전염소 또는 중간염소처리하여 불용해성 산화물로 존재 형태를 바꾸어 후속공정에서 제거한다.
- 암모니아성질소와 유리물등의 처리 : 암모니아성질소, 아질산성질소, 황화수소, 페놀류, 기타 유기물 등을 산화한다.
- 맛과 냄새의 제거 : 황화수소의 냄새, 하수의 냄새, 조류 등의 냄새 등을 제거하는데 효과가 있지만, 종류에 따라서는 염소에 의하여 맛과 냄새를 더 강하게 하거나 새로운 냄새를 유발시키는 경우가 있다.

① 전염소처리
  ㉠ 염소제 주입점은 취수시설, 도수관로, 착수정, 혼화지, 염소혼화지 등으로 교반이 잘 일어나는 지점으로 한다.
    ⓐ 전염소처리는 염소제를 침전지 이전에 주입하는 방법이므로 처리목적에 따라 적절한 장소에 주입한다.
    ⓑ 특히 암모니아성질소를 파괴하기 위하여 전염소처리를 할 경우에는 반응시간을 충분히 확보하기 위하여 염소혼화지를 별도로 설치하거나 착수정 이전에서 주입하는 방식을 고려할 수 있다.
    ⓒ 이 경우 파괴점 이후에 잔류가능한 유리잔류염소에 의한 트리할로메탄의 생성에 유의하며 필요에 따라 탈염소공정(분말활성탄 등)의 추가를 고려한다.
  ㉡ 염소제 주입률은 처리목적에 따라 필요로 하는 염소량 및 원수의 염소요구량 등을 고려하여 산정한다.
  ㉢ 염소제의 종류, 주입량, 저장·주입·제해설비 등에 관해서는 소독설비에 준한다.
② 중간염소처리
  ㉠ 염소제 주입지점은 침전지와 여과지 사이에서 잘 혼화되는 장소로 한다. : 이 방

식은 주로 트리할로메탄의 전구물질(부식질 등), 곰팡이냄새의 원인물질을 수중에 방출하는 남조류인 아나베나(Anabaena)나 포르미디움(Phormidium) 등, 전염소처리를 하면 군체가 깨져서 세포가 분산되어 여과수에 누출될 우려가 있는 남조류인 마이크로시스티스(Microcystis) 등을 응집·침전으로 어느 정도 제거한 다음에 염소처리를 함으로써 트리할로메탄과 곰팡이냄새의 생성을 최소화하기 위하여 채택한다.
ⓒ 염소제 주입률은 전염소처리에 준한다.
ⓒ 염소제의 종류, 주입량, 저장·주입·제해 설비 등에 관해서는 소독설비에 준한다.

(2) 염소소독(후염소처리)

폐수처리나 정수처리과정에서 가장 많이 사용되는 살균제이다.

① **염소살균법의 장단점**
㉠ 설비 및 주입방법이 비교적 간단하며 소요되는 비용이 적고 유지관리비도 싸다.
㉡ 설비는 간단하고 비교적 가격이 싸므로 전염병 유행시 임시적으로 사용할 수 있다.
㉢ 설비가 간단하며 다른 정화법과 병용이 용이하고 다른 정화시설의 능력을 현저히 높일 수 있다.
㉣ 살균력이 강하다.
㉤ 살균에 지속성이 있다.
㉥ 염소의 사용으로 발암물질인 트리할로메탄(THM)의 생성은 불가피하여 트리할로메탄을 총량으로 규제하고 있다.

② **염소에 의한 살균 효과**
㉠ 소독 효과가 우수하고 잔류성이 있는 것이 특징이다.
㉡ 접촉시간 48시간까지 부활현상은 일어나지 않는다.

부활현상(after growth)
염소로 소독할 때 일단 사멸되었다고 본 세균이 시간이 경과함에 따라 재차 증식하는 현상

㉢ 염소의 소독효과는 pH, 반응시간, 수온, 염소를 소비하는 물질에 따라 달라지며, pH가 소독력에 가장 큰 영향을 끼친다.
㉣ 염소의 소독효과는 pH가 4~5정도로 낮은 쪽이 살균효과가 가장 높다.
㉤ 수온이 높을 때가 낮을 때 보다 살균효과가 높다.
㉥ 물이 산성일수록 수중의 치아염소산(HOCl)의 증가로 염소 살균효과를 증대시킨다.

③ 유리잔류염소 및 결합잔류염소
  ㉠ 유리잔류염소 : 물에 용해되었을 때는 다음과 같이 가수분해된다.
  $Cl_2 + H_2O \rightleftharpoons HOCl + H^+ + Cl$
  $HOCl \rightleftharpoons H^+ + OCl^-$
  수중에서 $HOCl$, OCl^- 형태로 존재하는 염소를 유리잔류염소라 한다.
  ㉡ 결합잔류염소 : 대표적인 형태가 클로라민(chloramine)이다.
    • 살균 후 냄새와 맛을 나타내지 않는다.
    • 살균에 지속성이 있다.
    • 유리잔류염소에 비해 살균력이 약하다.

④ 살균력의 세기
  오존(O_3) > 이산화염소(ClO_2) > 차아염소산($HOCl$) > 차아염소산이온(OCl^-) > 클로라민 순

⑤ 상수도에서의 잔류염소 기준치
  ㉠ 세균의 부활을 막기 위해 급수관에서는 평시에도 0.2ppm(mg/l) 이상의 잔류염소가 남도록 주입한다.
  ㉡ 전염병 유행시에는 0.4ppm(mg/l) 이상의 잔류염소가 남도록 주입한다.

⑥ 염소요구량
  ㉠ 물속의 유기물 및 무기물을 산화·분해하는데 필요한 주입염소량
  ㉡ 염소요구(량) 농도 = 염소주입량 농도 - 잔류염소농도
    여기서, 염소주입량 = 염소요구(량) + 잔류염소(량) = 염소량/유량
  ㉢ 염소요구량 = 염소요구 농도 × 유량 × (1/순도)

⑦ 염소주입률
  ㉠ 수도꼭지에서 유지하고자 하는 유리잔류염소농도 또는 결합잔류염소농도는 이질균(Dysentery bacteria), 장티푸스균(Typhoid fever bacteria) 등의 병원성 미생물을 소독하기에 충분한 농도이어야 하며, 평상시에는 유리잔류염소로 0.1mg/L(결합잔류염소로 0.4mg/L) 이상, 소화기계 수인성전염병 유행시 또는 광범위하게 단수한 다음 급수를 재개할 때 등에는 유리잔류염소로 0.4mg/L(결합잔류염소로 1.8mg/L) 이상으로 유지하여야 한다.
  ㉡ 물과 접촉하는 상수도시설에 의하여 소비되는 염소량으로는 배수지에서의 소비량, 송·배수관에서의 소비량, 급수관에서의 소비량, 펌프와 계량기 등에서의 소비량이며 시설에 따라 거의 일정하다.
  ㉢ 물의 염소요구량 또는 염소소비량은 수중의 유기물, 철, 망간, 암모니아성질소, 유기성질소 등 피산화물(被酸化物)에 의하여 소비되는 염소량이며 원수에 대하여 수질변동기를 포함한 염소소비량을 측정한다.

⑧ 염소 주입량과 잔류 염소량의 관계 그래프

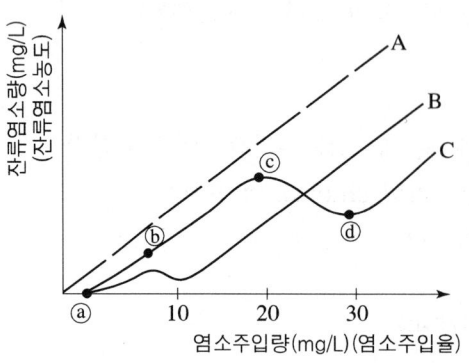

ⓐⓑ : 환원성 무기 및 유기성분에 의한 염소 소비 구간
ⓑⓒ : 결합 잔류 염소(클로라민) 형성 구간
ⓒⓓ : 클로라민 분해(산화) 구간
ⓓ   : 파괴점(불연속점)

㉠ A정수장의 염소 요구량이 가장 적다.
㉡ B정수장에서 파괴점 염소 소독을 행하려면 최소한 10mmg/L 이상의 염소를 주입해야 한다.
㉢ C정수장의 눈에 15mg/L의 염소를 주입하면 다량의 클로라민이 생성된다.
㉣ C정수장의 곡선형은 전염소 처리시에 나타나는 형으로 유기 및 무기성분과 함께 암모니아 화합물 또는 유기성 질소 화합물을 많이 포함한 물에서 볼 수 있다.

(3) 염소살균 이외의 살균법

① 오존(ozone, O_3)

오존은 원수(전오존), 침전수(중오존), 여과수(후오존)에 주입할 수 있으며 원수에 주입하는 전오존처리는 색도성분이 많은 경우에 적합하나, 현탁물질에 의한 오존소비량이 많아진다. 따라서 일반적으로는 침전수 또는 여과수에 오존을 주입하는 예가 많다.

㉠ 오존주입지점은 처리대상물질과 처리목적 등에 따라 선정한다.
　　ⓐ 냄새와 색도제거를 목적으로 하는 경우
　　ⓑ 응집효과의 개선을 목적으로 하는 경우
　　ⓒ 유기염소화합물의 생성저감을 목적으로 하는 경우
㉡ 장점 : ⓐ 살균력이 아주 강하다.
　　　　 ⓑ 물에 화학물질이 남지 않는다.
　　　　 ⓒ THMs가 생성되지 않는다.
㉢ 단점 : ⓐ 가격이 고가이다.
　　　　 ⓑ 소독의 잔류효과 없다.
　　　　 ⓒ 복잡한 오존장치가 필요하다.
　　　　 ⓓ 배출오존의 생성 및 대기 방출로 위생 및 환경상 부정적 요인

② 자외선 소독법

약품을 주입하지 않는 자연 친화적 소독법

㉠ 장점 : ⓐ 인체에 위해성이 없다.

ⓑ 화학적 부작용이 적어 안전하다.

ⓒ 접촉시간이 짧다.

㉡ 단점 : ⓐ 잔류 효과가 없어 일반화 되어 있지 않다.

ⓑ 고가이며, 소독의 성공 여부를 즉시 측정할 수 없다.

③ 브롬, 요오드
④ 은화합물
⑤ 이산화염소

 맛과 냄새 제거는 맛과 냄새의 종류에 따라 폭기, 염소처리, 분말 또는 입상활성탄처리, 오존처리 및 오존·입상활성탄 처리를 한다.

(4) 고도정수처리

제거요소	고도처리 방법
인	Anaerobic Oxic법(혐기호기조합법)
인	Phostrip법
질소	3단 활성 슬러지법
질소, 인	Anaerobic Anoxic Oxic법(혐기무산소호기조합법)

① 활성탄 처리 : 맛과 냄새의 제거에 주로 사용된다.
② 오존 처리
③ 생물학적 전처리
④ 암모니아 스트리핑법 : 고도처리 방법의 하나로 질소를 제거하기 위해 사용한다.
⑤ 혐기무산소호기조합법 : 질소와 인을 동시에 제거하기 위해 이용되는 고도처리 시스템이다.

(5) 색도제거

색도가 높을 경우에는 색도를 제거하기 위하여 응집침전처리, 활성탄처리 또는 오존처리를 한다.

(6) 정수시설 내에서 조류를 제거하는 방법

① 약품으로 조류를 산화시켜 침전처리 등으로 제거하는 방법

염소제나 황산구리 등의 살조제로 처리하는 방법이다.

② 여과로 제거하는 방법
　㉠ 그물눈이 작은 그물망을 친 마이크로스트레이너로 조류를 기계적으로 여과하여 제거하는 방법
　㉡ 침전처리수에 응집제를 주입하여 여과층에서 제거하는 방법
　㉢ 모래여과층의 상부에 안트라사이트를 포설한 다층여과지로 조류를 제거하는 방법

실제(현장) 소독능값(CT계산값)의 산정
① CT계산값 = 잔류소독제 농도(mg/L) × 소독제 접촉시간(분)
② 소독제 접촉시간 = $\dfrac{정수지용량}{정수유량}$ × 장폭비에 따른 환산 계수

(7) 활성탄 처리

활성탄은 형상에 따라 분말활성탄과 입상활성탄으로 나누어진다. 분말활성탄과 입상활성탄은 처리형태에 따라 사용하는 것이 구분되지만, 활성탄으로서 물성과 흡착기작 등은 동일하다.

[분말활성탄처리와 입상활성탄처리의 장단점]

항 목	분말활성탄	입상활성탄
① 처리시설	○ 기존시설을 사용하여 처리할 수 있다.	△ 여과지를 만들 필요가 있다.
② 단기간 처리하는 경우	○ 필요량만 구입하므로 경제적이다.	△ 비경제적이다.
③ 장기간 처리하는 경우	△ 경제성이 없으며, 재생되지 않는다.	○ 탄층을 두껍게 할 수 있으며 재생하여 사용할 수 있으므로 경제적이다.
④ 미생물의 번식	○ 사용하고 버리므로 번식이 없다.	△ 원생동물이 번식할 우려가 있다.
⑤ 폐기시의 애로	△ 탄분을 포함한 흑색슬러지는 공해의 원인이다.	○ 재생사용할 수 있어서 문제가 없다.
⑥ 누출에 의한 흑수현상	△ 특히 겨울철에 일어나기 쉽다.	○ 거의 염려가 없다.
⑦ 처리관리의 난이	△ 주입작업을 수반한다.	○ 특별한 문제가 없다.

○ : 유리, △ : 불리

① 활성탄 처리 대상

활성탄처리는 응집, 침전, 모래여과 등 통상적인 정수처리로 제거되지 않는 맛·냄새의 원인물질(2-MIB, geosmin 등), 합성세제, 페놀류, 트리할로메탄과 그 전구물질(부식질 등), 트리클로로에틸렌 등의 휘발성유기화합물질, 농약 등의 미량유해물질, 상수원의 상류수계에서 사고 등에 의하여 일시적으로 유입되는 화학물질, 그

밖의 유기물 등을 제거하기 위하여 적용된다.

② **활성탄처리방식**

비상시 또는 단기간 사용할 경우에는 분말활성탄처리가 적합하고 연간으로 연속 또는 비교적 장기간 사용할 경우에는 입상활성탄처리가 유리하다고 알려져 있다.

③ **등온흡착평형**(isotherm)

일정온도에서 활성탄과 피흡착물질이 함유된 물을 접촉시켜 평형상태에 도달하였을 때와 액상농도와 그 농도에서 활성탄흡착량과의 관계를 나타낸 것을 등온흡착선이라 한다. 등온흡착선을 수식화한 것을 등온흡착모델(isotherm model)이라 하며 Freundlich 모델, Langmuir 모델 및 B.E.T.(Brunauer, Emmet, and Teller)모델이 많이 사용된다.

㉠ Freundlich 모델

압력에 따르는 흡착의 변화는(특히 적절하게 낮은 압력에서는) 흔히 다음과 같은 Freundlich의 흡착등온식으로 표현될 수 있다.

$$q = KC^{\frac{1}{n}} \qquad \log q = \frac{1}{n}\log C + \log K$$

여기서, q : 활성탄의 단위 무게당 피흡착물질의 흡착량(mg/g-활성탄)

$$q = \frac{X}{M}$$

M : 수량대비 활성탄 사용량(%)
X : 활성탄 M량 사용시 오염물질 제거량(%)
C : 활성탄흡착후 피흡착물의 액상평형농도(mg/L)
k, n : 상수

ⓐ $q = KC^{\frac{1}{n}}$ 식의 양변에 log를 취하면 $\log q = \frac{1}{n}\log C + \log K$로 되며 log-log 그래프용지에 $C(x축)$와 $q(y축)$의 관계를 그림으로 나타내면 직선을 얻게 되고 기울기로부터 $1/n$값을 $C =$ 일 때의 절편으로부터 K값을 얻는다.

ⓑ Freundlich 모델에서 $1/n$의 값이 $0.1 \sim 0.5$인 경우에는 저농도에서 많이 흡착되어 효과적이나 $1/n > 2$인 경우에는 사용활성탄량을 증가시키더라도 피흡착물질의 농도가 저하됨에 따라 흡착량이 크게 저하되기 때문에 비효율적이다.

ⓒ Freundlich 모델에 기초를 둔 등온흡착선은 log-log그래프상에서 많은 경우 거의 직선을 나타내지만 부식질과 같은 다성분계인 경우에는 평형농도구간에 따라 곡선과 직선이 혼재하는 경우가 있다.

㉡ Langmuir 모델

Langmuir는 흡착제의 표면과 흡착되는 가스분자와의 사이에 작용하는 결합력이 약한 화학흡착에 의한 것이며, 흡착의 결합력은 단분자층이 두께에 제한된다고 생각하여, 피흡착물질의 양과 가스압력 간의 관계를 이론적으로 유도하였다. 즉, 흡착에서 결합력이 작용하는 한계는 단지 단분자(mono layer) 측의 두께정도라고 보아 그 이상 떨어지게 되면 흡착은 일어나지 않는다는 모델에 이론적 근거를 두고 있어 Langmuir 흡착은 단분자층흡착이라고도 한다.

$$q = \frac{abC}{1+bC}$$

여기서, C : 액상의 농도 　　　　　q : 흡착량
　　　　a : 최대흡착량에 관한 상수　b : 흡착에너지에 관한 상수

위 식을 다시 정리하면

$$\frac{1}{q} = \frac{1}{ab} \cdot \frac{1}{C} + \frac{1}{a}$$

이때 Langmuir형 흡착평형이 성립할 경우 $1/q$와 $1/C$를 각각 종축과 횡축으로 하여 그려보면 직선을 얻을 수 있다.

　ⓒ B.E.T.(Brunauer, Emmett & Teller) 모델

Langmuir의 단분자 모델에 대하여 Brunauer, Emmett 및 Teller 등은 흡착제의 표면에 분자가 점점 쌓여 무한정으로 흡착할 수 있다는 다분자층흡착 모델을 세워서 다음과 같은 등온흡착식을 유도하였다.

$$q = \frac{V_m A_m C}{(C_s - C)[1+(A_m-1)(C/C_s)]}$$

여기서, C : 포화농도
　　　　V_m, A_m : 단분자층흡착시 최대흡착량과 흡착에너지 상수

위 식을 변형하면

$$\frac{C}{q(C_s - C)} = \frac{1}{A_m V_m} \pm \left(\frac{A-1}{A_m V_m}\right) \frac{C}{C_s}$$

종축에 $\dfrac{C}{q(C_s - C)}$를, 횡축에 $\dfrac{C}{C_s}$를 그려보면 직선이 얻어진다.

④ **파과**(breakthrough)
　ⓐ 고정층에 피흡착물질이 포함된 물을 통수시키면 제거하고자 하는 피흡착물질은 고정층의 최초유입부에서 대부분 흡착되며, 이 부분을 흡착대(adsorption zone)라 한다.
　ⓑ 운전이 계속되면서 고정층의 유입부측으로부터 점차로 포화가 진행되어 흡착대

는 고정층의 아래쪽으로 이동한다.
ⓒ 흡착대의 끝이 고정층의 출구부근에 도달하면 유출수 중의 피흡착물질 농도는 급격히 증가하게 되며 궁극적으로는 유입수의 농도에 근접한다.
ⓔ 처리수량 또는 처리시간을 x축으로 하고 유출농도를 y축으로 한 농도변화도를 파과곡선(breakthrough curve)이라 한다.
ⓜ 파과곡선의 모양은 피흡착물질별 흡착능, 입자의 외부와 내부의 확산속도, 운전조건 등에 따라 다르다.
ⓑ 페놀과 같이 흡착속도가 빠른 물질인 경우는 전형적인 S자형 곡선이 되지만 부식질이나 계면활성제와 같이 분자량이 크고 흡착속도가 느린 물질은 전형적인 S자형 파과곡선을 나타내지 않는 경우가 많다.
ⓢ 일반적으로 유출농도가 처리목표농도에 도달한 시점에서 활성탄을 재생하거나 교체한다.

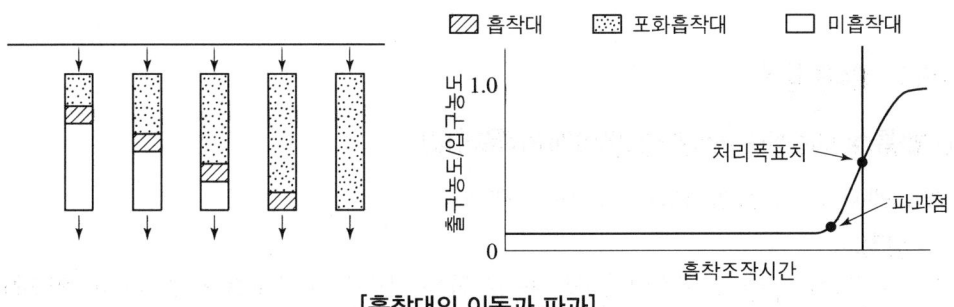

[흡착대의 이동과 파과]

6-6 하수도 시설계획

하수도 시설은 하수와 분뇨를 정하게 처리하여 지역사회의 건전한 발전과 공중위생의 향상에 기여하고 공공수역의 수질을 보전함(국민의 건강보호에 기여하기 위함)을 목적으로 하며, 하수도 시설 계통 선정 시 우선적으로 분류식과 합류식 여부를 결정하여야 한다.

하수도 시설의 목적은 아래와 같다.
① 하수의 배제와 이에 따른 생활환경의 개선
② 침수방지
③ 공공수역의 수질보전과 건전한 물순환의 회복
④ 지속발전 가능한 도시구축에 기여

1. 하수 배제방식

(1) 분류식 하수도(→위생적 관점에서 유리함)

오수관과 우수관으로 각각 분리하여 배제
① 장점
  ㉠ 하수에 우수가 포함되지 않으므로 하수 처리장의 부하를 경감시키고, 처리비용을 절감할 수 있다.
  ㉡ 우수는 그대로 방류하므로 양수시설의 용량은 오수량에 의해서만 결정된다.
  ㉢ 분류식은 방류장소를 마음대로 선정할 수 있다.
  ㉣ 우천시나 청천시 월류의 우려가 없다.
  ㉤ 분류식은 합류식에 비해 유속의 변화폭이 적다.
  ㉥ 전 오수를 처리장으로 유입한다.
  ㉦ 수량이 균일하다.
  ㉧ 처리 수질이 일정하다.
② 단점
  ㉠ 오수관과 우수관을 별도로 설치해야 되므로 공사비가 많이 소요된다.
  ㉡ 도로의 폭이 좁고 여러 가지 지하매설물이 교차되어 있는 기존 시가지에서는 시공상 곤란한 점이 많이 따른다.
  ㉢ 우수 초기에 오염도가 비교적 큰 노면배수가 우수관거를 통해 공공수역으로 직접 방류되어 하천을 오염시킨다.

② 분류식의 오수관거는 소구경이기 때문에 합류식에 비해 경사가 급해지고, 매설 깊이가 깊어진다.
⑩ 우수관 및 오수관 구별이 명확하지 않는 곳에서는 오접의 가능성이 있다.

(2) 합류식 하수도(→경제적 관점에서 유리함)
하수와 우수를 동일 관거에 의하여 배제
① 장점
    ㉠ 분류식에 비해 구배를 완만하게 할 수 있으므로 매설깊이를 낮게 할 수 있다.
    ㉡ 강우 초기에 우수에 의하여 오염된 노면배수를 하수처리장까지 운반하여 처리할 수 있다.
    ㉢ 합류식은 사설하수에 연결하기 쉽다.
    ㉣ 시공상 분류식보다 건설비가 적게 소요된다.
    ㉤ 우천시에 수세효과가 있다.
    ㉥ 분류식에 비해 청소 검사등이 유리하다.
② 단점
    ㉠ 강우시 계획오수량의 일정배율 이상의 것은 우수토실 또는 펌프장으로부터 하천 등 공공수역에 직접 방류된다.
    ㉡ 하수처리장으로 유입되는 오수부하량이 크므로 처리비용이 많이 소요된다.
    ㉢ 우천시에 처리장으로 다량의 토사가 유입하여 장기간에 걸쳐 수로바닥, 침전시 및 슬러지 소화조 등에 퇴적한다.
③ 강우시 미처리 오수 일부가 하천 등 공공 수역에 방류되는 문제점에 대한 대책
    ㉠ 실시간으로 제어하는 방법
    ㉡ 스월 조절조(Swirl Regulator) 설치
    ㉢ 우수체수지 설치

2. 하수관거 배치방식

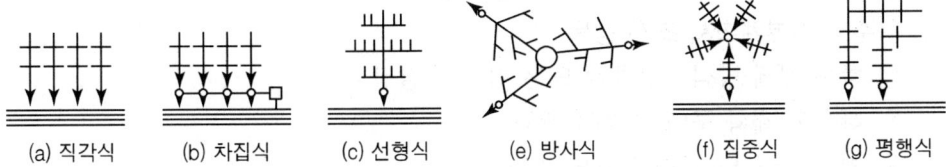

(a) 직각식 (b) 차집식 (c) 선형식 (e) 방사식 (f) 집중식 (g) 평행식

(1) 직각식 또는 수직식
하수관거를 방류 수면에 직각으로 배치하는 방식

(2) 차집식
하천의 오염을 방지하기 위하여 하천에 연하여 나란히 차집관거를 설치 오수를 하류지점으로 수송하고 그 곳에 하수종말처리장을 설치 하수를 배수시키는 방식

(3) 선형식(선상식)
지형이 한 방향으로 경사되어 있거나 하수처리 관계상 전 지역의 하수를 어떤 한정된 장소로 집중시켜야 하는 경우 그 배수계통을 나뭇가지형으로 배치하는 방식

(4) 방사식
지역이 광대해서 하수를 한 곳으로 모으기 힘들 때, 배수구역을 수개 또는 그 이상으로 나누어 중앙(중앙부가 높다)부터 방사형으로 배관하여 배수와 하수를 처리

(5) 집중식
한개 지역의 장소로 향하여 하수를 집중 흐르게 하여 펌프로 양수하여 처리하는 방식

(6) 평행 또는 고저단식
고저차가 심할 때 고저에 따라 고지대, 저지대 등으로 구분하여 별도의 배수계통을 형성하는 방식

3. 하수도의 기본계획

① 계획목표년도
   원칙적으로 20년 후를 목표로 계획을 수립
② 계획구역
   계획구역은 투자효과와 경제성, 유지관리, 수역 목표 수질 달성 등을 고려하여 결정한다.
③ 계획 목표 연도 인구추정
   상수도 시설의 계획 급수 인구 추정방법과 동일하다.
④ 하수도 기본계획시 조사 항목
   ㉠ 하수 배제 방식 : 분류식 또는 합류식 결정
   ㉡ 하수도 계획 구역 및 배수계통
   ㉢ 계획 인구 및 포화 인구의 밀도
   ㉣ 주요 간선 펌프장 및 하수처리장의 위치 : 하천과 수로의 종·횡 단면도를 이용하여 결정한다.
   ㉤ 오수량 및 지하수량, 우수 유출량

4. 계획 오수량

계획오수량 = 생활오수량 + 공장폐수량 + 지하수량 + 기타배수량(농경지 하수 포함 안됨)

(1) 각 계획 오수량의 관계

① 계획 1일 최대 오수량 : 하수처리 시설의 처리용량을 결정하는 기준

계획 1일 최대 오수량 = 계획 1인 1일 최대 오수량 × 계획인구 + 공장폐수량 + 지하수량 + 기타

※ 지하수량 = 1인1일 최대오수량의 10~20%

② 계획 1일 평균 오수량 : 하수처리장 유입하수의 수질을 추정하는 데 사용

계획 1일 평균 오수량 = 계획 1일 최대 오수량 × 70~80%

㉠ 중소도시 : 70%
㉡ 대도시, 공업도시 : 80%

③ 계획시간 최대 오수량 : 하수관거, 오수펌프 설비 등의 크기 및 용량을 결정하는데 기준

$$\text{계획시간 최대 오수량} = \frac{\text{계획1인1일최대오수량} \times \text{계획인구}}{24} \times \text{증가배수}(1.3\sim1.8)$$

㉠ 대도시, 공업도시 : 1.3
㉡ 중소도시 : 1.5
㉢ 아파트, 주택단지 : 1.8

④ 합류식에서 우천시 계획오수량

합류식에서 우천시 계획오수량 = 계획시간 최대 오수량 × 3배 이상

(2) 첨두율(peaking factor)

하수량의 평균유량에 대한 비 $\left(\dfrac{\text{실시간하수량}}{\text{평균하수량}}\right)$

① 첨두율은 소구경일수록 크고 대구경일수록 작다.
② 첨두율은 인구수가 적을수록 크고 인구수가 많을수록 작다.

5. 계획 우수량

(1) 우리나라 계획 우수량

우리나라 계획 우수량은 우수 배제계획에서 확률 연수는 하수관거의 경우 10~30년, 빗물펌프장의 경우 30~50년을 원칙으로 하며, 지역의 특성 또는 방재상 필요성에 따라 이보다 크게 또는 작게 정할 수 있다.

(2) 강수량 자료의 해석

① 강우강도 : 단위시간에 내린 강우량으로 [mm/hr]로 표시
② 지속기간 : 강우가 계속되는 기간으로 통상 분[min]으로 표시
③ 생기빈도 : 일정한 기간 동안에 어떤 크기의 호우가 발생할 횟수를 의미하는 것으로 연수[year]로 표시
④ 유달시간(T) : 강우로 인한 유수가 그 유역 내의 가장 먼 지점으로부터 유역출구까지 도달하는데 소요되는 시간(min)

(3) 우수유출량의 산정식(합리식)

$$Q = \frac{1}{360} C \cdot I \cdot A \quad 또는 \quad Q = \frac{1}{3.6} C \cdot I \cdot A$$

여기서, Q : 최대 계획우수유출량[m³/sec] C : 유출계수[무차원]
I : 유달시간(T) 내의 평균 강우강도[mm/hr] A : 배수면적[ha] 또는 [km²]

(4) 강우강도

① Talbolt형 : $I = \dfrac{a}{t+b}$

② Sherman형 : $I = \dfrac{a}{t^n}$

③ Japanese형 : $I = \dfrac{a}{\sqrt{t}+b}$

여기서, I : 강우강도[mm/hr] t : 강우지속시간[min] a, b, n : 정수

(5) 유출계수

하수관거에 유입하는 우수유출량과 전강우량의 비

$$C = \frac{\sum C_i A_i}{\sum A_i} = \frac{C_1 A_1 + C_2 A_2 + C_3 A_3}{A_1 + A_2 + A_3}$$

(6) 유달시간

유달시간이란 어떤 지점의 강우가 하류의 계획대상이 되는 어떤 지점까지 도달하는데 필요한 시간을 말하며, 유입시간과 유하시간의 합으로 나타낸다.

유달시간(T) = 유입시간(t_1) + 유하시간(t_2)

① 유입시간(t_1) : 유역의 가장 먼 곳에 내린 우수가 하수관거의 입구에 유입하기까지의 시간(min)

② 유하시간(t_2) : 하수관거내에 유입된 우수가 계획 대상지점까지 흘러가는데 소요되는 시간(min)

$$t_2 = \frac{L}{v}$$

여기서, L : 관거길이(m)
v : 관거내의 평균유속(m/min)
V : 관거 내 평균유속[m/min] 또는 V=[m/sec]

(1) 유입시간의 표준값

우리나라에서 일반적으로 사용되고 있는 유입시간		미국토목학회	
인구밀도가 큰 지역	5분	완전포장 및 하수도가 완비된 밀집지구	5분
인구밀도가 적은 지역	10분		
간선오수관거	5분	비교적 경사도가 적은 발전지구	10~15분
지선오수관거	7~10분		
평균	7분	평지의 주택지구	20~30분

(2) 유입시간 계산식

① Kerby식

유입시간을 산출하는 산정식으로서 Kerby식이 비교적 많이 쓰이고 있다.

$$t_1 = 1.44 \left(\frac{L \cdot n}{S^{1/2}} \right)^{0.467}$$

여기서, t_1 : 유입시간(min)
L : 지표면거리(m)
S : 지표면의 평균경사
n : 조도계수와 유사한 지체계수

표면형태	n
매끄러운 불투수표면(smooth impervious surface)	0.02
매끄러운 나대지(smooth bare packed soil)	0.10
경작지나 기복이 있는 나대지(poor grass, cultivated row crops or moderately bare surfaces)	0.20
활엽수(deciduous timberland)	0.50
초지 또는 잔디(pasture or average grass)	0.40
침엽수, 깊은 표토층을 가진 활엽수림지대(conifer timberland, deciduous timberland with deep forest litter, or dense grass)	0.80

② 스에이시(未石)식

이론으로 유입시간을 구하는 방법은 특성곡선법에 의해 근사적으로 구하며 스에이시(未石)식에 의한다.

$$t_1 = \left(\frac{n_e \cdot L}{S^{1/2} \cdot I^{2/3}} \right)^{3/5}$$

여기서, n_e : 최소단배수구역의 등가조도계수(等價粗度係數)
I : 설계강우강도

(7) 지체현상

배수구역의 가장 먼 곳에서 내린 우수가 배수구역의 최하류 지점에 도달할 때까지 강우가 계속되지 않는 한, 각 유역의 물이 동시에 최하류 지점에 모이는 경우가 없을 때 이것을 지체현상이라 한다.

① 지체현상 발생 조건

$$T > t, \text{ 즉 } L/V > t$$

여기서, T : 유달시간 t : 강우시간
V : 관 내의 평균유속[m/min] L : 하수관의 최장거리[m]

② 지체계수

강우지속시간을 유달시간(L/V)로 나눈 수치로써, 지체현상은 이 계수 값이 1보다 작을 때 발생한다. 한편 강우지속시간이 유달시간과 같거나 긴 경우 즉, 지체현상이 나타나지 않을 때 강우지속시간 이후 전 배수면에 내린 비는 목표지점을 일시에 통과하여 최대 우수유출량을 나타내는데, 이때의 유량은 합리식이나 실험식으로 구할 수 있다.

(8) 계획 우수량 산정시 고려사항

① 유출계수
② 배수면적
③ 확률연수
④ 설계강우

6. 계획 하수량

(1) 분류식

① 오수관거 : 계획시간 최대 오수량
② 우수관거 : 계획 우수량

(2) 합류식

① 합류관거 : 계획시간 최대 오수량+계획우수량
② 차집관거 : 우천시 계획오수량(계획시간 최대 오수량의 3배 이상)
   우천시 계획오수량 산정시 생활 오수량 외에 우천시 오수관거에 유입되는 빗물의 양과 지하수의 침입량을 측정하여 합산하여 구한다.

(3) 하수처리장 계획시 고려사항

① 처리장은 건설비 및 유지관리비 등의 경제성, 유지관리의 난이도 및 확실성 등을 충분히 고려하여 정한다.
② 처리장위치는 방류수역의 물 이용상황 및 주변의 환경조건을 고려하여 정한다.
    ㉠ 처리장위치는 방류수역의 이수상황 및 계획구역의 지형적 조건에 의해서 대부분 정해져 왔으나, 처리장부지의 확보는 처리장계획 또는 하수도계획전체를 좌우하는 가장 중요한 요건이 된다.
    ㉡ 그러므로 처리장위치의 결정은 오수를 자연유하로 수집할 수 있어 건설비와 유지관리비가 경제적으로 되고 주변 환경과 조화되며, 침수피해가 없는 위치로서 신중히 검토하는 것이 필요하다.
③ 처리장의 부지면적은 장래 확장 및 향후의 고도처리계획 등을 예상하여 계획한다.
④ 처리시설은 계획 1일 최대오수량을 기준으로 하여 계획한다.
⑤ 처리시설은 이상수위에서도 침수되지 않는 지반고에 설치하거나 또는 방호시설을 설치한다.
⑥ 처리시설은 유지관리가 쉽고 확실하도록 계획하며, 주변의 환경조건에 대하여 충분히 고려한다.

6-7 하수관로 시설

1. 계획 하수량

(1) 분류식 하수관거

지역의 실정에 따라 계획하수량에 여유율을 둘 수 있다.
① 오수관거 : 계획시간 최대 오수량을 기준으로 계획
② 우수관거 : 계획우수량을 기준으로 계획

(2) 합류식 하수관거

① 합류관거 : 계획시간 최대 오수량+계획우수량을 기준으로 계획
② 차집관거 : 우천시 계획오수량(계획 시간 최대오수량의 3배 이상)을 기준으로 계획

하수도 계획의 기준과 규모 결정 → 1일 최대 오수량
하수처리량의 설계기준 → 1일 평균 오수량
하수관거의 단면 결정 → 시간 최대 오수량

2. 유량 계산

① 유량공식

$$Q = AV$$

② Manning공식

$$V = \frac{1}{n} R^{\frac{2}{3}} I^{\frac{1}{2}}$$

③ Ganguillet-Kutter공식 : 하수관거에서 주로 쓰는 공식

$$V = \frac{23 + \frac{1}{n} + \frac{0.00155}{I}}{1 + \left(23 + \frac{0.00155}{I}\right)\frac{n}{\sqrt{R}}} \sqrt{RI}$$

여기서, V : 평균유속[m/sec] R : 경심[m],
I : 수면구배(동수구배) n : 조도계수

④ Hazen-Williams 공식 : 압송의 경우

$$V = 0.84935 \cdot C \cdot R^{0.63} \cdot I^{0.54}$$

여기서, V : 평균유속[m/sec] C : 유속계수
I : 동수경사(h/L) h : 길이 L에 대한 마찰손실수두(m)

3. 유속 및 구배

(1) 일반사항

- 관거 내에 토사 등이 침전, 정체하지 않는 유속일 것
- 하류 관거의 유속은 상류보다 크게 할 것
- 구배는 하류에 갈수록 완만하게 할 것
- 급류는 관거에 손상을 주므로 피할 것

① 유속
  ㉠ 하수관거 내의 유속이 작으면 부유물이 침전하므로 최소유속을 제한한다.
  ㉡ 유속이 느린 경우 : 관거내에 침전물이 많이 퇴적
  ㉢ 유속이 빠른 경우 : 관거의 마모와 손상이 우려되며 도달시간 단축으로 지체현상이 발생되지 않아 하수처리장의 부담 가중

[하수관의 유속]

관거	최소 유속	최대 유속	비 고
오수관거	0.6m/sec	3.0m/sec	이상적인 유속
우수관거 및 합류관거	0.8m/sec	3.0m/sec	: 1.0~1.8m/sec

② 구배(경사)
  ㉠ 평탄지에서의 구배는 관경을 mm로 표시하여 그 역수를 구배로 한다.
  ($\dfrac{1}{관경\,mm}$)
  ㉡ 적당한 토지의 구배 : 평탄지의 1.5배(관경의 역수에 1.5배)
  ㉢ 급구배의 토지 : 평탄지의 2.0배(관경의 역수의 2배)

4. 최소 관경과 매설 위치

(1) 최소 관경

① 오수관거의 최소 관경 : 200mm
② 우수관거 및 합류관거의 최소 관경 : 250mm
③ 하수시설 중 연결관의 최소 관경 : 150mm

(2) 매설위치 및 깊이

① 관거의 최소 매설깊이는 원칙적으로 1m ┐ 해당 도로 포장두께에 0.3m를 더한 값
② 차도에서는 0.6m ─────────────────┘ 이하로 하지 않을 것
③ 보도에서는 0.5m 이상으로 한다.

[최소 관경과 최소 매설 깊이]

관거의 종류	최소 관경	관거의 최소 깊이
오수관거	200mm	관거의 최소 토피 1m
우수관거 및 합류관거	250mm	차도에서는 0.6m, 보도에서는 0.5m 이상

(3) 관거가 받는 하중

하수관의 매설시 피토로부터 받는 하중의 계산공식

마스톤(Marston) 공식 : 토압계산에 가장 널리 이용되는 공식

$$W = C_1 \cdot \gamma \cdot B^2$$

여기서, W : 관이 받는 하중[ton/m]
 γ : 피토(被土)의 밀도[ton/m^3]
 C_1 : 지표에서 관상단까지, 즉 피토의 깊이와 종류에 의하여 결정되는 상수
 B : 폭요소[m](관의 상부 90°부분에서의 관매설을 위하여 굴착한 도랑의 폭)
 d : 관의 외경[m]
  관의 매설시 B값은 다음과 같이 되도록 굴착한다.
  $B = \dfrac{3}{2}d + 0.3\text{m}$

5. 관거의 종류

(1) 철근콘크리트관

① **원심력철근콘크리트관(KS F 4403)**
  발명자의 이름을 따서 흄(Hume)관이라고도 한다. 재질은 철근콘크리트관과 유사하며 원심력에 의해 굳혀 강도가 뛰어나므로 하수관거용으로 가장 많이 사용되고 있다. 시공이 비교적 간단해서 굴착폭이 작아도 되기 때문에 도로폭원과 타매설 등으로 제약을 받는 경우에 사용된다. 또한, 이형관은 사용형태에 따라 T자관, Y자관, 곡관(U, V형)으로 구분되어 있다. 적합한 규격 및 형태는 매설장소의 하중조건 등에 따라 신중하게 결정해야 한다.
  ㉠ 흄관의 규격 : 흄관의 규격은 KS에서 그 사용 조건에 따라 보통관과 압력관으로 구별하고 있다.
   ⓐ 보통관의 경우 접합형상에 따라 A형(150~1,800mm),

B형(150~1,350mm), C형(1500~3,000mm), NC형(1,500~3,000mm)으로 분류된다.
ⓑ 압력관의 경우 A형(150~1,800mm), B형(150~1,350mm), NC형(1,500~3,000mm)으로 분류된다.
ⓒ 규격에 따른 특징
ⓐ A형관은 연결부의 시공에 기술을 요하고 관의 보수, 교체 또는 특수 신축접합 등을 하는 경우에 주로 이용된다.
ⓑ B형관은 고무링을 이용하여 연결하는 것으로 시공성 및 수밀성이 우수하여 일반적으로 많이 사용된다.
ⓒ C형관은 두개의 관이 서로 맞붙는 곳에 수구와 삽구가 단을 이룬 것으로 맞닿는 부분에 고무링을 채워 연결한다.
② 코아식프리스트레스트콘크리트관(core type prestressed concrete pipe, KS F 4405)
콘크리트로 된 코아관(core pipe)주위에 PC강선을 인장시켜 줌으로써 원주방향 및 관축방향으로 압축응력을 작용하게 하여 내외압에 의해 발생되는 인장응력을 소멸시켜 상당히 큰 압력에서도 견딜 수 있게 만든 것으로 흔히 PC관으로 부른다.
㉠ 안전성은 좋으나 가격이 원심력철근콘크리트관 보다 비싸 내외압이 크게 걸리는 장소에서 주로 사용되고 있다.
㉡ 현재 KS상에서는 1~5종으로 관종을 나누고 있으며, 제작방법에 따라 원심력방식(관경 500~2,000mm, 유효길이 4.0m)과 축전압방식(관경 500~2,000mm, 유효길이 4.0m)이 규정되어 있고 접합은 소켓으로 한다.
③ 로울러전압철근콘크리트관(VR관, KS F 4402)
로울러(roller, 원형단면의 회전봉)를 사용하여 콘크리트 표면을 접합하여 단단히 굳혀서 만든 철근콘크리트관으로 형상, 치수 및 강도는 원심력철근콘크리트관과 같다.
④ 철근콘크리트관(KS F 4401)
거푸집에 조립철근과 콘크리트를 넣은 후 진동기 또는 이것과 동등한 효과를 얻을 수 있는 방법으로 다져서 제작한 철근콘크리트관을 말하며 KS에는 접합 형상에 따라 보통관 A형(150~600mm), 보통관 B형(700~1800mm), 외압관 C형(150~2,000mm) 으로 구분되어 있다.

(2) 제품화된 철근콘크리트 직사각형거(정사각형거 포함)

철근콘크리트 또는 프리스트레스트콘크리트에 의한 공장제품으로 운반경로 및 시공조건에 따라 측벽, 상판, 바닥판 등으로 분할해서 제조하는 것이 가능하기 때문에 제품화된 철근콘크리트 직사각형거는 현장타설 철근콘크리트관에 비하여 공사 기간이 단축된다는 이점이 있다.

(3) 도관(KS L 3028)

도관은 내산 및 내알칼리성이 뛰어나고, 마모에 강하며 이형관을 제조하기 쉽다는 장점이 있으나, 충격에 대해서 다소 약하기 때문에 취급 및 시공에 주의해야 한다.

① 접합방법으로는 공장에서 제작되는 압축조인트접합과 현장시멘트모르터접합이 있는데 수밀성을 확보하기 위해서 압축조인트접합을 사용하는 것이 바람직하다.
② KS에는 보통관(50~300mm), 두꺼운 관(100~450mm)이 규격화되어 있으나 오수관으로는 두꺼운 관이 적합하다.
③ 또한 여러 가지 각도의 곡관(30°, 45°, 60°, 90°)이나 가지관(60°, 90°)도 KS에 규격화되어 있다.
④ 한편, 국내에서는 도관의 사용실적이 많지 않으나 외국의 경우는 수질변화가 심하여 부식의 염려가 많은 400mm이하의 소형 오수관거용으로 많이 이용되고 있다.

(4) 경질염화비닐관(KS M 3404)

경질염화비닐관은 가볍고 시공성이 우수하지만 연성관이기 때문에 내경의 5% 정도를 허용변형율로 하고 있다. 일반적으로 가벼워서 다루기 쉽고 연결이 쉬워서 공기를 단축할 수 있으며 내면이 매끈하여 조도가 작다. 수명이 길고 값도 싼 편에 속해 국내외에서 사용량이 크게 늘고 있는 추세이지만 시공방법 및 재질상 파열과 처짐 등의 문제점을 가지고 있으므로 경질염화비닐관의 제조업체가 제시한 시공순서 및 방법에 따라 신중히 시공하여야 한다.

① 경질염화비닐관의 접합은 소켓접합으로 고무링에 의한 방법과 접착제에 의한 방법이 있다.
② KS에는 일반관(VG 1, 10~300mm) 및 얇은 관(VG 600mm, 소켓부착관은 660mm까지)으로 규정되어 있으나, 하수관거용으로는 얇은관을 많이 사용하고 있다.

(5) 현장타설철근콘크리트관

공장제품의 사용이 불가능한 경우, 큰 단면 및 특수한 단면을 필요로 하는 경우 및 특히 고강도를 필요로 하는 경우 등에는 현장에서 직접 타설하는 철근콘크리트관을 사용한다. 또한 원심력철근콘크리트관, 코아식프리스트레스트콘크리트관, 로울러전압철근콘크리트관 및 철근콘크리트관의 하중계산은 흙두께가 극히 적은 경우나 3m 이상의 경우는 일단 점검해야만 하며, 최근의 노면하중의 증대에 따른 관거에 대한 영향을 점검할 필요가 있다.

(6) 강화플라스틱복합관

유리섬유, 불포화폴리에틸렌수지, 골재를 주원료로 하며, 내외면은 유리섬유강화층이고, 중간층은 수지모르터복합관이다.
① 외압관과 내압관의 두종류가 있으며, 하수도용으로는 외압관을 사용한다.
② 강화플라스틱복합관은 고강도로 내식성 및 시공성이 우수하다.

(7) 폴리에틸렌(PE)관(KS M 3407)

가볍고 시공성이 우수하며, 내산‥내알칼리성이 우수하다. 또한, 연성관으로 허용변형율을 안지름의 5%정도로 한다.

(8) 닥타일주철관(KS D 4311)

내압성 및 내식성에 우수하여 일반적으로 압력관으로 사용되며 처리장내의 연결관 및 송풍용관으로도 사용되고 있다.

(9) 파형강관(KS D 3590)

파형강관(KS D 3590 및 ASTM A 444)은 용융아연도금된 강판을 스파이럴형으로 제작한 강판으로서 하수관거 중 아연도금을 한 파형강관은 우수관거용으로 사용되고 있으며, 파형강관에 폴리에틸렌(PE)수지, PVC 등으로 피복하여 내식성 및 내마모성을 증가시키면 오수관거용으로 사용할 수 있다.

6. 관거의 단면 형상

① 관거의 단면 형상에는 원형, 직사각형, 마제형 및 계란형 등이 있으며 소규모 하수도에서는 원형 또는 계란형을 표준으로 한다.
② 원형이 가장 많이 사용된다. (공장에서 쉽게 대량으로 제조할 수 있고 수리학적으로 유리하다.)
③ 원형 단면은 공장 제품이므로 지하수의 침투량이 많아질 염려가 있다.
④ 관거단면에 따른 유량과 유속
　㉠ 원형거 및 말굽형거에서 유속은 수심이 81%일 때 최대이며, 유량은 수심이 93% 일 때 최대가 된다.
　㉡ 직사각형거에서는 유속 및 유량이 모두 만류가 되기 직전에 최대이나 만류가 되면 유속 및 유량이 급격히 감소한다.
　㉢ 계란형거에서는 유량이 감소되어도 원형거에 비해 수심 및 유속이 유지되므로 토사 및 오물 등의 침전방지에 효율적이다.
⑤ 유량이 적은 경우 원형관에 비해 계란형이 수리학적으로 유리하다.
⑥ 직사각형 단면은 시공 장소의 흙 두께, 폭원에 제한을 받는 경우에 유리하고 역학 계산이 간단하다.(역학 계산의 간단여부가 하수관거 단면형상 선정에 중요한 사항

은 아니다.)

⑦ 마제형(말굽형) 하수관거는 대구경 관거에 유리하며 경제적이고 상반부의 아치작용에 의해 역학적으로 유리한 단면형상이나 현장 타설의 경우 공사기간이 길어진다.

7. 하수관거가 갖추어야 할 특성

① 관거 내면이 매끈하고 조도 계수가 작아야 한다.
② 가격이 저렴해야 한다.
③ 산·알칼리에 대한 내구성이 양호해야 한다.
④ 외압에 대한 강도가 높고 파괴에 대한 저항력이 커야 한다.
⑤ 유량의 변동에 대해서 유속의 변동이 적은 수리특성을 가진 단면형이어야 한다.
⑥ 이음 시공이 용이하고 수밀성과 신축성이 높아야 한다.

8. 하수관거의 연결

(1) 연결방식

① 소켓 연결

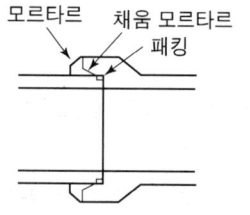
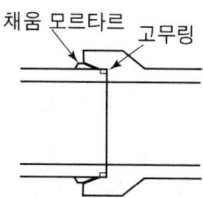

② 맞물림연결

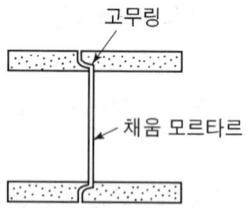

③ 칼라 연결

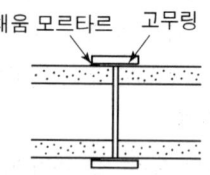

④ 맞대기연결(수밀밴드 사용) : 흄관의 칼라(collar)연결을 대체하는 방법으로서 수밀성을 보장받을 수 있는 수밀밴드 등을 사용하여 시공한다.

(2) 연결관

물받이와 하수관거를 연결하는 관을 연결관이라 하며 일반적으로 PE관이나 도기관이 이용된다.

① 연결관의 관경은 최소 150mm로 한다.
② 연결관의 경사는 1%로 한다.
③ 연결관은 본관에 가깝게 본관과 직각인 방향으로 설치하는데, 본관 연결부에서는 60°의 각도로 합류시켜 관의 흐름을 좋게 하는 것이 원칙이나, 본관의 구경이 매우 큰 경우에는 직각으로 접속시켜도 좋다.
④ 연결관의 관저가 본관의 중심선보다 아래에 오면 유수에 저항이 생겨 원하는 유량이 흐르지 않게 되고, 하수본관으로부터 하수가 역류되어 슬러지가 침적하여 연결관이 폐색될 염려가 있으므로, 연결위치는 본관의 중심선보다 위쪽으로 하여야 한다.

9. 관거의 접합

(1) 2개의 관거가 합류하는 경우의 접합

원칙적으로 수면접합 또는 관정접합으로 하며, 중심교각은 60° 이하(30~45° 이상적)로 하고, 곡선을 갖고 합류하는 경우의 곡률반경은 내경의 5배 이상으로 한다.

(2) 관거의 접합 방법

① 수면접합(수위접합)
  ㉠ 수면을 일치시키는 방식
  ㉡ 수리학적으로 가장 좋은 방법
  ㉢ 수리계산이 복잡하다.

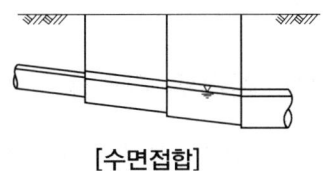
[수면접합]

② 관정접합
  ㉠ 관거의 내면 상부를 일치시키는 방식
  ㉡ 유수의 흐름은 원활하게 된다.
  ㉢ 매설깊이를 증대시킴으로서 공사비가 증대된다.
  ㉣ 펌프배수의 경우 펌프양정이 증대되어 불리하게 된다.

[관정접합]

③ 관중심접합
  ㉠ 관중심을 일치시키는 방법으로
  ㉡ 수면접합과 관저접합의 중간적인 방법
  ㉢ 계획하수량에 대응하는 수위를 계산할 필요가 없다.(수면접합에 준용되는 경우가 있음)

[관중심접합]

④ 관저접합
  ㉠ 관거의 내면 바닥이 일치되도록 접합하는 방법
  ㉡ 굴착깊이를 얕게 함으로 공사비용을 줄일 수 있다.
  ㉢ 수위상승을 방지하고 양정고를 줄일 수 있어 펌

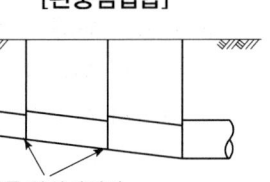
[관저접합]

프 배수지역에 적합하다.
　　ⓔ 상류부에서는 동수경사선이 관정보다 높이 올라갈 우려가 있다.
　　ⓜ 수리학적으로 불량한 방법

⑤ 계단접합
　ⓐ 통상 대구경관거 또는 현장타설관거에 설치
　ⓑ 계단의 높이는 1단당 0.3m 이내 정도가 바람직

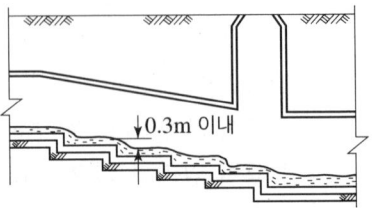
[계단접합]

⑥ 단차접합
　ⓐ 지표의 경사에 따라 적당한 간격으로 맨홀을 설치
　ⓑ 맨홀 1개당 단차는 1.5m 이내로 하는 것이 바람직(단차가 0.6m 이상인 경우에는 부관(附管)을 설치)

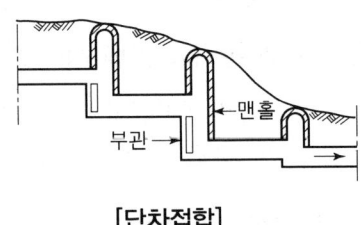
[단차접합]

10. 관거의 기초공

관거의 기초공은 관거의 종류 및 토질 등에 따라 다음사항을 고려하여 정한다.

(1) 기초공 일반

① 기초공은 사용하는 관거의 종류, 토질 지내력, 시공방법, 하중조건 및 매설조건 등에 따라 정하지만 기초공의 선택은 공사비용에 큰 영향을 미치게 되므로 관거의 내구성 및 경제성을 충분히 검토하여 적절한 방법을 선택하도록 한다.
② 관거의 기초공은 철저히 시공하는 것이 중요하며, 관거의 부등침하는 하수의 정체, 부패 및 악취를 발생시키는 원인이 될 뿐만 아니라 최악의 경우에는 관거가 파손되어 오수가 유출되거나 지하수의 침입을 초래하고, 또 관거 주변의 토사가 유입하여 유지관리면에서 큰 장해가 되거나 심하면 도로가 함몰하는 현상이 나타나기도 하므로 기초공은 특히 중요하다.
③ 관종에 따라 기초가 개략적으로 분류되지만 실제에서는 관체의 보강과 부등침하의 방지를 위하여 각각의 기초를 조합하여 시공하는 경우도 있다.
④ 지반이 양호한 경우에는 이들의 기초를 생략할 수가 있다.

(2) 강성관거의 기초공

철근콘크리트관 등의 강성관거는 조건에 따라 모래, 쇄석(또는 자갈), 콘크리트 등으로 기초를 실시하며, 필요에 따라 이들을 조합한 기초를 실시한다. 단, 지반이 양호한 경우 이들의 기초를 생략할 수 있다.

① 강성관에서 사용되는 기초공의 종류

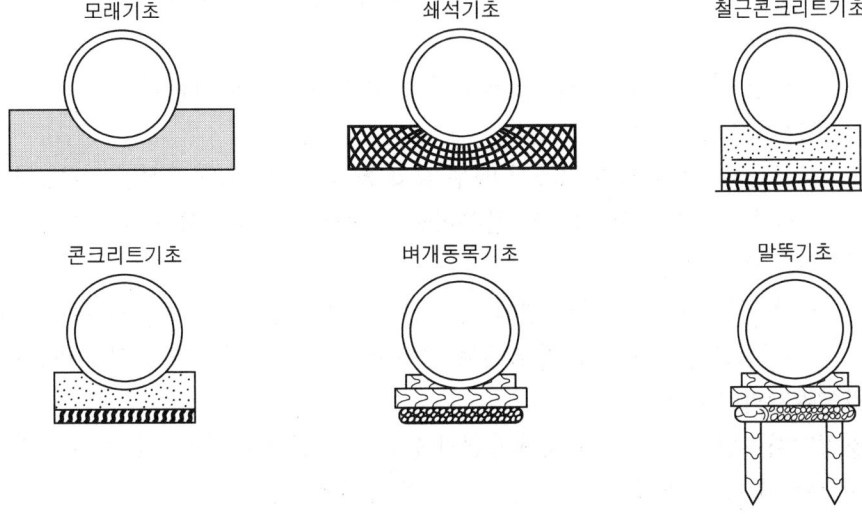

[강성관의 기초공 종류]

㉠ 벼개동목기초
ⓐ 보통지반에서 관거의 경사를 정확히 유지하고 접합을 용이하게 하기 위한 목적으로 주로 철근콘크리트관에 사용하는 매우 단순한 기초방식이다.
ⓑ 일반적으로 벼개동목기초의 구조는 관 1개에 대하여 2~3개의 받침을 놓고, 그 위에 관을 부설하여 쐐기로 안정시키는 방식이다.
ⓒ 시공시에는 횡목 설치에 유의하여야 하며 횡목을 견고하게 지반에 고정하고, 동시에 일정한 높이로 설치되도록 하여야 한다.

㉡ 모래기초 및 쇄석기초
ⓐ 지반이 연약한 경우 및 관거에 미치는 외압이 큰 경우에 채용한다.
ⓑ 모래 또는 쇄석 등을 관거외주(下部)에 밀착되도록 견고히 관거를 지지한다.
ⓒ 이 기초가 관거에 접하는 폭(또는 받침각)에 의해 관거의 보강효과는 다르며, 받침각이 클수록 내하력이 증가한다. 이 경우에 주의할 점은 필요한 받침각을 확보하는 것이고 그러기 위해서는 시공상의 받침각을 크게 할 필요가 있다.
ⓓ 또 관거하단의 기초두께는 최소 100mm~200mm 또는 관거외경의 0.2~0.25배로 하는 것이 바람직하다.

ⓔ 관거의 매설지반이 암반인 경우의 기초두께는 이 범위보다 다소 두껍게 하는 것이 안전하다.
ⓒ 콘크리트기초 및 철근콘크리트 기초
　ⓐ 지반이 연약한 경우 및 관거에 미치는 외압이 큰 경우에 채용한다.
　ⓑ 관거의 저부를 콘크리트로 둘러싸는 것으로 외압하중에 의한 관거의 변형을 충분히 보호할 수 있어야 한다. 이 경우에도 받침각이 클수록 내하중은 증가한다.
　ⓒ 또한 최소 기초두께는 2)모래기초 및 쇄석기초에 따른다.
ⓔ 콘크리트+모래기초
　ⓐ 극연약지반에서 지지층이 매우 깊고 동목받침이 비경제적인 경우, 굴착면 바닥에 콘크리트를 타설해 상부하중을 바닥으로 분산시켜 지반침하를 방지하는 방법이다.
　ⓑ 이 경우 콘크리트기초 위에 직접 관을 설치하면 관저부가 저받침이 되어 하중이 집중하게 되므로 상판에는 앞에서 기술한 모래기초 등을 하도록 한다.

② 연성관거의 기초공

경질염화비닐관, 이중벽폴리에틸렌관 등의 연성관거는 자유받침의 모래기초를 원칙으로 하며, 조건에 따라 말뚝기초 등을 설치한다.

㉠ 연성관에서 사용되는 기초공의 종류는 모래기초, 벼개동목기초, 포기초, 배드시트기초, 소일시멘트 기초 등이 있다. 경질염화비닐관 등의 연성관에서도 강성관의 기초와 마찬가지로 관체의 보강 혹은 관거의 침하방지를 주목적으로 하는데, 연성관의 기초공은 원칙적으로 자유받침의 모래기초로 한다.

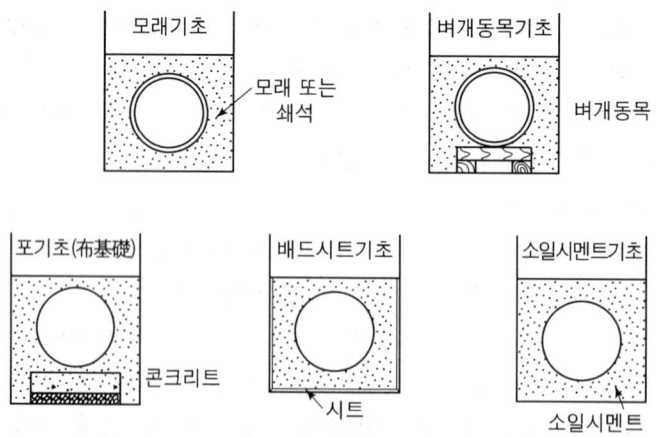

[연성관의 기초공 종류(시공받침각 360°)]

ⓒ 관체의 보강을 주목적으로 한 기초
지반의 조건에 따라서 관체측부 흙의 수동저항력을 확보하기 위해 소일 시멘트(Soil Cement)기초, 베드토목섬유(Bed Geotextile)기초 등을 이용하기도 한다.
ⓒ 관거의 부등침하방지를 주목적으로 한 기초
극히 연약한 지방에서 부등침하가 우려되는 경우에는 말뚝기초 및 콘크리트+모래기초 등과 강성관거의 기초공의 기초공을 병용할 수 있지만 동목, 콘크리트+모래기초와 관체 사이에 충분한 모래를 깔아 틈이 없게 할 필요가 있다.

말뚝기초는 극연약지반으로 거의 지내력을 기대할 수 없는 경우에 사용되며, 사다리동목의 밑을 말뚝으로 받치는 형태이다.

11. 관정부식

관정부식의 원인물질은 황화수소(H_2S) 또는 황(S) 화합물이다.

(1) 부식 과정 : 최소유속보다 적을 경우 일어난다.

① 하수 내 유기물 등이 혐기성 상태에서 분해되어 생성되는 황화수소(H_2S)(용존산소 결핍으로 박테리아가 황산염을 환원시키기 때문에)가 발생된다.
② 하수관 내의 공기 중으로 솟아오르면 호기성 미생물에 의해서 SO_2나 SO_3가 된다.
③ 이들이 관정부(管頂部)의 물방울에 녹아서 황산(H_2SO_4)이 된다.
④ 이 황산이 콘크리트관에 함유된 철(Fe), 칼슘(Ca), 알루미늄(Al) 등과 반응하여 황산염이 되어 콘크리트관을 부식 파괴하는 현상을 관정부식이라 한다.

(2) 관정부식의 방지대책

① 하수의 유속을 증가시켜 하수관 내 유기물질의 퇴적을 방지한다.
② 용존산소 농도를 증가시켜 하수 내 생성된 황화물질을 변화시킨다.
③ 하수관 내를 호기성 상태로 유지하여 황화수소(H_2S)의 발생을 방지한다.
④ 하수관내에 염소 등의 소독제를 주입하여 관내의 미생물을 제거, 황화합물의 변환 메카니즘을 파괴해 버린다.
⑤ 콘크리트관 내부를 PVC나 기타물질로 피복하고 이음부분은 합성수지를 사용하여 내산성이 있게 한다.

12. 하수관거의 부대 시설

(1) 역사이펀

하수관거가 철도, 지하철 등의 지하매설물을 횡단하여야 하는 경우 평면교차로 접합할 수 없어 그 밑으로 통과해야 하는 구조

① 역사이펀 고려 사항
  ㉠ 역사이펀의 구조는 장해물의 양측에 수직으로 역사이펀실을 설치하고, 이것을 수평 또는 하류로 하향 경사의 역사이펀 관거로 연결한다. 또한 지반의 강약에 따라 말뚝기초 등의 적당한 기초공을 설치한다.
  ㉡ 역사이펀실에는 역사이펀 관거내에 토사나 슬러지가 퇴적하는 것을 방지하기 위하여 수문설비 및 깊이 0.5m 정도의 이토실을 설치하고, 역사이펀실의 깊이가 5m 이상인 경우에는 중간에 배수펌프를 설치할 수 있는 설치대를 둔다.
  ㉢ 역사이펀 관거는 일반적으로 복수로 하고, 호안, 기타 구조물의 하중 및 그들의 부등침하에 대한 영향을 받지 않도록 한다. 또한 설치위치는 교대, 교각 등의 바로 밑은 피한다.
  ㉣ 역사이펀 관거의 유입구와 유출구는 손실수두를 적게 하기 위하여 종모양(bell mouth)으로 하고, 관거내의 유속은 상류측 관거내의 유속을 20~30% 증가시킨 것으로 한다.
  ㉤ 역사이펀 관거의 흙두께는 계획하상고, 계획준설면 또는 현재의 하저최심부로부터 중요도에 따라 1m 이상으로 하며 하천관리자와 협의한다.
  ㉥ 하천, 철도, 상수도, 가스 및 전선케이블, 통신케이블 등의 매설관 밑을 역사이펀으로 횡단하는 경우에는 관리자와 충분히 협의한 후 필요한 방호시설을 한다.
  ㉦ 하저를 역사이펀하는 경우로서 상류에 우수토실이 없을 때에는 역사이펀 상류측에 재해방지를 위한 비상 방류관거를 설치하는 것이 좋다.
  ㉧ 역사이펀에는 호안 및 기타 눈에 띄기 쉬운 곳에 표식을 설치하여 역사이펀 관거의 크기 및 매설깊이 등을 명확히 표시하는 것이 좋다.

② 역사이펀 손실수두

$$h_L = i \cdot L + \beta \cdot \frac{V^2}{2g} + \alpha$$

여기서, i : 동수경사 L : 관길이(m)
        β : 계수 V : 유속(m/sec)
        g : 중력가속도(9.8m/sec^2) α : 여유량(m)

(2) 맨 홀

하수관거의 청소, 점검, 장해물의 제거, 보수를 위한 기계 및 사람의 출입을 가능하게 하는 시설

① 맨홀의 설치장소
　㉠ 관거의 기점
　㉡ 관거의 방향, 경사, 관경이 변화하는 장소
　㉢ 단차(段差)가 발생하는 장소
　㉣ 관거가 합류하는 장소
　㉤ 관거의 유지관리상 필요한 장소

② 관거 직선부에서의 맨홀의 최대 간격
　㉠ 600mm 이하 관 : 75m
　㉡ 600mm 초과 1000mm 이하 관 : 100m
　㉢ 1000mm 초과 1500mm 이하 관 : 150m
　㉣ 1650mm 이상 관 : 200m

③ 관거 곡선부 맨홀의 최대 간격
　현장여건에 따라 곡률반경을 고려하여 맨홀을 설치한다.

④ 맨홀부속물
　㉠ 인버트(invert)
　　유지관리를 위해 작업원이 작업을 할 때 맨홀내에 퇴적물이 쌓이게 되면 상당히 불편하고 하수가 원활하게 흐르지 못하며 부패시 악취를 발생시킨다. 이를 방지하기 위해서는 바닥에 인버트를 설치하여 하수의 흐름을 원활히 하고 유지관리가 편리하도록 하는 것이 필요하다.
　　ⓐ 인버트는 하류관거의 관경 및 경사와 동일하게 한다.
　　ⓑ 인버트의 발디딤부는 10~20%의 횡단경사를 둔다.
　　ⓒ 인버트의 폭은 하류측 폭을 상류까지 같은 넓이로 연장한다.
　　ⓓ 상류관과 인버트 저부는 3~10 cm 정도의 단차를 두는 것이 바람직하다.
　㉡ 발디딤부
　　발디딤부는 맨홀내부로 출입을 위해 만든 시설로서 편리성과 안전성이 충분히 고려되어야 하며, 유지관리시 안전 등을 위하여 하수흐름방향과 직각이 되도록 한다.
　　ⓐ 발디딤부는 부식이 발생하지 않는 재질을 사용한다.
　　ⓑ 발디딤부는 이용하기에 편리하도록 설치하여야 한다.
　㉢ 맨홀뚜껑
　　맨홀뚜껑은 유지관리의 편리성 및 안전성을 고려하여 설치한다.

(3) 우수토실

우수토실은 합류식에서 우수유출량의 전량을 처리장으로 보내 처리하는 것은 관거 및 처리장시설의 증대를 초래하는 등 비경제적이기 때문에 오수로 취급하는 하수량(우천시 계획오수량) 이상의 우수는 바로 또는 관거에 의하여 하천이나 해역 및 호소 등으로 방류시키기 위하여 관거의 도중에 설치되는 시설을 말한다.

① 우수토실을 설치하는 위치는 차집관거의 배치, 방류수면 및 방류지역의 주변환경 등을 고려하여 선정한다.
② 우수토실에서 우수월류량은 계획하수량에서 우천시 계획오수량을 뺀 양으로 한다.
   우수월류량 = 계획하수량 – 우천시 계획오수량
③ 우수월류위어의 위어길이를 계산 식은 다음과 같다.

$$L = \frac{Q}{1.8 H^{3/2}}$$

여기서, L : 위어(weir)길이(m)
  Q : 우수월류량(m^3/s)
  H : 월류수심(m)(위어길이간의 평균값)

유입관거에서 월류가 시작될 때의 수심은 수리특성곡선에서 구하며, 이 수심을 표준으로 하여 위어높이를 정한다.

④ 우수토실에는 출입구 및 진입도로 등을 만들어 항상 월류위어 또는 오수유출관거의 상태를 점검할 수 있도록 유지관리 방안을 수립한다. 출입구는 맨홀의 출입구와 같이 지름 60cm 정도의 원형으로 하는 것이 좋고, 위치는 오수유출구와 월류위어가 동시에 보이는 장소로 한다
⑤ 우수토실의 오수유출관거에는 소정의 유량 이상은 흐르지 않도록 한다. 오수유출관거는 우천시 우수토실의 수위가 상승하면 일반적으로 압력관거가 될 위험성이 있으므로 오리피스(orifice), 밸브류, 수문 등의 적당한 방법으로 유량을 조절하는 것이 바람직하다.
⑥ 우수토실은 위어형 이외에 수직오리피스, 기계식 수동수문 및 자동식수문, 볼텍스 밸브류 등을 사용할 수 있다.
⑦ 우수토실이 안전하게 제기능을 유지하도록 적절하게 정하고 이상을 통보하는 적절한 감시 설비를 설치한다. 우수토실의 이상은 청천시 오수가 공공수역에 유출되어 생태환경에 심각한 영향을 끼친다. 따라서 조기에 확인하고 대응할 필요가 있으므로 경고 내용을 장외로 통보한다.

(4) 물받이

공공하수도로서의 물받이는 오수받이, 빗물받이 및 집수받이 등이 있는데 배제방식에 따라 적절히 선정하여 배치한다. 개인하수도시설인 배수설비의 물받이와 구분된다.

① 오수받이

오수받이는 공공도로상에 설치하는 것을 원칙으로 하되 목적 및 기능을 고려하여 차도, 보도 또는 공공도로와 사유지의 경계부근에 설치하고 유지관리상 지장이 없는 장소에 설치한다.

[오수받이 형상 및 구조]
㉠ 형상 및 재질은 원형 및 각형의 콘크리트 또는 철근콘크리트제, 플라스틱제가 있다.
㉡ 플라스틱제 오수받이는 품질이 확보되는 경우 콘크리트제 1~3호 오수받이 형상 및 치수를 적용할 수 있다.
㉢ 오수받이의 규격은 내경 300~700 mm 정도로서 원활한 하수의 흐름과 유지관리 관점에서 계획 한다.
㉣ 오수받이의 저부에는 인버트를 반드시 설치한다.
㉤ 오수받이의 뚜껑은 밀폐형으로 하고, 외뚜껑은 주철제(ductile 포함), 철근콘크리트제 및 그 외의 견고하고 내구성이 있는 재료로 만들어진 뚜껑으로 한다.
㉥ 우수받이의 높이조절재(입상관) 및 오수 유출·입관 연결부는 수밀성을 가져야 한다

② 빗물받이(우수받이)
㉠ 빗물받이 설치
ⓐ 빗물받이는 도로옆의 물이 모이기 쉬운 장소나 L형 측구의 유하방향 하단부에 반드시 설치한다. 단, 횡단보도, 버스정류장 및 가옥의 출입구 앞에는 가급적 설치하지 않는 것이 좋다.
ⓑ 빗물받이의 설치위치는 보·차도 구분이 있는 경우에는 그 경계로 하고, 보·차도 구분이 없는 경우에는 도로와 사유지의 경계에 설치한다.
ⓒ 노면배수용 빗물받이 간격은 대략 10~30 m 정도로 하나 되도록 도로폭 및 경사별 설치기준을 고려하여 적당한 간격으로 설치하되, 상습침수지역에 대해서는 이보다 좁은 간격으로 설치할 수 있다.
ⓓ 빗물받이는 협잡물 및 토사의 유입을 저감할 수 있는 방안을 고려하여야 한다.
• 협잡물 및 토사 등의 유입감소를 위한 방안의 수립이 필요하다.
• 빗물받이 청소가 용이하도록 빗물받이 구조형식이 요구된다.
• 도로포장시 원활한 노면배수에 대한 고려가 필요하며, 도로보수공사 등으로 인한 노면경사 변화에 따른 대응방안 수립이 요구된다.

ⓔ 빗물받이에 악취발산을 방지하는 방안을 적극적으로 고려한다. 건물의 배수시설에서 공공하수도로 방류된 오수는 혐기성상태에서 황화수소를 생성하고 이때에 발생된 황화수소는 도로상의 빗물받이 등에서 주변으로 발산되어 사람의 후각에 불쾌한 악취로 감지되므로 빗물받이입구 악취방지시설이나 연결부 악취방지시설을 설치하기도 한다.

ⓛ 오수받이 형상 및 구조
  ⓐ 형상 및 재질은 원형 및 각형의 콘크리트 또는 철근콘크리트제, 플라스틱제가 있다. 빗물받이는 종경사 10%일때를 표준형상으로 한다.
  ⓑ 플라스틱제 오수받이는 품질이 확보되는 경우 콘크리트제 1~3호 오수받이 형상 및 치수를 적용할 수 있다.
  ⓒ 오수받이의 규격은 내폭 30~50cm, 깊이 80~100cm 정도로 한다.
  ⓓ 빗물받이의 저부에는 깊이 15 cm 이상의 이토실을 반드시 설치한다.
  ⓔ 빗물받이의 뚜껑은 강제, 주철제(덕타일 포함), 철근콘크리트제 및 그외의 견고하고 내구성이 있는 재질로 한다.
  ⓕ 빗물받이는 표준형 이외에 협잡물 및 토사유입을 막기 위한 침사조(혹은 여과조) 및 토사받이 등을 설치한 개량형 빗물받이를 설치할 수 있다

③ 집수받이
  집수받이는 개거와 암거를 접속하는 경우 및 횡단하수구 등에 설치한다.

(5) 토 구

토구란 하수도 시설로부터 하수를 공공수역에 방류하는 시설로써 토구를 설치하기 위해서는 호안의 일부를 파괴 및 개조하거나 혹은 하천, 항만 등에 돌출시켜 축조하는 경우도 있어 토구의 설치미비에 의하여 유수를 저해하거나 하상을 침식하여 호안 등에 위해를 줄 수도 있으므로 다른 구조물에 해를 주지 않도록 충분히 주의한다.

(6) 측 구

도로시설의 보전, 교통안전, 유지보수 등을 위하여 도로에 설치하는 배수시설의 일종으로 배수시설에는 측구(側溝), 집수정 및 도수로(導水路) 등이 있다. 측구는 일반적으로 L자형과 U자형이 사용되며, 길어깨(도로를 보호하고 비상시 이용하기 위해 차도에 접속하여 설치하는 도로의 부분)에 붙여서 측구를 설치하는 경우에는 교통안전을 위하여 윗면이 열린 측구를 설치해서는 안 된다.

13. 우수조정지 계획

(1) 우수조정지의 위치

① 하수관거의 유하능력이 부족한 곳
② 하류지역의 펌프장능력이 부족한 곳
③ 방류수로의 통수능력이 부족한 곳

(2) 우수조정지의 구조 형식

① 댐식(제방 높이 15m 미만) : 흙댐 또는 콘크리트 댐에 의해서 우수를 저류하는 형식으로 방류(조절) 방식으로는 자연 방류식이 일반적이다.
② 굴착식 : 평탄지를 굴착하여 우수를 저류하는 형식으로 방류(조절) 방식으로는 자연 방류식 펌프배수와 게이트조작에 의한 배수가 있다.
③ 지하식
  ㉠ 저하식(관내 저류 포함) : 일시적으로 지하의 저류탱크 관거 등에 우수를 저류하고 우수 조정지로서 기능을 갖도록 하는 것으로 저류 수심이 크게 되므로 방류(조절) 방식은 펌프에 의한 배수가 일반적이다.
  ㉡ 현지 저류식 : 공원, 교정, 건물, 사이, 지붕 등을 이용하여 우수를 저류하는 시설로서 보통 현지에 내린 비만을 대상으로 하기 때문에 관거의 상류측에 설치하며 방류(조절) 방식은 자연 방류식이 일반적이다.

(3) 우수방류방식

우수의 방류방식은 자연유하를 원칙으로 한다.

(4) 계획강우의 확률년수

우수조정지의 조절용량을 정하기 위한 계획강우의 확률년수는 다음 사항을 고려하여 정하며, 10~30년을 원칙으로 하지만, 최근의 도시의 재개발 및 국지성 집중호우에 대한 방재적인 면을 고려하여 확률년수를 보다 크게 취하는 것이 필요하다.(저류지와 유수지를 포함한 우수조정지의 확률년수는 30년 이상, 댐식은 하류에 도시가 형성되어 있고 굴착식에 비해 높은 안전도가 필요하므로 확률년수를 30~50년 범위)
① 해당지역에서 하수도의 우수배제계획과의 조정
② 우수조정지의 구조형식에 따른 재해방지에 필요한 안전도

(5) 유입우수량의 산정

우수조정지에서 각 시간마다의 유입우수량은 장시간 강우자료에 의한 강우강도곡선에

서 작성된 연평균 강우량도(hyetograph)를 기초로 하여 산정하는 방법과 빈도별, 지속 시간별 확률강우량에 의한 강우강도식을 산정하여 시설물별 임계지속시간에 대한 유입수문곡선을 구하는 방법 중 적정한 방안을 선택하여 산정한다.

(6) 여수토구

① 여수토구는 확률년수 100년 강우의 최대우수유출량의 1.44배 이상의 유량을 방류시킬 수 있는 것으로 한다.

② 계획홍수위는 댐의 천단고(天端高)를 초과하여서는 안된다. 댐의 안전확보를 위하여 댐 본체의 월류는 이상 우천시에서도 절대로 방지할 필요가 있기 때문에 여수토구를 설치한다.

6-8 하수처리장 시설

1. 계획 하수량

시설	하수량	계획하수량		비 고
		분류식 하수도	합류식 하수도	
1차 침전지까지	처리시설 (소독설비 포함)	계획 1일 최대 오수량	계획 1일 최대 오수량	합류식에서는 우수침전지를 고려한다.
	처리장 내 연결관거	계획시간 최대 오수량 (Q)	우천시 계획오수량 ($3Q$ 이상)	
2차 처리	처리시설	계획 1일 최대 오수량	계획 1일 최대 오수량	
	처리장 내 연결관거	계획시간 최대 오수량	계획시간 최대 오수량	
고도처리 및 3차 처리	처리시설	계획 1일 최대 오수량	계획 1일 최대 오수량	
	처리장 내 연결관거	계획시간 최대 오수량	계획시간 최대 오수량	

※ 고도처리시설의 경우, 계획하수량은 겨울철(12, 1, 2, 3월)의 계획1일최대오수량을 기준으로 한다. 단 관광지 등과 같이 계절별 유입하수량의 변동폭이 큰 경우는 예외로 한다.

2. 하수처리

(1) 하수처리장 부지선정

① 홍수로 인한 침수 위험이 없어야 한다.
② 상수도 수원 등에 오염되지 않는 곳을 선택한다.
③ 시가지를 피하고 주변 환경이 악화되지 않도록 계획하여야 한다.
④ 오수 또는 폐수가 하수처리장까지 가급적 자연유하식으로 유입하고 또한 자연유하로 방류하는 곳이 많아야 한다.

(2) 하수처리방법 선정 기준(고려사항)

① 유입하수량과 수질
② 처리수의 목표수질
③ 처리장의 입지조건
④ 방류수역의 현재 및 장래 이용상황
⑤ 건설비 및 유지관리비 등 경제성
⑥ 유지관리의 용이성
⑦ 법규 등에 의한 규제
⑧ 처리수의 재이용계획

3. 하수처리 방법의 종류

(1) 예비 처리

굵은 부유물, 부상 고형물, 유지(油脂)의 제거와 분리를 위해 하수를 고체와 액체로 분리하는 과정

(2) 1차 처리

① 미세한 부유물질을 주로 침전(물리적 방법)으로 제거하는 과정
② 수중의 부유물질 제거를 목적으로 둔다.
③ 스크린, 분쇄기, 침사지, 침전지 등으로 이루어지고 물리적 처리이다.

(3) 2차 처리

하수 중에 남아 있는 BOD, 콜로이드성 고형물을 주로 미생물에 의해 제거하는 생물학적인 방법

(4) 3차 처리(고도처리)

난분해성 유기물, 부유물질, 인 및 질소와 같은 부영양화 유발물질들이 제거대상이 된다.

하수고도처리에서 인(P) 제거 방법
① 응집제첨가 활성슬러지법
② 정석탈인법
③ Anaerobic Oxic법(혐기 호기 조합법)
④ Anaerobic Anoxic Oxic법(혐기 무산소 호기 조합법)
⑤ 생물학적 탈인
⑥ Sidestream 공정
⑦ Phostrip법

하수고도처리에서 질소(N)와 인(P) 동시 제거 방법
① 혐기 무산소 호기 조합법(Anaerobic Anoxic Process ; A^2/O Process)
② SBR(Sequencing Batch Reactor)
③ UCT(University of Cape Town)법
④ VIP(Virginia Initiative Plant)법
⑤ 수정 Phostrip법
⑥ 수정 Bardenpho법

4. 물리적 처리 시설

(1) 물리적 처리

고액분리의 목적으로 수중의 부유 물질과 콜로이드 물질의 제거를 위한 처리로 침전, 여과, 흡착 등이 이용된다.

① 스크린　　② 침사지　　③ 침전지　　④ 부상　　⑤ 여과
⑥ 건조　　　⑦ 증발　　　⑧ 동결　　　⑨ 원심분리

(2) 스크린(screen)

하수처리의 첫 처리단계로서 하수처리장으로 유입되는 하수에서 비교적 큰 부유물을 제거하는 방법

① 스크린 종목
　㉠ 조목 스크린 : 50mm 이상　- 침사지 앞에 설치
　㉡ 중 스크린 : 25~50mm 이상
　㉢ 세목 스크린 : 25mm 미만　- 침사지 뒤에 설치

② 스크린 고려 사항
　㉠ 침사지 앞에는 세목 스크린, 침사지 뒤에는 미세목 스크린을 설치하는 것을 원칙으로 하며, 대형 하수처리장 또는 합류식인 경우와 같이 대형협잡물이 발생하는 경우는 조목 스크린으로 추가로 설치한다.
　㉡ 스크린 전후의 수위차 1.0m 이상에 대하여 충분한 강도를 가지는 것을 사용한다.
　㉢ 협잡물 제거장치는 오수용 및 우수용으로 구분하며, 스크린은 협잡물의 양 및 성상 등에 따라 적절한 방식을 사용한다.
　㉣ 인양장치는 기종(조목, 세목 및 미세목), 스크린 협잡물의 양, 그 형상, 스크린을 통과하는 하수량 등에 따라 큰 차가 있으며, 또 사용조건이 특히 나쁘므로 사용재료, 강도 등 여유를 보고 능력을 결정하도록 하는 것이 안전하다.
　㉤ 스크린에서 인양된 협잡물은 컨베이어 등으로 한 곳에 수집하여 조기에 처분한다.
　㉥ 소규모 처리시설에서 발생하는 협잡물은 협잡물 버킷으로 직접 수집하여 조기에 처분한다.

(3) 분쇄기

유입하수 내의 고형물질을 파쇄시키는 장치

(4) 하수침사지

① 침사지 내 유속은 0.30m/sec를 표준으로 한다.
　(유속이 너무 느리면 미세한 유기물까지 침전하고, 빠르면 침전된 토사가 부상하게

된다.)

② 침사지 내의 체류시간은 30~60sec를 표준으로 하고 있다.

③ 수면적 부하 $\left[L_s = \dfrac{Q}{(B \cdot L)} \right]$

- 오수용 침사지 : $1,800 \text{m}^3/\text{m}^2 \cdot \text{day}$ 이하
- 우수용 침사지 : $3,600 \text{m}^3/\text{m}^2 \cdot \text{day}$ 이하

(5) 유량조정조

유입하수의 유량과 수질의 변동을 흡수해서 균등화함으로써 충격부하에 대비하며, 처리시설의 처리효율을 높이고, 처리수량의 향상을 도모할 목적으로 설치하는 시설

(6) 침전지

① 침전지 설계기준

㉠ 최초 침전지 : 최초 침전지는 1차 처리 및 생물학적 처리를 위한 예비처리의 역할을 수행하며, 오수 중 비중이 비교적 큰 SS를 침전시킨다.

㉡ 최종 침전지 : 최종 침전지는 생물학적 처리에 의해 발생되는 슬러지와 처리수를 분해하는 것을 주목적으로 한다.

ⓐ 표면부하율 = $20 \sim 30 \text{m}^3/\text{m}^2 \cdot \text{d}$

$$L_s = \dfrac{Q}{A}$$

여기서, L_s : 수면적부하율 $[\text{m}^3/\text{m}^2 \cdot \text{day}]$ Q : 유입수량 $[\text{m}^3/\text{day}]$
A : 침전지면적 $[\text{m}^2]$ ($A = B \times L$)

ⓑ 고형물 부하율 = $150 \sim 170 \text{kg}/\text{m}^2 \cdot \text{d}$

ⓒ 침전시간 = 3~5시간

② 침전이론 및 관계식

㉠ Stokes 침강이론 :

$$V_s = \dfrac{g(\rho_s - \rho)d^2}{18\mu}$$

여기서, V_s : 입자의 침강속도[cm/sec] g : 중력가속도$[980\text{cm/sec}^2]$
ρ_s : 입자의 밀도$[\text{g/cm}^3]$ ρ : 액체의 밀도$[\text{g/cm}^3]$
d : 입자의 직경[cm] μ : 액체의 점성계수$[\text{g/cm} \cdot \text{sec}]$

㉡ 표면적 부하와 침전 처리효율 및 체류시간

ⓐ 침전지에서 침강입자가 완전히 제거(침강)될 수 있는 조건

$$V_s \geq \frac{Q}{A}$$

여기서, V_s : 입자의 침강속도[m/day]

$\frac{Q}{A}$: 침전지 내에서의 표면적 부하[m³/m² · day]

표면적 부하＝수면적 부하＝표면침전율

$$L_s = \frac{유입수량[m^3/day]}{표면적[m^2]} = \frac{Q}{A} = \frac{H}{t}$$

※ 표면부하율
- 분류식 : 35~70m³/m² · d
- 합류식 : 25~50m³/m² · d

ⓑ 침전지에서 100% 제거될 수 있는 입자의 침강속도 : V_0

$$V_0 = \frac{Q}{A}$$

ⓒ 침강속도가 V_0 보다 적은 입자의 침전 제거효율 : E

$$E = \frac{V_s}{V_0} = \frac{V_s}{Q/A}$$

ⓓ 체류시간(t)

$$t = \frac{V}{Q}$$

여기서, t : 체류시간[day] V : [m³] Q : 유입유량[m³/day]

ⓔ 월류부하[m³/m · day]

$$월류부하 = \frac{Q}{L}$$

여기서, Q : 유입수량[m³/day] L : 월류 위어(weir)의 길이[m]

ⓕ 유효수심 : 2.5~4m를 표준으로 한다.

ⓖ 침전시간 : 일반적으로 2~4시간으로 한다.

5. 화학적 처리 시설

용해성 유기 및 무기 물질의 처리를 주체로 하는 것으로 중화, 소독(살균), 산화, 환원, 응집, 이온교환, 경수의 연수화, 전기투석법, 추출, 전기분해 등이 있다.

(1) 중화(pH 조절)

산과 염기가 반응하여 염(鹽)과 물을 생성하게 하는 반응으로 pH를 조정하는 공정

(2) 산화와 환원

원자 또는 원자단이 전자를 상실하는 반응을 산화, 전자를 받게 되는 반응을 환원이라 한다.

(3) 화학적 응집

(4) 이온 교환

(5) 연수화

(6) 염소처리

(7) 흡착

6. 생물학적 처리 시설

(1) 호기성 처리

① 산소가 풍부한 상태로 하고 호기성 미생물의 증식작용에 의하여 오수 중의 유기물을 보다 저분자의 유기물로 분해하여 무기화하고자 하는 것
② 생물의 에너지 효율이 좋기 때문에 널리 사용된다.
③ 호기성 처리로는 활성 슬러지법, 살수여상법, 회전원판법, 산화지법 등이 있다.

(2) 혐기성 처리

① 무산소의 상태에서 혐기성 미생물의 작용에 의하여 오수 중의 유기물을 보다 저분자의 유기물로 분해하여 무기화하고자 하는 것
② 최종 산물 : 메탄(CH_4), 암모니아(NH_3) 황화수소(H_2S)
③ 슬러지 발생량이 적다.
④ 혐기성 처리로는 혐기성 소화법, Imhoff조, 부패조, 혐기성 산화지 등이 있다.

(3) 임의성(통성혐기성) 처리

호기성과 혐기성의 중간으로서 살수여상이나 산화지 등에서 산소가 부족하면 임의성 (통성혐기성)이 된다.

7. 생물학적 처리를 위한 운영조건

① 영양물질 : BOD:N:P의 농도비가 100:5:1이 되도록 조절한다.
② 용존산소
　㉠ 반응조 내의 DO를 최저 0.5~2mg/l 유지해야 한다.
　㉡ 폭기조는 통상 2mg/l로 유지해야 한다.
③ pH : 생물학적 처리에 사용되는 미생물의 활동은 pH6.5~8.5(최적 pH6.8~7.2)에서 활발하다.
④ 수온 : 20~40℃
⑤ 독성 물질 : 유독물질이 포함되어서는 안 된다.

8. 미생물의 성장과 먹이의 관계

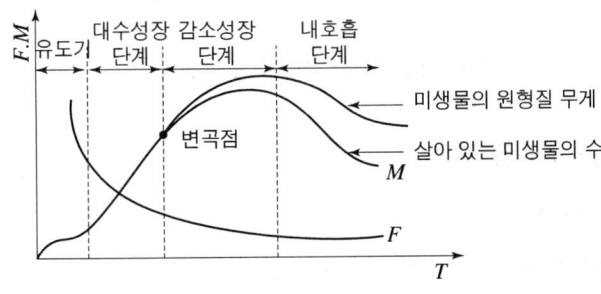

[미생물의 성장과 먹이의 관계]

① 유도기 : 수중에서 미생물과 유기물이 상호적응하는 시기
② 대수성장단계
　㉠ 유도기에서 새 환경에 대한 적응이 끝나면 세포는 대수적으로 증가
　㉡ 침전지에서 침전성이 나쁘므로 수처리에 이용되지 않고 BOD 제거율이 낮다.
③ 감소성장단계
　㉠ 미생물의 수가 점차로 증가하여 양분이 모자라게 되면 미생물의 번식률이 사망률과 같게 될 때까지 번식률은 감소된다.
　㉡ 그 결과로 살아 있는 미생물의 무게 보다 원형질의 전체 무게가 더 크게 된다.
　㉢ 이때 미생물이 서로 엉키는 floc이 형성되기 시작하므로 점차 침전성이 좋아지고 수처리에 이용되는 단계이다.
④ 내호흡단계(내생성장단계)
　미생물의 증식은 정지되고, 합성된 세포를 이용(자산화)하여 생존하며, 최후에는 거의 사멸하게 된다.

9. 활성 슬러지법

(1) 개 념

하수에 공기를 불어넣고 교반시키면 각종의 미생물이 하수중의 유기물을 이용하여 증식하고 응집성의 플록을 형성한다. 이것이 활성슬러지라 불리는 것인데 세균류, 원생동물, 후생동물 등의 미생물 및 비생물성의 무기물과 유기물 등으로 구성되며, 활성 슬러지법은 우리나라 하수종말처리장에 가장 많이 이용되고 있는 처리방법이다.

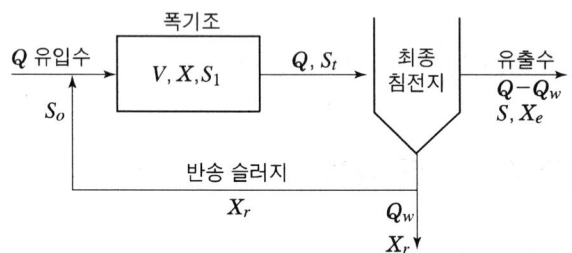

[활성슬러지의 주요 계통도]

(2) 활성슬러지법의 종류

① 표준활성슬러지법
② 점감포기법(step aeration)
③ 순산소활성슬러지법
④ 장기포기법
⑤ 산화구법
⑥ 회분식활성슬러지법(SBR)
⑦ 혐기-호기활성슬러지법
⑧ 호기성여상법
⑨ 접촉산화법
⑩ 회전생물막법(RBC)

10. 활성 슬러지법 기본 공식

(1) BOD 용적부하

폭기조 $1m^3$에 대한 1일 유입하수의 BOD량[$kgBOD/m^3 \cdot day$]으로 $0.3kg/m^3 \cdot d$ 정도를 표준으로 한다.

→ 합성 슬러지법의 설계나 유지관리의 기본적 지표

$$\text{BOD 용적부하}[kgBOD/m^3 \cdot day]$$
$$= \frac{1일\ BOD\ 유입량[kgBOD/day]}{폭기조\ 용적[m^3]}$$
$$= \frac{BOD\ 농도[kg/m^3] \times 유입하수량[m^3/day]}{폭기조\ 용적[m^3]}$$
$$= \frac{BOD \cdot Q}{V} = \frac{BOD \cdot Q}{Q \cdot t} = \frac{BOD}{t}$$

여기서, Q : 유입하수량[m^3/day] V : 폭기조의 용적[m^3] t : 폭기시간[day]

(2) BOD 슬러지 부하(MLSS 부하, F/M비)

폭기조 내 슬러지(MLSS) 1kg당 1일에 가해지는 BOD 무게 → F/M비로 나타내기도 한다.

$$\text{BOD 슬러지 부하}[kgBOD/kgMLSS \cdot day]$$
$$= \frac{1일\ BOD\ 유입량[kgBOD/day]}{MLSS\ 농도[kg]}$$
$$= \frac{BOD\ 농도[kg/m^3] \times 유입하수량[m^3/day]}{MLSS\ 농도[kg/m^3] \times 폭기조\ 용적[m^3]}$$
$$= \frac{BOD \cdot Q}{MLSS \cdot V} = \frac{BOD \cdot Q}{MLSS \cdot Q \cdot t} = \frac{BOD}{MLSS \cdot t}$$

(3) MLSS와 MLVSS

폭기조내의 미생물(활성 슬러지)농도를 나타내는 지표로 보통 MLSS를 많이 사용한다.
① MLSS(Mixed Liquor Suspended Solids) : 혼합액 부유고형물
② MLVSS(Mixed Liquor Volatile Suspended Solids) : 혼합액 휘발성 부유고형물

(4) 폭기시간 및 체류시간

폭기시간은 원폐수가 폭기조 내에 머무르는 시간을 뜻한다.

$$\text{폭기시간}\ \ t[hr] = \frac{폭기조의\ 용적}{유입수량} = \frac{V[m^3]}{Q[m^3/day]} \times 24[hr]$$

$$\text{체류시간}\ \ t'[hr] = \frac{폭기조의용적}{유입수량(1+반송비)} = \frac{V}{Q(1+r)} = \frac{t}{1+r}$$

여기서, Q : 유입하수량[m^3/day] V : 폭기조의 용적[m^3]
t : 폭기시간 r : 반송비(Q_r/Q)
Q_r : 반송 슬러지량

(5) 슬러지 일령

최종 침전지에서 분리된 고형물은 일부는 폐기되고, 일부는 반송되어 슬러지는 폭기시간보다는 긴 체류시간 동안 폭기조 내에 체류하게 되는 기간

$$SRT = \frac{V \cdot X}{SS \cdot Q} = \frac{X \cdot t}{SS} = \frac{V \cdot t}{X_r \cdot Q_w + (Q - Q_w)X_e} = \frac{X \cdot t}{SS} \text{ (반송 슬러지 고려)}$$

여기서, V : 폭기조 용적[m³]
　　　　t : 폭기시간[day]
　　　　X : 폭기조 내의 부유물(MLSS) 농도[mg/l]
　　　　X_r : 반송 슬러지의 SS 농도[mg/l]
　　　　SS : 폭기조 유입 부유물 농도[mg/l]
　　　　Q_w : 잉여 슬러지량[m³/day]
　　　　Q : 유입 하수량[m³/day]
　　　　X_e : 유출수 내의 SS 농도[mg/l] : 유출수의 SS농도 값은 매우 낮아 무시될 수 있다.

(6) 고형물 체류시간(SRT)

세포 체류시간으로서 폭기조 내에 미생물이 머무르는 시간

$$SRT = \frac{V \cdot X}{Q_W \cdot X_W + (Q - Q_W)X_e} \fallingdotseq \frac{V \cdot X}{Q_W \cdot X_W}$$

여기서, V : 폭기조 용적[m³]　　　　　　X : 폭기조 내의 부유물 농도[mg/l]
　　　　X_W : 잉여 슬러지농도[mg/l]　　X_e : 유출수 내수의 SS농도[mg/l]
　　　　Q : 원폐수의 유량[m³/day]　　　Q_W : 잉여 슬러지량[m³/day]

(7) 슬러지 용량(Sludge Volume, SV)

폭기조의 혼합액(MLSS)을 1l 실린더에 30분간 침강시켰을 때 침전된(가라앉은) 후 슬러지의 부피[ml]

$$SV = \frac{30분\ 후침전된\ 슬러지의\ 부피[ml]}{폭기조\ 혼합액의\ 양[ml]} \times 100 [mg/l]$$
$$= \frac{30분\ 후침전된\ 슬러지의\ 부피[ml]}{폭기조\ 혼합액의\ 양[ml]} \times 100 [\%]$$

(8) 슬러지 용량지표(Sludge Volume Index, SVI)

슬러지 용량지표와 슬러지 밀도지표는 폭기조를 나온 활성 슬러지의 침강성과 팽화(bulking) 여부를 체크하기 위한 측정값으로 폭기조의 운전상태를 파악할 수 있는 자료가 된다.

① 슬러지의 침강 농축성을 나타내는 지표
② 폭기조 내 혼합액 1l를 30분간 침전시킨후 1g의 MLSS가 점유하는 침전 슬러지의 부피[ml]
③ SVI는 슬러지 팽화 발생여부를 확인하는 지표
④ SVI가 50~150일 때 침전성은 양호, 200 이상이면 슬러지 팽화 발생
⑤ SVI가 작을수록 농축성이 좋다.

$$SVI = \frac{30분침강\ 후\ 슬러지\ 부피[ml/l]}{MLSS농도[mg/l]} \times 1,000$$
$$= \frac{SV[ml/l] \times 1,000}{MLSS[mg/l]} = \frac{SV[\%] \times 10^4}{MLSS[mg/l]}$$

(9) 슬러지 밀도지표(Sludge Density Index, SDI)

① 침전 슬러지량 100ml 중에 포함되는 MLSS를 그램(gram)수로 나타낸 것으로 SVI의 역수이다.
② 슬러지 침강성 판단과 슬러지 반송률 결정에 사용
③ 최적 SDI는 0.83~1.76이면 침강성이 좋으며, 최소한 0.7 이상이어야 한다.

$$SDI = \frac{100}{SVI} = \frac{MLSS[mg/l]}{SV[ml/l] \times 10} = \frac{MLSS[mg/l]}{SV[\%] \times 100}$$

(10) 슬러지 반송

폭기조 내의 MLSS 농도를 일정하게 유지하기 위해서는 침강 슬러지의 일부를 다시 폭기조에 반송

$$r = \frac{X}{X_r - X} \qquad r[\%] \fallingdotseq \frac{100 \times SV[\%]}{100 - SV[\%]} \qquad X_r \fallingdotseq \frac{1}{SVI}[mg/l]$$

여기서, r : 슬러지 반송비
X : 폭기조의 MLSS농도
X_r : 반송슬러지 농도

(11) F/M비

① BOD 슬러지 부하[kgBOD/kgMLSS · day]를 F/M비로 사용
② MLSS 대신에 MLVSS를 사용하기도 한다.[kgBOD/kgMLVSS · day].

$$F/M = \frac{BOD \cdot Q}{MLVSS \cdot V}$$

ppm(parts per million)

① 농도를 나타내는 단위로 백만분의 1을 나타내며, 보통 무게와 부피비를 나타낸다.

즉, 물 1kg을 mg으로 환산하면 $1\text{kg} \times \dfrac{1{,}000\text{g}}{1\text{kg}} \times \dfrac{1{,}000\text{mg}}{1\text{g}} = 1{,}000{,}000\text{mg}$이다.

여기에 어떤 물질이 1mg 포함되어 있다면 이것이 곧 1ppm이다.

② 보통 용질의 무게는 mg, 용액의 무게는 kg을 사용하므로

$\text{ppm} = \dfrac{\text{용질의 무게(kg)}}{\text{용액의 무게(kg)}} \times 1{,}000{,}000 = \dfrac{\text{용질의 무게(mg)}}{\text{용액의 무게(kg)}}$

③ %농도와 ppm의 관계

$1\% = \dfrac{x}{1{,}000{,}000} \times 100$에서 $x = 10{,}000\text{ppm}$

즉, 1%＝10,000ppm의 관계가 있다.

11. 폭기조

(1) 산기식 폭기조

폭기조 내에 산기관이나 산기판을 설치하고 조 내의 수중으로 공기를 분출시키는 방식

(2) 기계식 폭기조

폭기조의 수면을 기계적으로 교반하여 폭기조 내의 혼합액과 대기 중의 공기를 접촉시켜 폭기조 내의 액체에 산소를 공급하고 또한 선회류(Spiral Flow)를 일으켜 폭기조를 혼합시키는 것

12. 폭기조 운영의 문제점

(1) 슬러지 팽화(sludge bulking) 현상

일반적으로 사상형 미생물(rotifer)의 과도한 성장으로 인하여 폭기조 내에서 쉽게 고액분리되지 않는 활성 슬러지가 침전지로 넘어가 잘 침전되지 않고 부풀어 오르는 현상

[원인]

① 충격부하(shock load)로 인한 유기물의 과도한 부하(F/M비 상승)
② 용존산소 부족, 낮은 pH
③ 영양분의 불균형(탄소화합물에 비해 N, P 부족), 낮은 SRT(고형물 체류시간), 운전 미숙

(2) 슬러지 부상 현상

[원인]
① 유입하수중의 질소성분이 충분한 폭기에 의해 질산호된 후 최종침전지에서 용존산소가 부족하면 탈질화 현상이 일어나며 이 때 발생하는 질소(N_2)기포가 슬러지를 부상시키는 현상
② 슬러지가 침전지에 너무 오래 머물러 있기 때문에 발생

(3) 플록(floc) 해체

활성슬러지 플록이 침전지에서 미세하게 분산되면서 잘 침전하지 않고 상등액과 함께 유실되는 현상

[원인]
① 과다 폭기 : 공기로 인해 유기물 등이 서로 부딪쳐 깨지기 때문
② 독성물질 유입 : 독성물질로 인해 호기성 세균이 플록을 제대로 형성하지 못한다.

(4) 사상균 벌킹

하수처리 시 사상균이 번성하면 슬러지량이 늘어나고 슬러지 침강을 방해하며 슬러지 벌킹이 일어난다.

벌킹(고액분리장애)이란 비포화상태 되도록 물을 가하여 균일하게 혼합하면 입자간에 모관력 및 겉보기 점착력이 작용하여 입자간격이 건조시 보다 커져 부피가 증가하는 현상으로 슬러지의 경우 잘 침전되지 않고 부풀어 오르는 현상을 말한다.

[사상균 벌킹을 유발하는 운전조건]
① 용존산소(DO)의 저하
② 낮은 pH
③ 영양염류(질소, 인)의 결핍
④ 낮은 SRT(슬러지 체류시간)
⑤ 충격부하로 인한 유기물의 과도한 부하
⑥ F/M비 상승
⑦ 운전 미숙

13. 활성슬러지법의 변법

(1) 표준 활성슬러지법

① 가장 일반적으로 이용되고 있는 처리 방법
② 유입수를 폭기조 내에서 일정 시간 폭기하여 활성슬러지와 혼합시킨 후 혼합액을

최종 침전지로 이송해서 활성슬러지를 침전 분리한다.
③ 폭기조의 MLSS 농도는 1,500~2,500mg/l를 표준으로 한다.
④ 폭기시간은 6~8시간을 표준으로 한다.
⑤ F/M비는 0.2~0.4를 표준으로 한다.
⑥ 슬러지 반송률은 20~50% 정도 된다.
⑦ SRT(고형물 체류시간)는 3~6일 정도로 한다.
⑧ 산기식 폭기조의 유효수심은 4~6m를 표준하며, 심층식은 10m를 표준으로 한다.
⑨ 포기방식은 전면포기식, 선회류식, 미세기포 분사식, 수중교반식 등이 있다.
⑩ 여유고는 표준식은 80cm 정도를, 심층식은 100cm 정도를 표준으로 한다.
⑪ 표면부하율 20~30$m^3/m^2 \cdot d$로 하되 SRT가 길고 MLSS 농도가 높은 고도처리의 경우 표면부하율은 15~25$m^3/m^2 \cdot d$로 할 수 있다.

(2) 계단식 폭기법

① 반송 슬러지를 폭기조의 유입구에 전량 반송하지만 유입수는 폭기조의 길이에 걸쳐 골고루 하수를 분할해서 유입시키는 방법
② 폭기 시간이 짧다.

(3) 접촉 안정법

(4) 장시간 폭기법(장기폭기법, 전산화법)

BOD-SS부하를 아주 작게, 포기시간을 길게 하여 내생호흡상으로 유지되도록 하는 활성슬러지 변법으로 슬러지 생산량이 매우 적어 잉여 슬러지 배출량을 최대한 줄일 수 있다.

(5) 수정식 폭기조

(6) 크라우스(Kraus) 공법

(7) 산화구법

수심이 얕은 탱크에 혼합기를 설치하여 혼합 · 순환시켜 생물학적 반응이 일어나게 하여 질소 및 인을 제거한다.

(8) 순산소식 활성 슬러지법

(9) 연속회분식 활성 슬러지법(SBR)

(10) 점감식 포기법

표준 활성 슬러지 공정의 단점인 유입부 부근에서의 산소 부족 현상을 보완하기 위하여

유입부에 많은 산기기를 설치하고 포기조의 말단부에는 작은 수의 산기기를 설치하여 산소요구량의 변화에 대응하도록 한 변법이다.

(11) 장기포기법

장기포기법은 활성슬러지법의 변법으로 플러그흐름 형태의 반응조에 HRT와 SRT를 길게 유지하고 동시에 MLSS농도를 높게 유지하면서 오수를 처리하는 방법으로 특징은 다음과 같다.
① 활성슬러지가 자산화되기 때문에 잉여슬러지의 발생량은 표준활성슬러지법에 비해 적다.
② 과잉 포기로 인하여 슬러지의 분산이 야기되거나 슬러지의 활성도가 저하되는 경우가 있다.
③ 질산화가 진행되면서 pH의 저하가 발생한다.

14. 기타 생물학적 처리법

(1) 살수여상법

살수여상법은 보통 도시하수의 2차 처리를 위하여 사용되며, 최초 침전지의 유출수를 미생물 점막으로 덮인 여재(濾材) 위에 뿌려서 미생물막과 폐수 중의 유기물을 접촉시켜 처리하는 방법이다.

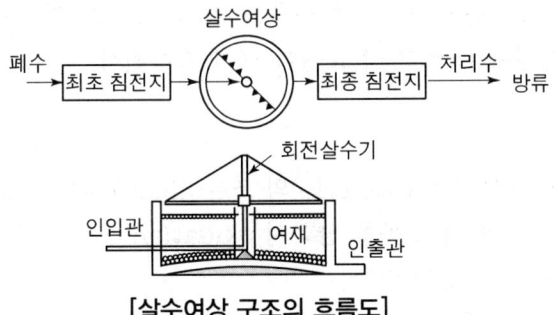

[살수여상 구조의 흐름도]

[살수여상에 관련된 기본공식]

① BOD 용적부하 $[\text{kgBOD/m}^3 \cdot \text{day}] = \dfrac{1일 \, BOD \, 유입량 \, [\text{kgBOD/day}]}{여상유효용적 \, [\text{m}^3]}$

$= \dfrac{BOD \, 농도 \, [\text{kg/m}^3] \times 유입하수량 \, [\text{m}^3/\text{day}]}{여상유효용적 \, [\text{m}^3]}$

$= \dfrac{BOD \cdot Q}{V} = \dfrac{BOD \cdot Q}{A \cdot H}$

② BOD 면적부하[kgBOD/m² · day] = $\dfrac{1일\ BOD\ 유입량\ [kgBOD/day]}{여상면적\ [m^2]}$

$= \dfrac{BOD\ 농도\ [kg/m^3] \times 유입하수량\ [m^3/day]}{여상면적\ [m^2]}$

$= \dfrac{BOD \cdot Q}{A}$

③ 수리학적 부하[m³/m² · day] = $\dfrac{유입수량\ [m^3/day]}{여상면적\ [m^2]} = \dfrac{Q}{A}$

(2) 회전원판법(회전 생물막접촉기, RBC)

폐수면보다 약간 높게 설치된 수평회전축에 여러 개의 원판을 수직으로 고정하여 회전시키는 구조를 가지며, 원판표면에는 미생물 점막이 형성되어 이 미생물막이 폐수조 내의 용존 유기물질을 섭취, 분해하여 제거한다.

① 장점
　㉠ 별도의 폭기장치와 슬러지 반송이 필요 없고, 유지비가 적게 들며, 관리가 용이하다.
　㉡ 다단식을 취하므로 BOD 부하변동에 강하다.
　㉢ 고농도로부터 저농도 폐수까지 처리가 가능하다.
　㉣ 슬러지 발생량이 적다.
　㉤ 질소와 인의 제거가 가능하며, pH 변화에 비교적 잘 적응한다.

② 단점
　㉠ 정화기구가 복잡하여 미생물량을 인위적으로 제어할 수 없다.
　㉡ 폐수의 성상에 따라 거리 효율이 크게 좌우된다.

(3) 산화지법

① 얕은 연못에서 박테리아(bacteria)와 조류(algae) 사이의 공생관계에 의해 유기물을 분해, 처리하며 이 연못을 산화지(oxidation pond), 늪(lagoon) 또는 안정지(stabilization pond)라 한다.
② 산화지법은 자연정화기능을 이용한 에너지 절약형 처리방법(폭기시설이 필요없음)이다.
③ 햇빛을 받아 광합성작용에 의한 조류, 박테리아에 의해 자연적으로 정화된다.
④ 악취가 발생할 우려가 있다.

(4) 접촉산화법(접촉폭기법, 침지여상법, 고정상식 활성오니법)

① 접촉산화법 일반사항
　㉠ 접촉산화법은 회전원판법이나 살수여상법 등과 같이 생물막을 이용하여 유기성

폐수를 처리하는 방법의 하나로써 폭기조 내에 접촉여재를 충전하여 폐수와 여재표면에 생성된 생물막을 접촉시키면서 폭기를 함으로써 폐수 중의 유기물을 제거시키는 방법이다.
ⓛ 충전재로는 쇄석, 코크스, 연화, 대나무 등을 사용하였으나 최근에는 플라스틱 여재가 개발되어 많이 사용되고 있다.
ⓒ 접촉산화법은 호기성처리의 2차 처리장치로 사용되지만 우리나라에서는 생활하수의 고도처리(활성오니 처리수를 재처리) 등에 사용한다.
② 장점
㉠ 유지관리가 용이하다.
㉡ 단위 장치 용적에 대한 생물성 슬러지 보유량이 많고, 생물상이 다양하다.
㉢ 생분해성 또는 생분해 속도가 낮은 기질을 효율적으로 제거할 수 있다.
㉣ 수온의 변화량, 충격 부하 등의 운전 조건의 급변에 강하다.
㉤ 호기성, 혐기성의 양 작용을 동시에 기대할 수 있다.
㉥ 먹이연쇄를 매기로 한 분해작용으로 인해 슬러지 발생량이 적다.
㉦ 저농도 폐수를 효율적으로 처리할 수 있다. 그 때문에 유독한 성질 등으로서 순치가 용이하다.
㉧ 소규모 폐수처리 시설로서 아주 적당하다.
㉨ 처리수의 청정도가 높다.
㉩ 최종침전지는 꼭 필요하지 않다.
㉪ 기능, 구조에 있어서 다양한 방식이 있으며, 목적에 따라 선택할 수 있다.
③ 단점
㉠ 창치의 기능을 운전조작과 유지관리에 의해 보조할 수 있는 여지가 적다.
㉡ 생물성 슬러지량의 조절을 임으로 또는 용이하게 행하기 어렵다.
㉢ 생물막이 과도하게 축적하고, 탈락 등의 문제가 일어날 수 있다.
㉣ 대형 생물의 작용으로 생물막이 일시에 대량으로 탈락 유출하여 처리수질의 악화를 초래할 수 있다.
㉤ 처리에 요하는 에너지가 약간 많다.

(5) 생물막법

생물막법은 대기, 하수 및 생물막의 상호 접촉양식에 따라 살수여상법, 회전원판법, 접촉산화법 및 침적여과형의 호기성여상법으로 분류된다. 생물막에서는 통상의 미생물류에 비하여 증식속도가 작은 원생동물이나 미소후생동물도 안정적으로 증식할 수 있기 때문에 생물막법은 활성슬러지법에 비하여 다양한 생물종이 생물막을 구성하게 된다.

① 호기성 여상법
   ㉠ 호기성여상법은 3~5mm 정도의 여재를 충전한 여상의 상부에 오수를 유하시켜 여상의 하부로 부터 호기성 생물처리에 필요한 공기를 불어넣는 것이며, 오수중의 부유물은 여재사이에 포획되고 용해성 유기물은 여재 표면에서 증식한 생물막에서 처리된다.
   ㉡ 운전관리는 공기량의 조정과 역세척 만으로 이루어진다.

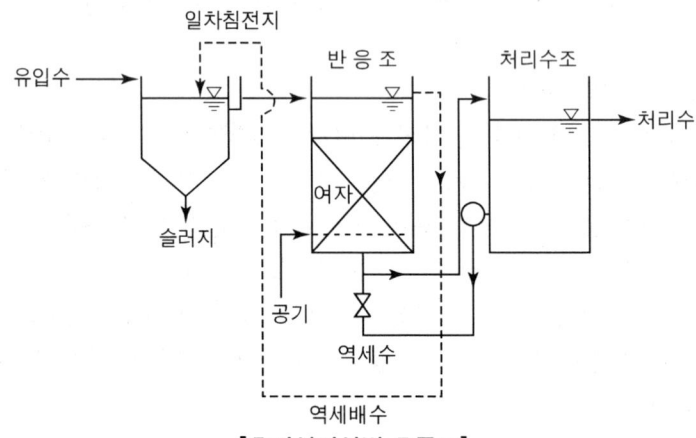

[호기성여상법 흐름도]

② 살수여상법, 회전원판법 및 접촉산화법
   ㉠ 살수여상법, 회전원판법 및 접촉산화법은 아래 그림의 처리계통도와 같이 일차침전지, 반응조 및 이차침전지로 구성되며, 반응조내의 여재 등과 같은 접촉제의 표면에 주로 미생물로 구성된 생물막을 만들어 오수를 접촉시키는 것으로 오수중의 유기물을 분해·처리하는 것이다.

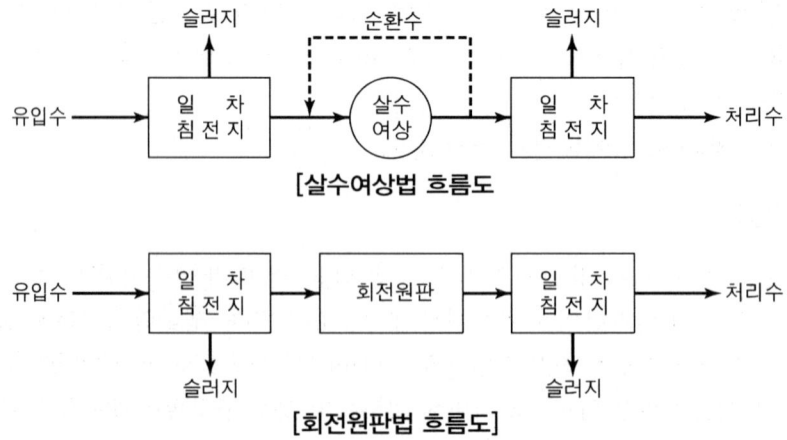

[살수여상법 흐름도]

[회전원판법 흐름도]

[접촉산화법 흐름도]

ⓒ 세 가지 처리법은 설계 및 운전관리 인자가 각각 다르지만 같은 호기성 처리인 활성슬러지법과 비교한 경우 공통적으로 다음과 같은 특징을 가지고 있다.
　ⓐ 반응조내의 생물량을 조절할 필요가 없으며 슬러지 반송을 필요로 하지 않기 때문에 운전 조작이 비교적 간단하다.
　ⓑ 활성슬러지법에서의 벌킹현상처럼 이차침전지 등으로부터 일시적 또는 다량의 슬러지 유출에 따른 처리수 수질악화가 발생하지 않는다.
　ⓒ 반응조를 다단화함으로써 반응효율, 처리의 안전성의 향상이 도모된다.

③ 생물막법에서의 공통적 문제점
　㉠ 활성슬러지법과 비교하면 이차침전지로부터 미세한 SS가 유출되기 쉽고 그에 따라 처리수의 투시도의 저하와 수질악화를 일으킬 수 있다.
　㉡ 처리과정에서 질산화 반응이 진행되기 쉽고 그에 따라 처리수의 pH가 낮아지게 되거나 BOD가 높게 유출될 수 있다.
　㉢ 생물막법은 운전관리 조작이 간단하지만 한편으로는 운전조작의 유연성에 결점이 있으며 문제가 발생할 경우에 운전방법의 변경 등 적절한 대처가 곤란하다.

15. 슬 러 지

(1) 정 의

하수처리 과정에서 발생하는 액상 부유 물질의 총칭

(2) 슬러지 처리 목표

① 안정화(유기물 제거)
② 살균(안전화)
③ 부피 감량화
④ 처분의 확실성

16. 슬러지 처리

(1) 슬러지 처리 계통 : 슬러지 농축 → 소화 → 개량 → 탈수 → 최종처분

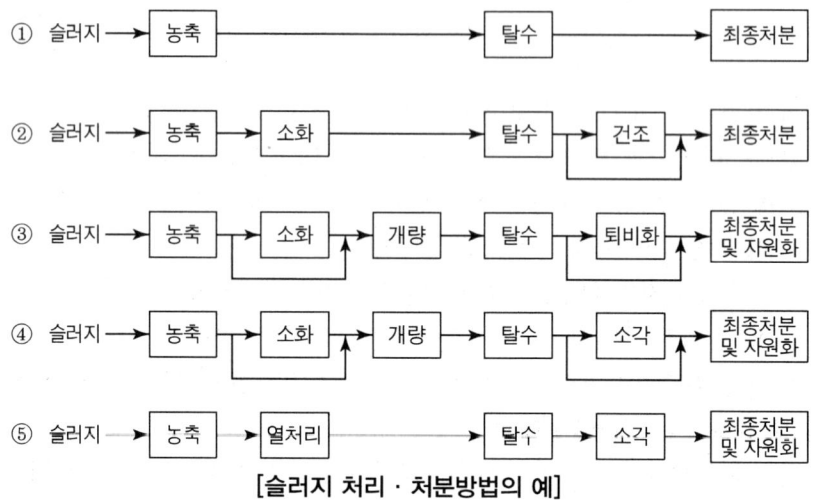

[슬러지 처리·처분방법의 예]

(2) 농 축

슬러지 농축의 역할은 수처리시설에서 발생한 저농도 슬러지를 농축한 다음 슬러지소화나 슬러지탈수를 효과적으로 기능하게 하는데 있다. 따라서 슬러지를 농축시키면 슬러지 부피가 감소되면서 다음 시설의 용적부하가 감소되고 처리효율이 증가한다.

[고형물 농도와 슬러지 부피와의 관계식]

$$\frac{V_1}{V_2} = \frac{TS_2}{TS_1}$$

여기서, V_1, V_2 : 농축 전·후 슬러지 부피
TS_1, TS_2 : 농축 전·후 고형물 농도

중력식 농축조
중력식 농축조의 형상과 수는 다음 사항을 고려하여 정한다.
① 형상은 원칙적으로 원형으로 한다.
② 슬러지 제거기(sludge scraper)를 설치할 경우 탱크바닥의 기울기는 5/100 이상이 좋다.
③ 슬러지 제거기를 설치하지 않을 경우 탱크바닥의 중앙에 호퍼를 설치하되 호퍼측벽의 기울기는 수평에 대하여 60° 이상으로 한다.
④ 농축조의 수는 원칙적으로 2조 이상으로 한다.

(3) 소화(안정화)

소화는 슬러지의 양을 감소시키며, 슬러지의 탈수성과 건조성이 향상될 수 있도록 실시하는 공정으로 호기성 소화법, 혐기성 소화법 등이 있다.

① 혐기성 소화

혐기성 소화는 하수슬러지를 감량화, 안정화하는 것으로 소화과정, 목적, 영향인자 및 운전시 주의사항은 다음과 같다.

㉠ 혐기성 소화는 혐기성균의 활동에 의해 슬러지가 분해되어 안정화되는 것이다.
㉡ 소화 목적은 슬러지의 안정화, 부피 및 무게의 감소, 병원균 사멸 등을 들 수 있다.
㉢ 공정 영향인자에는 체류시간, 온도, 영양염류, pH, 독성물질, 알칼리도 등이 있다.
㉣ 혐기성 소화공정을 적절하게 운전 및 관리하기 위해서는 유입슬러지의 상태 및 주입량, 소화조내의 슬러지 성상, 거품 등을 지속적으로 파악하여 이상사태가 발생하면 신속하고 적절한 조치를 취할 수 있도록 하여야 한다.

② 호기성 소화와 혐기성 소화 비교

구 분	호 기 성	혐 기 성
BOD	상등액의 BOD가 낮다.	상등액의 BOD가 높다.
냄새	냄새가 없다.	냄새가 많이 난다.
비료	비료 가치가 크다.	비료 가치가 작다.
시설비	시설비가 적게 든다.	시설비가 많이 든다.
운전	운전이 쉽다.	운전이 까다롭다.
규모	공장이나 소규모에 좋다.	대규모 시설에 적합하다.
적용	2차 슬러지에 적응이 가능하다.	1차 슬러지에 보다 적합하다.
질소	산화되어 NO_3로 방출	NH_3-N으로 방출
기타	저온시 효율 저하, 상징수의 수질 양호	

③ 혐기성 소화 특징

㉠ 슬러지 양이 감소된다.
㉡ 슬러지를 분해하여 안정화 시킨다.
㉢ 부산물로 유용한 메탄가스가 생산된다.(이용가치가 있는 부산물)
㉣ 병원균을 사멸 할 수 있어 위생적이다.
㉤ 동력 시설 없이 연속적인 처리가 가능하다.
㉥ 유지관리비가 적게 소요된다.
㉦ 낮은 pH는 중금속의 용해도를 높이는 등 다른 영향 인자의 상승 작용으로 혐기성

반응을 저해한다.
④ 혐기성 소화로의 소화가스 발생량 저하원인
  ㉠ 소화 슬러지의 과잉배출
  ㉡ 소화 가스의 누출
  ㉢ 조내 온도의 하강
  ㉣ 과다한 산 생성
  ㉤ 저농도 슬러지 유입
⑤ 소화가스 발생량 저하 대책
  ㉠ 과잉배출의 경우는 배출량을 조절한다.
  ㉡ 가스누출은 위험하므로 수리한다.
  ㉢ 저온일 때는 온도를 소정치까지 높인다. 가온시간이 정상인데 온도가 떨어지는 경우는 보일러를 점검한다.
  ㉣ 과다한 산은 과부하, 공장폐수의 영향일 수도 있으므로, 부하조정 또는 배출 원인의 감시가 필요하다.
  ㉤ 저농도의 경우는 슬러지 농도를 높이도록 노력한다.
  ㉥ 조용량감소는 스컴 및 토사 퇴적이 원인이므로 준설하고 슬러지농도를 높이도록 한다.

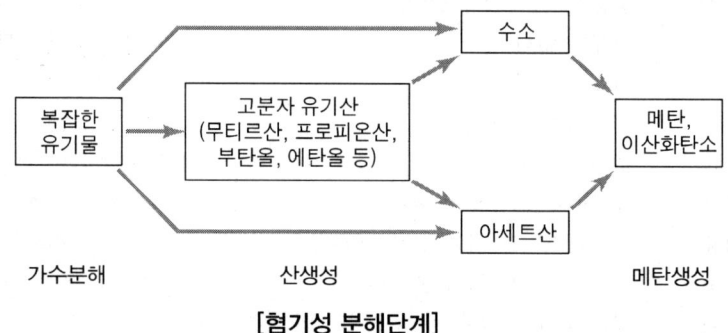

[혐기성 분해단계]

⑥ 혐기성 소화법과 비교한 호기성 소화법의 장·단점
  ㉠ 장점 ⓐ 최초시공비 절감
        ⓑ 악취발생 감소
        ⓒ 운전용이
        ⓓ 상징수의 수질 양호
  ㉡ 단점 ⓐ 소화슬러지의 탈수불량
        ⓑ 포기에 드는 동력비 과다
        ⓒ 유기물 감소율 저조

ⓓ 건설부지 과다

ⓔ 저온시의 효율 저하

ⓕ 가치있는 부산물이 생성되지 않음.

⑦ 혐기성 소화법의 장·단점

㉠ 장점 ⓐ 병원균을 사멸할 수 있어 위생적

ⓑ 동력 시설 없이 연속적인 처리 가능

ⓒ 부산물로 유용한 메탄가스 생산됨

ⓓ 유지 관리비가 적게 소요

㉡ 단점 ⓐ 온도, pH의 영향을 쉽게 받는다.

ⓑ 호기성 처리보다 분해속도가 느리다.

⑧ 혐기성 소화처리법에 비해 호기성 소화처리법의 특징

장 점	단 점
• 초기 투자비가 적다. • 처리수의 수질이 양호하다. • 소화 슬러지에서 악취가 나지 않는다. • 운전이 용이하다.	• 에너지 소비가 크다. • 소화 슬러지의 탈수성이 불량하다. • 저온시 효율이 저하된다. • CH_4 등의 가치 있는 부산물이 생성되지는 않는다. • 고농도의 슬러지 처리에 부적합하다.

⑨ 혐기성 소화조의 소화효율이 낮은 원인

㉠ 낮은 유기물 함량 : 유기물의 함량이 낮아 충분한 산 생성 반응과 메탄 생성 반응이 일어나지 않는다.

㉡ 소화조내 온도의 저하 : 소화조 내 정상적인 운전 온도는 35℃ 정도이며 이보다 온도가 저하되면 미생물의 활성이 떨어져 소화 효율이 저하된다.

ⓐ 온도 저하의 원인은 농도가 낮은 슬러지를 대량으로 급속히 투입하게 되는 경우에 조내 온도가 급격히 저하된다.

ⓑ 온도계의 작동 불량이거나 교반불량이 원인일 수도 있다.

ⓒ 슬러지가 온수 코일에 부착되어 두터운 절연층을 형성하여 열의 전도를 방해하는 경우도 있다.

㉢ 가스발생량의 저하 : 어떠한 이유로 메탄 형성이 저조하고 산 형성이 왕성하면 조 내 유기산이 축적되어 pH가 저하되게 되고 pH가 저하되면 메탄 형성 미생물에 독성을 준다.

㉣ 상등수 악화

ⓐ 상등수의 BOD, SS가 비정상적으로 높은 경우의 원인은 소화가스 발생량의 저하 원인과 마찬가지로 저농도 슬러지가 유입되거나, 소화슬러지 과잉배출, 조 내 온도저하, 과도한 산 생성 등이 원인이 될 수 있다.

ⓑ 과다 교반이 원인이 될 수 있다.
ⓓ pH저하
　　ⓐ 유기물의 과부하로 인한 소화의 불균형이나 온도의 급 저하 또는 교반 부족 등이 원인이다.
　　ⓑ 독성물질 유입이 원인이다.
ⓔ 알칼리도 부족 : 하수의 질산화시 알칼리도의 소비 등으로 인해 알칼리도가 부족한 경우가 많으며 이로 인해 소화에 문제가 나타난다.

수중의 질소화합물 질산화 진행과정

단백질 → Amino acid → 암모니아성 질소(NH_3-N) → 아질산성 질소(NO_2-N) → 질산성(NO_3-N)

알칼리도

(1) 알칼리도 정의
　수계에 산이 유입될 때 이를 중화시킬 수 있는 능력을 $CaCO_3$의 농도(mg/L)로 환산한 값으로서 유발물질로는 수산화물(OH^-), 중탄산염(HCO_3^-), 탄산염(CO_3^{2-}) 등이 있다.
(2) 알칼리도의 이용
　① 응집제 투입시 적정 pH 유지 및 응집효과를 촉진하는데 이용한다.
　② 부식 제어에 관련되는 중요한 변수인 랑겔리어 포화지수(LI) 계산에 이용한다.
　③ 물의 연수화를 위한 석회 및 소다회 lthdyfid을 계산하는데 이용한다.
　④ 슬러지의 완충용량 계산분야에 이용한다.
　⑤ 생물학적 처리방법에 있어서 예비조작분야에 이용한다.

⑩ 혐기성 소화조의 낮은 소화효율 개선방안
　㉠ 낮은 유기물 함량
　　ⓐ 주로 합류식으로 되어 있는 하수도를 분류식으로 교체하거나 최대한 개선하여 하수에 모래나 흙 등의 이물질이 들어가지 않도록 한다.
　　ⓑ 하수 처리장에서는 슬러지를 농축하여 소화조로 유입시킨다.
　　　슬러지를 소화시키기 전에 농축시킬 경우 장점은 다음과 같다.
　　　• 가열에 필요한 에너지를 감소시킨다.
　　　• 알칼리도의 농도가 높아져 소화과정이 보다 안정하다.
　　　• 미생물의 양분이 되는 유기물의 농도가 높게 된다.
　　　• 식종미생물의 유출을 감소시킨다.
　　　• 혼합효과를 최대로 발휘하게 한다.

- 소화과정을 더 잘 조절할 수 있다.
- 상징수의 양을 감소시킨다.

    ⓒ 소화조내 온도의 저하
        ⓐ 농도가 낮은 슬러지를 대량으로 급속히 투입하게 되는 경우 : 슬러지 주입은 전체 슬러지 계통의 인발 및 주입 시간표를 작성하여 조금씩 나누어 여러 차례에 걸쳐 투입하여 이러한 증상을 호전시킬 수 있다.
        ⓑ 온도계의 작동 불량이거나 교반불량 : 검사 후 수리한다.
        ⓒ 슬러지가 온수 코일에 부착되어 두터운 절연층을 형성하여 열의 전도를 방해하는 경우 : 필요시 청소하여 정상적인 가동이 되도록 한다.

    ⓒ 가스발생량의 저하
        ⓐ 투입횟수, 1회 투입량 등을 재검토하여 적정량의 슬러지가 균등하게 투입되도록 조정하여야 한다.
        ⓑ 또한, pH를 높이기 위해 알칼리(보통 '석회')를 투입하는 것도 필요하다.

    ⓔ 상등수 악화
        ⓐ 저농도 슬러지가 유입되거나, 소화슬러지 과잉배출, 조 내 온도저하, 과도한 산 생성 등이 원인인 경우 : 소화가스량 저하시 대책과 동일하다.
        ⓑ 과다 교반이 원인인 경우 : 교반회수를 조정한다.

    ⓜ pH저하
        ⓐ 유기물의 과부하로 인한 소화의 불균형이나 온도의 급 저하 또는 교반 부족 등이 원인인 경우 : 온도 유지를 위한 점검·조절과 교반강도 및 교반회수를 조정한다.
        ⓑ 독성물질 유입이 원인인 경우 : 배출원을 규제하고 소ㄴ하슬러지 대체방법을 강구한다.
        ⓒ 알칼리도 부족 : 소화조의 적정 알칼리도인 2,000mg/L~5,000mg/L 정도로 한다.

(4) 생하수 내 질소

생하수 내에서 질소는 주로 유기성 질소 화합물과 NH_3로 존재한다.

(5) Imhoff 탱크

부유물의 침전과 침전물의 혐기성 소화가 한 탱크 내에서 이루어지는 처리시설로서, 상부에서 침전이 진행(물리적 방법)되고 하부에서는 슬러지의 혐기성 소화(생물학적 방법)가 동시에 이루어진다.

(6) 개 량

슬러지의 특성을 개선하는 처리로 탈수성이 증가하도록 하는 단계
① 세정
② 약품 첨가
③ 열처리
④ 동결법

(7) 탈 수

슬러지의 부피를 감소시키고 취급이 용이하도록 만들 목적으로 슬러지의 함수율을 감소시키는 과정

① 기계적인 탈수 방법
  ㉠ 진공여과법(belt filter형, drum filter형)
  ㉡ 원심탈수법
  ㉢ 가압탈수법

② 탈수성
  ㉠ 가압탈수법(70%) > ㉡ 벨트 프레스(75%) > ㉢ 진공여과법(80%) > ㉣ 원심탈수법(85%)

(8) 최종처분

① 매립 처분
② 퇴비화
③ 소각재 이용
  ㉠ 부패성이 없다.
  ㉡ 타처리 방법에 비하여 소요부지 면적이 적다.
  ㉢ 위생적으로 안정하다.
  ㉣ 슬러지 용적이 $\frac{1}{50} \sim \frac{1}{100}$로 감소한다.
④ 해양투기

(9) 계획 슬러지량

① 계획 슬러지량은 계획1일 최대 오수량을 기준
② 함수율과 슬러지 부피의 관계

$$\frac{V_1}{V_2} = \frac{100 - W_2}{100 - W_1}$$

여기서, V_1, V_2 : 슬러지의 부피 W_1, W_2 : 슬러지의 함수율(%)

③ 슬러지 용적(V)

$$V = \frac{슬러지\ 중량}{비중} \times \frac{100}{100 - 수분함량(\%)}$$
$$= \frac{하수량 \times 제거된\ 부유물\ 농도}{비중} \times \frac{100}{100 - 수분함량(\%)}$$

17. 슬러지 수송관 설계

① 관은 스테인리스, 주철관 등 견고하고 내식성 및 내구성이 있는 것을 사용한다.
② 배수관은 동수경사선 이하로 한다.
③ 배관은 가능한 한 직선으로 한다.
④ 필요한 곳에는 제수밸브, 이토밸브, 공기밸브 등의 안전설비를 설치한다.

18. 정수장 배출수 처리 시설

(1) 정 의

① 정수 처리 과정에서 발생되는 슬러지를 적절하게 처리 및 처분하기 위한 시설
② 정수장 배출수에는 침전슬러지와 여과지 세척에 의한 배출수로 나누어진다.

(2) 배출수 처리 과정

조정 → 농축 → 탈수 → 건조 → 처분(반출)

6-9 펌프장 시설

1. 하수도 펌프장별 계획

(1) 하수도 펌프 계획

하수배제 방식	펌프장의 종류	계획하수량
분류식	중계 펌프장, 소규모 펌프장, 유입·방류 펌프장	계획시간 최대 오수량
	빗물 펌프장	계획우수량
합류식	중계 펌프장, 소규모 펌프장, 유입·방류 펌프장	우천시 계획오수량
	빗물 펌프장	계획하수량−우천시 계획오수량

(2) 펌프 설치대수

계획오수량과 계획우수량에 대하여 각각 2~6대를 표준으로 한다.

설치대수 \ 펌프능력	case	소	중	대
2대	1	−	$1/2 \cdot Q \times 2$대	−
3대	1	$1/4 \cdot Q \times 2$대	−	$2/4 \cdot Q \times 1$대
	2	$1/6 \cdot Q \times 1$대	$2/6 \cdot Q \times 1$대	$3/6 \cdot Q \times 1$대
4대	1	$1/8 \cdot Q \times 2$대	$2/8 \cdot Q \times 1$대	$4/8 \cdot Q \times 1$대
	2	$1/8 \cdot Q \times 1$대	$2/8 \cdot Q \times 2$대	$3/8 \cdot Q \times 1$대
5대	1	$1/10 \cdot Q \times 2$대	$2/10 \cdot Q \times 2$대	$4/10 \cdot Q \times 1$대
	2	$1/13 \cdot Q \times 1$대	$2/13 \cdot Q \times 2$대	$4/13 \cdot Q \times 2$대

[주] 1. 계획오수량을 Q로 한다.
    2. case 1, 2를 유입수량의 변동폭 등에 의해 선택한다.

2. 펌프의 종류

- 원심력 펌프 ─ 터빈 펌프(turbine pump)
  └ 와류 펌프(볼류트 펌프 : volute pump)
- 사류 펌프 : 전양정 3~12m, 펌프구경 400mm 이상
- 축류 펌프 : 전양정 5m 이하, 펌프구경 400mm 이상
- ※ 원심펌프 : 전양정 4m 이상, 펌프구경 80mm 이상
  원심사류펌프 : 전양정 5~20m, 펌프구경 300mm 이상

(1) 원심력 펌프

① 전양정이 4m 이상인 경우 적합
② 상하수도용으로 많이 사용
③ 일반적으로 효율이 높고 적용 범위가 넓다.
④ 고양정이며 토출유량이 작다. : 송수, 배수 펌프

(2) 축류 펌프

① 회전수를 높게 할 수 있어 사류 펌프보다 소형으로 된다.
② 전양정이 5m 이하인 경우에는 축류 펌프가 경제적으로 유리하다.
③ 저양정으로 토출유량이 크다. : 도수 펌프
④ 비교회전도(N_s)가 1,100~2,000 정도이다.

(3) 사류 펌프

① 원심력 펌프와 축류 펌프의 중간형으로 양정은 3~5m 정도이다.
② 중양정 및 저양정에 적합하다.
③ 광범위한 양정변화(수위변화 클 때)에 대해서도 양수 가능하다.
④ 토사유입에 손상이 적은 구조 : 취수펌프 주로 사용
⑤ 비교회전도(Ns)가 700~1200 정도이다.

(4) 스크루 펌프

유지관리가 간단하여 하수도에 사용되는 펌프로 저양정에 적합한 펌프

3. 펌프 선택시 고려 사항

① 배출량이 많고 비교적 고양정이며 효율이 높을 것
② 양정의 변동이 용이하고 효율의 저하 및 운동력의 증감에 변화가 적을 것
③ 모래와 이토 또는 주방 쓰레기가 혼입된 하수를 양수할 수 있을 것
④ 수질로부터 화학작용을 받아도 부식 등으로 인한 효율의 저하가 적을 것
⑤ 펌프 내부의 검사 청소에 편리한 구조일 것
⑥ 형상이 적어서 기초나 건물 면적이 좁은 곳에 사용할 수 있을 것
⑦ 구조가 간단해서 취급이 간편 할 것
⑧ 고장이나 파손 등이 적고 운전이 확실하며 효율이 높고 수명이 길 것
⑨ 고장이 생길 경우 수리 · 수선이 쉬울 것
⑩ 펌프 선정시 펌프의 특성과 효율 및 동력을 고려한다.

 **펌프의 선정**

펌프의 형식은 표준특성을 고려해서 다음 사항에 따라서 정한다.
① 펌프는 계획조건에 가장 적합한 표준특성을 가지도록 비교회전도를 정하여야 한다.
② 펌프는 흡입실양정 및 토출량을 고려하여 전양정에 따라 다음 표를 표준으로 한다.
[전양정에 대한 펌프의 형식]

전양정(m)	형 식	펌프구경(mm)
5 이하	축류펌프	400 이상
3~12	사류펌프	400 이상
5~20	원심 사류 펌프	300 이상
4 이상	원심펌프	80 이상

③ 침수될 우려가 있는 곳이나 흡입실양정이 큰 경우에는 입축형 혹은 수중형으로 한다.
④ 펌프는 내부에서 막힘이 없고, 부식 및 마모가 적으며, 분해하여 청소하기 쉬운 구조로 한다.
⑤ 펌프는 그 효율이 다음 표에서 지시하는 값 이상의 것으로 한다.
[펌프의 효율]
- 입축축류펌프

구경(mm)	400	500	600	700	800	900	1000
효율(%)	70	72	75	76	77	78	79
구경(mm)	1,200	1,350	1,500	1,650	1,800	2,000	
효율(%)	80	80	81	81	83	83	

- 입축사류펌프

구경(mm)	400	450	500	600	700	800	900
효율(%)	72	74	75	78	79	80	81
구경(mm)	1,000	1,200	1,350	1,500	1,650	1,800	2,000
효율(%)	82	83	83.5	84	84	84	85

- 수중펌프

구경(mm)	300	400	500
효율(%)	70	73	74

4. 펌프의 흡입관

① 충분한 흡입수두를 가져야 한다.
② 흡입관은 가능한 수직으로 설치하며, 관의 길이는 짧게, 관의 직경은 크게 한다.
③ 흡입관에는 공기가 혼입되지 않도록 한다.
④ 펌프 한 대에 하나의 흡입관을 설치한다.

5. 펌프의 양수량 조정방법

① 토출밸브의 개폐정도를 변경하는 방법이다.

② 펌프의 회전수를 변경하는 방법이다.
③ 펌프의 운전대수를 증감하는 방법이다.

6. 펌프의 구경

① 펌프의 크기는 흡입구경과 토출구경의 크기로 표시
② 펌프 흡입구의 유속은 1.5~3m/sec를 표준
　㉠ 펌프의 회전수가 클 경우 : 유속을 크게
　㉡ 펌프의 회전수가 작을 때 : 유속을 작게
③ 펌프의 흡입구경은 토출량과 흡입구의 유속에 따라 결정

$$D = 146\sqrt{\frac{Q}{V}}$$

여기서, D : 펌프의 흡입구경[mm]　Q : 펌프의 토출유량[m³/min]
　　　 V : 흡입구의 유속[m/sec]

7. 펌프의 양정

양정 : 펌프가 물을 올릴 수 있는 높이
① **전양정** : 손실수두와 관 내의 유속에 의한 마찰손실수두와의 총합
② **실양정** : 전양정에서 모든 손실수를 뺀 것

$$H = h_a + \sum h_f + h_0$$

여기서, H : 전양정[m]　　　h_a : 실양정[m] (배출수위와 흡입수위와의 차)
　　　 $\sum h_f$: 관로의 손실수두 합(pump, 관, valve)
　　　 h_0 : 관로 말단의 잔류속도수두 $\left(\frac{V^2}{2g}\right)$[m]

8. 펌프의 축동력

축동력 : 펌프의 운전에 필요한 동력

$$P_S = \frac{1{,}000\,QH_p}{75\eta} = \frac{13.33\,QH_P}{\eta}\,[\text{HP}]$$

$$P_S = \frac{1{,}000\,QH_p}{102\eta} = \frac{9.8\,QH_P}{\eta}\,[\text{kW}]$$

여기서, P_S : 펌프의 축동력[HP] 또는 [kW]　Q : 양수량[m³/sec]
　　　 H_p : 펌프의 전양정[m]　　　　　　 η : 펌프의 효율[%]

$$P_S = \frac{1}{60 \times 10^{-3} \cdot \eta} \rho g Q H = 0.163 \frac{r \times Q \times H}{\eta}$$

여기서, P_S : 펌프의 축동력[kW] Q : 펌프의 토출량[m³/min]
   H : 펌프의 전양정[m] η : 펌프의 효율[소수]
   ρ : 양정하는 물의 밀도[kg/m³](단, 하수의 경우는 1000kg/m³)
   g : 중력가속도[9.8m/s²]

9. 비교회전도(비속도)

① 펌프의 성능이 최고가 되는 상태를 나타내기 위한 회전수
② 각각 치수가 다른, 기하학적으로 닮은 impeller가 유량 1m³/min을 1m 양수하는 데 필요한 회전수

$$N_S = N \frac{Q^{1/2}}{H^{3/4}}$$

여기서, N_S : 비교회전도[rpm] N : 펌프의 회전수[rpm]
   Q : 최고 효율점의 양수량[m³/min](양흡입의 경우에는 1/2로 한다.)
   H : 최고 효율점의 전양정[m](다단 펌프의 경우는 1단에 해당하는 양정)

③ 비교회전도가 크다.
  ㉠ 펌프가 많이 회전한다.
  ㉡ 양정이 낮은 펌프
  ㉢ 대수량
  ㉣ 축류펌프
  ㉤ 토출량과 전양정이 동일하면 회전속도가 클수록 N_S가 크고, 따라서 소형으로 되며 일반적으로 가격이 저렴하게 된다.
④ 비교회전도가 작다
  ㉠ 펌프가 적게 회전한다.
  ㉡ 양정이 높은 펌프
  ㉢ 소수량
  ㉣ 원심펌프

펌프를 운전하는 전동기 출력

$$P = \frac{P_S(1+\alpha)}{\eta_o}$$

여기서, P : 전동기 출력[kW], P_S : 펌프의 축동력[kW]
   α : 여유율, η : 전달효율[직결의 경우 1.0]

10. 펌프 특성 곡선(펌프 성능 곡선)

펌프의 회전속도를 일정하게 고정하고 토출관의 밸브를 조절하여 펌프 용량을 변화시킬 때 나타나는 양정(H), 효율(η), 축동력(p)이 펌프용량(Q)의 변화에 따라 변하는 관계(축동력 요구량)를 각기의 최대 효율점에 대한 비율로 나타낸(입력과 출력) 곡선

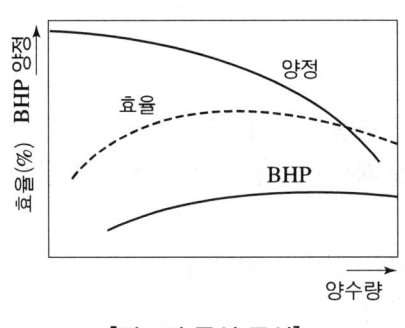

[펌프의 특성 곡선]

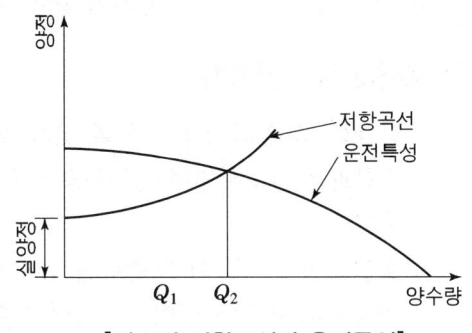

[펌프의 저항곡선과 운전특성]

운전점(operating point)
실제로 펌프가 운전되고 있는 상태를 표시하는 점으로서 양정곡선과 저항곡선과의 교점이 된다.

11. 펌프 운전 특성

(1) 직렬운전

① 양정의 변화가 크고 양수량의 변화가 작은 경우에 펌프의 직렬연결이 된다.
② 특성이 서로 같은 펌프를 직렬운전하는 경우 : 총합 특성곡선은 단독 운전할 때의 양정을 2배로 하면 구해진다.
③ 특성이 서로 다른 펌프를 직렬운전하는 경우 : 각 펌프의 최대 양수량이 사용 수량보다 반드시 커야 한다.

(2) 병렬운전

① 양정의 변화가 작고 양수량의 변화가 큰 경우이다.
② 특성이 서로 같은 펌프를 병렬운전하는 경우 : 종합특성은 양수량을 2배로 함으로써 구할 수 있다.

12. 펌프의 공동현상

(1) 정 의

공동현상(Cavitation)이란 펌프의 임펠러 입구에서 가장 압력이 저하하게 되는데, 이때의 압력이 포화증기압 이하가 되었을 때 그 부분의 물이 증발하여 공동(空洞)을 발생하든가 흡입관으로부터 공기가 혼입해서 공동이 발생하는 현상을 말한다.

(2) 공동현상의 방지법

① 펌프의 설치 위치를 되도록 낮게 하고, 흡입양정을 작게 한다.
② 흡입관은 되도록 짧은 것이 좋으며 부득이할 때는 흡입관을 크게 하여 손실을 감소시킨다.
③ 흡입측에서 펌프의 토출량을 감소시키는 일은 절대로 피한다.
④ 총양정의 규정에 있어서 적합하도록 계획한다.
⑤ 양정 변화가 클 때는 상용의 최저 양정에 대하여도 공동현상이 생기지 않도록 충분히 주의해야 한다.
⑥ 공동현상을 피할 수 없을 때는 임펠러 재질을 cavitation 파손에 강한 것을 사용한다.
⑦ 펌프의 공동현상을 방지하려면 펌프의 회전수를 낮게 해야 한다.
⑧ 가용 유효 흡입수두를 필요 유효 흡입수두 보다 크게하여 손실수두를 줄인다.

(3) 공동현상 발생 방지를 위한 대책

① 펌프의 설치위치를 가능한 한 낮추어 가용유효흡입수두(hsv)를 크게 한다.
② 흡입관의 손실을 가능한 한 작게 하여 가용유효흡입수두(hsv)를 크게 한다.
③ 펌프의 회전속도를 낮게 선정하여 필요유효흡입수두(Hsv)를 작게 한다.
④ 운전점이 변동하여 양정이 낮아지는 경우에는 토출량이 과다하게 되므로, 이것을 고려하여 충분한 hsv를 주거나 밸브를 닫아서 과대토출량이 되지 않도록 한다. 또한 펌프계획상 전양정에 여유가 너무 많으면 실제 운전시에 과대토출량으로 운전되어서 캐비테이션이 발생할 우려가 있으므로 주의를 요한다.
⑤ 동일한 토출량과 동일한 회전속도이면, 일반적으로 양쪽흡입펌프가 한쪽흡입펌프보다 캐비테이션 현상에서 유리하다.
⑥ 악조건에서 운전하는 경우에 임펠러의 침식을 피하기 위하여 캐비테이션에 강한 재료를 사용한다.
⑦ 흡입측 밸브를 완전히 개방하고 펌프를 운전한다.

13. 펌프의 수격작용

(1) 정 의

펌프의 관수로에서 정전에 의하여 펌프가 급정지하는 경우 관로유속의 급격한 변화에 따라 관 내 압력이 급상승이나 급하강하는 현상

(2) 수격작용의 대책

① 펌프의 급정지를 피할 것
② 관 내 유속을 저하시킬 것
③ 펌프의 토출구 부근에 공기 밸브를 설치할 것
④ 펌프의 토출구에 완만히 닫을 수 있는 역지밸브를 설치하여 압력상승을 적게 할 것
⑤ 펌프의 설치 위치를 낮게 하고 흡입양정을 작게 할 것
⑥ 압력저하에 따른 부압 방지 대책
  ㉠ 정부 양방향의 압력변화에 대응하기 위해 토출측 관로에 압력조정 수조(Surge Tank)를 설치할 것
  ㉡ 펌프에 플라이휠(Fly Wheel)을 붙여 펌프의 관성을 증가시켜 급격한 압력강하를 완화할 것
  ㉢ 압력수조(Air-Chamber)를 설치할 것

무료 동영상과 함께하는 토목기사 필기

2021

출제기준에 의거하여 불필요한 문제는 삭제함

2021년 3월 7일 시행
2021년 5월 15일 시행
2021년 8월 14일 시행

무료 동영상과 함께하는
토목기사 필기

토목기사

2021년 3월 7일 시행

제1과목 응용역학

001 그림과 같은 직사각형 단면의 단주에서 편심하중이 작용할 경우 발생하는 최대 압축응력은? (단, 편심거리(e)는 100mm이다.)

① 30MPa
② 35MPa
③ 40MPa
④ 60MPa

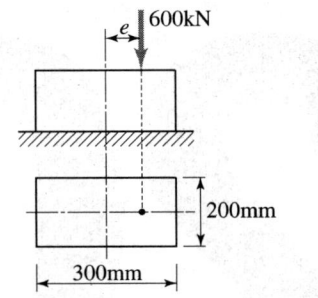

해설 최대압축응력은 하중 작용쪽 변에서 발생하므로

$$\sigma_{max} = -\frac{P}{A} - \frac{P \cdot e_y}{Z_x} - \frac{P \cdot e_x}{Z_y} = -\frac{600,000}{300 \times 200} - 0 - \frac{600,000 \times 100}{\frac{200 \times 300^3}{12}} \times 150$$

$= -30\text{MPa}(압축)$

해답 ①

002 단면과 길이가 같으나 지지조건이 다른 그림과 같은 2개의 장주가 있다. 장주 (a)가 30kN의 하중을 받을 수 있다면, 장주 (b)가 받을 수 있는 하중은?

① 120kN
② 240kN
③ 360kN
④ 480kN

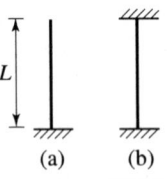

해설 좌굴하중 $P_b = \frac{\pi^2 EI}{l_k^2} = \frac{n\pi^2 EI}{l^2}$ 에서 재질과 단면적과 길이가 같으므로 $P_b \propto n$ 이다.

① 일단고정 타단자유 : $\frac{1}{K^2} = \frac{1}{2.0^2} = \frac{1}{4}$

② 양단고정 : $\dfrac{1}{K^2} = \dfrac{1}{0.5^2} = 4$

③ 좌굴하중의 비율은 강성도의 비율과 비례하므로
$P_{(a)b} : P_{(b)b} = n_{(a)} : n_{(b)}$
$30\text{kN} : P_{(b)b} = \dfrac{1}{4} : 4$
$P_{(b)b} = \dfrac{30\text{kN} \times 4}{\dfrac{1}{4}} = 480\text{kN}$

해답 ④

003

그림과 같은 단순보에서 A점의 처짐각(θ_A)은? (단, EI는 일정하다.)

① $\dfrac{ML}{2EI}$ ② $\dfrac{5ML}{6EI}$

③ $\dfrac{5ML}{2EI}$ ④ $\dfrac{5ML}{24EI}$

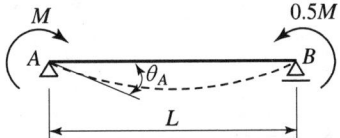

해설
① $\theta_{A1} = \dfrac{M_A l}{3EI} = \dfrac{Ml}{3EI}$

② $\theta_{A2} = \dfrac{M_B l}{6EI} = \dfrac{0.5Ml}{6EI}$

③ $\theta_A = \theta_{A1} + \theta_{A2} = \dfrac{Ml}{3EI} + \dfrac{0.5Ml}{6EI} = \dfrac{2.5Ml}{6EI} = \dfrac{5Ml}{12EI}$

[참고] $\theta_A = \dfrac{l}{6EI}(2M_A + M_B) = \dfrac{l}{6EI}(2M + 0.5M) = \dfrac{5Ml}{12EI}$

해답 ③

004

그림과 같은 평면도형의 $x - x'$축에 대한 단면 2차 반경(r_x)과 단면 2차 모멘트(I_x)는?

① $r_x = \dfrac{\sqrt{35}}{6}a,\ I_x = \dfrac{35}{32}a^4$

② $r_x = \dfrac{\sqrt{139}}{12}a,\ I_x = \dfrac{139}{128}a^4$

③ $r_x = \dfrac{\sqrt{129}}{12}a,\ I_x = \dfrac{129}{128}a^4$

④ $r_x = \dfrac{\sqrt{11}}{12}a,\ I_x = \dfrac{11}{128}a^4$

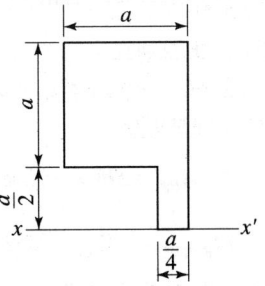

해설 ① $x-x'$ 축에 대한 단면 2차 모멘트

$$I_x = I_{x①} - I_{x②} = \frac{a \times \left(\frac{3a}{2}\right)^3}{3} - \frac{\frac{3a}{4} \times \left(\frac{a}{2}\right)^3}{3}$$

$$= \frac{\frac{27a^4}{8} - \frac{3a^4}{32}}{3} = \frac{\frac{108a^4 - 3a^4}{32}}{3}$$

$$= \frac{105a^4}{96} = \frac{35a^4}{32}$$

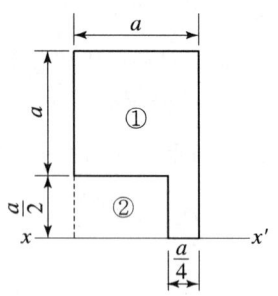

② $x-x'$ 축에 대한 단면 2차 반지름

$$r_x = \sqrt{\frac{I_x}{A}} = \sqrt{\frac{\frac{35a^4}{32}}{a \times \frac{3a}{2} - \frac{3a}{4} \times \frac{a}{2}}} = \sqrt{\frac{\frac{35a^4}{32}}{\frac{9a^2}{8}}} = \sqrt{\frac{35a^4}{36a^2}} = \frac{\sqrt{35}\,a}{6}$$

해답 ①

005

그림과 같은 보에서 지점 B의 휨모멘트 절댓값은? (단, EI는 일정하다.)

① 67.5kN·m
② 97.5kN·m
③ 120kN·m
④ 165kN·m

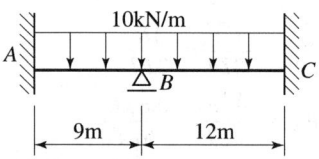

해설 ① 강비

$$k_{BA} = \frac{I}{9} \quad k_{BC} = \frac{I}{12} \quad \therefore k_{BA} : k_{BC} = 4 : 3$$

② 분배율

$$DF_{BA} = \frac{k_{BA}}{(k_{BA}+k_{BC})} = \frac{4}{(4+3)} = \frac{4}{7} \quad DF_{BC} = \frac{k_{BC}}{(k_{BA}+k_{BC})} = \frac{3}{(4+3)} = \frac{3}{7}$$

③ 고정단 모멘트

$$C_{BA} = \frac{10 \times 9^2}{12} = 67.5(\text{시계}) \quad C_{BA} = \frac{10 \times 12^2}{12} = 120(\text{반시계})$$

④ 중앙 모멘트

$$\Sigma M_B = C_{BA} + C_{BC} = 67.5 - 120 = -52.5\,\text{kN}\cdot\text{m}$$

⑤ 분배모멘트

$$M_{\text{분배}BA} = DF_{BA} \cdot \Sigma M_{B\text{중앙}} = \frac{4}{7} \times 52.5(\text{반시계}) = 30\,\text{kN}\cdot\text{m}(\text{시계})$$

$$M_{\text{분배}BC} = DF_{BC} \cdot \Sigma M_{B\text{중앙}} = \frac{3}{7} \times 52.5(\text{반시계}) = 22.5\,\text{kN}\cdot\text{m}(\text{시계})$$

⑥ 지점 B의 휨모멘트

$$M_{BA} = M_{\text{분배}BA} + C_{BA} = 30 + 67.5 = 97.5\,\text{kN}\cdot\text{m}$$

$$M_{BC} = M_{\text{분배}BC} + C_{BC} = 22.5 + (-120) = -97.5\,\text{kN}\cdot\text{m}$$

해답 ②

006

그림에서 직사각형의 도심축에 대한 단면 상승 모멘트(I_{xy})의 크기는?

① 0cm^4
② 142cm^4
③ 256cm^4
④ 576cm^4

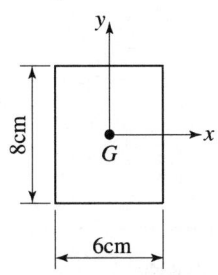

해설 단면 상승 모멘트 I_{xy} 는 대칭축일 경우 '0'이므로 $I_{XY}=0$

해답 ①

007

폭 100mm, 높이 150mm인 직사각형 단면의 보가 $S=7\text{kN}$의 전단력을 받을 때 최대전단 응력과 평균전단응력의 차이는?

① 0.13MPa ② 0.23MPa
③ 0.33MPa ④ 0.43MPa

해설
① 최대전단응력 $\tau_{\max}=1.5\times\dfrac{S}{A}=1.5\times\dfrac{7000}{100\times150}=0.7\text{MPa}$

② 평균전단응력 $\tau_{\text{aver}}=\dfrac{S}{A}=\dfrac{7{,}000}{100\times150}=0.47\text{MPa}$

③ 최대전단 응력과 평균전단응력의 차이
$\tau_{\max}-\tau_{\text{aver}}=0.7-0.47=0.23\text{MPa}$

해답 ②

008

그림과 같은 단순보에 등분포하중 w가 작용하고 있을 때 이 보에서 휨모멘트에 의한 탄성변형에너지는? (단, 보의 EI는 일정하다.)

① $\dfrac{w^2L^5}{384EI}$ ② $\dfrac{w^2L^5}{240EI}$
③ $\dfrac{7w^2L^5}{384EI}$ ④ $\dfrac{w^2L^5}{48EI}$

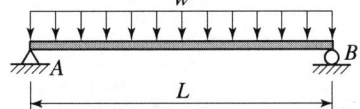

해설 휨모멘트에 의한 변형에너지
$$U_M=\dfrac{w^2L^5}{240EI}$$

[참고] 전단력에 의한 변형에너지
$$U_S=\dfrac{\alpha_s w^2 L^3}{2GA}$$

해답 ②

009

그림과 같이 하중을 받는 단순보에 발생하는 최대전단응력은?

① 1.48MPa
② 2.48MPa
③ 3.48MPa
④ 4.48MPa

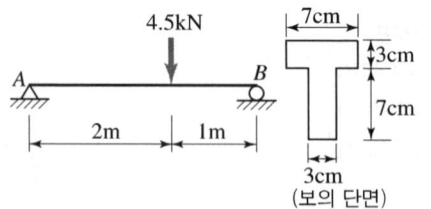

해설

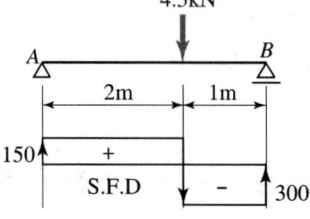

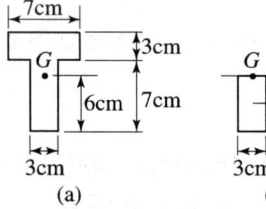

① A지점 반력

$$\sum M_B = 0 \quad R_A \times 3 - 4.5 \times 1 = 0 \text{에서 } R_A = \frac{4.5}{3} = 1.5\text{kN}$$

② 최대전단력 : S.F.D에서 $S_{max} = 3.0$kN

③ 도심까지의 거리

$$y = \frac{G}{A} = \frac{70 \times 30 \times 85 + 30 \times 70 \times 35}{70 \times 30 + 30 \times 70} = 60\text{mm}$$

④ 잘린(도심축) 단면의 도심으로부터의 단면1차모멘트

$$G_G = 30 \times 60 \times 30 = 54,000 \text{mm}^3$$

⑤ 도심축에 대한 단면2차모멘트

$$I = \left(\frac{70 \times 40^3 - 40 \times 10^3}{3}\right) + \frac{30 \times 60^3}{3} = 3,640,000 \text{mm}^4$$

⑥ 최대 전단응력

$$\tau_{max} = \frac{S_{max} G_G}{Ib} = \frac{3,000 \times 54,000}{3,640,000 \times 30} = 1.48\text{MPa}$$

해답 ①

010

재질과 단면이 동일한 캔틸레버 보 A와 B에서 자유단의 처짐을 같게 하는 P_2/P_1의 값은?

① 0.129
② 0.216
③ 4.63
④ 7.72

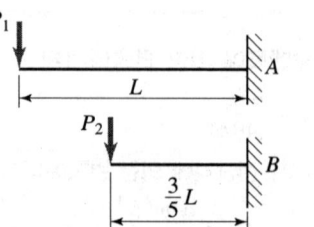

해설 집중하중에 의한 자유단의 처짐은 $\dfrac{PL^3}{3EI}$ 이다.

$$\dfrac{P_1 L^3}{3EI} = \dfrac{P_2\left(\dfrac{3}{5}L\right)^3}{3EI} \text{에서 } \dfrac{P_2}{P_1} = \left(\dfrac{5}{3}\right)^3 = 4.63$$

해답 ③

011
그림과 같은 3힌지 아치의 C점에 연직하중(P) 400kN이 작용한다면 A점에 작용하는 수평반력(H_A)은?

① 100kN
② 150kN
③ 200kN
④ 300kN

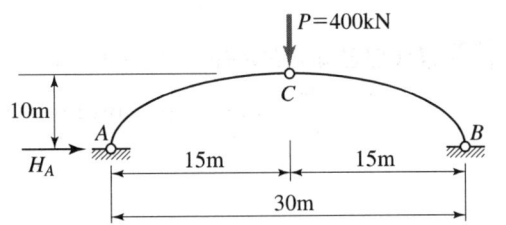

해설
① $\sum M_A = 0 \curvearrowright$
  대칭하중이므로 $V_A = V_B = \dfrac{400}{2} = 200\text{kN}(\uparrow)$
② $M_C = V_A \times 15 - H_A \times 10 = 200 \times 15 - H_B \times 10 = 0$
  $H_B = 300\text{kN}(\rightarrow)$

해답 ④

012
그림과 같이 X, Y축에 대칭인 빗금 친 단면에 비틀림우력 50kN·m가 작용할 때 최대전단응력은?

① 15.63MPa
② 17.81MPa
③ 31.25MPa
④ 35.61MPa

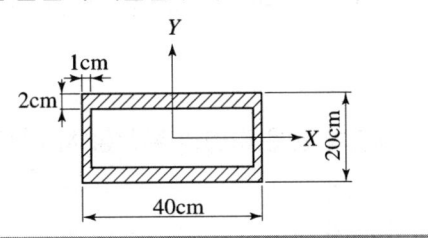

해설 $V = \tau t = \dfrac{T}{2A_m}$ 에서 $\tau = \dfrac{T}{2A_m t_{min}} = \dfrac{50,000,000}{2 \times (390 \times 180) \times 10} = 35.61\text{MPa}$

[참고] 비틀림 모멘트가 작용하는 경우의 전단류
$V = \tau t = \dfrac{T}{2A_m}$

여기서, T : 비틀림 모멘트
  A_m : 중심선에 대한 단면적, 단면의 평균 중심선으로 둘러싸인 면적
  τ : 전단응력
  t : 관 두께

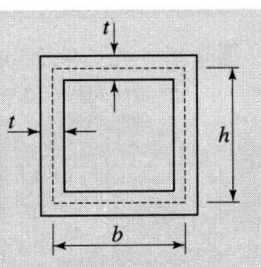

해답 ④

013 그림과 같이 균일 단면 봉이 축인장력(P)을 받을 때 단면 $a-b$에 생기는 전단응력(τ)은? (단, 여기서 $m-n$은 수직단면이고, $a-b$는 수직단면과 $\phi=45°$의 각을 이루고, A는 봉의 단면적이다.)

① $\tau = 0.5\dfrac{P}{A}$ ② $\tau = 0.75\dfrac{P}{A}$
③ $\tau = 1.0\dfrac{P}{A}$ ④ $\tau = 1.5\dfrac{P}{A}$

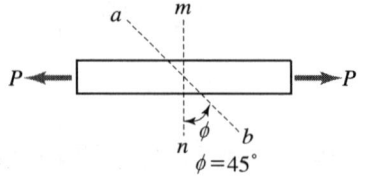

해설 경사 단면의 접선응력(전단응력); τ_θ

$$\tau_\theta = \frac{S}{A'} = \frac{P}{A}\frac{1}{2}\sin 2\theta = \frac{P}{A}\frac{1}{2}\sin(2\times45°) = 0.5\frac{P}{A}$$

해답 ①

014 그림과 같은 구조물에서 지점 A에서의 수직반력은?

① 0kN
② 10kN
③ 20kN
④ 30kN

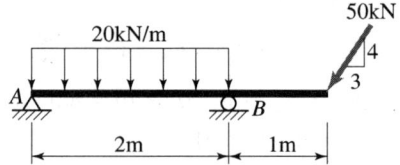

해설 $\sum M_B = 0$ 에서

$$V_A \times 2 - 20 \times 2 \times \frac{2}{2} + \left(50 \times \frac{4}{5}\right) \times 1 = 0 \text{에서} \ V_A = 0$$

해답 ①

015 그림과 같은 라멘의 부정정 차수는?

① 3차
② 5차
③ 6차
④ 7차

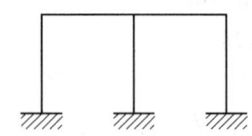

해설 반력=9, 부재절단력=0×3=0, 평형방정식수=3, 내부힌지방정식수=0
$N = (9+0) - (3+0) = 6$차 부정정

[참고1] $N = r + m + P_o - 2P$
$= 9 + 5 + 4 - 2 \times 6 = 6$차 부정정
[참고2] $N = m_1 + 2m_2 + 3m_3 + r - (2P_2 + 3P_3)$
$= 0 + 2 \times 0 + 3 \times 5 + 9 - (2 \times 0 + 3 \times 6)$
$= 6$차 부정정

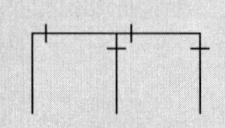

해답 ③

016 그림과 같이 단순보에 이동하중이 작용할 때 절대최대휨모멘트가 생기는 위치는?

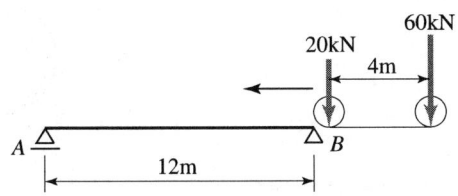

① A점으로부터 6m인 점에 20kN의 하중이 실릴 때 60kN의 하중이 실리는 점
② A점으로부터 7.5m인 점에 60kN의 하중이 실릴 때 20kN의 하중이 실리는 점
③ B점으로부터 5.5m인 점에 20kN의 하중이 실릴 때 60kN의 하중이 실리는 점
④ B점으로부터 9.5m인 점에 20kN의 하중이 실릴 때 60kN의 하중이 실리는 점

해설 ① 합력
$R = 20 + 60 = 80\text{kN}$
② 합력의 작용점
$x = \dfrac{20 \times 4}{80} = 1\text{m}$
③ 이등분점
$\bar{x} = \dfrac{x}{2} = \dfrac{1}{2} = 0.5\text{m}$

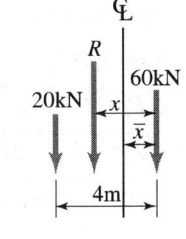

④ 이등분점과 보의 중앙점이 일치하도록 하중을 재하시킨다.
⑤ 합력과 가장 가까운 하중 60kN이 선택하중이며 이 선택하중의 작용점에서 절대 최대 휨모멘트가 생긴다.
고로 절대최대휨모멘트가 생기는 위치는
㉠ A점으로부터 2.5m(6−3.5)인 점에 20kN의 하중이 실릴 때 60kN의 하중이 실리는 점인 A점으로부터 6.5m인 위치
㉡ B점으로부터 9.5m(6+3.5)인 점에 20kN의 하중이 실릴 때 60kN의 하중이 실리는 점인 B점으로부터 4.5m인 위치

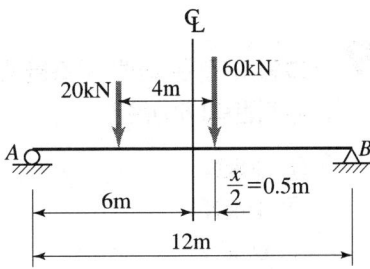

해답 ④

017

그림과 같이 밀도가 균일하고 무게가 W인 구(球)가 마찰이 없는 두 벽면 사이에 놓여있을 때 반력 R_B의 크기는?

① 0.500 W
② 0.577 W
③ 0.866 W
④ 1.155 W

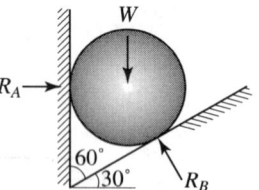

해설 $\dfrac{R_B}{\sin 90°} = \dfrac{W}{\sin 120°}$ 에서 $R_B = 1.155\,W$

해답 ④

018

그림에서 두 힘 P_1, P_2에 대한 합력(R)의 크기는?

① 60kN
② 70kN
③ 80kN
④ 90kN

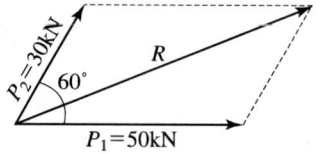

해설 동일점에 작용하는 두 힘이 일정 각을 이루고 있을 때
$R = \sqrt{P_1^2 + P_2^2 + 2P_1 \cdot P_2 \cos \alpha}$ 을 사용한다.
$R = \sqrt{P_1^2 + P_2^2 + 2P_1 \cdot P_2 \cos \alpha}$
$ = \sqrt{50^2 + 30^2 + 2 \times 50 \times 30 \times \cos 60°} = 70\text{kN}$

해답 ②

019

그림과 같은 라멘 구조물에서 A점의 수직반력(R_A)은?

① 30kN
② 45kN
③ 60kN
④ 90kN

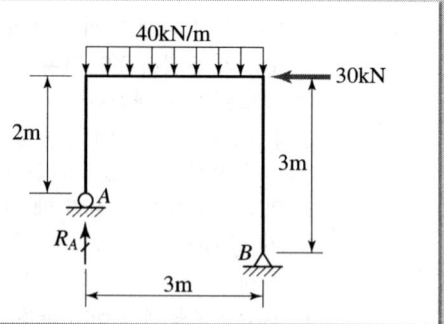

해설 B지점에서 휨모멘트의 합은 '0'이라는 평형조건식을 이용하여 A점의 수직반력(R_A)을 구한다.
$\Sigma M_B = 0 \curvearrowright$
$R_A \times 3 - 40 \times 3 \times 1.5 - 30 \times 3 = 0$에서 $R_A = 90\text{kN}(\uparrow)$

해답 ④

020

그림과 같은 단순보에서 최대휨모멘트가 발생하는 위치 x(A점으로부터의 거리)와 최대휨모멘트 M_x는?

① $x = 5.2\text{m}$, $M_x = 230.4\text{kN} \cdot \text{m}$
② $x = 5.8\text{m}$, $M_x = 176.4\text{kN} \cdot \text{m}$
③ $x = 4.0\text{m}$, $M_x = 180.2\text{kN} \cdot \text{m}$
④ $x = 4.8\text{m}$, $M_x = 96\text{kN} \cdot \text{m}$

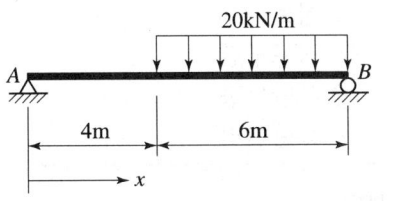

해설
① $\sum M_A = 0$
$(20 \times 6) \times (4+3) - R_B \times 10 = 0$에서 $R_B = 84\text{kN}(\uparrow)$
② 최대휨모멘트가 발생하는 위치는 전단력 값이 '0'이 되는 곳이므로
$S_x = R_B - 20 \times x = 84 - 20 \times x = 0$에서 $x = 4.2\text{m}(B$점으로부터$)$
$x' = 10 - 4.2 = 5.8\text{m}(A$점으로부터$)$
③ 최대휨모멘트
$M_x = R_B \times x - (2 \times x) \times \dfrac{x}{2} = 84 \times 4.2 - (20 \times 4.2) \times \dfrac{4.2}{2} = 176.4\text{kN} \cdot \text{m}$

해답 ②

제2과목 측 량 학

021

삼각망 조정에 관한 설명으로 옳지 않은 것은?

① 임의의 한 변의 길이는 계산경로에 따라 달라질 수 있다.
② 검기선은 측정한 길이와 계산된 길이가 동일하다.
③ 1점 주위에 있는 각의 합은 360°이다.
④ 삼각형의 내각의 합은 180°이다.

해설 임의 한 변의 길이가 계산 경로에 따라 달라져서는 안 된다.

해답 ①

022

삼각측량과 삼변측량에 대한 설명으로 틀린 것은?

① 삼변측량은 변 길이를 관측하여 삼각점의 위치를 구하는 측량이다.
② 삼각측량의 삼각망 중 가장 정확도가 높은 망은 사변형삼각망이다.
③ 삼각점의 선점 시 기계나 측표가 동요할 수 있는 습지나 하상은 피한다.
④ 삼각점의 등급을 정하는 주된 목적은 표석설치를 편리하게 하기 위함이다.

해설 삼각망의 등급을 정하는 이유는 측량 정도의 높은 순서를 정하기 위한 것이다.

해답 ④

023 그림과 같은 유토곡선(mass curve)에서 하향구간이 의미하는 것은?

① 성토구간
② 절토구간
③ 운반토량
④ 운반거리

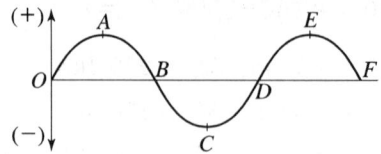

해설 유토곡선에서 하향구간은 성토구간, 상향구간은 절토구간을 의미한다.

해답 ①

024 조정계산이 완료된 조정각 및 기선으로부터 처음 신설하는 삼각점의 위치를 구하는 계산순서로 가장 적합한 것은?

① 편심조정 계산 → 삼각형계산(변, 방향각) → 경위도 결정 → 좌표조정 계산 → 표고 계산
② 편심조정 계산 → 삼각형계산(변, 방향각) → 좌표조정 계산 → 표고 계산 → 경위도 결정
③ 삼각형계산(변, 방향각) → 편심조정 계산 → 표고 계산 → 경위도 결정 → 좌표조정 계산
④ 삼각형계산(변, 방향각) → 편심조정 계산 → 표고 계산 → 좌표조정 계산 → 경위도 결정

해설 처음 신설하는 삼각점 위치 계산 순서는 다음과 같다.
편심조정 계산 → 삼각형 변, 방향각 계산 → 좌표조정 계산 → 표고 계산 → 경위도 계산

해답 ②

025 기지점의 지반고가 100m이고, 기지검에 대한 후시는 2.75m, 미지점에 대한 전시가 1.40m일 때 미지점의 지반고는?

① 98.65m
② 101.35m
③ 102.75m
④ 104.15m

해설 미지점의 지반고
$H_{미지점} = H_{기지점} + 후시 - 전시 = 100 + 2.75 - 1.40 = 101.35m$

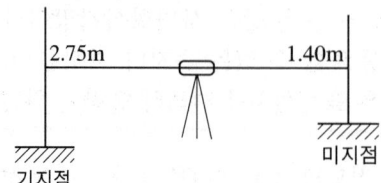

해답 ②

026

어느 두 지점의 사이의 거리를 A, B, C, D 4명의 사람이 각각 10회 관측한 결과가 다음과 같다면 가장 신뢰성이 낮은 관측자는?

> $A : 165.864 \pm 0.002$m $B : 165.867 \pm 0.006$m
> $C : 165.862 \pm 0.007$m $D : 165.864 \pm 0.004$m

① A
② B
③ C
④ D

해설 ① 경중률(P : 무게)

경중률은 오차의 제곱에 반비례 $\left(P \propto \dfrac{1}{m(\text{오차})^2}\right)$ 하므로

$P_A = \dfrac{1}{0.002^2} = \dfrac{1}{4 \times 10^{-6}}$

$P_B = \dfrac{1}{0.006^2} = \dfrac{1}{3.6 \times 10^{-5}}$

$P_C = \dfrac{1}{0.007^2} = \dfrac{1}{4.9 \times 10^{-5}}$

$P_D = \dfrac{1}{0.004^2} = \dfrac{1}{1.6 \times 10^{-5}}$

② 경중률이 가장 낮은 C가 신뢰성이 가장 낮다.

해답 ③

027

레벨의 불완전 조정에 의하여 발생한 오차를 최소화하는 가장 좋은 방법은?

① 왕복 2회 측정하여 그 평균을 취한다.
② 기포를 항상 중앙에 오게 한다.
③ 시준선의 거리를 짧게 한다.
④ 전시, 후시의 표척거리를 같게 한다.

해설 전시와 후시 거리를 같게 함으로써 제거되는 오차는 다음과 같다.
① 시준축 오차 소거 : 기포관축≠시준선(레벨 조정의 불안정으로 생기는 오차 소거)
전시와 후시거리를 같게 취하는 가장 중요한 이유이다.
② 자연적 오차 소거
   ㉠ 구차 : 지구의 곡률에 의한 오차
   ㉡ 기차 : 광선의 굴절에 의한 오차
   ㉢ 양차 : 구차와 기차의 합
③ 조준나사 작동에 의한 오차 소거

해답 ④

028
원곡선에 대한 설명으로 틀린 것은?

① 원곡선을 설치하기 위한 기본요소는 반지름(R)과 교각(I)이다.
② 접선길이는 곡선반지름에 비례한다.
③ 원곡선은 평면곡선과 수직곡선으로 모두 사용할 수 있다.
④ 고속도로와 같이 고속의 원활한 주행을 위해서는 복심곡선 또는 반향곡선을 주로 사용한다.

해설 고속도로와 같이 고속의 원활한 주행을 위해서는 단곡선을 사용하여야 한다.

해답 ④

029
트래버스 측량에서 1회 각 관측의 오차가 ±10″라면 30개의 측점에서 1회씩 각 관측하였을 때의 총 각 관측 오차는?

① ±15″
② ±17″
③ ±55″
④ ±70″

해설 $M = \pm 10'' \sqrt{30} = \pm 55''$

해답 ③

030
노선측량에서 단곡선 설치시 필요한 교각이 95°30′, 곡선반지름이 200m일 때 장현(L)의 길이는?

① 296.087m
② 302.619m
③ 417.131m
④ 597.238m

해설 장현

$C = 2R \sin \dfrac{I}{2} = 2 \times 200 \times \sin \dfrac{95°30'}{2} = 296.087\text{m}$

해답 ①

031
등고선에 관한 설명으로 옳지 않은 것은?

① 다른 등고선은 절대 교차하지 않는다.
② 등고선간의 최단거리 방향은 최대경사 방향을 나타낸다.
③ 지도의 도면 내에서 폐합되는 경우에 등고선의 내부에는 산꼭대기 또는 분지가 있다.
④ 동일한 경사의 지표에서 등고선 간의 간격은 같다.

해설 높이가 다른 두 등고선은 동굴이나 절벽의 지형이 아닌 곳에서는 교차하지 않으며, 동굴이나 절벽은 두 점에서 교차한다.

해답 ①

032 설계속도 80km/h의 고속도로에서 클로소이드 곡선의 곡선반지름이 360m, 완화곡선길이가 40m일 때 클로소이드 매개변수 A는?

① 100m
② 120m
③ 140m
④ 150m

해설 매개변수 $A^2 = RL$에서 $A = \sqrt{RL} = \sqrt{360 \times 40} = 120$

해답 ②

033 교호수준측량의 결과가 아래와 같고, A점의 표고가 10m일 때 B점의 표고는?

| 레벨 P에서 $A \to B$ | 관측 표고차 : -1.256m |
| 레벨 Q에서 $B \to A$ | 관측 표고차 : $+1.238$m |

① 8.753m
② 9.753m
③ 11.238m
④ 11.247m

해설
① A점과 B점의 표고차
$H = \frac{1}{2}[(a_1 - b_1) + (a_2 - b_2)] = \frac{1}{2}[1.256 + 1.238] = 1.247\text{m}$
② B점의 표고(지반고)
표고차를 볼 때 A가 B보다 높은 경우이므로
$H_B = H_A - H = 10 + 1.247 = 8.753\text{m}$

해답 ①

034 직사각형 토지의 면적을 산출하기 위해 두 변 a, b의 거리를 관측한 결과가 $a = 48.25 \pm 0.04$m, $b = 23.42 \pm 0.02$m이었다면 면적의 정밀도($\Delta A / A$)는?

① 1/420
② 1/630
③ 1/840
④ 1/1080

해설
① 직사각형 면적 = $48.25 \times 23.42 = 1,130.015\text{m}^2$
② 면적 오차 = $\pm \sqrt{(y \cdot m_1)^2 + (x \cdot m_2)^2}$
$= \pm \sqrt{(23.42 \times 0.04)^2 + (48.25 \times 0.02)^2} = \pm 1.344923507\text{m}^2$
③ 면적의 정밀도
$\frac{dA}{A} = \frac{1.344923507}{1,130.015} = \frac{1}{840.2}$

해답 ③

035 각관측 장비의 수평축이 연직축과 직교하지 않기 때문에 발생하는 측각오차를 최소화하는 방법으로 옳은 것은?

① 직교에 대한 편차를 구하여 더한다.
② 배각법을 사용한다.
③ 방향각법을 사용한다.
④ 망원경의 정·반위로 측정하여 평균한다.

해설 수평축이 연직축과 직교하지 않기 때문에 발생하는 측각오차(수평축 오차)는 망원경 정·반위로 측정 값을 평균하여 처리가능하다.

[참고] 각 관측 오차 및 소거 방법

오차의 종류		오차의 원인	처리(소거) 방법
조정 불완전 오차	시준축 오차	시준축과 수평축이 직교하지 않을 때	망원경 정·반의 읽음값 평균
	수평축 오차	수평축이 연직축과 직교하지 않을 때	망원경 정·반의 읽음값 평균
	연직축 오차	평반 기포관축이 연직축과 직교하지 않을 때 또는 연직축이 연직선과 일치하지 않을 경우	소거 불가능 연직각 5° 이하이면 큰 오차가 생기지 않는다.
기계 구조상 결점에 의한 오차	외심오차 (시준선의 편심오차)	망원경의 중심과 회전축이 일치하지 않을 때	망원경 정·반의 읽음값 평균
	내심오차 (회전축의 편심오차, 분도반의 편심오차)	수평회전축과 수평분도원의 중심이 일치하지 않을 때	A, B 버니어의 읽음값을 평균
	분도원의 눈금오차	분도원 눈금의 부정확	분도원의 위치를 변화시켜 가면서 대회관측

해답 ④

036 측지학에 관한 설명 중 옳지 않은 것은?

① 측지학이랑 지구내부의 특성, 지구의 형상, 지구표면의 상호위치관계를 결정하는 학문이다.
② 물리학적 측지학은 중력측정, 지자기측정 등을 포함한다.
③ 기학학적 측지학에는 천문측량, 위성측량, 높이의 결정 등이 있다.
④ 측지측량이란 지구의 곡률을 고려하지 않는 측량으로 11km 이내를 평면으로 취급한다.

해설 측지측량이란 지구의 곡률을 고려하는 측량으로서 거리허용오차를 $1/10^6$로 했을 경우 반지름 11km 이내를 평면으로 취급한다.

해답 ④

037 원격탐사(remote sensing)의 정의로 옳은 것은?

① 지상에서 대상 물체에 전파를 발생시켜 그 반사파를 이용하여 측정하는 방법
② 이용하여 지표의 대상물에서 반사 또는 방사된 전자 스펙트럼을 측정하고 이들의 자료를 이용하여 대상물이나 현상에 관한 정보를 얻는 기법
③ 우주에 산재해 있는 물체의 고유스펙트럼을 이용하여 각각의 구성 성분을 지상의 레이더망으로 수집하여 처리하는 방법
④ 우주선에서 찍은 중복된 사진을 이용하여 지상에서 항공사진의 처리와 같은 방법으로 판독하는 작업

해설 **원격탐사**란 지상이나 항공기 및 인공위성 등의 탑재기(platform)에 설치된 탐측기(sensor)를 이용하여 지표, 지상, 지하, 대기권 및 우주 공간의 대상들에서 반사 혹은 방사되는 전자기파를 탐지하고 이들 자료로부터 토지, 환경, 도시 및 자원에 대한 필요한 정보를 얻어 이를 해석하는 기법으로 직접적인 접근 없이 관찰 대상에 대한 정보를 보다 신속하고 광역적으로 획득할 수 있다.

해답 ②

038 출제기준에 의거하여 이 문제는 삭제됨

039 그림과 같이 한 점 O에서 A, B, C방향의 각관측을 실시한 결과가 다음과 같을 때 $\angle BOC$의 최확값은?

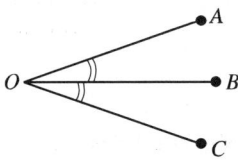

$\angle AOB$ 2회	관측결과	40°30′25″
3회	관측결과	40°30′20″
$\angle AOC$ 6회	관측결과	85°30′20″
4회	관측결과	85°30′25″

① 45°00′05″   ② 45°00′02″
③ 45°00′03″   ④ 45°00′00″

해설
1. $\angle AOB$의 최확값
   ① 경중률은 측정횟수에 비례하므로
   $P_{B1} : P_{B2} = N_{B1} : N_{B2} = 2 : 3$
   ② $\angle AOB$의 최확값 $= 40°30′ + \dfrac{2 \times 25″ + 3 \times 20″}{2+3} = 40°30′22″$

2. $\angle AOC$의 최확값
   ① 경중률은 측정횟수에 비례하므로
   $P_{C1} : P_{C2} = N_{C1} : N_{C2} = 6 : 4$

② ∠AOC의 최확값 = $85°30' + \dfrac{6 \times 20'' + 4 \times 25''}{6+4} = 85°30'22''$

3. ∠BOC의 최확값
  ∠BOC = ∠AOC − ∠AOB = $85°30'22'' = 40°30'22'' = 45°00'00''$

해답 ④

040
해도와 같은 지도에 이용되며, 주로 하천이나 항만 등의 심전측량을 한 결과를 표시하는 방법으로 가장 적당한 것은?

① 채색법   ② 영선법
③ 점고법   ④ 음영법

해설 **점고법**은 임의 점의 표고를 도상에 숫자로 표시하며, 하천, 항만, 해양 등의 심천을 나타내는 경우에 사용한다.

해답 ③

제3과목 수리학 및 수문학

041
유속 3m/s로 매초 100L의 물이 흐르게 하는데 필요한 관의 지름은?

① 153mm   ② 206mm
③ 265mm   ④ 312mm

해설 $Q = Av = \dfrac{\pi \times d^2}{4} v$ 에서

$d = \sqrt{\dfrac{4Q}{\pi v}} = \sqrt{\dfrac{4 \times (100L \times 10^{-3} m^3/L)}{\pi \times 3 m/s}} = 0.206m = 206mm$

해답 ②

042
부력의 원리를 이용하여 그림과 같이 바닷물 위에 떠있는 빙산의 전체적을 구한 값은?

① 550m³
② 890m³
③ 1000m³
④ 1100m³

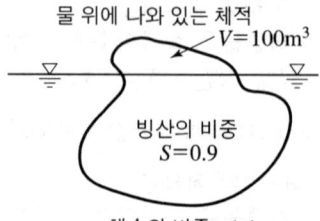
물 위에 나와 있는 체적 V=100m³
빙산의 비중 S=0.9
해수의 비중=1.1

해설 빙산이 해수면에 떠있을 때이므로 $W=B$ 조건을 만족하여야 한다.
$\omega V = \omega' V'$
$0.9 V = 1.1 \times (V - 100)$
$0.9 V = 1.1 V - 1.1 \times 100$
$(1.1 - 0.9) V = 1.1 \times 100$ 에서 $V = \dfrac{1.1 \times 100}{1.1 - 0.9} = 550 \mathrm{m}^3$

해답 ①

043 축적이 1:50인 하천 수리모형에서 원형 유량 $10000 \mathrm{m}^3/\mathrm{s}$에 대한 모형 유량은?
① $0.401 \mathrm{m}^3/\mathrm{s}$
② $0.566 \mathrm{m}^3/\mathrm{s}$
③ $14.142 \mathrm{m}^3/\mathrm{s}$
④ $28.284 \mathrm{m}^3/\mathrm{s}$

해설 유량비 $\dfrac{Q_m}{Q_p} = L_r^{\frac{5}{2}}$ 에서
$Q_m = L_r^{\frac{5}{2}} Q_p = \left(\dfrac{1}{50}\right)^{\frac{5}{2}} \times 10{,}000 = 0.566 \mathrm{m}^3/\mathrm{sec}$

해답 ②

044 수로경사 1/10000인 직사각형 단면 수로에 유량 $30\mathrm{m}^3/\mathrm{s}$를 흐르게 할 때 수리학적으로 유리한 단면은? (단, h : 수심, B : 폭이며, Manning공식을 쓰고, $n = 0.025 \mathrm{m}^{-1/3} \cdot \mathrm{s}$)
① $h = 1.95\mathrm{m}$, $B = 3.9\mathrm{m}$
② $h = 2.0\mathrm{m}$, $B = 4.0\mathrm{m}$
③ $h = 3.0\mathrm{m}$, $B = 6.0\mathrm{m}$
④ $h = 4.63\mathrm{m}$, $B = 9.26\mathrm{m}$

해설 ① 직사각형 단면 수로의 수리학상 유리한 단면 조건
$h = \dfrac{B}{2}$ 에서 $B = 2h$
$R_{\max} = \dfrac{h}{2} \left(R = \dfrac{A}{P} = \dfrac{2h \times h}{h + 2h + h} = \dfrac{h}{2}\right)$

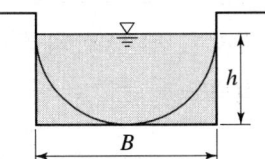

② 면적 $A = Bh = 2h \times h = 2h^2$
③ 유속
$V = \dfrac{1}{n} R^{\frac{2}{3}} I^{\frac{1}{2}} = \dfrac{1}{0.025} \times \left(\dfrac{h}{2}\right)^{\frac{2}{3}} \times \left(\dfrac{1}{10{,}000}\right)^{\frac{1}{2}} [\mathrm{m/sec}]$
④ 유량공식
$Q = AV = 2h^2 \times \dfrac{1}{0.025} \times \left(\dfrac{h}{2}\right)^{\frac{2}{3}} \times \left(\dfrac{1}{10{,}000}\right)^{\frac{1}{2}}$
$= 0.504 h^{\frac{8}{3}} = 30$ 에서 $h^{\frac{8}{3}} = 59.5238$ $h = 4.63\mathrm{m}$
⑤ 폭
$B = 2h = 2 \times 4.63 = 9.26 \mathrm{m}$

해답 ④

045

그림과 같은 노즐에서 유량을 구하기 위한 식으로 옳은 것은? (단, 유량계수는 1.0으로 가정한다.)

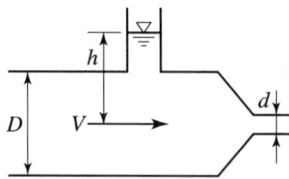

① $\dfrac{\pi d^2}{4}\sqrt{2gh}$

② $\dfrac{\pi d^2}{4}\sqrt{\dfrac{2gh}{1-\left(\dfrac{d}{D}\right)^4}}$

③ $\dfrac{\pi d^2}{4}\sqrt{\dfrac{2gh}{1-\left(\dfrac{d}{D}\right)^2}}$

④ $\dfrac{\pi d^2}{4}\sqrt{\dfrac{2gh}{1+\left(\dfrac{d}{D}\right)^2}}$

해설

$Q = Ca\sqrt{\dfrac{2gh}{1-\left(\dfrac{Ca}{A}\right)^2}} = 1 \times \dfrac{\pi d^2}{4}\sqrt{\dfrac{2gh}{1-\left(\dfrac{1\times\dfrac{\pi d^2}{4}}{\dfrac{\pi D^2}{4}}\right)^2}}$

$= \dfrac{\pi d^2}{4}\sqrt{\dfrac{2gh}{1-\left(\dfrac{d^2}{D^2}\right)^2}} = \dfrac{\pi d^2}{4}\sqrt{\dfrac{2gh}{1-\left(\dfrac{d}{D}\right)^4}}$

해답 ②

046

수로 바닥에서의 마찰력 τ_o, 물의 밀도 ρ, 중력 가속도 g, 수리평균수심 R, 수면경사 I, 에너지선의 경사 I_e라고 할 때 등류(㉠)와 부등류(㉡)의 경우에 대한 마찰속도(u^*)는?

① ㉠ : $\rho R I_e$, ㉡ : $\rho R I$

② ㉠ : $\dfrac{\rho R I}{\tau_o}$, ㉡ : $\dfrac{\rho R I_e}{\tau_o}$

③ ㉠ : $\sqrt{\rho R I}$, ㉡ : $\sqrt{\rho R I_e}$

④ ㉠ : $\sqrt{\dfrac{\rho R I}{\tau_o}}$, ㉡ : $\sqrt{\dfrac{\rho R I_e}{\tau_o}}$

해설 **마찰속도**(전단속도)

$u^* = \sqrt{\dfrac{\tau}{\rho}} = V\sqrt{\dfrac{f}{8}} = \sqrt{gRI}$

① 등류

등류(등속정류)는 정류 중에서 어느 단면에서나 유속과 수심이 변하지 않는 흐름으로, 등류에서는 에너지선과 동수경사선이 항상 평행하게 되는 흐름이다.
수면경사 I와 에너지선의 경사 I_e가 평행하므로

$$u^* = \sqrt{\frac{\tau}{\rho}} = V\sqrt{\frac{f}{8}} = \sqrt{gRI}$$

② 부등류
정류 중에서 수류의 단면에 따라 유속과 수심이 변하는 흐름으로, 부등류에서는 에너지선과 동수경사선이 항상 평행하게 되지는 않는다.
부등류에서는 에너지선의 경사 I_e를 사용하여 구하므로
$$u^* = \sqrt{gRI_e}$$

해답 ③

047
유속을 V, 물의 단위중량을 γ_w, 물의 밀도를 ρ, 중력가속도를 g라 할 때 동수압(動水壓)을 바르게 표시한 것은?

① $\dfrac{V^2}{2g}$ ② $\dfrac{\gamma_w V^2}{2g}$
③ $\dfrac{\gamma_w V}{2g}$ ④ $\dfrac{\rho V^2}{2g}$

해설 동압력 $= \dfrac{\rho V^2}{2} = \dfrac{\gamma_w V^2}{2g}$

해답 ②

048
관수로의 흐름에서 마찰손실계수를 f, 동수반경을 R, 동수경사를 I, Chezy 계수를 C라 할 때 평균 유속 V는?

① $V = \sqrt{\dfrac{8g}{f}RI}$ ② $V = fC\sqrt{RI}$
③ $V = \dfrac{\pi d^2}{4}f\sqrt{RI}$ ④ $V = f \cdot \dfrac{l}{4R} \cdot \dfrac{V^2}{2g}$

해설 Chézy의 평균유속
$$V = C\sqrt{RI} = \sqrt{\dfrac{8g}{f}} \cdot \sqrt{RI}$$

해답 ①

049 피압 지하수를 설명한 것으로 옳은 것은?

① 하상 밑의 지하수
② 어떤 수원에서 다른 지역으로 보내지는 지하수
③ 지하수와 공기가 접해있는 지하수면을 가지는 지하수
④ 두 개의 불투수층 사이에 끼어 있어 대기압보다 큰 압력을 받고 있는 대수층의 지하수

해설 피압지하수는 불투수층 사이에 끼어 있어 대기압보다 큰 압력을 받고 있는 대수층의 지하수로서 투수층 내에 포함되어 있는 지하수면을 갖지 않는 지하수이다. 피압지하수는 대수층의 상부가 점토층과 같이 불투수층으로 되어 있고 대수층의 물이 높은 수압을 갖고 있다.

해답 ④

050 물의 순환에 대한 설명으로 옳지 않은 것은?

① 지하수 일부는 지표면으로 용출해서 다시 지표수가 되어 하천으로 유입된다.
② 지표에 강하한 우수는 지표면에 도달 전에 그 일부가 식물의 나무와 가지에 의하여 차단된다.
③ 지표면에 도달한 우수는 토양 중에 수분을 공급하고 나머지가 아래로 침투해서 지하수가 된다.
④ 침투란 토양면을 통해 스며든 물이 중력에 의해 계속 지하로 이동하여 불투수층까지 도달하는 것이다.

해설 ① 침투 : 물이 흙 표면을 통해 흙 속으로 스며드는 현상이다.
② 침루 : 침투한 물이 중력 때문에 계속 지하로 이동하여 지하수면까지 도달하는 현상이다.

해답 ④

051 중량이 600N, 비중이 3.0인 물체를 물(담수) 속에 넣었을 때 물 속에서의 중량은?

① 100N
② 200N
③ 300N
④ 400N

해설 ① 물체의 자중
$W = 3V = 600N$에서 물체의 체적 $V = 200$
② 부력
물의 비중은 1이므로 $B = w'V' = 1 \times V = V$

여기서, B : 부력, w' : 물의 단위중량, V' : 수중 부분의 체적
③ 물체가 물속에 잠겨 있을 때 물속 물체의 무게
$W' = W - B = 3V - V = 2V = 2 \times 200 = 400\text{N}$
여기서, W' : 물속 물체의 무게, W : 물체의 무게, B : 부력

해답 ④

052

단위유량도이론에서 사용하고 있는 기본가정이 아닌 것은?

① 비례 가정
② 중첩 가정
③ 푸아송 분포 가정
④ 일정 기저시간 가정

해설 단위도의 가정
① 일정 기저시간 가정
② 비례 가정
③ 중첩 가정

해답 ③

053

10m³/s의 유량이 흐르는 수로에 폭 10m의 단수축이 없는 위어를 설계할 때, 위어의 높이를 1m로 할 경우 예상되는 월류수심은? (단, Francis 공식을 사용하며, 접근유속은 무시한다.)

① 0.67m
② 0.71m
③ 0.75m
④ 0.79m

해설 Francis 공식
$Q = 1.84 b_o h^{\frac{3}{2}} = 1.84(b - 0.1nh)h^{\frac{3}{2}} = 1.84 \times (10 - 0.1 \times 0 \times h) \times h^{\frac{3}{2}} = 10^3 \text{m/s}$ 에서
$18.4 h^{\frac{3}{2}} = 10 \text{m}^3/\text{s}$ $h = \left(\frac{10}{18.4}\right)^{\frac{2}{3}} = 0.67\text{m}$

해답 ①

054

액체 속에 잠겨 있는 경사평면에 작용하는 힘에 대한 설명으로 옳은 것은?

① 경사각과 상관없다.
② 경사각에 직접 비례한다.
③ 경사각의 제곱에 비례한다.
④ 무게중심에서의 압력과 면적의 곱과 같다.

해설 전수압은 $P = wh_G A$ 공식에 의해 구할 수 있으므로, 면 중심에서의 압력과 그 면적의 곱과 같다.

해답 ④

055

수로 폭이 10m인 직사각형 수로의 도수 전수심이 0.5m, 유량이 40m³/s이었다면 도수 후의 수심(h_2)은?

① 1.96m ② 2.18m
③ 2.31m ④ 2.85m

해설
① 도수 전 유속 $V = \dfrac{Q}{A} = \dfrac{40}{10 \times 0.5} = 8\text{m/s}$

② 프루드수 $Fr_1 = \dfrac{V}{\sqrt{gh}} = \dfrac{8}{\sqrt{9.8 \times 0.5}} = 3.614$

③ 도수 후의 상류의 수심

$\dfrac{h_2}{h_1} = \dfrac{1}{2}(-1 + \sqrt{1 + 8Fr_1^2})$ 에서

$h_2 = \dfrac{h_1}{2}(-1 + \sqrt{1 + 8Fr_1^2}) = \dfrac{0.5}{2} \times (-1 + \sqrt{1 + 8 \times 3.614^2}) = 2.318\text{m}$

해답 ③

056

유역면적 10km², 강우강도 80mm/h, 유출계수 0.70일 때 합리식에 의한 첨두유량($Q_{\max}$)은?

① 155.6m³/s ② 560m³/s
③ 1.556m³/s ④ 5.6m³/s

해설 첨두유량

$Q_{\max} = \dfrac{1}{3.6}CIA = \dfrac{1}{3.6} \times 0.7 \times 80 \times 10 = 155.6\text{m}^3/\text{s}$

해답 ①

057

Darcy의 법칙에 대한 설명으로 옳지 않은 것은?

① 투수계수는 물의 점성계수에 따라서도 변화한다.
② Darcy의 법칙은 지하수의 흐름에 대한 공식이다.
③ Reynold 수가 100 이상이면 안심하고 적용할 수 있다.
④ 평균유속이 동수경사와 비례관계를 가지고 있는 흐름에 적용될 수 있다.

해설 Darcy법칙은 층류로 취급했으며 실험에 의하면 대략적으로 레이놀즈수(Re) < 4에서 주로 성립한다.

해답 ③

058

수두차가 10m인 두 저수지를 지름이 30cm, 길이가 300m, 조도계수가 0.013m$^{-1/3}$·s인 주철관으로 연결하여 송수할 때, 관을 흐르는 유량(Q)은? (단, 관의 유입손실계수 f_e=0.5, 유출손실계수 f_o=1.0이다.)

① 0.02m³/s ② 0.08m³/s
③ 0.17m³/s ④ 0.19m³/s

해설 ① Manning 식

$$f = 124.5n^2 D^{-\frac{1}{3}} = 124.5 \times 0.013^2 \times 0.3^{-\frac{1}{3}} = 0.03143$$

② 관 속을 흐르는 유량
유입손실계수 f_e는 0.5, 유출손실계수 f_o는 1.0이다.

$$Q = AV = \frac{\pi D^2}{4}\sqrt{\frac{2gH}{f_e + f\frac{l}{D} + f_o}}$$

$$= \frac{\pi \times 0.3^2}{4} \times \sqrt{\frac{2 \times 9.8 \times 10}{0.5 + 0.03143 \times \frac{300}{0.3} + 1}}$$

$$= 0.17 \text{m}^3/\text{s}$$

해답 ③

059

개수로 내의 흐름에서 평균유속을 구하는 방법 중 2점법의 유속 측정 위치로 옳은 것은?

① 수면과 전수심의 50% 위치
② 수면으로부터 수심의 10%와 90% 위치
③ 수면으로부터 수심의 20%와 80% 위치
④ 수면으로부터 수심의 40%와 60% 위치

해설 2점법은 수면에서 0.2H, 0.8H 되는 곳의 유속을 측정하여 평균유속을 구하는 방법이다.

$$V_m = \frac{1}{2}(V_{0.2} + V_{0.8})$$

여기서, V_m : 평균유속
$V_{0.2}$: 수심 0.2H 되는(표면에서 수심의 20%) 곳의 유속
$V_{0.8}$: 수심 0.8H 되는(표면에서 수심의 80%) 곳의 유속

해답 ③

060

어떤 유역에 표와 같이 30분간 집중호우가 발생하였다면 지속시간 15분인 최대 강우 강도는?

시간[분]	0~5	5~10	10~15	15~20	20~25	25~30
우량[mm]	2	4	6	4	8	6

① 50mm/h ② 64mm/h
③ 72mm/h ④ 80mm/h

해설 ① 15분간 지속 최대 강우량
  ㉠ 0~15 : 12mm   ㉡ 5~20 : 14mm
  ㉢ 10~25 : 18mm   ㉣ 15~30 : 18mm
 15분간 지속되는 최대 강우량은 10분에서 25분 사이 또는 15분에서 30분 사이에 내린 18mm이다.
② 지속기간 15분인 최대 강우강도
$$I = \frac{18mm}{15min} \times \frac{60min}{1hr} = 72mm/hr$$

해답 ③

제4과목 철근콘크리트 및 강구조

061

그림과 같은 맞대기 용접의 용접부에 생기는 인장응력은?

① 50MPa
② 70.7MPa
③ 100MPa
④ 141.4MPa

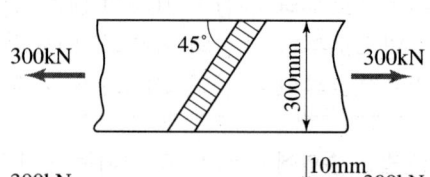
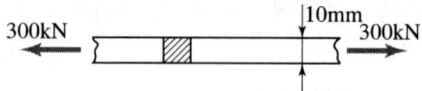

해설 $f = \dfrac{P}{\sum al} = \dfrac{300,000N}{10 \times 300} = 100MPa$

해답 ③

062

깊은보는 한쪽 면이 하중을 받고 반대쪽 면이 지지되어 하중과 받침부 사이에 압축대가 형성되는 구조요소로서 아래의 (가) 또는 (나)에 해당하는 부재이다. 아래의 ( )안에 들어갈 ㉠, ㉡으로 옳은 것은?

> (가) 순경간 l_n이 부재 깊이의 (㉠)배 이하인 부재
> (나) 받침부 내면에서 부재 깊이의 (㉡)배 이하인 위치에 집중하중이 작용하는 경우는 집중하중과 받침부 사이의 구간

① ㉠ : 4, ㉡ : 2
② ㉠ : 3, ㉡ : 2
③ ㉠ : 2, ㉡ : 4
④ ㉠ : 2, ㉡ : 3

해설 깊은 보(deep beam)는 보의 깊이가 지간에 대하여 비교적 큰 보를 말하며, 한쪽 면이 하중을 받고 반대쪽 면이 지지되어 하중과 받침부 사이에 압축대가 형성되는 구조요소로서 다음 중 하나에 해당하는 부재를 말한다.
① 순경간 l_n이 부재 깊이의 4배 이하인 부재
② 받침부 내면에서(받침부로부터) 부재 깊이의 2배 이하인 위치에 집중하중이 작용하는 경우는 집중하중과 받침부 사이의 구간

해답 ①

063

아래 그림과 같은 인장재의 순단면적은 약 얼마인가? (단, 구멍의 지름은 25mm 이고, 강판두께는 10mm이다.)

① 2323mm²
② 2439mm²
③ 2500mm²
④ 2595mm²

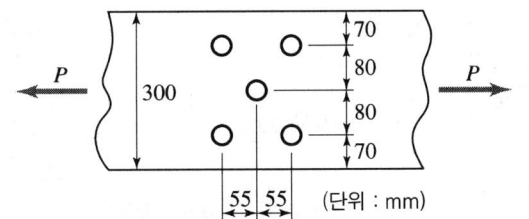

해설 1. 순폭
폭은 수직방향으로 내려오면서 인접한 모든 구멍이 연결(같은 위치에서는 한 개의 구멍만 연결)될 때 가장 작은 값인 순폭이 되므로

$$b_n = b - d - 2w = b - d - 2\left(d - \frac{P^2}{4g}\right) = 300 - 25 - 2 \times \left(25 - \frac{55^2}{4 \times 80}\right) = 243.91\,\text{mm}$$

2. 순단면적
$A_n = b_n t = 243.91 \times 10 = 2{,}439.1\,\text{mm}^2$

해답 ②

064
계수하중에 의한 전단력 V_u=75kN을 받을 수 있는 직사각형 단면을 설계하려고 한다. 기준에 의한 최소 전단철근을 사용할 경우 필요한 보통중량콘크리트의 최소단면적($b_w d$)은? (단, f_{ck}=28MPa, f_y=300MPa이다.)

① 101090mm^2
② 103073mm^2
③ 106303mm^2
④ 113390mm^2

해설 최소전단철근 사용은 $\frac{1}{2}\phi V_c < V_u \leq \phi V_c$인 경우 필요하다.

① 콘크리트가 부담하는 전단강도
$$V_c = \frac{1}{6}\lambda\sqrt{f_{ck}}\,b_w d = \frac{1}{6}\times 1 \times \sqrt{28}\,b_w d = 0.8819171\,b_w d$$

② $\frac{1}{2}\phi V_c < V_u \leq \phi V_c$이므로

$75,000 \leq 0.75 \times 0.8819171\,b_w d$에서

$$(b_w d)_{min} = \frac{75,000}{0.75 \times 0.8819171} = 113,389.3\,mm^2 \fallingdotseq 113,390\,mm^2$$

해답 ④

065
단철근 직사각형 보의 폭이 300mm, 유효깊이가 500mm, 높이가 600mm일 때, 외력에 의해 단면에서 휨균열을 일으키는 휨모멘트(M_{cr})는? (단, f_{ck}=28MPa, 보통중량콘크리트이다.)

① 58kN·m
② 60kN·m
③ 62kN·m
④ 64kN·m

해설
$$f = \frac{M_{cr}}{I_g}y_t = 0.63\lambda\sqrt{f_{ck}} = \frac{M_{cr}}{I}y = \frac{M_{cr}}{\frac{300\times 600^3}{12}} \times \frac{600}{2} = 0.63 \times 1 \times \sqrt{28}\text{ 에서}$$

$$M_{cr} = \frac{0.63 \times 1 \times \sqrt{28}}{\frac{600}{2}} \times \frac{300\times 600^3}{12} = 60,005,640\,N\cdot mm = 60\,kN\cdot m$$

해답 ②

066
옹벽의 설계에 대한 일반적인 설명으로 틀린 것은?

① 뒷부벽은 캔틸레버로 설계하여야 하며, 앞부벽은 T형보로 설계하여야 한다.
② 활동에 대한 저항력은 옹벽에 작용하는 수평력의 1.5배 이상이어야 한다.
③ 전도에 대한 저항휨모멘트는 횡토압에 의한 전도모멘트의 2.0배 이상이어야 한다.
④ 저판의 뒷굽판은 정확한 방법이 사용되지 않는 한, 뒷굽판 상부에 재하되는 모든 하중을 지지하도록 설계하여야 한다.

해설 **부벽식옹벽의 구조해석**
① 앞부벽 : 직사각형보로 설계
② 뒷부벽 : T형보의 복부로 설계
③ 전면벽 : 3변 지지된 2방향 슬래브로 설계할 수 있다.
④ 저판 : 정확한 방법이 사용되지 않는 한 뒷부벽 또는 앞부벽 간의 거리를 경간으로 가정하여 고정보 또는 연속보로 설계할 수 있다.

해답 ①

067
아래 그림과 같은 철근콘크리트 보–슬래브 구조에서 대칭 T형보의 유효폭(b)은?

① 2000mm
② 2300mm
③ 3000mm
④ 3180mm

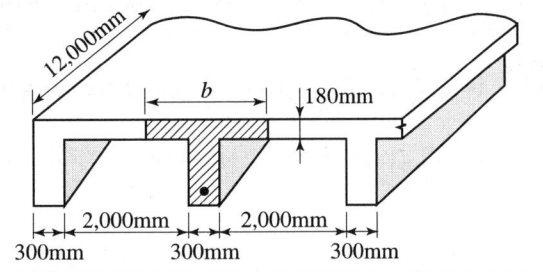

해설 **플랜지 폭**
대칭 T형보이므로
① $8t_1 + 8t_2 + b_w = 8 \times 180 + 8 \times 180 + 300 = 3,180\text{mm}$
② 보 경간의 $1/4 = \dfrac{12,000}{4} = 3,000\text{mm}$
③ 양 슬래브 중심간 거리 $= \dfrac{2,000}{2} + 300 + \dfrac{2,000}{2} = 2,300\text{mm}$

셋 중 가장 작은 값인 2,300mm를 유효폭으로 결정한다.

해답 ②

068
복철근 콘크리트보 단면에 압축철근비 $\rho' = 0.01$ 배근되어 있다. 이 보의 순간처짐이 20mm일 때 1년간 지속하중에 의해 유발되는 전체 처짐량은?

① 38.7mm
② 40.3mm
③ 42.4mm
④ 45.6mm

해설 ① 압축철근비 $\rho' = 0.01$
② 지속 하중 재하 기간에 따른 계수 $\xi = 1.4$

구분	3개월	6개월	12개월	5년 이상
ξ	1.0	1.2	1.4	2.0

③ 처짐계수 $\lambda = \dfrac{\xi}{1 + 50\rho'} = \dfrac{1.4}{1 + 50 \times 0.01} = 0.933$
④ 장기처짐 $= \lambda \times$ 탄성처짐 $= 0.933 \times 20 = 18.66\text{mm}$
⑤ 전체 처짐 $=$ 장기처짐 $+$ 탄성처짐 $= 20 + 18.66 = 38.7\text{mm}$

해답 ①

069 철근콘크리트 부재에서 V_s가 $\frac{1}{3}\lambda\sqrt{f_{ck}}\,b_w d$를 초과하는 경우 부재축에 직각으로 배치된 전단철근의 간격 제한으로 옳은 것은? (단, b_w : 복부의폭, d : 유효깊이, λ : 경량콘크리트 계수, V_s : 전단철근에 의한 단면의 공칭전단강도)

① $d/2$ 이하, 또 어느 경우이든 600mm 이하
② $d/2$ 이하, 또 어느 경우이든 300mm 이하
③ $d/4$ 이하, 또 어느 경우이든 600mm 이하
④ $d/4$ 이하, 또 어느 경우이든 300mm 이하

해설 $V_s \leq \frac{1}{3}\lambda\sqrt{f_{ck}}\,b_w d$(N)인 경우의 규정된 최대 간격을 $\frac{1}{2}$로 감소시켜야 하므로 전단철근의 간격은 $0.25d$ 이하, 300mm 이하($s \leq \frac{d}{4}$, $s \leq 300\mathrm{mm}$)로 한다.

해답 ④

070 아래는 슬래브의 직접설계법에서 모멘트 분배에 대한 내용이다. 아래의 ( )안에 들어갈 ㉠, ㉡으로 옳은 것은?

내부 경간에서는 전체 정적 계수휨모멘트 M_o를 다음과 같은 비율로 분배하여야 한다.
• 부계수휨모멘트 ··(㉠)
• 정계수휨모멘트 ··(㉡)

① ㉠ : 0.65, ㉡ : 0.35
② ㉠ : 0.55, ㉡ : 0.45
③ ㉠ : 0.45, ㉡ : 0.55
④ ㉠ : 0.35, ㉡ : 0.65

해설 2방향 슬래브의 직접설계법에서 내부 경간 분배율
① 부 계수 휨 모멘트 : $0.65 M_o$
② 정 계수 휨 모멘트 : $0.35 M_o$

해답 ①

071 아래에서 ( )안에 들어갈 수치로 옳은 것은?

보나 장선의 깊이 h가 ( )mm를 초과하면 종방향 표피철근을 인장연단부터 $h/2$ 지점까지 부재 양쪽 측면 따라 균일하게 배치하여야 한다.

① 700
② 800
③ 900
④ 1000

해설 보나 장선의 깊이 h가 900mm를 초과하면, 종방향 표피철근을 인장연단으로부터 $\dfrac{h}{2}$ 지점까지 부재 양쪽 측면을 따라 균일하게 배치하여야 한다.

해답 ③

072 용접이음에 관한 설명으로 틀린 것은?

① 내부 검사(X-선 검사)가 간단하지 않다.
② 작업의 소음이 적고 경비와 시간이 절약된다.
③ 리벳구멍으로 인한 단면 감소가 없어서 강도 저하가 없다.
④ 리벳이음에 비해 약하므로 응력 집중 현상이 일어나지 않는다.

해설 용접이음은 응력 집중이 일어나기 쉬운 단점이 있다.

해답 ④

073 포스트텐션 긴장재의 마찰손실을 구하기 위해 아래와 같은 근사식을 사용하고자 할 때 근사식을 사용할 수 있는 조건으로 옳은 것은?

$$P_{px} = \dfrac{P_{pj}}{(1 + Kl_{px} + \mu_p \alpha_{px})}$$

P_{px} : 임의점 x에서 긴장재의 긴장력(N)
P_{pj} : 긴장단에서 긴장재의 긴장력(N)
K : 긴장재의 단위길이 1m당 파상마찰계수
l_{px} : 정착단부터 임의의 지점 x까지 긴장재의 길이 (m)
μ_p : 곡선부의 곡률마찰계수
α_{px} : 긴장단부터 임의점 x까지 긴장재의 전체 회전각 변화량(라디안)

① P_{pj}의 값이 5000kN 이하인 경우
② P_{pj}의 값이 5000kN 초과하는 경우
③ $(Kl_{px} + \mu_p \alpha_{px})$ 값이 0.3 이하인 경우
④ $(Kl_{px} + \mu_p \alpha_{px})$ 값이 0.3 초과인 경우

해설 $(Kl_{px} + \mu_p \alpha_{px}) \leq 0.3$인 경우 다음의 근사식을 사용할 수 있다.

해답 ③

074

단면이 300×400mm이고, 150mm²의 PS 강선 4개를 단면도심축에 배치한 프리텐션 PS 콘크리트 부재가 있다. 초기 프리스트레스 1000MPa일 때 콘크리트의 탄성수축에 의한 프리스트레스의 손실량은? (단, 탄성계수비(n)는 6.0이다.)

① 30MPa
② 34MPa
③ 42MPa
④ 52MPa

해설 ① $P_i = f_{pi} A_{ps} = 1,000 \times (4 \times 150) = 600,000\text{N}$

② 콘크리트의 탄성변형에 의한 PS강재의 프리스트레스 감소량

$$\Delta f_P = n f_{ci} = n \frac{P_i}{A_c} = 6 \times \frac{600,000}{300 \times 400} = 30\text{MPa}$$

[참고] 유효 프리스트레스
$f_{pe} = f_{pi} - \Delta f_p = 1,000 - 31.5 = 968.5\text{MPa}$

해답 ①

075

2방향 슬래브의 설계에서 직접설계법을 적용할 수 있는 제한 사항으로 틀린 것은?

① 각 방향으로 3경간 이상 연속되어야 한다.
② 슬래브 판들은 단변 경간에 대한 장변 경간의 비가 2이하인 직사각형이어야 한다.
③ 각 방향으로 연속한 받침부 중심간 경간 차이는 긴 경간의 1/3 이하이어야 한다.
④ 연속한 기둥 중심선을 기준으로 기둥의 어긋남은 그 방향 경간의 20% 이하이어야 한다.

해설 연속한 기둥 중심선으로부터 기둥의 어긋남은 그 방향 경간의 최대 10% 이하이어야 한다.

해답 ④

076

철근의 정착에 대한 설명으로 틀린 것은?

① 인장 이형철근 및 이형철선의 정착길이(l_d)는 항상 300mm 이상이어야 한다.
② 압축 이형철근의 정착길이(l_d)는 항상 400mm 이상이어야 한다.
③ 갈고리는 압축을 받는 경우 철근정착에 유효하지 않은 것으로 보아야 한다.
④ 단부에 표준갈고리가 있는 인장 이형철근의 정착길이(l_{dh})는 항상 철근의 공칭지름(d_b)의 8배 이상, 또한 150mm 이상이어야 한다.

해설 압축 이형철근의 정착길이는 항상 200mm 이상이어야 한다.

해답 ②

077 그림과 같은 단면의 도심에 PS강재가 배치되어 있다. 초기 프리스트레스 1800kN을 작용시켰다. 30%의 손실을 가정하여 콘크리트의 하연응력이 0이 되기 위한 휨모멘트 값은? (단, 자중은 무시한다.)

① 120kN · m
② 126 kN · m
③ 130kN · m
④ 150kN · m

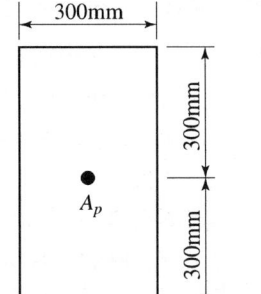

해설 $f_{하연} = \dfrac{P}{A} - \dfrac{M}{Z} = \dfrac{P}{bh} - \dfrac{M}{\frac{bh^2}{6}} = 0$ 에서 $M = \dfrac{Ph}{6} = \dfrac{(1800 \times 0.7) \times 0.6}{6} = 126\text{kN} \cdot \text{m}$

해답 ②

078 콘크리트 설계기준압축강도가 28MPa, 철근의 설계기준항복강도가 350MPa로 설계된 길이가 4m인 캔틸레버 보가 있다. 처짐을 계산하지 않는 경우의 최소 두께는? (단, 보통중량콘크리트($m_c = 2300\text{kg/m}^3$)이다.)

① 340mm
② 465mm
③ 512mm
④ 600mm

해설 보통콘크리트($w_c = 2,300\text{kg/m}^3$)와 설계기준항복강도 400MPa 철근을 사용한 부재가 아닌 경우 수정값을 사용하여야 한다.
$f_y = 350\text{MPa} < 400\text{MPa}$ 이므로 처짐을 계산하지 않는 경우 캔틸레버보의 최소 두께는
$h = \dfrac{l}{8}\left(0.43 + \dfrac{f_y}{700}\right) = \dfrac{4,000}{8} \times \left(0.43 + \dfrac{350}{700}\right) = 465\text{mm}$

해답 ②

079 나선철근 압축부재 단면의 심부 지름이 300mm, 기둥 단면의 지름이 400mm인 나선철근 기둥의 나선철근비는 최소 얼마 이상이어야 하는가? (단, 나선철근의 설계기준항복강도(f_{yt})는 400MPa, 콘크리트의 설계기준압축강도(f_{ck})는 28MPa이다.)

① 0.0184
② 0.0201
③ 0.0225
④ 0.0245

해설 $\rho_s \geq 0.45\left(\dfrac{A_g}{A_c} - 1\right)\dfrac{f_{ck}}{f_{yt}} = 0.45 \times \left(\dfrac{\frac{\pi \times 400^2}{4}}{\frac{\pi \times 300^2}{4}} - 1\right) \times \dfrac{28}{400} = 0.0245$

해답 ④

080 강도감소계수(ϕ)를 규정하는 목적으로 옳지 않은 것은?

① 부정확한 설계 방정식에 대비한 여유
② 구조물에서 차지하는 부재의 중요도를 반영
③ 재료 강도와 치수가 변동할 수 있으므로 부재의 강도 저하 확률에 대비한 여유
④ 하중의 공칭 값과 실제 하중 간의 불가피한 차이 및 예기치 않은 초과하중에 대비한 여유

해설 하중의 공칭 값과 실제 하중 간의 불가피한 차이 및 예기치 않은 초과하중에 대비한 여유를 주기 위한 계수는 하중증가계수이다.

해답 ④

제5과목 토질 및 기초

081 흙의 분류법인 AASHTO분류법과 통일분류법을 비교·분석한 내용으로 틀린 것은?

① 통일분류법은 0.075mm체 통과율 35%를 기준으로 조립토와 세립토로 분류하는데 이것은 AASHTO분류법보다 적합하다.
② 통일분류법은 입도분포, 액성한계, 소성지수 등을 주요 분류인자로 한 분류법이다.
③ AASHTO분류법은 입도분포, 군지수 등을 주요 분류인자로 한 분류법이다.
④ 통일분류법은 유기질토 분류방법이 있으나 AASHTO분류법은 없다.

해설 1. **통일 분류법의 조립토와 세립토 구분**
① No.200체(0.075mm) 통과율 50% 미만 : 조립토
② No.200체(0.075mm) 통과율 50% 이상 : 세립토
2. **AASHTO 분류의 조립토와 세립토 구분**
① 조립토의 분류 : No.200 체 통과량 35% 이하(G, S)
② 세립토의 분류 : No.200 체 통과량 35% 이상(M, C, O)

해답 ①

082

포화단위중량(γ_{sat})이 19.62kN/m³인 사질토로된 무한사면이 20°로 경사져 있다. 지하수위가 지표면과 일치하는 경우 이 사면의 안전율이 1 이상이 되기 위해서 흙의 내부마찰각이 최소 몇 도 이상이어야 하는가? (단, 물의 단위중량은 9.81kN/m³이다.)

① 18.21°   ② 20.52°
③ 36.06°   ④ 45.47°

해설 사질토지반의 점착력(c)이 0(zero)이므로

$$F_s = \frac{\gamma_{sub}}{\gamma_{sat}} \cdot \frac{\tan\phi}{\tan\beta} = \frac{19.62 - 9.81}{19.62} \times \frac{\tan\phi}{\tan 20°} \geq 1 \text{에서}$$

$$\phi = \tan^{-1}\frac{19.62 \times \tan 20°}{19.62 - 9.81} = 36.05°$$

해답 ③

083

그림에서 지표면으로부터 길이 6m에서의 연직응력(σ_v)과 수평응력(σ_h)의 크기를 구하면? (단, 토압계수는 0.6이다.)

① $\sigma_v = 87.3\text{kN/m}^2$, $\sigma_h = 52.4\text{kN/m}^2$
② $\sigma_v = 95.2\text{kN/m}^2$, $\sigma_h = 57.1\text{kN/m}^2$
③ $\sigma_v = 112.2\text{kN/m}^2$, $\sigma_h = 67.3\text{kN/m}^2$
④ $\sigma_v = 123.4\text{kN/m}^2$, $\sigma_h = 74.0\text{kN/m}^2$

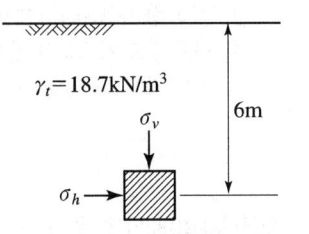

해설 ① 수직응력 : $\sigma_v = \gamma_t Z = 18.7 \times 6 = 112.2\text{kN/m}^2$
② 수평응력 : $\sigma_h = K_o \sigma_v = 0.6 \times 112.2 = 67.32\text{kN/m}^2$

해답 ③

084

흙 시료의 전단시험 중 일어나는 다일러턴시(Dilatancy) 현상에 대한 설명으로 틀린 것은?

① 흙이 전단될 때 전단면 부근의 흙입자가 재배열되면서 부피가 팽창하거나 수축하는 현상을 다일러턴시라 부른다.
② 사질토 시료는 전단 중 다일러턴시가 일어나지 않는 한계의 간극비가 존재한다.
③ 정규압밀 점토의 경우 정(+)의 다일러턴시가 일어난다.
④ 느슨한 모래는 보통 부(-)의 다일러턴시가 일어난다.

해설 전단상자 속의 시료가 조밀한 경우에는 체적이 증가하나 느슨한 경우에는 체적이

감소한다. 이와 같은 전단변형에 따른 용적변화를 Dilatancy라 한다.

흙 종류	체적 변화	다일러턴시	간극수압
촘촘한 모래 (과압밀 점토)	팽창	(+) 다일러턴시	감소(−)
느슨한 모래 (정규 압밀점토)	수축	(−) 다일러턴시	증가(+)

해답 ③

085 도로의 평판재하 시험에서 시험을 멈추는 조건으로 틀린 것은?

① 완전히 침하가 멈출 때
② 침하량이 15mm에 달할 때
③ 재하 응력이 지반의 항복점을 넘을 때
④ 재하 응력이 현장에서 예상할 수 있는 가장 큰 접지 압력의 크기를 넘을 때

해설 평판재하시험 종료 조건
① 침하량이 15mm에 달한 경우
② 하중강도가 그 지반의 항복점을 넘는 경우
③ 하중강도가 현장에서 예상되는 최대접지 압력을 초과하는 경우

해답 ①

086 압밀시험에서 얻은 $e - \log P$ 곡선으로 구할 수 있는 것이 아닌 것은?

① 선행압밀압력
② 팽창지수
③ 압축지수
④ 압밀계수

해설
1. **압밀계수**(Coefficient of Consolidation) 값은 시료의 시간-침하량 곡선으로부터 구해지며, Taylor(1942)가 제안한 방법과 Casagrande와 Fadum(1940)이 제안한 방법의 두가지가 있으며, 압밀계수는 지반의 압밀침하에 소요되는 시간을 추정하는데 사용된다.
2. 압밀곡선으로부터 구할 수 있는 요소

구분 \ 곡선	시간-침하량 곡선	하중-간극비 곡선
공통	① 압축계수 ② 체적변화계수	① 압축계수 ② 체적변화계수
차이점	① 압밀계수 ② 투수계수 ③ 1차 압밀비 ④ 압밀시간 산정 ⑤ 각 하중 단계마다 작성	① 압축지수 ② 선행압밀하중 ③ 압밀 침하량 산정 ④ 전 하중 단계에서 작성

해답 ④

087 상·하층이 모래로 되어 있는 두께 2m의 점토층이 어떤 하중을 받고 있다. 이 점토층의 투수계수가 5×10^{-7}cm/s, 체적변화계수(m_v)가 5.0cm²/kN일 때 90% 압밀에 요구되는 시간은? (단, 물의 단위중량은 9.81kN/m³이다.)

① 약 5.6일　　　　　② 약 9.8일
③ 약 15.2일　　　　 ④ 약 47.2일

해설 ① $C_v = \dfrac{k}{m_v \cdot \gamma_w} = \dfrac{5 \times 10^{-7}}{5 \times (9.81 \times 10^{-6})} = 0.0102 \text{cm}^2/\text{s}$

② $t_{90} = \dfrac{0.848 \cdot d^2}{C_v} = \dfrac{0.848 \times \left(\dfrac{200}{2}\right)^2}{0.0102} = 831,372.55$초

$= \dfrac{831,372.55 \text{sec}}{60 \times 60 \times 24} = 9.62$일

해답 ②

088 어떤 지반에 대한 흙의 입도분석결과 곡률계수(C_g)는 1.5, 균등계수(C_u)는 15이고 입자는 모난 형상이었다. 이때 Dunham의 공식에 의한 흙의 내부마찰각(ϕ)의 추정치는? (단, 표준관입시험 결과 N치는 10이었다.)

① 25°　　　　　② 30°
③ 36°　　　　　④ 40°

해설 ① 입도 판정
　㉠ 흙에서 균등계수(C_u) 15로 양입도 조건 10 클 것 만족
　㉡ 흙에서 곡률계수(C_g)는 1.5로 양입도 조건 1~3 만족
　㉢ 균등계수(C_u)와 곡률계수(C_g) 둘 모두 만족하므로 입도 분포가 좋다(양입도)
② 흙의 내부마찰각(ϕ)의 추정치
　양입도에 입자는 모난 형상이므로
　$\phi = \sqrt{12N} + 25 = \sqrt{12 \times 10} + 25 = 36°$

[참고] 1. 양입도 조건
　　① 흙일 때 : $C_u > 10$, 그리고 $C_g = 1 \sim 3$
　　② 모래일 때 : $C_u > 6$, 그리고 $C_g = 1 \sim 3$
　　③ 자갈일 때 : $C_u > 4$, 그리고 $C_g = 1 \sim 3$
　　균등계수(C_u)와 곡률계수(C_g) 둘 중 어느 하나라도 만족하지 못하면 입도 분포가 나쁘다.
2. N, ϕ의 관계(Dunham 공식)
　　① 토립자가 모나고 입도가 양호 : $\phi = \sqrt{12N} + 25$
　　② 토립자가 모나고 입도가 불량 : $\phi = \sqrt{12N} + 20$
　　③ 토립자가 둥글고 입도가 양호 : $\phi = \sqrt{12N} + 20$
　　④ 토립자가 둥글고 입도가 불량 : $\phi = \sqrt{12N} + 15$

해답 ③

089 흙의 내부마찰각이 20°, 점착력이 50kN/m², 습윤단위중량이 17kN/m³, 지하수위 아래 흙의 포화단중량이 19kN/m³일 때 3m×3m 크기의 정사각형 기초의 극한지지력을 Terzaghi의 공식으로 구하면? (단, 지하수위는 기초바닥 깊이와 같으며 물의 단위중량은 9.81kN/m³이고, 지지력계수 N_c=18, N_γ=5, N_q=7.50이다.)

① 1231.24kN/m²
② 1337.31kN/m²
③ 1480.14kN/m²
④ 1540.42kN/m²

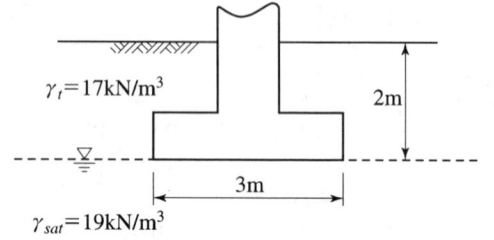

해설 ① 기초 모양에 따른 형상계수
정사각형 기초이므로
㉠ $\alpha = 1.3$
㉡ $\beta = 0.4$
② 지하수위가 $D_1 = D_f$인 경우(기초저면)이므로
$r_1' = r_{sub}$ $q = r_2 D_f$
③ $q_{ult} = \alpha c N_c + \beta \gamma_1 B N_\gamma + \gamma_2 D_f N_q$
$= 1.3 \times 50 \times 18 + 0.4 \times (19 - 9.81) \times 3 \times 5 + 17 \times 2 \times 7.5$
$= 1480.14 \text{kN/m}^2$

해답 ③

090 그림에서 $a-a'$면 바로 아래의 유효응력은? (단, 흙의 간극비(e)는 0.4, 비중(G_s)은 2.65, 물의 단위중량은 9.81kN/m³이다.)

① 68.2kN/m²
② 82.1kN/m²
③ 97.4kN/m²
④ 102.1kN/m²

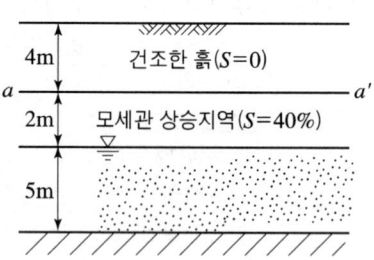

해설 ① 지표면으로부터 4m 아래까지 지반의 건조단위중량
$\gamma_d = \dfrac{G_s}{1+e} \cdot \gamma_w = \dfrac{2.65}{1+0.4} \times 9.81 = 18.57 \text{kN/m}^3$
② 모관상승 현상이 있는 부분은 (-)공극수압이 생겨 유효응력이 증가하게 된다.
$\sigma' = \sigma - u = \sigma - (-\gamma_w \cdot h) = \sigma + \gamma_w \cdot h$
$18.57 \times 4 - (-9.81 \times 2 \times 0.4) = 82.128 \text{kN/m}^2$

해답 ②

091
시료채취 시 샘플러(sampler)의 외경이 6cm, 내경이 5.5cm일 때 면적비는?

① 8.3% ② 9.0%
③ 16%   ④ 19%

해설
$$A_r = \frac{D_o^2 - D_e^2}{D_e^2} \times 100 = \frac{6^2 - 5.5^2}{5.5^2} \times 100 = 19.0\%$$

해답 ④

092
다짐에 대한 설명으로 틀린 것은?

① 다짐에너지는 래머(sampler)의 중량에 비례한다.
② 입도배합이 양호한 흙에서는 최대건조 단위중량이 높다.
③ 동일한 흙일지라도 다짐기계에 따라 다짐효과는 다르다.
④ 세립토가 많을수록 최적함수비가 감소한다.

해설 세립토가 많을수록 최적함수비는 증가한다.

해답 ④

093
20개의 무리말뚝에 있어서 효율이 0.75이고, 단항으로 계산된 말뚝 한 개의 허용지지력이 150kN일 때 무리말뚝의 허용지지력은?

① 1125kN   ② 2250kN
③ 3000kN   ④ 4000kN

해설 군항의 허용지지력
$$Q_{ag} = E \cdot N \cdot Q_a = 0.75 \times 20 \times 150 = 2,250kN$$

해답 ②

094
연약지반 위에 성토를 실시한 다음, 말뚝을 시공하였다. 시공 후 발생될 수 있는 현상에 대한 설명으로 옳은 것은?

① 성토를 실시하였으므로 말뚝의 지지력은 점차 증가한다.
② 말뚝을 암반층 상단에 위치하도록 시공하였다면 말뚝의 지지력에는 변함이 없다.
③ 압밀이 진행됨에 따라 지반의 전단강도가 증가되므로 말뚝의 지지력은 점차 증가한다.
④ 압밀로 인해 부주면마찰력이 발생되므로 말뚝의 지지력은 감소된다.

해설 연약지반에 말뚝을 타입한 다음, 성토와 같은 하중을 작용시켰을 때 말뚝 주위 지반의 침하량이 말뚝의 침하량보다 상대적으로 클 때 주면 마찰력이 하향으로 발생하여 하중역할을 하게 되어 (−)의 주면 마찰력인 부마찰력이 발생하게 되어 말뚝의 지지력이 감소된다.

해답 ④

095 아래와 같은 상황에서 강도정수 결정에 접촉한 삼축압축시험의 종류는?

최근에 매립된 포화 점성토지반 위에 구조물을 시공한 직후의 초기 안정 검토에 필요한 지반 강도정수 결정

① 비압밀 비배수시험(UU)
② 비압밀 배수시험(UD)
③ 압밀 비배수시험(CU)
④ 압밀 배수시험(CD)

해설 **비압밀 비배수시험**(UU−test)은 점토지반이 시공 중 또는 성토한 후 급속한 파괴가 예상되는 경우나 점토지반의 단기적 안정해석하는 경우 사용된다.

[참고] 배수방법에 따른 적용의 예

배수방법	적용
비압밀 비배수 (UU−test)	① 점토지반이 시공 중 또는 성토한 후 급속한 파괴가 예상되는 경우 ② 압밀이나 함수비의 변화가 없이 급속한 파괴가 예상되는 경우 ③ 재하속도가 과잉공극수압의 소산속도보다 빠른 경우 ④ 즉각적인 함수비의 변화, 체적의 변화가 없는 경우 ⑤ 점토지반의 단기적 안정해석하는 경우
압밀 비배수 (CU−test)	① 성토 하중으로 어느 정도 압밀된 후 급속한 파괴가 예상되는 경우 ② 기존의 제방, 흙 댐에서 수위가 급강하할 때의 안정해석하는 경우 ③ 사전압밀(Pre−loading) 후 급격한 재하시의 안정해석하는 경우
압밀 배수 (CD−test)	① 성토 하중에 의하여 압밀이 서서히 진행되고 파괴도 극히 완만하게 진행될 때 ② 공극수압의 측정이 곤란한 경우 ③ 점토지반의 장기적 안정해석하는 경우 ④ 흙 댐의 정상류에 의한 장기적인 공극수압을 산정하는 경우 ⑤ 과압밀점토의 굴착이나 자연사면의 장기적 안정해석하는 경우 ⑥ 투수계수가 큰 모래지반의 사면 안정해석하는 경우

해답 ①

096 베인전단시험(vane shear test)에 대한 설명으로 틀린 것은?

① 베인전단시험으로부터 흙의 내부마찰각을 측정할 수 있다.
② 현장 원위치 시험의 일종으로 점토의 비배수 전단강도를 구할 수 있다.
③ 연약하거나 중간 정도의 점토성 지반에 적용된다.
④ 십자형의 베인(vane)을 땅 속에 압입한 후, 회전모멘트를 가해서 흙이 원통형으로 전단파괴될 때 저항모멘트를 구함으로써 비배수 전단강도를 측정하게 된다.

해설 베인전단시험(vane shear test)은 10m 미만의 연약한 점토층에서 베인의 회전력에 의해 점토의 비배수 전단강도를 측정하는 시험이다.

해답 ①

097 연약지반 개량공법 중 점성토지반에 이용되는 공법은?
① 전기충격 공법
② 폭파다짐 공법
③ 생석회말뚝 공법
④ 바이브로플로테이션 공법

해설 생석회말뚝(chemico pile) 공법은 연약점토지반 개량공법의 일종이다.

[참고] 1. 연약점토지반 개량공법
① 치환공법
② pre-loading 공법(사전압밀공법)
③ Sand drain 공법
④ Paper Drain 공법(card board wicks method)
⑤ Pack Drain Method
⑥ 전기침투공법
⑦ 침투압공법(MAIS 공법)
⑧ 생석회말뚝(chemico pile) 공법
2. 사질토지반 개량공법
① 다짐말뚝공법
② 다짐모래 말뚝공법(sand compaction pile 공법=compozer 공법)
③ 바이브로플로테이션(Vibroflotation) 공법
④ 폭파다짐공법
⑤ 약액주입공법
⑥ 전기충격공법

해답 ③

098 어떤 모래층의 간극비(e)는 0.2, 비중(G_s)은 2.60이었다. 이 모래가 분사현상(Quick Sand)이 일어나는 한계 동수경사(i_c)는?
① 0.56
② 0.95
③ 1.33
④ 1.80

해설 $i_c = \dfrac{G_s - 1}{1+e} = \dfrac{(2.60-1)}{1+0.2} = 1.33$

해답 ③

099

주동토압을 P_A, 수동토압을 P_P, 정지토압을 P_o라 할 때 토압의 크기를 비교한 것으로 옳은 것은?

① $P_A > P_P > P_o$
② $P_P > P_o > P_A$
③ $P_P > P_A > P_o$
④ $P_o > P_A > P_P$

해설 토압의 크기 비교
수동토압(P_P) > 정지토압(P_o) > 주동토압(P_A)

해답 ②

100

그림과 같은 지반내의 유선망이 주어졌을 때 폭 10m에 대한 침투 유량은? (단, 투수계수(K)는 2.2×10^{-2}cm/s이다.)

① $3.96 \text{cm}^3/\text{s}$
② $39.6 \text{cm}^3/\text{s}$
③ $396 \text{cm}^3/\text{s}$
④ $3960 \text{cm}^3/\text{s}$

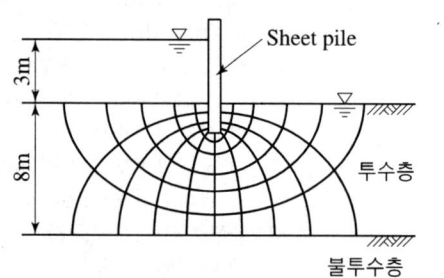

해설 ① 침투유량(q)
$$q = K \cdot H \cdot \frac{N_f}{N_d} = 2.2 \times 10^{-2} \times 300 \times \frac{6}{10} = 3.96 \text{cm}^3/\text{sec/cm}$$
② 10m(1,000cm)에 대한 침투유량(Q)
$Q = q \times 1,000 = 3.96 \times 100 = 3,960 \text{cm}^3/\text{sec}$

해답 ④

제6과목 상하수도공학

101

분류식 하수도의 장점이 아닌 것은?

① 오수관내 유량이 일정하다.
② 방류장소 선정이 자유롭다.
③ 사설 하수관 연결하기가 쉽다.
④ 모든 발생오수를 하수처리장으로 보낼 수 있다.

해설 분류식 하수도의 단점
① 오수관과 우수관을 별도로 설치해야 되므로 공사비가 많이 소요된다.
② 도로의 폭이 좁고 여러 가지 지하매설물이 교차되어 있는 기존 시가지에서는 시공상 곤란한 점이 많이 따른다.
③ 우수관 및 오수관 구별이 명확하지 않는 곳에서는 오접의 가능성이 있다.

해답 ③

102
양수량이 8m³/min, 전양정이 4m, 회전수 1160rpm인 펌프의 비교회전도는?

① 316
② 985
③ 1160
④ 1436

해설
$$N_S = N \frac{Q^{1/2}}{H^{3/4}} = 1,160 \times \frac{8^{1/2}}{4^{3/4}} = 1,160$$

여기서, N_S : 비교회전도[rpm]
N : 펌프의 회전수[rpm]
Q : 최고 효율점의 양수량[m³/min](양흡입의 경우에는 1/2로 한다.)
H : 최고 효율점의 전양정[m](다단 펌프의 경우는 1단에 해당하는 양정)

해답 ③

103
활성슬러지의 SVI가 현저하게 증가되어 응집성이 나빠져 최종 침전지에서 처리수의 분리가 곤란하게 되었다. 이것은 활성슬러지의 어떤 이상 현상에 해당되는가?

① 활성슬러지의 부패
② 활성슬러지의 상승
③ 활성슬러지의 팽화
④ 활성슬러지의 해체

해설 SVI는 슬러지 팽화 발생여부를 확인하는 지표로써 SVI가 50~150일 때 침전성은 양호, 200 이상이면 슬러지 팽화 발생한다고 본다.

해답 ③

104
하수도용 펌프 흡입구의 표준 유속으로 옳은 것은? (단, 흡입구의 유속은 펌프의 회전수 및 흡입실양정 등을 고려한다.)

① 0.3~0.5m/s
② 1.0~1.5m/s
③ 1.5~3.0m/s
④ 5.0~10.0m/s

해설 펌프 흡입구의 유속은 1.5~3m/sec를 표준
① 펌프의 회전수가 클 경우 : 유속을 크게
② 펌프의 회전수가 작을 때 : 유속을 작게

해답 ③

105 혐기성 소화 공정의 영향인자가 아닌 것은?

① 온도 ② 메탄함량
③ 알칼리도 ④ 체류시간

해설 혐기성 소화 공정 영향인자에는 체류시간, 온도, 영양염류, pH, 독성물질, 알칼리도 등이 있다.

해답 ②

106 도수관을 설계할 때 자연유하식인 경우에 평균유속의 허용한도로 옳은 것은?

① 최소한도 0.3m/s, 최대한도 3.0m/s
② 최소한도 0.1m/s, 최대한도 2.0m/s
③ 최소한도 0.2m/s, 최대한도 1.5m/s
④ 최소한도 0.5m/s, 최대한도 1.0m/s

해설 관의 평균유속
① 도수관의 평균유속의 최대 및 최소 한도 : 자연유하식인 경우에는 허용 최대한도를 3.0m/s로 하고, 도수관의 평균 유속 최소 한도는 원수를 수송하므로 모래입자 등의 침전을 방지하기 위하여 0.3m/s 이상으로 한다.
② 펌프가압식인 경우에는 경제적인 관경에 대한 유속으로 한다.
③ 송수관의 유속은 도수관의 유속에 준한다.

해답 ①

107 정수장에서 응집제로 사용하고 있는 폴리염화알루미늄(PACl)의 특성에 관한 설명으로 틀린 것은?

① 탁도제거에 우수하며 특히 홍수 시 효과가 탁월하다.
② 최적 주입율의 폭이 크며, 과잉으로 주입하여도 효과가 떨어지지 않는다.
③ 몰에 용해되면 가수분해가 촉진되므로 원액을 그대로 사용하는 것이 바람직하다.
④ 낮은 수온에 대해서도 응집효과가 좋지만 황산알루미늄과 혼합하여 사용해야 한다.

해설 폴리염화알루미늄을 황산알루미늄과 혼합 사용하면 침전물이 발생하여 송액관을 막히게 하므로 혼합하여 사용하지 말아야 한다.

해답 ④

108
완속여과지와 비교할 때, 급속여과지에 대한 설명으로 틀린 것은?

① 대규모처리에 적합하다.
② 세균처리에 있어 확실성이 적다.
③ 유입수가 고탁도인 경우에 적합하다.
④ 유지관리비가 적게 들고 특별한 관리기술이 필요치 않다.

해설 완속여과방식은 유지관리가 간단하고 고도의 기술을 요구하지 않으면서 안정된 양질의 처리수를 얻을 수 있다는 장점이 있으나, 여과속도가 느리기 때문에 넓은 면적이 필요하고 또 오사삭취작업 등을 위한 많은 인력이 필요하다.

해답 ④

109
유량이 100000m³/d이고 BOD가 2mg/L인 하천으로 유량 1000m³/d, BOD 100mg/L인 하수가 유입된다. 하수가 유입된 후 혼합된 BOD의 농도는?

① 1.97mg/L
② 2.97mg/L
③ 3.97mg/L
④ 4.97mg/L

해설 $C_m = \dfrac{Q_1 C_1 + Q_2 C_2}{Q_1 + Q_2} = \dfrac{100,000 \times \times 2 + 1,000 \times 100}{100,000 + 1,000} = 2.97\text{mg/L}$

해답 ②

110
보통 상수도의 기본계획에서 대상이 되는 기간인 계획(목표)년도는 계획수립부터 몇 년간을 표준으로 하는가?

① 3~5년간
② 5~10년간
③ 15~20년간
④ 25~30년간

해설 계획(목표)년도는 기본계획에서 대상이 되는 기간으로 계획수립시부터 15~20년간을 표준으로 한다.

해답 ③

111
배수면적이 2km²인 유역 내 강우의 하수관로 유입시간이 6분, 유출계수가 0.70일 때 하수관로 내 유속이 2m/s인 1km 길이의 하수관에서 유출되는 우수량은? (단, 강우강도 $I = \dfrac{3,500}{t+25}$[mm/h], t의 단위 : [분])

① 0.3m³/s
② 2.6m³/s
③ 34.6m³/s
④ 43.9m³/s

해설 ① 유달시간(T) = 유입시간(t_1) + 유하시간(t_2)
$$= t_1 + \frac{L}{v} = 6 + \frac{1000}{2 \times 60} = 14.33\text{min}$$
② $I = \dfrac{3500}{t+25} = \dfrac{3500}{14.33+25} = 88.98\text{mm/hr}$
③ $Q = \dfrac{1}{3.6}CIA = \dfrac{1}{3.6} \times 0.70 \times 88.98 \times 2 = 34.6\text{m}^3/\text{sec}$

해답 ③

112

일반활성슬러지 공정에서 다음 조건과 같은 반응조의 수리학적 체류시간(HRT) 및 미생물 체류시간(SRT)을 모두 올바르게 배열한 것은? (단, 처리수 SS를 고려한다.)

- 반응조 용량(V) : 10000m³
- 반응조 유입수량(Q) : 40000m³/d
- 반응조로부터의 잉여슬러지량(Q_W) : 400m³/d
- 반응조 내 SS 농도(X) : 4000mg/L
- 처리수의 SS 농도(X_e) : 200mg/L
- 잉여슬러지농도(X_W) : 10000mg/L

① HRT : 0.25일, SRT : 8.35일
② HRT : 0.25일, SRT : 9.53일
③ HRT : 0.5일, SRT : 10.35일
④ HRT : 0.5일, SRT : 11.53일

해설 ① 수리학적 체류시간(HRT)
$$HRT = \frac{V}{Q} = \frac{10,000}{40,000} = 0.25\text{day}$$
② 미생물 체류시간(SRT)
$$SRT = \frac{V \cdot X}{Q_W \cdot X_W + (Q - Q_W)X_e} = \frac{10,000 \times 4,000}{400 \times 10,000 + (40,000 - 400) \times 20}$$
$$= 8.35\text{day}$$

해답 ①

113

펌프의 흡입구경(口徑)을 결정하는 식으로 옳은 것은? (단, Q : 펌프의 토출량 (m³/min), V : 흡입구의 유속(m/s))

① $D = 146\sqrt{\dfrac{Q}{V}}$ (mm)
② $D = 186\sqrt{\dfrac{Q}{V}}$ (mm)
③ $D = 273\sqrt{\dfrac{Q}{V}}$ (mm)
④ $D = 357\sqrt{\dfrac{Q}{V}}$ (mm)

해설 펌프의 흡입구경

$$D = 146\sqrt{\dfrac{Q}{V}}$$

여기서, D : 펌프의 흡입구경[mm]
Q : 펌프의 토출유량[m³/min]
V : 흡입구의 유속[m/sec]

해답 ①

114 펌프의 공동현상(cavitation)에 대한 설명으로 틀린 것은?

① 공동현상이 발생하면 소음이 발생한다.
② 공동현상은 펌프의 성능 저하의 원인이 될 수 있다.
③ 공동현상을 방지하려면 펌프의 회전수를 크게 해야 한다.
④ 펌프의 흡입양정이 너무 작고 임펠러 회전속도가 빠를 때 공동현상이 발생한다.

해설 펌프의 회전속도를 낮게 선정하여 필요유효흡입수두(H_{sv})를 작게 한다.

[참고] 공동현상의 방지법
① 펌프의 설치 위치를 되도록 낮게 하고, 흡입양정을 작게 한다.
② 흡입관은 되도록 짧은 것이 좋으며 부득이할 때는 흡입관을 크게 하여 손실을 감소시킨다.
③ 흡입측에서 펌프의 토출량을 감소시키는 일은 절대로 피한다.
④ 총양정의 규정에 있어서 적합하도록 계획한다.
⑤ 양정 변화가 클 때는 상용의 최저 양정에 대하여도 공동현상이 생기지 않도록 충분히 주의해야 한다.
⑥ 공동현상을 피할 수 없을 때는 임펠러 재질을 cavitation 파손에 강한 것을 사용한다.
⑦ 펌프의 공동현상을 방지하려면 펌프의 회전수를 낮게 해야 한다.
⑧ 가용 유효 흡입수두를 필요 유효 흡입수두 보다 크게 하여 손실수두를 줄인다.

해답 ③

115 하수도 시설에 손상을 주지 않기 위하여 설치되는 전처리(primary treatment)공정을 필요로 하지 않는 폐수는?

① 산성 또는 알카리성이 강한 폐수
② 대형 부유물질만을 함유하는 폐수
③ 침전성 물질을 다량으로 함유하는 폐수
④ 아주 미세한 부유물질만을 함유하는 폐수

해설 ① 폐수에 상당량의 조협잡물(헝겊, 플라스틱, 나무조각 등)과 세협잡물(모래를 포함한 각종 과일 씨앗류) 등과 같은 대형 부유물질이나 침전성 물질을 함유되어 있을 경우 조·세협잡물 등을 완벽하게 제거하지 않을 경우에는 이들이 후속처리계통으로 유입되어 반응조의 유효용적을 감소시키거나 배관 또는 산기관 등을 폐쇄시켜 처리효율에 심각한 장애를 초래하게 되므로, 전처리 공정이 필수적이다.
② 산성 또는 알카리성이 강한 폐수의 경우에도 하수도 시설 손상 방지를 위해 전처리 공정이 필요하다.
③ 아주 미세한 부유물질만을 함유하고 있는 경우에는 하수도 시설 손상이 미비함으로 전처리 공정이 필수적인 것은 아니다.

해답 ④

116
지하의 사질(砂質) 여과층에서 수두차 h가 0.5m이며 투과거리 l이 2.5m 인 경우 이곳을 통과하는 지하수의 유속은? (단, 투수계수는 0.3cm/s)

① 0.06cm/s ② 0.015cm/s
③ 1.5cm/s   ④ 0.375cm/s

해설 $v = ki = k\dfrac{h}{l} = 0.3 \times \dfrac{0.5}{2.5} = 0.06\text{cm/s}$

해답 ①

117
정수시설에 관한 사항으로 틀린 것은?
① 착수정의 용량은 체류시간을 5분 이상으로 한다.
② 고속응집침전지의 용량은 계획정수량의 1.5~2.0시간분으로 한다.
③ 정수지의 용량은 첨두수요대처용량과 소독접촉시간용량을 고려하여 최소 2시간분 이상을 표준으로 한다.
④ 플록형성지에서 플록형성시간은 계획정수량에 대하여 20~40분간을 표준으로 한다.

해설 착수정의 용량은 체류시간을 1.5분 이상으로 하고 수심은 3~5m 정도로 한다. 그러나 소규모 정수장에서 체류시간을 1.5분 정도로 하면 표면적이 너무 작아지거나 또는 수심이 깊게 되어 유지관리가 곤란하게 되므로 표면적이 10m^2 이상 되도록 체류시간을 연장하는 것이 바람직하다.

해답 ①

118
송수시설의 계획송수량은 원칙적으로 무엇을 기준으로 하는가?
① 연평균급수량   ② 시간최대급수량
③ 계획1일평균급수량   ④ 계획1일최대급수량

해설 계획송수량은 계획 1일 최대급수량을 기준으로 한다. 또한 누수 등의 손실량을 고려하여 10% 여유수량으로 증가시킨다.

해답 ④

119 자연수 중 지하수의 경도(硬度)가 높은 이유는 어떤 물질이 지하수에 많이 함유되어 있기 때문인가?

① O_2
② CO_2
③ NH_3
④ Colloid

해설 **지하수**(천층수, 심층수, 용천수, 복류수 등)는 CO_2가 많이 함유되어 있어 경도가 높은 단점이 있으나 수질이 깨끗하다.

해답 ②

120 일반적인 상수도 계통도를 올바르게 나열한 것은?

① 수원 및 저수시설 → 취수 → 배수 → 송수 → 정수 → 도수 → 급수
② 수원 및 저수시설 → 취수 → 도수 → 정수 → 송수 → 배수 → 급수
③ 수원 및 저수시설 → 취수 → 배수 → 정수 → 송수 → 배수 → 송수
④ 수원 및 저수시설 → 취수 → 도수 → 정수 → 급수 → 배수 → 송수

해설 **상수도 시설 계통** : 수원(집수) → 취수 → 도수 → 정수 → 송수 → 배수 → 급수

해답 ②

토목기사

2021년 5월 15일 시행

제1과목 응용역학

001 그림과 같이 케이블(cable)에 5kN의 추가 매달려 있다. 이 추의 중심을 수평으로 3m 이동시키기 위해 케이블 길이 5m 지점인 A점에 수평력 P를 가하고자 한다. 이때 힘 P의 크기는?

① 3.75kN
② 4.00kN
③ 4.25kN
④ 4.50kN

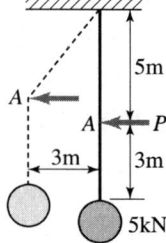

해설 하중과 길이 간의 비례식에 의해 구하면
$\dfrac{P}{3} = \dfrac{5}{4}$ 에서 $P = 3.75\text{kN}$

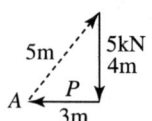

해답 ①

002 지름이 D인 원형단면의 단면 2차 극모멘트(I_P)의 값은?

① $\dfrac{\pi D^4}{64}$
② $\dfrac{\pi D^4}{32}$
③ $\dfrac{\pi D^4}{16}$
④ $\dfrac{\pi D^4}{8}$

해설 단면 2차극모멘트(극관성 모멘트)는 평행축 정리에 의해서 $I_p = I_P + A\rho^2 = I_x + I_y$ 의 식에 따라 단면 2차 극모멘트 I_p의 값을 구한다.

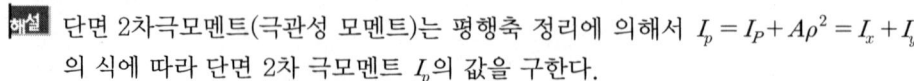

$I_P = I_x + I_y = \dfrac{\pi D^4}{64} + \dfrac{\pi D^4}{64} = \dfrac{\pi D^4}{32}$

해답 ②

003

그림과 같은 3힌지 아치에서 A점의 수평반력(H_A)은?

① $\dfrac{WL^2}{16h}$ ② $\dfrac{WL^2}{8h}$

③ $\dfrac{WL^2}{4h}$ ④ $\dfrac{WL^2}{2h}$

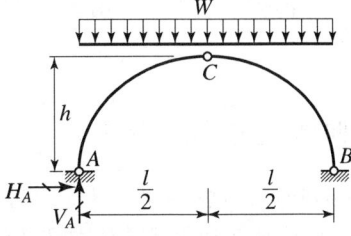

해설 평형조건식을 이용해서 A지점의 수직반력을 먼저 구한 후 힌지점 C점에서의 모멘트 값이 '0'인 점을 이용하여 A지점의 수평반력을 구한다.

① 지점의 수직반력

  대칭이므로 $V_A = V_B = \dfrac{wl}{2}$

② A지점 수평반력

  $M_C = \dfrac{wl}{2} \times \dfrac{l}{2} - H_A \times h - \dfrac{wl}{2} \times \dfrac{l}{4} = 0$ 에서 $\dfrac{wl^2}{4} - \dfrac{wl^2}{8} = H_A \cdot h$

  $H_A = \dfrac{wl^2}{8h}$

해답 ②

004

단면 2차 모멘트가 I, 길이가 L인 균일한 단면의 직선상(直線狀)의 기둥이 있다. 기둥의 양단이 고정되어 있을 때 오일러(Euler) 좌굴하중은? (단, 이 기둥의 탄성계수는 E이다.)

① $\dfrac{4\pi^2 EI}{L^2}$ ② $\dfrac{\pi^2 EI}{(0.7L)^2}$

③ $\dfrac{\pi^2 EI}{L^2}$ ④ $\dfrac{\pi^2 EI}{4L^2}$

해설 좌굴하중 $P_b = \dfrac{\pi^2 EI}{L_k^2} = \dfrac{n\pi^2 EI}{L^2} = \dfrac{4\pi^2 EI}{L^2}$

해답 ①

005

그림과 같은 집중하중이 작용하는 캔틸레버 보에서 A점의 처짐은? (단, EI는 일정하다.)

① $\dfrac{14PL^3}{3EI}$ ② $\dfrac{2PL^3}{EI}$

③ $\dfrac{8PL^3}{3EI}$ ④ $\dfrac{10PL^3}{3EI}$

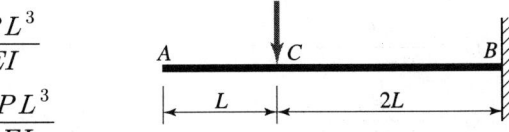

해설 집중하중에 의한 A점(자유단)의 처짐은
$$y_A = \frac{Pb^2}{6EI}(3l-b) = \frac{P \times (2L)^2}{6EI}(3 \times (3L) - 2L) = \frac{28PL^3}{6EI} = \frac{14PL^3}{3EI}$$

해답 ①

006 아래에서 설명하는 것은?

> 탄성체에 저장된 변형에너지 U를 변위의 함수로 나타내는 경우에, 임의의 변위 Δ_i에 관한 변형에너지 U의 1차 편도함수는 대응되는 하중 P_i와 같다. 즉,
> $P_i = \dfrac{\partial U}{\partial \Delta_i}$ 이다.

① Castigliano의 제1정리
② Castigliano의 제2정리
③ 가상일의 원리
④ 공액보법

해설 ① **카스틸리아노의 제1정리** : 탄성체에 외력 또는 모멘트가 작용할 때 전체 변형에너지 U_i를 하중 작용점에서 힘의 방향의 처짐(처짐각)으로 1차 편미분한 것은 그 점의 힘(모멘트)과 같다.

$$P_i = \frac{\Delta U_i}{\Delta \delta_i} \qquad M_i = \frac{\Delta U_i}{\Delta \theta_i}$$

여기서, U_i : 전체 변형에너지
$P_i, M_i, \delta_i, \theta_i$: i점의 하중, 모멘트, 처짐, 처짐각

② **카스틸리아노의 제2정리** : 구조물의 탄성변형에너지를 임의의 외력으로 편미분한 값은 그 힘의 작용점의 힘의 작용선 방향의 변위와 같다. 즉 한 구조물이 외력을 받아 변형을 일으켰을 때, 구조물 재료가 탄성적이고 온도 변화나 지점 침하가 없는 경우에 구조물은 변형에너지의 어느 특정한 힘(또는 우력) P_n에 관한 1차편도함수가 그 힘의 작용점에서 작용선 방향의 처짐 또는 처짐각과 같다.

$$\theta_n = \frac{\Delta W_i}{\Delta M_n} \qquad \delta_n = \frac{\Delta W_i}{\Delta P_n}$$

여기서, θ_n : 처짐각, δ_n : 처짐, M : 휨모멘트,
W_i : 변형에너지, P : 하중

해답 ①

007 재료의 역학적 성질 중 탄성계수를 E, 전단탄성계수를 G, 푸아송 수를 m이라 할 때 각 성질의 상호관계식으로 옳은 것은?

① $G = \dfrac{E}{2(m-1)}$
② $G = \dfrac{E}{2(m+1)}$
③ $G = \dfrac{mE}{2(m-1)}$
④ $G = \dfrac{mE}{2(m+1)}$

해설 $G = \dfrac{E}{2(1+\nu)} = \dfrac{E}{2\left(1+\dfrac{1}{m}\right)} = \dfrac{mE}{2(m+1)}$

해답 ④

008 그림과 같은 단순보에서 C점의 휨모멘트는?

① 320kN · m
② 420kN · m
③ 480kN · m
④ 540kN · m

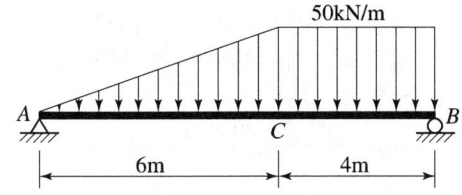

해설 ① A지점 반력
$\Sigma M_B = 0$
$R_A \times 10 - \dfrac{1}{2} \times 6 \times 50 \times \left(\dfrac{6}{3}+4\right) - 50 \times 4 \times 2 = 0$ 에서 $R_A = 130\text{kN}(\uparrow)$

② C점의 휨모멘트
$M_C = R_A \times 6 - \dfrac{1}{2} \times 6 \times 50 \times \dfrac{6}{3} = 130 \times 6 - \dfrac{1}{2} \times 6 \times 50 \times \dfrac{6}{3} = 480\,\text{kN} \cdot \text{m}$

해답 ③

009 그림과 같이 2개의 집중하중이 단순보 위를 통과할 때 절대최대 휨모멘트의 크기($M_{\max}$)와 발생위치(x)는?

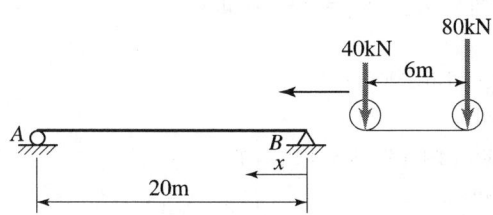

① $M_{\max} = 362\text{kN} \cdot \text{m}$, $x = 8\text{m}$
② $M_{\max} = 382\text{kN} \cdot \text{m}$, $x = 8\text{m}$
③ $M_{\max} = 486\text{kN} \cdot \text{m}$, $x = 9\text{m}$
④ $M_{\max} = 506\text{kN} \cdot \text{m}$, $x = 9\text{m}$

해설 ① 합력
$R = 40 + 80 = 120\text{kN}$

② 합력의 작용점
$x' = \dfrac{40 \times 6}{120} = 2\text{m}$

③ 이등분점
$\bar{x} = \dfrac{x'}{2} = \dfrac{2}{2} = 1\text{m}$

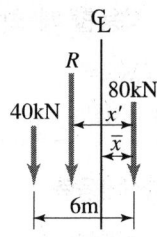

④ 이등분점과 보의 중앙점이 일치하도록 하중을 재하시킨다.
⑤ 합력과 가장 가까운 하중 80kN이 선택하중이며 이 선택하중의 작용점에서 절대 최대 휨모멘트가 발생하므로
절대최대 휨모멘트 작용위치 x는
$$x = \frac{L}{2} - \frac{x'}{2} = \frac{20}{2} - \frac{2}{2} = 9\text{m}$$
⑥ 절대최대 휨모멘트
하중을 고정시켰으므로 영향선이 아닌 정정보의 해석 방법에 의해서도 값을 구할 수 있다.
$$R_B = \frac{40 \times 5 + 80 \times 11}{20} = 54\text{kN}(\uparrow)$$
$$M_{abs\,\max} = 54 \times 9 = 486\text{kN} \cdot \text{m}$$

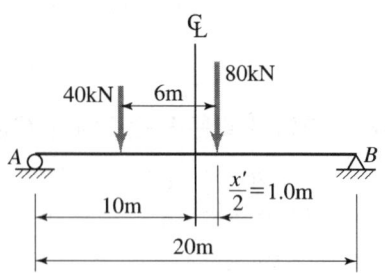

해답 ③

010 그림과 같은 보에서 두 지점의 반력이 같게 되는 하중의 위치(x)는 얼마인가?
① 0.33m
② 1.33m
③ 2.33m
④ 3.33m

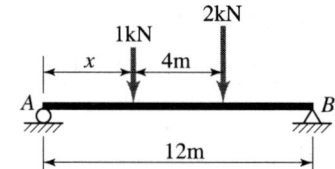

해설 ① $R_A = R_B$이므로
$\Sigma V = 0$에서 $R_A + R_B = 1 + 2 = 3\text{kN}$
$2R = 3$
$R_A = R_B = 1.5\text{kN}(\uparrow)$
② $\Sigma M_A = 0$
$1 \times x + 2 \times (4+x) - 1.5 \times 12 = 0$
$x = 3.33\text{m}$

해답 ④

011 폭 20mm, 높이 50mm인 균일한 직사각형 단면의 단순보에 최대전단력이 10kN 작용할 때 최대 전단응력은?
① 6.7MPa
② 10MPa
③ 13.3MPa
④ 15MPa

해설 최대전단응력
$$\tau_{\max} = 1.5 \times \frac{S}{A} = 1.5 \times \frac{10,000}{20 \times 50} = 15\text{MPa}$$

해답 ④

012

그림과 같은 부정정보에서 A점의 처짐각(θ_A)은? (단, 보의 휨강성은 EI이다.)

① $\dfrac{wL^3}{12EI}$ ② $\dfrac{wL^3}{24EI}$

③ $\dfrac{wL^3}{36EI}$ ④ $\dfrac{wL^3}{48EI}$

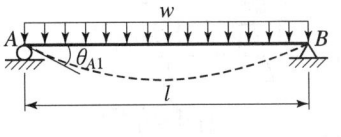

해설

① $H_{BA} = \dfrac{wL^2}{8}$

② $\theta_{A1} = \dfrac{wL^3}{24EI}$

③ $\theta_{A2} = -\dfrac{ML}{6EI} = -\dfrac{\dfrac{wL^2}{8}L}{6EI} = -\dfrac{wL^3}{48EI}$

④ $\theta_A = \theta_{A1} + \theta_{A2} = \dfrac{wL^3}{24EI} - \dfrac{wL^3}{48EI} = \dfrac{wL^3}{48EI}$

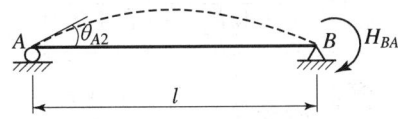

해답 ④

013

길이가 같으나 지지조건이 다른 2개의 장주가 있다. 그림 (a)의 장주가 40kN에 견딜 수 있다면 그림 (b)의 장주가 견딜 수 있는 하중은? (단, 재질 및 단면은 동일하며 EI는 일정하다.)

① 40kN
② 160kN
③ 320kN
④ 640kN

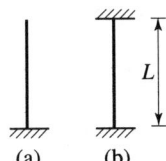

해설

좌굴하중 $P_b = \dfrac{\pi^2 EI}{l_k^2} = \dfrac{n\pi^2 EI}{l^2}$ 에서 재질과 단면적과 길이가 같으므로 $P_b \propto n$이다.

① 일단고정 타단자유 : $\dfrac{1}{K^2} = \dfrac{1}{2.0^2} = \dfrac{1}{4}$

② 양단고정 : $\dfrac{1}{K^2} = \dfrac{1}{0.5^2} = 4$

③ 좌굴하중의 비율은 강성도의 비율과 비례하므로

$P_{(a)b} : P_{(b)b} = n_{(a)} : n_{(b)}$

40kN : $P_{(b)b} = \dfrac{1}{4} : 4$

$P_{(b)b} = \dfrac{40\text{kN} \times 4}{\dfrac{1}{4}} = 640\text{kN}$

해답 ④

014 그림에 표시한 것과 같은 단면의 변화가 있는 AB 부재의 강성도(stiffness factor)는?

① $\dfrac{PL_1}{A_1E_1} + \dfrac{PL_2}{A_2E_2}$

② $\dfrac{A_1E_1}{PL_1} + \dfrac{A_2E_2}{PL_2}$

③ $\dfrac{A_1E_1}{L_1} + \dfrac{A_2E_2}{L_2}$

④ $\dfrac{A_1A_2E_1E_2}{L_1(A_2E_2) + L_2(A_1E_1)}$

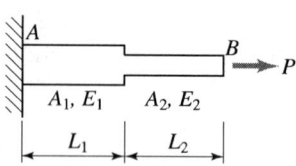

해설 강성도 $= \dfrac{A_1E_1A_2E_2}{L_1(A_2E_2) + L_2(A_1E_1)}$

해답 ④

---

015 그림과 같이 밀도가 균일하고 무게가 W인 구(球)가 마찰이 없는 두 벽면 사이에 놓여 있을 때 반력 R_A의 크기는?

① $0.500\,W$
② $0.577\,W$
③ $0.707\,W$
④ $0.866\,W$

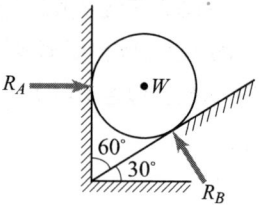

해설 $\dfrac{R_A}{\sin 150°} = \dfrac{W}{\sin 120°}$ 에서
$R_A = 0.577\,W$

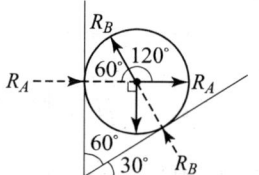

해답 ②

---

016 그림과 같은 단순보의 최대전단응력($\tau_{\max}$)을 구하면? (단, 보의 단면은 지름이 D인 원이다.)

① $\dfrac{9WL}{4\pi D^2}$ ② $\dfrac{3WL}{2\pi D^2}$

③ $\dfrac{2WL}{\pi D^2}$ ④ $\dfrac{WL}{2\pi D^2}$

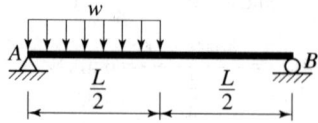

해설 ① A지점의 반력
$\sum M_B = 0$
$R_A \times L - w \times \dfrac{L}{2} \times \left(\dfrac{L}{2} + \dfrac{L}{4}\right) = 0$ 에서 $R_A = \dfrac{3wL}{8}$

② 최대 전단응력
$\tau_{\max} = \dfrac{4}{3}\dfrac{S}{A} = \dfrac{4}{3}\dfrac{\frac{3wL}{8}}{\frac{\pi D^2}{4}} = \dfrac{4}{3}\dfrac{12wL}{8\pi D^2} = \dfrac{4}{3} \times \dfrac{3wL}{2\pi D^2} = \dfrac{2wL}{\pi D^2}$

해답 ③

017

아래 그림에서 $A-A$축과 $B-B$축에 대한 음영부분의 단면 2차 모멘트가 각각 $8 \times 10^8 \text{mm}^4$, $16 \times 10^8 \text{mm}^4$일 때 음영 부분의 면적은?

① $8.00 \times 10^4 \text{mm}^2$
② $7.52 \times 10^4 \text{mm}^2$
③ $6.06 \times 10^4 \text{mm}^2$
④ $5.73 \times 10^4 \text{mm}^2$

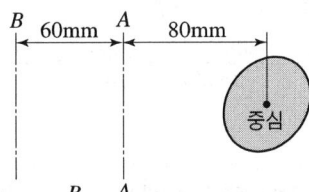

해설 기본식 $I_y = I_Y + A x_0^2$

① $I_{yA} = I_Y + A x_A^2 = I_Y + A \times 80^2 = 8 \times 10^8$ 에서
$I_Y = 8 \times 10^8 - 80^2 A$

② $I_{yB} = I_Y + A x_B^2 = I_Y + A \times 140^2 = 16 \times 10^8$ 에서
I_Y값을 대입하여 정리하면 $8 \times 10^8 - 80^2 A + 140^2 A = 16 \times 10^8$
$A = \dfrac{16 \times 10^8 - 8 \times 10^8}{140^2 - 80^2} = 6.06 \times 10^4 \text{mm}^2$

해답 ③

018

그림과 같은 캔딜레버 보에서 B점의 처짐각은? (단, EI는 일정하다.)

① $\dfrac{wL^3}{3EI}$
② $\dfrac{wL^3}{6EI}$
③ $\dfrac{wL^3}{8EI}$
④ $\dfrac{2wL^3}{3EI}$

해설 등분포하중이 만재된 캔틸레버보의 자유단에서의 처짐각
$\theta_B = \dfrac{wL^3}{6EI}$

해답 ②

019 그림과 같은 연속보에서 B점의 지점 반력을 구한 값은?

① 100kN
② 150kN
③ 200kN
④ 250kN

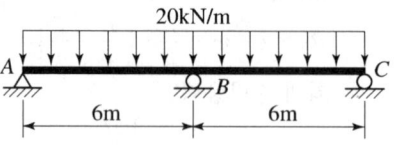

해설
① B지점이 없다고 봤을 때 처짐 $\delta_{B1} = \dfrac{5w(2L)^4}{384EI}(\downarrow)$

② 반력 R_B에 의한 상향 처짐 $\delta_{B2} = -\dfrac{R_B(2L)^3}{48EI}(\uparrow)$

③ 두 처짐의 합은 0이므로 $\delta_{B1} + \delta_{B2} = 0$

$\dfrac{80wL^4}{384EI} - \dfrac{8R_B \cdot L^3}{48EI} = 0$에서

$R_B = \dfrac{80w \cdot L^4}{384EI} \times \dfrac{48EI}{8L^3} = \dfrac{10w \cdot L}{8} = \dfrac{10 \times 20 \times 6}{8} = 150\text{kN}$

해답 ②

020 그림과 같은 트러스에서 $L_1 U_1$ 부재의 부재력은?

① 22kN(인장)
② 25kN(인장)
③ 22kN(압축)
④ 25kN(압축)

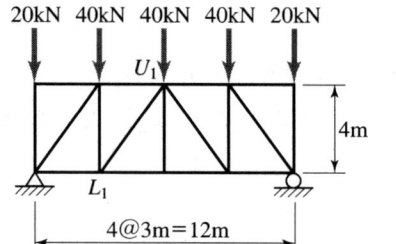

해설
① 반력 : 대칭하중이므로 $R_A = \dfrac{20+40+40+40+20}{2} = 80\text{kN}(\uparrow)$

② $\overline{L_1 U_1}$부재의 부재력
$\Sigma V = 0(\uparrow)$
$80 - 20 - 40 + \overline{L_1 U_1}\sin\theta = 0$
$80 - 20 - 40 + \dfrac{4}{5}\overline{L_1 U_1} = 0$에서 $\overline{L_1 U_1} = -25\text{kN} = 25\text{kN}$ (압축)

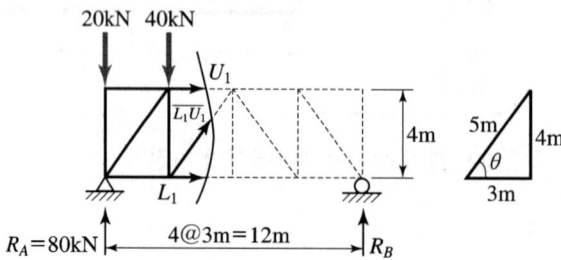

해답 ④

제2과목 측량학

021 수로조사에서 간출지의 높이와 수심의 기준이 되는 것은?

① 약최고고저면
② 평균중등수위면
③ 수애면
④ 약최저저조면

해설 수심의 기준
① 평균해수면 : 수준측량의 기준이 되는 부동의 점의 기준면이다.
② 약최고고조면 : 가장 높아진 해수면의 높이로 해안선과 항만설계의 기준으로 활용되고 있다.
③ 약최저저조면 : 가장 낮아진 해수면의 높이로 해도에 간출지의 높이와 수심을 표기하는 기준으로 활용되고 있다.

해답 ④

022 그림과 같이 각 격자의 크기가 10m×10m로 동일한 지역의 전체 토량은?

① 877.5m³
② 893.6m³
③ 913.7m³
④ 926.1m³

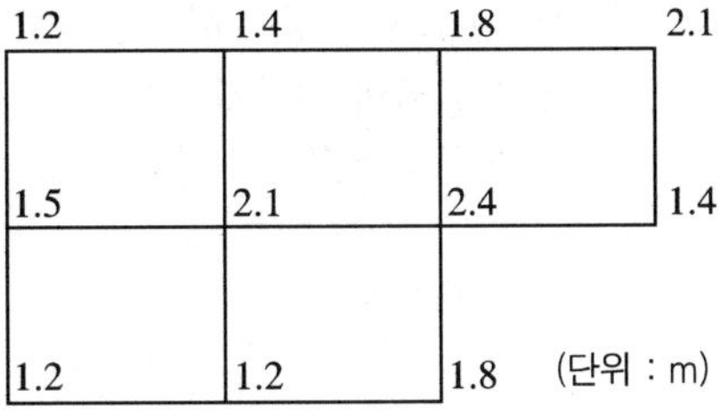

1.2	1.4	1.8	2.1
1.5	2.1	2.4	1.4
1.2	1.2	1.8	(단위 : m)

해설 사각형 분할 토지의 토공량

$$V_o = \frac{A}{4}(\Sigma h_1 + 2\Sigma h_2 + 3\Sigma h_3 + 4\Sigma h_4)$$
$$= \frac{10 \times 10}{4}[(1.2+2.1+1.4+1.8+1.2)$$
$$+2 \times (1.4+1.8+1.2+1.5)+3 \times 2.4+4 \times 2.1]$$
$$= 877.5\text{m}^3$$

해답 ①

023 클로소이드 곡선(clothoid curve)에 대한 설명으로 옳지 않은 것은?

① 고속도로에 널리 이용된다.
② 곡률이 곡선의 길이에 비례한다.
③ 완화곡선의 일종이다.
④ 클로소이드 요소는 모두 단위를 갖지 않는다.

해설 모든 클로소이드(clothoid)는 닮은꼴이며 클로소이드 요소는 길이의 단위를 가진 것이며 단위가 없는 것이 있다.

해답 ④

024
동일 구간에 대해 3개의 관측군으로 나누어 거리관측을 실시한 결과가 표와 같을 때, 이 구간의 최확값은?

관측군	관측값(m)	관측횟수
1	50.362	5
2	50.348	2
3	50.359	3

① 50.354m ② 50.356m
③ 50.358m ④ 50.362m

해설 ① 경중률(P : 무게)
경중률은 측정횟수에 비례($P \propto n$)하므로
$P_1 : P_2 : P_3 = n_1 : n_2 : n_3 = 5 : 2 : 3$
② 측선 길이의 최확값
$$L_o = \frac{P_1 L_1 + P_2 L_2 + P_3 L_3}{P_1 + P_2 + P_3} = \frac{5 \times 50.362 + 2 \times 50.348 + 3 \times 50.359}{5+2+3}$$
$= 50.358\text{m}$

해답 ③

025
최근 GNSS 측량의 의사거리 결정에 영향을 주는 오차와 거리가 먼 것은?
① 위성의 궤도 오차
② 위성의 시계 오차
③ 위성의 기하학적 위치에 따른 오차
④ SA(selective availability) 오차

해설 1. 의사거리에 영향을 주는 오차
① **위성 시계 오차** : 위성에 장착된 원자시계도 매우 적은 오차를 가지고 있으며, 이러한 작은 오차로 인해 신호를 잘못된 시간에 보내게 된다.
② **위성 궤도 오차** : 위성의 항행메세지에 의한 예상궤도와 실제궤도는 같지 않다.
③ 전리층과 대류권에 의한 전파지연
④ **선택적 사용**(SA : Selective Availability)
⑤ 다중경로(Multipath) 오차
2. 고의 잡음(S/A)으로 2000년 5월에 해제되었다.

해답 ④

026

표척이 앞으로 3° 기울어져 있는 표척의 읽음값이 3.645m 이었다면 높이의 보정량은?

① 5mm
② −5mm
③ 10mm
④ −10mm

해설
① 표척의 바른 읽음값 = 3.645 × cos 3° = 3.640m
② 높이의 보정량 = 3.640 − 3.645 = −0.005m = −5mm
   표척의 읽음값에서 −5mm 만큼 줄여야 한다.

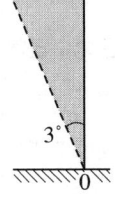

해답 ②

027

평탄한 지역에서 9개 측선으로 구성된 다각측량에서 2′의 각관측 오차가 발생하였다면 오차의 처리 방법으로 옳은 것은? (단, 허용오차는 $\pm 60''\sqrt{n}$ 로 가정한다.)

① 오차가 크므로 다시 관측한다.
② 측선의 거리에 비례하여 배분한다.
③ 관측각의 크기에 역비례하여 배분한다.
④ 관측각에 같은 크기로 배분한다.

해설
① 허용오차
   $\pm 60''\sqrt{n} = \pm 60''\sqrt{9} = \pm 180''$
② 측각오차 2′(120″)로 허용오차 ±180″ 이내이므로 관측각의 크기에 상관없이 각 각에 균등 배분한다.

해답 ④

028

도로의 단곡선 설치에서 교각이 60°, 반지름이 150m이며, 곡선시점이 No.8+17m(20m×8+17m)일 때 종단현에 대한 편각은?

① 0° 02′ 45″
② 2° 41′ 21″
③ 2° 57′ 54″
④ 3° 15′ 23″

해설
① 곡선장 $C.L. = R \cdot I° \cdot \dfrac{\pi}{180°} = 150 \times 60° \times \dfrac{\pi}{180°} = 157.08\text{m}$
② 곡선의 시점 $BC = 20 \times 8 + 17 = 177\text{m}$
③ 곡선의 종점 $EC = 177 + 157.08 = 334.08\text{mm}$
④ 종단현(l_2)의 길이 = 334.08 − 320 = 14.08m
⑤ 종단편각 $\delta_2 = \dfrac{l_2}{2R} \times \dfrac{180°}{\pi} = \dfrac{14.08}{2 \times 150} \times \dfrac{180°}{\pi} = 2°41′20.69″$

해답 ②

029 표고가 300m인 평지에서 삼각망의 기선을 측정한 결과 600m 이었다. 이 기선에 대하여 평균해수면 상의 거리로 보정할 때 보정량은? (단, 지구반지름 $R=$ 6370km)

① +2.83cm
② +2.42cm
③ −2.42cm
④ −2.83cm

해설 평균해수면에 대한 보정(표고보정)

$$C = \frac{LH}{R} = \frac{600 \times 300}{6370000} = 0.02826\text{m} = 2.83\text{cm}$$

평균해수면에 대한 보정은 항상 (−)이므로 −2.83cm이다.
여기서, C : 평균해수면상의 길이로 환산하는 보정량
R : 지구의 평균반지름
H : 기선측정지점의 표고

해답 ④

---

030 수치지형도(Digital Map)에 대한 설명으로 틀린 것은?

① 우리나라는 축척 1:5000 수치지형도를 국토기본도로 한다.
② 주로 필지정보와 표고자료, 수계정보 등을 얻을 수 있다.
③ 일반적으로 항공사진측량에 의해 구축된다.
④ 축척별 포함 사항이 다르다.

해설 수치지형도는 국가GIS구축사업을 통해 전통적인 지도제작기술과 정보화 기술을 접합하여 새롭게 제작하고 있으며, 사업수행업체는 수정도화와 지리조사, 정위치편집 등의 과정을 거쳐 수치지형도를 제작한다.

해답 ②

---

031 등고선의 성질에 대한 설명으로 옳지 않은 것은?

① 등고선은 분수선(능선)과 평행하다.
② 등고선은 도면 내·외에서 폐합하는 폐곡선이다.
③ 지도의 도면 내에서 등고선이 폐합하는 경우에 등고선의 내부에는 산꼭대기 또는 분지가 있다.
④ 절벽에서 등고선은 서로 만날 수 있다.

해설 등고선은 능선 또는 계곡선과 직각으로 만난다.

해답 ①

032 트래버스 측량의 작업순서로 알맞은 것은?

① 선점 – 계획 – 답사 – 조표 – 관측
② 계획 – 답사 – 선점 – 조표 – 관측
③ 답사 – 계획 – 조표 – 선점 – 관측
④ 조표 – 답사 – 계획 – 선점 – 관측

해설 트래버스 측량의 작업순서는 다음과 같다.
계획 → 답사 → 선점 → 조표 → 관측 → 계산 및 조정 → 측점전개

해답 ②

033 지오이드(Geoid)에 대한 설명으로 옳지 않은 것은?

① 평균해수면을 육지까지 연장까지 지구전체를 둘러싼 곡면이다.
② 지오이드면은 등포텐셜면으로 중력방향은 이 면에 수직이다.
③ 지표 위 모든 점의 위치를 결정하기 위해 수학적으로 정의된 타원체이다.
④ 실제로 지오이드면은 굴곡이 심하므로 측지측량의 기준으로 채택하기 어렵다.

해설 지오이드는 중력방향에 수직하며 수학적으로 정의할 수 없다.

해답 ③

034 장애물로 인하여 접근하기 어려운 2점 P, Q를 간접거리 측량한 결과가 그림과 같다. $\overline{AB}$의 거리가 216.90m 일 때 PQ의 거리는?

① 120.96m
② 142.29m
③ 173.39m
④ 194.22m

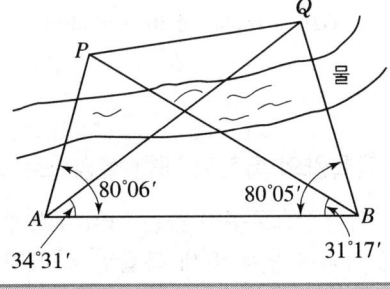

해설 1. AP거리
① $\angle BPA = 180° - 80°06' - 31°17' = 68°37'$
② $\triangle ABP$의 비례식에 의해
$\dfrac{AP}{\sin 31°17'} = \dfrac{AB}{\sin 68°37'}$ 에서 $AP = \dfrac{216.90 \times \sin 31°17'}{\sin 68°37'} = 120.956\mathrm{m}$

2. AQ의 거리
① $\angle AQB = 180° - 34°31' - 80°05' = 65°24'$

② △ABQ의 비례식에 의해

$\dfrac{AQ}{\sin 80°05'} = \dfrac{AB}{\sin 65°24'}$ 에서 $AQ = \dfrac{216.90 \times \sin 80°05'}{\sin 65°24'} = 234.988\text{m}$

3. PQ의 거리

① ∠PAQ = 80°06' − 34°31' = 45°35'

② cos제2법칙에 의해

$PQ^2 = AP^2 + AQ^2 - 2 \cdot AP \cdot AQ \cdot \cos \angle PAQ$ 에서

$PQ = \sqrt{AP^2 + AQ^2 - 2 \cdot AP \cdot AQ \cdot \cos \angle PAQ}$
$= \sqrt{120.956^2 + 234.988^2 - 2 \times 120.956 \times 234.988 \times \cos 45°35'}$
$= 173.39\text{m}$

해답 ③

035 수준측량야장에서 측점 3의 지반고는?

① 10.59m
② 10.46m
③ 9.92m
④ 9.56m

[단위 : m]

측점	후시	전시 T.P	전시 I.P	지반고
1	0.95			10.00
2			1.03	
3	0.90	0.36		
4			0.96	
5		1.05		

해설 ① 1~3측점간 기계고

$IH_{1-3} = 10.0 + 0.95 = 10.95\text{m}$

② 3측점의 지반고

$GH_3 = 10.95 - 0.36 = 10.59\text{m}$

해답 ①

036 다각측량의 특징에 대한 설명으로 옳지 않은 것은?

① 삼각점으로부터 좁은 지역의 세부측량 기준점을 측설하는 경우에 편리하다.
② 삼각측량에 비해 복잡한 시가지나 지형의 기복이 심한 지역에는 알맞지 않다.
③ 하천이나 도로 또는 수로 등의 좁고 긴 지역의 측량에 편리하다.
④ 다각측량의 종류에는 개방, 폐합, 결합형 등이 있다.

해설 다각 측량은 삼각측량에 비하여 복잡한 시가지나 지형의 기복이 심해 시준이 어려운 지역의 측량에 적합하다.

해답 ②

037 출제기준에 의거하여 이 문제는 삭제됨

038 그림과 같은 수준망에서 높이차의 정확도가 가장 낮은 것으로 추정되는 노선은? (단, 수준환의 거리 Ⅰ=4km, Ⅱ=3km, Ⅲ=2.4km, Ⅳ(ⓝⓑⓜ)=6km)

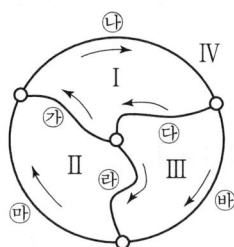

노선	높이차(m)
㉮	+3.600
㉯	+1.385
㉰	−5.023
㉱	+1.105
㉲	+2.523
㉳	−3.912

① ㉮　　② ㉯
③ ㉰　　④ ㉱

해설 1. 수준망의 폐합오차
성과의 부호를 반시계방향을 +로 보면,
① Ⅰ =−3.600−1.385−(−5.023)=0.038m=38mm
② Ⅱ =3.600−2.523−1.105=−0.028m=−28mm
③ Ⅲ =1.105−(−3.912)+(−5.023)=−0.006m=−6mm
④ Ⅳ =−1.385−2.523−(−3.912)=0.004m=4mm

2. 수준환의 거리
① Ⅰ =4km
② Ⅱ =3km
③ Ⅲ =2.4km
④ Ⅳ =6km

3. 수준환의 허용폐합오차를 2등망으로 보고 $±5\sqrt{L}$ mm로 보면,
① Ⅰ =$±5\sqrt{L}$ mm =$±5\sqrt{4}$ =±10mm
② Ⅱ =$±5\sqrt{L}$ mm =$±5\sqrt{3}$ =±8.66mm
③ Ⅲ =$±5\sqrt{L}$ mm =$±5\sqrt{2}$ =±7.07mm
④ Ⅳ =$±5\sqrt{L}$ mm =$±5\sqrt{6}$ =±12.25mm

4. 오차비교
① Ⅰ =38mm >±10mm
② Ⅱ =−28mm >±8.66mm
③ Ⅲ =−6mm <±7.07mm
④ Ⅳ =4mm <±12.25mm

5. Ⅰ과 Ⅱ 수준환이 허용폐합오차를 벗어나 있는 바, Ⅰ과 Ⅱ 수준환에 공통적으로 있는 ㉮노선의 높이차 정확도가 가장 낮을 것으로 추정된다.

해답 ①

039 도로의 곡선부에서 확폭량(slack)을 구하는 식으로 옳은 것은? (단, L : 차량 앞면에서 차량의 뒤축까지의 거리, R = 차선 중심선의 반지름)

① $\dfrac{L}{2R^2}$
② $\dfrac{L^2}{2R^2}$
③ $\dfrac{L^2}{2R}$
④ $\dfrac{L}{2R}$

해설 확폭량 구하는 공식

$\epsilon = \dfrac{L^2}{2R}$

여기서, ϵ : 확폭량, L : 완화곡선장, R : 곡선반경

해답 ③

040 표준길이에 비하여 2cm 늘어난 50m 줄자로 사각형 토지의 길이를 측정하여 면적을 구하였을 때, 그 면적이 88m² 이었다면 토지의 실제 면적은?

① 87.30m²
② 87.93m²
③ 88.07m²
④ 88.71m²

해설 ① 한 변의 길이 : 정사각형 지역으로 보면, $L = \sqrt{88} = 9.38083$m
② 실제 길이 : 표준척 보정(자의 특성값 보정, 정수 보정)에 의해
$L_0 = L \pm C_0 = L\left(1 \pm \dfrac{\Delta l}{l}\right) = 9.38083 \times \left(1 + \dfrac{0.02}{50}\right) = 9.38458$m
③ 실제 면적 : $A_0 = L_0^2 = 9.38458^2 = 88.07\text{m}^2$

해답 ③

제3과목 수리학 및 수문학

041 지름 1m의 원통 수조에서 지름 2cm의 관으로 물이 유출되고 있다. 관내의 유속이 2.0m/s 일 때, 수조의 수면이 저하되는 속도는?

① 0.3cm/s
② 0.4cm/s
③ 0.06cm/s
④ 0.08cm/s

해설 $Q = A_1 v_1 = A_2 v_2$

$\dfrac{\pi \times 100^2}{4} \times v = \dfrac{\pi \times 2^2}{4} \times 200$ 에서 $v = 0.08$cm/s

해답 ④

042 유체의 흐름에 관한 설명으로 옳지 않은 것은?

① 유체의 입자가 흐르는 경로를 유적선이라 한다.
② 부정류(不定流)에서는 유선이 시간에 따라 변화한다.
③ 정상류(定常流)에서는 하나의 유선이 다른 유선과 교차하게 된다.
④ 점성이나 압축성을 완전히 무시하고 밀도가 일정한 이상적은 유체를 완전 유체라 한다.

해설 하나의 유선은 다른 유선과 교차하지 않는다.

해답 ③

043 오리피스의 지름이 2cm, 수축단면(Vena Contracta)의 지름이 1.6cm라면, 유속계수가 0.9 일 때 유량계수는?

① 0.49
② 0.58
③ 0.62
④ 0.72

해설
① 수축계수
$$C_a = \frac{a}{A} = \frac{d^2}{D^2} = \frac{1.6^2}{2^2} = 0.64$$
여기서, A : orifice의 단면적
a : 수축단면의 단면적
② 유량계수
$C = C_a \cdot C_v = 0.64 \times 0.9 = 0.576$

해답 ②

044 유역면적이 4km² 이고 유출계수가 0.8인 산지하천에서 강우강도가 80mm/h 이다. 합리식을 사용한 유역출구에서의 첨두 홍수량은?

① 35.5m³/s
② 71.1m³/s
③ 128m³/s
④ 256m³/s

해설 **첨두 홍수량**
$$Q_{\max} = \frac{1}{3.6}CIA = \frac{1}{3.6} \times 0.8 \times 80 \times 4 = 71.1\text{m}^3/\text{s}$$

해답 ②

045 유역의 평균 강우량 산정방법이 아닌 것은?

① 등우선법 ② 기하평균법
③ 산술평균법 ④ Thiessen의 가중법

해설 평균우량 산정법
① 산술평균법 ② Thiessen 가중법(티센 다각형법)
③ 등우선법 ④ 삼각형법

해답 ②

046 강우강도(I), 지속시간(D), 생기빈도(F) 관계를 표현하는 식 $I=\dfrac{kT^x}{t^n}$에 대한 설명으로 틀린 것은?

① k, x, n은 지역에 따라 다른 값을 가지는 상수이다.
② T는 강의 생기빈도를 나타내는 연수(年數)로서 재현기간(년)을 의미한다.
③ t는 강우의 지속시간(min)으로서, 강우지속시간이 길수록 강우강도(I)는 커진다.
④ I는 단위시간에 내리는 강우량(mm/h)인 강우강도이며, 각종 수문학적 해석 및 설계에 필요하다.

해설 ① 강우강도 – 지속기간 – 생기빈도 관계($I-D-F$)

$$I=\dfrac{kT^x}{t^n}$$

여기서, I : 강우강도(mm/h)
t : 지속기간(min)
T : 강우의 생기빈도를 나타내는 연수(재현기간)
k, x, n : 지역에 따라 결정되는 상수
② 강우 지속시간(t)이 커지면 강우강도 I는 줄어든다.

해답 ③

047 단위유량도(unit hydrograph)를 작성함에 있어서 주요 기본가정(또는 원리)으로만 짝지어진 것은?

① 비례가정, 중첩가정, 직접유출의 가정
② 비례가정, 중첩가정, 일정기저시간의 가정
③ 일정기저시간의 가정, 직접유출의 가정, 비례가정
④ 직접유출의 가정, 일정기저시간의 가정, 중첩가정

해설 단위도의 가정
① 일정 기저시간 가정 ② 비례가정 ③ 중첩가정

해답 ②

048
항력(Drag force)에 관한 설명으로 틀린 것은?

① 항력 $D = C_D A \dfrac{\rho V^2}{2}$ 으로 표현되며, 항력계수 C_D는 Froude의 함수이다.
② 형상항력은 물체의 형상에 의한 후류(Wake)로 인해 압력이 저하하여 발생하는 압력저항이다.
③ 마찰항력은 유체가 물체표면을 흐를 때 점성과 난류에 의해 물체표면에 발생하는 마찰저항이다.
④ 조파항력은 물체가 수면에 떠 있거나 물체의 일부분이 수면위에 있을 때에 발생하는 유체저항이다.

해설
1. C_D는 저항계수(항력계수)이다.
2. 항력(흐르는 유체 속 물체가 유체로부터 받는 힘)

$$D = C_D A \dfrac{\rho V^2}{2}$$

여기서, D : 유체의 전저항력, C_D : 저항계수(항력계수)

A : 흐름방향의 물체 투영면적, $\dfrac{\rho V^2}{2}$: 동압력

해답 ①

049
레이놀즈수(Reynolds) 수에 대한 설명으로 옳은 것은?
① 관성력에 대한 중력의 상대적인 크기
② 압력에 대한 탄성력의 상대적인 크기
③ 중력에 대한 점성력의 상대적인 크기
④ 관성력에 대한 점성력의 상대적인 크기

해설 레이놀즈수(Reynolds 수, R_e)는 100여년 전에 레이놀즈라고 하는 영국 학자가 발견한 법칙으로 흐름의 특징을 나타내는 대법칙이다.

$$R_e = \dfrac{관성력}{점성력} = \dfrac{대표속도 \times 대표길이}{동점도} = \dfrac{VD}{\nu}$$

여기서, V : 유속, D : 관경, ν : 동점성계수(동점도)

해답 ④

050
지름 $D = 4\text{cm}$, 조도계수 $n = 0.01\text{m}^{-1/3} \cdot \text{s}$인 원형관의 Chezy의 유속계수 C는?

① 10
② 50
③ 100
④ 150

해설 Chézy 평균유속계수

① 경심

$$R = \frac{A}{P}$$

원형단면이므로 $R = \dfrac{D}{4} = \dfrac{0.04}{4} = 0.01\,\text{m}$

② $C = \dfrac{1}{n} R^{\frac{1}{6}} = \dfrac{1}{0.01} \times 0.01^{\frac{1}{6}} = 46.4 \fallingdotseq 50$

해답 ②

051

폭이 1m인 직사각형 수로에서 0.5m³/s의 유량이 80cm의 수심으로 흐르는 경우, 이 흐름을 가장 잘 나타낸 것은? (단, 동점성 계수는 0.012cm²/s, 한계수심은 29.5cm이다.)

① 층류이며 상류 ② 층류이며 사류
③ 난류이며 상류 ④ 난류이며 사류

해설
① 유수단면적 $A = 1 \times 0.8 = 0.8\,\text{m}^2$

② 유속 $V = \dfrac{Q}{A} = \dfrac{0.5}{0.8} = 0.625\,\text{m/s} = 62.5\,\text{cm/s}$

③ 프루드수 $Fr = \dfrac{V}{\sqrt{gh}} = \dfrac{0.625}{\sqrt{9.8 \times 0.8}} = 0.223 < 1$ 이므로 상류

④ 윤변 $P = (0.8 \times 2) + 1 = 2.6$

⑤ 경심 $R = \dfrac{A}{P} = \dfrac{0.8}{2.6} = 0.3077$

⑥ 레이놀즈수 $R_e = \dfrac{VR}{v} = \dfrac{0.625 \times 0.3077}{0.012 \times 10^{-4}} = 160{,}260 > 500$ 이므로 난류

해답 ③

052

빙산의 비중이 0.92이고 바닷물의 비중은 1.025일 때 빙산이 바닷물 속에 잠겨 있는 부분의 부피는 수면 위에 나와 있는 부분의 약 몇 배인가?

① 0.8배 ② 4.8배
③ 8.8배 ④ 10.8배

해설 물체가 떠있을 때이므로 $W = B$ 조건을 만족하여야 한다.

$wV = w'V'$

$0.92V = 1.025V'$

$0.92(V_\text{위} + V') = 1.025V'$

$0.92V_\text{위} + 0.92V' = 1.025V'$

$0.92V_\text{위} = (1.025 - 0.92)V'$ 에서 $V' = \dfrac{0.92}{1.025 - 0.92}V_\text{위} = 8.8V_\text{위}$

해답 ③

053 수온에 따른 지하수의 유속에 대한 설명으로 옳은 것은?

① 4℃에서 가장 크다.
② 수온이 높으면 크다.
③ 수온이 낮으면 크다.
④ 수온에는 관계없이 일정하다.

해설 지하수의 유속은 투수계수와 비례하며, 수온이 높을수록 물의 점성계수가 감소하여 투수계수가 증가하므로 지하수의 유속은 수온이 높을수록 크다.

해답 ②

054 유체 속에 잠긴 곡면에 작용하는 수평분력은?

① 곡면에 의해 배재된 액체의 무게와 같다.
② 곡면의 중심에서의 압력과 면적의 곱과 같다.
③ 곡면의 연직상방에 실려 있는 액체의 무게와 같다.
④ 곡면을 연직면상에 투영하였을 때 생기는 투영면적에 작용하는 힘과 같다.

해설 곡면에 작용하는 수평분력은 연직투영면에 작용하는 전수압과 같다.
$P_H = wh_G A$
여기서, P_H : 수평분력, w : 액체의 단위중량
  A : 연직투영면적($A'B' \times b$)
  h_G : 연직투영면의 도심까지 거리

해답 ④

055 지하수(地下水)에 대한 설명으로 옳지 않은 것은?

① 자유 지하수를 양수(揚水)하는 우물을 굴착정(Artesian well)이라 부른다.
② 불투수층(不透水層) 상부에 있는 지하수를 자유 지하수(自由地下水)라 한다.
③ 불투수층과 불투수층 사이에 있는 지하수를 피압지하수(被壓地下水)라 한다.
④ 흙입자 사이에 충만되어 있으며 중력의 작용으로 운동하는 물을 지하수라 부른다.

해설
① 굴착정은 집수정을 불투수층 사이에 있는 피압대수층까지 굴착하여 피압대수층의 지하수를 양수하는 우물이다.
② 깊은 우물(심정)이란 집수정 바닥이 불투수층까지 도달한 우물을 말한다.
③ 얕은 우물(천정)은 집수정 바닥이 불투수층까지 도달하지 않은 우물로서 우물바닥이 불투수층에 접하지 않은 우물이므로 자유지하수를 양수한다.
④ 집수암거는 하안 또는 하상의 투수층에 암거나 구멍 뚫린 관을 매설하여 하천에서 침투한 침출수를 취수하는 것이다.

해답 ①

056

월류수심 40cm인 전폭 위어의 유량을 Francis 공식에 의해 구한 결과 0.40m³/s였다. 이 때 위어 폭의 측정에 2cm의 오차가 발생했다면 유량의 오차는 몇 % 인가?

① 1.16%
② 1.50%
③ 2.00%
④ 2.33%

해설 ① 프란시스(Francis) 공식

단면수축이 없으므로 $b_o = b - 0.1nh = b - 0 = b$ 이다.

$$Q = 1.84 b_o h^{\frac{3}{2}} = 1.84 \times b_o \times 0.4^{\frac{3}{2}} = 0.40\,\mathrm{m^3/s}\text{에서 } b_o = 0.8593146\,\mathrm{m}$$

② 폭에 발생하는 오차

$$\frac{db}{b_o} = \frac{0.02}{0.8593146} = 0.0233 = 2.33\%$$

③ 유량에 발생하는 오차

$$\frac{dQ}{Q} = 1 \times \frac{db}{b_o} = 1 \times 2.33 = 2.33\%$$

해답 ④

057

폭 9m의 직사각형 수로에 16.2m³/s의 유량이 92cm의 수심으로 흐르고 있다. 장파의 전파속도 C와 비에너지 E는? (단, 에너지 보정계수 $\alpha=1.0$)

① $C=2.0$m/s, $E=1.015$m
② $C=2.0$m/s, $E=1.115$m
③ $C=3.0$m/s, $E=1.015$m
④ $C=3.0$m/s, $E=1.115$m

해설 ① 단면적 $\quad A = 9 \times 0.92 = 8.28\,\mathrm{m^2}$

② 유속 $\quad V = \dfrac{Q}{A} = \dfrac{16.2}{8.28}\,\mathrm{m/sec}$

③ 비에너지 $\quad H_e = h + \dfrac{\alpha V^2}{2g} = 0.92 + \dfrac{1 \times \left(\dfrac{16.2}{8.28}\right)^2}{2 \times 9.8} = 1.1153\,\mathrm{m}$

④ 장파의 전파속도 $\quad C = \sqrt{gh} = \sqrt{9.8 \times 0.92} = 3.003\,\mathrm{m/s}$

해답 ④

058

Chezy의 평균유속 공식에서 평균유속계수 C를 Manning의 평균유속 공식을 이용하여 표현한 것으로 옳은 것은?

① $\dfrac{R^{1/2}}{n}$
② $\dfrac{R^{1/6}}{n}$
③ $\sqrt{\dfrac{f}{8g}}$
④ $\sqrt{\dfrac{8g}{f}}$

해설 C와 n과의 관계

'Chezy의 평균유속＝Manning의 평균유속' 놓고 C를 구하면 $C = \dfrac{1}{n} R^{\frac{1}{6}}$

해답 ②

059
비압축성 이상유체에 대한 아래 내용 중 ( )안에 들어갈 알맞은 말은?

> 비압축성 이상유체는 압력 및 온도에 따른 (   )의 변화가 미소하여 이를 무시할 수 있다.

① 밀도
② 비중
③ 속도
④ 점성

해설 **비압축성 이상유체**는 점성이 없고 힘을 가해도 압축되지 않는 가상의 유체로 비점성·비압축성 유체로 압력 및 온도에 따른 밀도의 변화가 미소하여 이를 무시할 수 있다.

해답 ①

060
수로경사 $I = \dfrac{1}{2,500}$, 조도계수 $n = 0.013 \text{m}^{-1/3} \cdot \text{s}$인 수로에 아래 그림과 같이 물이 흐르고 있다면 평균유속은? (단, Manning의 공식을 사용한다.)

① 1.65m/s
② 2.16m/s
③ 2.65m/s
④ 3.16m/s

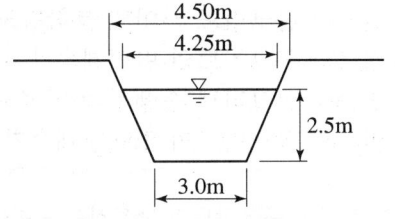

해설 평균 유속

$$V = \dfrac{1}{n} R^{\frac{2}{3}} I^{\frac{1}{2}} = \dfrac{1}{0.013} \times \left(\dfrac{(4.25+3) \times 2.5 \times \dfrac{1}{2}}{3 + 2 \times \sqrt{0.625^2 + 2.5^2}} \right)^{\frac{2}{3}} \times \left(\dfrac{1}{2,500} \right)^{\frac{1}{2}}$$

$= 1.65 \text{m/s}$

해답 ①

제4과목 철근콘크리트 및 강구조

061 옹벽의 구조해석에 대한 설명으로 틀린 것은?

① 뒷부벽식 옹벽의 뒷부벽은 직사각형보로 설계하여야 한다.
② 캔틸레버식 옹벽의 전면벽은 저판에 지지된 캔틸레버로 설계할 수 있다.
③ 저판의 뒷굽판은 정확한 방법이 사용되지 않는 한, 뒷굽판 상부에 재하되는 모든 하중을 지지하도록 설계하여야 한다.
④ 부벽식 옹벽 저판은 정밀한 해석이 사용되지 않는 한, 부벽 사이의 거리를 경간으로 가정한 고정보 또는 연속보로 설계할 수 있다.

해설 부벽식옹벽의 구조해석
① 앞부벽 : 직사각형보로 설계
② 뒷부벽 : T형보의 복부로 설계
③ 전면벽 : 3변 지지된 2방향 슬래브로 설계할 수 있다.
④ 저판 : 정확한 방법이 사용되지 않는 한 뒷부벽 또는 앞부벽 간의 거리를 경간으로 가정하여 고정보 또는 연속보로 설계할 수 있다.

해답 ①

062 철근콘크리트가 성립되는 조건으로 틀린 것은?

① 철근과 콘크리트 사이의 부착강도가 크다.
② 철근과 콘크리트의 탄성계수가 거의 같다.
③ 철근은 콘크리트 속에서 녹이 슬지 않는다.
④ 철근과 콘크리트의 열팽창계수가 거의 같다.

해설
1. 철근과 콘크리트의 탄성계수는 비슷하지 않으며 철근콘크리트 일체식 구조체로 성립하는 이유에도 해당하지 않는다.
2. **철근 콘크리트가 일체식 구조체로 성립하는 이유**
   ① 콘크리트와 철근의 부착강도가 크다.(부착력이 크다.)
   ② 콘크리트 속에 묻힌 철근은 부식하지 않는다.(방청효과)
   ③ 콘크리트와 철근(강재)은 열에 대한 팽창계수과 거의 같다.
      ㉠ 콘크리트 열팽창계수 : 0.000010~0.000013/℃
      ㉡ 철근의 열팽창계수 : 0.000012/℃

해답 ②

063
경간이 12m인 대칭 T형보에서 양쪽의 슬래브 중심간 거리가 2.0m, 플랜지의 두께가 300mm, 복부의 폭이 400mm 일 때 플랜지의 유효폭은?

① 2000mm
② 2500mm
③ 3000mm
④ 5200mm

해설 플랜지 폭
대칭 T형보이므로
① $8t_1 + 8t_2 + b_w = 8 \times 300 + 8 \times 300 + 400 = 5,200mm$
② 보 경간의 $1/4 = \dfrac{12,000}{4} = 3,000mm$
③ 양 슬래브 중심간 거리 = 2,000mm
셋 중 가장 작은 값인 2,000mm를 유효폭으로 결정한다.

해답 ①

064
콘크리트의 크리프에 대한 설명으로 틀린 것은?

① 고강도 콘크리트는 저강도 콘크리트보다 크리프가 크게 일어난다.
② 콘크리트가 놓이는 주위의 온도가 높을수록 크리프 변형은 크게 일어난다.
③ 물-시멘트비가 큰 콘크리트는 물-시멘트비가 작은 콘크리트보다 크리프가 크게 일어난다.
④ 일정한 응력이 장시간 계속하여 작용하고 있을 때 변형이 계속 진행되는 현상을 말한다.

해설 콘크리트는 초기강도가 클수록 크리프가 작게 일어나므로 고강도 콘크리트가 저강도 콘크리트보다 크리크가 적게 일어난다.

해답 ①

065
그림과 같은 단순지지 보에서 긴장재는 C점에 150mm의 편차에 직선으로 배치되고, 1000kN으로 긴장되었다. 보에는 120kN의 집중하중이 C점에 작용한다. 보의 고정하중은 무시할 때 C점에서의 휨모멘트는 얼마인가? (단, 긴장재의 경사가 수평압축력에 미치는 영향 및 자중은 무시한다.)

① $-150kN \cdot m$
② $90kN \cdot m$
③ $240kN \cdot m$
④ $390kN \cdot m$

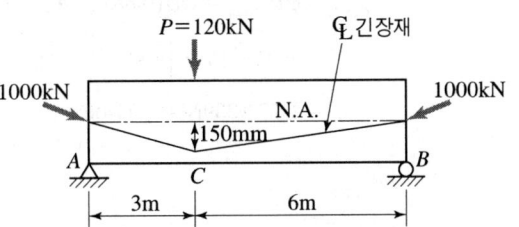

해설

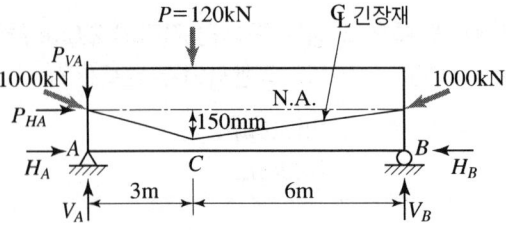

① 긴장재로 인해 작용하는 수직 하중
  ㉠ 긴장재로 인해 A점에 작용하는 수직 하중
  $$P_{VA} = 1,000 \times \frac{0.15}{\sqrt{3^2 + 0.15^2}} = 49.94 \text{ kN}$$
  ㉡ 긴장재로 인해 B점에 작용하는 수직 하중
  $$P_{VB} = 1,000 \times \frac{0.15}{\sqrt{6^2 + 0.15^2}} = 24.99 \text{ kN}$$
  ㉢ 긴장재로 인해 C점에 작용하는 수직하중
  $$P_{VC} = P_{VA} + P_{VB} = 49.94 + 24.99 = 74.93 \text{ kN}$$

② A점의 수직반력
  $\Sigma M_B = 0$ (시계방향 +)
  $V_A \times 9 - P_{VA} \times 9 - (120 - P_{VC}) \times 6 + P_{VB} \times 0 = 0$
  $V_A \times 9 - 49.94 \times 9 - (120 - 74.93) \times 6 + 24.99 \times 0 = 0$
  $V_A = 79.987 \text{ kN}$

③ C점의 휨모멘트
  $M_C = V_A \times 3 - P_{VA} \times 3 = 79.987 \times 3 - 49.94 \times 3 = 90.14 \text{ kN} \cdot \text{m}$

해답 ②

066 지름 450mm인 원형 단면을 갖는 중심축하중을 받는 나선철근 기둥에서 강도설계법에 의한 축방향 설계축강도(ϕP_n)는 얼마인가? (단, 이 기둥은 단주이고, f_{ck}=27MPa, f_y=350MPa, A_{st}=8-D22=3096mm², 압축지배단면이다.)

① 1166kN ② 1299kN
③ 2425kN ④ 2774kN

해설 중심 축하중을 받는 경우
$$P_u \leq P_{d\max} = \phi P_{n\max} = \alpha\phi[0.85f_{ck}(A_g - A_{st}) + f_y A_{st}]$$
$$= 0.85 \times 0.7 \times \left[0.85 \times 27 \times \left(\frac{\pi \times 450^2}{4} - 3,096\right) + 350 \times 3,096\right]$$
$$= 2,774,239 \text{N} = 2,774 \text{ kN}$$

해답 ④

067

옹벽의 활동에 대한 저항력은 옹벽에 작용하는 수평력에 최소 몇 배 이상이어야 하는가?

① 1.5배 ② 2배
③ 2.5배 ④ 3배

해설 활동에 대한 저항력은 옹벽에 작용하는 수평력의 1.5배 이상이어야 한다.

해답 ①

068

폭(b)이 250mm이고, 전체높이(h)가 500mm인 직사각형 철근콘크리트 보의 단면에 균열을 일으키는 비틀림모멘트(T_{cr})는 약 얼마인가? (단, 보통중량콘크리트이며, f_{ck}=28 MPa 이다.)

① 9.8kN·m ② 11.3kN·m
③ 12.5kN·m ④ 18.4kN·m

해설 균열을 일으키는 비틀림모멘트

$$T_{cr} = \frac{1}{3}\lambda\sqrt{f_{ck}}\frac{A_{cp}^2}{p_{cp}} = \frac{1}{3}\times 1 \times \sqrt{28}\frac{(250\times 500)^2}{2\times(250+500)}$$
$$= 18,373,273 \text{N·mm} = 18.4 \text{kN·m}$$

해답 ④

069

프리스트레스트 콘크리트(PSC)의 균등질 보의 개념(homogeneous beam concept)을 설명한 것으로 옳은 것은?

① PSC는 결국 부재에 작용하는 하중의 일부 또는 전부를 미리 가해진 프리스트레스와 평형이 되도록 하는 개념
② PSC보를 RC보처럼 생각하여, 콘크리트는 압축력을 받고 긴장재는 인장력을 받게 하여 두 힘의 우력 모멘트로 외력에 의한 휨모멘트에 저항시킨다는 개념
③ 콘크리트에 프리스트레스가 가해지면 PSC부재는 탄성재료로 전환되고 이의 해석은 탄성이론으로 가능하다는 개념
④ PSC는 강도가 크기 때문에 보의 단면을 강재의 단면으로 가정하여 압축 및 인장을 단면전체가 부담할 수 있다는 개념

해설 프리스트레스트 콘크리트의 기본 개념
① 균등질보 개념(응력개념법, 기존개념법)은 콘크리트에 프리스트레스트를 도입하면 콘크리트가 탄성 재료로 전환된다고 생각으로 전단면 유효 응력으로 설계

하는 개념이다.
② 강도개념(내력모멘트개념, C-선 개념)은 PSC를 RC와 유사한 성질로 취급하여 압축력은 콘크리트가 받고 인장력은 PS강재가 받아 두 힘의 우력이 외력에 의한 모멘트에 저항하는데 서로 결합된다고 봄으로써 극한 강도 이론에 의한 설계가 가능하다는 개념이다.
③ 하중평형개념(등가하중개념)은 프리스트레싱의 작용과 부재에 작용하는 하중을 비기게 하자는데 목적을 둔 개념이다.

해답 ③

070
철근콘크리트 구조물 설계 시 철근 간격에 대한 설명으로 틀린 것은? (단, 굵은 골재의 최대 치수에 관련된 규정은 만족하는 것으로 가정한다.)
① 동일 평면에서 평행한 철근 사이의 수평 순간격은 25mm 이상, 또한 철근의 공칭지름 이상으로 하여야 한다.
② 벽체 또는 슬래브에서 휨 주철근의 간격은 벽체나 슬래브 두께의 3배 이하로 하여야 하고, 또한 450mm 이하로 하여야 한다.
③ 나선철근 또는 띠철근이 배근된 압축부재에서 축방향 철근의 순간격은 40mm 이상, 또한 철근 공칭 지름의 1.5배 이상으로 하여야 한다.
④ 상단과 하단에 2단 이상으로 배치된 경우 상하 철근은 동일 연직면 내에 배치되어야 하고, 이때 상하 철근의 순간격은 40mm 이상으로 하여야 한다.

해설 상단과 하단에 2단 이상으로 배근된 경우 연직순간격
① 상하 철근은 동일 연직면 내에 배근
② 25mm 이상

해답 ④

071
철근콘크리트 휨부재에서 최소철근비를 규정한 이유로 가장 적당한 것은?
① 부재의 시공 편의를 위해서
② 부재의 사용성을 증진시키기 위해서
③ 부재의 경제적인 단면 설계를 위해서
④ 부재의 급작스런 파괴를 방지하기 위해서

해설 인장측 콘크리트의 취성파괴(급작스러운 파괴)를 피하기 위하여 시방서에서는 정철근의 하한치를 제한하고 있다.

해답 ④

072
전단철근이 부담하는 전단력 V_s = 150kN일 때 수직스터럽으로 전단보강을 하는 경우 최대 배치간격은 얼마 이하인가? (단, 전단철근 1개 단면적=125mm², 횡방향 철근의 설계기준항복강도(f_{yt})=400MPa, f_{ck}=28MPa, b_w=300mm, d=500mm, 보통중량콘크리트이다.)

① 167mm
② 250mm
③ 333mm
④ 600mm

해설

① $\frac{1}{3}\lambda\sqrt{f_{ck}}b_w d = \frac{1}{3} \times 1 \times \sqrt{28} \times 300 \times 500 = 264,575\text{N}$

② $V_s = 150\text{kN}$으로, 철근콘크리트부재에서 $V_s \leq \frac{1}{3}\lambda\sqrt{f_{ck}}b_w d(\text{N})$인 경우에 해당하므로,

   수직 스터럽의 최대간격은 $0.5d$ 이하, 600mm 이하($s \leq \frac{d}{2}$, $s \leq 600\text{mm}$)이다.

③ $s \leq \frac{d}{2} = \frac{500}{2} = 250\text{mm}$

④ $s \leq 600\text{mm}$

⑤ 전단철근의 최대 배치 간격은 위 두 값 중 작은 값인 250mm이다.

해답 ②

073
강판형(Plate girder) 복부(web) 두께의 제한이 규정되어 있는 가장 큰 이유는?

① 시공상의 난이
② 좌굴의 방지
③ 공비의 절약
④ 자중의 경감

해설 복부판의 전단 좌굴 방지

① 복부판의 전단 좌굴을 방지하기 위하여 소정의 간격으로 수직보강재를 설치한다.
② 강판형 복부 두께를 제한한다.

해답 ②

074
2방향 슬래브의 설계에서 직접설계법을 적용할 수 있는 제한 조건으로 틀린 것은?

① 각 방향으로 3경간 이상이 연속되어야 한다.
② 슬래브 판들은 단변 경간에 대한 장변 경간의 비가 2이하인 직사각형이어야 한다.
③ 각 방향으로 연속한 받침부 중심간 경간 차이는 긴 경간의 1/3 이하이어야 한다.
④ 모든 하중은 연직하중으로 슬래브 판 전체에 등분포이고, 활하중은 고정하중의 3배 이상이어야 한다.

해설 모든 하중은 슬래브판 전체에 등분포 된 연직하중이어야 하며, 활하중은 고정하중의 2배 이하이어야 한다.

해답 ④

075
압축 이형철근의 겹침이음길이에 대한 설명으로 옳은 것은? (단, d_b는 철근의 공칭직경)

① 어느 경우에나 압축 이형철근의 겹침이음길이는 200mm 이상이어야 한다.
② 콘크리트의 설계기준압축강도가 28MPa 미만인 경우는 규정된 겹침이음길이를 1/5 증가시켜야 한다.
③ f_y가 500MPa 이하인 경우는 $0.72f_y d_b$ 이상, f_y가 500MPa을 초과할 경우는 $(1.3f_y - 24)d_b$ 이상이어야 한다.
④ 서로 다른 크기의 철근을 압축부에서 겹침이음하는 경우, 이음길이는 크기가 큰 철근의 정착길이와 크기가 작은 철근의 겹침이음길이 중 큰 값 이상이어야 한다.

해설 서로 다른 크기의 철근을 압축부에서 겹침이음하는 경우
① 이음길이는 크기가 큰 철근의 정착길이와 크기가 작은 철근의 겹침이음길이 중 큰 값 이상이어야 한다.
② D41과 D51 철근은 D35 이하 철근과의 겹침이음이 허용된다.
③ 겹침이음은 D35보다 큰 철근에 대해서 일반적으로 금지되지만, 압축측에서만은 D35 이하의 철근과 이보다 큰 철근과 겹침이음하는 것을 허용한다.

[참고] 서로 다른 크기의 철근을 인장 겹침이음 하는 경우, 이음길이는 크기가 큰 철근의 정착길이와 크기가 작은 철근의 겹침이음길이 중 큰 값 이상이어야 한다.

해답 ④

076
아래 그림과 같은 보의 단면에서 표피철근의 간격 s는 최대 얼마 이하로 하여야 하는가? (단, 건조환경에 노출되는 경우로서, 표피철근의 표면에서 부재 측면까지 최단거리(C_c)는 40mm, f_{ck}=24MPa, f_y=350MPa이다.)

① 330mm
② 340mm
③ 350mm
④ 360mm

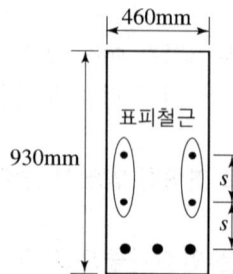

해설 **표피철근의 간격**
① 사용하중 상태에서 인장연단에서 가장 가까이에 위치한 철근의 응력(f_s)
  f_s는 간단한 방법으로 균열을 검증하고자 할 때는 근사값으로 f_y의 2/3를 사용할 수 있다.
  $$f_s = 350 \times \frac{2}{3} = 233.33 \text{MPa}$$
② 철근 간격을 통한 균열 검증에서 철근의 노출 조건을 고려한 계수(K_{cr})
  건조환경에 노출되는 경우이므로 $K_{cr} = 280$이다.
  그 외의 환경에 노출되는 경우에는 210이다.
③ 표피철근의 간격(s)
  ㉠ $s = 375\left(\dfrac{K_{cr}}{f_s}\right) - 2.5\,C_c = 375 \times \left(\dfrac{280}{233.33}\right) - 2.5 \times 40 = 350.00 \text{mm}$
  ㉡ $s = 300\left(\dfrac{K_{cr}}{f_s}\right) = 300 \times \left(\dfrac{280}{233.33}\right) = 360.00 \text{mm}$
  ㉢ 두 식에 의해 계산된 값 중에서 작은 값 이하로 철근의 중심간격 s를 정하므로 350mm이다.

해답 ③

077
프리스트레스 손실 원인 중 프리스트레스 도입 후 시간의 경과에 따라 생기는 것이 아닌 것은?

① 콘크리트의 크리프
② 콘크리트의 건조수축
③ 정착 장치의 활동
④ 긴장재 응력의 릴랙세이션

해설 **프리스트레스 손실 원인**
1. 프리스트레스 도입 시 : 즉시 손실
  ① 콘크리트의 탄성변형(수축)
  ② PS강재와 덕트(시스) 사이의 마찰(포스트텐션 방식에만 해당)
  ③ 정착단의 활동
2. 프리스트레스 도입 후 : 시간적 손실
  ① 콘크리트의 건조수축
  ② 콘크리트의 크리프
  ③ PS강재의 리랙세이션(Relaxation)

해답 ③

078
강합성 교량에서 콘크리트 슬래브와 강(鋼)주형 상부 플랜지를 구조적으로 일체가 되도록 결합시키는 요소는?

① 볼트
② 접착제
③ 전단연결재
④ 합성철근

해설 **전단연결재**는 강합성 교량에서 콘크리트 슬래브와 강주형 상부 플랜지를 구조적으로 일체가 되도록 결합시키는 역할을 한다.

해답 ③

079
리벳으로 연결된 부재에서 리벳이 상·하 두 부분으로 절단되었다면 그 원인은?
① 리벳의 압축파괴
② 리벳의 전단파괴
③ 연결부의 인장파괴
④ 연결부의 지압파괴

해설 리벳의 전단파괴시 리벳이 상·하 두 부분으로 절단된다.

해답 ②

080
강도 설계에 있어서 강도감소계수(ϕ)의 값으로 틀린 것은?
① 전단력 : 0.75
② 비틀림모멘트 : 0.75
③ 인장지배단면 : 0.85
④ 포스트텐션 정착구역 : 0.75

해설 포스트텐션 정착구역의 강도감소계수(ϕ)는 0.85이다.

해답 ④

제5과목 토질 및 기초

081
흙의 포화단위중량이 20kN/m³인 포화점토층을 45° 경사로 8m를 굴착하였다. 흙의 강도정수 C_u=65kN/m², ϕ=0°이다. 그림과 같은 파괴면에 대하여 사면의 안전율은? (단, $ABCD$의 면적은 70m²이고 O점에서 $ABCD$의 무게중심까지의 수직거리는 4.5m이다.)

① 4.72
② 4.21
③ 2.67
④ 2.36

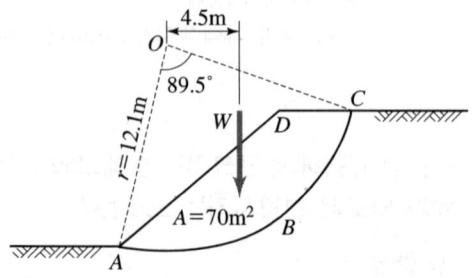

해설 ① $M_r = c_u \cdot L_a \cdot r = c_u \cdot (r \cdot \theta) \cdot r$
$= 65 \times \left(12.1 \times 89.5° \times \dfrac{\pi}{180°}\right) \times 12.1 = 14,865.67 \, \text{kN} \cdot \text{m}$

② $M_d = W \cdot d = \gamma \cdot A \cdot d = (20 \times 70) \times 4.5 = 6,300 \, \text{kN} \cdot \text{m}$

③ $F_s = \dfrac{M_r}{M_d} = \dfrac{14,865.67}{6,300} = 2.36$

해답 ④

082 통일분류법에 의한 분류기호와 흙의 성질을 표현한 것으로 틀린 것은?

① SM : 실트 섞인 모래
② GC : 점토 섞인 자갈
③ CL : 소성이 큰 무기질 점토
④ GP : 입도분포가 불량한 자갈

해설 CL은 압축성이 낮은 점토를 표현한 것이다.

[참고] 통일분류법에 사용되는 기호

흙의 종류		제1문자	흙의 특성	제2문자	
조립토	자갈	G	입도분포 양호, 세립분 5% 이하	W	
	모래	S	입도분포 불량, 세립분 5% 이하	P	
세립토	실트	M	세립분 12% 이상, A선 아래에 위치, 소성지수 4 이하	M	조립토
	점토	C	세립분 12% 이상, A선 위에 위치, 소성지수 7 이상	C	
	유기질의 실트 및 점토	O	압축성 낮음, $w_L \leq 50$	L	세립토
유기질토	이탄	Pt	압축성 높음, $w_L \geq 50$	H	

해답 ③

083 다음 중 연약점토지반 개량공법이 아닌 것은?

① 프리로딩(Pre-loading) 공법
② 샌드 드레인(Sand drain) 공법
③ 페이퍼 드레인(Paper drain) 공법
④ 바이브로 플로테이션(Vibro flotation) 공법

해설 Vibro floatation공법은 사질토지반의 개량공법의 일종이다.

해답 ④

084

그림과 같은 지반에 재하순간 수주(水柱)가 지표면으로부터 5m 이었다. 20% 압밀이 일어난 후 지표면으로부터 수주의 높이는?
(단, 물의 단위중량은 9.81kN/m³ 이다.)

① 1m
② 2m
③ 3m
④ 4m

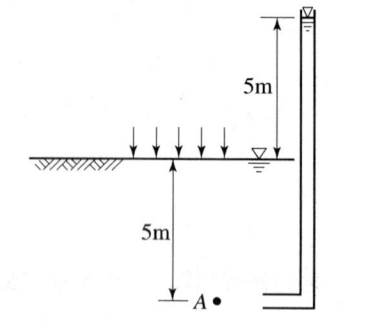

해설 ① 초기간극수압
$$u_i = \gamma_w h = 9.81 \times 5 = 49.05\,\text{kN/m}^2$$

② 과잉간극수압
재하 후 압밀도가 20%가 되었으므로
$$U = \frac{\text{소산된 과잉간극수압}}{\text{초기과잉간극수압}} \times 100 = \frac{u_i - u_e}{u_i} \times 100$$
$$= \frac{49.05 - u_e}{49.05} \times 100 = 20\% \text{에서 } u_e = 49.05 - \frac{20 \times 49.05}{100} = 39.24\,\text{kN/m}^2$$

③ 20% 압밀이 일어난 후 지표면으로부터 수주의 높이
$$u_e = \gamma_w h_e = 9.81 \times h_e = 39.24\,\text{kN/m}^2 \text{에서 } h_e = \frac{39.24}{9.81} = 4\text{m}$$

해답 ④

085

내부마찰각이 30°, 단위중량이 18kN/m³인 흙의 인장균열 깊이가 3m일 때 점착력은?

① $15.6\,\text{kN/m}^2$
② $16.7\,\text{kN/m}^2$
③ $17.5\,\text{kN/m}^2$
④ $18.1\,\text{kN/m}^2$

해설 인장균열 깊이공식
$$Z_c = \frac{2c}{\gamma} \frac{1}{\tan\left(45° - \frac{\phi}{2}\right)} = \frac{2c}{\gamma}\tan\left(45° + \frac{\phi}{2}\right) \text{에서}$$
$$c = \frac{Z_c \gamma}{2\tan\left(45° + \frac{\phi}{2}\right)} = \frac{3 \times 18}{2 \times \tan\left(45° + \frac{30°}{2}\right)} = 15.6\,\text{kN/m}^2$$

해답 ①

086 일반적인 기초의 필요조건으로 틀린 것은?

① 침하를 허용해서는 안 된다.
② 지지력에 대해 안정해야 한다.
③ 사용성, 경제성이 좋아야 한다.
④ 동해를 받지 않는 최소한의 근입깊이를 가져야 한다.

해설 침하량이 허용치 이내에 들어야 한다.
[참고] 기초의 필요조건
① 최소한의 근입깊이(D_f)를 확보하여 동해에 안정하도록 하여야한다.
② 침하량이 허용치 이내에 들어야 한다.
③ 지지력에 대해 안정해야 한다.
④ 경제적, 기술적으로 시공이 가능하여야 한다.
(사용성, 경제성이 좋아야 한다.)

해답 ①

087 흙 속에 있는 한 점의 최대 및 최소 주응력이 각각 200kN/m² 및 100kN/m²일 때 최대 주응력과 30°를 이루는 평면상의 전단응력을 구한 값은?

① 10.5kN/m²
② 21.5kN/m²
③ 32.3kN/m²
④ 43.3kN/m²

해설 $\tau_f = \dfrac{\sigma_1 - \sigma_3}{2} \sin 2\theta = \dfrac{200-100}{2} \times \sin(2 \times 30°) = 43.3 \, \text{kN/m}^2$

해답 ④

088 토립자가 둥글고 입도분포가 양호한 모래지반에서 N치를 측정한 결과 $N=19$가 되었을 경우, Dunham의 공식에 의한 이 모래의 내부 마찰각(ϕ)은?

① 20°
② 25°
③ 30°
④ 35°

해설 토립자가 둥글고 입도분포가 양호한 경우이므로
$\phi = \sqrt{12N} + 20 = \sqrt{12 \times 19} + 20 = 35°$

[참고] N, ϕ의 관계(Dunham 공식)
① 토립자가 모나고 입도가 양호 : $\phi = \sqrt{12N} + 25$
② 토립자가 모나고 입도가 불량 : $\phi = \sqrt{12N} + 20$
③ 토립자가 둥글고 입도가 양호 : $\phi = \sqrt{12N} + 20$
④ 토립자가 둥글고 입도가 불량 : $\phi = \sqrt{12N} + 15$

해답 ④

089

그림과 같은 지반에 대해 수직방향 등가투수계수를 구하면?

① 3.89×10^{-4} cm/s
② 7.78×10^{-4} cm/s
③ 1.57×10^{-3} cm/s
④ 3.14×10^{-3} cm/s

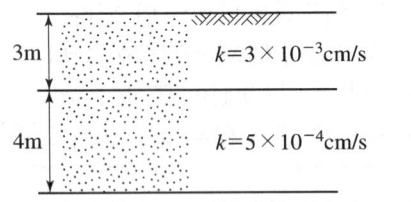

해설 ① $H = H_1 + H_2 = 3 + 4 = 7$m

② 연직방향 투수계수

$$K_z = \frac{H}{\frac{H_1}{K_1} + \frac{H_2}{K_2}} = \frac{700}{\frac{300}{3 \times 10^{-3}} + \frac{400}{5 \times 10^{-4}}} = 7.78 \times 10^{-4} \text{cm/sec}$$

해답 ②

090

다음 중 동상에 대한 대책으로 틀린 것은?

① 모관수의 상승을 차단한다.
② 지표부근에 단열재료를 매립한다.
③ 배수구를 설치하여 지하수위를 낮춘다.
④ 동결심도 상부의 흙을 실트질 흙으로 치환한다.

해설 동상은 일반적으로 실트, 점토, 모래, 자갈 순으로 일어나기가 쉽기 때문에 실트질 흙으로 치환하면 안 되며, 동결하기 어려운 재료로 치환하여야 한다.

해답 ④

091

흙의 다짐곡선은 흙의 종류나 입도 및 다짐에너지 등의 영향으로 변한다. 흙의 다짐 특성에 대한 설명으로 틀린 것은?

① 세립토가 많을수록 최적함수비는 증가한다.
② 점토질 흙은 최대건조단위중량이 작고 사질토는 크다.
③ 일반적으로 최대건조단위중량이 큰 흙일수록 최적함수비도 커진다.
④ 점성토는 건조측에서 물을 많이 흡수하므로 팽창이 크고 습윤측에서는 팽창이 작다.

해설 일반적으로 최대건조단위중량이 큰 흙일수록 최적함수비는 작아진다.

해답 ③

092 현장에서 채취한 흙 시료에 대하여 아래 조건과 같이 압밀시험을 실시하였다. 이 시료에 320kPa 의 압밀압력을 가했을 때, 0.2cm의 최종 압밀침하가 발생되었다면 압밀이 완료된 후 시료의 간극비는? (단, 물의 단위중량은 9.81kN/m³ 이다.)

- 시료의 단면적(A) : 30cm²
- 시료의 초기 높이(H) : 2.6cm
- 시료의 비중(G_s) : 2.5
- 시료의 건조중량(W_s) : 1.18N

① 0.125 ② 0.385
③ 0.500 ④ 0.625

해설 ① 흙 입자의 높이(H_s)

$$H_s = \frac{W_s}{A \cdot G_s \cdot \gamma_w} = \frac{1.18 \times 10^{-3}}{(30 \times 10^{-4}) \times 2.5 \times 9.81} = 0.016\text{m} = 1.6\text{cm}$$

② 간극의 초기 높이(H_v)

$$H_v = H - H_s = 2.6 - 1.6 = 1.0\text{cm}$$

③ 초기 간극비(e_o)

$$e_o = \frac{V_v}{V_s} = \frac{H_v \cdot A}{H_s \cdot A} = \frac{H_v}{H_s} = \frac{1.0}{1.6} = 0.625$$

④ 압밀이 완료된 후 시료의 간극비

$$\Delta H = \frac{e_1 - e_2}{1 + e_1} H = \frac{0.625 - e_2}{1 + 0.625} \times 2.6 = 0.2\text{cm} \text{에서 } e_2 = 0.500$$

해답 ③

---

093 노상토 지지력비(CBR)시험에서 피스톤 2.5mm 관입될 때와 5.0mm 관입될 때를 비교한 결과, 관입량 5.0mm에서 CBR이 더 큰 경우 CBR 값을 결정하는 방법으로 옳은 것은?

① 그대로 관입량 5.00mm 일때의 CBR 값으로 한다.
② 2.5mm 값과 5.0mm 값의 평균을 CBR 값으로 한다.
③ 5.0mm 값을 무시하고 2.5mm 값을 표준으로 하여 CBR 값으로 한다.
④ 새로운 공시체로 재시험을 하며, 재시험 결과도 5.0mm 값이 크게 나오면 관입량 5.0mm 일 때의 CBR 값으로 한다.

해설 CBR값 결정
① $CBR_{2.5} > CBR_{5.0}$ ·············· $CBR_{2.5}$
② $CBR_{2.5} < CBR_{5.0}$ 이면 재실험하고 재시험 후
  ㉠ $CBR_{2.5} > CBR_{5.0}$ ·············· $CBR_{2.5}$
  ㉡ $CBR_{2.5} < CBR_{5.0}$ ·············· $CBR_{5.0}$

해답 ④

094 다음 중 사운딩 시험이 아닌 것은?

① 표준관입시험 ② 평판재하시험
③ 콘 관입시험 ④ 베인 시험

해설
1. 평판재하시험은 지반의 지내력 및 노상, 노반의 지반반력계수, 콘크리트 포장과 같은 강성포장의 두께를 결정하기 위한 시험이다.
2. 사운딩(Sounding) 종류
   ① 정적 사운딩 : 일반적으로 점성토에 유효하다.
      ㉠ 휴대용 원추관입시험
      ㉡ 화란식 원추관입시험
      ㉢ 스웨덴식 관입시험
      ㉣ 이스키미터 시험
      ㉤ 베인(Vane)전단시험
   ② 동적 사운딩 : 일반적으로 조립토에 유효하다.
      ㉠ 동적 원추관입시험
      ㉡ 표준관입시험(SPT)

해답 ②

095 단면적이 100cm², 길이가 30cm인 모래 시료에 대하여 정수위 투수시험을 실시하였다. 이때 수두차가 50cm, 5분 동안 집수된 물이 350cm³ 이었다면 이 시료의 투수계수는?

① 0.001cm/s ② 0.007cm/s
③ 0.01cm/s ④ 0.07cm/s

해설 $K = \dfrac{Q \cdot L}{A \cdot h \cdot t} = \dfrac{350 \times 30}{100 \times 50 \times (5 \times 60)} = 0.007\,\text{cm/s}$

해답 ②

096 아래와 같은 조건에서 AASHTO분류법에 따른 군지수(GI)는?

| – 흙의 액성한계 : 45%   – 흙의 소성한계 : 25%   – 200번체 통과율 : 50% |

① 7 ② 10
③ 13 ④ 16

해설
① $a = \#200$체 통과중량 백분율 $- 35 = 50 - 35 = 15\,(0 \sim 40$의 정수$)$
② $b = \#200$체 통과중량 백분율 $- 15 = 50 - 15 = 35\,(0 \sim 40$의 정수$)$
③ $c = w_L - 40 = 45 - 40 = 5\,(0 \sim 20$의 정수$)$
④ $d = I_p - 10 = (w_L - w_p) - 10 = (45 - 25) - 10 = 10\,(0 \sim 20$의 정수$)$

⑤ 군지수
   $GI = 0.2a + 0.005ac + 0.01bd$
   $\quad = 0.2 \times 15 + 0.005 \times 15 \times 5 + 0.01 \times 35 \times 10$
   $\quad = 6.875$
   GI값은 가장 가까운 정수로 반올림하므로 7이다.

해답 ①

097

점토층 지반위에 성토를 급속히 하려한다. 성토 직후에 있어서 이 점토의 안정성을 검토하는데 필요한 강도정수를 구하는 합리적인 시험은?

① 비압밀 비배수시험(UU-test) ② 압밀 비배수시험(CU-test)
③ 압밀 배수시험(CD-test) ④ 투수시험

해설 비압밀 비배수(UU-test) 적용
① 점토지반이 시공 중 또는 성토한 후 급속한 파괴가 예상되는 경우
② 압밀이나 함수비의 변화가 없이 급속한 파괴가 예상되는 경우
③ 재하속도가 과잉공극수압의 소산속도보다 빠른 경우
④ 즉각적인 함수비의 변화, 체적의 변화가 없는 경우
⑤ 점토지반의 단기적 안정해석하는 경우

해답 ①

098

연속 기초에 대한 Terzaghi의 극한지지력 공식은
$q_u = cN_c + 0.5\gamma_1 BN_\gamma + \gamma_2 D_f N_q$로 나타낼 수 있다. 아래 그림과 같은 경우 극한 지지력 공식의 두 번째 항의 단위중량(γ_1)의 값은? (단, 물의 단위중량은 9.81kN/m³ 이다.)

① 14.48kN/m³
② 16.00kN/m³
③ 17.45kN/m³
④ 18.20kN/m³

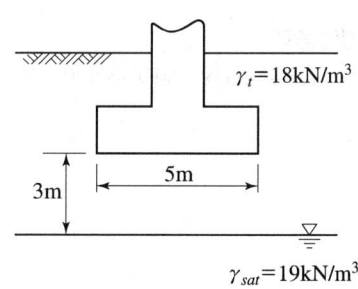

해설 ① 기초 모양에 따른 형상계수는 연속 기초이므로 $\alpha = 1.0$, $\beta = 0.5$이기 때문에 문제에서 주어진 공식과 같아진다.
$q_u = \alpha cN_c + \beta\gamma_1 BN_\gamma + \gamma_2 D_f N_q = cN_c + 0.5\gamma_1 BN_\gamma + \gamma_2 D_f N_q$
② 지하수위가 $0 \leq d \leq B$인 경우(기초저면하단)이므로
$r_1' = r_{sub} + \dfrac{d}{B}(r_1 - r_{sub})$, $q = r_2 D_f$이다.
$r_1' = r_{sub} + \dfrac{d}{B}(r_1 - r_{sub}) = (19 - 9.81) + \dfrac{3}{5} \times \{18 - (19 - 9.81)\} = 14.476 \,\text{kN/m}^3$

해답 ①

099 점토 지반에 있어서 강성 기초와 접지압 분포에 대한 설명으로 옳은 것은?

① 접지압은 어느 부분이나 동일하다.
② 접지압은 토질에 관계없이 일정하다.
③ 기초의 모서리 부분에서 접지압이 최대가 된다.
④ 기초의 중앙 부분에서 접지압이 최대가 된다.

해설 점토지반의 접지압과 침하량 분포

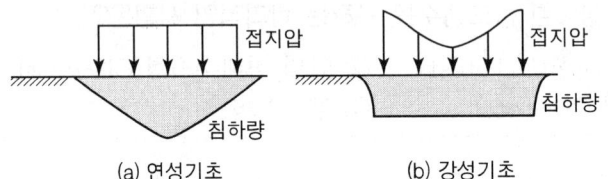

(a) 연성기초   (b) 강성기초

[점토지반의 접지압과 침하량 분포]

점토지반에 있는 강성기초의 경우 접지압은 기초의 중앙 부분에서 최소가 되고 기초의 모서리 부분에서 최대가 된다.

해답 ③

100 토질시험 결과 내부마찰각이 30°, 점착력이 50kN/m², 간극수압이 800kN/m², 파괴면에 작용하는 수직응력이 3000kN/m²일 때 이 흙의 전단응력은?

① 1270kN/m² ② 1320kN/m²
③ 1580kN/m² ④ 1950kN/m²

해설 전단응력

$\tau_f = c + \sigma' \tan\phi = 50 + (3{,}000 - 800) \times \tan 30° = 1{,}320 \text{kN/m}^2$

해답 ②

제6과목 상하수도공학

101 수원으로부터 취수된 상수가 소비자까지 전달되는 일반적 상수도의 구성순서로 옳은 것은?

① 도수 → 송수 → 정수 → 배수 → 급수
② 송수 → 정수 → 도수 → 급수 → 배수
③ 도수 → 정수 → 송수 → 배수 → 급수
④ 송수 → 정수 → 도수 → 배수 → 급수

해설 상수도 시설 계통 : 수원(집수) → 취수 → 도수 → 정수 → 송수 → 배수 → 급수   **해답** ③

102 하수관의 접합방법에 관한 설명으로 틀린 것은?

① 관중심접합은 관의 중심을 일치시키는 방법이다.
② 관저접합은 관의 내면하부를 일치시키는 방법이다.
③ 단차접합은 지표의 경사가 급한 경우에 이용되는 방법이다.
④ 관정접합은 토공량을 줄이기 위하여 평탄한 지형에 많이 이용되는 방법이다.

해설 관정접합
① 관거의 내면 상부를 일치시키는 방식
② 유수의 흐름은 원활하게 된다.
③ 매설깊이를 증대시킴으로서 공사비가 증대된다.
④ 펌프배수의 경우 펌프양정이 증대되어 불리하게 된다.   **해답** ④

103 계획오수량을 결정하는 방법에 대한 설명으로 틀린 것은?

① 지하수량은 1일1인최대오수량의 20% 이하로 한다.
② 생활오수량의 1일1인최대오수량은 1일1인최대급수량을 감안하여 결정한다.
③ 계획1일평균오수량은 계획1일최소오수량의 1.3~1.8배를 사용한다.
④ 합류식에서 우천 시 계획오수량은 원칙적으로 계획시간최대오수량의 3배 이상으로 한다.

해설 계획 1일 평균오수량은 계획 1일 최대 오수량의 70~80%를 표준으로 한다.
계획 1일 평균 오수량 = 계획 1일 최대 오수량 × 70~80%   **해답** ③

104 하수 배제방식의 특징에 관한 설명으로 틀린 것은?

① 분류식은 합류식에 비해 우천시 월류의 위험이 크다.
② 합류식은 단면적이 크기 때문에 검사, 수리 등에 유리하다.
③ 합류식은 분류식(2계통 건설)에 비해 건설비가 저렴하고 시공이 용이하다.
④ 분류식은 강우초기에 노면의 오염물질이 포함된 세정수가 직접 하천 등으로 유입된다.

해설 ① **분류식**은 우천시나 청천시 월류의 우려가 없다.
② **합류식**은 강우시 계획오수량의 일정배율 이상의 것은 우수토실 또는 펌프장으로부터 하천 등 공공수역에 직접 방류된다.

해답 ①

105 호수의 부영양화에 대한 설명으로 틀린 것은?

① 부영양화는 정체성 수역의 상층에서 발생하기 쉽다.
② 부영양화된 수원의 상수는 냄새로 인하여 음료수로 부적당하다.
③ 부영양화로 식물성 플랑크톤의 번식이 증가되어 투명도가 저하된다.
④ 부영양화로 생물활동이 활발하여 깊은 곳의 용존산소가 풍부하다.

해설 **부영양화**로 인해 과다 번식한 조류나 플랑크톤은 서로 생존경쟁을 하며 이 과정에서 일부는 바닥으로 침전 깊은 곳에서 혐기성 분해를 일으키며, 용존산소농도가 낮다.

해답 ④

106 하수관로시설의 유량을 산출할 때 사용하는 공식으로 옳지 않은 것은?

① Kutter 공식
② Jamssen 공식
③ Manning 공식
④ Hazen-Williams 공식

해설 유량공식
$Q = AV$

① Manning공식
$$V = \frac{1}{n} R^{\frac{2}{3}} I^{\frac{1}{2}}$$

② Ganguillet-Kutter공식 : 하수관거에서 주로 쓰는 공식
$$V = \frac{23 + \frac{1}{n} + \frac{0.00155}{I}}{1 + \left(23 + \frac{0.00155}{I}\right)\frac{n}{\sqrt{R}}} \sqrt{RI}$$

여기서, V : 평균유속[m/sec], R : 경심[m]

I : 수면구배(동수구배), n : 조도계수
③ Hazen-Williams 공식 : 압송의 경우
$V = 0.84935 \cdot C \cdot R^{0.63} \cdot I^{0.54}$
여기서, V : 평균유속[m/sec], C : 유속계수
I : 동수경사(h/L), h : 길이 L에 대한 마찰손실수두(m)

해답 ②

107
하수처리장 유입수의 SS농도는 200mg/L 이다. 1차 침전지에서 30% 정도가 제거되고, 2차 침전지에서 85%의 제거효율을 갖고 있다. 하루 처리용량이 3000m³/d 일 때 방류되는 총 SS량은?

① 63kg/d
② 2800g/d
③ 6300kg/d
④ 6300mg/d

해설 ① 유입수 SS총량
  $200\,\mathrm{mg/L} \times 10^3\,\mathrm{L/m^3} \times 10^{-6}\,\mathrm{kg/mg} \times 3{,}000\,\mathrm{m^3/d} = 600\,\mathrm{kg/d}$
② 1차 침전지
  ㉠ 제거량 = $600\,\mathrm{kg/d} \times 0.3 = 180\,\mathrm{kg/d}$
  ㉡ 1차 침전지 제거 후 SS량 = $600 - 180 = 420\,\mathrm{kg/d}$
③ 2차 침전지
  ㉠ 제거량 = $420\,\mathrm{kg/d} \times 0.85 = 357\,\mathrm{kg/d}$
  ㉡ 2차 침전지 제거 후 SS량 = $420 - 357 = 63\,\mathrm{kg/d}$

해답 ①

108
상수도관의 관종 선정 시 기본으로 하여야 하는 사항으로 틀린 것은?

① 매설조건에 적합해야 한다.
② 매설환경에 적합한 시공성을 지녀야 한다.
③ 내압보다는 외압에 대하여 안전해야 한다.
④ 관 재질에 의하여 물이 오염될 우려가 없어야 한다.

해설 상수도관은 내압 및 외압 모두에 견딜 수 있는 강도를 지닌 것이어야 한다. 내압은 실제로 사용하는 관로의 최대정수압과 수격압을 고려해야 한다. 또한 외압은 토압, 노면하중 및 지진력 등을 감안해야 한다.

[참고] 상수도관의 관종은 다음 각 항을 기본으로 하여 선정한다.
  ① 관 재질에 의하여 물이 오염될 우려가 없어야 한다.
  ② 내압과 외압에 대하여 안전해야 한다.
  ③ 매설조건에 적합해야 한다.
  ④ 매설환경에 적합한 시공성을 지녀야 한다.

해답 ③

109 하수도 계획에서 계획우수량 산정과 관계가 없는 것은?

① 배수면적　　　　　　　② 설계강우
③ 유출계수　　　　　　　④ 집수관로

해설 계획 우수량 산정시 고려사항
① 유출계수
② 배수면적
③ 확률연수
④ 설계강우

해답 ④

110 먹는 물의 수질기준 항목에서 다음 특성을 갖고 있는 수질기준항목은?

- 수질기준은 10mg/L를 넘지 아니할 것
- 하수, 공장폐수, 분뇨 등과 같은 오염물의 유입에 의한 것으로 물의 오염을 추정하는 지표항목
- 유아에게 청색증 유발

① 불소　　　　　　　　　② 대장균군
③ 질산성질소　　　　　　④ 과망간산칼륨 소비량

해설 질산성 질소(NO_3-N)는 건강상 유해 영향 무기물질 중 하나로 10mg/L 이하이어야 한다.

해답 ③

111 관의 길이가 1000m이고, 지름이 20cm인 관을 지름 40cm의 등치관으로 바꿀 때, 등치관의 길이는? (단, Hazen-Williams 공식을 사용한다.)

① 2924.2m　　　　　　　② 5924.2m
③ 19242.6m　　　　　　　④ 29242.6m

해설 등치관법
$$L_2 = L_1\left(\frac{D_2}{D_1}\right)^{4.87} = 1,000 \times \left(\frac{40}{20}\right)^{4.87} = 29,242.6\text{m}$$

해답 ④

112

폭기조의 MLSS농도 2000mg/L, 30분간 정치시킨 후 침전된 슬러지 체적이 300mL/L 일 때 SVI는?

① 100
② 150
③ 200
④ 250

해설
$$SVI = \frac{30분 침강 후 슬러지 부피[mL/L]}{MLSS농도[mg/L]} \times 1,000 = \frac{300}{2,000} \times 1,000 = 150$$

해답 ②

113

유출계수가 0.6이고, 유역면적 2km²에 강우강도 200mm/h의 강우가 있었다면 유출량은? (단, 합리식을 사용한다.)

① 24.0m³/s
② 66.7m³/s
③ 240m³/s
④ 667m³/s

해설 합리식에 의한 유출량
$$Q = \frac{1}{3.6}CIA = \frac{1}{3.6} \times 0.6 \times 200 \times 2 = 66.7 \, m^3/s$$

해답 ②

114

정수지에 대한 설명으로 틀린 것은?

① 정수지 상부는 반드시 복개해야 한다.
② 정수지의 유효수심은 3~6m를 표준으로 한다.
③ 정수지의 바닥은 저수위보다 1m 이상 낮게 해야 한다.
④ 정수지란 정수를 저류하는 탱크로 정수시설로는 최종단계의 시설이다.

해설 정수지 바닥은 저수위보다 15 cm 이상 낮게 해야 한다.

해답 ③

115

합류식 관로의 단면을 결정하는데 중요한 요소로 옳은 것은?

① 계획우수량
② 계획1일평균오수량
③ 계획시간최대오수량
④ 계획시간평균오수량

해설 계획하수량
1. 분류식
   ① 오수관로 : 계획시간 최대 오수량
   ② 우수관로 : 계획 우수량

2. 합류식
   ① 합류관로 : 계획시간 최대 오수량+계획우수량
   ② 차집관로 : 우천시 계획오수량(계획시간 최대 오수량의 3배 이상)

   해답 ①

116 혐기성 소화법과 비교할 때, 호기성 소화법의 특징으로 옳은 것은?

① 최초시공비 과다   ② 유기물 감소율 우수
③ 저온시의 효율 향상   ④ 소화슬러지의 탈수 불량

해설 혐기성 소화처리법에 비해 호기성 소화처리법의 특징

장 점	단 점
• 초기 투자비가 적다. • 처리수의 수질이 양호하다. • 소화 슬러지에서 악취가 나지 않는다. • 운전이 용이하다.	• 에너지 소비가 크다. • 소화 슬러지의 탈수성이 불량하다. • 저온시 효율이 저하된다. • CH_4 등의 가치 있는 부산물이 생성되지는 않는다. • 고농도의 슬러지 처리에 부적합하다.

해답 ④

117 정수처리 시 염소소독 공정에서 생성될 수 있는 유해물질은?

① 유기물   ② 암모니아
③ 환원성 금속이온   ④ THM(트리할로메탄)

해설 폐수처리나 정수처리과정에서 가장 많이 사용되는 살균제인 염소는 염소의 사용으로 발암물질인 트리할로메탄(THM)의 생성은 불가피하여 트리할로메탄을 총량으로 규제하고 있다.

해답 ④

118 정수시설 내에서 조류를 제거하는 방법 중 약품으로 조류를 산화시켜 침전처리 등으로 제거하는 방법에 사용되는 것은?

① Zeolite   ② 황산구리
③ 과망간산칼륨   ④ 수산화나트륨

해설 정수시설 내에서 조류를 제거하는 방법
① 약품으로 조류를 산화시켜 침전처리 등으로 제거하는 방법 : 염소제나 황산구리 등의 살조제로 처리하는 방법이다.
② 여과로 제거하는 방법

해답 ②

119 병원성미생물에 의하여 오염되거나 오염될 우려가 있는 경우, 수도꼭지에서의 유리잔류염소는 몇 mg/L 이상 되도록 하여야 하는가?

① 0.1 mg/L
② 0.4 mg/L
③ 0.6 mg/L
④ 1.8 mg/L

해설 평상시에는 유리잔류염소로 0.1mg/L(결합잔류염소로 0.4mg/L) 이상, 소화기계 수인성전염병 유행시 또는 광범위하게 단수한 다음 급수를 재개할 때 등에는 유리잔류염소로 0.4mg/L(결합잔류염소로 1.8mg/L) 이상으로 유지하여야 한다.

해답 ②

120 배수관의 갱생공법으로 기존 관내의 세척(cleaning)을 수행하는 일반적인 공법으로 옳지 않은 것은?

① 제트(jet) 공법
② 실드(shield) 공법
③ 로터리(rotary) 공법
④ 스크레이퍼(scraper) 공법

해설 관 갱생공법
1. 관내 크리닝
   ① 스크레이퍼(scraper)공법
   ② 로터리(rotary)공법
   ③ 제트(jet)공법
   ④ 폴리픽(polly pig)공법
   ⑤ 에어샌드(air sand)공법
2. 관내 라이닝(lining)

해답 ②

토목기사

2021년 8월 14일 시행

제1과목 응용역학

001 그림과 같은 구조물의 C점에 연직하중이 작용할 때 AC부재가 받는 힘은?

① 2.5kN
② 5.0kN
③ 8.7kN
④ 10.0kN

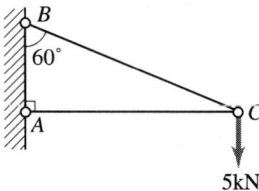

[해설] AC부재와 BC부재 모두 자른 후 두 부재 모두 인장력이 작용한다고 가정하고 라미의 정리를 이용해 각 부재가 받는 내력을 구한다.

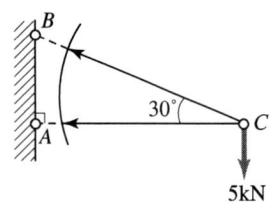 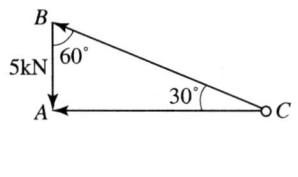

$$\frac{AC}{\sin 60°} = \frac{5\text{kN}}{\sin 30°} = \frac{-BC}{\sin 90°} \text{ 에서}$$

AC부재 : $AC = \dfrac{5}{\sin 30°} \times \sin 60° = \dfrac{5}{\frac{1}{2}} \times \dfrac{\sqrt{3}}{2} = 8.66\,\text{kN}$

[해답] ③

002 그림과 같은 인장부재의 수직변위를 구하는 식으로 옳은 것은? (단, 탄성계수는 E이다.)

① $\dfrac{PL}{EA}$
② $\dfrac{3PL}{2EA}$
③ $\dfrac{2PL}{EA}$
④ $\dfrac{5PL}{2EA}$

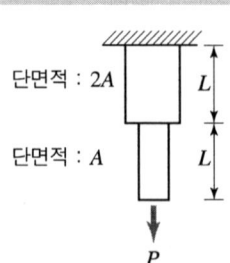

해설 $\dfrac{PL}{2EA}+\dfrac{PL}{EA}=\dfrac{3PL}{2EA}$

해답 ②

003 그림과 같은 트러스에서 AC부재의 부재력은?

① 인장 40kN
② 압축 40kN
③ 인장 80kN
④ 압축 80kN

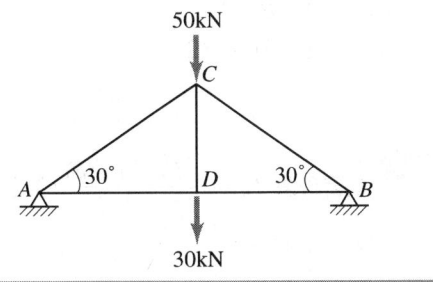

해설 ① 반력

대칭이므로 $V_A = V_B = \dfrac{50+30}{2} = 40\,\text{kN}(\uparrow)$

② AC의 부재력

$\dfrac{40\text{kN}}{\sin 30°} = \dfrac{AC}{\sin 90°}$ 에서 $AC = 80\,\text{kN}(압축)$

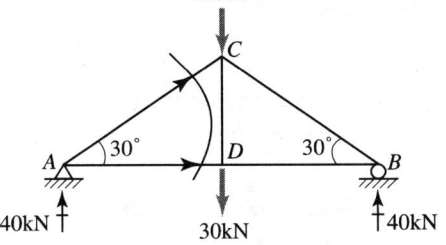 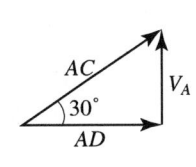

해답 ④

004 그림과 같은 단순보에서 C점에 30kN·m의 모멘트가 작용할 때 A점의 반력은?

① $\dfrac{10}{3}\text{kN}(\downarrow)$
② $\dfrac{10}{3}\text{kN}(\uparrow)$
③ $\dfrac{20}{3}\text{kN}(\downarrow)$
④ $\dfrac{20}{3}\text{kN}(\uparrow)$

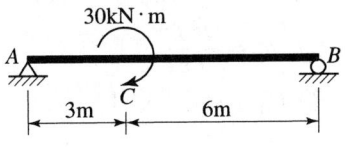

해설 $\sum M_B = 0$ 우

$V_A \times 9 + 30 = 0$

$V_A = -\dfrac{30}{9} = -\dfrac{10}{3}\text{kN}(\uparrow) = \dfrac{10}{3}\text{kN}(\downarrow)$

해답 ①

005

그림과 같은 기둥에서 좌굴하중의 비 (a) : (b) : (c) : (d)는? (단, EI와 기둥의 길이는 모두 같다.)

① 1 : 2 : 3 : 4
② 1 : 4 : 8 : 12
③ 1 : 4 : 8 : 16
④ 1 : 8 : 16 : 32

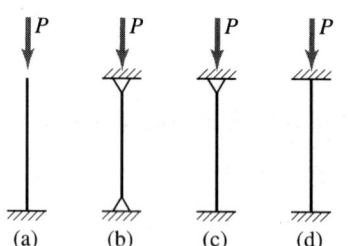

해설 좌굴하중 $P_b = \dfrac{\pi^2 EI}{l_k^2} = \dfrac{n\pi^2 EI}{l^2}$ 에서

$P_b \propto n$ 이므로

$P_{(a)b} : P_{(b)b} : P_{(c)b} : P_{(d)b} = n_{(a)} : n_{(b)} : n_{(c)} : n_{(d)} = \dfrac{1}{4} : 1 : 2 : 4$

$= 1 : 4 : 8 : 16$

해답 ③

006

그림과 같은 2개의 캔틸레버 보에 저장되는 변형에너지를 각각 $U_{(1)}$, $U_{(2)}$라고 할 때 $U_{(1)} : U_{(2)}$의 비는? (단, EI는 일정하다.)

① 2 : 1
② 4 : 1
③ 8 : 1
④ 16 : 1

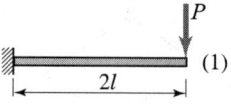

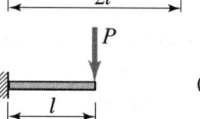

해설 $U = \dfrac{1}{2}P\delta = \dfrac{1}{2} \times P \times \dfrac{Pl^3}{3EI} = \dfrac{P^2 L^3}{6EI}$ 이므로

① $U_{(1)} = \dfrac{P^2(2L)^3}{6EI} = 8\dfrac{P^2 L^3}{6EI}$

② $U_{(2)} = \dfrac{P^2 L^3}{6EI}$

③ $U_{(1)} : U_{(2)} = 8 : 1$

해답 ③

007
그림과 같은 사다리꼴 단면에서 $x-x'$축에 대한 단면 2차 모멘트 값은?

① $\dfrac{h^3}{12}(b+3a)$ ② $\dfrac{h^3}{12}(b+2a)$

③ $\dfrac{h^3}{12}(3b+a)$ ④ $\dfrac{h^3}{12}(2b+a)$

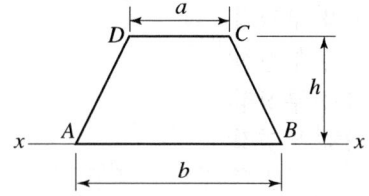

해설 $I_x = I_{x사각} + I_{x삼각}$
$= \dfrac{ah^3}{3} + \dfrac{(b-a)h^3}{12}$
$= \dfrac{1}{12}(4ah^3 + bh^3 - ah^3)$
$= \dfrac{h^3}{12}(b+3a)$

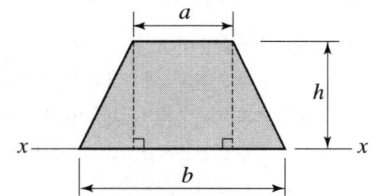

해답 ①

008
그림과 같은 단순보에서 $C \sim D$구간의 전단력 값은?

① P
② $2P$
③ $\dfrac{P}{2}$
④ 0

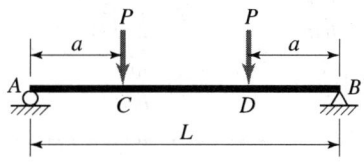

해설 그림과 같이 단순보에 크기가 동일한 두 집중하중이 같은 방향으로 작용하는 경우 두 하중 사이의 전단력은 좌우값이 서로 상쇄되어 '0'이 된다.

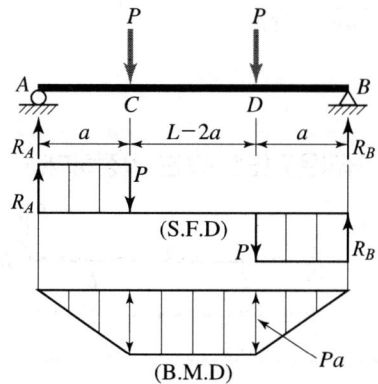

해답 ④

009 그림과 같은 구조물의 부정정 차수는?

① 6차 부정정
② 5차 부정정
③ 4차 부정정
④ 3차 부정정

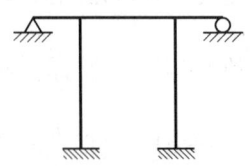

해설 반력=9, 부재절단력=0×3=0, 평형방정식수=3, 내부힌지방정식수=0
$N=(9+0)-(3+0)=6$차 부정정

[참고1] $N=r+m+P_o-2P$
$=9+5+4-2\times6=6$차 부정정
[참고2] $N=m_1+2m_2+3m_3+r-(2P_2+3P_3)$
$=0+2\times0+3\times5+9-(2\times0+3\times6)$
$=6$차 부정정

해답 ①

010 그림과 같은 하중을 받는 보의 최대전단응력은?

① $\dfrac{2}{3}\dfrac{wl}{bh}$ ② $\dfrac{3}{2}\dfrac{wl}{bh}$

③ $2\dfrac{wl}{bh}$ ④ $\dfrac{wl}{bh}$

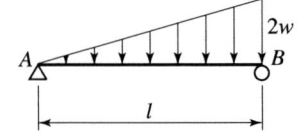 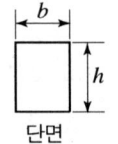

해설 ① 반력 $R_A=\dfrac{(2w)l}{6}=\dfrac{wl}{3}$, $R_B=\dfrac{2wl}{3}$

② 최대 전단응력 $\tau_{max}=\dfrac{3}{2}\dfrac{S_{max}}{A}=\dfrac{3}{2}\dfrac{\frac{2wl}{3}}{bh}=\dfrac{wl}{bh}$

해답 ④

011 그림과 같은 캔틸레버 보에서 C점의 처짐은? (단, EI는 일정하다.)

① $\dfrac{PL^3}{24EI}$ ② $\dfrac{5PL^3}{24EI}$

③ $\dfrac{PL^3}{48EI}$ ④ $\dfrac{5PL^3}{48EI}$

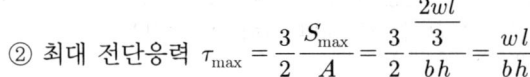

해설 자유단에 작용하고 있는 집중하중에 의한 캔틸레버보 중앙의 중앙점 C의 처짐
$\delta_C=\dfrac{5PL^3}{48EI}$

해답 ④

012 다음 중 정(+)과 부(−)의 값을 모두 갖는 것은?

① 단면계수
② 단면 2차 모멘트
③ 단면 2차 반지름
④ 단면 상승 모멘트

해설 단면모멘트에 대한 기본적인 사항을 정리하면 다음과 같다.

단면 모멘트	공식 포인트	부호	단위	기타
단면 1차 모멘트	$G_X = 0$ $G_Y = 0$	+ − 0	cm^3 m^3	
단면 2차 모멘트	I_X, I_X= 최소	+	cm^4 m^4	단면2차반경과 단면계수는 정(+)의 값을 갖는다.
단면 상승 모멘트	I_{XY}가 대칭축이면 '0'	+ − 0	cm^4 m^4	
단면 2차 극모멘트	축회전에 관계없이 I_p 값은 일정	+	cm^4 m^4	

해답 ④

013 그림과 같은 단면에 600kN의 전단력이 작용할 때 최대 전단응력의 크기는?

① 12.71MPa
② 15.98MPa
③ 19.83MPa
④ 21.32MPa

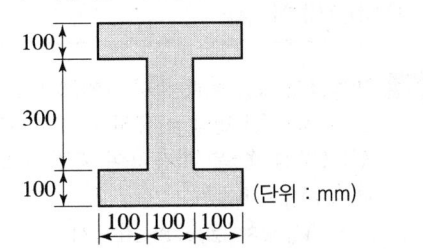

해설

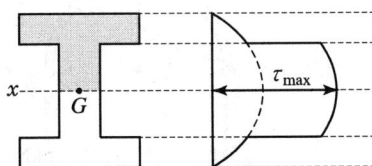

최대전단응력은 도심에서 발생한다.
① 도심에 대한 단면2차모멘트
$$I = \frac{300 \times 500^3 - 200 \times 300^3}{12} = 2,675,000,000 \, mm^4$$

② 잘린 단면의 도심에 대한 단면1차모멘트
$$G = 300 \times 100 \times 200 + 100 \times 150 \times 75 = 7,125,000 \, mm^3$$

③ 잘린부분의 폭 $b = 100mm$

④ 최대 전단응력
$$\tau_{max} = \frac{VG}{Ib} = \frac{600,000 \times 7,125,000}{2,675,000,000 \times 100} = 15.98 \, MPa$$

해답 ②

014

그림과 같은 단순보에서 B점에 모멘트 M_B가 작용할 때 A점에서의 처짐각 (θ_A)은? (단, EI는 일정하다.)

① $\dfrac{M_B L}{2EI}$
② $\dfrac{M_B L}{3EI}$
③ $\dfrac{M_B L}{6EI}$
④ $\dfrac{M_B L}{8EI}$

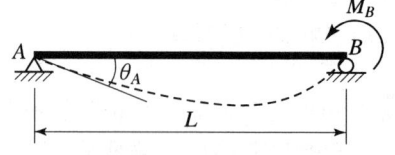

해설 $\theta_A = \dfrac{M_B l}{6EI}$

해답 ③

015

그림과 같은 $r = 4\text{m}$인 3힌지 원호 아치에서 지점 A에서 2m 떨어진 E점에 발생하는 휨모멘트의 크기는?

① $6.13\text{kN} \cdot \text{m}$
② $7.32\text{kN} \cdot \text{m}$
③ $8.27\text{kN} \cdot \text{m}$
④ $9.16\text{kN} \cdot \text{m}$

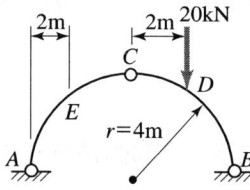

해설 평형조건식을 이용해서 A지점의 수직반력을 먼저 구한 후 힌지점 C점에서의 모멘트 값이 '0'인 점을 이용하여 A지점의 수평반력을 구한다. 그 다음 E점에서 좌측단면(A지점 쪽)을 이용하여 E점의 휨모멘트를 구한다.

① $\sum M_B = 0$
  $+ V_A \times 8 - 20 \times 2 = 0$에서
  $V_A = 5\text{kN}(\uparrow)$

② $\sum M_{C,좌} = 0$
  $+ V_A \times 4 - H_A \times 4 = 0$에서
  $H_A = +5\text{kN}(\rightarrow)$

③ $M_{E,좌} = \left[+5 \times 2 - 5 \times \sqrt{4^2 - 2^2} \right]$
  $= -7.32\text{kN} \cdot \text{m}$

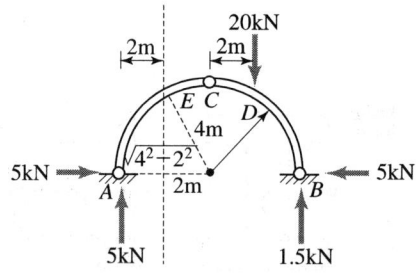

해답 ②

016

그림과 같은 부정정 구조물에서 B지점의 반력의 크기는? (단, 보의 휨강도 EI는 일정하다.)

① $\dfrac{7P}{3}$
② $\dfrac{7P}{4}$
③ $\dfrac{7P}{5}$
④ $\dfrac{7P}{6}$

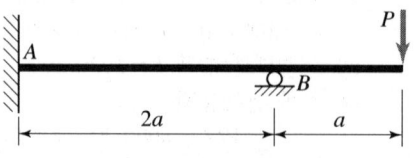

해설 B 지점의 수직 반력
① $R_{B1} = P (\uparrow)$
② $R_{B2} = \dfrac{3M_o}{2L} = \dfrac{3Pa}{2 \times (2a)} = \dfrac{3P}{4} (\uparrow)$
③ $R_B = R_{B1} - R_{B2} = P + \dfrac{3P}{4} = \dfrac{7P}{4} (\uparrow)$

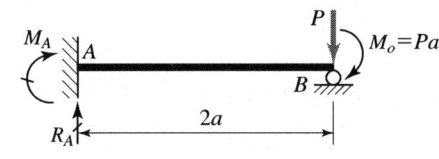

= 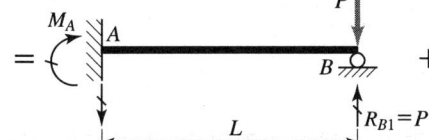 +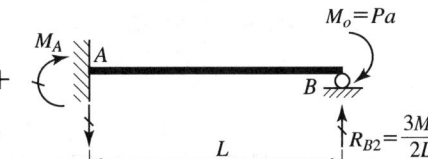

해답 ②

017

그림과 같은 30° 경사진 언덕에 40kN의 물체를 밀어 올릴 때 필요한 힘 P는 최소 얼마 이상이어야 하는가? (단, 마찰계수는 0.25이다.)

① 28.7kN
② 30.2kN
③ 34.7kN
④ 40.0kN

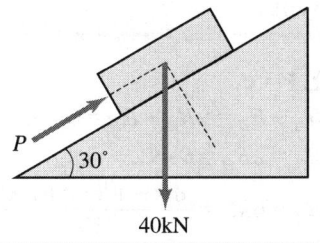

해설 경사진 언덕에서 40kN의 물체를 밀어 올리기 위해서는 밀려 올라가지 않으려는 방향으로 발생되는 마찰력과 물체가 경사면을 따라 내려가려는 힘의 합보다 더 큰 힘으로 밀어 올려야 올라간다.
① 경사면에 수직한 힘
   $N = 40 \times \cos 30° = 34.64 \text{kN}$
② 경사면 아래로 내려가려는 힘(경사면에 수평한 힘)
   $F = 40 \times \sin 30° = 20 \text{kN}$
③ 마찰력 = 마찰계수 × 수직력 = $0.25 \times 34.64 = 8.66 \text{kN}$
④ 물체를 밀어 올리는 힘(P) > 경사면을 내려가려는 힘
   $P \geq 20 + 8.66 = 28.66 \text{kN}$

해답 ①

018

단면이 100mm×200mm인 장주의 길이가 3m일 때 이 기둥의 좌굴하중은? (단, 기둥의 $E=2.0\times10^4$MPa, 지지상태는 일단 고정, 타단 자유이다.)

① 45.8kN
② 91.4kN
③ 182.8kN
④ 365.6kN

해설 좌굴하중

$$P_b = \frac{\pi^2 EI}{l_k^2} = \frac{n\pi^2 EI}{l^2} = \frac{\frac{1}{4}\pi^2 EI}{l^2} = \frac{\frac{1}{4}\times\pi^2\times 2.0\times 10^4 \times \frac{200\times 100^3}{12}}{3,000^2}$$
$$= 91,385\text{N} = 91.4\text{kN}$$

해답 ②

019

그림과 같은 단순보에서 A점의 반력이 B점의 반력의 2배가 되도록 하는 거리 x는? (단, x는 A점으로부터의 거리이다.)

① 1.67m
② 2.67m
③ 3.67m
④ 4.67m

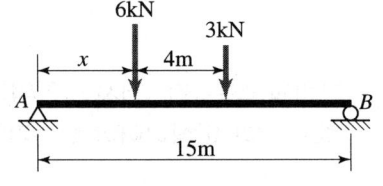

해설
① $\Sigma V = 0$
$R_A + R_B = 2R_B + R_B = 6+3 = 9\text{kN}$에서 $R_B = 3\text{kN}$
② $R_A = 2R_B = 6\text{kN}$
③ $R_A = 6\text{kN} = \dfrac{6\times x + 3\times(4+x)}{15}$ 에서 $x = 3.67\text{m}$

해답 ③

020

그림과 같이 이축응력(二軸應力) 받고 있는 요소의 체적변형률은? (단, 이 요소의 탄성계수 $E=2\times 10^5$MPa, 푸아송 비 $\nu=0.30$이다.)

① 3.6×10^{-4}
② 4.0×10^{-4}
③ 4.4×10^{-4}
④ 4.8×10^{-4}

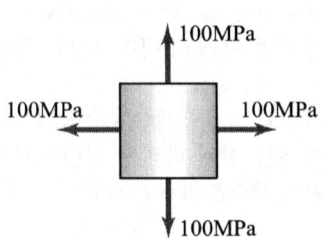

해설 $\varepsilon_v = \dfrac{\Delta V}{V} = \varepsilon_x + \varepsilon_y + \varepsilon_z$

$$= \frac{\sigma_x - \nu\sigma_y - \nu\sigma_z + \sigma_y - \nu\sigma_x - \nu\sigma_z + \sigma_z - \nu\sigma_x - \nu\sigma_y}{E}$$

$$= \frac{(\sigma_x + \sigma_y + \sigma_z)(1-2\nu)}{E} = \frac{(100+100+0)(1-2\times 0.3)}{2\times 10^5}$$

$$= 4\times 10^{-4}$$

해답 ②

제2과목 측량학

021 A, B 두 점에서 교호수준측량을 실시하여 다음의 결과를 얻었다. A점의 표고가 67.104m 일 때 B점의 표고는? (단, a_1=3.756m, a_2=1.572m, b_1=4.995m, b_2=3.209m)

① 64.668m
② 65.666m
③ 68.542m
④ 69.089m

해설 ① A점과 B점의 표고차
$$H = \frac{1}{2}[(a_1 - b_1) + (a_2 - b_2)] = \frac{1}{2}[(3.756 - 4.995) + (1.572 - 3.209)] = -1.438\text{m}$$
② B점의 표고(지반고)
$$H_B = H_A + H = 67.104 - 1.438 = 65.666\text{m}$$

해답 ②

022 하천의 심천(측심)측량에 관한 설명으로 틀린 것은?
① 심천측량은 하천의 수면으로부터 하저까지 깊이를 구하는 측량으로 횡단측량과 같이 행한다.
② 측심간(rod)에 의한 심천측량은 보통 수심 5m 정도의 얕은 곳에 사용한다.
③ 측심추(lead)로 관측이 불가능한 깊은 곳은 음향측심기를 사용한다.
④ 심천측량은 수위가 높은 장마철에 하는 것이 효과적이다.

해설 심천측량은 하천의 수심 및 유수 부분의 하저 상황을 조사하여 횡단면도를 작성하는 측량이며, 장마철에는 효과적이지 못하다.

해답 ④

023 곡선반지름 R, 교각 I인 단곡선을 설치할 때 각 요소의 계산 공식으로 틀린 것은?

① $M = R\left(1 - \sin\dfrac{I}{2}\right)$　　② $T.L. = R\tan\dfrac{I}{2}$

③ $C.L. = \dfrac{\pi}{180°} RI°$　　④ $E = R\left(\sec\dfrac{I}{2} - 1\right)$

해설 중앙종거 $M = R\left(1 - \cos\dfrac{I}{2}\right)$

해답 ①

024 수준측량과 관련된 용어에 대한 설명으로 틀린 것은?

① 수준면(level surface)은 각 점들이 중력방향에 직각으로 이루어진 곡면이다.
② 어느 지점의 표고(elevation)라 함은 그 지역기준타원체로부터의 수직거리를 말한다.
③ 지구곡률을 고려하지 않는 범위에서는 수준면(level surface)을 평면으로 간주한다.
④ 지구의 중심을 포함한 평면과 수준면이 교차하는 선이 수준선(level line)이다.

해설 표고란 수준 기준면(우리나라의 경우 국가수준기준면인 인천만의 평균해면)으로부터 그 지표 위 지점까지의 높이(연직거리)를 말하며, 지반고라고도 한다.

해답 ②

025 완화곡선에 대한 설명으로 옳지 않은 것은?

① 완화곡선의 곡선 반지름은 시점에서 무한대, 종점에서 원곡선의 반지름 R로 된다.
② 클로소이드의 형식에는 S형, 복합형, 기본형 등이 있다.
③ 완화곡선의 접선은 시점에서 원호에, 종점에서 직선에 접한다.
④ 모든 클로소이드는 닮은꼴이며 클로소이드 요소에는 길이의 단위를 가진 것과 단위가 없는 것이 있다.

해설 완화곡선의 접선은 시점에서 직선에, 종점에서 원호에 접한다.

해답 ③

026 토털스테이션으로 각을 측정할 때 기계의 중심과 측점이 일치하지 않아 0.5mm의 오차가 발생하였다면 각 관측 오차를 2″ 이하로 하기 위한 관측 변의 최소 길이는?

① 82.51m
② 51.57m
③ 8.25m
④ 5.16m

해설 방향오차와 위치오차의 관계

$$\frac{\Delta l}{l} = \frac{\theta''}{\rho''}$$

$$\frac{0.5 \times 10^{-3}}{l} = \frac{2''}{206,265''} \text{에서} \quad l = 51.57\,\text{m}$$

해답 ②

027 일반적으로 단열삼각망으로 구성하기에 가장 적합한 것은?

① 시가지와 같이 정밀을 요하는 골조측량
② 복잡한 지형의 골조측량
③ 광대한 지역의 지형측량
④ 하천조사를 위한 골조측량

해설 단열삼각망은 하천, 철도, 도로와 같이 측량 구역의 폭이 좁고 긴 지형에 적합하다.

해답 ④

028 지형의 표시법에서 자연적 도법에 해당하는 것은?

① 점고법
② 등고선법
③ 영선법
④ 채색법

해설 지형도 표시법
1. **자연적 도법**
   자연적도법이란 태양광선이 비칠 때에 생긴 명암의 상태를 이용하여 지형을 세부적으로 정확히 나타내는 방법이다.
   ① 우모법(게바법, 영선법)
   ② 음영법(명암법)
2. **부호적 도법**
   부호적 도법이란 일정한 부호를 사용하여 지형을 세부적으로 정확히 나타내는 방법이다.
   ① 점고법
   ② 등고선법
   ③ 채색법(lager tints)

해답 ③

029
축척 1:5000인 지형도에서 AB 사이의 수평거리가 2cm이면 AB의 경사는?

① 10%
② 15%
③ 20%
④ 25%

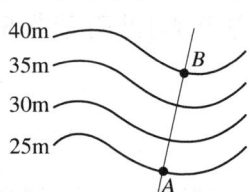

해설 기울기(경사) $i = \dfrac{H}{D} \times 100 = \dfrac{(40-25)}{0.02 \times 5,000} \times 100 = 15\%$

해답 ②

030
트래버스 측량의 각 관측 방법 중 방위각법에 대한 설명으로 틀린 것은?

① 진북을 기준으로 어느 측선까지 시계방향으로 측정하는 방법이다.
② 방위각법에는 반전법과 부전법이 있다.
③ 각이 독립적으로 관측되므로 오차 발생 시, 개별 각의 오차는 이후의 측량에 영향이 없다.
④ 각 관측값의 계산과 제도가 편리하고 신속히 관측할 수 있다.

해설 **방위각법**이란 각 측선이 일정한 기준선과 이루는 각을 시계 방향(우회)으로 관측하는 방법을 말하며, 다음과 같은 특징이 있다.
① 지역이 험준하고 복잡한 지역에서는 적합하지 않다.
② 각관측값의 계산과 제도가 편리하고 신속히 관측할 수 있다.
③ 방위각을 직접 관측함에 따라 관측값의 계산은 편리하나 한번 오차가 생기면 그 영향이 끝까지 미친다.(위거 및 경거 계산 등)

해답 ③

031
대단위 신도시를 건설하기 위한 넓은 지형의 정지공사에서 토량을 계산하고자 할 때 가장 적합한 방법은?

① 점고법
② 비례 중앙법
③ 양단면 평균법
④ 각주공식에 의한 방법

해설 점고법
① 임의 점의 표고를 도상에 숫자로 표시한다.
② 하천, 항만, 해양 등의 심천을 나타내는 경우에 사용한다.
③ 택지조성공사, 대단위 신도시 등 넓은 지형 정지공사의 토량 산정에 적합하다.

해답 ①

032 평면측량에서 거리의 허용 오차를 1/1000000까지 허용 한다면 지구를 평면으로 볼 수 있는 한계는 몇 km 인가? (단, 지구의 곡률반지름은 6370km이다.)

① 22.07km
② 31.2km
③ 2207km
④ 3122km

해설 지구상에 평면으로 간주할 수 있는 거리(직경)

$$\frac{1}{1,000,000} = \frac{D^2}{12R^2} \text{에서 } D = \sqrt{\frac{12R^2}{m}} = \sqrt{\frac{12 \times 6370^2}{1,000,000}} = 22.07\text{km}$$

해답 ①

033 측점 A에 토털스테이션을 정치하고 B점에 설치한 프리즘을 관측하였다. 이때 기계고 1.7m, 고저각 +15°, 시준고 3.5m, 경사거리가 2000m이었다면, 두 측점의 고저차는?

① 512.438m
② 515.838m
③ 522.838m
④ 534.098m

해설 B점의 표고 구하는 식 $H_B = H_A + 1.7 + 2,000\sin15° - 3.5$에서
측점 A와 측점 B간의 고저차는
$H = H_B - H_A = 1.7 + 2,000\sin15° - 3.5 = 515.838\text{m}$

해답 ②

034 종단 및 횡단 수준측량에서 중간점이 많은 경우에 가장 편리한 야장기입법은?

① 고차식
② 승강식
③ 기고식
④ 간접식

해설 **기고식에 의한 수준측량**이란, 기준면에서 레벨(기계)까지의 높이인 기계고(기고)에 의해 미지점의 표고를 구하는 방법으로 중간점이 많을 경우에 사용하며, 완전한 검산을 할 수 없는 단점이 있다. 이러한 기고식에 의한 수준 측량은 주위가 잘 보이는 평지에 적합하며 종·횡단 수준측량과 같이 후시보다 전시가 많을 때 편리하다.

해답 ③

035 상차라고도 하며 그 크기와 방향(부호)이 불규칙적으로 발생하고 확률론에 의해 추정할 수 있는 오차는?

① 착오
② 정오차
③ 개인오차
④ 우연오차

해설 오차의 종류
1. **정오차** : 오차 원인이 명확하고 오차 방향이 일정하여 쉽게 소거할 수 있다. 일반적으로 측정 횟수에 비례하여 보정한다.
   ① 누차 : 누적 오차
   ② 정차 : 기계의 기능 불량, 온도, 장력 등의 오차
   ③ 자연적 오차 : 구차, 기차
   ④ 상차 : 항상 일어나는 오차
2. **부정오차**(우연오차) : 오차 원인이 불분명하여 주의하여도 제거할 수 없기 때문에 최소자승법이나 Gauss의 오차론에 의해 처리한다. 일반적으로 측정 횟수의 제곱근에 비례하여 보정한다.
   ① 우연오차(상차) : 여러 번 측정시 +오차와 −오차가 서로 상쇄되는 오차
   ② 우차 : 우연히 일어나는 오차
   ③ 추차 : 오차를 추산한 값
   ④ 확률오차

해답 ④

036
GNSS 측량에 대한 설명으로 옳지 않은 것은?
① 상대측위기법을 이용하면 절대측위보다 높은 측위정확도의 확보가 가능하다.
② GNSS 측량을 위해서는 최소 4개의 가시위성(visible satellite)이 필요하다.
③ GNSS 측량을 통해 수신기의 좌표뿐만 아니라 시계오차도 계산할 수 있다.
④ 고도각(elevation angle)이 낮은 경우 상대적으로 높은 측위정확도의 확보가 가능하다.

해설 낮은 위성의 고도각은 사이클 슬립(Cycle Slip, GPS 관측 도중 장애물 등으로 인하여 GPS 신호의 수신이 일시적으로 단절되는 현상으로 발생하는 오차)이 발생하는 등 좋지 않다.

해답 ④

037
폐합 트래버스에서 위거의 합이 −0.17m, 경거의 합이 0.22m이고, 전 측선의 거리의 합이 252m일 때 폐합비는?
① 1/900
② 1/1000
③ 1/1100
④ 1/1200

해설 폐합비(정밀도)

$$R = \frac{E}{\Sigma l} = \frac{\sqrt{\Delta L^2 + \Delta D^2}}{\Sigma l} = \frac{\sqrt{0.17^2 + 0.22^2}}{252} = \frac{1}{906.38} \fallingdotseq \frac{1}{900}$$

해답 ①

038 출제기준에 의거하여 이 문제는 삭제됨

039 축척 1:500 도상에서 3변의 길이가 각각 20.5cm, 32.4cm, 28.5cm인 삼각형 지형의 실제면적은?

① 40.70m²
② 288.53m²
③ 6924.15m²
④ 7213.26m²

해설
① $S = \dfrac{1}{2}(20.5 + 32.4 + 28.5) = 40.7\,\text{cm}$
② $A = \sqrt{40.7(40.7-20.5)(40.7-32.4)(40.7-28.5)} = 288.5305814\,\text{cm}^2$
③ $\left(\dfrac{1}{m}\right)^2 = \dfrac{도상면적}{실제면적}$

$\left(\dfrac{1}{500}\right)^2 = \dfrac{288.5305814}{x}$ 에서 $x = 72{,}132{,}645.35\,\text{cm}^2 = 7{,}213.26\,\text{m}^2$

해답 ④

040 곡선 반지름이 500m인 단곡선의 종단현이 15.343m이라면 종단현에 대한 편각은?

① 0°31′ 37″
② 0°43′ 19″
③ 0°52′ 45″
④ 1°04′ 26″

해설 종단현 편각

$\delta = \dfrac{L}{2R}\dfrac{180°}{\pi} = \dfrac{15.343}{2 \times 500} \times \dfrac{180°}{\pi} = 0°52′44.7″$

해답 ③

제3과목 수리학 및 수문학

041 탱크 속에 깊이 2m의 물과 그 위에 비중 0.85의 기름이 4m 들어있다. 탱크 바닥에서 받는 압력을 구한 값은?
(단, 물의 단위중량은 9.81kN/m³이다.)
① 52.974kN/m²
② 53.974kN/m²
③ 54.974kN/m²
④ 55.974kN/m²

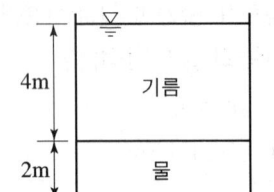

해설 원통형의 용기의 밑바닥이 받는 총 압력(전수압)
① $w_1 h_1 = (0.85 \times 9.81) \times 4 = 33.354 \text{kN/m}^2$
② $w_2 h_2 = 9.81 \times 2 = 19.62 \text{kN/m}^2$
③ $P = w'h = w_1 h_1 + w_2 h_2 = 33.354 + 19.62 = 52.974 \text{kN/m}^2$

해답 ①

042 1차원 정류흐름에서 단위시간에 대한 운동량 방정식은? (단, F : 힘, m : 질량, V_1 : 초속도, V_2 : 종속도, Δt : 시간의 변화량, S : 변위, W : 물체의 중량)
① $F = W \cdot S$
② $F = m \cdot \Delta t$
③ $F = m \dfrac{V_2 - V_1}{S}$
④ $F = m(V_2 - V_1)$

해설 운동량-역적 방정식
$$F = ma = m\frac{V_2 - V_1}{\Delta t} = m\frac{V_2 - V_1}{1} = m(V_2 - V_1)$$

해답 ④

043 동점성계수와 비중이 각각 0.0019m2/s와 1.2인 액체의 점성계수 μ는? (단, 물의 밀도는 1000kg/m³)
① $1.9 \text{kgf} \cdot \text{s/m}^2$
② $0.19 \text{kgf} \cdot \text{s/m}^2$
③ $0.23 \text{kgf} \cdot \text{s/m}^2$
④ $2.3 \text{kgf} \cdot \text{s/m}^2$

해설 ① 비중이 1.2이므로 단위중량 w는 1.2t/m^3
② 액체의 점성계수
$$\mu = \rho \cdot \nu = \left(\frac{w}{g}\right) \cdot \nu = \frac{1,200 \text{kg/m}^3}{9.8 \text{m/sec}} \times 0.0018 \text{m}^2/\text{sec}$$
$$= 0.2327 \text{kg} \cdot \text{sec/m}^2$$

해답 ③

044 물이 유량 $Q=0.06 m^3/s$로 60°의 경사평면에 충돌할 때 충돌 후의 유량 Q_1, Q_2는? (단, 에너지 손실과 평면의 마찰은 없다고 가정하고 기타 조건은 일정하다.)

① $Q_1 : 0.03m^3/s$, $Q_2 : 0.03m^3/s$
② $Q_1 : 0.035m^3/s$, $Q_2 : 0.025m^3/s$
③ $Q_1 : 0.040m^3/s$, $Q_2 : 0.020m^3/s$
④ $Q_1 : 0.045m^3/s$, $Q_2 : 0.015m^3/s$

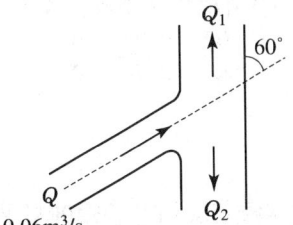

해설 ① $Q_1 = \dfrac{1+\cos\theta}{2}Q = \dfrac{1+\cos 60°}{2} \times 0.06 = 0.045 m^3/s$
② $Q_2 = \dfrac{1-\cos\theta}{2}Q = \dfrac{1-\cos 60°}{2} \times 0.06 = 0.015 m^3/s$

해답 ④

045 지름 4cm, 길이 30cm인 시험원통에 대수층의 표본을 채웠다. 시험원통의 출구에서 압력수두를 15cm로 일정하게 유지할 때 2분 동안 12cm³의 유출량이 발생하였다면 이 대수층 표본의 투수계수는?

① 0.008cm/s
② 0.016cm/s
③ 0.032cm/s
④ 0.048cm/s

해설 ① 유출량 $12cm^3/2min = 6cm^3/min = 0.1cm^3/sec$
② 유출량 공식 $Q = Av = Aki$
$0.1cm^3/sce = \dfrac{\pi \times 4^2}{4} \times k \times \dfrac{15}{30}$ 에서 $k = 0.016 cm/sec$

해답 ②

046 폭 35cm인 직사각형 위어(weir)의 유량을 측정하였더니 0.03m³/s이었다. 월류수심의 측정에 1mm의 오차가 생겼다면, 유량에 발생하는 오차는? (단, 유량계산은 프란시스(Francis) 공식을 사용하고, 월류 시 단면수축은 없는 것으로 가정한다.)

① 1.16%
② 1.50%
③ 1.67%
④ 1.84%

해설 ① 프란시스(Francis) 공식
단면수축이 없으므로 $b_o = b - 0.1nh = b - 0 = b$이다.
$Q = 1.84 b_o h^{\frac{3}{2}} = 1.84 \times 0.35 \times h^{\frac{3}{2}} = 0.03 m^3/s$에서 $h = 0.13m$

② 수심에 발생하는 오차
$$\frac{dh}{h} = \frac{0.001}{0.13} = 0.0077 = 0.77\%$$
③ 유량에 발생하는 오차
$$\frac{dQ}{Q} = \frac{3}{2}\frac{dh}{h} = \frac{3}{2} \times 0.77 = 1.16\%$$

해답 ①

047 안지름 20cm인 관로에서 관의 마찰에 의한 손실수두가 속도수두와 같게 되었다면, 이때 관로의 길이는? (단, 마찰저항 계수 $f = 0.04$ 이다.)
① 3m
② 4m
③ 5m
④ 6m

해설 관의 마찰에 의한 손실수두가 속도수두와 같으므로 $\left(h_L = \frac{V^2}{2g}\right)$

$h_L = f \cdot \frac{l}{D} \cdot \frac{V^2}{2g} = \frac{V^2}{2g}$ 에서 $1 = f \cdot \frac{l}{D}$ 이다.

따라서 $l = \frac{D}{f} = \frac{0.2}{0.04} = 5\text{m}$

해답 ③

048 폭이 무한히 넓은 개수로의 동수반경(Hydraulic radius, 경심)은?
① 계산할 수 없다.
② 개수로의 폭과 같다.
③ 개수로의 면적과 같다.
④ 개수로의 수심과 같다.

해설 수심에 비해 폭이 넓은 직사각형 단면의 경심(동수반경, 수리반경)은 수심 h가 폭 B에 비해 상대적으로 적어 무시할 수 있으므로

$$R = \frac{A}{P} = \frac{Bh}{B+2h} \fallingdotseq \frac{Bh}{B} = h$$

해답 ④

049 압력 150kN/m²을 수은기둥으로 계산한 높이는? (단, 수은의 비중은 13.57, 물의 단위중량은 9.81kN/m³이다.)
① 0.905m
② 1.13m
③ 15m
④ 203.5m

해설 $p = wh$ 에서 $h = \frac{p}{w} = \frac{150}{13.57 \times 9.81} = 1.13\text{m}$

해답 ②

050

수로 폭이 3m인 직사각형 수로에 수심이 50cm로 흐를 때 흐름이 상류(subcritical flow)가 되는 유량은?

① $2.5\text{m}^3/\text{sec}$
② $4.5\text{m}^3/\text{sec}$
③ $6.5\text{m}^3/\text{sec}$
④ $8.5\text{m}^3/\text{sec}$

해설
① 상류란 물의 유속 흐름이 장파 전달 속도보다 작은 흐름이다.
$V < \sqrt{gh} = \sqrt{9.81 \times 0.5} = 2.2147\text{m/s}$
② $Q = AV = (3 \times 0.5) \times 2.2147 = 3.32205\text{m}^3/\text{s}$
③ 유량 Q가 $Q_{\max} = 3.32205\text{m}^3/\text{s}$ 보다 작아야 상류이므로 보기 중 $2.5\text{m}^3/\text{sec}$가 상류에 해당한다.

해답 ①

051

관수로에서 관의 마찰손실계수가 0.02, 관의 지름이 40cm일 때, 관내 물의 흐름이 100m를 흐르는 동안 2m의 마찰손실수두가 발생하였다면 관내의 유속은?

① 0.3m/s
② 1.3m/s
③ 2.8m/s
④ 3.8m/s

해설
$h_L = f \dfrac{l}{D} \dfrac{V^2}{2g}$ 에서 $V = \sqrt{\dfrac{2gh}{f\dfrac{l}{D}}} = \sqrt{\dfrac{2 \times 9.8 \times 2}{0.02 \times \dfrac{100}{0.4}}} = 2.8\text{m/sec}$

해답 ③

052

저수지에 설치된 나팔형 위어의 유량 Q와 월류수심 h와의 관계에서 완전 월류 상태는 $Q \propto h^{\frac{3}{2}}$ 이다. 불완전월류(수중위어) 상태에서의 관계는?

① $Q \propto h^{-1}$
② $Q \propto h^{\frac{1}{2}}$
③ $Q \propto h^{\frac{3}{2}}$
④ $Q \propto h^{-\frac{1}{2}}$

해설
① 완전월류상태
$Q \propto h^{\frac{3}{2}}$
② 불완전월류(수중위어)
$Q = C_1 a h^{\frac{1}{2}} = C_2 a (h + h_1)^{\frac{1}{2}}$ 에서 $Q \propto h^{\frac{1}{2}}$

해답 ②

053
다음 중 토양의 침투능(Infiltration Capacity) 결정방법에 해당되지 않는 것은?

① Philip 공식
② 침투계에 의한 실측법
③ 침투지수에 의한 방법
④ 물수지 원리에 의한 산정법

해설 ① 토양의 침투능 결정 방법으로는 Horton의 침투능 산정식(경험공식에 의한 계산방법)과 침투지수법에 의한 유역의 평균침투능 측정방법(침투지수에 의한 수문곡선법), 침투계에 의한 실측법이 있다.
② 물수지 방법은 일정 기간 동안 저수지로의 유입량과 유출량을 고려하여 물수지를 따져 일정 기간 동안의 증발량을 산정하는 방법이다.

해답 ④

054
원형 관내 층류영역에서 사용 가능한 마찰손실계수 식은? (단, R_e : Reynolds 수)

① $\dfrac{1}{R_e}$
② $\dfrac{4}{R_e}$
③ $\dfrac{24}{R_e}$
④ $\dfrac{64}{R_e}$

해설 층류영역에서의 마찰손실계수 산정식
$$f = \dfrac{64}{Re}$$

해답 ④

055
다음 중 도수(跳水, hydraulic jump)가 생기는 경우는?

① 사류(射流)에서 사류(射流)로 변할 때
② 사류(射流)에서 상류(常流)로 변할 때
③ 상류(常流)에서 상류(常流)로 변할 때
④ 상류(常流)에서 사류(射流)로 변할 때

해설 도수는 사류에서 상류로 변화할 때 불연속적으로 수면이 뛰는 현상으로 가지고 있는 에너지의 일부를 와류와 난류를 통해 소모하는 현상이다.

해답 ②

056
1cm 단위도의 종거가 1, 5, 3, 1이다. 유효 강우량이 10mm, 20mm 내렸을 때 직접 유출 수문 곡선의 종거는? (단, 모든 시간 간격은 1시간이다.)

① 1, 5, 3, 1, 1
② 1, 5, 10, 9, 2
③ 1, 7, 13, 7, 2
④ 1, 7, 13, 9, 2

해설 ① 단위도 10mm일 때   ② 단위도 20mm일 때   ③ 합성 단위도

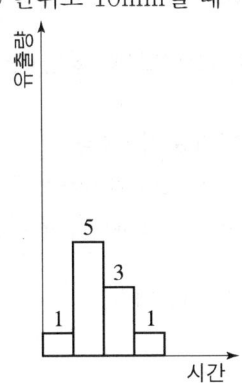
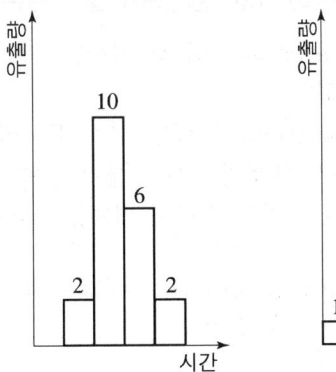
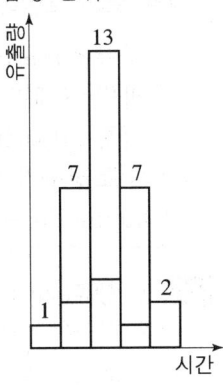

해답 ③

057
자연하천의 특성을 표현할 때 이용되는 하상계수에 대한 설명으로 옳은 것은?

① 최심하상고와 평형하상고의 비이다.
② 최대유량과 최소유량의 비로 나타낸다.
③ 개수 전과 개수 후의 수심 변화량의 비를 말한다.
④ 홍수 전과 홍수 후의 하상 변화량의 비를 말한다.

해설 하상계수란 하천의 최소 유수량에 대한 최대 유수량의 비율을 말하며 하황계수라고도 한다.

$$하상\ 계수 = \frac{최대\ 유량}{최소\ 유량}$$

해답 ②

058
다음 중 부정류 흐름의 지하수를 해석하는 방법은?

① Theis 방법
② Dupuit 방법
③ Thiem 방법
④ Laplace 방법

해설 지하수 해석방법
 1. 부정류 흐름의 지하수 해석방법
  ① Theis의 비평형방정식 방법

② Jacob 수정근사해법
③ chow 방정식 방법
2. **정상류 흐름의 지하수 해석방법**
정상류의 지하수 흐름의 해석방법에는 Thiem의 평형방정식 방법이 있다.

해답 ①

059 개수로의 흐름에 대한 설명으로 옳지 않은 것은?

① 사류(supercritical flow)에서는 수면변동이 일어날 때 상류(上流)로 전파될 수 없다.
② 상류(subcritical flow)일 때는 Froude 수가 1보다 크다.
③ 수로경사가 한계경사보다 클 때 사류(supercritical flow)가 된다.
④ Reynolds 수가 500보다 커지면 난류(turbulent flow)가 된다.

해설 1. 상류(subcritical flow)일 때는 Froude 수가 1보다 적다.
2. 상류와 사류의 판정
$$F_r = \frac{V}{\sqrt{gh}}$$
여기서, V : 물의 유속, $\sqrt{gh}$: 장파의 전달 속도
① $F_r < 1$: 상류
② $F_r = 1$: 한계류(한계수심, 한계유속)
③ $F_r > 1$: 사류

해답 ②

060 가능최대강수량(PMP)에 대한 설명으로 옳은 것은?

① 홍수량 빈도해석에 사용된다.
② 강우량과 장기변동성향을 판단하는데 사용된다.
③ 최대강우강도와 면적관계를 결정하는데 사용된다.
④ 대규모 수공구조물의 설계홍수량을 결정하는데 사용된다.

해설 **가능 최대 강우량**(PMP)란 어떤 지역에서 생성될 수 있는 최악의 기상 조건하에서 발생 가능한 호우를 말한다.
① 과거의 최대 강우량뿐만 아니라 이보다 더 큰 강우는 발생하지 않을 것이라는 가정하의 강우량이다.
② PMP로서 수공 구조물의 크기(치수)를 결정한다.
③ 대규모 수공 구조물을 설계할 때 기준으로 삼는 우량이다.
④ 대규모 수공 구조물의 설계에서 어떠한 경우의 홍수라도 설계홍수량을 초과해서는 안 되도록 설계홍수량을 결정할 때 최대 가능강수량을 사용한다.

해답 ④

제4과목 철근콘크리트 및 강구조

061 그림과 같은 나선철근 단주의 강도설계법에 의한 공칭축강도(P_n)는? (단, D32 1개의 단면적 = 794mm², f_{ck} = 24MPa, f_{yt} = 400MPa)

① 2648kN
② 3254kN
③ 3716kN
④ 3972kN

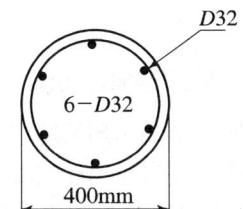

해설 나선철근 단주의 공칭 축강도
$$P_n = 0.85 \cdot [0.85 f_{ck}(A_g - A_{st}) + f_y \cdot A_{st}]$$
$$= 0.85 \times \left[0.85 \times 24 \times \left(\frac{\pi \times 400^2}{4} - 6 \times 794 \right) + 400 \times 6 \times 794 \right]$$
$$= 3,716,160.9\text{N} = 3,716\text{kN}$$

해답 ③

062 균형철근량 보다 적고 최소철근량 보다 많은 인장철근을 가진 과소철근 보가 휨에 의해 파괴될 때의 설명으로 옳은 것은?

① 인장측 철근이 먼저 항복한다.
② 압축측 콘크리트가 먼저 파괴된다.
③ 압축측 콘크리트와 인장측 철근이 동시에 항복한다.
④ 중립축이 인장측으로 내려오면서 철근이 먼저 파괴된다.

해설 인장부 철근이 먼저 항복점(파괴)에 도달하고 그 이후 상당한 변형을 수반하면서 사전 붕괴 징후를 보이며 점진적으로 콘크리트가 파괴되는 형태인 연성파괴(인장파괴)는 과소철근보에서 일어난다. 반면, 콘크리트가 먼저 갑작스럽게 파괴되고, 사전 징후 없이 갑자기 파괴되는 형태인 취성파괴(압축파괴)는 과다철근보에서 일어난다.

해답 ①

063 직접설계법에 의한 2방향 슬래브 설계에서 전체 정적 계수 휨모멘트(M_o)가 340kN·m로 계산되었을 때, 내부 경간의 부계수 휨모멘트는?

① 102kN·m
② 119kN·m
③ 204kN·m
④ 221kN·m

해설 2방향 슬래브의 직접설계법에서 내부 경간의 부 계수 휨 모멘트
$0.65M_o = 0.65 \times 340 = 221\text{kN} \cdot \text{m}$

[참고] 2방향 슬래브의 직접설계법에서 내부 경간 분배율
① 부 계수 휨 모멘트 : $0.65M_o$
② 정 계수 휨 모멘트 : $0.35M_o$

해답 ④

064
부재의 설계 시 적용되는 강도감소계수(ϕ)에 대한 설명으로 틀린 것은?

① 인장지배 단면에서의 강도감소계수는 0.85이다.
② 포스트텐션 정착구역에서 강도감소계수는 0.80이다.
③ 압축지배단면에서 나선철근으로 보강된 철근콘크리트부재의 강도감소계수는 0.70이다.
④ 공칭강도에서 최외단 인장철근의 순인장변형률(ϵ_t)이 압축지배와 인장지배단면 사이일 경우에는, ϵ_t가 압축지배변형률 한계에서 인장지배변형률 한계로 증가함에 따라 ϕ값을 압축지배단면에 대한 값에서 0.85까지 증가시킨다.

해설 포스트텐션 정착구역의 강도감소계수(ϕ)는 0.85이다.

해답 ②

065
b_w=400mm, d=700mm인 보에 f_y=400MPa인 D16 철근을 인장 주철근에 대한 경사각 α=60°인 U형 경사 스터럽으로 설치했을 때 전단철근에 의한 전단강도(V_s)는? (단, 스터럽 간격 s=300mm, D16 철근 1본의 단면적은 199mm²이다.)

① 253.7kN ② 321.7kN
③ 371.5kN ④ 507.4kN

해설 전단철근이 부담하는 전단강도
$$V_s = \frac{d(\sin\alpha + \cos\alpha)}{s} A_v f_{yt}$$
$$= \frac{700(\sin 60° + \cos 60°)}{300} \times (2 \times 199) \times 400$$
$$= 507,432.9\text{N} = 507.4\text{kN}$$

해답 ④

066 강도설계법에 의한 콘크리트구조 설계에서 변형률 및 지배단면에 대한 설명으로 틀린 것은?

① 인장철근이 설계기준항복강도 f_y에 대응하는 변형률에 도달하고 동시에 압축콘크리트가 가정된 극한변형률에 도달할 때, 그 단면이 균형변형률 상태에 있다고 본다.
② 압축연단 콘크리트가 가정된 극한변형률에 도달할 때 최외단 인장철근의 순인장변형률 ϵ_t가 0.0025의 인장지배변형률 한계 이상인 단면을 인장지배단면이라고 한다.
③ 압축연단 콘크리트가 가정된 극한변형률에 도달할 때 최외단 인장철근의 순인장변형률 ϵ_t가 압축지배변형률 한계 이하인 단면을 압축지배단면이라고 한다.
④ 순인장변형률 ϵ_t가 압축지배변형률 한계와 인장지배변형률 한계 사이인 단면은 변화구간 단면이라고 한다.

해설 인장지배단면
$\epsilon_t > 0.005$인 경우. 단, $f_y > 400\text{MPa}$일 때는 $\epsilon_t \geq 2.5 f_y$인 경우

해답 ②

067 경간이 8m인 단순 프리스트레스트 콘크리트보에 등분포하중(고정하중과 활하중의 합)이 $w=30\text{kN/m}$ 작용할 때 중앙 단면 콘크리트 하연에서의 응력이 0이 되려면 PS강재에 작용되어야 할 프리스트레스 힘(P)은? (단, PS강재는 단면 중심에 배치되어 있다.)

① 2400kN
② 3500kN
③ 4000kN
④ 4920kN

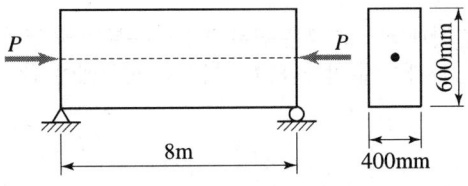

해설
$f_{하연} = \dfrac{P}{A} - \dfrac{M}{Z} = 0$에서

$P = \dfrac{AM}{Z} = \dfrac{bh \times \left(\dfrac{wl^2}{8}\right)}{\dfrac{bh^2}{6}} = \dfrac{3wl^2}{4h} = \dfrac{3 \times 30 \times 8^2}{4 \times 0.6} = 2,400\text{kN}$

해답 ①

068

그림과 같은 필릿용접의 유효목두께로 옳게 표시된 것은? (단, KDS 14 30 25 강구조 연결 설계기준(허용응력설계법)에 따른다.)

① S
② $0.9S$
③ $0.7S$
④ $0.5S$

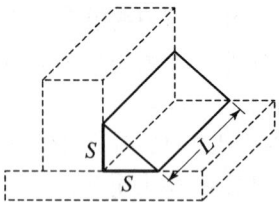

해설 필릿용접의 목두께는 모재면의 45° 방향으로 측정한다.

목두께 $a = \dfrac{S}{\sqrt{2}} = 0.707\,S$

해답 ③

069

표피 철근(skin reinforcement)에 대한 설명으로 옳은 것은?

① 상하 기둥 연결부에서 단면치수가 변하는 경우에 구부린 주철근이다.
② 비틀림모멘트가 크게 일어나는 부재에서 이에 저항하도록 배치되는 철근이다.
③ 건조수축 또는 온도변화에 의하여 콘크리트에 발생하는 균열을 방지하기 위한 목적으로 배치되는 철근이다.
④ 주철근이 단면의 일부에 집중 배치된 경우일 때 부재의 측면에 발생 가능한 균열을 제어하기 위한 목적으로 주철근 위치에서부터 중립축까지의 표면 근처에 배치하는 철근이다.

해설 상대적으로 깊은 휨부재에서 복부의 균열을 제어하기 위하여 인장영역의 수직 표면 가까이에 철근(표피 철근)을 배치해야 한다.

해답 ④

070

옹벽의 설계에 대한 설명으로 틀린 것은?

① 무근콘크리트 옹벽은 부벽식 옹벽의 형태로 설계하여야 한다.
② 활동에 대한 저항력은 옹벽에 작용하는 수평력의 1.5배 이상이어야 한다.
③ 저판의 뒷굽판은 정확한 방법이 사용되지 않는 한, 뒷굽판 상부에 재하되는 모든 하중을 지지하도록 설계하여야 한다.
④ 부벽식 옹벽의 저판은 정밀한 해석이 사용되지 않는 한, 부벽 사이의 거리를 경간으로 가정한 교정보 또는 연속보로 설계할 수 있다.

해설 무근콘크리트 옹벽은 자중에 의하여 저항력을 발휘하는 중력식 형태로 설계하여야 한다.

해답 ①

071

압축철근비가 0.01이고, 인장철근비가 0.003인 철근콘크리트보에서 장기 추가 처짐에 대한 계수(λ_Δ)의 값은? (단, 하중재하기간은 5년 6개월이다.)

① 0.66
② 0.80
③ 0.93
④ 1.33

해설
① 지속 하중 재하 기간에 따른 계수
$\xi = 2.0$

구분	3개월	6개월	12개월	5년 이상
ξ	1.0	1.2	1.4	2.0

② 처짐계수
$$\lambda_\Delta = \frac{\xi}{1+50\rho'} = \frac{2.0}{1+50\times 0.01} = 1.338$$

해답 ④

072

그림과 같은 맞대기 용접의 인장응력은?

① 25MPa
② 125MPa
③ 250MPa
④ 1250MPa

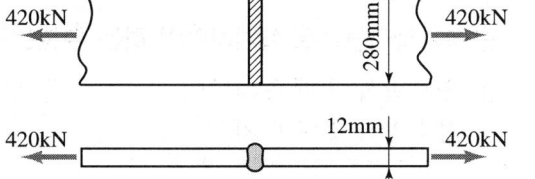

해설
$$f = \frac{P}{\Sigma al} = \frac{420,000N}{12\times 280} = 125\text{MPa}$$

해답 ②

073

그림과 같은 단순 프리스트레스트 콘크리트보에서 등분포하중(자중포함) $w = 30\text{kN/m}$가 작용하고 있다. 프리스트레스에 의한 상향력과 이 등분포하중이 평형을 이루기 위해서는 프리스트레스 힘(P)을 얼마로 도입해야 하는가?

① 900kN
② 1200kN
③ 1500kN
④ 1800kN

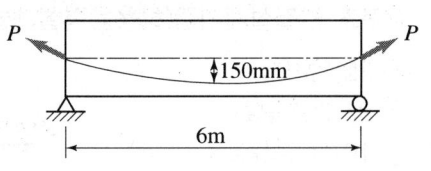

해설
$\dfrac{ul^2}{8} = P \cdot s$에서 $P = \dfrac{ul^2}{8s} = \dfrac{wl^2}{8s} = \dfrac{30\times 6^2}{8\times 0.15} = 900\text{kN}$

해답 ①

074 철근의 이음 방법에 대한 설명으로 틀린 것은? (단, l_d는 정착길이)

① 인장을 받는 이형철근의 겹침이음길이는 A급 이음과 B급 이음으로 분류하며, A급 이음은 $1.0l_d$ 이상, B급 이음은 $1.3l_b$ 이상이며, 두 가지 경우 모두 300mm 이상이어야 한다.
② 인장 이형철근의 겹침이음에서 A급 이음은 배치된 철근량이 이음부 전체 구간에서 해석결과 요구되는 소요 철근량의 2배 이상이고, 소요 겹침이음길이 내 겹침이음된 철근량이 전체 철근량의 1/2 이하인 경우이다.
③ 서로 다른 크기의 철근을 압축부에서 겹침이음하는 경우, D41과 D51 철근은 D35 이하 철근과의 겹침이음은 허용할 수 있다.
④ 휨부재에서 서로 직접 접촉되지 않게 겹침이음된 철근은 횡방향으로 소요 겹침이음길이의 1/3 또는 200mm 중 작은 값 이상 떨어지지 않아야 한다.

해설 휨부재에서 서로 직접 접촉되지 않게 겹침이음된 철근은 횡방향으로 소요 겹침이음길이의 1/5 또는 150mm 중 작은 값 이상 떨어지지 않아야 한다.

해답 ④

075 옹벽에서 T형보로 설계하여야 하는 부분은?

① 윗부벽식 옹벽의 전면벽
② 뒷부벽식 옹벽의 뒷부벽
③ 앞부벽식 옹벽의 저판
④ 앞부벽식 옹벽의 앞부벽

해설 부벽식옹벽의 구조해석
① 앞부벽 : 직사각형보로 설계
② 뒷부벽 : T형보의 복부로 설계
③ 전면벽 : 3변 지지된 2방향 슬래브로 설계할 수 있다.
④ 저판 : 정확한 방법이 사용되지 않는 한 뒷부벽 또는 앞부벽 간의 거리를 경간으로 가정하여 고정보 또는 연속보로 설계할 수 있다.

해답 ②

076 그림과 같은 필릿용접에서 일어나는 응력으로 옳은 것은? (단, KDS 14 30 25 강구조 연결설계기준(허용응력설계법)에 따른다.)

① 82.3MPa
② 95.05MPa
③ 109.02MPa
④ 130.25MPa

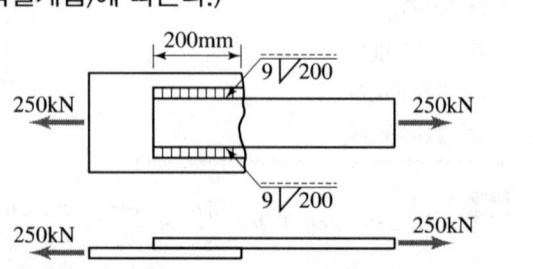

해설 ① 유효목두께
$a = 0.7S = 0.7 \times 9 = 6.3\text{mm}$
② 유효길이
$l = (l_1 - 2s) + (l_2 - 2s) = (200 - 2 \times 9) + (200 - 2 \times 9) = 364\text{mm}$
③ 응력
$f = \dfrac{P}{\sum al} = \dfrac{250,000 N}{6.3 \times 364} = 109.02\text{MPa}$

해답 ③

077 강도설계법에 대한 기본 가정으로 틀린 것은?

① 철근과 콘크리트의 변형률은 중립축부터 거리에 비례한다.
② 콘크리트의 인장강도는 철근콘크리트 부재단면의 축강도와 휨강도 계산에서 무시한다.
③ 철근의 응력이 설계기준항복강도 f_y 이하일 때 철근의 응력은 그 변형률에 관계없이 f_y와 같다고 가정한다.
④ 휨모멘트 또는 휨모멘트와 축력을 동시에 받는 부재의 콘크리트 압축연단의 극한변형률은 콘크리트의 설계기준 압축강도가 40MPa 이하인 경우에는 0.0033으로 가정한다.

해설 항복강도 f_y 이하에서 철근의 응력은 그 변형률의 E_s배로 본다.

해답 ③

078 철근콘크리트 구조물의 전단철근에 대한 설명으로 틀린 것은?

① 전단철근의 설계기준항복강도는 450MPa을 초과할 수 없다.
② 전단철근으로서 스터럽과 굽힘철근을 조합하여 사용할 수 있다.
③ 주인장철근에 45° 이상의 각도로 설치되는 스터럽은 전단철근으로 사용할 수 있다.
④ 경사스터럽과 굽힘철근은 부재 중간높이인 $0.5d$에서 반력점 방향으로 주인장철근까지 연장된 45° 선과 한 번 이상 교차되도록 배치하여야 한다.

해설 전단철근의 설계기준항복강도는 500MPa를 초과할 수 없다.

해답 ①

079 프리스트레스트 콘크리트(PSC)에 대한 설명으로 틀린 것은?

① 프리캐스트를 사용할 경우 거푸집 및 동바리공이 불필요하다.
② 콘크리트 전 단면을 유효하게 이용하여 철근콘크리트(RC) 부재보다 경간을 길게 할 수 있다.
③ 철근콘크리트(RC)에 비해 단면이 작아서 변형이 크고 진동하기 쉽다.
④ 철근콘크리트(RC)보다 내화성에 있어서 유리하다.

해설 **프리스트레스트 콘크리트(PSC)의 단점**
① PSC는 RC에 비해 강성이 작으므로 진동하기 쉽고 변형되기 쉽다.
② PS강재는 고강도 강재로서 고온하에서 강도가 급격히 감소한다.(내화성이 적다.)
③ PSC는 하중 크기나 방향에 민감하여 설계, 제조, 운반 및 가설시 세심한 주의가 요구된다.
④ PSC는 RC에 비해 고강도 콘크리트와 고강도 강재 등 재료의 단가가 비싸고 정착장치, 시스, 기타 부수장치와 그라우팅 비용이 추가된다.

해답 ④

080 나선철근 기둥의 설계에 있어서 나선철근비(ρ_s)를 구하는 식으로 옳은 것은?
(단, A_g : 기둥의 총 단면적, A_{ch} : 나선철근 기둥의 심부 단면적, f_{yt} : 나선철근의 설계기준항복강도, f_{ck} : 콘크리트의 설계기준압축강도)

① $0.45\left(\dfrac{A_g}{A_{ch}}-1\right)\dfrac{f_{yt}}{f_{ck}}$
② $0.45\left(\dfrac{A_g}{A_{ch}}-1\right)\dfrac{f_{ck}}{f_{yt}}$
③ $0.45\left(1-\dfrac{A_g}{A_{ch}}\right)\dfrac{f_{ck}}{f_{yt}}$
④ $0.85\left(\dfrac{A_{ch}}{A_g}-1\right)\dfrac{f_{ck}}{f_{yt}}$

해설 **나선철근비**
$$\rho_s \geq 0.45\left(\dfrac{A_g}{A_{ch}}-1\right)\dfrac{f_{ck}}{f_{yt}}$$

해답 ②

제5과목 토질 및 기초

081 그림과 같은 지반에서 재하순간 수주(水柱)가 지표면(지하수위)으로부터 5m이었다. 40% 압밀이 일어난 후 A점에서의 전체 간극수압은? (단, 물의 단위중량은 9.81kN/m³이다.)

① 19.62kN/m^2
② 29.43kN/m^2
③ 49.05kN/m^2
④ 78.48kN/m^2

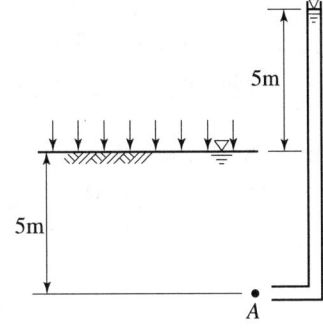

해설 ① 초기간극수압
$$u_i = \gamma_w h = 9.81 \times 5 = 49.05\text{kN/m}^2$$
② 과잉간극수압
재하 후 압밀도가 40%가 되었으므로
$$U = \frac{\text{소산된 과잉간극수압}}{\text{초기과잉간극수압}} \times 100 = \frac{u_i - u_e}{u_i} \times 100$$
$$= \frac{49.05 - u_e}{49.05} \times 100 = 40\% \text{에서 } u_e = 49.05 - \frac{40 \times 49.05}{100} = 29.43\text{kN/m}^2$$
③ 20% 압밀이 일어난 후 지표면으로부터 수주의 높이
$$u_e = \gamma_w h_e = 9.81 \times h_e = 29.43\text{kN/m}^2 \text{에서 } h_e = \frac{39.24}{9.81} = 3\text{m}$$
④ 40% 압밀이 일어난 후 A점에서의 전체 간극수압
$$u_g = \gamma_w h_g = 9.81 \times (5+3) = 78.48\text{kN/m}^2$$

해답 ④

082 다짐곡선에 대한 설명으로 틀린 것은?
① 다짐에너지를 증가시키면 다짐곡선은 왼쪽 위로 이동하게 된다.
② 사질성분이 많은 시료일수록 다짐곡선은 오른쪽 위에 위치하게 된다.
③ 점성분이 많은 흙일수록 다짐곡선은 넓게 퍼지는 형태를 가지게 된다.
④ 점성분이 많은 흙일수록 오른쪽 아래에 위치하게 된다.

해설 사질성분이 많은 시료일수록 다짐곡선은 왼쪽 위에 위치하게 된다.

해답 ②

083 두께 2cm의 점토시료의 압밀시험 결과 전압밀량의 90%에 도달하는데 1시간이 걸렸다. 만일 같은 조건에서 같은 점토로 이루어진 2m의 토층 위에 구조물을 축조한 경우 최종 침하량의 90%에 도달하는데 걸리는 시간은?

① 약 250일
② 약 368일
③ 약 417일
④ 약 525일

해설 ① 0.02m 두께의 점토층에서

$$t_{90} = \frac{0.848 \cdot d^2}{C_v} \quad 1 = \frac{0.848 \times 0.02^2}{C_v} \text{에서} \quad C_v = 0.0003392 \text{m}^2/\text{hr}$$

② 2m 두께의 점토층에서

$$t_{90} = \frac{0.848 \cdot d^2}{C_v} = \frac{0.848 \times 2^2}{0.0003392} = 10,000\text{hr} = \frac{10,000\text{hr}}{24\,\text{hr/day}} = 416.7\,\text{day} ≒ 417\,\text{day}$$

해답 ③

---

084 옹벽배면의 지표면 경사가 수평이고, 옹벽배면 벽체의 기울기가 연직인 벽체에서 옹벽과 뒤채움 흙 사이의 벽면마찰각(δ)을 무시할 경우, Coulomb토압과 Rankine토압의 크기를 비교할 때 옳은 것은?

① Rankine토압이 Coulomb토압 보다 크다.
② Coulomb토압이 Rankine토압 보다 크다.
③ Rankine토압과 Coulomb토압의 크기는 항상 같다.
④ 주동토압은 Rankine토압이 더 크고, 수동토압은 Coulomb토압이 더 크다.

해설 Rankine토압과 Coulomb토압과의 관계
① 옹벽 배면각이 90°이고, 뒤채움 흙이 수평이고, 벽마찰을 무시하면 Coulomb의 토압은 Rankine의 토압과 같다.
② 옹벽 배면각이 90°이고 지표면의 경사각과 옹벽 배면과 흙의 마찰각이 같은 경우는 Coulomb의 토압은 Rankine의 토압과 같다.

해답 ③

---

085 유효응력에 대한 설명으로 틀린 것은?

① 항상 전응력보다는 작은 값이다.
② 점토지반의 압밀에 관계되는 응력이다.
③ 건조한 지반에서는 전응력과 같은 값으로 본다.
④ 포화된 흙인 경우 전응력에서 간극수압을 뺀 값이다.

해설 일반적으로 전응력은 유효응력과 간극수압의 합으로 구하기 때문에 전응력이 유효응력보다 크다. 그러나 간극수압이 부의 값을 가질 경우 유효응력이 전응력보다 큰 경우가 발생한다. 또한 물의 흐름이 흙 속에서 하향침투가 일어날 경우 유효응력은 침투수압만큼 증가하기도 한다.

해답 ①

086
포화상태에 있는 흙의 함수비가 40%이고, 비중이 2.60이다. 이 흙의 간극비는?
① 0.65
② 0.065
③ 1.04
④ 1.40

해설 간극비
$$e = \frac{w\,G_s}{S} = \frac{0.4 \times 2.60}{1} = 1.04$$

해답 ③

087
아래 그림에서 투수계수 $k = 4.8 \times 10^{-3}$cm/s일 때 Darcy 유출속도(v)와 실제 물의 속도(침투속도, v_s)는?

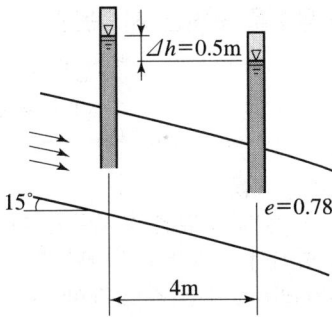

① $v = 3.4 \times 10^{-4}$cm/s, $v_s = 5.6 \times 10^{-4}$cm/s
② $v = 3.4 \times 10^{-4}$cm/s, $v_s = 9.4 \times 10^{-4}$cm/s
③ $v = 5.8 \times 10^{-4}$cm/s, $v_s = 10.8 \times 10^{-4}$cm/s
④ $v = 5.8 \times 10^{-4}$cm/s, $v_s = 13.2 \times 10^{-4}$cm/s

해설 ① 이동경로(L) $L = \dfrac{4\text{m}}{\cos 15°}$

② 동수경사(i) $i = \dfrac{수두차}{이동거리} = \dfrac{\Delta h}{L} = \dfrac{0.5}{\frac{4}{\cos 15°}} = \dfrac{0.5 \times \cos 15°}{4} = 0.121$

③ $v = ki = 4.8 \times 10^{-3} \times 0.121 = 5.8 \times 10^{-4}$cm/s

④ $n = \dfrac{e}{1+e} = \dfrac{0.78}{1+0.78} = 0.438 = 43.8\%$

⑤ $v_s = \dfrac{v}{\dfrac{n}{100}} = \dfrac{5.8 \times 10^{-4}}{0.438} = 1.32 \times 10^{-3} = 13.2 \times 10^{-4} \text{cm/s}$

해답 ④

088
포화된 점토에 대한 일축압축시험에서 파괴시 축응력이 0.2MPa일 때, 이 점토의 점착력은?

① 0.1MPa
② 0.2MPa
③ 0.4MPa
④ 0.6MPa

해설 포화된 점토의 내부마찰각(ϕ)은 '0'이므로
$q_u = 2c\tan\left(45° + \dfrac{\phi}{2}\right) = 2c\tan\left(45° + \dfrac{0}{2}\right) = 0.2$에서 $c = 0.1$MPa

해답 ①

089
포화된 점토지반에 성토하중으로 어느 정도 압밀된 후 급속한 파괴가 예상될 때, 이용해야 할 강도정수를 구하는 시험은?

① CU-test
② UU-test
③ UC-test
④ CD-test

해설 압밀 비배수(CU-test) 적용
① 성토 하중으로 어느 정도 압밀된 후 급속한 파괴가 예상되는 경우
② 기존의 제방, 흙 댐에서 수위가 급강하할 때의 안정해석하는 경우
③ 사전압밀(Pre-loading) 후 급격한 재하시의 안정해석하는 경우

해답 ①

090
보링(boring)에 대한 설명으로 틀린 것은?

① 보링(boring)에는 회전식(rotary boring)과 충격식(percussion boring)이 있다.
② 충격식은 굴진속도가 빠르고 비용도 싸지만 분말상의 교란된 시료만 얻어진다.
③ 회전식은 시간과 공사비가 많이 들뿐만 아니라 확실한 코어(core)도 얻을 수 없다.
④ 보링은 지반의 상황을 판단하기 위해 실시한다.

해설 **회전식 보링**은 지층의 변화를 연속적으로 비교적 정확히 알고자 할 때 이용하는 방식으로 불교란 시료의 채취가 가능하며, Rod의 선단에 첨부하는 Bit를 회전시켜 천공하는 방법이다.

해답 ③

091

수조에 상방향의 침투에 의 한 수두를 측정한 결과, 그림과 같이 나타났다. 이때 수조 속에 있는 흙에 발생하는 침투력을 나타낸 식은?
(단, 시료의 단면적은 A, 시료의 길이는 L, 시료의 포화단위중량은 γ_{sat}, 물의 단위중량은 γ_w cm이다.)

① $\Delta g \cdot \gamma_w \cdot A$
② $\Delta h \cdot \gamma w \cdot \dfrac{A}{L}$
③ $\Delta h \cdot \gamma_{sat} \cdot A$
④ $\dfrac{\gamma_{sat}}{\gamma_w} \cdot A$

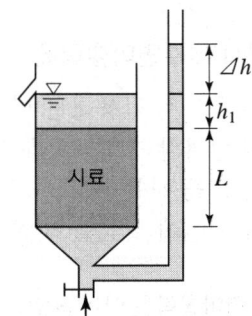

해설 침투력은 수두차에 의한 압력으로 일어나므로
침투력$= \gamma_w \cdot \Delta h \cdot A$

해답 ①

092

4m×4m 크기인 정사각형 기초를 내부마찰각 $\phi = 20°$, 점착력 $c = 30\text{kN/m}^2$인 지반에 설치하였다. 흙의 단위중량 $\gamma = 19\text{kN/m}^3$이고 안전율(F_s)을 3으로 할 때 Terzaghi 지지력 공식으로 기초의 허용하중을 구하면? (단, 기초의 근입깊이는 1m이고, 전반전단파괴가 발생한다고 가정하며, 지지력계수 $N_c = 17.69$, $N_q = 7.44$, $N_\gamma = 4.97$이다.)

① 3780kN
② 5239kN
③ 6750kN
④ 8140kN

해설 ① 기초 모양에 따른 형상계수
정사각형 기초이므로
㉠ $\alpha = 1.3$
㉡ $\beta = 0.4$
② 지하수위의 영향이 없는 $B < d$(지하수영향 안 받는다.)인 경우이므로
$r_1' = r_1 \quad q = r_2 D_f$

③ $q_{ult} = \alpha c N_c + \beta \gamma_1 B N_\gamma + \gamma_2 D_f N_q$
  $= 1.3 \times 30 \times 17.69 + 0.4 \times 19 \times 4 \times 4.97 + 19 \times 1 \times 7.44$
  $= 982.358 \text{kN/m}^2$

④ 허용지지력
  $q_a = \dfrac{q_u}{F_s} = \dfrac{982.358}{3} = 327.453 \text{kN/m}^2$

⑤ 허용하중
  $Q_a = q_a A = 327.453 \times (4 \times 4) = 5,239.25 \text{kN}$

해답 ②

093 말뚝에서 부주면마찰력에 대한 설명으로 틀린 것은?

① 아래쪽으로 작용하는 마찰력이다.
② 부주면마찰력이 작용하면 말뚝의 지지력은 증가한다.
③ 압밀층을 관통하여 견고한 지반에 말뚝을 박으면 일어나기 쉽다.
④ 연약지반에 말뚝을 박은 후 그 위에 성토를 하면 일어나기 쉽다.

해설 부주면마찰력은 여러 요인으로 인한 하중이 작용함에 따라 말뚝 주위 지반의 침하량이 말뚝의 침하량보다 상대적으로 클 때 주면 마찰력이 하향으로 발생하여 하중역할을 하게 되어 말뚝의 지지력을 감소시킨다.

해답 ②

094 지반개량공법 중 연약한 점성토 지반에 적당하지 않은 것은?

① 치환 공법   ② 침투압 공법
③ 폭파다짐 공법   ④ 샌드 드레인 공법

해설 폭파다짐 공법은 충격에 의해 지반을 개량하는 사질토지반 개량공법의 일종이다.

해답 ③

095 표준관입시험에 대한 설명으로 틀린 것은?

① 표준관입시험의 N값으로 모래지반의 상대밀도를 추정할 수 있다.
② 표준관입시험의 N값으로 점토지반의 연경도를 추정할 수 있다.
③ 지층의 변화를 판단할 수 있는 시료를 얻을 수 있다.
④ 모래지반에 대해서 흐트러지지 않은 시료를 얻을 수 있다.

해설 표준관입시험에서의 시료는 교란시료가 채취된다.

해답 ④

096 하중이 완전히 강성(剛性) 푸팅(Footing) 기초판을 통하여 지반에 전달되는 경우의 접지압(또는 지반반력) 분포로 옳은 것은?

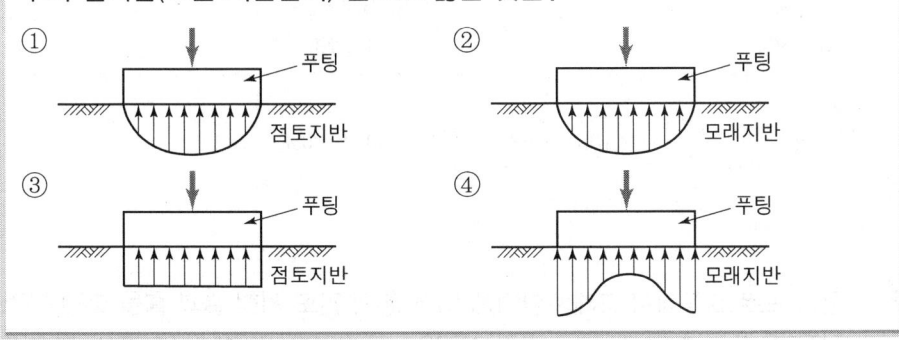

해설

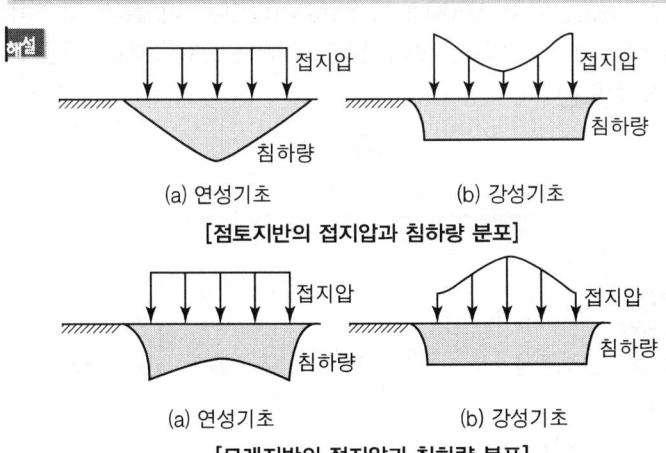

(a) 연성기초　　　(b) 강성기초
[점토지반의 접지압과 침하량 분포]

(a) 연성기초　　　(b) 강성기초
[모래지반의 접지압과 침하량 분포]

해답 ②

---

097 그림과 같은 지반에서 $x-x'$ 단면에 작용하는 유효응력은? (단, 물의 단위중량은 9.81kN/m³이다.)

① 46.7kN/m^2
② 68.8kN/m^2
③ 90.5kN/m^2
④ 108kN/m^2

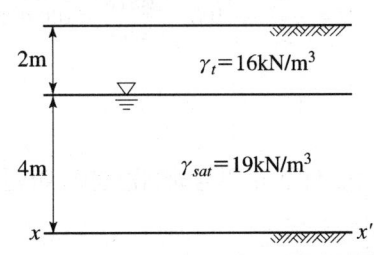

해설 유효응력
$$\bar{\sigma} = \gamma_t h_1 + \gamma_{sub} h_2 = 16 \times 2 + (19 - 9.81) \times 4 = 68.8 \text{kN/m}^2$$

해답 ②

098
자연 상태의 모래지반을 다져 e_{min}에 이르도록 했다면 이 지반의 상대밀도는?

① 0%   ② 50%
③ 75%   ④ 100%

해설
$$D_r = \frac{e_{max} - e}{e_{max} - e_{min}} \times 100 = \frac{e_{max} - e_{min}}{e_{max} - e_{min}} \times 100 = 100\%$$

해답 ④

099
현장 도로 토공에서 모래치환법에 의한 흙의 밀도 시험 결과 흙을 파낸 구멍의 체적과 파낸 흙의 질량은 각각 1800cm³, 3950g이었다. 이 흙의 함수비는 11.2%이고, 흙의 비중은 2.65이다. 실내시험으로부터 구한 최대건조밀도가 2.05g/cm³일 때 다짐도는?

① 92%   ② 94%
③ 96%   ④ 98%

해설
① 습윤단위중량
$$\gamma_t = \frac{W}{V} = \frac{3,950}{1800} = 2.194 \text{g/cm}^3$$
여기서, γ_t : 습윤단위중량, W : 시험구멍에서 파낸 흙의 습윤 중량

② 건조단위중량
$$\gamma_d = \frac{\gamma_t}{1 + \frac{w}{100}} = \frac{2.194}{1 + \frac{11.2}{100}} = 1.973 \text{g/cm}^3$$
여기서, γ_d : 건조단위중량

③ 현장의 다짐도
$$U = \frac{\gamma_d}{\gamma_{dmax}} \times 100 = \frac{1.973}{2.05} \times 100 = 96.2\%$$

해답 ③

100
다음 중 사면의 안정해석방법이 아닌 것은?

① 마찰원법   ② 비숍(Bishop)의 방법
③ 펠레니우스(Fellenius) 방법   ④ 테르자기(Terzaghi)의 방법

해설 사면의 안정해석방법
① 질량법(Mass procedure) : $\phi_u = 0$ 해석법, 마찰원법
② 절편법(Slice method, 분할법) : Fellenius의 간편법, Bishop의 간편법, Janbu의 간편법, Spencer 방법

해답 ④

제6과목 상하수도공학

101 공동현상(cavitation)의 방지책에 대한 설명으로 옳지 않은 것은?

① 마찰손실을 작게 한다.
② 흡입양정을 작게 한다.
③ 펌프의 흡입관경을 작게 한다.
④ 임펠러(Impeller) 속도를 작게 한다.

해설 흡입관은 되도록 짧은 것이 좋으며 부득이할 때는 흡입관을 크게 하여 손실을 감소시킨다.

[참고] 공동현상의 방지법
① 펌프의 설치 위치를 되도록 낮게 하고, 흡입양정을 작게 한다.
② 흡입관은 되도록 짧은 것이 좋으며 부득이할 때는 흡입관을 크게 하여 손실을 감소시킨다.
③ 흡입측에서 펌프의 토출량을 감소시키는 일은 절대로 피한다.
④ 총양정의 규정에 있어서 적합하도록 계획한다.
⑤ 양정 변화가 클 때는 상용의 최저 양정에 대하여도 공동현상이 생기지 않도록 충분히 주의해야 한다.
⑥ 공동현상을 피할 수 없을 때는 임펠러 재질을 cavitation 파손에 강한 것을 사용한다.
⑦ 펌프의 공동현상을 방지하려면 펌프의 회전수를 낮게 해야 한다.
⑧ 가용 유효 흡입수두를 필요 유효 흡입수두 보다 크게하여 손실수두를 줄인다.

해답 ③

102 간이공공하수처리시설에 대한 설명으로 틀린 것은?

① 계획구역이 작으므로 유입하수의 수량 및 수질의 변동을 고려하지 않는다.
② 용량은 우천 시 계획오수량과 공공하수처리시설의 강우 시 처리가능량을 고려한다.
③ 강우 시 우수처리에 대한 문제가 발생할 수 있으므로 강우 시 3Q처리가 가능하도록 계획한다.
④ 간이공공하수처리시설은 합류식 지역 내 500m^3/일 이상 공공하수처리장에 설치하는 것을 원칙으로 한다.

해설 간이공공하수처리시설은 배수구역(하수처리구역)내 강우량, 하수처리시설의 강우 시 유입량, 방류량, 유입수질, 처리수질에 대한 모니터링 실시 결과, 일차침전지 유무, 일차침전지가 있는 경우 시설용량 및 처리효율, 새로 설치할 경우 필요한 부지의 확보 여부 등을 고려하여 설치계획을 수립하여야 한다.

해답 ①

103
하수관로의 개·보수 계획 시 불명수량산정방법 중 일평균하수량, 상수사용량, 지하수사용량, 오수전환율 등을 주요 인자로 이용하여 산정하는 방법은?

① 물사용량 평가법
② 일최대유량 평가법
③ 야간생활하수 평가법
④ 일최대-최소유량 평가법

해설 **물사용량 평가법**(Water Use Evaluation)은 일평균하수량, 상수사용량, 지하수사용량, 오수전환율 등을 주요인자로 침입수량을 산정한다.

[참고] 하수관로의 개·보수 계획 시 침입수/유입수 산정 방법의 주요 인자
1. 물사용량 평가법(Water Use Evaluation)
   ① 일평균하수량   ② 상수사용량
   ③ 지하수사용량   ④ 오수전환율
2. 일최대-최소유량 평가법(Max.-Min. Daily Flow Comparison)
   ① 일최대하수량   ② 공장폐수량(상시발생)
3. 일최대유량 평가법(Maximum Daily Flow Comparison)
   일최소하수량
4. 야간생활하수 평가법(Night time Domestic Flow Evaluation)
   ① 일최소하수량   ② 야간발생하수량
   ③ 공장폐수(상시발생)

해답 ①

104
맨홀에 인버트(invert)를 설치하지 않았을 때의 문제점이 아닌 것은?

① 맨홀 내에 퇴적물이 쌓이게 된다.
② 환기가 되지 않아 냄새가 발생한다.
③ 퇴적물이 부패되어 악취가 발생한다.
④ 맨홀 내에 물기가 있어 작업이 불편하다.

해설 유지관리를 위해 작업원이 작업을 할 때 맨홀 내에 퇴적물이 쌓이게 되면 상당히 불편하고 하수가 원활하게 흐르지 못하며 부패시 악취를 발생시킨다. 이를 방지하기 위해서는 바닥에 인버트를 설치하여 하수의 흐름을 원활히 하고 유지관리가 편리하도록 하는 것이 필요하다.

해답 ②

105
수중의 질소화합물의 질산화 진행과정으로 옳은 것은?

① $NH_3-N \to NO_2-N \to NO_3-N$
② $NH_3-N \to NO_3-N \to NO_2-N$
③ $NO_2-N \to NO_3-N \to NH_3-N$
④ $NO_3-N \to NO_2-N \to NH_3-N$

해설 **수중의 질소화합물 질산화 진행과정**
단백질 → Amino acid → 암모니아성 질소(NH_3-N) → 아질산성 질소(NO_2-N) → 질산성(NO_3-N)

해답 ①

106 상수도 시설 중 접합정에 관한 설명으로 옳지 않은 것은?

① 철근콘크리트조의 수밀구조로 한다.
② 내경은 점검이나 모래반출을 위해 1m 이상으로 한다.
③ 접합정의 바닥을 얕은 우물 구조로 하여 접수하는 예도 있다.
④ 지표수나 오수가 침입하지 않도록 맨홀을 설치하지 않는 것이 일반적이다.

해설 접합정은 지표수나 오수가 침입하지 않도록 철근콘크리트의 수밀구조로 하고 맨홀을 설치하는 것이 일반적이다.

해답 ④

107 지름 15cm, 길이 50m인 주철관으로 유량 0.03m³/s의 물을 50m 양수하려고 한다. 양수시 발생되는 총 손실수두가 5m이었다면 이 펌프의 소요축동력(kW)은? (단, 여유율은 0이며 펌프의 효율은 80%이다.)

① 20.2kW ② 30.5kW
③ 33.5kW ④ 37.2kW

해설 $P_S = \dfrac{1,000\,QH_p}{102\,\eta} = \dfrac{9.8\,QH_P}{\eta} = \dfrac{9.8 \times 0.03 \times (50+5)}{0.8} \times (1+0) = 20.2\text{kW}$

해답 ①

108 하수도의 효과에 대한 설명으로 적합하지 않은 것은?

① 도시환경의 개선 ② 토지이용의 감소
③ 하천의 수질보전 ④ 공중위생상의 효과

해설 하수도가 정비될수록 토지이용이 증가한다.

해답 ②

109 혐기성 소화 공정의 영향인자가 아닌 것은?

① 독성물질 ② 메탄함량
③ 알칼리도 ④ 체류시간

해설 혐기성 소화 공정 영향인자에는 체류시간, 온도, 영양염류, pH, 독성물질, 알칼리도 등이 있다.

해답 ②

110. 우수 조정지의 구조형식으로 옳지 않은 것은?

① 댐식(제방높이 15m 미만)   ② 월류식
③ 지하식   ④ 굴착식

해설 우수조정지의 구조 형식
① 댐식(제방 높이 15m 미만)
② 굴착식
③ 지하식 - ㉠ 저하식(관내 저류 포함)
           ㉡ 현지 저류식

해답 ②

111. 급수보급율 90%, 계획 1인 1일 최대급수량 440L/인, 인구 12만의 도시에 급수계획을 하고자 한다. 계획 1일 평균급수량은? (단, 계획유효율은 0.85로 가정한다.)

① 33915m³/d   ② 36660m³/d
③ 38600m³/d   ④ 40392m³/d

해설 계획 1일 평균급수량 = 계획 1일 최대급수량 × 계획유효율
$$= (440\text{L/인} \times 10^{-3}\text{m}^3/\text{L} \times 0.9 \times 120{,}000\text{인}) \times 0.85$$
$$= 40{,}392\text{m}^3/\text{d}$$

해답 ④

112. 비교회전도(Ns)의 변화에 따라 나타나는 펌프의 특성곡선의 형태가 아닌 것은?

① 양정곡선   ② 유속곡선
③ 효율곡선   ④ 축동력곡선

해설 **펌프 특성 곡선**(펌프 성능 곡선)은 펌프의 회전속도를 일정하게 고정하고 토출관의 밸브를 조절하여 펌프 용량을 변화시킬 때 나타나는 양정(H), 효율(η), 축동력(p)이 펌프 용량(Q)의 변화에 따라 변하는 관계(축동력 요구량)를 각기의 최대 효율점에 대한 비율로 나타낸(입력과 출력) 곡선

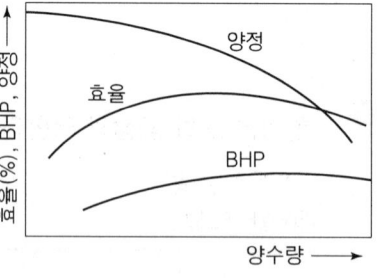

[펌프의 특성 곡선]

해답 ②

113 정수시설 중 배출수 및 슬러지처리시설에 대한 아래 설명 중 ㉠, ㉡에 알맞은 것은?

> 농축조의 용량은 계획슬러지량의 (㉠)시간분, 고형물부하는 (㉡)kg/(m² · d) 을 표준으로 하되, 원수의 종류에 따라 슬러지의 농축특성에 큰 차이가 발생할 수 있으므로 처리대상 슬러지의 농축특성을 조사하여 결정한다.

① ㉠ : 12~24, ㉡ : 5~10
② ㉠ : 12~24, ㉡ : 10~20
③ ㉠ : 24~48, ㉡ : 5~10
④ ㉠ : 24~48, ㉡ : 10~20

해설 농축조의 용량은 계획슬러지량의 24~48시간분, 고형물부하는 10~20kg/m² · d 을 표준으로 하되, 원수의 종류에 따라 슬러지의 농축특성에 큰 차이가 발생할 수 있으므로 처리대상 슬러지의 농축특성을 조사하여 결정한다.

해답 ④

114 우리나라 먹는 물 수질기준에 대한 내용으로 틀린 것은?

① 색도는 2도를 넘지 아니할 것
② 페놀은 0.005 mg/L를 넘지 아니할 것
③ 암모니아성 질소는 0.5mg/L 넘지 아니할 것
④ 일반세균은 1mL 중 100CFU을 넘지 아니할 것

해설 색도는 심미적 영향물질 중 하나로 5도를 넘지 않아야 한다.

해답 ①

115 호소의 부영양화에 관한 설명으로 옳지 않은 것은?

① 부영양화의 원인물질은 질소와 인 성분이다.
② 부영양화는 수심이 낮은 호소에서도 잘 발생된다.
③ 조류의 영향으로 물에 맛과 냄새가 발생되어 정수에 어려움을 유발시킨다.
④ 부영양화된 호소에서는 조류의 성장이 왕성하여 수심이 깊은 곳까지 용존산소농도가 높다.

해설 부영양화로 인해 과다 번식한 조류나 플랭크톤은 서로 생존경쟁을 하며 이 과정에서 일부는 바닥으로 침전 깊은 곳에서 혐기성 분해를 일으키며, 용존산소농도가 낮다.

해답 ④

116
계획우수량 산정에 필요한 용어에 대한 설명으로 옳지 않은 것은?

① 강우강도는 단위시간 내에 내린 비의 양을 깊이로 나타낸 것이다.
② 유하시간은 하수관로로 유입한 우수가 하수관 길이 L을 흘러가는데 필요한 시간이다.
③ 유출계수는 배수구역 내로 내린 강우량에 대하여 증발과 지하로 침투하는 양의 비율이다.
④ 유입시간은 우수가 배수구역의 가장 원거리 지점으로부터 하수관로로 유입하기까지의 시간이다.

해설 유출계수는 하수관거에 유입하는 우수유출량과 전강우량의 비이다.

해답 ③

117
상수도에서 많이 사용되고 있는 응집제인 황산알루미늄에 대한 설명으로 옳지 않은 것은?

① 가격이 저렴하다.
② 독성이 없으므로 대량으로 주입할 수 있다.
③ 결정은 부식성이 없어 취급이 용이하다.
④ 철염에 비하여 플록의 비중이 무겁고 적정 pH의 폭이 넓다.

해설 철염계 응집제는 적용 pH의 범위가 넓으며 플록이 침강하기 쉽다는 이점도 있지만, 과잉으로 주입하면 물이 착색되기 때문에 주입량의 제어가 중요하다.

해답 ④

118
다음 그림은 포기조에서 부유물질의 물질수지를 나타낸 것이다. 포기조내 MLSS를 3000mg/L로 유지하기 위한 슬러지의 반송비는?

① 39%
② 49%
③ 59%
④ 69%

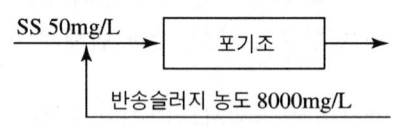

해설 $R = \dfrac{X}{X_R - X} = \dfrac{3,000}{(8,000+50) - 3,000} = 0.594 = 59.4\%$

여기서, X_R : 반송슬러지 농도
R : 슬러지반송비
X : 반응조 내의 MLSS 농도

해답 ③

119
하수의 배제방식에 대한 설명으로 옳지 않은 것은?

① 분류식은 관로오접의 철저한 감시가 필요하다.
② 합류식은 분류식보다 유량 및 유속의 변화폭이 크다.
③ 합류식은 2계통의 분류식에 비해 일반적으로 건설비가 많이 소요된다.
④ 분류식은 관로내의 퇴적이 적고 수세효과를 기대할 수 없다.

해설 합류식은 분류식에 비해 사설하수에 연결하기 쉬우며, 시공상 분류식보다 건설비가 적게 소요된다.

해답 ③

120
상수슬러지의 함수율이 99%에서 98%로 되면 슬러지의 체적은 어떻게 변하는가?

① 1/2로 증대
② 1/2로 감소
③ 2배로 증대
④ 2배로 감소

해설 $\dfrac{V_1}{V_2} = \dfrac{100 - W_2}{100 - W_1}$ 에서

$V_2 = \dfrac{V_1}{(100 - W_2)/(100 - W_1)} = \dfrac{V_1}{(100 - 98)/(100 - 99)} = \dfrac{1}{2} V_1$

여기서, V_1, V_2 : 슬러지의 부피
W_1, W_2 : 슬러지의 함수율(%)

해답 ②

무료 동영상과 함께하는 **토목기사 필기**

2022

2022년 3월 5일 시행
2022년 4월 24일 시행
2022년 8월 CBT 시행

무료 동영상과 함께하는
토목기사 필기

토목기사

2022년 3월 5일 시행

제1과목 응용역학

001 그림과 같이 중앙에 집중하중 P를 받는 단순보에서 지점 A로부터 $L/4$인 지점(점 D)의 처짐각(θ_D)과 처짐량(δ_D)? (단, EI는 일정하다.)

① $\theta_D = \dfrac{3PL^2}{128EI}$, $\delta_D = \dfrac{11PL^3}{384EI}$

② $\theta_D = \dfrac{3PL^2}{128EI}$, $\delta_D = \dfrac{5PL^3}{384EI}$

③ $\theta_D = \dfrac{5PL^2}{64EI}$, $\delta_D = \dfrac{3PL^3}{768EI}$

④ $\theta_D = \dfrac{3PL^2}{64EI}$, $\delta_D = \dfrac{11PL^3}{768EI}$

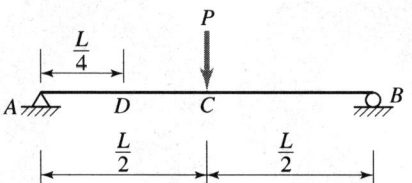

해설 ① A지점의 반력

$$R_A = \dfrac{1}{2} \times \dfrac{PL}{4EI} \times \dfrac{L}{2} = \dfrac{PL^2}{16EI} (\uparrow)$$

② D지점의 처짐각

$$\theta_D = \dfrac{PL^2}{16EI} - \dfrac{1}{2} \times \dfrac{PL}{8EI} \times \dfrac{L}{4}$$

$$= \dfrac{PL^2}{16EI} - \dfrac{PL^2}{64EI} = \dfrac{3PL^2}{64EI}$$

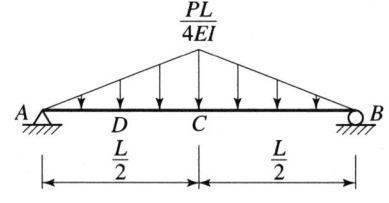

③ D지점의 처짐

$$\theta_B = \dfrac{PL^2}{16EI} \times \dfrac{L}{4} - \dfrac{1}{2} \times \dfrac{PL}{8EI} \times \dfrac{L}{4} \times \left(\dfrac{1}{3} \times \dfrac{L}{4}\right) = \dfrac{PL^3}{64EI} - \dfrac{PL^3}{768EI} = \dfrac{11PL^3}{768EI}$$

해답 ④

002 길이가 4m인 원형단면 기둥의 세장비가 100이 되기 위한 기둥의 지름은? (단, 지지상태는 양단 힌지로 가정한다.)

① 20cm   ② 18cm

③ 16cm   ④ 12cm

해설 ① 좌굴계수 : 양단힌지이므로 $K=1.0$
② 최대세장비 $\lambda = \dfrac{l}{r_{min}} = \dfrac{l}{D/4} = \dfrac{400}{D/4} = 100$에서 $D=16\text{cm}$

해답 ③

003
단면 2차 모멘트가 I이고 길이가 L인 균일한 단면의 직선상(直線狀)의 기둥이 있다. 지지상태가 일단 고정, 타단 자유인 경우 오일러(Euler) 좌굴하중(P_{cr})은? (단, 이 기둥의 영(Young)계수는 E이다.)

① $\dfrac{4\pi^2 EI}{L^2}$ ② $\dfrac{2\pi^2 EI}{L^2}$

③ $\dfrac{\pi^2 EI}{L^2}$ ④ $\dfrac{\pi^2 EI}{4L^2}$

해설 **좌굴하중**
$$P_b = \dfrac{\pi^2 EI}{l_k^2} = \dfrac{n\pi^2 EI}{l^2} = \dfrac{(1/4)\pi^2 EI}{l^2} = \dfrac{\pi^2 EI}{4l^2}$$

해답 ④

004
직사각형 단면 보의 단면적을 A, 전단력을 V라고 할 때 최대 전단응력(τ_{max})은?

① $\dfrac{2}{3}\dfrac{V}{A}$ ② $1.5\dfrac{V}{A}$

③ $3\dfrac{V}{A}$ ④ $2\dfrac{V}{A}$

해설 **최대전단응력**
$$\tau_{max} = \dfrac{3}{2} \times \dfrac{S}{A} = 1.5\dfrac{S}{A}$$

해답 ②

005
단면 2차 모멘트의 특성에 대한 설명으로 틀린 것은?

① 단면 2차 모멘트의 최솟값은 도심에 대한 것이며 "0"이다.
② 정삼각형, 정사각형 등과 같이 대칭인 단면의 도심축에 대한 단면 2차 모멘트 값은 모두 같다.
③ 단면 2차 모멘트는 좌표축에 상관없이 항상 양(+)의 부호를 갖는다.
④ 단면 2차 모멘트가 크면 휨 강성이 크고 구조적으로 안전하다.

해설 단면 2차 모멘트의 최소값은 도심에서 발생하며 부호는 항상 "+"이기 때문에 "0"이 될 수 없다.

해답 ①

006

그림과 같은 단순보에서 휨모멘트에 의한 탄성변형에너지는? (단, EI는 일정하다.)

① $\dfrac{w^2 L^5}{40EI}$ ② $\dfrac{w^2 L^5}{96EI}$

③ $\dfrac{w^2 L^5}{240EI}$ ④ $\dfrac{w^2 L^5}{384EI}$

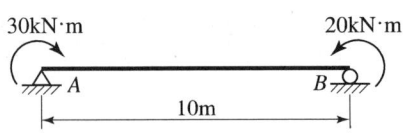

해설 휨모멘트에 의한 변형에너지

$$U_M = \dfrac{w^2 L^5}{240EI}$$

해답 ③

007

그림과 같은 모멘트 하중을 받는 단순보에서 B지점의 전단력은?

① -1.0kN
② -10kN
③ -5.0kN
④ -50kN

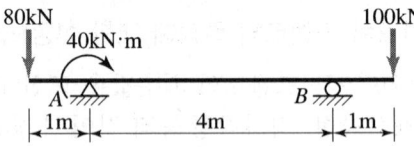

해설 ① B점의 반력
 $\Sigma M_A = 0$
 $-R_B \times 10 + 30 - 20 = 0$에서 $R_B = 1\text{kN}(\uparrow)$
② D점의 전단력
 $S_D = -1\text{kN}$

해답 ①

008

내민보에 그림과 같이 지점 A에 모멘트가 작용하고, 집중하중이 보의 양 끝에 작용한다. 이 보에 발생하는 최대휨모멘트의 절댓값은?

① $60\text{kN} \cdot \text{m}$
② $80\text{kN} \cdot \text{m}$
③ $100\text{kN} \cdot \text{m}$
④ $120\text{kN} \cdot \text{m}$

해설 ① 반력
 $\Sigma M_B = 0$
 $-80 \times 5 + 40 + V_A \times 4 + 100 \times 1 = 0$에서 $V_A = 65\text{kN}(\uparrow)$
 $\Sigma V = 0$
 $-80 + 65 + V_B - 100 = 0$에서 $V_B = 115\text{kN}(\uparrow)$

② 최대 휨모멘트
$M_{A(바로좌측)} = -80 \times 1 = -80 \text{kN} \cdot \text{m}$
$M_{A(바로우측)} = -80 \times 1 + 40 = -40 \text{kN} \cdot \text{m}$
$M_B = -100 \times 1 = -100 \text{kN} \cdot \text{m}$
이 중 최대 휨모멘트의 절댓값은 100kN · m이다.

해답 ③

009

그림과 같이 양단 내민보에 등분포하중(W)이 1kN/m가 작용할 때 C점의 전단력은?

① 0kN   ② 5kN
③ 10kN ④ 15kN

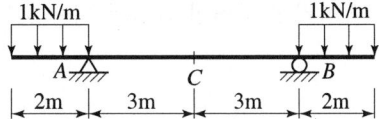

해설
① 지점 반력
대칭이므로 $R_A = R_B = 1\text{kN/m}(\uparrow)$
② C점의 전단력
$V_C = 0\text{kN}$

해답 ①

010

그림과 같이 캔틸레버 보의 B점에 집중하중 P와 우력모멘트 M_o가 작용할 때 B점에서의 연직변위(δ_b)는? (단, EI는 일정하다.)

① $\dfrac{PL^3}{4EI} + \dfrac{M_oL^2}{2EI}$

② $\dfrac{PL^3}{4EI} - \dfrac{M_oL^2}{2EI}$

③ $\dfrac{PL^3}{3EI} + \dfrac{M_oL^2}{2EI}$

④ $\dfrac{PL^3}{3EI} - \dfrac{M_oL^2}{2EI}$

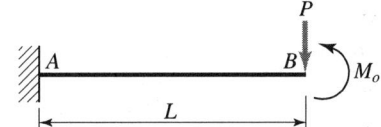

해설
① 집중하중에 의한 처짐각 : $y_{B1} = \dfrac{PL^3}{3EI}$

② 모멘트하중에 의한 처짐각 : $y_{B2} = -\dfrac{M_oL^2}{2EI}$

③ $y_B = y_{B1} + y_{B2} = \dfrac{PL^3}{3EI} - \dfrac{M_oL^2}{2EI}$

해답 ④

011
그림과 같은 직사각형 보에서 중립축에 대한 단면계수 값은?

① $\dfrac{bh^2}{6}$ ② $\dfrac{bh^2}{12}$

③ $\dfrac{bh^3}{6}$ ④ $\dfrac{bh}{4}$

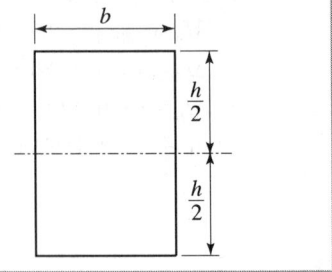

해설 직사각형 단면의 단면계수는 기본 식 $Z_X = \dfrac{bh^2}{6}$ 로 구한다.

해답 ①

012
전단탄성계수(G)가 81000MPa, 전단응력(τ)이 81MPa이면 전단변형률(γ)의 값은?

① 0.1   ② 0.01
③ 0.001   ④ 0.0001

해설 $\tau = G \cdot \gamma$ 에서 $\gamma = \dfrac{\tau}{G} = \dfrac{81}{81000} = 0.001$

해답 ③

013
그림과 같은 3힌지 아치에서 A점의 수평반력(H_A)은?

① P
② $\dfrac{P}{2}$
③ $\dfrac{P}{4}$
④ $\dfrac{P}{5}$

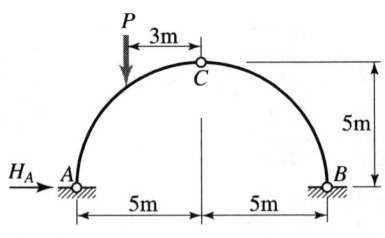

해설 평형조건식을 이용해서 A지점의 수직반력을 먼저 구한 후 힌지점에서의 모멘트 값이 '0'인 점을 이용하여 A지점의 수평반력을 구한다.

① $\sum M_B = 0$

$V_A \times 10 - P \times 8 = 0$ 에서 $V_A = \dfrac{8P}{10}$

② $M_{힌지} = V_A \times 5 - H_A \times 5 - P \times 3 = 0$ 에서 $H_A = \dfrac{1}{5}\left(\dfrac{8P}{10} \times 5 - P \times 3\right) = \dfrac{P}{5}(\rightarrow)$

해답 ④

014

그림과 같은 라멘 구조물의 E점에서의 불균형모멘트에 대한 부재 EA의 모멘트 분배율은?

① 0.167
② 0.222
③ 0.386
④ 0.441

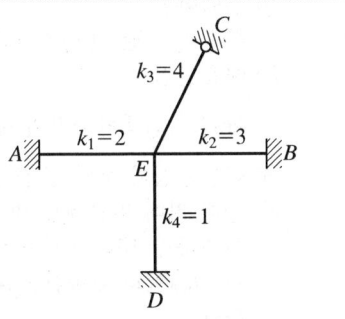

해설 ① 강비

$$k_{EA}=2,\ k_{EB}=3,\ k_{EC}=\frac{3}{4}\times 4=3,\ k_{ED}=1$$

② 부재 EA의 모멘트 분배율

$$DF_{EA}=\frac{k_{EA}}{k_{EA}+k_{EB}+k_{EC}+k_{ED}}=\frac{2}{2+3+3+1}=0.222$$

해답 ②

015

그림과 같은 지간(span) 8m인 단순보에 연행하중에 작용할 때 절대최대휨모멘트는 어디에서 생기는가?

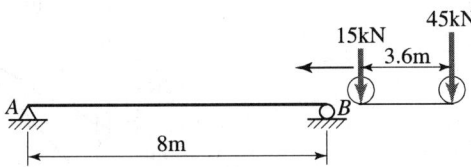

① 45kN의 재하점이 A점으로부터 4m인 곳
② 45kN의 재하점이 A점으로부터 4.45m인 곳
③ 15kN의 재하점이 B점으로부터 4m인 곳
④ 합력의 재하점이 B점으로부터 3.35m인 곳

해설 ① 합력
$R=15+45=60\text{kN}$

② 합력의 위치

45kN 하중으로부터 $d=\dfrac{15\times 3.6}{60}=0.9\text{m}$

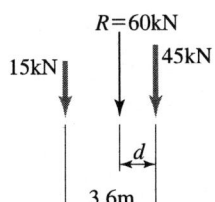

③ 선택하중
합력과 가장 가까운 45kN이 선택하중이다.
④ 이등분점
합력과 선택하중간의 중간점이므로 $\frac{0.9}{2} = 0.45\,m$
⑤ 이등분점이 보의 중점과 일치하도록 하중을 재하시킨다.
⑥ 절대 최대 휨모멘트 발생 위치
선택하중(45kN) 작용점이므로 A지점으로부터 $x = 4 + 0.45 = 4.45\,m$
즉, 45kN의 재하점이 A점으로부터 4.45m인 곳에서 절대최대휨모멘트가 발생한다.

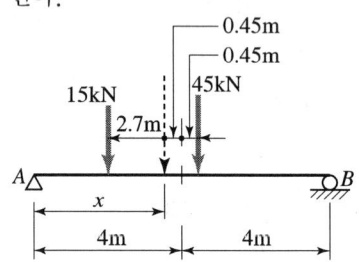

해답 ②

016 그림과 같은 구조물에서 부재 AB가 받는 힘의 크기는?

① 3166.7kN
② 3274.2kN
③ 3368.5kN
④ 3485.4kN

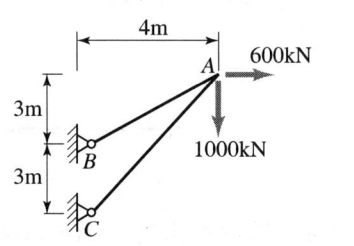

해설 부재 AB와 AC 모두 자른 후 두 부재 모두 인장력이 작용한다고 가정하고 라미의 정리를 이용해 부재 AB가 받는 힘의 크기를 구한다.

① $\Sigma H = 0 : -\left(F_{AB} \cdot \frac{4}{5}\right) - \left(F_{AC} \cdot \frac{4}{\sqrt{52}}\right) + 600 = 0$

② $\Sigma V = 0 : -\left(F_{AB} \cdot \frac{3}{5}\right) - \left(F_{AC} \cdot \frac{6}{\sqrt{52}}\right) - 1,000 = 0$

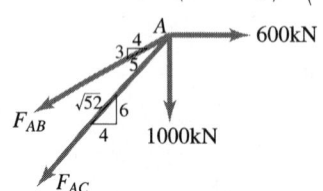

①, ② 두 식을 연립하면
$F_{AB} = +3,166.67\,kN$ (인장)
$F_{AC} = -3,485.37\,kN$ (압축)

해답 ①

017

그림과 같은 구조에서 절댓값이 최대로 되는 휨모멘트의 값은?

① 80kN·m
② 50kN·m
③ 40kN·m
④ 30kN·m

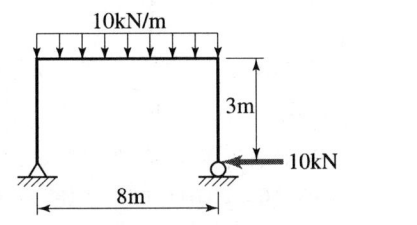

해설
① $M_A = M_B = 0$
② $M_C = M_D = 10 \times 3 = 30\,\text{kNm}$
③ $M_{\text{슬래브중앙}} = \dfrac{wl^2}{8} - 1 \times 3 = \dfrac{10 \times 8^2}{8} - 10 \times 3 = 50\,\text{kNm}$

해답 ②

018

어떤 금속의 탄성계수(E)가 21×10^5 MPa이고, 전단 탄성계수(G)가 8×10^4 MPa일 때, 금속의 푸아송 비는?

① 0.3075
② 0.3125
③ 0.3275
④ 0.3325

해설 전단탄성계수

$G = \dfrac{E}{2(1+\nu)} = \dfrac{2.1 \times 10^4}{2(1+v)} = 8 \times 10^4\,\text{MPa}$ 에서 $\nu = 0.3125$

해답 ②

019

그림과 같은 단순보의 단면에서 발생하는 최대 전단응력의 크기는?

① 3.52MPa
② 3.86MPa
③ 4.45MPa
④ 4.93MPa

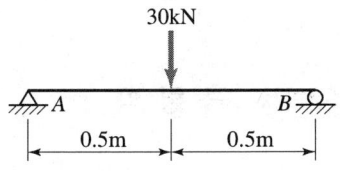
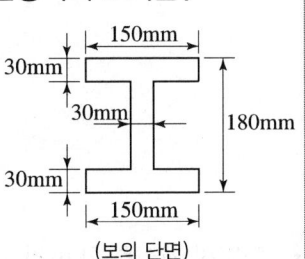

(보의 단면)

해설 I형 단면의 최대 전단응력은 단면의 중앙부(도심)에서 발생한다.
① 도심에 대한 단면2차모멘트
   $I = \dfrac{1}{12}(150 \times 180^3 - 120 \times 120^3) = 55{,}620{,}000\,\text{mm}^4$
② 잘린 부분(최대 전단응력이 발생하는 도심)의 폭
   $b = 30\,\text{mm}$

③ 최대 전단력 $V = 15\text{kN} = 15,000\text{N}$

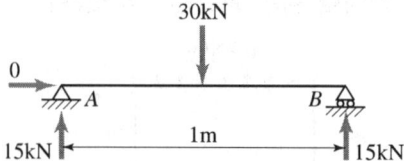

④ 잘린 단면의 도심에 대한 단면1차 모멘트
$G = (150 \times 30)(60 + 15) + (30 \times 60)(30) = 391,500\text{mm}^3$

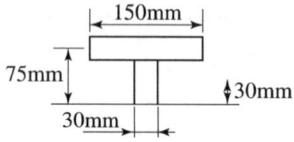

⑤ 최대 전단응력
$\tau_{\max} = \dfrac{V \cdot G}{I \cdot b} = \dfrac{15,000 \times 391,500}{55,620,000 \times 30} = 3.52\text{MPa}$

해답 ①

020 그림과 같은 부정정보에서 B점의 반력은?

① $\dfrac{3}{4}wL(\uparrow)$ ② $\dfrac{3}{8}wL(\uparrow)$

③ $\dfrac{3}{16}wL(\uparrow)$ ④ $\dfrac{5}{16}wL(\uparrow)$

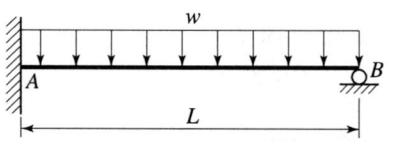

해설 B지점의 연직반력
B지점의 수직처짐은 '0'이므로 $y_B = 0$
$y_{B1} = y_{B2}$ $\dfrac{wL^4}{8EI} = \dfrac{R_A L^3}{3EI}$ 에서 $R_B = \dfrac{3wL}{8}$

해답 ②

제2과목 측량학

021 노선 거리를 2km의 결합 트래버스 측량에서 폐합비를 1/5000로 제한한다면 허용폐합오차는?

① 0.1m   ② 0.4m
③ 0.8m   ④ 1.2m

해설 폐합비(정도) $= \dfrac{1}{5000} = \dfrac{\Delta l}{\sum l} = \dfrac{\Delta l}{2,000}$ 에서 $\Delta l = 0.4\text{m}$

해답 ②

022

다음 설명 중 옳지 않은 것은?

① 측지선은 지표상 두 점간의 최단거리선이다.
② 라플라스점은 중력측정을 실시하기 위한 점이다.
③ 항정선은 자오선과 항상 일정한 각도를 유지하는 지표의 선이다.
④ 지표면의 요철을 무시하고 적도반지름과 극반지름으로 지구의 형상을 나타내는 가상의 타원체를 지구타원체라고 한다.

해설 라플라스점은 지형을 측량할 때 오차가 커지는 것을 방지하기 위하여 200~300km 마다 하나씩 설치한 삼각점을 말하며, 라플라스 조건을 충족하는 삼각 측량과 천문 측량이 동시에 이루어지도록 하는 기준점이다.

해답 ②

023

그림과 같은 반지름은 50m인 원곡선에서 $\overline{HC}$ 의 거리는? (단, 교각=60°, α = 20°, $\angle AHC$=90°)

① 0.19m
② 1.98m
③ 3.02m
④ 3.24m

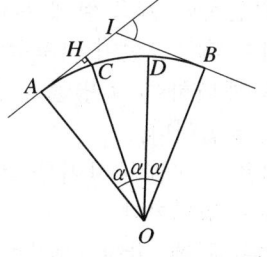

해설 $HC = R - R\cos\alpha = 50 - 50\cos 20° = 3.02$m

해답 ③

024

GNSS 상대측위 방법에 대한 설명으로 옳은 것은?

① 수신기 1대만을 사용하여 측위를 실시한다.
② 위성의 수신기 간의 거리는 전파의 파장 갯수를 이용하여 계산할 수 있다.
③ 위상차의 계산은 단순차, 2중차, 3중차와 같은 차분기법으로는 해결하기 어렵다.
④ 전파의 위상차를 관측하는 방식이나 절대측위 방법보다 정확도가 떨어진다.

해설 상대측위는 2 이상의 GPS 수신기를 활용하는 방법으로 위성의 수신기 간의 거리는 전파의 파장 개수를 이용하여 계산할 수 있다.

해답 ②

025 지형측량에서 등고선의 성질에 대한 설명으로 옳지 않은 것은?

① 등고선의 간격은 경사가 급한 곳에서는 넓어지고, 완만한 곳에는 좁아진다.
② 등고선은 지표의 최대 경사선 방향과 직교한다.
③ 동일 등고선 상에 있는 모든 점은 같은 높이이다.
④ 등고선간의 최단거리 방향은 그 지표면의 최대경사 방향을 가리킨다.

해설 등고선은 경사가 급한 곳에서는 같은 높이 차에 따른 수평거리가 짧으므로 간격이 좁고 완만한 경사에서는 같은 높이 차에 따른 수평거리가 상대적으로 길므로 간격이 넓다.

해답 ①

026 지형의 표시법에 대한 설명으로 틀린 것은?

① 영선법은 짧고 거의 평행한 선을 이용하여 경사가 급하면 가늘고 길게, 경사가 완만하면 굵고 짧게 표시하는 방법이다.
② 음영법은 태양광선이 서북쪽에서 45도 각도로 비친다고 가정하고, 지표의 기복에 대하여 그 명암을 2~3색 이상으로 채색하여 기복의 모양을 표시하는 방법이다.
③ 채색법은 등고선의 사이를 색으로 채색, 색채의 농도를 변화시켜 표고를 구분하는 방법이다.
④ 점고법은 하천, 항만, 해양측량 등에서 수심을 나타낼 때 측점에 숫자를 기입하여 수심 등을 나타내는 방법이다.

해설 **우모법**(게바법, 영선법)
① 선의 굵기, 길이 및 방향 등으로 땅의 모양을 표시하는 방법이다.
② 경사가 급하면 선이 굵고 짧은 선, 완만하면 가늘고 긴 선으로 표시한다.
③ 소의 털 모양으로 지형을 표시한다.

해답 ①

027 동일한 정확도로 3변을 관측한 직육면체의 체적을 계산한 결과가 1200m³이었다. 거리의 정확도를 1/10000 까지 허용한다면 체적의 허용오차는?

① 0.08m³
② 0.12m³
③ 0.24m³
④ 0.36m³

해설 $\dfrac{\Delta V}{V} = 3\dfrac{\Delta l}{l}$

$\dfrac{\Delta V}{1200} = 3 \times \dfrac{1}{10000}$ 에서 $\Delta V = 1200 \times 3 \times \dfrac{1}{10000} = 0.36 \, m^3$

해답 ④

028

△ABC의 꼭지점에 대한 좌표값이 (30, 50), (20, 90), (60, 100) 일 때 삼각형 토지의 면적은? (단, 좌표의 단위 : m)

① $500m^2$
② $750m^2$
③ $850m^2$
④ $960m^2$

해설 ① △ABC의 배면적
$$2A = (30 \times 90 + 20 \times 100 + 60 \times 50) - (20 \times 50 + 60 \times 90 + 30 \times 100)$$
$$= 1700m^2$$
② △ABC의 면적
$$A = 850m^2$$

해답 ③

029

교각 $I = 90°$, 곡선반지름 $R = 150m$인 단곡선에서 교점(I.P)의 추가거리가 1139.250m 일 때 곡선종점(E.C)까지의 추가거리는?

① 875.375m
② 989.250m
③ 1224.869m
④ 1374.825m

해설 ① 곡선시점
$$BC = I.P\ 추가거리 - TL = I.P\ 추가거리 - R\tan\frac{I}{2}$$
$$= 1139.250 - 150\tan\frac{90°}{2} = 989.25m$$
② 곡선종점
$$EC = BC + CL = BC + \frac{\pi}{180}RI$$
$$= 989.25 + \frac{\pi}{180} \times 150 \times 90° = 1224.87m$$

해답 ③

030

수준측량의 부정오차에 해당되는 것은?

① 기포의 순간 이동에 의한 오차
② 기계의 불완전 조정에 의한 오차
③ 지구곡률에 의한 오차
④ 표척의 눈금 오차

해설 기포의 순간 이동에 의한 오차는 우연오차(부정오차)에 속한다.

해답 ①

031 어떤 노선을 수준측량하여 작성된 기고식 야장의 일부 중 지반고 값이 틀린 측점은? (단, 단위 : m)

측점	후시	전시 이기점	전시 중간점	기계고	지반고
0	3.121				123.567
1			2.586		124.102
2	2.428	4.065			122.623
3			−0.664		
4		2.321			

① 측점 1 ② 측점 2
③ 측점 3 ④ 측점 4

해설 ① 측점0~측점2 사이 기계고
$I_1 = 123.567 + 3.121 = 126.688\text{m}$
② 측점1의 지반고
$H_1 = 126.688 - 2.586 = 124.102\text{m}$
③ 측점2의 지반고
$H_2 = 126.688 - 4.065 = 122.623\text{m}$
④ 측점2~측점4를 측량하기 위해 옮긴 기계의 기계고
기계고 $= 122.623 + 2.428 = 125.051\text{m}$
⑤ 측점3의 지반고
$H_3 = 125.051 - (-0.664) = 125.715\text{m}$
⑥ 측점4의 지반고
$H_4 = 125.051 - 2.321 = 122.730\text{m}$

측점	후시	전시 이기점	전시 중간점	기계고	지반고
0	3.121			126.688	123.567
1			2.586		124.102
2	2.428	4.065		125.051	122.623
3			−0.664		125.715
4		2.321			122.730

해답 ③

032 노선측량에서 실시설계측량에 해당하지 않는 것은?
① 중심선 설치 ② 지형도 작성
③ 다각측량 ④ 용지측량

해설 용지 측량이란 용지도를 작성하여 편입되는 용지 폭에 말뚝을 설치하는 측량을 말한다.

해답 ④

033

트래버스 측량에서 측점 A의 좌표가 (100m, 100m)이고 측선 AB의 길이가 50m일 때 B점의 좌표는? (단, AB측선의 방위각은 195°이다)

① (51.7m, 87.1m)
② (51.7m, 112.9m)
③ (148.3m, 87.1m)
④ (148.3m, 112.9m)

해설
1. AB의 위거 및 경거
   ① $\overline{AB}$의 위거 $L_{AB} = l \times \cos$방위각 $= 50 \times \cos 195° = -48.3$
   ② $\overline{AB}$의 경거 $D_{AB} = l \times \sin$방위각 $= 50 \times \sin 195° = -12.9$
2. B점의 좌표(합위거, 합경거)
   ① B점의 X좌표(합위거)
   $X_B = X_A + L_{AB} = 100 + (-48.3) = 51.7$m
   ② B점의 Y좌표(합경거)
   $Y_B = Y_A + D_{AB} = 100 - 12.9 = 87.1$m

해답 ①

034

수심 H인 하천의 유속측정에서 수면으로부터 깊이 $0.2H$, $0.4H$, $0.6H$, $0.8H$인 지점의 유속이 각각 0.663m/s, 0.556m/s, 0.532m/s, 0.466m/s 이었다면 3점법에 의한 평균유속은?

① 0.543m/s
② 0.548m/s
③ 0.559m/s
④ 0.560m/s

해설 3점법에 의한 평균유속
$$V_m = \frac{1}{4}(V_{0.2} + 2V_{0.6} + V_{0.8}) = \frac{1}{4} \times (0.663 + 2 \times 0.532 + 0.466) = 0.54825 \text{m/s}$$

해답 ②

035

L_1과 L_2의 두 개 주파수 수신이 가능한 2주파 GNSS수신기에 의하여 제거가 가능한 오차는?

① 위성의 기하학적 위치에 따른 오차
② 다중경로오차
③ 수신기 오차
④ 전리층오차

해설 전리층에 의한 전파지연오차는 위성으로부터 전파가 빛의 속도(약 19,000km)로 이동하여 지구에 도착하기 전에 전리층을 통과할 때 위성신호의 전파속도가 떨어지고 경로가 굽어지게 되기 때문에 발생하며, 이러한 문제는 2개의 다른 주파수(L_1, L_2)를 사용하여 해결한다. 고주파(L_1) 신호보다 저주파(L_2) 신호가 전리층에서 속도가 늦어지는데 L_1과 L_2 신호의 지연된 시간차를 비교하여 전리층에 의한 지연효과를 계산하여 소거한다.

해답 ④

036 줄자로 거리를 관측할 때 한 구간 20m의 거리에 비례하는 정오차가 +2mm라면 전 구간 200m를 관측하였을 때 정오차는?

① +0.2mm
② +0.63mm
③ +6.3mm
④ +20mm

해설 정오차는 측정횟수(n)에 비례하므로
$$E = en = +2\text{mm} \times \frac{200}{20} = +20\text{mm}$$

해답 ④

037 삼변측량에 대한 설명으로 틀린 것은?

① 전자파거리측량기(EDM)의 출현으로 그 이용이 활성화되었다.
② 관측값의 수에 비해 조건식이 많은 것이 장점이다.
③ 코사인 제2법칙과 반각공식을 이용하여 각을 구한다.
④ 조정방법에는 조건방정식에 의한 조정과 관측방정식에 의한 조정방법이 있다.

해설 삼변측량은 관측값에 비하여 조건식이 적은 단점이 있다.

해답 ②

038 트래버스 측량의 종류와 그 특징으로 옳지 않은 것은?

① 결합 트래버스는 삼각점과 삼각점을 연결시킨 것으로 조정계산 정확도가 가장 좋다.
② 폐합 트래버스는 한 측점에서 시작하여 다시 그 측점에 돌아오는 관측 형태이다.
③ 폐합 트래버스는 오차의 계산 및 조정이 가능 하나, 정확도는 개방 트래버스보다 좋지 못하다.
④ 개방 트래버스는 임의의 한 측점에서 시작하여 다른 임의의 한 점에서 끝나는 관측 형태이다.

해설 트래버스 정확도 순서
결합트래버스 > 폐합트래버스 > 개방트래버스

해답 ③

039

수준점 A, B, C에서 P점까지 수준측량을 한 결과가 표와 같다. 관측거리에 대한 경중률을 고려한 P점의 표고는?

측량경로	거리	P점의 표고
$A \to P$	1km	135.487m
$B \to P$	2km	135.563m
$C \to P$	3km	135.603m

① 135.529m   ② 135.551m
③ 135.563m   ④ 135.570m

해설
① 경중률
직접수준측량의 경우 경중률은 거리에 반비례$\left(P \propto \dfrac{1}{L}\right)$하므로
$$P_1 : P_2 : P_3 = \dfrac{1}{1} : \dfrac{1}{2} : \dfrac{1}{3} = 6 : 3 : 2$$
② P점의 표고 최확값
$$H_P = \dfrac{[P \cdot H]}{[P]} = 135 + \dfrac{6 \times 0.487 + 3 \times 0.563 + 2 \times 0.603}{6+3+2} = 135.529\text{m}$$

해답 ①

040

도로노선의 곡률반지름 $R=2000$m, 곡선길이 $L=245$m 일 때, 클로소이드의 매개변수 A는?

① 500m   ② 600m
③ 700m   ④ 800m

해설 매개변수 $A^2 = RL$에서
$A = \sqrt{RL} = \sqrt{2000 \times 245} = 700$

해답 ③

제3과목 수리학 및 수문학

041 하폭이 넓은 완경사 개수로 흐름에서 물의 단위중량 $W=\rho g$, 수심 h, 하상경사 S일 때 바닥 전단응력 τ_0는? (단, ρ : 물의 밀도, g : 중력가속도)

① $\rho h S$
② $g h S$
③ $\sqrt{\dfrac{hS}{\rho}}$
④ $W h S$

해설 ① 하폭이 넓은 완경사 개수로에서 $R=h$이다.
② 바닥 전단응력(마찰력)
$$\tau_0 = W\frac{A}{P}\sin\theta = WRI = WhS$$

해답 ④

042 베르누이(Bernoulli)의 정리에 관한 설명으로 틀린 것은?

① 회전류의 경우는 모든 영역에서 성립한다.
② Euler의 운동방정식으로부터 적분하여 유도할 수 있다.
③ 베르누이의 정리를 이용하여 Torricelli의 정리를 유도할 수 있다.
④ 이상유체 흐름에 대하여 기계적 에너지를 포함한 방정식과 같다.

해설 1. 베르누이 방정식의 가정
① 흐름은 정류이다(부정류에서는 성립하지 않는다).
② 임의의 두 점은 같은 유선상에 있어야 한다.
③ 마찰에 의한 에너지 손실이 없는 비점성, 비압축성 유체인 이상유체의 흐름이다.(베르누이 정리는 점성을 무시할 수 있는 완전유체가 규칙적으로 흐르는 경우에만 적용할 수 있고, 실제 유체에 대해서는 적당히 변형된다.)
2. 비회전 유동의 경우 유동장 전체에 걸쳐서 베르누이방정식을 적용할 수 있다.

해답 ①

043 삼각 위어(weir)에 월류 수심을 측정할 때 2%의 오차가 있었다면 유량 산정시 발생하는 오차는?

① 2%
② 3%
③ 4%
④ 5%

해설 삼각형 위어의 유량발생오차
$$\frac{dQ}{Q} = \frac{5}{2}\frac{dh}{h} = \frac{5}{2}\times 2\% = 5\%$$

해답 ④

044 다음 사다리꼴 수로의 윤변은?

① 8.02m
② 7.02m
③ 6.02m
④ 9.02m

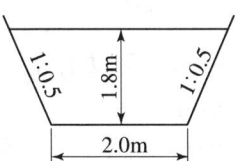

해설 윤변(P;유적)이란 물과 관 벽이 닿는 면으로 마찰이 작용하는 주변길이를 말하므로
$P = \sqrt{1.8^2 + (1.8 \times 0.5)^2} + 2 + \sqrt{1.8^2 + (1.8 \times 0.5)^2} = 6.02\text{m}$

해답 ③

045 흐르는 유체 속의 한 점(x, y, z)의 각 측방향의 속도성분을 (u, v, w)라 하고 밀도를 ρ, 시간을 t로 표시할 때 가장 일반적인 경우의 연속방정식은?

① $\dfrac{\partial u}{\partial x} + \dfrac{\partial v}{\partial y} + \dfrac{\partial w}{\partial z} = 0$

② $\dfrac{\partial \rho u}{\partial x} + \dfrac{\partial \rho v}{\partial y} + \dfrac{\partial \rho w}{\partial z} = 0$

③ $\dfrac{\partial \rho}{\partial t} + \dfrac{\partial u}{\partial x} + \dfrac{\partial v}{\partial y} + \dfrac{\partial w}{\partial z} = 0$

④ $\dfrac{\partial \rho}{\partial t} + \dfrac{\partial \rho u}{\partial x} + \dfrac{\partial \rho v}{\partial y} + \dfrac{\partial \rho w}{\partial z} = 0$

해설 일반 유체의 경우 압축성부정류이므로 연속 방정식은 다음과 같다.
$\dfrac{\partial(\rho u)}{\partial x} + \dfrac{\partial(\rho v)}{\partial y} + \dfrac{\partial(\rho w)}{\partial z} = -\dfrac{\partial \rho}{\partial t}$ 에서
$\dfrac{\partial \rho}{\partial t} + \dfrac{\partial \rho \cdot u}{\partial x} + \dfrac{\partial \rho \cdot v}{\partial y} + \dfrac{\partial \rho \cdot w}{\partial z} = 0$

해답 ④

046 그림과 같이 수조 A의 물을 펌프에 의해 수조 B로 양수한다. 연결관의 단면적 200cm², 유량 0.196m³/s, 총손실수두는 속도수두의 3.0배에 해당할 때 펌프의 필요한 동력(HP)은? (단, 펌프의 효율은 98%이며, 물의 단위중량은 9.81kN/m³, 1HP는 735.75N·m/s, 중력가속도는 9.8m/s²)

① 92.5HP
② 101.6HP
③ 105.9HP
④ 115.2HP

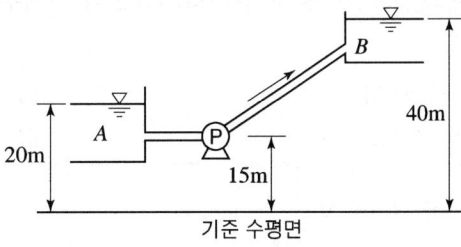

해설 ① 펌프 효율
$\eta = 0.98$
② $Q = 0.196\text{m}^3/\text{s}$

③ $V = \dfrac{Q}{A} = \dfrac{0.196}{0.02} = 9.8 \text{m/sec}$

④ $H = h + h_L = h + f\dfrac{l}{D}\dfrac{V^2}{2g} = (40-20) + 3 \times \dfrac{9.8^2}{2 \times 9.8} = 34.7\text{m}$

⑤ 소요 동력

$E = \dfrac{1000}{75} \cdot \dfrac{QH}{\eta} = 13.33\dfrac{Q(H+\sum h_L)}{\eta} = 13.33 \times \dfrac{0.196 \times 34.7}{0.98} = 92.5(\text{HP})$

해답 ①

047 수리학적으로 유리한 단면에 관한 설명으로 옳지 않은 것은?

① 주어진 단면에서 윤변이 최소가 되는 단면이다.
② 직사각형 단면일 경우 수심이 폭의 1/2인 단면이다.
③ 최대유량의 소통을 가능하게 하는 가장 경제적인 단면이다.
④ 사다리꼴 단면일 경우 수심을 반지름으로 하는 반원을 외접원으로 하는 사다리꼴 단면이다.

해설 사다리꼴 단면 수로

$l = \dfrac{B}{2}, \quad R_{\max} = \dfrac{h}{2}$

① 가장 경제적인 제형 단면은 $\theta = 60°$로 정육각형의 절반일 때이다.
② 반원에 외접해야 한다.

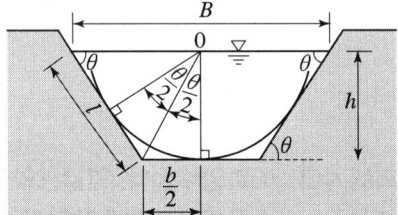

해답 ④

048 여과량의 2m³/s, 동수경사가 0.2, 투수계수가 1cm/s일 때 필요한 여과지 면적은?

① 1000m² ② 1500m²
③ 2000m² ④ 2500m²

해설 ① 평균유속

$v = k \cdot i = k\dfrac{h}{L}$

② 여과지 면적

$A = \dfrac{Q}{v} = \dfrac{Q}{k \cdot i} = \dfrac{2\text{m}^3/\text{sec}}{0.01\text{m/sec} \times 0.2} = 1000\text{m}^2$

해답 ①

049

비중이 0.9인 목재가 물에 떠 있다. 수면 위에 노출된 체적이 1.0m³이라면 목재 전체의 체적은? (단, 물의 비중은 1.0 이다.)

① 1.9m³   ② 2.0m³
③ 9.0m³   ④ 10.0m³

해설 ① 목재가 물에 떠있을 때이므로 $W=B$ 조건을 만족하여야 한다.
$r_1(V_1 + V_2) = r_2 V_2$
$0.9 \times (1 + V_2) = 1 \times V_2$ 에서 $V_2 = 9 \text{m}^3$
② $V = V_1 + V_2 = 1 + 9 = 10 \text{m}^3$

해답 ④

050

두께가 10m인 피압대수층에서 우물을 통해 양수한 결과, 50m 및 100m 떨어진 두 지점에서 수면강하가 각각 20m 및 10m로 관측되었다. 정상상태를 가정할 때 우물의 양수량은? (단, 투수계수는 0.3m/h)

① $7.6 \times 10^{-2} \text{m}^3/\text{s}$ ② $6.0 \times 10^{-3} \text{m}^3/\text{s}$
③ $9.4 \text{m}^3/\text{s}$ ④ $21.6 \text{m}^3/\text{s}$

해설 우물의 양수량

$$Q = \frac{2\pi ck(H-h_o)}{2.3 \log \frac{R}{r_o}} = \frac{2 \times \pi \times 10 \times \frac{0.3}{60 \times 60} \times (20-10)}{2.3 \log \frac{100}{50}} = 7.610^{-2} \text{m}^{3/s}$$

여기서, c : 투수층의 두께, R : 영향원의 반지름, r_o : 우물의 반지름

해답 ①

051

첨두홍수량에 계산에 있어서 합리식의 적용에 관한 설명으로 옳지 않은 것은?

① 하수도 설계 등 소유역에만 적용될 수 있다.
② 우수 도달시간은 강우 지속시간보다 길어야 한다.
③ 강우강도는 균일하고 전유역에 고르게 분포되어야 한다.
④ 유량이 점차 증가되어 평형상태일 때의 첨두유출량을 나타낸다.

해설 합리식의 가정
① 강우강도는 시공간적으로 균일하다.
② 강우강도의 재현기간은 첨두유량의 재현기간과 같다.
③ 강우지속시간은 유역도달시간보다 긴 경우 수문곡선은 수평에 도달하며, 유역 내 동일강도의 호우가 도달(집중) 시간 t보다 길게 내리면 유량이 점차 증가되어 유출량은 t 이후 평형상태가 되며, 이 때 강우 지속시간으로 산정하면 첨두유량이 산정된다.

해답 ②

052

그림과 같은 모양의 분수(噴水)를 만들었을 때 분수의 높이(H_V)는? (단, 유속계수 C_V : 0.96, 중력가속도 g : 9.8m/s², 다른 손실은 무시한다.)

① 9.00m
② 9.22m
③ 9.62m
④ 10.00m

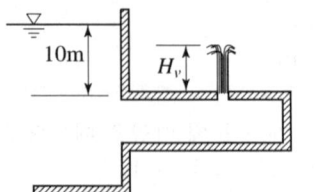

해설 ① 유속
$$V = C_v\sqrt{2gh} = 0.96 \times \sqrt{2 \times 9.8 \times 10} = 13.44\text{m/s}$$
② 분수의 높이
$$H_v = \frac{V^2}{2g} = \frac{13.44^2}{2 \times 9.8} = 9.22\text{m}$$

해답 ②

053

동수반경에 대한 설명으로 옳지 않은 것은?

① 원형관의 경우, 지름의 1/4 이다.
② 유수단면적을 윤변으로 나눈 값이다.
③ 폭이 넓은 직사각형수로의 동수반경은 그 수로의 수심과 거의 같다.
④ 동수반경이 큰 수로는 동수반경이 작은 수로보다 마찰에 의한 수두손실이 크다.

해설 **경심**(동수반경, 수리반경 ; R)

$$R = \frac{A}{P}$$

여기서, A : 유수 단면적(통수 단면적, 관에 물이 흐르는 면적)
P : 윤변

① 원관에서 층류일 때 적용할 수 있는 식이다.
② 관수로에서 압력과 점성력을 가지고 흐름을 정리하는 식이다.
③ 원형 단면 수로의 경심
원형 단면의 경우 수심에 관계없이 경심이 다음 값으로 일정하다.
$$R = \frac{D}{4}$$
여기서, R : 경심(동수반경, 수리반경)
D : 지름
④ 동수반경이 큰 수로는 윤변이 작으므로 마찰에 의한 수두손실이 동수반경이 작은 수로보다 작다.

해답 ④

054

댐의 상류부에서 발생되는 수면 곡선으로 흐름 방향으로 수심이 증가함을 뜻하는 곡선은?

① 배수 곡선
② 저하 곡선
③ 유사량 곡선
④ 수리특성 곡선

해설
① $h > h_o > h_c$ 일 때의 경우로 $\frac{dh}{dx} > 0$ 이므로 배수곡선이 생기며, 월류댐의 상류부 수면에 해당한다.
② 배수란 댐이나 위어 등의 설치로 인해 수면이 상승되면 그 영향이 상류측에 전파됨에 따라 상류측의 수면이 상승하는 현상으로 이때는 저수지의 수면곡선이 배수곡선의 형태를 띤다.

해답 ①

055

일반적인 물의 성질로 틀린 것은?

① 물의 비중은 기름의 비중보다 크다.
② 물은 일반적으로 완전유체로 취급한다.
③ 해수(海水)도 담수(淡水)와 같은 단위중량으로 취급한다.
④ 물의 밀도는 보통 $1g/cc = 1000kg/m^3 = 1t/m^3$를 쓴다.

해설 물의 단위중량
① 순수한 4℃의 물(담수)인 경우 : $w = 1t/m^3 = 1000kg/m^3 = 1g/cm^3$
② 해수의 경우 : $w = 1.025t/m^3 = 1025kg/m^3 = 1.025g/cm^3$

해답 ③

056

강우 자료의 일관성을 분석하기 위해 사용하는 방법은?

① 합리식
② DAD 해석법
③ 누가 우량 곡선법
④ SCS (Soil Conservation Service) 방법

해설 이중 누가우량 분석(Double Mass Analysis, 이중누가해석) 방법은 장기간 동안의 강수 자료를 일관성(consistency)에 대한 검증을 하기 위한 방법이다.

해답 ③

057 수문자료 해석에 사용되는 확률분포형의 매개변수를 추정하는 방법이 아닌 것은?

① 모멘트법(method of moments)
② 회선적분법(convolution intergral method)
③ 최우도법(method of maximum likelihood)
④ 확률가중모멘트법(method of probability weighted moments)

해설 수문자료 해석에 사용되는 확률분포형의 매개변수를 추정 방법
① 모멘트법(method of moments) : 추정방법이 간단하여 가장 널리 사용하는 방법 중 하나이다.
② 최우도법(method of maximum likelihood) : 최우도법은 추출된 표본자료가 나올 수 있는 확률이 최대가 되도록 매개변수를 추정하는 방법이다.
③ 확률가중모멘트법(method of probability weighted moments) : 매개변수 추정은 확률가중모멘트법이 보다 안정적이다.

해답 ②

058 정수역학에 관한 설명으로 틀린 것은?

① 정수 중에는 전단응력이 발생된다.
② 정수 중에는 인장응력이 발생되지 않는다.
③ 정수압은 항상 벽면에 직각방향으로 작용한다.
④ 정수 중의 한 점에 작용하는 정수압은 모든 방향에서 균일하게 작용한다.

해설 정수 중에 점성력이 존재하지 않으므로 전단응력이 발생하지 않는다.

해답 ①

059 수심이 1.2m인 수조의 밑바닥에 길이 4.5m, 지름 2cm인 원형관이 연직으로 설치되어 있다. 최초에 물이 배수되기 시작할 때 수조의 밑바닥에서 0.5m 떨어진 연직관 내의 수압은? (단, 물의 단위중량은 9.81kN/m^3이며, 손실은 무시한다.)

① 49.05kN/m^2
② -49.05kN/m^2
③ 39.24kN/m^2
④ -39.24kN/m^2

해설 수조의 밑바닥에서 0.5m 떨어진 연직관 내의 수압
$= -9.81 \times (4.5 - 0.5) = -39.24 \text{kN/m}^2$

해답 ④

060

어느 유역에 1시간 동안 계속되는 강우기록이 아래 표와 같을 때 10분 지속 최대 강우강도는?

시간(분)	0	0~10	10~20	20~30	30~40	40~50	50~60
우량(mm)	0	3.0	4.5	7.0	6.0	4.5	6.0

① 5.1mm/h ② 7.0mm/h
③ 30.6mm/h ④ 42.0mm/h

해설
① 10분간 지속 최대 강우량
　㉠ 0~10 : 3.0mm　㉡ 10~20 : 4.5mm
　㉢ 20~30 : 7.0mm　㉣ 30~40 : 6.0mm
　㉤ 40~50 : 4.5mm　㉥ 50~60 : 6.0mm
10분간 지속되는 최대 강우량은 20분에서 30분 사이에 내린 7mm이다.
② 지속기간 15분인 최대 강우강도
$$I = \frac{7\text{mm}}{10\text{min}} \times \frac{60\text{min}}{1\text{hr}} = 42\text{mm/hr}$$

해답 ④

제4과목　철근콘크리트 및 강구조

061

단철근 직사각형 보에서 $f_{ck} = 38$MPa 인 경우, 콘크리트 등가 직사각형 압축응력블록의 깊이를 나타내는 계수 β_1은?

① 0.74 ② 0.76
③ 0.80 ④ 0.85

해설 등가직사각형 응력분포 변수 값

f_{ck}(MPa)	≤40	50	60	70	80	90
ε_{cu}	0.0033	0.0032	0.0031	0.003	0.0029	0.0028
η	1.00	0.97	0.95	0.91	0.87	0.84
β_1	0.80	0.80	0.76	0.74	0.72	0.70

해답 ③

062
표준갈고리를 갖는 인장 이형철근의 정착에 대한 설명으로 틀린 것은? (단, d_b는 철근의 공칭지름이다.)

① 갈고리는 압축을 받는 경우 철근정착에 유효하지 않은 것으로 보아야 한다.
② 정착길이는 위험단면으로부터 갈고리의 외측단부까지 거리로 나타낸다.
③ D35 이하 180° 갈고리 철근에서 정착길이 구간을 3db 이하 간격으로 띠철근 또는 스터럽이 정착되는 철근을 수직으로 둘러싼 경우에 보정계수는 0.7이다.
④ 기본 정착 길이에 보정계수를 곱하여 정착길이를 계산하는 데 이렇게 구한 정착길이는 항상 8db 이상, 또한 150mm 이상이어야 한다.

해설 D35 이하 180° 갈고리 철근에서 정착길이 구간을 $3d_b$ 이하 간격으로 띠철근 또는 스터럽이 정착되는 철근을 수직으로 둘러싼 경우에 보정계수는 0.8이다.

해답 ③

063
프리스트레스를 도입할 때 일어나는 손실(즉시손실)의 원인은?

① 콘크리트의 크리프
② 콘크리트의 건조수축
③ 긴장재 응력의 릴랙세이션
④ 포스트텐션 긴장재와 덕트 사이의 마찰

해설 프리스트레스 손실 원인
1. 프리스트레스 도입시 : 즉시 손실
   ① 콘크리트의 탄성변형(수축)
   ② PS강재와 덕트(시스) 사이의 마찰(포스트텐션 방식에만 해당)
   ③ 정착단의 활동
2. 프리스트레스 도입후 : 시간적 손실
   ① 콘크리트의 건조수축
   ② 콘크리트의 크리프
   ③ PS강재의 리랙세이션(Relaxation)

해답 ④

064
콘크리트 설계기준압축강도가 28MPa, 철근의 설계기준항복강도가 400MPa로 설계된 길이가 7m인 양단 연속보에서 처짐을 계산하지 않는 경우 보의 최소두께는? (단, 보통중량콘크리트(m_c=2300kg/m³) 이다.)

① 275mm
② 334mm
③ 379mm
④ 438mm

해설 처짐을 계산하지 않는 경우 양단 연속보의 최소 두께
$$h = \frac{l}{21} = \frac{7,000}{21} = 333.3\text{mm}$$ 이상이어야 한다.

해답 ②

065 철근콘크리트의 강도설계법을 적용하기 위한 설계 가정으로 틀린 것은?

① 철근과 콘크리트의 변형률은 중립축부터 거리에 비례한다.
② 인장 측 연단에서 철근의 극한변형률은 0.003으로 가정한다.
③ 콘크리트 압축연단의 극한변형률은 콘크리트의 설계기준압축강도가 40MPa이하인 경우에는 0.0033으로 가정한다.
④ 철근의 응력이 설계기준항복강도(f_y) 이하일 때 철근의 응력은 그 변형률에 철근의 탄성계수(E_s)를 곱한 값으로 한다.

해설 강도설계법 설계가정

① 변형률은 중립축으로부터의 거리에 비례한다. 깊은보 설계시 비선형 변형률 분포를 고려하여야 하며, 이 때 대신 스트럿-타이 모델을 적용할 수도 있다.
② 휨모멘트 또는 휨모멘트와 축력을 동시에 받는 부재의 콘크리트 압축연단의 극한변형률은 콘크리트의 설계기준압축강도가 40MPa 이하인 경우에는 0.0033으로 가정하며, 40MPa을 초과할 경우에는 매 10MPa의 강도 증가에 대하여 0.0001씩 감소시킨다. 콘크리트의 설계기준압축강도가 90MPa을 초과하는 경우에는 성능실험을 통한 조사연구에 의하여 콘크리트 압축연단의 극한변형률을 선정하고 근거를 명시하여야 한다.
③ 콘크리트의 인장강도는 철근콘크리트 부재 단면의 축강도와 휨강도 계산에서 무시할 수 있다.
④ $f_s \leq f_y$일 때 $f_s = \epsilon_s E_s$ $f_s > f_y$일 때 $f_s = f_y$
⑤ 콘크리트의 압축응력 분포와 콘크리트의 변형률 사이의 관계는 직사각형, 사다리꼴, 포물선형 또는 강도의 예측에서 광범위한 실험의 결과와 실질적으로 일치하는 어떤 형상으로도 가정할 수 있다.
⑥ 포물선-직선 형상의 응력-변형률 관계에 의하여 콘크리트에 작용하는 압축응력의 평균값은 $\alpha(0.85f_{ck})$로, 압축연단으로부터 합력의 작용위치는 중립축 깊이 c에 대한 β의 비율로 나타내며, 응력분포의 각 변수 및 계수는 다음 표 값을 적용한다.

f_{ck}(MPa)	≤40	50	60	70	80	90
n	2.0	1.92	1.50	1.29	1.22	1.20
ε_{co}	0.002	0.0021	0.0022	0.0023	0.0024	0.0025
ε_{cu}	0.0033	0.0032	0.0031	0.003	0.0029	0.0028
α	0.80	0.78	0.72	0.67	0.63	0.59
β	0.40	0.40	0.38	0.37	0.36	0.35

해답 ②

066
강도설계법에서 구조의 안전을 확보하기 위해 사용되는 강도감소계수(ϕ) 값으로 틀린 것은?

① 인장지배 단면 : 0.85
② 포스트텐션 정착구역 : 0.70
③ 전단력과 비틀림모멘트를 받는 부재 : 0.75
④ 압축지배 단면 중 띠철근으로 보강된 철근콘크리트 부재 : 0.65

해설 강도감소계수(ϕ)

부재 또는 하중의 종류		ϕ
① 인장지배단면		0.85
② 전단력과 비틀림모멘트		0.75
③ 압축지배단면	나선철근으로 보강된 철근콘크리트 부재	0.70
	그 외의 철근콘크리트 부재	0.65
④ 콘크리트의 지압력(포스트텐션 정착부나 스트럿-타이 모델은 제외)		0.65
⑤ 포스트텐션 정착구역		0.85
⑥ 스트럿-타이 모델과 그 모델에서	스트럿, 절점부 및 지압부	0.75
	타이	0.85
⑦ 긴장재 묻힘길이가 정착 길이보다 작은 프리텐션 부재의 휨단면	부재의 단부부터 전달길이 단부까지	0.75
⑧ 무근 콘크리트의 휨모멘트, 압축력, 전단력, 지압력		0.55

해답 ②

067
연속보 또는 1방향 슬래브의 휨모멘트와 전단력을 구하기 위해 근사해법을 적용할 수 있다. 근사해법을 적용하기 위해 만족하여야 하는 조건으로 틀린 것은?

① 등분포 하중이 작용하는 경우
② 부재의 단면 크기가 일정한 경우
③ 활하중이 고정하중의 3배를 초과하는 경우
④ 인접 2경간의 차이가 짧은 경간의 20% 이하인 경우

해설 근사해법 적용 조건
① 2경간 이상인 경우
② 인접 2경간의 차이가 짧은 경간의 20% 이상 차이가 나지 않는 경우
③ 등분포 하중이 작용하는 경우
④ 활하중이 고정하중의 3배를 초과하지 않는 경우
⑤ 부재 단면 크기가 일정한 경우

해답 ③

068

순간 처짐이 20mm 발생한 캔틸레버 보에서 5년 이상의 지속하중에 의한 총 처짐은? (단, 보의 인장 철근비는 0.02, 받침부의 압축철근비는 0.01이다.)

① 26.7mm ② 36.7mm
③ 46.7mm ④ 56.7mm

해설
① 압축철근비
  $\rho' = 0.01$
② 지속 하중 재하 기간에 따른 계수
  $\xi = 2.0$

구분	3개월	6개월	12개월	5년 이상
ξ	1.0	1.2	1.4	2.0

③ 처짐계수
  $\lambda = \dfrac{\xi}{1+50\rho'} = \dfrac{2.0}{1+50\times 0.01} = 1.333$
④ 장기처짐 = $\lambda \times$ 탄성처짐 = $1.333 \times 20 = 26.7$mm
⑤ 전체 처짐 = 장기처짐 + 탄성처짐 = $20 + 26.7 = 46.70$mm

해답 ③

069

그림과 같은 단면을 갖는 지간 20m의 PSC보에 PS강재가 200mm의 편심거리를 가지고 직선배치 되어 있다. 자중을 포함한 계수등분포하중 16kN/m가 보에 작용할 때 보 중앙단면의 콘크리트 상연응력은?
(단, 유효 프리스트레스 힘(P_e)은 2400kN이다.)

① 6MPa
② 9MPa
③ 12MPa
④ 15MPa

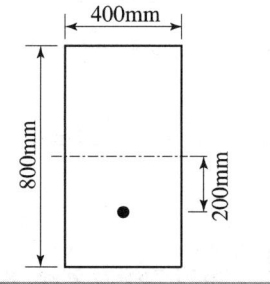

해설
① $M_{\max} = \dfrac{w_u \cdot l^2}{8} = \dfrac{16 \times 20^2}{8} = 800$kN·m
② $I = \dfrac{b \cdot h^3}{12} = \dfrac{0.4 \times 0.8^3}{12} = 0.017$m^3
③ $A = 0.4 \times 0.8 = 0.32$m^2
④ $y = \dfrac{0.8}{2} = 0.4$m
⑤ 상연응력
  $f = \dfrac{P}{A} - \dfrac{P \cdot e}{I}y + \dfrac{M_{\max}}{I}y = \dfrac{2{,}400}{0.32} - \dfrac{2{,}400 \times 0.2}{0.017} \times 0.4 + \dfrac{800}{0.017} \times 0.4$
  $= 15{,}029/1{,}000 = 15.0$MPa

해답 ④

070 그림과 같은 맞대기 용접의 이음부에 발생하는 용력의 크기는? (단, $P=$ 360kN, 강판두께=12mm)

① 압축응력 $f_c = 14.4$MPa
② 인장응력 $f_t = 3000$MPa
③ 전단응력 $\tau = 150$MPa
④ 압축응력 $f_c = 120$MPa

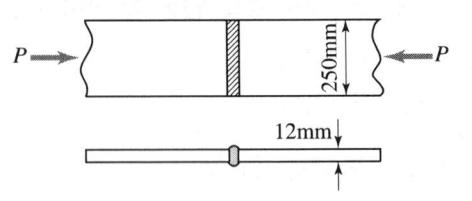

해설 $f = \dfrac{P}{\sum al} = \dfrac{360000}{12 \times 250} = 120\text{MPa}(압축)$

해답 ④

071 유효깊이가 600mm인 단철근 직사각형 보에서 균형 단면이 되기 위한 압축연단에서 중립축까지의 거리는? (단, $f_{ck} = 28$MPa, $f_y = 300$MPa, 강도설계법에 의한다.)

① 494.5mm   ② 412.5mm
③ 390.5mm   ④ 293.5mm

해설 ① $f_{ck} = 28$MPa < 40MPa이므로 $\epsilon_{cu} = 0.0033$
② 균형단면이 되기 위한 중립축 위치(c)

$c = \dfrac{\epsilon_c}{\epsilon_c + \epsilon_s}d = \dfrac{\epsilon_{cu}}{\epsilon_{cu} + \dfrac{f_y}{E_s}}d = \dfrac{\epsilon_{cu}}{\epsilon_{cu} + \dfrac{f_y}{200{,}000}}d = \dfrac{0.0033}{0.0033 + \dfrac{300}{200{,}000}} \times 600$

$= 412.5$mm

해답 ②

072 보의 길이가 20m, 활동량이 4mm, 긴장재의 탄성계수(E_P)가 200,000 MPa 일 때 프리스트레스의 감소량(Δf_{an})은? (단, 일단 정착이다.)

① 40MPa   ② 30MPa
③ 20MPa   ④ 15MPa

해설 $\Delta f_p = E_s \epsilon = E_s \dfrac{\Delta l}{l} = 200{,}000 \times \dfrac{4}{20{,}000} = 40$MPa

해답 ①

073

그림과 같은 띠철근 기둥에서 띠철근의 최대 수직간격은? (단, D10의 공칭직경은 9.5mm, D32의 공칭직경은 31.8mm 이다.)

① 400mm
② 456mm
③ 500mm
④ 509mm

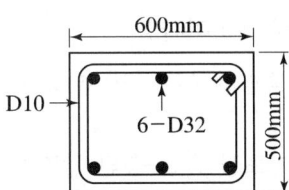

해설 띠철근의 수직 간격
① 단면 최소 치수 이하＝500mm 이하
② 축방향 철근 지름의 16배 이하＝31.8×16＝808.8mm 이하
③ 띠철근 지름의 48배 이하＝9.5×48＝456mm 이하
이 중 가장 작은 값인 456mm 이하

해답 ②

074

강판을 리벳(Rivet)이음할 때 지그재그로 리벳을 체결한 모재의 순폭은 총폭으로부터 고려하는 단면의 최초의 리벳 구멍에 대하여 그 지름을 공제하고 이하 순차적으로 다음 식을 각 리벳 구멍으로 공제하는데 이때의 식은? (단, g : 리벳 선간의 거리, d : 리벳 구멍의 지름, p : 리벳 피치)

① $d - \dfrac{p^2}{4g}$
② $d - \dfrac{g^2}{4p}$
③ $d - \dfrac{4p^2}{g}$
④ $d - \dfrac{4g^2}{p}$

해설 $w = d - \dfrac{p^2}{4g}$

해답 ①

075

뒷부벽식 용벽에서 뒷부벽을 어떤 보로 설계하여야 하는가?

① T형보
② 단순보
③ 연속보
④ 직사각형보

해설 부벽식 옹벽의 구조해석
① 앞부벽 : 직사각형보로 설계
② 뒷부벽 : T형보의 복부로 설계
③ 전면벽 : 3변 지지된 2방향 슬래브로 설계할 수 있다.
④ 저판 : 정확한 방법이 사용되지 않는 한 뒷부벽 또는 앞부벽 간의 거리를 경간으로 가정하여 고정보 또는 연속보로 설계할 수 있다.

해답 ①

076

비틀림철근에 대한 설명으로 틀린 것은? (단, A_{oh}는 가장 바깥의 비틀림 보강철근의 중심으로 닫혀진 단면적(mm^2)이고, p_h는 가장 바깥의 횡방향 폐쇄스터럽 중심선의 둘레(mm)이다.)

① 횡방향 비틀림철근은 종방향 철근 주위로 135° 표준갈고리에 의해 정착하여야 한다.
② 비틀림모멘트를 받는 속빈 단면에서 횡방향 비틀림철근의 중심선부터 내부 벽면까지의 거리는 $0.5A_{oh}/p_h$ 이상이 되도록 설계하여야 한다.
③ 횡방향 비틀림철근의 간격은 $p_h/6$ 보다 작아야 하고, 또한 400mm보다 작아야 한다.
④ 종방향 비틀림철근은 양단에 정착하여야 한다.

해설 횡방향 비틀림철근의 간격은 $p_h/8$보다 작아야 하고, 또한 300mm보다 작아야 한다.

해답 ③

077

직사각형 단면의 보에서 계수전단력 V_u=40kN을 콘크리트만으로 지지하고자 할 때 필요한 최소 유효깊이(d)는? (단, 보통중량콘크리트이며, f_{ck}=25MPa, b_w=300mm)

① 320mm
② 348mm
③ 384mm
④ 427mm

해설 전단철근을 사용하지 않아도 되는 경우는 $\frac{1}{2}\phi \cdot V_c > V_u$ 일 때 이므로

$\frac{1}{2}\phi \cdot (\sqrt{f_{ck}}/6)b_w \cdot d = V_u$에서

$d = \dfrac{2V_u}{\phi \cdot (\sqrt{f_{ck}}/6) \cdot b_w} = \dfrac{2 \times 40,000}{0.75 \times (\sqrt{25}/6) \times 300} = 427\text{mm}$

해답 ④

078

슬래브와 보가 일체로 타설된 비대칭 T형보(반 T형보)의 유효폭은? (단, 플랜지 두께= 100mm, 복부 폭=300mm, 인접보와의 내측 거리=1600mm, 보의 경간=6.0m)

① 800mm
② 900mm
③ 1000mm
④ 1100mm

해설 비대칭 T형보의 플랜지 폭

① $6t_f + b_w = 6 \times 100 + 300 = 900\text{mm}$

② 보 경간의 $\dfrac{1}{12} + b_w = \dfrac{6{,}000}{12} + 300 = 800\text{mm}$

③ 인접보 내측거리 $\dfrac{1}{2} + b_w = \dfrac{1{,}600}{2} + 300 = 1{,}100\text{mm}$

셋 중 가장 작은 값인 800mm를 유효폭으로 결정한다.

해답 ①

079
그림과 같은 인장철근을 갖는 보의 유효깊이는? (단, D19철근의 공칭단면적은 287mm² 이다.)

① 350mm
② 410mm
③ 440mm
④ 500mm

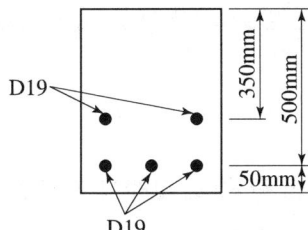

해설 바리논의 정리에 의해 구할 수 있다.
$5 \cdot A_{sl} \cdot d = 2 \cdot A_{sl} \cdot d_1 + 3 \cdot A_{sl} \cdot d_2$ 에서
$d = \dfrac{2 \times 350 + 3 \times 500}{5} = 440\text{mm}$

해답 ③

080
인장응력 검토를 위한 L-150×90×12인 형강(angle)의 전개한 총 폭(b_g)은?

① 228mm
② 232mm
③ 240mm
④ 252mm

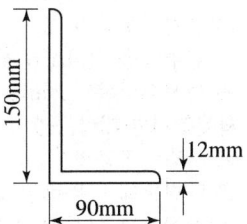

해설 $b_g = b_1 + b_2 - t = 150 + 90 - 12 = 228\text{mm}$

해답 ①

제5과목 토질 및 기초

081 두께 9m의 점토층에서 하중강도 P_1일 때 간극비는 2.0이고 하중강도를 P_2로 증가시키면 간극비는 1.8로 감소되었다. 이 점토층의 최종 압밀 침하량은?

① 20cm
② 30cm
③ 50cm
④ 60cm

해설 압밀침하량

$$\Delta H = \frac{e_1 - e_2}{1 + e_1} H = \frac{2.0 - 1.8}{1 + 2.0} \times 900 = 60\text{cm}$$

해답 ④

082 지반개량공법 중 주로 모래질 지반을 개량하는데 사용되는 공법은?

① 프리로딩 공법
② 생석회 말뚝 공법
③ 페이퍼 드레인 공법
④ 바이브로 플로테이션 공법

해설 Vibro floatation공법은 사질토지반의 개량공법의 일종이다.

[참고] 1. 연약점토지반 개량공법
　　① 치환공법
　　② pre-loading 공법(사전압밀공법)
　　③ Sand drain 공법
　　④ Paper Drain 공법(card board wicks method)
　　⑤ Pack Drain Method
　　⑥ 전기침투공법
　　⑦ 침투압공법(MAIS 공법)
　　⑧ 생석회말뚝(chemico pile) 공법
2. 사질토지반 개량공법
　　① 다짐말뚝공법
　　② 다짐모래 말뚝공법(sand compaction pile 공법＝compozer 공법)
　　③ 바이브로플로테이션(Vibroflotation) 공법
　　④ 폭파다짐공법
　　⑤ 약액주입공법
　　⑥ 전기충격공법

해답 ④

083

포화된 점토에 대하여 비압밀비배수(UU)시험을 하였을 때 결과에 대한 설명으로 옳은 것은? (단, ϕ : 내부마찰각, c : 점착력)

① ϕ와 c가 나타나지 않는다.   ② ϕ와 c가 모두 "0"이 아니다.
③ ϕ는 "0"이 아니지만 c는 "0"이다.   ④ ϕ는 "0"이고 c는 "0"이 아니다.

해설 포화점토(ⓒ)
① $c \neq 0$, $\phi = 0$
② $\tau = c$
③ 점성이 큰 흙의 전단강도는 점착력에 의해 지배된다.

해답 ④

084

점토지반으로부터 불교란 시료를 채취하였다. 이 시료의 지름이 50mm, 길이가 100mm, 습윤 질량이 350g, 함수비가 40%일 때 이 시료의 건조밀도는?

① 1.78g/cm^3
② 1.43g/cm^3
③ 1.27g/cm^3
④ 1.14g/cm^3

해설 ① 습윤단위중량
$$\gamma_t = \frac{W}{V} = \frac{350}{\frac{\pi \times 5^2}{4} \times 10} = 1.78 \text{g/cm}^3$$

② 현장의 건조단위중량
$$\gamma_d = \frac{\gamma_t}{1 + \frac{w}{100}} = \frac{1.78}{1 + \frac{40}{100}} = 1.27 \text{g/cm}^3$$

해답 ③

085

말뚝의 부주면마찰력에 대한 설명으로 틀린 것은?

① 연약한 지반에서 주로 발생한다.
② 말뚝 주변의 지반이 말뚝보다 더 침하될 때 발생한다.
③ 말뚝주면에 역청 코팅을 하면 부주면마찰력을 감소시킬 수 있다.
④ 부주면마찰력의 크기는 말뚝과 흙 사이의 상대적인 변위속도와는 큰 연관성이 없다.

해설 부주면마찰력은 여러 요인으로 인한 하중이 작용함에 따라 말뚝 주위 지반의 침하량이 말뚝의 침하량보다 상대적으로 클 때 주면 마찰력이 하향으로 발생하여 하중 역할을 하게 되어 말뚝의 지지력을 감소시킨다.

해답 ④

086 말뚝기초에 대한 설명으로 틀린 것은?

① 군항은 전달되는 응력이 겹쳐지므로 말뚝 1개의 지지력에 말뚝 개수를 곱한 값보다 지지력이 크다.
② 동역학적 지지력 공식 중 엔지니어링 뉴스 공식의 안전율(F_s)은 6 이다.
③ 부주면마찰력이 발생하면 말뚝의 지지력은 감소한다.
④ 말뚝기초는 기초의 분류에서 깊은 기초에 속한다.

해설 군항은 전달되는 응력이 겹쳐지므로 말뚝 1개의 지지력에 말뚝 개수를 곱한 값보다 지지력이 작다.

해답 ①

087 그림과 같이 폭이 2m, 길이가 3m인 기초에 100kN/m²의 등분포 하중이 작용할 때, A점 아래 4m 깊이에서의 연직응력 증가량은? (단, 아래 표의 영향계수 값을 활용하여 구하며, $m = \dfrac{B}{z}$, $n = \dfrac{L}{z}$이고, B는 직사각형 단면의 폭, L은 직사각형 단면의 길이, z는 토층의 깊이이다.)

[영향계수(I) 값]

m	0.25	0.5	0.5	0.5
n	0.5	0.25	0.75	1.0
I	0.048	0.048	0.115	0.122

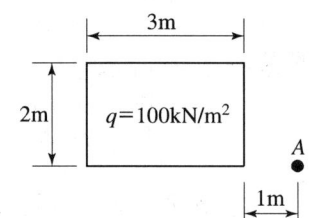

① 6.7kN/cm²
② 7.4kN/cm²
③ 12.2kN/cm²
④ 17.0kN/cm²

해설 ① 영향계수($I(ABDE)$)

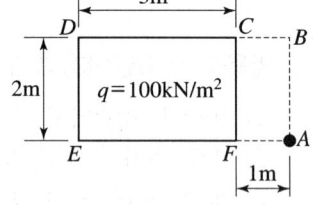

　㉠ $m = \dfrac{B}{z} = \dfrac{2}{4} = 0.5$
　㉡ $n = \dfrac{L}{z} = \dfrac{4}{4} = 1.0$
　㉢ $m=0.5$, $n=1.0$일 때 $I(ABDE) = 0.122$

② 영향계수($I(ABCF)$)
　㉠ $m = \dfrac{B}{z} = \dfrac{2}{4} = 0.5$
　㉡ $n = \dfrac{L}{z} = \dfrac{1}{4} = 0.25$
　㉢ $m=0.5$, $n=0.25$일 때 $I(ABCF) = 0.048$

③ 연직응력 증가량($\Delta\sigma_z$)
$\Delta\sigma_z = \sigma_z \cdot I(ABDE) - \sigma_z \cdot I(ABCF)$
$= 100 \times 0.122 - 100 \times 0.048 = 7.4 \text{kN/cm}^2$

해답 ②

088

기초가 갖추어야 할 조건이 아닌 것은?

① 동결, 세굴 등에 안전하도록 최소한의 근입깊이를 가져야 한다.
② 기초의 시공이 가능하고 침하량이 허용치를 넘지 않아야 한다.
③ 상부로부터 오는 하중을 안전하게 지지하고 기초지반에 전달하여야 한다.
④ 미관상 아름답고 주변에서 쉽게 구득할 수 있는 재료로 설계되어야 한다.

해설 **기초의 필요조건**
① 최소한의 근입깊이(D_f)를 확보하여 동해에 안정하도록 하여야한다.
② 침하량이 허용치 이내에 들어야 한다.
③ 지지력에 대해 안정해야 한다.
④ 경제적, 기술적으로 시공이 가능하여야 한다.(사용성, 경제성이 좋아야 한다.) **해답 ④**

089

평판재하시험에 대한 설명으로 틀린 것은?

① 순수한 점토지반의 지지력은 재하판 크기와 관계 없다.
② 순수한 모래지반의 지지력은 재하판의 폭에 비례한다.
③ 순수한 점토지반의 침하량은 재하판의 폭에 비례한다.
④ 순수한 모래지반의 침하량은 재하판의 폭에 관계없다.

해설 **침하량**
① 점토지반의 경우 : 재하판 폭에 비례한다.
② 모래지반의 경우 : 재하판의 크기가 커지면 약간 커지긴 하지만 폭 B에 비례하는 정도는 못 된다.

	점토	모래
지지력	$q_{u(기초)} = q_{u(재하)}$	$q_{u(기초)} = q_{u(재하)} \cdot \dfrac{B_{(기초)}}{B_{(재하)}}$
침하량	$S_{(기초)} = S_{(재하)} \cdot \dfrac{B_{(기초)}}{B_{(재하)}}$	$S_{(기초)} = S_{(재하)} \left[\dfrac{2B_{(기초)}}{B_{(기초)} + B_{(재하)}}\right]^2$

해답 ④

090

두께 2cm의 점토시료에 대한 압밀 시험결과 50%의 압밀을 일으키는데 6분이 걸렸다. 같을 조건하에서 두께 3.6m의 점토층 위에 축조한 구조물이 50%의 압밀에 도달하는데 며칠이 걸리는가?

① 1350일
② 270일
③ 135일
④ 27일

해설

$$C_v = \frac{T_{50}H^2}{t_{50}} = \frac{0.197H^2}{t_{50}}$$ 에서

$t_{50} \propto H^2$ 이므로

6분 : $0.02^2 = t_{50}$: 3.6^2

$t_{50} = 6분 \times \dfrac{3.6^2}{0.02^2} = 194,400분 \times \dfrac{1}{60 \times 24} = 135일$

해답 ③

091

비교적 가는 모래와 실트가 물속에서 침강하여 고리 모양을 이루며 작은 아치를 형성한 구조로 단립구조보다 간극비가 크고 충격과 진동에 약한 흙의 구조는?

① 봉소구조
② 낱알구조
③ 분산구조
④ 면모구조

해설 **봉소구조**(벌집구조, honeycombed structure)
① 아주 가는 모래나 실트가 물속에 침강될 때 생기는 구조이다.
② 흙 입자 서로가 접촉 위치를 지키려는 힘에 의해 아치(arch)를 형성하는 구조이다.
③ 단립구조보다 공극비가 크다.
④ 충격, 진동에 약하다.

해답 ①

092

아래의 그림과 같은 흙의 구성도에서 체적 V를 1로 했을 때의 간극의 체적은?
(단, 간극률은 n, 함수비는 w, 흙입자의 비중은 G_s, 물의 단위중량은 γ_w)

① n
② wG_s
③ $\gamma_w(1-n)$
④ $[G_s - n(G_s - 1)]\gamma_w$

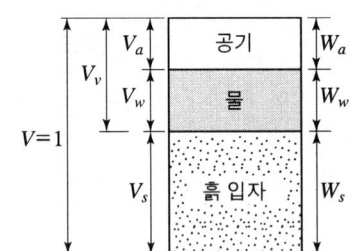

해설 $n = \dfrac{V_v}{V}$ 에서 $V_v = nV = n \times 1 = n$

해답 ①

093 유선망의 특징에 대한 설명으로 틀린 것은?

① 각 유로의 침투수량은 같다.
② 동수경사는 유선망의 폭에 비례한다.
③ 인접한 두 등수두선 사이의 수두손실은 같다.
④ 유선망을 이루는 사변형은 이론상 정사각형이다.

해설 침투속도 및 동수경사는 유선망의 폭에 반비례한다.

해답 ②

094 벽체에 작용하는 주동토압을 P_a, 수동토압을 P_p, 정지토압을 P_o라 할 때 크기의 비교로 옳은 것은?

① $P_a > P_p > P_o$
② $P_p > P_o > P_a$
③ $P_p > P_a > P_o$
④ $P_o > P_a > P_p$

해설 **토압의 크기 비교**
수동토압(P_p) > 정지토압(P_o) > 주동토압(P_a)

해답 ②

095 그림과 같이 3개의 지층으로 이루어진 지반에서 토층에 수직한 방향의 평균 투수계수(k_v)는?

① 2.516×10^{-6} cm/s
② 1.274×10^{-5} cm/s
③ 1.393×10^{-4} cm/s
④ 2.0×10^{-2} cm/s

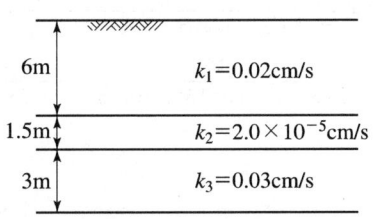

해설 ① $H = H_1 + H_2 + H_3 = 6 + 1.5 + 3 = 10.5$m
② 연직방향 투수계수
$$k_v = \frac{H}{\frac{H_1}{k_1} + \frac{H_2}{k_2} + \frac{H_3}{k_3}} = \frac{1,050}{\frac{600}{0.02} + \frac{150}{2.0 \times 10^{-5}} + \frac{300}{0.03}} = 1.393 \times 10^{-4} \text{cm/sec}$$

해답 ③

096
응력경로(stress path)에 대한 설명으로 틀린 것은?

① 응력경로는 특성상 전응력으로만 나타낼 수 있다.
② 응력경로란 시료가 받는 응력의 변화과정을 응력공간에 궤적으로 나타낸 것이다.
③ 응력경로는 Mohr의 응력원에서 전단응력이 최대의 점을 연결하여 구한다.
④ 시료가 받는 응력상태에 대한 응력경로는 직선 또는 곡선으로 나타난다.

해설 응력경로에는 전응력으로 나타내는 전응력 경로와 유효응력으로 나타내는 유효응력 경로가 있다.

해답 ①

097
암반층 위에 5m 두께의 토층이 경사 15°의 자연사면으로 되어 있다. 이 토층의 강도정수 $c=15kN/m^2$, $\phi=30°$이며, 포화단위중량(γ_{sat})은 $18kN/m^3$이다. 지하수면의 토층의 지표면과 일치하고 침투는 경사면과 대략 평행이다. 이때 사면의 안전율은? (단, 물의 단위중량은 $9.81kN/m^3$이다.)

① 0.85   ② 1.15
③ 1.65   ④ 2.05

해설
$$F_s = \frac{c'}{\gamma_{sat} \cdot H \cdot \cos\beta \cdot \sin\beta} + \frac{\gamma_{sub}}{\gamma_{sat}} \cdot \frac{\tan\phi}{\tan\beta}$$
$$= \frac{15}{18 \times 5 \times \cos 15 \times \sin 15} + \frac{18-9.81}{18} \times \frac{\tan 30}{\tan 15} = 1.65$$

해답 ③

098
모래시료에 대해서 압밀배수 삼축압축시험을 실시하였다. 초기 단계에서 구속응력(σ_3)은 $100kN/m^2$이고, 전단파괴시에 작용된 축차응력(σ_{df})은 $200kN/m^2$이었다. 이와 같은 모래시료의 내부마찰각(ϕ) 및 파괴면에 작용하는 전단응력(τ_f)의 크기는?

① $\phi = 30°$, $\tau_f = 115.47 kN/m^2$ ② $\phi = 40°$, $\tau_f = 115.47 kN/m^2$
③ $\phi = 30°$, $\tau_f = 86.60 kN/m^2$ ④ $\phi = 40°$, $\tau_f = 86.60 kN/m^2$

해설 ① $\sigma_1 = \sigma_d + \sigma_3 = 200 + 100 = 300 kN/m^2$
② $\phi = \sin^{-1}\frac{\sigma_1 - \sigma_3}{\sigma_1 + \sigma_3} = \sin^{-1}\frac{300-100}{300+100} = 30°$

③ $\theta = 45° + \dfrac{\phi}{2} = 45° + \dfrac{30°}{2} = 60°$

④ $\tau = \dfrac{\sigma_1 - \sigma_3}{2} \sin 2\theta = \dfrac{300-100}{2} \times \sin(2 \times 60) = 86.6\,\text{kN/m}^2$

해답 ③

099
흙의 다짐시험에서 다짐에너지를 증가시킬 때 일어나는 결과는?
① 최적함수비는 증가하고, 최대건조단위중량은 감소한다.
② 최적함수비는 감소하고, 최대건조단위중량은 증가한다.
③ 최적함수비와 최대건조단위중량이 모두 감소한다.
④ 최적함수비와 최대건조단위중량이 모두 증가한다.

해설 다짐에너지를 크게 할수록 최적함수비는 감소하고 최대 건조단위중량은 증가한다.

해답 ②

100
토립자가 둥글고 입도분포가 나쁜 모래지반에서 표준관입시험을 한 결과 N값은 10이었다. 이 모래의 내부 마찰각(ϕ)을 Dumham의 공식으로 구하면?
① 21°
② 26°
③ 31°
④ 36°

해설 토립자가 둥글고 입도분포가 나쁘므로
$\phi = \sqrt{12N} + 15 = \sqrt{12 \times 10} + 15 = 26°$

[참고] N, ϕ의 관계(Dunham 공식)
① 토립자가 모나고 입도가 양호 : $\phi = \sqrt{12N} + 25$
② 토립자가 모나고 입도가 불량 : $\phi = \sqrt{12N} + 20$
③ 토립자가 둥글고 입도가 양호 : $\phi = \sqrt{12N} + 20$
④ 토립자가 둥글고 입도가 불량 : $\phi = \sqrt{12N} + 15$

해답 ②

제6과목 상하수도공학

101 상수도의 정수공정에서 염소소독에 대한 설명으로 틀린 것은?

① 염소살균은 오존살균에 비해 가격이 저렴하다.
② 염소소독의 부산물로 생성되는 THM은 발암성이 있다.
③ 암모니아성질소가 많은 경우에는 클로라민이 형성된다.
④ 염소요구량은 주입염소량과 유리 및 결합잔류염소량의 합이다.

해설 **염소요구량 농도** = 염소주입량 농도 − 잔류염소농도

해답 ④

102 집수매거(infiltration galleries)에 관한 설명으로 옳지 않은 것은?

① 철근콘크리트조의 유공관 또는 권선형 스크린관을 표준으로 한다.
② 집수매거 내의 평균유속은 유출단에서 1m/s 이하가 되도록 한다.
③ 집수매거의 부설방향은 표류수의 상황을 정확하게 파악하여 취수할 수 있도록 한다.
④ 집수매거는 하천부지의 하상 밑이나 구하천 부지 등의 땅속에 매설하여 복류수나 자유수면을 갖는 지하수를 취수하는 시설이다.

해설 집수매거의 부설 방향은 복류수의 상황을 정확하게 파악하여 효율적으로 취수할 수 있도록 한다.

해답 ③

103 하수처리시설의 2차 침전지에 대한 내용으로 틀린 것은?

① 유효수심은 2.5~4m를 표준으로 한다.
② 침전지 수면의 여유고는 40~60cm 정도로 한다.
③ 직사각형인 경우 길이와 폭의 비는 3 : 1 이상으로 한다.
④ 표면부하율은 계획1일 최대오수량에 대하여 25~40$m^3/m^2 \cdot day$로 한다.

해설 이차침전지에서 제거되는 SS는 주로 미생물 응결물(floc)이므로 일차침전지의 SS에 비해 침강속도가 느리고, 따라서 표면부하율은 일차침전지보다 작아야하므로, 표준 활성슬러지법의 경우, 계획1일 최대오수량에 대하여 20~30$m^3/m^2 \cdot d$로 하되, SRT가 길고 MLSS농도가 높은 고도처리의 경우 표면부하율을 15~25$m^3/m^2 \cdot d$로 할 수 있다.

해답 ④

104 수평으로 부설한 지름 400mm, 길이 1500m의 주철판으로 20000m³/day 물이 수송될 때 펌프에 의한 송수압이 53.95N/cm²이면 관수로 끝에서 발생되는 압력은? (단, 관의 마찰손실계수 $f=0.03$, 물의 단위중량 $\gamma=9.81$kN/m³, 중력가속도 $g=9.8$m/s²)

① 3.5×10^5N/m² ② 4.5×10^5N/m²
③ 5.0×10^5N/m² ④ 5.5×10^5N/m²

해설 ① 유속

$$V = \frac{Q}{A} = \frac{20,000 \text{m}^3/\text{day}}{\frac{3.14 \times 0.4^2}{4} \times 60 \times 60 \times 24} = 1.843 \text{m/sec}$$

② 손실 수두

$$h_L = f \frac{l}{D} \cdot \frac{V^2}{2g} = 0.03 \times \frac{1,500}{0.4} \times \frac{1.84^2}{2 \times 9.8} = 19.43 \text{m} = 1.94 \text{kg/cm}^2$$

③ 압력

$$p = 53.95 - (1.94 \times 9.81) = 34.92 \text{N/cm}^2 = 3.5 \times^5 \text{N/m}^2$$

해답 ①

105 "A"시의 2021년 인구는 588000명이며 연간 약 3.5%씩 증가하고 있다. 2027년도를 목표로 급수시설의 설계에 임하고자 한다. 1일 1인 평균급수량은 250L이고 급수율은 70%로 가정할 때 계획1일평균급수량은? (단, 인구추정식은 등비증가법으로 산정한다.)

① 약 126500m³/day ② 약 129000m³/day
③ 약 258000m³/day ④ 약 387000m³/day

해설 ① $P_n = P_0(1+r)^n = 588,000 \times (1+0.035)^{(2027-2021)} = 722,802$명
② 급수율= 70%
③ **계획 1일 평균급수량** = 계획 1일 최대급수량 × 계획유효율
  = 250L/인 × 10^{-3}m³/L × 0.7 × 722,802인
  = 126,490m³/d

해답 ①

106 운전 중인 펌프의 토출량을 조절할 때 공동현상을 일으킬 우려가 있는 것은?

① 펌프의 회전수를 조절한다. ② 펌프의 운전대수를 조절한다.
③ 펌프의 흡입측 밸브를 조절한다. ④ 펌프의 토출측 밸브를 조절한다.

해설 공동현상 방지를 위해서는 흡입측에서 펌프의 토출량을 감소시키는 일은 절대로 피한다.

해답 ③

107 원수수질 상황과 정수수질 관리목표를 중심으로 정수방법을 선정할 때 종합적으로 검토하여야 할 사항으로 틀린 것은?

① 원수수질
② 원수시설의 규모
③ 정수시설의 규모
④ 정수수질의 관리목표

해설 정수방법의 선정조건 : 다음 사항 종합적 검토
① 원수수질
② 정수수질의 관리목표
③ 정수시설의 규모
④ 정수시설의 운전제어와 유지관리기술의 수준

해답 ②

108 하수도의 계획오수량 산정 시 고려할 사항이 아닌 것은?

① 계획오수량 산정 시 산업폐수량을 포함하지 않는다.
② 오수관로는 계획시간최대오수량을 기준으로 계획한다.
③ 합류식에서 하수의 차집관로는 우천 시 계획오수량을 기준으로 계획한다.
④ 우천 시 계획오수량 산정 시 생활오수량 외 우천 시 오수관로에 유입되는 빗물의 양과 지하수의 침입량을 추정하여 합산한다.

해설 계획오수량
＝생활오수량＋공장폐수량＋지하수량＋기타배수량(농경지 하수 포함 안됨)

해답 ①

109 주요 관로별 계획하수량으로서 틀린 것은?

① 오수관로 : 계획시간최대오수량
② 차집관로 : 우천 시 계획오수량
③ 오수관로 : 계획우수량 ＋ 계획오수량
④ 합류식 관로 : 계획시간최대오수량 ＋ 계획우수량

해설 계획 하수량
1. 분류식
   ① 오수관거 : 계획시간 최대 오수량
   ② 우수관거 : 계획 우수량
2. 합류식
   ① 합류관거 : 계획시간 최대 오수량＋계획우수량
   ② 차집관거 : 우천시 계획오수량(계획시간 최대 오수량의 3배 이상)
   우천시 계획오수량 산정시 생활 오수량 외에 우천시 오수관거에 유입되는 빗물의 양과 지하수의 침입량을 측정하여 합산하여 구한다.

해답 ③

110
하수도시설에서 펌프의 선정기준 중 틀린 것은?

① 전양정이 5m 이하이고 구경이 400mm 이상인 경우는 축류펌프를 선정한다.
② 전양정이 4m 이상이고 구경이 80mm 이상인 경우는 원심펌프를 선정한다.
③ 전양정이 5~20m이고 구경이 300mm 이상인 경우 원심사류펌프를 선정한다.
④ 전양정이 3~12m 이고 구경이 400mm 이상인 경우는 원심펌프를 선정한다.

해설 펌프는 흡입실양정 및 토출량을 고려하여 전양정에 따라 다음 표를 표준으로 한다.

전양정(m)	형 식	펌프구경(mm)
5 이하	축류펌프	400 이상
3~12	사류펌프	400 이상
5~20	원심 사류 펌프	300 이상
4 이상	원심펌프	80 이상

해답 ④

111
양수량이 15.5m³/min 이고 전양정이 24m일 때, 펌프의 축동력은? (단, 펌프의 효율은 80%로 가정한다.)

① 4.65kW   ② 7.58kW
③ 46.57kW ④ 75.95kW

해설 $P_S = \dfrac{1,000\,QH_p}{102\,\eta} = \dfrac{9.8\,QH_P}{\eta} = \dfrac{9.8 \times 15.5/60 \times 24}{0.8} = 75.95\text{kW}$

해답 ④

112
맨홀 설치 시 관경에 따라 맨홀의 최대 간격에 차이가 있다. 관로 직선부에서 관경 600mm 초과 1000mm 이하에서 맨홀의 최대 간격 표준은?

① 60m   ② 75m
③ 90m   ④ 100m

해설 **맨홀의 최대 간격**
① 관거 직선부에서의 맨홀의 최대 간격
  ㉠ 600mm 이하 관 : 75m
  ㉡ 600mm 초과 1000mm 이하 관 : 100m
  ㉢ 1000mm 초과 1500mm 이하 관 : 150m
  ㉣ 1650mm 이상 : 200m
② 관거 곡선부 맨홀의 최대 간격 : 현장 여건에 따라 곡률반경을 고려하여 맨홀을 설치한다.

해답 ④

113

아래 펌프의 표준특성 곡선에서 양정을 나타내는 것은? (단, Ns : 100~250)

① A
② B
③ C
④ D

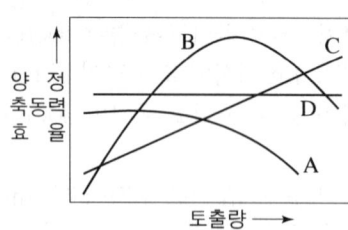

해설 펌프의 특성 곡선(펌프 성능 곡선)

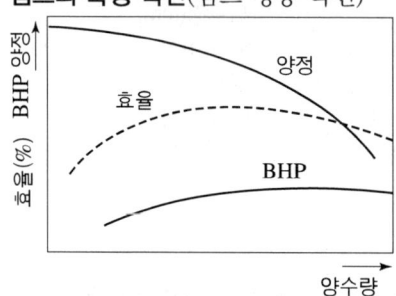

해답 ①

114

수원의 구비요건으로 틀린 것은?

① 수질이 좋아야 한다.
② 수량이 풍부하여야 한다.
③ 가능한 한 낮은 곳에 위치하여야 한다.
④ 가능한 한 수돗물 소비지에서 가까운 곳에 위치하여야 한다.

해설 수원은 가능한 한 높은 곳에 위치하여 자연유하식을 이용할 수 있는 것이 좋다.

[참고] 수원의 수원의 구비요건(수원 선정시 고려 사항)
① 수질이 좋아야 한다.
② 수량 풍부해야 한다.(최대갈수시에도 계획취수량의 확보가 가능해야 한다.)
③ 가능한 한 높은 곳에 위치해야 한다.(가능하면 자연유하식을 이용할 수 있는 곳이어야 한다.)
④ 수돗물 소비지에서 가까운 곳에 위치해야 한다.(건설비와 운영비면에서 경제적이라는 뜻이다.)
이밖에 계절적 수량·수질의 변동이 적은 곳, 가능하면 주위에 오염원이 없는 곳, 연간 수량 변동이 적은 곳, 취수 및 관리가 용이한 곳이 좋다.

해답 ③

115
다음 중 저농도 현탁입자의 침전형태는?
① 단독침전 ② 응집침전
③ 지역침전 ④ 압밀침전

해설 저농도 현탁입자의 경우 입자 상호간에 아무런 간섭이 없이 침전하는 단독침전의 형태를 보인다.

해답 ①

116
계획우수량 산정 시 유입시간을 산정하는 일반적인 Kervby 식과 스에이시 식에서 각 계수와 유입시간의 관계로 틀린 것은?
① 유입시간과 지표면거리는 비례 관계이다.
② 유입시간과 지체계수는 반비례 관계이다.
③ 유입시간과 설계강우강도는 반비례 관계이다.
④ 유입시간과 지표면 평균경사는 반비례 관계이다.

해설 유입시간 계산식
① Kerby식
  유입시간을 산출하는 산정식으로서 Kerby식이 비교적 많이 쓰이고 있다.
  $$t_1 = 1.44 \left(\frac{L \cdot n}{S^{1/2}} \right)^{0.467}$$
  여기서, t_1 : 유입시간(min), L : 지표면거리(m)
  S : 지표면의 평균경사, n : 조도계수와 유사한 지체계수
② 스에이시(末石)식
  이론으로 유입시간을 구하는 방법은 특성곡선법에 의해 근사적으로 구하며 스에이시(末石)식에 의한다.
  $$t_1 = \left(\frac{n_e \cdot L}{S^{1/2}} \cdot I^{2/3} \right)^{3/5}$$
  여기서, n_e : 최소단배수구역의 등가조도계수(等價粗度係數)
  I : 설계강우강도
③ Kerby식에서 유입시간과 지체계수는 비례 관계이다.

해답 ②

117
염소 소독 시 생성되는 염소성분 중 살균력이 가장 강한 것은?
① OCl^- ② $HOCl$
③ $NHCl_2$ ④ NH_2Cl

해설 균력의 세기
오존(O_3) > 이산화염소(ClO_2) > 차아염소산($HOCl$) > 차아염소산이온(OCl^-) > 클로라민

해답 ②

118 자연유하방식과 비교할 때 압송식 하수도에 관한 특징으로 틀린 것은?
① 불명수(지하수 등)의 침입이 없다.
② 하향식 경사를 필요로 하지 않는다.
③ 관로의 매설깊이를 낮게 할 수 있다.
④ 유지관리가 비교적 간편하고 관로 점검이 용이하다.

해설 자연유하식이 유지관리가 용이하여 관리비가 적게 소요되므로 경제적이다.

해답 ④

119 석회를 사용하여 하수를 응집 침전하고자 할 경우의 내용으로 틀린 것은?
① 콜로이드성 부유물질의 침전성이 향상된다.
② 알칼리도, 인산염, 마그네슘 등과도 결합하여 제거 시킨다.
③ 석회첨가에 의한 인 제거는 황산반토보다 슬러지 발생량이 일반적으로 적다.
④ 알칼리제를 응집보조제로 첨가하여 응집침전의 효과가 향상되도록 pH를 조정한다.

해설 황산 반토는 하수를 처리할 때 응집 침전하고자 플록을 형성하는 데 사용하는 응집제로 저렴하고 무독성 때문에 대량 첨가가 가능하여 거의 모든 수질에 적합하며 슬러지 발생량이 그리 많지 않다.

해답 ③

120 정수처리의 단위 조작으로 사용되는 오존처리에 관한 설명으로 틀린 것은?
① 유기물질의 생분해성을 증가시킨다.
② 염수주입에 앞서 오존을 주입하면 염소의 소비량을 감소시킨다.
③ 오존은 자체의 높은 산화력으로 염소에 비하여 높은 살균력을 가지고 있다.
④ 인의 제거능력이 뛰어나고 수온이 높아져도 오존 소비량은 일정하게 유지된다.

해설 ① 염소보다 훨씬 강한 오존의 산화력을 이용한 대체소독제로서 소독과 함께 맛·냄새물질 및 색도의 제거, 소독부산물의 저감 등을 목적으로 한다.
② 고도정수처리

제거요소	고도처리 방법
인	Anaerobic Oxic법(혐기 호기 조합법)
	Phostrip법
질소	3단 활성 슬러지법
질소, 인	Anaerobic Anoxic Oxic법(혐기 무산소 호기 조합법)

해답 ④

2022년 4월 24일 시행

제1과목 응용역학

001 그림과 같이 이축응력을 받고 있는 요소의 체적변형률은? (단, 탄성계수(E)는 2×10^5 MPa, 푸아송 비(ν)는 0.3이다.)

① 2.7×10^{-4}
② 3.0×10^{-4}
③ 3.7×10^{-4}
④ 4.0×10^{-4}

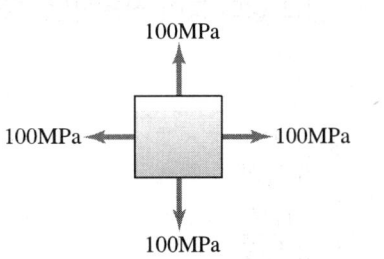

해설
$$\varepsilon_v = \frac{\Delta V}{V} = \varepsilon_x + \varepsilon_y + \varepsilon_z$$
$$= \frac{\sigma_x - \nu\sigma_y - \nu\sigma_z + \sigma_y - \nu\sigma_z - \nu\sigma_x + \sigma_z - \nu\sigma_x - \nu\sigma_y}{E}$$
$$= \frac{(\sigma_x + \sigma_y + \sigma_z)(1-2\nu)}{E} = \frac{(100+100+0)(1-2 \times 0.3)}{2 \times 10^5} = 4 \times 10^{-4}$$

해답 ④

002 그림과 같은 단면의 상승모멘트(I_{xy})는?

① 77500mm^4
② 92500mm^4
③ 122500mm^4
④ 157500mm^4

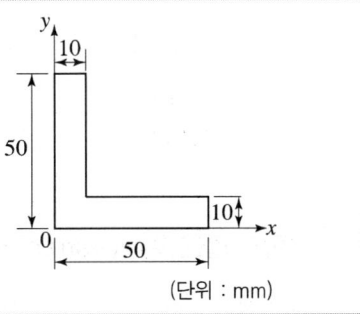

해설 도형을 x, y축과 나란한 도심축에 대칭축이 존재하도록 사각형으로 구분한 후 각각의 구분된 사각형 도형에 대한 단면상승모멘트를 $I_{xy} = A \cdot x_0 \cdot y_0$의 기본식에 따라 구한 값을 합산하면 된다.

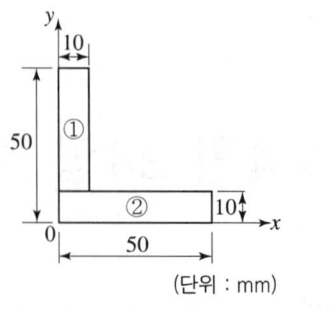

(단위 : mm)

$$I_{xy} = I_{xy1} + I_{xy2} = A_1 \cdot x_1 \cdot y_1 + A_2 \cdot x_2 \cdot y_2$$
$$= 10 \times 40 \times 5 \times (20+10) + 50 \times 10 \times 25 \times 5 = 122{,}500 \text{mm}^4$$

해답 ③

003 그림과 같이 봉에 작용하는 힘들에 의한 봉 전체의 수직 처짐의 크기는?

① $\dfrac{PL}{A_1 E_1}$

② $\dfrac{2PL}{3A_1 E_1}$

③ $\dfrac{4PL}{3A_1 E_1}$

④ $\dfrac{3PL}{2A_1 E_1}$

해설 ① 구간별 변형량

$$\Delta l_1 = \dfrac{PL_1}{E_1 A_1} \quad \Delta l_2 = \dfrac{PL_2}{E_2 A_2} \quad \Delta l_3 = \dfrac{PL_3}{E_3 A_3}$$

② 전체 변형량(수직처짐)

$$\Delta l = \Delta l_1 + \Delta l_2 + \Delta l_3 = \dfrac{PL_1}{A_1 E_1} + \dfrac{PL_2}{A_2 E_2} + \dfrac{PL_3}{A_3 E_3}$$
$$= \dfrac{(5-3+1)PL}{3A_1 E_1} + \dfrac{(-3+1)PL}{2A_1 E_1} + \dfrac{PL}{A_1 E_1} = \dfrac{(3)PL}{3A_1 E_1} + \dfrac{-2PL}{2A_1 E_1} + \dfrac{PL}{A_1 E_1}$$
$$= \dfrac{PL}{A_1 E_1}$$

해답 ①

004 그림과 같은 와렌(warren) 트러스에서 부재력이 '0(영)'인 부재는 몇 개인가?

① 0개
② 1개
③ 2개
④ 3개

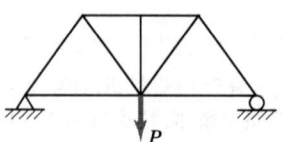

해설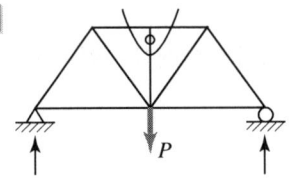

상부 중앙점에서 절단하여 보면 좌측과 우측의 나란한 상현재가 수평방향이므로 서로 평형이고, 여기에 홀로 달려있는 수직재의 부재력은 '0'이 된다.

해답 ②

005 그림과 같은 구조물의 BD 부재에 작용하는 힘의 크기는?

① 100kN
② 125kN
③ 150kN
④ 200kN

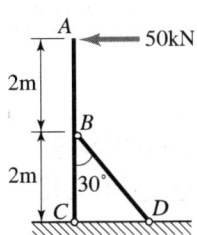

해설 계산을 위해서는 부재와 구조물을 동시에 절단하여 계산하여야 하는데, 부재의 C점이 힌지(힌지에서 모멘트 값은 0이다)이므로, 부재 BD와 구조물의 C점을 자른 후 C점의 모멘트를 계산하면 그 값이 0이 나오는 것을 이용해 부재 BD가 받는 힘을 구한다.

$M_C = \overline{BD} \times \sin 30° \times 2 - 50 \times 4 = 0$에서
$T = 200\text{kN}$

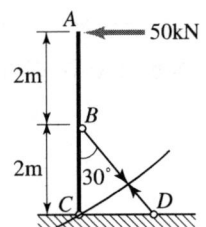

해답 ④

006 전단응력도에 대한 설명으로 틀린 것은?

① 직사각형 단면에서는 중앙부의 전단응력도가 제일 크다.
② 원형 단면에서는 중앙부의 전단응력도가 제일 크다.
③ I형 단면에서는 상, 하단의 전단응력도가 제일 크다.
④ 전단응력도는 전단력의 크기에 비례한다.

해설 **전단응력 분포도**
전단응력도는 일반적으로 중립축에서 최대이고 상하 양단에서 '0'이며 곡선 변화한다.

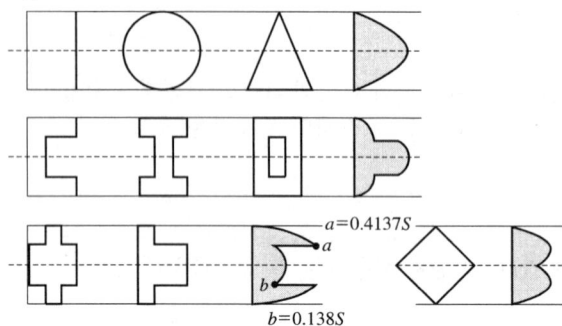

해답 ③

007

그림과 같은 3힌지 아치의 중간 힌지에 수평하중 P가 작용할 때 A지점의 수직 반력(V_A)과 수평 반력(H_A)은?

① $V_A = \dfrac{Ph}{L}(\uparrow)$, $H_A = \dfrac{P}{2h}(\leftarrow)$

② $V_A = \dfrac{Ph}{L}(\downarrow)$, $H_A = \dfrac{P}{2h}(\rightarrow)$

③ $V_A = \dfrac{Ph}{L}(\uparrow)$, $H_A = \dfrac{P}{2}(\rightarrow)$

④ $V_A = \dfrac{Ph}{L}(\downarrow)$, $H_A = \dfrac{P}{2}(\leftarrow)$

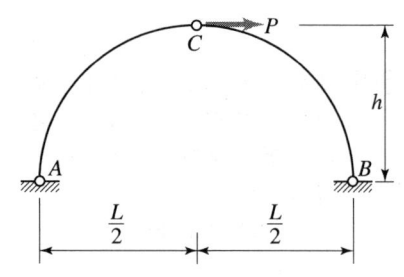

해설 평형조건식을 이용해서 A지점의 수직반력을 먼저 구한 후 힌지점에서의 모멘트 값이 '0'인 점을 이용하여 A지점의 수평반력을 구한다.

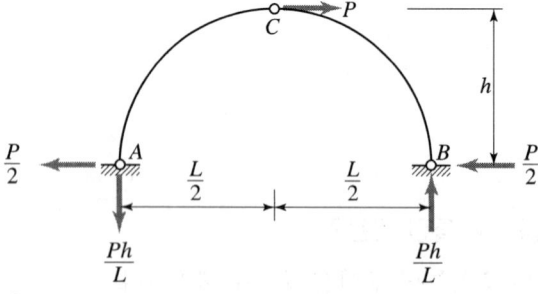

① $\sum M_B = 0 \curvearrowright$

$V_A \cdot L + P \cdot \dfrac{L}{2} = 0$ 에서 $V_A = -\dfrac{Ph}{L} = \dfrac{Ph}{L}(\downarrow)$

② $\sum M_{\text{힌지, 좌}} = 0$

$-H_A \cdot h - \dfrac{Ph}{L} \cdot \dfrac{L}{2} = 0$ 에서 $H_A = -\dfrac{P}{2}(\leftarrow)$

해답 ④

008

그림과 같은 2경간 연속보에 등분포 하중 $w=4$kN/m가 작용할 때 전단력이 "0"이 되는 위치는 지점 A로부터 얼마의 거리(x)에 있는가?

① 0.75m
② 0.85m
③ 0.95m
④ 1.05m

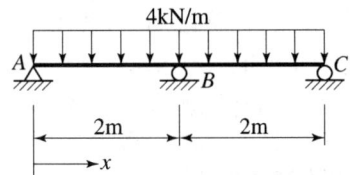

해설 변형일치법

① B지점 및 A지점의 반력($l=2$m)

$$R_B = \frac{5wl}{4} = \frac{5 \times 4 \times 2}{4} = 10\text{kN}$$

$$R_A = R_C = \frac{2wl - R_B}{2} = \frac{2wl - \frac{5wl}{4}}{2} = \frac{3wl}{8}$$

② A지점으로부터 전단력이 '0'이 되는 위치

$$S_x = R_A - wx = \frac{3wl}{8} - wx = 0 \text{에서 } x = \frac{3l}{8} = \frac{3 \times 2}{8} = 0.75\text{m}$$

해답 ①

009

그림과 같이 단순지지된 보에 등분포하중 q가 작용하고 있다. 지점 C의 부모멘트와 보의 중앙에 발생하는 정모멘트의 크기를 같게 하여 등분포하중 q의 크기를 제한하려고 한다. 지점 C와 D는 보의 대칭거동을 유지하기 위하여 각각 A와 B로부터 같은 거리에 배치하고자 한다. 이때 보의 A점으로부터 지점 C까지의 거리(x)는?

① $0.207L$
② $0.250L$
③ $0.333L$
④ $0.444L$

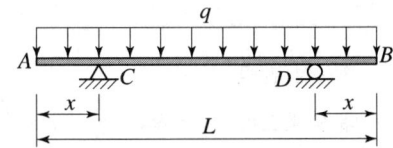

해설 ① C지점과 D지점의 휨모멘트

캔틸레버보 구간이므로 $M_C = M_D = -\frac{qx^2}{2}$

② 보의 중앙에서의 휨모멘트

$$M_{중앙} = -\frac{qx^2}{2} + \frac{q(L-2x)^2}{8}$$

③ 지점 C의 부모멘트와 보의 중앙에 발생하는 정모멘트의 크기를 같게 놓으면

$$\frac{qx^2}{2} = -\frac{qx^2}{2} + \frac{q(L-2x)^2}{8} \text{에서 } x = 0.207L$$

해답 ①

010 탄성 변형에너지(Elastic Strain Energy)에 대한 설명으로 틀린 것은?

① 변형에너지는 내적인 일이다.
② 외부하중에 의한 일은 변형에너지와 같다.
③ 변형에너지는 강성도가 클수록 크다
④ 하중을 제거하면 회복될 수 있는 에너지이다.

해설 ① 탄성변형일(elastic strain energy ; 내력일(internal work))
W_i = 축응력이 하는 일 + 휨응력이 하는 일 + 전단응력이 하는 일 + 비틀림응력이 하는 일

$$\int_0^l \frac{N^2}{2EA}dx + \int_0^l \frac{M^2}{2EI}dx + \int_0^l \frac{kS^2}{2GA}dx + \int_0^l \frac{T^2}{2GJ}dx$$

② 강성도는 $\frac{EA}{l}$ 이므로 강성도가 작을수록 크고 강성도가 클수록 변형에너지는 작다.

해답 ③

011 그림에서 중앙점(C점)의 휨모멘트(M_C)는?

① $\frac{1}{20}wL^2$
② $\frac{5}{96}wL^2$
③ $\frac{1}{6}wL^2$
④ $\frac{1}{12}wL^2$

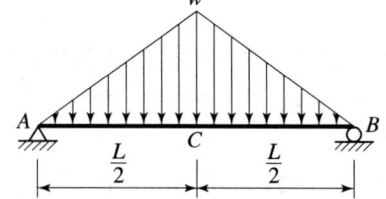

해설 ① A지점 반력
대칭이므로 $R_A = R_B = \frac{1}{2} \times w \times \frac{L}{2} = \frac{wL}{4}$ (↑)

② C점의 휨모멘트
$M_C = R_A \times \frac{L}{2} - \left(\frac{1}{2} \times w \times \frac{L}{2}\right) \times \left(\frac{L}{2} \times \frac{1}{3}\right) = \frac{wL}{4} \times \frac{L}{2} - \left(\frac{wL}{4}\right) \times \left(\frac{L}{6}\right) = \frac{wL^2}{12}$

해답 ④

012 단면이 200mm×300mm인 압축부재가 있다. 부재의 길이가 2.9m일 때 이 압축부재의 세장비는 약 얼마인가? (단, 지지상태는 양단 힌지이다.)

① 33
② 50
③ 60
④ 100

해설 ① 좌굴계수 : 양단힌지이므로 $K=1.0$

② $\lambda = \dfrac{KL}{r_{min}} = \dfrac{KL}{\sqrt{\dfrac{I_{min}}{A}}} = \dfrac{1.0 \times 2.9 \times 10^3}{\sqrt{\dfrac{\dfrac{300 \times 200^3}{12}}{300 \times 200}}} = 50.2$

해답 ②

013

그림과 같이 한 변이 a인 정사각형 단면의 1/4을 절취한 나머지 부분의 도심(C)의 위치(y_o)는?

① $\dfrac{4}{12}a$ ② $\dfrac{5}{12}a$

③ $\dfrac{6}{12}a$ ④ $\dfrac{7}{12}a$

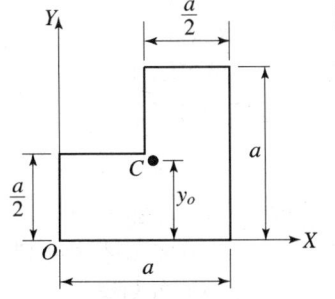

해설 L자 도형을 기본 도형인 직사각형 두 개로 나누어 X축의 단면1차모멘트에 대한 바리농의 정리를 이용해 도심 y_o 값을 구한다.

$a^2 \dfrac{a}{2} - \left(\dfrac{a}{2}\right)^2 \times \dfrac{3a}{4} = \left\{a^2 - \left(\dfrac{a}{2}\right)^2\right\} \times y_o$ 에서

$y_o = \dfrac{a^2 \dfrac{a}{2} - \left(\dfrac{a}{2}\right)^2 \times \dfrac{3a}{4}}{\left\{a^2 - \left(\dfrac{a}{2}\right)^2\right\}} = \dfrac{\dfrac{5}{16}a^3}{\dfrac{3}{4}a^2} = \dfrac{5}{12}a$

해답 ②

014

그림과 같은 구조물에서 하중이 작용하는 위치에서 일어나는 처짐의 크기는?

① $\dfrac{PL^3}{48EI}$ ② $\dfrac{PL^3}{96EI}$

③ $\dfrac{7PL^3}{384EI}$ ④ $\dfrac{11PL^3}{384EI}$

해설 ① $M_{중앙} = \dfrac{P}{2} \times \dfrac{L}{2} = \dfrac{PL}{4}$

② 공액보법에 의해

$\sum M_B' = 0$

$R_A' \times L - \dfrac{PL}{4EI} \times \dfrac{L}{4} \times \dfrac{1}{2} \times \left(\dfrac{L}{2} + \dfrac{L}{4} \times \dfrac{1}{3}\right) - \dfrac{PL}{4EI} \times \dfrac{L}{4} \times \dfrac{1}{2} \times \left(\dfrac{L}{4} + \dfrac{L}{4} \times \dfrac{2}{3}\right) = 0$

$$R_A' = \frac{PL^2}{32EI}\left(\frac{7L}{12}\right) + \frac{PL^2}{32EI}\left(\frac{5L}{12}\right) = \frac{7PL^3}{32\times 12EI} + \frac{5PL^3}{32\times 12EI} = \frac{PL^3}{32EI}$$

③ $\delta_c = M_c' = \frac{PL^3}{32EI}\times\frac{L}{2} - \frac{PL}{4EI}\times\frac{L}{4}\times\frac{1}{2}\times\frac{L}{4}\times\frac{1}{3} = \frac{7PL^3}{384EI}$

해답 ③

015 그림과 같은 게르버 보에서 A점의 반력은?

① 6kN(↓)
② 6kN(↑)
③ 30kN(↓)
④ 30kN(↑)

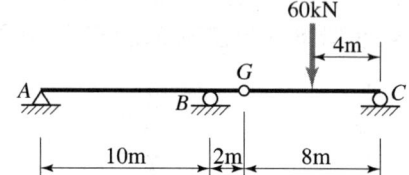

해설 ① G지점의 반력
단순보 구간에서 대칭하중이므로 $V_G = 30$kN

② A점의 반력
$\sum M_B = 0$
$V_A \times 10 + V_G \times 2 = 0$
$V_A = -\frac{2V_G}{10} = -\frac{2\times 30}{10} = -6$kN $= 6$kN (↓)

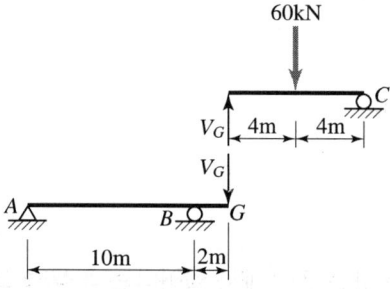

해답 ①

016 그림과 같은 부정정보의 A단에 작용하는 휨모멘트는?

① $-\frac{wL^2}{4}$ ② $-\frac{wL^2}{8}$
③ $-\frac{wL^2}{12}$ ④ $-\frac{wL^2}{24}$

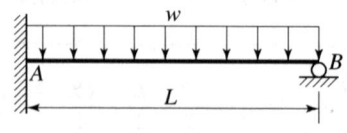

해설 $M_A = -\frac{wL^2}{8}$

해답 ②

017

그림과 같이 단순보에 이동하중이 작용할 때 절대최대휨모멘트는?

① 387.2kN · m
② 423.2kN · m
③ 478.4kN · m
④ 531.7kN · m

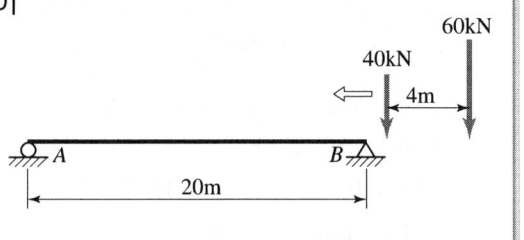

해설 ① 합력
$R = 40 + 60 = 100\text{kN}$
② 합력의 위치
60kN하중으로부터 $d = \dfrac{40 \times 4}{100} = 1.6\,\text{m}$
③ 선택하중
합력과 가장 가까운 60kN이 선택하중이다.
④ 이등분점
합력과 선택하중간의 중간점이므로 $\dfrac{1.6}{2} = 0.8\,\text{m}$
⑤ 이등분점이 보의 중점과 일치하도록 하중을 재하시킨다.
⑥ 절대 최대 휨모멘트 발생 위치
선택하중(60kN) 작용점이므로 A지점으로부터 $x = 10 + 0.8 = 10.8\,\text{m}$
⑦ 절대 최대 휨모멘트
하중을 고정시켰으므로 영향선이 아닌 정정보의 해석 방법에 의해서도 값을 구할 수 있다.
$R_B = \dfrac{40 \times (10 - 2.4 - 0.8) + 60 \times (10 + 0.8)}{20} = 46\,\text{kN}$
$M_{abs\,\max} = 46 \times (10 - 0.8) = 423.2\,\text{kN} \cdot \text{m}$

해답 ②

018

그림과 같은 내민보에서 A점의 처짐은?
(단, $I = 1.6 \times 10^8\,\text{mm}^4$, $E = 2.0 \times 10^5\,\text{MPa}$ 이다.)

① 22.5mm   ② 27.5mm
③ 32.5mm   ④ 37.5mm

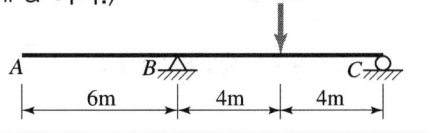

해설 ① B점의 처짐각
$\theta_B = \dfrac{Pl^2}{16EI} = \dfrac{50000 \times 8000^2}{16 \times 2 \times 10^5 \times 1.6 \times 10^8}$
$= 0.00625$
② A점의 처짐
$y_A = 6000\theta_B = 6000 \times 0.00625 = 37.5\,\text{mm}$

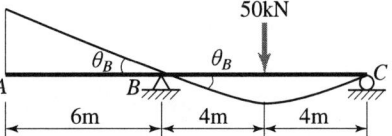

해답 ④

019 그림과 같이 연결부에 두 힘 50kN과 20kN이 작용한다. 평형을 이루기 위한 두 힘 A와 B의 크기는?

① $A = 10\text{kN}$, $B = 50 + \sqrt{3}\text{ kN}$
② $A = 50 + \sqrt{3}\text{ kN}$, $B = 10\text{kN}$
③ $A = 10\sqrt{3}\text{ kN}$, $B = 60\text{kN}$
④ $A = 60\text{kN}$, $B = 10\sqrt{3}\text{ kN}$

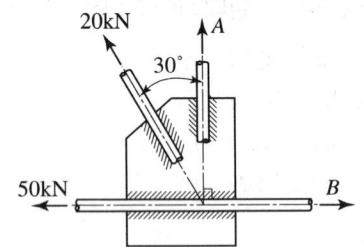

해설 ① $\Sigma V = 0$
$20 \cdot \cos 30° - A = 0$
$20 \cdot \dfrac{\sqrt{3}}{2} - A = 0$ $\qquad A = 10\sqrt{3}\text{ kN}$
② $\Sigma H = 0$
$B - 50 - 20 \cdot \sin 30° = 0$ $\qquad B = 60\text{kN}$

해답 ③

020 바닥은 고정, 상단은 자유로운 기둥의 좌굴 형상이 그림과 같을 때 임계하중은?

① $\dfrac{\pi^2 EI}{4L}$
② $\dfrac{9\pi^2 EI}{4L^2}$
③ $\dfrac{13\pi^2 EI}{4L}$
④ $\dfrac{25\pi^2 EI}{4L^2}$

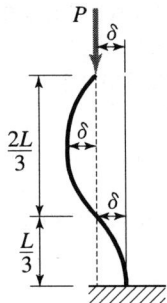

해설 ① 좌굴길이 $l_k = \dfrac{2L}{3}$

② 임계하중(좌굴하중) $P_b = \dfrac{\pi^2 EI}{l_k^2} = \dfrac{\pi^2 EI}{\left(\dfrac{2L}{3}\right)^2} = \dfrac{9\pi^2 EI}{4L^2}$

해답 ②

제2과목 측량학

021 다음 중 완화곡선의 종류가 아닌 것은?
① 렘니스케이트 곡선 ② 클로소이드 곡선
③ 3차 포물선 ④ 배향 곡선

해설 수평 곡선의 종류
① 원곡선 ㉠ 단곡선(simple curve)
㉡ 복심곡선(compound curve)
㉢ 반향곡선(reverse curve)
㉣ 배향곡선(hairpin curve)
② 완화곡선 ㉠ 3차 포물선(cubic spiral)
㉡ 클로소이드(clothoid)
㉢ 렘니스케이트(lemniscate)

해답 ④

022 그림과 같이 교호수준측량을 실시한 결과가 $a_1=0.63$m, $a_2=1.25$m, $b_1=1.15$m, $b_2=1.73$m 이었다면, B점의 표고는? (단, A의 표고 = 50.00m)

① 49.50m
② 50.00m
③ 50.50m
④ 51.00m

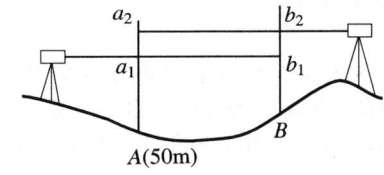

해설 ① A점과 B점의 표고차
$$H = \frac{1}{2}[(a_1-b_1)+(a_2-b_2)] = \frac{1}{2}[(0.63-1.15)+(1.25-1.73)] = -0.5\text{m}$$
② B점의 지반고
$H_B = H_A + H = 50.00 - 0.5 = 49.50$m

해답 ①

023 수심 h인 하천의 수면으로부터 $0.2h$, $0.4h$, $0.6h$, $0.8h$인 곳에서 각각의 유속을 측정하여 0.562m/s, 0.521m/s, 0.497m/s, 0.364m/s의 결과를 얻었다면 3점법을 이용한 평균유속은?

① 0.474m/s ② 0.480m/s
③ 0.486m/s ④ 0.492m/s

해설 3점법에 의한 평균유속
$$V_m = \frac{1}{4}(V_{0.2} + 2V_{0.6} + V_{0.8}) = \frac{1}{4} \times (0.562 + 2 \times 0.497 + 0.364) = 0.48 \text{m/s}$$

해답 ②

024

GNSS 다중주파수(multi-frequency)를 채택하고 있는 가장 큰 이유는?

① 데이터 취득 속도의 향상을 위해
② 대류권지연 효과를 제거하기 위해
③ 다중경로오차를 제거하기 위해
④ 전리층지연 효과의 제거를 위해

해설 GNSS 다중주파수(multi-frequency)를 채택하고 있는 가장 큰 이유는, 고주파(L_1) 신호보다 저주파(L_2) 신호가 전리층에서 속도가 늦어지는데 L_1과 L_2 신호의 지연된 시간차를 비교하여 전리층에 의한 지연효과를 계산하여 소거위함이다.

해답 ④

025

측점간의 시통이 불필요하고 24시간 상시 높은 정밀도로 3차원 위치측정이 가능하며, 실시간 측정이 가능하여 항법용으로도 활영되는 측량방법은?

① NNSS 측량   ② GNSS 측량
③ VLBI 측량   ④ 토털스테이션 측량

해설 GNSS 측량은 위치를 알고 있는 위성에서 발사된 전파를 수신해 미지점의 3차원 위치를 결정하는 측량으로 24시간 상시 높은 정밀도로 3차원 위치측정이 실시간으로 가능하며, 시통이 불필요하고 항법용 등 여러 방면에 활용되고 있는 측량방법이다.

해답 ②

026

어떤 측선의 길이를 관측하여 다음 표와 같은 결과를 얻었다면 최확값은?

① 40.530m
② 40.531m
③ 40.532m
④ 40.533m

관측군	관측값(m)	관측횟수
1	40.532	5
2	40.537	4
3	40.529	6

해설 ① 경중률(P : 무게)
경중률은 측정횟수에 비례($P \propto n$)하므로
$P_1 : P_2 : P_3 = n_1 : n_2 : n_3 = 5 : 4 : 6$
② 측선 길이의 최확값
$$L_o = \frac{P_1 L_1 + P_2 L_2 + P_3 L_3}{P_1 + P_2 + P_3} = \frac{5 \times 40.532 + 4 \times 40.537 + 6 \times 40.529}{5 + 4 + 6} = 40.532 \text{m}$$

해답 ③

027 그림과 같은 구역을 심프슨 제1법칙으로 구한 면적은? (단, 각 구간의 지거는 1m로 동일하다.)

① 14.20m²
② 14.90m²
③ 15.50m²
④ 16.00m²

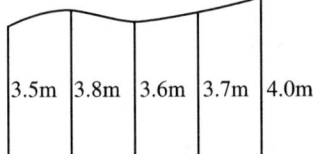

해설 $A = \dfrac{d}{3}[처 + 마 + 4(짝) + 2(홀)]$
$= \dfrac{1}{3} \times [3.5 + 4.0 + 4 \times (3.8 + 3.7) + 2 \times (3.6)] = 14.90\text{m}^2$

해답 ②

028 단곡선을 설치할 때 곡선반지름이 250m, 교각이 116°23′, 곡선시점까지의 추가거리가 1146m 일 때 시단현의 편각은? (단, 중심말뚝 간격=20m)

① 0°41′15″
② 1°15′36″
③ 1°36′15″
④ 2°54′51″

해설 ① 곡선시점
  $BC = 1146$m
② 시단현(l_1)은 BC로부터 BC 다음 말뚝까지의 거리이므로
  $l_1 = 1160 - 1146 = 14$m
③ 시단편각
  $\delta_1 = \dfrac{l_1}{R} \times \dfrac{90°}{\pi} = \dfrac{14}{250} \times \dfrac{90°}{\pi} = 1°36′15″$

해답 ③

029 그림과 같은 트레버스에서 AL의 방위각이 29°40′15″, BM의 방위각이 320°27′12″, 교각의 총합이 1190°47′32″일 때 각관측 오차는?

① 45″
② 35″
③ 25″
④ 15″

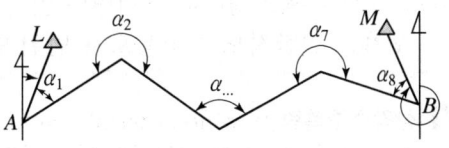

해설 $E = W_a - [a] - 180(n-3) - W_b$
  $= 29°40′15″ + 1190°47′32″ - 180(8-3) - 320°27′12″ = 35″$

해답 ②

030 지형측량을 할 때 기본 삼각점만으로는 기준점이 부족하여 추가로 설치하는 기준점은?

① 방향전환점 ② 도근점
③ 이기점 ④ 중간점

해설 도근점이란 지형을 측정하기 위한 기준점이 부족할 때 보조로 설치하는 기준점이다.

해답 ②

031 지구반지름이 6370km 이고 거리의 허용오차가 $1/10^5$이면 평면측량으로 볼 수 있는 범위의 지름은?

① 약 69km ② 약 64km
③ 약 36km ④ 약 22km

해설 지구상에 평면으로 간주할 수 있는 거리(직경)

$$\frac{1}{10^5} = \frac{D^2}{12R^2} \text{에서}$$

$$D = \sqrt{\frac{12R^2}{m}} = \sqrt{\frac{12 \times 6300^2}{10^5}} = 69\text{km}$$

해답 ①

032 수준측량에서 발생하는 오차에 대한 설명으로 틀린 것은?

① 기계의 조정에 의해 발생하는 오차는 전시와 후시의 거리를 같게 하여 소거할 수 있다.
② 삼각수준측량은 대지역을 대상으로 하기 때문에 곡률오차와 굴절오차는 그 양이 상쇄되어 고려하지 않는다.
③ 표척의 영눈금 오차는 출발점의 표척을 도착점에서 사용하여 소거할 수 있다.
④ 기포의 수평조정이나 표척면의 읽기는 육안으로 한계가 있으나 이로 인한 오차는 일반적으로 허용오차 범위 안에 들 수 있다.

해설 **삼각수준측량**(trigonometrical leveling)
두 점 간의 수직각과 수평거리 및 수직각과 사거리를 측정하여 삼각법에 의해 고저차를 구하는 측량으로 **측지삼각수준측량에서 곡률오차와 굴절오차는 모두 고려하여야 하며 이를 양차라고 한다.**

양차 $h = $ 곡률오차 $+$ 굴절오차 $= \dfrac{(1-K)}{2R} \cdot D^2$

해답 ②

033 그림과 같은 수준망을 각각의 환에 따라 폐합오차를 구한 결과가 표와 같고 폐합오차의 한계가 ±1.0√S cm일 때 우선적으로 제 관측할 필요가 있는 노선은? (단, S : 거리[km])

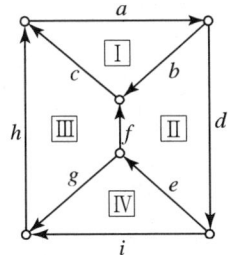

환	노선	거리(km)	폐합오차(m)
I	abc	8.7	-0.017
II	bdef	15.8	0.048
III	cfgh	10.9	-0.026
IV	eig	9.3	-0.083
외주	adih	15.9	-0.031

① e노선
② f노선
③ g노선
④ h노선

해설

환	노선	거리(km)	폐합오차	비교	폐합오차 한계(cm)
I	abc	8.7	-0.017m=-1.7cm	<	$\pm 1.0\sqrt{8.7}=\pm 2.95$
II	bdef	15.8	0.048m=4.8cm	>	$\pm 1.0\sqrt{15.8}=\pm 3.97$
III	cfgh	10.9	-0.026m=-2.6cm	<	$\pm 1.0\sqrt{10.9}=\pm 3.30$
IV	eig	9.3	-0.083m=-8.3cm	>	$\pm 1.0\sqrt{9.3}=\pm 3.05$
외주	adih	15.9	-0.031m=-3.1cm	<	$\pm 1.0\sqrt{105.9}=\pm 3.99$

각각의 환(I~IV)에 따라 폐합오차와 폐합오차의 한계를 비교해본 결과 환 II와 환 IV에서의 폐합오차가 폐합오차 한계를 넘어가므로 환 II와 환 IV에 중복된 e노선을 우선적으로 재관측할 필요가 있다.

해답 ①

034 그림과 같은 관측결과 $\theta=30°11'00''$, $S=1000m$ 일 때 C점의 X좌표는? (단, AB의 방위각=89°49'00'', A점의 X좌표=1200m)

① 700.00m
② 1203.20m
③ 2064.42m
④ 2066.03m

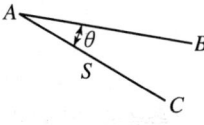

해설 ① $\overline{AC}$의 위거
$L_{AC} = l \times \cos$ 방위각 $= 1000 \times \cos(180 - 89°49' - 30°11')$
$= 1000 \times \cos 60° = 500$

② C점의 X좌표(합위거)
$X_C = X_A + L_{AC} = 1200 + -500 = 700m$

해답 ①

035

그림과 같은 복곡선에서 $t_1 + t_2$의 값은?

① $R_1(\tan\Delta_1 + \tan\Delta_2)$
② $R_2(\tan\Delta_1 + \tan\Delta_2)$
③ $R_1\tan\Delta_1 + R_2\tan\Delta_2$
④ $R_1\tan\dfrac{\Delta_1}{2} + R_2\tan\dfrac{\Delta_2}{2}$

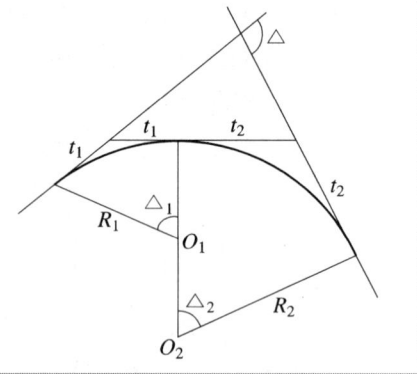

해설
① 1번 곡선의 접선장 $t_1 = R_1 \cdot \tan\dfrac{I_1}{2}$
② 2번 곡선의 접선장 $t_2 = R_1 \cdot \tan\dfrac{I_2}{2}$
③ 복곡선의 접선장 $t_1 + t_2 = R_1 \cdot \tan\dfrac{I_1}{2} + R_2 \cdot \tan\dfrac{I_2}{2}$

해답 ④

036

노선 설치 방법 중 좌표법에 의한 설치방법에 대한 설명으로 틀린 것은?

① 토탈스테이션, GPS 등과 같은 장비를 이용하여 측점을 위치시킬 수 있다.
② 좌표법에 의한 노선의 설치는 다른 방법보다 지형의 굴곡이나 시통 등의 문제가 적다.
③ 좌표법은 평면곡선 및 종단곡선의 설치요소를 동시에 위치시킬 수 있다.
④ 평면적인 위치의 측설을 수행하고 지형표고를 관측하여 종단면도를 작성할 수 있다.

해설 평면적인 위치의 측설을 수행하고 지형표고를 관측(설계면의 높이를 측정)하여 종단면도를 작성할 수 있다.

해답 ③

037

다각측량에서 각 측량의 기계적 오차 중 시준축과 수평축이 직교하지 않아 발생하는 오차를 처리하는 방법으로 옳은 것은?

① 망원경을 정위와 반위로 측정하여 평균값을 취한다.
② 배각법으로 관측을 한다.
③ 방향각법으로 관측을 한다.
④ 편심관측을 하여 귀심계산을 한다.

해설 수평축이 연직축과 직교하지 않기 때문에 발생하는 측각오차(수평축 오차)는 망원경 정·반위로 측정값을 평균하여 처리가능하다.

[참고] 각 관측 오차 및 소거 방법

오차의 종류		오차의 원인	처리(소거) 방법
조정 불완전 오차	시준축 오차	시준축과 수평축이 직교하지 않을 때	망원경 정·반의 읽음값 평균
	수평축 오차	수평축이 연직축과 직교하지 않을 때	망원경 정·반의 읽음값 평균
	연직축 오차	평반 기포관축이 연직축과 직교하지 않을 때 또는 연직축이 연직선과 일치하지 않을 경우	소거 불가능 연직각 5° 이하이면 큰 오차가 생기지 않는다.
기계 구조상 결점에 의한 오차	외심오차 (시준선의 편심오차)	망원경의 중심과 회전축이 일치하지 않을 때	망원경 정·반의 읽음값 평균
	내심오차 (회전축의 편심오차, 분도반의 편심오차)	수평회전축과 수평분도원의 중심이 일치하지 않을 때	A, B 버니어의 읽음값을 평균
	분도원의 눈금오차	분도원 눈금의 부정확	분도원의 위치를 변화시켜 가면서 대회관측

해답 ①

038
지성선에 관한 설명으로 옳지 않은 것은?

① 철(凸)선은 능선 또는 분수선이라고 한다.
② 경사변환선이란 동일 방향의 경사면에서 경사의 크기가 다른 두 면의 접합선이다.
③ 요(凹)선은 지표의 경사가 최대로 되는 방향을 표시한 선으로 유하선이라고 한다.
④ 지성선은 지표면이 다수의 평면으로 구성되었다고 할 때 평면간 접합부, 즉 접선을 말하며 지세선이라고도 한다.

해설 지성선(지세선)은 지도의 골격을 나타내는 선으로 평면간 접합부, 즉 접선을 말하는 것으로 다음과 같은 것들이 있다.
① U선(계곡선, 합수선) : 지표면의 가장 낮은 곳을 연결한 선
② 凸선(능선, 분수선) : 지표면의 가장 높은 곳을 연결한 선
③ 경사변환선 : 경사의 크기가 다른 두 면의 교선

해답 ③

039
30m당 0.03m가 짧은 줄자를 사용하여 정사각형 토지와 한 변을 측정한 결과 150m이었다면 면적에 대한 오차는?

① 41m²
② 43m²
③ 45m²
④ 47m²

해설 ① 면적 정밀도는 일반적으로 거리 정밀도의 2배로 보므로
$$\frac{dA}{A} = 2\frac{dl}{l} = 2 \times \frac{0.03}{30} = \frac{1}{500}$$
② 면적에 대한 오차
$$\frac{dA}{A} = \frac{1}{500}$$
$$\frac{dA}{150 \times 150} = \frac{1}{500} \text{ 에서 } dA = \frac{150 \times 150}{500} = 45\,\text{m}^2$$

해답 ③

040

그림과 같은 지형에서 각 등고선에 쌓인 부분의 면적이 표와 같을 때 각주공식에 의한 토량은? (단, 윗면은 평평한 것으로 가정한다.)

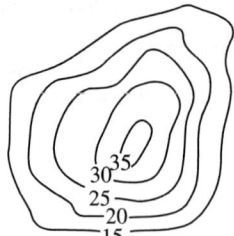

등고선(m)	면적(m²)
15	3800
20	2900
25	1800
30	900
35	200

① 11400m³ ② 22800m³
③ 33800m³ ④ 38000m³

해설 토량
$$V_o = \frac{h}{3}\{(A_o + 4(A_1) + A_2) + (A_2 + 4(A_3) + A_4)\}$$
$$= \frac{5}{3} \times \{(3800 + 4 \times 2900 + 1800) + (1800 + 4 \times 900 + 200)\}$$
$$= 38{,}000\,\text{m}^3$$

해답 ④

제3과목 수리학 및 수문학

041 2개의 불투수층 사이에 있는 대수층의 두께 a, 투수계수 k인 곳에 반지름 r_o인 굴착정(artesian well)을 설치하고 일정 양수량 Q를 양수하였더니, 양수 전 굴착정 내의 수위 H가 h_0로 하강하여 정상흐름이 되었다. 굴착정의 영향원 반지름을 R이라 할 때 $(H-h_0)$의 값은?

① $\dfrac{2Q}{\pi ak}\ln\left(\dfrac{R}{r_o}\right)$ ② $\dfrac{Q}{2\pi ak}\ln\left(\dfrac{R}{r_o}\right)$

③ $\dfrac{2Q}{\pi ak}\ln\left(\dfrac{r_o}{R}\right)$ ④ $\dfrac{Q}{2\pi ak}\ln\left(\dfrac{r_o}{R}\right)$

해설 굴착정 양수량 공식

$$Q = \dfrac{2\pi ak(H-h_o)}{2.3\log\dfrac{R}{r_o}} = \dfrac{2\pi ak(H-h_o)}{\ln\dfrac{R}{r_o}}$$ 에서 $(H-h_o) = \dfrac{Q}{2\pi ak}\ln\dfrac{R}{r_o}$

여기서, a : 투수층의 두께, R : 영향원의 반지름, r_o : 우물의 반지름

해답 ②

042 침투능(infiltration capacity)에 관한 설명으로 틀린 것은?

① 침투능은 토양조건과는 무관하다.
② 침투능은 강우강도에 따라 변화한다.
③ 일반적으로 단위는 mm/h 또는 in/h로 표시된다.
④ 어떤 토양면을 통해 물이 침투할 수 있는 최대율을 말한다.

해설 토양의 침투능에 영향을 미치는 인자
① 함수량   ② 강우의 영향   ③ 지질
④ 토양의 종류   ⑤ 식생의 피복   ⑥ 토양의 다짐 정도
⑦ 포화층의 두께   ⑧ 대기의 온도 등

해답 ①

043 지름 20cm의 원형단면 관수로에 물이 가득차서 흐를 때의 동수반경은?

① 5cm ② 10cm
③ 15cm ④ 20cm

해설 동수반경

$$R = \dfrac{A}{P} = \dfrac{D}{4} = \dfrac{20}{4} = 5\text{cm}$$

해답 ①

044

3차원 흐름의 연속방정식을 아래와 같은 형태로 나타낼 때 이에 알맞은 흐름의 상태는?

$$\frac{\partial u}{\partial x} + \frac{\partial v}{\partial y} + \frac{\partial w}{\partial z} = 0$$

① 압축성 부정류
② 압축성 정상류
③ 비압축성 부정류
④ 비압축성 정상류

해설 비압축성 유체일 때 정류의 연속방정식
$\rho = \text{const}$(일정)하므로 $\frac{\partial u}{\partial x} + \frac{\partial v}{\partial y} + \frac{\partial w}{\partial z} = 0$

해답 ④

045

대수층의 두께 2.3m, 폭 1.0m일 때 지하수 유량은? (단, 지하수류의 상·하류 두 지점 사이의 수두차 1.6m, 두 지점 사이의 평균거리 360m, 투수계수 k = 192m/day)

① 1.53m³/day
② 1.80m³/day
③ 1.96m³/day
④ 2.21m³/day

해설 지하수의 유량
$Q = AV = AKI = AK\frac{dh}{dl} = (2.3 \times 1.0) \times 192 \times \left(\frac{1.6}{360}\right) = 1.96 \text{m}^3/\text{day}$

해답 ③

046

그림과 같은 수조 벽면에 작은 구멍을 뚫고 구멍의 중심에서 수면까지 높이가 h일 때, 유출속도 V는? (단, 에너지 손실은 무시한다.)

① $\sqrt{2gh}$
② $\sqrt{gh}$
③ $2gh$
④ gh

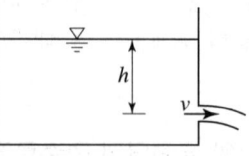

해설 오리피스의 이론유속은 베르누이의 정리에서 유도해 낼 수 있다.
$V_r = \sqrt{2gh}$
여기서, h는 압력수두이다. ($h = \frac{P}{w} + Z$)

해답 ①

047 그림과 같이 원형관 중심에서 V의 유속으로 물이 흐르는 경우에 대한 설명으로 틀린 것은? (단, 흐름은 층류로 가정한다.)

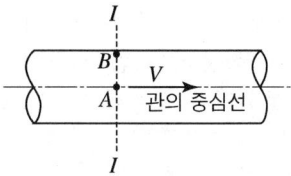

① 지점 A에서의 마찰력은 V^2에 비례한다.
② 지점 A에서의 유속은 단면 평균유속의 2배다.
③ 지점 A에서 지점 B로 갈수록 마찰력은 커진다.
④ 유속은 지점 A에서 최대인 포물선 분포를 한다.

해설 지점 A는 관 중심으로 중심축에서 마찰력 τ는 '0'이다.

해답 ①

048 어떤 유역에 다음 표와 같이 30분간 집중호우가 계속 되었을 때, 지속기간 15분인 최대강우강도는?

시간(분)	우량(mm)
0~5	2
5~10	4
10~15	6
15~20	4
20~25	8
25~30	6

① 64mm/h
② 48mm/h
③ 72mm/h
④ 80mm/h

해설 ① 15분간 지속 최대 강우량
 ㉠ 0~15 : 12mm ㉡ 5~20 : 14mm
 ㉢ 10~25 : 18mm ㉣ 15~30 : 18mm
15분간 지속되는 최대 강우량은 10분에서 25분 사이 또는 15분에서 30분 사이에 내린 18mm이다.
② 지속기간 15분인 최대 강우강도
$I = \dfrac{18\text{mm}}{15\text{min}} \times \dfrac{60\text{min}}{1\text{hr}} = 72\text{mm/hr}$

해답 ③

049 정지하고 있는 수중에 작용하는 정수압의 성질로 옳지 않은 것은?

① 정수압의 크기는 깊이에 비례한다.
② 정수압은 물체의 면에 수직으로 작용한다.
③ 정수압은 단위면적에 작용하는 힘의 크기로 나타낸다.
④ 한 점에 작용하는 정수압은 방향에 따라 크기가 다르다.

해설 정수 중의 한 점에 작용하는 정수압은 모든 방향에서 균일하게 작용한다.

해답 ④

050 단위유량도에 대한 설명으로 틀린 것은?

① 단위유량도의 정의에서 특정 단위시간은 1시간을 의미한다.
② 일정기저시간가정, 비례가정, 중첩가정은 단위유량도의 3대 기본가정이다.
③ 단위유량도의 정의에서 단위 유효우량은 유역 전 면적 상의 등가우량 깊이로 측정되는 특정량의 우량을 의미한다.
④ 단위 유효우량은 유출량의 형태로 단위유량도상에 표시되며, 단위유량도 아래의 면적은 부피의 차원을 가진다.

해설 어느 유역에 지속시간 동안 균일한 강도로 유역 전반에 걸쳐 균등하게 내리는 단위 유효우량으로 인하여 발생하는 직접 유출 수문곡선을 단위도(단위유량도)라 하며, 단위유효우량이란 유효강우 1cm(1in)로 인한 우량을 말한다.

해답 ①

051 한계수심에 대한 설명으로 옳지 않은 것은?

① 유량이 일정할 때 한계수심에서 비에너지가 최소가 된다.
② 직사각형 단면 수로의 한계수심은 최소 비에너지의 2/3 이다.
③ 비에너지가 일정하면 한계수심으로 흐를 때 유량이 최대가 된다.
④ 한계수심보다 수심이 작은 흐름이 상류(常流)이고 큰 흐름이 사류(射流)이다.

해설 한계수심보다 수심이 작은 흐름이 사류이고 큰 흐름이 상류이다.
상류 : $h > h_c$
사류 : $h < h_c$

해답 ④

052
개수로 흐름의 도수현상에 대한 설명으로 틀린 것은?

① 비력과 비에너지가 최소인 수심은 근사적으로 같다.
② 도수 전·후의 수심 관계는 베르누이 정리로부터 구할 수 있다.
③ 도수는 흐름이 사류에서 상류로 바뀔 경우에만 발생 된다.
④ 도수 전·후의 에너지 손실은 주로 불연속 수면 발생 때문이다.

해설 도수의 상하류 수심의 관계식은 운동량 방정식으로부터 유도할 수 있다.

해답 ②

053
단면 2m×2m, 높이 6m인 수조에 물이 가득 차 있을 때 이 수조의 바닥에 설치한 지름이 20cm인 오리피스로 배수시키고자 한다. 수심이 2m가 될 때까지 배수하는데 필요한 시간은? (단, 오리피스 유량계수 $C=0.6$, 중력가속도 $g=9.8m/s^2$)

① 1분 39초
② 2분 36초
③ 2분 55초
④ 3분 45초

해설 오리피스의 배수시간

$$t = \frac{2A}{Ca\sqrt{2g}}\left(H_1^{\frac{1}{2}} - H_2^{\frac{1}{2}}\right) = \frac{2 \times 2 \times 2}{0.6 \times \frac{\pi \times 0.2^2}{4} \times \sqrt{2 \times 9.8}} \times \left(6^{\frac{1}{2}} - 2^{\frac{1}{2}}\right)$$

$= 99.2\text{sec} = 1분 39.2초$

해답 ①

054
정상류에 관한 설명으로 옳지 않은 것은?

① 유선과 유적선이 일치한다.
② 흐름의 상태가 시간에 따라 변하지 않고 일정하다.
③ 실제 개수로 내 흐름의 상태는 정상류가 대부분이다.
④ 정상류 흐름의 연속방정식은 질량보존의 법칙으로 설명된다.

해설 정류(정상류)란 시간에 따라 유량, 속도, 압력, 밀도, 유적 등의 유동특성이 변하지 않는 흐름으로 예로는 수도꼭지가 있으며, 실제 개수로 내 흐름의 상태는 시간에 따라 유량, 속도, 압력, 밀도, 유적 등의 유동특성이 변하는 흐름으로 부정류(비정상류)이다.

해답 ③

055

수로의 단위폭에 대한 운동량 방정식은? (단, 수로의 경사는 완만하며, 바닥 마찰저항은 무시한다.)

① $\dfrac{\gamma h_1^2}{2} - \dfrac{\gamma h_2^2}{2} - F = \rho Q(V_1 - V_2)$

② $\dfrac{\gamma h_1^2}{2} - \dfrac{\gamma h_2^2}{2} - F = \rho Q(V_2 - V_1)$

③ $\dfrac{\gamma h_1^2}{2} + \dfrac{\gamma h_2^2}{2} - F = \rho Q(V_2 - V_1)$

④ $\dfrac{\gamma h_1^2}{2} + \rho Q V_1 + F = \dfrac{\gamma h_2^2}{2} + \rho Q V_2$

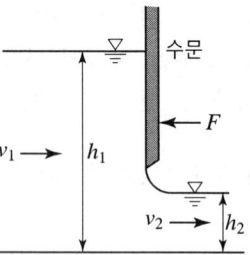

해설 에너지 보존의 법칙에 의해
$P_{(V_1)} = P_{(V_2)} + F + P_{손실}$
$\gamma h_{(G1)} A_1 = \gamma h_{(G2)} A_2 + F + \rho Q(V_2 - V_1)$
$\gamma \dfrac{h_1}{2}(h_1 \times 1) = \gamma \dfrac{h_2}{2}(h_2 \times 1) + F + \rho Q(V_2 - V_1)$
$\dfrac{\gamma h_1^2}{2} - \dfrac{\gamma h_2^2}{2} - F = \rho Q(V_2 - V_1)$

해답 ②

056

완경사 수로에서 배수곡선(backwater curve)에 해당하는 수면곡선은?

① 홍수 시 하천의 수면곡선
② 댐을 월류할 때의 수면곡선
③ 하천 단락부(段落部) 상류의 수면곡선
④ 상류 상태로 흐르는 하천에 댐을 구축했을 때 저수지 상류의 수면곡선

해설 배수란 댐이나 위어 등의 설치로 인해 수면이 상승되면 그 영향이 상류측에 전파됨에 따라 상류측의 수면이 상승하는 현상으로 이때는 저수지의 수면곡선이 배수곡선의 형태를 띤다.

해답 ④

057

지하수의 연직분포를 크게 통기대와 포화대로 나눌 때, 통기대에 속하지 않는 것은?

① 모관수대   ② 중간수대
③ 지하수대   ④ 토양수대

해설 지하는 공기의 존재 여부에 따라 통기대와 포화대로 분류된다.
1. 통기대 ① 토양수대
          ② 중간수대 : 중력수 존재
          ③ 모관수대
2. 포화대 : 지하수 존재

해답 ③

058
하천의 수리모형실험에 주로 사용되는 상사법칙은?

① Weber의 상사법칙   ② Cauchy의 상사법칙
③ Froude의 상사법칙 ④ Reynolds의 상사법칙

해설 Froude의 상사 법칙은 중력이 흐름을 주로 지배하는 경우의 상사 법칙으로 다음과 같은 곳에 적용이 가능하다.
① 다른 힘들은 영향이 작아서 생략할 수 있는 경우에 적용 가능하다.
② 하천과 같이 수심이 비교적 큰 자유표면을 가진 개수로 내 흐름에 적용 가능하다.
③ 댐의 여수토의 흐름에 적용 가능하다.
④ 파동에 적용 가능하다.
⑤ 수공 구조물의 설계에 적용 가능하다.

해답 ③

059
속도분포를 $v = 4y^{\frac{2}{3}}$ 으로 나타낼 수 있을 때 바닥면에서 0.5m 떨어진 높이에서의 속도경사(Velocity gradient)는? (단, v : m/sec, y : m)

① $2.67\,\text{sec}^{-1}$
② $3.36\,\text{sec}^{-1}$
③ $2.67\,\text{sec}^{-2}$
④ $3.36\,\text{sec}^{-2}$

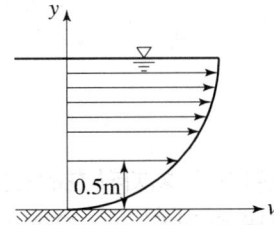

해설 속도경사는 속도에 관한 식을 y로 1회 미분한 값이다.
$$\frac{dv}{dy} = 4 \times \frac{2}{3} y^{\frac{2}{3}-1} = \frac{8}{3} y^{-\frac{1}{3}} = \frac{8}{3} \times 0.5^{-\frac{1}{3}} = 3.36\,\text{sec}^{-1}$$

해답 ②

060 수중에 잠겨 있는 곡면에 작용하는 연직분력은?

① 곡면에 의해 배제된 물의 무게와 같다.
② 곡면중심의 압력에 물의 무게를 더한 값이다.
③ 곡면을 밑면으로 하는 물기둥의 무게와 같다.
④ 곡면을 연직면상에 투영했을 때 그 투영면이 작용하는 정수압과 같다.

해설 수중에 잠겨 있는 곡면에 작용하는 연직분력은 곡면을 밑면으로 하는 물기둥의 무게와 같다.

해답 ③

제4과목 철근콘크리트 및 강구조

061 프리텐션 PSC부재의 단면적이 200000mm²인 콘크리트 도심에 PS강선을 배치하여 초기의 긴장력(P_i)을 800kN 가하였다. 콘크리트의 탄성변형에 의한 프리스트레스의 감소량은? (단, 탄성계수비(n)은 6이다.)

① 12MPa ② 18MPa
③ 20MPa ④ 24MPa

해설 콘크리트의 탄성변형에 의한 PS강재의 프리스트레스 감소량

$$\Delta f_P = nf_{ci} = n\frac{P_i}{A_c} = 6 \times \frac{800,000}{200,000} = 24\text{MPa}$$

062 경간이 8m인 단순 지지된 프리스트레스트 콘크리트 보에서 등분포하중(고정하중과 활하중의 합)이 $w=40$kN/m 작용할 때 중앙 단면 콘크리트 하연에서의 응력이 0이 되려면 PS강재에 작용되어야 할 프리스트레스 힘(P)은? (단, PS강재는 단면 중심에 배치되어 있다.)

① 1250kN
② 1880kN
③ 2650kN
④ 3840kN

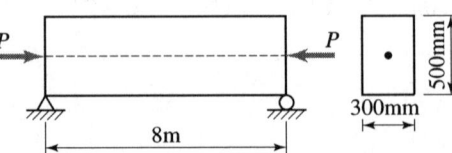

해설 $f_{하연} = \dfrac{P}{A} - \dfrac{M}{Z} = 0$에서

$$P = \dfrac{AM}{Z} = \dfrac{bh \times \left(\dfrac{wl^2}{8}\right)}{\dfrac{bh^2}{6}} = \dfrac{3wl^2}{4h} = \dfrac{3 \times 40 \times 8^2}{4 \times 0.5} = 3,840\text{kN}$$

해답 ④

063

아래 그림과 같은 직사각형 단면의 단순보에 PS강재가 포물선으로 배치되어 있다. 보의 중앙단면에서 일어나는 상연응력(㉠) 및 하연응력(㉡)은? (단, PS강재의 긴장력은 3300kN 이고, 자중을 포함한 작용하중은 27kN/m 이다.)

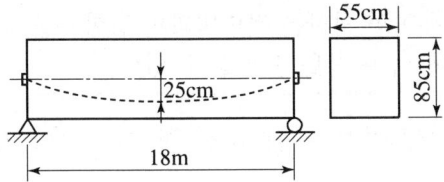

① ㉠ : 21.21MPa, ㉡ : 1.8MPa　② ㉠ : 12.07MPa, ㉡ : 0MPa
③ ㉠ : 11.11MPa, ㉡ : 3.00MPa　④ ㉠ : 8.6MPa, ㉡ : 2.45MPa

해설 $f_{\substack{상연응력(압축측)\\하연응력(인장측)}} = \dfrac{P}{A} \mp \dfrac{Pe}{I}y \pm \dfrac{M}{I}y$

$$= \dfrac{3,300,000}{550 \times 850} \mp \dfrac{3,300,000 \times 250}{\dfrac{550 \times 850^3}{12}} \times \dfrac{850}{2} \pm \dfrac{27 \times \dfrac{1,000}{1000} \times 18000^2}{\dfrac{8}{\dfrac{550 \times 850^3}{12}}} \times \dfrac{850}{2}$$

① $f_{상연응력(압축측)} = 11.11\text{MPa}$
② $f_{하연응력(인장측)} = 3.00\text{MPa}$

해답 ③

064

2방향 슬래브 설계 시 직접설계법을 적용하기 위해 만족하여야 하는 사항으로 틀린 것은?

① 각 방향으로 3경간 이상이 연속되어야 한다.
② 슬래브 판들은 단변 경간에 대한 장변 경간의 비가 2 이하인 직사각형이어야 한다.
③ 각 방향으로 연속한 받침부 중심간 경간차이는 긴 경간의 1/3 이하이어야 한다.
④ 연속한 기둥 중심선을 기준으로 기둥의 어긋남은 그 방향 경간의 20% 이하이어야 한다.

[해설] 연속한 기둥 중심선으로부터 기둥의 어긋남은 그 방향 경간의 최대 10% 이하이어야 한다.

[해답] ④

065 옹벽의 설계 및 구조해석에 대한 설명으로 틀린 것은?

① 지반에 유발되는 최대 지반반력은 지반의 허용지지력을 초과할 수 없다.
② 전도에 대한 저항휨모멘트는 횡토압에 의한 전도모멘트의 1.5배 이상이어야 한다.
③ 저판의 뒷굽판은 정확한 방법이 사용되지 않는 한, 뒷굽판 상부에 재하되는 모든 하중을 지지하도록 설계하여야 한다.
④ 캔틸레버식 옹벽의 저판은 전면벽과의 접합부를 고정단으로 간주한 캔틸레버로 가정하여 단면을 설계할 수 있다.

[해설] 전도에 대한 저항모멘트는 횡토압에 의한 전도모멘트의 2.0배 이상이어야 한다.

[해답] ②

066 그림과 같은 띠철근 기둥에서 띠철근의 최대 수직간격은? (단, D10의 공칭직경은 9.5mm, D32의 공칭직경은 31.8mm이다.)

① 400mm
② 456mm
③ 500mm
④ 509mm

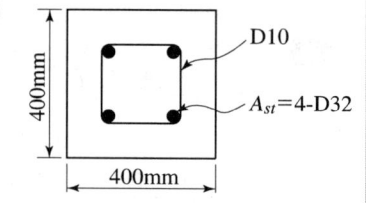

[해설] 띠철근의 수직 간격
① 단면 최소 치수 이하 = 400mm 이하
② 축방향 철근 지름의 16배 이하 = 31.8 × 16 = 808.8mm 이하
③ 띠철근 지름의 48배 이하 = 9.5 × 48 = 456mm 이하
  이 중 가장 작은 값인 400mm 이하

[해답] ①

067 강구조의 특징에 대한 설명으로 틀린 것은?

① 소성변형능력이 우수하다.
② 재료가 균질하여 좌굴의 영향이 낮다.
③ 인성이 커서 연성파괴를 유도할 수 있다.
④ 단위면적당 강도가 커서 자중을 줄일 수 있다.

[해설] ① 재료가 균질하고 강의 변동이 적어 신뢰성이 높다.
② 단면에 비해 부재가 세장하므로 좌굴의 위험이 있다.

[해답] ②

068

콘크리트와 철근이 일체가 되어 외력에 저항하는 철근콘크리트 구조에 대한 설명으로 틀린 것은?

① 콘크리트와 철근의 부착강도가 크다.
② 콘크리트와 철근의 탄성계수는 거의 같다.
③ 콘크리트 속에 묻힌 철근은 거의 부식하지 않는다.
④ 콘크리트와 철근의 열에 대한 팽창계수는 거의 같다.

해설 1. 철근과 콘크리트의 탄성계수는 비슷하지 않으며 철근콘크리트 일체식 구조체로 성립하는 이유에도 해당하지 않는다.
2. **철근 콘크리트가 일체식 구조체로 성립하는 이유**
   ① 콘크리트와 철근의 부착강도가 크다.(부착력이 크다.)
   ② 콘크리트 속에 묻힌 철근은 부식하지 않는다.(방청효과)
   ③ 콘크리트와 철근(강재)은 열에 대한 팽창계수과 거의 같다.
      ㉠ 콘크리트 열팽창계수 : 0.000010~0.000013/℃
      ㉡ 철근의 열팽창계수 : 0.000012/℃

해답 ②

069

폭이 300mm, 유효깊이가 500mm인 단철근 직사각형 보에서 인장철근 단면적이 1700mm²일 때 강도설계법에 의한 등가직사각형 압축응력블록의 깊이(a)는? (단, f_{ck}=20MPa, f_y=300MPa 이다.)

① 50mm
② 100mm
③ 200mm
④ 400mm

해설 등가직사각형 압축응력블록의 깊이

$$a = \frac{A_s f_y}{\eta 0.85 f_{ck} b} = \frac{1700 \times 300}{1 \times 0.85 \times 20 \times 300} = 100\text{mm}$$

해답 ②

070

아래에서 설명하는 용어는?

보나 지판이 없이 기둥으로 하중을 전달하는 2방향으로 철근이 배치된 콘크리트 슬래브

① 플랫 플레이트
② 플랫 슬래브
③ 리브 쉘
④ 주열대

해설 평슬래브 구조에 따른 분류
① 플랫 슬래브(flat slab) : 보는 없고 기둥만으로 지지되는 슬래브로 지판이나 기

둥머리를 가진다.
② 평판 슬래브(플랫 플레이트 슬래브) : 지판이나 기둥머리 없이 기둥만으로 지지하는 슬래브로 하중이 크지 않거나 경간이 짧은 경우에 사용한다.
③ 워플 슬래브(무량판 구조, 격자 슬래브) : 슬래브 하면에 장방형의 홈을 두어 자중을 경감시킨 슬래브이다.

해답 ①

071 그림과 같은 L형강에서 인장응력 검토를 위한 순폭계산에 대한 설명으로 틀린 것은?

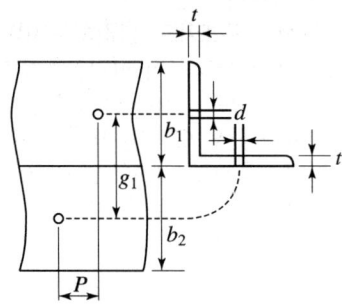

① 전개된 총 폭$(b) = b_1 + b_2 - t$이다.
② 리벳선간 거리$(g) = g_1 - t$이다.
③ $\dfrac{P^2}{4g} \geq d$인 경우 순폭$(b_n) = b - d$이다.
④ $\dfrac{P^2}{4g} < d$인 경우 순폭$(b_n) = b - d - \dfrac{P^2}{4g}$이다.

해설 $\dfrac{P^2}{4g} < d$인 경우 순폭$(b_n) = b - d - \left(d - \dfrac{P^2}{4g}\right)$이다.

해답 ④

072 단변 : 장변 경간의 비가 1 : 2인 단순 지지된 2방향 슬래브의 중앙점에 집중하중 P가 작용할 때 단변과 장변이 부담하는 하중비$(P_s : P_L)$는? (단, P_s : 단변이 부담하는 하중, P_L : 장변이 부담하는 하중)

① 1 : 8   ② 8 : 1
③ 1 : 16 ④ 16 : 1

해설 ① 단변이 부담하는 하중
$$P_s = \frac{PL^3}{L^3 + S^3} = \frac{P2^3}{2^3 + 1^3} = 0.889P$$

② 장변이 부담하는 하중
$$P_L = \frac{PS^3}{L^3+S^3} = \frac{P1^3}{2^3+1^3} = 0.111P$$
③ 단변과 장변이 부담하는 하중비($P_s : P_L$)
$P_s : P_L = 0.889P : 0.111P = 8 : 1$

해답 ②

073

보통중량콘크리트에서 압축을 받는 이형철근 D29(공칭지름 28.6mm)를 정착시키기 위해 소요되는 기본정착길이(l_{ab})는? (단, f_{ck}=35MPa, f_y=400MPa 이다.)

① 491.92mm
② 483.43mm
③ 464.09mm
④ 450.38mm

해설 **기본정착길이 조건**

$l_{ab} = \dfrac{0.25 d_b f_y}{\sqrt{f_{ck}}} \geq 0.043 d_b f_y$ 에서

$l_{ab} = \dfrac{0.25 d_b f_y}{\sqrt{f_{ck}}} = \dfrac{0.25 \times 28.6 \times 400}{\sqrt{35}} = 483.43\text{mm} < 0.043 \times 28.6 \times 400 = 491.92\text{mm}$

이므로
$l_{ab} = 491.92\text{mm}$

해답 ①

074

철근콘크리트 부재의 전단철근에 대한 설명으로 틀린 것은?

① 전단철근의 설계기준항복강도는 300MPa을 초과할 수 없다.
② 주인장 철근에 30° 이상의 각도로 구부린 굽힘철근은 전단철근으로 사용할 수 있다.
③ 최소 전단철근량은 $0.35\dfrac{b_w s}{f_{yt}}$ 보다 작지 않아야 한다.
④ 부재축에 직각으로 배치된 전단철근의 간격은 $d/2$ 이하, 또한 600mm 이하로 하여야 한다.

해설 전단철근의 설계기준항복강도는 500MPa를 초과할 수 없다.

해답 ①

075 폭 350mm, 유효깊이 500mm인 보에 설계기준항복강도가 400MPa인 D13 철근을 인장 주철근에 대한 경사각(α)이 60°인 U형 경사 스터럽으로 설치했을 때 전단보강철근의 공칭강도(V_s)는? (단, 스터럽 간격 $s=250$mm, D13 철근 1본의 단면적은 127mm²이다.)

① 201.4kN   ② 212.7kN
③ 243.2kN   ④ 277.6kN

해설 전단철근이 부담하는 전단강도

$$V_s = \frac{d(\sin\alpha + \cos\alpha)}{s} A_v f_{yt}$$
$$= \frac{500(\sin 60° + \cos 60°)}{250} \times (2 \times 127) \times 400$$
$$= 277,576.4\text{N} = 277.6\text{kN}$$

해답 ④

076 철근콘크리트 보를 설계할 때 변화구간 단면에서 강도감소계수(ϕ)를 구하는 식은? (단, $f_{ck}=40$MPa, $f_y=400$MPa, 띠철근으로 보강된 부재이며, ϵ_t는 최외단 인장철근의 순인장변형률이다.)

① $\phi = 0.65 + (\epsilon_t - 0.002)\dfrac{200}{3}$ ② $\phi = 0.70 + (\epsilon_t - 0.002)\dfrac{200}{3}$
③ $\phi = 0.65 + (\epsilon_t - 0.002) \times 50$ ④ $\phi = 0.70 + (\epsilon_t - 0.002) \times 50$

해설 띠철근으로 보강된 부재의 강도감소계수

$$\phi = 0.65 + (\epsilon_t - 0.002)\frac{200}{3}$$

해답 ①

077 그림과 같이 지름 25mm의 구멍이 있는 판(plate)에서 인장응력 검토를 위한 순폭은?

① 160.4mm
② 150mm
③ 145.8mm
④ 130mm

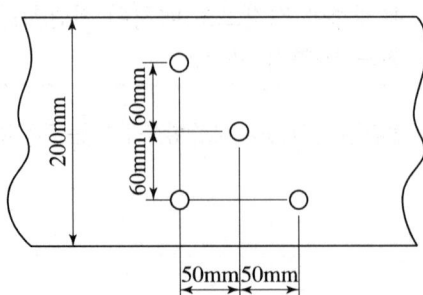

해설 폭은 3개의 구멍이 연결될 때 가장 작은 값인 순폭이 되므로

$$b_n = b - d - 2w = b - d - 2\left(d - \frac{P^2}{4g}\right)$$

$$= (200) - 25 - 2 \times \left(25 - \frac{50^2}{4 \times 60}\right)$$

$$= 145.83\,\text{mm}$$

해답 ③

078
폭이 350mm, 유효깊이가 550mm인 직사각형 단면의 보에서 지속하중에 의한 순간 처짐이 16mm일 때 1년 후 총 처짐량은? (단, 배근된 인장철근량(A_s)은 2246mm², 압축철근량(A_s')은 1284mm²이다.)

① 20.5mm
② 26.5mm
③ 32.8mm
④ 42.1mm

해설
① 압축철근비
$$\rho' = \frac{A_s'}{bd} = \frac{1,284}{350 \times 550} = 0.00667$$

② 지속 하중 재하 기간에 따른 계수
$\xi = 1.4$

구분	3개월	6개월	12개월	5년 이상
ξ	1.0	1.2	1.4	2.0

③ 처짐계수
$$\lambda = \frac{\xi}{1 + 50\rho'} = \frac{1.4}{1 + 50 \times 0.00667} = 1.05$$

④ 장기처짐 = $\lambda \times$ 탄성처짐 = $1.05 \times 16 = 16.8$mm
⑤ 전체 처짐 = 장기처짐 + 탄성처짐 = $16 + 16.8 = 32.8$mm

해답 ③

079
단철근 직사각형 보에서 $f_{ck} = 32$MPa인 경우, 콘크리트 등가 직사각형 압축응력블록의 깊이를 나타내는 계수 β_1은?

① 0.74
② 0.76
③ 0.80
④ 0.85

해설 등가직사각형 응력분포 변수 값

f_{ck}(MPa)	≤40	50	60	70	80	90
ε_{cu}	0.0033	0.0032	0.0031	0.003	0.0029	0.0028
η	1.00	0.97	0.95	0.91	0.87	0.84
β_1	0.80	0.80	0.76	0.74	0.72	0.70

해답 ③

080

폭이 300mm, 유효깊이가 500mm인 단철근직사각형 보에서 강도설계법으로 구한 균형 철근량은? (단, 등가 직사각형 압축응력블록을 사용하며, $f_{ck}=35$MPa, $f_y=350$MPa 이다.)

① 5285mm² ② 5890mm²
③ 6665mm² ④ 7235mm²

해설 ① 등가직사각형 응력분포 변수 값

f_{ck}(MPa)	≤40	50	60	70	80	90
ε_{cu}	0.0033	0.0032	0.0031	0.003	0.0029	0.0028
η	1.00	0.97	0.95	0.91	0.87	0.84
β_1	0.80	0.80	0.76	0.74	0.72	0.70

$\beta_1 = 0.80$

② $\epsilon_{cu} = 0.0033$

③ 균형철근량

$$A_{sb} = \rho_b(b_w d) = \eta \, 0.85 \beta_1 \frac{\epsilon_{cu}}{\epsilon_{cu} + \frac{f_y}{200,000}} (b_w d)$$

$$= 1 \times 0.85 \times \frac{35}{350} \times 0.80 \times \frac{0.0033}{0.0033 + \frac{350}{200,000}} \times (300 \times 500)$$

$$= 6,665.3 \text{mm}^2$$

해답 ③

제5과목 토질 및 기초

081

4.75mm체(4번 체) 통과율이 90% 0.075mm체(200번 체) 통과율이 4%이고, $D_{10}=0.25$mm, $D_{30}=0.6$mm, $D_{60}=2$mm 인 흙을 통일분류법으로 분류하면?

① GP ② GW
③ SP ④ SW

해설 ① 조립토와 세립토 분류
　　No.200체(0.075mm) 통과율=4% < 50%이므로 조립토
② 조립토 제1문자 결정
　　No.4체(4.75mm) 통과율=90% > 50%이므로 모래(S)
③ 조립토 제2문자 결정

㉠ $C_u = \dfrac{D_{60}}{D_{10}} = \dfrac{2}{0.25} = 8$

㉡ $C_g = \dfrac{D_{30}^2}{D_{10} \cdot D_{60}} = \dfrac{0.6^2}{0.25 \times 2} = 0.72$

㉢ $C_u = 8 > 6$, $C_g = 0.72 < (1 \sim 3)$ 이므로 빈입도이다.

[참고] 1. 제1문자
① 조립토와 세립토의 분류 : No.200 체 통과량 50% 기준
  ㉠ 조립토 : No.200체 통과량이 50% 이하(G 또는 S)
  ㉡ 세립토 : No.200체 통과량이 50% 이상(M 또는 C 또는 O)
② 조립토의 분류
  ㉠ 자갈(G) : No.4체 통과량이 50% 이하
  ㉡ 모래(S) : No.4체 통과량이 50% 이상
2. 입도분포 판정
① 양입도(well graded)
  ㉠ 흙일 때 : $C_u > 10$, $C_g = 1 \sim 3$
  ㉡ 모래일 때 : $C_u > 6$, $C_g = 1 \sim 3$
  ㉢ 자갈일 때 : $C_u > 4$, $C_g = 1 \sim 3$
② 빈입도(poorly graded)
  C_u, C_g 둘 중 어느 하나라도 만족하지 못하면 입도분포가 나쁘다.

해답 ③

082

그림과 같은 정사각형 기초에서 안전율을 3으로 할 때 Tezanghi의 공식을 사용하여 지지력을 구하고자 한다. 이때 한 변의 최소길이(B)는? (단, 물의 단위중량은 9.81kN/m³, 점착력(c)은 60kN/m², 내부 마찰각(ϕ)은 0°이고, 지지력계수 $N_c = 5.7$, $N_q = 1.0$, $N_\gamma = 0$이다.)

① 1.12m
② 1.43m
③ 1.51m
④ 1.62m

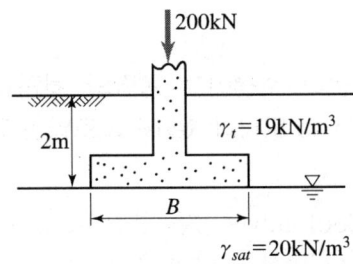

해설 1. 정사각형 기초의 극한지지력
① 기초 모양에 따른 형상계수
정사각형 기초이므로
  ㉠ $\alpha = 1.3$
  ㉡ $\beta = 0.4$
② 지하수위가 $D_1 = D_f$인 경우(기초저면)이므로
  $r_1' = r_{sub}$ $q = r_2 D_f$

③ $q_{ult} = \alpha c N_c + \beta \gamma_1 B N_\gamma + \gamma_2 D_f N_q$
  $= 1.3 \times 60 \times 5.7 + 0.4 \times (20-9.81) \times B \times 0 + 19 \times 2 \times 1.0$
  $= 482.6 \text{kN/m}^2$

2. 허용응력(q_a)

   $q_a = \dfrac{q_{ult}}{F_s} = \dfrac{482.6}{3}$

3. 정사각형 기초의 한 변 최소길이(B)

   $q_a = \dfrac{Q}{A} = \dfrac{Q}{B^2}$ 에서 $B = \sqrt{\dfrac{Q}{q_a}} = \sqrt{\dfrac{200 \times 3}{482.6}} = 1.12 \text{m}$

해답 ①

083

접지압(또는 지반반력)이 그림과 같이 되는 경우는?

① 푸팅 : 강성, 기초지반 : 점토
② 푸팅 : 강성, 기초지반 : 모래
③ 푸팅 : 연성, 기초지반 : 점토
④ 푸팅 : 연성, 기초지반 : 모래

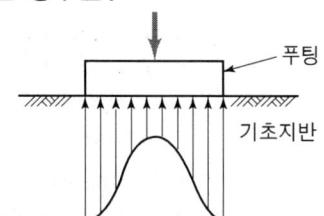

해설 점토지반에 축조된 강성기초의 접지압은 기초 모서리 부분에서 최대이다.

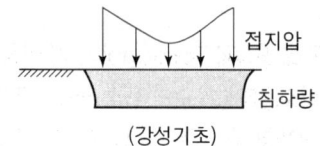
(강성기초)

해답 ①

084

지표면이 수평이고 옹벽의 뒷면과 흙과의 마찰각이 0°인 연직옹벽에서 Coulomb 토압과 Rankine 토압은 어떤 관계가 있는가? (단, 점착력은 무시한다.)

① Coulomb 토압은 항상 Rankine 토압보다 크다.
② Coulomb 토압과 Rankine 토압은 같다.
③ Coulomb 토압과 Rankine 토압보다 작다.
④ 옹벽의 형상과 흙의 상태에 따라 클 때도 있고 작을 때도 있다.

해설 Rankine토압과 Coulomb토압과의 관계
① 옹벽 배면각이 90°이고, 뒤채움 흙이 수평이고, 벽마찰을 무시하면 Coulomb의 토압은 Rankine의 토압과 같다.
② 옹벽 배면각이 90°이고 지표면의 경사각과 옹벽 배면과 흙의 마찰각이 같은 경우는 Coulomb의 토압은 Rankine의 토압과 같다.

해답 ②

085

도로의 평판 재하 시험에서 1.25mm 침하량에 해당하는 하중 강도가 250kN/m²일 때 지반반력 계수는?

① 100MN/m³ ② 200MN/m³
③ 1000MN/m³ ④ 2000MN/m³

해설 $K = \dfrac{q}{y} = \dfrac{250}{0.00125} = 200{,}000\text{kN/m}^3 = 200\text{MkN/m}^3$

여기서, K : 지지력 계수(kN/m³)
q : 침하량 y(m)일 때의 하중강도(kN/m²)
y : 침하량(콘크리트 포장인 경우 0.00125m가 표준)

해답 ②

086

표준관입시험(S.P.T) 결과 N값이 25이었고, 이때 채취한 교란시료로 입도시험을 한 결과 입자가 둥글고, 입도분포가 불량할 때 Dunham의 공식으로 구한 내부 마찰각(ϕ)은?

① 32.3° ② 37.3°
③ 42.3° ④ 48.3°

해설 토립자가 둥글고 입도가 불량하므로
$\phi = \sqrt{12N} + 15 = \sqrt{12 \times 25} + 15 = 32.3°$

[참고] N, ϕ의 관계(Dunham 공식)
① 토립자가 모나고 입도가 양호 : $\phi = \sqrt{12N} + 25$
② 토립자가 모나고 입도가 불량 : $\phi = \sqrt{12N} + 20$
③ 토립자가 둥글고 입도가 양호 : $\phi = \sqrt{12N} + 20$
④ 토립자가 둥글고 입도가 불량 : $\phi = \sqrt{12N} + 15$

해답 ①

087

현장에서 완전히 포화되었던 시료라 할지라도 시료 채취 시 기포가 형성되어 포화도가 저하될 수 있다. 이 경우 생성된 기포를 원상태로 용해시키기 위해 작용시키는 압력을 무엇이라고 하는가?

① 배압(back pressure)
② 축차응력(deviator stress)
③ 구속압력(confined pressure)
④ 선행압밀압력(preconsolidation pressure)

해설 완전히 포화되었던 시료라 할지라도 시료 채취 시 기포가 형성되어 포화도가 저하될 수 있는데 이 경우 생성된 기포를 원상태로 용해시키기 위해 압력을 작용시키며 이 압력을 배압(back pressure)이라 한다.

해답 ①

088 다음 지반 개량공법 중 연약한 점토지반에 적합하지 않은 것은?

① 프리로딩 공법
② 샌드 드레인 공법
③ 페이퍼 드레인 공법
④ 바이브로 플로테이션 공법

해설 Vibro floatation공법은 사질토지반의 개량공법의 일종이다.

[참고] 1. 연약점토지반 개량공법
　　　　① 치환공법
　　　　② pre-loading 공법(사전압밀공법)
　　　　③ Sand drain 공법
　　　　④ Paper Drain 공법(card board wicks method)
　　　　⑤ Pack Drain Method
　　　　⑥ 전기침투공법
　　　　⑦ 침투압공법(MAIS 공법)
　　　　⑧ 생석회말뚝(chemico pile) 공법
　　　2. 사질토지반 개량공법
　　　　① 다짐말뚝공법
　　　　② 다짐모래 말뚝공법(sand compaction pile 공법=compozer 공법)
　　　　③ 바이브로플로테이션(Vibroflotation) 공법
　　　　④ 폭파다짐공법
　　　　⑤ 약액주입공법
　　　　⑥ 전기충격공법

해답 ④

089 Terzangi의 1차 압밀에 대한 설명으로 틀린 것은?

① 압밀방정식은 점토 내에 발생하는 과잉간극수압의 변화를 시간과 배수거리에 따라 나타낸 것이다.
② 압밀방정식을 풀면 압밀도를 시간계수의 함수로 나타낼 수 있다.
③ 평균압밀도는 시간에 따른 압밀침하량을 최종압밀침하량으로 나누면 구할 수 있다.
④ 압밀도는 배수거리에 비례하고, 압밀계수에 반비례 한다.

해설 ① 압밀계수는 시간계수와 배수거리제곱에 정비례하고, 압밀시간에 반비례한다.
② $U = \dfrac{\text{현재의 압밀량}}{\text{최종 압밀량}} \times 100 = \dfrac{\Delta H_t}{\Delta H} \times 100 (\%)$
③ 평균압밀도와 시간계수(T_v)의 관계(Terzaghi의 근사식)
　㉠ $0 \leq U \leq 60\%$: $T_v = \dfrac{\pi}{4} \cdot \left(\dfrac{U(\%)}{100}\right)^2$
　㉡ $U \geq 60\%$: $T_v = 1.781 - 0.933 \log(100 - U)$

해답 ④

090 그림과 같은 지반에서 하중으로 인하여 수직응력($\Delta\sigma_1$)이 100kN/m² 증가되고 수평응력($\Delta\sigma_3$)이 50kN/m² 증가되었다면 간극수압은 얼마나 증가되었는가? (단, 간극수압계수 $A=0.5$이고, $B=1$이다.)

① 50kN/m²
② 75kN/m²
③ 100kN/m²
④ 125kN/m²

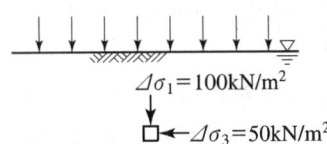

해설
$\Delta u = B[\Delta\sigma_3 + A(\Delta\sigma_1 - \Delta\sigma_3)]$
$= 1 \times [50 + 0.5 \times (100-50)] = 75\text{kN/m}^2$

해답 ②

---

091 어떤 점토지반에서 베인 시험을 실시하였다. 베인의 지름이 50mm, 높이가 100mm, 파괴 시 토크가 59N·m일 때 이 점토의 점착력은?

① 129kN/m²
② 157kN/m²
③ 213kN/m²
④ 276kN/m²

해설 베인전단 시험에 의한 전단강도
$$S = c_u = \frac{T}{\pi \cdot D^2 \cdot \left(\frac{H}{2} + \frac{D}{6}\right)} = \frac{59000}{\pi \times 50^2 \times \left(\frac{100}{2} + \frac{50}{6}\right)}$$
$= 0.129\text{N/mm}^2 = 129\text{kN/m}^2$

해답 ①

---

092 그림과 같이 동일한 두께의 3층으로 된 수평모래층이 있을 때 토층에 수직한 방향의 평균투수계수(k_v)는?

① 2.38×10^{-3} cm/s
② 3.01×10^{-4} cm/s
③ 4.56×10^{-4} cm/s
④ 5.60×10^{-4} cm/s

3m $k_1 = 2.3 \times 10^{-4}$ cm/s
3m $k_1 = 9.8 \times 10^{-3}$ cm/s
3m $k_1 = 4.7 \times 10^{-4}$ cm/s

해설
① $H = H_1 + H_2 + H_3 = 3+3+3 = 9\text{m}$
② 연직방향 투수계수
$$k_v = \frac{H}{\frac{H_1}{k_1} + \frac{H_2}{k_2} + \frac{H_3}{k_3}} = \frac{900}{\frac{300}{2.3 \times 10^{-4}} + \frac{300}{9.8 \times 10^{-3}} + \frac{300}{4.7 \times 10^{-4}}}$$
$= 4.56 \times 10^{-4}\text{cm/sec}$

해답 ③

093 흙의 다짐에 대한 설명으로 틀린 것은?

① 다짐에 의하여 간극이 작아지고 부착력이 커져서 역학적 강도 및 지지력은 증대하고, 압축성, 흡수성 및 투수성은 감소한다.
② 점토를 최적함수비보다 약간 건조측의 함수비로 다지면 면모구조를 가지게 된다.
③ 점토를 최적함수비보다 약간 습윤측에서 다지면 투수계수가 감소하게 된다.
④ 면모구조를 파괴시키지 못할 정도의 작은 압력으로 점토시료를 압밀할 경우 건조측 다짐을 한 시료가 습윤측 다짐을 한 시료보다 압축성이 크게 된다.

해설 낮은 압력에서는 건조측에서 다진 흙의 압축성이 훨씬 작고 더 빨리 압축되나, 가해진 압력이 입자를 재배열시킬 만큼 충분히 클 때는 오히려 건조측에서 다진 흙의 압축이 더 커진다.

해답 ④

094 3층 구조로 구조결합 사이에 치환성 양이온이 있어서 활성이 크고, 시트(sheet) 사이에 물이 들어가 팽창·수축이 크고, 공학적 안정성이 약한 점토 광물은?

① sand
② illite
③ kaolinite
④ montmorillonite

해설 **몬모릴로나이트**(montmorillonite)
① 2개의 실리카판과 1개의 알루미나판으로 이루어진 구조이다.
② 3층 구조의 단위들이 치환성 양이온으로 결정되어 있다.
③ 결합력이 매우 작다.
④ 수축, 팽창이 크다.
⑤ 공학적 안정성이 제일 작다.

해답 ④

095 간극비 $e_1=0.80$인 어떤 모래의 투수계수 $K_1=8.5\times10^{-2}$cm/sec일 때 이 모래를 다져서 간극비를 $e_2=0.57$로 하면 투수계수 K_2는?

① 4.1×10^{-1}cm/s
② 8.1×10^{-2}cm/s
③ 3.5×10^{-2}cm/s
④ 8.5×10^{-3}cm/s

해설 투수계수는 간극비의 제곱에 비례하므로
$$k_1:k_2=\frac{e_1^3}{1+e_1}:\frac{e_2^3}{1+e_2}$$
$8.5\times10^{-2}:k_2=\dfrac{0.8^3}{1+0.8}:\dfrac{0.57^3}{1+0.57}$ 에서
$k_2=3.52\times10^{-2}$cm/sec

해답 ③

096 사면안정 해석방법에 대한 설명으로 틀린 것은?

① 일체법은 활동면 위에 있는 흙덩어리를 하나의 물체로 보고 해석하는 방법이다.
② 마찰원법은 점착력과 마찰각을 동시에 갖고 있는 균질한 지반에 적용된다.
③ 절편법은 활동면 위에 있는 흙을 여러 개의 절편으로 분할하여 해석하는 방법이다.
④ 절편법은 흙이 균질하지 않아도 적용이 가능하지만, 흙 속에 간극수압이 있을 경우 적용이 불가능하다.

해설 절편법(slice method, 분할법)은 먼저 임의의 활동면을 가정하여, 활동면의 흙을 여러 개의 절편으로 나누어 각 절편에 작용하는 힘을 구하여 절편에 대한 안전율을 결정하는 방법으로, 이질토층과 지하수위가 있는 경우에 적용할 수 있다.

해답 ④

097 그림과 같이 지표면에 집중하중이 작용할 때 A 점에서 발생하는 연직응력의 증가량은?

① 0.21kN/m^2
② 0.24kN/m^2
③ 0.27kN/m^2
④ 0.30kN/m^2

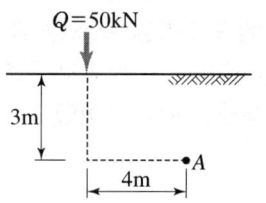

해설 집중하중에 의한 응력 증가
① 영향계수(I)
$$I = \frac{3 \cdot z^5}{2 \cdot \pi \cdot R^5} = \frac{3 \times 3^5}{2 \times \pi \times (\sqrt{4^2+3^2})^5} = 0.0371$$
② 연직응력 증가량($\Delta \sigma_z$)
$$\Delta \sigma_z = \frac{Q}{z^2} \cdot I = \frac{50}{3^2} \times 0.0371 = 0.21\text{kN/m}^2$$

해답 ①

098 지표에 설치된 3m×3m의 정사각형 기초에 80kN/m^2의 등분포하중이 작용할 때, 지표면 아래 5m 깊이에서의 연직응력의 증가량은? (단, 2:1 분포법을 사용한다.)

① 7.15kN/m^2
② 9.20kN/m^2
③ 11.25kN/m^2
④ 13.10kN/m^2

해설
① $Q = q_s \cdot B \cdot L = 80 \times 3 \times 3 = 720\,\text{kN}$
② $\Delta \sigma_z = \dfrac{Q}{(B+z) \cdot (L+z)} = \dfrac{720}{(3+5) \times (3+5)} = 11.25\,\text{kN/m}^2$

해답 ③

099 다음 연약지반 개량공법 중 일시적인 개량공법은?

① 치환 공법　　② 동결 공법
③ 약액주입 공법　　④ 모래다짐말뚝 공법

해설 일시적 지반 개량공법
① 웰포인트(Well point) 공법
② deep well 공법(깊은우물 공법)
③ 대기압공법(진공압밀공법)
④ 동결공법

해답 ②

100 연약지반에 구조물을 축조할 때 피에조미터를 설치하여 과잉간극수압의 변화를 측정한 결과 어떤 점에서 구조물 축조 직후 과잉간극수압이 100kN/m²이었고, 4년 후에 20kN/m²이었다. 이때의 압밀도는?

① 20%　　② 40%
③ 60%　　④ 80%

해설 과잉간극수압의 소산정도에 따르면
$$U = \dfrac{\text{소산된 과잉간극수압}}{\text{초기과잉간극수압}} \times 100 = \dfrac{u_i - u_e}{u_i} \times 100 = \left(1 - \dfrac{u_e}{u_i}\right) \times 100(\%)$$
$$= \left(1 - \dfrac{20}{100}\right) \times 100(\%) = 80\%$$

해답 ④

제6과목 상하수도공학

101 1인1평균급수량에 대한 일반적인 특징으로 옳지 않은 것은?

① 소도시는 대도시에 비해서 수량이 크다.
② 공업이 번성한 도시는 소도시보다 수량이 크다.
③ 기온이 높은 지방이 추운 지방보다 수량이 크다.
④ 정액급수의 수도는 계량급수의 수도보다 소비수량이 크다.

해설 ① 계획 1일 평균급수량＝계획 1일 최대급수량
　　　　　　　　　　　　×[0.7(중소도시), 0.8(대도시, 공업도시)]
② 계획 1일 평균급수량은 대도시나 공업도시가 중소도시에 비해서 수량이 크다.

해답 ①

102 침전지의 수심이 4m이고 체류시간이 1시간일 때 이 침전지의 표면부하율(Surface loading rate)은?

① $48m^3/m^2 \cdot d$　　② $72m^3/m^2 \cdot d$
③ $96m^3/m^2 \cdot d$　　④ $108m^3/m^2 \cdot d$

해설 $L_s = \dfrac{\text{유입수량}(m^3/day)}{\text{표면적}(m^2)} = \dfrac{Q}{A} = \dfrac{H}{t} = \dfrac{4}{1 \times \dfrac{1}{24}}$

$= 96m^3/m^2 \cdot d$

여기서, L_s : 수면적부하율$[m^3/m^2 \cdot day]$
　　　　Q : 유입수량$[m^3/day]$
　　　　A : 침전지면적$[m^2](A = B \times L)$

해답 ③

103 인구가 10000명인 A시에 폐수 배출시설 1개소가 설치될 계획이다. 이 폐수 배출시설의 유량은 $200m^3/d$이고 평균 BOD 배출농도는 $500gBOD/m^3$이다. 이를 고려하여 A시에 하수종말처리장을 신설할 때 적합한 최소 계획인구수는? (단, 하수종말처리장 건설 시 1인 1일 BOD 부하량은 $50gBOD/$인 $\cdot d$로 한다.)

① 10000명　　② 12000명
③ 14000명　　④ 16000명

해설 $10{,}000 + \dfrac{200m^{3/d} \times 500gBOD/m^3}{50gBOD/\text{인}d} = 12{,}000$명

해답 ②

104
우수관로 및 합류식관로 내에서의 부유물 침전을 막기 위하여 계획우수량에 대하여 요구되는 최소 유속은?

① 0.3m/s
② 0.6m/s
③ 0.8m/s
④ 1.2m/s

해설 하수관의 유속

관거	최소 유속	최대 유속	비 고
오수관거	0.6m/sec	3.0m/sec	이상적인 유속 : 1.0~1.8m/sec
우수관거 및 합류관거	0.8m/sec	3.0m/sec	

해답 ③

105
어느 A시에 장래 2030년의 인구추정 결과 85000명으로 추산되었다. 계획년도의 1인 1일당 평균급수량을 380L, 급수보급률을 95%로 가정할 때 계획년도의 계획 1일 평균급수량은?

① $30685m^3/d$
② $31205m^3/d$
③ $31555m^3/d$
④ $32305m^3/d$

해설 계획 1일 평균급수량 = 계획 1일 최대급수량 × 계획유효율
$$= 380L/인 \times 10^{-3}m^3/L \times 0.95 \times 85,000인$$
$$= 30,685m^3/d$$

해답 ①

106
하수도의 관로계획에 대한 설명으로 옳은 것은?

① 오수관로는 계획1일평균오수량을 기준으로 계획한다.
② 관로의 역사이펀을 많이 설치하여 유지관리 측면에서 유리하도록 계획한다.
③ 합류식에서 하수의 차집관로는 우천 시 계획오수량을 기준으로 계획한다.
④ 오수관로와 우수관로가 교차하여 역사이펀을 피할 수 없는 경우는 우수관로를 역사이펀으로 하는 것이 바람직하다.

해설 계획하수량
① 분류식
  ㉠ 오수관로 : 계획시간 최대 오수량
  ㉡ 우수관로 : 계획 우수량
② 합류식
  ㉠ 합류관로 : 계획시간 최대 오수량+계획우수량
  ㉡ 차집관로 : 우천시 계획오수량(계획시간 최대 오수량의 3배 이상)

해답 ③

107
정수처리 시 트리할로메탄 및 곰팡이 냄새의 생성을 최소화하기 위해 침전지가 여과지 사이에 염소제를 주입하는 방법은?

① 전염소처리
② 중간염소처리
③ 후염소처리
④ 이중염소처리

해설 중간염소처리의 경우 염소제 주입지점은 침전지와 여과지 사이에서 잘 혼화되는 장소로 한다.

해답 ②

108
지름 400mm, 길이 1000m인 원형 철근 콘크리트 관에 물이 가득 차 흐르고 있다. 이 관로 시점의 수두가 50m 라면 관로 종점의 수압(kgf/cm²)은? (단, 손실수두는 마찰손실 수두만을 고려하며 마찰계수(f)=0.05, 유속은 Manning 공식을 이용하여 구하고 조도계수(n)=0.013, 동수경사(I)=0.001이다.)

① 2.92kgf/cm²
② 3.28kgf/cm²
③ 4.83kgf/cm²
④ 5.31kgf/cm²

해설
① 유속
Manning 공식
$$V = \frac{1}{n} R^{2/3} I^{1/2} = \frac{1}{0.013} \times \left(\frac{0.4}{4}\right)^{2/3} \times 0.001^{1/2} = 0.524 \text{m/sec}$$
② 관마찰손실수두
$$h_f = f \frac{L}{D} \cdot \frac{V^2}{2g} = 0.05 \times \frac{1,000}{0.4} \times \frac{0.524^2}{2 \times 980} = 1.75 \text{m}$$
③ 관로종점의 수두 = 50 − 1.75 = 48.25m
④ 관로 종점의 수압 = 4.83kgf/cm²

해답 ③

109
교차연결(cross connection)에 대한 설명으로 옳은 것은?

① 2개의 하수도관이 90°로 서로 연결된 것을 말한다.
② 상수도관과 오염된 오수관이 서로 연결된 것을 말한다.
③ 두 개의 하수관로가 교차해서 지나가는 구조를 말한다.
④ 상수도관과 하수도관이 서로 교차해서 지나가는 것을 말한다.

해설 **교차연결의 정의** : 연결관에 수압차를 두는 것은 교차연결의 발생원이 된다.
① 음용수를 공급하는 수도에 공업용 수도 등의 배수관을 서로 연결한 것을 말한다.
② 압력저하 또는 진공발생으로 연결된 관으로부터 수질이 불명확한 물의 유입이 가능하게 되는 현상

해답 ②

110 슬러지 농축과 탈수에 대한 설명으로 틀린 것은?

① 탈수는 기계적 방법으로 전공여과, 가압여과 및 원심탈수법 등이 있다.
② 농축은 매립이나 해양투기를 하기 전에 슬러지 용적을 감소시켜 준다.
③ 농축은 자연의 중력에 의한 방법이 가장 간단하며 경제적인 처리 방법이다.
④ 중력식 농축조에 슬러지 제거기 설치 시 탱크바닥의 기울기는 1/10 이상이 좋다.

해설 슬러지 제거기(sludge scraper)를 설치할 경우 탱크바닥의 기울기는 5/100 이상이 좋다.

해답 ④

111 송수시설에 대한 설명으로 옳은 것은?

① 급수관, 계량기 등이 붙어 있는 시설
② 정수장에서 배수지까지 물을 보내는 시설
③ 수원에서 취수한 물을 정수장까지 운반하는 시설
④ 정수 처리된 물을 소요수량만큼 수요자에게 보내는 시설

해설 송수시설은 정수장에서 배수지까지 송수하는 시설. 송수관, 송수펌프, 조정지 및 밸브 등의 부속 설비로 구성된다.

해답 ②

112 압력식 하수도 수집 시스템에 대한 특징 틀린 것은?

① 얕은 층으로 매설할 수 있다.
② 하수를 그라인더 펌프에 의해 압송한다.
③ 광범위한 지형 조건 등에 대응할 수 있다.
④ 유지관리가 비교적 간편하고, 일반적으로는 유리관리비용이 저렴하다.

해설 압력식 하수도 수집 시스템의 경우 하수를 그라인더 펌프에 의해 압송하므로 얕은 층에 매설할 수 있어 광범위한 지형 조건에 대응할 수 있는 장점이 있으나 비교적 유지관리비가 많이 든다.

해답 ④

113 pH가 5.6에서 4.3으로 변화할 때 수소이온 농도는 약 몇 배가 되는가?

① 약 13배
② 약 15배
③ 약 17배
④ 약 20배

해설 $\dfrac{10^{-4.3}}{10^{-5.6}} = \dfrac{5.012 \times 10^{-5}}{2.512 \times 10^{-6}} = 20$

해답 ④

114
하수처리계획 및 재이용계획을 위한 계획오수량에 대한 설명으로 옳은 것은?

① 지하수량은 계획1일평균오수량의 10~20%로 한다.
② 계획1일평균오수량은 계획1일최대오수량의 70~80%를 표준으로 한다.
③ 합류식에서 우천 시 계획오수량은 원칙적으로 계획1일평균오수량의 3배 이상으로 한다.
④ 계획1일최대오수량은 계획시간최대오수량을 1일의 수량으로 환산하여 1.3~1.8배를 표준으로 한다.

해설 계획 1일 평균 오수량 : 하수처리장 유입하수의 수질을 추정하는 데 사용
계획 1일 평균 오수량 = 계획 1일 최대 오수량 × 70~80%
① 중소도시 : 70% ② 대도시, 공업도시 : 80%

해답 ②

115
배수관망의 구성방식 중 격자식과 비교한 수지상식의 설명으로 틀린 것은?

① 수리계산이 간단하다. ② 사고 시 단수구간이 크다.
③ 제수밸브를 많이 설치해야 한다. ④ 관의 말단부에 물이 정체되기 쉽다.

해설 수지상식은 격자식(망목식)에 비해 제수 밸브가 적게 설치된다.

해답 ③

116
슬러지 처리의 목표로 옳지 않은 것은?

① 중금속 처리 ② 병원균의 처리
③ 슬러지의 생화학적 안정화 ④ 최종 슬러지 부피의 감량화

해설 슬러지 처리 목표
① 안정화(유기물 제거)
② 살균(안전화)
③ 부피 감량화
④ 처분의 확실성

해답 ①

117
하수의 고도처리에 있어서 질소와 인을 동시에 제거하기 어려운 공법은?

① 수정 phostrip 공법 ② 막분리 활성슬러지법
③ 혐기무산소호기조합법 ④ 응집제병용형 생물학적 질소제거법

해설 막분리법은 압력차에 의해서 막을 통과시켜 물질을 분리하는 방법으로 질소와 인을 동시에 제거하기 어렵다.

해답 ②

118 합류식과 분류식에 대한 설명으로 옳지 않은 것은?

① 분류식의 경우 관로 내 퇴적은 적으나 수세효과는 기대할 수 없다.
② 합류식의 경우 일정량 이상이 되면 우천 시 오수가 월류한다.
③ 합류식의 경우 관경이 커지기 때문에 2계통인 분류식보다 건설비용이 많이 든다.
④ 분류식의 경우 오수와 우수를 별개의 관로로 배제하기 때문에 오수의 배제계획이 합리적이다.

해설 분류식 하수도의 경우 오수관과 우수관을 별도로 설치해야 되므로 공사비가 많이 소요된다.

해답 ③

119 저수지에서 식물성 플랑크톤의 과도성장에 따라 부영양화가 발생될 수 있는데, 이에 대한 가장 일반적인 지표기준은?

① COD 농도
② 색도
③ BOD와 DO 농도
④ 투명도(Secchi disk depth)

해설 투명도를 기준으로 클로로필-a, 총인(T-P) 등의 농도를 이용한 상관관계를 기초로 부영양화도를 평가한다.

해답 ④

120 정수장의 소독 시 처리수량이 10000m³/d 인 정수장에서 염소를 5mg/L의 농도로 주입할 경우 잔류염소농도가 0.2mg/L이었다. 염소요구량은? (단, 염소의 순도는 80%이다.)

① 24kg/d
② 30kg/d
③ 48kg/d
④ 60kg/d

해설 **염소요구량** = 염소요구농도 × 유량 × $\dfrac{1}{순도}$

$= \dfrac{1,000L}{1m^3} \times (5-0.2)\dfrac{mg}{L} \times \dfrac{1kg}{10^6 mg} \times \dfrac{10,000m^3}{day} \times \dfrac{1}{0.8}$

$= 460 kg/day$

해답 ④

2022년 8월 CBT 시행

본 문제는 복원 기출문제입니다. 실제 문제와 다를 수 있으니 양해바랍니다.

제1과목 응용역학

001 그림과 같은 단면에서 외곽 원의 직경(D)이 60cm이고 내부 원의 직경($D/2$)은 30cm라면, 빗금 친 부분의 도심의 위치는 X축에서 얼마나 떨어진 곳인가?

① 33cm
② 35cm
③ 37cm
④ 39cm

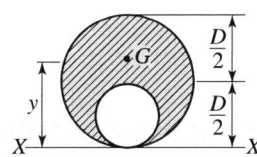

해설 $\bar{y} = \dfrac{\sum A \cdot y}{\sum A} = \dfrac{\pi \times 30^2 \times 30 - \pi \times 15^2 \times 15}{\pi \times 30^2 - \pi \times 15^2} = 35\text{cm}$

해답 ②

002 단면이 10cm×20cm인 장주가 있다. 그 길이가 3m일 때 이 기둥의 좌굴하중은 약 얼마인가? (단, 기둥의 $E = 2 \times 10^4$MPa, 지지상태는 일단 고정, 타단 자유이다.)

① 45.8kN
② 91.4kN
③ 182.8kN
④ 365.6kN

해설 ① 강도(내력)
일단고정 타단자유이므로 $n = 1/4$
② 좌굴하중(P_b)

$$P_b = \frac{\pi^2 EI}{l_k^2} = \frac{n\pi^2 EI}{l^2} = \frac{\frac{1}{4} \times \pi^2 \times 2 \times 10^4 \times \frac{20 \times 100^3}{12}}{3000^2} = 91385\text{N} ≒ 91.4\text{kN}$$

해답 ②

003

그림과 같은 트러스에서 부재 U의 부재력은?

① 10kN(압축)
② 12kN(압축)
③ 13kN(압축)
④ 15kN(압축)

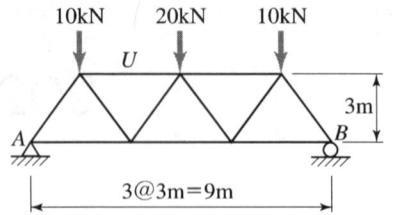

해설

① $R_A = R_B = \dfrac{10+20+10}{2} = 20\text{kN}$

② $\sum M_C = 0$
   $R_A \times 3 - 10 \times 1.5 + U \times 3 = 0$
   $U = -15\text{kN} = 15\text{kN}(압축)$

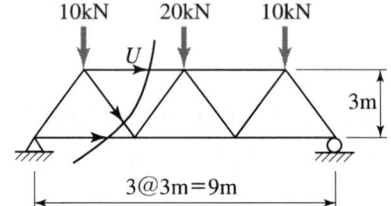

해답 ④

004

그림과 같은 트러스의 C점에 300kg의 하중이 작용할 때 C점에서의 처짐을 계산하면? (단, $E = 2 \times 10^5 \text{MPa}$, 단면적 $= 100\text{mm}^2$)

① 0.158cm
② 0.315cm
③ 0.473cm
④ 0.630cm

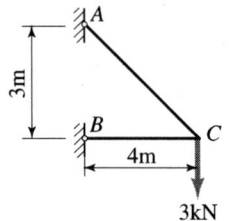

해설

① 실제계

$$\dfrac{3\text{kN}}{3\text{m}} = \dfrac{F_{BC}}{4\text{m}} = \dfrac{F_{AC}}{5\text{m}}$$

$F_{AC} = \dfrac{3\text{kN}}{3\text{m}} \times 5\text{m} = 5\text{kN}(인장)$

$F_{BC} = \dfrac{3\text{kN}}{3\text{m}} \times 4\text{m} = 4\text{kN}(압축)$

② 가상계

$$\dfrac{1\text{kN}}{3\text{m}} = \dfrac{f_{BC}}{4\text{m}} = \dfrac{f_{AC}}{5\text{m}}$$

$f_{AC} = \dfrac{1\text{kN}}{3\text{m}} \times 5\text{m} = \dfrac{5}{3}\text{kN}(인장)$, $f_{BC} = \dfrac{1\text{kN}}{3\text{m}} \times 4\text{m} = \dfrac{4}{3}\text{kN}(압축)$

③ C점의 연직처짐

$$y_c = \sum \dfrac{Ffl}{AE} = \dfrac{(5000) \times \dfrac{5}{3} \times 5000}{100 \times (2 \times 10^5)} + \dfrac{(-4000) \times \left(-\dfrac{4}{3}\right) \times 4000}{100 \times (2 \times 10^5)}$$

$= 3.15\text{mm} = 0.315\text{cm}$

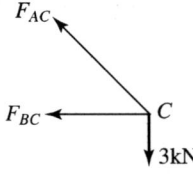
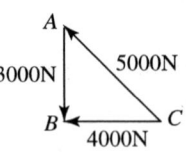
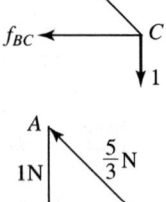

해답 ②

005

중공 원형 강봉에 비틀림력 T가 작용할 때 최대 전단변형률 $\gamma_{max}=750\times10^{-6}$ rad으로 측정되었다. 봉의 내경은 60mm이고 외경은 75mm일 때 봉에 작용하는 비틀림력 T를 구하면? (단, 전단탄성계수 $G=8.15\times10^4$MPa)

① 2.99kN·m
② 3.27kN·m
③ 3.53kN·m
④ 3.92kN·m

해설
① 전단응력
$\tau = G \cdot r = 8.15\times10^4 \times 750\times10^{-6} = 61.125$MPa

② 비틀림상수
$J = I_P = I_X + I_Y = 2I_X = 2\times\dfrac{\pi}{64}(7.5^4 - 6^4) = 183.4$cm^4

③ 비틀림응력
$\tau = \dfrac{T}{J}r$ 에서
$T = \dfrac{\tau \cdot J}{r} = \dfrac{61.125\times(183.4\times10^4)}{\dfrac{75}{2}} = 2989420$N·mm $= 2.99$kN·m

해답 ①

006

다음의 2부재로 된 TRUSS계의 변형에너지 U를 구하면 얼마인가? [단, ( ) 안의 값은 외력 P에 의한 부재력이고, 부재의 축강성 AE는 일정하다.]

① $0.326\dfrac{P^2L}{AE}$
② $0.333\dfrac{P^2L}{AE}$
③ $0.364\dfrac{P^2L}{AE}$
④ $0.373\dfrac{P^2L}{AE}$

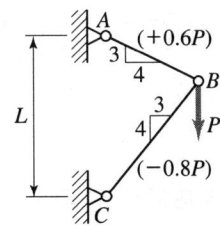

해설
① $\dfrac{L}{1/3} = \dfrac{L_{AB}}{1/5}$ 에서 $L_{AB} = \dfrac{3}{5}L$

② $\dfrac{L}{1/4} = \dfrac{L_{BC}}{1/5}$ 에서 $L_{BC} = \dfrac{4}{5}L$

③ $U_N = \int \dfrac{N^2}{2EA}dx = \sum\dfrac{N^2L}{2EA} = \dfrac{(0.6P)^2\times\dfrac{3}{5}L}{2EA} + \dfrac{(0.8P)^2\times\dfrac{4}{5}L}{2EA} = 0.364\dfrac{P^2L}{EA}$

해답 ③

007
아래 그림과 같은 정정 라멘에 분포하중 W가 작용할 때 최대 모멘트를 구하면?

① $0.186\,wL^2$
② $0.219\,wL^2$
③ $0.250\,wL^2$
④ $0.281\,wL^2$

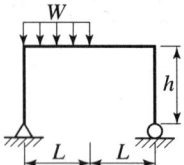

해설
① $\sum M_B = 0$ $V_A \times 2L - w \times L \times \dfrac{3}{2}L = 0$ $V_A = \dfrac{3wL}{4}(\uparrow)$
② 전단력이 0인 곳 구하기
$S_x = \dfrac{3wL}{4} - wL = 0$ $x = \dfrac{3}{4}L$
③ $M_{\max} = \dfrac{3}{4}wL \times \dfrac{3}{4}L - w \times \dfrac{3}{4}L \times \dfrac{3}{4}L \times \dfrac{1}{2} = 0.281wL^2$

해답 ④

008
체적탄성계수 K를 탄성계수 E와 푸아송비 ν로 옳게 표시한 것은?

① $K = \dfrac{E}{3(1-2\nu)}$
② $K = \dfrac{E}{2(1-3\nu)}$
③ $K = \dfrac{2E}{3(1-2\nu)}$
④ $K = \dfrac{3E}{2(1-3\nu)}$

해설 탄성계수와 체적탄성계수의 관계
$$K = \dfrac{E}{3(1-2\nu)} = \dfrac{E}{3\left(1-2\dfrac{1}{m}\right)} = \dfrac{mE}{3(m-2)}$$

해답 ①

009
다음 그림에 표시된 힘들의 x방향의 합력은 약 얼마인가?

① $0.4\text{kN}(\leftarrow)$
② $0.7\text{kN}(\rightarrow)$
③ $1.0\text{kN}(\rightarrow)$
④ $1.3\text{kN}(\leftarrow)$

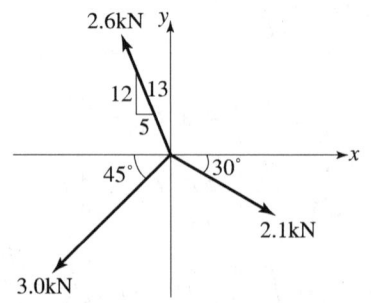

해설 $P_x = 2.1 \times \cos 30° - 2.6 \times \dfrac{5}{13} - 3.0 \times \cos 45° = -1.3\text{kN} = 1.3\text{kN}(\leftarrow)$

해답 ④

010 다음 부정정보의 B지점에 침하가 발생하였다. 발생된 침하량이 1cm라면 이로 인한 B지점의 모멘트는 얼마인가? ($EI=2\times10^5$MPa)

① 0.1675N·mm
② 0.1775N·mm
③ 0.1875N·mm
④ 0.1975N·mm

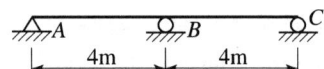

해설
① $M_A\cdot\dfrac{l_1}{I_1}+2M_B\cdot\left(\dfrac{l_1}{I_1}+\dfrac{l_2}{I_2}\right)+M_C\cdot\dfrac{l_2}{I_2}=6E(\theta_{BA}{'}-\theta_{BC}{'})+6E(\beta_{AB}-\beta_{BC})$ 에서

② $M_A=M_C=0$, $\theta_{BA}{'}=\theta_{BC}{'}=0$

$\beta_{AB}=\dfrac{\delta_B-\delta_A}{l}=\dfrac{10-0}{l}=\dfrac{10}{l}$

$\beta_{BC}=\dfrac{\delta_C-\delta_B}{l}=\dfrac{0-10}{l}=-\dfrac{10}{l}$

③ $2M_B\cdot\left(\dfrac{l_1}{I_1}+\dfrac{l_2}{I_2}\right)=6E(\beta_{AB}-\beta_{BC})$

$2M_B\cdot\left(\dfrac{l}{I}+\dfrac{l}{I}\right)=6E\left[\dfrac{10}{l}-\left(-\dfrac{10}{l}\right)\right]$

$2M_B\cdot\left(\dfrac{2l}{I}\right)=6E\left(\dfrac{20}{l}\right)$

$M_B=\dfrac{120EI}{4l^2}=\dfrac{30EI}{l^2}=\dfrac{30\times1\times10^5}{4000^2}=0.1875$N·mm

해답 ③

011 아래 그림과 같은 내민보에서 D점의 휨 모멘트 M_D는 얼마인가?

① 180kN·m
② 160kN·m
③ 140kN·m
④ 120kN·m

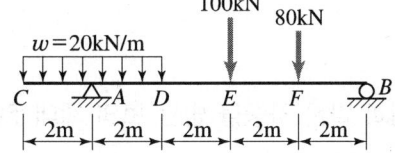

해설
① $\Sigma M_B=0$
$V_A\times8-(20\times4)\times8-100\times4-80\times2=0$
$V_A=150$kN(↑)

② $M_D=V_A\times2-(20\times4)\times2=150\times2-(20\times4)\times2=140$kN·m

해답 ③

012 단면 2차 모멘트의 특성에 대한 설명으로 틀린 것은?

① 단면 2차 모멘트의 최소값은 도심에 대한 것이며 그 값은 "0"이다.
② 정삼각형, 정사각형, 정다각형의 도심에 대한 단면 2차 모멘트는 축의 회전에 관계없이 모두 같다.
③ 단면 2차 모멘트는 좌표축에 상관없이 항상 (+)의 부호를 갖는다.
④ 단면 2차 모멘트가 크면 휨강성이 크고 구조적으로 안전하다.

해설 단면 2차 모멘트의 최소값은 도심에서 발생하며 부호는 항상 "+"이기 때문에 "0"이 될 수 없다.

해답 ①

013 다음 그림과 같은 캔틸레버보에 휨모멘트 하중 M이 작용할 경우 최대처짐 $\delta_{\max}$의 값은? (단, 보의 휨강성은 EI임.)

① $\dfrac{ML}{EI}$
② $\dfrac{ML^2}{2EI}$
③ $\dfrac{M^2L}{2EI}$
④ $\dfrac{ML^2}{6EI}$

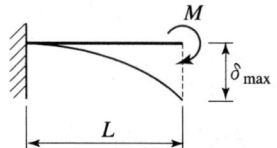

해설 $\delta_{\max} = \dfrac{ML^2}{2EI}$

해답 ②

014 그림과 같은 하중을 받는 보의 최대 전단응력은?

① $\dfrac{2}{3}\dfrac{\omega l}{bh}$
② $\dfrac{3}{2}\dfrac{\omega l}{bh}$
③ $2\dfrac{\omega l}{bh}$
④ $\dfrac{\omega l}{bh}$

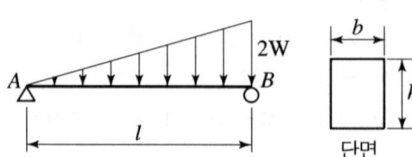

단면

해설 ① 반력

$$R_A = \frac{(2W)l}{6} = \frac{Wl}{3}$$

$$R_B = \frac{2Wl}{3}$$

② $\tau_{\max} = \frac{3}{2}\frac{S_{\max}}{A} = \frac{3}{2}\frac{\frac{2wl}{3}}{bh} = \frac{wl}{bh}$

해답 ④

015 아래 그림과 같은 보의 중앙점 C의 전단력의 값은?

① 0
② -2.2kN
③ -4.2kN
④ -6.2kN

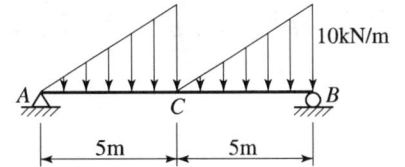

해설 ① $\sum M_B = 0$

$$R_A \times 10 - \frac{1}{2} \times 10 \times 5 \times \left(\frac{5}{3}+5\right) - \frac{1}{2} \times 10 \times 5 \times \left(\frac{5}{3}\right) = 0$$

$R_A = 20.8$kN

② $S_C = R_A - \frac{1}{2} \times 10 \times 5 = 20.8 - \frac{1}{2} \times 10 \times 5 = -4.2$kN

해답 ③

016 정정 구조물에 비해 부정정 구조물이 갖는 장점을 설명한 것 중 틀린 것은?

① 설계모멘트의 감소로 부재가 절약된다.
② 부정정 구조물은 그 연속성 때문에 처짐의 크기가 작다.
③ 외관을 우아하고 아름답게 제작할 수 있다.
④ 지점 침하 등으로 인해 발생하는 응력이 적다.

해설 **부정정 구조물의 장점과 단점**
① 장점
  ㉠ 부재 내에 발생하는 휨모멘트의 감소로 인하여 단면이 작아지므로 경제적이다.
  ㉡ 동일 단면인 경우 정정구조물에 비해 더 많은 하중을 받을 수 있다.[동일 하중인 경우 스팬(span)을 길게 할 수 있다.]
  ㉢ 강성이 크므로 처짐 등 변형이 적게 일어난다.
② 단점
  ㉠ 해석과 설계가 까다롭다.
  ㉡ 지반의 부동침하에 취약하며 온도 변화, 제작 오차 등으로 인하여 큰 응력이 발생하기 쉽다.

해답 ④

017

단면이 원형(반지름 R)인 보에 휨모멘트 M이 작용할 때 보에 작용하는 최대휨응력은?

① $\dfrac{4M}{\pi R^3}$ ② $\dfrac{12M}{\pi R^3}$

③ $\dfrac{16M}{\pi R^3}$ ④ $\dfrac{32M}{\pi R^3}$

해설
① $I = \dfrac{\pi \cdot D^4}{64} = \dfrac{\pi \cdot R^4}{4}$

② $\sigma = \dfrac{M}{I} y = \dfrac{M}{\dfrac{\pi \cdot R^4}{4}} \times R = \dfrac{4M}{\pi \cdot R^3}$

해답 ①

018

반지름이 25cm인 원형 단면을 가지는 단주에서 핵의 면적은 약 얼마인가?

① 122.7cm^2 ② 168.4cm^2
③ 245.4cm^2 ④ 336.8cm^2

해설
① 원형의 핵거리(핵 반지름) $= \dfrac{d}{8} = \dfrac{r}{4} = \dfrac{25}{4} = 6.25 \text{cm}$

② 핵 면적 $A = \pi \cdot R^2 = \pi \times 6.25^2 = 122.7 \text{cm}^2$

해답 ①

019

다음 구조물에서 하중이 작용하는 위치에서 일어나는 처짐의 크기는?

① $\dfrac{PL^3}{48EI}$

② $\dfrac{PL^3}{96EI}$

③ $\dfrac{7PL^3}{384EI}$

④ $\dfrac{11PL^3}{384EI}$

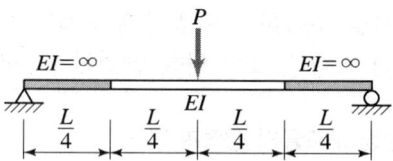

해설
① $M_{중앙} = \dfrac{P}{2} \times \dfrac{L}{2} = \dfrac{PL}{4}$

② 공액보법에 의하면
$\Sigma M_B' = 0$

$R_A' \times L - \dfrac{PL}{4EI} \times \dfrac{L}{4} \times \dfrac{1}{2} \times \left(\dfrac{L}{2} + \dfrac{L}{4} \times \dfrac{1}{3}\right) - \dfrac{PL}{4EI} \times \dfrac{L}{4} \times \dfrac{1}{2} \times \left(\dfrac{L}{4} + \dfrac{L}{4} \times \dfrac{2}{3}\right) = 0$

$$R_A' = \frac{PL^2}{32EI}\left(\frac{7L}{12}\right) + \frac{PL^2}{32EI}\left(\frac{5L}{12}\right) = \frac{7PL^3}{32\times12EI} + \frac{5PL^3}{32\times12EI} = \frac{PL^3}{32EI}$$

③ $\delta_c = M_c' = \dfrac{PL^3}{32EI}\times\dfrac{L}{2} - \dfrac{PL}{4EI}\times\dfrac{L}{4}\times\dfrac{1}{2}\times\dfrac{L}{4}\times\dfrac{1}{3} = \dfrac{7PL^3}{384EI}$

해답 ③

020

그림과 같은 라멘 구조물의 E 점에서의 불균형 모멘트에 대한 부재 EA 의 모멘트 분배율은?

① 0.222
② 0.1667
③ 0.2857
④ 0.40

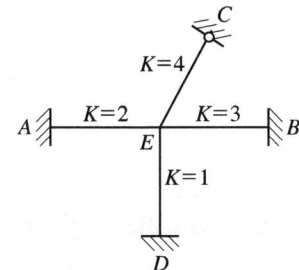

해설 ① 강비 $k_{EA}=2,\ k_{EB}=3,\ k_{EC}=\dfrac{3}{4}\times4=3,\ k_{ED}=1$

② 분배율 $DF_{EA} = \dfrac{k_{EA}}{k_{EA}+k_{EB}+k_{EC}+k_{ED}} = \dfrac{2}{2+3+3+1} = 0.222$

해답 ①

제2과목 측량학

021

축척 1 : 25000의 수치지형도에서 경사가 10%인 등경사 지형의 주곡선간 도상거리는?

① 2mm
② 4mm
③ 6mm
④ 8mm

해설 ① 1/25,000의 주곡선 표고는 10m이므로

$i = \dfrac{h}{D}$

$\dfrac{10}{100} = \dfrac{10}{D}$ 에서

$D = 100\text{m}$

② 실제거리 = 도상거리 × m

도상거리 = $\dfrac{\text{실제거리}}{m} = \dfrac{100}{25,000} = 0.004\text{m} = 4\text{mm}$

해답 ②

022

직사각형 두 변의 길이를 $\frac{1}{200}$ 정확도로 관측하여 면적을 구할 때 산출된 면적의 정확도는?

① $\frac{1}{50}$
② $\frac{1}{100}$
③ $\frac{1}{200}$
④ $\frac{1}{400}$

해설 $\frac{dA}{A} = 2\frac{dl}{l} = 2 \times \frac{1}{200} = \frac{1}{100}$

해답 ②

023

축척 1 : 5000 수치지형도의 주곡선 간격으로 옳은 것은?

① 5m
② 10m
③ 15m
④ 20m

해설 축척 1/5,000의 지형도의 등고선 간격은 축척 1/10,000 지형도와 동일하므로 축척 1/5,000 수치지형도의 주곡선 간격은 5m이다.

해답 ①

024

초점거리 210mm인 카메라를 사용하여 사진 크기 18cm×18cm로 평탄한 지역을 촬영한 항공사진에서 주점기선장이 70mm이었다. 이 항공사진의 축척이 1 : 20000이었다면 비고 200m에 대한 시차차는?

① 2.2mm
② 3.3mm
③ 4.4mm
④ 5.5mm

해설
① $\frac{1}{20000} = \frac{f}{H}$, $\frac{1}{20000} = \frac{0.21}{H}$ 에서 $H = 4,200\text{mm}$
② $\Delta P(\text{시차차}) = \frac{h}{H}b_o = \frac{200\text{m}}{4,200\text{m}} \times 70\text{mm} = 3.3\text{mm}$

해답 ②

025

곡선반지름 R, 교각 I인 단곡선을 설치할 때 사용되는 공식으로 틀린 것은?

① $T.L. = R\tan\frac{I}{2}$
② $C.L. = \frac{\pi}{180°}RI°$
③ $E = R\left(\sec\frac{I}{2} - 1\right)$
④ $M = R\left(1 - \sin\frac{I}{2}\right)$

해설 $M = R\left(1 - \cos\frac{I}{2}\right)$

해답 ④

026 축척에 대한 설명 중 옳은 것은?

① 축척 1 : 500 도면에서 면적은 실제면적의 1/1000이다.
② 축척 1 : 600 도면을 축척 1 : 200으로 확대했을 때 도면의 크기는 3배가 된다.
③ 축척 1 : 300 도면에서의 면적은 실제면적의 1/9000이다.
④ 축척 1 : 500 도면을 축척 1 : 1000으로 축소했을 때 도면의 크기는 1/4이 된다.

해설
① $A = am^2$에서
$a = \dfrac{A}{m^2}$이므로 실제면적 A의 $\dfrac{1}{m^2} = \dfrac{1}{500^2} = \dfrac{1}{250,000}$
② $\dfrac{600^2}{200^2} = 9$배가 된다.
③ 실제면적 A의 $\dfrac{1}{m^2} = \dfrac{1}{300^2} = \dfrac{1}{90,000}$
④ $\dfrac{500^2}{1,000^2} = \dfrac{1}{4}$배가 된다.

해답 ④

027 노선측량에서 실시설계측량에 해당되지 않는 것은?

① 중심선 설치
② 용지 측량
③ 지형도 작성
④ 다각 측량

해설 용지 측량이란 용지도를 작성하여 편입되는 용지 폭에 말뚝을 설치하는 측량이다.

해답 ②

028 트래버스 측량에서 관측값의 계산은 편리하나 한번 오차가 생기면 그 영향이 끝까지 미치는 각관측 방법은?

① 교각법
② 편각법
③ 협각법
④ 방위각법

해설 방위각법의 특징
① 각 측선이 일정한 기준선과 이루는 각을 우회로 관측하는 방법이다.
② 지역이 험준하고 복잡한 지역에서는 적합하지 않다.
③ 각관측값의 계산과 제도가 편리하고 신속히 관측할 수 있다.
④ 방위각을 직접 관측함에 따라 관측값의 계산은 편리하나 한번 오차가 생기면 그 영향이 끝까지 미친다.

해답 ④

029

2000m의 거리를 50m씩 끊어서 40회 관측하였다. 관측 결과 오차가 ±0.14m 이었고, 40회 관측의 정밀도가 동일하다면, 50m 거리 관측의 오차는?

① ±0.022m
② ±0.019m
③ ±0.016m
④ ±0.013m

해설 부정오차는 측정횟수(n)의 제곱근에 비례한다.
$E = \pm e \cdot \sqrt{n}$ 에서 $e = \dfrac{E}{\sqrt{n}} = \dfrac{\pm 0.14}{\sqrt{40}} = \pm 0.022\text{m}$

해답 ①

030

직접고저측량을 실시한 결과가 그림과 같을 때, A점의 표고가 10m라면 C점의 표고는? (단, 그림은 개략도로 실제 치수와 다를 수 있음.)

① 9.57m
② 9.66m
③ 10.57m
④ 10.66m

해설 $H_C = H_A - 2.3 + 1.87 = 10 - 2.3 + 1.87 = 9.57\text{m}$

해답 ①

031

항공 LiDAR 자료의 활용 분야로 틀린 것은?

① 도로 및 단지 설계
② 골프장 설계
③ 지하수 탐사
④ 연안 수심 DB 구축

해설
① **LiDAR(Light Detection And Ranging)의 정의**
항공기(비행기 또는 헬리콥터)로부터 지상을 향해 많은 레이저펄스(70kHz)를 지표면과 지물에 발사하여 반사되는 레이저펄스로부터 지표면의 고정밀 높이정보를 획득하는 공간정보 획득기술로서 고품질의 3차원 디지털 데이터를 획득하는 측량기술이다.(LiDAR는 산림지역에서 지표면의 관측이 가능하다.)

② **라이다(LiDAR)의 특성**
㉠ 라이다(LiDAR)는 센서로부터 목표물까지 레이저 광선이 이동하는 시간을 측정함으로써 목표물까지 거리를 측정하는 원리로 작동한다.
㉡ 항공 라이다 센서는 한 번에 넓은 지역을 대상으로 레이저 광선을 대량 방출하여 레이저 광선이 도달한 각 지점의 정확한 3차원 좌표 값을 얻기 위하여 위성측위시스템(DGPS)과 센서의 자세를 측정하는 관성항법장치(INS) 기술의 발달로 실용화되었다.

ⓒ 항공라이다를 이용하면 수고 측정, 수관 폭 및 흉고 직경의 추정, 임목 축적 및 바이오매스 등을 측정할 수 있다.
ⓓ 항공라이다 자료는 도로 및 단지 설계, 골프장 설계, 연안 수심 DB 구축 등에 활용된다.

해답 ③

032
도로의 종단곡선으로 주로 사용되는 곡선은?
① 2차 포물선
② 3차 포물선
③ 클로소이드
④ 렘니스케이트

해설 **수직 곡선**(종단곡선)
① 원곡선(circular curve) : 철도
② 2차 포물선(parabola) : 도로

해답 ①

033
지구 표면의 거리 35km까지를 평면으로 간주했다면 허용정밀도는 약 얼마인가? (단, 지구의 반지름은 6370km이다.)
① 1/300000
② 1/400000
③ 1/500000
④ 1/600000

해설 $\dfrac{\Delta l}{l} = \dfrac{l^2}{12R^2} = \dfrac{35^2}{12 \times 6370^2} = \dfrac{1}{397,488} ≒ \dfrac{1}{400,000}$

해답 ②

034
다음 중 지상기준점 측량 방법으로 틀린 것은?
① 항공사진삼각측량에 의한 방법
② 토털 스테이션에 의한 방법
③ 지상 레이더에 의한 방법
④ GPS에 의한 방법

해설 **지상기준점 측량**
① 측량 방법으로는 삼각 측량, TS 측량, GPS 측량, Level 측량 등이 있다.
② AT(항공삼각측량)를 위한 측량이다.
③ 사진기준점 측량 및 수치도화에 필요한 기준성과를 얻기 위하여 실시한다.
④ 평면기준점은 2모델당 1점, 코스별 중복부분에 1점이다.
⑤ 표고기준점은 모델당 네 모서리에 각 1점씩 배치되도록 측량한다.

해답 ③

035 다음 중 물리학적 측지학에 해당되는 것은?

① 탄성파 관측 ② 면적 및 부피 계산
③ 구과량 계산 ④ 3차원 위치 결정

해설 측지학

기하학적 측지학	물리학적 측지학
• 측지학적 3차원 위치 결정 • 사진 측정 • 길이 및 시의 결정 • 수평 위치의 결정 • 높이의 결정 • 천문 측량 • 위성 측지 • 하해 측지 • 면적 및 체적의 산정 • 지도 제작	• 지구의 형상 해석 • 지구 조석 • 중력 측정 • 지자기 측정 • 탄성파 측정 • 지구 극운동 및 자전운동 • 지각 변동 및 균형 • 지구의 열 • 대륙의 부동 • 해양의 조류

해답 ①

036 수준망의 관측 결과가 표와 같을 때, 정확도가 가장 높은 것은?

구분	총거리[km]	폐합오차[mm]
I	25	±20
II	16	±18
III	12	±15
IV	8	±13

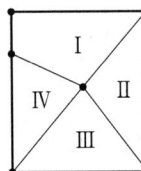

① I ② II
③ III ④ IV

해설 단일환의 수준망의 폐합오차는 출발 기준점으로부터의 거리에 비례한다.

① $I = \dfrac{\Delta l}{l} = \dfrac{20}{25,000,000} = \dfrac{1}{1,250,000}$

② $II = \dfrac{\Delta l}{l} = \dfrac{18}{16,000,000} = \dfrac{1}{888,889}$

③ $III = \dfrac{\Delta l}{l} = \dfrac{15}{12,000,000} = \dfrac{1}{800,000}$

④ $IV = \dfrac{\Delta l}{l} = \dfrac{13}{8,000,000} = \dfrac{1}{615,385}$

해답 ①

037

좌표를 알고 있는 기지점에 고정용 수신기를 설치하여 보정자료를 생성하고 동시에 미지점에 또 다른 수신기를 설치하여 고정점에서 생성된 보정자료를 이용해 미지점의 관측자료를 보정함으로써 높은 정확도를 확보하는 GPS 측위 방법은?

① KINEMATIC
② STATIC
③ SPOT
④ DGPS

해설 DGPS
① GPS 위치측정 데이터는 군사상으로 사용되는 PPS(Precision Positioning Service)인 경우에는 50m 이내, 민간에 제공되고 있는 SPS(Standard Positioning Service)는 200m 이내의 오차범위를 가진다.
② 이러한 오차를 보정하는 방법으로 특정 위치의 좌표 값과 그 곳의 측정값과의 차이를 이용하여 보정된 데이터를 반영하는 DGPS(Differential GPS)가 사용되고 있는데, DGPS를 사용하면 오차범위를 5m 이내로 줄일 수 있다.

해답 ④

038

그림에서 두 각이 ∠AOB=15°32′18.9″±5″, ∠BOC=67°17′45″±15″로 표시될 때 두 각의 합 ∠AOC는?

① 82°50′3.9″±5.5″
② 82°50′3.9″±10.1″
③ 82°50′3.9″±15.4″
④ 82°50′3.9″±15.8″

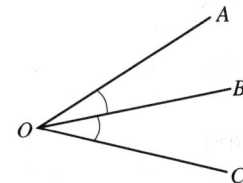

해설
① $e = \pm \sqrt{e_1^2 + e_2^2} = \pm \sqrt{5^2 + 15^2} = \pm 15.8″$
② 합각 = 15°32′18.9″ + 67°17′45″ = 82°50′3.9″
③ ∠AOC = 82°50′3.9″ ± 15.8″

해답 ④

039

수심이 h인 하천의 평균 유속을 구하기 위하여 수면으로부터 $0.2h$, $0.6h$, $0.8h$가 되는 깊이에서 유속을 측량한 결과 초당 0.8m, 1.5m, 1.0m이었다. 3점법에 의한 평균 유속은?

① 0.9m/s
② 1.0m/s
③ 1.1m/s
④ 1.2m/s

해설
$V_m = \dfrac{1}{4}(V_{0.2} + 2V_{0.6} + V_{0.8}) = \dfrac{1}{4} \times (0.8 + 2 \times 1.5 + 1.0) = 1.2 \text{m/s}$

해답 ④

040 GPS 위성과 수신기 간의 거리를 측정할 수 있는 재원과 관계가 먼 것은?

① P code ② CA code
③ L_1 code ④ E_1 code

해설 E_1은 알고 있는 위성에서 발사한 전파를 수신하여 관측점까지의 소요시간을 관측함으로써 관측점의 위치를 구하는 것으로 거리 관측과는 무관하다.

 해답 ④

제3과목 수 리 학

041 경심이 8m, 동수경사가 1/100, 마찰손실계수 $f=0.03$일 때 Chezy의 유속계수 C를 구한 값은?

① $51.1 \, m^{\frac{1}{2}}/s$ ② $25.6 \, m^{\frac{1}{2}}/s$
③ $36.1 \, m^{\frac{1}{2}}/s$ ④ $44.3 \, m^{\frac{1}{2}}/s$

해설 Chezy 공식

$$C = \sqrt{\frac{8g}{f}} = \sqrt{\frac{8 \times 9.8 [m/s^2]}{0.03}} = 51.1 \, m^{\frac{1}{2}}/s$$

 해답 ①

042 상대조도(相對粗度)를 바르게 설명한 것은?

① 차원(次元)이 [L]이다.
② 절대조도를 관경으로 곱한 값이다.
③ 거친 원관 내의 난류인 흐름에서 속도분포에 영향을 준다.
④ 원형관 내의 난류 흐름에서 마찰손실계수와 관계가 없는 값이다.

해설 상대조도(relative roughness)란 관직경과 관벽 요철과의 상대적 크기를 말하는 것으로, 거친 원관 내의 난류인 흐름에서 속도분포에 영향을 준다.

 해답 ③

043 물의 순환에 대한 다음 수문 사항 중 성립이 되지 않는 것은?

① 지하수 일부는 지표면으로 용출해서 다시 지표수가 되어 하천으로 유입한다.
② 지표면에 도달한 우수는 토양 중에 수분을 공급하고 나머지가 아래로 침투해서 지하수가 된다.
③ 땅 속에 보류된 물과 지표하수는 토양면에서 증발하고 일부는 식물에 흡수되어 증산한다.
④ 지표에 강하한 우수는 지표면에 도달 전에 그 일부가 식물의 나무와 가지에 의하여 차단된다.

해설 토양 속으로 침투된 강수인 땅 속 보류 물과 지표하수는 일부는 지하수로 흐르게 되고, 일부는 식물에 흡수된다.

해답 ③

044 그림과 같이 $d_1 = 1m$인 원통형 수조의 측벽에 내경 $d_2 = 10cm$의 관으로 송수할 때의 평균 유속(V_2)이 2m/s이었다면 이 때의 유량 Q와 수조의 수면이 강하하는 유속 V_1은?

① $Q = 1.57 L/s$, $V_1 = 2 cm/s$
② $Q = 1.57 L/s$, $V_1 = 3 cm/s$
③ $Q = 15.7 L/s$, $V_1 = 2 cm/s$
④ $Q = 15.7 L/s$, $V_1 = 3 cm/s$

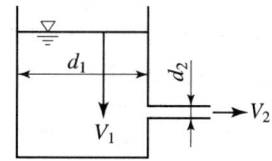

해설
① $Q = A_{관} V_{관} = \dfrac{\pi \times 10^2}{4} \times 200 = 15,707 cm^3/s = 15.7 L/s$

② $Q = A_{수조} V_{수조} = A_{관} V_{관}$에서

$V_{수조} = \dfrac{A_{관} V_{관}}{A_{수조}} = \dfrac{\dfrac{\pi \times 10^2}{4} \times 200}{\dfrac{\pi \times 100^2}{4}} = 2 cm/s$

해답 ③

045 누가우량곡선(rainfall mass curve)의 특성으로 옳은 것은?

① 누가우량곡선은 자기우량기록에 의하여 작성하는 것보다 보통우량계의 기록에 의하여 작성하는 것이 더 정확하다.
② 누가우량곡선으로부터 일정 기간 내의 강우량을 산출하는 것은 불가능하다.
③ 누가우량곡선의 경사는 지역에 관계없이 일정하다.
④ 누가우량곡선의 경사가 클수록 강우강도가 크다.

해설 누가우량곡선은 시간에 따른 우량의 누가치를 나타내는 곡선으로 자기우량기록지가 그 한 예이다.
① 누가우량곡선은 보통 우량계의 오차를 보완하여 자기우량계에 의해 작성하는 것이 더 정확하다.
② 누가우량곡선의 경사는 지역에 따라 다르며, 경사가 급할수록 강우강도가 크다.
③ 누가우량곡선으로부터 일정 기간 내의 강우량을 산출할 수 있다.

해답 ④

046

그림에서 $h=25cm$, $H=40cm$이다. A, B점의 압력차는?

① $1N/cm^2$
② $3N/cm^2$
③ $49N/cm^2$
④ $100N/cm^2$

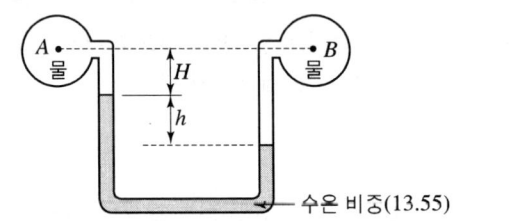

수은 비중(13.55)

해설 U자형 액주계
$P_A + w_1 h = P_B + w_w h$에서
$P_B - P_A = w_1 h - w_w h = 13.55 \times 25 - 1 \times 25 = 313.75 t/m^2 = 31,375 kg/cm^2$
$1N = 9.8 kgf$이므로
$P_B - P_A = \dfrac{31.375}{9.8} = 3.26 N/cm^2$

해답 ②

047

Bernoulli의 정리로서 가장 옳은 것은?

① 동일한 유선상에서 유체입자가 가지는 Energy는 같다.
② 동일한 단면에서의 Energy의 합이 항상 같다.
③ 동일한 시각에는 Energy의 양이 불변한다.
④ 동일한 질량이 가지는 Energy는 같다.

해설 베르누이 정리(Bernoulli's theorem)
① 베르누이 정리는 유체역학의 기본법칙 중 하나로 1738년 D.베르누이가 발표하였으며, 점성과 압축성이 없는 이상적인 유체가 규칙적으로 흐르는 경우에 대해 속도와 압력, 높이의 관계를 수량적으로 나타낸 법칙이다.
② 베르누이 정리는 유체의 위치에너지와 운동에너지의 합이 일정하다는 법칙에서 유도한다.
③ 베르누이 정리는 점성을 무시할 수 있는 완전유체가 규칙적으로 흐르는 경우에만 적용할 수 있고, 실제 유체에 대해서는 적당히 변형된다.

해답 ①

048 지하수의 유속에 대한 설명으로 옳은 것은?

① 수온이 높으면 크다.
② 수온이 낮으면 크다.
③ 4℃에서 가장 크다.
④ 수온에는 관계없이 일정하다.

해설 지하수의 유속은 수온에 비례한다.

해답 ①

049 직사각형 단면의 수로에서 단위 폭당 유량이 0.4m³/s/m이고 수심이 0.8m일 때 비에너지는? (단, 에너지 보정계수는 1.0으로 함.)

① 0.801m
② 0.813m
③ 0.825m
④ 0.837m

해설 ① $Q = AV$
$0.4 = (0.8 \times 1) \times V$에서
$V = 0.5 \text{m/sec}$

② 비에너지 $H_e = h + \alpha \dfrac{V^2}{2g} = 0.8 + 1 \times \dfrac{0.5^2}{2 \times 9.8} = 0.813\text{m}$

해답 ②

050 단위중량 w 또는 밀도 ρ인 유체가 유속 V로서 수평방향으로 흐르고 있다. 직경 d, 길이 l인 원주가 유체의 흐름방향에 직각으로 중심축을 가지고 놓였을 때 원주에 작용하는 항력(D)은? (단, C : 항력계수, g : 중력가속도)

① $D = C \cdot \dfrac{\pi d^2}{4} \cdot \dfrac{wV^2}{2}$
② $D = C \cdot d \cdot l \cdot \dfrac{\rho V^2}{2}$
③ $D = C \cdot \dfrac{\pi d^2}{4} \cdot \dfrac{\rho V^2}{2}$
④ $D = C \cdot d \cdot l \cdot \dfrac{wV^2}{2}$

해설 항력 $D = C_D A \dfrac{\rho V^2}{2} = C_D dl \dfrac{\rho V^2}{2}$

해답 ②

051 관내에 유속 V로 물이 흐르고 있을 때 밸브의 급격한 폐쇄 등에 의하여 유속이 줄어들면 이에 따라 관내에 압력의 변화가 생기는데 이것을 무엇이라 하는가?

① 수격압(水擊壓)
② 동압(動壓)
③ 정압(靜壓)
④ 정체압(停滯壓)

해설 관수로에 물이 흐르고 있을 때 밸브를 급히 잠그면 유속이 0이 되면서 수압이 현저히 상승하게 되고 물이 역류하면서 관벽에 충격을 주는 압력을 수격압이라 하며 이러한 작용을 수격작용이라 한다.

해답 ①

052
자연하천의 특성을 표현할 때 이용되는 하상계수에 대한 설명으로 옳은 것은?

① 홍수 전과 홍수 후의 하상 변화량의 비를 말한다.
② 최심 하상고와 평형 하상고의 비이다.
③ 개수 전과 개수 후의 수심 변화량의 비를 말한다.
④ 최대 유량과 최소 유량의 비를 나타낸다.

해설 **하상계수**(coefficient of river regime, 河狀係數)
① 하상계수란 하천의 최소 유수량에 대한 최대 유수량의 비율을 말하며 하황계수(河況係數)라고도 한다. $\left(\text{하상계수} = \dfrac{\text{최대 유량}}{\text{최소 유량}}\right)$
② 하상계수는 치수(治水)나 이수(利水) 활용에 중요한 지표로서 수치가 1에 가까우면 하황이 양호한 것이고 수치가 크면 클수록 하천의 유량 변화가 큰 것이다.
③ 하상계수가 큰 경우는 하천의 유량 변화가 크므로 댐을 축조하여 홍수 시 물을 일시 저장, 하류의 수해를 방지하기도 하고, 갈수기에는 댐의 저수를 방류하여 이수가 될 수 있게 한다.

해답 ④

053
유속분포의 방정식이 $v = 2y^{1/2}$로 표시될 때 경계면에서 0.5m인 점에서 속도경사는? (단, y : 경계면으로부터의 거리)

① $4.232 \sec^{-1}$
② $3.564 \sec^{-1}$
③ $2.831 \sec^{-1}$
④ $1.414 \sec^{-1}$

해설 속도경사 의 단위는 /sec이다.

속도경사 $= \dfrac{dv}{dy} = 2 \times \dfrac{1}{2} \times y^{(1/2-1)} = y^{-\frac{1}{2}} = 0.5^{-\frac{1}{2}} = 1.414 \sec^{-1}$

해답 ④

054
지하수의 투수계수와 관계가 없는 것은?

① 토사의 형상
② 토사의 입도
③ 물의 단위중량
④ 토사의 단위중량

해설 투수계수 인자
① 흙입자의 모양 및 크기   ② 공극비   ③ 포화도
④ 흙입자의 구조 및 구성   ⑤ 유체의 점성   ⑥ 유체의 단위 중량, 밀도

해답 ④

055
Manning의 조도계수 n에 대한 설명으로 옳지 않은 것은?

① 콘크리트관이 유리관보다 일반적으로 값이 작다.
② Kutter의 조도계수보다 이후에 제안되었다.
③ Chezy의 C계수와는 $C = 1/n \times R^{1/6}$의 관계가 성립한다.
④ n의 값은 대부분 1보다 작다.

해설 조도계수란 유수에 접하는 수로의 벽면의 거친 정도를 표시하는 계수이므로 콘크리트관이 유리관보다 값이 크다.

해답 ①

056
물이 하상의 돌출부를 통과할 경우 비에너지와 비력의 변화는?

① 비에너지와 비력이 모두 감소한다.
② 비에너지는 감소하고 비력은 일정하다.
③ 비에너지는 증가하고 비력은 감소한다.
④ 비에너지는 일정하고 비력은 감소한다.

해설 물이 하상의 돌출부를 통과할 경우 비에너지는 일정하고 비력은 감소한다.

해답 ④

057
삼각 위어(weir)에 월류 수심을 측정할 때 2%의 오차가 있었다면 유량 산정 시 발생하는 오차는?

① 2% ② 3%
③ 4% ④ 5%

해설 삼각형 위어
$$\frac{dQ}{Q} = \frac{5}{2} \frac{dh}{h} = \frac{5}{2} \times 2\% = 5\%$$

해답 ④

058
수문곡선에서 시간매개변수에 대한 정의 중 틀린 것은?

① 첨두시간은 수문곡선의 상승부 변곡점부터 첨두유량이 발생하는 시각까지의 시간차이다.
② 지체시간은 유효우량주상도의 중심에서 첨두유량이 발생하는 시각까지의 시간차이다.
③ 도달시간은 유효우량이 끝나는 시각에서 수문곡선의 감수부 변곡점까지의 시간차이다.
④ 기저시간은 직접유출이 시작되는 시각에서 끝나는 시각까지의 시간차이다.

해설 ① 첨두시간 : 일반적으로 수요량 등 부하는 시간별로 큰 변동을 보이며, 이때 가장 높은 수치를 보이는 시간을 말한다.
② 지체시간 : 유효우량주상도의 질량 중심으로부터 첨두유량이 발생하는 시각까지의 시간차를 말한다.
③ 도달시간 : 유효우량이 끝나는 시각에서 수문곡선의 감수부 변곡점까지의 시간차를 말한다.
④ 기저시간 : 수문곡선의 상승기점(직접유출이 시작되는 시각)부터 직접유출이 끝나는 지점까지의 시간

해답 ①

059
그림과 같이 기하학적으로 유사한 대·소(大小) 원형 오리피스의 비가 $n = \dfrac{D}{d} = \dfrac{H}{h}$ 인 경우에 두 오리피스의 유속, 축류 단면, 유량의 비로 옳은 것은? (단, 유속계수 C_v, 수축계수 C_a는 대·소 오리피스가 같다.)

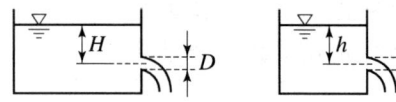

① 유속의 비 $= n^2$, 축류 단면의 비 $= n^{\frac{1}{2}}$, 유량의 비 $= n^{\frac{2}{3}}$
② 유속의 비 $= n^{\frac{1}{2}}$, 축류 단면의 비 $= n^2$, 유량의 비 $= n^{\frac{5}{2}}$
③ 유속의 비 $= n^{\frac{1}{2}}$, 축류 단면의 비 $= n^{\frac{1}{2}}$, 유량의 비 $= n^{\frac{5}{2}}$
④ 유속의 비 $= n^2$, 축류 단면의 비 $= n^{\frac{1}{2}}$, 유량의 비 $= n^{\frac{5}{2}}$

해설 ① 유속비
오리피스 실제유속 $V = C_v\sqrt{2gh}$ 에서 $V \propto \sqrt{h}$ 이므로
유속의 비 $= \left(\dfrac{H}{h}\right)^{\frac{1}{2}} = n^{\frac{1}{2}}$

② 단면적비
$A = \dfrac{\pi \cdot D^2}{4}$ 에서 $A \propto D^2$ 이므로 $n = 2$

③ 유량비
실제유량 $Q = CAV_r = C_a C_v A\sqrt{2gh} = CA\sqrt{2gh}$
$Q \propto A\sqrt{h}$ 이므로 $Q = n^2 + n^{\frac{1}{2}} = n^{\frac{5}{2}}$

해답 ②

060 다음 중 합성 단위 유량도를 작성할 때 필요한 자료는?

① 우량 주상도
② 유역 면적
③ 직접 유출량
④ 강우의 공간적 분포

해설 합성 단위 유량도(synthetic unit hydrograph)란 어느 관측점에서 단위도 유도에 필요한 강우량 및 유량의 자료가 없을 때, 다른 유역에서 얻은 과거의 경험을 토대로 하여 단위도를 합성하여 미 계측지역에 대한 근사치로써 사용할 목적으로 만든 단위도로서 Snyder 방법과 SCS 방법, 일본의 中安 방법 등이 있으며, 첨두유량 산정에 필요한 매개변수(parameter)로는 유역면적과 지체시간이 있다.

해답 ②

제4과목 철근콘크리트 및 강구조

061 단철근 직사각형보에서 부재축에 직각인 전단보강 철근이 부담해야 할 전단력 V_s가 350kN이라 할 때 전단보강 철근의 간격 s는 얼마 이하이어야 하는가? (단, $A_v = 253\text{mm}^2$, $f_y = 400\text{MPa}$, $f_{ck} = 28\text{MPa}$, $b_w = 300\text{mm}$, $d = 600\text{mm}$)

① 150mm
② 173mm
③ 264mm
④ 300mm

해설
① $V_s = 350\text{kN} > (\sqrt{f_{ck}}/3)b_w d = (\sqrt{28}/3) \times 300 \times 600 = 317,490\text{N} = 317.49\text{kN}$ 이므로

② $s \leq 300\text{mm}$, $s = \dfrac{d}{4}$ 이하, $\dfrac{d}{4} = \dfrac{600}{4} = 150\text{mm}$ 이하

③ $V_s = \dfrac{d}{s} A_v \cdot f_y$ 에서

$s = \dfrac{d}{V_s} A_v \cdot f_y = \dfrac{600 \times 253 \times 400}{350,000} = 173.5\text{mm} \leq 150\text{mm}$ 이므로

$s = 150\text{mm}$ 사용

해답 ①

062 1방향 철근콘크리트 슬래브에서 수축 · 온도 철근의 간격에 대한 설명으로 옳은 것은?

① 슬래브 두께의 3배 이하, 또한 300mm 이하로 하여야 한다.
② 슬래브 두께의 3배 이하, 또한 450mm 이하로 하여야 한다.
③ 슬래브 두께의 5배 이하, 또한 450mm 이하로 하여야 한다.
④ 슬래브 두께의 5배 이하, 또한 300mm 이하로 하여야 한다.

해설 슬래브
① 주철근(정철근, 부철근) 중심간격
  ㉠ 최대 휨모멘트 발생 단면 : 슬래브 두께의 2배 이하, 300mm 이하
  ㉡ 기타 단면 : 슬래브 두께의 3배 이하, 450mm 이하
② 수축 및 온도철근(배력 철근) : 슬래브 두께의 5배 이하, 450mm 이하

해답 ③

063 강도설계법에서 사용성 검토에 해당하지 않는 사항은?
① 철근의 피로
② 처짐
③ 균열
④ 투수성

해설 강도설계법에서의 사용성 개념은 균열, 처짐, 피로 등이 있다.

해답 ④

064 단철근 직사각형 균형보에서 $f_{ck}=28$MPa, $f_y=300$MPa, $d=600$mm일 때 압축연단에서 중립축까지의 거리(c)는?
① 410mm
② 413mm
③ 430mm
④ 440mm

해설 ① $f_{ck}=28$MPa < 40MPa이므로 $\epsilon_{cu}=0.0033$
② $c = \dfrac{\epsilon_c}{\epsilon_c+\epsilon_s}d = \dfrac{\epsilon_{cu}}{\epsilon_{cu}+\dfrac{f_y}{200000}}d = \dfrac{0.0033}{0.0033+\dfrac{300}{200000}} \times 600 = 413$mm

해답 ②

065 확대머리 이형철근의 인장에 대한 정착길이는 아래의 표와 같은 식으로 구할 수 있다. 여기서, 이 식을 적용하기 위해 만족하여야 할 조건에 대한 설명으로 틀린 것은?

$$l_{dt} = 0.19 \dfrac{\beta f_y d_b}{\sqrt{f_{ck}}}$$

① 철근의 설계기준항복강도는 400MPa 이하이어야 한다.
② 콘크리트의 설계기준압축강도는 40MPa 이하이어야 한다.
③ 보통중량콘크리트를 사용한다.
④ 철근의 지름은 41mm 이하이어야 한다.

해설 철근의 지름은 35mm 이하이어야 한다.

해답 ④

066

보의 길이 $l=20m$, 활동량 $\Delta l=4mm$, $E_p=200000MPa$일 때 프리스트레스 감소량 Δf_p는? (단, 일단 정착임.)

① 40MPa
② 30MPa
③ 20MPa
④ 15MPa

해설 프리스트레스 감소량

$$\Delta f_p = E_p \varepsilon_p = E_p \cdot \frac{\Delta l}{l} = 200,000 \times \frac{0.004}{20} = 40MPa$$

해답 ①

067

그림과 같은 띠철근 기둥에서 띠철근의 최대 간격으로 적당한 것은? (단, D10의 공칭직경은 9.5mm, D32의 공칭직경은 31.8mm)

① 456mm
② 492mm
③ 500mm
④ 508mm

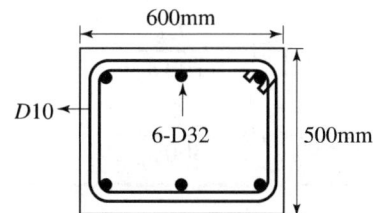

해설 띠철근 수직 간격
① 단면 최소치수 이하=500mm 이하
② 축철근 지름의 16배 이하=16×31.8mm=508.8mm 이하
③ 띠철근 지름의 48배 이하=48×9.5mm=456mm 이하
셋 중 작은 값인 456mm 이하로 한다.

해답 ①

068

PS 콘크리트의 강도 개념(strength concept)을 설명한 것으로 가장 적당한 것은?

① 콘크리트에 프리스트레스가 가해지면 PSC 부재는 탄성재료로 전환되고 이의 해석은 탄성이론으로 가능하다는 개념
② PSC 보를 RC 보처럼 생각하여, 콘크리트는 압축력을 받고 긴장재는 인장력을 받게 하여 두 힘의 우력 모멘트로 외력에 의한 휨모멘트에 저항시킨다는 개념
③ PS 콘크리트는 결국 부재에 작용하는 하중의 일부 또는 전부를 미리 가해진 프리스트레스와 평행이 되도록 하는 개념
④ PS 콘크리트는 강도가 크기 때문에 보의 단면을 강재의 단면으로 가정하여 압축 및 인장을 단면 전체가 부담할 수 있다는 개념

해설 ① **균등질보 개념**(응력개념법, 기본개념법) : 콘크리트에 프리스트레스트를 도입하면 콘크리트가 탄성재료로 전환된다고 생각으로 전단면 유효응력으로 설계하는 개념이다.
② **강도 개념**(내력모멘트 개념, C-선 개념) : PSC보를 RC보처럼 생각하여 콘크리트는 압축력을 받고 긴장재는 인장력을 받게 하여 두 힘의 우력모멘트로 외력에 의한 휨모멘트에 저항시킨다는 개념이다.
③ **하중평형 개념**(Load Balancing Concept, 등가하중개념) : 포물선 또는 직선 절곡으로 배치된 PS 강재에 의해 생긴 상향력이 보에 상향으로 작용하는 하중과 같다고 간주하는 개념이다.

해답 ②

069
프리스트레스트 콘크리트 중 비부착 긴장재를 가진 부재에서 깊이에 대한 경간의 비가 35 이하인 경우 공칭강도를 발휘할 때 긴장재의 인장응력(f_{ps})을 구하는 식으로 옳은 것은? (단, f_{pe} : 긴장재의 유효 프리스트레스, ρ_p : 긴장재의 비)

① $f_{ps} = f_{pe} + 70 + \dfrac{f_{ck}}{100\rho_p}$ ② $f_{ps} = f_{pe} + 70 + \dfrac{f_{ck}}{200\rho_p}$

③ $f_{ps} = f_{pe} + 70 + \dfrac{f_{ck}}{300\rho_p}$ ④ $f_{ps} = f_{pe} + 70 + \dfrac{f_{ck}}{400\rho_p}$

해설 프리스트레싱 긴장재가 부착되지 않은 부재
① 높이에 대한 경간의 비가 35 이하인 경우

$$f_{ps} = f_{se} + 70 + \dfrac{f_{ck}}{100\rho_p}$$

여기서, f_{ps}(긴장재의 인장응력)는 f_{py}, 또한 (f_{se}+400)MPa 이하로 하여야 한다.
f_{se} : 프리스트레스트 보강재의 유효응력, MPa
ρ_p : 긴장재의 비
② 높이에 대한 경간의 비가 35보다 큰 경우

$$f_{ps} = f_{se} + 70 + \dfrac{f_{ck}}{300\rho_p}$$

여기서, f_{ps}(긴장재의 인장응력)는 f_{py}, 또한 (f_{se}+210)MPa 이하로 하여야 한다.

해답 ①

070
보의 유효깊이(d) 600mm, 복부의 폭(b_w) 320mm, 플랜지의 두께 130mm, 인장철근량 7650mm², 양쪽 슬래브의 중심간 거리 2.5m, 경간 10.4m, f_{ck}=25MPa, f_y=400MPa로 설계된 대칭 T형보가 있다. 이 보의 등가 직사각형 응력 블록의 깊이(a)는?

① 51.2mm ② 60mm
③ 137.5mm ④ 145mm

해설 ① 플랜지 폭
대칭 T형보이므로
㉠ $8t_1 + 8t_2 + b_w = 8 \times 130 + 8 \times 130 + 320 = 2,400\text{mm}$
㉡ 보 경간의 $1/4 = \dfrac{10.4 \times 10^3}{4} = 2,600\text{mm}$
㉢ 양 슬래브 중심간 거리 $= 2,500\text{mm}$
셋 중 가장 작은 값인 2,400mm를 유효폭으로 결정한다.
② $a = \dfrac{A_s f_y}{0.85 f_{ck} b} = \dfrac{7,650 \times 400}{0.85 \times 25 \times 2,400} = 60\text{mm} < t = 130\text{mm}$ 이므로 단철근 직사각
형보로 해석하며 등가직사각형 응력 블록의 깊이 a는 60mm이다.

해답 ②

071

최소 철근비에서 해석에 의하여 인장철근 보강이 요구되는 휨부재의 모든 단면에 대하여 설계 휨강도가 어느 조건을 만족하도록 인장철근을 배치하여야 하는가?

① $\phi M_n \geq \dfrac{4}{3} M_{cr}$
② $\phi M_n \geq \dfrac{4}{3} M_u$
③ $\phi M_n \geq 1.2 M_u$
④ $\phi M_n \geq 1.2 M_{cr}$

해설 $\phi M_n \geq 1.2 M_{cr}$ 조건을 만족하도록 인장철근을 배치하여야 한다.

해답 ④

072

$b_w = 350\text{mm}$, $d = 600\text{mm}$인 단철근 직사각형보에서 콘크리트가 부담할 수 있는 공칭 전단강도를 정밀식으로 구하면? (단, $V_u = 100\text{kN}$, $M_u = 300\text{kN} \cdot \text{m}$, $\rho_w = 0.016$, $f_{ck} = 24\text{MPa}$)

① 164.2kN
② 171.5kN
③ 176.4kN
④ 182.7kN

해설 $V_c = \left(0.16\lambda\sqrt{f_{ck}} + 17.6\dfrac{\rho_w V_u d}{M_u}\right) b_w d \leq 0.29\lambda\sqrt{f_{ck}} b_w d \text{ [N]}$

① $V_c = \left(0.16\lambda\sqrt{f_{ck}} + 17.6\dfrac{\rho_w V_u d}{M_u}\right) b_w d$
$= \left(0.16 \times 1 \times \sqrt{24} + 17.6 \times \dfrac{0.016 \times 100,000 \times 600}{300,000,000}\right) \times 350 \times 600 = 176,433\text{N}$
② $0.29\lambda\sqrt{f_{ck}} b_w d = 0.29 \times 1 \times \sqrt{24} \times 350 \times 600 = 298,348\text{N}$
③ $176,433\text{N} \leq 298,348\text{N}$ 이므로
콘크리트가 부담할 수 있는 공칭 전단강도는
$V_c = 176,433\text{N} = 176.4\text{kN}$

해답 ③

073
비틀림에 저항하는 유효단면의 보가 슬래브와 일체로 되거나 완전한 합성구조로 되어 있을 때 '비틀림 단면'에 대한 설명으로 옳은 것은?

① 슬래브의 위 또는 아래로 내민 깊이 중 큰 깊이만큼을 보의 양측으로 연장한 슬래브 부분을 포함한 단면으로서, 보의 한 측으로 연장되는 거리를 슬래브 두께의 8배 이하로 한 단면
② 슬래브의 위 또는 아래로 내민 깊이 중 큰 깊이만큼을 보의 양측으로 연장한 슬래브 부분을 포함한 단면으로서, 보의 한 측으로 연장되는 거리를 슬래브 두께의 4배 이하로 한 단면
③ 슬래브의 위 또는 아래로 내민 깊이 중 작은 깊이만큼을 보의 양측으로 연장한 슬래브 부분을 포함한 단면으로서, 보의 한 측으로 연장되는 거리를 슬래브 두께의 2배 이하로 한 단면
④ 슬래브의 위 또는 아래로 내민 깊이 중 작은 깊이만큼을 보의 양측으로 연장한 슬래브 부분을 포함한 단면으로서, 보의 한 측으로 연장되는 거리를 슬래브 두께 이하로 한 단면

해설 비틀림에 저항하는 유효단면의 보가 슬래브와 일체로 되거나 완전한 합성구조로 되어 있는 경우의 비틀림 단면 : 슬래브의 위 또는 아래로 내민 깊이 중 큰 깊이만큼을 보의 양측으로 연장한 슬래브 부분을 포함한 단면으로서, 보의 한 측으로 연장되는 거리를 슬래브 두께의 4배 이하로 한 단면

해답 ②

074
그림과 같은 리벳 연결에서 리벳의 허용력은? (단, 리벳 지름은 12mm이며, 리벳의 허용전단응력은 200MPa, 허용지압응력은 400MPa이다.)

① 60.2kN
② 55.2kN
③ 45.2kN
④ 40.2kN

해설
① $P_s = v_{sa} \cdot 2 \dfrac{\pi d^2}{4} = 200 \times 2 \times \dfrac{\pi \times 12^2}{4} = 45,238.934\text{N}$
② $P_b = f_{ba} \cdot d \cdot t = 400 \times 12 \times 12 = 57,600\text{N}$
③ 리벳값 P_n은 P_s와 P_b 중 작은 값인 45,238.934N = 45.2kN이다.

해답 ③

075 그림과 같은 용접부의 응력은?

① 115MPa
② 110MPa
③ 100MPa
④ 94MPa

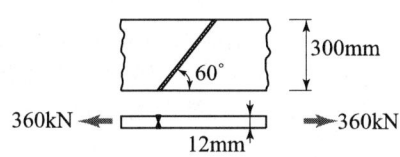

해설 $f = \dfrac{P}{\sum al} = \dfrac{360,000\text{N}}{12 \times 300} = 100\text{MPa}$

해답 ③

076 2방향 슬래브의 직접설계법을 적용하기 위한 제한사항으로 틀린 것은?

① 각 방향으로 3경간 이상이 연속되어야 한다.
② 슬래브판들은 단변 경간에 대한 장변 경간의 비가 2 이하인 직사각형이어야 한다.
③ 모든 하중은 슬래브 판 전체에 걸쳐 등분포된 연직하중이어야 한다.
④ 연속한 기둥 중심선을 기준으로 기둥의 어긋남은 그 방향 경간의 최대 20% 이하이어야 한다.

해설 직접설계법 적용 조건
① 각 방향으로 3경간 이상이 연속되어야 한다.
② 슬래브판들은 단변 경간에 대한 장변 경간의 비가 2 이하인 직사각형이어야 한다.
③ 각 방향으로 연속한 받침부 중심간 경간 길이의 차이는 긴 경간의 1/3 이하이어야 한다.
④ 연속한 기둥 중심선으로부터 기둥의 어긋남은 그 방향 경간의 최대 10% 이하이어야 한다.
⑤ 모든 하중은 슬래브판 전체에 등분포 된 연직하중이어야 하며, 활하중은 고정하중의 2배 이하이어야 한다.
⑥ 모든 변에서 보가 슬래브판을 지지할 경우, 직교하는 두 방향에서 다음 식에 해당하는 보의 상대강성은 다음 식을 만족하여야 한다.

$$0.2 \leq \dfrac{\alpha_1 l_2^2}{\alpha_2 l_1^2} \leq 5.0$$

여기서, l_1 : 휨 모멘트 계산방향의 경간
l_2 : 휨 모멘트 계산방향에 수직한 방향의 경간
α_1, α_2 : 각각 l_1, l_2 방향으로의 α
α : 보의 양측 또는 한 측에 인접하여 있는 슬래브판의 중심선에 의해 구획된 폭으로 이루어진 슬래브의 휨강성에 대한 보의 휨강성의 비

⑦ 직접설계법으로 설계된 슬래브 시스템은 연속 휨부재의 부휨모멘트 재분배 규정에서 허용된 모멘트 재분배를 적용할 수 없다. 휨모멘트 재분배는 고려하는 방향에서

슬래브판에 대한 전체 정적 계수휨모멘트가 $\dfrac{w_u l_2 l_n^2}{8}$ 식에 의해 요구된 휨모멘트보다 작지 않은 범위 내에서 정 및 부계수휨모멘트는 10%까지 수정할 수 있다.
⑧ 2방향 슬래브의 여러 역학적 해석조건을 만족시키는 것을 입증한다면 위 ①에서부터 ⑦까지의 제한 규정을 다소 벗어나도 직접설계법을 적용할 수 있다.

해답 ④

077

그림에 나타난 이등변삼각형 단철근보의 공칭 휨강도 M_n를 계산하면? (단, 철근 D19 3본의 단면적은 860mm², $f_{ck}=28$MPa, $f_y=350$MPa이다.)

① 75.3kN·m
② 85.2kN·m
③ 95.3kN·m
④ 105.3kN·m

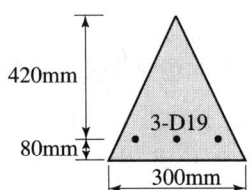

해설 ① $0.85 f_{ck} A_c = f_y A_s$
$0.85 \times 28 \times A_c = 350 \times 860$
$A_c = 12{,}647.06 \text{mm}^2$

② $\dfrac{b_a}{a} = \dfrac{b}{h} = \dfrac{300}{500} = \dfrac{3}{5}$ 에서 $b_a = \dfrac{3a}{5}$

③ $A_c = \dfrac{1}{2} a b_a = \dfrac{1}{2} a \dfrac{3a}{5} = \dfrac{3a^2}{10} = 12{,}647.06 \text{mm}^2$ 에서 $a = 205.32 \text{mm}$

④ $M_n = A_s f_y \left(d - \dfrac{2}{3}a\right) = 860 \times 350 \times \left(420 - \dfrac{2}{3} \times 205.32\right)$
$= 85{,}219{,}120 \text{Nmm} = 85.2 \text{kNm}$

해답 ②

078

길이 6m의 철근콘크리트 캔틸레버보의 처짐을 계산하지 않아도 되는 보의 최소 두께는 얼마인가? (단, $f_{ck}=21$MPa, $f_y=350$MPa)

① 612mm
② 653mm
③ 698mm
④ 731mm

해설 $h = \dfrac{l}{8} \times \left(0.43 + \dfrac{f_y}{700}\right) = \dfrac{6000}{8} \times \left(0.43 + \dfrac{350}{700}\right) = 698 \text{mm}$

해답 ③

079

그림은 복철근 직사각형단면의 변형률이다. 다음중 압축철근이 항복하기 위한 조건으로 옳은 것은?

① $\dfrac{0.003(c-d')}{c} \geq \dfrac{f_y}{E_s}$

② $\dfrac{600(c-d')}{c} \leq f_y$

③ $\dfrac{600\,d'}{600-f_y} > c$

④ $\dfrac{600\,d'}{600+f_y} < c$

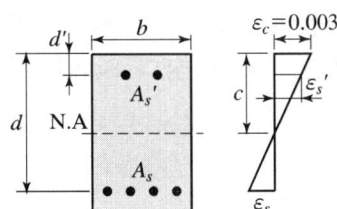

해설 압축측 콘크리트의 변형률이 0.003이므로 이때 압축철근이 항복한다는 것은 균형단면이라는 말이므로,

$0.003\dfrac{(c-d')}{c} \geq \dfrac{f_y}{E_s}$

해답 ①

080

아래 그림과 같은 단면을 가지는 직사각형 단철근 보의 설계휨강도를 구할 때 사용되는 강도감소계수 ϕ값은 약 얼마인가? (단, A_s는 3176mm², $f_{ck}=$ 38MPa, $f_y=$400MPa)

① 0.731
② 0.764
③ 0.817
④ 0.834

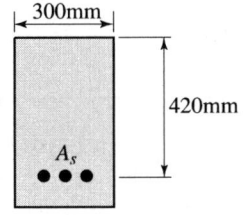

해설
① $a = \dfrac{A_s f_y}{0.85 f_{ck} b} = \dfrac{3{,}176 \times 400}{0.85 \times 38 \times 300} = 131.10\text{mm}$

② $\beta_1 = 0.85 - (f_{ck}-28)0.007 = 0.85 - (38-28) \times 0.007 = 0.78 \geq 0.65$

③ $c = \dfrac{a}{\beta_1} = \dfrac{131.1}{0.78} = 168.1\text{mm}$

④ $\varepsilon_t = 0.003\left(\dfrac{d-c}{c}\right) = 0.003 \times \left(\dfrac{420-168.1}{168.1}\right) = 0.0045$

⑤ $\phi = 0.65 + (\varepsilon_t - 0.002)\dfrac{200}{3} = 0.65 + (0.0045 - 0.002) \times \dfrac{200}{3} = 0.817$

해답 ③

제5과목 토질 및 기초

081 무게 3kN의 드롭 해머로 3m 높이에서 말뚝을 타입할 때 1회 타격당 최종 침하량이 1.5cm 발생하였다. Sander 공식을 이용하여 산정한 말뚝의 허용지지력은?

① 75.0kN
② 86.1kN
③ 93.7kN
④ 156.7kN

해설 Sander 공식

① 극한지지력 $R_u = \dfrac{W_h h}{S} = \dfrac{3\text{kN} \times 300\text{cm}}{1.5\text{cm}} = 600\text{kN}$

② 허용지지력 $R_a = \dfrac{R_u}{F_s}\,(F_s = 8) = \dfrac{600}{8} = 75\text{kN}$

해답 ①

082 $\gamma = 18\text{kN/m}^3$, $c_u = 30\text{kN/m}^2$, $\phi = 0$의 점토지반을 수평면과 50°의 기울기로 굴착하려고 한다. 안전율을 2.0으로 가정하여 평면활동 이론에 의해 굴착깊이를 결정하면?

① 2.80m
② 5.60m
③ 7.12m
④ 9.84m

해설
① $H_c = \dfrac{4c}{\gamma_t} \cdot \dfrac{\sin\beta \cdot \cos\phi}{1 - \cos(\beta - \phi)} = \dfrac{4 \times 30}{18} \times \dfrac{\sin 50° \times \cos 0°}{1 - \cos(50° - 0°)} = 14.3\text{m}$

② $F_s = \dfrac{H_c}{H} = 2.0$에서 $H = \dfrac{H_c}{F_s} = \dfrac{14.3}{2} = 7.15\text{m}$

③ 7.15m 이하로 굴착해야 하므로 7.12m가 가장 적합하다.

해답 ③

083 그림과 같은 옹벽 배면에 작용하는 토압의 크기를 Rankine의 토압 공식으로 구하면?

① 32kN/m
② 37kN/m
③ 47kN/m
④ 52kN/m

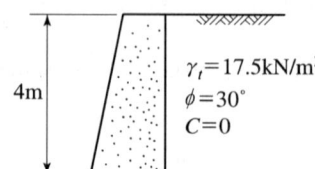

해설 ① 주동토압계수
$$K_a = \frac{1-\sin\phi}{1+\sin\phi} = \tan^2\left(45° - \frac{\phi}{2}\right) = \tan^2\left(45° - \frac{30°}{2}\right) = \frac{1}{3}$$
② $P_a = \frac{1}{2}\gamma H^2 K_a = \frac{1}{2} \times 17.5 \times 4^2 \times \frac{1}{3} = 47\text{kN/m}$

해답 ③

084 점성토 시료를 교란시켜 재성형을 한 경우 시간이 지남에 따라 강도가 증가하는 현상을 나타내는 용어는?

① 크립(creep)
② 틱소트로피(thixotropy)
③ 이방성(anisotropy)
④ 아이소크론(isocron)

해설 틱소트로피(thixotropy)란 재성형(remolding)한 시료를 함수비의 변화 없이 그대로 방치하여 두면 시간이 경과되면서 강도가 회복되는 현상

해답 ②

085 다음 그림과 같은 sampler에서 면적비는 얼마인가?

① 5.80%
② 5.97%
③ 14.62%
④ 14.80%

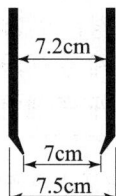

해설 $A_r = \frac{D_0^2 - D_e^2}{D_e^2} \times 100 = \frac{7.5^2 - 7^2}{7^2} \times 100 = 14.8\%$

여기서, D_0 : 샘플러의 외경, D_e : 샘플러의 내경

해답 ④

086 도로의 평판재하시험을 끝낼 수 있는 조건이 아닌 것은?

① 하중강도가 현장에서 예상되는 최대 접지압을 초과 시
② 하중강도가 그 지반의 항복점을 넘을 때
③ 침하가 더 이상 일어나지 않을 때
④ 침하량이 15mm에 달할 때

해설 **평판재하시험 종료 조건**
① 침하량이 15mm에 달한 경우
② 하중강도가 그 지반의 항복점을 넘는 경우
③ 하중강도가 현장에서 예상되는 최대 접지압력을 초과하는 경우

해답 ③

087 다음 중 사운딩 시험이 아닌 것은?

① 표준관입시험 ② 평판재하시험
③ 콘 관입시험 ④ 베인 시험

해설 사운딩(sounding) 종류
① 정적 사운딩 : 일반적으로 점성토에 유효하다.
  ㉠ 휴대용 원추관입시험 ㉡ 화란식 원추관입시험
  ㉢ 스웨덴식 관입시험 ㉣ 이스키미터 시험
  ㉤ 베인(Vane) 전단시험
② 동적 사운딩 : 일반적으로 조립토에 유효하다.
  ㉠ 동적 원추관입시험 ㉡ 표준관입시험(SPT)

해답 ②

088 입경가적곡선에서 가적통과율 30%에 해당하는 입경이 $D_{30}=1.2mm$일 때, 다음 설명 중 옳은 것은?

① 균등계수를 계산하는 데 사용된다.
② 이 흙의 유효입경은 1.2mm이다.
③ 시료의 전체 무게 중에서 30%가 1.2mm보다 작은 입자이다.
④ 시료의 전체 무게 중에서 30%가 1.2mm보다 큰 입자이다.

해설 D_{30}은 통과중량 백분율 30%에 해당되는 입자의 지름을 나타내므로 시료의 전체 무게 중에서 30%가 1.2mm보다 작은 입자라는 것이다.

해답 ③

089 그림과 같은 3층으로 되어 있는 성토층의 수평방향의 평균투수계수는?

① 2.97×10^{-4} cm/sec
② 3.04×10^{-4} cm/sec
③ 6.97×10^{-4} cm/sec
④ 4.04×10^{-4} cm/sec

$H_1=2.5m$ $k_1=3.06 \times 10^{-4}$ cm/sec
$H_2=3.0m$ $k_2=2.55 \times 10^{-4}$ cm/sec
$H_3=2.0m$ $k_3=3.50 \times 10^{-4}$ cm/sec

해설
$$K_h = \frac{1}{H}(K_1 \cdot H_1 + K_2 \cdot H_2 + K_3 \cdot H_3)$$
$$= \frac{1}{2.5+3.0+2.0} \times (3.06 \times 10^{-4} \times 2.5 + 2.55 \times 10^{-4} \times 3.0 + 3.50 \times 10^{-4} \times 2.0)$$
$$= 2.97 \times 10^{-4} \text{cm/sec}$$

해답 ①

090
활동면 위의 흙을 몇 개의 연직 평행한 절편으로 나누어 사면의 안정을 해석하는 방법이 아닌 것은?

① Fellenius 방법　　② 마찰원법
③ Spencer 방법　　④ Bishop의 간편법

해설
① **질량법**(mass procedure)
　㉠ $\Phi_u = 0$ 해석법
　㉡ 마찰원법
② **절편법**(slice method, 분할법)
　㉠ Fellenius의 간편법
　㉡ Bishop의 간편법
　㉢ Janbu의 간편법
　㉣ Spencer 방법

해답 ②

091
함수비 18%의 흙 500kg을 함수비 24%로 만들려고 한다. 추가해야 하는 물의 양은?

① 80.41kg　　② 54.52kg
③ 38.92kg　　④ 25.43kg

해설 함수비가 변화에 따라 물의 중량 W_w와 전체중량 W는 변하지만 흙 입자만의 중량 W_s는 변하지 않는다.
① 흙 입자만의 중량
$$W_s = \frac{W}{1+\frac{w}{100}} = \frac{500}{1+\frac{18}{100}} = 423.7288\text{kg}$$
② 함수비 18%일 때의 물의 중량
$$W_{w(18\%)} = W - W_s = 500 - 423.7288 = 76.2712\text{kg}$$
③ 함수비 24%일 때의 물의 중량
함수비가 변해도 흙 입자만의 중량 W_s는 변하지 않으므로
함수비 $w = \frac{W_w}{W_s} \times 100 = \frac{W_w}{423.7288} \times 100 = 24\%$에서
$$W_{w(24\%)} = \frac{24}{100} \times 423.7288 = 101.6949\text{kg}$$
④ 추가해야 할 물의 양
$= W_{w(24\%)} - W_{w(18\%)} = 101.6949 - 76.2712 = 25.4237\text{kg}$

해답 ④

092 2m×3m 크기의 직사각형 기초에 60kN/m²의 등분포하중이 작용할 때 기초 아래 10m 되는 깊이에서의 응력증가량을 2 : 1 분포법으로 구한 값은?
① 2.3kN/m²
② 5.4kN/m²
③ 13.3kN/m²
④ 18.3kN/m²

해설 2 : 1 분포법(약산법)
$$\Delta\sigma_z = \frac{Q}{(B+z)\cdot(L+z)} = \frac{q_s\cdot B\cdot L}{(B+z)\cdot(L+z)} = \frac{60\times 2\times 3}{(2+10)\times(3+10)} = 2.3\text{kN/m}^2$$
해답 ①

093 점착력이 0.01MPa, 내부마찰각이 30°인 흙에 수직응력 2MPa을 가할 경우 전단응력은?
① 2.01MPa
② 0.676MPa
③ 0.116MPa
④ 1.165MPa

해설 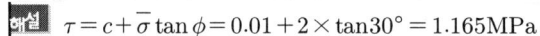 $\tau = c + \overline{\sigma}\tan\phi = 0.01 + 2\times\tan 30° = 1.165\text{MPa}$
해답 ④

094 두께 2cm인 점토시료의 압밀시험 결과 전 압밀량의 90%에 도달하는 데 1시간이 걸렸다. 만일 같은 조건에서 같은 점토로 이루어진 2m의 토층 위에 구조물을 축조한 경우 최종 침하량의 90%에 도달하는 데 걸리는 시간은?
① 약 250일
② 약 368일
③ 약 417일
④ 약 525일

해설 ① 배수거리
양면배수이므로 시료의 두께의 절반이다.
$d_1 = 1\text{cm},\ d_2 = 100\text{cm}$
② 압밀시간
$t = \dfrac{T_v \cdot d^2}{C_v}$ 에서 압밀시간은 배수거리의 제곱에 비례
$t_1 : t_2 = d_1^2 : d_2^2$
$t_2 = \dfrac{d_2^2}{d_1^2}\cdot t_1 = \dfrac{100^2}{1^2}\times 1 = 10{,}000\text{시} = 417\text{일}$
해답 ③

095

현장에서 다짐된 사질토의 상대다짐도가 95%이고 최대 및 최소 건조단위중량이 각각 17.6kN/m², 15kN/m²이라고 할 때 현장시료의 상대밀도는?

① 74% ② 69%
③ 64% ④ 59%

해설 ① 건조단위중량

$$U = \frac{\gamma_d}{\gamma_{d\max}} \times 100[\%] = \frac{\gamma_d}{17.6} \times 100 = 95\% \text{에서 } \gamma_d = 16.7 \text{kN/m}^3$$

② 상대밀도

$$D_r = \frac{\gamma_{d\max}}{\gamma_d} \frac{\gamma_d - \gamma_{d\min}}{\gamma_{d\max} - \gamma_{d\min}} \times 100 = \frac{17.6}{16.7} \times \frac{16.7 - 15.0}{17.6 - 15.0} \times 100 = 68.9\%$$

해답 ②

096

실내시험에 의한 점토의 강도 증가율(C_u/P) 산정 방법이 아닌 것은?

① 소성지수에 의한 방법
② 비배수 전단강도에 의한 방법
③ 압밀비배수 삼축압축시험에 의한 방법
④ 직접전단시험에 의한 방법

해설 실내시험에 의한 점토의 강도 증가율(C_u/P) 산정 방법
① 소성지수(I_P)에 의한 방법
 ㉠ $I_P > 0.5$인 경우
  $C_u/P = 0.45(I_P)^{1/2}$
 ㉡ $C_u/P = 0.11 + 0.0037 I_P$ (Skempton 식)
② 비배수 전단강도에 의한 방법
③ 압밀비배수 삼축압축시험에 의한 방법
④ 액성지수에 의한 방법
 $I_P > 0.5$인 경우
 $C_u/P = 0.18(I_L)^{1/2}$
⑤ 액성한계에 의한 방법
 $w_L > 0.2$인 경우
 $C_u/P = 0.5 w_L$

해답 ④

097

두 개의 기둥하중 $Q_1 = 300\text{kN}$, $Q_2 = 200\text{kN}$을 받기 위한 사다리꼴 기초의 폭 B_1, B_2를 구하면? (단, 지반의 허용지지력 $q_a = 20\text{kN/m}^2$)

① $B_1 = 7.2\text{m}$, $B_2 = 2.8\text{m}$
② $B_1 = 7.8\text{m}$, $B_2 = 2.2\text{m}$
③ $B_1 = 6.2\text{m}$, $B_2 = 3.8\text{m}$
④ $B_1 = 6.8\text{m}$, $B_2 = 3.2\text{m}$

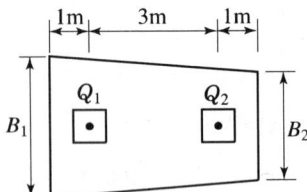

해설 ① 면적

$$A = \sum \frac{Q}{q_a} = \frac{Q_1 + Q_2}{q_a} = \frac{300 + 200}{20} = 25\text{m}^2$$

② 합력의 위치

$$x = \frac{Q_2 \cdot s}{Q_1 + Q_2} = \frac{200 \times 3}{300 + 200} = 1.2\text{m}$$

③ 합력의 위치가 기초의 도심에 오게끔 기초의 길이(L)를 구한다.

$$a + x = \frac{L}{3} \frac{B_1 + 2B_2}{B_1 + B_2}$$

$$1 + 1.2 = \frac{5}{3} \times \frac{B_1 + 2 \times B_2}{B_1 + B_2}$$

$$2.2B_1 + 2.2B_2 = \frac{5}{3}B_1 + \frac{10}{3}B_2$$

$$0.533B_1 - 1.133B_2 = 0 \quad \cdots\cdots (1)식$$

④ 면적

$$A = \frac{B_1 + B_2}{2}L = \frac{B_1 + B_2}{2} \times 5 = 25\text{m}^2$$

$$B_1 + B_2 = 10\text{m} \quad \cdots\cdots (2)식$$

⑤ (1)식과 (2)식을 연립방정식에 의하여 풀면
(2)식에서 $B_2 = 10 - B_1$ $\cdots\cdots$ (3)식
(3)식을 (1)식에 대입
$0.533B_1 - 1.133B_2 = 0.533B_1 - 1.133(10 - B_1) = 0$에서
$B_1 = 6.8\text{m}$

⑥ B_1값을 (3)식에 대입
$B_2 = 10 - B_1 = 10 - 6.8 = 3.2\text{m}$

해답 ④

098

정지압(또는 지반반력)이 그림과 같이 되는 경우는?

① 후팅 : 강성, 기초지반 : 점토
② 후팅 : 강성, 기초지반 : 모래
③ 후팅 : 연성, 기초지반 : 점토
④ 후팅 : 연성, 기초지반 : 모래

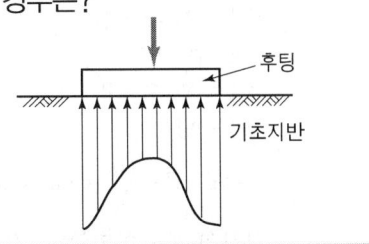

해설 점토지반
① 연성기초 : ㉠ 접지압 : 일정 ㉡ 침하량 : 기초 중앙부에서 최대
② 강성기초 : ㉠ 접지압 : 양단부에서 최대 ㉡ 침하량 : 일정

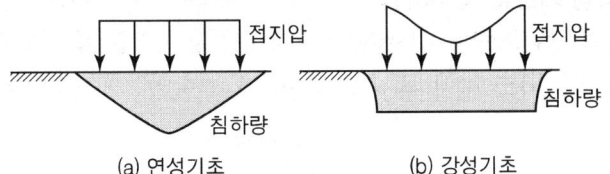

(a) 연성기초   (b) 강성기초
[점토지반의 접지압과 침하량 분포]

모래지반
① 연성기초 : ㉠ 접지압 : 일정 ㉡ 침하량 : 기초 양단부에서 최대
② 강성기초 : ㉠ 접지압 : 중앙부에서 최대 ㉡ 침하량 : 일정

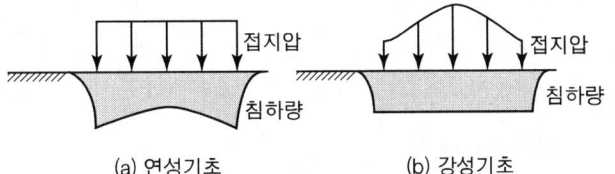

(a) 연성기초   (b) 강성기초
[모래지반의 접지압과 침하량 분포]

해답 ①

099

그림의 유선망에 대한 설명 중 틀린 것은? (단, 흙의 투수계수는 0.25×10^{-3} cm³/sec)

① 유선의 수 = 6
② 등수두선의 수 = 6
③ 유로의 수 = 5
④ 전침투유량 $Q = 0.278$ cm³/sec

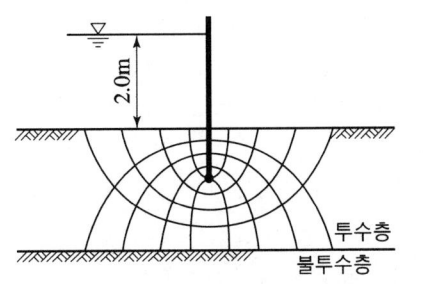

해설 ① 유선 수 = 6
② 등수두선 수 = 10
③ 유로 수 = 5
④ 등수두면 수 = 9
⑤ 침투유량(q)

$$q = K \cdot H \cdot \frac{N_f}{N_d} = 2.5 \times 10^{-3} \times 200 \times \frac{5}{9} = 0.278 \text{cm}^3/\text{sec}$$

여기서, q : 침투유량, H : 전수두차, N_f : 유로 수, N_d : 등수두면의 수

해답 ②

100 4m×4m인 정사각형 기초를 내부마찰각 $\phi = 20°$, 점착력 $c = 30\text{kN/m}^2$인 지반에 설치하였다. 흙의 단위중량 $\gamma = 19\text{kN/m}^3$이고 안전율이 3일 때 기초의 허용하중은? (단, 기초의 깊이는 1m이고, $N_q = 7.44$, $N_\gamma = 4.97$, $N_c = 17.69$이다.)
① 3780kN ② 5239kN
③ 6750kN ④ 8140kN

해설 Terzaghi의 수정지지력 공식
① α, β : 기초 모양에 따른 형상계수(shape factor)

구분	연속	정사각형	직사각형	원형
α	1.0	1.3	$1 + 0.3\frac{B}{L}$	1.3
β	0.5	0.4	$0.5 - 0.1\frac{B}{L}$	0.3

② $q_{ult} = \alpha c N_c + \beta \gamma_1 B N_\gamma + \gamma_2 D_f N_q$
　　$= 1.3 \times 30 \times 17.69 + 0.4 \times 19 \times 4 \times 4.97 + 19 \times 1 \times 7.44$
　　$= 982.358 \text{kN/m}^2$

③ $q_a = \dfrac{q_{ult}}{F_s} = \dfrac{982.358}{3} = 327.45 \text{kN/m}^2$

④ $Q_a = q_a \cdot A = 327.45 \times 4 \times 4 = 5239\text{kN}$

해답 ②

제6과목 상하수도공학

101 해수 담수화를 위한 적용 방식으로 가장 거리가 먼 것은?
① 촉매산화법
② 증발법
③ 전기투석법
④ 역삼투법

해설 담수화 방식
① 상변화(相變化) 방식
  ㉠ 증발법 : 다단플래시법, 다중효용법, 증기압축법, 투과기화법
  ㉡ 결정법 : 냉동법, 가스수화물법
② 상불변(相不變) 방식
  ㉠ 막법 : 역삼투법, 전기투석법 ㉡ 용매추출법

해답 ①

102 하수처리장의 처리수량은 10000m³/day이고, 제거되는 SS농도는 200mg/L이다. 잉여슬러지의 함수율이 98%일 경우에 잉여슬러지 건조중량과 잉여슬러지의 총 발생량은? (단, 잉여슬러지의 비중은 1.02이다.)
① 2000kg/day, 98.04m³/day
② 200kg/day, 101.99m³/day
③ 2000kg/day, 101.99m³/day
④ 200kg/day, 98.04m³/day

해설 ① 잉여슬러지 건조중량 $= 10,000\text{m}^3/\text{day} \times 200\text{mg/L} \times \dfrac{1\text{kg}}{10^6\text{mg}} \times \dfrac{1\text{L}}{10^{-3}\text{m}^3}$
$= 2,000\text{kg/day}$

② 잉여슬러지 총 발생량 $= 2,000\text{kg/day} \times \dfrac{1}{1,020\text{kg/m}^3} \times \dfrac{100}{100-98}$
$= 98.04\text{m}^3/\text{day}$

해답 ①

103 상수도의 도수, 취수, 송수, 정수시설의 용량 산정에 기준이 되는 수량은?
① 계획 1일 평균급수량
② 계획 1일 최대급수량
③ 계획 1인 1일 평균급수량
④ 계획 1인 1인 최대급수량

해설 계획급수량과 수도시설의 규모계획

계획급수량 종류	연평균 1일 사용 수량에 대한 비율(%)	수도 구조물의 명칭
1일 평균급수량	100	수원지, 저수지, 유역면적의 결정
1일 최대급수량	150	취수, 도·송수, 정수(여과지 면적), 배수시설 중 송수관 구경이나 배수지의 결정
시간 최대급수량	225	배수 본관의 구경 결정(배수시설의 기준)

해답 ②

104

그래프는 어떤 하천의 자정작용을 나타낸 용존산소 부족곡선이다. 다음 중 어떤 물질이 하천으로 유입되었다고 보는 것이 가장 타당한가?

① 질산성 질소
② 생활하수
③ 농도가 매우 낮은 폐산(廢酸)
④ 농도가 매우 낮은 폐알칼리

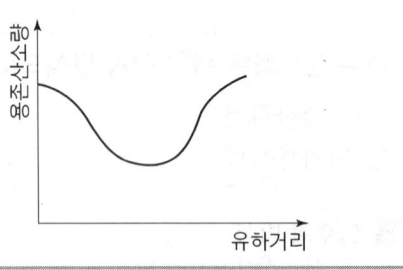

해설 생활하수와 같은 오염된 물이 하천으로 유입되면 자정작용을 하면서 용존산소가 줄어든다.

해답 ②

105

하수관의 접합방법에 관한 설명 중 틀린 것은?

① 관정접합은 토공량을 줄이기 위하여 평탄한 지형에 많이 이용되는 방법이다.
② 단차접합은 지표의 경사가 급한 경우에 이용되는 방법이다.
③ 관저접합은 관의 내면 하부를 일치시키는 방법이다.
④ 관중심접합은 관의 중심을 일치시키는 방법이다.

해설 관정접합
① 관거의 내면 상부를 일치시키는 방식
② 유수의 흐름은 원활하게 된다.
③ 매설깊이를 증대시킴으로써 공사비가 증대된다.
④ 펌프배수의 경우 펌프 양정이 증대되어 불리하게 된다.

해답 ①

106

정수시설의 응집용 약품에 대한 설명으로 틀린 것은?

① 응집제로는 황산알루미늄 등이 있다.
② pH조정제로는 소다회 등이 있다.
③ 응집보조제로는 활성규산 등이 있다.
④ 첨가제로는 염화나트륨 등이 있다.

해설 응집용 약품은 응집제, pH 조정제(산제, 알칼리제), 응집보조제로 크게 구분된다.
① 응집제
  ㉠ 응집제는 원수 중의 현탁물질을 플록형태로 응집시켜 침전되기 쉽고 여과지에서 포착되기 쉽게 하기 위하여 사용한다.

ⓛ 응집제는 황산알루미늄[알럼(alum)]이라고도 한다. 폴리염화알루미늄[poly aluminum chloride, PAC 1 : 보통은 PAC라고 하지만 분말활성탄(PAC)과 구분하기 위하여 PAC 1로 표시함] 등의 알루미늄염이 주로 사용된다. 황산알루미늄(alum)은 '황산반토'라고도 하며 고형과 액체가 있으며, 최근에는 취급이 용이하므로 대부분의 경우 액체가 사용된다.

② pH 조정제
 ㉠ pH 조정제로서 원수의 pH가 지나치게 높은 경우에 산제가 또 원수의 알칼리도가 부족할 때에는 알칼리제가 사용된다.
 ㉡ pH 조정제로는 원수의 pH를 높이기 위하여 소석회, 소다회 액체수산화나트륨 등을 사용할 수 있으며, 부영양화 등의 이유로 높아진 원수의 pH를 낮추기 위하여 황산이나 이산화탄소 등의 산성약품을 사용할 수도 있다.

③ 응집보조제
 ㉠ 응집보조제는 플록형성과 침전 및 여과효율을 향상시키기 위하여 응집제와 함께 사용한다.
 ㉡ 응집보조제로서는 규산나트륨과 알긴산나트륨이 사용되고 있으며 외국에서는 그 밖에 여러 가지 합성유기고분자 응집제가 활용되기도 한다.
 ㉢ 활성규산은 규산나트륨을 산(황산, 이산화탄소 등)으로 어느 정도 중화시켜서 숙성한 다음 규산을 중합시켜 고분자콜로이드로 만든 것으로, 규산콜로이드와 응집제에서 생성된 수산화알루미늄과의 하전중화에 의하며 응집보조제로서 기능은 우수하지만, 여과지에서 손실수두가 빠르게 상승하며 활성화 조작에 어려움이 있다.

해답 ④

107 펌프의 비속도(비교회전도, N_s)에 대한 설명으로 옳은 것은?

① N_s가 작게 되면 사류형으로 되고 계속 작아지면 축류형으로 된다.
② N_s가 커지면 임펠러 외경에 대한 임펠러의 폭이 작아진다.
③ 토출량과 전양정이 동일하면 회전속도가 클수록 N_s가 작아진다.
④ N_s가 작으면 일반적으로 토출량이 적은 고양정의 펌프를 의미한다.

해설 ① 비교회전도가 크다.
 ㉠ 펌프가 많이 회전한다.
 ㉡ 양정이 낮은 펌프
 ㉢ 대수량
 ㉣ 축류펌프
 ㉤ 토출량과 전양정이 동일하면 회전속도가 클수록 N_s가 크고, 따라서 소형으로 되며 일반적으로 가격이 저렴하게 된다.
② 비교회전도가 작다.
 ㉠ 펌프가 적게 회전한다.
 ㉡ 양정이 높은 펌프
 ㉢ 소수량
 ㉣ 원심펌프

해답 ④

108 MLSS 농도 3000mg/L의 혼합액을 1L 메스실린더에 취해 30분간 정치했을 때 침강슬러지가 차지하는 용적이 440mL이었다면 이 슬러지의 슬러지밀도지수(SDI)는?

① 0.68   ② 0.97
③ 78.5   ④ 89.8

해설 $\text{SDI} = \dfrac{100}{\text{SVI}} = \dfrac{\text{MLSS}[mg/l]}{\text{SV}[ml/l] \times 10} = \dfrac{\text{MLSS}[mg/l]}{\text{SV}[\%] \times 100}$

$\text{SDI} = \dfrac{100}{\text{SVI}} = \dfrac{\text{MLSS}[mg/l]}{\text{SV}[ml/l] \times 10} = \dfrac{3{,}000[mg/L]}{440[ml/l] \times 10} = 0.68$

해답 ①

109 계획오수량을 결정하는 방법에 대한 설명으로 틀린 것은?

① 지하수량은 1일 1인 최대오수량의 10~20%로 한다.
② 계획 1일 평균오수량은 계획 1일 최소오수량의 1.3~1.8배를 사용한다.
③ 생활오수량의 1일 1인 최대오수량은 1일 1인 최대급수량을 감안하여 결정한다.
④ 합류식에서 우천 시 계획오수량은 원칙적으로 계획시간 최대오수량의 3배 이상으로 한다.

해설 계획 1일 평균오수량=계획 1일 최대오수량×70~80%

해답 ②

110 호기성 처리방법에 비해 혐기성 처리방법이 갖고 있는 특징에 대한 설명으로 틀린 것은?

① 슬러지 발생량이 적다.
② 유용한 자원인 메탄이 생성된다.
③ 운전조건의 변화에 적응하는 시간이 짧다.
④ 동력비 및 유지관리비가 적게 든다.

해설 혐기성 소화처리법에 비해 호기성 소화처리법의 특징

장 점	단 점
① 초기 투자비가 적다.	① 에너지 소비가 크다.
② 처리수의 수질이 양호하다.	② 소화 슬러지의 탈수성이 불량하다.
③ 소화 슬러지에서 악취가 나지 않는다.	③ 저온 시 효율이 저하된다.
④ 운전이 용이하다.	④ CH_4 등의 가치 있는 부산물이 생성되지는 않는다.
	⑤ 고농도의 슬러지 처리에 부적합하다.

해답 ③

111

어떤 하수의 5일 BOD 농도가 300mg/L, 탈산소계수(상용 대수) 값이 0.2day^{-1}일 때 최종 BOD 농도는?

① 310.0mg/L
② 333.3mg/L
③ 366.7mg/L
④ 375.5mg/L

해설

$$BOD_U = \frac{BOD_5}{1-10^{-k \times t}} = \frac{300}{1-10^{-0.2 \times 5}} = 333.3 mg/L$$

해답 ②

112

염소 소독을 위한 염소투입량 시험결과가 그림과 같다. 결합염소(클로라민류)가 분해되는 구간과 파괴점(break point)으로 옳은 것은?

① AB, C
② BC, C
③ CD, D
④ AB, D

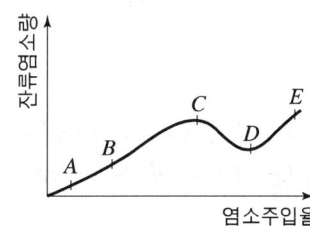

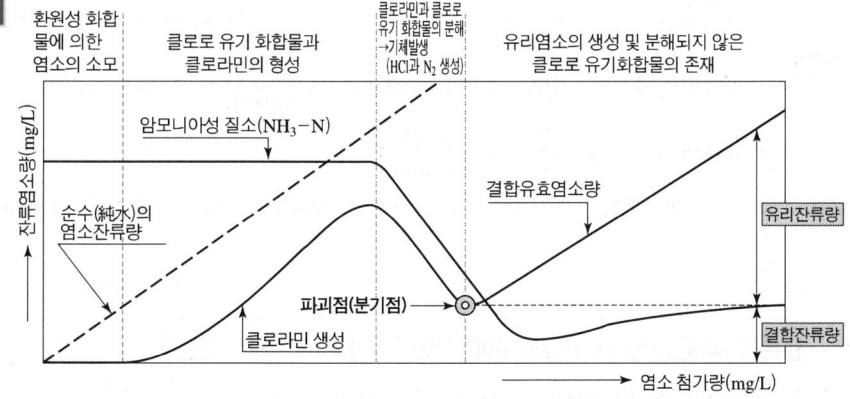

① 결합염소(클로라민류) 분해 구간 : CD
② 파괴점 : D

해답 ③

113

저수시설의 유효저수량 산정에 이용되는 방법은?

① Ripple법
② Williams법
③ Manning법
④ Kutter법

해설 유출량 누가곡선법(Ripple's method)은 저수지의 유효용량을 유량 누가곡선 도표를 이용하여 도식적으로 구하는 방법이다.

해답 ①

114 급수방식에 대한 설명으로 틀린 것은?

① 급수방식은 직결식과 저수조식으로 나누며 이를 병용하기도 한다.
② 저수조식은 급수관으로부터 수돗물을 일단 저수조에 받아서 급수하는 방식이다.
③ 배수관의 압력변동에 관계없이 상시 일정한 수량과 압력을 필요로 하는 경우는 저수조식으로 한다.
④ 재해 시나 사고 등에 의한 수도의 단수나 감수 시에도 물을 반드시 확보해야 할 경우는 직결식으로 한다.

해설 급수관의 고장에 따른 단수나 감수 시에도 어느 정도의 급수를 지속시킬 필요가 있을 경우에는 저수조식 급수방식을 사용한다.

해답 ④

115 인구 200,000명인 도시에서 1인당 하루 300L를 급수할 경우, 급속여과지의 표면적은? (단, 여과속도는 150m/day이다.)

① $150m^2$
② $300m^2$
③ $400m^2$
④ $600m^2$

해설 ① 계획정수량 $Q = 200,000명 \times 300L/day \times \dfrac{1m^3}{1,000L} = 60,000m^3/day$

② 여과면적 $A = \dfrac{Q}{V} = \dfrac{60,000m^3/day}{150m/day} = 400m^2$

여기서, Q : 계획정수량$[m^3/day]$, V : 여과속도$[m/day]$, A : 총 여과면적$[m^2]$

해답 ③

116 펌프의 공동현상(cavitation)에 대한 설명으로 틀린 것은?

① 공동현상이 발생하면 소음이 발생한다.
② 공동현상을 방지하려면 펌프의 회전수를 크게 해야 한다.
③ 펌프의 흡입양정이 너무 적고 임펠러 회전속도가 빠를 때 공동현상이 발생한다.
④ 공동현상은 펌프의 성능 저하의 원인이 될 수 있다.

해설 공동현상의 방지법
① 펌프의 설치위치를 되도록 낮게 하고, 흡입양정을 작게 한다.
② 흡입관은 되도록 짧은 것이 좋으며 부득이할 때는 흡입관을 크게 하여 손실을 감소시킨다.

③ 흡입측에서 펌프의 토출량을 감소시키는 일은 절대로 피한다.
④ 총 양정의 규정에 있어서 적합하도록 계획한다.
⑤ 양정 변화가 클 때는 상용의 최저 양정에 대하여도 공동현상이 생기지 않도록 충분히 주의해야 한다.
⑥ 공동현상을 피할 수 없을 때는 임펠러 재질을 cavitation 파손에 강한 것을 사용한다.
⑦ 펌프의 공동현상을 방지하려면 펌프의 회전수를 낮게 해야 한다.
⑧ 가용 유효흡입수두를 필요 유효흡입수두보다 크게 하여 손실수두를 줄인다.

해답 ②

117
상수 원수 중 색도가 높은 경우의 유효 처리 방법으로 가장 거리가 먼 것은?
① 응집침전 처리
② 활성탄 처리
③ 오존 처리
④ 자외선 처리

해설 색도가 높을 경우에는 색도를 제거하기 위하여 응집침전 처리, 활성탄 처리 또는 오존 처리를 한다.

해답 ④

118
도수 및 송수 노선 선정 시 고려할 사항으로 틀린 것은?
① 몇 개의 노선에 대하여 경제성, 유지관리의 난이도 등을 비교·검토하여 종합적으로 판단하여 결정한다.
② 원칙적으로 공공도로 또는 수도용지로 한다.
③ 수평이나 수직방향의 급격한 굴곡은 피한다.
④ 관로상 어떤 지점도 동수경사선보다 항상 높게 위치하도록 한다.

해설 도수 및 송수관로의 노선 선정 시 수평·수직이 급격한 굴곡을 피하고, 어떤 경우라도 최소 동수경사선 이하가 되도록 노선을 선정한다.

해답 ④

119
하수관거의 배제방식에 대한 설명으로 틀린 것은?
① 합류식은 청천 시 관내 오물이 침전하기 쉽다.
② 분류식은 합류식에 배해 부설비용이 많이 든다.
③ 분류식은 우천 시 오수가 월류하도록 설계한다.
④ 합류식 관거는 단면이 커서 환기가 잘되고 검사에 편리하다.

해설 분류식 하수도는 우천 시나 청천 시 월류의 우려가 없다.

해답 ③

120 물의 흐름을 원활히 하고 관로의 수압을 조절할 목적으로 수로의 분기, 합류 및 관수로로 변하는 곳에 설치하는 것은?

① 맨홀 ② 우수토실
③ 접합정 ④ 여수토구

해설 접합정은 물의 흐름을 원활히 하기 위하여 수로의 분기, 합류 및 관수로로 변하는 곳, 관로의 분기점, 정수압의 조정이 필요한 곳, 동수경사의 조정이 필요한 곳에 설치한다.

해답 ③

무료 동영상과 함께하는 **토목기사 필기**

2023

2023년 3월 CBT 시행
2023년 5월 CBT 시행
2023년 9월 CBT 시행

무료 동영상과 함께하는
토목기사 필기

2023년 3월 CBT 시행

본 문제는 복원 기출문제입니다. 실제 문제와 다를 수 있으니 양해바랍니다.

제1과목 응용역학

001 그림과 같은 2부재 트러스의 B에 수평하중 P가 작용한다. B절점의 수평변위 δ_B는? (단, EA는 두 부재가 모두 같다.)

① $\delta_B = \dfrac{0.45P}{EA}$ [m]

② $\delta_B = \dfrac{2.1P}{EA}$ [m]

③ $\delta_B = \dfrac{21P}{EA}$ [m]

④ $\delta_B = \dfrac{4.5P}{EA}$ [m]

해설 가상일법의 적용

① 실제 역계(F)

㉠ $\sum H = 0 : +P - F_{AB} \times \dfrac{3}{5} = 0$

∴ $F_{AB} = \dfrac{5}{3}P$ (인장)

㉡ $\sum V = 0 : -F_{BC} - F_{AB} \times \dfrac{4}{5} = 0$

∴ $F_{BC} = -\dfrac{4}{3}P$ (압축)

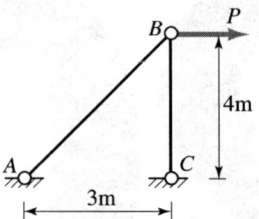

② 가상 역계(f)

$f = 1 \times F$

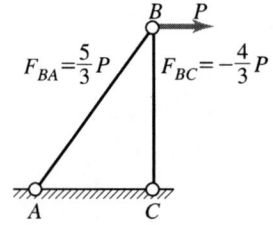

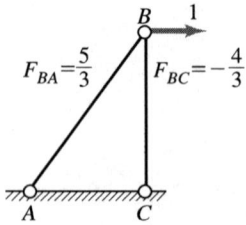

③ $\delta_C = \dfrac{1}{EA} \times \dfrac{5}{3}P \times \dfrac{5}{3} \times 5 + \dfrac{1}{EA} \times \left(-\dfrac{4}{3}P\right) \times \left(-\dfrac{4}{3}\right) \times 4$

$= 21 \times \dfrac{P}{EA}$

002
그림과 같이 세 개의 평행력이 작용할 때 합력 R의 위치 x는?

① 3.0m
② 3.5m
③ 4.0m
④ 4.5m

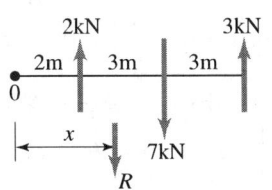

해설
① 합력 : $R = -2 + 7 - 3 = +2kN(↓)$
② 바리놀의 정리에 의하면 $2x = -2 \times 2 + 7 \times 5 - 3 \times 8$
   $x = 3.5m$

해답 ②

003
동일 평면상의 한 점에 여러 개의 힘이 작용하고 있을 때, 여러 개의 힘의 어떤 점에 대한 모멘트의 합은 그 합력의 동일점에 대한 모멘트와 같다는 것은 다음 중 어떤 정리인가?

① Mohr의 정리
② Lami의 정리
③ Castigliano의 정리
④ Varignon의 정리

해설 **바리뇽의 정리**
$R \cdot x = P_1 \cdot x_1 + P_2 \cdot x_2 + P_3 \cdot x_3$

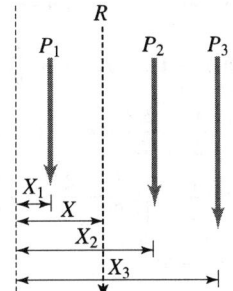

해답 ④

004
단면과 길이가 같으나 지지조건이 다른 그림과 같은 2개의 장주가 있다. 장주 A가 30kN의 하중을 받을 수 있다면, 장주 B가 받을 수 있는 하중은?

① 120kN
② 240kN
③ 360kN
④ 480kN

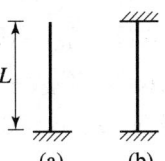

해설 ① 일단고정 타단자유 : $\dfrac{1}{K^2} = \dfrac{1}{2.0^2} = \dfrac{1}{4}$

② 양단고정 : $\dfrac{1}{K^2} = \dfrac{1}{0.5^2} = 4$

③ 좌굴하중의 비율은 강성도의 비율과 비례한다.

$\dfrac{1}{4} : 4 = 1 : 16 = P_{(a)} : P_{(b)} = 3t : P_{(b)}$

$P_{(a)} = 30\text{kN} \times 16 = 480\text{kN}$

해답 ④

005

내민보에서 C점의 휨모멘트가 영(零)이 되게 하기 위해서는 x가 얼마가 되어야 하는가?

① $x = \dfrac{L}{4}$

② $x = \dfrac{L}{3}$

③ $x = \dfrac{L}{2}$

④ $x = \dfrac{2L}{3}$

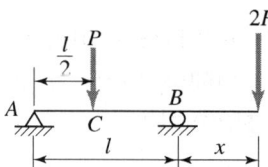

해설 ① $\sum M_B = 0 : + V_A \times L - P \times \dfrac{L}{2} + 2P \times x = 0$

$\therefore V_A = +\dfrac{P}{2} - \dfrac{2P}{L} \cdot x (\uparrow)$

② $M_C = R_A \cdot \dfrac{L}{2} = \left[\left(\dfrac{P}{2} - \dfrac{2P}{L} \cdot x\right) \cdot \left(\dfrac{L}{2}\right)\right] = 0$

$\dfrac{P}{2} - \dfrac{2P}{L} \cdot x = 0$

$x = \dfrac{L}{4}$

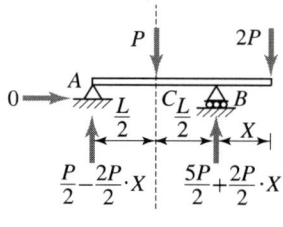

해답 ①

006

그림의 AC, BC에 작용하는 힘 F_{AC}, F_{BC}의 크기는?

① $F_{AC} = 100\text{kN}$, $F_{BC} = 86.6\text{kN}$

② $F_{AC} = 86.6\text{kN}$, $F_{BC} = 50\text{kN}$

③ $F_{AC} = 50\text{kN}$, $F_{BC} = 86.6\text{kN}$

④ $F_{AC} = 50\text{kN}$, $F_{BC} = 173.2\text{kN}$

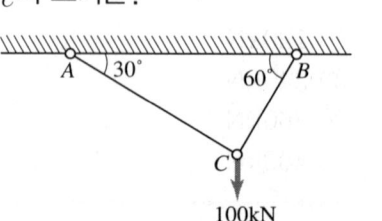

해설 $\dfrac{100\text{kN}}{\sin 90°}=\dfrac{F_{AC}}{\sin 150°}=\dfrac{F_{BC}}{\sin 120°}$ 에서

① $F_{AC}=\dfrac{\sin 150°}{\sin 90°}\cdot 100\text{kN}=50\text{kN}$

② $F_{BC}=\dfrac{\sin 120°}{\sin 90°}\cdot 100\text{kN}=86.6\text{kN}$

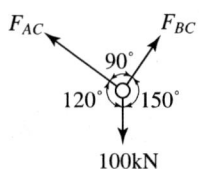

해답 ③

007
다음 그림에서 처음에 P_1이 작용했을 때 자유단의 처짐 δ_1이 생기고, 다음에 P_2를 가했을 때 자유단의 처짐이 δ_2만큼 증가되었다고 한다. 이때 외력 P_1이 행한 일은?

① $\dfrac{1}{2}P_1\delta_1 + P_1\delta_2$

② $\dfrac{1}{2}P_1\delta_1 + P_2\delta_2$

③ $\dfrac{1}{2}(P_1\delta_1 + P_1\delta_2)$

④ $\dfrac{1}{2}(P_1\delta_1 + P_2\delta_2)$

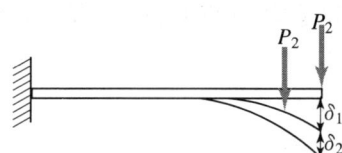

해설 외력의 일(W_E, External Work)

$W_E = \dfrac{1}{2}P_1\cdot\delta_1 + P_1\cdot\delta_2$

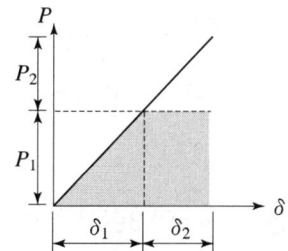

해답 ①

008
그림과 같은 구조물에서 A지점에 일어나는 연직반력 R_A를 구한 값은?

① $\dfrac{1}{8}wL$

② $\dfrac{3}{8}wL$

③ $\dfrac{1}{4}wL$

④ $\dfrac{1}{3}wL$

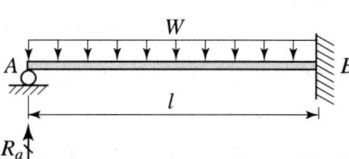

해설
$Y_A = 0$
$Y_{A1} = Y_{A2}$
$\dfrac{wL^4}{8EI} = \dfrac{R_A L^3}{3EI}$ 에서
$R_A = \dfrac{3wL}{8}$

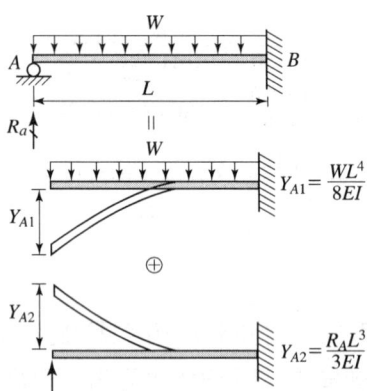

해답 ②

009

그림과 같이 가운데가 비어 있는 직사각형 단면 기둥의 길이 $L=10\text{m}$일 때 세장비는?

① 1.9
② 191.9
③ 2.2
④ 217.3

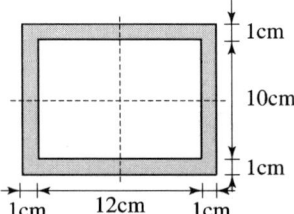

해설
$\lambda = \dfrac{KL}{r_{\min}} = \dfrac{KL}{\sqrt{\dfrac{I_{\min}}{A}}} = \dfrac{(1.0)(10\times 10^2)}{\sqrt{\dfrac{\left(\dfrac{1}{12}(14\times 12^3 - 12\times 10^3)\right)}{(14\times 12 - 12\times 10)}}} = 217.357$

해답 ④

010

그림과 같은 $r=4\text{m}$인 3힌지 원호 아치에서 지점 A에서 2m 떨어진 E점의 휨모멘트의 크기는 약 얼마인가?

① 6.13kN·m
② 7.32kN·m
③ 8.27kN·m
④ 9.16kN·m

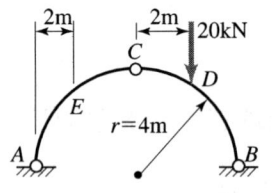

해설
① $\sum M_B = 0 : + V_A \times 8 - 2 \times 2 = 0$
   $V_A = +5\text{kN}(\uparrow)$
② $\sum M_{C,좌} = 0 : + V_A \times 4 - H_A \times 4 = 0$
   $H_A = +5\text{kN}(\rightarrow)$
③ $M_{E,좌} = [+5\times 2 - 5\times \sqrt{4^2 - 2^2}]$
   $= -7.32\text{kN}\cdot\text{m}$

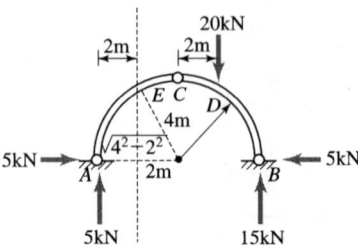

해답 ②

011

그림과 같은 단순보의 단면에서 최대 전단응력을 구한 값은?

① 2.47MPa
② 2.96MPa
③ 3.64MPa
④ 4.95MPa

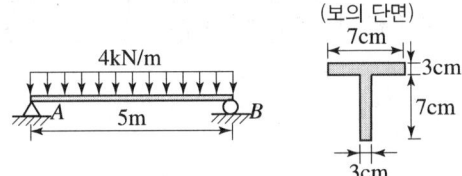

해설 ① 상연으로부터 도심거리

$$\bar{y} = \frac{G_x}{A} = \frac{7 \times 3 \times 1.5 + 3 \times 7 \times 6.5}{7 \times 3 + 3 \times 7} = 4\text{cm}$$

② $I_x = \left[\dfrac{7 \times 3^3}{12} + 7 \times 3 \times 2.5^2\right] + \left[\dfrac{3 \times 7^3}{12} + 3 \times 7 \times 2.5^2\right]$
$= 364\text{cm}^4 = 364 \times 10^4 \text{mm}^4$

③ $b = 3\text{cm} = 30\text{mm}$

④ $G = 3 \times 6 \times 3 = 54\text{cm}^3 = 54 \times 10^3 \text{mm}^3$

⑤ $V_{\max} = V_A = V_B = 10\text{kN}$

⑥ $\tau_{\max} = \dfrac{V \cdot G}{I \cdot b}$
$= \dfrac{10,000 \times 54 \times 10^3}{364 \times 10^4 \times 30}$
$= 4.95\text{MPa}$

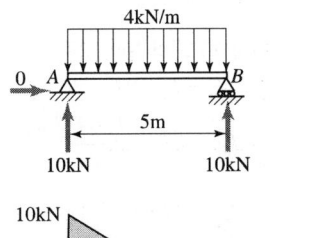

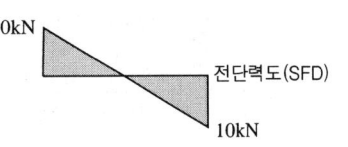

해답 ④

012

다음 그림과 같은 단순보의 지점 A에 모멘트 M_A가 작용할 경우 A점과 B점의 처짐각 비 $\left(\dfrac{\theta_A}{\theta_B}\right)$의 크기는?

① 1.5
② 2.0
③ 2.5
④ 3.0

해설

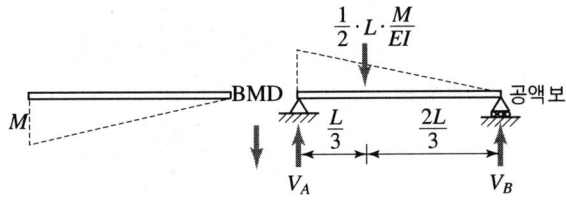

① $\theta_A = V_A = \frac{1}{2} \cdot L \cdot \frac{M}{EI} \cdot \frac{2}{3} = \frac{1}{3} \cdot \frac{ML}{EI}$

② $\theta_B = V_B = \frac{1}{2} \cdot L \cdot \frac{M}{EI} \cdot \frac{1}{3} = \frac{1}{6} \cdot \frac{ML}{EI}$

③ $\dfrac{\theta_A}{\theta_B} = \dfrac{\frac{1}{3}}{\frac{1}{6}} = 2.0$

해답 ②

013

반지름 r인 중실축(中實軸)과 바깥반지름 r이고 안반지름이 $0.6r$인 중공축(中空軸)이 동일 크기의 비틀림모멘트를 받고 있다면 중실축 : 중공축의 최대 전단 응력비는?

① 1 : 1.28
② 1 : 1.24
③ 1 : 1.20
④ 1 : 1.15

해설 ① 원형 단면의 단면2차극모멘트
$I_P = I_x + I_y = 2I$

㉠ $I_{P_1} = 2I = 2\left(\dfrac{\pi r^4}{2}\right) = \dfrac{\pi r^4}{2}$

㉡ $I_{P_2} = 2I = 2\left[\dfrac{\pi}{4}(r^4 - 0.6^4 r^4)\right] = \dfrac{\pi r^4}{2} \times 0.8704$

② $\tau_1 : \tau_2 = \dfrac{T \cdot r}{I_{P_1}} : \dfrac{T \cdot r}{I_{P_2}} = \dfrac{1}{1} : \dfrac{1}{0.8704} = 1 : 1.15$

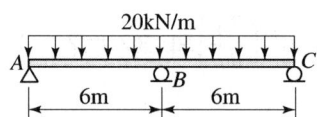

해답 ④

014

다음 연속보에서 B점의 지점반력을 구한 값은?

① 100kN
② 150kN
③ 200kN
④ 250kN

해설 $y_B = 0$
$y_{B1} = y_{B2}$

$\dfrac{5w(2L)^4}{384EI} = \dfrac{R_B(2L)^3}{48EI}$

$R_B = \dfrac{5wL}{4} = \dfrac{5 \times 20 \times 6}{4} = 150\text{kN}$

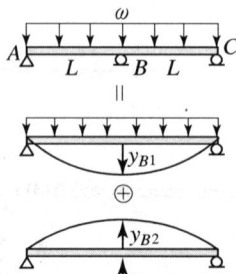

해답 ②

015

그림과 같은 2축응력을 받고 있는 요소의 체적변형률은? (단, 탄성계수 $E = 2 \times 10^5$MPa, 푸아송비 $\nu = 0.2$이다.)

① 1.8×10^{-4}
② 3.6×10^{-4}
③ 4.4×10^{-4}
④ 6.2×10^{-4}

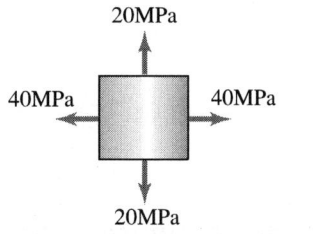

해설 $\epsilon_v = \dfrac{\Delta V}{V} = \dfrac{(1-2\nu)}{E}(\sigma_x + \sigma_y) = \dfrac{1 - 2 \times 0.2}{2 \times 10^5}[40 + 20] = 1.8 \times 10^{-4}$

해답 ①

016

보의 탄성변형에서 내력이 한 일을 그 지점의 반력으로 1차 편미분한 것은 "0"이 된다는 정리는 다음 중 어느 것인가?

① 중첩의 원리
② 맥스웰-베티의 상반원리
③ 최소일의 원리
④ 카스틸리아노의 제1정리

해답 ③

017

다음 그림과 같은 단순보의 중앙점 C에 집중하중 P가 작용하여 중앙점의 처짐 δ가 발생했다. δ가 0이 되도록 양쪽지점에 모멘트 M을 작용시키려고 할 때 이 모멘트의 크기 M을 하중 P와 경간 L로 나타내면 얼마인가? (단, EI는 일정하다.)

① $M = \dfrac{PL}{2}$
② $M = \dfrac{PL}{4}$
③ $M = \dfrac{PL}{6}$
④ $M = \dfrac{PL}{8}$

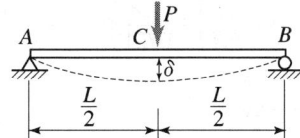

해설 ① $\delta_{C1} = \dfrac{1}{48} \cdot \dfrac{PL^3}{EI}(\downarrow)$

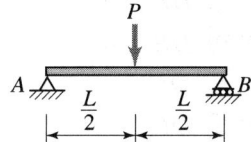

② $\delta_{C2} = \dfrac{ML^2}{8EI}(\uparrow)$

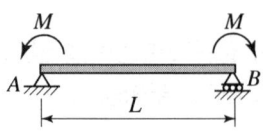

③ $\delta_C = \delta_{C1} + \delta_{C2} = \dfrac{1}{48} \cdot \dfrac{PL^3}{EI} - \dfrac{1}{8} \cdot \dfrac{ML^2}{EI} = 0$ 에서 $M = \dfrac{PL}{6}$

해답 ③

018

균질한 균일 단면봉이 그림과 같이 P_1, P_2, P_3의 하중을 B, C, D점에서 받고 있다. 각 구간의 거리 $a=1.0\text{m}$, $b=0.4\text{m}$, $c=0.6\text{m}$이고 $P_2=80\text{kN}$, $P_3=40\text{kN}$의 하중이 작용할 때 D점에서의 수직방향 변위가 일어나지 않기 위한 하중 P_1은 얼마인가?

① 144kN
② 192kN
③ 240kN
④ 286kN

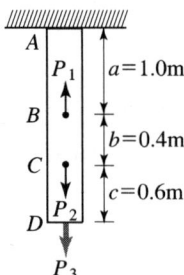

해설

① $\Delta L_1 = \dfrac{PL_1}{EA} = \dfrac{40 \times 0.6}{EA} = \dfrac{24}{EA}$

② $\Delta L_2 = \dfrac{PL_2}{EA} = \dfrac{120 \times 0.4}{EA} = \dfrac{48}{EA}$

③ $\Delta L_3 = \dfrac{PL_3}{EA} = \dfrac{(P_1 - 120) \times 1.0}{EA}$

④ $\Delta L = \Delta L_1 + \Delta L_2 + \Delta L_3$
$= +\left(\dfrac{24}{EA}\right) + \left(\dfrac{48}{EA}\right) - \dfrac{(P_1 - 120)}{EA}$
$= 0$ 에서
$P_1 = 192\text{kN}$

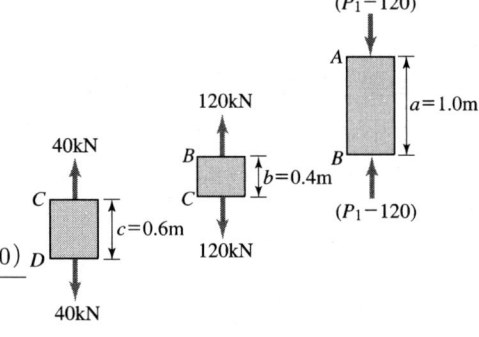

해답 ②

019

다음 그림과 같은 트러스에서 부재력이 발생하지 않는 부재는?

① DE 및 DF
② DE 및 DB
③ AD 및 DC
④ DB 및 DC

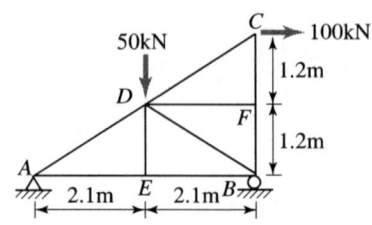

해설

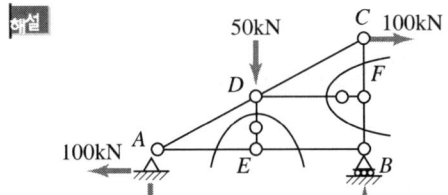

32.1kN 82.1kN

해답 ①

020 원형 단면의 $x-x$축에 대한 단면2차모멘트는?

① $12,880\text{cm}^4$
② $252,349\text{cm}^4$
③ $47,527\text{cm}^4$
④ $69,429\text{cm}^4$

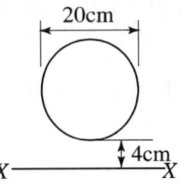

해설 $I_x = \dfrac{\pi \times 20^4}{64} + \dfrac{\pi \times 20^2}{4} \times \left(\dfrac{20}{2}+4\right)^2 = 69,429.2\text{cm}^4$

해답 ④

제2과목 측량학

021 트래버스 측량의 작업순서로 알맞은 것은?

① 선점-계획-답사-조표-관측
② 계획-답사-선점-조표-관측
③ 답사-계획-조표-선점-관측
④ 조표-답사-계획-선점-관측

해설 **트래버스 측량의 작업순서**
계획 → 답사 → 선점 → 조표 → 관측 → 계산 및 조정 → 측점전개

해답 ②

022 도로공사에서 거리 20m인 성토구간에 대하여 시작단면 $A_1 = 72\text{m}^2$, 끝단면 $A_2 = 182\text{m}^2$, 중앙단면 $A_m = 132\text{m}^2$라고 할 때 각주공식에 의한 성토량은?

① 2540.0m^3
② 2573.3m^3
③ 2600.0m^3
④ 2606.7m^3

해설 각주공식

$$V = \frac{A_1 + 4A_m + A_2}{6} \times l = \frac{72 + 4 \times 132 + 182}{6} \times 20 = 2606.7 \mathrm{m}^3$$

해답 ④

023 등고선의 성질에 대한 설명으로 옳지 않은 것은?
① 어느 지점의 최대경사 방향은 등고선과 평행한 방향이다.
② 경사가 급한 지역은 등고선 간격이 좁다.
③ 동일 등고선 위의 지점들은 높이가 같다.
④ 계곡선(합선)은 등고선과 직교한다.

해설 최대 경사 방향(등고선 사이의 최단 거리 방향)은 등고선과 직각으로 교차한다.

해답 ①

024 20m 줄자로 두 지점의 거리를 측정한 결과 320m이었다. 1회 측정마다 ±3mm의 우연오차가 발생하였다면 두 지점간의 우연오차는?
① ±12mm
② ±14mm
③ ±24mm
④ ±48mm

해설 우연오차는 측정횟수의 제곱근에 비례하므로

$$E = \pm \sqrt{n} = \pm 3 \sqrt{\frac{320}{20}} = \pm 12 \mathrm{mm}$$

해답 ①

025 1600m²의 정사각형 토지 면적을 0.5m²까지 정확하게 구하기 위해서 필요한 변길이의 최대 허용오차는?
① 2mm
② 6mm
③ 10mm
④ 12mm

해설 $A = a^2$에서 양 변을 미분하면
$dA = 2a \cdot da$
$da = \dfrac{dA}{2a} = \dfrac{0.5}{2 \times \sqrt{1600}} = 0.006 \mathrm{m}$

해답 ②

026

지형측량을 할 때 기본 삼각점만으로는 기준점이 부족하여 추가로 설치하는 기준점은?

① 방향전환점　　② 도근점
③ 이기점　　　　④ 중간점

해설 세부측량을 실시할 때 삼각점만으로는 부족할 경우 결합, 폐합 트래버스 등으로 도근점을 만들어 기준점을 늘린다.

해답 ②

027

하천측량에 대한 설명 중 틀린 것은?

① 수위관측소의 설치 장소는 수위의 변화가 생기지 않는 곳이어야 한다.
② 평면측량의 범위는 무제부에서 홍수에 영향을 받는 구역보다 넓게 한다.
③ 하천 폭이 넓고 수심이 깊은 경우 배를 이용하여 심천측량을 행한다.
④ 평수위는 어떤 기간의 관측수위를 합계하여 관측횟수로 나누어 평균값을 구한 것이다.

해설 평수위는 어떤 기간의 관측수위 중 이것보다 높은 수위와 낮은 수위의 관측횟수가 같아지는 수위를 말한다.

해답 ④

028

1:5000 축척 지형도를 이용하여 1:25000 축척 지형도 1매를 편집하고자 한다면, 필요한 1:5000 축척 지형도의 총 매수는?

① 25매　　② 20매
③ 15매　　④ 10매

해설 지형도의 매수 = $\dfrac{25{,}000^2}{5{,}000^2}$ = 25매

해답 ①

029

삼각점 A에 기계를 설치하였으나, 삼각점 B가 시준이 되지 않아 점 P를 관측하여 $T' = 68°32'15''$를 얻었다. 보정각 T는? (단, $S = 2$km, $e = 5$m, $\psi = 302°56'$)

① 68°25'02''
② 68°20'09''
③ 68°15'02''
④ 68°10'09''

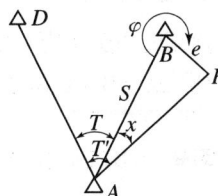

해설
① x가 미소하므로 $\overline{AB} \risingdotseq \overline{AP} = S$
② $\dfrac{e}{\sin x} = \dfrac{S}{\sin(360° - \psi)}$ 에서 $x = \sin^{-1}\left(\dfrac{e \times \sin(360° - \psi)}{S}\right) = 0°7'13''$
③ $T = T' - x = 68°25'02''$

해답 ①

030
표고가 각각 112m, 142m인 A, B 두 점이 있다. 두 점 $\overline{AB}$ 사이에 130m의 등고선을 삽입할 때 이 등고선의 A점으로부터 수평거리는? (단, AB의 수평거리는 100m이고, AB구간은 등경사이다.)

① 50m ② 60m
③ 70m ④ 80m

해설 $D : H = d : h$ 에서
$d = D \cdot \dfrac{h}{H} = 100 \times \dfrac{130-112}{142-112} = 60\text{m}$

해답 ②

031
그림과 같은 유심다각망의 조정에 필요한 조건방정식의 총수는?

① 5개
② 6개
③ 7개
④ 8개

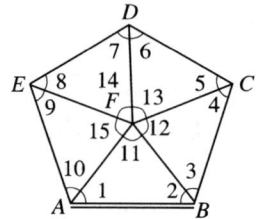

해설
① 조건식의 총수 = 각조건식수 + 변조건식수 + 점조건식수 = 5 + 1 + 1 = 7
② $N = B + A - 2P + 3 = 1 + 15 - 2 \times 6 + 3 = 7$

해답 ③

032
우리나라는 TM도법에 따른 평면직교좌표계를 사용하고 있는데 그 중 동해원점의 경위도 좌표는?

① 129°00'00"N, 35°00'00"N
② 131°00'00"E, 35°00'00"N
③ 129°00'00"E, 38°00'00"N
④ 131°00'00"E, 38°00'00"N

해설 동해원점 좌표 : 131°E, 38°N

해답 ④

033

D점의 표고를 구하기 위하여 기지점 A, B, C에서 각각 수준측량을 실시하였다면, D점의 표고 최확값은?

코스	거리	고저차	출발점 표고
$A \to D$	5.0km	+2.442m	10.205m
$B \to D$	4.0km	+4.037m	8.603m
$C \to D$	2.5km	−0.862m	13.500m

① 12.641m   ② 12.632m
③ 12.647m   ④ 12.638m

해설
① D의 표고
$H_{AD} = 10.205 + 2.442 = 12.647$
$H_{BD} = 8.603 + 4.037 = 12.640$
$H_{CD} = 13.500 - 0.862 = 12.638$
② 경중률(P) 계산
$$\frac{1}{5} : \frac{1}{4} : \frac{1}{2.5} = \frac{4}{20} : \frac{5}{20} : \frac{8}{20} = 4 : 5 : 8$$
③ 최확값 계산
$$H_P = \frac{[P \cdot H]}{[P]} = 12.6 + \frac{4 \times 0.047 + 5 \times 0.040 + 8 \times 0.038}{4+5+8} = 12.641\text{m}$$

해답 ①

034

캔트가 C인 노선에서 설계속도와 반지름을 모두 2배로 할 경우, 새로운 캔트 C'는?

① $\frac{1}{2}C$ ② $\frac{1}{4}C$
③ $2C$ ④ $4C$

해설 $C = \dfrac{S \cdot V^2}{gR}$ 에서 V와 R이 모두 2배로 늘어나면 $C' = \dfrac{2^2}{2} = 2$배로 되므로 $C' = 2C$가 된다.

해답 ③

035

구면 삼각형의 성질에 대한 설명으로 틀린 것은?

① 구면 삼각형의 내각의 합은 180°보다 크다.
② 2점간 거리가 구면상에서는 대원의 호길이가 된다.
③ 구면 삼각형의 한 변은 다른 두변의 합보다는 작고 차이보다는 크다.
④ 구과량은 구의 반지름 제곱에 비례하고 구면 삼각형의 면적에 반비례한다.

해설 $\dfrac{\epsilon''}{\rho''} = \dfrac{F}{r^2}$ 에서 $\epsilon'' = \dfrac{F}{r^2} \cdot \rho''$

구과량(ϵ'')은 구의 반지름(r)의 제곱에 반비례하고 구면 삼각형의 면적(F)에 비례한다.

해답 ④

036 폐합다각형의 관측결과 위거오차 −0.005m, 경거오차 −0.042m, 관측길이 327m의 성과를 얻었다면 폐합비는?

① 1/20　　② 1/330
③ 1/770　④ 1/7730

해설 ① 폐합오차
$$E = \sqrt{\Delta L^2 + \Delta D^2} = \sqrt{(-0.005)^2 + (-0.042)^2}$$
② 폐합비(정도)
$$R = \dfrac{E}{\sum l} = \dfrac{\sqrt{\Delta L^2 + \Delta D^2}}{\sum l} = \dfrac{\sqrt{(-0.005)^2 + (-0.042)^2}}{327} = \dfrac{1}{7,731}$$

해답 ④

037 단곡선 설치에 있어서 교각 $I = 60°$, 반지름 $R = 200$m, 곡선의 시점 $B.C. =$ No.8+15m일 때 종단현에 대한 편각은? (단, 중심말뚝의 간격은 20m이다.)

① 38'10"　　② 42'58"
③ 1°16'20"　④ 2°51'53"

해설 $C.L. = R \cdot I° \cdot \dfrac{\pi}{180°} = 200 \times 60° \times \dfrac{\pi}{180°} = 209.44$mm

② BC거리 $= 20 \times 8 = 15 = 175$mm
③ EC의 거리 $= 175 + 209.44 = 384.44$mm
④ 종단현(l_2)의 길이 $= 384.44 - 380 = 4.44$m
⑤ 종단편각 $\delta_2 = \dfrac{l_2}{2R} \times \dfrac{180°}{\pi} = 0°38'9.5''$

해답 ①

038 도로노선의 곡률반지름 $R = 2000$m, 곡선의 길이 $L = 245$m일 때, 클로소이드의 매개변수 A는?

① 500m　　② 600m
③ 700m　　④ 800m

해설 $A^2 = R \cdot L$에서 $A = \sqrt{2000 \times 245} = 700$m

해답 ③

039

그림과 같은 개방 트래버스에서 CD측선의 방위는?

① N50°W
② S30°E
③ S50°W
④ N30°E

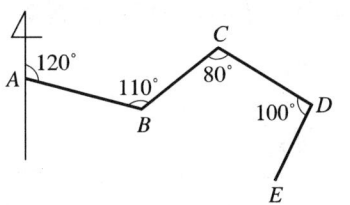

해설
① AB 방위각 = 120°
② BC 방위각 = 120° + 180° + 110° = 410° − 180° = 230°
③ CD 방위각 = 230° + 180° − 80° = 330°
④ CD 방위 : N(360° − 330°)W = N30°W

해답 ②

040

지구의 반지름 6370km, 공기의 굴절계수가 0.14일 때, 거리 4km에 대한 양차는?

① 0.108m
② 0.216m
③ 1.080m
④ 2.160m

해설 양차 $h = \dfrac{(1-K)}{2R} \cdot D^2 = \dfrac{(1-0.14)}{2 \times 6,370} \times 4^2 = 0.00108\text{km} = 1.08\text{m}$

해답 ③

제3과목 수 리 학

041

개수로의 흐름에 대한 설명으로 틀린 것은?

① 개수로에서 사류로부터 상류로 변할 때 불연속적으로 수면이 뛰는 도수가 발생된다.
② 개수로에서 층류와 난류를 구분하는 한계 레이놀즈(Reynolds)수는 정확히 결정 되어질 수 없으나 약 500 정도를 취한다.
③ 개수로에서 사류로부터 상류로 변하는 단면을 지배단면이라 한다.
④ 배수곡선은 댐과 같은 장애물을 설치하면 발생되는 상류부의 수면곡선이다.

해설 지배단면은 상류에서 사류로 변하는 단면이다.

해답 ③

042 수평면상 곡선수로의 상류에서 비회전흐름인 경우, 유속 V와 곡률반지름 R의 관계로 옳은 것은? (단, C는 상수)

① $V = CR$
② $VR = C$
③ $R + \dfrac{V^2}{2g} = C$
④ $\dfrac{V^2}{2g} + CR = 0$

해설 곡선수로의 경우 $VR = C$

해답 ②

043 A 저수지에서 100m 떨어진 B 저수지로 3.6m³/s의 유량을 송수하기 위해 지름 2m의 주철관을 설치할 때 적정한 관로의 경사(I)는? (단, 마찰손실만 고려하고, 마찰손실계수 $f = 0.03$이다.)

① 1/1000
② 1/500
③ 1/250
④ 1/100

해설
$$Q = AV = A \cdot C\sqrt{RI} = A \cdot \sqrt{\dfrac{8g}{f}} \cdot \sqrt{RI}$$
$$3.6 = \dfrac{\pi \cdot 2^2}{4} \times \sqrt{\dfrac{8 \times 9.8}{0.03}} \times \sqrt{\dfrac{2}{4} \times I} \text{에서 } I = \dfrac{1}{1000}$$

해답 ①

044 합리식에 관한 설명으로 틀린 것은?

① 첨두유량을 계산할 수 있다.
② 강우강도를 고려할 필요가 없다.
③ 도시와 농촌지역에 적용할 수 있다.
④ 유출계수는 유역의 특성에 따라 다르다.

해설 합리식 $Q = \dfrac{1}{3.6} CIA$
여기서, C : 유출계수, I : 강우강도, A : 유역면적

해답 ②

045 비중 0.92의 빙산이 해수면에 떠 있다. 수면 위로 나온 빙산의 부피가 100m³이면 빙산의 전체 부피는? (단, 해수의 비중 1.025)

① 976m³
② 1025m³
③ 1114m³
④ 1125m³

해설 $\omega V + M = \omega' V' + M'$

$0.92V + 0 = 1.025 \times (V-100) + 0$ 에서 $V = \dfrac{1.025 \times 100}{1.025 - 0.92} = 976\text{m}^3$

해답 ①

046
주어진 유량에 대한 비에너지(specific energy)가 3m이면, 한계수심은?

① 1m
② 1.5m
③ 2m
④ 2.5m

해설 $H_e = \dfrac{3}{2} h_c$ 에서 $h_c = \dfrac{2}{3} H_e = \dfrac{2}{3} \times 3 = 2\text{m}$

해답 ③

047
작은 오리피스에서 단면수축계수 C_a, 유속계수 C_v, 유량계수 C의 관계가 옳게 표시된 것은?

① $C = \dfrac{C_v}{C_a}$
② $C = \dfrac{C_a}{C_v}$
③ $C = C_v \cdot C_a$
④ $C = C_a + C_v$

해설 유량계수 = 수축계수 × 유속계수 = $C_a \cdot C_v$

해답 ③

048
다음 표는 어느 지역의 40분간 집중 호우를 매 5분마다 관측한 것이다. 지속기간이 20분인 최대강우강도는?

① $I = 49\text{mm/h}$
② $I = 59\text{mm/h}$
③ $I = 69\text{mm/h}$
④ $I = 72\text{mm/h}$

시간(분)	우량(mm)
0~5	1
5~10	4
10~15	2
15~20	5
20~25	8
25~30	7
30~35	3
35~40	2

해설 ① ㉠ 0~20 : 12mm ㉡ 5~25 : 19mm
   ㉢ 10~30 : 22mm ㉣ 15~35 : 23mm
   ㉤ 20~40 : 20mm
② 20분 최대우량은 23mm이므로 강우강도
   $I = \dfrac{23\text{mm}}{20\text{min}} \times \dfrac{60\text{min}}{\text{hr}} = 69\text{mm/hr}$

해답 ③

049 물 속에 잠긴 곡면에 작용하는 정수압의 연직방향 분력은?

① 곡면을 밑면으로 하는 물기둥 체적의 무게와 같다.
② 곡면 중심에서의 압력에 수직투영 면적을 곱한것과 같다.
③ 곡면의 수직투영 면적에 작용하는 힘과 같다.
④ 수평분력의 크기와 같다.

해설 곡면에 작용하는 연직방향 분력은 수직선상으로 중복되지 않는 물체를 밑면으로 하는 물기둥의 무게이다.

해답 ①

050 수면표고가 18m인 정수장에서 직경 600mm인 강관 900m를 이용하여 수면표고 39m인 배수지로 양수하려고 한다. 유량이 1.0m³/s이고 관로의 마찰손실계수가 0.03일 때 모터의 소요 동력은? (단, 마찰손실만 고려하며, 펌프 및 모터의 효율은 각각 80% 및 70%이다.)

① 520kW ② 620kW
③ 780kW ④ 870kW

해설 $E = \dfrac{1}{\eta} \times 9.8 QH$

① $\eta = 0.7 \times 0.8$
② $Q = 1$
③ $V = \dfrac{Q}{A} = \dfrac{4 \times 1}{\pi D^2} = 3.54 \text{m/sec}$
④ $H = h + h_L = 21 + f\dfrac{l}{D}\dfrac{V^2}{2g}$
⑤ $E = \dfrac{1}{0.7 \times 0.8} \times 9.8 \times 1 \times 49.7 = 869.8 \text{kW}$

해답 ④

051 관수로에서의 마찰손실수두에 대한 설명으로 옳은 것은?

① 관수로의 길이에 비례한다.
② 관의 조도계수에 반비례한다.
③ 후르드 수에 반비례한다.
④ 관내 유속의 1/4제곱에 비례한다.

해설 $h_L = f\dfrac{l}{D}\dfrac{V^2}{2g}$ $h_L \propto l$

해답 ①

052
지하수의 투수계수에 관한 설명으로 틀린 것은?

① 같은 종류의 토사라 할지라도 그 간극률에 따라 변한다.
② 흙입자의 구성, 지하수의 점성계수에 따라 변한다.
③ 지하수의 유량을 결정하는데 사용된다.
④ 지역에 따른 무차원 상수이다.

해설 $V = Ki$ 투수계수 K는 유속의 차원이다.

해답 ④

053
단위 유량도(unit hydrograph)를 작성함에 있어서 주요 기본가정(또는 원리)만으로 짝지어진 것은?

① 비례가정, 중첩가정, 시간불변성(stationary)의 가정
② 직접유출의 가정, 시간불변성(stationary)의 가정
③ 시간불변성(stationary)의 가정, 직접유출의 가정, 비례가정
④ 비례가정, 중첩가정, 직접유출의 가정

해설 단위도 가정
① 일정 기저시간 가정 ② 비례가정 ③ 중첩가정

해답 ①

054
수리학적 완전상사를 이루기 위한 조건이 아닌 것은?

① 기하학적 상사(geometric similarity)
② 운동학적 상사(kinematic similarity)
③ 동역학적 상사(dynamic similarity)
④ 대수학적 상사(algebraic similarity)

해설 수리학적 완전상사
① 기하학적 상사 ② 운동학적 상사 ③ 동역학적 상사

해답 ④

055
다음 중 강수 결측자료의 보완을 위한 추정방법이 아닌 것은?

① 단순비례법   ② 이중누가우량분석법
③ 산술평균법   ④ 정상연강수량비율법

해설 이중누가우량 분석법은 장시간 동안의 강우자료의 일관성을 검증하는 방법이다.

해답 ②

056

위어(weir)에 물이 월류할 경우에 위어 정상을 기준하여 상류측 전수두를 H라 하고, 하류수위를 h라 할 때, 수중위어(submerged weir)로 해석될 수 있는 조건은?

① $h < \dfrac{2}{3}H$ ② $h < \dfrac{1}{2}H$

③ $h > \dfrac{2}{3}H$ ④ $h > \dfrac{1}{3}H$

해설
① $h < \dfrac{2}{3}H$: 완전월류
② $h \fallingdotseq \dfrac{2}{3}H$: 불완전월류
③ $h > \dfrac{2}{3}H$: 수중위어

해답 ③

057

개수로 흐름에 대한 Manning 공식의 조도계수 값의 결정요소로 가장 거리가 먼 것은?

① 동수경사 ② 하상물질
③ 하도 형상 및 선형 ④ 식생

해설 동수경사는 위치수두와 압력수두합으로 조도계수와는 무관하다.

해답 ①

058

에너지선에 대한 설명으로 옳은 것은?

① 언제나 수평선이 된다.
② 동수경사선보다 아래에 있다.
③ 동수경사선보다 속도 수두만큼 위에 위치하게 된다.
④ 속도수두와 위치수두의 합을 의미한다.

해설
① **에너지선** = 압력수두 + 위치수두 + 속도수두
② **동수경사선** = 위치수두 + 압력수두

해답 ③

059

수표면적이 10km²되는 어떤 저수지 수면으로부터 2m 위에서 측정된 대기의 평균온도가 25℃, 상대습도가 65%이고, 저수지 수면 6m 위에서 측정한 풍속이 4m/s, 저수지 수면 경계층의 수온이 20℃로 추정되었을 때 증발률(E_o)이 1.44mm/day이었다면 이 저수지 수면으로부터의 일증발량(E_{day})은?

① 42300m³/day
② 32900m³/day
③ 27300m³/day
④ 14400m³/day

해설 일증발량 = 일증발률 × 수표면적 = $1.44 \times 10^{-3} \times 10 \times 1000^2 = 14400 \text{mm}^3$

해답 ④

060

경심 5m이고 동수경사가 1/200인 관로에서의 Reynolds 수가 1000인 흐름으로 흐를 때 관내의 평균유속은?

① 7.5m/s
② 5.5m/s
③ 3.5m/s
④ 2.5m/s

해설
① $Re = 1000$
② $f = \dfrac{64}{Re} = \dfrac{64}{1000}$
③ $V = C\sqrt{RI} = \sqrt{\dfrac{8g}{f}} \cdot \sqrt{RI}$

$V = \sqrt{\dfrac{8 \times 9.8}{\frac{64}{1000}}} \times \sqrt{5 \times \dfrac{1}{200}} = 5.5 \text{m/sec}$

해답 ②

제4과목 철근콘크리트 및 강구조

061

그림과 같은 띠철근 기둥에서 띠철근의 최대 간격으로 적당한 것은? (단, D10의 공칭직경은 9.5mm, D32의 공칭직경은 31.8mm)

① 509mm
② 500mm
③ 472mm
④ 456mm

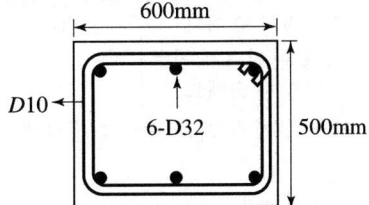

해설 띠철근의 최대 간격
① 종방향 철근 지름의 16배 = 31.8 × 16 = 508.8mm 이하
② 띠철근이나 철선 지름의 48배 = 9.5 × 48 = 456mm 이하
③ 기둥 단면 최소치수 = 500mm 이하
④ 이 중 최솟값 456mm가 띠철근의 최대간격이다.

해답 ④

062
그림과 같은 단면의 중간 높이에 초기 프리스트레스 900kN을 작용시켰다. 20%의 손실을 가정하여 하단 또는 상단의 응력이 영(零)이 되도록 이 단면에 가할 수 있는 모멘트의 크기는?

① 90kN·m
② 84kN·m
③ 72kN·m
④ 65kN·m

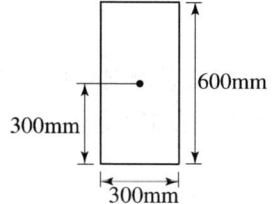

해설 $f_{하연} = \dfrac{P_e}{A} - \dfrac{M}{Z} = 0$ 에서

$$M \geq \dfrac{P_e Z}{A} = \dfrac{0.8P \times \left(\dfrac{bh^2}{6}\right)}{bh} = \dfrac{0.8Ph}{6} = \dfrac{0.8 \times 900 \times 0.6}{6} = 72\text{kN·m}$$

해답 ③

063
철근콘크리트 부재에서 처짐을 방지하기 위해서는 부재의 두께를 크게 하는 것이 효과적인데, 구조상 가장 두꺼워야 될 순서대로 나열된 것은?

① 단순지지 > 캔틸레버 > 일단연속 > 양단연속
② 캔틸레버 > 단순지지 > 일단연속 > 양단연속
③ 일단연속 > 양단연속 > 단순지지 > 캔틸레버
④ 양단연속 > 일단연속 > 단순지지 > 캔틸레버

해설 ① 철근 콘크리트 구조물의 최소 두께 규정

부재	단순지지	일단연속	양단연속	캔틸레버
1방향 슬래브	1/20	1/24	1/28	1/10
보 또는 리브가 있는 1방향 슬래브	1/16	1/18.5	1/21	1/8

② 최소 두께 두꺼운 순서 : 캔틸레버 > 단순지지 > 일단연속 > 양단연속

해답 ②

064

다음 그림과 같은 맞대기 용접 이음에서 이음의 응력을 구하면?

① 150.0MPa
② 106.1MPa
③ 200.0MPa
④ 212.1MPa

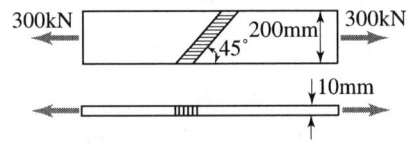

해설 $f = \dfrac{P}{\sum al} = \dfrac{300 \times 10^3}{10 \times 200} = 100\text{N/mm}^2 = 100\text{MPa}$

해답 ①

065

$M_u = 200\text{kN} \cdot \text{m}$의 계수모멘트가 작용하는 단철근 직사각형 보에서 필요한 철근량(A_s)은 약 얼마인가? (단, $b_w = 300\text{mm}$, $d = 500\text{mm}$, $f_{ck} = 28\text{MPa}$, $f_y = 400\text{MPa}$, $\phi = 0.85$이다.)

① 1072.7mm²
② 1266.3mm²
③ 1524.6mm²
④ 1785.4mm²

해설
$$A_s = \rho bd = \dfrac{0.85 f_{ck}}{f_y}\left\{1 - \sqrt{1 - \dfrac{\dfrac{2M_u}{\phi b d^2}}{0.85 f_{ck}}}\right\} bd$$

$$= \dfrac{0.85 \times 28}{400}\left\{1 - \sqrt{\dfrac{\dfrac{2(200 \times 10^6)}{0.85(300 \times 500^2)}}{0.85(28)}}\right\}(300 \times 500)$$

$$= 1266.3\text{mm}^2$$

해답 ②

066

그림과 같은 띠철근 단주의 균형상태에서 축방향 공칭하중(P_b)는 얼마인가? (단, $f_{ck} = 27\text{MPa}$, $f_y = 400\text{MPa}$, $A_{st} = 4\text{-D35} = 3800\text{mm}^2$)

① 1326.5kN
② 1520.0kN
③ 3645.2kN
④ 5165.3kN

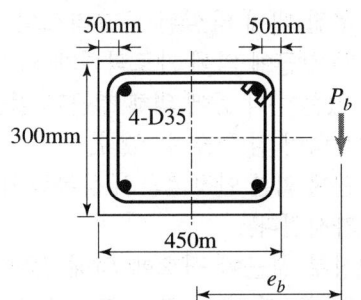

해설 ① 균형상태의 중립축 위치

㉠ $f_{ck}=27\text{MPa}<40\text{MPa}$이므로 $\epsilon_{cu}=0.0033$, $\beta_1=0.80$

$$c_b = \frac{\epsilon_{cu}}{\epsilon_{cu}+\frac{f_y}{200000}}d = \frac{0.0033}{0.0033+\frac{400}{200000}}\times 400 = 249\text{mm}$$

㉡ $a_b = \beta_1 c_b = 0.8\times 249 = 199\text{mm}$

② 압축철근의 응력

$$f_s' = E_s\epsilon_s' = E_s\times\left(\epsilon_{cu}\frac{c_b-d'}{c_b}\right) = 2.0\times 10^5\times\left(0.0033\times\frac{249-50}{249}\right)$$

$=527.5\text{MPa}>f_y$이므로 압축 철근이 항복한 상태이다.

③ 축방향 공칭하중

$P_b = 0.85f_{ck}(a_b b - A_s') + f_y' A_s - f_y A_s$

$= 0.85\times 27\times\left(199\times 300 - \frac{1}{2}\times 3,800\right)$

$+400\times\left(\frac{1}{2}\times 3,800\right)-400\times\left(\frac{1}{2}\times 3,800\right)$

$=1,326,510\text{N} \fallingdotseq 1,326.5\text{kN}$

해답 ①

067

$b_w=250\text{mm}$, $d=500\text{mm}$, $f_{ck}=21\text{MPa}$, $f_y=400\text{MPa}$인 직사각형 보에서 콘크리트가 부담하는 설계전단강도(ϕV_c)는?

① 71.6kN ② 76.4kN
③ 82.2kN ④ 91.5kN

해설 $\phi V_c = \phi\left(\dfrac{\lambda\sqrt{f_{ck}}}{6}\right)b_w d = 0.75\left(\dfrac{1.0\sqrt{21}}{6}\right)\times 250\times 500 = 71,603\text{N} \fallingdotseq 1,360.9\text{kN}$

해답 ①

068

철근의 부착응력에 영향을 주는 요소에 대한 설명으로 틀린 것은?

① 경사인장균열이 발생하게 되면 철근이 균열에 저항하게 되고, 따라서 균열면 양쪽의 부착응력을 증가시키기 때문에 결국 인장철근의 응력을 감소시킨다.
② 거푸집 내에 타설된 콘크리트의 상부로 상승하는 물과 공기는 수평으로 놓인 철근에 의해 가로막히게 되며, 이로 인해 철근과 철근 하단에 형성될 수 있는 수막 등에 의해 철근과 철근 하단에 형성될 수 있는 수막 등에 의해 부착력이 감소될 수 있다.
③ 전단에 의한 인장철근의 장부력(dowel force)은 부착에 의한 쪼갬 응력을 증가시킨다.
④ 인장부 철근이 필요에 의해 절단되는 불연속 지점에서는 철근의 인장력 변화정도가 매우 크며 부착응력 역시 증가한다.

해설 콘크리트에 인장균열이 발생하게 되면 균열면 양쪽의 부착응력 뿐만 아니라 철근의 인장응력도 증가하게 된다.

해답 ①

069 복철근 직사각형 보의 $A_s' = 1916mm^2$, $A_s = 4790mm^2$이다. 등가 직사각형 블록의 응력 깊이(a)는? (단, $f_{ck}=21MPa$, $f_y=300MPa$)

① 153mm
② 161mm
③ 176mm
④ 185mm

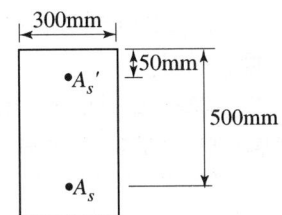

해설 $a = \dfrac{(A_s - A_s')f_y}{0.85f_{ck}b} = \dfrac{(4790-1916)\times 300}{0.85 \times 21 \times 300} = 161mm$

해답 ②

070 강도 설계법에서 그림과 같은 T형보에서 공칭모멘트 강도(M_n)는? (단, $A_s = $ 14-D25 = $7094mm^2$, $f_{ck}=28MPa$, $f_y=400MPa$)

① 1648.3kN·m
② 1597.2kN·m
③ 1534.5kN·m
④ 1475.9kN·m

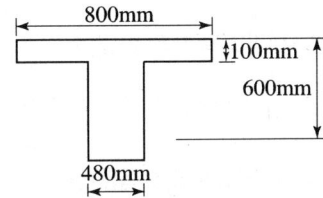

해설 ① $a = \dfrac{A_s f_y}{0.85 f_{ck} b} = \dfrac{7094 \times 400}{0.85 \times 28 \times 800} = 149.03mm$
$> t_f = 100mm$ 이므로 T형보로 설계한다.

② $M_n = A_{sf} f_y \left(d - \dfrac{t_f}{2}\right) + (A_s - A_{sf})f_y\left(d-\dfrac{a}{2}\right)$
$= 1904 \times 400 \times \left(600 - \dfrac{100}{2}\right) + (7094-1904) \times 400 \times \left(600 - \dfrac{181.72}{2}\right)$
$= 1,475,855 N \cdot mm = 1,475.9 kN \cdot m$

③ $A_{sf} = \dfrac{0.85 f_{ck}(b-b_w)t_f}{f_y} = \dfrac{0.85 \times 28 \times (800-480) \times 100}{400} = 1904mm^2$

④ $a = \dfrac{(A_s - A_{sf})f_y}{0.85 f_{ck} b_w} = \dfrac{(7094-1904) \times 400}{0.85 \times 28 \times 480} = 181.72mm$

해답 ④

071 콘크리트 구조기준에서는 띠철근으로 보강된 기둥의 압축지배단면에 대해서는 감소계수 $\phi=0.65$, 나선철근으로 보강된 기둥의 압축지배단면에 대해서는 $\phi=0.70$을 적용한다. 그 이유에 대한 설명으로 가장 적당한 것은?

① 콘크리트의 압축강도 측정시 공시체의 형태가 원형이기 때문이다.
② 나선철근으로 보강된 기둥이 띠철근으로 보강된 기둥보다 연성이나 인성이 크기 때문이다.
③ 나선철근으로 보강된 기둥은 띠철근으로 보강된 기둥보다 골재분리현상이 적기 때문이다.
④ 같은 조건(콘크리트 단면적, 철근 단면적)에서 사각형(띠철근)기둥이 원형(나선철근)기둥보다 큰 하중을 견딜 수 있기 때문이다.

해답 ②

072 T형 PSC보에 설계하중을 작용시킨 결과 보의 처짐은 0이었으며, 프리스트레스 도입단계부터 부착된 계측장치로부터 상부 탄성변형률 $\epsilon=3.5\times10^{-4}$을 얻었다. 콘크리트 탄성계수 $E_c=26000$MPa, T형보의 단면적 $A_g=150000$mm², 유효율 $R=0.85$일 때, 강재의 초기 긴장력 P_i를 구하면?

① 1606kN ② 1365kN
③ 1160kN ④ 2269kN

해설 ① 유효프리스트레스 힘(P_e)

$$f_c=\frac{P_e}{A_g}=E_c\epsilon_{상연}에서 \quad P_e=E_cA_g\epsilon=26,000\times150,000\times(3.5\times10^{-4})$$
$$=1,365,000\text{N}=1,365\text{kN}$$

② 초기 프리스트레스 힘(P_i)

$$R=\frac{P_e}{P_i}에서 \quad P_i=\frac{P_e}{R}=\frac{1,365}{0.85}\fallingdotseq1,060\text{kN}$$

해답 ①

073 철근 콘크리트 보에 배치되는 철근의 순간격에 대한 설명으로 틀린 것은?

① 동일 평면에서 평행한 철근 사이의 수평 순간격은 25mm 이상이어야 한다.
② 상단과 하단에 2단 이상으로 배치된 경우 상하철근의 순간격은 25mm 이상으로 하여야 한다.
③ 철근의 순간격에 대한 규정은 서로 접촉된 겹침이음 철근과 인접된 이음철근 또는 연속철근 사이의 순간격에도 적용하여야 한다.
④ 벽체 또는 슬래브에서 휨 주철근의 간격은 벽체나 슬래브 두께의 2배 이하로 하여야 한다.

해설 현행 구조기준에서는 벽체 및 슬래브에서의 휨 주철근의 간격은 두께의 3배 이하, 450mm 이하로 한다.

해답 ④

074
프리스트레스의 손실 원인은 그 시기에 따라 즉시 손실과 도입 후에 시간적인 경과 후에 일어나는 손실로 나눌 수 있다. 다음 중 손실 원인의 시기가 나머지와 다른 하나는?

① 콘크리트 creep
② 포스트텐션 긴장재와 쉬스 사이의 마찰
③ 콘크리트 건조수축
④ PS 강재의 relaxation

해설 프리스트레스 도입 후 생기는 손실(시간적 손실)
① 콘크리트의 건조수축에 의한 손실
② 콘크리트의 크리프에 의한 손실
③ PS 강재의 릴랙세이션에 의한 손실

해답 ②

075
지간(L)이 6m인 단철근 직사각형 단순보에 고정하중(자중포함)이 15.5kN/m, 활하중이 35kN/m 작용할 경우 최대 모멘트가 발생하는 단면의 계수 모멘트(M_u)는 얼마인가? (단, 하중조합을 고려할 것)

① 227.3kN·m
② 300.6kN·m
③ 335.7kN·m
④ 373.5kN·m

해설 ① $w_u = 1.2w_d + 1.6w_l = 1.2 \times 15.5 + 1.6 \times 35 = 74.6$ kN/m

② $M_u = \dfrac{w_u l^2}{8} = \dfrac{74.6 \times 6^2}{8} = 335.7$ kN·m

해답 ③

076
인장응력 검토를 위한 L-150×90×12인 형강(angel)의 전개 총폭 b_g는 얼마인가?

① 228mm
② 232mm
③ 240mm
④ 252mm

해설 $b_g = A(\text{총높이}) + B(\text{총폭}) - t(\text{두께}) = 150 + 90 - 12 = 228$mm

해답 ①

077

경간이 8m인 PSC보에 계수등분포하중 $w=20$kN/m가 작용할 때 중앙 단면 콘크리트 하연에서의 응력이 0이 되려면 강재에 줄 프리스트레스힘 P는 얼마인가? (단, PS강재는 콘크리트 도심에 배치되어 있음)

① $P=2000$kN
② $P=2200$kN
③ $P=2400$kN
④ $P=2600$kN

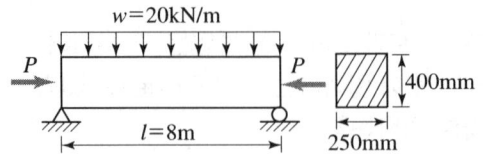

해설 $f_{하연} = \dfrac{P}{A} - \dfrac{M}{Z} = 0$ 에서

$$P = \dfrac{AM}{Z} = \dfrac{250 \times 400 \times \left(\dfrac{20 \times 8000^2}{8}\right)}{\dfrac{250 \times 400^2}{6}} = 2,400,000\text{N} = 2,400\text{kN}$$

해답 ③

078

비틀림철근에 대한 설명으로 틀린 것은? (단, A_{0h}는 가장 바깥의 비틀림 보강철근의 중심으로 닫혀진 단면적이고, P_h는 가장 바깥의 횡방향 폐쇄스터럽 중심선의 둘레이다.)

① 횡방향 비틀림 철근은 종방향 철근 주위로 135° 표준갈고리에 의해 정착하여야 한다.
② 비틀림모멘트를 받는 속빈 단면에서 횡방향 비틀림철근의 중심선으로부터 내부 벽면까지의 거리는 $0.5A_{0h}/P_h$ 이상 되도록 설계하여야 한다.
③ 횡방향 비틀림철근의 간격은 $P_h/6$ 및 400mm 보다 작아야 한다.
④ 종방향 비틀림철근은 양단에 정착하여야 한다.

해설 횡방향 비틀림 철근의 간격은 $\dfrac{p_h}{8}$ 이하, 300mm 이하로 한다.

해답 ③

079

다음 주어진 단철근 직사각형 단면의 보에서 설계휨강도를 구하기 위한 강도감도계수(ϕ)는? (단, $f_{ck}=28$MPa, $f_y=400$MPa)

① 0.85
② 0.83
③ 0.81
④ 0.79

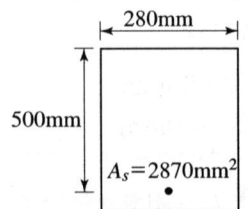

해설 ① $f_{ck} = 28\text{MPa} < 40\text{MPa}$ 이므로 $\epsilon_{cu} = 0.0033$, $\beta_1 = 0.80$

② $a = \dfrac{A_s f_y}{0.85 f_{ck} b} = \dfrac{2870 \times 400}{0.85 \times 28 \times 280} = 172.27\text{mm}$

③ $c = \dfrac{a}{\beta_1} = \dfrac{172.27}{0.80} = 215.34\text{mm}$

④ $\epsilon_t = \epsilon_{cu} \times \dfrac{d-c}{c} = 0.0033 \times \dfrac{500 - 215.34}{215.34} = 0.0044$

④ $\epsilon_y (= 0.002) < \epsilon_t (= 0.0044) < \epsilon_{tcl} (= 0.005)$

⑤ 변화구간 단면에 속하므로 ϕ는 $\phi - \epsilon_t$ 그래프에서 직선보간하여 구한다.

해답 ③

080 옹벽의 설계에 대한 설명으로 틀린 것은?

① 부벽식 옹벽의 저판은 정밀한 해석이 사용되지 않는 한, 부벽 사이의 거리를 경간으로 가정한 고정보 또는 연속보로 설계할 수 있다.
② 활동에 대한 저항력은 옹벽에 작용하는 수평력의 1.5배 이상이어야 한다.
③ 저판의 뒷굽판은 정확한 방법이 사용되지 않는한, 뒷굽판 상부에 재하되는 모든 하중을 지지하도록 설계하여야 한다.
④ 무근콘크리트 옹벽은 부벽식 옹벽의 형태로 설계하여야 한다.

해설 무근콘크리트 옹벽은 중력식 옹벽으로 설계한다.

해답 ④

제5과목 토질 및 기초

081 암질을 나타내는 항목과 직접관계가 없는 것은?

① N치
② RQD값
③ 탄성파속도
④ 균열의 간격

해설 ① 암반평점에 의한 분류방법(Rock Mass Rating)의 분류기준
  ㉠ 암석의 강도(일축압축강도)
  ㉡ 암질지수(RQD)
  ㉢ 절리의 상태
  ㉣ 절리의 간격
  ㉤ 지하수
② 탄성파 전파 속도는 지질의 종류, 풍화의 정도 등의 지하 지질 구조를 추정하는 방법이므로 암질을 나타낸다.

해답 ①

082 압밀 시험에서 시간-압축량 곡선으로부터 구할 수 없는 것은?

① 압밀계수(C_v)
② 압축지수(C_c)
③ 체적변화계수(m_v)
④ 투수계수(K)

해설 시간-침하 곡선으로부터 구할 수 있는 요소
① 압밀계수
② 1차 압밀비
③ 체적변화계수
④ 투수계수

해답 ②

083 말뚝기초의 지반 거동에 관한 설명으로 틀린 것은?

① 연약지반 상에 타입되어 지반이 먼저 변형하고 그 결과 말뚝이 저항하는 말뚝을 주동말뚝이라 한다.
② 말뚝에 작용한 하중은 말뚝주변의 마찰력과 말뚝선단의 지지력에 의하여 주변 지반에 전달된다.
③ 기성말뚝을 타입하면 전단파괴를 일으키며 말뚝 주위의 지반은 교란된다.
④ 말뚝 타입 후 지지력의 증가 또는 감소 현상을 시간효과(time effect)라 한다.

해설 ① 주동말뚝은 말뚝이 지표면에서 수평력을 받는 경우 말뚝이 변형함에 따라 지반이 저항하게 된다.
② 수동말뚝은 어떤 원인에 의해 지반이 먼저 변형하고 그 결과 말뚝에 측방토압이 작용하게 된다.

해답 ①

084 연약지반 개량공법 중 프리로딩공법에 대한 설명으로 틀린 것은?

① 압밀침하를 미리 끝나게 하여 구조물에 잔류침하를 남기지 않게 하기 위한 공법이다.
② 도로의 성토나 항만의 방파제와 같이 구조물 자체의 일부를 상재하중으로 이용하여 개량 후 하중을 제거할 필요가 없을 때 유리하다.
③ 압밀계수가 작고 압밀토층 두께가 큰 경우에 주로 적용한다.
④ 압밀을 끝내기 위해서는 많은 시간이 소요되므로, 공사기간이 충분해야 한다.

해답 ③

085

암반층 위에 5m 두께의 토층이 경사 15°의 자연사면으로 되어 있다. 이 토층은 $c' = 15\text{kN/m}^2$, $\phi = 30°$, $\gamma_{sat} = 18\text{kN/m}^3$이고, 지하수면은 토층의 지표면과 일치하고 침투는 경사면과 대략 평형이다. 이때의 안전율은?

① 0.8
② 1.1
③ 1.6
④ 2.0

해설
$$F_s = \frac{\tau_f}{\tau_d} = \frac{c'}{\gamma_{sat} \cdot Z \cdot \cos\beta \cdot \sin\beta} + \gamma$$
$$= \frac{15}{18 \times 5 \times \cos 15° \times \sin 15°} + \frac{8}{18} \times \frac{\tan 30°}{\tan 15°} = 1.62$$

해답 ③

086

크기가 30cm×30cm의 평판을 이용하여 사질토 위에서 평판재하 시험을 실시하고 극한지지력 200kN/m²을 얻었다. 크기가 1.8m×1.8m인 정사각형 기초의 총허용하중은 약 얼마인가? (단, 안전율 3을 사용)

① 220kN
② 660kN
③ 1300kN
④ 1500kN

해설
① $q_{u(기초)} = q_{u(재하판)} \cdot \frac{B_{(기초)}}{B_{(재하판)}} = 200 \times \frac{1.8}{0.3} = 1200\text{kN/m}^2$

② $q_a = \frac{q_u}{F_s} = \frac{1200}{3} = 400\text{kN/m}^2$

③ $Q_a = q_a \cdot A = 400 \times 1.8 \times 1.8 = 1296\text{kN}$

해답 ③

087

흙의 투수계수 K에 관한 설명으로 옳은 것은?

① K는 점성계수에 반비례한다.
② K는 형상계수에 반비례한다.
③ K는 간극비에 반비례한다.
④ K는 입경의 제곱에 반비례한다.

해설
$$K = D_s^2 \cdot \frac{\gamma_w}{\eta} \cdot \frac{e^3}{1+e} \cdot C$$

해답 ①

088 다음 중 흙의 연경도(consistency)에 대한 설명 중 옳지 않은 것은?

① 액성한계가 큰 흙은 점토분을 많이 포함하고 있다는 것을 의미한다.
② 소성한계가 큰 흙은 점토분을 많이 포함하고 있다는 것을 의미한다.
③ 액성한계나 소성지수가 큰 흙은 연약 점토지반이라고 볼 수 있다.
④ 액성한계와 소성한계가 가깝다는 것은 소성이 크다는 것을 의미한다.

해설 액성한계와 소성한계가 가깝다는 것은 비소성을 의미한다.

해답 ④

089 옹벽배면의 지표면 경사가 수평이고, 옹벽배면 벽체의 기울기가 연직인 벽체에서 옹벽과 뒷채움 흙 사이의 벽면마찰각(δ)을 무시할 경우, Rankine토압과 Coulomb토압의 크기를 비교하면?

① Rankine토압이 Coulomb토압보다 크다.
② Coulomb토압이 Rankine토압보다 크다.
③ 주동토압은 Rankine토압이 더 크고, 수동토압은 Coulomb토압이 더 크다.
④ 항상 Rankine토압과 Coulomb토압의 크기는 같다.

해설 연직옹벽에서 지표면이 수평이고 벽마찰각이 0인 경우 벽마찰을 무시하면 Rankine의 토압과 Coulomb의 토압은 동일하다.

해답 ④

090 그림과 같은 모래층에 널말뚝을 설치하여 물막이공내의 물을 배수하였을 때, 분사현상이 일어나지 않게 하려면 얼마의 압력을 가하여야 하는가? (단, 모래의 비중은 2.65, 간극비는 0.65, 안전율은 3)

① 65kN/m²
② 130kN/m²
③ 330kN/m²
④ 165kN/m²

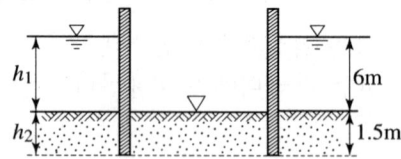

해설 ① 수중단위중량
$$\gamma_{sub} = \frac{G_s - 1}{1 + e} \cdot \gamma_w = \frac{2.65 - 1}{1 + 0.65} \times 10 = 10 \text{kN/m}^3$$
② 유효응력
$$\sigma' = \gamma_{sub} \cdot z = 10 \times 1.5 = 15 \text{kN/m}^2$$
③ 침투수압

$$F = i \cdot \gamma_w \cdot z = \gamma_w \cdot h = 10 \times 6 = 60 \text{kN/m}^2$$

④ 널말뚝 하단에서의 상향침투시 유효응력
$$\sigma' = \gamma_{sub} \cdot z - F = 10 \times 1.5 - 60 = -45 \text{kN/m}^2 \text{이므로 분사현상이 발생하여 압성토를 해야 한다.}$$

⑤ $F_s = \dfrac{\sigma' + \Delta\sigma'}{F}$

$3 = \dfrac{15 + \Delta\sigma'}{60}$ 에서 $\Delta\sigma' = 165 \text{kN/m}^2$

해답 ④

091

아래의 경우 중 유효응력이 증가하는 것은?

① 땅속의 물이 정지해 있는 경우 ② 땅속의 물이 아래로 흐르는 경우
③ 땅속의 물이 위로 흐르는 경우   ④ 분사현상이 일어나는 경우

해설 침투류가 하향일 때 유효응력은 침투압만큼 증가한다.

해답 ②

092

내부마찰각 $\phi = 30°$, 점착력 $c = 0$인 그림과 같은 모래 지반이 있다. 지표에서 6m 아래 지반의 전단강도는?

① 78kN/m^2
② 98kN/m^2
③ 45kN/m^2
④ 65kN/m^2

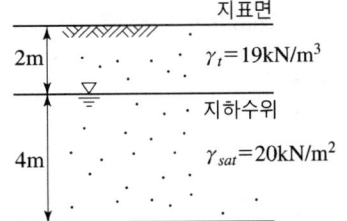

해설 ① 전응력
$$\sigma = \gamma_t \times 2 + \gamma_{sat} \times 4 = 19 \times 2 + 20 \times 4 = 118 \text{kN/m}^2$$
② 간극수압
$$u = \gamma_w \times 4 = 10 \times 4 = 40 \text{kN/m}^2$$
③ 유효응력
$$\sigma' = \sigma - u = 118 - 40 = 78 \text{kN/m}^2$$
④ 전단강도(τ)
$c = 0$이므로 $\tau = \sigma' \cdot \tan\phi = 78 \times \tan 30° = 45 \text{kN/m}^2$

해답 ③

093 포화점토에 대해 베인전단시험을 실시하였다. 베인의 직경과 높이는 각각 7.5cm, 15cm이고 시험 중 사용한 최대회전모멘트는 250kg·cm이다. 점성토의 액성한계는 65%이고 소성한계는 30%이다. 설계에 이용할 수 있도록 수정비배수 강도를 구하면? (단, 수정계수 $[(\mu) = 1.7 - 0.54\log(PI)]$를 사용하고, 여기서 PI는 소성지수이다.)

① 8kN/m^2 ② 14.1kN/m^2
③ 18.2kN/m^2 ④ 20kN/m^2

해설 ① 수정계수(μ)
$\mu = 1.7 - 0.54\log(PI) = 1.7 - 0.54 \times \log(60-30) = 0.87$
② 베인전단 시험에 의한 전단강도
$$S = c_u = \frac{T}{\pi \cdot D^2 \cdot \left(\frac{H}{2} + \frac{D}{6}\right)}$$
③ 수정비배수강도 $= c_u \cdot \mu = 1.7 \times 0.87 = 1.41\text{t/m}^2 = 14.1\text{kN/m}^2$

해답 ②

---

094 어떤 모래의 건조단위중량이 17kN/m³이고, 이 모래의 $\gamma_{d\max} = 18\text{kN/m}^3$, $\gamma_{d\max} = 16\text{kN/m}^3$이라면, 상대밀도는?

① 47% ② 49%
③ 51% ④ 53%

해설 $D_r = \frac{\gamma_{d\max}}{\gamma_d} \cdot \frac{\gamma_d - \gamma_{d\min}}{\gamma_{d\min} - \gamma_{d\min}} \times 100 = \frac{18}{17} \times \frac{17-16}{18-16} \times 100 = 52.94\%$

해답 ④

---

095 통일분류법(統一分類法)에 의해 SP로 분류된 흙의 설명 중 옳은 것은?

① 모래질 실트를 말한다. ② 모래질 점토를 말한다.
③ 압축성 큰 모래를 말한다. ④ 입도분포가 나쁜 모래를 말한다.

해설 ① S : 모래
② P : 입도분포불량

해답 ④

096

다음 그림과 같이 점토질 지반에 연속기초가 설치되어 있다. Terzaghi 공식에 의한 이 기초의 허용지지력 q_a는 얼마인가? (단, $\phi=0°$인 경우 $N_c=5.14$, $N_r=0$, $N_q=1.0$, 형상계수 $\alpha=1.0$, $\beta=0.5$)

① 64kN/m²
② 135kN/m²
③ 185kN/m²
④ 404.9kN/m²

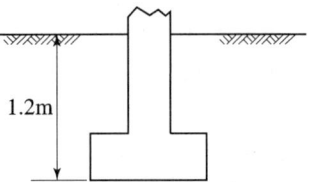

점토질 지반 $\gamma=19.2$kN/m³
일축압축강도 $q_u=148.6$kN/m²

해설 ① 비배수전단강도
$$c_u = \frac{q_u}{2}\tan\left(45° - \frac{\phi}{2}\right)$$ 에서 $\phi=0°$이므로 $c_u = \frac{q_u}{2} = \frac{148.6}{2} = 74.3\text{kN/m}^2$

② 극한지지력(q_u)
$N_c=5.14$, $N_r=0$, $N_q=1.0$
$\alpha=1.0$, $\beta=0.5$이므로
$q_u = \alpha \cdot c \cdot N_c + \beta \cdot \gamma_1 \cdot B \cdot N_r + \gamma_2 \cdot D_f \cdot N_q$
$= 1.0 \times 74.3 \times 5.14 + 0 + 19.2 \times 1.2 \times 1$
$= 404.9\text{kN/m}^2$

③ 허용지지력
$q_a = \frac{q_u}{F_s} = \frac{404.9}{3} = 135\text{kN/m}^2$

해답 ②

097

직경 30cm 콘크리트 말뚝을 단동식 증기해머로 타입하였을 때 엔지니어링 뉴스 공식을 적용한 말뚝의 허용지지력은? (단, 타격에너지=36kN·m, 해머효율=0.8, 손실상수=0.25cm, 마지막 25mm 관입에 필요한 타격 횟수=5)

① 640kN
② 1280kN
③ 1020kN
④ 380kN

해설 $Q_a = \dfrac{W_h \cdot H \cdot e}{6(S+0.25)} = \dfrac{36 \times 100 \times 0.8}{6 \times \left(\dfrac{2.5}{5}+0.25\right)} = 640\text{kN}$

해답 ①

098

그림과 같이 같은 두께의 3층으로 된 수평 모래층이 있을 때 모래층 전체의 연직 방향 평균투수계수는? (단, K_1, K_2, K_3는 각 층의 투수계수임)

① 2.38×10^{-3} cm/s
② 4.56×10^{-4} cm/s
③ 3.01×10^{-4} cm/s
④ 3.36×10^{-5} cm/s

	3m	$k_1 = 2.3 \times 10^{-4}$ (cm/sec)
9m	3m	$k_2 = 9.8 \times 10^{-3}$ (cm/sec)
	3m	$k_3 = 4.7 \times 10^{-4}$ (cm/sec)

해설

$$K_v = \frac{H}{\dfrac{H_1}{K_1} + \dfrac{H_2}{K_2} + \dfrac{H_3}{K_3} + \dfrac{H_4}{K_4}}$$

$$= \frac{900}{\dfrac{300}{2.3 \times 10^{-4}} + \dfrac{300}{9.8 \times 10^{-3}} + \dfrac{300}{4.7 \times 10^{-4}}} = 4.56 \times 10^{-4} \text{cm/sec}$$

해답 ②

099

모래시료에 대하여 압밀배수 삼축압축시험을 실시하였다. 초기 단계에서 구속응력(σ_3)은 10MPa이고, 전단파괴시에 작용된 축차응력(σ_{df})은 20MPa이었다. 이와 같은 모래 시료의 내부마찰각(ϕ) 및 파괴면에 작용하는 전단응력(τ_f)의 크기는?

① $\phi = 30°$, $\tau_f = 11.5$MPa
② $\phi = 40°$, $\tau_f = 11.5$MPa
③ $\phi = 30°$, $\tau_f = 8.66$MPa
④ $\phi = 40°$, $\tau_f = 8.66$MPa

해설

① 내부마찰각(ϕ)

$\sin\phi = \dfrac{100}{200}$ 에서 $\phi = \sin^{-1}\left(\dfrac{10}{20}\right) = 30°$

② 수평면과 파괴면이 이루는 각

$\theta = 45° + \dfrac{\phi}{2} = 45 + \dfrac{30}{2} = 60°$

③ 파괴면에 작용하는 전단응력

$\tau = \dfrac{\sigma_1 - \sigma_3}{2}\sin 2\theta = \dfrac{20}{2}\sin(2 \times 60°) = 8.66$MPa

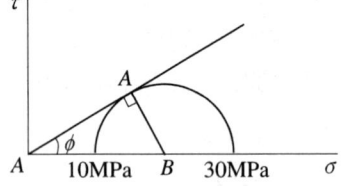

해답 ③

100 흐트러지지 않은 연약한 점토시료를 채취하여 일축 압축시험을 실시하였다. 공시체의 직경이 35mm, 높이가 80mm이고 파괴시의 하중계의 읽음값이 2kg, 축방향의 변형량이 12mm일 때 이 시료의 전단강도는?

① 0.04kg/cm^2　　② 0.06kg/cm^2
③ 0.08kg/cm^2　　④ 0.1kg/cm^2

해설
① 단면적　　$A = \dfrac{\pi \cdot d^2}{4} = \dfrac{\pi \times 3.5^2}{4} = 9.621 \text{cm}^2$

② 환산단면적　$A_0 = \dfrac{A}{1-\epsilon} = \dfrac{9.621}{1-\left(\dfrac{12}{80}\right)} = 11.319 \text{cm}^2$

③ 일축압축강도　$\sigma_1 = q_u = \dfrac{P}{A_o} = \dfrac{2.0}{11.319} = 0.177 \text{kg/cm}^2$

④ 전단강도　$\tau = c_u = \dfrac{q_u}{2} = \dfrac{0.177}{2} = 0.088 \text{kg/cm}^2$

해답 ③

제6과목 상하수도공학

101 염소소독시 생성되는 염소성분 중 살균력이 가장 강한 것은 다음 중 어느 것인가?

① NH_2Cl　　② OCl^-
③ $NHCl_2$　　④ $HOCl$

해설 오존(O_3) > 차아염소산(HOCl) > 차아염소산이온(OCl^-) > 클로라민

해답 ④

102 하수처리장에서 480,000L/day의 하수량을 처리하고자 한다. 펌프장의 습정(Wet well)을 하수로 채우기 위하여 40분이 소요된다면 습정의 부피는 얼마인가?

① 13.3m^3　　② 14.3m^3
③ 15.3m^3　　④ 16.3m^3

해설 습정의 부피(V)
$t = \dfrac{V(\text{부피})}{Q(\text{유량})}$ 에서

$V = Q \times t = 480[\text{m}^3/\text{day}] \times \dfrac{1}{24 \times 60}[\text{day/min}] \times 40[\text{min}] = 13.3[\text{m}^3]$

해답 ①

103
다음 지형도의 상수계통도에 관한 사항 중 옳은 것은?

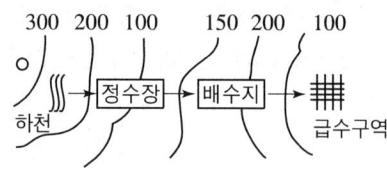

① 도수는 펌프가압식으로 해야 한다.
② 수질을 생각하여 도수로는 개수로를 택하여야 한다.
③ 정수장에서 배수지는 펌프가압식으로 송수한다.
④ 도수와 송수를 자연유하식으로 하여 동력비를 절감한다.

해설 상수 계통도
① 하천은 정수장보다 표고를 볼 때 도수구간은 하향경사이므로 도수는 자연유하식으로 한다.
② 도수로는 개수로가 원칙이며 수질을 고려해야 할 경우에는 관수로로 해야 한다.
③ 정수장은 배수지보다 표고가 낮아 송수구간이 상향경사이므로 송수는 펌프가압식으로 한다.
④ 배수지는 급수구역보다 표고가 높으므로 자연유하식으로 배수한다.

해답 ③

104
5일 BOD값이 100mg/L인 오수의 최종 BODu값은 얼마인가? (단, 탈산소계수(자연대수)=0.25day^{-1}이다.)

① 약 140mg/L ② 약 240mg/L
③ 약 340mg/L ④ 약 350mg/L

해설
① 5일 BOD(Y) = 100mg/L
② 시간(t) = 5day
③ 탈산소계수(k_1) = 0.25day^{-1}
④ $Y = L_a(1-e^{-k_1 \times t})$ 에서 $L_a = \dfrac{Y}{1-e^{-k_1 \times t}} = \dfrac{100}{1-e^{-0.25 \times 5}} = 140.16 [\text{mg/L}]$

해답 ①

105
어떤 상수원수의 Jar-Test 실험결과 원수시료 200mL에 대해 0.1% PAC(폴리염화 알루미늄) 용액 12mL를 첨가하는 것이 가장 응집효율이 좋았다. 이 경우 상수원수에 대한 PAC 용액 사용량은 얼마인가?

① 40mg/L ② 50mg/L
③ 60mg/L ④ 70mg/L

해설 ① PAC 용액 사용량 = 12[mg/L]
② PAC 용액 사용백분율 = $\dfrac{12[\text{mg/L}]}{200[\text{mg/L}] \times 0.001} = 60[\text{mg/L}]$

해답 ③

106
다음 중 수원을 선정할 때 구비요건으로서 옳지 않은 것은?
① 수량이 풍부하여야 한다.
② 수질이 좋아야 한다.
③ 가능한 한 낮은 곳에 위치하여야 한다.
④ 수돗물 소비지에서 가까운 곳에 위치하여야 한다.

해설 수원은 가능한 한 높은 곳에 위치하여 자연유하식을 이용할 수 있는 것이 좋다.

해답 ③

107
다음의 계획급수량 결정에서 첨두율(peak factor)에 대한 설명으로서 옳은 것은?
① 첨두율은 평균급수량에 대한 평균사용수량의 크기를 의미한다.
② 급수량의 변동폭이 작을수록 첨두율 값이 크게 된다.
③ 일반적으로 소규모 도시일수록 급수량의 변동폭이 작아 첨두율이 크다.
④ 첨두율은 도시규모에 따라 변하며, 기상조건, 도시의 성격 등에 의해서도 좌우된다.

해설 • 계획급수량의 첨두율은 계획 1일 평균급수량에 대한 계획 1일 최대급수량의 비율을 말한다.
첨두율 = 계획 1일 최대급수량/계획 1일 평균급수량
① 급수량의 변동폭이 작을수록 첨두율 값은 작아진다.
② 소규모 도시일수록 급수량의 변동폭이 커지므로 첨두율 값은 크다.
③ 도시규모에 따라 변하며, 기상조건과 도시성격 등에 의해 좌우된다.

해답 ④

108
다음 중 상수도의 도수 및 송수관로의 일부분이 동수 경사선보다 높을 경우에 취할 수 있는 방법으로서 가장 옳은 것은?
① 접합정(junction well)을 설치하는 방법
② 스크린(screen)을 설치하는 방법
③ 감압밸브를 설치하는 방법
④ 상류측 관로의 관경을 작게 하는 방법

해설 동수경사선 상승방법
① 접합정(junction well) 설치 방법
② 상류측 관로 관경 증가 방법

해답 ①

109

오존(O_3)을 사용하여 살균처리할 경우의 장점에 대한 설명 중 틀린 것은?

① 살균효과가 염소보다 우수하다.
② 유기물질의 생분해성을 증가시킨다.
③ 맛, 냄새, 색도제거의 효과가 우수하다.
④ 오존이 수중 유기물과 작용하여 다른 물질로 잔류하게 되므로 잔류효과가 크다.

해설 오존(O_3) 살균처리법
염소보다 살균효과는 우수하지만 고가이고 소독의 잔류효과가 없다.

해답 ④

110

계획 시간최대 배수량의 산정공식 $q = K \times \dfrac{Q}{24}$에 대한 설명으로서 틀린 것은?

① 계획 시간최대 배수량은 배수구역내의 계획급수 인구가 그 시간대에 최대량의 물을 사용한다고 가정하여 결정한다.
② Q는 계획 1일 평균 급수량으로서 단위는 [m^3/day]이다.
③ K는 시간계수로서 계획 시간최대 배수량의 시간평균 배수량에 대한 비율을 의미한다.
④ 시간계수는 계획 1일 최대 급수량이 클수록 작아지는 경향이 있다.

해설 계획 시산최대 배수량
$q = K \times \dfrac{Q}{24}$ Q : 계획 1일 최대급수량 (m^3/day)

해답 ②

111

다음 중 부영양화된 호수나 저수지에서 나타나는 현상으로서 옳은 것은?

① 각종 조류(algae)의 광합성 증가로 인하여 호수 심층의 용존산소가 증가한다.
② 조류사멸에 의해 물이 맑아진다.
③ 바닥에 인(P), 질소(N) 등 영양염류의 증가로 송어, 연어 등 어종이 증가한다.
④ 냄새와 맛을 유발하는 물질이 증가한다.

해설 부영양화 현상
① 각종 조류(algae)의 광합성 증가로 호수 심층의 용존산소가 감소한다.
② 조류사멸에 의해 물이 탁해진다.
③ 바닥에 인(P), 질소(N) 등 영양염류의 증가로 송어, 연어 등 어종이 감소한다.
④ 냄새와 맛을 유발하는 물질이 증가한다.

해답 ④

112
유출계수 0.6, 유역면적 2km²인 지역에 강우강도 200mm/hr의 강우가 발생하였다면 유출량은 얼마인가? (단, 합리식을 사용할 것)
① 24.0m³/sec
② 66.7m³/sec
③ 240m³/sec
④ 667m³/sec

해설 $Q = \dfrac{1}{3.6}CIA = 0.2778 \times 0.6 \times 200 \times 2 = 66.7 [\text{m}^3/\text{sec}]$

해답 ②

113
다음 하수도의 관거계획에 대한 설명으로서 옳은 것은?
① 오수관거는 계획 1일평균 오수량을 기준으로 계획한다.
② 역사이펀을 많이 설치하여 유지관리 측면에서 유리하도록 계획한다.
③ 합류식에서 하수의 차집관거는 우천시 계획오수량을 기준으로 계획한다.
④ 오수관거와 우수관거가 교차하여 역사이펀을 피할 수 없는 경우에는 우수관거를 역사이펀으로 하는 것이 바람직하다.

해설 하수관거 계획
① 오수관거 : 계획 시간최대 오수량 기준으로 계획
② 내부검사 및 보수가 곤란한 역사이펀은 가급적 피한다.
③ 합류식의 차집관거 : 우천시 계획오수량(또는 계획 시간 최대오수량의 3배 이상) 기준으로 계획
④ 오수관거와 우수관거가 교차하여 역사이펀을 피할 수 없는 경우에는 오수관거를 역사이펀으로 하는 것이 바람직하다.

해답 ③

114
혐기성 슬러지 소화조를 설계할 경우에 탱크의 크기를 결정하는데 고려사항에 해당되지 않는 것은?
① 소화조에 유입되는 슬러지 양과 특성
② 고형물 체류시간 및 온도
③ 소화조의 운전방법
④ 소화조의 표면부하율

해설 혐기성 슬러지 소화조 설계에서 탱크의 크기 결정시 고려사항
① 소화조에 유입되는 슬러지 양과 특성
② 고형물의 체류시간 및 온도
③ 소화조의 운전방법
④ 소화조의 부피 등

해답 ④

115
최초 침전지의 표면적이 250m², 깊이가 3m인 직사각형 침전지가 있다. 하수 350m³/hr가 유입될 때 수면적 부하는 얼마인가?

① $30.6 m^3/(m^2 \cdot day)$
② $33.6 m^3/(m^2 \cdot day)$
③ $36.6 m^3/(m^2 \cdot day)$
④ $39.6 m^3/(m^2 \cdot day)$

해설 $\dfrac{Q}{A} = \dfrac{350 m^3/hr}{250 m^2} = 1.4 [m^3/m^2 \cdot hr] = 33.6 [m^3/m^2 \cdot day]$

해답 ②

116
일반적인 생물학적 질소(N) 제거공정에 필요한 미생물의 환경조건으로 가장 옳은 것은?

① 혐기, 호기
② 호기, 무산소
③ 무산소, 혐기
④ 호기, 혐기, 무산소

해설 일반적인 생물학적 질소(N) 제거공정에 필요한 미생물의 환경조건은 호기성(질산화)과 무산소(탈질산화) 조건이다.

해답 ②

117
다음 중 우수조정지 설치에 대한 설명으로서 옳지 않은 것은?

① 합류식 하수도에만 설치한다.
② 하류관거 유하능력이 부족한 곳에 설치한다.
③ 하류지역 펌프장 능력이 부족한 곳에 설치한다.
④ 우수조정지로부터 우수방류방식은 자연유하를 원칙으로 한다.

해설 우수조정지(유수지)는 하수관거 유하능력 부족한 곳, 하류지역 펌프장 능력이 부족한 곳, 방류수역의 유하능력 부족한 곳에 설치하는 것으로 우수유출량 조절 및 침수 방지를 위해 합류식과 분류식 하수도에 설치하며, 우수방류는 자연유하식이 원칙이다.

해답 ①

118 콘크리트 하수관의 내부 천정이 부식되는 현상에 대한 대책으로서 옳지 않은 것은?

① 방식재료를 사용하여 관을 보호한다.
② 하수 중의 유황 함유량을 감소시킨다.
③ 관내의 유속을 감소시킨다.
④ 하수에 염소를 주입한다.

해설 하수관내 유기물질의 퇴적을 방지하기 위해서는 하수의 유속을 증가시켜야 한다. **해답 ③**

119 다음의 하수배제 방식에 대한 설명 중 틀린 것은?

① 분류식은 청천시 관로내 퇴적량이 합류식 하수관거에 비하여 많다.
② 합류식은 폐쇄의 염려가 없고 검사 및 수리가 비교적 용이하다.
③ 합류식은 우천시 일정유량 이상이 되면 하수가 직접 수역으로 방류될 수 있다.
④ 분류식은 강우초기에 도로 위의 오염물질이 직접 하천으로 유입되는 단점이 있다.

해설 청전시 분류식 관거가 유속이 빠르므로 관거내 퇴적량이 합류식 관거보다 적다. **해답 ①**

120 급수방식에 대한 설명으로서 틀린 것은?

① 급수방식은 급수전의 높이, 수요자가 필요로 하는 수량 등을 고려하여 결정한다.
② 직결식은 직결직압식과 직결가압식으로 구분할 수 있다.
③ 저수조식은 수돗물을 일단 저수조에 받아서 급수하는 방식으로 단수나 감수시 물의 확보가 어렵다.
④ 직결식과 저수조식의 병용방식은 하나의 건물에 직결식과 저수조식의 양쪽 급수방식을 병용하는 것이다.

해설 저수조(탱크)식 급수방식은 수돗물을 일단 저수조에 받아서 급수하는 방식으로 단수나 감수시 물의 확보가 용이하다. **해답 ③**

토목기사

2023년 5월 CBT 시행

본 문제는 복원 기출문제입니다. 실제 문제와 다를 수 있으니 양해바랍니다.

제1과목 응용역학

001 그림과 같은 3힌지 라멘의 휨모멘트도(BMD)는?

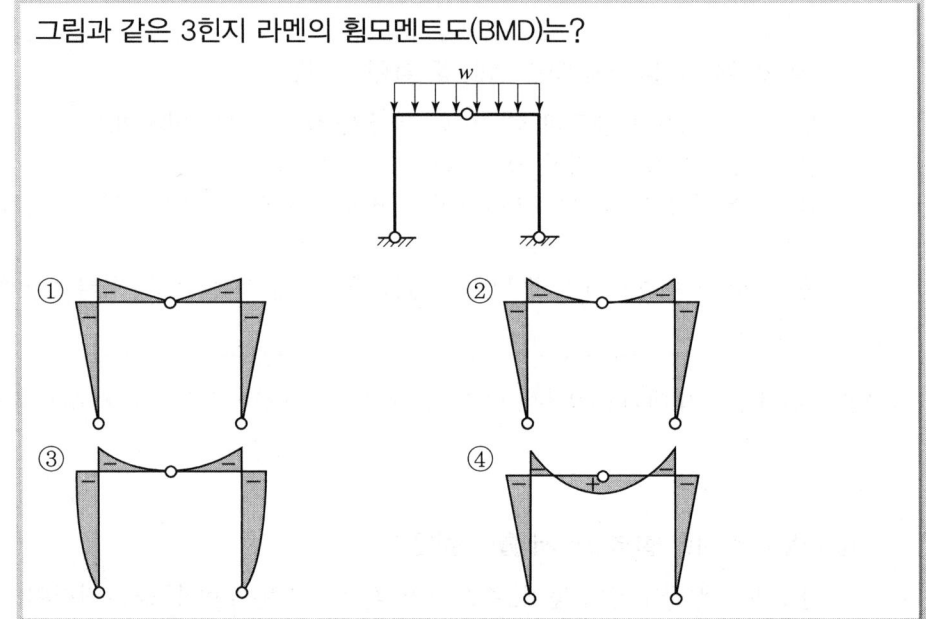

해설
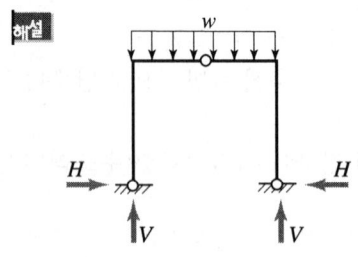

해답 ②

002
그림과 같은 단순보의 단면에 발생하는 최대 전단응력의 크기는?

① 3.52MPa
② 3.86MPa
③ 4.45MPa
④ 4.93MPa

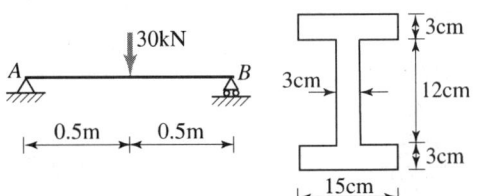

해설

① $I = \dfrac{1}{12}(15 \times 18^3 - 12 \times 12^3) = 5,562 \text{cm}^4$

② I형 단면의 최대 전단응력은 단면의 중앙부에서 발생하므로
   $b = 3\text{cm}$

③ $V = 15\text{kN}$

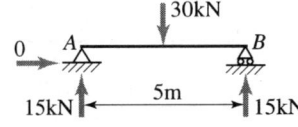

④ $G = (15 \times 3)(6 + 1.5) + (3 \times 6)(3) = 391.5\text{cm}^3$

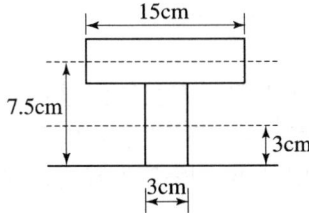

⑤ $\tau_{\max} = \dfrac{V \cdot G}{I \cdot b} = \dfrac{1500 \times 391.5 \times 10^3}{5,562 \times 10^4 \times 30} = 3.5194 \text{MPa}$

해답 ①

003
직사각형 단면의 보가 최대휨모멘트 $M_{\max} = 20\text{kN} \cdot \text{m}$를 받을 때 $A-A$단면의 휨응력은?

① 2.25MPa
② 3.75MPa
③ 4.25MPa
④ 4.65MPa

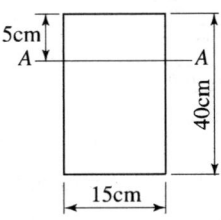

해설

$\sigma_{a-a} = \dfrac{M}{I} \cdot y = \dfrac{20 \times 10^6}{\dfrac{150 \times 400^3}{12}} \cdot \left(\dfrac{400}{2} - 50\right) = 3.75 \text{MPa}$

해답 ②

004
그림과 같은 캔틸레버보에서 휨모멘트에 의한 탄성변형에너지는? (단, EI는 일정)

① $\dfrac{2P^2L^3}{3EI}$

② $\dfrac{P^2L^3}{3EI}$

③ $\dfrac{P^2L^3}{6EI}$

④ $\dfrac{P^2L^3}{2EI}$

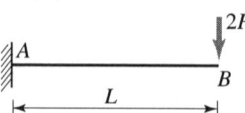

해설
① $M_x = -2P \cdot x$
② $U = \int \dfrac{M_x^2}{2EI}dx = \dfrac{1}{2EI}\int_0^L (-2P \cdot x)^2 dx$
$= \dfrac{4P^2}{2EI}\left[\dfrac{x^3}{3}\right]_0^L = \dfrac{2}{3} \cdot \dfrac{P^2L^3}{EI}$

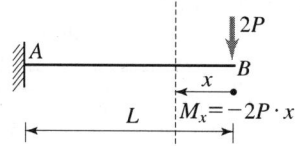

해답 ①

005
그림의 수평부재 AB는 A지점은 힌지로 지지되고 B점에는 집중하중 Q가 작용하고 있다. C점과 D점에서는 끝단이 힌지로 지지된 길이가 L이고, 휨강성이 모두 EI로 일정한 기둥으로 지지되고 있다. 두 기둥의 좌굴에 의해서 붕괴를 일으키는 하중 Q의 크기는?

① $Q = \dfrac{2\pi^2 EI}{4L^2}$

② $Q = \dfrac{3\pi^2 EI}{4L^2}$

③ $Q = \dfrac{3\pi^2 EI}{8L^2}$

④ $Q = \dfrac{3\pi^2 EI}{16L^2}$

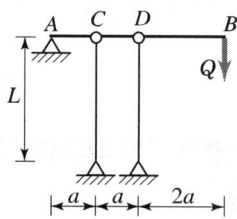

해설
① 두 개의 기둥이 모두 좌굴하중에 도달할 때 붕괴가 발생한다.
② $M_A = -P_{cr} \times a - P_{cr} \times 2a + Q_{cr} \times 4a = 0$
$Q_{cr} = \dfrac{3P_{cr}}{4}$
③ 양단힌지이므로 $K = 1.0$
④ $Q_{cr} = \dfrac{\pi^2 EI}{(1.0L)^2} = \dfrac{3}{4} \cdot \dfrac{\pi^2 EI}{L^2}$

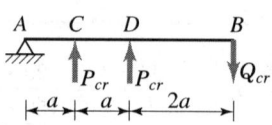

해답 ②

006
6kN의 힘이 그림과 같이 A와 C의 모서리에 작용하고 있다. 이 두 힘에 의해서 발생하는 모멘트는?

① 1.64kN · m
② 1.70kN · m
③ 1.74kN · m
④ 1.80kN · m

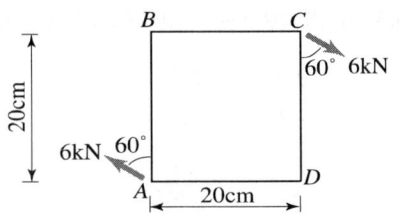

해설 $M_A = (6 \times \sin 60° \times 0.2) + (6 \times \cos 60° \times 0.2)$
$= 1.64 \text{kN} \cdot \text{m}$

해답 ①

007
다음 봉재의 단면적이 A이고 탄성계수가 E일 때 C점의 수직처짐은?

① $\dfrac{4PL}{EA}$
② $\dfrac{3PL}{EA}$
③ $\dfrac{2PL}{EA}$
④ $\dfrac{PL}{EA}$

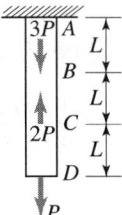

해설 $\delta_C = \Delta L_{CD} = \dfrac{PL}{EA}$

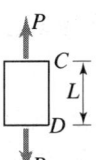

해답 ④

008
그림과 같은 단순보에서 AB구간의 전단력 및 휨모멘트의 값은?

① $S = 100$kN, $M = 100$kN · m
② $S = 100$kN, $M = 200$kN · m
③ $S = 0$kN, $M = -100$kN · m
④ $S = 200$kN, $M = -100$kN · m

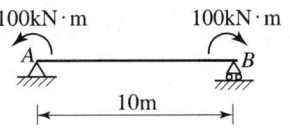

해설 ① $R_A = R_B = 0$
② $S_x = 0$
③ $M_x = +[-(100)] = -100 \text{kN} \cdot \text{m}\,(\curvearrowleft)$

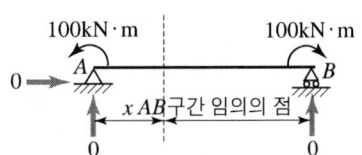

해답 ③

009 캔틸레버 보의 끝 B점에 집중하중 P와 우력모멘트 M_o가 작용하고 있다. B점에서의 연직변위는 얼마인가? (단, 보의 EI는 일정하다.)

① $\delta_B = \dfrac{PL^3}{4EI} - \dfrac{M_oL^2}{2EI}$

② $\delta_B = \dfrac{PL^3}{3EI} - \dfrac{M_oL^2}{2EI}$

③ $\delta_B = \dfrac{PL^3}{3EI} - \dfrac{M_oL^2}{2EI}$

④ $\delta_B = \dfrac{PL^3}{4EI} - \dfrac{M_oL^2}{2EI}$

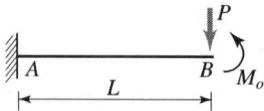

해설 ① 집중하중에 의한 처짐 : $\delta_{B1} = \dfrac{1}{3} \cdot \dfrac{PL^3}{EI}$

② 모멘트하중에 의한 처짐 : $\delta_{B2} = -\dfrac{1}{2} \cdot \dfrac{M_oL^2}{EI}$

③ $\delta_B = \delta_{B1} + \delta_{B2} = \dfrac{1}{3} \cdot \dfrac{PL^3}{EI} - \dfrac{1}{2} \cdot \dfrac{M_oL^2}{EI}$

해답 ③

010 양단 고정인 조건의 길이가 3m이고 가로 20cm, 세로 30cm인 직사각형 단면의 기둥이 있다. 이 기둥의 좌굴응력은 약 얼마인가? (단, $E = 2.1 \times 10^5$MPa, 이 기둥은 장주이다.

① 243MPa ② 307MPa
③ 473MPa ④ 691MPa

해설 ① 좌굴계수 양단 고정이므로 $K = 0.5$

② $\sigma_{cr} = \dfrac{P_{cr}}{A} = \dfrac{\dfrac{\pi^2 EI}{(KL)^2}}{A} = \dfrac{\pi^2 \cdot (2.1 \times 10^5) \cdot \left(\dfrac{300 \times 200^3}{12}\right)}{(0.5 \times 3000)^2 (300 \times 200)} = 307$MPa

해답 ②

011

그림과 같은 단주에 편심하중이 작용할 때 최대 압축응력은?

① 13.9MPa
② 17.3MPa
③ 24.6MPa
④ 31.8MPa

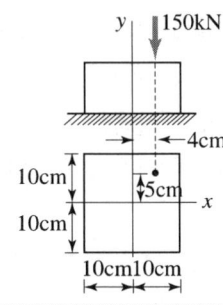

해설

$$\sigma_{max} = -\frac{P}{A} - \frac{P \cdot e_y}{Z_x} - \frac{P \cdot e_x}{Z_y}$$

$$= -\frac{150 \times 10^3}{200 \times 200} - \frac{150 \times 10^3 \times 50}{\frac{200 \times 200^3}{12}} \times 100 - \frac{150 \times 10^3 \times 40}{\frac{200 \times 200^3}{12}} \times 100$$

$$= -13.9 \text{MPa}(압축)$$

해답 ①

012

그림과 같은 3힌지 아치의 중간 힌지에 수평하중 P가 작용할 때 A지점의 수직반력과 수평반력은? (단, A지점의 반력은 그림과 같은 방향을 정(+)으로 한다.)

① $V_A = \dfrac{Ph}{L}$, $H_A = \dfrac{P}{2}$

② $V_A = \dfrac{Ph}{L}$, $H_A = -\dfrac{P}{2h}$

③ $V_A = \dfrac{Ph}{L}$, $H_A = \dfrac{P}{2h}$

④ $V_A = \dfrac{Ph}{L}$, $H_A = -\dfrac{P}{2}$

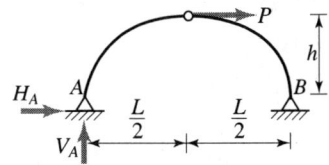

해설

① $\sum M_B = 0$ 우

$V_A \cdot L + P \cdot \dfrac{L}{2} = 0$

$V_A = -\dfrac{Ph}{L} = \dfrac{Ph}{L}(\downarrow)$

② $\sum M_{C, 좌} = 0$

$-H_A \cdot h - \dfrac{Ph}{L} \cdot \dfrac{L}{2} = 0$

$H_A = -\dfrac{P}{2}(\leftarrow)$

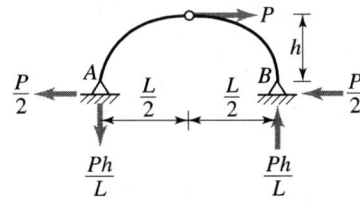

해답 ④

013 그림과 같은 트러스에서 부재 U_1 및 D_1의 부재력은?

① $U_1 = 50$kN(압축), $D_1 = 90$kN(인장)
② $U_1 = 50$kN(인장), $D_1 = 90$kN(압축)
③ $U_1 = 90$kN(압축), $D_1 = 50$kN(인장)
④ $U_1 = 90$kN(인장), $D_1 = 50$kN(압축)

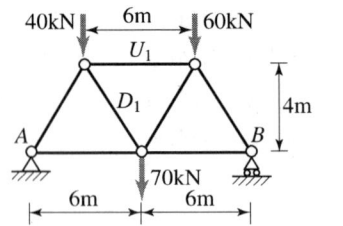

해설
① $\sum M_B = 0 ↶$
$V_A \times 12 - 40 \times 9 - 70 \times 6 - 60 \times 3 = 0$
∴ $V_A = +80$kN(↑)

② U_1 및 D_1 부재가 지나가도록 수직절단 하여 좌측을 고려한다.

③ $\sum V = 0 + ↑$ $80 - 40 - \left(D_1 \cdot \dfrac{4}{5}\right) = 0$
$D_1 = +50$kN(인장)

④ $\sum M_② = 0$ $80 \times 6 - 40 \times 3 + U_1 \times 4 = 0$
$U_1 = -90$kN(압축)

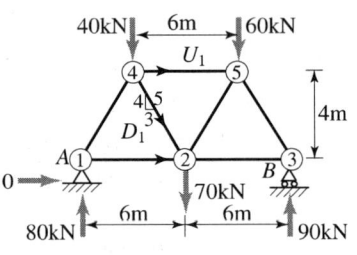

해답 ③

014 그림과 같은 단순보에서 허용 휨응력 $\sigma_{allow} = 5$MPa, 허용 전단응력 $\tau_{allow} = 0.5$MPa일 때 하중 P의 한계치는?

① 16,666.7N
② 25,166.7N
③ 25,000.0N
④ 23,148.0N

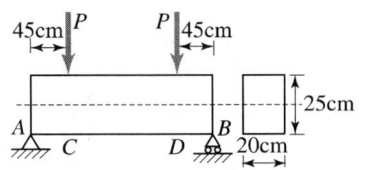

해설 단면력
① $M_{max} = P \cdot a = P \times 450 = 450P$
② $V_{max} = V_A = V_B = P$
③ 휨응력 : $\sigma = \dfrac{M}{Z} \leq \sigma_{allow}$ 에서
$M \leq \sigma_{allow} \cdot Z$
$450P \leq 5 \times \dfrac{200 \times 250^2}{6}$
$P \leq 23,148$N
④ 전단응력
$\tau_{max} = \dfrac{3}{2} \cdot \dfrac{V_{max}}{A} = \dfrac{3}{2} \cdot \dfrac{P}{A} \leq \tau_{allow}$ 에서

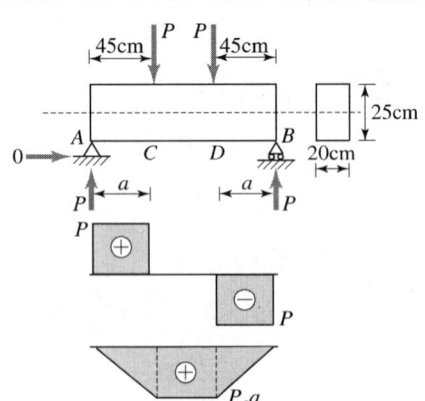

$$P \leq \frac{2}{3} \cdot 200 \times 250 \times 0.5 = 16{,}666.7\text{N}$$

⑤ 둘 중 작은 값
$$P \leq 16{,}666.7\text{N}$$

해답 ①

015

그림과 같이 1차 부정정보에 등간격으로 집중하중이 작용하고 있다. 반력 R_A와 R_B의 비는?

① $R_A : R_B = \frac{5}{9} : \frac{4}{9}$

② $R_A : R_B = \frac{4}{9} : \frac{5}{9}$

③ $R_A : R_B = \frac{2}{3} : \frac{1}{3}$

④ $R_A : R_B = \frac{1}{3} : \frac{2}{3}$

해설

① $V_B = \frac{Pa^2}{2L^3} \cdot (3L - a)(\uparrow)$

$$= \frac{P \cdot \left(\frac{L}{3}\right)^2}{2L^3} \cdot \left(3L - \frac{L}{3}\right) + \frac{P \cdot \left(\frac{2L}{3}\right)^2}{2L^3} \cdot \left(3L - \frac{2L}{3}\right)$$

$$= \frac{2}{3} \cdot P$$

② $\Sigma H = 0$, $H_A = 0$

③ $R_A = \sqrt{H_A^2 + V_A^2} = V_A$

④ $\Sigma V = 0$

$R_A + R_B - P - P = 0$에서 $R_A = \frac{4}{3} \cdot P$

⑤ $R_A : R_B = \frac{4}{3} \cdot P : \frac{2}{3} \cdot P = 2 : 1$

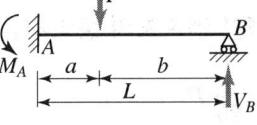

해답 ③

016

그림과 같은 구조물에서 부재 AB가 받는 힘의 크기는?

① 31,667kN
② 32,742kN
③ 33,685kN
④ 34,854kN

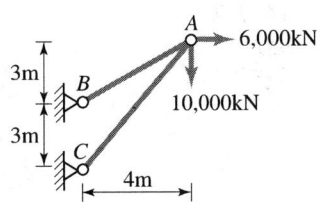

해설 ① $\sum H = 0$: $-\left(F_{AB} \cdot \dfrac{4}{5}\right) - \left(F_{AC} \cdot \dfrac{4}{\sqrt{52}}\right) + 6,000 = 0$

② $\sum V = 0$: $-\left(F_{AB} \cdot \dfrac{3}{5}\right) - \left(F_{AC} \cdot \dfrac{6}{\sqrt{52}}\right) - 10,000 = 0$

①, ② 두 식을 연립하면
$F_{AB} = +31,666.7\text{kN}$ (인장)
$F_{AC} = -34,853.7\text{kN}$ (압축)

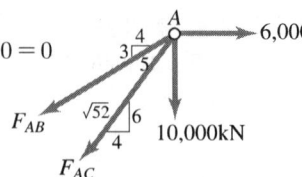

해답 ①

017

그림과 같은 단순보에 등분포하중 q가 작용할 때 보의 최대 처짐은? (단, EI는 일정하다.)

① $\dfrac{qL^4}{128EI}$

② $\dfrac{qL^4}{64EI}$

③ $\dfrac{qL^4}{38EI}$

④ $\dfrac{qL^4}{384EI}$

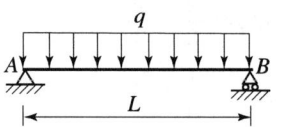

해답 ④

018

2경간 연속보의 중앙지점 B에서의 반력은? (단, EI는 일정하다.)

① $\dfrac{1}{25}P$

② $\dfrac{1}{15}P$

③ $\dfrac{1}{5}P$

④ $\dfrac{3}{10}P$

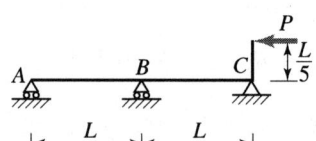

해설 ① AB 부재

$\dfrac{\partial M_x}{\partial V_B} = -\dfrac{x}{2}$

$M_x = \left(-\dfrac{P}{10} - \dfrac{V_B}{2}\right) \cdot x$

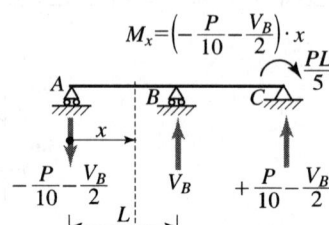

② CB부재
$$\frac{\partial M_x}{\partial V_B} = -\frac{x}{2}$$

$$M_x = \left(+\frac{P}{10} - \frac{V_B}{2}\right)\cdot x - \frac{PL}{5}$$

B 지점에서 처짐이 없으므로 최소일의 조건적용

$$\delta_A = \frac{1}{EI}\int M\left(\frac{\partial M}{\partial/V_B}\right)dx$$
$$= \frac{1}{EI}\int_0^L\left[\left(-\frac{P}{10}-\frac{V_B}{2}\right)\cdot x\right]\left(-\frac{x}{2}\right)dx$$
$$+ \frac{1}{EI}\int_0^L\left[\left(\frac{P}{10}-\frac{V_B}{2}\right)\cdot x - \frac{PL}{5}\right]\left(-\frac{x}{2}\right)dx$$

$$\therefore V_B = -\frac{3P}{10}(\downarrow)$$

해답 ④

019

전단중심(Shear Center)에 대한 다음 설명 중 옳지 않은 것은?

① 전단중심이란 단면이 받아내는 전단력의 합력점의 위치를 말한다.
② 1축이 대칭인 단면의 전단중심은 도심과 일치한다.
③ 하중이 전단중심점을 통과하지 않으면 보는 비틀린다.
④ 1축이 대칭인 단면의 전단중심은 그 대칭축 선상에 있다.

해설 전단 중심 위치
① 1축 대칭단면 : 대칭축 선상에 위치
② 2축 대칭단면 : 도심과 전단중심 일치
③ 비대칭단면 : 주로 두 단면의 연결부에 위치

해답 ②

020

그림과 같은 4개의 힘이 작용할 때 G점에 대한 모멘트는?

① 38,250kN · m
② 20,250kN · m
③ 21,750kN · m
④ 16,500kN · m

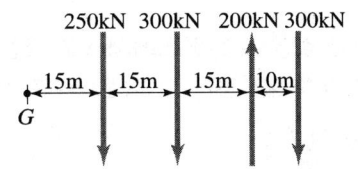

해설 $M_G = -250\times 15 - 300\times 30 + 200\times 45 - 300\times 55 = -20,250$ kN·m ($\curvearrowleft$)

해답 ②

제2과목 측량학

021 두 점간의 고저차를 정밀하게 측정하기 위하여 A, B 두 사람이 각각 다른 레벨과 표척을 사용하여 왕복관측한 결과가 다음과 같다. 두 점간 고저차의 최확값은?

- A의 결과값 : 25.447m ± 0.006m
- B의 결과값 : 25.609m ± 0.003m

① 25.621m ② 25.577m
③ 25.498m ④ 25.449m

해설
$$P \propto \frac{1}{e^2}$$
$$P_1 : P_2 = \frac{1}{0.006^2} : \frac{1}{0.003^2} = 1 : 4$$
$$P_H = \frac{[P \cdot H]}{[P]} = 25 + \frac{0.447 \times 1 + 0.609 \times 4}{1+4} = 25.577\text{m}$$

해답 ②

022 노선측량에 관한 설명 중 옳은 것은?

① 일반적으로 단곡선 설치 시 가장 많이 이용하는 방법은 지거법이다.
② 곡률이 곡선길이에 비례하는 곡선을 클로소이드 곡선이라 한다.
③ 완화곡선의 접선은 시점에서 원호에, 종점에서 직선에 접한다.
④ 완화곡선의 반지름은 종점에서 무한대이고 시점에서는 원곡선의 반지름이 된다.

해설
① 단곡선 설치 시 가장 많이 이용하는 방법은 편각법이다.
② 완화곡선의 접선은 시점에서 직선에, 종점에서 원호에 접한다.
③ 완화곡선의 반지름은 시점에서 무한대이고, 종점에서는 원곡선의 반지름과 같다.

해답 ②

023 그림과 같은 트래버스에서 $\overline{CD}$측선의 방위는? (단, $\overline{AB}$의 방위=N82°10'E, ∠ABC=98°39', ∠BCD=67°14'이다.)

① S6°17'W
② S83°43'W
③ N6°17'W
④ N83°43'W

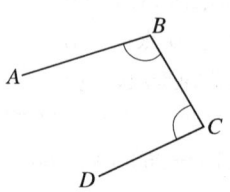

해설 ① **방위각 계산**
㉠ $\overline{AB}$의 방위각 = 82°10′
㉡ $\overline{BC}$의 방위각 = 82°10′ + 180° − 98°39′ = 163°31′
㉢ $\overline{CD}$의 방위각 = 163°31′ + 180° − 67°14′ = 276°17′
② **방위**
$\overline{CD}$의 방위 = N(360° − 276°17′)W = N83°43′W

해답 ④

024
교각(I) 60°, 외선 길이(E) 15m인 단곡선을 설치할 때 곡선길이는?

① 85.2m ② 91.3m
③ 97.0m ④ 101.5m

해설 ① $E = \left(\sec\dfrac{I}{2} - 1\right)$에서 $R = \dfrac{15}{\sec\dfrac{60°}{2} - 1} = 96.96\text{m}$

② $C.L = RI°\dfrac{\pi}{180°} = 96.96 \times 60° \times \dfrac{\pi}{180°} = 101.5\text{m}$

해답 ④

025
축척 1 : 50000 지형도 상에서 주곡선 간의 도상 길이가 1cm 이었다면 이 지형의 경사는?

① 4% ② 5%
③ 6% ④ 10%

해설 ① $\dfrac{1}{50,000}$ 지형도의 1cm 수평거리 = $1 \times 50,000 = 50000\text{cm} = 500\text{m}$

② $\dfrac{1}{50,000}$ 지형도의 주곡선 간격(높이) = 20m

③ 경사도 = $\dfrac{20}{500} \times 100 = 4\%$

해답 ①

026
두 지점의 거리($\overline{AB}$)를 관측하는데, 갑은 4회 관측하고, 을은 5회 관측한 후 경중률을 고려하여 최확값을 계산할 때, 갑과 을의 경중률(갑:을)은?

① 4:5 ② 5:4
③ 16:25 ④ 25:16

해설 경중률(P : 무게)은 측정횟수에 비례($P \propto n$)하므로
$P_갑 : P_을 = 4 : 5$

해답 ①

027 다음 중 도형이 곡선으로 둘러싸인 지역의 면적 계산 방법으로 가장 적합한 것은?

① 좌표에 의한 계산법
② 방안지에 의한 방법
③ 배횡거(D.M.D)에 의한 방법
④ 두 변과 그 협각에 의한 방법

해설 곡선으로 둘러싸인 지역의 면적계산 방법으로는 방안지(모눈종이)법, 지거법, 구적기에 의한 방법 등이 있다.

해답 ②

028 수준측량에서 발생하는 오차에 대한 설명으로 틀린 것은?

① 기계의 조정에 의해 발생하는 오차는 전시와 후시의 거리를 같게 하여 소거할 수 있다.
② 표척의 영눈금 오차는 출발점의 표척을 도착점에서 사용하여 소거할 수 있다.
③ 측지삼각수준측량에서 곡률오차와 굴절오차는 그 양이 미소하므로 무시할 수 있다.
④ 기포의 수평조정이나 표척면의 읽기는 육안으로 한계가 있으나 이로 인한 오차는 일반적으로 허용오차 범위 안에 들 수 있다.

해설 양차 h = 곡률오차 + 굴절오차 = $\dfrac{(1-K)}{2R} \cdot D^2$

해답 ③

029 터널 내의 천정에 측점 A, B를 정하여 A점에서 B점으로 수준측량을 한 결과, 고저차 +20.42m, A점에서의 기계고 −2.5m, B점에서의 표척관측값 −2.25m를 얻었다. A점에 세운 망원경 중심에서 표척 관측점(B)까지의 사거리 100.25m에 대한 망원경의 연직각은?

① 10°14′12″
② 10°53′56″
③ 11°53′56″
④ 23°14′12″

해설 $H_B - H_A = -2.5 + D \cdot \sin\alpha + 2.25 = 20.42$에서
$\alpha = \sin^{-1}\left(\dfrac{20.42 + 2.5 - 2.25}{100.25}\right) = 11°53′56″$

해답 ③

030

캔트(cant)의 크기가 C인 노선을 곡선의 반지름만 2배로 증가시키면 새로운 캔트 C'의 크기는?

① $0.5C$
② C
③ $2C$
④ $4C$

해설 캔트 $C = \dfrac{SV^2}{gR}$에서 R이 2배이면 $C' = \dfrac{1}{2}C = 0.5C$

해답 ①

031

100m²의 정사각형 토지면적을 0.2m²까지 정확하게 구하기 위한 1변의 최대허용오차는?

① 2mm
② 4mm
③ 5mm
④ 10mm

해설
① $A = a^2$에서 양 변 미분
$dA = 2a \cdot da$
$da = \dfrac{dA}{2a} = \dfrac{0.2}{2 \times \sqrt{100}} = \dfrac{1}{100}\text{m} = 10\text{mm}$
② $a = \sqrt{A} = \sqrt{100} = 10\text{m}$

해답 ④

032

지구상의 △ABC를 측정한 결과, 두 변의 거리가 $a = 30$km, $b = 20$km이었고, 그 사잇각이 80°이었다면 이 때 발생하는 구과량은? (단, 지구의 곡선반지름은 6400km로 가정한다.)

① 1.49″
② 1.62″
③ 2.04″
④ 2.24″

해설
$\epsilon'' = \rho'' \cdot \dfrac{F}{r^2} = 206{,}265'' \times \dfrac{\frac{1}{2} \times 20 \times 30 \times \sin 80°}{6{,}400^2} = 0°0'1.49''$

해답 ①

033

지형도 상에 나타나는 해안선의 표시기준은?

① 평균해면
② 평균고조면
③ 약최저저조면
④ 약최고고조면

해설 해안선은 평균해수면보다 높은 약최고고조면으로 한다.

해답 ④

034
부자(float)에 의해 유속을 측정하고자 한다. 측정지점 제1단면과 제2단면간의 거리가 가장 적합한 것은? (단, 큰 하천의 경우)
① 1~5m
② 20~50m
③ 100~200m
④ 500~1000m

해설 부자에 의한 유속 측정 시 측정지점 제1단면과 제2단면의 거리
① 큰 하천 100~200m
② 작은 하천 20~50m

해답 ③

035
측지측량의 용어에 대한 설명 중 옳지 않은 것은?
① 지오이드란 평균해수면을 육지부분까지 연장한 가상 곡면으로 요철이 없는 미끈한 타원체이다.
② 연직선편차는 연직선과 기준타원체 법선 사이의 각을 의미한다.
③ 구과량은 구면삼각형의 면적에 비례한다.
④ 기준타원체는 수평위치를 나타내는 기준면이다.

해설 지오이드는 평균해수면을 육지 내부까지 연장하여 지구를 둘러싼 가상 곡면을 말하는 것으로, 지표면을 실제로 나타내기는 매우 어렵고, 지구 타원체는 지표면의 요철을 전혀 나타낼 수 없으므로 지표면보다는 간단하지만 회전타원체보다는 실제에 가깝게 지구의 모양을 나타낸 것이 지오이드이다.

해답 ①

036
다음 중 지구의 형상에 대한 설명으로 틀린 것은?
① 회전타원체는 지구의 형상을 수학적으로 정의한 것이고, 어느 하나의 국가에 기준으로 채택한 타원체를 준거타원체라 한다.
② 지오이드는 물리적인 형상을 고려하여 만든 불규칙한 곡면이며, 높이 측정의 기준이 된다.
③ 임의 지점에서 회전타원체에 내린 법선이 적도면과 만나는 각도를 측지위도라 한다.
④ 지오이드 상에서 중력 포텐셜의 크기는 중력이상에 의하여 달라진다.

해설 지오이드는 높이가 '0'인 점을 연결한 선이므로 중력 포텐셜의 크기는 모두 0으로 동일하다.

해답 ④

037

그림과 같은 유심 삼각망에서 만족하여야 할 조건이 아닌 것은?

① (①+②+⑨)−180°=0
② [①+②]−[⑤+⑥]=0
③ (⑨+⑩+⑪+⑫)−360°=0
④ (①+②+③+④+⑤+⑥+⑦+⑧)−360°=0

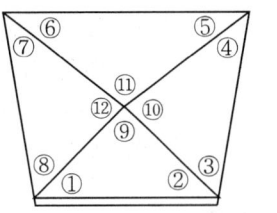

해설 (①+②)−(⑤+⑥)=0의 조건은 사변형 삼각망의 조건이다.

해답 ②

038

삼각측량에서 삼각점을 선점할 때 주의 사항으로 틀린 것은?

① 삼각형은 정삼각형에 가까울수록 좋다
② 가능한 측점의 수를 많게 하고 거리가 짧을수록 유리하다.
③ 미지점은 최소 3개, 최대 5개의 기지점에서 정·반 양방향으로 시통이 되도록 한다.
④ 삼각점의 위치는 다른 삼각점과 시준이 잘되어야 한다.

해설 삼각점 선점 시 가능한 측점수를 적게 하고 측점간의 거리는 비슷한 것이 오차 발생을 줄여주므로 유리하다.

해답 ②

039

폐합트래버스 $ABCD$에서 각 측선의 경거, 위거가 표와 같을 때, $\overline{AD}$측선의 방위각은?

① 133°
② 135°
③ 137°
④ 145°

측선	위거 +	위거 −	경거 +	경거 −
AB	50		50	
BC		30	60	
CD		70		60
DA				

해설
① 위거의 합(E_L)이 '0'이 되어야 하므로 DA위거 = 50
② 경거의 합(E_D)이 '0'이 되어야 하므로 DA경거 = −50

$$\overline{AD} \text{의 방위각} = \tan^{-1}\left(\frac{E_D}{E_L}\right) = \tan^{-1}\left(\frac{-50}{50}\right) = -45°$$

③ 위거−, 경거+이므로 2상한 $\overline{AD}$의 방위각 = 180°−45° = 135°

해답 ②

040 교호 수준 측량을 하는 주된 이유로 옳은 것은?

① 작업속도가 빠르다.
② 관측인원을 최소화 할 수 있다.
③ 전시, 후시의 거리차를 크게 둘 수 있다.
④ 굴절오차 및 시준축 오차를 제거할 수 있다.

해설
1. 교호수준측량은 중앙에 기계를 세울 수 없을 때 전시와 후시의 거리를 같게 하는 효과를 주기위한 측량방법이다.
2. 전시와 후시 거리를 같게 함으로써 제거되는 오차는 다음과 같다.
   ① 시준축 오차 소거 : 기포관축 ≠ 시준선(레벨 조정의 불안정으로 생기는 오차 소거) ⇒ 전시와 후시거리를 같게 취하는 가장 중요한 이유이다.
   ② 자연적 오차 소거
      ㉠ 구차 : 지구의 곡률에 의한 오차
      ㉡ 기차 : 광선의 굴절에 의한 오차
      ㉢ 양차 : 구차와 기차의 합
   ③ 조준나사 작동에 의한 오차 소거

해답 ④

제3과목 수 리 학

041 다음 중 증발량 산정방법이 아닌 것은?

① 에너지수지(energy budget) 방법
② 물수지(water budget) 방법
③ IDF 곡선 방법
④ Penman 방법

해설 IDF는 강우강도와 지속시간의 관계를 알아보는 방법이다.

해답 ③

042 지하수에 대한 Darcy 법칙의 유속에 대한 설명으로 옳은 것은?

① 영향권의 반지름에 비례한다.   ② 동수경사에 비례한다.
③ 동수반경에 비례한다.   ④ 수심에 비례한다.

해설 $V = ki =$ 투수계수 × 동수경사이므로 $V \propto i$

해답 ②

043
물 속에 존재하는 임의의 면에 작용하는 정수압의 작용방향에 대한 설명으로 옳은 것은?

① 정수압은 수면에 대하여 수평방향으로 작용한다.
② 정수압은 수면에 대하여 수직방향으로 작용한다.
③ 정수압은 임의의 면에 직각으로 작용한다.
④ 정수압의 수직압은 존재하지 않는다.

해설 압력은 물체면에 직각으로 작용한다.

해답 ③

044
도수 전후의 수심이 각각 1m, 3m일 때 에너지 손실은?

① $\frac{1}{3}$ m ② $\frac{1}{2}$ m
③ $\frac{2}{3}$ m ④ $\frac{4}{5}$ m

해설 $\Delta H_e = \frac{(h_2-h_1)^3}{4h_1h_2} = \frac{(3-1)^3}{4 \times 1 \times 3} = \frac{2}{3}$ m

해답 ③

045
사각형 단면의 광정 위어에서 월류수심 $h=1$m, 수로폭 $b=2$m, 접근유속 $V_a=2$m/s일 때 위어의 월류량은? (단, 유량계수 $C=0.65$이고, 에너지 보정계수=1.0이다.)

① 1.76m³/s ② 2.21m³/s
③ 2.66m³/s ④ 2.92m³/s

해설 $Q = 1.7 Cb\left(H + \frac{\alpha V_a^2}{2g}\right)^{3/2} = 1.7 \times 0.65 \times 2 \times \left(1 + \frac{1 \times 2^2}{2 \times 9.8}\right)^{3/2} = 2.92$ m³/sec

해답 ④

046
그림과 같이 일정한 수위차가 계속 유지되는 두 수조를 서로 연결하는 관내를 흐르는 유속의 근사값은? (단, 관의 마찰손실계수=0.03, 관의 지름 $D=0.3$m, 관의 길이 $l=300$m이고 관의 유입 및 유출 손실수두는 무시한다.)

① 1.6m/s
② 2.3m/s
③ 16m/s
④ 23m/s

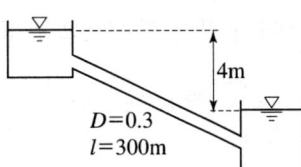

해설 $V = \sqrt{\dfrac{2gh}{f\dfrac{l}{D}}} = \sqrt{\dfrac{2 \times 9.8 \times 4}{0.03 \times \dfrac{300}{0.3}}} = 1.62 \text{m/sec}$

해답 ①

047 수심에 비해 수로 폭이 매우 큰 사각형 수로에 유량 Q가 흐르고 있다. 동수경사를 I, 평균유속계수를 C라고 할 때 Chezy 공식에 의한 수심은? (단, h : 수심, B : 수로 폭)

① $h = \dfrac{2}{3}\left(\dfrac{Q}{C^2 B^2 I}\right)^{1/3}$

② $h = \left(\dfrac{Q^2}{C^2 B^2 I}\right)^{1/3}$

③ $h = \left(\dfrac{Q}{C^2 B^2 I}\right)^{2/3}$

④ $h = \left(\dfrac{Q^2}{C^2 B^2 I}\right)^{7/10}$

해설 $Q = AV = AC\sqrt{RI} = Bh \cdot C \cdot \sqrt{h \cdot I}$ 에서 $h\sqrt{h} = h^{\frac{3}{2}} = \dfrac{Q}{BC\sqrt{I}}$

$h = \left(\dfrac{Q}{BC\sqrt{I}}\right)^{2/3} = \left(\dfrac{Q^2}{B^2 C^2 I}\right)^{1/3}$

해답 ②

048 베르누이 정리(Bernoulli's theorem)에 관한 표현식 중 틀린 것은? (단, z : 위치수두, $\dfrac{p}{w}$: 압력수두, $\dfrac{v^2}{2g}$: 속도수두, He : 수차에 의한 유효낙차, Hp : 펌프의 총양정, h : 손실수두, 유체는 점1에서 점2로 흐른다.)

① 실제유체에서 손실수두를 고려할 경우

$z_1 + \dfrac{p_1}{w} + \dfrac{v_1^2}{2g} = z_2 + \dfrac{p_2}{w} + \dfrac{v_2^2}{2g} + h$

② 두 단면 사이에 수차(turbine)를 설치할 경우

$z_1 + \dfrac{p_1}{w} + \dfrac{v_1^2}{2g} = z_2 + \dfrac{p_2}{w} + \dfrac{v_2^2}{2g} + (He + h)$

③ 두 단면 사이에 펌프(pump)를 설치한 경우

$z_1 + \dfrac{p_1}{w} + \dfrac{v_1^2}{2g} = z_2 + \dfrac{p_2}{w} + \dfrac{v_2^2}{2g} + (Hp + h)$

④ 베르누이 정리를 압력항으로 표현할 경우

$\rho g z_1 + p_1 \dfrac{\rho v_1^2}{2} = \rho g z_2 + p_2 + \dfrac{\rho v_2^2}{2g}$

해설 수차로 인한 손실보전은 유효낙차가 아닌 총낙차에 손실수두를 더하여 표시한다.

해답 ②

049

자유수면을 가지고 있는 깊은 우물에서 양수량 Q를 일정하게 퍼냈더니 최초의 수위 H가 h_o로 강하하여 정상흐름이 되었다. 이 때의 양수량은? (단, 우물의 반지름= r_o, 영향원의 반지름= R, 투수계수= k)

① $Q = \dfrac{\pi k (H^2 - h_o^2)}{\ln \dfrac{R}{r_o}}$

② $Q = \dfrac{2\pi k (H^2 - h_o^2)}{\ln \dfrac{R}{r_o}}$

③ $Q = \dfrac{\pi k (H^2 - h_o^2)}{2\ln \dfrac{R}{r_o}}$

④ $Q = \dfrac{\pi k (H^2 - h_o^2)}{2\ln \dfrac{r_o}{R}}$

해설 $Q = \dfrac{\pi k (H^2 - h_o^2)}{L_n \dfrac{R}{r}}$

해답 ①

050

비력(special force)에 대한 설명으로 옳은 것은?
① 물의 충격에 의해 생기는 힘의 크기
② 비에너지가 최대가 되는 수심에서의 에너지
③ 한계수심으로 흐를 때 한 단면에서의 총 에너지크기
④ 개수로의 어떤 단면에서 단위중량당 동수압과 정수압의 합계

해설 비력은 한계수심으로 흐를 때 한 단면에서의 총에너지 크기이다.

해답 ③

051

유역면적이 25km²이고, 1시간에 내린 강우량이 120m일 때 하천의 최대 유출량이 360m³/s이면 이 지역에 대한 합리식의 유출계수는?
① 0.32
② 0.43
③ 0.56
④ 0.72

해설 $Q = \dfrac{1}{3.6} CiA$

$360 = \dfrac{1}{3.6} \times C \times 120 \times 25$ ∴ $C = 0.43$

해답 ②

052 한계수심에 대한 설명으로 틀린 것은?

① 한계유속으로 흐르고 있는 수로에서의 수심
② 흐루드 수(Froude Number)가 1인 흐름에서의 수심
③ 일정한 유량을 흐르게 할 때 비에너지를 최대로 하는 수심
④ 일정한 비에너지 아래에서 최대유량을 흐르게 할 수 있는 수심

해설 한계수심은 유량이 일정할 때 비에너지가 최소가 될 때의 수심이다.

해답 ③

053 DAD 곡선을 작성하는 순서가 옳은 것은?

가. 누가 우량곡선으로부터 지속기간별 최대우량을 결정한다.
나. 누가면적에 대한 평균누가우량을 산정한다.
다. 소구역에 대한 평균누가우량을 결정한다.
라. 지속기간에 대한 최대우량깊이를 누가면적별로 결정한다.

① 가-다-나-라
② 나-가-라-다
③ 다-나-가-라
④ 라-다-나-가

해설 순서
① 소구역 평균누가우량 결정
② 누가 면적에 대한 평균누가우량 산정
③ 지속시간별 최대우량 결정
④ 지속기간에 대한 누가면적별 최대우량 깊이 결정

해답 ③

054 다음 중 유효강우량과 가장 관계가 깊은 것은?

① 직접유출량
② 기저유출량
③ 지표면유출량
④ 지표하유출량

해설 유효우량은 우량주상도에서 손실우량을 뺀부분으로서 직접유출의 근원이 되는 우량이다.

해답 ①

055
원형 관수로 내의 층류 흐름에 관한 설명으로 옳은 것은?

① 속도분포는 포물선이며, 유량은 지름의 4제곱에 반비례한다.
② 속도분포는 대수분포 곡선이며, 유량은 압력강하량에 반비례한다.
③ 마찰응력 분포는 포물선이며, 유량은 점성계수와 관의 길이에 반비례한다.
④ 속도분포는 포물선이며, 유량은 압력강하량에 비례한다.

해설 ① 유속은 포물선 분포이다.
② $Q = \dfrac{w\pi h_L}{8\mu l}\gamma^4 = \dfrac{\pi}{8\mu} \cdot \dfrac{wh_L}{l} \cdot \gamma^4 = \dfrac{\pi}{8\mu} \cdot \Delta p \cdot \gamma^4$ 에서 $Q \propto \Delta P$

해답 ④

056
오리피스에서 수축계수의 정의와 그 크기로 옳은 것은? (단, a_o : 수축단면적, a : 오리피스 단면적, V_o : 수축단면의 유속, V : 이론유속)

① $C_a = \dfrac{a_o}{a}$, 1.0 ~ 1.1
② $C_a = \dfrac{V_o}{V}$, 1.0 ~ 1.1
③ $C_a = \dfrac{a_o}{a}$, 0.6 ~ 0.7
④ $C_a = \dfrac{V_o}{V}$, 0.6 ~ 0.7

해설 수축계수 = $\dfrac{\text{수축단면의 단면적}(a_o)}{\text{오리피스 단면적}(a)}$ = 0.6 ~ 0.7

해답 ③

057
관수로 흐름에서 난류에 대한 설명으로 옳은 것은?

① 마찰손실계수는 레이놀즈수만 알면 구할 수 있다.
② 관벽 조도가 유속에 주는 영향은 층류일 때보다 작다.
③ 관성력의 점성력에 대한 비율이 층류의 경우보다 크다.
④ 에너지 손실은 주로 난류효과보다 유체의 점성 때문에 발생된다.

해답 ③

058
강우자료의 변화요소가 발생한 과거의 기록치를 보정하기 위하여 전반적인 자료의 일관성을 조사하려고 할 때, 사용할 수 있는 가장 적절한 방법은?

① 정상연강수량비율법
② DAD분석
③ Thiessen의 가중법
④ 이중누가우량분석

해설 장기간 동안의 강우자료의 일관성 검증을 위한 방법은 이중누가우량 분석법이다.

해답 ④

059
물이 담겨 있는 그릇을 정지 상태에서 가속도 a로 수평으로 잡아당겼을 때 발생되는 수면이 수평면과 이루는 각이 30°이었다면 가속도 a는? (단, 중력가속도 $=9.8\text{m/s}^2$)

① 약 4.9m/s^2
② 약 5.7m/s^2
③ 약 8.5m/s^2
④ 약 17.0m/s^2

해설
$\tan\theta = \dfrac{a}{g}$

$\tan 30 = \dfrac{a}{9.8}$ 에서 $a = 5.66\text{m/sec}^2$

해답 ②

060
동점성계수의 차원으로 옳은 것은?

① $[FL^{-2}T]$
② $[L^2T^{-1}]$
③ $[FL^{-4}T^{-2}]$
④ $[FL^2]$

해설
- 동점성계수 공학단위 cm^2/sec
- LFT계 $[L^2T^{-1}]$

해답 ②

제4과목 철근콘크리트 및 강구조

061
아래 그림과 같은 단철근 T형보의 공칭휨모멘트 강도 (M_n)은 얼마인가? (단, $f_{ck}=24\text{MPa}$, $f_y=400\text{MPa}$이고, $A_s=4500\text{mm}^2$)

① $1123.13\text{kN}\cdot\text{m}$
② $1289.15\text{kN}\cdot\text{m}$
③ $1449.18\text{kN}\cdot\text{m}$
④ $1590.32\text{kN}\cdot\text{m}$

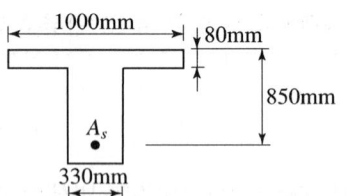

해설
① T형보의 판정
$$a = \dfrac{A_s f_y}{0.85 f_{ck} b} = \dfrac{4500 \times 400}{0.85 \times 24 \times 1000} = 88.24\text{mm} > t_f = 80\text{mm}$$ 이므로 T형보로 설계

② $A_{sf} = \dfrac{0.85 f_{ck}(b-b_w)t_f}{f_y} = \dfrac{0.85 \times 24 \times (1{,}000-330) \times 80}{400} = 2{,}733.6\text{mm}^2$

③ $a = \dfrac{(A_s - A_{sf})}{0.85 f_{ck} b_w} = \dfrac{(4,500 - 2,733.6) \times 400}{0.85 \times 24 \times 330} = 104.96 \text{mm}$

④ 공칭 휨 강도

$M_n = A_{sf} f_y \left(d - \dfrac{t_f}{2}\right) + (A_s - A_{sf}) f_y \left(d - \dfrac{a}{2}\right)$

$= 2,733.6 \times 400 \times \left(850 - \dfrac{80}{2}\right) + (4500 - 2,733.6) \times 400 \times \left(850 - \dfrac{104.96}{2}\right)$

$= 1,449,182,131 \text{N} \cdot \text{mm} = 1,449.18 \text{kN} \cdot \text{m}$

해답 ③

062

아래 그림과 같은 두께 19mm 평판의 순단면적을 구하면? (단, 볼트 체결을 위한 강판 구멍의 작은 직경은 25mm이다.)

① 3270mm^2
② 3800mm^2
③ 3920mm^2
④ 4530mm^2

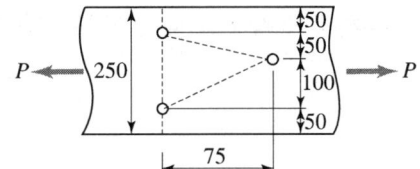

해설 ① 순폭

㉠ $b_n = b_g - 2d = 250 - 2 \times 25 = 200 \text{mm}$

㉡ $b_n = b_g - d - \left(d - \dfrac{p^2}{4g_1}\right) - \left(d - \dfrac{p^2}{4g_2}\right)$

$= 250 - 25 - \left(25 - \dfrac{75^2}{4 \times 50}\right) - \left(25 - \dfrac{75^2}{4 \times 100}\right) = 217.2 \text{mm}$

㉢ 둘 중 작은값 200mm가 순폭이다.

② 순단면적

$A_n = b_n t = 200 \times 19 = 3800 \text{mm}^2$

해답 ②

063

구조물을 해석하여 설계하고자 할 때 계수고정하중은 항상 작용하고 있으므로 모든 경간에 재하시키면 되지만, 계수활하중은 그렇지 않을 수도 있다. 계수활하중을 배치하는 방법 중에서 적절하지 않은 방법은?

① 해당 바닥판에만 재하된 것으로 보아 해석한다.
② 고정하중과 활하중의 하중조합은 모든 경간에 재하된 계수고정하중과 두 인접 경간에 만재된 계수활하중의 조합하중으로 해석한다.
③ 고정하중과 활하중의 하중조합은 모든 경간에 재하된 계수고정하중과 한 경간씩 건너서 만재된 계수활하중과의 조합하중으로 해석한다.
④ 고정하중과 활하중의 하중조합은 모든 경간에 재하된 계수고정하중과 모든 경간에 만재된 계수활하중의 조합하중으로 해석한다.

해설 계수 활하중 배치 방법
① 해당바닥판에만 재하
② 모든 경간에 재하된 계수고정하중과 두 인접 경간에 만재된 계수활하중의 조합
③ 모든 경간에 재하된 계수고정하중과 한 경간씩 건너서 만재된 계수활하중의 조합

해답 ④

064 부분적 프리스트레싱(Partial Prestressing)에 대한 설명으로 옳은 것은?
① 구조물에 부분적으로 PSC부재를 사용하는 것
② 부재단면의 일부에만 프리스트레스를 도입하는 것
③ 설계하중의 일부만 프리스트레스에 부담시키고 나머지는 긴장재에 부담시키는 것
④ 설계하중이 작용할 때 PSC부재단면의 일부에 인장응력이 생기는 것

해답 ④

065 콘크리트의 설계기준압축강도(f_{ck})가 50MPa인 경우 콘크리트 탄성계수 및 크리프 계산에 적용되는 콘크리트의 평균압축강도(f_{cu})는?
① 54MPa ② 55MPa
③ 56MPa ④ 57MPa

해설 ① 40MPa < f_{ck} < 60MPa인 경우는 직선보간해야 하므로
$$\Delta f = 4 + 2\left(\frac{f_{ck}-40}{20}\right) = 4 + 2\left(\frac{50-40}{20}\right) = 5\text{MPa}$$
② 콘크리트의 평균압축강도 $f_{cu} = f_{ck} + \Delta f = 50 + 5 = 55\text{MPa}$

해답 ②

066 1방향 슬래브의 구조상세에 대한 설명으로 틀린 것은?
① 1방향 슬래브의 두께는 최소 100mm 이상으로 하여야 한다.
② 슬래브의 단변방향 보의 상부에 부모멘트로 인해 발생하는 균열을 방지하기 위하여 슬래브의 장변방향으로 슬래브 상부에 철근을 배치하여야 한다.
③ 슬래브의 정모멘트 철근 및 부모멘트 철근의 중심 간격은 위험단면에서는 슬래브 두께의 2배 이하이어야 하고, 또한 300mm 이하로 하여야 한다.
④ 슬래브의 정모멘트 철근 및 부모멘트 철근의 중심 간격은 위험단면을 제외한 단면에서는 슬래브 두께의 4배 이하아이여 하고, 또한 600mm 이하로 하여야 한다.

해설 슬래브의 정·부철근의 중심간격은 슬래브 두께의 3배 이하, 450mm 이하로 한다.

해답 ④

067 나선철근 압축부재 단면의 심부지름이 400mm, 기둥 단면 지름이 500mm인 나선철근 기둥의 나선철근비는 최소 얼마 이상이어야 하는가? (단, 나선철근의 설계기준항복강도(f_{yt})=400MPa, f_{ck}=21MPa)

① 0.0133
② 0.0201
③ 0.0248
④ 0.0304

해설
$$\rho_s \geq 0.45\left(\frac{A_g}{A_{ch}}-1\right)\frac{f_{ck}}{f_{yt}} = 0.45\left(\frac{\pi D_g^2/4}{\pi D_{ch}^2/4}-1\right)\frac{f_{ck}}{f_{yt}}$$
$$= 0.45 \times \left(\frac{500^2}{400^2}-1\right) \times \frac{21}{400} = 0.0133$$

해답 ①

068 철근 콘크리트 휨 부재설계에 대한 일반원칙을 설명한 것으로 틀린 것은?

① 인장철근이 설계기준항복강도에 대응하는 변형률에 도달하고 동시에 압축 콘크리트가 가정된 극한 변형률인 0.003에 도달할 때, 그 단면이 균형 변형률 상태에 있다고 본다.
② 철근의 항복강도가 400MPa 이하인 경우, 압축연단 콘크리트가 가정된 극한 변형률인 0.003에 도달할 때 최외단 인장철근 순인장변형률이 0.005의 인장지배변형률 한계 이상인 단면을 인장지배단면이라고 한다.
③ 철근의 항복강도가 400MPa을 초과하는 경우, 인장지배변형률한계를 철근 항복변형률의 1.5배로 한다.
④ 순인장변형률이 압축지배변형률 한계와 인장지배변형률 한계 사이인 단면은 변화구간단면이라고 한다.

해설 철근의 항복강도가 400MPa을 초과하는 경우, 인장지배변형률 한계는 철근 항복변형률의 2.5배로 한다.
① $f_y \leq 400$MPa이면 0.005
② $f_y > 400$MPa이면 $2.5\epsilon_y$

해답 ③

069 아래 그림과 같은 리벳이음에서 필요한 최소 리벳 수를 구하면? (단, 리벳의 허용 전단응력은 100MPa, 허용 지압응력은 200MPa이고, φ22mm이다.)

① 4개
② 5개
③ 6개
④ 7개

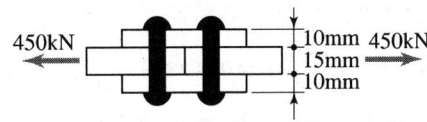

해설 ① 전단강도

복전단이므로 $\rho_s = v_a\left(\dfrac{\pi d^2}{2}\right) = 100 \times \left(\dfrac{\pi \times 22^2}{2}\right)$ 이므로 $76,026.54\text{N}$

② 지압강도
  ㉠ $t_{\min} = [10+10 = 20\text{mm},\ 15\text{mm}]_{\min} = 15\text{mm}$
  ㉡ $\rho_b = f_{ba}(dt_{\min}) = 200 \times (22 \times 15) = 66,000\text{N}$

③ 리벳강도(ρ_a)
  ρ_a와 ρ_b 중 작은 값인 66,000N가 리벳강도이다.

④ 소요 리벳 수
  $n = \dfrac{P}{\rho_a} = \dfrac{450 \times 10^3}{66,000} \fallingdotseq 6.82 = 7$개

해답 ④

070 아래 그림과 같은 복철근 직사각형보에 대한 설명으로 옳은 것은? (단, $f_{ck}=$ 21MPa, $f_y=$ 300MPa, 압축부 콘크리트의 최대변형률은 0.003이고 인장철근의 응력은 f_y에 도달한다.)

① 압축철근은 항복응력에 도달하지 못한다.
② 등가직사각형 응력블록의 깊이(a)는 280.1mm이다.
③ 이 단면의 변화구간에 속한다.
④ 이 단면의 공칭휨강도(M_n)는 788.4kN · m이다.

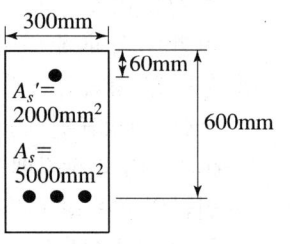

해설 ① $f_{ck} = 21\text{MPa} < 40\text{MPa}$이므로 $\epsilon_{cu} = 0.0033,\ \beta_1 = 0.80$

② 등가응력깊이(a)
$$a = \dfrac{(A_s - A_s')f_y}{0.85 f_{ck} b} = \dfrac{(5000-2000) \times 300}{0.85 \times 21 \times 300} = 168.1\text{mm}$$

③ 중립축의 위치(c)
$$c = \dfrac{a}{\beta_1} = \dfrac{168.1}{0.80} = 210.125\text{mm}$$

④ 최외단 인장철근의 순인장변형률(ϵ_t)
$$\epsilon_t = \epsilon_{cu}\left(\dfrac{d-c}{c}\right) = 0.0033\left(\dfrac{600-210.125}{210.125}\right) = 0.0061 > 0.005$$이므로 인장지배단면에 속한다.

⑤ 압축철근의 항복 유무 판정
$$\epsilon_s' = \epsilon_{cu}\left(\dfrac{c-d'}{c}\right) = 0.0033\left(\dfrac{210.125-60}{210.125}\right) = 0.0024 > \epsilon_y = \dfrac{f_y}{E_s} = \dfrac{300}{2 \times 10^5} = 0.0015$$
이므로 압축철근은 항복응력에 도달한다.
∴ $f_s' = f_y = 300\text{MPa}$

⑥ 공칭휨강도(M_n)

$$M_n = (A_s - A_s')f_y\left(d - \frac{a}{2}\right) + A_s'f_y(d - d')$$
$$= (5000 - 2000) \times 300 \times \left(600 - \frac{168.1}{2}\right) + 2000 \times 300 \times (600 - 60)$$
$$= 788,355,000 \text{N} \cdot \text{mm} \fallingdotseq 788.4 \text{kN} \cdot \text{m}$$

해답 ④

071
복철근으로 설계해야 할 경우를 설명한 것으로 잘못 된 것은?
① 단면이 넓어서 철근을 고루 분산시키기 위해
② 정, 부 모멘트를 교대로 받는 경우
③ 크리프에 의해 발생하는 장기처짐을 최소화하기 위해
④ 보의 높이가 제한되어 철근의 증가로 휨강도를 증가시키기 위해

해설 철근의 분산 배치를 위해서는 모멘트 재분배와 같은 방법을 사용하므로 복철근보와는 전혀 관계가 없다.

해답 ①

072
아래 그림과 같은 필렛용접의 현상에서 $s = 9$mm일 때 목두께 a의 값으로 가장 적당한 것은?
① 5.46mm
② 6.36mm
③ 7.26mm
④ 8.16mm

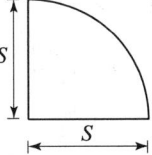

해설 $a = \dfrac{s}{\sqrt{2}} = 0.707s \times 0.707 \times 9 = 6.363$mm

해답 ②

073
$b_w = 300$, $d = 500$mm인 단철근직사각형 보가 있다 강도설계법으로 해석할 때 최대철근량은 얼마인가? (단, $f_{ck} = 35$MPa, $f_y = 400$MPa이다.)
① 4035mm²
② 4000mm²
③ 3535mm²
④ 3035mm²

해설 **최대 휨 철근량**
① $f_{ck} = 35$MPa < 40MPa이므로 $\epsilon_{cu} = 0.0033$, $\beta_1 = 0.80$, $\eta = 1$

② $\rho_b = \eta 0.85 \dfrac{f_{ck}}{f_y} \beta_1 \dfrac{\epsilon_{cu}}{\epsilon_{cu} + \dfrac{f_y}{200000}} = 1 \times 0.85 \times \dfrac{35}{400} \times 0.80 \times \dfrac{0.0033}{0.0033 + \dfrac{400}{200000}}$

$= 0.037047$

③ $f_y = 400\text{MPa}$이므로 $\epsilon_y = 0.002$, $\epsilon_{a,\min} = 0.004$, $\rho_{\max} = 0.726\rho_b$

④ $\rho_{\max} = 0.726 \times 0.037047 = 0.0269$

⑤ $\theta_{s,\max} = \rho_{\max} d \cdot d = 0.0269 \times 300 \times 500 = 4035\text{mm}^2$

해답 ①

074

경간이 8m인 직사각형 PSC보($b=300$mm, $h=500$mm)에 계수하중 $w=40$kN/m가 작용할 때 인장측의 콘크리트 응력이 0이 되려면 얼마의 긴장력으로 PS강재를 긴장해야 하는가? (단, PS강재는 콘크리트 단면도심에 배치되어 있음)

① $P = 1250$kN
② $P = 1880$kN
③ $P = 2650$kN
④ $P = 3840$kN

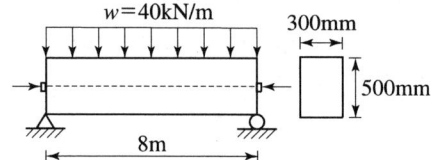

해설 $f_{하연} = \dfrac{P}{A} - \dfrac{M}{Z} = 0$에서

$P = \dfrac{AM}{Z} = \dfrac{bh \times \left(\dfrac{wl^2}{8}\right)}{\dfrac{bh^2}{6}} = \dfrac{3wl^2}{4h} = \dfrac{3 \times 40 \times 8^2}{4 \times 0.5} = 3840$kN

해답 ④

075

직사각형 보에서 계수 전단력 $V_u = 70$kN을 전단철근 없이 지지하고자 할 경우 필요한 최소 유효깊이 d는 약 얼마인가? (단, $b_w = 400$mm, $f_{ck} = 21$MPa, $f_y = 350$MPa)

① $d = 426$mm
② $d = 556$mm
③ $d = 611$mm
④ $d = 751$mm

해설 $V_u \leq \dfrac{1}{2}\phi V_c = \dfrac{1}{2}\phi\left(\dfrac{\lambda\sqrt{f_{ck}}}{6}\right)b_w d$에서

$d \geq \dfrac{12 V_u}{\phi\lambda\sqrt{f_{ck}}b_w} = \dfrac{12 \times (70 \times 10^3)}{0.75 \times 1.0 \times \sqrt{21} \times 400} = 611\text{mm}$

해답 ③

076

그림에 나타난 직사각형 단철근 보의 설계휨강도 (ϕM_n)를 구하기 위한 강도감소계수(ϕ)는 얼마인가? (단, $f_{ck}=28$MPa, $f_y=400$MPa)

① 0.85
② 0.84
③ 0.82
④ 0.79

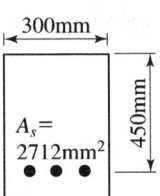

해설

① $f_{ck}=28\text{MPa}<40\text{MPa}$이므로 $\epsilon_{cu}=0.0033$, $\beta_1=0.80$

② $a=\dfrac{A_s f_y}{0.85 f_{ck} b}=\dfrac{2712\times 400}{0.85\times 28\times 300}=151.93\text{mm}$

③ $c=\dfrac{a}{\beta_1}=\dfrac{151.93}{0.80}=189.91\text{mm}$

④ $\epsilon_t=\epsilon_{cu}\left(\dfrac{d-c}{c}\right)=0.0033\left(\dfrac{450-189.91}{189.91}\right)=0.00452$

⑤ $\epsilon_y(=0.002)<\epsilon_t(=0.00452)<\epsilon_{td}(=0.005)$이므로 변화구간 단면에 속하므로 $\phi-\epsilon_t$그래프에서 직선보간한다.

⑥ $f_y=400\text{MPa}$이므로 $\epsilon_y=0.002$, $\epsilon_{td}=0.005$

⑦ $\phi=0.65+0.20\left(\dfrac{\epsilon_t-\epsilon_y}{\epsilon_{td}-\epsilon_y}\right)=0.65+0.20\left(\dfrac{0.00452-0.002}{0.005-0.002}\right)=0.82$

해답 ③

077

그림과 같은 정사각형 독립확대 기초 저면에 작용하는 지압력이 $q=100$kPa일 때 휨에 대한 위험단면의 휨모멘트 강도는 얼마인가?

① 216kN · m
② 360kN · m
③ 260kN · m
④ 316kN · m

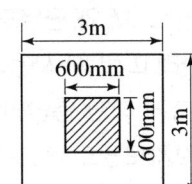

해설

$M_u=q_u\times\left\{\dfrac{1}{2}(L-t)\times S\right\}\times\dfrac{1}{4}(L-t)$

$=\dfrac{q_u S(L-t)^2}{8}=\dfrac{100\times 3\times(3-0.6)^2}{8}=216\text{kN}\cdot\text{m}$

해답 ①

078

길이가 3m인 캔틸레버보의 자중을 포함한 계수등분 포하중이 100kN/m일 때 위험단면에서 전단철근이 부담해야 할 전단력은 약 얼마인가? (단, f_{ck}=24MPa, f_y=300MPa, b=300mm, d=500mm)

① 185kN   ② 211kN
③ 227kN   ④ 239kN

해설

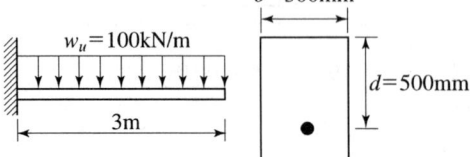

① 계수 전단 강도(V_u)
$$V_u = w_u l - w_u d = 100 \times 3 - 100 \times 0.5 = 250\text{kN}$$

② 콘크리트의 공칭전단 강도(V_c)
$$V_c = \left(\frac{\lambda\sqrt{f_{ck}}}{6}\right)b_w d = \left(\frac{1.0\sqrt{24}}{6}\right) \times 300 \times 500 = 122,474.49\text{N} \fallingdotseq 122.47\text{kN}$$

③ 전단철근만이 부담하는 전단력(V_s)
$$V_s = \frac{V_u}{\phi} - V_c = \frac{250}{0.75} - 122.47 = 210.86\text{kN} \fallingdotseq 211\text{kN}$$
$$\leq 0.2\left(1 - \frac{f_{ck}}{250}\right)f_{ck} b_w d = 0.2 \times \left(1 - \frac{24}{250}\right) \times 24 \times 300 \times 500 = 650,880\text{N} = 651\text{kN}$$

이므로 위험단면에서 전단철근이 부담해야 할 전단력은 211kN이다.

해답 ②

079

부재의 최대모멘트 M_a와 균열모멘트 M_{cr}의 비(M_a/M_{cr})가 0.95인 단순보의 순간처짐을 구하려고 할 때 사용되는 유효단면 2차모멘트(I_e)의 값은? (단, 철근을 무시한 중립축에 대한 총단면의 단면2차모멘트는 I_g=540000cm^{4}이고, 균열 단면의 단면2차모멘트 I_{cr}=345080cm^{4}이다.)

① 200738cm^4 ② 345080cm^4
③ 540000cm^4 ④ 570724cm^4

해설

① $\frac{M_a}{M_{cr}} = 0.95$이므로 비균열단면이다.

② 비균열 단면의 경우 $I_e = I_g$이다.
$$I_e = I_g = 540,000\text{cm}^4$$

해답 ③

080

단면이 400×500mm이고 150mm2의 PSC강선 4개를 단면 도심축에 배치한 프리텐션 PSC부재가 있다. 초기 프리스트레스가 1000MPa일 때 콘크리트의 탄성 변형에 의한 프리스트레스 감소량의 값은? (단, $n=6$)

① 22MPa ② 20MPa
③ 18MPa ④ 16MPa

해설 $\Delta f_p = nf_c = n\left(\dfrac{f_p A_p N}{bh}\right) = 6 \times \left(\dfrac{1000 \times 150 \times 4}{400 \times 500}\right) = 18\text{N/mm}^2 = 18\text{MPa}$

해답 ③

제5과목 토질 및 기초

081

흙의 내부마찰각(ϕ)은 20°, 점착력(C)이 24kN/m²이고, 단위중량(γ_t)은 19.3kN/m³ 인 사면의 경사각이 45°일 때 임계높이는 약 얼마인가? (단, 안정수 $m=0.06$)

① 15m ② 18m
③ 21m ④ 24m

해설
① 안정계수 $N_s = \dfrac{1}{m} = \dfrac{1}{0.06} = 16.67$
② 한계고 $H_c = \dfrac{C}{\gamma_t} \cdot N_s = \dfrac{24}{19.3} = 16.67 = 20.73\text{m}$

해답 ③

082

그림에서 정사각형 독립기초 2.5m×2.5m가 실트질 모래 위에 시공되었다. 이때 근입깊이가 1.50m인 경우 허용지지력은 약 얼마인가? (단, $N_c=35$, $N_\gamma = N_q = 20$, 안전율은 3)

① 250kN/m²
② 300kN/m²
③ 350kN/m²
④ 450kN/m²

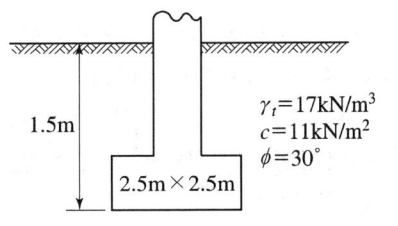

해설
① 기초의 극한지지력(q_u)
형상계수 $\alpha = 1.3$, $\beta = 0.4$이므로

$$q_u = \alpha \cdot c \cdot N_c + \beta \cdot \gamma_1 \cdot B \cdot N_r + \gamma_2 \cdot D_f \cdot N_q$$
$$= 1.3 \times 11 \times 35 + 0.4 \times 17 \times 2.5 \times 20 + 17 \times 1.5 \times 20$$
$$= 1{,}350.5 \text{kN/m}^2$$

② 허용지지력 $q_a = \dfrac{q_u}{F_s} = \dfrac{1{,}350.5}{3} = 450.2 \text{kN/m}^2$

해답 ④

083

Jaky의 정지토압계수를 구하는 공식 $K_0 = 1 - \sin\phi'$가 가장 잘 성립하는 토질은?

① 고압밀점토 ② 정규압밀점토
③ 사질토   ④ 풍화토

해설 정지토압계수
① 모래 지반의 정지토압계수 $K_o = 1 - \sin\phi'$
② 정규압밀 점토의 정지토압계수 $K_o = 0.95 - \sin\phi'$

해답 ③

084

$\phi = 33°$인 사질토에 25° 경사의 사면을 조성하려고 한다. 이 비탈면의 지표까지 포화되었을 때 안전율을 계산하면? (단, 사면 흙의 $\gamma_{sat} = 18\text{kN/m}^3$)

① 0.62   ② 0.70
③ 1.12   ④ 1.41

해설 사질토 $c=0$, 침투류가 지표면과 일치되므로
$$F_s = \dfrac{\gamma_{sub}}{\gamma_{sat}} \cdot \dfrac{\tan\phi}{\tan i} = \dfrac{8}{18} \times \dfrac{\tan 33°}{\tan 25°} = 0.62$$

해답 ①

085

Terzaghi의 1차 압밀에 대한 설명으로 틀린 것은?

① 압밀방정식은 점토 내에 발생하는 과잉간극수압의 변화를 시간과 배수거리에 따라 나타낸 것이다.
② 압밀방정식을 풀면 압밀도를 시간계수의 함수로 나타낼 수 있다.
③ 평균압밀도는 시간에 따른 압밀침하량을 최종압밀침하량으로 나누면 구할 수 있다.
④ 하중이 증가하면 압밀침하량이 증가하고 압밀도도 증가한다.

해설 하중이 증가하면 압밀침하량이 증가하나 압밀도는 변하지 않는다.

해답 ④

086 아래 그림에서 투수계수 $K = 4.8 \times 10^{-3}$cm/sec일 때 Darcy 유출속도 v와 실제 물의 속도(침투속도) v_s는?

① $v = 3.4 \times 10^{-4}$cm/sec
  $v_s = 5.6 \times 10^{-4}$cm/sec
② $v = 3.4 \times 10^{-4}$cm/sec
  $v_s = 9.4 \times 10^{-4}$cm/sec
③ $v = 5.8 \times 10^{-4}$cm/sec
  $v_s = 10.8 \times 10^{-4}$cm/sec
④ $v = 5.8 \times 10^{-4}$cm/sec
  $v_s = 13.2 \times 10^{-4}$cm/sec

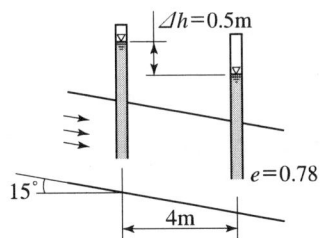

해설
① 이동경로 $L = \dfrac{4}{\cos 15°} = 4.14$m

② 동수경사 $i = \dfrac{\Delta h}{L} = \dfrac{0.5}{4.14} = \dfrac{1}{8.28}$

③ 평균유속 $v = K \cdot i = 4.8 \times 10^{-3} \times \left(\dfrac{1}{8.28}\right) = 5.8 \times 10^{-4}$cm/sec

④ 간극률 $n = \dfrac{e}{1+e} \times 100 = \dfrac{0.78}{1+0.78} \times 100 = 43.82\%$

⑤ 침투유속 $v_s = \dfrac{v}{\dfrac{n}{100}} = \dfrac{5.8 \times 10^{-4}}{\dfrac{43.82}{100}} = 13.2 \times 10^{-4}$cm/sec

해답 ④

087 점토광물에서 점토입자의 동형치환(同形置換)의 결과로 나타나는 현상은?
① 점토입자의 모양이 변화되면서 특성도 변하게 된다.
② 점토입자가 음(-)으로 대전된다.
③ 점토입자의 풍화가 빨리 진행된다.
④ 점토입자의 화학성분이 변화되었으므로 다른 물질로 변한다.

해설 동형이질치환이란 어떤 한 원자가 비슷한 이온반경을 가진 다른 원자와 치환하는 것을 말하며, 그 결과 점토입자들은 음(-)으로 대전되는데 그 이유는 동형이질치환과 점토입자의 모서리에서 불연속적인 구조 때문이다.

해답 ②

088
토립자가 둥글고 입도분포가 나쁜 모래지반에서 표준 관입시험을 한 결과 N치는 10이었다. 이 모래의 내부 마찰각을 Dunham의 공식으로 구하면?

① 21°
② 26°
③ 31°
④ 36°

해설 $\phi = \sqrt{12N} + 15 = \sqrt{12 \times 10} + 15 = 26°$

해답 ②

089
연약점성토층을 관통하여 철근콘크리트 파일을 박았을 때 부마찰력(Negateive friction)은? (단, 이때 지반의 일축압축강도 $q_u = 20\text{kN/m}^2$, 파일직경 $D = 50\text{cm}$, 관입깊이 $l = 10\text{m}$이다.)

① 157.1kN
② 185.3kN
③ 208.2kN
④ 242.4kN

해설
① 단위면적당 부주면마찰력(f_{ns})
$$f_{ns} = \frac{q_u}{2} = \frac{20}{2} = 10\text{kN/m}^2$$
② 부주면마찰력이 작용하는 말뚝주면적
$$A_s = U \cdot l = \pi \cdot D \cdot l = \pi \times 0.5 \times 10 = 15.71\text{m}^2$$
③ 부주면마찰력
$$Q_{NS} = f_{ns} \cdot A_s = 10 \times 15.71 = 157.1\text{kN}$$

해답 ①

090
다음은 전단시험을 한 응력경로이다. 어느 경우인가?

① 초기단계의 최대주응력과 최소주응력이 같은 상태에서 시행한 삼축압축시험의 전응력 경로이다.
② 초기단계의 최대주응력과 최소주응력이 같은 상태에서 시행한 일축압축시험의 전응력 경로이다.
③ 초기단계의 최대주응력과 최소주응력이 같은 상태에서 $K_o = 0.5$인 조건에서 시행한 삼축압축시험의 전응력 경로이다.
④ 초기단계의 최대주응력과 최소주응력이 같은 상태에서 $K_o = 0.7$인 조건에서 시행한 일축압축시험의 전응력 경로이다.

해답 ①

091 다음 그림에서 분사현상에 대한 안전율을 구하면?

① 1.01
② 1.33
③ 1.66
④ 2.01

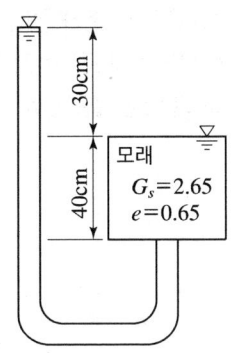

해설 ① 한계동수경사 $i_c = \dfrac{G_s - 1}{1 + e} = \dfrac{2.65 - 1}{1 + 0.65} = 1.0$

② 동수구배 $i = \dfrac{\Delta h}{L} = \dfrac{30}{40} = 0.75$

③ 안전율 $F_s = \dfrac{i_c}{i} = \dfrac{1.0}{0.75} = 1.33$

해답 ②

092 단위중량(γ_t)=19kN/m³, 내부마찰각(ϕ)=30°, 정지토압계수(K_o)=0.5인 균질한 사질토지반이 있다. 지하수 위면이 지표면 아래 2m 지점에 있고 지하수 위면 아래의 단위중량(γ_{sat})=20kN/m³이다. 지표면 아래 4m 지점에서 지반내 응력에 대한 다음 설명 중 틀린 것은?

① 간극수압(u)은 20kN/m²이다.
② 연직응력(σ_v)은 80kN/m²이다.
③ 유효연직응력(σ_v')은 58kN/m²이다.
④ 유효수평응력(σ_h')은 29kN/m²이다.

해설 ① 간극수압
  $u = \gamma_w \cdot h_2 = 10 \times 2 = 20 \text{kN/m}^2$
② 연직응력
  $\sigma_v = \gamma_t \cdot h_1 + \gamma_{sat} \cdot h_2 = 19 \times 2 + 20 \times 2 = 78 \text{kN/m}^2$
③ 유효연직응력
  $\sigma_v' = \gamma_t \cdot h_1 + \gamma_{sub} \cdot h_2 = 19 \times 2 + 10 \times 2 = 58 \text{kN/m}^2$
④ 유효수평응력
  $\sigma_h' = K_0 \cdot \gamma_t \cdot h_1 + K_0 \cdot \gamma_{sub} \cdot h_2 = 0.5 \times 19 \times 2 + 0.5 \times 10 \times 2 = 29 \text{kN/m}^2$

해답 ②

093

그림과 같이 6m 두께의 모래층 밑에 2m 두께의 점토층이 존재한다. 지하수면은 지표아래 2m지점에 존재한다. 이때, 지표면에 $\Delta P = 50 \text{kN/m}^2$의 등분포하중이 작용하여 상당한 시간이 경과한 후, 점토층의 중간높이 A점에 피에조미터를 세워 수두를 측정한 결과, $h = 4.0\text{m}$로 나타났다면 A점의 압밀도는?

① 20%
② 30%
③ 50%
④ 80%

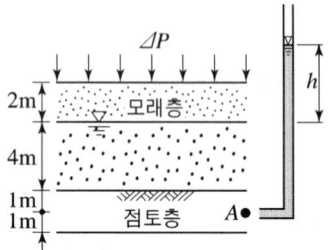

해설
① 초기과잉간극수압 $u_i = 50\text{kN/m}^2$
② 현재의 과잉간극수압 $u_e = \gamma_w \cdot h = 10 \times 4.0 = 40\text{kN/m}^2$
③ 압밀도 $U = \dfrac{u_i - u_e}{u_i} \times 100 = \dfrac{50 - 40}{50} \times 100 = 20\%$

해답 ①

094

다음은 주요한 Sounding(사운딩)의 종류를 나타낸 것이다. 이 가운데 사질토에 가장 적합하고 점성토에서도 쓰이는 조사법은?

① 더치 콘(Dutch Cone) 관입시험기
② 베인 시험기(Vave tester)
③ 표준관입시험기
④ 이스키메타(Iskymeter)

해설 표준 관입 시험은 사질토에 적합하며 점성토에서도 시험가능하다.

해답 ③

095

모래지반에 30cm×30cm의 재하실험을 한 결과 100kN/m²의 극한 지지력을 얻었다. 4m×4m의 기초를 설치할 때 기대되는 극한지지력은?

① 100kN/m^2
② 1000kN/m^2
③ 1333kN/m^2
④ 1544kN/m^2

해설 모래지반의 경우 극한지지력은 재하판 폭에 비례하므로
$$q_{u(기초)} = q_{u(재하)} \cdot \dfrac{B_{(기초)}}{B_{(재하)}} = 100 \times \dfrac{4}{0.3} = 1{,}333.3\text{kN/m}^2$$

해답 ③

096 흙의 다짐에 관한 설명으로 틀린 것은?
① 다짐에너지가 클수록 최대건조단위중량($\gamma_{d\max}$)은 커진다.
② 다짐에너지가 클수록 최적함수비(w_{opt})는 커진다.
③ 점토를 최적함수비(w_{opt})보다 작은 함수비로 다지면 면모구조를 갖는다.
④ 투수계수는 최적함수비(w_{opt}) 근처에서 거의 최소값을 나타낸다.

해설 다짐에너지가 클수록 최대건조단위중량($\gamma_{d\max}$)은 증가하고, 최적함수비(w_{opt})는 감소한다.

해답 ②

097 통일분류법에 의한 분류기호와 흙의 성질을 표현한 것으로 틀린 것은?
① GP-입도분포가 불량한 자갈
② GC-점토 섞인 자갈
③ CL-소성이 큰 무기질 점토
④ SM-실트 섞인 모래

해설 CL은 소성이 작은(액성한계가 50% 이하) 무기질 점토이다.

해답 ③

098 정규압밀점토에 대하여 구속응력 0.1MPa로 압밀배수 시험한 결과 파괴시 축차응력이 0.2MPa이었다. 이 흙의 내부마찰각은?
① 20°
② 25°
③ 30°
④ 40°

해설 ① 최대주응력 $\sigma_1 = \sigma_3 + (\sigma_1 - \sigma_3) = 0.1 + 0.2 = 0.3$MPa
 ② 내부마찰각 $\sin\phi = \dfrac{1}{2}$에서 $\phi = \sin^{-1}\left(\dfrac{1}{2}\right) = 30°$

해답 ③

099 무게 320kg인 드롭 햄머(drop hammer)로 2m의 높이에서 말뚝을 때려 박았더니 침하량이 2cm이었다. Sander의 공식을 사용할 때 이 말뚝의 허용지력은?
① 1,000kg
② 2,000kg
③ 3,000kg
④ 4,000kg

해설 ① Sander의 극한지지력 $Q_u = \dfrac{W_h \cdot H}{S}$
 ② Sander의 허용지지력 $Q_a = \dfrac{W_h \cdot H}{8S} = \dfrac{320 \times 200}{8 \times 2} = 4,000$kg

해답 ④

100

모래지층에서 두께 6m의 점토층이 있다. 이 점토의 토질 실험결과가 아래 표와 같을 때, 이 점토층의 90%압밀을 요하는 시간은 약 얼마인가? (단, 1년은 365일로 계산)

- 간극비 : 1.5
- 압축계수(a_v) : 4×10^{-4}(cm²/g)
- 투수계수 $k = 3 \times 10^{-7}$(cm/sec)

① 52.2년 ② 12.9년
③ 5.22년 ④ 1.29년

해설

① 체적변화계수 $m_v = \dfrac{a_v}{1+e_1} = \dfrac{4 \times 10^{-4}}{1+1.5} = 1.6 \times 10^{-4} \text{cm}^2/\text{g}$

② 압밀계수 $C_v = \dfrac{K}{m_v \cdot \gamma_w} = \dfrac{3 \times 10^{-7}}{1.6 \times 10^{-4} \times 1} = 1.88 \times 10^{-3} \text{cm}^2/\text{sec}$

③ 양면배수이므로 배수거리는 포화점토층 두께의 반이므로
$\dfrac{H}{2} = \dfrac{6}{2} = 3\text{m} = 300\text{cm}$

④ $T_{90} = 0.848$

⑤ 압밀도 90%에 대한 압밀시간
$t_{90} = \dfrac{T_{90} \cdot d^2}{C_v} = \dfrac{0.848 \times 300^2}{1.88 \times 10^{-3}} = 40,595,745$초 $= 479.86$일 $= 1.29$년

해답 ④

제6과목 상하수도공학

101

우수관거 및 합류관거내 부유물의 침전을 방지하기 위하여 계획우수량에 대하여 요구되는 최소유속은 얼마인가?

① 0.3m/sec ② 0.6m/sec
③ 0.8m/sec ④ 1.2m/sec

해설 우수관거 및 합류관거의 최소유속은 관거내 부유물질의 침전방지를 위해 0.8m/sec로 한다.

해답 ③

102

다음 그림은 저수지의 유효저수량(용량)을 결정하기 위한 유량누가곡선도이다. 이 곡선도에서 유효저수용량을 나타내는 것은?

① MK
② IP
③ SJ
④ OP

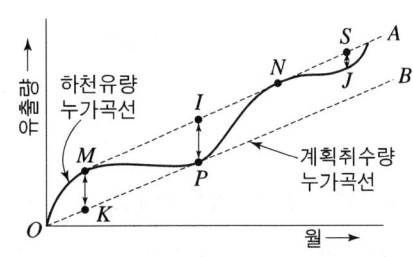

해설 IP구간이 저수지의 유효저수량이다.

해답 ②

103

직경 15cm, 길이 50m인 주철관으로 유량 0.03m³/sec의 물을 펌프에 의해 50m 양수하고자 한다. 양수시 발생되는 총손실수두가 5m였다면 이 펌프의 소요 축동력(kW)은? (단, 여유율은 0이며 펌프의 효율은 80%이다.)

① 20.2kW
② 30.5kW
③ 33.5kW
④ 37.2kW

해설 ① 펌프의 전양정(H) = 실양정+총손실수두 = 50+5 = 55[m]
② $P_s = \dfrac{9.8QH}{\eta} = \dfrac{9.8 \times 0.03 \times 55}{0.80} = 20.2[\text{kW}]$

해답 ①

104

혐기성 소화법과 비교하여 호기성 소화법의 특징으로서 다음 중 옳은 것은?

① 최초 시공비의 과다
② 유기물의 감소율 우수
③ 저온시의 효율 향상
④ 소화 슬러지의 탈수 불량

해설 호기성 소화법의 특징
① 최초 시공비 절감
② 유기물 감소율 저조
③ 저온시 효율 저하
④ 소화 슬러지 탈수 불량

해답 ④

105

다음 중 해수의 염분을 제거하는데 주로 사용되는 분리법은 어느 것인가?

① 정밀여과법
② 한외여과법
③ 나노여과법
④ 역삼투법

해설 해수의 염분제거법(담수화 방법)
① 역삼투법　　　　　　　② 증류법(증발법 : 증기압축법)
③ 이온삼투법　　　　　　④ 전기투석법
⑤ 냉각법(LNG 냉렬이용법)　⑥ 투과기화법
⑦ 이온교환법(탈광화법)

해답 ④

106
급속여과지에서 여과사(濾過砂)의 균등계수에 관한 설명으로서 틀린 것은?

① 균등계수의 상한(上限)은 1.7이다.
② 입경분포의 균일한 정도를 나타낸다.
③ 균등계수가 1에 가까울수록 탁질억류 가능량은 증가한다.
④ 입도가적곡선의 50% 통과직경과 5% 통과직경에 의해서 구한다.

해설 급속여과지에서 여과사(濾過砂)의 균등계수

$$균등계수 = \frac{60\% \text{ 통과율의 입경}}{10\% \text{ 통과율의 입경}} = \frac{D_{60}}{D_{10}}$$

해답 ④

107
다음 중 슬러지 밀도지표(SDI)와 슬러지 용량지표(SVI)와의 관계로서 옳은 것은?

① $SDI = \dfrac{10}{SVI}$　　　　② $SDI = \dfrac{100}{SVI}$

③ $SDI = \dfrac{SVI}{10}$　　　　④ $SDI = \dfrac{SVI}{100}$

 $SDI = \dfrac{100}{SVI}$

해답 ②

108
정수장 배출수 처리의 일반적인 순서로서 다음 중 옳은 것은?

① 농축 → 조정 → 탈수 → 처분　② 농품 → 탈수 → 조정 → 처분
③ 조정 → 농축 → 탈수 → 처분　④ 조정 → 탈수 → 농축 → 처분

해설 정수장 배출수 처리 순서
조정 → 농축 → 탈수 → 건조 → 처분(반출)

해답 ③

109
계획오수량에 대한 설명으로서 다음 중 옳은 것은?

① 계획 1일 최대오수량은 계획 시간 최대오수량을 1일의 수량으로 환산하여 1.3~1.8배를 표준으로 한다.
② 합류식에서 우천시 계획오수량은 원칙적으로 계획 1일 평균오수량의 3배 이상으로 한다.
③ 계획 1일 평균오수량은 계획 1일 최대오수량의 70~80%를 표준으로 한다.
④ 지하수량은 계획 1일 평균오수량 10~20%를 원칙으로 한다.

해설 계획오수량
① 계획 시간 최대오수량=계획 1일 최대오수량×(1.3~1.8)
② 합류식에서 우천시 계획오수량≧계획 시간 최대오수량×3
③ 계획 1일 평균오수량=계획 1일 최대오수량×(0.7~0.8)
④ 지하수량=계획 1일 최대오수량×(0.1~0.2)

해답 ③

110
일반적인 생물학적 인(P) 제거공정에 필요한 미생물의 환경조건으로 가장 옳은 것은?

① 혐기, 호기
② 호기, 무산소
③ 무산소, 혐기
④ 호기, 혐기, 무산소

해설 일반적인 생물학적 인(P) 제거시 미생물은 혐기성과 호기성이 있다.

해답 ①

111
계획하수량을 수용하기 위한 관거의 단면과 경사를 결정할 경우에 고려사항으로서 틀린 것은?

① 관거의 경사는 일반적으로 지표경사에 따라 결정하며, 경제성 등을 고려하여 적당한 경사를 정한다.
② 오수관거의 최소관경은 200mm를 표준으로 한다.
③ 관거의 단면은 수리학적으로 유리하도록 결정한다.
④ 관거의 경사는 하류로 갈수록 점차 급해지도록 한다.

해설 하수관거의 경사 : 하류로 갈수록 점차 완만하게 하는 것이 원칙이다.

해답 ④

112

배수면적 2km²인 유역내 강우의 하수관거 유입시간이 6분, 유출계수가 0.7, 일 때 하수관거내 유속이 2m/sec인 1km 길이의 하수관거에서 유출되는 우수량은? (단, 강우강도 $I = \dfrac{3500}{t+25}$ mm/hr, 강우지속시간 t의 단위 : 분(min))

① $0.3\text{m}^3/\text{sec}$
② $2.6\text{m}^3/\text{sec}$
③ $34.6\text{m}^3/\text{sec}$
④ $43.9\text{m}^3/\text{sec}$

해설 ① 유달시간(T) = 유입시간(t_1) + 유하시간(t_2)

$$= t_1 + \frac{L}{v} = 6 + \frac{1000}{2 \times 60}$$

$$= 14.33[\text{min}] \Rightarrow 강우지속시간(t)$$

② $I = \dfrac{3500}{t+25} = \dfrac{3500}{14.33+25} = 88.98[\text{mm/hr}]$

③ $Q = \dfrac{1}{3.6} CIA = \dfrac{1}{3.6} \times 0.70 \times 88.98 \times 2 = 34.6[\text{m}^3/\text{sec}]$

해답 ③

113

상수도의 정수공정에서 염소소독에 대한 다음 설명 중 틀린 것은?

① 염소의 살균력은 HOCl < OCl⁻ < 클로라민의 순서이다.
② 염소소독의 부산물로 생성되는 THM은 발암성이 있다.
③ 암모니아성 질소가 많은 경우에는 클로라민이 형성된다.
④ 염소살균은 오존살균에 비해 가격이 저렴하다.

해설 살균력 순서

HOCl(차아염소산) > OCl⁻(차아염소산 이온) > 클로라민(결합 잔류염소)

해답 ①

114

유입수량이 50m³/min, 침전지 용량이 3000m³, 침전지 유효수심이 6m일 때 수면부하율은 얼마인가?

① $115.2\text{m}^3/(\text{m}^2 \cdot \text{day})$
② $125.2\text{m}^3/(\text{m}^2 \cdot \text{day})$
③ $144.0\text{m}^3/(\text{m}^2 \cdot \text{day})$
④ $154.0\text{m}^3/(\text{m}^2 \cdot \text{day})$

해설 $\dfrac{Q}{A} = \dfrac{Q(유입수량)}{\dfrac{V(용량)}{h(유효수심)}} = \dfrac{Qh}{V} = \dfrac{(50 \times 24 \times 60)\text{m}^3/\text{day} \times 6\text{m}}{3000\text{m}^3} = 144.0[\text{m}^3/\text{m}^2 \cdot \text{day}]$

해답 ③

115
다음 중 생물학적 작용에서 호기성 분해로 인한 생성물이 아닌 것은?

① CO_2　　　　　　② CH_4
③ NO_3　　　　　　④ H_2O

해설 ① 생물학적 작용시 호기성 분해(소화)로 인한 생성물
　　㉠ CO_2(탄산가스)
　　㉡ H_2O(물)
　　㉢ NH_3(암모니아); NO_2(아질산), NO_3(질산)
　　㉣ 미생물에 의해 분해 불가능한 유기물질
② CH_4(메탄)은 혐기성 분해(소화)로 인한 생성물이다.

해답 ②

116
도수관거에 관한 설명으로서 다음 중 틀린 것은?

① 관경의 산정에 있어서 시점의 고수위, 종점의 저수위를 기준으로 동수경사를 구한다.
② 자연유하식 도수관거의 평균유속의 최소한도는 0.3m/sec로 한다.
③ 자연유하식 도수관거의 평균유속의 최대한도는 3.0m/sec로 한다.
④ 도수관거 동수경사의 통상적인 범위는 1/1000~1/3000이다.

해설 도수관거의 관경 및 동수경사 결정
관경산정에 있어서 시점은 저수위, 종점은 고수위를 기준으로 동수경사를 구한다.

해답 ①

117
계획급수량에 대한 다음 설명 중 틀린 것은?

① 계획 1일 최대급수량은 계획 1인 1일 최대급수량에 계획급수인구를 곱하여 결정할 수 있다.
② 계획 1일 평균급수량은 계획 1일 최대급수량의 60%를 표준으로 한다.
③ 송수시설의 계획송수량은 계획 1일 최대급수량을 기준으로 한다.
④ 취수시설의 계획취수량은 계획 1일 최대급수량을 기준으로 한다.

해설 계획 1일 평균급수량 = 계획 1일 최대급수량 × (0.7~0.85)

해답 ②

118 포기조에 가해진 BOD부하 1kg당 100m³의 공기를 주입시켜야 한다면 BOD가 150mg/L인 하수 7570m³/day를 처리하기 위해서는 얼마의 공기를 주입하여야 하는가?

① 7570m³/day
② 11350m³/day
③ 75700m³/day
④ 113550m³/day

해설 포기조의 공기주입량(송기량)
= BOD 발생량 × 산소 1kg당 공기량
= 유입하수량 × 유입수 BOD 농도 × 산소 1kg당 공기량
= 7570m³/day × 0.15kg/m³ × 100m³/kg
= 113550m³/day

해답 ④

119 하수처리를 위한 펌프장 시설에 파쇄장치를 설치할 경우의 유의사항에 대한 다음 설명 중 틀린 것은?

① 파쇄장치에는 반드시 스크린이 설치된 바이패스(by-pass)관을 설치하여야 한다.
② 파쇄장치는 침사지의 상류측 및 펌프설비의 하류측에 설치하는 것을 원칙으로 한다.
③ 파쇄장치는 유지관리를 고려하여 유입 및 유출측에 수문 또는 stoplog를 설치하는 것을 표준으로 한다.
④ 파쇄기는 원칙적으로 2대 이상으로 설치하며, 1대를 설치하는 경우에는 바이패스(by-pass) 수로를 설치한다.

해설 하수펌프장 시설의 파쇄장치는 침사지의 하류측 및 펌프설비의 상류측에 설치하는 것이 원칙이다.

해답 ②

120 오수 및 우수의 배제방식인 분류식과 합류식에 대한 다음 설명 중 틀린 것은?

① 합류식은 관의 단면적이 크기 때문에 폐쇄의 염려가 적다.
② 합류식은 일정량 이상이 되면 우천시 오수가 월류할 수 있다.
③ 분류식은 합류식에 비하여 일반적으로 관거의 부설비가 많이 든다.
④ 분류식은 별도의 시설없이 오염도가 심한 초기 우수를 처리장으로 유입시켜 처리한다.

해설 분류식 하수배제방식은 별도의 시설없이 모든 우수를 그대로 하천 등의 공공수역으로 방류하므로 오염도가 심한 초기우수는 처리할 수 없다.

해답 ④

토목기사

2023년 9월 CBT 시행

본 문제는 복원 기출문제입니다. 실제 문제와 다를 수 있으니 양해바랍니다.

제1과목 응용역학

001 그림과 같은 반경이 r인 반원 아치에서 D점의 축방향력 N_D의 크기는 얼마인가?

① $N_D = \dfrac{P}{2}(\cos\theta - \sin\theta)$

② $N_D = \dfrac{P}{2}(r\cos\theta - \sin\theta)$

③ $N_D = \dfrac{P}{2}(\cos\theta - r\sin\theta)$

④ $N_D = \dfrac{P}{2}(\sin\theta + \cos\theta)$

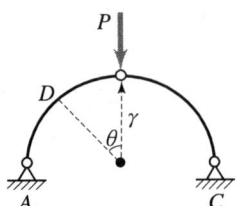

해설

① $V_A = \dfrac{P}{2}(\uparrow)$

② $H_A = \dfrac{P}{2}(\rightarrow)$

③ $N_D = V_A \cdot \sin\theta + H_A \cdot \cos\theta$
$= \dfrac{P}{2}\sin\theta + \dfrac{P}{2}\cos\theta$

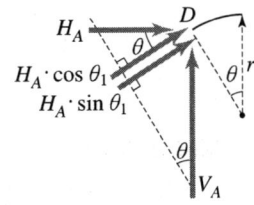

해답 ④

002 직경 D인 원형 단면의 단면계수는?

① $\dfrac{\pi D^4}{64}$

② $\dfrac{\pi D^3}{64}$

③ $\dfrac{\pi D^4}{32}$

④ $\dfrac{\pi D^3}{32}$

해설

$Z_x = \dfrac{I_x}{y} = \dfrac{\left(\dfrac{\pi D^4}{64}\right)}{\left(\dfrac{D}{2}\right)} = \dfrac{\pi D^3}{32}$

해답 ④

003

다음 트러스에서 AB부재의 부재력으로 옳은 것은?

① 1.179P(압축)
② 2.357P(압축)
③ 1.179P(인장)
④ 2.357P(인장)

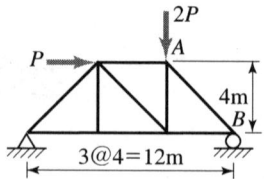

해설 ① $\sum M_A = 0 \curvearrowright$
$P \times 4 + 2P \times 8 - V_B \times 12 = 0$
$V_B = \dfrac{5P}{3}(\uparrow)$

② 절점B에서 절점법을 적용
$\dfrac{-F_{AB}}{V_B} = \dfrac{\sqrt{32}}{4}$

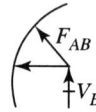

$F_{AB} = -V_B \cdot \dfrac{\sqrt{32}}{4} = -\dfrac{5P}{3} \cdot \dfrac{\sqrt{32}}{4} = -2.357P = 2.357P(압축)$

해답 ②

004

15cm×30cm의 직사각형 단면을 가진 길이 5m인 양단힌지 기둥이 있다. 세장비 λ는?

① 57.7
② 74.5
③ 115.5
④ 149

해설 ① 좌굴계수 : 양단힌지이므로 $K = 1.0$

② $\lambda = \dfrac{KL}{r_{\min}} = \dfrac{KL}{\sqrt{\dfrac{I_{\min}}{A}}} = \dfrac{1.0 \times 5 \times 10^2}{\sqrt{\dfrac{\dfrac{30 \times 15^3}{12}}{30 \times 15}}} = 115.47$

해답 ③

005

그림과 같이 단면적이 $A_1 = 100 \text{cm}^2$이고, $A_2 = 50 \text{cm}^2$인 부재가 있다. 부재 양끝은 고정되어 있고 온도가 10℃ 내려갔다. 온도저하로 인해 유발되는 단면적은? (단, $E = 2.1 \times 10^5 \text{MPa}$, 선팽창계수 $\alpha = 1 \times 10^{-5}$/℃)

① 105kN
② 140kN
③ 158kN
④ 210kN

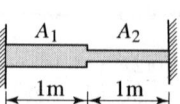

해설 ① 양단 고정 부재는 온도상승시 압축반력, 온도저하시 인장반력이 발생한다.
$\sum H = 0$에서 $-(R_A) + (R_B) = 0$

② 고정단의 변형은 '0'이므로
  ㉠ 온도저하에 의한 변위 $(\delta_{\Delta T})$
  ㉡ 반력에 의한 변위 $(\delta_{R_A} = \delta_P)$
  ㉢ $\delta_A = -(\delta_{\Delta T}) + (\delta_P) = 0$

③ 적합조건 적용
  ㉠ 온도-변위관계
   $\delta_T = \alpha \cdot \Delta T \cdot (L_1 + L_2) = (1.0 \times 10^{-5}) \times 10 \times (1 \times 10^2 + 1 \times 10^2) = 0.02\text{cm}$
  ㉡ 힘-변위관계
   $\delta_P = \dfrac{P \cdot L_1}{E \cdot A_1} + \dfrac{P \cdot L_2}{E \cdot A_2} = \dfrac{P \times 1000}{(2.1 \times 10^5) \times 10000} + \dfrac{P \times 1000}{(2.1 \times 10^5) \times 5000}$
  ㉢ $\delta_A = -\delta_T + \delta_P = 0$에서 $P = 140,000\text{N} = 140\text{kN}$

해답 ②

006

평면응력상태하에서의 모아(Mohr)의 응력원에 대한 설명 중 옳지 않은 것은?

① 최대전단응력의 크기는 두 주응력의 차이와 같다.
② 모아원의 중심의 x 좌표값은 직교하는 두 축의 수직응력의 평균값과 같고 y 좌표값은 0이다.
③ 모아원이 그려지는 두 축 중 연직(y)축은 전단응력의 크기를 나타낸다.
④ 모아원으로부터 주응력의 크기와 방향을 구할 수 있다.

해설 모아(Mohr)의 응력원

최대전단응력은 $(\tau_{\max})$ 두 주응력 차의 $\dfrac{1}{2}$이다.

$\tau_{\max} = \dfrac{\sigma_x - \sigma_y}{2}$

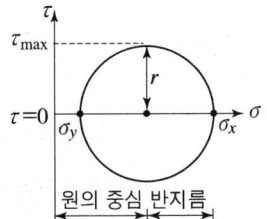

해답 ①

007

길이 20cm, 단면 20cm×20cm인 부재에 1000kN의 전단력이 가해졌을 때 전단변형량은? (단, 전단탄성계수 $G = 8000\text{MPa}$이다.)

① 0.625mm
② 0.0625mm
③ 0.725mm
④ 0.0725mm

해설 ① $\tau = G \cdot r$에서 $\dfrac{V}{A} = G \cdot \dfrac{\Delta}{L}$

② $\Delta = \dfrac{VL}{GA} = \dfrac{(1000 \times 10^3) \times 200}{8,000 \times (200 \times 200)} = 0.625\text{mm}$

해답 ①

008

다음 구조물에서 B점의 수평방향반력 R_B를 구한 값은? (단, EI는 일정)

① $\dfrac{3Pa}{2l}$

② $\dfrac{3Pl}{2a}$

③ $\dfrac{2Pa}{3l}$

④ $\dfrac{2Pl}{3a}$

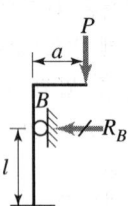

해설

$\delta_B = \dfrac{1}{EI}\int M\left(\dfrac{\partial M}{\partial R_B}\right)dx$

$\dfrac{1}{EI}\int_0^L (R_B \cdot x - P \cdot a)(x)dx = \dfrac{L^2}{6EI}(2L \cdot R_B - 3P \cdot a) = 0 \qquad R_B = \dfrac{3P \cdot a}{2L}(\leftarrow)$

해답 ①

009

재질과 단면이 같은 아래 2개의 캔틸레버보에서 자유단의 처짐을 같게 하는 $\dfrac{P_1}{P_2}$의 값으로 옳은 것은?

① 0.112
② 0.187
③ 0.216
④ 0.308

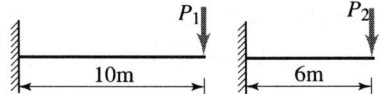

해설

하중조건	처짐, δ
┤A EI	$\delta_B = \dfrac{1}{3} \cdot \dfrac{PL^3}{EI}$

해답 ③

010

그림과 같은 단순보에 모멘트 하중 M이 B단에 작용할 때 C점에서의 처짐은?

① $\dfrac{ML^2}{8EI}$

② $\dfrac{ML^2}{4EI}$

③ $\dfrac{ML^2}{2EI}$

④ $\dfrac{ML^2}{EI}$

해설 공액보법

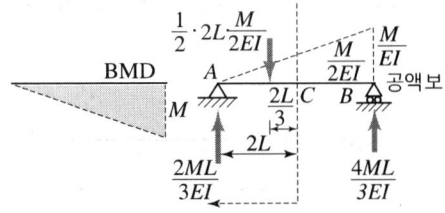

① $\sum M_B = 0$ 에서

$V_A \cdot 4L - \left(\frac{1}{2} \cdot 4L \cdot \frac{M}{EI}\right) \cdot \left(4L \cdot \frac{1}{3}\right) = 0$ $V_A = \frac{2ML}{3EI}$

② $\delta_C = M_{C, 좌} = \left(\frac{2ML}{3EI}\right)(2L) - \left(\frac{1}{2} \cdot 2L \cdot \frac{M}{2EI}\right) \cdot \left(2L \cdot \frac{1}{3}\right) = \frac{ML^2}{EI}(\downarrow)$

해답 ④

011
강재에 탄성한도보다 큰 응력을 가한 후 그 응력을 제거한 후 장시간 방치하여도 얼마간의 변형이 남게 되는데 이러한 변형을 무엇이라 하는가?

① 탄성변형　　　　② 피로변형
③ 소성변형　　　　④ 취성변형

해답 ③

012
그림과 같은 단면을 갖는 부재(A)와 부재(B)가 있다. 동일조건의 보에 사용하고 재료의 강도도 같다면, 휨에 대한 강성을 비교한 설명으로 옳은 것은?

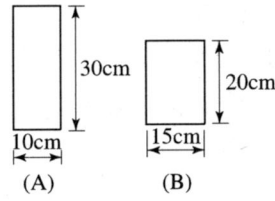

① 보(A)는 보(B)보다 휨에 대한 강성이 2.0배 크다.
② 보(B)는 보(A)보다 휨에 대한 강성이 2.0배 크다.
③ 보(B)는 보(A)보다 휨에 대한 강성이 1.5배 크다.
④ 보(A)는 보(B)보다 휨에 대한 강성이 1.5배 크다.

해설
① $Z_A = \dfrac{10 \times 30^2}{6} = 1{,}500\text{cm}^3$

② $Z_B = \dfrac{15 \times 20^2}{6} = 1{,}000\text{cm}^3$

③ $\dfrac{Z_A}{Z_B} = 1.5$

해답 ④

013

다음 내민보에서 B점의 모멘트와 C점의 모멘트의 절대값의 크기를 같게 하기 위한 $\dfrac{L}{a}$의 값을 구하면?

① 6
② 4.5
③ 4
④ 3

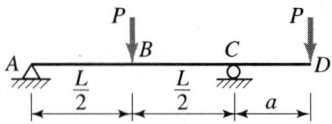

해설

① $\sum M_C = 0 \oplus \quad V_A \cdot L - P \cdot \dfrac{L}{2} + P \cdot a = 0$

$V_A = +\dfrac{P}{2} - \dfrac{Pa}{L} (\uparrow)$

②
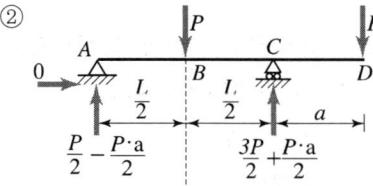

$M_{B, 좌} = + \left[+\left(\dfrac{P}{2} - \dfrac{Pa}{L}\right)\left(\dfrac{L}{2}\right) \right] = +\dfrac{PL}{4} - \dfrac{Pa}{2}$

③
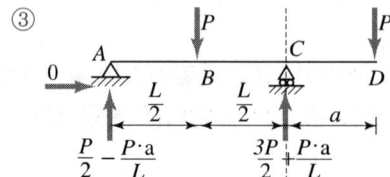

$M_{C, 우} = -[+(P)(a)] = -Pa$

④ $|M_B| = |M_C| \quad \dfrac{PL}{4} - \dfrac{Pa}{2} = Pa$에서 $\dfrac{L}{a} = 6$

해답 ①

014

탄성변형에너지는 외력을 받는 구조물에서 변형에 의해 구조물에 축적되는 에너지를 말한다. 탄성체이며 선형거동을 하는 길이가 L인 캔틸레버보에 집중하중 P가 작용할 때 굽힘모멘트에 의한 탄성변형에너지는? (단, EI는 일정)

① $\dfrac{P^2 L^2}{6EI}$
② $\dfrac{P^2 L^2}{2EI}$
③ $\dfrac{P^2 L^3}{6EI}$
④ $\dfrac{P^2 L^3}{2EI}$

해설 ① $M_x = -P \cdot x$

② $U = \int \dfrac{M_x^2}{2EI}dx = \dfrac{1}{2EI}\int_0^L (-P \cdot x)^2 dx$

   $= \dfrac{P^2}{2EI}\left[\dfrac{x^3}{3}\right]_0^L = \dfrac{1}{6} \cdot \dfrac{P^2 L^3}{EI}$

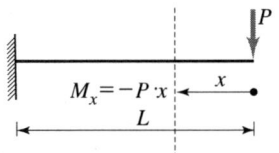

해답 ③

015

그림과 같은 단면에 전단력 $V=600\text{kN}$이 작용할 때 최대전단응력은 약 얼마인가?

① 12.7MPa
② 16.0MPa
③ 19.8MPa
④ 21.3MPa

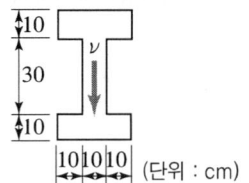 (단위 : cm)

해설 ① $I_x = \dfrac{1}{12}(300 \times 500^3 - 200 \times 300^3) = 2.675 \times 10^9 \text{mm}^4$

② I형 단면의 최대 전단응력은 도심서 발생한다.
   $b = 100\text{mm}$

③ $V = 600\text{kN} = 600,000\text{N}$

④ $G = (300 \times 010) \cdot (150 + 50) + (100 \times 150) \cdot (75)$
   $= 7.125 \times 10^6 \text{mm}^3$

⑤ $\tau_{\max} = \dfrac{V \cdot G}{I \cdot b} = \dfrac{600,000 \times 7.125 \times 10^6}{2.675 \times 10^9 \times 100}$
   $= 15.98\text{MPa}$

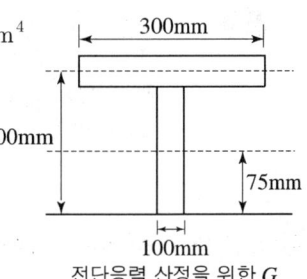

전단응력 산정을 위한 G

해답 ②

016

그림과 같은 캔틸레버보에서 하중을 받기 전 B점의 1cm 아래에 받침부(B')가 있다. 하중 200kN이 보의 중앙에 작용할 경우 B'에 작용하는 수직반력의 크기는? (단, $EI = 2.0 \times 10^{11}\text{MPa}$이다.)

① 50.0kN
② 62.5kN
③ 75.0kN
④ 87.5kN

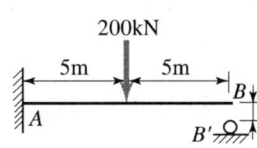

해설 ① 하중에 의한 B점의 처짐 $\delta_{B1} = \dfrac{5}{48} \cdot \dfrac{PL^3}{EI}(\downarrow)$

② 반력에 의한 B점의 처짐 $\delta_{B2} = \dfrac{1}{3} \cdot \dfrac{R_B \cdot L^3}{EI}(\uparrow)$

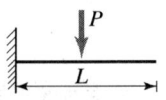

③ $\delta_B = \delta_{B1} + \delta_{B2} = \dfrac{5PL^3}{48EI} - \dfrac{R_B \cdot L^3}{3EI} = 10\text{mm}$ 에서

$R_B = \left(\dfrac{5PL^3}{48EI} - 10\right) \cdot \left(\dfrac{3EI}{L^3}\right) = \left(\dfrac{5 \times 200000 \times 10000^3}{48 \times 2 \times 10^{11}} - 10\right) \times \left(\dfrac{3 \times 2 \times 10^{11}}{10000^3}\right)$

$= 62,494\text{N} = 62.5\text{kN}$

해답 ②

017

그림과 같이 이축응력(二軸應力)을 받고 있는 요소의 체적변형률은? (단, 탄성계수 $E = 2 \times 10^5$MPa, 프와송비 $\nu = 0.3$)

① 2.7×10^{-4}
② 3.0×10^{-4}
③ 3.7×10^{-4}
④ 4.0×10^{-4}

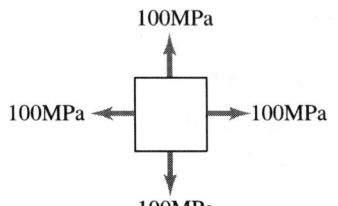

해설 $\epsilon_v = \dfrac{\Delta V}{V} = \dfrac{(1-2\nu)}{E}(\sigma_x + \sigma_y)$

$= \dfrac{[1-2(0.3)]}{(2 \times 10^5)}[(+100) + (+100)] = 0.0004 = 4 \times 10^{-4}$

해답 ④

018

다음 그림에서 A점의 모멘트 반력은? (단, 각 부재의 길이는 동일함)

① $M_A = \dfrac{wL^2}{12}$
② $M_A = \dfrac{wL^2}{24}$
③ $M_A = \dfrac{wL^2}{72}$
④ $M_A = \dfrac{wL^2}{66}$

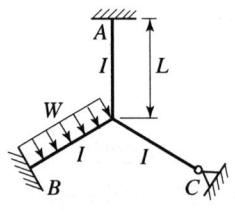

해설 ① 고정단모멘트 : $C_{OB} = \dfrac{wL^2}{12}(\curvearrowright)$

② 분배율 : $DF_{OA} = \dfrac{1}{1+1+\dfrac{3}{4}} = \dfrac{4}{11}$

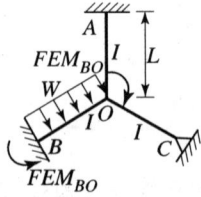

③ 분배모멘트 : $M_{OA} = C_{OB} \cdot DF_{OA} = \left(\dfrac{wL^2}{12}\right) \cdot \left(\dfrac{4}{11}\right) = \dfrac{wL^2}{33}(\curvearrowright)$

④ 전달모멘트 : $M_{AO} = \dfrac{1}{2}M_{OA} = \dfrac{wL^2}{66}(\curvearrowleft)$

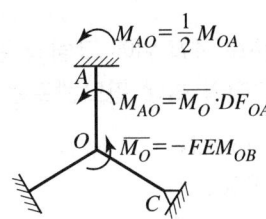

⑤ A점 모멘트 반력 : $M_{AO} = M_{AO전달} = \dfrac{wL^2}{66}(\curvearrowleft)$

해답 ④

019

그림과 같은 강재(Steel) 구조물이 있다. AC, BC 부재의 단면적은 각각 1000mm², 2000mm²이고 연직하중 $P=90$kN이 작용할 때 C점의 연직처짐을 구한 값은? (단, 강재의 종탄성계수는 2.05×10^5MPa이다.)

① 10.22mm
② 7.66mm
③ 5.18mm
④ 3.83mm

해설 ① 실제 역계(F)

㉠ $\sum V = 0 : -(90) + \left(F_{CA} \cdot \dfrac{3}{5}\right) = 0$

∴ $F_{CA} = +150$kN(인장)

㉡ $\sum H = 0 : -(F_{CB}) - \left(F_{CA} \cdot \dfrac{4}{5}\right) = 0$

∴ $F_{CB} = -120$kN(압축)

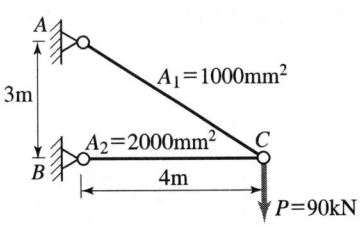

② 가상 역계(f)

$f = \dfrac{1}{9}F$

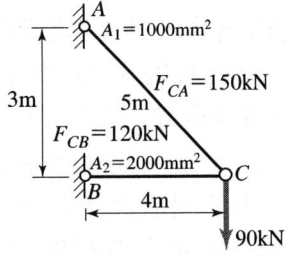

③ $\delta_C = \dfrac{(150 \times 10^3) \cdot \dfrac{150}{90}}{(2.05 \times 10^5) \cdot 1000} \cdot (5 \times 10^3) + \dfrac{(-120 \times 10^3) \cdot \left(-\dfrac{120}{90}\right)}{(2.05 \times 10^5) \cdot 2000} \cdot (4 \times 10^3)$

$= 7.658$mm

해답 ②

020 단순보 AB 위에 그림과 같은 이동하중이 지날 때 A점으로부터 10m 떨어진 C점의 최대 휨모멘트는?

① 850kN
② 950kN
③ 1000kN
④ 1150kN

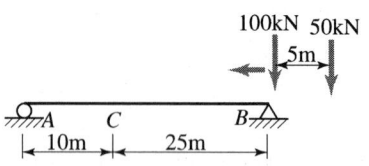

해설 ① 100kN의 하중이 C점에 위치할 때의 A지점 수직반력과 C점에서의 휨모멘트를 구한다.
② $\sum M_B = 0 (\curvearrowright)$
　$V_A \times 35 - 100 \times 25 - 50 \times 25 = 0$
　$V_A = 100\text{kN}(\uparrow)$
③ $M_{C,좌} = +[+100 \times 10] = +1000\text{kN} \cdot \text{m}$

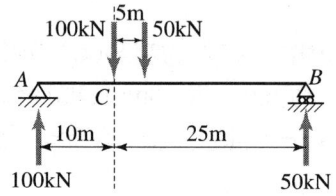

해답 ③

제2과목 측량학

021 시가지에서 25변형 폐합트래버스측량을 한 결과 측각 오차가 1′5″이었을 때, 이 오차의 처리는? (단, 시가지에서의 허용오차 : $20''\sqrt{n} \sim 30''\sqrt{n}$, n : 트래버스의 측점 수, 각 측정의 정확도는 같다.)

① 오차를 각 내각에 균등배분 조정한다.
② 오차가 너무 크므로 재측(再測)을 하여야 한다.
③ 오차를 내각(內角)의 크기에 비례하여 배분 조정한다.
④ 오차를 내각(內角)의 크기에 반비례하여 배분 조정한다.

해설 ① 허용오차의 계산
　$20''\sqrt{25} \sim 30''\sqrt{25} = 100'' \sim 150''$
② 측각오차가 허용오차 이내이므로 각 내각에 균등배분한다.

해답 ①

022 삼각형의 토지면적을 구하기 위해 밑변 a와 높이 h를 구하였다. 토지의 면적과 표준오차는? (단, $a = 15 \pm 0.015$m, $h = 25 \pm 0.025$m)

① $187.5 \pm 0.04\text{m}^2$
② $187.5 \pm 0.27\text{m}^2$
③ $375.0 \pm 0.27\text{m}^2$
④ $375.0 \pm 0.53\text{m}^2$

해설
① 면적 $A = \frac{1}{2}ah = \frac{1}{2} \times 15 \times 25 = 187.5\text{m}^2$

② 면적오차 $dA = \pm \sqrt{(x \cdot m_y)^2 + (y \cdot m_x)^2} \times \frac{1}{2}$
$= \pm \sqrt{(15 \times 0.025)^2 + (25 \times 0.015)^2} \times \frac{1}{2}$
$= \pm 0.27\text{m}^2$

해답 ②

023 수위표의 설치장소로 적합하지 않은 곳은?
① 상·하류 최소 300m 정도 곡선인 장소
② 교각이나 기타 구조물에 의한 수위변동이 없는 장소
③ 홍수시 유실 또는 이동이 없는 장소
④ 지천의 합류점에서 상당히 상류에 위치한 장소

해설 수위관측소는 상·하류 약 100m 정도의 직선인 장소가 좋다.

해답 ①

024 지형공간정보체계의 활용분야 중 토목분야의 시설물을 관리하는 정보체계는?
① TIS   ② LIS
③ NDIS   ④ FM

해설
① 교통정보체계(Transportation Information System, TIS)
② 토지정보체계(Land Information System, LIS)
③ 국방정보체계(National Defenes Information System, NDIS)
④ 시설물 관리(Facility Management, FM)

해답 ④

025 대상구역을 삼각형으로 분할하여 각 교점의 표고를 측량한 결과가 그림과 같을 때 토공량은?
① 98m³
② 100m³
③ 102m³
④ 104m³

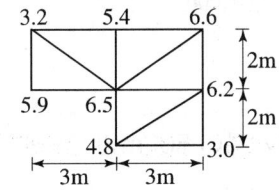

해설 $V = \frac{a}{3}(\Sigma h_1 + 2\Sigma h_2 + \cdots + 5\Sigma h_5 + 6\Sigma h_6)$
$= \frac{3}{3}(5.9 + 3.0) + 2(3.2 + 5.4 + 6.6 + 4.8) + 3(6.2) + 5(6.5) = 100\text{m}^3$

해답 ②

026 트래버스측량의 각 관측방법 중 방위각법에 대한 설명으로 틀린 것은?

① 진북을 기준으로 어느 측선까지 시계방향으로 측정하는 방법이다.
② 험준하고 복잡한 지역에서는 적합하지 않다.
③ 각각이 독립적으로 관측되므로 오차발생시, 각각의 오차는 이후의 측량에 영향이 없다.
④ 각 관측값의 계산과 제도가 편리하고 신속히 관측할 수 있다.

해설 방위각법은 직접 방위각이 관측되므로 편리하지만 측량시 계속 누적되는 단점이 있다.

해답 ③

027 노선측량의 단곡선 설치방법 중 간단하고 신속하게 작업할 수 있어 철도, 도로 등의 기설곡선 검사에 주로 사용되는 것은?

① 중앙종거법
② 편각설치법
③ 절선편거와 현편거에 의한 방법
④ 절점에 대한 지거에 의한 방법

해설 중앙종거법은 기설치된 곡선의 검사 또는 조정에 편리하나, 말뚝이나 중심간격을 20m마다 설치할 수 없는 결점이 있다.

해답 ①

028 축척 1 : 1500 지도상의 면적을 잘못하여 축척 1 : 1000으로 측정하였더니 10000m²가 나왔다면 실제면적은?

① 4444m²
② 6667m²
③ 15000m²
④ 22500m²

해설 $A = A_0 \left(\dfrac{1,500}{1,000} \right)^2 = 22,500 \mathrm{m}^2$

해답 ④

029 곡선 반지름이 500m인 단곡선의 종단현이 15.343m라면 이에 대한 편각은?

① 0°31′37″
② 0°43′19″
③ 0°52′45″
④ 1°04′26″

해설 $\delta = \dfrac{L}{2R} \dfrac{180°}{\pi} = \dfrac{15,343}{2 \times 500} \times \dfrac{180°}{\pi} = 0°52′44.7″$

해답 ③

030

그림과 같은 복곡선에서 $t_1 + t_2$의 값은?

① $R_1(\tan\Delta_1 + \tan\Delta_2)$
② $R_2(\tan\Delta_1 + \tan\Delta_2)$
③ $R_1\tan\Delta_1 + R_2\tan\Delta_2$
④ $R_1\tan\dfrac{\Delta_1}{2} + R_2\tan\dfrac{\Delta_2}{2}$

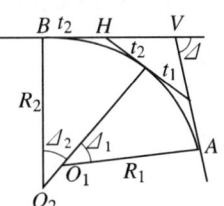

해설

① $t_1 = R_1 \cdot \tan\dfrac{I_1}{2}$

② $t_2 = R_1 \cdot \tan\dfrac{I_2}{2}$

③ $t_1 + t_2 = R_1 \cdot \tan\dfrac{I_1}{2} + R_2 \cdot \tan\dfrac{I_2}{2}$

해답 ④

031

축척 1 : 5000 지형도상에서 어떤 산의 상부로부터 하부까지의 거리가 50mm 이다. 상부의 표고가 125m, 하부의 표고가 75m이며 등고선의 간격이 일정할 때 이 사면의 경사는?

① 10%
② 15%
③ 20%
④ 25%

해설

① $D = 5{,}000 \times 0.05 = 250\text{m}$
② $H = 125 - 75 = 50\text{m}$
③ 경사도 $i = \dfrac{H}{D} = \dfrac{50}{250} \times 100 = 20\%$

해답 ③

032

표와 같은 횡단수준측량 성과에서 우측 12m 지점의 지반고는? (단, 측점 No.10의 지반고는 100.00m이다.)

좌(m)		No	우(m)	
$\dfrac{2.50}{12.00}$	$\dfrac{3.40}{6.00}$	No.10	$\dfrac{2.40}{6.00}$	$\dfrac{1.50}{12.00}$

① 101.50m
② 102.40m
③ 102.50m
④ 103.40m

해설 $H_{(우-12m)} = H_{(No.10)} + 1.50 = 100 + 1.5 = 101.5\text{m}$

해답 ①

033 그림과 같은 삼각망에서 CD의 거리는?

① 1732m
② 1000m
③ 866m
④ 750m

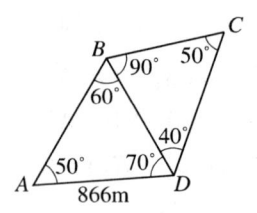

해설
① $\dfrac{866}{\sin 60°} = \dfrac{BD}{\sin 50°}$ 에서 $\overline{BD} = 866 \cdot \dfrac{\sin 50°}{\sin 60°}$

② $\dfrac{BD}{\sin 50°} = \dfrac{CD}{\sin 90°}$ 에서 $\overline{CD} = BD \cdot \dfrac{\sin 90°}{\sin 50°}$

③ $CD = 866 \cdot \dfrac{\sin 50°}{\sin 60°} \cdot \dfrac{\sin 90°}{\sin 50°} = 999.97\text{m}$

해답 ②

034 양수표의 설치 장소로 적합하지 않은 곳은?

① 상, 하류 최소 50m 정도의 곡선인 장소
② 홍수시 유실 또는 이동의 염려가 없는 장소
③ 수위가 교각 및 그 밖의 구조물에 의해 영향을 받지 않는 장소
④ 평상시는 물로 홍수 때에도 쉽게 양수표를 읽을 수 있는 장소

해설 양수표의 설치장소는 수위의 변화가 없는 상하류 최소 100m는 직선인 곳이어야 한다.

해답 ①

035 A, B, C 각 점에서 P점까지 수준측량을 한 결과가 표와 같다. 거리에 대한 경중률을 고려한 P점의 표고최확값은?

① 135.529m
② 135.551m
③ 135.563m
④ 135.570m

측량경로	거리	P점의 표고
$A \to P$	1km	135.487m
$B \to P$	2km	135.563m
$C \to P$	3km	135.603m

해설 직접수준측량의 경우 $P \propto \dfrac{1}{L}$

① $P_1 : P_2 : P_3 = \dfrac{1}{1} : \dfrac{1}{2} : \dfrac{1}{3} = 6 : 3 : 2$

② $H_P = \dfrac{[P \cdot H]}{[P]} = 135 + \dfrac{6 \times 0.487 + 3 \times 0.563 + 2 \times 0.603}{6 + 3 + 2}$
$= 135.529\text{m}$

해답 ①

036 종단면도를 이용하여 유토곡선(mass curve)을 작성하는 목적과 가장 거리가 먼 것은?

① 토량의 운반거리 산출
② 토공장비의 선정
③ 토량의 배분
④ 교통로 확보

해설 유토곡선(토적곡선, mass curve) 작성 목적(구할 수 있는 사항)과 교통로 확보와는 아무런 관계가 없다.

해답 ④

037 다음 설명 중 틀린 것은?

① 지자기 측량은 지자기가 수평면과 이루는 방향 및 크기를 결정하는 측량이다.
② 지구의 운동이란 극운동 및 자전운동을 의미하며, 이들을 조사함으로써 지구의 운동과 지구내부의 구조 및 다른 행성과의 관계를 파악할 수 있다.
③ 지도제작에 관한 지도학은 입체인 구면상에서 측량한 결과를 평면인 도지 위에 정확히 표시하기 위한 투영법을 포함하고 있다.
④ 탄성파 측량은 지진조사, 광물탐사에 이용되는 측량으로 지표면으로부터 낮은 곳은 반사법, 깊은 곳은 굴절법을 이용한다.

해설 탄성파 측량은 지진조사, 광물탐사에 이용되는 측량으로 지표면으로부터 낮은 곳은 굴절법, 깊은 곳은 반사법을 이용한다.

해답 ④

038 측량에서 일반적으로 지구의 곡률을 고려하지 않아도 되는 최대 범위는? (단, 거리의 정밀도를 10^{-6}까지 허용하며 지구 반지름은 6370km이다.)

① 약 $100km^2$ 이내
② 약 $380km^2$ 이내
③ 약 $1000km^2$ 이내
④ 약 $1200km^2$ 이내

해설 $\dfrac{d-D}{D} = \dfrac{1}{12}\left(\dfrac{D}{R}\right)^2 = \dfrac{1}{m}$ 에서

$D^2 = \dfrac{12 \times R^2}{m} = \dfrac{12 \times 6,370^2}{1,000,000} = 486.92 km^2$

∴ $D = 22.07km$

$A = \dfrac{\pi}{4} D^2 = 382.4 km^2$

해답 ②

039 다음 중 위성에 탑재된 센서의 종류가 아닌 것은?

① 초분광센서(Hyper Specreal Sensor)
② 다중분광센서(Multispectral Sensor)
③ SAR(Synthetic Aperture Radar)
④ IFOV(Instantaneous Foeld Of View)

해설 IFOV(Instantaneous Field Of View)는 센서가 한 번에 관측할 수 있는 최대 시야각을 말한다.

해답 ④

040 수준측량에서 레벨의 조정이 불완전하여 시준선이 기포관축과 평행하지 않을 때 생기는 오차의 소거방법으로 옳은 것은?

① 정위, 반위로 측정하여 평균한다.
② 지반이 견고한 곳에 표척을 세운다.
③ 전시와 후시의 시준거리를 같게 한다.
④ 시작점과 종점에서의 표척을 같은 것을 사용한다.

해설 **전시와 후시를 같게 하면 소거되는 오차**
① 레벨의 조정이 불완전하여 시준선이 기포관축과 평행하지 않을 때의 오차
② 지구의 곡률오차(구차), 빛의 굴절오차(기차)
③ 초점나사를 움직일 필요가 없으므로 그때 발생하는 오차

해답 ③

제3과목 수 리 학

041 다음 설명 중 옳지 않은 것은?

① 토리첼리 정리 는 위치수두를 속도수두로 바꾸는 경우이다.
② 직사각형 위어에서 유량은 월류수심(H)의 $H^{2/3}$에 비례한다.
③ 베르누이 방정식이란 일종의 에너지보존법칙이다.
④ 연속방정식이란 일종의 질량보존의 법칙이다.

해설 **직사각형 위어**

$$Q = \frac{2}{3} Cb\sqrt{2g}\, h^{3/2} \qquad Q \propto h^{\frac{3}{2}}$$

042

수중에 설치된 오리피스의 수두차가 최대 4.9m이고 오리피스의 유량계수가 0.5일 때 오리피스 유량의 근사값은? (단, 오리피스의 단면적은 0.01m²이고, 접근유속은 무시한다.)

① 0.025m³/S ② 0.049m³/S
③ 0.098m³/S ④ 0.196m³/S

해설 $Q = CA\sqrt{2gh} = 0.5 \times 0.01 \times \sqrt{2 \times 9.8 \times 4.9} = 0.049 \text{m}^3/\text{sec}$

해답 ②

043

피압 지하수를 설명한 것으로 옳은 것은?

① 하상 밑의 지하수
② 어떤 수원에서 다른 지역으로 보내지는 지하수
③ 지하수와 공기가 접해있는 지하수면을 가지는 지하수
④ 두 개의 불투수층 사이에 끼어있어 대기압보다 큰 압력을 받고 있는 대수층의 지하수

해답 ④

044

양수기의 동력[kW]을 구하는 공식으로 옳은 것은? (단, Q : 유량[m³/S], η : 양수기의 효율, H : 총양정[m])

① $E = 9.8 HQ\eta$ ② $E = 13.33 QH\eta$
③ $E = 9.8 \dfrac{QH}{\eta}$ ④ $E = 13.33 \dfrac{QH}{\eta}$

해설 $E = \dfrac{1}{\eta} \times 9.8 \times QH[\text{kW}] = \dfrac{1}{\eta} \times 13.33 \times QH[\text{HP}]$

해답 ③

045

속도변화를 Δv, 질량을 m이라 할 때, Δt 시간 동안 이 물체에 작용하는 외력 F에 대한 운동량 방정식은?

① $\dfrac{m \cdot \Delta t}{\Delta v}$ ② $m \cdot \Delta v \cdot \Delta t$
③ $\dfrac{m \cdot \Delta v}{\Delta t}$ ④ $m \cdot \Delta t$

해답 ③

046
개수로에서 도수발생시 사류수심을 h_1, 사류의 Froude수를 Fr_1이라 할 때 상류 수심 h_2를 나타낸 식은?

① $h_2 = -\dfrac{h_1}{2}(1-\sqrt{1+8Fr_1^2})$
② $h_2 = -\dfrac{h_1}{2}(1+\sqrt{1+8Fr_1^2})$
③ $h_2 = -\dfrac{h_1}{2}(1+\sqrt{1-8Fr_1^2})$
④ $h_2 = \dfrac{h_1}{2}(1+\sqrt{1+8Fr_1^2})$

해설 $h_2 = \dfrac{h_1}{2}(-1+\sqrt{1+8Fr_1^2}) = -\dfrac{h_1}{2}(1-\sqrt{1+8Fr_1^2})$

해답 ①

047
직각삼각형 예연 위어의 월류수심이 30cm일 때 이 위어를 통과하여 1시간 동안 방출된 수량은? (단, 유량계수 $C=0.6$)

① 0.069m^3
② 0.091m^3
③ 251.3m^3
④ 318.8m^3

해설
$Q = \dfrac{8}{15} C \sqrt{2g} \cdot \tan\dfrac{\theta}{2} \cdot h^{5/2}$
$= \dfrac{8}{15} \times 0.6 \sqrt{2 \times 9.8} \times 1 \times 0.3^{5/2} = 0.07\text{m}^3/\text{sec} \times 3600$
$\fallingdotseq 252\text{m}^3$

해답 ③

048
강우강도에 대한 설명으로 틀린 것은?

① 강우깊이(mm)가 일정할 때 강우지속시간이 길면 강우강도는 커진다.
② 강우강도와 지속시간의 관계는 Talbot, Sheman, Japanese형 등의 경험 공식에 의해 표현된다.
③ 강우강도식은 지역에 따라 다르며, 자기우량계의 우량자료로부터 그 지역의 특성 상수를 결정한다.
④ 강우강도식은 댐, 우수관거 등의 수공구조물의 중요도에 따라 그 설계 재현기간이 다르다.

해설 강우량이 일정할 때는 단기간의 강우강도가 크다.

해답 ①

049
관수로 내의 손실수두에 대한 설명 중 틀린 것은?
① 관수로 내의 모든 손실수두는 속도수두에 비례한다.
② 마찰손실 이외의 손실수두는 소손실(minor loss)이라 한다.
③ 물이 관수로 내에서 큰 수조로 유입할 때 출구의 손실수두는 속도수두와 같다고 가정할 수 있다.
④ 마찰손실수두는 모든 손실수두 가운데 가장 크며 이것은 마찰손실계쑤를 속도수두에 곱한 것이다.

해설 $h_L = f \cdot \dfrac{l}{D} \cdot \dfrac{V^2}{2g}$

해답 ④

050
대기압이 762mmHg로 나타날 때 수은주 305mm의 진공에 해당하는 절대압력의 근사값은? (단, 수은의 비중은 13.6이다.)
① 41N/m^2
② 61N/m^2
③ 40650N/m^2
④ 60909N/m^2

해설
① $762\text{mmHg} \times 13.6 = 1036.3\text{g/cm}^2$
② $\dfrac{305}{762} \times 10363 = 414.8\text{g/cm}^2 = 4148\text{kg/m}^2 = 40650\text{W/m}^2$

해답 ③

051
Darcy의 법칙($v = k \cdot I$)에 관한 설명으로 틀린 것은? (단, k는 투수계수, I는 동수경사)
① Darcy의 법칙은 물의 흐름이 층류일 경우에만 적용가능하고, 흐름 방향과는 무관하다.
② 대수층의 유속은 동수경사에 비례한다.
③ 유속 v는 입자 사이를 흐르는 실제유속을 의미한다.
④ 투수계수 k는 흙입자 크기, 공극률, 물의 점성계수 등에 관계된다.

해설
① 이론유속 $V = Ki$에서
② 실제유속 $V_s = \dfrac{Ki}{n}$ (n : 공극률)

해답 ③

052

내경 10cm의 관수로에 있어서 관벽의 마찰에 의한 손실수두가 속도수두와 같을 때 관의 길이는 (단, 마찰손실계수(f)는 0.03이다.)

① 2.21m   ② 3.33m
③ 4.99m   ④ 5.46m

해설 $h_L = f \cdot \dfrac{l}{D} \cdot \dfrac{V^2}{2g}$ 에서 $h_L = \dfrac{V^2}{2g}$ 이므로

$1 = f \cdot \dfrac{l}{D}$ $l = \dfrac{D}{f} = \dfrac{0.1}{0.03} = 3.33\text{m}$

해답 ②

053

지하수의 연직분포를 크게 나누면 통기대와 포화대로 나눌 수 있다. 다음 중 통기대에 속하지 않는 것은?

① 토양수대   ② 중간수대
③ 모관수대   ④ 지하수대

해설 지하수대는 포화대에 속한다.

해답 ④

054

강우로 인한 유수가 그 유역 내의 가장 먼 지점으로부터 유역출구까지 도달하는 데 소요되는 시간을 의미하는 것은?

① 강우지속시간   ② 지체시간
③ 도달시간   ④ 기저시간

해답 ③

055

다음 중 무차원이 아닌 것은?

① 후루드 수   ② 투수계수
③ 운동량 보정계수   ④ 비중

해설 $V = Ki$
$K = \dfrac{V}{i}$ 이므로 투수계수는 유속의 단위를 갖는다.

해답 ②

056

그림과 같이 지름 3m, 길이 8m인 수문에 작용하는 전수압 수평분력 작용점까지의 수심은?

① 2.00m
② 2.12m
③ 2.34m
④ 2.43m

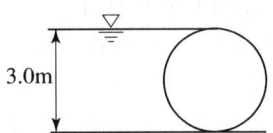

해설

① 수평분력 : $P_H = wh_G A' = 1 \times \frac{3}{2} \times 3 \times 8 = 36t$

② 수직분력 : P_V는 반원에 해당하는 물의 무게이므로
$$P_V = 1 \times \frac{\pi}{4} 3^2 \times \frac{1}{2} \times 8 = 9\pi t$$

③ 반지름이 $\frac{3}{2}$m 이므로 $x = \frac{3}{2} \cdot \cos\theta$, $y = \frac{3}{2} \cdot \sin\theta$

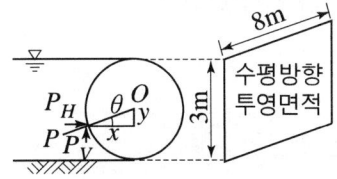

④ 원의 중심(O) 모멘트

$P_H \cdot y = P_V \cdot x$ $36 \cdot \frac{3}{2}\sin\theta = 9\pi \cdot \frac{3}{2}\cos\theta$

$\frac{\sin\theta}{\cos\theta} = \frac{\pi}{4} = \tan\theta$ 에서 $\theta = 38.1°$

⑤ $h_C = \frac{3}{2} + y = \frac{3}{2} + \frac{3}{2} \cdot \sin 38.1 = 2.43m$

해답 ④

057

단위유량도(Unit hydrograph)에 대한 설명으로 틀린 것은?

① 동일한 유역에 강도가 다른 강우에 대해서도 지속기간이 같으면 기저시간도 같다.
② 일정기간 동안에 n배 큰 강도의 강우 발생시 수문곡선종거는 n배 커진다.
③ 지속기간이 비교적 긴 강우사상을 택하여 해석하여야 정확한 결과가 얻어진다.
④ n배의 강우로 인한 총 유출수문 곡선은 이들 n개의 수문곡선 종거를 시간에 따라 합함으로써 얻어진다.

해설 단위유량도는 지속기간이 짧은 강우에 대하여 산정하는 것이 좋다.

해답 ③

058 하천의 모형실험에 주로 사용되는 상사법칙은?

① Froude의 상사법칙 ② Reynolds의 상사법칙
③ Weber의 상사법칙   ④ Cauchy의 상사법칙

해설 하천과 같은 자유표면을 가진 개수로내 흐름으로 중력이 흐름을 좌우하는 경우 Froude법칙을 적용한다.

해답 ①

059 DAD 해석에 관계되는 요소로 짝지어진 것은?

① 수심, 하천 단면적, 홍수기간   ② 강우깊이, 면적, 지속기간
③ 적설량, 분포면적, 적설일수   ④ 강우량, 유수단면적, 최대수심

해설 D-A-D는 강우깊이, 유역면적, 지속기간 해석방법이다.

해답 ②

060 배수(back water)에 대한 설명 중 옳은 것은?

① 개수로의 어느 곳에 댐 등으로 인하여 흐름차단이 발생함으로써 수위가 상승되는 영향이 상류쪽으로 미치는 현상을 말한다.
② 수자원 개발을 위하여 저수지에 물을 가두어 두었다가 용수 부족시에 사용하는 물을 말한다.
③ 홍수시에 제내지에 만든 유수지에 수면이 상승되는 현상을 말한다.
④ 관수로 내의 물을 급격히 차단할 경우 관내의 상승압력으로 인하여 습파가 생겨서 상류 쪽으로 습파가 전달되는 현상을 말한다.

해답 ①

제4과목 철근콘크리트 및 강구조

061 그림과 같은 T형 단면의 보에서 설계 휨모멘트강도(ϕM_n)을 구하면? (단, 과소철근보이고, f_{ck}=21MPa, f_y=400MPa, A_s=1926mm²이고, 인장지배단면이다.)

① 152.3kN·m
② 178.6kN·m
③ 197.8kN·m
④ 215.2kN·m

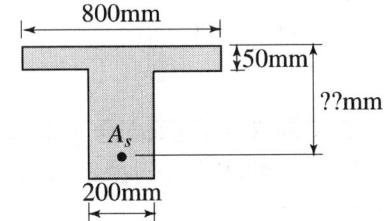

해설
① $f_{ck} = 21\text{MPa} < 40\text{MPa}$이므로 $\epsilon_{cu} = 0.0033$, $\beta_1 = 0.80$

② $a = \dfrac{A_s f_y}{0.85 f_{ck} b} = \dfrac{1926 \times 400}{0.85 \times 21 \times 800}$
$\fallingdotseq 53.95\text{mm} > t_f = 50\text{mm}$이므로 T형보로 설계한다.

③ $A_{sf} = \dfrac{0.85 f_{ck}(b-b_w)t_f}{f_y} = \dfrac{0.85 \times 21 \times (800-200) \times 50}{400}$
$= 1,338.75\text{mm}^2$

④ $a = \dfrac{(A_s - A_{sf})f_y}{0.85 f_{ck} b_w} = \dfrac{(1926-1338.75) \times 400}{0.85 \times 21 \times 200} \fallingdotseq 65.80\text{mm}$

⑤ $\epsilon_t = \dfrac{0.0033}{\dfrac{a}{\beta_1}} d_t - 0.0033 = \dfrac{0.0033}{\dfrac{65.80}{0.80}} \times 300 - 0.0033$
$\fallingdotseq 0.0087 > 0.005$(인장지배 변형률 한계)
인장지배단면이므로 $\phi = 0.85$

⑤ $M_d = \phi M_n = \phi \left\{ A_{sf} f_y \left(d - \dfrac{t_f}{2}\right) + (A_s - A_{sf})f_y\left(d - \dfrac{a}{2}\right) \right\}$
$= 0.85 \left\{ 1,338.75 \times 400 \times \left(300 - \dfrac{50}{2}\right) + (1926-1338.75) \times 400 \times \left(300 - \dfrac{65.80}{2}\right) \right\}$
$= 178,504\text{N}\cdot\text{mm} \fallingdotseq 178.5\text{kN}\cdot\text{m}$

해답 ②

062 폭이 300mm, 유효깊이가 500mm인 단철근 직사각형보 단면에서 f_{ck}=35MPa, f_y=350MPa일 때, 강도설계법으로 구한 균형철근량은 약 얼마인가?

① 5500m²
② 6105m²
③ 6665m²
④ 7450m²

해설 ① $f_{ck} = 35\text{MPa} < 40\text{MPa}$이므로 $\epsilon_{cu} = 0.0033$, $\beta_1 = 0.80$

② $A_{sb} = \rho_b(b_w d) = 0.85 \dfrac{f_{ck}}{f_y} \beta_1 \dfrac{\epsilon_{cu}}{\epsilon_{cu} + \dfrac{f_y}{200000}} (b_w d)$

$= 0.85 \times \dfrac{35}{350} \times 0.80 \times \dfrac{0.0033}{0.0033 + \dfrac{350}{200000}} \times 300 \times 500$

$= 6665.35 \text{mm}^2$

해답 ③

063

자중을 포함한 계수등분포하중 75kN/m를 받는 단철근 직사각형단면 단순보가 있다. $f_{ck} = 28\text{MPa}$, 경간은 8m이고, $b = 400\text{mm}$, $d = 600\text{mm}$일 때 다음 설명 중 옳지 않은 것은?

① 위험단면에서의 전단력은 255kN이다.
② 콘크리트가 부담할 수 있는 전단강도는 211.7kN이다.
③ 부재축에 직각으로 스터럽을 설치하는 경우 그 간격은 300mm 이하로 설치하여야 한다.
④ 최소 전단철근을 포함한 전단철근이 필요한 구간은 지점으로부터 1.92m 까지이다.

해설 ① 위험단면에서 계수 전단력(V_u)

$V_u = \dfrac{w_u l}{2} = w_u d = \dfrac{75 \times 8}{2} - 75 \times 0.6 = 255\text{kN}$

② 콘크리트가 부담하는 전단력(V_c)

$V_c = \left(\dfrac{\lambda \sqrt{f_{ck}}}{6}\right) b_w d = \left(\dfrac{1.0 \times \sqrt{28}}{6}\right) \times 400 \times 600 = 211{,}660\text{N} \fallingdotseq 211.7\text{kN}$

③ $\phi V_c = 0.75 \times 211.7 = 158.775\text{kN}$

④ $\dfrac{\phi V_c}{2} = \dfrac{158.775}{2} = 79.39\text{m}$

⑤ 스터럽의 간격

$V_s = \dfrac{V_u}{\phi} - V_c = \dfrac{255 \times 10^3}{0.75} - 211.7 \times 10^3 = 129{,}000\text{N}$

$< \left(\dfrac{\lambda \sqrt{f_{ck}}}{3}\right) b_w d = \left(\dfrac{1.0 \times \sqrt{28}}{3}\right) \times 400 \times 600 = 423{,}320\text{N}$이므로

V_s		$\lambda(\sqrt{f_{ck}}/3)b_w d$ 이하	$\lambda(\sqrt{f_{ck}}/3)b_w d$ 초과
수직 스터럽	RC	$\dfrac{d}{2}$ 이하, 600mm 이하	$\dfrac{d}{4}$ 이하, 300mm 이하
	PSC	$0.75h$ 이하, 600mm 이하	$\dfrac{3h}{8}$ 이하, 300mm 이하

전단철근의 간격(s)
㉠ $\dfrac{d}{2}=\dfrac{600}{2}=300\text{mm}$ 이하
㉡ 600mm 이하
㉢ s는 최솟값 300mm 이하로 한다.
⑥ 최소전단철근을 포함한 전단보강 구간
$\dfrac{x}{79.39}=\dfrac{4}{300}$ 에서 $x=1.06\text{m}$
⑦ 최소전단철근을 포함한 전단철근이 필요한 구간 $= 4-1.06=2.94\text{m}$

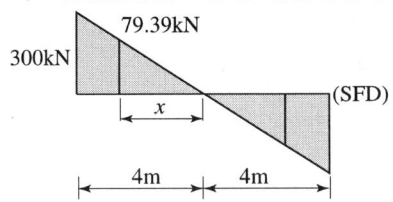

(SFD)

해답 ④

064
철근콘크리트 강도설계법의 기본 가정에 관한 사항 중 옳지 않은 것은?
① 압축측 콘크리트의 최대 변형률은 0.003으로 가정한다.
② 철근 및 콘크리트의 변형률은 중립축으로부터의 거리에 비례한다.
③ 설계기준항복강도 f_y는 450MPa을 초과하여 적용할 수 없다.
④ 콘크리트 압축응력분포는 등가직사각형 분포로 생각해도 좋다.

해설 철근의 설계기준항복강도(f_y)는 600MPa을 초과할 수 없다.

해답 ③

065
과도한 처짐에 의해 손상되기 쉬운 비구조 요소를지지 또는 부착한 지붕 또는 바닥구조의 최대 허용처짐은? (단, l은 부재의 길이이고, 콘크리트 구조기준 규정을 따른다.)

① $\dfrac{l}{180}$ ② $\dfrac{l}{240}$
③ $\dfrac{l}{360}$ ④ $\dfrac{l}{480}$

해설 과도한 처짐에 의해 손상되기 쉬운 비구조 요소를지지 또는 부착한 지붕 또는 바닥 구조의 허용처짐 : $\dfrac{l}{480}$

해답 ④

066

그림과 같이 긴장재를 포물선으로 배치하고 $P=2500$kN으로 긴장했을 때 발생하는 등분포 상향력을 등가하중의 개념으로 구한 값은?

① 10kN/m
② 15kN/m
③ 20kN/m
④ 25kN/m

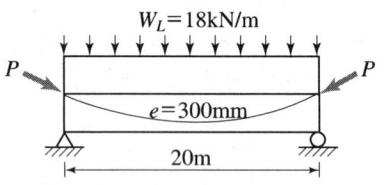

해설 $u = \dfrac{8Ps}{l^2} = \dfrac{8 \times 2,500 \times 0.3}{20^2} = 15\text{kN/m}$

해답 ②

067

강합성 교량에서 콘크리트 슬래브와 강(鋼)주형 상부플랜지를 구조적으로 일체가 되도록 결합시키는 요소는?

① 전단연결재
② 볼트
③ 합성철근
④ 접착제

해답 ①

068

그림과 같은 단면을 갖는 지간 20m의 PSC보에 PS강재가 200mm의 편심거리를 가지고 직선배치 되어있다. 자중을 포함한 계수등분포하중 16kN/m가 보에 작용할 때, 보 중앙단면 콘크리트 상연응력은 얼마인가? (단, 유효 프리스트레스 힘 $P_e=2400$kN)

① 12MPa
② 13MPa
③ 14MPa
④ 15MPa

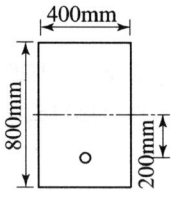

해설
$$f_{상연} = \dfrac{P_e}{A} - \dfrac{P_e \cdot e_p}{Z} + \dfrac{M}{Z} = \dfrac{P_e}{bh} - \dfrac{P_e \cdot e_p}{\dfrac{bh^2}{6}} + \dfrac{\dfrac{wl^2}{8}}{\dfrac{bh^2}{6}}$$

$$= \dfrac{2400 \times 10^3}{400 \times 800} - \dfrac{(2400 \times 10^3) \times 200}{\dfrac{400 \times 800^2}{6}} + \dfrac{\dfrac{16 \times 20,000^2}{8}}{\dfrac{400 \times 800^2}{6}}$$

$$= 15\text{N/mm}^2 = 15\text{MPa}$$

해답 ④

069 다음 띠철근 기둥이 최소 편심 하에서 받을 수 있는 설계 축하중강도($\phi P_{n(\max)}$)는 얼마인가? (단, 축방향 철근의 단면적 $A_{st}=1865\text{mm}^2$, $f_{ck}=28\text{MPa}$, $f_y=300\text{MPa}$이고 기둥은 단주이다.)

① 2490kN   ② 2774kN
③ 3075kN   ④ 1998kN

해설
$$P_d = \phi P_{n(\max)}$$
$$= 0.80\phi[0.85f_{ck}(A_g - A_{st}) + f_y A_{st}]$$
$$= 0.80 \times 0.65[0.85 \times 28 \times (450^2 - 1,865) + 300 \times 1,865]$$
$$= 2,773,998\text{N} \fallingdotseq 2,774\text{kN}$$

해답 ②

---

070 아래 그림과 같은 보의 단면에서 표피철근의 간격 S는 약 얼마인가? (단, 습윤환경에 노출되는 경우로서, 표피철근의 표면에서 부재 측면까지 최단거리(C_C)는 50mm, $f_{ck}=28\text{MPa}$, $f_y=400\text{MPa}$이다.)

① 170mm
② 190mm
③ 220mm
④ 240mm

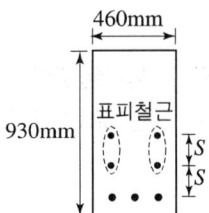

해설
① 인장연단에서 가장 가까이에 위치한 철근의 응력의 근사값
$$f_s = \frac{2}{3}f_y = \frac{2}{3} \times 400 = 266.67\text{MPa}$$

② k_{cr}은 건조환경에 노출된 경우는 280, 그 외의 환경에 노출된 경우는 210이므로 210이다.

③ $s = 375\left(\dfrac{k_{cr}}{f_s}\right) - 2.5C_c = 375 \times \left(\dfrac{210}{266.67}\right) - 2.5 \times 50 = 170.31\text{mm}$

④ $s = 300\left(\dfrac{k_{cr}}{f_s}\right) = 300\left(\dfrac{210}{266.67}\right) = 236.24\text{mm}$

⑤ 둘 중 작은 값 170.31 ≒ 170mm로 한다.

해답 ①

071
콘크리트구조물에서 비틀림에 대한 설계를 하려고 할 때, 계수비틀림모멘트(T_u)를 계산하는 방법에 대한 다음 설명 중 틀린 것은?

① 균열에 의하여 내력의 재분배가 발생하여 비틀림 모멘트가 감소할 수 있는 부정정 구조물의 경우, 최대 계수비틀림모멘트를 감소시킬 수 있다.
② 철근콘크리트 부재에서 받침부로부터 d 이내에 위치한 단면은 d에서 계산된 T_u보다 작지 않은 비틀림모멘트에 대하여 설계하여야 한다.
③ 프리스트레스트 부재에서 받침부로부터 d 이내에 위치한 단면을 설계할 때 d에서 계산된 T_u보다 작지 않은 비틀림모멘트에 대하여 설계하여야 한다.
④ 정밀한 해석을 수행하지 않은 경우, 슬래브로부터 전달되는 비틀림하중은 전체 부재에 걸쳐 균등하게 분포하는 것으로 가정할 수 있다.

해설 프리스트레스트 부재에서 받침부로부터 $\frac{h}{2}$ 이내에 위치한 단면은 $\frac{h}{2}$에서 계산된 계수비틀림모멘트(T_u)보다 작지 않은 비틀림모멘트에 대하여 설계하여야 한다. **해답 ③**

072
그림과 같이 단순 지지된 2방향 슬래브에 등분포 하중 w가 작용할 때, ab 방향에 분배되는 하중은 얼마인가?

① $0.941w$
② $0.059w$
③ $0.889w$
④ $0.111w$

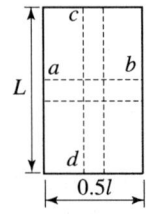

해설 단변이 부담하는 하중
$$w_{ab} = \frac{L^4}{L^4 + S^4}w = \frac{L^4}{L^4 + (0.5L)^4}w = 0.941w$$

해답 ①

073
강교의 부재에 사용되는 고장력 볼트의 이음은 어떤 이음을 원칙으로 하는가?

① 마찰이음　　② 지압이음
③ 인장이음　　④ 압축이음

해설 고장력볼트 이음은 마찰이음을 원칙으로 한다. **해답 ①**

074 단철근 직사각형보의 폭이 300mm, 유효깊이가 500mm, 높이가 600mm일 때, 외력에 의해 단면에서 횡균열을 일으키는 휨모멘트(M_{cr})를 구하면? (단, f_{ck} = 24MPa, 콘크리트의 파괴 계수($(f_r) = 0.63\sqrt{f_{ck}}$)

① 45.2kN · m
② 48.9kN · m
③ 52.1kN · m
④ 55.6kN · m

해설
$M_{cr} = f_r Z = 0.63\lambda\sqrt{f_{ck}}\left(\dfrac{bh^2}{6}\right) = (0.63 \times 1.0 \times \sqrt{24}) \times \left(\dfrac{300 \times 600^2}{6}\right)$
$= 55,554.43\text{N} \cdot \text{mm} \fallingdotseq 55.6\text{kN} \cdot \text{m}$

해답 ④

075 철근콘크리트 부재의 전단철근에 관한 다음 설명 중 옳지 않은 것은?

① 주인장철근에 30° 이상의 각도로 구부린 굽힘철근도 전단철근으로 사용할 수 있다.
② 전단철근의 설계기준항복강도는 300MPa을 초과할 수 없다.
③ 부재축에 직각으로 배치된 전단철근의 간격은 d/2이하, 600mm 이하로 하여야 한다.
④ 최소 전단철근량은 $0.35\dfrac{b_w \cdot s}{f_{yt}}$ 보다 작지 않아야 한다.

해설 전단철근의 설계기준항복강도는 500MPa을 초과할 수 없다.

해답 ②

076 다음 주어진 단철근 직사각형 단면이 연성파괴를 한다면 이 단면의 공칭휨강도는 얼마인가? (단, f_{ck}=21MPa, f_y=300MPa)

① 252.4kN · m
② 296.9kN · m
③ 356.3kN · m
④ 396.9kN · m

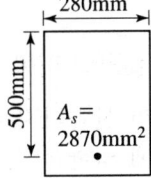

해설
① $a = \dfrac{A_s f_y}{0.85 f_{ck} b} = \dfrac{2,870 \times 300}{0.85 \times 21 \times 280} = 172.3\text{mm}$
② $M_n = A_s f_y\left(d - \dfrac{a}{2}\right) = 2,870 \times 300 \times \left(500 - \dfrac{172.3}{2}\right)$
$\fallingdotseq 356.3 \times 10^6 \text{N} \cdot \text{mm} = 356.3\text{kN} \cdot \text{m}$

해답 ③

077

순단면이 볼트의 구멍 하나를 제외한 단면(즉, A–B–C 단면)과 같도록 피치(s)를 결정하면? (단, 구멍의 직경은 22mm이다.)

① 114.9mm
② 90.6mm
③ 66.3mm
④ 50mm

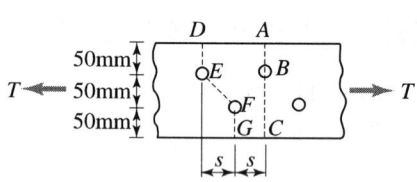

해설
$b_g - d - \left(d - \dfrac{s^2}{4g}\right) = b_g - d$ 에서 $d - \dfrac{s^2}{4g} = 0$

$s = \sqrt{4gd} = \sqrt{4 \times 50 \times 22} \fallingdotseq 66.3\text{mm}$

해답 ③

078

그림과 같이 보의 단면은 휨모멘트에 대해서만 보강되어 있다. 설계기준에 따라 단면에 허용되는 최대 계수전단력 V_u는 얼마인가? (단, f_{ck}=22MPa, f_y=400MPa)

① 32.5kN
② 36.6kN
③ 42.7kN
④ 43.3kN

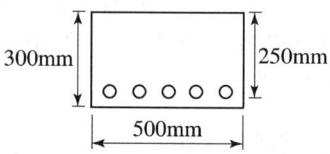

해설
$V_u \leq \dfrac{1}{2}\phi V_c = \dfrac{1}{2}\phi\left(\dfrac{\lambda\sqrt{f_{ck}}}{6}\right)b_w d$

$= \dfrac{1}{2} \times 0.75 \times \left(\dfrac{1.0\sqrt{22}}{6}\right) \times 500 \times 250 = 36,643.87\text{N} \fallingdotseq 36.6\text{kN}$

해답 ②

079

다음 중 철근의 피복 두께를 필요로 하는 이유로 옳지 않은 것은?

① 철근이 산화되지 않도록 한다.
② 화재에 의한 직접적인 피해를 받지 않도록 한다.
③ 부착응력을 확보한다.
④ 인장강도를 보강한다.

해설 철근의 피복두께를 두는 이유
① 철근의 부식 및 산화방지
② 부착강도 확보
③ 내화성 확보

해답 ④

080 옹벽에서 T형보로 설계하여야 하는 부분은?

① 뒷부벽식 옹벽의 뒷부벽 ② 뒷부벽식 옹벽의 전면벽
③ 앞부벽식 옹벽의 저판   ④ 앞부벽식 옹벽의 앞부벽

해설 뒷부벽식 옹벽의 뒷부벽은 T형보로 설계한다.

해답 ①

제5과목 토질 및 기초

081 흙을 다지면 흙의 성질이 개선되는데 다음 설명 중 옳지 않은 것은?

① 투수성이 감소한다.   ② 부착성이 감소한다.
③ 흡수성이 감소한다.   ④ 압축성이 작아진다.

해설 다짐의 효과
① 전단강도의 증대   ② 투수성의 감소
③ 압축성의 감소   ④ 흡수성 감소
⑤ 지반의 지지력 증대

해답 ②

082 아래의 그림에서 각 층의 손실수두 Δh_1, Δh_2 및 Δh_3을 각각 구한 값으로 옳은 것은?

① $\Delta h_1 = 2$, $\Delta h_2 = 2$, $\Delta h_3 = 4$
② $\Delta h_1 = 2$, $\Delta h_2 = 3$, $\Delta h_3 = 3$
③ $\Delta h_1 = 2$, $\Delta h_2 = 4$, $\Delta h_3 = 2$
④ $\Delta h_1 = 2$, $\Delta h_2 = 5$, $\Delta h_3 = 1$

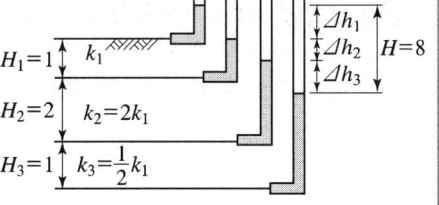

해설
$v_z = K_z \cdot i = K_1 \cdot i_1 = K_2 \cdot i_2 = K_3 \cdot i_3$

$K_1 \cdot \left(\dfrac{\Delta h_1}{H_1}\right) = K_2 \cdot \left(\dfrac{\Delta h_2}{H_2}\right) = K_3 \cdot \left(\dfrac{\Delta h_3}{H_3}\right)$

$K_1 \cdot \left(\dfrac{\Delta h_1}{H_1}\right) = 2K_1 \cdot \left(\dfrac{\Delta h_2}{H_2}\right) = \dfrac{1}{2}K_1 \cdot \left(\dfrac{\Delta h_3}{H_3}\right)$

$K_1 \cdot \left(\dfrac{\Delta h_1}{1}\right) = 2K_1 \cdot \left(\dfrac{\Delta h_2}{2}\right) = \dfrac{1}{2}K_1 \cdot \left(\dfrac{\Delta h_3}{1}\right)$

$\Delta h_1 = \Delta h_2 = \dfrac{\Delta h_3}{2}$ 에서 $2\Delta h_1 = 2\Delta h_2 = \Delta h_3$

$h = \Delta h_1 + \Delta h_2 + \Delta h_3$
$\Delta h_1 + \Delta h_1 + 2\Delta h_1 = 8\text{m}$
$4\Delta h_1 = 8\text{m}$ 이므로 $\Delta h_1 = 2\text{m}, \ \Delta h_2 = 2\text{m}, \ \Delta h_3 = 4$

해답 ①

083 아래 그림과 같은 지반의 A점에서 전응력(σ), 간극수압(u), 유효응력(σ')을 구하면?

① $\sigma = 102\text{kN/m}^2, \ u = 40\text{kN/m}^2, \ \sigma' = 62\text{kN/m}^2$
② $\sigma = 102\text{kN/m}^2, \ u = 30\text{kN/m}^2, \ \sigma' = 72\text{kN/m}^2$
③ $\sigma = 120\text{kN/m}^2, \ u = 40\text{kN/m}^2, \ \sigma' = 80\text{kN/m}^2$
④ $\sigma = 120\text{kN/m}^2, \ u = 30\text{kN/m}^2, \ \sigma' = 90\text{kN/m}^2$

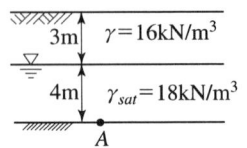

해설 ① 전응력 $\sigma_A = \gamma_t \times 3 + \gamma_{sat} \times 4 = 16 \times 3 + 18 \times 4 = 120\text{kN/m}^2$
② 간극수압 $u_A = \gamma_w \times 4 = 10 \times 4 = 40\text{kN/m}^2$
③ 유효응력 $\sigma_A' = \sigma - u = 120 - 40 = 80\text{kN/m}^2$

해답 ③

084 포화된 점토에 대하여 비압밀 비배수(UU) 시험을 하였을 때의 결과에 대한 설명 중 옳은 것은? (단, ϕ : 내부마찰각, c : 점착력이다.)

① ϕ와 c가 나타나지 않는다.
② ϕ는 "0"이 아니지만, c는 "0"이다.
③ ϕ와 c가 모두 "0"이 아니다.
④ ϕ는 "0"이고 c는 "0"이 아니다.

해설 **비압밀 비배수 전단시험**(UU-test)
① 포화토의 경우 내부마찰각 $\phi = 0°$이므로 파괴포락선은 수평선으로 나타난다.
② 내부마찰각 $\phi = 0°$인 경우 전단강도 $\tau = c_u$이다.

해답 ④

085 베인전단시험(Vane Shear Test)에 대한 설명으로 옳지 않은 것은?

① 현장 원위치 시험의 일종으로 점토의 비배수전 단강도를 구할 수 있다.
② 십자형의 베인(Vane)을 땅속에 압입한 후, 회전모멘트를 가해서 흙이 원통형으로 전단 파괴될 때 저항모멘트를 구함으로써 비배수전단강도를 측정하게 된다.
③ 연약점토지반에 적용된다.
④ 베인전단시험으로부터 흙의 내부마찰각을 측정할 수 있다.

해설 베인전단 시험은 극히 연약한 점토지반의 원위치에서 전단강도를 측정한다.

해답 ④

086 말뚝 지지력에 관한 여러 가지 공식 중 정역학적 지지력 공식이 아닌 것은?

① Dörr의 공식
② Terzaghi 공식
③ Meyerhof 공식
④ Engineering-News 공식(또는 AASHO 공식)

해설 Engineering-News 공식은 동역학적 지지력 공식이다.

해답 ④

087 깊은 기초의 지지력 평가에 관한 설명 중 잘못된 것은?

① 정역학적 지지력 추정방법은 논리적으로 타당하나 강도 정수를 추정하는데 한계성을 내포하고 있다.
② 동역학적 방법은 항타 장비, 말뚝과 지반조건이 고려된 방법으로 해머 효율의 측정이 필요하다.
③ 현장 타설 콘크리트 말뚝 기초는 동역학적 방법으로 지지력을 추정한다.
④ 말뚝 항타분석기(PDA)는 말뚝의 응력분포, 경시효과 및 해머효율을 파악할 수 있다.

해설 현장 타설 콘크리트 말뚝 기초는 정역학적 방법으로 지지력을 추정한다.

해답 ③

088 지표가 수평인 곳에 높이 5m의 연직옹벽이 있다. 흙의 단위중량이 18kN/m³, 내부마찰각이 30°이고 점착력이 없을 때 주동토압은 얼마인가?

① 45kN/m
② 55kN/m
③ 65kN/m
④ 75kN/m

해설 ① 주동토압계수 $K_A = \dfrac{1-\sin 30°}{1+\sin 30°} = \dfrac{1}{3}$

② 전주동토압 $P_A = \dfrac{1}{2} \cdot K_A \cdot \gamma \cdot H^2 = \dfrac{1}{2} \times \dfrac{1}{3} \times 18 \times 5^2 = 75\text{kN/m}$

해답 ④

089 현장 흙의 들밀도시험 결과 흙을 파낸부분의 체적과 파낸 흙의 무게는 각각 1,800cm³, 3.9kgf이었다. 함수비는 11.2%이고, 흙의 비중 2.65이다. 최대건조단위중량이 2.05g/cm³때 상대다짐도는?

① 95.1%
② 96.1%
③ 97.1%
④ 98.1%

해설 ① 습윤단위중량 $\gamma_t = \dfrac{W}{V} = \dfrac{3{,}950}{1{,}800} = 2.194\text{g/cm}^3$

② 건조단위중량 $\gamma_d = \dfrac{\gamma_t}{1+\dfrac{w}{100}} = \dfrac{2.194}{1+\dfrac{11.2}{100}} = 1.973\text{g/cm}^3$

③ 다짐도 $R = \dfrac{\text{현장의 } r_d}{\text{실내다짐시험에 의한 } \gamma_{d\max}} \times 100 = \dfrac{1.973}{2.05} \times 100 = 96.24\%$

해답 ②

090
포화된 흙의 건조단위중량이 17kN/m³이고, 함수비가 20%일 때 비중은 얼마인가?

① 2.58 ② 2.68
③ 2.78 ④ 2.88

해설 ① 간극비 $e = \dfrac{w}{S} \cdot G_s = \dfrac{20}{100} \times G_s = 0.20 G_s$

② 비중 $\gamma_d = \dfrac{G_s \cdot \gamma_w}{1+e}$ $17 = \dfrac{G_s \times 1}{1+0.20 G_s}$

$17 \times (1+0.2 G_s) = G_s$

$66 G_s = 17$ ∴ $G_s = 2.58$

해답 ①

091
중심간격이 2.0m, 지름 40cm인 말뚝을 가로 4개, 세로 5개씩 전체 20개의 말뚝을 박았다. 말뚝 한 개의 허용지지력이 150kN이라면 이 군항의 허용지지력은 약 얼마인가? (단, 군말뚝의 효율은 Converse-Labarre공식을 사용)

① 4500kN ② 3000kN
③ 2415kN ④ 1145kN

해설 ① $\phi = \tan^{-1} \dfrac{D}{S} = \tan^{-1} \dfrac{0.4}{2.0} = 11.31°$

② 효율(Converse-Labarre 공식)
$E = 1 - \dfrac{\phi}{90} \cdot \left[\dfrac{(m-1)\cdot n + (n-1)\cdot m}{m \cdot n}\right]$
$= 1 - \dfrac{11.31}{90} \times \left[\dfrac{(4-1)\times 5 + (5-1)\times 4}{4 \times 5}\right] = 0.805$

③ 군항의 허용지지력 : $Q_{ag} = E \cdot N \cdot Q_a = 0.805 \times 20 \times 150 = 2{,}415\text{kN}$

해답 ③

092

그림과 같이 $c=0$인 모래로 이루어진 무한사면이 안정을 유지(안전율≥1)하기 위한 경사각 β의 크기로 옳은 것은?

① $\beta \leq 7.8°$
② $\beta \leq 15.5°$
③ $\beta \leq 31.3°$
④ $\beta \leq 35.6°$

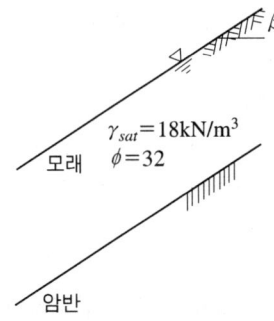

해설 지하수위가 지표면과 일치하는 경우 사면이 안정되기 위해서는 $F_s = \dfrac{\gamma_{sub}}{\gamma_{sat}} \cdot \dfrac{\tan\phi}{\tan\beta}$ 이어야 하므로

$\dfrac{8}{18} \times \dfrac{\tan 32°}{\tan\beta} = 1$

$\tan\beta = \dfrac{8}{18} \times \tan 32°$

$\beta = \tan^{-1}\left(\dfrac{8}{18} \times \tan 32°\right) = 15.52°$

해답 ②

093

그림과 같이 2개층으로 구성된 지반에 대해 수직방향으로 등가투수계수는?

① 3.89×10^{-4} cm/sec
② 7.78×10^{-4} cm/sec
③ 1.57×10^{-3} cm/sec
④ 3.14×10^{-3} cm/sec

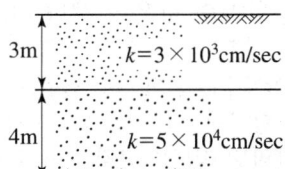

해설
① 전체층 두께
 $H = H_1 + H_2 = 300 + 400 = 700$ cm
② 수평방향 등가투수계수
 $K_h = \dfrac{1}{H}(K_1 \cdot H_1 + K_2 \cdot H_2)$
 $= \dfrac{1}{700} \times [(3 \times 10^{-3}) \times 300 + (5 \times 10^{-4}) \times 400]$
 $= 1.57 \times 10^{-3}$ cm/sec
③ 수직방향 등가투수계수
 $K_v = \dfrac{H}{\dfrac{H_1}{K_1} + \dfrac{H_2}{K_2}} = \dfrac{700}{\dfrac{300}{3 \times 10^{-3}} + \dfrac{400}{5 \times 10^{-4}}} = 7.78 \times 10^{-4}$ cm/sec

해답 ②

094 다음 연약지반 개량공법에 관한 사항 중 옳지 않은 것은?

① 샌드 드레인 공법은 2차 압밀비가 높은 점토과이탄 같은 흙에 큰 효과가 있다.
② 장기간에 걸친 배수공법은 샌드 드레인이 페이퍼 드레인보다 유리하다.
③ 동압밀 공법 적용시 과잉간극수압의 소산에 의한 강도 증가가 발생한다.
④ 화학적 변화에 의한 흙의 강화공법으로는 소결 공법, 전기화학적 공법 등이 있다.

해설 Sand drain 공법은 점토지반을 개량하는 공법으로 이탄과 같이 2차 압밀량이 클 흙은 적합하지 않다.

해답 ①

095 아래 표의 공식은 흙시료에 삼축압축이 작용할 때 흙시료 내부에 발생하는 간극수압을 구하는 공식이다. 이 식에 대한 설명으로 틀린 것은?

$$\Delta u = B[\Delta \sigma_3 + A(\Delta \sigma_1 - \Delta \sigma_3)]$$

① 포화된 흙의 경우 $B=1$이다.
② 간극수압계수는 A의 값은 삼축압축시험에서 구할 수 있다.
③ 포화된 점토에서 구속응력을 일정하게 두고 간극수압을 측정하였다면, 축차응력과 간극수압으로부터 A값을 계산할 수 있다.
④ 간극수압계수 값은 언제나 (+)의 값을 갖는다.

해설 간극수압계수는 흙의 전단 변형률, 흙의 종류에 따라 다르나 일반적으로 다음과 같다.
① 정규압밀점토의 A값 : 0.5~1
② 과압밀된 점토의 A값 : -0.5~0

해답 ④

096 두께 H인 점토층에 압밀하중을 가하여 요구되는 압밀도에 달할 때까지 소요되는 기간이 단면배수일 경우 400일이었다면 양면배수일 때는 며칠이 걸리겠는가?

① 800일
② 400일
③ 200일
④ 100일

해설 압밀시간
$t = \dfrac{T_v \cdot d^2}{C_v}$ 에서 $t \propto d^2$ $\quad 400 : 1^2 = t : 2^2 \quad t = 100$일

해답 ④

097 φ=0°인 포화된 점토시료를 채취하여 일축압축시험을 행하였다. 공시체의 직경이 4cm, 높이가 8cm이고 파괴시의 하중계의 읽음 값이 4.0kg, 축방향의 변형량이 1.6cm일 때, 이 시료의 전단강도는 약 얼마인가?

① 0.007MPa ② 0.013MPa
③ 0.025MPa ④ 0.032MPa

해설
① 단면적 $A = \dfrac{\pi \cdot d^2}{4} = \dfrac{\pi \times 4^2}{4} = 12.57 \text{cm}^2$

② 환산단면적 $A_0 = \dfrac{A}{1-\epsilon} = \dfrac{12.57}{1-\left(\dfrac{1.6}{8}\right)} = 15.71 \text{cm}^2$

③ 일축압축강도 $\sigma_1 = q_u = \dfrac{P}{A_o} = \dfrac{4.0}{15.71} = 0.25 \text{kg/cm}^2 = 0.025 \text{MPa}$

④ 전단강도 $\phi = 0°$이므로 $\tau = c_u = \dfrac{q_u}{2} = \dfrac{0.025}{2} = 0.013 \text{MPa}$

해답 ②

098 아래 그림과 같은 흙의 구성도에서 체적(V)을 1로 했을 때의 간극의 체적은? (단, 간극률 n, 함수비 w, 흙입자의 비중 G_s, 물의 단위중량 γ_w)

① n
② $w \cdot G_s$
③ $\gamma_w \cdot (1-n)$
④ $[G_s - n \cdot (G_s - 1)] \cdot \gamma_w$

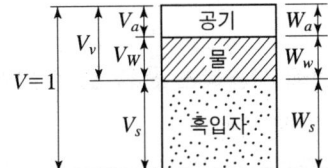

해설 $n = \dfrac{V_v}{V} \times 100$에서 $V_v = \dfrac{n \cdot V}{100} = \dfrac{n}{100}$

해답 ①

099 외경(D_0) 50.8mm, 내경(D_i) 34.9mm인 스플리트 스푼 샘플러의 면적비로 옳은 것은?

① 46% ② 53%
③ 106% ④ 112%

해설 $A_r = \dfrac{D_o^2 - D_i^2}{D_i^2} \times 100 = \dfrac{50.8^2 - 34.9^2}{34.9^2} \times 100 = 111.87\%$

해답 ④

100

널말뚝을 모래지반에 5m 깊이로 박았을 때 상류와 하류의 수두차가 4m이었다. 이때 모래지반의 포화단위 중량이 20kN/m³이다. 현재 이 지반의 분사현상에 대한 안전율은?

① 0.85
② 1.25
③ 2.0
④ 2.5

 해설
① 수중단위중량 $\gamma_{sub} = \gamma_{sat} - \gamma_w = 20 - 10 = 10 \text{kN/m}^3$

② 한계동수경사 $i_c = \dfrac{\gamma_{sub}}{\gamma_w} = \dfrac{10}{10} = 1.0$

③ 동수구배 $i = \dfrac{\Delta h}{L} = \dfrac{4}{5}$

④ 안전율 $F_s = \dfrac{i_c}{i} = \dfrac{1.0}{\dfrac{4}{5}} = 1.25$

 해답 ②

제6과목 상하수도공학

101

배수관에 사용하는 관종 중 강관에 관한 설명으로서 틀린 것은?

① 충격에 강하다.
② 인장강도가 크다.
③ 부식에 강하고 처짐이 적다.
④ 용접으로 전체 노선을 일체화할 수 있다.

해설 강관(배수관)은 부식에 약하고 처짐이 크다.

해답 ③

102

수분 97%의 슬러지 15m³을 수분 70%로 농축하면 그 부피는? (단, 비중은 모두 1.0으로 가정)

① 0.5m³
② 1.5m³
③ 2.5m³
④ 3.5m³

 해설 $\dfrac{15\text{m}^3}{V_2} = \dfrac{100-70}{100-97}$ 에서 $V_2 = \dfrac{100-97}{100-70} \times 15 = 1.5[\text{m}^3]$

※ $\dfrac{V_1}{V_2} = \dfrac{100 - W_2}{100 - W_1}$ 에서

여기서, V_1 : 농축 전 슬러지 부피(m³)
V_2 : 농축 후 슬러지 부피(m³)
W_1 : 농축 전 슬러지 함수율(%)
W_2 : 농축 후 슬러지 함수율(%)

해답 ②

103
자연유하식 도수관을 설계할 때 평균유속의 허용최대 한도는?
① 2.0m/s
② 2.5m/s
③ 3.0m/s
④ 3.5m/s

해설 도수관의 평균유속범위(최소 및 최대유속)는 0.3~3.0m/sec이다.

해답 ③

104
질소, 인 제거와 같은 고도처리를 도입하는 이유로서 틀린 것은?
① 폐쇄성 수역의 부영양화 방지
② 슬러지 발생량 저감
③ 처리수의 재이용
④ 수질환경기준 만족

해설 **고도 처리**(3차 처리)**의 도입 이유**(목적)
① 폐쇄성 수역의 부영양화 방지를 위함
② 처리수의 재이용(중수도)을 위함
③ 방류수역의 수질환경기준을 만족하기 위함

해답 ②

105
상수의 도수 및 송수에 관한 설명 중 틀린 것은?
① 도수 및 송수방식은 에너지의 공급원 및 지형에 따라 자연유하식과 펌프가압식으로 나눌 수 있다.
② 송수관로는 개수로식과 관수로식으로 분류할 수 있다.
③ 수원이 급수구역과 가까울 때나 지하수를 수원으로 할 때는 펌프가압식이 더 효율적이다.
④ 자연유하식은 평탄한 지형에서 유리한 방식이다.

해설 자연유하식은 중력에 의한 송수방식이므로 수원의 위치가 높을 경우 유리한 방식이다.

해답 ④

106 정수장 시설의 계획정수량 기준으로 옳은 것은?

① 계획 1일 평균급수량　② 계획 1일 최대급수량
③ 계획 1시간 최대급수량　④ 계획 1월 평균급수량

해설 정수장 시설은 계획1일 최대급수량을 기준으로 설계한다.

해답 ②

107 인구가 10000명인 A시에 폐수배출시설 1개소가 설치될 계획이다. 이 폐수배출시설의 유량은 200m³/day이고 평균 BOD 배출농도는 500g/m³이다. 만약 A시에 이를 고려하여 하수종말처리장을 신설할 때 적합한 최소 계획인구수는? (단, 하수종말처리장 건설시 1인 1일 BOD 부하량은 50gBOD/인·day로 한다.)

① 10000명　② 12000명
③ 14000명　④ 16000명

해설
① 폐수의 BOD량 = 유량 × BOD배출량
　　　　　　　　= 200m³/day × 500g/m³
　　　　　　　　= 100,000g/day
② BOD량당 인구수 = $\dfrac{\text{폐수의 BOD량}}{\text{1인1일 BOD부하량}}$
　　　　　　　　　= $\dfrac{100,000\text{g/day}}{50\text{g/인·일(day)}}$ = 2,000인
③ 계획 인구수 = 10,000 + 2,000 = 12,000명

해답 ②

108 다음 중 COD의 설명으로 옳은 것은?

① BOD에 비해 짧은 시간에 측정이 가능하다.
② COD는 오염의 지표로서 폐수 중의 용존산소량을 나타낸다.
③ COD는 미생물을 이용한 측정방법이다.
④ 무기물을 분해하는 데에 소모되는 산화제의 양을 나타낸다.

해설 COD(Chemical Oxygen Demand ; 화학적 산소요구량)
① 유기물 및 무기물을 산화제로 산화시킬 때 소요되는 산화제의 양을 산소량으로 치환한 것
② 측정시간이 2시간 정도로 BOD(5일)보다 훨씬 짧다.
③ 일반적으로 COD값이 BOD값보다 높다.

해답 ①

109 먹는 물의 수질기준에서 탁도의 기준단위는?

① ‰(permil)
② ppm(parts per million)
③ JTU(Jackson Turbidity Unit)
④ NTU(Nephelometric Turbidity Unit)

해설 탁도의 단위는 NTU(Nephelometric Turbidity Unit)이다.

해답 ④

110 펌프의 비속도(비교회전도, N_s)에 대한 설명으로 틀린 것은?

① N_s가 작으면 유량이 적은 저양정의 펌프가 된다.
② 수량 및 전양정이 같다면 회전수가 클수록 N_s가 크게 된다.
③ N_s가 동일하면 펌프의 크기에 관계없이 같은 형식의 펌프로 한다.
④ N_s가 작을수록 효율곡선은 완만하게 되고 유량변화에 대해 효율변화의 비율이 작다.

해설 $N_s = N \times \dfrac{Q^{1/2}}{H^{3/4}}$

N_s가 작으면 유량(Q)이 적은 고양정(H)의 펌프가 된다.

해답 ①

111 정수과정의 전염소처리 목적과 거리가 먼 것은?

① 철과 망간의 제거
② 맛과 냄새의 제거
③ 트리할로메탄의 제거
④ 암모니아성 질소와 유기물의 처리

해설 전염소처리는 철, 망간, 맛, 냄새, 암모니아성 질소, 황화수소, 유기물, 조류, 세균 등의 제거가 목적이다.

해답 ③

112 수원의 구비요건으로 틀린 것은?

① 수질이 좋아야 한다.
② 수량이 풍부하여야 한다.
③ 가능한 한 낮은 곳에 위치하여야 한다.
④ 소비자로부터 가까운 곳에 위치하여야 한다.

해설 수원은 가능한 한 높은 곳에 위치하여 자연유하식을 이용할 수 있어야 한다.

해답 ③

113 급속여과 및 완속여과에 대한 설명으로 틀린 것은?

① 급속여과의 전처리로서 약품침전을 행한다.
② 완속여과는 미생물에 의한 처리효과를 기대할 수 없다.
③ 급속여과시 여과속도는 120~150m/day를 표준으로 한다.
④ 완속여과가 급속여과보다 여과지면적이 크게 소요된다.

해설 완속여과는 미생물에 의한 철, 망간, 세균, 암모니아 등의 처리효과가 있다.

해답 ②

114 우수조정지에 대한 설명으로 틀린 것은?

① 우수의 방류방식은 자연유하를 원칙으로 한다.
② 우수조정지의 구조형식은 댐식, 굴착식 및 지하식으로 한다.
③ 각 시간마다의 유입 우수량은 강우량도를 기초로 하여 산정할 수 있다.
④ 우수조정지는 보·차도 구분이 있는 경우에는 그 경계를 따라 설치한다.

해설 우수조정지(유수지) 설치위치
① 하수관거의 유하능력이 부족한 곳
② 하류지역의 펌프장 배수능력이 부족한 곳
③ 방류수로의 유하능력이 부족한 곳

해답 ④

115 펌프장시설 중 오수침사지의 평균유속과 표면부하율의 설계기준은?

① $0.6m/s$, $1800m^3/m^2 \cdot day$
② $0.6m/s$, $3600m^3/m^2 \cdot day$
③ $0.3m/s$, $1800m^3/m^2 \cdot day$
④ $0.3m/s$, $3600m^3/m^2 \cdot day$

해답 ③

116 하수의 배제방식 중 분류식 하수관거의 특징이 아닌 것은?

① 처리장 유입하수의 부하농도를 줄일 수 있다.
② 우천시 월류의 위험이 적다.
③ 처리장으로의 토사 유입이 적다.
④ 처리장으로 유입되는 하수량이 비교적 일정하다.

해설 분류식 하수관거의 경우
모든 오수를 하수처리장으로 수송하므로 처리장 유입하수의 부하농도를 줄일 수 없다.

해답 ①

117

원수에 염소를 3.0mg/L를 주입하고 30분 접촉 후 잔류염소량이 0.5mg/L이었다면 이 물의 염소요구량은?

① 0.5mg/L
② 2.5mg/L
③ 3.0mg/L
④ 3.5mg/L

해설 염소요구량 = 염소주입량 − 잔류염소량 = 3.0 − 0.5 = 2.5(mg/L)

해답 ②

118

어떤 지역의 강우지속시간(t)과 강우강도 역수($1/I$)와의 관계를 구해보니 그림과 같이 기울기가 1/3000, 절편이 1/150이 되었다. 이 지역의 강우강도를 Talbot형 $\left(I=\dfrac{a}{t+b}\right)$으로 표시한 것으로서 옳은 것은?

① $I=\dfrac{3000}{t+20}$
② $I=\dfrac{20}{t+3000}$
③ $I=\dfrac{10}{t+1500}$
④ $I=\dfrac{1500}{t+10}$

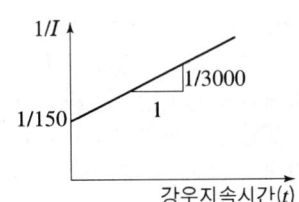

해설 Talbot형 강우강도 공식

① 1차 함수식 $Y=aX+b$에서 직선 기울기 = 1/3000, 절편 = 1/150,

X절편 $=\dfrac{b}{a}=\dfrac{\dfrac{1}{150}}{\dfrac{1}{3000}}=20$

② Talbot형 강우강도 공식에서 상수 $a=3000$, $b=20$

$I=\dfrac{a}{t+b}=\dfrac{3000}{t+20}$

해답 ①

119

표준활성슬러지법에서 F/M비 0.3kgBOD/kgMLSS·day, 포기조 유입 BOD 200mg/L인 경우에 포기시간을 8시간으로 하려면 MLSS 농도를 얼마로 유지하여야 하는가?

① 500mg/L
② 1000mg/L
③ 1500mg/L
④ 2000mg/L

해설 F/M 비(BOD 슬러지 부하 ; kgBOD/kg MLSS · day)
$$= \frac{\text{BOD농도}[\text{kg/m}^3] \times \text{유입유량}[\text{m}^3/\text{day}]}{\text{MLSS농도}[\text{kg/m}^3] \times \text{포기조용적}[\text{m}^3]} = \frac{\text{BOD} \times Q}{\text{MLSS} \times V} = \frac{\text{BOD}}{\text{MLSS} \times t}$$

$$0.3 = \frac{0.2}{\text{MLSS농도} \times t} = \frac{0.2}{\text{MLSS농도} \times \frac{8}{24}} \text{에서}$$

MLSS농도 $= 2[\text{kg/m}^3] = 2000[\text{g/m}^3] = 2000[\text{mg/L}]$

해답 ④

120 관거 내의 침입수(Infiltration) 산정방법 중에서 주요인자로서 일평균하수량, 상수사용량, 지하수사용량, 오수전환율 등을 이용하여 산정하는 방법은?

① 물사용량 평가법   ② 일최대유량 평가법
③ 야간생활하수 평가법   ④ 일최대−최소유량 평가법

해설 하수관거내 침입수 주요인자
① 물사용량 평가법 : 일평균 하수량, 상수 사용량, 지하수 사용량, 오수전환율
② 일최대유량 평가법 : 일최소 하수량
③ 야간생활하수 평가법 : 일최소 하수량, 야간발생 하수량, 공장폐수량
④ 일최대−최소유량 평가법 : 일최대 하수량, 공장폐수량

해답 ①

무료 동영상과 함께하는 토목기사 필기

2024

2024년 2월 CBT 시행
2024년 5월 CBT 시행
2024년 7월 CBT 시행

무료 동영상과 함께하는
토목기사 필기

토목기사

2024년 2월 CBT 시행

본 문제는 복원 기출문제입니다. 실제 문제와 다를 수 있으니 양해바랍니다.

제1과목 응용역학

001 변의 길이 a인 정사각형 단면의 장주(長柱)가 있다. 길이가 l이고, 최대임계축하중이 P이고, 탄성계수가 E라면 다음 설명 중 옳은 것은?

① P는 E에 비례, a의 3제곱에 비례, 길이 l^2에 반비례
② P는 E에 비례, a의 3제곱에 비례, 길이 l^3에 반비례
③ P는 E에 비례, a의 4제곱에 비례, 길이 l^2에 반비례
④ P는 E에 비례, a의 4제곱에 비례, 길이 l에 반비례

해설 $P_b = \dfrac{\pi^2 EI}{l_k^2} = \dfrac{n\pi^2 EI}{l^2} = \dfrac{n\pi^2 E \dfrac{a^4}{12}}{l^2}$ 에서 $P_b \propto E \propto a^4 \propto \dfrac{1}{l^2}$

해답 ③

002 다음 그림과 같은 구조물에서 B점의 수평변위는? (단, EI는 일정하다.)

① $\dfrac{Prh^2}{4EI}$
② $\dfrac{Prh^2}{3EI}$
③ $\dfrac{Prh^2}{2EI}$
④ $\dfrac{Prh^2}{EI}$

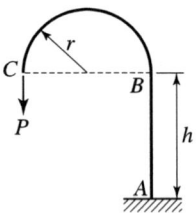

해설 $\delta_{HB} = \dfrac{Ml^2}{2EI} = \dfrac{(P \cdot 2r) \cdot h^2}{2EI}$
$= \dfrac{P \cdot r \cdot h^2}{EI}$

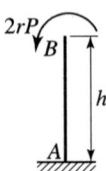

해답 ④

003
그림과 같이 속이 빈 직사각형 단면의 최대 전단응력은? (단, 전단력은 20kN)

① 0.2125MPa
② 0.322MPa
③ 0.4125MPa
④ 0.422MPa

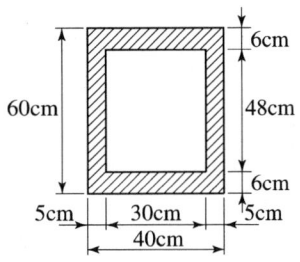

해설 최대전단응력은 도심에서 생기므로

① $I = \dfrac{400 \times 600^3}{12} - \dfrac{300 \times 480^3}{12} = 4,435,200,000 \text{mm}^4$

② $S = 20,000\text{N}$

③ $b = 50 + 50 = 100\text{mm}$

④ $G_x = 400 \times 300 \times 150 - 300 \times 240 \times 120$
$= 9,360,000 \text{mm}^3$

⑤ $\tau = \dfrac{S \cdot G_x}{I \cdot b} = \dfrac{20,000 \times 9,360,000}{4,435,200,000 \times 100} = 0.422\text{MPa}$

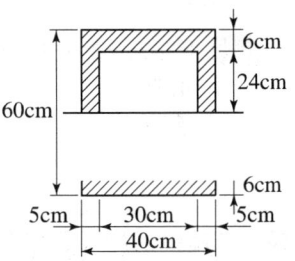

해답 ④

004
다음 그림과 같은 3활절 포물선 아치의 수평반력(H_A)은?

① 0
② $\dfrac{Wl^2}{8h}$
③ $\dfrac{3Wl^2}{8h}$
④ $\dfrac{5Wl^2}{8h}$

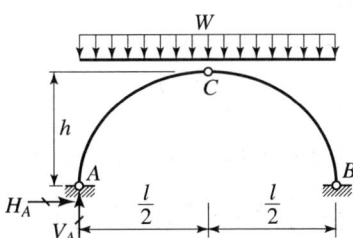

해설
① 대칭이므로 $V_A = V_B = \dfrac{wl}{2}$

② $\sum M_C = 0$

$\dfrac{wl}{2} \times \dfrac{l}{2} - H_A \times h - \dfrac{wl}{2} \times \dfrac{l}{4} = 0$

$\dfrac{wl^2}{4} - \dfrac{wl^2}{8} = H_A \cdot h$

$H_A = \dfrac{wl^2}{8h}$

해답 ②

005 다음 그림과 같은 보에서 휨모멘트에 의한 탄성변형 에너지를 구한 값은?

① $\dfrac{W^2 l^5}{8EI}$

② $\dfrac{W^2 l^5}{24EI}$

③ $\dfrac{W^2 l^5}{40EI}$

④ $\dfrac{W^2 l^5}{48EI}$

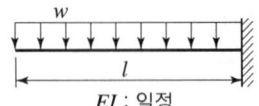

EI : 일정

해설 등분포하중이 만재된 EI값이 일정한 캔틸레버보에 저장되는 탄성 에너지
$\dfrac{W^2 l^5}{40EI}$

해답 ③

006 그림과 같은 2경간 연속보에서 B점이 5cm 아래로 침하하고, C점이 2cm 위로 상승하는 변위를 각각 취했을 때 B점의 휨모멘트로서 옳은 것은?

① $20EI/l^2$

② $18EI/l^2$

③ $15EI/l^2$

④ $12EI/l^2$

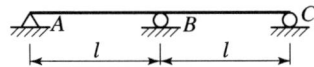

해설 ① $\beta_{AB} = \dfrac{5}{l}$, $\beta_{BC} = -\dfrac{7}{l}$

② B점에서 3연모멘트식을 세우면 $M_A = M_C = 0$이므로
$2\left(\dfrac{l}{I} + \dfrac{l}{I}\right)M_B = 6E\left\{\dfrac{5}{l} - \left(-\dfrac{7}{l}\right)\right\}$

$\dfrac{4l}{I}M_B = \dfrac{72E}{l}$ 에서 $M_B = \dfrac{18EI}{l^2}$

해답 ②

007 무게 10kN의 물체를 두 끈으로 늘어뜨렸을 때 한 끈이 받는 힘의 크기 순서가 옳은 것은?

① $B > A > C$

② $C > A > B$

③ $A > B > C$

④ $C > B > A$

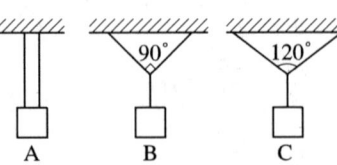

해설 ① (A) $2T = 10\text{kN}$에서 $T = \dfrac{10}{2} = 5\text{kN}$

② (B) $2T\cos 45° = 10\text{kN}$에서 $T = \dfrac{10}{2\cos 45°} = 7.07\text{kN}$

③ (C) $2T\cos 60° = 10\text{kN}$에서 $T = \dfrac{10}{2\cos 60°} = 10\text{kN}$

④ 힘의 크기 순서 : $C > B > A$

해답 ④

008

아래 그림과 같은 캔틸레버 보에서 B점의 연직변위(δ_B)는? (단, $M_o = 4\text{kN}\cdot\text{m}$, $P = 1.6\text{t}$, $L = 2.4\text{m}$, $EI = 6000\text{kN}\cdot\text{m}^2$이다.)

① 1.08cm(↓)
② 1.08cm(↑)
③ 1.37cm(↓)
④ 1.37cm(↑)

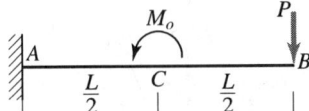

해설 $y_B = \dfrac{PL^3}{3EI} - \dfrac{3ML^2}{8EI} = \dfrac{1.6 \times 2.4^3}{3 \times 600} - \dfrac{3 \times 4 \times 2.4^2}{8 \times 6000} = 0.010848\text{m} = 1.08\text{cm}$

해답 ①

009

직경 d인 원형 단면의 단면 2차 극모멘트 I_p의 값은?

① $\dfrac{\pi d^4}{64}$ ② $\dfrac{\pi d^4}{32}$

③ $\dfrac{\pi d^4}{16}$ ④ $\dfrac{\pi d^4}{4}$

해설 $I_P = I_X + I_Y = \dfrac{\pi D^4}{64} + \dfrac{\pi D^4}{64} = \dfrac{\pi D^4}{32}$

해답 ②

010

다음 그림과 같은 세 힘이 평형 상태에 있다면 점 C에서 작용하는 힘 P와 BC 사이의 거리 x로 옳은 것은?

① $P = 2\text{kN}$, $x = 3\text{m}$
② $P = 3\text{kN}$, $x = 3\text{m}$
③ $P = 2\text{kN}$, $x = 2\text{m}$
④ $P = 3\text{kN}$, $x = 2\text{m}$

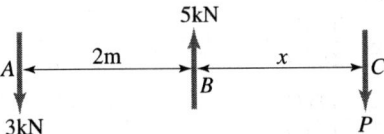

해설 ① $\sum V = 0 : -3 + 5 - P = 0$에서 $P = 2\text{kN}(\downarrow)$
② $\sum M_B = 0 : 3 \times 2 = P \times x$
$3 \times 2 = 2x$ 에서 $x = 3\text{m}$

해답 ①

011

다음 트러스에서 CD 부재의 부재력은?

① 55.42kN(인장)
② 60.12kN(인장)
③ 72.11kN(인장)
④ 62.42kN(인장)

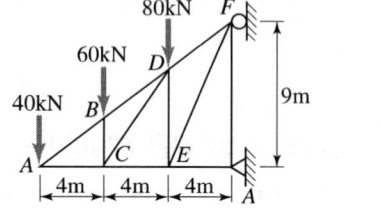

해설

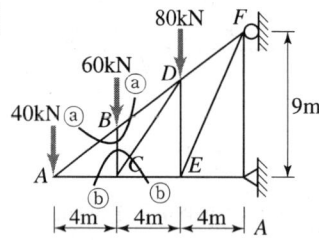

① ⓐ-ⓐ 절단면에서
   $BC = 60\text{kN}(\text{인장})$

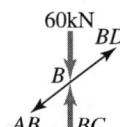

② ⓑ-ⓑ 절단면에서 $\sum V = 0$
   $-60 + CD \cdot \sin\theta = 0$
   $-60 + CD \cdot \dfrac{6}{\sqrt{4^2 + 6^2}} = 0$에서
   $CD = 72.11\text{kN}(\text{인장})$

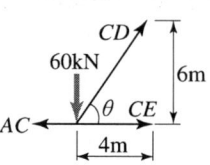

해답 ③

012

그림과 같은 캔틸레버보에서 최대처짐각(θ_B)은? (단, EI는 일정하다.)

① $\dfrac{3\,Wl^3}{48EI}$
② $\dfrac{7\,Wl^3}{48EI}$
③ $\dfrac{9\,Wl^3}{48EI}$
④ $\dfrac{5\,Wl^3}{48EI}$

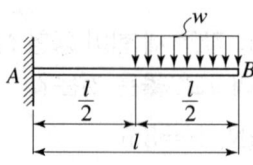

해설 $\theta_B = \dfrac{7wl^3}{48EI}$

해답 ②

013
평균 지름 $d = 1200$mm, 벽두께 $t = 6$mm를 갖는 긴 강제수도관(鋼製水道管)이 $P = 1$MPa의 내압을 받고 있다. 이 관벽 속에 발생하는 원환응력(圓環應力)의 크기는?

① 1.66MPa
② 45MPa
③ 90MPa
④ 100MPa

해설 **원환응력**(얇은 원환)
$\sigma = \dfrac{Pd}{2t} = \dfrac{1 \times 120}{2 \times 0.6} = 100$MPa

여기서, P : 내압, d : 내경, t : 관두께

해답 ④

014
다음 그림과 같은 보에서 B지점의 반력이 $2P$가 되기 위해서 $\dfrac{b}{a}$는 얼마가 되어야 하는가?

① 0.50
② 0.75
③ 1.00
④ 1.25

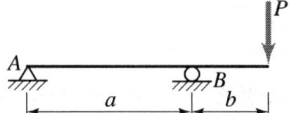

해설 ① $\Sigma V = 0$
$V_A + V_B - P = 0$
$V_A + 2P - P = 0$에서 $V_A = -P(\uparrow) = P(\downarrow)$
② $\Sigma M_B = 0$
$P \cdot a = P \cdot b$에서 $\dfrac{b}{a} = \dfrac{P}{P} = 1$

해답 ③

015
다음 그림에서 빗금친 부분의 x축에 관한 단면 2차 모멘트는?

① 56.2cm^4
② 58.5cm^4
③ 61.7cm^4
④ 64.4cm^4

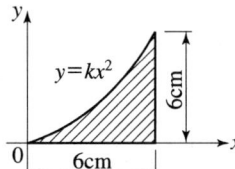

해설 $I_x = \int A \cdot y^2 \cdot dA$ 에서
$A = (6-x)dy$ 이므로
$I_x = \int_0^6 y^2(6-x)dy = \int_0^6 y^2(6-\sqrt{6y})dy$
$= \int_0^6 (6y^2 - \sqrt{6}\,y^{5/2})dy = \left[\dfrac{6}{3}y^3 - \sqrt{6} \cdot \dfrac{y^{7/2}}{7/2}\right]_0^6$
$= 432 - 370.2 \fallingdotseq 61.7\text{cm}^4$

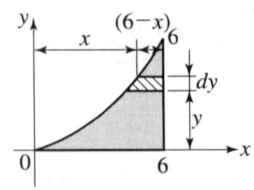

해답 ③

016

B점의 수직변위가 1이 되기 위한 하중의 크기 P는? (단, 부재의 축강성은 EA로 동일하다.)

① $\dfrac{E\cos^3\alpha}{AH}$

② $\dfrac{2E\cos^3\alpha}{AH}$

③ $\dfrac{EA\cos^3\alpha}{H}$

④ $\dfrac{2EA\cos^3\alpha}{H}$

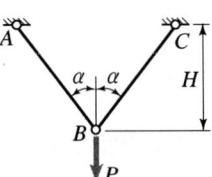

해설 단위하중법에 의하면 트러스에서는 축력만 존재

$\delta_C = \sum \dfrac{N_U N_L}{EA}L$

$= \dfrac{\dfrac{P}{2\cos\alpha} \times \dfrac{1}{2\cos\alpha}}{EA} \times \dfrac{H}{\cos\alpha} \times 2$

$= \dfrac{PH}{2EA\cos^3\alpha} = 1$ 에서

$P = \dfrac{2EA\cos^3\alpha}{H}$

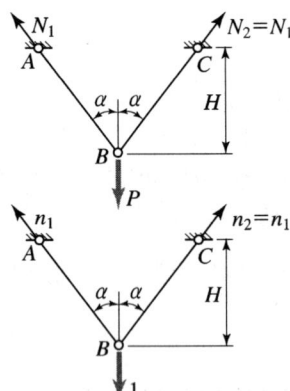

해답 ④

017 다음에서 부재 BC에 걸리는 응력의 크기는?

① $\dfrac{200}{3}$ MPa

② 100MPa

③ $\dfrac{300}{2}$ MPa

④ 200MPa

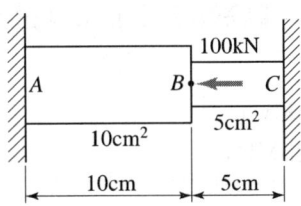

해설 ① $\Sigma H = 0$
$R_A + R_C - 10 = 0$ ················ ㉠식

② 변형적합조건식
$\delta_{AB} = \delta_{BC}$
$\dfrac{R_A \cdot l_{AB}}{E \cdot A_{AB}} = \dfrac{R_C \cdot l_{BC}}{E \cdot A_{BC}}$ 에서
$R_A = \dfrac{l_{BC} \cdot A_{AB}}{l_{AB} \cdot A_{BC}} R_C = \dfrac{5\text{cm} \times 10\text{cm}^2}{10\text{cm} \times 5\text{cm}^2} \times R_C = R_C$ ······ ㉡식

③ ㉡식을 ㉠식에 대입
$R_C + R_C - 100 = 0$ 에서
$R_C = 50\text{kN}(\rightarrow)$

④ BC부재응력
$\delta_{BC} = \dfrac{R_C}{A_{BC}} = \dfrac{50000}{500} = 100\text{MPa}$

[참고] R_C값을 ㉠식에 대입하면 $R_A + R_C - 100 = 0$
$R_A + 50 - 100 = 0$ 에서 $R_A = 50\text{kN}(\rightarrow)$

해답 ②

018 아래 그림과 같은 단순보의 B점에 하중 5t이 연직 방향으로 작용하면 C점에서의 휨모멘트는?

① 33.3MPa
② 54MPa
③ 66.7MPa
④ 100MPa

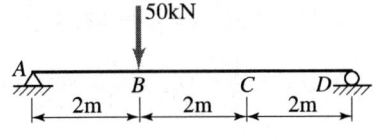

해설 ① $\Sigma M_A = 0$
$-V_D \times 6 + 50 \times 2 = 0$ 에서 $V_D = \dfrac{100}{6}\text{kN}(\uparrow)$

② $M_C = V_D \times 2 = \dfrac{100}{6} \times 2 = 33.3\text{kN} \cdot \text{m}$

해답 ①

019

길이 10m, 폭 20cm, 높이 30cm인 직사각형 단면을 갖는 단순보에서 자중에 의한 최대 휨응력은? (단, 보의 단위중량은 25kN/m³으로 균일한 단면을 갖는다.)

① 6.25MPa
② 9.375MPa
③ 12.25MPa
④ 15.275MPa

해설
① 자중
$$w = (0.3 \times 0.2)\text{m}^2 \times 25\text{kN/m}^3 = 1.5\text{kN/m}$$
② 최대휨모멘트
$$M_{\max} = M_{중앙} = \frac{wl^2}{8} = \frac{1.5 \times 10^2}{8} = 18.75\text{kN} \cdot \text{m} = 18.75 \times 10^6 \text{N} \cdot \text{mm}$$
③ 최대휨응력
$$f_{\max} = \frac{M_{\max}}{I} y = \frac{18.75 \times 10^6 \text{N} \cdot \text{mm}}{\frac{200 \times 300^3}{12}} \times 150\text{mm} = 6.25\text{MPa}$$

해답 ①

020

절점 O는 이동하지 않으며, 재단 A, B, C가 고정일 때 M_{CO}의 크기는 얼마인가? (단, K는 강비이다.)

① 25kN · m
② 30kN · m
③ 35kN · m
④ 40kN · m

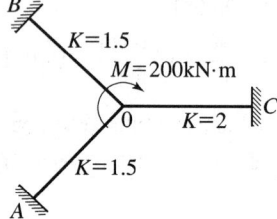

해설
① $K_{OA} : K_{OB} : K_{OC} = 1.5 : 1.5 : 2 = 3 : 3 : 4$
② $DF_{OC} = \dfrac{K_{OC}}{\sum K_i} = \dfrac{4}{3+3+4} = \dfrac{4}{10}$
③ $M_{OC} = M \times DF_{OC} = 200 \times \dfrac{4}{10} = 80\text{kN} \cdot \text{m}$
④ $M_{CO} = \dfrac{1}{2} \times M_{OC} = \dfrac{1}{2} \times 80 = 40\text{kN} \cdot \text{m}$

해답 ④

제2과목 측량학

021 종단면도에 표기하여야 하는 사항으로 거리가 먼 것은?
① 흙깎기 토량과 흙쌓기 토량   ② 거리 및 누가거리
③ 지반고 및 계획고   ④ 경사도

해설 **종단면도 기입사항**
① 측점   ② 거리 및 누가 거리
③ 지반고 및 계획고   ④ 성토고 및 절토고
⑤ 계획선의 구배

해답 ①

022 그림과 같은 복곡선(compound curve)에서 관계식으로 틀린 것은?

① $\Delta_1 = \Delta - \Delta_2$
② $t_2 = R_2 \tan \dfrac{\Delta_2}{2}$
③ $VG = (\sin \Delta_2)\left(\dfrac{GH}{\sin \Delta}\right)$
④ $VB = (\sin \Delta_2)\left(\dfrac{GH}{\sin \Delta}\right) + t_2$

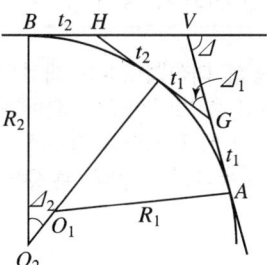

해설 ① $\dfrac{GH}{\sin \Delta} = \dfrac{VH}{\sin \Delta_1}$

$VH = \dfrac{\sin \Delta_1}{\sin \Delta} GH$

② $VB = BH + VH = BH + \dfrac{\sin \Delta_1}{\sin \Delta} GH = t_2 + \dfrac{\sin \Delta_1}{\sin \Delta} GH$

해답 ④

023 지구의 곡률에 의하여 발생하는 오차를 1/10까지 허용한다면 평면으로 가정할 수 있는 최대 반지름은? (단, 지구곡률반지름 $R = 6370 km$)
① 약 5km   ② 약 11km
③ 약 22km   ④ 약 110km

해설 평면으로 간주되는 거리(정도 $\dfrac{1}{100만}$ 일 때)

$\dfrac{1}{10^6} = \dfrac{D^2}{12r^2}$ 에서

① 직경 $D = \sqrt{\dfrac{12r^2}{10^6}} = \sqrt{\dfrac{12 \times 6370^2}{10^6}} \fallingdotseq 22.1\text{km}$

② 반경 $r = 11\text{km}$

[참고] ① 정도(정밀도) $h = \dfrac{d-D}{D} = \dfrac{1}{m} = \dfrac{1}{10^6} = \dfrac{D^2}{12r^2}$

② 지구반경 $r = 6370\text{km}$

해답 ②

024 3차 중첩 내삽법(cubic convolution)에 대한 설명으로 옳은 것은?

① 계산된 좌표를 기준으로 가까운 3개의 화소값의 평균을 취한다.
② 영상분류와 같이 원영상의 화소값과 통계치가 중요한 작업에 많이 사용된다.
③ 계산이 비교적 빠르며 출력영상이 가장 매끄럽게 나온다.
④ 보정전 자료와 통계치 및 특성의 손상이 많다.

해설 **3차 중첩 내삽법**(3×3 내삽법, 4×4 내삽법, 3차보간법, cubic convolution method)은 기하학적 변환에 의해 화소들의 배치를 변경 처리하는 방법의 일종으로, 4×4 텍셀 배열의가 중합(weighted sum)을 사용하며, 보정전 자료와 통계치 및 특성의 손상이 많은 특징이 있다.

해답 ④

025 그림과 같은 유토곡선(mass curve)에서 하향구간이 의미하는 것은?

① 성토구간
② 절토구간
③ 운반토량
④ 운반거리

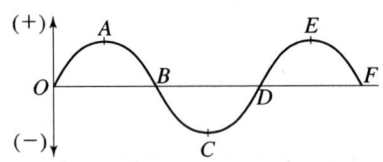

해설 유토곡선에서 하향구간은 성토구간을 상향구간은 절토구간을 의미한다.

해답 ①

026 높이 2744m인 산의 정상에 위치한 저수지의 가장 긴 변의 거리를 관측한 결과 1950m이었다면 평균해수면으로 환산한 거리는? (단, 지구반지름 $R = 6377$km)

① 1949.152m
② 1950.849m
③ −0.848m
④ +0.848m

해설 ① 평균해수면에 대한 보정(표고보정)
$C = \dfrac{LH}{R} = \dfrac{1950 \times 2774}{6377000} = 0.848\text{m}$
여기서, C : 평균해수면상의 길이로 환산하는 보정량
R : 지구의 평균반지름
H : 기선측정지점의 표고
② 평균해수면으로 환산한 거리
$L_0 = L - C = 1950 - 0.848 = 1,949.152\text{m}$

해답 ①

027

축척 1 : 2000 도면상의 면적을 축척 1 : 1000으로 잘못 알고 면적을 관측하여 24000mm²를 얻었다면 실제 면적은?

① 6000m²
② 12000m²
③ 48000m²
④ 96000m²

해설 $m_1^2 : a_1 = m_2^2 : a_2$에서
$a_1 = \left(\dfrac{m_1}{m_2}\right)^2 \cdot a_2 = \left(\dfrac{2,000}{1,000}\right)^2 \times 24,000 = 96,000\text{m}^2$

해답 ④

028

그림과 같이 수준측량을 실시하였다. A점의 표고는 300m이고, B와 구간은 교호수준측량을 실시하였다면, D점의 표고는? (표고차 : $A \to B$: +1.233m, $B \to C$: +0.726m, $C \to B$: -0.720m, $C \to D$: -0.926m)

① 300.310m
② 301.030m
③ 302.153m
④ 302.882m

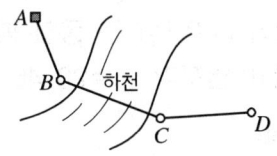

해설 ① $H_B = H_A + \Delta h_{AB} = 300 + 1.233 = 301.233\text{m}$
② $\Delta h_{BC} = \dfrac{0.726 + 0.720}{2} = 0.723$
③ $H_C = H_B + \Delta h_{BC} = 301.233 + 0.723 = 301.956\text{m}$
④ $H_D = H_C + \Delta h_{CD} = 301.956 - 0.926 = 301.030\text{m}$

해답 ②

029

촬영고도 1000m로부터 초점거리 15cm의 카메라로 촬영한 중복도 60%인 2장의 사진이 있다. 각각의 사진에서 주점기선장을 측정한 결과 124mm와 132mm이었다면 비고 60m인 굴뚝의 시차차는?

① 8.0mm
② 7.9mm
③ 7.7mm
④ 7.4mm

해설
① $b_o = \dfrac{124+132}{2} = 128\text{mm}$

② $\Delta P(\text{시차차}) = \dfrac{h}{H}b_o = \dfrac{60\text{m}}{1{,}000\text{m}} \times 128\text{mm} = 7.68\text{mm}$

해답 ③

030

지표면상의 A, B 간의 거리가 7.1km라고 하면 B점에서 A점을 시준할 때 필요한 측표(표척)의 최소 높이로 옳은 것은? (단, 지구의 반지름은 6370km이고, 대기의 굴절에 의한 요인은 무시한다.)

① 1m
② 2m
③ 3m
④ 4m

해설 **구차** : 지구의 곡률에 의한 오차

$h_{\min} = \dfrac{D^2}{2R} = \dfrac{7.1^2}{2 \times 6370} = 0.004\text{km} = 4\text{m}$

해답 ④

031

그림과 같이 $\triangle P_1 P_2 C$는 동일 평면상에서 $\alpha_1 = 62°8'$, $\alpha_2 = 56°27'$, $B = 60.00\text{m}$이고, 연직각 $\nu_1 = 20°46'$일 때 C로부터 P까지의 높이 H는?

① 24.23m
② 22.90m
③ 21.59m
④ 20.58m

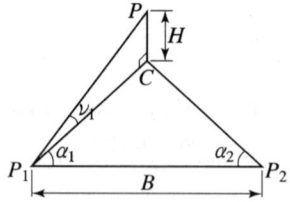

해설
① $P_1 C = \dfrac{B \cdot \sin\alpha_2}{\sin(180° - \alpha_1 - \alpha_2)} = \dfrac{60 \times \sin 56°27'}{\sin(180° - 62°8' - 56°27')} = 56.9445\text{m}$

② $H = P_1 C \cdot \tan\nu_1 = 56.9445 \times \tan 20°40' = 21.59\text{m}$

해답 ③

032
확폭량이 S인 노선에서 노선의 곡선 반지름(R)을 두 배로 하면 확폭량(S')은?

① $S' = \dfrac{1}{4}S$ ② $S' = \dfrac{1}{2}S$
③ $S' = 2S$ ④ $S' = 4S$

해설 확폭량 $= \dfrac{L^2}{2R}$ 에서 R을 2배로 하면 확폭량은 1/2배가 되므로
$S' = \dfrac{1}{2}S$

해답 ②

033
다각측량을 위한 수평각 측정방법 중 어느 측선의 바로 앞 측선의 연장선과 이루는 각을 측정하여 각을 측정하는 방법은?

① 편각법   ② 교각법
③ 방위각법   ④ 전진법

해설 각 측선이 그 앞 측선의 연장과 이루는 각을 관측하는 방법을 편각법이라 한다.

해답 ①

034
수준측량과 관련된 용어에 대한 설명으로 틀린 것은?

① 수준면(level surface)은 각 점들이 중력방향에 직각으로 이루어진 곡면이다.
② 지구곡률을 고려하지 않는 범위에서는 수준면(level surface)을 평면으로 간주한다.
③ 지구의 중심을 포함한 평면과 수준면이 교차하는 선이 수준선(level line)이다.
④ 어느 지점의 표고(elevation)라 함은 그 지역 기준타원체로부터의 수직거리를 말한다.

해설 어느 지점의 표고란 기준이 되는 수평면인 수준기준면으로부터 그 지표 위 지점까지의 연직거리를 말하며, 우리나라에서는 인천만의 평균 해면을 국가 수준기준면으로 하고 이 수준면을 기준으로 하여 표고를 산출한다.

해답 ④

035 하천에서 2점법으로 평균유속을 구할 경우 관측하여야 할 두 지점의 위치는?

① 수면으로부터 수심의 $\frac{1}{5}$, $\frac{3}{5}$ 지점　② 수면으로부터 수심의 $\frac{1}{5}$, $\frac{4}{5}$ 지점

③ 수면으로부터 수심의 $\frac{2}{5}$, $\frac{3}{5}$ 지점　④ 수면으로부터 수심의 $\frac{2}{5}$, $\frac{4}{5}$ 지점

해설 2점법

$$V = \frac{1}{2}(V_{0.2} + V_{0.8})$$

여기서, $V_{0.2}$: 수심 $0.2H$되는 곳의 유속
　　　　$V_{0.8}$: 수심 $0.8H$되는 곳의 유속

해답 ②

036 직사각형의 두 변의 길이를 $\frac{1}{100}$ 정밀도로 관측하여 면적을 산출할 경우 산출된 면적의 정밀도는?

① $\frac{1}{50}$　　　　② $\frac{1}{100}$

③ $\frac{1}{200}$　　　④ $\frac{1}{300}$

해설 ① 거리측정의 정밀도 : $\frac{\Delta L}{L}$

② 면적의 정밀도 : $\frac{\Delta A}{A} = 2\frac{\Delta L}{L} = 2 \times \frac{1}{100} = \frac{1}{50}$

해답 ①

037 삼각측량을 위한 삼각망 중에서 유심삼각망에 대한 설명으로 틀린 것은?

① 농지측량에 많이 사용된다.
② 방대한 지역의 측량에 적합하다.
③ 삼각망 중에서 정확도가 가장 높다.
④ 동일 측점 수에 비하여 포함면적이 가장 넓다.

해설 ① **유심 삼각망** : 넓은 지역의 측량에 이용
　㉠ 동일 측점에 비해 포함 면적이 가장 넓다.
　㉡ 넓은 지역에 적합하다.
② **사변형 삼각망** : 조건식의 수가 가장 많아, 시간과 비용이 많이 들며 가장 정밀도가 높아 시가지와 같은 정밀을 요하는 골조측량에 주로 이용한다.

해답 ③

038 사진측량의 특수 3점에 대한 설명으로 옳은 것은?

① 사진 상에서 등각점을 구하는 것이 가장 쉽다.
② 사진의 경사각이 0°인 경우에는 특수 3점이 일치한다.
③ 기복변위는 주점에서 0이며 연직점에서 최대이다.
④ 카메라 경사에 의한 사선방향의 변위는 등각점에서 최대이다.

해설 항공사진의 특수 3점은 경사각이 0°인 경우 모두 일치한다.

> [참고] 항공사진의 특수3점
> ① 주점 : 렌즈중심을 지나 사진면과 직교하는 광축의 점
> ② 연직점 : 렌즈의 중심으로부터 지면에 내린 수선의 연장선과 사진면과의 교점
> ③ 등각점 : 주점과 연직점이 이루는 각을 2등분하는 광선이 사진면과 교차하는 점

해답 ②

039 등경사인 지성선 상에 있는 A, B 표고가 각각 43m, 63m이고 AB의 수평거리는 80m이다. 45m, 50m 등고선과 지성선 AB의 교점을 각각 C, D라고 할 때 AC의 도상길이는? (단, 도상축척은 1 : 100이다.)

① 2cm
② 4cm
③ 8cm
④ 12cm

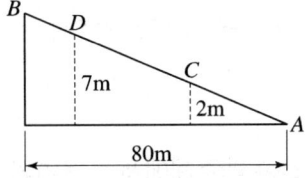

해설
① AC의 실제길이 : $\dfrac{80}{63-43} = \dfrac{AC}{45-43}$ 에서 $AC = 8\text{m}$

② AC의 도상길이 : $\dfrac{8}{100} = 0.08\text{m} = 8\text{cm}$

해답 ③

040 트래버스 측량에 관한 일반적인 사항에 대한 설명으로 옳지 않은 것은?

① 트래버스 종류 중 결합 트래버스는 가장 높은 정확도를 얻을 수 있다.
② 각관측 방법 중 방위각법은 한번 오차가 발생하면 그 영향은 끝까지 미친다.
③ 폐합오차 조정방법 중 컴퍼스 법칙은 각관측의 정밀도가 거리관측의 정밀도보다 높을 때 실시한다.
④ 폐합 트래버스에서 편각의 총합은 반드시 360°가 되어야 한다.

해설 폐합오차의 조정
① 컴퍼스법칙
  ㉠ 각관측과 거리관측의 정밀도가 비슷할 때 조정하는 방법
  ㉡ 각측선길이에 비례하여 폐합오차를 배분
② 트랜싯법칙
  ㉠ 각관측의 정밀도가 거리관측의 정밀도 보다 높을 때 조정하는 방법
  ㉡ 위거, 경거의 크기에 비례하여 폐합오차를 배분

해답 ③

제3과목 수리학 및 수문학

041 개수로 지배단면의 특성으로 옳은 것은?
① 하천 흐름이 부정류인 경우에 발생한다.
② 완경사의 흐름에서 배수곡선이 나타나면 발생한다.
③ 상류 흐름에서 사류 흐름으로 변화할 때 발생한다.
④ 사류인 흐름에서 도수가 발생할 때 발생한다.

해설 상류에서 사류로 변할 경우에 한계수심이 지배단면이 될 수 있다.

해답 ③

042 그림과 같은 액주계에서 수은면의 차가 10cm이었다면, A, B 점의 수압차는?
(단, 수은의 비중=13.6, 무게 1kg=9.8N)

① 133.5kPa
② 123.5kPa
③ 13.35kPa
④ 12.35kPa

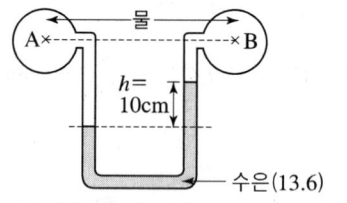

해설 ① $P_a + 1 \times 10 = 13.6 \times 10 + P_b$에서
$P_a - P_b = 126 \text{t/m}^2 = 0.126 \text{kg/cm}^2$
② $0.126 \text{kg/cm}^2 \times \dfrac{9.8\text{N}}{1\text{kg}} \times \dfrac{1\text{cm}^2}{100\text{mm}^2} = 0.012348 \text{MPa} = 12.348 \text{kPa}$

해답 ④

043

도수(hydraulic jump) 전후의 수심 h_1, h_2의 관계를 도수 전의 Froude수 Fr_1의 함수로 표시한 것으로 옳은 것은?

① $\dfrac{h_1}{h_2} = \dfrac{1}{2}(\sqrt{8Fr_1^2+1} - 1)$ ② $\dfrac{h_1}{h_2} = \dfrac{1}{2}(\sqrt{8Fr_1^2+1} + 1)$

③ $\dfrac{h_2}{h_1} = \dfrac{1}{2}(\sqrt{8Fr_1^2+1} - 1)$ ④ $\dfrac{h_2}{h_1} = \dfrac{1}{2}(\sqrt{8Fr_1^2+1} + 1)$

해설 $\dfrac{h_2}{h_1} = \dfrac{1}{2}(-1 + \sqrt{1 + 8F_{r1}^2})$

여기서, h_1 : 도수 전의 사류의 수심 h_2 : 도수 후의 상류의 수심
V_1, V_2 : 도수 전후의 평균유속 F_{r1} : 도수전 후루두수

[참고] $F_{r1} = \dfrac{V_1}{\sqrt{gh_1}}$

여기서, V_1, V_2 : 도수 전후의 평균유속

해답 ③

044

관로 길이 100m, 안지름 30cm의 주철관에 0.1m³/s의 유량을 송수할 때 손실수두는? (단, $v = C\sqrt{RI}$, $C = 63m^{\frac{1}{2}}/s$ 이다.)

① 0.54m ② 0.67m
③ 0.74m ④ 0.88m

해설
① $V = \dfrac{Q}{A} = \dfrac{0.1}{\dfrac{\pi \times 0.3^2}{4}} = 1.41471 \text{m/sec}$

② $f = \dfrac{8g}{C^2} = \dfrac{8 \times 9.8}{63^2} = 0.019753$

③ $h_L = f\dfrac{l}{D}\dfrac{V^2}{2g} = 0.019753 \times \dfrac{100}{0.3} \times \dfrac{1.41471^2}{2 \times 9.8} = 0.67 \text{m}$

해답 ②

045

안지름 2m의 관내를 20℃의 물이 흐를 때 동점성계수가 0.0101cm²/s이고 속도가 50cm/s라면 이 때의 레이놀즈수(Reynolds number)는?

① 960,000 ② 970,000
③ 980,000 ④ 990,000

해설 $Re = \dfrac{VD}{\nu} = \dfrac{50 \times 200}{0.0101} = 990,099 \fallingdotseq 990,000$

해답 ④

046
관 벽면의 마찰력 τ_o, 유체의 밀도 ρ, 점성계수를 μ라 할 때 마찰속도(U_*)는?

① $\dfrac{\tau_o}{\rho\mu}$
② $\sqrt{\dfrac{\tau_o}{\rho\mu}}$
③ $\sqrt{\dfrac{\tau_o}{\rho}}$
④ $\sqrt{\dfrac{\tau_o}{\mu}}$

해설 마찰속도(전단속도)
$$U_* = \sqrt{\dfrac{\tau}{\rho}} = V\sqrt{\dfrac{f}{8}} = \sqrt{gRI}$$

해답 ③

047
저수지의 물을 방류하는데 1 : 225로 축소된 모형에서 4분이 소요되었다면, 원형에서의 소요시간은?

① 60분
② 120분
③ 900분
④ 3375분

해설 $Q = A \cdot v$에서 $v = \dfrac{Q}{A}$

Q가 일정하므로 $v \propto \dfrac{1}{A} = \dfrac{1}{b^2} = \dfrac{1}{225}$

$b = \sqrt{225} = 15$

15×4분 = 60분 소요된다.

해답 ①

048
강우강도(I), 지속시간(D), 생기빈도(F) 관계를 표현하는 식 $I = \dfrac{kT^x}{t^n}$에 대한 설명으로 틀린 것은?

① t : 강우의 지속시간[min]으로서, 강우가 계속 지속될수록 강우강도(I)는 커진다.
② I : 단위시간에 내리는 강우량[mm/hr]인 강우강도이며 각종 수문학적 해석 및 설계에 필요하다.
③ T : 강우의 생기빈도를 나타내는 연수(年數)로 재현기간(년)을 의미한다.
④ k, x, n : 지역에 따라 다른 값을 가지는 상수이다.

해설 ① 강우강도 – 지속기간 – 생기빈도 관계
$$I = \dfrac{kT^x}{t^n}$$

여기서, I : 강우강도(mm/h)
t : 지속기간(min)
T : 강우의 생기빈도를 나타내는 연수(재현기간)
k, x, n : 지역에 따라 결정되는 상수
② 강우 지속시간 t가 커지면 강우강도 I는 줄어든다.

해답 ①

049

지속시간 2hr인 어느 단위유량도의 기저시간이 10hr이다. 강우강도가 각각 2.0, 3.0 및 5.0cm/hr이고 강우지속기간은 똑같이 모두 2hr인 3개의 유효강우가 연속해서 내릴 경우 이로 인한 직접유출수문곡선의 기저시간은?

① 2hr
② 10hr
③ 14hr
④ 16hr

해설 기저시간 $= 10 + 2 + 2 = 14$hr

해답 ③

050

직사각형의 단면(폭 4m×수심 2m) 개수로에서 Manning 공식의 조도계수 $n = 0.017$이고 유량 $Q = 15$m³/s일 때 수로의 경사(I)는?

① 1.016×10^{-3}
② 4.548×10^{-3}
③ 15.365×10^{-3}
④ 31.875×10^{-3}

해설 Manning 공식

$$Q = A \cdot V = A \cdot \frac{1}{n} \cdot R^{\frac{2}{3}} \cdot I^{\frac{1}{2}}$$

$$15 = (4 \times 2) \times \frac{1}{0.017} \times \left(\frac{4 \times 2}{4 + 2 \times 2}\right)^{\frac{2}{3}} \times I^{\frac{1}{2}} \text{에서}$$

$$I^{\frac{1}{2}} = \left(\frac{15}{8 \times \frac{1}{0.017} \times 1^{\frac{2}{3}}}\right) \quad I = \left(\frac{15}{8 \times \frac{1}{0.017} \times 1}\right)^2 = 1.016 \times 10^{-3}$$

해답 ①

051

하상계수(河狀係數)에 대한 설명으로 옳은 것은?

① 대하천의 주요 지점에서의 강우량과 저수량의 비
② 대하천의 주요 지점에서의 최소유량과 최대유량의 비
③ 대하천의 주요 지점에서의 홍수량과 하천유지유량의 비
④ 대하천의 주요 지점에서의 최소유량과 갈수량의 비

하상계수 = 최대 유량 / 최소 유량

해답 ②

052
어떤 유역에 표와 같이 30분간 집중호우가 발생하였다. 지속시간 15분인 최대 강우강도는?

시간[분]	0~5	5~10	10~15	15~20	20~25	25~30
우량[mm]	2	4	6	4	8	6

① 80mm/hr
② 72mm/hr
③ 64mm/hr
④ 50mm/hr

해설 $I = (6+4+8) \times \dfrac{60}{15} = 72\,\text{mm/hr}$

해답 ②

053
수평으로 관 A와 B가 연결되어 있다. 관 A에서 유속은 2m/s, 관 B에서의 유속은 3m/s이며, 관 B에서의 유체압력이 9.8kN/m²이라 하면 관 A에서의 유체압력은? (단, 에너지 손실은 무시한다.)

① 2.5kN/m²
② 12.3kN/m²
③ 22.6kN/m²
④ 37.6kN/m²

① $w = 1000\text{kg/m}^3 \times \dfrac{9.8\text{N}}{1\text{kg}} \times \dfrac{1\text{kN}}{1000\text{N}} = 9.8\text{kN/m}^3$

② 에너지 손실을 무시하므로
$$\dfrac{V_A^2}{2g} + \dfrac{P_A}{w} + Z_A = \dfrac{V_B^2}{2g} + \dfrac{P_B}{w} + Z_B$$
여기서, 수평이므로 $Z_A = Z_B = 0$
$\dfrac{2^2}{2 \times 9.8} + \dfrac{P_A}{9.8} + 0 = \dfrac{3^2}{2 \times 9.8} + \dfrac{9.8}{9.8} + 0$ 에서 $P_A = 12.3\text{kN/m}^2$

해답 ②

054
연직 오리피스에서 일반적인 유량계수 C의 값은?

① 대략 1.00 전후이다.
② 대략 0.80 전후이다.
③ 대략 0.60 전후이다.
④ 대략 0.40 전후이다.

해설 연직오리피스의 유량계수 값은 일반적으로 0.6 전후이다.

해답 ③

055 직사각형 단면의 수로에서 최소비에너지가 1.5m라면 단위폭당 최대유량은?
(단, 에너지보정계수 $\alpha = 1.0$)

① $2.86 \text{m}^3/\text{s/m}$ ② $2.98 \text{m}^3/\text{s/m}$
③ $3.13 \text{m}^3/\text{s/m}$ ④ $3.32 \text{m}^3/\text{s/m}$

해설 ① $h_c = \dfrac{2}{3}H_e = \dfrac{2}{3} \times 1.5 = 1\text{m}$

② $h_c = \left(\dfrac{\alpha Q^2}{gb^2}\right)^{\frac{1}{3}}$

$1 = \left(\dfrac{1 \times Q^2}{9.8 \times 1^2}\right)^{\frac{1}{3}}$ 에서 $Q = Q_{\max} = 3.13 \text{m}^3/\text{sec}$

해답 ③

056 부피가 4.6m^3인 유체의 중량이 51.548kN일 때 이 유체의 비중은?

① 1.14   ② 5.26
③ 11.40   ④ 1143.48

해설 ① 물의 단위중량
$w = 1000\text{kg/m}^3 \times \dfrac{9.8\text{N}}{1\text{kg}} \times \dfrac{1\text{kN}}{1000\text{N}} = 9.8\text{kN/m}^3$

② 유체의 비중 $= \dfrac{\text{유체의 단위중량}}{\text{물의 단위중량}} = \dfrac{\frac{51.548}{4.6}}{9.8} = 1.14$

해답 ①

057 여과량이 $2\text{m}^3/\text{s}$이고 동수경사가 0.2, 투수계수가 1cm/s일 때 필요한 여과지 면적은?

① 2500m^2 ② 2000m^2
③ 1500m^2 ④ 1000m^2

해설 $Q = AKI$에서
$A = \dfrac{Q}{KI} = \dfrac{2}{0.01 \times 0.2} = 1,000\text{m}^2$

해답 ④

058

2개의 불투수층 사이에 있는 대수층의 두께 a, 투수계수 k인 곳에 반지름 r_o인 굴착정(artesian well)을 설치하고 일정 양수량 Q를 양수하였더니, 양수 전 굴착정 내의 수위 H가 h_0로 하강하여 정상흐름이 되었다. 굴착정의 영향원 반지름을 R이라 할 때 $(H-h_0)$의 값은?

① $\dfrac{2Q}{\pi ak}\ln\left(\dfrac{R}{r_o}\right)$
② $\dfrac{Q}{2\pi ak}\ln\left(\dfrac{R}{r_o}\right)$
③ $\dfrac{2Q}{\pi ak}\ln\left(\dfrac{r_o}{R}\right)$
④ $\dfrac{Q}{2\pi ak}\ln\left(\dfrac{r_o}{R}\right)$

해설 굴착정 양수량

$Q = \dfrac{2\pi ak(H-h_o)}{2.3\log\dfrac{R}{r_o}} = \dfrac{2\pi ak(H-h_o)}{\ln\dfrac{R}{r_o}}$ 에서 $(H-h_o)=\dfrac{Q}{2\pi ak}\ln\dfrac{R}{r_o}$

여기서, a : 투수층의 두께, R : 영향원의 반지름, r_o : 우물의 반지름

해답 ②

059

베르누이 정리를 $\dfrac{\rho}{2}V^2+wZ+P=H$로 표현할 때, 이 식에서 정체압 (stagnation pressure)은?

① $\dfrac{\rho}{2}V^2+wZ$로 표시한다.
② $\dfrac{\rho}{2}V^2+P$로 표시한다.
③ $wZ+P$로 표시한다.
④ P로 표시한다.

해설 베르누이 방정식에 의해서 정체압(P_t)은 대기압+유체 압력으로 계산이 된다.

$P_t = \dfrac{\rho V^2}{2}+P$

해답 ②

060

합성 단위유량도의 모양을 결정하는 인자가 아닌 것은?

① 기저시간
② 첨두유량
③ 지체시간
④ 강우강도

해설 가장 널리 알려져 있는 방법 중의 하나로 Snyder가 미국 Appalachian Highland 지역의 연구결과 발표한 방법인 Snyder방법이 있는데, 단위유량도의 지체시간(Lag Time, t_p), 첨두유량(Peak Flow, Q_p) 및 기저시간 (Base Time, T) 등을 유역의 지형인자와 상관시켜 단위도를 정의하는 방법이다.

해답 ④

제4과목 철근콘크리트 및 강구조

061 아래 그림의 빗금 친 부분과 같은 단철근 T형보의 등가응력의 깊이(a)는? (단, $A_s = 6354\text{mm}^2$, $f_{ck} = 24\text{MPa}$, $f_y = 400\text{MPa}$)

① 96.7mm
② 111.5mm
③ 121.3mm
④ 128.6mm

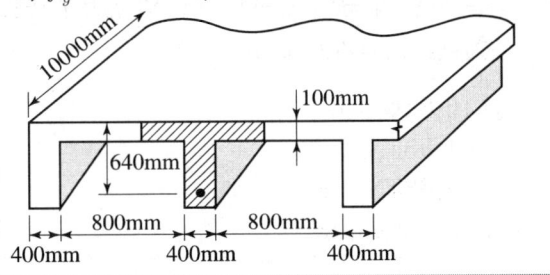

해설 ① 대칭 T형보의 유효폭
  ㉠ $16t_f + b_w = 16 \times 100 + 400 = 2,000\text{mm}$
  ㉡ 양쪽 슬래브의 중심간 거리 $= \dfrac{800}{2} + 400 + \dfrac{800}{2} = 1,200\text{mm}$
  ㉢ 전체 경간의 $\dfrac{1}{4} = 10,000 \times \dfrac{1}{4} = 2,500\text{mm}$
  ∴ 유효폭은 가장 작은 값인 1,200mm이다.

② $A_{sf} = \dfrac{0.85 f_{ck} \cdot t(b - b_w)}{f_y} = \dfrac{0.85 \times 24 \times 100 \times (1200 - 400)}{400} = 4,080\text{mm}^2$

③ $a = \dfrac{f_y(A_s - A_{sf})}{0.85 f_{ck} \cdot b_w} = \dfrac{400 \times (6,354 - 4,080)}{0.85 \times 24 \times 400} = 111.5\text{mm}$

해답 ②

062 그림과 같은 복철근 직사각형 보에서 공칭모멘트 강도(M_n)는? (단, $f_{ck} = 24\text{MPa}$, $f_y = 350\text{MPa}$, $A_s = 5730\text{mm}^2$, $A_s' = 1980\text{mm}^2$)

① 947.7kN·m
② 886.5kN·m
③ 805.6kN·m
④ 725.3kN·m

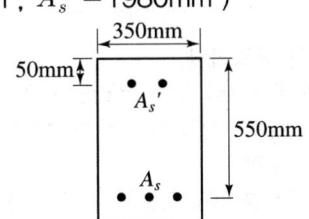

해설 ① 등가직사각형 응력분포의 깊이 : a
$$a = \dfrac{(A_s - A_s')f_y}{0.85 f_{ck} b} = \dfrac{(5730 - 1980) \times 350}{0.85 \times 24 \times 350} = 183.8235294\text{mm}$$

② 단면의 공칭 휨강도
$$M_n = (A_s - A_s')f_y\left(d - \dfrac{a}{2}\right) + A_s' f_y (d - d')$$

$$= (5730-1980) \times 350 \times \left(550 - \frac{183.82}{2}\right) + 1980 \times 350 \times (550-50)$$
$$= 947,743,125 \text{N} \cdot \text{mm} = 947.7 \text{kN} \cdot \text{m}$$

해답 ①

063

다음 단면의 균열 모멘트 M_{cr}의 값은? (단, 보통중량 콘크리트로서, f_{ck} = 25MPa, f_y = 400MPa)

① 16.8kN · m
② 41.58kN · m
③ 63.88kN · m
④ 85.05kN · m

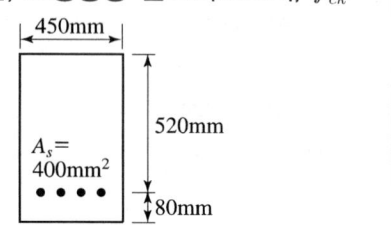

해설 ① 휨인장강도(할렬인장강도 = 파괴계수 ; f_{ru})
$f_{ru} = 0.63\lambda\sqrt{f_{ck}} = 0.63 \times 1.0 \times \sqrt{25}$
여기서, λ : 경량콘크리트계수
(보통중량콘크리트 1.0, 모래경량콘크리트 0.85, 전경량콘크리트 0.75)
② 균열 모멘트
$$M_{cr} = \frac{f_{ru}}{y_t}I_g = \frac{0.63\lambda\sqrt{f_{ck}}}{y_t}\frac{bh^3}{12} = \frac{0.63 \times 1.0 \times \sqrt{25}}{300} \times \frac{450 \times 600^3}{12}$$
$= 85,050,000 \text{N} \cdot \text{mm} = 85.05 \text{kN} \cdot \text{m}$

해답 ④

064

다음과 같은 옹벽의 각 부분 중 직사각형보로 설계해야 할 부분은?
① 앞부벽
② 부벽식 옹벽의 전면벽
③ 캔틸래버식 옹벽의 전면벽
④ 부벽식 옹벽의 저판

해설 옹벽의 구조해석
① 캔틸레버식 옹벽(역T형 옹벽)
 ㉠ 저판 : 전면벽과의 접합부를 고정단으로 간주한 캔틸레버로 가정하여 단면을 설계
 ㉡ 전면벽(추가철근) : 저판에 의해 지지된 캔틸레버로 설계
② 부벽식 옹벽
 ㉠ 앞부벽 : 직사각형보로 설계
 ㉡ 뒷부벽 : T형보의 복부로 설계
 ㉢ 앞부벽식옹벽과 뒷부벽식 옹벽의 전면벽과 저판
  • 전면벽(추가철근) : 3변 지지된 2방향 슬래브로 설계할 수 있다.
  • 저판 : 정확한 방법이 사용되지 않는 한 뒷부벽 또는 앞부벽 간의 거리를 경간으로 가정하여 고정보 또는 연속보로 설계할 수 있다.

해답 ①

065 콘크리트 설계기준강도가 28MPa, 철근의 항복강도가 350MPa로 설계된 내민 길이 4m인 캔틸레버 보가 있다. 처짐을 계산하지 않는 경우의 최소 두께는?

① 340mm
② 465mm
③ 512mm
④ 600mm

해설 $h = \dfrac{l}{8} \times 보정계수 = \dfrac{l}{8} \times \left(0.43 + \dfrac{f_y}{700}\right) = \dfrac{4,000}{8} \times \left(0.43 + \dfrac{350}{700}\right) = 465\,\text{mm}$

해답 ②

066 2방향 슬래브 설계 시 직접설계법을 적용할 수 있는 제한사항에 대한 설명으로 틀린 것은?

① 각 방향으로 3경간 이상 연속되어야 한다.
② 슬래브 판들은 단변 경간에 대한 장변 경간의 비가 2 이하인 직사각형이어야 한다.
③ 연속한 기둥 중심선을 기준으로 기둥의 어긋남은 그 방향 경간의 15% 이하이어야 한다.
④ 각 방향으로 연속한 받침부 중심간 경간 차이는 긴 경간의 1/3 이하이어야 한다.

해설 **직접설계법 적용 조건**
① 각 방향으로 3경간 이상이 연속되어야 한다.
② 슬래브판들은 단변 경간에 대한 장변 경간의 비가 2 이하인 직사각형이어야 한다.
③ 각 방향으로 연속한 받침부 중심 간 경간 길이의 차이는 긴 경간의 1/3 이하이어야 한다.
④ 연속한 기둥 중심선으로부터 기둥의 어긋남은 그 방향 경간의 최대 10% 이하이어야 한다.
⑤ 모든 하중은 슬래브판 전체에 등분포 된 연직하중이어야 하며, 활하중은 고정하중의 2배 이하이어야 한다.
⑥ 모든 변에서 보가 슬래브판을 지지할 경우, 직교하는 두 방향에서 다음 식에 해당하는 보의 상대강성은 다음 식을 만족하여야 한다.

$0.2 \leq \dfrac{\alpha_1 l_2^{\,2}}{\alpha_2 l_1^{\,2}} \leq 5.0$

⑦ 직접설계법으로 설계된 슬래브 시스템은 연속 휨부재의 부휨모멘트 재분배 규정에서 허용된 모멘트 재분배를 적용할 수 없다. 휨모멘트 재분배는 고려하는 방향에서 슬래브판에 대한 전체 정적 계수휨모멘트가 $\dfrac{w_u l_2 l_n^{\,2}}{8}$ 식에 의해 요구된 휨모멘트보다 작지 않은 범위 내에서 정 및 부계수휨모멘트는 10%까지 수정할 수 있다.

⑧ 2방향 슬래브의 여러 역학적 해석조건을 만족시키는 것을 입증한다면 위 ①에서부터 ⑦까지의 제한 규정을 다소 벗어나도 직접설계법을 적용할 수 있다.

해답 ③

067

PS 콘크리트의 균등질 보의 개념(homogeneous beam concept)을 설명한 것으로 가장 적당한 것은?

① 콘크리트에 프리스트레스가 가해지면 PSC 부재는 탄성재료로 전환되고 이의 해석은 탄성이론으로 가능하다는 개념
② PSC 보를 RC 보처럼 생각하여, 콘크리트는 압축력을 받고 긴장재는 인장력을 받게 하여 두 힘의 우력 모멘트로 외력에 의한 휨모멘트에 저항시킨다는 개념
③ PS 콘크리트는 결국 부재에 작용하는 하중의 일부 또는 전부를 미리 가해진 프리스트레스와 평행이 되도록 하는 개념
④ PS 콘크리트는 강도가 크기 때문에 보의 단면을 강재의 단면으로 가정하여 압축 및 인장을 단면 전체가 부담할 수 있다는 개념

해설 ① **균등질보개념**(응력개념법, 기본개념법) : 콘크리트에 프리스트레스트를 도입하면 콘크리트가 탄성 재료로 전환된다고 생각으로 전단면 유효 응력으로 설계하는 개념이다.
② **강도개념**(내력모멘트개념, C-선 개념) : PSC보를 RC보처럼 생각하여 콘크리트는 압축력을 받고 긴장재는 인장력을 받게 하여 두 힘의 우력모멘트로 외력에 의한 휨모멘트에 저항시킨다는 개념이다.
③ **하중평형개념**(Load Balancing Concept, 등가하중개념) : 포물선 또는 직선 절곡으로 배치된 PS강재에 의해 생긴 상향력이 보에 상향으로 작용하는 하중과 같다고 간주하는 개념이다.

해답 ①

068

깊은보에 대한 전단 설계의 규정 내용으로 틀린 것은? (단, l_n : 받침부 내면 사이의 순경간, λ : 경량 콘크리트 계수, b_w : 복부의 폭, d : 유효깊이, s : 종방향 철근에 평행한 방향으로 전단철근의 간격, s_h : 종방향 철근에 수직방향으로 전단철근의 간격)

① l_n이 부재 깊이의 3배 이상인 경우 깊은보로서 설계한다.
② 깊은보의 V_n은 $(5\lambda\sqrt{f_{ck}}/6)b_wd$ 이하이어야 한다.
③ 휨인장철근과 직각인 수직전단철근의 단면적 A_v를 $0.0025b_ws$ 이상으로 하여야 한다.
④ 휨인장철근과 평행한 수평전단철근의 단면적 A_{vh}를 $0.0015b_ws_h$ 이상으로 하여야 한다.

해설 깊은 보는 한쪽 면이 하중을 받고 반대쪽 면이 지지되어 하중과 받침부 사이에 압축대가 형성되는 구조요소로서 다음 중 하나에 해당하는 부재를 말한다.
① 순경간 l_n이 부재 깊이의 4배 이하인 부재
② 받침부 내면에서(받침부로부터) 부재 깊이의 2배 이하인 위치에 집중하중이 작용하는 경우는 집중하중과 받침부 사이의 구간

해답 ①

069

그림과 같은 나선철근 단주의 공칭 중심축하중(P_n)은? [단, f_{ck} = 24MPa, f_y = 400MPa, 축방향 철근은 8-D25(A_{st} = 4050mm²)를 사용]

① 2125.2kN
② 2734.3kN
③ 3168.6kN
④ 3485.8kN

400mm

해설 $P_{nmax} = \alpha [0.85 f_{ck}(A_g - A_{st}) + f_y A_{st}]$
$= 0.85 \times \left[0.85 \times 24 \times \left(\frac{\pi \times 400^2}{4} - 4050\right) + 400 \times 4050\right]$
$= 3,485,782\text{N} = 3,485.8\text{kN}$

해답 ④

070

폭 b = 300mm, 유효깊이 d = 500mm, 철근단면적 A = 2200mm²를 갖는 단철근 콘크리트 직사각형 보를 강도설계법으로 휨 설계할 때, 설계 휨모멘트 강도(ϕM_n)는? (단, 콘크리트 설계기준강도 f_{ck} = 27MPa, 철근항복강도 f_y = 400MPa)

① 186.6kN·m
② 234.7kN·m
③ 284.5kN·m
④ 326.2kN·m

해설
① $a = \dfrac{A_s \cdot f_y}{0.85 f_{ck} b} = \dfrac{2,200 \times 400}{0.85 \times 27 \times 300} = 127.8\text{mm}$

② $M_d = \phi M_n = 0.85 A_s \cdot f_y \left(d - \dfrac{a}{2}\right) = 0.85 \times 2,200 \times 400 \times \left(500 - \dfrac{127.8}{2}\right)$
$= 326,202,800\text{N·mm} = 326.2\text{kN·m}$

해답 ④

071 용접이음에 관한 설명으로 틀린 것은?

① 리벳구멍으로 인한 단면 감소가 없어서 강도 저하가 없다.
② 내부 검사(X-선 검사)가 간단하지 않다.
③ 작업의 소음이 적고 경비와 시간이 절약된다.
④ 리벳이음에 비해 약하므로 응력 집중 현상이 일어나지 않는다.

해설 용접이음의 장점
① 일반적인 장점
    ㉠ 재료가 절약된다.   ㉡ 공정수가 감소한다.
    ㉢ 제품 성능과 수명이 향상된다.   ㉣ 이음 효율이 높다.
② 리벳이음에 비해 우수한 점
    ㉠ 구조가 간단하다.   ㉡ 재료가 절약된다.
    ㉢ 공수를 절감할 수 있다.   ㉣ 경비가 절감된다.
    ㉤ 기밀, 수밀 유지가 쉽다.   ㉥ 자동화가 가능하다.
    ㉦ 이음 효율이 높다.

용접의 단점
① 용접 부 재질 변화 우려가 있다.   ② 수축변형 및 잔류응력 발생한다.
③ 재질에 따라 용접산화가 일어난다.   ④ 응력 집중이 일어나기 쉽다.
⑤ 품질검사가 곤란하다.   ⑥ 균열이 발생하기 쉽다.

해답 ④

072 $b=350\text{mm}$, $d=550\text{mm}$인 직사각형 단면의 보에서 지속하중에 의한 순간처짐이 16mm였다. 1년 후 총 처짐량은 얼마인가? (단, $A_s=2246\text{mm}^2$, $A_s'=1284\text{mm}^2$, $\zeta=1.4$)

① 20.5mm   ② 32.8mm
③ 42.1mm   ④ 26.5mm

해설
① 압축 철근비 : $\rho' = \dfrac{A_s'}{b \cdot d} = \dfrac{1284}{350 \times 550} = 0.0067$

② 처짐계수 : $\lambda = \dfrac{\xi}{1+50\rho'} = \dfrac{1.4}{1+50 \times 0.0067} = 1.05\text{mm}$

③ 장기처짐 = 단기처짐 × λ = 16 × 1.05 = 16.8mm
④ 총 처짐량 = 단기처짐 + 장기처짐 = 16 + 16.8 = 32.8mm

해답 ②

073 그림과 같이 활하중(w_L)을 30kN/m, 고정하중(w_p)은 콘크리트의 자중(단위무게 23kN/m)만 작용하고 있는 캔틸레버보가 있다. 이 보의 위험단면에서 전단철근이 부담해야 할 전단력은? [단, 하중은 하중조합을 고려한 소요강도(U)를 적용하고, f_{ck} = 24MPa, f_y = 300MPa이다.]

① 88.7kN
② 53.5kN
③ 21.3kN
④ 9.5kN

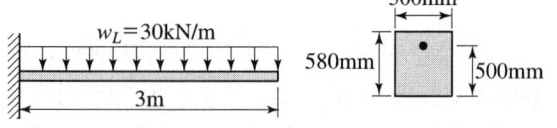

해설 ① 사하중
$w_D = 23 \times 0.3 \times 0.58 = 4.002 \text{kN/m}$
② 활하중
$w_L = 30 \text{kN/m}$
③ 사하중에 의한 위험단면에서의 전단력
$V_D = w_D \cdot (l-d) = 4.002 \times (3-0.5) = 10.005 \text{kN}$
④ 활하중에 의한 위험단면에서의 전단력
$V_L = w_L \cdot (l-d) = 30 \times (3-0.5) = 75 \text{kN}$
⑤ 계수전단력
$V_u = 1.2 V_D + 1.6 V_L = 1.2 \times 10.005 + 1.6 \times 75 = 132.006 \text{kN}$
⑥ 콘크리트가 부담하는 전단강도
$V_c = \left(\dfrac{\sqrt{f_{ck}}}{6}\right) b_w \cdot d = \dfrac{\sqrt{24}}{6} \times 300 \times 500 = 122,474.487 \text{N} = 122.5 \text{kN}$
⑦ 공칭 전단강도
$V_d = \phi V_n \geq V_u$ 에서 $V_n = \dfrac{V_u}{\phi} = \dfrac{132.006}{0.75} = 176.008$
⑧ 전단철근이 부담하는 전단강도
$V_n = V_c + V_s$ 에서 $V_s = V_n - V_c = 176.008 - 122.5 = 53.508 \text{kN}$

해답 ②

074 아래 그림과 같은 두께 12mm 평판의 순단면적을 구하면? (단, 구멍의 직경은 23mm이다.)

① 2310mm²
② 2340mm²
③ 2772mm²
④ 2928mm²

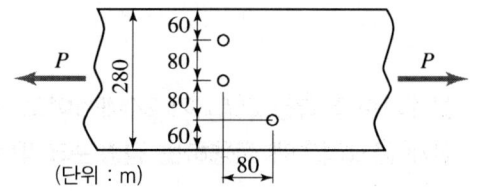

해설 ① $b_n = b_g - 2d = 280 - 2 \times 23 = 234 \text{mm}$

② $b_n = b_g - 2d - \left(d - \dfrac{p^2}{4g}\right) = 280 - 2 \times 23 - \left(23 - \dfrac{80^2}{4 \times 80}\right) = 231 \text{mm}$

③ 순폭 b_n은 가장 작은 값 231mm

④ 순단면적 : $A_n = b_n \cdot t = 231 \times 12 = 2{,}772 \text{mm}^2$

해답 ③

075 그림과 같은 단면의 도심에 PS 강재가 배치되어 있다. 초기 프리스트레스 힘을 1800kN 작용시켰다. 30%의 손실을 가정하여 콘크리트의 하연 응력이 0이 되도록 하려면 이때의 휨모멘트 값은? (단, 자중은 무시)

① 120kN · m
② 126kN · m
③ 130kN · m
④ 150kN · m

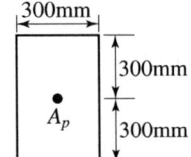

해설 ① $P = 1{,}800 \times 0.7 = 1{,}260 \text{kN}$

② $M = \dfrac{P \cdot h}{6} = \dfrac{1{,}260 \times 0.6}{6} = 126 \text{kN} \cdot \text{m}$

$f_{\text{하연응력(인장측)}} = \dfrac{P}{A} - \dfrac{M}{Z} = \dfrac{1{,}260}{0.3 \times 0.6} - \dfrac{M}{\dfrac{0.3 \times 0.6^2}{6}} = 0$ 에서 $M = 126 \text{kN} \cdot \text{m}$

해답 ②

076 초기 프리스트레스가 1200MPa이고, 콘크리트의 건조수축 변형률 $\epsilon_{sh} = 1.8 \times 10^{-4}$일 때 긴장재의 인장응력의 감소는? (단, PS 강재의 탄성계수 $E_p = 2.0 \times 10^5 \text{MPa}$)

① 12MPa
② 24MPa
③ 36MPa
④ 48MPa

해설 $\Delta f_p = E_p \cdot \epsilon_{sh} = 200{,}000 \times 1.8 \times 10^{-4} = 36 \text{MPa}$

해답 ③

077 설계기준 압축강도(f_{ck})가 24MPa이고, 쪼갬인장강도(f_{sp})가 2.4MPa인 경량골재 콘크리트에 적용하는 경량콘크리트계수(λ)는?

① 0.75
② 0.85
③ 0.87
④ 0.92

해설 f_{sp}가 규정되어진 경량콘크리트

$\dfrac{f_{sp}}{0.56\sqrt{f_{ck}}} \leq 1.0$이므로 $\dfrac{2.4}{0.56 \times \sqrt{24}} = 0.87$

해답 ③

078
철골 압축재의 좌굴 안정성에 대한 설명으로 틀린 것은?
① 좌굴길이가 길수록 유리하다.
② 힌지지지보다 고정지지가 유리하다.
③ 단면2차모멘트 값이 클수록 유리하다.
④ 단면2차반지름이 클수록 유리하다.

해설 좌굴하중 $P_b = \dfrac{\pi^2 EI}{l_k^2} = \dfrac{n\pi^2 EI}{l^2}$ 에서 좌굴길이가 길수록 좌굴하중(좌굴을 발생시키는 하중)의 크기가 줄어들므로 좌굴 안정성에 불리하다.

해답 ①

079
유효깊이(d)가 500mm인 직사각형 단면보에 f_y = 400MPa인 인장철근이 1열로 배치되어 있다. 중립축(c)의 위치가 압축연단에서 200mm인 경우 강도감소계수(ϕ)는?

① 0.804
② 0.817
③ 0.834
④ 0.842

해설 $\phi = 0.65 + 0.2\left[\left(\dfrac{1}{(c/d_t)}\right) - \dfrac{5}{3}\right] = 0.65 + 0.2\left[\left(\dfrac{1}{(200/500)}\right) - \dfrac{5}{3}\right] = 0.817$

해답 ②

080
사용 고정하중(D)과 활하중(L)을 작용시켜서 단면에서 구한 휨모멘트는 각각 M_D = 30kN·m, M_L = 3kN·m이었다. 주어진 단면에 대해서 현행 콘크리트 구조설계기준에 따라 최대 소요강도를 구하면?

① 30kN·m
② 40.8kN·m
③ 42kN·m
④ 48.2kN·m

해설 최대 소요강도
① $M_u = 1.2M_D + 1.6M_L = 1.2 \times 30 + 1.6 \times 3 = 40.8$kN·m
② $M_u = 1.4M_D = 1.4 \times 30 = 42$kN·m
③ 최대 소요강도는 둘 중 큰 값인 42kN·m이다.

해답 ③

제5과목 토질 및 기초

081 다음 그림에서 흙의 저면에 작용하는 단위면적당 침투수압은? (단, 물의 단위중량은 10kN/m³이다.)

① 80kN/m²
② 50kN/m²
③ 40kN/m²
④ 30kN/m²

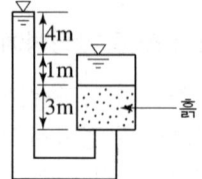

해설 침투수압
$$F = i \cdot \gamma_w \cdot z = \frac{\Delta h}{h} \cdot \gamma_w \cdot z = \frac{4}{3} \times 10 \times 3 = 40 \text{kN/m}^2$$

해답 ③

082 그림에서 안전율 3을 고려하는 경우, 수두차 h를 최소 얼마로 높일 때 모래시료에 분사현상이 발생하겠는가?

① 12.75cm
② 9.75cm
③ 4.25cm
④ 3.25cm

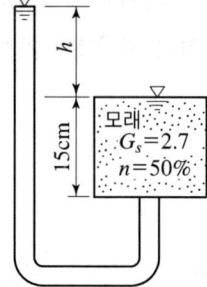

해설
① $e = \dfrac{n}{100-n} = \dfrac{50}{100-50} = 1.0$

② 분사현상이 일어날 조건
$$i \geq i_c = \frac{\gamma_{sub}}{\gamma_w} = \frac{G_s - 1}{1 + e}$$

$$\frac{h}{L} \geq \frac{G_s - 1}{1 + e}$$

$\dfrac{h}{15} \geq \dfrac{2.7-1}{1+1}$ 에서 $h \geq 12.75 \text{cm}$

안전율 3을 고려하면 $h \geq \dfrac{12.75}{3} = 4.25 \text{cm}$

해답 ③

083

내부마찰각이 30°, 단위중량이 18kN/m³인 흙의 인장균열 깊이가 3m일 때 점착력은?

① 15.6kN/m²
② 16.7kN/m²
③ 17.5kN/m²
④ 181kN/m²

해설 인장균열 깊이

$Z_c = \dfrac{2c}{\gamma} \tan\left(45° + \dfrac{\phi}{2}\right)$ 에서

$c = \dfrac{Z_c \gamma}{2\tan\left(45° + \dfrac{\phi}{2}\right)} = \dfrac{3 \times 18}{2 \times \tan\left(45° + \dfrac{30°}{2}\right)} = 15.6\text{kN/m}^2$

해답 ①

084

다져진 흙의 역학적 특성에 대한 설명으로 틀린 것은?

① 다짐에 의하여 간극이 작아지고 부착력이 커져서 역학적 강도 및 지지력은 증대하고, 압축성, 흡수성 및 투수성은 감소한다.
② 점토를 최적함수비보다 약간 건조측의 함수비로 다지면 면모구조를 가지게 된다.
③ 점토를 최적함수비보다 약간 습윤측에서 다지면 투수계수가 감소하게 된다.
④ 면모구조를 파괴시키지 못할 정도의 작은 압력으로 점토시료를 압밀할 경우 건조측 다짐을 한 시료가 습윤측 다짐을 한 시료보다 압축성이 크게 된다.

해설 ① 낮은 압력하에서는 습윤측이 건조측보다 압축성이 더 크다.
② 높은 압력에서는 입자가 재배열되므로 오히려 건조측에서 다진 흙이 압축성이 커진다.

해답 ④

085

사면안정 계산에 있어서 Fellenius법과 간편 Bishop법의 비교 설명으로 틀린 것은?

① Fellenius법은 간편 Bishop법보다 계산은 복잡하지만 계산결과는 더 안전측이다.
② 간편 Bishop법은 절편의 양쪽에 작용하는 연직 방향의 합력은 0(zero)이라고 가정한다.
③ Fellenius법은 절편의 양쪽에 작용하는 합력은 0(zero)이라고 가정한다.
④ 간편 Bishop법은 안전율을 시행착오법으로 구한다.

해설 Bishop의 간편법(시산법, 시행착오법)은 안전율을 계산하므로 Fellenius법 보다 훨씬 복잡하나 안전율은 거의 실제와 같다.

해답 ①

086

점착력이 50kN/m², $\gamma_t = 18$kN/m³의 비배수상태($\phi = 0$)인 포화된 점성토 지반에 직경 40cm, 길이 10m의 PHC 말뚝이 항타시공되었다. 이 말뚝의 선단지지력은? (단, Meyerhof 방법을 사용)

① 15.7kN
② 32.3kN
③ 56.5kN
④ 450kN

해설 $\phi = 0$인 포화 점성토의 경우 $N_c = 9$이므로 선단지지력은

$$R_p = C N_c A_p = 50 \times 9 \times \frac{\pi \times 0.4^2}{4} = 56.5\text{kN}$$

해답 ③

087

사질토에 대한 직접 전단시험을 실시하여 다음과 같은 결과를 얻었다. 내부마찰각은 약 얼마인가?

수직응력[kN/m²]	30	60	90
최대전단응력[kN/m²]	17.3	34.6	51.9

① 25°
② 30°
③ 35°
④ 40°

해설 $\tau_f = c + \sigma' \tan\phi$ 에서 사질토의 경우에는 $c = 0$, $\phi \neq 0$이므로
$\tau = \sigma' \tan\phi$

① $\phi = \tan^{-1}\frac{\tau}{\sigma'} = \tan^{-1}\frac{17.3}{30} = 29.97°$

② $\phi = \tan^{-1}\frac{\tau}{\sigma'} = \tan^{-1}\frac{34.6}{60} = 29.97°$

③ $\phi = \tan^{-1}\frac{\tau}{\sigma'} = \tan^{-1}\frac{51.9}{90} = 29.97°$

해답 ②

088

그림과 같은 지반에 널말뚝을 박고 기초굴착을 할 때 A점의 압력수두가 3m라면 A점의 유효응력은? (단, 물의 단위중량은 9.81kN/m³이다.)

① 1kN/m²
② 12.57kN/m²
③ 42kN/m²
④ 29.43kN/m²

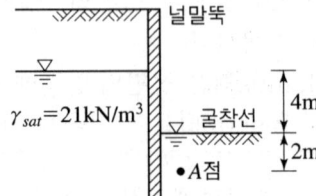

해설 ① 전응력 : $\sigma = \gamma_{sat} \cdot h = 21 \times 2 = 42 \text{kN/m}^2$
② 간극수압 : $u = \gamma_w \cdot h_p = 9.81 \times 3 = 29.43 \text{kN/m}^2$
③ 유효응력 : $\sigma' = \sigma - u = 42 - 29.43 = 12.57 \text{kN/m}^2$

해답 ②

089 그림과 같은 점토지반에 재하 순간 A점에서의 물의 높이가 그림에서와 같이 점토층의 윗면으로부터 5m였다. 이러한 물의 높이가 4m까지 내려오는 데 50일이 걸렸다면, 50% 압밀이 일어나는 데는 몇 일이 더 걸리겠는가? (단, 10% 압밀 시 압밀계수 T_v=0.008, 20% 압밀 시 T_v=0.031, 50% 압밀 시 T_v=0.197이다.)

① 268일
② 618일
③ 1181일
④ 1231일

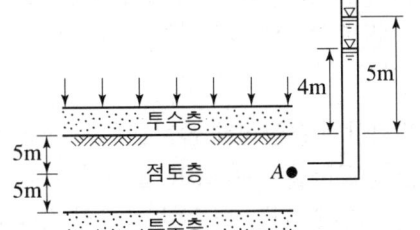

해설 ① 양면배수이므로 배수거리 $d = \dfrac{H}{2} = \dfrac{10}{2} = 5\text{m}$

② 압밀계수 : $C_v = \dfrac{T_{20} \cdot d^2}{t_{20}} = \dfrac{0.031 \times 5^2}{50} = 0.0155$

③ 압밀도 50% 시간계수 : $T_{50} = 0.197$

④ 압밀도 50% 압밀시간 : $t_{50} = \dfrac{T_{50} \cdot d^2}{C_v} = \dfrac{0.197 \times 5^2}{0.0155} = 318$일

⑤ 50% 압밀되는데 추가 소요시간 : $318 - 50 = 268$일

해답 ①

090 일반적인 기초의 필요조건으로 틀린 것은?

① 동해를 받지 않는 최소한의 근입깊이를 가져야 한다.
② 지지력에 대해 안정해야 한다.
③ 침하를 허용해서는 안 된다.
④ 사용성, 경제성이 좋아야 한다.

해설 **기초의 필요조건**
① 최소한의 근입깊이(D_f)를 확보하여 동해에 안정하도록 하여야한다.
② 침하량이 허용치 이내에 들어야 한다.
③ 지지력에 대해 안정해야 한다.
④ 경제적, 기술적으로 시공이 가능하여야 한다.(사용성, 경제성이 좋아야 한다.)

해답 ③

091 흙 속에서 물의 흐름에 대한 설명으로 틀린 것은?

① 투수계수는 온도에 비례하고 점성에 반비례한다.
② 불포화토는 포화토에 비해 유효응력이 작고, 투수계수가 크다.
③ 흙 속의 침투수량은 Darcy 법칙, 유선망, 침투해석 프로그램 등에 의해 구할 수 있다.
④ 흙 속에서 물이 흐를 때 수두차가 커져 한계동수구배에 이르면 분사현상이 발생한다.

해설 ① 불포화상태에서는 축응력의 증가로 체적변화가 발생하므로 유효응력이 증가한다.
② 불포화토는 부간극수압의 영향으로 겉보기 점착력을 보임과 동시에 마찰각도 커지며 흐름에 있어서는 간극 속에 공기의 함입으로 투수성이 저하

해답 ②

092 모래지반의 현장상태 습윤단위중량을 측정한 결과 18kN/m³으로 얻어졌으며 동일한 모래를 채취하여 실내에서 가장 조밀한 상태의 간극비를 구한 결과 e_{min} =0.45, 가장 느슨한 상태의 간극비를 구한 결과 e_{max} =0.92를 얻었다. 현장상태의 상대밀도는 약 몇 %인가? (단, 모래의 비중 G_s =2.7이고, 현장상태의 함수비 w =10%, γ_w =9.81kN/m³이다.)

① 44% ② 57%
③ 64% ④ 80%

해설
① $\gamma_t = \dfrac{G_s \cdot \left(1+\dfrac{w}{100}\right)}{1+e} \cdot \gamma_w = \dfrac{2.7 \times \left(1+\dfrac{10}{100}\right)}{1+e} \times 9.81 = 18$ 에서 $e = 0.62$

② $D_r = \dfrac{e_{max}-e}{e_{max}-e_{min}} \times 100 = \dfrac{0.92-0.62}{0.92-0.45} \times 100 = 64\%$

해답 ③

093 아래 표의 식의 3축 압축시험에 있어서 간극수압을 측정하여 간극수압계수 A를 계산하는 식이다. 이 식에 대한 설명으로 틀린 것은?

$$\Delta u = B[\Delta\sigma_3 + A(\Delta\sigma_1 - \Delta\sigma_3)]$$

① 포화된 흙에서는 B =1이다.
② 정규압밀 점토에서는 A값이 1에 가까운 값을 나타낸다.
③ 포화된 점토에서 구속압력을 일정하게 할 경우 간극수압의 측정값과 축차응력을 알면 A값을 구할 수 있다.
④ 매우 과압밀된 점토의 A값은 언제나 (+)의 값을 갖는다.

해설 ① 등방압축 시 공극수압계수(B계수)
　　㉠ 완전포화(S=100%)이면, $B=1$
　　㉡ 완전건조(S=0%)이면, $B=0$
② A계수를 이용하여 흙의 종류를 개략적으로 파악할 수 있다.
　　㉠ A계수 값 0.5~1 : 정규압밀 점토
　　㉡ A계수 값 -0.5~0 : 과압밀 점토

해답 ④

094
포화된 점토지반 위에 급속하게 성토하는 제방의 안정성을 검토할 때 이용해야 할 강도정수를 구하는 시험은?

① CU-test
② UU-test
③ $\overline{CU}$-test
④ CD-test

해설

배수방법	적 용
비압밀 비배수 (UU-test)	① 점토지반이 시공 중 또는 성토한 후 급속한 파괴가 예상되는 경우 ② 압밀이나 함수비의 변화가 없이 급속한 파괴가 예상되는 경우 ③ 재하속도가 과잉공극수압의 소산속도보다 빠른 경우 ④ 즉각적인 함수비의 변화, 체적의 변화가 없는 경우 ⑤ 점토지반의 단기적 안정해석하는 경우
압밀 비배수 (CU-test)	① 성토 하중으로 어느 정도 압밀된 후 급속한 파괴가 예상되는 경우 ② 기존의 제방, 흙 댐에서 수위가 급강하할 때의 안정해석하는 경우 ③ 사전압밀(Pre-loading) 후 급격한 재하시의 안정해석하는 경우
압밀 배수 (CD-test)	① 성토 하중에 의하여 압밀이 서서히 진행되고 파괴도 극히 완만하게 진행될 때 ② 공극수압의 측정이 곤란한 경우 ③ 점토지반의 장기적 안정해석하는 경우 ④ 흙 댐의 정상류에 의한 장기적인 공극수압을 산정하는 경우 ⑤ 과압밀점토의 굴착이나 자연사면의 장기적 안정해석하는 경우 ⑥ 투수계수가 큰 모래지반의 사면 안정해석하는 경우

해답 ②

095
흙의 비중이 2.60, 함수비 30%, 간극비 0.80일 때 포화도는?

① 24.0%
② 62.4%
③ 78.0%
④ 97.5%

해설 $S \cdot e = w \cdot G_s$ 에서 $S = \dfrac{w \cdot G_s}{e} = \dfrac{30 \times 2.6}{0.80} = 97.5\%$

해답 ④

096

시료가 점토인지 아닌지를 알아보고자 할 때 다음 중 가장 거리가 먼 사항은?

① 소성지수
② 소성도 A선
③ 포화도
④ 200번(0.075mm)체 통과량

해설 ① 점토분이 많을수록 액성한계와 소성지수가 크다.
② No.200체 통과량이 50% 이상이면 세립토(M, C, O)로 분류할 수 있다.

해답 ③

097

그림과 같은 20×30m 전면기초인 부분보상기초(partially compensated foundation)의 지지력 파괴에 대한 안전율은?

① 3.0
② 2.5
③ 2.0
④ 1.5

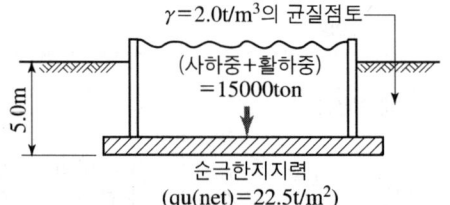

해설 안전율

$$F_s = \frac{q_{u(net)}}{q} = \frac{q_{u(net)}}{\frac{Q}{A} - r \cdot D_f} = \frac{22.5}{\frac{15,000}{20 \times 30} - 2 \times 5} = 1.5$$

해답 ④

098

지름 $d=20$cm인 나무말뚝을 25본 박아서 기초 상판을 지지하고 있다. 말뚝의 배치를 5열로 하고 각 열은 등간격으로 5본씩 박혀 있다. 말뚝의 중심간격 $S=$1m이고 1본의 말뚝이 단독으로 10t의 지지력을 가졌다고 하면 이 무리 말뚝은 전체로 얼마의 하중을 견딜 수 있는가? (단, Converse-Labbarre식을 사용한다.)

① 100t
② 200t
③ 300t
④ 400t

해설 군항의 허용지지력

① $\phi = \tan^{-1}\dfrac{D}{S} = \tan^{-1}\dfrac{0.2}{1} = 11.3°$

② $E = 1 - \dfrac{\phi}{90}\left[\dfrac{(m-1)n + m(n-1)}{mn}\right] = 1 - \dfrac{11.3°}{90}\left[\dfrac{(5-1)\times 5 + 5\times(5-1)}{5\times 5}\right]$
   $= 0.799$

③ $R_{ag} = ENR_a = 0.799 \times 25 \times 10 = 199.75$t

해답 ②

099
시험 종류와 시험으로부터 얻을 수 있는 값의 연결이 틀린 것은?

① 비중계분석시험 - 흙의 비중(G_s) ② 삼축압축시험 - 강도정수(c, ϕ)
③ 일축압축시험 - 흙의 예민비(S_t) ④ 평판재하시험 - 지반반력계수(k_s)

해설 비중계분석시험은 시료를 물에 희석시켜 교반시킨 후 흙탕물 속에서 토립자가 침강되는 상태를 확인하여 흙의 입경(입도)을 추정하는 방법이다.

해답 ①

100
현장 도로 토공에서 모래치환법에 의한 흙의 밀도 시험을 하였다. 파낸 구멍의 체적이 $V = 1960\text{cm}^3$, 흙의 질량이 3390g이고, 이 흙의 함수비는 10%이었다. 실험실에서 구한 최대 건조 밀도 $\gamma_{d\max} = 1.65\text{g/cm}^3$일 때 다짐도는?

① 85.6% ② 91.0%
③ 95.3% ④ 98.7%

해설
① 습윤밀도 : $\gamma_t = \dfrac{W}{V} = \dfrac{3390}{1960} = 1.73\text{g/cm}^3$

② 건조밀도 : $r_d = \dfrac{r_t}{1+\dfrac{w}{100}} = \dfrac{1.73}{1+\dfrac{10}{100}} = 1.573\text{g/cm}^3$

③ 다짐도 : $C_d = \dfrac{\text{현장의 } \gamma_d}{\text{실내다짐시험에 의한 }\gamma_{d\max}} \times 100(\%) = \dfrac{1.573}{1.65} \times 100 = 95.3\%$

해답 ③

제6과목 상하수도공학

101
자연유하식인 경우 도수관의 평균유속의 최소한도는?

① 0.01m/s ② 0.1m/s
③ 0.3m/s   ④ 3m/s

해설 관의 평균유속
① 도·송수관의 평균유속의 최대한도 : 자연유하식인 경우에는 허용 최대한도를 3.0m/s로 하고, 펌프가압식인 경우에는 경제적인 관경에 대한 유속으로 한다.
② 도수관의 평균유속의 최소한도 : 원수를 수송하므로 모래입자 등의 침전을 방지하기 위하여 0.3m/sec 이상으로 한다.
③ 송수관의 평균유속의 최소한도 : 도수관의 유속에 준한다.

해답 ③

102 완속여과지의 구조와 형상의 설명으로 틀린 것은?

① 여과지의 총 깊이는 4.5~5.5m를 표준으로 한다.
② 형상은 직사각형을 표준으로 한다.
③ 배치는 1열이나 2열로 한다.
④ 주위벽 상단은 지반보다 15cm 이상 높인다.

해설 완속여과지의 구조와 형상
① 여과지 깊이는 하부집수장치의 높이에 자갈층과 모래층 두께, 모래면 위의 수심과 여유고를 더하여 2.5~3.5m를 표준으로 한다.
② 여과지의 형상은 직사각형을 표준으로 한다.
③ 배치는 몇 개 여과지를 접속시켜 1열이나 2열로 하고, 그 주위는 유지관리상 필요한 공간을 둔다.
④ 주위벽 상단은 지반보다 15cm 이상 높여 여과지 내로 오염수나 토사 등의 유입을 방지해야 한다.
⑤ 한랭시에서는 여과지의 물이 동결될 우려가 있는 경우나 또한 공중에서 날아드는 오염물질로 물이 오염될 우려가 있는 경우에는 여과지를 복개한다.

해답 ①

103 상수도 계획 설계 단계에서 펌프의 공동현상(cavitation) 대책으로 옳지 않은 것은?

① 펌프의 회전속도를 낮게 한다.
② 흡입쪽 밸브에 의한 손실수두를 크게 한다.
③ 흡입관의 구경은 가능하면 크게 한다.
④ 펌프의 설치 위치를 가능한 한 낮게 한다.

해설 공동현상의 방지법
① 펌프의 설치 위치를 되도록 낮게 하고, 흡입양정을 작게 한다.
② 흡입관은 되도록 짧은 것이 좋으며 부득이할 때는 흡입관을 크게 하여 손실을 감소시킨다.
③ 흡입측에서 펌프의 토출량을 감소시키는 일은 절대로 피한다.
④ 총양정의 규정에 있어서 적합하도록 계획한다.
⑤ 양정 변화가 클 때는 상용의 최저 양정에 대하여도 공동현상이 생기지 않도록 충분히 주의해야 한다.
⑥ 공동현상을 피할 수 없을 때는 임펠러 재질을 cavitation 파손에 강한 것을 사용한다.
⑦ 펌프의 공동현상을 방지하려면 펌프의 회전수를 낮게 해야 한다.
⑧ 가용 유효 흡입수두를 필요 유효 흡입수두 보다 크게하여 손실수두를 줄인다.

해답 ②

104 관거의 보호 및 기초공에 대한 설명으로 옳지 않은 것은?

① 관거의 부등침하는 최악의 경우 관거의 파손을 유발할 수 있다.
② 관거가 철도 밑을 횡단하는 경우 외압에 대한 관거 보호를 고려한다.
③ 경질염화비닐관 등의 연성관거는 콘크리트기초를 원칙으로 한다.
④ 강성관거의 기초공에서는 지반이 양호한 경우 기초를 생략할 수 있다.

해설 경질염화비닐관 등의 연성관거는 자유받침 모래기초를 원칙으로 하며, 조건에 따라 말뚝기초 등을 설치한다.

해답 ③

105 수중의 질소화합물의 질산화 진행과정으로 옳은 것은?

① $NH_3-N \rightarrow NO_2-N \rightarrow NO_3-N$
② $NH_3-N \rightarrow NO_3-N \rightarrow NO_2-N$
③ $NO_2-N \rightarrow NO_3-N \rightarrow NH_3-N$
④ $NO_3-N \rightarrow NO_2-N \rightarrow NH_3-N$

해설 수중의 질소화합물 질산화 진행과정
단백질 → Amino acid → 암모니아성 질소(NH_3-N) → 아질산성 질소(NO_2-N) → 질산성(NO_3-N)

해답 ①

106 하수관거 설계 시 계획하수량에서 고려하여야 할 사항으로 옳은 것은?

① 오수관거에서는 계획최대오수량으로 한다.
② 우수관거에서는 계획시간최대우수량으로 한다.
③ 합류식 관거에서는 계획시간최대오수량에 계획우수량을 합한 것으로 한다.
④ 지역의 설정에 따른 계획수량의 여유는 고려하지 않는다.

해설 합류식 하수관거
① 합류관거 : 계획시간 최대 오수량+계획우수량을 기준으로 계획
② 차집관거 : 우천시 계획오수량(계획 시간 최대오수량의 3배 이상)을 기준으로 계획

해답 ③

107 하천, 수로, 철도 및 이설이 불가능한 지하매설물의 아래에 하수관을 통과시킬 경우 필요한 하수관로 시설은?

① 간선
② 관정접합
③ 맨홀
④ 역사이펀

해설 역사이펀은 하수관거가 철도, 지하철 등의 지하매설물을 횡단하여야 하는 경우 평면교차로 접합 할 수 없어 그 밑으로 통과해야 하는 하수관로 시설이다.

해답 ④

108 관의 길이가 1000m이고, 직경 20cm인 관을 직경 40cm의 등치관으로 바꿀 때, 등치관의 길이는? (단, Hazen-Williams 공식 사용)

① 2924.2m
② 5924.2m
③ 19242.6m
④ 29242.6m

해설 $L_2 = L_1 \left(\dfrac{D_2}{D_1}\right)^{4.87} = 1000 \times \left(\dfrac{40}{20}\right)^{4.87} = 29,242.6\text{m}$

해답 ④

109 하수관로 내의 유속에 대한 설명으로 옳은 것은?

① 유속은 하류로 갈수록 점차 작아지도록 설계한다.
② 관거의 경사는 하류로 갈수록 점차 커지도록 설계한다.
③ 오수관거는 계획1일최대오수량에 대하여 유속을 최소 1.2m/s로 한다.
④ 우수관거 및 합류관거는 계획우수량에 대하여 유속을 최대 3m/s로 한다.

해설 **유속 및 구배**
① 일반사항
　㉠ 관거 내에 토사 등이 침전, 정체하지 않는 유속일 것
　㉡ 하류 관거의 유속은 상류보다 크게 할 것
　㉢ 구배는 하류에 갈수록 완만하게 할 것
　㉣ 급류는 관거에 손상을 주므로 피할 것
② 하수관의 유속

관거	최소 유속	최대 유속	비 고
오수관거	0.6m/sec	3.0m/sec	이상적인 유속
우수관거 및 합류관거	0.8m/sec	3.0m/sec	: 1.0~1.8m/sec

해답 ④

110 슬러지의 처분에 관한 일반적인 계통도로 알맞은 것은?

① 생슬러지 - 개량 - 농축 - 소화 - 탈수 - 최종처분
② 생슬러지 - 농축 - 소화 - 개량 - 탈수 - 최종처분
③ 생슬러지 - 농축 - 탈수 - 개량 - 소각 - 최종처분
④ 생슬러지 - 농축 - 탈수 - 소각 - 개량 - 최종처분

해설 슬러지 처리 계통
슬러지 농축 → 소화 → 개량 → 탈수 → 소각(건조) → 최종처분

해답 ②

111 하수 배제방식 중 분류식의 특성에 해당되는 것은?
① 우수를 신속하게 배수하기 위해서 지형조건에 적합한 관거망이 된다.
② 대구경 관거가 되면 좁은 도로에서의 매설에 어려움이 있다.
③ 시공 시 철저한 오접 여부에 대한 검사가 필요하다.
④ 대구경 관거가 되면 1계통으로 건설되어 오수관거와 우수관거의 2계통을 건설하는 것보다는 저렴하지만 오수관거만을 건설하는 것보다는 비싸다.

해설 분류식의 경우 우수와 오수를 구분하여 시공하므로 오접여부에 대한 철저한 검사가 필요하다.

해답 ③

112 하수도의 구성 및 계통도에 관한 설명으로 옳지 않은 것은?
① 하수의 집배수시설은 가압식을 원칙으로 한다.
② 하수처리시설은 물리적, 생물학적, 화학적 시설로 구별된다.
③ 하수의 배제방식은 합류식과 분류식으로 대별된다.
④ 분류식은 합류식보다 방류하천의 수질보전을 위한 이상적 배제방식이다.

해설 매립시설의 차수층위에는 침출수를 집배수시킬 수 있는 유공관 및 집수정과 이를 처리시설로 이송할 수 있는 설비를 설치하여야 하며, 자연유하식이 원칙이다.

해답 ①

113 슬러지의 호기성 소화를 혐기성 소화법과 비교 설명한 것으로 옳지 않을 것은?
① 상징수의 수질이 양호하다.
② 폭기에 드는 동력비가 많이 필요하다.
③ 악취 발생이 감소한다.
④ 가치 있는 부산물이 생성된다.

해설 호기성 소화법은 가치있는 부산물이 생성되지 않는 단점이 있으며, 혐기성 소화에서 부산물로 유용한 메탄가스(이용가치가 있는 부산물)가 생산된다.

해답 ④

114 호수의 부영양화에 대한 설명으로 옳지 않은 것은?

① 조류의 이상증식으로 인하여 물의 투명도가 저하된다.
② 부영양화의 주된 원인물질은 질소와 인이다.
③ 조류의 발생이 과다하면 정수공정에서 여과지를 폐색시킨다.
④ 조류제거 약품으로는 주로 황산알루미늄을 사용한다.

해설 정수시설 내에서 조류를 제거하는 방법
① 약품으로 조류를 산화시켜 침전처리 등으로 제거하는 방법
    염소제나 황산구리 등의 살조제로 처리하는 방법
② 여과로 제거하는 방법
    ㉠ 그물눈이 작은 그물망을 친 마이크로스트레이너로 조류를 기계적으로 여과하여 제거하는 방법
    ㉡ 침전처리수에 응집제를 주입하여 여과층에서 제거하는 방법
    ㉢ 모래여과층의 상부에 안트라사이트를 포설한 다층여과지로 조류를 제거하는 방법

해답 ④

115 하천 및 저수지의 수질해석을 위한 수학적 모형을 구성하고자 할 때 가장 기본이 되는 수학적 방정식은?

① 에너지 보존의 식
② 질량 보존의 식
③ 운동량 보존의 식
④ 난류의 운동 방정식

해설 하천 및 저수지의 수질해석을 위한 수학적 모형을 구성하고자 할 때 가장 기본이 되는 방정식은 질량보존의 식이다.

해답 ②

116 저수시설의 유효저수량 결정방법이 아닌 것은?

① 물수지 계산
② 합리식
③ 유량도표에 의한 방법
④ 유량누가곡선 도표에 의한 방법

해설 저수시설의 유효저수량
① 물수지 계산
② 간편법에 의한 유효저수량 산정
    ㉠ 유량도표에 의한 방법
    ㉡ 유량누가곡선도표에 의한 방법(Ripple법)

해답 ②

117

침전지의 표면부하율이 19.2m³/m² · day이고 체류시간이 5시간일 때 침전지의 유효수심은?

① 2.5m　　② 3.0m
③ 3.5m　　④ 4.0m

해설

① 체류시간 : $t = \dfrac{V}{Q} = 5\text{hr} \times \dfrac{1\text{day}}{24\text{hr}} = \dfrac{5}{24}\text{day}$

② 표면적 부하율 : $L_s = \dfrac{Qh}{V} = 19.2\text{m}^3/\text{m}^2 \cdot \text{day}$

$h = \dfrac{V}{Q} \times 19.2 = \dfrac{5}{24} \times 19.2 = 4\text{m}$

해답 ④

118

상수도에서 배수지의 용량으로 기준이 되는 것은?

① 계획시간 최대급수량의 12시간분 이상
② 계획시간 최대급수량의 24시간분 이상
③ 계획1일 최대급수량의 12시간분 이상
④ 계획1일 최대급수량의 24시간분 이상

해설 배수지의 유효용량은 1일 최대급수량의 12시간분 이상을 표준으로 하며 지역의 특성과 급수의 안정성을 높이기 위해 가능한 한 크게 잡는 것이 바람직하다.

해답 ③

119

정수처리 시 정수유량이 100m³/day이고, 정수지 용량이 10m³, 잔류 소독제 농도가 0.2mg/L일 때 소독능(CT, mg · min/L) 값은? (단, 장폭비에 따른 환산계수는 1로 함.)

① 28.8　　② 34.4
③ 48.8　　④ 54.4

해설

① 소독제 접촉시간 = $\dfrac{10\text{m}^3}{100\text{m}^3/\text{day} \times \dfrac{1\text{day}}{24 \times 60}} = 144$분

② 실제(현장) 소독능값(CT계산값)의 산정
CT계산값 = 잔류소독제 농도(mg/L) × 소독제 접촉시간(분)
= 0.2 × 144 = 28.8

해답 ①

120. 계획1일 최대급수량을 시설 기준으로 하지 않는 것은?

① 배수시설 ② 정수시설
③ 취수시설 ④ 송수시설

해설 계획급수량과 수도시설의 규모계획

계획급수량 종류	연평균 1일 사용 수량에 대한 비율(%)	수도구조물의 명칭
1일 평균급수량	100	수원지, 저수지, 유역면적의 결정
1일 최대급수량	150	취수, 도·송수, 정수(여과지 면적), 배수시설 중 송수관구경이나 배수지의 결정
시간 최대급수량	225	배수본관의 구경결정(배수시설의 기준)

해답 ①

토목기사

2024년 5월 CBT 시행

본 문제는 복원 기출문제입니다. 실제 문제와 다를 수 있으니 양해바랍니다.

제1과목 응용역학

001 아래 그림과 같은 봉에 작용하는 힘들에 의한 봉 전체의 수직처짐의 크기는?

① $\dfrac{PL}{A_1E_1}$

② $\dfrac{2PL}{3A_1E_1}$

③ $\dfrac{4PL}{3A_1E_1}$

④ $\dfrac{3PL}{2A_1E_1}$

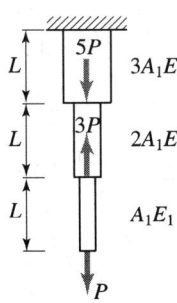

해설 $\Delta L = \sum \dfrac{PL}{AE} = \dfrac{PL}{A_1E_1} + \dfrac{(-2P)L}{2A_1E_1} + \dfrac{3PL}{3A_1E_1} = \dfrac{PL}{A_1E_1}$

해답 ①

002 그림과 같은 양단 고정보에서 지점 B를 반시계방향으로 1rad 만큼 회전시켰을 때 B점에 발생하는 단모멘트의 값이 옳은 것은?

① $\dfrac{2EL}{L^2}$

② $\dfrac{4EI}{L}$

③ $\dfrac{2EI}{L}$

④ $\dfrac{4EI^2}{L}$

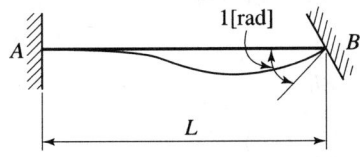

해설 하중항=0, $\theta_A=0$, $\theta_B=1$

$M_{BA} = \dfrac{4EI\theta_B}{l} = \dfrac{4EI}{l}$

해답 ②

003

다음 그림과 같은 양단고정인 보가 등분포하중 w를 받고 있다. 모멘트가 0이 되는 위치는 지점 A부터 약 얼마 떨어진 곳에 있는가? (단, EI는 일정하다.)

① $0.112L$
② $0.212L$
③ $0.332L$
④ $0.412L$

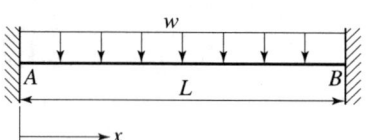

해설

① $R_A = \dfrac{wL}{2}\ (\uparrow)$

② $M_A = \dfrac{wL^2}{12}\ (\curvearrowleft)$

③ $M_x = \dfrac{wL}{2} \times x - \dfrac{wL^2}{12} - w \times x \times \dfrac{x}{2} = 0$

$M_x = -\dfrac{wx^2}{2} + \dfrac{wL}{2}x - \dfrac{wL^2}{12} = 0$

이 식을 $\left(-\dfrac{w}{2}\right)$로 나누면 $M_x = x^2 - Lx + \dfrac{L^2}{6} = 0$

④ $x = \dfrac{-(-L) \pm \sqrt{(-L)^2 - 4 \times 1 \times \dfrac{L^2}{6}}}{2 \times 1} = \dfrac{L \pm \sqrt{\dfrac{L^2}{3}}}{2} = \dfrac{L \pm \dfrac{L}{\sqrt{3}}}{2}$

$= \dfrac{L}{2}\left(1 \pm \dfrac{1}{\sqrt{3}}\right) = 0.7887L$ 또는 $0.2113L$

[참고] 근의 공식

$y = ax^2 + bx + c = 0$에서 $x = \dfrac{-b \pm \sqrt{b^2 - 4ac}}{2a}$

해답 ②

004

아치축선이 포물선인 3활절아치가 그림과 같이 등분포하중을 받고 있을 때, 지점 A의 수평반력은?

① $\dfrac{wL^2}{8h}(\leftarrow)$
② $\dfrac{wh^2}{8L}(\leftarrow)$
③ $\dfrac{wL^2}{8h}(\rightarrow)$
④ $\dfrac{wh^2}{8L}(\rightarrow)$

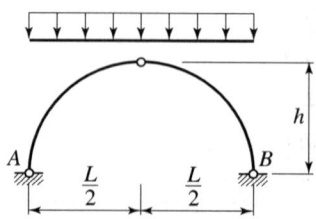

해설 ① 대칭이므로 $V_A = V_B = \dfrac{wL}{2}(\uparrow)$

② $M_{중앙힌지} = \dfrac{wL}{2} \times \dfrac{L}{2} - H_A \times h - w \times \dfrac{L}{2} \times \dfrac{L}{4} = 0$

$\dfrac{wL^2}{4} - \dfrac{wL^2}{8} = H_A \cdot h$

$H_A = \dfrac{wL^2}{8h}(\rightarrow)$

해답 ③

005 아래 그림과 같은 보에서 A점의 휨 모멘트는?

① $\dfrac{PL}{8}$ (시계방향)

② $\dfrac{PL}{2}$ (시계방향)

③ $\dfrac{PL}{2}$ (반시계방향)

④ PL (시계방향)

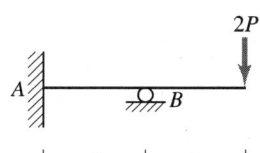

해설 B단에 작용하는 모멘트가 A단으로 1/2 전달된다.
$M_A = PL$(시계방향)

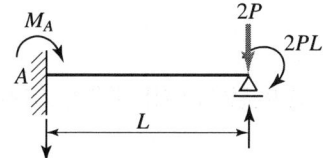

해답 ④

006 그림과 같이 길이 20m인 단순보의 중앙점 아래 1cm 떨어진 곳에 지점 C가 있다. 이 단순보가 등분포하중 $w=10$kN/m를 받는 경우 지점 C의 수직반력 R_{cy}는? (단, $EI=2.0\times10^{10}$kN·cm²이다.)

① 2kN
② 3kN
③ 4kN
④ 5kN

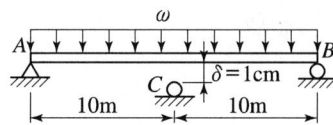

해설 ① C지점이 없다고 봤을 때 처짐은 $\delta_{c1} = \dfrac{5w(2l)^4}{384EI}(\downarrow)$

② 반력 R_C에 의한 상향 처짐은 $\delta_{c2} = -\dfrac{R_C(2l)^3}{48EI}(\uparrow)$

③ $\delta_{c1} + \delta_{c2} = \delta = 1\text{cm}$

$$\frac{80wl^4}{384EI} - \frac{8R_c \cdot l^3}{48EI} = 1\text{cm 에서}$$

$$R_C = \left(\frac{80w \cdot l^4}{384EI} - 1\right)\frac{48EI}{8l^3} = \left(\frac{80 \times 0.1 \times 1000^4}{384 \times 2 \times 10^{10}} - 1\right)\left(\frac{48 \times 2 \times 10^{10}}{8 \times 1000^3}\right)$$

$$= (1.0417 - 1)(120) \fallingdotseq 5\text{kN}$$

해답 ④

007

그림과 같은 사다리꼴의 도심 G의 위치 $\bar{y}$로 옳은 것은?

① $\bar{y} = \dfrac{h}{3}\dfrac{a+b}{a+2b}$

② $\bar{y} = \dfrac{h}{3}\dfrac{a+b}{2a+b}$

③ $\bar{y} = \dfrac{h}{3}\dfrac{a+2b}{a+b}$

④ $\bar{y} = \dfrac{h}{3}\dfrac{2a+b}{a+2b}$

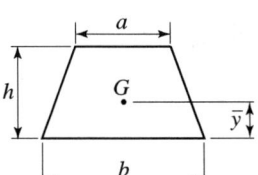

해설 $\bar{y} = \dfrac{h}{3} \times \dfrac{2a+b}{a+b}$

해답 ④

008

그림과 같은 단순보에서 휨모멘트에 의한 탄성 변형에너지는? (단, EI는 일정하다.)

① $\dfrac{w^2L^5}{40EI}$

② $\dfrac{w^2L^5}{96EI}$

③ $\dfrac{w^2L^5}{240EI}$

④ $\dfrac{w^2L^5}{384EI}$

해설 $U = \dfrac{w^2L^5}{240EI}$

해답 ③

009

탄성계수는 2.3×10^5MPa, 푸와송비는 0.35일 때 전단 탄성계수의 값을 구하면?

① 8.1×10^4MPa
② 8.5×10^4MPa
③ 8.9×10^4MPa
④ 9.3×10^4MPa

해설 $G = \dfrac{E}{2(1+\nu)} = \dfrac{2.3 \times 10^5}{2 \times (1+0.35)} = 8.5 \times 10^4 \text{MPa}$

해답 ②

010

다음 그림에서 지점 A와 C에서의 반력을 각각 R_A와 R_C라고 할 때, R_A의 크기는?

① 200kN
② 173.2kN
③ 100kN
④ 86.6kN

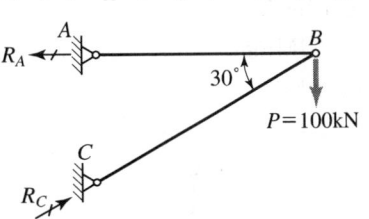

해설 ① $R_A = T_{AB}$
② $\dfrac{T_{AB}}{\sin 60°} = \dfrac{100}{\sin 30°}$ 에서
$T_{AB} = \dfrac{100}{\sin 30°} \times \sin 60° = 173.2 \text{kN}$

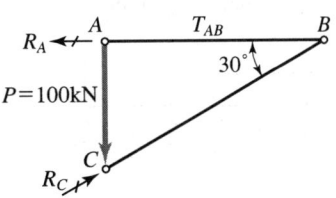

해답 ②

011

그림과 같은 정정 트러스에서 D_1부재($\overline{AC}$)의 부재력은?

① 6.25kN(인장력)
② 6.25kN(압축력)
③ 7.5kN(인장력)
④ 7.5kN(압축력)

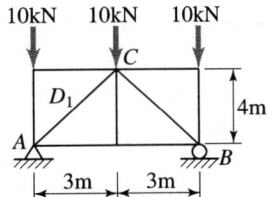

해설 ① 대칭하중이므로
$R_A = \dfrac{10+10+10}{2} = 15 \text{kN}(\uparrow)$
② 자유물체도에서
$\Sigma V = 0 \uparrow +$
$R_A - 10 \mp D_1 \sin\theta = 0$
$15 - 10 + D_1 \times \dfrac{4}{5} = 0$
$D_1 = -6.25 \text{kN} = 6.25 \text{kN}(압축)$

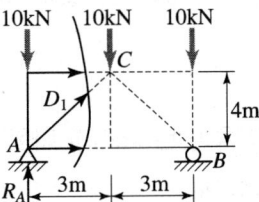

해답 ②

012

그림과 같은 T형 단면을 가진 단순보가 있다. 이 보의 지간은 3m 이고, 지점으로부터 1m 떨어진 곳에 하중 $P=4.5$kN이 작용하고 있다. 이 보에 발생하는 최대 전단응력은?

① 1.48MPa
② 2.48MPa
③ 3.48MPa
④ 4.48MPa

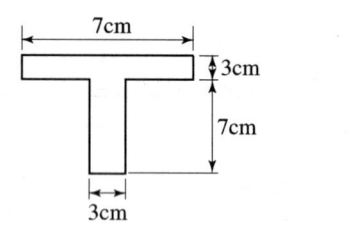

해설

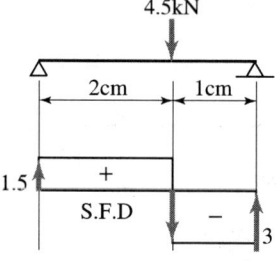 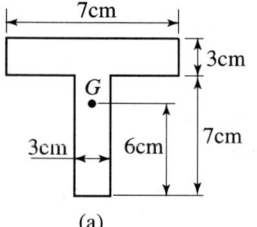 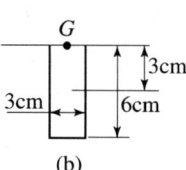

(a)   (b)

① $\sum M_B = 0$

$R_A \times 3 - 4.5 \times 1 = 0$

$\therefore R_A = \dfrac{4.5}{3} = 1.5\,\text{kN}$

② S.F.D에서 $S_{\max} = 3\,\text{kN}$

③ $y = \dfrac{G}{A} = \dfrac{7 \times 3 \times 8.5 + 3 \times 7 \times 3.5}{7 \times 3 + 3 \times 7} = 6\,\text{cm}$

④ $G_G = 3 \times 6 \times 3 = 54\,\text{cm}^3$

⑤ $I = \left(\dfrac{7 \times 4^3 - 4 \times 1^3}{3}\right) + \dfrac{3 \times 6^3}{3} = 364\,\text{cm}^4$

⑥ $\tau_{\max} = \dfrac{S_{\max} G_G}{Ib} = \dfrac{3000 \times 54 \times 10^3}{364 \times 10^4 \times 30} = 1.48\,\text{MPa}$

해답 ①

013

평면응력을 받는 요소가 다음과 같이 응력을 받고 있다. 최대 주응력은?

① 0.64MPa
② 0.36MPa
③ 1.36MPa
④ 1.64MPa

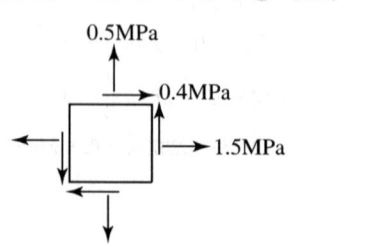

해설 최대 주응력

$$\sigma_{\max} = \frac{\sigma_x + \sigma_y}{2} + \sqrt{\left(\frac{\sigma_x - \sigma_y}{2}\right)^2 + \tau_{xy}^2} = \frac{1.5 + 0.5}{2} + \sqrt{\left(\frac{1.5 - 0.5}{2}\right)^2 + 0.4^2}$$
$$= 1 + 0.64 = 1.64 \text{MPa}$$

해답 ④

014
직경 d인 원형단면 기둥의 길이가 4m이다. 세장비가 100이 되도록 하자면 이 기둥의 직경은?

① 9cm
② 13cm
③ 16cm
④ 25cm

해설 $\lambda = \dfrac{l}{r_{\min}} = \dfrac{400}{D/4} = 100$ 에서 $D = 16$cm

해답 ③

015
그림과 같은 게르버보의 E점(지점 C에서 오른쪽으로 10m떨어진 점)에서의 휨모멘트 값은?

① 600kN · m
② 640kN · m
③ 1000kN · m
④ 1600kN · m

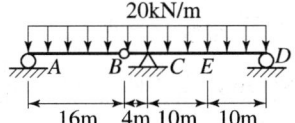

해설 ① 단순보에서 대칭이므로
$$R_B = \frac{wl_{AB}}{2} = \frac{20 \times 16}{2} = 160 \text{kN}(\uparrow)$$

② 내민보에서
$\sum M_C = 0 \curvearrowleft$
$-160 \times 4 + 20 \times 24 \times (12-4) - R_D \times 20 = 0$ 에서
$R_D = 160 \text{kN}(\uparrow)$

③ 내민보에서
$M_B = R_D \times 10 - 20 \times 10 \times 5$
$= 160 \times 10 - 20 \times 10 \times 5 = 600 \text{kN} \cdot \text{m}$

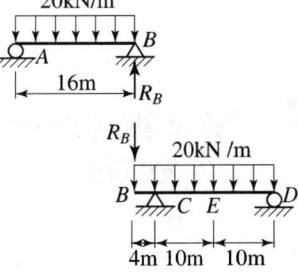

해답 ①

016

그림과 같은 보에서 최대 처짐이 발생하는 위치는? (단, 부재의 EI는 일정하다.)

① A점으로부터 5.00m 떨어진 곳
② A점으로부터 6.18m 떨어진 곳
③ A점으로부터 8.82m 떨어진 곳
④ A점으로부터 10.00m 떨어진 곳

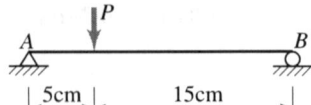

[해설]

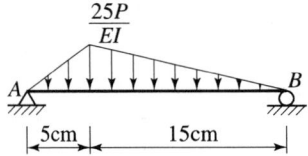

① $M = \dfrac{Pab}{3} = \dfrac{P \times 5 \times 15}{3} = 25P$

② $R_B = \dfrac{\left(\dfrac{1}{2} \times \dfrac{25P}{EI} \times 5\right) \times \left(\dfrac{2 \times 5}{3}\right) + \dfrac{1}{2} \times \dfrac{25P}{EI} \times 15 \times \left(5 + \dfrac{15}{3}\right)}{20} = \dfrac{1{,}250P}{12EI}$

③ $15 : \dfrac{25P}{EI} = x' : w_x$

$w_x = \dfrac{5Px'}{3EI}$

④ $S = R_B - \dfrac{1}{2} \times w_x \times x' = \dfrac{1{,}250P}{12EI} - \dfrac{1}{2} \times \dfrac{5Px'}{3EI} \times x' = 0$

$x'^2 = 125$

$x' = 11.18\text{m}\,(B\text{점으로부터 좌측})$

⑤ $x = L - x' = 20 - 11.18 = 8.82\text{m}\,(A\text{점으로부터 우측})$

[해답] ③

017

그림과 같은 단순보의 최대전단응력 $\tau_{\max}$를 구하면? (단, 보의 단면은 지름이 D인 원이다.)

① $\dfrac{WL}{2\pi D^2}$
② $\dfrac{9WL}{4\pi D^2}$
③ $\dfrac{3WL}{2\pi D^2}$
④ $\dfrac{2WL}{\pi D^2}$

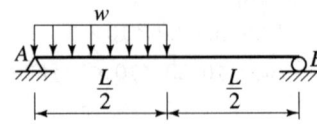

해설

① $S_{\max} = R_A = \dfrac{\left(w \times \dfrac{L}{2}\right) \times \dfrac{3L}{4}}{L} = \dfrac{3wL}{8}$

② $\tau_{\max} = \dfrac{4}{3} \dfrac{S_{\max}}{A} = \dfrac{4}{3} \times \dfrac{\dfrac{3wL}{8}}{\dfrac{\pi \times D^2}{4}} = \dfrac{2wL}{\pi D^2}$

해답 ④

018
길이가 8m이고 단면이 30mm×40mm인 직사각형 단면을 가진 양단 고정인 장주의 중심축에 하중이 작용할 때 좌굴응력은 약 얼마인가? (단, $E = 2 \times 10^5$ MPa이다.)

① 7.47MPa ② 9.25MPa
③ 14.32MPa ④ 19.51MPa

해설 $\sigma_b = \dfrac{n\pi^2 E}{\lambda^2}$

① $P_b = \dfrac{n\pi^2 EI}{l^2} = \dfrac{4 \times \pi^2 \times 2 \times 10^5 \times \dfrac{40 \times 30^3}{12}}{8000^2} = 11,103.3\text{N}$

② $\sigma_b = \dfrac{P_b}{A} = \dfrac{11,103.3}{30 \times 40} = 9.25\text{MPa}$

해답 ②

019
그림과 같은 구조물에 하중 W가 작용할 때 P의 크기는? (단, $0° < \alpha < 180°$ 이다.)

① $P = \dfrac{W}{2\cos\dfrac{\alpha}{2}}$

② $P = \dfrac{W}{2\cos\alpha}$

③ $P = \dfrac{W}{\cos\dfrac{\alpha}{2}}$

④ $P = \dfrac{2W}{\cos\dfrac{\alpha}{2}}$

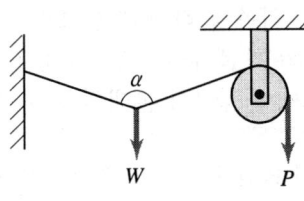

해설 장력을 T라 하면 $T=P$가 되므로
$\sum V = 0$
$-w + 2T\cos\dfrac{a}{2} = 0$
$T = P = \dfrac{w}{2\cos\dfrac{a}{2}}$

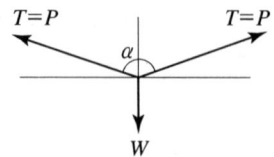

해답 ①

020 그림과 같이 속이 빈 원형단면(빗금친 부분)의 도심에 대한 극관성 모멘트는?
① 460cm^4
② 760cm^4
③ 840cm^4
④ 920cm^4

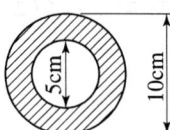

해설 $I_P = \dfrac{\pi(D^4 - d^4)}{32} = \dfrac{\pi(10^4 - 5^4)}{32} = 920\text{cm}^4$

해답 ④

제2과목 측량학

021 사진측량의 입체시에 대한 설명으로 틀린 것은?
① 2매의 사진이 입체감을 나타내기 위해서는 사진축척이 거의 같고 촬영한 카메라의 광축이 거의 동일 평면 내에 있어야 한다.
② 여색입체사진이 오른쪽은 적색, 왼쪽은 청색으로 인쇄되었을 때 오른쪽에 청색, 왼쪽에 적색의 안경으로 보아야 바른 입체시가 된다.
③ 렌즈의 초점거리가 길 때가 짧을 때보다 입체상이 더 높게 보인다.
④ 입체시 관정에서 본래의 고저가 반대가 되는 현상을 역입체시라고 한다.

해설 렌즈의 초점거리가 긴 쪽의 사진이 짧은 쪽의 사진보다 더 낮게 보인다.

해답 ③

022
거리 2.0km에 대한 양차는? (단, 굴절계수 k는 0.14, 지구의 반지름은 6370km 이다.)

① 0.27m ② 0.29m
③ 0.31m ④ 0.33m

해설 $E = \dfrac{D^2}{2R}(1-K) = \dfrac{2^2}{2 \times 6370}(1-0.14) = 0.00027\text{km} = 0.27\text{m}$

해답 ①

023
지오이드(Geoid)에 대한 설명으로 옳은 것은?

① 육지와 해양의 지형면을 말한다.
② 육지 및 해저의 요철(그림)을 평균한 매끈한 곡면이다.
③ 회전타원체와 같은 것으로 지구의 형상이 되는 곡면이다.
④ 평균해수면을 육지내부까지 연장했을 때의 가상적인 곡면이다.

해설 **지오이드** : 평균해수면을 육지 내부까지 연장했을 때의 가상적인 곡면
① 등포텐셜면(중력이 같은점 연결)이다.
② 육지에서는 타원체 위에 존재하고 바다에서는 아래에 존재한다.
③ 지하물질의 밀도에 따라 굴곡이 있다.(불규칙한 지형)
④ 위치에너지($E = m$호 $= 0$)가 '0'이다.

해답 ④

024
축척 1:5000의 지형도 제작에서 등고선 위치오차가 ±0.3mm, 높이 관측오차가 ±0.2mm로 하면 등고선 간격은 최소한 얼마 이상으로 하여야 하는가?

① 1.5m ② 2.0m
③ 2.5m ④ 3.0m

해설 $H_{\min} = 0.25M = 0.25 \times 5000 = 1,250\text{mm} = 1.25\text{m}$ 이며,
등고선 위치오차($0.3 \times 5000 = 1,500\text{mm} = 1.5\text{m}$) 이상으로 하여야 한다.

해답 ①

025
직사각형 토지를 줄자로 측정한 결과가 가로 37.8m, 세로 28.9m 이었다. 이 줄자는 표준길이 30m당 4.7cm가 늘어있었다면 이 토지의 면적 최대 오차는?

① 0.03m² ② 0.36m²
③ 3.42m² ④ 3.53m²

해설
① 정확한 세로 거리$(L_o) = L + \left(L \times \dfrac{\delta}{l}\right) = 28.9 + \left(28.9 \times \dfrac{4.7}{3,000}\right) = 28.9453\text{m}$

② 정확한 가로 거리$(B_o) = B + \left(B \times \dfrac{\delta}{l}\right) = 37.8 + \left(37.8 \times \dfrac{4.7}{3,000}\right) = 37.8592\text{m}$

③ 실제 면적$(A_o) = 28.9453 \times 37.8592 = 1,095.8459\text{m}^2$

④ 관측 면적$(A) = 28.9 \times 37.8 = 1,092.42\text{m}^2$

⑤ 면적 오차 $= 1,095.8459 - 1,092.42 = 3.4259\text{m}^2$

해답 ③

026
그림과 같이 2회 관측한 $\angle AOB$의 크기는 21°36′28″, 3회 관측한 $\angle BOC$는 63°18′45″, 6회 관측한 $\angle AOC$는 84°54′37″일 때 $\angle AOC$의 최확값은?

① 84°54′25″
② 84°54′31″
③ 84°54′43″
④ 84°54′49″

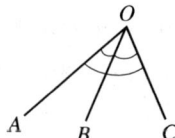

해설 $\angle AOB + \angle BOC - \angle AOC = 0$이어야 한다.
$21°36′28″ + 63°18′45″ - 84°54′37″ = 36″$이므로
$\angle AOB$, $\angle BOC$에는 조정량만큼 ⊖해 주고 $\angle AOC$는 조정량만큼 ⊕해 준다.
여기서, $\dfrac{1}{P_1} : \dfrac{1}{P_2} : \dfrac{1}{P_3} = \dfrac{1}{N_1} : \dfrac{1}{N_2} : \dfrac{1}{N_3} = \dfrac{1}{2} : \dfrac{1}{3} : \dfrac{1}{6} = 15 : 10 : 5$

① 조정량 계산
㉠ $\angle AOB = \dfrac{36}{15+10+5} \times 15 = 18″$
㉡ $\angle BOC = \dfrac{36}{15+10+5} \times 10 = 12″$
㉢ $\angle AOC = \dfrac{36}{15+10+5} \times 5 = 6″$

∴ $\angle AOC$의 최확값은 $\angle AOC = 84°54′37″ + 6 = 84°54′43″$

해답 ③

027
GNESS 위성측량시스템으로 틀린 것은?

① GPS
② GSIS
③ QZSS
④ GALILEO

해설 지형공간정보체계(GSIS ; Geo-Spatial Information System)는 국토계획, 지역계획, 자원개발계획, 공사계획 등 각종 계획의 입안과 추진을 성공적으로 수행하기 위해 토지, 자원, 환경 또는 이와 관련된 사회, 경제적 현황에 대한 방대한 양의 정보를 수집하기 위하여 이와 관련된 각종 정보 등을 전산기(computer)에 의해 종합적, 연계적으로 처리하는 방식이다.

해답 ②

028
수준측량에서 전·후시의 거리를 같게 취해도 제거되지 않는 오차는?

① 지구곡률오차 ② 대기굴절오차
③ 시준선오차 ④ 표적눈금오차

해설 전시와 후시 거리를 같게 함으로써 제거되는 오차
① 시준축 오차 소거 : 기포관축≠시준선(레벨조정의 불안정으로 생기는 오차 소거) 전시와 후시거리를 같게 취하는 가장 중요한 이유이다.
② 자연적 오차 소거 : 구차(지구의 곡률에 의한 오차), 기차(광선의 굴절에 의한 오차), 양차(구차와 기차의 합)
③ 조준나사 작동에 의한 오차 소거

해답 ④

029
수면으로부터 수심(H)의 $0.2H$, $0.4H$, $0.6H$, $0.8H$ 지점의 유속($V_{0.2}$, $V_{0.4}$, $V_{0.6}$, $V_{0.8}$)을 관측하여 평균유속을 구하는 공식으로 옳지 않은 것은?

① $V = V_{0.6}$
② $V = \dfrac{1}{2}(V_{0.2} + V_{0.8})$
③ $V = \dfrac{1}{3}(V_{0.2} + V_{0.6} + V_{0.8})$
④ $V = \dfrac{1}{4}(V_{0.2} + 2V_{0.6} + V_{0.8})$

해설 평균유속계산 방법
① 1점법 : $V_m = V_{0.6}$
② 2점법 : $V = \dfrac{1}{2}(V_{0.2} + V_{0.8})$
③ 3점법 : $V_m = \dfrac{1}{4}(V_{0.2} + 2V_{0.6} + V_{0.8})$
④ 4점법 : $V_m = \dfrac{1}{5}\left[(V_{0.2} + V_{0.4} + V_{0.6} + V_{0.8}) + \dfrac{1}{2}\left(V_{0.2} + \dfrac{V_{0.8}}{2}\right)\right]$

해답 ③

030
그림과 같은 반지름=50m인 원곡선을 설치하고자 할 때 접선거리 $\overline{AI}$ 상에 있는 $\overline{HC}$의 거리는? (단, 교각=60°, $\alpha=20°$, $\angle AHC=90°$)

① 0.19m
② 1.98m
③ 3.02m
④ 3.24m

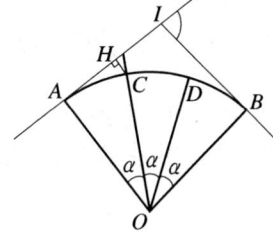

해설 $\overline{HC} = R - R\cos\alpha = 50 - 50\cos 20° = 3.02\text{m}$

해답 ③

031
삼각측량에서 시간과 경비가 많이 소요되나 가장 정밀한 측량성과를 얻을 수 있는 삼각망은?

① 유심망
② 단삼각형
③ 단열삼각망
④ 사변형망

해설 사변형 삼각망은 조건식의 수가 가장 많아, 시간과 비용이 많이 들며 가장 정밀도가 높아 시가지와 같은 정밀을 요하는 골조측량에 주로 이용한다.

해답 ④

032
지형도의 이용법에 해당되지 않는 것은?

① 저수량 및 토공량 산정
② 유역면적의 도상 측정
③ 간접적긴 지적도 작성
④ 등경사선 관측

해설 **지형도의 이용**
① 저수량 및 토공량 산정
② 유역면적의 도상 측정
③ 등경사선 관측

해답 ③

033
다음 설명 중 틀린 것은?

① 측지학이란 지구 내부의 특성, 지구의 형상 및 운동을 결정하는 측량과 지구표면상 모든 점들 간의 상호위치 관계를 산정하는 측량을 위한 학문이다.
② 측지측량은 지구의 곡률을 고려한 정밀측량이다.
③ 지각변동의 관측, 항로 등의 측량은 평면측량으로 한다.
④ 측지학의 구분은 물리측지학과 기하측지학으로 크게 나눌 수 있다.

해설 ① 평면측량은 하천에서 삼각측량과 평판측량을 하여 평면도 작성하기 위한 측량이다.
② 거리가 먼 경우 거리관측이 각관측에 비해 굴절오차가 작기 때문에 전자기파거리측량기가 등장한 후 일등삼각망 또는 지각변동측량에 주로 이용되고 있다.

해답 ③

034 다각측량에서 토털스테이션의 구심오차에 관한 설명으로 옳은 것은?
① 도상의 측점과 지상의 측점이 동일연직선상에 있지 않음으로써 발생한다.
② 시준선이 수평분도원의 중심을 통과하지 않음으로써 발생한다.
③ 편심량의 크기에 반비례한다.
④ 정반관측으로 소거된다.

해설 구심오차(중심맞추기 오차)는 도상의 점과 지상의 점이 일치하지 않기 때문에 생기는 오차를 말한다.

해답 ①

035 표고 $h=326.42$인 지대에 설치한 기선의 길이가 $L=500m$일 때 평균해면상의 보정량은? (단, 지구 반지름 $R=6367km$이다.)
① $-0.0156m$
② $-0.0256m$
③ $-0.0356m$
④ $-0.0456m$

해설 $C = -\dfrac{LH}{R} = -\dfrac{500 \times 326.42}{6,367,000} = -0.0256m$

해답 ②

036 클로소이드곡선에 관한 설명으로 옳은 것은?
① 곡선반지름 R, 곡선길이 L, 매개변수 A와의 관계식은 $RL-A$이다.
② 곡선반지름에 비례하여 곡선길이가 증가하는 곡선이다.
③ 곡선길이가 일정할 때 곡선반지름이 커지면 접선각은 작아진다.
④ 곡선반지름과 곡선길이가 매개변수 A의 1/2인 점 $\left(R-L-\dfrac{A}{2}\right)$을 클로소이드 특성점이라 한다.

해설 클로소이드는 곡률이 곡선상에 비례하여 일정하게 증대하는 곡선이다.

해답 ③

037 GPS 구성 부문 중 위성의 신호 상태를 점검하고, 궤도 위치에 대한 정보를 모니터링하는 임무를 수행하는 부문은?
① 우주부문
② 제어부문
③ 사용자부문
④ 개발부문

해설 ① 우주부문(Space Segment) 주임무 : 전파신호 발사
② 제어부문(Control Segment) 주임무
　㉠ 궤도와 시각결정을 위한 위성의 추적
　㉡ 위성의 작동상태 감독
　㉢ 전리층 및 대류층의 주기적 모형화
　㉣ 위성시간의 동일화 및 위성으로의 자료전송
　㉤ SA(Selective Availability)의 ON/OFF 책임,
③ 사용자부문(User Segment) 주임무 : 위성으로부터 전파를 수신받아 수신기의 위치, 속도, 시간, 거리 등을 계산

해답 ②

038
수평 및 수직거리를 동일한 정확도로 관측하여 육면체의 체적을 3000m³로 구하였다. 체적계산의 오차를 0.6m³ 이하로 하기 위한 수평 및 수직거리 관측의 최대 허용 정확도는?

① $\dfrac{1}{15000}$
② $\dfrac{1}{20000}$
③ $\dfrac{1}{25000}$
④ $\dfrac{1}{30000}$

해설 $\dfrac{\Delta V}{V} = 3\dfrac{\Delta L}{L}$ 에서

$\dfrac{\Delta L}{L} = \dfrac{\Delta V}{3V} = \dfrac{0.6}{3 \times 3{,}000} = \dfrac{1}{15{,}000}$

해답 ①

039
노선에 곡선반지름 $R=600m$인 곡선을 설치할 때, 현의 길이 $L=20m$에 대한 편각은?

① 54′18″
② 55′18″
③ 56′18″
④ 57′18″

해설 $\delta = \dfrac{l}{2R} \times \dfrac{180°}{\pi} = \dfrac{l}{R} \times \dfrac{90°}{\pi} = 1718.87′$

$\dfrac{l}{R} = 1718.87′ \times \dfrac{20}{600} = 57′18″$

해답 ④

040 항공사진상에 굴뚝의 윗부분이 주점으로부터 80mm 떨어져 나타났으며 굴뚝의 길이는 10mm이었다. 실제 굴뚝의 높이가 70m라면 이 사진의 촬영고도는?

① 490m
② 560m
③ 630m
④ 700m

해설 $\Delta r = \dfrac{h}{H} r$ 에서 $H = \dfrac{h}{\Delta r} r = \dfrac{70}{10} \times 80 = 560\text{m}$

해답 ②

제3과목 수리학 및 수문학

041 물의 순환과정인 증발에 관한 설명으로 옳지 않은 것은?

① 증발량은 물수지방정식에 의하여 산정될 수 있다.
② 증발은 자유수면 뿐만 아니라 식물의 엽면등을 통하여 기화되는 모든 현상을 의미한다.
③ 증발접시계수는 저수지 증발량의 증발접시 증발량에 대한 비이다.
④ 증발량은 수면온도에 대한 공기의 포화증기압과 수면에서 일정 높이에서의 증기압의 차이에 비례한다.

해설 식물의 엽면을 통해 대기 중으로 수분이 방출되는 현상을 증산이라 한다.

해답 ②

042 개수로에서 일정한 단면적에 대하여 최대 유량이 흐르는 조건은?

① 수심이 최대이거나 수로 폭이 최소일 때
② 수심이 최소이거나 수로 폭이 최대일 때
③ 윤변이 최소이거나 경심이 최대일 때
④ 윤변이 최대이거나 경심이 최소일 때

해설 **수리학적으로 유리한 단면의 특성**
① 일정한 단면적에 대하여 최대유량이 흐르는 수로의 단면을 수리상 유리한 단면이라 한다.(주어진 유량에 대하여 단면적을 최소로 하는 단면)
② 반원에 외접하는 단면(반원에 내접하는 단면)이 수리상 가장 유리한 단면이다.
③ 최대유량이 흐르는 조건
④ 경심(동수반경)이 최대이거나, 윤변이 최소일 때 성립한다.

해답 ③

043 강수량 자료를 해석하기 위한 DAD해석 시 필요한 자료는?

① 강우량, 단면적, 최대수심
② 적설량, 분포면적, 적설일수
③ 강우량, 집수면적, 강우기간
④ 수심, 유속단면적, 홍수기간

해설 DAD 해석이란 평균우량깊이, 유역면적, 강우지속 기간의 관계를 수립하는 것이다.

해답 ③

044 원형관의 중앙에 피토관(Pitot tube)을 넣고 관벽의 정수압을 측정하기 위하여 정압관과의 수면차를 측정하였더니 10.7m 이었다. 이때의 유속은? (단, 피토관 상수 $C=1$이다.)

① 8.4m/s
② 11.7m/s
③ 13.1m/s
④ 14.5m/s

해설 $V = \sqrt{2gh_1} = \sqrt{2 \times 9.8 \times 10.7} = 14.5\text{m/s}$

해답 ④

045 단위무게 5.88kN/m³, 단면 40cm×40cm, 길이 4m인 물체를 물속에 완전히 가라앉히려 할 때 필요한 최소 힘은?

① 2.51kN
② 3.76kN
③ 5.88kN
④ 6.27kN

해설
① $1\text{kgf} = 9.8\text{N}$ $1\text{t/m}^3 = 1,000\text{kg/m}^3 = 9,800\text{N/m}^3 = 9.8\text{kN/m}^3$
② $B = F + W$ $9.8 \times 0.4^2 \times 4 = F + 5.88 \times 0.4^2 \times 4$
   $F = 2.51\text{kN}$

해답 ①

046 다음 설명 중 기저유출에 해당되는 것은?

- 유출은 유수의 생기원천에 따라 (A)지표면 유출 (B)지표하(중간)유출, (C) 지하수 유출로 분류되며, 지표하 유출은 (B₁)조기 지표하 유출(prompt subsurface runoff), (B₂)지연 지표하 유출(delayed subsurface runoff) 로 구성된다.
- 또한 실용적인 유출해석을 위해 하천수로를 통한 총 유출은 직접유출과 기저 유출로 분류된다.

① (A)+(B)+(C)
② (B)+(C)
③ (A)+(B₁)
④ (C)+(B₂)

해설 **기저유출의 구성**
① 지하수 유출수 : C
② 지표하 유출수 중에서 시간적으로 지연되어 하천으로 유출되는 지연 지표하 유출 : B_2

해답 ④

047
단위유량도에 대한 설명 중 틀린 것은?
① 일정기저시간가정, 비례가정, 중첩가정은 단위도의 3대 기본가정이다.
② 단위도의 정의에서 특정 단위시간은 1시간을 의미한다.
③ 단위도의 정의에서 단위 유효우량은 유역전 면적상의 등가우량 깊이로 측정되는 특정량의 우량을 의미한다.
④ 단위 유효우량은 유출량의 형태로 단위도상에 표시되며, 단위도 아래의 면적은 부피의 차원을 가진다.

해설 단위유량도(unit hydrograph)란 특정 지속기간 동안 유역에 균등하게 발생한 단위 유효우량에 의해 나타나는 직접유출 수문곡선을 말하며 단위도라고도 한다.

해답 ②

048
그림과 같은 수로의 단위폭당 유량은? (단, 유출계수 $C=1$이며 이외 손실은 무시함)
① 2.5m³/s/m
② 1.6m³/s/m
③ 2.0m³/s/m
④ 1.2m³/s/m

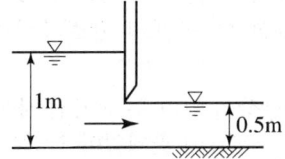

해설 $Q = Av = A\sqrt{2gh} = 1 \times 0.5 \times \sqrt{2 \times 9.8 \times (1-0.5)} = 1.6 \text{m}^3/\text{s/m}$

해답 ②

049
강우 강도 $I = \dfrac{5000}{t+40}$ [mm/hr]로 표시되는 어느 도시에 있어서 20분간의 강우량 R_{20}은? (단, t의 단위는 분이다.)
① 17.8mm
② 27.8mm
③ 37.8mm
④ 47.8mm

해설 ① $I = \dfrac{5,000}{t+40} = \dfrac{5,000}{20+40} = 83.333 \text{mm/hr}$
② $R_{20} = 83.333 \times \dfrac{20}{60} = 27.8 \text{mm}$

해답 ②

050

그림과 같이 물속에 수직으로 설치된 2m×3m 넓이의 수문을 올리는데 필요한 힘은? (단, 수문의 물속 무게는 1960N이고, 수문과 벽면 사이의 마찰계수는 0.25이다.)

① 5.45kN
② 53.4kN
③ 126.7kN
④ 271.2kN

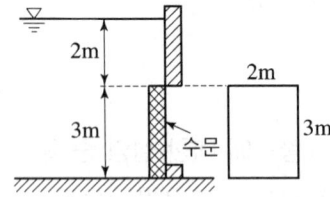

해설
① $P = wh_G A = 1.0 \times \left(2 + \dfrac{3}{2}\right) \times (3 \times 2) = 21\text{ton}$

② 수문을 올리는데 필요한 힘
$F = P\mu + W = 21 \times 0.25 \times 9.8 + 1.96 = 53.41\text{kN}$

해답 ②

051

관망(pipe network) 계산에 대한 설명으로 옳지 않은 것은?

① 관내 흐름은 연속 방정식을 만족한다.
② 가정 유량에 대한 보정을 통한 시산법(trial and error method)으로 계산한다.
③ 관애에서는 Darcy-Weisbach공식을 만족한다.
④ 임의 두 점간의 압력강하량은 연결하는 경로에 따라 다를 수 있다.

해설 관망상의 임의 두 교차점 사이에서 발생되는 손실수두의 크기는 두 교차점을 연결하는 경로에 관계없이 일정하다. 따라서 어떤 폐합관에서 발생하는 손실수두의 합은 0이다.

해답 ④

052

위어(weir)에 관한 설명으로 옳지 않은 것은?

① 위어를 월류하는 흐름은 일반적으로 상류에서 사류로 변한다.
② 위어를 월류하는 흐름이 사류일 경우 (완전월류) 유량은 하류 수위의 영향을 받는다.
③ 위어는 개수로의 유량 측정, 취수를 위한 수위증가 등의 목적으로 설치된다.
④ 작은 유량을 측정할 경우 삼각위어가 효과적이다.

해설 월류하는 흐름이 사류일 경우 유량은 하류의 영향을 받지 않는 완전 원류가 된다.

해답 ②

053
다음 중 부정류 흐름의 지하수를 해석하는 방법은?
① Theis방법
② Dupuit방법
③ Thiem방법
④ Laplace방법

해설 지하수 부정류 흐름 해석방법
① theis방법 ② jacop방법 ③ chow방법

해답 ①

054
경심이 5m이고 동수경사가 1/200인 관로에서 Reynolds 수가 1000인 흐름의 평균유속은?
① 0.70m/s
② 2.24m/s
③ 5.00m/s
④ 5.53m/s

해설
① $f = \dfrac{64}{Re} = \dfrac{64}{1,000} = 0.064$

② $f = 124.5n^2 D^{-\frac{1}{3}}$

$0.064 = 124.5n^2 \times (4 \times 5)^{-\frac{1}{3}}$ 에서 $n = 0.03735$

③ 유속 $V = \dfrac{1}{n} R^{\frac{2}{3}} I^{\frac{1}{2}} = \dfrac{1}{0.03735} \times 5^{\frac{2}{3}} \times \left(\dfrac{1}{200}\right)^{\frac{1}{2}} = 5.5357 \text{m/sec}$

해답 ④

055
흐르는 유체 속에 물체가 있을 때, 물체가 유체로부터 받는 힘은?
① 장력(張力)
② 충력(衝力)
③ 항력(抗力)
④ 소류력(掃流力)

해설 유체의 전저항력(항력)이란 흐르는 유체 속에 있는 물체가 유체로부터 받는 힘을 말한다.

해답 ③

056
폭이 1m인 직사각형 개수로에서 0.5m³/sec의 유량이 80cm의 수심으로 흐르는 경우, 이 흐름을 가장 잘 나타낸 것은? (단, 동점성계수는 0.012cm²/sec, 한계수심은 29.5cm이다.)
① 층류이며 상류
② 층류이며 사류
③ 난류이며 상류
④ 난류이며 사류

해설 ① 폭이 넓은 직사각형 단면의 경심
$R = h = 80\text{cm}$
② $v = \dfrac{Q}{A} = \dfrac{0.5}{1 \times 0.8} = 0.625\text{m/sec}$
③ $R_e = \dfrac{vR}{\nu} = \dfrac{62.5\text{cm/sec} \times 80\text{cm}}{0.012}$
　　　$= 416667 > 500$ 이므로 난류이다.
④ $h_c = 29.5\text{cm} < h = 80\text{cm}$ 이므로 상류이다.

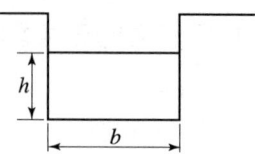

해답 ③

057
다음의 손실계수 중 특별한 형상이 아닌 경우, 일반적으로 그 값이 가장 큰 것은?

① 입구 손실계수(f_e)　　② 단면 급확대 손실계수(f_{se})
③ 단면 급축소 손실계수(f_{sc})　　④ 출구 손실계수(f_o)

해설 유출(출구)손실계수가 미소손실계수 중 값이 가장 크다.

해답 ④

058
유선(streamline)에 대한 설명으로 옳지 않은 것은?

① 유선이란 유체입자가 움직인 경로를 말한다.
② 비정상류에서는 시간에 따라 유선이 달라진다.
③ 정상류에서는 유적선(pathline)과 일치한다.
④ 하나의 유선은 다른 유선과 교차하지 않는다.

해설 유선(stream line)이란 어느 순간에 있어서 각 입자의 속도 벡터가 접선이 되는 가상의 곡선을 말한다.

해답 ①

059
직각 삼각형 위어에서 월류수심의 측정에 1%의 오차가 있다고 하면 유령에 발생하는 오차는?

① 0.4%　　② 0.8%
③ 1.5%　　④ 2.5%

해설 삼각형 위어 이므로
$\dfrac{dQ}{Q} = \dfrac{5}{2}\dfrac{dh}{h} = \dfrac{5}{2} \times 1\% = 2.5\%$

해답 ④

060 Darcy의 법칙에 대한 설명으로 옳은 것은?

① 지하수 흐름이 층류일 경우 적용된다.
② 투수계수는 무차원의 계수이다.
③ 유속이 클 때에만 적용된다.
④ 유속이 동수경사에 반비례하는 경우에만 적용된다.

해설 Darcy의 법칙이란 지하수의 유속(V)은 동수경사($i = \dfrac{\Delta h}{\Delta l}$)에 비례한다는 법칙으로 지하수에 적용시킬 때는 유속과 손실수두가 비례하는 층류 흐름에서 가장 잘 일치한다.

해답 ①

제4과목 철근콘크리트 및 강구조

061 인장응력 검토를 위한 L-150×90×12인 형강(angle)의 전개 총폭 b_g는 얼마인가?

① 228mm ② 232mm
③ 240mm ④ 252mm

해설 $b_g = 150 + 90 - 12 = 228\text{mm}$

해답 ①

062 직사각형 단면의 보에서 계수 전단력 $V_u = 40\text{kN}$을 콘크리트만으로 지지하고자 할 때 필요한 최소 유효깊이(d)는? (단, $f_{ck} = 25\text{MPa}$이고, $b_w = 300\text{mm}$이다.)

① 320mm ② 348mm
③ 348mm ④ 427mm

해설 최소전단철근 및 전단 철근 없이 지지할 수 있는 최대 길이
$V_u \le \dfrac{1}{2}\phi V_c = \dfrac{1}{2}\phi \dfrac{1}{6}\lambda\sqrt{f_{ck}}\, b_w d$ 에서
$d = \dfrac{12\,V_u}{\phi\lambda\sqrt{f_{ck}}\,b_w} = \dfrac{12 \times 40,000}{0.75 \times 1.0 \times \sqrt{25} \times 300} = 427\text{mm}$

해답 ④

063

경간 25m인 PS콘크리트 보에 계수하중 40kN/m이 작용하고, $P=2500$kN의 프리스트레스가 주어질 때 등부포 상향력 u를 하중평형(Balanced Load)개념에 의해 계산하여 이 보에 작용하는 순수하향 분포하중을 구하면?

① 26.5kN/m
② 27.3kN/m
③ 28.8kN/m
④ 29.6kN/m

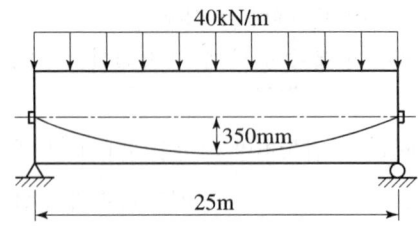

해설
① $u = \dfrac{8Ps}{l^2} = \dfrac{8 \times 2{,}500 \times 0.35}{25^2} = 11.2\text{kN/m}$
② 순수 하향 분포하중 $= w-u = 40-11.2 = 28.8\text{kN/m}$

해답 ③

064

그림과 같은 원형철근기둥에서 콘크리트구조설계기준에서 요구하는 최대 나선철근의 간격은 약 얼마인가? (단, $f_{ck}=24$MPa, $f_{yt}=400$MPa, D10철근의 공정단면적은 71.3mm²이다.)

① 35mm
② 38mm
③ 42mm
④ 45mm

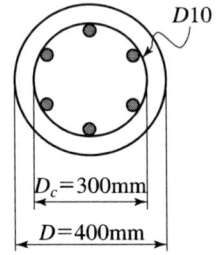

해설
① $\dfrac{\pi d_b^2}{4} = 71.3\text{mm}^2$에서 $d_b = 9.53\text{mm}$

② $\rho_s = \dfrac{\pi d_b^2}{D_c \cdot s} \geq 0.45\left(\dfrac{A_g}{A_c}-1\right)\dfrac{f_{ck}}{f_{yt}}$ 에서

$$s \leq \dfrac{\pi d_b^2}{0.45\left(\dfrac{A_g}{A_c}-1\right)\dfrac{f_{ck}}{f_{yt}}D_c} = \dfrac{\pi d_b^2}{0.45\left(\dfrac{D^2}{D_c^2}-1\right)\dfrac{f_{ck}}{f_{yt}}D_c} = \dfrac{\dfrac{400 \times 300}{\pi \times 9.53^2}}{0.45 \times \left(\dfrac{400^2}{300^2}-1\right) \times 24}$$

$= 45\text{mm}$

해답 ④

065
프리스트레스트 콘크리트 구조물의 특징에 대한 설명으로 틀린 것은?
① 철근콘크리트의 구조물에 비해 진동에 대한 저항성이 우수하다.
② 설계하중하에서 균열이 생기지 않으므로 내구성이 크다.
③ 철근콘크리트 구조물에 비하여 복원성이 우수하다.
④ 공사가 복잡하여 고도의 기술을 요한다.

해설 PSC는 RC에 비해 강성이 작으므로 진동하기 쉽고 변형되기 쉽다.

해답 ①

066
아래 그림과 같은 단철근 직사각형 보에서 설계휨강도 계산을 위한 강도감소계수(ϕ)는? (단, f_{ck}=35MPa, f_y=400MPa, A_s=3500mm²)

① 0.806
② 0.813
③ 0.827
④ 0.839

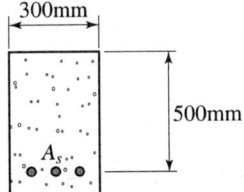

해설
① 등가직사각형응력 깊이
$$a = \frac{A_s f_y}{0.85 f_{ck} b} = \frac{3,500 \times 400}{0.85 \times 35 \times 300} = 156.86 \text{mm}$$

② 콘크리트의 등가압축응력깊이의 비
$$\beta_1 = 0.85 - (f_{ck} - 28)0.007 = 0.85 - (35-28) \times 0.007 = 0.801 \geqq 0.65$$

③ 중립축 깊이
$$c = \frac{a}{\beta_1} = \frac{156.86}{0.801} = 195.83 \text{mm}$$

④ 최 외단 인장철근 순인장변형률
$0.003 : \epsilon_t = c : d-c$ 에서
$$\epsilon_t = 0.003 \frac{d-c}{c} = 0.003 \times \frac{500 - 195.83}{195.83} = 0.00466$$

⑤ 지배단면
$\epsilon_t = 0.00466 < 0.005$ 이므로 변화구간단면

⑥ 압축지배 변형률 한계
$f_y = 400\text{MPa}$ 이므로 $\epsilon_y = 0.002$

⑦ 강도감소계수
$$\frac{\phi - 0.65}{0.85 - 0.65} = \frac{0.00466 - 0.002}{0.005 - 0.002} \text{에서}$$
$$\phi = 0.65 + \frac{0.00466 - 0.002}{0.005 - 0.002} \times (0.85 - 0.65) = 0.827$$

해답 ③

067

인장 이형철근의 정착길이 산정 시 필요한 보정계수에 대한 설명으로 틀린 것은? (단, f_{sp}는 콘크리트의 쪼갬인장강도)

① 상부철근(정착길이 또는 겹침이음부 아래 300mm를 초과되게 굳지 않은 콘크리트를 친 수평철근 0인 경우, 철근배근 위치에 따른 보정계수 1.3을 사용한다.
② 에폭시 도막철근인 경우, 피복두께 및 순간격에 따라 1.2나 2.0의 보정계수를 사용한다.
③ f_{sp}가 주어지지 않은 전경량콘크리트인 겨우, 보정계수(λ)는 0.75를 사용한다.
④ 에폭시 도막철근이 상부철근이 경우에 상부철근의 위치계와 철근 도막계수의 곱이 1.7보다 클 필요는 없다.

해설 에폭시 도막철근 또는 철선의 경우 1.2의 보정계수를 사용한다.

해답 ②

068

아래 그림과 같은 직사각형 단면의 균열 모멘트(M_{cr})는? (단, 보통중량 콘크리트를 사용한 경우로서, $f_{ck}=21\text{MPa}$, $A_s=4800\text{mm}^2$)

① 36.13kN·m
② 31.25kN·m
③ 27.98kN·m
④ 23.65kN·m

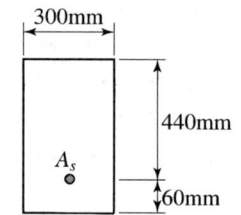

해설 ① 철근을 무시한 총 단면에 대한 2차 모멘트 I_g를 사용한다.
$$I_g = \frac{bh^3}{12} = \frac{300 \times 500^3}{12} = 3.125 \times 10^9 \text{mm}^4$$
② 균열 모멘트
$$f = \frac{M_{cr}}{I_g}y_t = 0.63\lambda\sqrt{f_{ck}} \text{ 에서}$$
$$M_{cr} = \frac{0.63\lambda\sqrt{f_{ck}}\,I_g}{y_t} = \frac{0.63 \times 1 \times \sqrt{21} \times 3.125 \times 10^9}{250}$$
$$= 36.09 \times 10^6 \text{N·mm} = 36.09\text{kN·m}$$

해답 ①

069

아래 그림과 같은 복철근 직사각형 보의 공칭 휨모멘트 강도 M_n은? (단, $f_{ck}=$ 27MPa, $f_y=$350MPa, $A_s=$4500mm², $A_s{'}=$1800mm²이며, 압축, 인장 철근 모두 항복한다고 가정한다.)

① 724.3kN · m
② 765.9kN · m
③ 792.5kN · m
④ 831.8kN · m

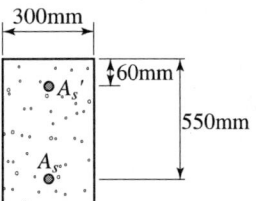

해설 ① 등가 직사각형응력 깊이
$$a = \frac{(A_S - A_S{'})f_y}{0.85 f_{ck} b} = \frac{(4,500 - 1,800) \times 350}{0.85 \times 28 \times 300} = 132.353 \text{mm}$$

② 공칭 휨모멘트 강도
$$M_n = (A_s - A_s{'})f_y\left(d - \frac{a}{2}\right) + A_s{'}f_y(d - d')$$
$$= (4,500 - 1,800) \times 350 \times \left(550 - \frac{132.353}{2}\right) + 1,800 \times 350 \times (550 - 60)$$
$$= 765,913,207.5 \text{N} \cdot \text{mm} = 765.9 \text{kN} \cdot \text{m}$$

해답 ②

070

아래 표와 같은 조건에서 처짐을 계산하지 않는 경우의 보의 최소 두께는 약 얼마인가?

[조건]
- 경간 12m인 단순지지보
- 보통 중량콘크리트($m_c=$2300kg/m³)을 사용
- 설계기준항복강도 350MPa 철근을 사용

① 680mm ② 700mm
③ 720mm ④ 750mm

해설 처짐을 계산하지 않는 경우의 단순지지 보의 최소 두께
$$\frac{l}{16} \times \left(0.43 + \frac{f_y}{700}\right) = \frac{12,000}{16} \times \left(0.43 + \frac{350}{700}\right) = 697.5 \text{mm} ≒ 700 \text{mm}$$

해답 ②

071
다음 그림과 같이 $W=40\text{kN/m}$일 때 PS 강재가 단면 중심에서 긴장되며 인장측의 콘크리트 응력 "0"이 되려면 PS 강재에 얼마의 긴장력이 작용하여야 하는가?

① 4605kN
② 5000kN
③ 5200kN
④ 5625kN

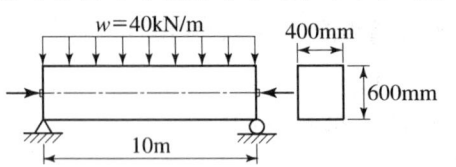

해설
① $M = \dfrac{wl^2}{8} = \dfrac{40 \times 10^2}{8} = 500\text{kN}\cdot\text{m}$

② $f_c = \dfrac{P}{A} - \dfrac{M}{I}y = 0$ 에서 $P = \dfrac{M}{I}yA = \dfrac{500 \times \dfrac{0.6}{2} \times (0.4 \times 0.6)}{\dfrac{0.4 \times 0.6^3}{12}} = 5,000\text{kN}$

해답 ②

072
직접 설계법에 의한 슬래브 설계에서 전체 정적계수 휨모멘트 $M_0 = 340\text{kN}\cdot\text{m}$로 계산되었을 때, 내부 경간의 부계수 휨모멘트는 얼마인가?

① 102kN·m
② 119kN·m
③ 204kN·m
④ 221kN·m

해설 부 계수 휨 모멘트 $= 0.65M_o = 0.65 \times 340 = 221\text{kN}\cdot\text{m}$

※ 내부 경간에서의 분배율
전체 정적 계수휨모멘트 M_o를 다음과 같은 비율로 분배하여야 한다.
① 부 계수 휨 모멘트 : 0.65
② 정 계수 휨 모멘트 : 0.35

해답 ④

073
압축철근비가 0.01이고, 인장철근비가 0.003인 철근콘크리트보에서 장기 추가처짐에 대한 계수(λ_Δ)의 값은? (단, 하중재하기간은 5년 6개월이다.)

① 0.80
② 0.933
③ 2.80
④ 1.333

해설 ① **지속 하중 재하 기간에 따른 계수**
5년 이상이므로 $\xi = 2.0$

구 분	3개월	6개월	12개월	5년 이상
ξ	1.0	1.2	1.4	2.0

② 장기 처짐 계수

$$\lambda_\Delta = \frac{\xi}{1+50\rho'} = \frac{2.0}{1+50\times 0.01} = 1.333$$

해답 ④

074
강도설계법에서 인장철근 D29(공칭 직경 $d_b = 28.6\text{mm}$)을 정착시키는 데 소요되는 기본 정착길이는? (단, $f_{ck}=24\text{MPa}$, $f_y=300\text{MPa}$으로 한다.)

① 682mm
② 785mm
③ 827mm
④ 1051mm

해설 인장 이형철근 및 이형철선의 기본정착길이 : l_{db}

$$l_{db} = \frac{0.6\ d_b f_y}{\lambda \sqrt{f_{ck}}} = \frac{0.6 \times 28.6 \times 300}{1 \times \sqrt{24}} = 1{,}051\text{mm}$$

해답 ④

075
아래와 같은 맞대기 이음부에 발생하는 응력의 크기는? (단, $P=360\text{kN}$, 강판 두께 12mm)

① 압축응력 $f_c = 14.4\text{MPa}$
② 인장응력 $f_t = 3000\text{MPa}$
③ 전단응력 $\tau = 150\text{MPa}$
④ 압축응력 $f_c = 120\text{MPa}$

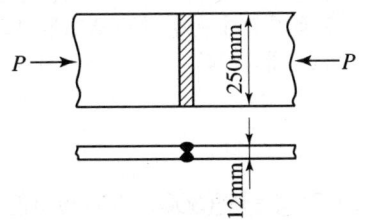

해설 축방향 압축력을 받는 경우이며

$$f = \frac{P}{A} = \frac{P}{\Sigma al} = \frac{360{,}000}{12 \times 250} = 120\text{MPa}$$

해답 ④

076
철근콘크리트 1방향 슬래브의 설계에 대한 설명 중 틀린 것은?

① 1방향 슬래브이 두께는 최소 100mm 이상으로 하여야 한다.
② 4변에 의해 지지되는 2방향 슬래브 중에서 단변에 대한 장변의 비가 1배를 넘으면 1방향 슬래브로 해석한다.
③ 슬래브의 정모멘트 및 부모멘트 철근의 중심간격은 위험단면에서는 슬래브 두께의 3배 이하이어야 하고, 또한 450mm 이하로 하여야 한다.
④ 슬래브의 단변방향 보의 상부에 부모멘트로 인해 발생하는 균열을 방지하기 위하여 슬래브의 장변방향으로 슬래브 상부에 철근을 배치하여야 한다.

해설 **슬래브**
① 주철근
- 최대 휨모멘트 발생 단면 : 슬래브 두께의 2배 이하, 300mm 이하
- 기타 단면 : 슬래브 두께의 3배 이하, 450mm 이하

② 수축 및 온도철근(배력 철근) : 슬래브 두께의 5배 이하, 450mm 이하

해답 ③

077
PSC 보를 RC 보처럼 생각하여, 콘크리트는 압축력을 받고 긴장재는 인장력을 받게 하여 두 힘의 우력 모멘트로 외력에 의한 휨모멘트에 저항시킨다는 생각은 다음 중 어느 개념과 같은가?

① 응력개념(stress concept)
② 강도개념(strength concept)
③ 하중평형개념(load balancing concept)
④ 균등질 보의 개념(homogeneous beam concept)

해설 **강도개념**(내력모멘트개념, C-선 개념)은 PSC를 RC와 유사한 성질로 취급하여 압축력은 콘크리트가 받고 인장력은 PS강재가 받아 두 힘의 우력이 외력에 의한 모멘트에 저항하는데 서로 결합된다고 봄으로써 극한 강도 이론에 의한 설계가 가능하다는 개념이다.

해답 ②

078
직사각형 단면(300×400mm)인 프리텐션 부재에 550mm²의 단면적을 가진 PS강선을 콘크리트 단면 중심에 일치하도록 배치하였다. 이때 1350MPa의 인장응력이 되도록 긴장한 후 콘크리트에 프리스트레스를 도입한 경우 도입직후 생기는 PS강선의 응력은? (단, $n=6$, 단면적은 총단면적 사용)

① 371MPa
② 398MPa
③ 1313MPa
④ 1321MPa

해설
① $f_c = \dfrac{P}{A}$ 에서 $P = f_c A = 1,350 \times 550 = 742,500\text{N}$

② $\Delta f_{pe} = n \cdot f_c = 6 \times \dfrac{742,500}{300 \times 400} = 37.125\text{MPa}$

③ 프리스트레스 도입 직후 생기는 PS강선의 응력
$f_{pe} = f_{pi} - \Delta f_{pe} = 1,350 - 37.125 = 1,312.875\text{MPa} \fallingdotseq 1,313\text{MPa}$

해답 ③

079

그림과 같은 띠철근 단주의 균형상태에서 축방향 공칭하중(P_b)은 얼마인가?
(단, f_{ck}=27MPa, f_y=400MPa, A_{st}=4-D35=380mm²)

① 1360.9kN
② 1520.0kN
③ 3645.2kN
④ 5165.3kN

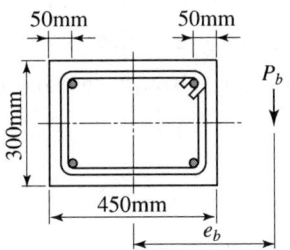

해설 ① 균형상태의 중립축 위치

㉠ $c_b = \left(\dfrac{600}{600+f_y}\right)d = \left(\dfrac{600}{600+400}\right) \times 400 = 240\text{mm}$

㉡ $a_b = \beta_1 c_b = 0.85 \times 240 = 204\text{mm}$

② 압축철근의 응력

$f_s' = E_s \epsilon_s' = E_s \times \left(0.003\dfrac{c_b - d'}{c_b}\right) = 2.0 \times 10^5 \times \left(0.003 \times \dfrac{240-50}{240}\right)$

$= 475\text{MPa} > f_y$ 이므로 압축 철근이 항복한 상태이다.

③ 축방향 공칭하중

$P_b = 0.85 f_{ck}(a_b b - A_s') + f_y' A_s - f_y A_s$

$= 0.85 \times 27 \times \left(204 \times 300 - \dfrac{1}{2} \times 3,800\right)$

$\quad + 400 \times \left(\dfrac{1}{2} \times 3,800\right) - 400 \times \left(\dfrac{1}{2} \times 3,800\right)$

$= 1,360,935\text{N} ≒ 1,360.9\text{kN}$

해답 ①

080

1방향 철근콘크리트 슬래브이 전체 단면적이 2000000mm² 이고, 사용한 이형 철근의 설계기준항복강도가 500MPa인 경우, 수축 및 온도철근량의 최소값 은?

① 1800mm²
② 2400mm²
③ 3200mm²
④ 3800mm²

해설 **수축 및 온도철근**(배력 철근) : 슬래브 두께의 5배 이하, 450mm 이하

① 수축·온도철근의 콘크리트 총 단면적에 대한 철근비 : 0.0014 이상이어야 한다. 철근의 설계기준 항복강도 f_y = 500MPa > 400MPa인 1방향 슬래브이므로

$\rho = 0.002 \times \dfrac{400}{f_y} = 0.002 \times \dfrac{400}{500} = 0.0016$

※ $f_y \le 400\text{MPa}$인 이형철근을 사용한 1방향 슬래브 : 0.002 이상
0.0035의 항복 변형률에서 측정한 철근의 설계기준 항복강도 $f_y > 400\text{MPa}$
인 1방향 슬래브 : $0.002 \times \dfrac{400}{f_y}$

② 수축 및 온도철근량
$A = \rho A_g = 0.0016 \times 2,000,000 = 3,200\text{mm}^2$

해답 ③

제5과목 토질 및 기초

081
그림과 같이 흙입자가 크기가 균일한 구(직경 : d)로 배열되어 있을 때 간극비는?

① 0.91
② 0.71
③ 0.51
④ 0.35

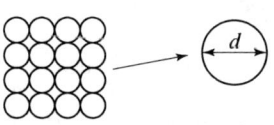

해설 흙입자를 완전 구로 가정한 경우 간극비는 일반적으로 0.35~0.91이며, 흙입자가 크기가 균일한 완전구로 배열되어 있는 경우 간극비는 0.91이다.

해답 ①

[참고] ① 입방형(■)의 체적 : $V_1 = d^3 = (2r)^3 = 8r^3$

② 구(●)의 체적 : $V_2 = V_s = \dfrac{4}{3}\pi r^3$

③ 간극의 체적 : $V_3 = V - v = V_1 - V_2 = 8r^3 - \dfrac{4}{3}\pi r^3 = \left(8 - \dfrac{4}{3}\pi\right)r^3$

④ 간극비 : $e = \dfrac{V_v}{V_s} = \dfrac{V_3}{V_2} = \dfrac{\left(8 - \dfrac{4}{3}\pi\right)r^3}{\dfrac{4}{3}\pi r^3} = 0.91$

082
흙의 다짐에 있어 램머의 중량이 2.5kg, 낙하고 30cm, 3층으로 각층 다짐횟수가 25회일 때 다짐에너지는? (단, 몰드의 체적은 1000cm³이다.)

① $5.63\text{kg} \cdot \text{cm/cm}^3$
② $5.96\text{kg} \cdot \text{cm/cm}^3$
③ $10.45\text{kg} \cdot \text{cm/cm}^3$
④ $0.66\text{kg} \cdot \text{cm/cm}^3$

해설 $E_c = \dfrac{W_R \cdot H \cdot N_B \cdot N_L}{V} = \dfrac{2.5 \times 30 \times 25 \times 3}{1,000} = 5.625\text{kg} \cdot \text{cm/cm}^3$

해답 ①

083 간극률 50%이고, 투수계수가 9×10^{-2}cm/sec인 지반의 모관 상승고는 대략 어느 값에 가장 가까운가? (단, 흙입자의 형상에 관련된 상수 $C = 0.3\text{cm}^2$, Hazen공식 : $k = c_1 \times D_{10}^2$에서 $c_1 = 100$으로 가정)

① 1.0cm
② 5.0cm
③ 10.0cm
④ 15.0cm

해설 ① 공극비(e)
$$e = \frac{n}{100-n} = \frac{50}{100-50} = 1$$
② Hazen 공식
$K = c_1 \cdot D_{10}^2$에서 $D_{10} = \sqrt{\dfrac{K}{c_1}} = \sqrt{9 \times \dfrac{10^{-2}}{100}} = 0.03\text{cm}$
③ Hazen 공식
$$h_c = \frac{C}{e \cdot D_{10}} = \frac{0.3}{1 \times 0.03} = 10\text{cm}$$

해답 ③

084 다음 그림에서 C점의 압력수두 및 전수두 값은 얼마인가?

① 압력수두 3m, 전수두 2m
② 압력수두 7m, 전수두 0m
③ 압력수두 3m, 전수두 3m
④ 압력수두 7m, 전수두 4m

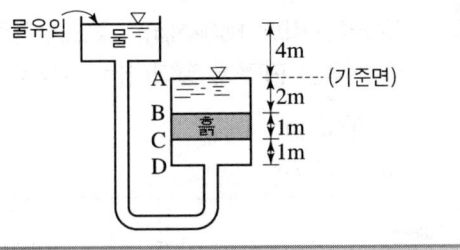

해설 ① C점에서의 전수두(h_t) : 전수두는 전수두차로 구하므로
$h_t = \Delta H = 4\text{m}$
② 위치수두(h_e) : 위치수두는 하류수면을 기준으로 위에 있는 경우 (+)값을 기준선 아래에 위치하는 경우 (-)값을 가진다.
$h_e = -3\text{m}$
③ 압력수두(h_p)
$h_p = h_t - h_e = 4 - (-3) = 7\text{m}$

해답 ④

085 동일한 등분포 하중이 작용하는 그림과 같은 (A)와 (B) 두 개의 구형기초판에서 A와 B점의 수직 Z되는 깊이에서 증가되는 지중응력을 각각 σ_A, σ_B라 할 때 다음 중 옳은 것은? (단, 지반 흙의 성질은 동일함)

① $\sigma_A = \dfrac{1}{2}\sigma_B$

② $\sigma_A = \dfrac{1}{4}\sigma_B$

③ $\sigma_A = 2\sigma_B$

④ $\sigma_A = 4\sigma_B$

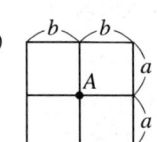

해설 직사각형 단면 내부의 A점 아래의 지중응력

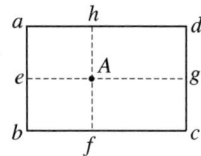

$\Delta\sigma_z = \sigma_z \cdot I(Ahae) + \sigma_z \cdot I(Aebf) + \sigma_z \cdot I(Afcg) + \sigma_z \cdot I(Agdh)$ 이므로
$\sigma_A = 4\sigma_B$

해답 ④

086 최대주응력이 100kN/m², 최소주응력이 40kN/m²일 때 주소주응력 면과 45°를 이루는 평면에 일어나는 수직응력은?

① 70kN/m^2 ② 30kN/m^2
③ 60kN/m^2 ④ $40\sqrt{2}\,\text{kN/m}^2$

해설 $\sigma_f = \dfrac{\sigma_1+\sigma_3}{2} + \dfrac{\sigma_1-\sigma_3}{2}\cos 2\theta = \dfrac{100+40}{2} + \dfrac{100-40}{2}\cos(2\times 45°) = 70\text{kN/m}^2$

해답 ①

087 그림과 같은 지층단면에서 지표면에 가해진 5kN/m²의 상재하중으로 인한 점토층(정규압밀점토)의 1차압밀 최종침하량(S)을 구하고, 침하량이 5cm일 때 평균압밀도(U)를 구하면? (단, $\gamma_w = 9.81\text{kN/m}^3$이다.)

① $S=18.5\text{cm}$, $U=27.3\%$
② $S=14.7\text{cm}$, $U=22.3\%$
③ $S=18.5\text{cm}$, $U=22.3\%$
④ $S=14.7\text{cm}$, $U=27.3\%$

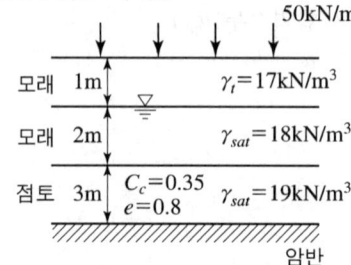

해설 ① 점토층 중앙부 유효응력

$$P_1 = r_1 \cdot h_1 + r = 17 \times 1 + (18-9.81) \times 2 + (19-9.81) \times \frac{3}{2} = 47.165 \, \text{kN/m}^2$$

② 압밀침하량

$$S_c = \Delta H = m_v \cdot \Delta \sigma \cdot H = \frac{C_c}{1+e_1} \cdot \log\left(\frac{P_1 + \Delta P}{P_1}\right) \cdot H$$

$$= \frac{0.35}{1+0.8} \times \log\left(\frac{47.165+50}{47.165}\right) \times 300 = 18.3 \, \text{cm}$$

③ 평균압밀도

$$U = \frac{\text{현재의 압밀량}}{\text{최종 압밀량}} \times 100 = \frac{S_1}{S_c} \times 100(\%) = \frac{5}{18.3} \times 100(\%) = 27.3\%$$

해답 ①

088 다음 중 사면의 안정해석 방법이 아닌 것은?

① 마찰원법
② 비숍(Bishop)의 방법
③ 펠레니우스(Fellenius) 방법
④ 테르자기(Terzaghi)의 방법

해설 사면의 안정 해석 방법
① 질량법(Mass procedure)
  ㉠ $\phi_u = 0$ 해석법
  ㉡ 마찰원법
② 절편법(Slice method, 분할법)
  ㉠ Fellenius의 간편법
  ㉡ Bishop의 간편법
  ㉢ Janbu의 간편법
  ㉣ Spencer 방법

해답 ④

089 말뚝재하시험시 연약점토지반인 경우는 pile의 타입 후 20여 일이 지난 다음 말뚝재하시험을 한다. 그 이유는?

① 주면 마찰력이 너무 크게 작용하기 때문에
② 부마찰력이 생겼기 때문에
③ 타입시 주변이 교란되었기 때문에
④ 주위가 압축되었기 때문에

해설 말뚝 타입시 말뚝 주위의 점토지반은 교란이 되어 강도가 작아지게 된다. 그러나 점토는 시간이 경과되면서 강도가 회복되는 딕소트로피(thixotrophy) 현상이 일어나기 때문에 말뚝 재하시험은 말뚝 타입 후 며칠이 지난 후 실시한다.

해답 ③

090 두께가 4미터인 점토층이 모래층 사이에 끼어있다. 점토층에 3t/m²의 유효응력이 작용하여 최종침하량이 10cm가 발생하였다. 실내압밀시험결과 측정된 압밀계수 $C_v = 2 \times 10^{-4}$ cm²/sec라고 할 때 평균압밀도 50%가 될 때까지 소요일수는?

① 288일 ② 312일
③ 388일 ④ 456일

해설 $C_v = \dfrac{T_{50} \cdot d^2}{t_{50}} = \dfrac{0.197 d^2}{t_{50}}$ 에서

$t_{50} = \dfrac{0.197 d^2}{C_v} = \dfrac{0.197 \times \left(\dfrac{400}{2}\right)^2}{2 \times 10^{-4}} = 39,400,000 \sec = 456$일

해답 ④

091 연약한 점성토의 지반특성을 파악하기 위한 현장조사 시험방법에 대한 설명 중 틀린 것은?

① 현장베인시험은 연약한 점토층에서 비배수 전단강도를 직접 산정할 수 있다.
② 정저콘관입시험(CPT)은 콘지수를 이용하여 비배수 전단강도 추정이 가능하다.
③ 표준관입시험에서의 N값은 연약한 점성토지반특성을 잘 반영해 준다.
④ 정적콘관입시험(CPT)은 연속적인 지층분류 및 전단강도 추정 등 연약점토 특성분석에 매우 효과적이다.

해설 표준관입시험 특성
① 표준관입시험의 N값으로 모래지반의 상대밀도를 추정할 수 있다.
② N값으로 점토지반의 연경도에 관한 추정이 가능하다.
③ 지층의 변화를 판단할 수 있는 시료를 얻을 수 있다.
④ 표준관입시험에서의 시료는 교란시료가 채취된다.

해답 ③

092 표준과입시험(S.P.T)결과 N치가 25이었고, 그 때 채취한 교란시료로 입도시험을 한 결과 입자가 둥글고, 입도분포가 불량할 때 Dunham공식에 의해서 구한 내부 마찰각은?

① 32.3° ② 37.3°
③ 42.3° ④ 48.3°

해설 토립자가 둥글고 입도가 불량한 경우
$\phi = \sqrt{12N} + 15 = \sqrt{12 \times 25} + 15 = 32.3°$

※ N, ϕ의 관계(Dunham 공식)
① 토립자가 모나고 입도가 양호 : $\phi = \sqrt{12N} + 25$
② 토립자가 모나고 입도가 불량 : $\phi = \sqrt{12N} + 20$
  토립자가 둥글고 입도가 양호 : $\phi = \sqrt{12N} + 20$
③ 토립자가 둥글고 입도가 불량 : $\phi = \sqrt{12N} + 15$

해답 ①

093 흙의 분류에 사용되는 Casagrande 소성도에 대한 설명으로 틀린 것은?

① 세립토를 분류하는데 이용된다.
② U선은 액성한계와 소성지수의 상한선으로 U선 위쪽으로는 측점이 있을 수 없다.
③ 액성한계 50%를 기준으로 저소성(L) 흙과 고소성(H) 흙으로 분류한다.
④ A선 위의 흙은 실트(M) 또는 유기질토(O)이며, A선 아래의 흙은 점토(C)이다.

해설 아터버그한계 시험을 실시하여 A선을 기준으로 점토와 실트를 구분한다.
① A선 위 : 점토
② A선 아래 : 실트 또는 유기질토

해답 ④

094 점착력이 14kN/m², 내부마찰각이 30°, 단위중량이 18.5kN/m²인 흙에서 인장 균열 깊이는 얼마인가?

① 1.74m ② 2.62m
③ 3.45m ④ 5.24m

 $Z_c = \dfrac{2c}{\gamma} \tan\left(45° + \dfrac{\phi}{2}\right) = \dfrac{2 \times 14}{18.5} \tan\left(45° + \dfrac{30°}{2}\right) = 2.62\,\text{m}$

해답 ②

095 Mohr 응력원에 대한 설명 중 옳지 않은 것은?

① 양의 평면의 응력상태를 나타내는데 매우 편리하다.
② 평면기점(origin of plane)은 최소주응력을 나타내는 원호상에서 최소주응력면과 평행선이 만나는 점을 말한다.
③ δ_1과 δ_2의 차의 벡터를 반지름으로 해서 그린 원이다.
④ 한 면에 응력이 작용하는 경우 전단력이 0이면, 그 연직응력을 주 응력으로 가정한다.

해설 Mohr 응력원의 σ_1과 σ_3 차의 절반을 반지름으로 해서 그린 원이다.

해답 ③

096
그림과 같은 지반에서 유효응력에 대한 점착력 및 마찰각이 각각 $c'=1.0\text{kN/m}^2$, $\phi=20°$일 때, A점에서의 전단강도(kN/m^2)는? (단, $\gamma_w=9.81\text{kN/m}^3$이다.)

① 34kN/m^2
② 45kN/m^2
③ 54kN/m^2
④ 66kN/m^2

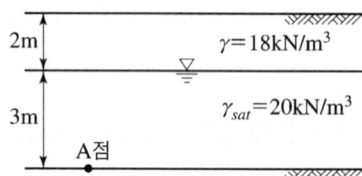

해설 ① 유효응력 $\sigma'=\sigma-u=\gamma H_1+\gamma_{sub}H_2=18\times2+(20-9.81)\times3=66.57\text{kN/m}^2$
② 전단강도 $\tau=c+\sigma'\tan\phi=10+66.57\times\tan20°=34.23\text{kN/m}^2$

해답 ①

097
폭 10cm, 두께 3mm인 Paper Drain설계 시 Sand Drain의 직경과 동등한 값(등치환산원의 지름)으로 볼 수 있는 것은?

① 5cm   ② 7.5cm
③ 10cm   ④ 15cm

해설 ① 형상계수 $\alpha=0.75$
② $D=\alpha\cdot\dfrac{2(t+b)}{\pi}=0.75\times\dfrac{2\times(0.3+10)}{\pi}=4.92\text{cm}$

해답 ①

098
콘크리트 말뚝을 마찰말뚝으로 보고 설계할 때, 총 연직하중을 2000kN, 말뚝 1개의 극한지지력을 890kN, 말뚝 1개의 극한지지력을 890kN, 안전율을 2.0으로 하면 소요말뚝의 수는?

① 6개   ② 5개
③ 3개   ④ 2개

해설 ① 허용지지력 : $R_a=\dfrac{R_u}{F_s}=\dfrac{890}{2}=445$
② 소요말뚝의 수 : $n=\dfrac{P}{R_a}=\dfrac{2000}{445}=4.49\fallingdotseq5$개

해답 ②

099

수평방향투수계수가 0.12cm/sec이고, 연직방향 투수계수가 0.03cm/sec 일 때 1일 침투유량은?

① 870m³/day/m
② 1080m³/day/m
③ 1220m³/day/m
④ 1410m³/day/m

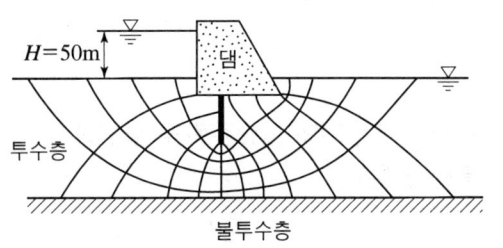

해설
① $q = kH \dfrac{N_f}{N_d} = \sqrt{k_H k_V} H \dfrac{N_f}{N_d} = \sqrt{0.0003 \times 0.0012} \times 50 \times \dfrac{5}{12} = 0.0125 \text{m}^3/\text{sec}$

② $0.0125 \text{m}^3/\text{sec} \times (60 \times 60 \times 24) = 1080 \text{m}^3/\text{day}$

해답 ②

100

흙의 다짐에 대한 설명으로 틀린 것은?

① 다짐에너지가 증가할수록 최대 건조단위중량은 증가한다.
② 최적함수비는 최대 건조단위중량을 나타낼 때의 함수비이며, 이때 포화도는 100% 이다.
③ 흙의 특수성 감소가 요구될 때에는 최적함수비의 습윤측에서 다짐을 실시한다.
④ 다짐에너지가 증가할수록 최적함수비는 감소한다.

해설 최적함수비(Optimum Moisture Content, OMC)는 건조단위중량이 최대가 될 때의 함수비로서 흙이 가장 잘 다져지는 함수비이며, 이 때포화도는 100%가 아니다.

해답 ②

제6과목 상하수도공학

101

상수도 계통의 도수시설에 관한 설명으로 옳은 것은?

① 적당한 수질의 물을 수원지에서 모아서 취하는 시설을 말한다.
② 수원에서 취한 물을 정수장까지 운반하는 시설을 말한다.
③ 정수 처리된 물을 수용가에서 공급하는 시설을 말한다.
④ 정수장에서 정수 처리된 물을 배수지까지 보내는 시설을 말한다.

해설 도수시설이란 수원에서 취수한 원수를 정수하기 위해 정수장의 착수정 전까지 운반하는 시설을 말한다.

해답 ②

102
급수용 저수지의 필요수량을 결정하기 위한 유량누가곡선도에 대한 설명으로 틀린 것은?

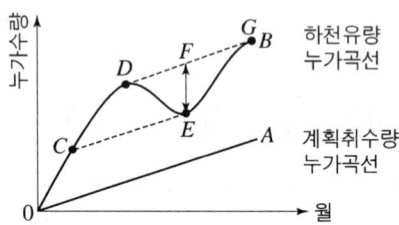

① 필요(유효)저수량은 $\overline{EF}$ 이다.
② 지수시작점은 C 이다.
③ $\overline{DE}$구간에서는 저수지의 수위가 상승한다.
④ 이론적 산출방법으로 Ripple's method라 한다.

해설 DE 구간은 OB 곡선과 OA 직선이 서로 접근하려는 구간으로 유출량이 소요량 보다 적은 시기(저수지 수위가 낮아짐)를 나타내며, E에 다다르면 저수지가 바닥을 드러내게 된다.

해답 ③

103
관로시설의 설계시 계획하수량으로 옳지 않은 것은?

① 우수관거 : 계획우수량
② 오수관거 : 계획1일최대오수량
③ 차집관거 : 우천시 계획오수량
④ 합류식 관거 : 계획시간최대오수량+계획우수량

해설 오수관거의 계획하수량은 계획시간 최대 오수량을 기준으로 한다.

해답 ②

104
막여과시설의 약품세척에서 무기물질 제거에 사용되는 약품이 아닌 것은?

① 염산
② 차아염소산나트륨
③ 구연산
④ 황산

해설 약품세척에 사용되는 주된 약품과 제거가능 물질

약품		제거가능한 물질	
		유기물	무기물
수산화나트륨		○	
무기산	염산		○
	황산		○
산화제	차아염소산나트륨	○	
유기산	구연산		○
	옥살산		○
세제	알칼리 세제	○	
	산 세제		○

해답 ②

105
배수관을 다른 지하매설물과 교차 또는 인접하여 부설할 경우에는 최소 몇 cm 이상의 간격을 두어야 하는가?

① 10cm
② 30cm
③ 80cm
④ 100cm

해설 배수관을 다른 지하매설물과 교차 또는 인접하여 부설할 때에는 적어도 30cm 이상의 간격을 두어야 한다.

해답 ②

106
BOD 250mg/L의 폐수 30,000m³/day를 활성슬러지법으로 처리하고자 한다. 반응조내의 MLSS 농도가 2,500 mg/L, F/M비가 0.5kg/BOD/kg MLSS · day로 처리하고자 하면 BOD 용적부하는?

① 0.5kgBOD/m³/day
② 0.75kgBOD/m³/day
③ 1.0kgBOD/m³/day
④ 1.25kgBOD/m³/day

해설 BOD 용적부하[kgBOD/m³ · day]

$$= \frac{1일\ BOD\ 유입량[kgBOD/day]}{폭기조\ 용적[m^3]}$$

$$= \frac{BOD\ 농도[kg/m^3] \times 유입하수량[m^3/day]}{폭기조\ 용적[m^3]}$$

$$= F/M \times MLVSS$$

$$= 0.5kgBOD/kgMLss \cdot day \times 2,500mg/L \times \frac{1}{10^6}\frac{kg}{mg} \times \frac{10^3}{1}\frac{m^3}{L}$$

$$= 1.25kgBOD/m^3 \cdot day$$

해답 ④

107 그림은 펌프특성곡선이다. 펌프의 양정을 나타내는 곡선 형태는?

① A
② B
③ C
④ D

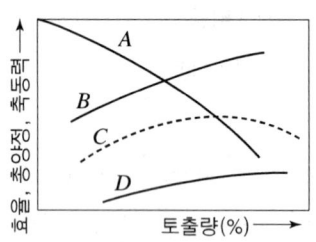

해설 펌프의 특성 곡선

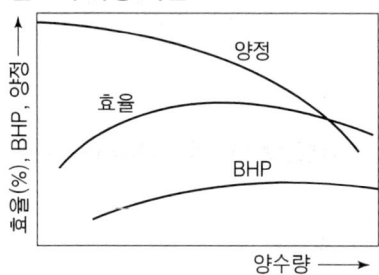

해답 ①

108 합류식 하수도의 시설에 해당되지 않는 것은?

① 오수받이
② 연결관
③ 우수토실
④ 오수관거

해설 오수관과 우수관으로 각각 분리하여 배제하는 방식은 분류식 하수도이다.

해답 ④

109 BOD_5가 155mg/L인 폐수에서 탈산소계수(K_1)가 0.2/day일 때 4일 후에 남아 있는 BOD는? (단, 탈산소계수는 상용대수 기준)

① 27.3mg/L
② 56.4mg/L
③ 127.5mg/L
④ 172.2mg/L

해설 ① 최초 BOD 또는 최종 BOD

$Y = L_a(1 - 10^{-k_1 \times t})$ 에서

$L_a = \dfrac{Y}{1 - e^{-k_1 \times t}} = \dfrac{155}{1 - 10^{-0.2 \times 5}} = 172.22 \text{mg/L}$

② BOD 소모량

$Y = L_a - L_t = L_a(1 - 10^{-K_1 t}) = 172.22 \times (1 - 10^{-0.2 \times 4}) = 144.92 \text{mg/L}$

③ 4일 후에 남아있는 BOD
172.22 − 144.92 = 27.3mg/L

해답 ①

110 하수도시설에 관한 설명으로 옳지 않은 것은?

① 하수도시설은 관거시설, 펌프장시설 및 처리장시설로 크게 구별할 수 있다.
② 하수배제는 자연유하를 원칙으로 하고 있으며 펌프시설도 사용할 수 있다.
③ 하수처리장시설은 물리적 처리시설을 제외한 생물학적, 화학적 처리시설을 의미한다.
④ 하수 배제방식은 합류식과 분류식으로 대별할 수 있다.

해설 하수처리의 단위공법으로는 물리적 처리, 화학적 처리, 생물학적 처리가 있다.

해답 ③

111 금속이온 및 염소이온(염화나트륨 제거율 93% 이상)을 제거할 수 있는 막여과 공법은?

① 역삼투법
② 정밀여과법
③ 한외여과법
④ 나노여과법

해설 **수도용 막의 종류 및 특징**

사용 막	여과법	분리경	제거가능 물질
정밀여과막(MF)	정밀여과법	공칭공경 0.1μm 이상	부유물질, 콜로이드, 세균, 조류, 바이러스, 크립토스포리디움, 난포낭, 지아디아 난포낭 등
한외여과막(UF)	한외여과법	분획 분자량 100,000Dalton 이하	부유물질, 콜로이드, 세균, 조류, 바이러스, 크립토스포리디움, 난포낭, 지아디아 난포낭, 부식산 등
나노여과막(NF)	나노여과법	염화나트륨 제거율 5~93% 미만	유기물, 농약, 맛·냄새물질, 합성세제, 칼륨이온, 마그네슘이온, 황산이온, 질산성질소 등
역삼투막(RO)	역삼투법	염화나트륨 제거율 93% 이상	금속이온, 염소이온 등
해수담수화 역삼투막 (해수담수화RO)	역삼투법	염화나트륨 제거율 99% 이상	해수 중의 염분

해답 ①

112
맨홀에 인버트(invert)를 설치하지 않았을 때의 문제점이 아닌 것은?

① 맨홀 내에 퇴적물이 쌓이게 된다.
② 맨홀 내에 물기가 있어 작업이 불편하다.
③ 환기가 되지 않아 냄새가 발생한다.
④ 퇴적물이 부패되어 악취가 발생한다.

해설 유지관리를 위해 작업원이 작업을 할 때 맨홀 내에 퇴적물이 쌓이게 되면 상당히 불편하고 하수가 원활하게 흐르지 못하며 부패시 악취를 발생시킨다. 이를 방지하기 위해서는 바닥에 인버트를 설치하여 하수의 흐름을 원활히 하고 유지관리가 편리하도록 하는 것이 필요하다.

해답 ③

113
장기 폭기법에 관한 설명으로 옳은 것은?

① F/M비가 크다.
② 슬러지 발생량이 적다.
③ 부지가 적게 소요된다.
④ 대규모 처리장에 많이 이용된다.

해설 장기포기법은 활성슬러지법의 변법으로 플러그흐름 형태의 반응조에 HRT와 SRT를 길게 유지하고 동시에 MLSS농도를 높게 유지하면서 오수를 처리하는 방법으로 특징은 다음과 같다.
① 활성슬러지가 자산화되기 때문에 잉여슬러지의 발생량은 표준활성슬러지법에 비해 적다.
② 과잉 포기로 인하여 슬러지의 분산이 야기되거나 슬러지의 활성도가 저하되는 경우가 있다.
③ 질산화가 진행되면서 pH의 저하가 발생한다.

해답 ②

114
하수관거의 단면에 대한 설명으로 옳지 않은 것은?

① 계란형은 유량이 적은 경우 원형거에 비해 수리학적으로 유리하다.
② 말굽형은 상반부의 아치작용에 의해 역학적으로 유리하다.
③ 원형, 직사각형은 역학계산이 비교적 간단하다.
④ 원형 주로 공장제품이므로 지하수의 침투를 최소화할 수 있다.

해설 원형 관거는 공장제품이므로 접합부가 많아져 지하수의 침투량이 많아질 염려가 있다.

해답 ④

115 합류식 하수도는 강우시에 처리되지 않은 오수의 일부가 하천 등의 공공수역에 방류되는 문제점을 갖고 있다. 이에 대한 대책으로 적합하지 않은 것은?

① 차집관거의 축소
② 실시간 제어방법
③ 스월조절조(swirl regulator) 설치
④ 우수저류지 설치

해설 우천시 방류부하량 저감대책

해답 ①

116 분말활성탄과 입상활성탄의 비교 설명으로 틀린 것은?

① 분말활성탄은 재생사용이 용이하다.
② 분말활성탄은 기존시설을 사용하여 처리할 수 있다.
③ 입상활성탄은 누출에 의한 흑수현상(검은물 발생) 우려가 거의 없다.
④ 입상활성탄은 비교적 장기간 처리하는 경우에 유리하다.

해설 분말활성탄처리와 입상활성탄처리의 장단점

항 목	분말활성탄	입상활성탄
처리시설	○기존시설을 사용하여 처리할 수 있다.	△여과지를 만들 필요가 있다.
단기간 처리하는 경우	○필요량만 구입하므로 경제적이다.	△비경제적이다.
장기간 처리하는 경우	△경제성이 없으며, 재생되지 않는다.	○탄층을 두껍게 할 수 있으며 재생하여 사용할 수 있으므로 경제적이다.
미생물의 번식	○사용하고 버리므로 번식이 없다.	△원생동물이 번식할 우려가 있다.

항목	분말활성탄	입상활성탄
폐기시의 애로	△탄분을 포함한 흑색슬러지는 공해의 원인이다.	○재생사용할 수 있어서 문제가 없다.
누출에 의한 흑수현상	△특히 겨울철에 일어나기 쉽다.	○거의 염려가 없다.
처리관리의 난이	△주입작업을 수반한다.	○특별한 문제가 없다.

○ : 유리, △ : 불리

해답 ①

117

계획인구 150,000명인 도시의 수도계획에서 계획급수인구가 142,500명일 때 1인 1일의 최대급수량을 450L로 하면 1일 최대급수량은?

① $6,750,000 m^3/day$
② $67,500 m^3/day$
③ $333,333 m^3/day$
④ $64,125 m^3/day$

해설 계획 1일 최대급수량 = 계획 1인 1일 최대급수량 × 계획급수인구

$$= 450 \times \frac{1}{1,000} \frac{m^3}{L} \times 142,500 = 64,125 m^3/day$$

해답 ④

118

상수 원수에 포함된 색도 제거를 위한 단위조작으로 거리가 먼 것은?

① 폭기처리
② 응집침전처리
③ 활성탄처리
④ 오존처리

해설 색도가 높을 경우에는 색도를 제거하기 위하여 응집침전처리, 활성탄처리 또는 오존처리를 한다.

해답 ①

119

혐기성 소화 공정의 영향인자가 아닌 것은?

① 체류시간
② 메탄함량
③ 독성물질
④ 알칼리도

해설 혐기성 소화의 공정 영향인자에는 체류시간, 온도, 영양염류, pH, 독성물질, 알칼리도 등이 있다.

해답 ②

120 상수의 완속여과방식 정수과정으로 옳은 것은?

① 여과 → 침전 → 살균
② 살균 → 침전 → 여과
③ 침전 → 여과 → 살균
④ 침전 → 살균 → 여과

해설 정수 : 원수의 수질을 사용목적에 적합하게 개선하는 과정(가장 핵심 공정)

① 급속여과 : 착수정 ▶ 혼화지 ▶ 응집지 ▶ 약품침전 ▶ 급속여과 ▶ 소독 ▶ 정수지

② 완속여과 : 착수정 ▶ 보통침전 ▶ 완속여과 ▶ 소독 ▶ 정수지

해답 ③

토목기사

2024년 7월 CBT 시행

본 문제는 복원 기출문제입니다. 실제 문제와 다를 수 있으니 양해바랍니다.

제1과목 응용역학

001 반지름이 r인 중실축(中實軸)과, 바깥 반지름이 r이고 안쪽 반지름이 $0.6r$인 중공축(中空軸)이 동일 크기의 비틀림 모멘트를 받고 있다면 중실축(中實軸) : 중공축(中空軸)의 최대 전단 응력비는?

① 1 : 1.28
② 1 : 1.24
③ 1 : 1.20
④ 1 : 1.15

해설 ① 중실축인 경우의 J_1 $\quad J_1 = \dfrac{\pi d^4}{32} = \dfrac{\pi (2r)^4}{32} = \dfrac{\pi r^4}{2}$

② 중공축인 경우의 J_2 $\quad J_2 = \dfrac{\pi (d_1{}^4 - d_1{}^4)}{32} = \dfrac{\pi [(2r)^4 - (1.2r)^4]}{32} = \dfrac{13.92}{32}\pi r^4$

③ $\dfrac{\tau_{\max 1}}{\tau_{\max 2}} = \dfrac{T \cdot r / J_1}{T \cdot r / J_2} = \dfrac{J_2}{J_1} = \dfrac{13.92/32}{1/2} = \dfrac{27.84}{32}$

∴ $\tau_{\max 1} : \tau_{\max 2} = 1 : 1.15$

해답 ④

002 그림과 같은 캔틸레버보에서 자유단 A의 처짐은? (단, EI는 일정함)

① $\dfrac{3ML^2}{8EI}(\downarrow)$

② $\dfrac{13ML^2}{32EI}(\downarrow)$

③ $\dfrac{7ML^2}{16EI}(\downarrow)$

④ $\dfrac{15ML^2}{32EI}(\downarrow)$

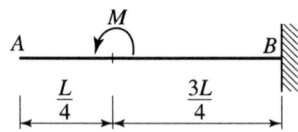

해설 $\delta_A = M_{A'} = \dfrac{M}{EI} \times \dfrac{3L}{4} \times \left(\dfrac{L}{4} + \dfrac{3L}{8}\right)$

$\qquad = \dfrac{15ML^2}{32EI}$

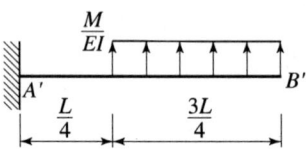

해답 ④

003

그림에서 직사각형의 도심축에 대한 단면상승 모멘트 I_{xy}의 크기는?

① 576cm^4
② 256cm^4
③ 142cm^4
④ 0cm^4

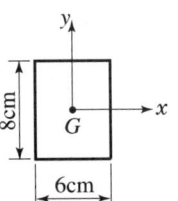

해설 대칭축이므로 $I_{xy} = 0$

해답 ④

004

길이가 3m이고 가로 20cm, 세로 30cm인 직사각형 단면의 기둥이 있다. 좌굴 응력을 구하기 위한 이 기둥의 세장비는?

① 34.6
② 43.3
③ 52.0
④ 60.7

해설 $\lambda = \dfrac{l}{r_{\min}} = \dfrac{\sqrt{12}\,l}{h} = \dfrac{\sqrt{12} \times 300}{20} = 52$

해답 ③

005

다음의 단순보에서 A점의 반력이 B점의 반력의 3배가 되기 위한 거리 x는 얼마인가?

① 3.75m
② 5.04m
③ 6.06m
④ 6.66m

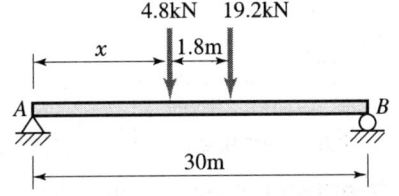

해설
① $\sum M_A = 0$
  $-V_B \times 30 + 19.2 \times (x+1.8) + 4.8 \times x = 0$
  $V_B = 0.8x + 1.152$
② $\sum V = 0$
  $V_A + V_B - 4.8 - 19.2 = 0 \qquad 3V_B + V_B - 4.8 - 19.2 = 0$
  $V_B = 6\text{kN}$
③ $V_B = 0.8x + 1.152 = 6\text{kN}$에서 $x = 6.06\,\text{cm}$

해답 ③

006

아래 그림과 같은 라멘구조물에서 A점의 반력 R_A는?

① 30kN
② 45kN
③ 60kN
④ 90kN

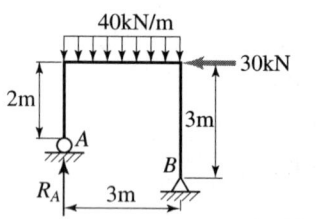

해설 $\sum M_B = 0$

$R_A \times 3 - 40 \times 3 \times 1.5 - 30 \times 3 = 0$

$R_A = 90\text{kN} (\uparrow)$

해답 ④

007

그림과 같은 트러스에서 A점에 연직 하중 P가 작용할 때 A점의 연직 처짐은? (단, 부재의 축 강도는 모두 EA이고, 부재의 길이는 $AB = 3l$, $AC = 5l$이며 $\overline{BC} = 4l$이다.)

① $8.0 \dfrac{Pl}{AE}$

② $8.5 \dfrac{Pl}{AE}$

③ $9.0 \dfrac{Pl}{AE}$

④ $9.5 \dfrac{Pl}{AE}$

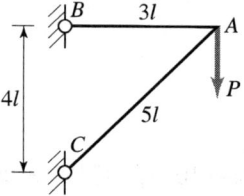

해설 ① $\overline{AB} = \dfrac{5}{4}P(\text{압축})$, $\overline{AB} = \dfrac{3}{4}P(\text{인장})$

② **연직처짐**(가상일의 방법 이용)

$y = \sum \dfrac{l}{AE}(N \cdot \overline{N})$

$= \dfrac{\dfrac{3P}{4} + \dfrac{3}{4}}{EA} 3l + \dfrac{\left(-\dfrac{5P}{4}\right) \times \left(-\dfrac{5}{4}\right)}{EA} 5l$

$= \dfrac{27Pl}{16EA} + \dfrac{125Pl}{16AE} = \dfrac{152Pl}{16EA}$

$= 9.5 \dfrac{Pl}{AE}$

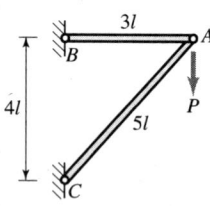 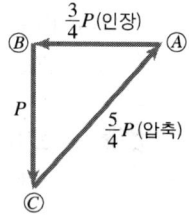

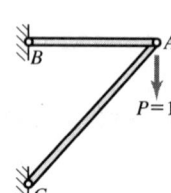 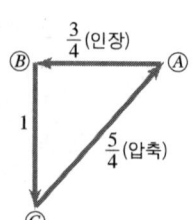

해답 ④

008 다음 구조물의 변형에너지의 크기는? (단, E, I, A는 일정하다.)

① $\dfrac{2P^2L^3}{3EI} + \dfrac{P^2L}{2EA}$

② $\dfrac{P^2L^3}{3EI} + \dfrac{P^2L}{EA}$

③ $\dfrac{P^2L^3}{3EI} + \dfrac{P^2L}{2EA}$

④ $\dfrac{2P^2L^3}{3EI} + \dfrac{P^2L}{EA}$

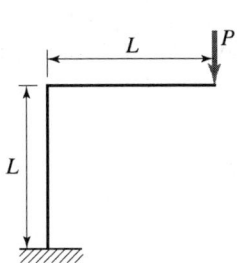

해설 ① 수직력 P에 의한 변형에너지
$$U_P = \dfrac{P^2 \cdot l}{2EA}$$

② 휨모멘트에 의한 변형에너지
$$U_{m1} = \int_0^l \dfrac{M^2}{2EI}dx = \int_0^l \dfrac{(P \cdot x)^2}{2EI}dx = \int_0^l \dfrac{P^2 x^2}{2EI}dx$$
$$= \dfrac{P^2}{2EI}\left[\dfrac{x^3}{3}\right]_0^l = \dfrac{P^2}{2EI}\dfrac{l^3}{3} = \dfrac{P^2 \cdot l^3}{6EI}$$
$$U_{m2} = \int_0^l \dfrac{M^2}{2E \cdot I}dx = \int_0^l \dfrac{(P \cdot l)^2}{2EI}dx = \dfrac{P^2 \cdot l^2}{2EI}[x]_0^l = \dfrac{P^2 \cdot l^3}{2EI}$$
$$\therefore U_m = \dfrac{P^2 \cdot l^3}{6EI} + \dfrac{P^2 \cdot l^3}{2EI} = \dfrac{4P^2 \cdot l^3}{6EI} = \dfrac{2P^2 \cdot l^3}{3EI}$$

③ 총변형에너지 $= \dfrac{2P^2 \cdot l^3}{3E \cdot I} + \dfrac{P^2 \cdot l}{2EA}$

(전단력에 의한 변형에너지 무시하고 계산한 값임)

해답 ①

009 균질한 단면봉이 그림과 같이 P_1, P_2, P_3의 하중을 B, C, D점에서 받고 있다. 각 구간의 거리 $a=1.0$m, $b=0.5$m, $c=0.5$m이고 $P_2=100$kN, $P_3=40$kN의 하중이 작용할 때 D점에서의 수직방향 변위가 일어나지 않기 위한 하중 P_1은?

① 210kN
② 220kN
③ 230kN
④ 240kN

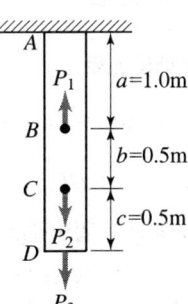

해설 $\Delta l = \Sigma \dfrac{Pl}{AE}$ 에서

$\Delta l = \Delta l_{AB} + \Delta l_{BC} + \Delta l_{CD} = 0$
$= \dfrac{(40+100-P_1) \times 1 + (40+100) \times 0.5 + 40 \times 0.5}{EA} = \dfrac{230-P_1}{EA} = 0$ 에서

$230 - P_1 = 0$
$P_1 = 230\text{kN}$

해답 ③

010

그림의 보에서 지점 B의 휨모멘트는? (단, EI는 일정하다.)

① $-67.5\text{kN}\cdot\text{m}$
② $-97.5\text{kN}\cdot\text{m}$
③ $-120\text{kN}\cdot\text{m}$
④ $-165\text{kN}\cdot\text{m}$

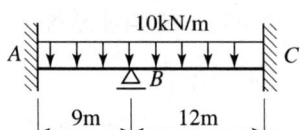

해설 ① 강비

$k_{BA} = \dfrac{I}{9} \qquad k_{BC} = \dfrac{I}{12}$

$k_{BA} : k_{BC} = 4 : 3$

② 분배율

$DF_{BA} = \dfrac{k_{BA}}{(k_{BA}+k_{BC})} = \dfrac{4}{(4+3)} = \dfrac{4}{7}$

$DF_{BC} = \dfrac{k_{BC}}{(k_{BA}+k_{BC})} = \dfrac{3}{(4+3)} = \dfrac{3}{7}$

③ 고정단 모멘트

$C_{BA} = \dfrac{10 \times 9^2}{12} = 67.5(\text{시계})$

$C_{BA} = \dfrac{10 \times 12^2}{12} = 120(\text{반시계})$

④ 중앙 모멘트

$\Sigma M_B = C_{BA} + C_{BC} = 67.5 - 120 = -52.5\,\text{kN}\cdot\text{m}$

⑤ 분배모멘트

$M_{\text{분배}BA} = DF_{BA} \cdot \Sigma M_{B\text{중앙}} = \dfrac{4}{7} \times 52.5(\text{반시계}) = 30\,\text{kN}\cdot\text{m}(\text{시계})$

$M_{\text{분배}BC} = DF_{BC} \cdot \Sigma M_{B\text{중앙}} = \dfrac{3}{7} \times 52.5(\text{반시계}) = 22.5\,\text{kN}\cdot\text{m}(\text{시계})$

⑥ 지점 B의 휨모멘트

$M_{BA} = M_{\text{분배}BA} + C_{BA} = 30 + 67.5 = 97.5\,\text{kN}\cdot\text{m}$
$M_{BC} = M_{\text{분배}BC} + C_{BC} = 30 + (-120) = -97.5\,\text{kN}\cdot\text{m}$

해답 ②

011

그림의 트러스에서 a부재의 부재력은?

① 135kN(인장)
② 175kN(인장)
③ 135kN(압축)
④ 175kN(압축)

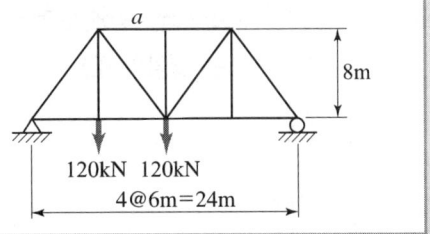

해설
① A지점의 반력
$\sum M_B = 0$
$R_A \times 24 - 120 \times 18 - 120 \times 12 = 0$
$R_A = 150$kN
② $\sum M_0 = 0$
$150 \times 12 - 120 \times 6 + a \times 8 = 0$
$a = -135$kN $= 135$kN(압축)

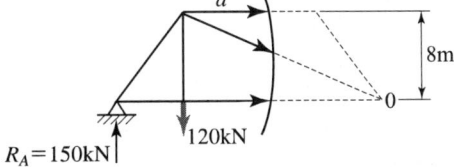

해답 ③

012

다음의 그림에 있는 연속보의 B점에서의 반력을 구하면? (단, $E = 2.1 \times 10^5$ MPa, $I = 1.6 \times 10^4$ cm^4)

① 63kN
② 75kN
③ 97kN
④ 101kN

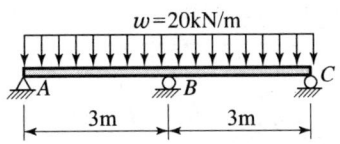

해설

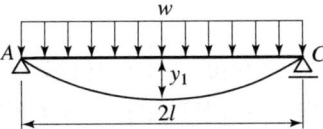
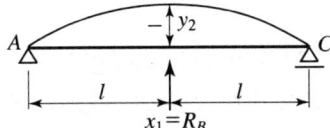

① $y_1 = \dfrac{5w(2l)^4}{384EI} = \dfrac{5wl^4}{24EI}$

② $y_2 = -\dfrac{R_B(2l)^3}{48EI} = -\dfrac{R_B l^3}{6EI}$

③ $y_B = y_1 + y_2 = \dfrac{5wl^4}{24EI} + \left(-\dfrac{R_B l^3}{6EI}\right) = 0$ 에서

$R_B = \dfrac{5wl}{4} = \dfrac{5 \times 20 \times 3}{4} = 75$kN(↑)

해답 ②

013

다음 단순보의 지점 B에 모멘트 M_B가 작용할 때 지점 A에서의 처짐각(θ_A)은? (단, EI는 일정하다.)

① $\dfrac{M_B l}{2EI}$
② $\dfrac{M_B l}{3EI}$
③ $\dfrac{M_B l}{6EI}$
④ $\dfrac{M_B l}{8EI}$

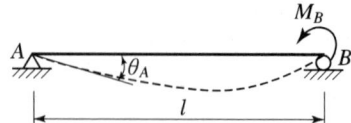

해설 $\theta_A = \dfrac{M_B l}{6EI}$

해답 ③

014

다음 중에서 정(+)과 부(-)의 값을 모두 갖는 것은?

① 단면계수
② 단면 2차모멘트
③ 단면 상승모멘트
④ 단면 회전반지름

해설

| 단면 상승모멘트 | $I_{xy} = \int_A xy\,dA$ | $I_{xy} = I_{XY} + x_0 y_0 A$ | I_{XY}가 대칭축이면 '0' | +·-0 | cm^4 m^4 |

해답 ③

015

그림과 같은 두 개의 나무판이 못으로 조립된 T형보에서 $V = 1550N$이 작용할 때 한 개의 못이 전단력 700N을 전달할 경우 못의 허용 최대 간격은 약 얼마인가?(단, $I = 11,354.0 cm^4$)

① 7.5cm
② 8.2cm
③ 8.9cm
④ 9.7cm

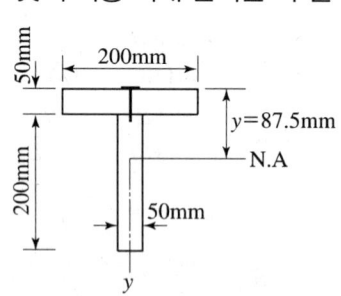

해설 ① 상하 나무판 접촉면의 단면1차모멘트
$$G = 200 \times 50 \times \dfrac{50}{2} + 200 \times 50 \times \dfrac{200}{2} = 1,250,000\,mm^3 = 1,250\,cm^3$$

② 못의 최대 간격
$$s = \frac{2F}{q} = \frac{2FI}{VG} = \frac{2 \times 700 \times 11,354}{1550 \times 1,250} = 8.2\,\text{cm}$$
$$q = \frac{VG}{I}$$

해답 ②

016

다음 그림과 같은 단순보에 이동하중이 작용하는 경우 절대 최대 휨모멘트는 얼마인가?

① 176.4kN·m
② 167.2kN·m
③ 162.0kN·m
④ 125.1kN·m

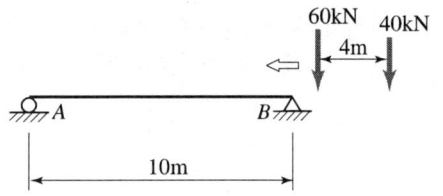

해설 ① 합력 $R = 60 + 40 = 100\,\text{kN}$
② $40 \times 4 = 100 \times x'$ $x' = 1.6\,\text{m}$
③ 선택하중 = 60kN
④ 합력과 선택하중 간의 이등분점
$$\frac{1.6}{2} = 0.8\,\text{m}$$
⑤ 하중 재하(보의 중점 = 이등분점)
⑥ 절대최대 휨모멘트 발생위치
 A지점으로부터 $x = 5 - 0.8 = 4.2\,\text{m}$
⑦ 절대최대 휨모멘트의 크기
$$R_A = \frac{60 \times 5.8 + 40 \times 1.8}{10} = 42\,\text{kN}\,(\uparrow)$$
$$M_{absmax} = 42 \times 4.2 = 176.4\,\text{kN·m}$$

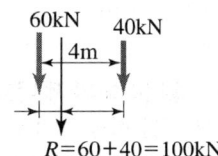

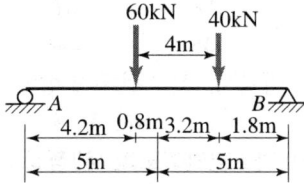

해답 ①

017

바닥은 고정, 상단은 자유로운 기둥의 좌굴 형상이 그림과 같을 때 임계하중은 얼마인가?

① $\dfrac{\pi^2 EI}{4L}$
② $\dfrac{9\pi^2 EI}{4L^2}$
③ $\dfrac{13\pi^2 EI}{4L}$
④ $\dfrac{25\pi^2 EI}{4L^2}$

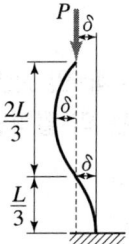

해설 ① 좌굴길이 $l_k = \dfrac{2L}{3}$

② 좌굴하중 $P_b = \dfrac{\pi^2 EI}{l_k^2} = \dfrac{\pi^2 EI}{\left(\dfrac{2L}{3}\right)^2} = \dfrac{9\pi^2 EI}{4L^2}$

해답 ②

018 아래의 표에서 설명하는 것은?

- 탄성체에 저장된 변형에너지 U를 변위의 함수로 나타내는 경우에, 임의의 변위 Δ_i에 관한 변형에너지 U의 1차 편도함수는 대응되는 하중 P_i와 같다. 즉, $P_i = \dfrac{\partial U}{\partial \Delta_i}$로 나타낼 수 있다.

① Castigliano의 제1정리 ② Castigliano의 제2정리
③ 가상일의 원리 ④ 공액보법

해설 ① 카스틸리아노의 제1정리 : 탄성체에 외력 또는 모멘트가 작용할 때 전체 변형에너지 U_i를 하중 작용점에서 힘의 방향의 처짐(처짐각)으로 1차 편미분한 것은 그 점의 힘(모멘트)과 같다.

$P_i = \dfrac{\Delta U_i}{\Delta \delta_i} \quad M_i = \dfrac{\Delta U_i}{\Delta \theta_i}$

여기서, U_i : 전체 변형에너지
 $P_i, M_i, \delta_i, \theta_i$: i점의 하중, 모멘트, 처짐, 처짐각

② 카스틸리아노의 제2정리 : 구조물의 탄성변형에너지를 임의의 외력으로 편미분한 값은 그 힘의 작용점의 힘의 작용선 방향의 변위와 같다. 즉 한 구조물이 외력을 받아 변형을 일으켰을 때, 구조물 재료가 탄성적이고 온도 변화나 지점 침하가 없는 경우에 구조물은 변형에너지의 어느 특정한 힘(또는 우력) P_n에 관한 1차편도함수가 그 힘의 작용점에서 작용선 방향의 처짐 또는 처짐각과 같다.

$\theta_n = \dfrac{\Delta W_i}{\Delta M_n} \quad \delta_n = \dfrac{\Delta W_i}{\Delta P_n}$

여기서, θ_n : 처짐각, δ_n : 처짐, M : 휨모멘트, W_i : 변형에너지, P : 하중

해답 ①

019 그림과 같은 $r = 4$m인 3힌지 원호 아치에서 지점 A에서 2m 떨어진 E점의 휨모멘트의 크기는 약 얼마인가?

① 6.13kN·m
② 7.32kN·m
③ 8.27kN·m
④ 9.16kN·m

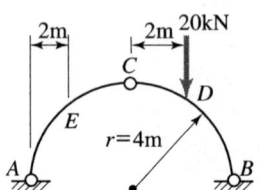

해설 ① $\sum M_B = 0 : + V_A \times 8 - 20 \times 2 = 0$
$V_A = +5\text{kN}(\uparrow)$
② $\sum M_{C,좌} = 0 : + V_A \times 4 - H_A \times 4 = 0$
$H_A = +5\text{kN}(\rightarrow)$
③ $M_{E,좌} = [+5 \times 2 - 5 \times \sqrt{4^2 - 2^2}]$
$= -7.32\text{kN} \cdot \text{m}$

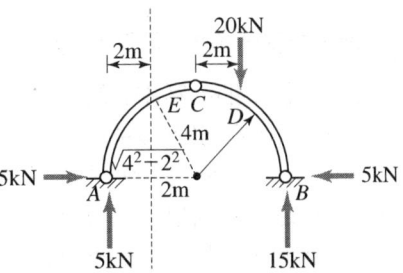

해답 ②

020

그림의 AC, BC에 작용하는 힘 F_{AC}, F_{BC}의 크기는?

① $F_{AC} = 100\text{kN}$, $F_{BC} = 86.6\text{kN}$
② $F_{AC} = 86.6\text{kN}$, $F_{BC} = 50\text{kN}$
③ $F_{AC} = 50\text{kN}$, $F_{BC} = 86.6\text{kN}$
④ $F_{AC} = 50\text{kN}$, $F_{BC} = 173.2\text{kN}$

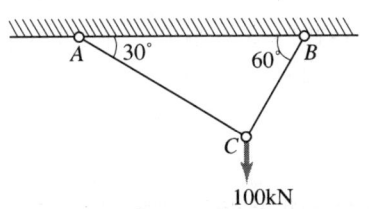

해설 $\dfrac{100\text{kN}}{\sin 90°} = \dfrac{F_{AC}}{\sin 150°} = \dfrac{F_{BC}}{\sin 120°}$ 에서

① $F_{AC} = \dfrac{\sin 150°}{\sin 90°} \cdot 100 = 50\text{kN}$
② $F_{BC} = \dfrac{\sin 120°}{\sin 90°} \cdot 100 = 86.6\text{kN}$

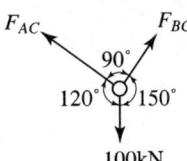

해답 ③

제2과목 측량학

021

초점거리 20cm인 카메라로 경사 30°로 촬영된 사진 상에서 연직점 m과 등각점 j와의 거리는?

① 33.6mm ② 43.6mm
③ 53.6mm ④ 63.6mm

해설 $mj = f \tan \dfrac{i}{2} = 200 \times \tan \dfrac{30°}{2} = 53.6\text{mm}$

해답 ③

022 하천측량에 대한 설명 중 옳지 않은 것은?

① 하천측량시 처음에 할 일은 도상조사로서 유로상황, 지역면적, 지형지물, 토지이용 상황 등을 조사하여야 한다.
② 심천측량은 하천의 수심 및 유수부분의 하저사항을 조사하고 횡단면도를 제작하는 측량을 말한다.
③ 하천측량에서 수준측량을 할 때의 거리표는 하천의 중심에 직각방향으로 설치한다.
④ 수위관측소의 위치는 지천의 합류점 및 분류점으로서 수위의 변화가 일어나기 쉬운 곳이 적당하다.

해설 수위관측소의 위치가 지천의 합류점일 경우는 불규칙한 수위변화가 없는 장소이어야 한다.

해답 ④

023 등고선의 성질에 대한 설명으로 옳지 않은 것은?

① 동일 등고선상의 모든 점은 기준면으로부터 같은 높이에 있다.
② 지표면의 경사가 같을 때는 등고선의 간격은 같고 평행하다.
③ 등고선은 도면 내 또는 밖에서 반드시 폐합한다.
④ 높이가 다른 두 등고선은 절대로 교차하지 않는다.

해설 높이가 다른 등고선은 동굴이나 절벽을 제외하고는 교차하지 않는다.

해답 ④

024 수준측량에 관한 설명으로 옳은 것은?

① 수준측량에서는 빛의 굴절에 의하여 물체가 실제로 위치하고 있는 곳보다 더욱 낮게 보인다.
② 삼각수준측량은 토털스테이션을 사용하여 연직각과 거리를 동시에 관측하므로 레벨측량보다 정확도가 높다.
③ 수평한 시준선을 얻기 위해서는 시준선과 기포관 축은 서로 나란하여야 한다.
④ 수준측량의 시준오차를 줄이기 위하여 기준점과의 구심 작업에 신중을 기울여야 한다.

해설 시준선과 기포관축은 평행해야 한다.

해답 ③

025 수준측량에서 발생할 수 있는 정오차에 해당하는 것은?

① 표척을 잘못 뽑아 발생되는 읽음오차
② 광선의 굴절에 의한 오차
③ 관측자의 시력 불완전에 의한 오차
④ 태양의 광선, 바람, 습도 및 온도의 순간변화에 의해 발생되는 오차

해설 지구 곡률에 의한 오차나 광선의 굴절에 의한 오차등은 공식에 의해 간단히 조정 가능한 정오차에 해당한다.

해답 ②

026 완화곡선에 대한 설명으로 틀린 것은?

① 단위 클로소이드란 매개 변수 A가 1인, 즉 $R \times L = 1$의 관계에 있는 클로소이드이다.
② 완화곡선의 접선은 시점에서 직선에 종점에서 원호에 접한다.
③ 클로소이드의 형식 중 S형은 복심곡선 사이에 클로소이드를 삽입한 것이다.
④ 캔트(Cant)는 원심력 때문에 발생하는 불리한 점을 제거하기 위해 두는 편경사이다.

해설 S형은 반향곡선의 사이에 클로소이드를 삽입한 것이다.

해답 ③

027 다음 그림과 같은 도로 횡단면도에서 단면적은? (단, 0을 원점으로 하는 좌표 (x, y)의 단위 : [m])

① $94m^2$
② $98m^2$
③ $102m^2$
④ $106m^2$

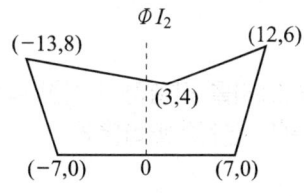

해설
$\begin{pmatrix} 0 & -7 & -13 & 3 & 12 & 7 & 0 \\ 0 & 0 & 8 & 4 & 6 & 0 & 0 \end{pmatrix}$

① $2A = \{(-7)(0) + (-13)(0) + (3)(8) + (12)(4) + (7)(6) + (0)(0)\}$
$\quad - \{(0)(0) + (-7)(8) + (-13)(4) + (3)(6) + (12)(0) + (7)(0)\}$
$= 204m^2$

② $A = \dfrac{204}{2} = 102m^2$

해답 ③

028 지리정보시스템(GIS) 데이터의 형식 중에서 벡터 형식의 객체자료 유형이 아닌 것은?

① 격자(Cell) ② 점(Point)
③ 선(Line)   ④ 면(Polygon)

해설 **공간객체의 구분(표현)** : 지표상의 물체를 공간객체(spatial objects)라 한다.
① 래스터(raster)자료
  ㉠ grid cel   ㉡ image
② 벡터(vector)자료
  ㉠ 점(point) ㉡ 선(line, arc) ㉢ 면(area, polygon)

해답 ①

029 평탄지를 1:25000으로 촬영한 수직사진이 있다. 이때의 초점거리 10cm, 사진의 크기 23cm×23cm, 종중복도 60%, 횡중복도 30% 일 때 기선고도비는?

① 0.92   ② 1.09
③ 1.21   ④ 1.43

해설
① $M = \dfrac{1}{m} = \dfrac{f}{H}$

$\dfrac{1}{25,000} = \dfrac{0.1}{H}$ 에서 $H = 2,500\text{m}$

② $B = ma\left(1 - \dfrac{p}{100}\right) = 25,000 \times 0.23 \times \left(1 - \dfrac{60}{100}\right) = 2,300\text{m}$

③ 기선고도비 $= \dfrac{B}{H} = \dfrac{2,300}{2,500} = 0.92$

해답 ①

030 대단위 신도시를 건설하기 위한 넓은 지형의 정지공사에서 토량을 계산하고자 할 때 가장 적당한 방법은?

① 점고법   ② 비례 중앙법
③ 양단면 평균법 ④ 각주공식에 의한 방법

해설 **점고법**은 토지정리나 구획정리에 많이 쓰이는 체적 계산법이다.

해답 ①

031

표준길이보다 5mm가 늘어나 있는 50m 강철줄자로 250m×250m인 정사각형 토지를 측량하였다면 이 토지의 실제면적은?

① 62487.50m^2
② 62493.75m^2
③ 62506.25m^2
④ 62512.50m^2

해설
① 정확한 세로 거리(L_o) $= L + \left(L \times \dfrac{\delta}{l}\right) = 250 + \left(250 \times \dfrac{0.005}{50}\right) = 250.025\text{m}$

② 정확한 가로 거리(B_o) $= B + \left(B \times \dfrac{\delta}{l}\right) = 250 + \left(250 \times \dfrac{0.005}{50}\right) = 250.025\text{m}$

③ 실제 면적(A_o) $= 250.025 \times 250.025 = 62,512.5\text{m}^2$

해답 ④

032

정확도 1/5000을 요구하는 50m 거리 측량에서 경사거리를 측정하여도 허용되는 두 점간의 최대 높이차는?

① 1.0m
② 1.5m
③ 2.0m
④ 2.5m

해설
① 경사 오차
$\dfrac{1}{5,000} = \dfrac{C_h}{50}$ 에서 $C_h = 0.01$

② 경사에 대한 보정
$C_h = \dfrac{h^2}{2L}$ 에서 $h = \sqrt{2LC_h} = \sqrt{2 \times 50 \times 0.01} = 1\text{m}$

해답 ①

033

A와 B의 좌표가 다음과 같을 때 측선 AB의 방위각은?

A점의 좌표 = (179847.1m, 76614.3m)
B점의 좌표 = (179964.5m, 76625.1m)

① $5°23'15''$
② $185°15'23''$
③ $185°23'15''$
④ $5°15'22''$

해설
① 방위
$\tan\theta = \dfrac{Y}{X} = \dfrac{Y_B - Y_A}{X_B - X_A}$ 에서

$\theta = \tan^{-1}\dfrac{Y_B - Y_A}{X_B - X_A} = \tan^{-1}\dfrac{76625.1 - 76614.3}{179964.5 - 179847.1} = \tan^{-1}\dfrac{10.8}{117.4} = 5°15'22''$

② 1상한이므로
방위각 = 방위 = $5°15'22''$

해답 ④

034

어느 각을 관측한 결과가 다음과 같을 때, 최확값은? (단, 괄호 안의 숫자는 경중률)

$$73°40'12''(2),\ 73°40'10''(1)$$
$$73°40'15''(3),\ 73°40'18''(1)$$
$$73°40'09''(1),\ 73°40'16''(2)$$
$$73°40'14''(4),\ 73°40'13''(3)$$

① $73°40'10.2''$
② $73°40'11.6''$
③ $73°40'13.7''$
④ $73°40'15.1''$

해설 최확값
$= 73°40' + \dfrac{12''\times 2 + 15''\times 3 + 09''\times 1 + 14''\times 4 + 10''\times 1 + 18''\times 1 + 16''\times 2 + 13''\times 3}{2+3+1+4+1+1+2+3}$
$= 73°40'13.7''$

해답 ③

035

단곡선 설치에 있어서 교각 $I=60°$, 반지름 $R=200\text{m}$, 곡선의 시점 $B.C.=$ No.8+15m일 때 종단현에 대한 편각은? (단, 중심말뚝의 간격은 20m이다.)

① $0°38'10''$
② $0°42'58''$
③ $1°16'20''$
④ $0°51'53''$

해설
① $BC = 8\times 20 + 15 = 175\text{m}$
② $CL = \dfrac{\pi}{180°}\cdot R \cdot I = \dfrac{\pi}{180°}\times 200 \times 60° = 209.44\text{m}$
③ $EC = BC + CL = 175 + 209.44 = 384.44 = NO.19 + 4.44$
④ $l_2 = 4.44\text{m}$
⑤ $\delta_2 = \dfrac{l_2}{R}\times \dfrac{90°}{\pi} = \dfrac{4.44}{200}\times \dfrac{90°}{\pi} = 0°38'9.5''$

해답 ①

036

지형을 표시하는 방법 중에서 짧은 선으로 지표의 기복을 나타내는 방법은?

① 점고법
② 영선법
③ 단채법
④ 등고선법

해설 우모법(게바법, 영선법)
① 선의 굵기, 길이 및 방향 등으로 땅의 모양을 표시하는 방법
② 경사가 급하면 선이 굵고 짧은 선, 완만하면 가늘고 긴 선으로 표시
③ 소의 털 모양으로 지형을 표시

해답 ②

037 수심이 H인 하천의 유속을 3점법에 의해 관측할 때, 관측 위치로 옳은 것은?

① 수면에서 $0.1H$, $0.5H$, $0.9H$가 되는 지점
② 수면에서 $0.2H$, $0.6H$, $0.8H$가 되는 지점
③ 수면에서 $0.3H$, $0.5H$, $0.7H$가 되는 지점
④ 수면에서 $0.4H$, $0.5H$, $0.6H$가 되는 지점

해설 3점법 : $V_m = \dfrac{1}{4}(V_{0.2} + 2V_{0.6} + V_{0.8})$

여기서, V_m : 평균유속
$V_{0.2}$: 수심 $0.2H$ 되는 곳의 유속
$V_{0.6}$: 수심 $0.6H$ 되는 곳의 유속
$V_{0.8}$: 수심 $0.8H$ 되는 곳의 유속

해답 ②

038 GNSS 측량에 대한 설명으로 옳지 않은 것은?

① 3차원 공간 계측이 가능하다.
② 기상의 영향을 거의 받지 않으며 야간에도 측량이 가능하다.
③ Bessel 타원체를 기준으로 경위도 좌표를 수집하기 때문에 좌표정밀도가 높다.
④ 기선 결정이 경우 두 측점 간의 시통에 관계가 없다.

해설 각각의 위성은 루비듐(Rb) 또는 세슘(Cs) 원자시계를 탑재하여 시각 정보를 이용하여 거리를 측정하는 GNSS의 원리상 관측치의 정확도를 가능한 높일 수 있도록 구성되어 있다.

해답 ③

039 완화곡선 중 클로소이드에 대한 설명으로 틀린 것은?

① 클로소이드는 나선의 일종이다.
② 매개변수를 바꾸면 다른 무수한 클로소이드를 만들 수 있다.
③ 모든 클로소이드는 닮은 꼴이다.
④ 클로소이드 요소는 모두 길이의 단위를 갖는다.

해설 클로소이드는 단위가 있는 것도 있고 없는 것도 있다.

해답 ④

040 삼각측량을 위한 기준점성과표에 기록되는 내용이 아닌 것은?

① 점번호　　　　　　　　② 천문경위도
③ 평면직각좌표 및 표고　　④ 도업명칭

해설 **삼각측량 성과표 내용**
① 삼각점 등급 및 점의 종류, 부호 및 명칭
② 경도, 위도
③ 평면직각좌표(원점4개에 기준한 좌표)
④ 삼각점의 표고
　㉠ 대부분 삼각 측량에 의하여 구한 값
　㉡ 정확하지 않음
⑤ 방향각
⑥ 진북 방향각

해답 ②

제3과목　수리학 및 수문학

041 직경 10cm인 연직관 속에 높이 1m만큼 모래가 들어있다. 모래면 위의 수위를 10cm로 일정하게 유지시켰더니 투수량 $Q=4$L/hr 이었다. 이때 모래의 투수계수 k는?

① 0.4m/hr　　　　　② 0.5m/hr
③ 3.8m/hr　　　　　④ 5.1m/hr

해설 $Q=kiA$에서

$$k = \frac{Q}{iA} = \frac{4\text{L/hr} \times 10^{-3}\text{m}^3/\text{L}}{\dfrac{0.1}{1} \times \dfrac{\pi \times 0.1^2}{4}} = 5.1\text{m/hr}$$

042 개수로의 흐름에 대한 설명으로 옳지 않은 것은?

① 사류(supercritical flow)에서는 수면변동이 일어날 때 상류(上流)로 전파될 수 없다.
② 상류(subcritical flow)일 때 Froude 수가 1보다 크다.
③ 수로경사가 한계경사보다 클 때 사류(supercritical flow)가 된다.
④ Reynolds 수가 500보다 커지면 난류(,turbulent flow)가 된다.

[해설] ① $F_r < 1$: 상류
② $F_r = 1$: 한계류(한계수심, 한계유속)
③ $F_r > 1$: 사류

[해답] ②

043

반지름 ($\overline{OP}$)이 6m이고, $\theta' = 30°$인 수문이 그림과 같이 설치되었을 때, 수문에 작용하는 전수압(저항력)은?

① 185.5kN/m
② 179.5kN/m
③ 169.5kN/m
④ 159.5kN/m

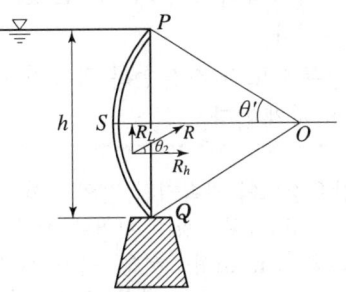

[해설] ① 수평분력

$$P_H = wh_G A = 1 \times \frac{h}{2} \times (h \times 1) = 1 \times \frac{2 \times 6\sin30°}{2} \times (2 \times 6\sin30° \times 1)$$

$$= 18\text{ton/m}$$

$$= 18000\text{kg/m} \times 9.8\text{N/kg} \times \frac{1}{1000}\frac{\text{kN}}{\text{N}} = 176.4\text{kN/m}$$

여기서, A : 연직투영면적($A'B' \times b$)
h_G : 연직투영면적의 도심까지 거리

② **수직방향분력** : 중복된 부분을 제외한 물 기둥의 무게와 같으므로 반원의 무게가 된다.

$$P_V = wV = 1 \times \left[\left(\pi \times 6^2 \times \frac{60°}{360°} - \frac{1}{2} \times 6\cos30° \times (2 \times 6\sin30°)\right) \times 1\right]$$

$$= 3.261\text{ton/m} = 3261\text{kg/m} \times 9.8\text{N/kg} \times \frac{1}{1000}\frac{\text{kN}}{\text{N}} = 31.96\text{kN/m}$$

③ 곡면에 작용하는 전수압

$$P = \sqrt{P_H^2 + P_V^2} = \sqrt{176.4^2 + 31.96^2} = 179.3\text{kN/m}$$

[해답] ②

044

유효 강수량과 가장 관계가 깊은 유출량은?

① 지표하 유출량
② 직접 유출량
③ 지표면 유출량
④ 기저 유출량

[해설] 직접 유출(direct runoff)은 강수 후 비교적 단시간 내에 하천으로 흘러 들어가는 유효강우가 직접 유출량의 원인이 된다.

[해답] ②

045 강우강도 공식에 관한 설명으로 틀린 것은?

① 강두강도(I)와 강우지속시간(D)과의 관계로서 Talbot, Sherman, Japanese형의 경험공식에 의해 표현될 수 있다.
② 강우강도공식은 강우량계의 우량자료로부터 결정되며, 지역에 무관하게 적용 가능하다.
③ 도시지역의 우수거, 고속도로 암거 등의 설계시에 기본자료로서 널리 이용된다.
④ 강우강도가 커질수록 강우가 계속되는 시간은 일반적으로 작아지는 반비례 관계이다.

해설 강우강도와 지속기간 간의 관계는 지역에 따라 다르다.
 ① Talbot형 : 광주 지역에 적합
 ② Sherman형 : 서울, 목포, 부산 지역에 적합
 ③ Japanese형 : 대구, 인천, 여수, 강릉 지역에 적합
 ④ Monobe(物部) 식

해답 ②

046 하천의 임의 단면에 교량의 설치하고자 한다. 원통형 교각 상류(전면)에 2m/s의 유속으로 물이 흘러간다면 교각에 가해지는 항력은? (단, 수심은 4m, 교각의 직경은 2m, 항력계수는 1.5이다.)

① 16kN
② 24kN
③ 43kN
④ 62kN

해설 $D = C_D A \dfrac{1}{2} \dfrac{w}{g} V^2 = 1.5 \times (2 \times 4) \times \dfrac{1}{2} \times \dfrac{1}{9.8} \times 2^2$
$= 2.449\text{t} = 2,449\text{kg} \times 9.8 = 24,000\text{N} = 24\text{kN}$

해답 ②

047 원형 단면의 수맥이 그림과 같이 곡면을 따라 유량 0.018m³/sec가 흐를 때 x방향의 분력은? (단, 관 내의 유속은 9.8m/sec, 마찰은 무시한다.)

① -18.25N
② 37.83N
③ -64.56N
④ 17.64N

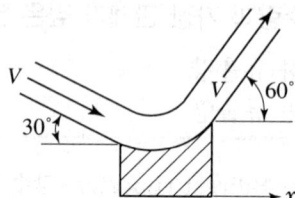

해설 $F_x = \dfrac{w}{g} Q(V_2 - V_1)$ 에서

$V_1 = V\cos\theta_1 = 9.8 \times \cos 30° = 8.49 \text{m/sec}$

$V_2 = V\cos\theta_2 = 9.8 \times \cos 60° = 4.90 \text{m/sec}$

$F_x = \dfrac{1}{9.8} \times 0.018 \times (4.90 - 8.49) = -6.59 \times 10^{-3} \text{t} = -6.59 \text{kg}$

$-6.59 \text{kg} \times 9.8 = -64.58 \text{N}$

해답 ③

048
강수량 자료를 분석하는 방법 중 이중누가해석(double mass analysis)에 대한 설명으로 옳은 것은?

① 강수량 자료의 일관성을 검증하기 위하여 이용한다.
② 강수의 지속기간을 알기 위하여 이용한다.
③ 평균 강수량을 계산하기 위하여 이용한다.
④ 결측자료를 보완하기 위하여 이용한다.

해설 이중 누가우량 분석은 장기간 동안의 강수 자료를 일관성(consistency)에 대한 검증을 하기 위한 방법이다.

해답 ①

049
지름 D인 원관에 물이 반만 차서 흐를 때 경심은?

① $\dfrac{D}{4}$
② $\dfrac{D}{3}$
③ $\dfrac{D}{2}$
④ $\dfrac{D}{5}$

해설 원형 단면 수로의 경심 $R = \dfrac{D}{4}$

해답 ①

050
SCS방법(NRCS 유출곡선 번호방법)으로 초과강우량을 산정하여 유출량을 계산할 때에 대한 설명으로 옳지 않은 것은?

① 유역의 토지이용형태는 유효우량의 크기에 영향을 미친다.
② 유출곡선지수(runoff curve number)는 총우량으로부터 유효우량의 잠재력을 표시하는 지수이다.
③ 투수성 지역의 유출곡선지수는 불투수성 지역의 유출곡선지수보다 큰 값을 갖는다.
④ 선행토양함수조건(antecedent soil moisture condition)은 1년을 성수기와 비성수기로 나누어 각 경우에 대하여 3가지 조건으로 구분하고 있다.

해설 투수성 지역의 유출곡선지수는 불투수성 지역의 유출곡선지수보다 작은 값을 갖는다. **해답** ③

051
그림에서 A와 B의 압력차는? (단, 수은의 비중은 13.5이다.)

① 32.85kN/m^2
② 57.50kN/m^2
③ 61.25kN/m^2
④ 78.94kN/m^2

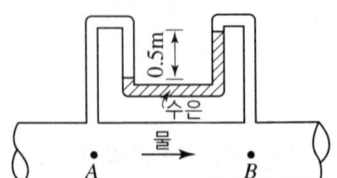

해설 $P_A + 1\text{t/m}^3 \times 0.5\text{m} = P_B + 13.5\text{t/m}^3 \times 0.5\text{m}$ 이므로
압력차 $P_A - P_B = 0.5 \times (13.5 - 1.0) = 6.25\text{t/m}^2 \times 9.8 = 61.25\text{kN/m}^2$ **해답** ③

052
xy평면이 수면에 나란하고, 질량력의 x, y, z축 방향성분을 X, Y, Z라 할 때, 정지평형상태에 있는 액체내부에 미소 육면체의 부피를 dx, dy, dz라 하면 등압면(等壓面)의 방정식은?

① $Xdx + Ydy + Zdz = 0$
② $\dfrac{X}{dx} + \dfrac{Y}{dy} + \dfrac{Z}{dz} = 0$
③ $\dfrac{dx}{X} + \dfrac{dy}{Y} + \dfrac{dz}{Z} = 0$
④ $\dfrac{X}{x}dx + \dfrac{Y}{y}dy + \dfrac{Z}{z}dz = 0$

해설 깊이가 같은 임의 점에 대한 수압이 항상 같은 등압면의 방정식
$X \cdot dx + Y \cdot dy + Z \cdot dz = 0$ **해답** ①

053
오리피스에서 C_C를 수축계수, C_V를 유속계수라 할 때 실제유량과 이론유량과의 비(C)는?

① $C = C_C$
② $C = C_V$
③ $C = C_C / C_V$
④ $C = C_C \cdot C_V$

해설 **오리피스 유량**
① 유량계수(C) : $C = C_c \cdot C_v$
② 실제유량 : $Q = CAV_r = C_c C_v A\sqrt{2gh} = CA\sqrt{2gh}$
　　　여기서, A : 오리피스 단면적
③ 실제유량과 이론유량과의 비는 유량계수 C를 말한다.
$C = \dfrac{Q}{AV_r}$ **해답** ④

054
유역내의 DAD해석과 관련된 항목으로 옳게 짝지어진 것은?

① 우량, 유역면적, 강우지속시간 ② 우량, 유출계수, 유역면적
③ 유량, 유역면적, 강우강도   ④ 우량, 수위, 유량

해설 DAD 해석이란 강우량(Depth), 유역 면적(Area), 강우 지속 시간(Duration) 과의 관계 해석을 말한다.

해답 ①

055
사각형 개수로 단면에서 한계수심(h_c)과 비에너지(h_e)의 관계로 옳은 것은?

① $hc = \dfrac{2}{3} he$ ② $hc = he$
③ $hc = \dfrac{3}{2} he$ ④ $hc = 2he$

해설 $h_c = \dfrac{2}{3} h_e$

해답 ①

056
매끈한 원관 속으로 완전발달 상태의 물이 흐를 때 단면의 전단응력은?

① 관의 중심에서 0 이고 관 벽에서 가장 크다.
② 관 벽에서 변화가 없고 관의 중심에서 가장 큰 직선 변화를 한다.
③ 단면의 어디서나 일정하다.
④ 유속분포와 동일하게 포물선형으로 변화한다.

해설 관수로의 전단력은 관의 중심에서 0이며 관벽에서 가장 큰 직선 변화를 하며, 유속 분포는 관벽에서 0이고 관의 중심에서 가장 큰 포물선 변화를 한다.

해답 ①

057
폭 9m의 직사각형수로에 16.2m³/s의 유량이 92cm의 수심으로 흐르고 있다. 장파의 전파속도 C와 비에너지 E는? (단, 에너지보정계수 $\alpha = 1.0$)

① $C = 2.0$m/s, $E = 1.015$m   ② $C = 2.0$m/s, $E = 1.115$m
③ $C = 3.0$m/s, $E = 1.015$m   ④ $C = 3.0$m/s, $E = 1.115$m

해설 ① 장파의 전달(전파)속도
$\sqrt{gh} = \sqrt{9.8 \times 0.92} = 3.0$m/sec

② $V = \dfrac{Q}{A} = \dfrac{16.2}{0.92 \times 9} = 1.9565 \text{m/sec}$

③ $E = h + \alpha \dfrac{V^2}{2g} = 0.92 + 1 \times \dfrac{1.9565^2}{2 \times 9.8} = 1.115 \text{m}$

해답 ④

058
폭 35cm인 직사각형 위어(weir)의 유량을 측정하였더니 0.03m³/s 이었다. 월류수심의 측정에 1mm의 오차가 생겼다면, 유량에 발생하는 오차는(%)는? (단, 유량 계산은 프란시스(Francis) 공식을 사용하되 월류 시 단면수축은 없는 것으로 가정한다.)

① 1.84% ② 1.67%
③ 1.50% ④ 1.16%

해설
① 프란시스(Francis) 공식에 의해
$Q = 1.84 b_o h^{\frac{3}{2}} = 1.84 \times 0.35 \times h^{\frac{3}{2}} = 0.03 \text{m}^3/\text{s}$ 에서 $h = 0.13\text{m}$

② 수심에 발생하는 오차는 $\dfrac{dh}{h} = \dfrac{0.001}{0.13} = 0.0077 = 0.77\%$

③ 유량에 발생하는 오차는 $\dfrac{dQ}{Q} = \dfrac{3}{2} \dfrac{dh}{h} = \dfrac{3}{2} \times 0.77 = 1.155\%$

해답 ④

059
관수로에서의 미소 손실(Minor Loss)은?

① 위치수두에 비례한다.   ② 압력수두에 비례한다.
③ 속도수두에 비례한다.   ④ 레이놀드수의 제곱에 반비례한다.

해설 $h_f = \Sigma f_f \dfrac{V^2}{2g}$ 에서 $h_f \propto \dfrac{V^2}{2g}$ (속도수두)

해답 ③

060
동해의 일본 측으로부터 300km 파장의 지진해일이 발생하여 수심 3000m의 동해를 가로질러 2000km 떨어진 우리나라 동해안으로 도달한다고 할 때, 걸리는 시간은? (단, 파속 $C = \sqrt{gh}$, 중력가속도는 9.8m/s²이고 수심은 일정한 것으로 가정)

① 약 150분 ② 약 194분
③ 약 274분 ④ 약 332분

해설 ① 파속
$$C = \sqrt{gh} = \sqrt{9.8 \times 3{,}000} \times \frac{60}{1} \frac{\sec}{\min} = 10{,}287.857 \text{m/min}$$
② $t = \dfrac{L}{C} = \dfrac{2{,}000{,}000}{10{,}287.857} = 194.4 \min$

해답 ②

제4과목 철근콘크리트 및 강구조

061
그림과 같은 복철근 직사각형 단면에서 응력 사각형의 깊이 a의 값은 얼마인가? (단, $f_{ck}=24\text{MPa}$, $f_y=350\text{MPa}$, $A_s=5730\text{mm}^2$, $A_s'=1980\text{mm}^2$)

① 227.2mm
② 199.6mm
③ 217.4mm
④ 183.8mm

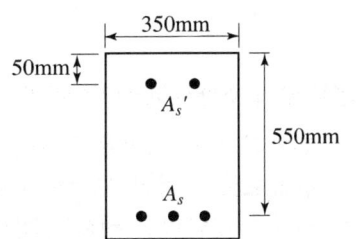

해설 등가응력 직사각형 깊이
$$a = \frac{f_y(A_s - A_s')}{0.85 f_{ck} \cdot b} = \frac{350 \times (5{,}730 - 1{,}980)}{0.85 \times 24 \times 350} = 183.8\text{mm}$$

해답 ④

062
연속보 또는 1방향 슬래브의 철근콘크리트 구조를 해석하고자 할 때 근사해법을 적용할 수 있는 조건에 대한 설명으로 틀린 것은?

① 부재의 단면 크기가 일정한 경우
② 인접 2경간 2경간의 차이가 짧은 경간의 50% 이하인 경우
③ 등분포 하중이 작용하는 경우
④ 활하중이 고정하중의 3배를 초과하지 않는 경우

해설 근사해법 적용 조건
① 2경간 이상인 경우
② 인접 2경간의 차이가 짧은 경간의 20% 이하인 경우
③ 등분포 하중이 작용하는 경우
④ 활하중이 고정하중의 3배를 초과하지 않는 경우
⑤ 부재의 단면 크기가 일정한 경우

해답 ②

063

압축 이형철근의 겹침이음길이에 대한 다음 설명으로 틀린 것은? (단, d_b는 철근의 공칭지름)

① 겹침이음길이는 300mm 이상이어야 한다.
② 철근의 항복강도(f_y)가 400MPa 이하인 경우의 겹침이음길이는 0.072 $f_y d_b$ 보다 길 필요는 없다.
③ 서로 다른 크기의 철근을 압축부에서 겹침이음하는 경우, 이음길이는 크기가 큰 철근의 정착길이와 크기가 작은 철근의 겹침이음길이 중 큰 값 이상이어야 한다.
④ 압축철근의 겹침이음길이는 인장철근의 겹침이음길이보다 길어야 한다.

해설 압축철근의 겹침이음길이는 인장철근의 겹침이음길이 보다 길 필요는 없다.

해답 ④

064

옹벽의 구조해석에 대한 설명으로 잘못된 것은?

① 부벽식 옹벽 저판은 정밀한 해석이 사용되지 않는 한, 부벽 간의 거리를 경간으로 가정한 고정보 또는 연속보로 설계할 수 있다.
② 저판의 뒷굽판은 정확한 방법이 사용되지 않는 한, 뒷굽판 상부에 재하되는 모든 하중을 지지하도록 설계하여야 한다.
③ 캔틸레버식 옹벽의 전면벽은 저판에 지지된 캔틸레버로 설계할 수 있다.
④ 뒷부벽식 옹벽의 뒷부벽은 직사각형보로 설계하여야 한다.

해설 뒷부벽식 옹벽의 뒷부벽은 T형보의 복부로 보고 설계한다.

해답 ④

065

그림과 같은 캔틸레버보에 활하중 w_L=25kN/m이 작용할 때 위험단면에서 전단철근이 부담해야 할 전단력은? (단, 콘크리트의 단위무게=25kN/m³, f_{ck} = 24MPa, f_y =300MPa이고, 하중계수와 하중조합을 고려하시오.)

① 69.5kN
② 73.7kN
③ 84.8kN
④ 92.7kN

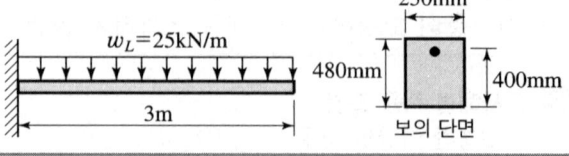

해설 ① $w_u = 1.2w_D + 1.6w_L = 1.2 \times (25 \times 0.25 \times 0.48) + 1.6 \times 25 = 43.6 \text{kN/m}$
$w_u = 1.4w_D = 1.4 \times (25 \times 0.25 \times 0.48) = 4.2 \text{kN/m}$
둘 중 큰 값 $w_u = 43.6 \text{kN/m}$

② 계수 전단력
$$V_u = w_u(l-d) = 43.6 \times (3-0.4) = 113.36\text{kN}$$
③ 콘크리트가 부담하는 전단강도
$$V_c = \frac{1}{6}\lambda\sqrt{f_{ck}}\,b_w d(\text{N}) = \frac{1}{6} \times 1 \times \sqrt{24} \times 250 \times 400 = 81,649.66\text{N} = 81.6\text{kN}$$
④ $V_d = \phi V_n = \phi(V_c + V_s) \geq V_u$
$0.75 \times (81.6 + V_s) \geq 113.36$ 에서 $V_s = 69.5\text{kN}$

해답 ①

066

그림과 같은 용접 이음에서 이음부의 응력은 얼마인가?

① 140MPa
② 152MPa
③ 168MPa
④ 180MPa

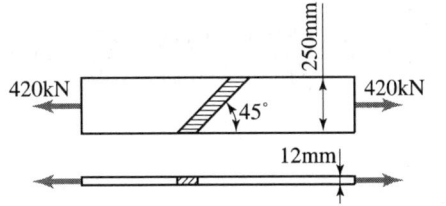

해설 $f = \dfrac{P}{\sum al} = \dfrac{420,000N}{12 \times 250} = 140\text{MPa}$

해답 ①

067

$b = 300\text{mm}$, $d = 450\text{mm}$, $A_s = 3\text{-}D25 = 1520\text{mm}^2$가 1열로 배치된 단철근 직사각형 보의 설계 휨강도(ϕM_n)은 약 얼마인가? (단, $f_{ck} = 28\text{MPa}$, $f_y = 400\text{MPa}$이고, 과소철근보이다.)

① 192.4kN · m
② 198.2kN · m
③ 204.7kN · m
④ 210.5kN · m

해설 ① 등가직사각형 응력 깊이
$$a = \frac{A_s f_y}{0.85 f_{ck} b} = \frac{1,520 \times 400}{0.85 \times 28 \times 300} = 85.154\text{mm}$$
② 설계 휨강도
$$M_d = \phi M_n = \phi A_s f_y\left(d - \frac{a}{2}\right) = 0.85 \times 1,520 \times 400 \times \left(450 - \frac{85.154}{2}\right)$$
$$= 210,556,206\text{N} \cdot \text{mm} = 210.556\text{kN} \cdot \text{m}$$

해답 ④

068

강도설계법에 의해서 전단 철근을 사용하지 않고 계수 하중에 의한 전단력 V_u=50kN을 지지하려면 직사각형 단면보의 최소 면적($b_w d$)은 약 얼마인가? (단, f_{ck}=28MPa, 최소 전단철근도 사용하지 않는 경우)

① 151190mm² ② 123530mm²
③ 97840mm²   ④ 49320mm²

해설
$\dfrac{1}{2}\phi V_c \geq V_u$

$\dfrac{1}{2}\phi \dfrac{1}{6}\sqrt{f_{ck}}\, b_w d \geq V_u$ 에서

$b_w d = \dfrac{V_u \times 2 \times 6}{\phi \sqrt{f_{ck}}} = \dfrac{50000 \times 2 \times 6}{0.75 \times \sqrt{28}} = 151186\text{mm}^2$

해답 ①

069

프리스트레스트 콘크리트에 대한 설명 중 잘못된 것은?

① 프리스트레스트 콘크리트는 외력에 의하여 일어나는 응력을 소정의 한도까지 상쇄할 수 있도록 미리 인공적으로 내력을 가한 콘크리트를 말한다.
② 프리스트레스트 콘크리트는 부재는 설계하중 이상으로 약간의 균열이 발생하더라도 하중을 제거하면 균열이 폐합되는 복원성이 우수하다.
③ 프리스트레스트를 가하는 방법으로 프리텐션방식과 포스트텐션 방식이 있다.
④ 프리스트레스트 콘크리트 부재는 균열이 발생하지 않도록 설계되기 때문에 내구성(耐久性) 및 수밀성(水密性)이 좋으며 내화성(耐火性)도 우수하다.

해설 PSC는 RC에 비해 강성이 작으므로 진동하기 쉽고 변형되기 쉬우며, PS강재는 고강도 강재로서 고온하에서 강도가 급격히 감소하므로 내화성이 적다.

해답 ④

070

지름 450mm인 원형 단면을 갖는 중심축하중을 받는 나선 철근 기둥에서 강도설계법에 의한 축방향 설계강도(ϕP_n)는 얼마인가? (단, 이 기둥은 단주이고, f_{ck}=27MPa, f_y=350MPa, A_{st}=8-D22=3,096mm², 압축지배단면이다.)

① 1,166kN   ② 1,299kN
③ 2,425kN   ④ 2,774kN

해설 $\alpha\phi P_n = \alpha\phi[0.85f_{ck}(A_g - A_{st}) + f_y A_{st}]$
$= 0.85 \times 0.7 \times \left[0.85 \times 27 \times \left(\frac{\pi \times 450^2}{4} - 3,096\right) + 350 \times 3,096\right]$
$= 2,774,239\text{N} = 2,774\text{kN}$

해답 ④

071

처짐을 계산하지 않는 경우 단순지지된 보의 최소 두께(h)로 옳은 것은? (단, 보통콘크리트($m_c = 2300\text{kg/m}^3$) 및 $f_y = 300\text{MPa}$인 철근을 사용한 부재의 길이가 10m인 보)

① 429mm ② 500mm
③ 537mm ④ 625mm

해설 f_y가 400MPa 이외인 경우이므로
$h = \frac{l}{16}\left(0.43 + \frac{f_y}{700}\right) = \frac{10000}{16} \times \left(0.43 + \frac{300}{700}\right) = 536.6\text{mm}$

해답 ③

072

전단철근이 부담하는 전단력 $V_s = 150\text{kN}$일 때, 수직스터럽으로 전단보강을 하는 경우 최대 배치간격은 얼마 이하인가? (단, $f_{ck} = 28\text{MPa}$, 전단철근 1개 단면적=125mm², 횡방향 철근의 설계기준항복강도(f_{yt})=400MPa, $b_w = 300\text{mm}$, $d = 500\text{mm}$)

① 600mm ② 333mm
③ 250mm ④ 167mm

해설 $\frac{1}{3}\sqrt{f_{ck}}b_w d = \frac{1}{3}\sqrt{28} \times 300 \times 500 = 264\text{kN} > 150\text{kN}$이므로
① 0.5d 이하=250mm 이하
② 600mm 이하
둘 중 작은 250mm 이하로 한다.

해답 ③

073

그림과 같은 단면의 균열모멘트 M_{cr}은? (단, $f_{ck} = 24\text{MPa}$, $f_y = 400\text{MPa}$)

① 30.8kN · m
② 38.6kN · m
③ 28.2kN · m
④ 22.4kN · m

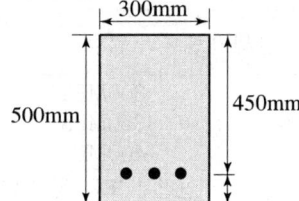

해설 휨인장강도(할렬인장강도＝파괴계수 ; f_{ru})

$f_{ru} = 0.63\lambda\sqrt{f_{ck}} = \dfrac{M_{cr}}{I_g}y$ 에서

$M_{cr} = \dfrac{0.63\lambda\sqrt{f_{ck}}\,I_g}{y} = \dfrac{0.63\times 1\times\sqrt{24}\times\dfrac{300\times 500^3}{12}}{250}$

$= 38,579,463.45\,\text{N}\cdot\text{mm} = 38.6\,\text{kN}\cdot\text{m}$

해답 ②

074

주어진 T형 단면에서 전단에 대해 위험 단면에서 $V_u d/M_u = 0.28$이었다. 휨철근 인장 강도의 40% 이상의 유효 프리스트레스트 힘이 작용할 때 콘크리트의 공칭 전단 강도(V_c)는 얼마인가? (단, $f_{ck}=45\text{MPa}$, V_u : 계수 전단력, M_u : 계수 휨모멘트, d : 압축측 표면에서 긴장재 도심까지의 거리)

① 185.7kN
② 230.5kN
③ 321.7kN
④ 462.7kN

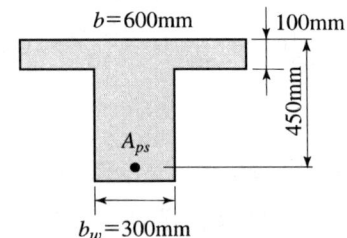

해설 $V_c = \left(0.05\sqrt{f_{ck}} + 4.9\dfrac{V_u d}{M_u}\right)b_w d$

$= (0.05\sqrt{45} + 4.9\times 0.28)\times 300\times 450 = 230,500\,\text{N} = 230.5\,\text{kN}$

해답 ②

075

설계기준 항복강도가 400MPa인 이형철근을 사용한 철근콘크리트 구조물에서 피로에 대한 안전성을 검토하지 않아도 되는 철근 응력범위로 옳은 것은? (단, 충격을 포함한 사용 활하중에 의한 철근의 응력범위)

① 150MPa
② 170MPa
③ 180MPa
④ 200MPa

해설 피로를 고려하지 않아도 되는 철근과 프리스트레싱 긴장재의 응력 범위[MPa]

강재의 종류와 위치		철근의 인장 및 압축응력 범위 또는 프리스트레싱 긴장재의 인장응력 변동 범위
이형철근	300MPa	130
	350MPa	140
	400MPa	150
긴장재	연결부 또는 정착부	140
	기타 부위	160

해답 ①

076

다음 그림과 같이 직경 25mm의 구멍이 있는 판(plate)에서 인장응력 검토를 위한 순폭은 약 얼마인가?

① 160.4mm
② 150mm
③ 145.8mm
④ 130mm

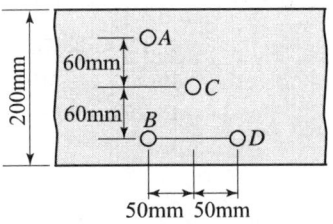

해설 ① 리벳구멍직경
$$d_h = \phi + 3 = 25\,\text{mm}$$
$$w = d_h - \frac{p^2}{4g} = 25 - \frac{50^2}{4 \times 60} = 14.58\,\text{mm}$$
② $A-B$
$$b_{AB} = b - 2d_h = 200 - 2 \times 25 = 150\,\text{mm}$$
③ $A-C$
$$b_{n3} = b - d_h - w = 200 - 25 - 14.58 = 160.42\,\text{mm}$$
④ $A-C-B$ 또는 $A-C-D$
$$b_{n3} = b - d_h - 2w = 200 - 25 - 2 \times 14.58 = 145.84\,\text{mm}$$
⑤ 순폭 : 가장 작은 값
$$b_n = 145.84\,\text{mm}$$

해답 ③

077

아래 그림과 같은 PSC보에 활하중(w_l) 18kN/m이 작용하고 있을 때 보의 중앙 단면 상연에서 콘크리트 응력은? (단, 프리스트레스 힘(P)은 3375kN이고, 콘크리트의 단위중량은 25kN/m³을 적용하여 자중을 산정하며 하중계수와 하중조합은 고려하지 않는다.)

① 18.75MPa
② 23.63MPa
③ 27.25MPa
④ 32.42MPa

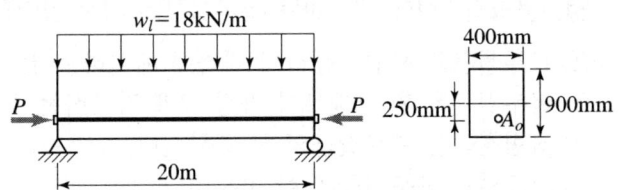

해설 ① $w_u = w_d + w_l = 0.4 \times 0.90 \times 25 + 18 = 27\,\text{kN/m}$
② $M_{\max} = \dfrac{w \cdot l^2}{8} = \dfrac{27 \times 20^2}{8} = 1{,}350\,\text{kN} \cdot \text{m}$
③ $I = \dfrac{b \cdot h^3}{12} = \dfrac{0.4 \times 0.9^3}{12} = 0.0243\,\text{m}^2$
④ $A = 0.4 \times 0.9 = 0.36\,\text{m}^2$

⑤ $y = 0.45\text{m}$

⑥ 상연응력 $f = \dfrac{P}{A} - \dfrac{P \cdot e}{I}y + \dfrac{M_{\max}}{I}y$

$= \dfrac{3{,}375}{0.36} - \dfrac{3{,}375 \times 0.25}{0.0243} \times 0.45 + \dfrac{1{,}350}{0.0243} \times 0.45$

$= 18{,}750/1{,}000 = 18.75\text{MPa}$

해답 ①

078
그림의 단면을 갖는 저보강 PSC의 설계휨강도(ϕM_n)는 얼마인가? (단, 긴장재 단면적 $A_p = 600\text{mm}^2$, 긴장재 인장응력 $f_{pe} = 1500\text{MPa}$, 콘크리트 설계기준강도 $f_{ck} = 35\text{MPa}$)

① 187.5kN · m
② 225.3kN · m
③ 267.4kN · m
④ 293.1kN · m

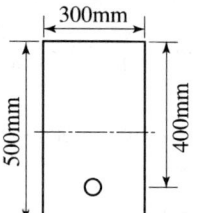

해설
① 등가직사각형 응력 깊이
$a = \dfrac{A_s f_y}{0.85 f_{ck} b} = \dfrac{600 \times 1500}{0.85 \times 35 \times 300} = 100.84\text{mm}$

② $M_d = \phi M_n = \phi A_s f_y \left(d - \dfrac{a}{2}\right)$

$= 0.85 \times 600 \times 1500 \times \left(400 - \dfrac{100.84}{2}\right)$

$= 267{,}428{,}700\text{N} \cdot \text{mm} = 267.4\text{kN} \cdot \text{m}$

해답 ③

079
철근콘크리트보에 배치하는 복부철근에 대한 설명으로 틀린 것은?

① 복부철근은 사인장응력에 대하여 배치하는 철근이다.
② 복부철근은 휨 모멘트가 가장 크게 작용하는 곳에 배치하는 철근이다.
③ 굽힘철근은 복부철근의 한 종류이다.
④ 스트럽은 복부철근의 한 종류이다.

해설 복부철근은 사인장응력에 저항하기 위하여 사용한다.

해답 ②

080 강도설계법에서 휨부재의 등가직사각형 압축응력분포의 깊이 $a = \beta_1 c$ 로서 구할 수 있다. 이때 f_{ck}가 60MPa인 고강도 콘크리트에서 β_1의 값은?

① 0.85   ② 0.734
③ 0.65   ④ 0.626

해설 콘크리트의 등가압축응력깊이의 비
$\beta_1 = 0.85 - (f_{ck} - 28)0.007 = 0.85 - (60 - 28) \times 0.007 = 0.626 \geqq 0.65$ 이므로
$\beta_1 = 0.65$

해답 ③

제5과목 토질 및 기초

081 다음은 정규압밀점토의 삼축압축 시험결과를 나타낸 것이다. 파괴시의 전단응력 τ와 수직응력 σ를 구하면?

① $\tau = 17.3 \text{kN/m}^2$, $\sigma = 25.0 \text{kN/m}^2$
② $\tau = 14.1 \text{kN/m}^2$, $\sigma = 30.0 \text{kN/m}^2$
③ $\tau = 14.1 \text{kN/m}^2$, $\sigma = 25.0 \text{kN/m}^2$
④ $\tau = 17.3 \text{kN/m}^2$, $\sigma = 30.0 \text{kN/m}^2$

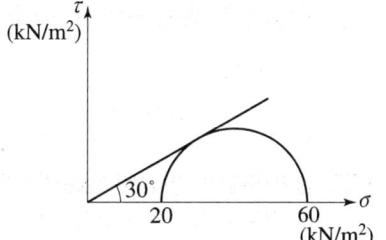

해설
① $\phi = \sin^{-1}\dfrac{\sigma_1 - \sigma_3}{\sigma_1 + \sigma_3} = \sin^{-1}\dfrac{60-20}{60+20} = 30°$

② $\theta = 45° + \dfrac{\phi}{2} = 45° + \dfrac{30°}{2} = 60°$

③ $\tau = \dfrac{\sigma_1 - \sigma_3}{2}\sin 2\theta = \dfrac{60-20}{2}\sin(2 \times 60°) = 17.3 \text{kN/m}^2$

④ $\sigma = \dfrac{\sigma_1 + \sigma_3}{2} + \dfrac{\sigma_1 - \sigma_3}{2}\cos 2\theta = \dfrac{60+20}{2} + \dfrac{60-20}{2}\cos(2 \times 60°) = 30 \text{kN/m}^2$

해답 ④

082

그림과 같은 조건에서 분사현상에 대한 안전율을 구하면? (단, 모래의 $\gamma_{sat}=$ 20kN/m³, $\gamma_w=$9.81kN/m³이다.)

① 1.1
② 2.1
③ 2.6
④ 3.1

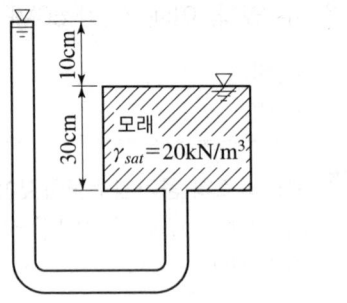

해설
$$F_s = \frac{i_c}{i} = \frac{\frac{G_s-1}{1+e}}{\frac{h}{L}} = \frac{r_{sub}/r_w}{h/L} = \frac{(20-9.81)/9.81}{0.1/0.3} = 3.1$$

해답 ④

083

3층 구조로 구조결합 사이에 치환성 양이온이 있어서 활성이 크고 시트 사이에 물이 들어가 팽창 수축이 크고 공학적 안정성은 약한 점토 광물은?

① kaolinite
② illite
③ montmorillonite
④ Sand

해설 입자 모형이 판상인 점토광물의 종류와 특징
① 카올리나이트(kaolimite)
  ㉠ 가장 안전하다.
  ㉡ 활성이 작다.
  ㉢ 크기가 가장 크다.
② 일라이트(illite)
  ㉠ 두 개의 규소판 사이에 한 개의 알루미늄판이 결합된 3층 구조가 무수히 많이 연결되어 형성된 점토광물이다.
  ㉡ 각 3층 구조 사이에는 칼륨이온(K^+)으로 결합되어 있다.
③ 몬모릴로나이트(montmorillonite)
  ㉠ 가장 불안전하다.
  ㉡ 활성도 크다.
  ㉢ 점토함유율 높다.
  ㉣ 소성지수가 크다.

해답 ③

084 다음 중 일시적인 지반 공법에 속하는 것은?

① 다짐 모래말뚝 공법 ② 약액주입 공법
③ 프리로딩 공법 ④ 동결 공법

해설 일시적 지반 개량공법
① 웰포인트(Well point) 공법
② deep well 공법(깊은우물 공법)
③ 대기압공법(진공압밀공법)
④ 동결공법

해답 ④

085 강도정수가 $c=0$, $\phi=40°$인 사질토 지반에서 Rankine 이론에 의한 수동토압계수는 주동토압계수의 몇 배인가?

① 4.6 ② 9.0
③ 12.3 ④ 21.1

해설 ① 수동토압계수
$$K_p = \frac{1+\sin\phi}{1-\sin\phi} = \tan^2\left(45° + \frac{\phi}{2}\right) = \tan^2\left(45° + \frac{40°}{2}\right) = 4.5989$$
② 주동토압계수
$$K_a = \frac{1-\sin\phi}{1+\sin\phi} = \tan^2\left(45° - \frac{\phi}{2}\right) = \tan^2\left(45° - \frac{40°}{2}\right) = 0.217$$
③ $\frac{K_p}{K_A} = \frac{4.5989}{0.217} = 21.19$배

해답 ④

086 그림과 같이 6m 두께의 모래층 밑에 2m 두께의 점토층이 존재한다. 지하수면은 지표아래 2m지점에 존재한다. 이때, 지표면에 $\Delta P = 50 \text{kN/m}^2$의 등분포하중이 작용하여 상당한 시간이 경과한 후, 점토층의 중간높이 A점에 피에조미터를 세워 수두를 측정한 결과, $h=4.0$m로 나타났다면 A점의 압밀도는? (단, $\gamma_w = 9.81 \text{kN/m}^3$이다.)

① 21.5%
② 31.5%
③ 51.5%
④ 81.5%

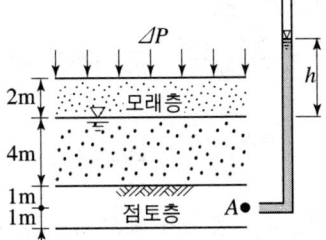

해설 ① 초기과잉간극수압　　$u_i = 50\text{kN/m}^2$
② 현재의 과잉간극수압　$u_e = \gamma_w \cdot h = 9.81 \times 4.0 = 39.24\text{kN/m}^2$
③ 압밀도　　$U = \dfrac{u_i - u_e}{u_i} \times 100 = \dfrac{50 - 39.24}{50} \times 100 = 21.52\%$

해답 ①

087 다짐에 대한 다음 설명 중 옳지 않은 것은?

① 세립토의 비율이 클수록 최적함수비는 증가한다.
② 세립토의 비율이 클수록 최대건조 단위중량은 증가한다.
③ 다짐에너지가 클수록 최적함수비는 감소한다.
④ 최대건조 단위중량은 사질토에서 크고 점성토에서 작다.

해설

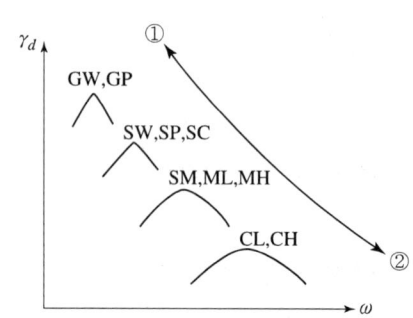

① 방향 일수록	조립토 양입도 다짐에너지가 커진다. 다짐곡선의 기울기가 급해진다. 최대건조단위중량이 증가한다. 최적함수비가 감소한다.
② 방향 일수록	세립토 빈입도 다짐에너지가 작아진다. 다짐곡선의 기울기가 완만해진다. 최대건조단위중량이 감소한다. 최적함수비가 증가한다.

해답 ②

088 어느 지반에 30cm×30cm 재하판을 이용하여 평판재하시험을 한 결과, 항복하중이 50kN, 극한하중이 90kN이었다. 이 지반의 허용지지력은?

① 556kN/m^2
② 278kN/m^2
③ 1000kN/m^2
④ 333kN/m^2

해설
① $\dfrac{q_y}{2} = \dfrac{\frac{50}{0.3 \times 0.3}}{2} = 277.78\text{kN/m}^2$

② $\dfrac{q_u}{3} = \dfrac{\frac{90}{0.3 \times 0.3}}{3} = 333.33\text{kN/m}^2$

③ $\dfrac{q_y}{2}$, $\dfrac{q_u}{3}$ 중에서 작은 값이 q_a이므로 $q_a = 277.78\text{kN/m}^2$

해답 ②

089 암반층 위에 5m 두께의 토층이 경사 15°의 자연사면으로 되어 있다. 이 토층은 $c=15\text{kN/m}^2$, $\phi=30°$, $\gamma_{sat}=18\text{kN/m}^3$이고, 지하수면은 토층의 지표면과 일치하고 침투는 경사면과 대략 평행이다. 이때의 안전율은? (단, $\gamma_w=9.81\text{kN/m}^3$이다.)

① 0.8 ② 1.1
③ 1.6 ④ 2.0

해설
① 전응력 $\sigma = r_{sat} \cdot Z \cdot \cos^2 i = 18 \times 5 \times \cos^2 15° = 83.97\text{kN/m}^2$
② 간극수압 $u = r_w \cdot Z \cdot \cos^2 i = 9.81 \times 5 \times \cos^2 15° = 45.76\text{kN/m}^2$
③ 유효응력 $\sigma' = \sigma - u = 83.97 - 45.76 = 38.21\text{kN/m}^2$
④ 전단강도 $S = c + \sigma' \tan\phi = 15 + 38.21 \times \tan 30° = 37.06\text{kN/m}^2$
⑤ 전단응력 $\tau = r_{sat} Z \sin i \cos i = 18 \times 5 \times \sin 15° \times \cos 15° = 22.5\text{kN/m}^2$
⑥ 안전율 $F = \dfrac{S}{\tau} = \dfrac{37.06}{22.5} = 1.6$

해답 ③

090 연약 점토층을 관통하여 철근콘크리트 파일을 박았을 때 부마찰력(Negative friction)은? (단, 지반의 일축압축강도 $q_u=20\text{kN/m}^2$, 파일직경 $D=50\text{cm}$, 관입깊이 $l=10\text{m}$이다.)

① 157.1kN ② 185.3kN
③ 208.2kN ④ 242.4kN

해설
① $f_{ns} = \dfrac{q_u}{2} = \dfrac{20}{2} = 10\text{kN/m}^2$
② $R_{ns} = f_{ns} A_s = f_{ns} \pi D l = 10 \times \pi \times 0.5 \times 10 = 157.1\text{kN}$

해답 ①

091 4m×4m인 정사각형 기초를 내부마찰각 $\phi=20°$, 점착력 $c=30\text{kN/m}^2$인 지반에 설치하였다. 흙의 단위중량 $\gamma=19\text{kN/m}^3$이고 안전율을 3으로 할 때 기초의 허용하중을 Terzaghi 지지력 공식으로 구하면? (단, 기초의 깊이는 1m이고, 전반전단파괴가 발생한다고 가정하며, $N_c=17.69$, $N_q=7.44$, $N_\gamma=4.97$이다.)

① 4780kN ② 5240kN
③ 5670kN ④ 6210kN

해설 Terzaghi의 수정지지력 공식

① α, β : 기초 모양에 따른 형상계수(shape factor)

구분	연속	정사각형	직사각형	원형
α	1.0	1.3	$1+0.3\dfrac{B}{L}$	1.3
β	0.5	0.4	$0.5-0.1\dfrac{B}{L}$	0.3

② $q_{ult} = \alpha c N_c + \beta \gamma_1 B N_\gamma + \gamma_2 D_f N_q$
  $= 1.3 \times 30 \times 17.69 + 0.4 \times 19 \times 4 \times 4.97 + 19 \times 1 \times 7.44 = 982.358 \text{kN/m}^2$

③ $q_a = \dfrac{q_{ult}}{F_s} = \dfrac{982.358}{3} = 327.45 \text{kN/m}^2$

④ $Q_a = q_a \cdot A = 327.45 \times 4 \times 4 = 5239.2 \text{kN}$

해답 ②

092

어떤 퇴적층에 수평방향의 투수계수는 4.0×10^{-4}cm/sec이고, 수직방향의 투수계수는 3.0×10^{-4}cm/sec이다. 이 흙을 등방성으로 생각할 때 등가의 평균투수계수는 얼마인가?

① 3.46×10^{-4} cm/sec
② 5.0×10^{-4} cm/sec
③ 6.0×10^{-4} cm/sec
④ 6.93×10^{-4} cm/sec

해설 등가등방성 투수계수

$K' = \sqrt{K_h \cdot K_z} = \sqrt{4.0 \times 10^{-4} \times 3.0 \times 10^{-4}} = 3.464 \times 10^{-4} \text{m/sec}$

해답 ①

093

직접전단시험을 한 결과 수직응력이 1.2MPa일 때 전단저항이 0.5MPa, 또 수직응력이 2.4MPa일 때 전단저항이 0.7MPa이었다. 수직응력이 3MPa일 때의 전단저항은 약 얼마인가?

① 0.6MPa
② 0.8MPa
③ 1.0MPa
④ 1.2MPa

해설 ① 강도정수(c, ϕ)결정

$0.5 = c + 1.2 \tan \phi$ ……… (1)식
$0.7 = c + 2.4 \tan \phi$ ……… (2)식
(1)식과 (2)식을 연립방정식으로 풀면
$c = 0.3 \text{MPa}, \phi = 9.46°$

② 전단저항
$\tau_f = c + \sigma' \tan \phi = 0.3 + 3 \tan 9.46° = 0.8 \text{MPa}$

해답 ②

094

크기가 1m×2m인 기초에 100kN/m²의 등분포 하중이 작용할 때 기초 아래 4m인 점의 압력 증가는 얼마인가? (단, 2 : 1 분포법을 이용한다.)

① 6.7kN/m^2
② 3.3kN/m^2
③ 2.2kN/m^2
④ 1.1kN/m^2

해설
$$\Delta \sigma_z = \frac{Q}{(B+z) \cdot (L+z)} = \frac{q_s \cdot B \cdot L}{(B+z) \cdot (L+z)} = \frac{100 \times 1 \times 2}{(1+4) \cdot (2+4)} = 6.7 \text{kN/m}^2$$

해답 ①

095

두께 5m의 점토층을 90% 압밀하는데 50일이 걸렸다. 같은 조건하에서 10m의 점토층을 90% 압밀하는데 걸리는 시간은?

① 100일
② 160일
③ 200일
④ 240일

해설
$C_v = \dfrac{T_{90} \cdot d^2}{t_{90}} = \dfrac{0.848 d^2}{t_{90}}$ 에서 $t_{90} \propto d^2$ 이므로

$t_1 : t_2 = d_1^2 : d_2^2$

$t_2 = \dfrac{d_2^2}{d_1^2} t_1 = \dfrac{10^2}{5^2} \times 50 = 200$ 일

여기서, T_{90} : 압밀도 90%에 해당되는 시간계수($T_{90} = 0.848$)
t_{90} : 압밀도 90%에 소요되는 압밀시간
d : 배수거리

해답 ③

096

흙의 내부마찰각(ϕ)은 20°, 점착력(C)이 24kN/m²이고, 단위중량(γ_t)은 19.3kN/m³인 사면의 경사각이 45°일 때 임계높이는 약 얼마인가? (단, 안정수 $m = 0.06$)

① 15m
② 18m
③ 21m
④ 24m

해설
① 안정계수 $N_s = \dfrac{1}{m} = \dfrac{1}{0.06} = 16.67$

② 한계고 $H_c = \dfrac{C}{\gamma_t} \cdot N_s = \dfrac{24}{19.3} \times 16.67 = 20.73 \text{m}$

해답 ③

097 다음 현장시험 중 Sounding의 종류가 아닌 것은?

① Vane 시험
② 표준관입 시험
③ 동적 원추관입 시험
④ 평판재하 시험

해설 사운딩(Sounding) 종류
① 정적 사운딩 : 일반적으로 점성토에 유효하다.
  ㉠ 휴대용 원추관입시험   ㉡ 화란식 원추관입시험
  ㉢ 스웨덴식 관입시험   ㉣ 이스키미터 시험
  ㉤ 베인전단시험
② 동적 사운딩 : 일반적으로 조립토에 유효하다.
  ㉠ 동적 원추관입시험   ㉡ 표준관입시험(SPT)

해답 ④

098 Paper Drain설계시 Drain Paper의 폭이 10cm, 두께가 0.3cm일 때 드레인 페이퍼의 등치환산원의 직경이 얼마이면 Sand Drain과 동등한 값으로 볼 수 있는가? (단, 형상계수 : 0.75)

① 5cm
② 7.5cm
③ 10cm
④ 15cm

해설 등치환산원
$$D = \alpha \frac{2A+2B}{\pi} = 0.75 \times \frac{2 \times 0.3 + 2 \times 10}{\pi} = 4.92 \, cm$$

해답 ①

099 흙의 연경도(Consistency)에 관한 설명으로 틀린 것은?

① 소성지수는 점성이 클수록 크다.
② 터프니스지수는 Colloid가 많은 흙일수록 값이 작다.
③ 액성한계시험에서 얻어지는 유동곡선의 기울기를 유동지수라 한다.
④ 액성지수와 컨시스턴시지수는 흙지반의 무르고 단단한 상태를 판정하는 데 이용된다.

해설 터프니스지수는 콜로이드가 많은 흙일수록 값이 크고, 값이 크면 활성도도 크다.

해답 ②

100 암질을 나타내는 항목과 직접관계가 없는 것은?

① N치
② RQD값
③ 탄성파속도
④ 균열의 간격

해설 ① 암반평점에 의한 분류방법(Rock Mass Rating)의 분류기준
  ㉠ 암석의 강도(일축압축강도)
  ㉡ 암질지수(RQD)
  ㉢ 절리의 상태
  ㉣ 절리의 간격
  ㉤ 지하수
② 탄성파 전파 속도는 지질의 종류, 풍화의 정도 등의 지하 지질 구조를 추정하는 방법이므로 암질을 나타낸다.

해답 ①

제6과목 상하수도공학

101 다음 하수량 산정에 관한 설명 중 틀린 것은?

① 계획오수량은 생활오수량, 공장폐수량 및 지하수량으로 구분된다.
② 계획오수량 중 지하수량은 1인 1일 최대오수량의 10~20% 정도로 산정한다.
③ 우수량의 산정공식 중 합리식($Q = CIA$)에서 I는 동수경사이다.
④ 계획 1일 최대오수량은 처리시설의 용량을 결정하는 데 기초가 된다.

해설 우수량의 산정공식 중 합리식($Q = CIA$)에서 I는 유달 시간 내의 평균 강우강도이다.

해답 ③

102 정수시설 중 급속여과지에서 여과모래의 유효경이 0.45~0.7mm의 범위에 있는 경우에 대한 모래층의 표준 두께는?

① 60~70cm
② 70~90cm
③ 150~200cm
④ 300~450cm

해설 급속여과지의 여과층 두께와 여과모래는 다음 각 항에 따른다.
① 여과모래는 입도분포가 적절하고 협잡물이 적으며 마모되지 않고 위생상 지장이

없는 것으로 안정적이고 효율적으로 여과하고 세척할 수 있는 것이어야 한다.
② 모래층의 두께는 여과모래의 유효경이 0.45~0.7mm의 범위인 경우에는 60~70cm를 표준으로 한다. 다만, 유효경이 그 이상으로 크게 되는 경우에는 실험 등에 의하여 합리적으로 여과층의 두께를 증가시킬 수 있다.

해답 ①

103 합류식 하수도에 대한 설명으로 옳은 것은?

① 관거 내의 퇴적이 적다.
② 강우시 오수의 일부가 우수와 희석되어 공공용수의 수질보전에 유리하다
③ 합류식 방류부하량 대책은 폐쇄성수역에서 특히 요구된다.
④ 관거오점의 철저한 감시가 요구된다.

해설 ① 우천시에 처리장으로 다량의 토사가 유입하여 장기간에 걸쳐 수로바닥, 침전시 및 슬러지 소화조 등에 퇴적한다.
② 강우시 계획오수량의 일정배율 이상의 것은 우수토실 또는 펌프장으로부터 하천 등 공공수역에 직접 방류된다.
③ 합류식하수도의 우천시 오염 방류부하량 문제는 간단히 우수토실과 병행한 펌프장의 월류수(CSOs) 대책뿐만 아니라 하수처리시설의 우천시 하수 처리 대책 등 합류식하수도 시스템 전체의 종합 수질오염대책의 일환으로서 검토할 필요가 있다.
④ 궁극적인 우천시 오염 방류부하량의 저감목표는 인근 수계에 악영향을 미치지 않아 주민의 쾌적한 생활환경이 확보되고 수생태계가 건강하게 유지되는 수준을 확보하는 것이다.
⑤ 이는 지역 특성에 따라 다양한 목표 수준이 결정되어질 수 있는데 지역의 특성을 고려한 수질보전계획을 실시할 필요가 있으며, 폐쇄성수역(閉鎖性水域)으로 부영양화가 염려되는 수역 및 관광 레크리에이션 등 물이용 관점에서 보다 높은 수질보전목표를 달성하기 위한 계획을 토할 필요가 있다.

해답 ③

104 정수처리 시 생성되는 발암물질인 트리할로메탄(THM)에 대한 대책으로 적합하지 않은 것은?

① 오존, 이산화염소 등의 대체 소독제 사용
② 염소소독의 강화
③ 중간염소처리
④ 활성탄흡착

해설 트리할로메탄은 염소소독시 발생하는 발암물질로 원천적으로 차단할 수 없어 총량으로 규제하고 있다.

해답 ②

105
다음 중 일반적으로 적용하는 펌프의 특성곡선에 포함되지 않는 것은?

① 토출량-양정 곡선
② 토출량-효율 곡선
③ 토출량-축동력 곡선
④ 토출량-회전도 곡선

해설 **펌프 특성 곡선**(펌프 성능 곡선)이란 펌프의 회전속도를 일정하게 고정하고 토출관의 밸브를 조절하여 펌프 용량을 변화시킬 때 나타나는 양정(H), 효율(η), 축동력(p)이 펌프용량(Q)의 변화에 따라 변하는 관계(축동력 요구량)를 각기의 최대 효율점에 대한 비율로 나타낸(입력과 출력) 곡선을 말한다.

해답 ④

106
반송슬러지 SS농도가 6000mg/L이다. MLSS농도를 2500m/L로 유지하기 위한 슬러지 반송비는?

① 25%
② 55%
③ 71%
④ 100%

해설 슬러지 반송비

$$r = \frac{X}{X_r - X} = \frac{2,500}{6,000 - 2,500} = 0.714 = 71.4\%$$

해답 ③

107
상수도 취수시설 중 침사지에 관한 시설기준으로 틀린 것은?

① 침사지의 체류기간은 계획취수량의 10~20분을 표준으로 한다.
② 침사지의 유효수심은 3~4m를 표준으로 한다.
③ 길이는 폭의 3~8배를 표준으로 한다.
④ 침사지 내의 평균유속은 20~30cm/s로 유지한다.

해설 **침사지 구조**
① 원칙적으로 철근콘크리트구조로 하며 부력에 대해서도 안전한 구조로 한다.
② 표면부하율은 200~500mm/min을 표준으로 한다.
③ 지내평균유속은 2~7cm/s를 표준으로 한다.
④ 지의 길이는 폭의 3~8배를 표준으로 한다.
⑤ 지의 고수위는 계획취수량이 유입될 수 있도록 취수구의 계획최저수위 이하로 정한다.
⑥ 지의 상단높이는 고수위보다 0.6~1m의 여유고를 둔다.
⑦ 지의 유효수심은 3~4m를 표준으로 하고, 퇴사심도를 0.5~1m로 한다.
⑧ 박닥은 모래배출을 위하여 중앙에 배수로(pitt)를 설치하고, 길이방향에는 배수구로 향하여 1/100, 가로방향은 중앙배수로를 향하여 1/50 정도의 경사를 둔다.
⑨ 한랭지에서 저온으로 지의 수면이 결빙되거나 강설로 수중에 눈얼음 등이 보이는 곳에서는 기능장애를 방지하기 위하여 지붕을 설치한다.

해답 ④

108 활성슬러지 공법의 설계인자가 아닌 것은?

① 먹이/미생물 비
② 고형물체류시간
③ 비회전도
④ 유기물질 부하

해설 활성슬러지법 반응조의 설계인자와 조작인자

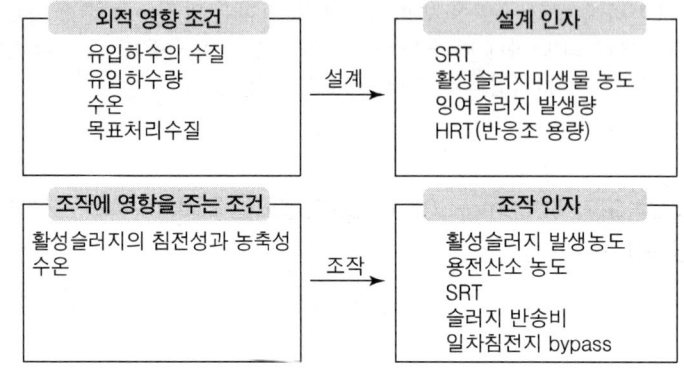

해답 ③

109 하수량 1000m³/day, BOD 200mg/L인 하수 250m³ 유효용량의 포기조로 처리할 경우 BOD용적부하는?

① 0.8kgBOD/m³day
② 1.25kgBOD/m³day
③ 8kgBOD/m³day
④ 12.5kgBOD/m³day

해설 BOD 용적부하[kgBOD/m³·day]

$= \dfrac{1일\ BOD\ 유입량[kgBOD/day]}{폭기조\ 용적[m^3]}$

$= \dfrac{BOD\ 농도[kg/m^3] \times 유입하수량[m^3/day]}{폭기조\ 용적[m^3]}$

$= \dfrac{200mg/L \times \dfrac{1}{10^6}\dfrac{kg}{mg} \times \dfrac{10^3}{1}\dfrac{L}{m^3} \times 1,000m^3/day}{250m^3} = 0.8kgBOD/m^3 \cdot day$

해답 ①

110 배수 및 급수시설에 관한 설명으로 틀린 것은?

① 배수지의 건설에는 토압, 벽체의 균열, 지하수의 부상, 환기 등을 고려한다.
② 배수본관은 시설의 신뢰성을 높이기 위해 2개열 이상으로 한다.
③ 급수관 분기지점에서 배수관의 최대정수압은 1000kPa 이상으로 한다.
④ 관로공사가 끝나면 시공의 적합성 여부를 확인하기 위하여 수압 시험 후 통수한다.

해설 배수관의 수압은 다음 각 항에 따른다.
① 급수관을 분기하는 지점에서 배수관내의 최소동수압은 150kPa(약 1.53kgf/cm²) 이상을 확보한다.
② 급수관을 분기하는 지점에서 배수관내의 최대정수압은 700kPa(약 7.1kgf/cm²)를 초과하지 않아야 한다.

해답 ③

111 취수탑(intake tower) 의 설명으로 옳지 않은 것은?

① 일반적으로 다단수문형식의 취수구를 적당히 배치한 철근콘크리트 구조이다.
② 강수시에도 일정 이상의 수심을 확보할 수 있으면, 연간의 수위변화가 크더라도 하천, 호수, 댐에서의 취수시설로 적합하다.
③ 제내지에의 도수는 자연유하식으로 제한되기 때문에 제내지의 지형에 제약을 받는 단점이 있다.
④ 특히 수심이 깊은 경우에는 철골구조의 부자(float)식의 취수탑이 사용되기도 한다.

해설 제내지에의 도수는 자연유하 외에 펌프에 의하여 압송할 수 있기 때문에 제내지의 지형에 제약을 받지 않는 이점도 있다.

해답 ③

112 하수처리 재이용 기본계획에 대한 설명으로 틀린 것은?

① 하수처리 재이용수는 용도별 요구되는 수질기준을 만족하여야 한다.
② 하수처리수 재이용지역은 가급적 해당지역 내의 소규모 지역 범위로 한정하여 계획한다.
③ 하수처리수 재이용량은 해당지역 하수도정비 기본계획의 물순환이용계획에서 제시된 재이용량 이상으로 계획하여야 한다.
④ 하수처리, 재이용수의 용도는 생활용수, 공업용수, 농업용수, 유지용수를 기본으로 계획한다.

해설 하수처리수의 재이용은 다음사항을 기본으로 하여 계획한다.
① 하수처리 재이용수의 용도는 생활용수, 공업용수, 농업용수, 유지용수를 기본으로 계획하며, 용도별 요구되는 수질기준을 만족하여야 한다.
② 하수처리수 재이용량은 해당지역 하수도정비기본계획의 물순환이용 계획에서 제시된 재이용량 이상으로 계획하여야 한다.
③ 하수처리수 재이용지역은 해당지역 뿐만 아니리 인근지역을 포함하는 광역적 범위로 검토·계획한다.

113 착수정의 체류시간 및 수심에 대한 표준으로 옳은 것은?

① 체류시간 : 1분 이상, 수심 3~5m
② 체류시간 : 1분 이상, 수심 10~12m
③ 체류시간 : 1.5분 이상, 수심 3~5m
④ 체류시간 : 1.5분 이상, 수심 10~12m

해설 착수정의 용량은 체류시간을 1.5분 이상으로 하고 수심은 3~5m 정도로 한다.

해답 ③

114 상수도의 배수관 직경을 2배로 증가시키면 유량은 몇 배로 증가되는가? (단, 관은 가득차서 흐른다고 가정한다.)

① 1.4배　　② 1.7배
③ 2배　　　④ 4배

해설 $Q = Av = \dfrac{\pi d^2}{4} v$에서

$Q \propto d^2$이므로 직경 d를 2배로 증가시키면 유량 Q는 $2^2 = 4$배로 된다.

해답 ④

115 부영양화로 인한 수질변화에 대한 설명으로 옳지 않은 것은?

① COD가 증가한다.　　② 탁도가 증가한다.
③ 투명도가 증가한다.　④ 물에 맛과 냄새를 발생시킨다.

해설 일반적으로 호소나 댐은 생물의 사체나 토사의 퇴적 등에 의하여 질소, 인 등 영양염류가 축적되며 소위 빈영양호에서 부영양호로 변화한다. 그 과정에서 이들 영양염류에 기인한 호소나 댐의 생물생산량이 증대되며 그 결과로 물의 빛깔이 나빠지고 투명도가 저하되며 조류의 발생, 물고기 종의 변화 등의 현상이 나타난다.

해답 ③

116 다음 중 하수도 시설의 목적과 가장 거리가 먼 것은?

① 하수도 배제와 이에 따른 생활환경의 개선
② 슬러지의 처리 및 자원화
③ 침수방지
④ 지속발전 가능한 도시구축에 기여

해설 **하수도 시설의 목적**
① 하수의 배제와 이에 따른 생활환경의 개선
② 침수방지
③ 공공수역의 수질보전과 건전한 물순환의 회복
④ 지속발전 가능한 도시구축에 기여

해답 ②

117. 펌프의 분류 중 원심펌프의 특징에 대한 설명을 옳은 것은?

① 일반적으로 효율이 높고, 적용 범위가 넓으며, 적은 유량을 가감하는 경우 소요동력이 적어도 운전에 지장이 없다.
② 양정변화에 대하여 수량의 변동이 적고 또 수량변동에 대해 동력의 변화도 적으므로 우수용 펌프 등 수위변동이 큰 곳에 적합하다.
③ 회전수를 높게 할 수 있으므로, 소형으로 되며 전양정이 4m 이하인 경우에 경제적으로 유리하다.
④ 펌프와 전동기를 일체로 펌프흡입실 내에 설치하며, 유입수량이 적은 경우 및 펌프장의 크기에 제한을 받는 경우 등에 사용한다.

해설 **원심 펌프**
① 전양정이 4m 이상인 경우 적합
② 상하수도용으로 많이 사용
③ 일반적으로 효율이 높고 적용 범위가 넓다.
④ 고양정이며 토출유량이 작다. : 송수, 배수 펌프

해답 ①

118. 급수량에 관한 설명으로 옳은 것은?

① 계획1일최대급수량은 계획1일평균급수량에 계획첨두율을 곱해 산정한다.
② 계획1일평균급수량은 시간최대급수량에 부하율을 곱해 산정한다.
③ 시간최대급수량은 일최대급수량보다 작게 나타난다.
④ 소화용수는 일최대급수량에 포함되므로 별도로 산정하지 않는다.

해설 **계획급수량의 산정**
① 계획 1일 평균급수량
  ㉠ 계획 1일 평균급수량 = $\dfrac{1년간 총급수량}{365}$
  ㉡ 재정계획(財政計劃)에 필요한 수량 : 약품, 전력사용량의 산정, 유지관리비, 상수도요금의 산정 등
  ㉢ 계획 1일 최대급수량의 70~85%를 표준

ⓔ 계획 1일 평균급수량 = 계획 1일 최대급수량 × [0.7(중소도시), 0.8 (대도시, 공업도시)]
ⓜ 계획1일 평균사용수량을 기반으로 산출된다.

② 계획 1일 최대급수량
  ㉠ 1년 365일 중 가장 많이 쓰는 날의 급수량
  ㉡ 상수도시설 규모 결정의 기준가 되는 수량
  ㉢ 계획 1일 최대급수량 = 계획 1인 1일 최대급수량 × 계획 급수인구
     = 계획 1일 평균급수량 × [1.3(대도시, 공업도시), 1.5(중소도시)]

③ 계획시간 최대급수량
  ㉠ 1일 중에 사용수량이 최대가 될 때의 1시간당의 급수량
  ㉡ 아침과 저녁시간이 최대이고, 활동이 없는 오전(1시에서 4시)에 최소
  ㉢ 계획시간 최대급수량 = $\dfrac{계획1일최대급수량}{24}$ × $\begin{matrix} 1.3(대도시, 공업도시) \\ 1.5(중소도시) \\ 2.0(농촌, 주택단지) \end{matrix}$

해답 ①

119

우수유출량이 크고 하류시설의 유하능력이 부족한 경우에 필요한 우수저류형 시설은?

① 우수받이
② 우수조정지
③ 우수침투트랜치
④ 합류식하수관거월류수 처리장치

해설 우수조정지의 위치
① 하수관거의 유하능력이 부족한 곳
② 하류지역의 펌프장능력이 부족한 곳
③ 방류수역의 유하능력이 부족한 곳

해답 ②

120

인구 15만의 도시에 급수계획을 하려고 한다. 계획1인1일 최대급수량이 400L/인·day이고, 보급률이 95%라면 계획1일 최대급수량은?

① 57000m³/day
② 59000m³/day
③ 61000m³/day
④ 63000m³/day

해설 계획1일최대급수량 = 계획1인1일최대급수량 × 계획급수인구 × 급수보급률
= 400L/인·day × 150000인 × 0.95 = 57,000,000L/day
= 57,000,000L/day × $\dfrac{1}{1,000}$ m³/L
= 57,000m³/day (1L = 1000cm³ = 0.001m³)

해답 ①

약 력	저 서
● 현) ENG엔지니어링(대한토목연구회 협약사) 토목대표강사 ● 현) 광주대학교 산업인력교육원 교수요원 ● 현) 광주대학교 특강강사, 목포해양대학교 특강강사 ● 현) 대한토목학회 광주전남지회 간사 ● 현) 신한국건축토목학원 대표강사 ● 현) 한솔아카데미 동영상 강사 ● 현) 성안당 동영상 강사 ● 현) 라카데미 동영상강사 ● 현) 광주서울고시학원 토목전담강사 ● 전) 광주건축토목학원 토목원장 ● 전) 대광건축토목기술학원 대표강사 ● 전) 연합고시학원 토목전담강사 외	● 손에 잡히는 토목설계(한솔아카데미, 2007, 2008, 2009, 2011) ● 손에 잡히는 응용역학(한솔아카데미, 2007, 2008, 2009, 2010, 2011) ● Zero선언 응용역학(성안당, 2009, 2010, 2011) ● Zero선언 측량학(성안당, 2009, 2010, 2011) ● Zero선언 수리학(성안당, 2009, 2010, 2011) ● Zero선언 철근콘크리트 및 강구조(성안당, 2009, 2010, 2011) ● Zero선언 상하수도공학(성안당, 2009, 2010, 2011) ● Zero선언 콘크리트 기사·산업기사(성안당, 2009) ● Zero선언 토목기사 실기(성안당, 2009) ● 재건축 재개발 시대적 트렌드(성안당, 2009, 2010) ● 총정리 응용역학(기공사, 1990)

토목기사 필기

초판2쇄 발행	2011년 4월 20일
개정2판 발행	2012년 3월 5일
개정3판 발행	2013년 1월 15일
개정4판 발행	2014년 1월 25일
개정5판 발행	2015년 2월 15일
개정6판 발행	2016년 4월 5일
개정7판 발행	2017년 1월 25일
개정8판 발행	2018년 1월 30일
개정9판 발행	2019년 3월 20일
개정10판 발행	2020년 1월 20일
개정11판 발행	2021년 2월 20일
개정12판 발행	2022년 1월 15일
개정13판 발행	2023년 1월 15일
개정14판 발행	2024년 1월 30일
개정15판 발행	2025년 2월 20일

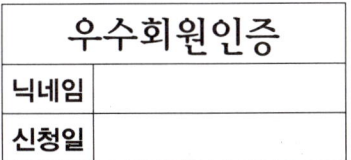

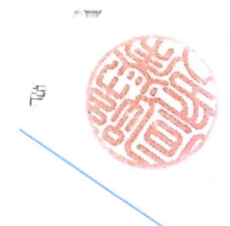

지은이 ▪ 손영선
펴낸이 ▪ 홍세진
펴낸곳 ▪ 세진북스

주소 ▪ (우)10207 경기도 고양시 일산서구 산율길 56(구산동 145-1)
전화 ▪ 031-924-3092
팩스 ▪ 031-924-3093
홈페이지 ▪ http://www.sejinbooks.kr

출판등록 ▪ 제 315-2008-042호(2008.12.9)
ISBN ▪ 979-11-5745-702-1 13530

값 ▪ **45,000원**

▪ 이 책의 출판권은 도서출판 세진북스가 가지고 있습니다.
▪ 이 책의 일부 또는 전체에 대한 무단 복제와 전재를 금합니다.

세진북스에는 당신과 나
그리고 우리의 미래가 있습니다.